日本産水生昆虫
Aquatic Insects of Japan

日本産水生昆虫

Aquatic Insects of Japan: Manual with Keys and Illustrations

科・属・種への検索

【第二版】
The Second Edition

川合禎次・谷田一三 共編
Edited by Teizi KAWAI and Kazumi TANIDA

東海大学出版部

**Aquatic Insects of Japan: Manual with Keys and Illustrations
The Second Edition**

Edited by Teizi KAWAI & Kazumi TANIDA
Copyright ©2018 by Kazumi TANIDA et al.

All rights reserved, but the rights to each figure belong to the person stated in the caption.
No part of this book may be reproduce in any form by photostat, microfilm, or any other means, without the written permission of the publisher.

ISBN978-4-486-01774-5 C3645

The Second Edition March, 2018
Printed in Japan

Tokai University Press
4-1-1 Kitakaname, Hiratsuka-shi, Kanagawa 259-1292, Japan

第2版への序文

　2005年に故川合禎次先生と編んだ『日本産水生昆虫　科・属・種への検索』は，幸いに多くの読者を得て，1年ほどで在庫がない状態になった．水生昆虫を研究している分類学者や河川や湖沼の生態学者だけでなく，多くの資料室・図書館にも配架されたと聞いている．また，環境，とくに河川や湖沼の環境調査には必須の図書となり，環境調査に携わる会社や技術者にも，しっかりと使って頂いた．

　在庫切れの直後から増刷や増補改訂版の要請は受けていたが，増刷や改訂を躊躇した理由の一つは，中途半端な改訂では分類研究，とくに引用される文献として混乱が起きるとの懸念があった．もちろん，最大の問題点は，川合禎次先生亡き後，一人となった編者の怠慢である．そのような事情で，ここに12年あまりが経過してしまった．

　この増補改訂版の刊行までに，初版刊行直後の2005年4月に共編者の川合禎次先生を見送った．さらに著者の中では，2005年5月に永冨　昭先生，2006年8月に佐藤正孝先生，2016年2月に服部壽夫さんと，4名の編著者には改訂版を見てもらうことなく見送ることになってしまった．ここに謹んで，皆さまのご冥福を祈ります．

　分類研究者の懸念の一つは，退職後，さらには没後の標本の行く方かもしれない．これは，研究者でもアマチュアでも変わらない心情だろう．その点については，川合禎次先生のコレクションは「滋賀県立琵琶湖博物館」に，佐藤正孝先生のコレクションは「愛媛大学」と台湾，台中にある「国立自然史博物館」に，永冨　昭先生のコレクションは「大阪市立自然史博物館」に，服部壽夫さんのコレクションは静岡県の「ふじのくに地球環境史ミュージアム」と「北海道大学農学部標本庫」に，それぞれ無事に収蔵されて，分類研究などに活用されているという．これらの諸賢には，もって瞑して頂きたい．

　川合禎次先生の著した初版の総論，服部壽夫さんの著したナガレトビケラ科，ヤマトビケラ科，永冨さんの著したナガレアブ科などについては，生前の著者のものを，図版番号などを除きそのまま収載することにした．これは，故人となった著者の著作とその権利を尊重するためである．一部については，最小限の付記を加えることで，最新の知見に対応した部分もある．

　前の版の序文（はじめに）にも書いたが，日本の水生昆虫学は，1961年の『水生昆虫学（津田松苗編），北隆館』，1985年の『日本産水生昆虫検索図説（川合禎次編），東海大学出版会』，2005年の前版の『日本産水生昆虫　科・属・種への検索（川合禎次・谷田一三編），東海大学出版会』と，20年前後で定本となる図鑑の全面的な改訂がなされてきた．今回の改訂は，それよりは多少短く書名の変更もないが，内容としては大きな改訂がなされている．

　2005年以降の十数年は，多くの分類群にとって，大きな系統分類学や生物地理学の進展があった時期である．とくに，ミトコンドリアCOI遺伝子などを利用した分子系統（分類）学の進展は，水生昆虫の系統関係の解析，地域個体群などの分析に留まらず，成虫と幼虫の関係の解明にも使われるようになった．本書には，一部のグループではその研究成果も収載されている．

　昆虫の目和名の扱いについては，漢字からひらがな表記への流れとその揺り戻しと大きな変化のあった年月であった．前の版と同様に，最終的には主著者の判断に委ねることにしたが，前の版を踏襲することを基本にした．

編者が担当したトビケラ目については，世界の中で日本を含めたヒマラヤ以東の東アジアの種多様性がますます明らかになったこの十数年であった．日本と共通する種あるいは日本との近縁種は，固有性の高い共通属は中国北部，朝鮮半島，ロシア極東地域といったアジア大陸の東部旧北区だけでなく，東洋区に含まれる東南アジアにも，多数見られることが次々と発見されてきた．北米と共通で固有性の高い属も発見されている．同じような状況は，カゲロウ目，カワゲラ目，それに双翅目についても見られるようである．私自身は，1985年に刊行された『日本産水生昆虫検索図説』が，台北にある国立台湾大学の昆虫学研究室で十二分に活躍しているのに感動した記憶がある．本改訂版も，東アジアの水生昆虫の研究者にとって，不可欠の書となると思われる．日本語で書かれたために詳細が理解されることは困難かもしれない，しかし，「図」という世界共通語が根底にある本書は，漢字圏以外でも使われる可能性が高い．その点も配慮して，図版にはできるだけ英語を付し，学名も表記するようにした．

　本書には，執筆者以外の多くの研究者の成果を引用した．本来は，ここに記して謝意を表するべきだが，本文に引用を明記することで，謝意に替えさせて頂きたい．本書の編集を担当して頂いた東海大学出版部の稲　英史さんには，前版に続いて，企画から脱稿と校正まで，様々なアイデアを頂くとともに，遅筆と無理な注文に辛抱強く付き合って頂いた．港北出版印刷株式会社の北野又靖さんにも，面倒な組版と校正を多大な骨折りを頂いた．ここに深く感謝します．

　早くに改訂稿や追加原稿を頂いた著者の方には，編者の能力不足と怠慢で，長い時間を待っていただくことになった．全面改訂が遅れたことをお詫びするとともに，貴重な寄稿に心から感謝します．

2018年2月　堺にて
谷田　一三

はじめに

　日本の淡水生物の研究の端緒は，1920年代に川村多実二氏（当時の京都大学教授）が主宰してはじめた．十年あまりの間に，カゲロウ，カワゲラ，トビケラといった比較的大型の主要河川昆虫の分類だけでなく，アミカなどの双翅目などについても当時の世界における最先端の成果が得られた．河川や湖沼の生態研究の必要性のため，幼虫からはじまった分類研究も，トビケラ，ユスリカ，カワゲラなどについては，日本産成虫のモノグラフも刊行された．また，ハネカ，アミカモドキ，トワダカワゲラといった，ユニークな昆虫も日本の河川から発見された．

　1962年に刊行された『水生昆虫学』（津田松苗編，北隆館）は，幼虫だけに限ったものであったが，生態研究，とくに生物指標としての水生昆虫の利用や研究に大きな貢献をした．その後の分類研究の成果をまとめた水生昆虫の成書は，1985年の『日本産水生昆虫検索図説』（川合禎次編，東海大学出版会）まで，おおよそ20年を待たねばならなかった．これらの2冊の図書は，水生昆虫学だけでなく，河川生態の基礎及び応用研究の底本として広く利用されたが，生態学などの進展の早さからみると，刊行にかなり間が開いたことは否めない．

　前書『日本産水生昆虫検索図説』の改訂としての本書は，早くから企画されてはいたが，刊行までには20年近くの時間が経過してしまった．しかし，この『日本産水生昆虫　科・属・種への検索』は，幼虫の分類・検索についての大改訂を行っただけではなく，成虫についての分類研究の知見を大幅に加えた．21世紀の「日本産水生昆虫」研究の原点・出発点となったと自負している．国内の研究成果だけでなく，ロシア沿海地域，中国，朝鮮半島など，周辺地域の分類研究や生物地理研究の成果も大幅に取り入れ，北東アジア，あるいは東アジアの水生昆虫研究の基本図書ともなっている．

　第一線の研究者を揃えた執筆陣，幼虫と成虫を網羅した図説は，海外でも類書は皆無に近く，アジアでははじめてである．カゲロウ目，カワゲラ目，それにトビケラ目については，種名だけではなく科レベルの分類も含めて全面的な改訂がなされた．双翅目（ハエ目）についても，ユスリカ類，ガガンボ類など，新進・ベテランの研究者によって，分類図解・検索ともに最新の知見が盛り込まれているグループが多い．半翅目やヘビトンボ目についても，成虫を加えたことだけでなく，内容は格段に充実した．分類研究者，昆虫研究者だけでなく，生態研究や環境調査の研究者や技術者にも使いやすいように，章末の参考文献のリストも充実し，使いやすい形にした．ページ数の増加により，価格は編者が意図したより高くなったが，その分，内容は大幅に充実できたと自負している．

　用語や用字については，読者に若干の不便をかけることになった．目次のタイトルからも見て取れるように，双翅目，ハエ目などの表記が混在している．これらは，基本的には各著者の意向を尊重したためである．また，形態名称についても，当初は統一を試みたが，これも各々の分類群についての固有性と歴史性から，断念せざるを得なかった．それに替えて，個々の分類群については，できるだけ詳しい形態解説をお願いし，図についてもゆったりと見やすいものにしたつもりである．種名については，命名年も含めた完全表記をお願いしたが，一部欠落したものは，編者の時間的な制約によるものである．また，シノニムについても，できるだけ収載して，過去の図書・文献との整合性をはかるように試みた．文献中の雑誌名についても，類書が多いために完全表記を基本にしたが，一部果たせなかったものは，編者の責任である．ページ番号については，分類群ごとのページと全体のページを併記するようにした．

本書には，執筆者以外の多くの方々の研究成果を引用させて頂いた．なかには，未発表の原図や写真を引用させて頂いた場合もある．本来は，ここにお名前と出典を列挙してお礼を述べるべきであるが，本文中の引用などで謝意に替えさせて頂きたい．編集を担当して頂いた東海大学出版会の稲　英史さんには，当初の企画から最終の脱稿まで，さまざまなアイデアを頂くとともに，編者や著者の多くの無理なお願いにも辛抱強く付き合って頂いた．面倒な組版については，㈱テイクアイの北野又　靖さんと齊藤達郎さんに，多大の骨折りを頂いた．早くに原稿を頂いていた著者の方々には，編者にも起因する刊行の遅れから，長期に渡って待って頂き，さらに原稿の改訂をして頂いた場合もある．お詫びを申し上げるとともに，多くの方の寛容に感謝します．最後にこの本の刊行を長く待って頂いた読者にも感謝するとともに，本書が基礎・応用の両面の淡水生物学の研究に貢献することを祈っています．

2004年12月　堺にて

谷田一三

目　次

(I巻)

第2版への序文 ………………………………………………………… 谷田一三　v
はじめに ………………………………………………………………… 谷田一三　vii

総　論 ………………………………………………………………… 川合禎次　1
　第1章　水生昆虫とは ……………………………………………………………… 1
　第2章　水への適応 ………………………………………………………………… 5
　第3章　水生昆虫研究の史的展望 ……………………………………………… 10

各　論 ………………………………………………………………… 川合禎次　27
　第1章　水生昆虫幼虫の目(order)の検索表 …………………………………… 27

カゲロウ目　Ephemeroptera　Plate 1～16　　31
カゲロウ目　**Ephemeroptera** ……………………… 石綿進一, 竹門康弘, 藤谷俊仁　47
　トビイロカゲロウ科　Leptophlebiidae ……………………………………… 59
　カワカゲロウ科　Potamanthidae ……………………………………………… 64
　シロイロカゲロウ科　Polymitarcyidae ……………………………………… 66
　モンカゲロウ科　Ephemeridae ………………………………………………… 68
　ヒメシロカゲロウ科　Caenidae ……………………………………………… 69
　マダラカゲロウ科　Ephemerellidae ………………………………………… 73
　ヒメフタオカゲロウ科　Ameletidae ………………………………………… 88
　コカゲロウ科　Baetidae ………………………………………………………… 91
　ガガンボカゲロウ科　Dipteromimidae ……………………………………… 111
　フタオカゲロウ科　Siphlonuridae …………………………………………… 114
　チラカゲロウ科　Isonychiidae ………………………………………………… 117
　ヒトリガカゲロウ科　Oligoneuriidae ……………………………………… 121
　ヒラタカゲロウ科　Heptageniidae …………………………………………… 121

トンボ目(蜻蛉目)　**Odonata** ……………………………… 石田昇三, 石田勝義　151
　均翅亜目　**Zygoptera** ………………………………………………………… 153
　　カワトンボ科　Calopterygidae ……………………………………………… 155

- ハナダカトンボ科　Chlorocyphidae ……… 158
- ミナミカワトンボ科　Euphaeidae ……… 159
- ヤマイトトンボ科　Megapodagrionidae ……… 160
- アオイトトンボ科　Lestidae ……… 161
- モノサシトンボ科　Platycnemididae ……… 165
- イトトンボ科　Coenagrionidae ……… 168

ムカシトンボ亜目　**Anisozygoptera** ……… 180
- ムカシトンボ科　Epiophlebiidae ……… 180

不均翅亜目　**Anisoptera** ……… 180
- ムカシヤンマ科　Petaluridae ……… 182
- ヤンマ科　Aeshnidae ……… 183
- サナエトンボ科　Gomphidae ……… 193
- ミナミヤンマ科　Chlorogomphidae ……… 206
- オニヤンマ科　Cordulegastridae ……… 208
- ミナミヤマトンボ科　Gomphomacromiidae ……… 208
- ヤマトンボ科　Macromiidae ……… 209
- エゾトンボ科　Corduliidae ……… 212
- トンボ科　Libellulidae ……… 218

カワゲラ目（積翅目）　PLECOPTERA　清水高男，稲田和久，内田臣一　271

1. ヒロムネカワゲラ科（ヒロカワゲラ科）　Peltoperlidae ……… 279
2. アミメカワゲラ科　Perlodidae ……… 280
3. カワゲラ科　Perlidae ……… 293
4. ミドリカワゲラ科　Chloroperlidae ……… 304
5. トワダカワゲラ科　Scopuridae ……… 308
6. シタカワゲラ科（ミジカオカワゲラ科）　Taeniopterygidae ……… 309
7. オナシカワゲラ科　Nemouridae ……… 311
8. クロカワゲラ科　Capniidae ……… 315
9. ホソカワゲラ科（ハラジロオナシカワゲラ科）　Leuctridae ……… 321

カワゲラ目（積翅目）追記　PLECOPTERA, Additional Notes　内田臣一，吉成　暁　325

2. アミメカワゲラ科　Perlodidae ……… 325
3. カワゲラ科　Perlidae ……… 325
7. オナシカワゲラ科　Nemouridae ……… 326
8. クロカワゲラ科　Capniidae ……… 327
9. ホソカワゲラ科　Leuctridae ……… 327

| 半翅目　**Hemiptera** | 林　正美, 宮本正一 | 329 |

タイコウチ下目　**NEPOMORPHA**		334
タイコウチ科　Nepidae		334
コオイムシ科　Belostomatidae		337
ミズムシ科　Corixidae		340
メミズムシ科　Ochteridae		359
アシブトメミズムシ科　Gelastocoridae		359
コバンムシ科　Naucoridae		360
ナベブタムシ科　Aphelocheiridae		360
マツモムシ科　Notonectidae		362
マルミズムシ科　Pleidae		369
タマミズムシ科　Helotrephidae		370
アメンボ下目　**GERROMORPHA**		371
ミズカメムシ科　Mesoveliidae		371
イトアメンボ科　Hydrometridae		374
ケシミズカメムシ科　Hebridae		377
カタビロアメンボ科　Veliidae		380
アメンボ科　Gerridae		392
サンゴアメンボ科　Hermatobatidae		408
ミズギワカメムシ下目　**LEPTOPODOMORPHA**		409
ミズギワカメムシ科　Saldidae		409
アシナガミギワカメムシ科　Leptopodidae		419
サンゴカメムシ科　Omaniidae		420

| ヘビトンボ目（広翅目）　**Megaloptera** | 林　文男 | 429 |

アミメカゲロウ目（脈翅目）　**Neuroptera**	林　文男	437
ミズカゲロウ科　Sisyridae		437
シロカゲロウ科　Nevrorthidae		439
ヒロバカゲロウ科　Osmylidae		439

トビケラ目（毛翅目）　Trichoptera　Plate 1～6　443

トビケラ目（毛翅目）　**Trichoptera**	谷田一三, 野崎隆夫, 伊藤富子, 服部壽夫, 久原直利	449
ナガレトビケラ科　Rhyacophilidae	服部壽夫	474
カワリナガレトビケラ科（ツメナガナガレトビケラ科を改称）　Hydrobiosidae	服部壽夫	498
ヒメトビケラ科　Hydroptilidae	伊藤富子	500
カメノコヒメトビケラ科　Ptilocolepidae	伊藤富子	512

ヤマトビケラ科	Glossosomatidae	服部壽夫	514
—ヤマトビケラ科追記—		谷田一三	523
ヒゲナガカワトビケラ科	Stenopsychidae	谷田一三	525
カワトビケラ科	Philopotamidae	久原直利	529
クダトビケラ科	Psychomyiidae	谷田一三	544
キブネクダトビケラ科	Xiphocentronidae	谷田一三	552
シンテイトビケラ科	Dipseudopsidae	谷田一三	553
ムネカクトビケラ科	Ecnomidae	久原直利	557
イワトビケラ科	Polycentropodidae	谷田一三	560
シマトビケラ科	Hydropsychidae	谷田一三	567
マルバネトビケラ科	Phryganopsychidae	野崎隆夫	584
トビケラ科	Phryganeidae	野崎隆夫	585
カクスイトビケラ科	Brachycentridae	野崎隆夫	590
キタガミトビケラ科	Limnocentropodidae	野崎隆夫	597
カクツツトビケラ科	Lepidostomatidae	伊藤富子	598
エグリトビケラ科	Limnephilidae	野崎隆夫	613
コエグリトビケラ科	Apataniidae	野崎隆夫	628
クロツツトビケラ科	Uenoidae	野崎隆夫	634
ニンギョウトビケラ科	Goeridae	野崎隆夫	637
ヒゲナガトビケラ科	Leptoceridae	谷田一三	643
ホソバトビケラ科	Molannidae	伊藤富子	657
アシエダトビケラ科	Calamoceratidae	谷田一三・伊藤富子	661
フトヒゲトビケラ科	Odontoceridae	谷田一三	665
ケトビケラ科	Sericostomatidae	谷田一三	667
ツノツツトビケラ科	Beraeidae	野崎隆夫	669
カタツムリトビケラ科	Helicopsychidae	谷田一三	670

膜翅目(ハチ目) Hymenoptera ………………… 小西和彦　689

　1．ヒメバチ科　Ichneumonidae ………………… 689

鱗翅目 Lepidoptera ………………… 吉安　裕　695

　ミズメイガ亜科　Acentropinae (= Nymphulinae) ………………… 696

コウチュウ目(鞘翅目) Coleoptera ………………… 佐藤正孝, 吉富博之　707

　オサムシ亜目　Adephaga ………………… 712
　1．コガシラミズムシ科　Haliplidae ………………… 713
　2．ムカシゲンゴロウ科　Phreatodytidae ………………… 715
　3．コツブゲンゴロウ科　Noteridae ………………… 715

4．ゲンゴロウ科	Dytiscidae	718
5．ミズスマシ科	Gyrinidae	738

ツブミズムシ亜目 Myxophaga ... 741
 1．ツブミズムシ科　Torridincolidae ... 741

カブトムシ亜目 Polyphaga ... 742
 1．ダルマガムシ科　Hydraenidae ... 745
 2．ホソガムシ科　Hydrochidae ... 748
 3．マルドロムシ科　Georissidae ... 748
 4．セスジガムシ科　Helophoridae ... 749
 5．ガムシ科　Hydrophilidae ... 751
 6．マルハナノミ科　Scirtidae ... 762
 7．ナガハナノミ科　Ptilodactylidae ... 764
 8．ヒラタドロムシ科　Psephenidae ... 765
 9．ナガドロムシ科　Heteroceridae ... 767
 10．ドロムシ科　Dryopidae ... 770
 11．ヒメドロムシ科　Elmidae ... 770
 12．ホタル科　Lampyridae ... 777
 13．ハムシ科　Chrysomelidae ... 779
 14．ゾウムシ科　Curculionidae ... 779

（Ⅱ巻）

双翅目 Diptera ･･･ 篠永 哲　791

 オビヒメガガンボ科　Pediciidae ･･･ 中村剛之　799
 ヒメガガンボ科　Limoniidae ･･･ 中村剛之　807
 シリブトガガンボ科　Cylindrotomidae ･･･ 中村剛之　839
 ガガンボ科　Tipulidae ･･･ 中村剛之　843
 アミカ科成虫　Blephariceridae Adult ･･･ 三枝豊平　859
 アミカ科幼虫　Blephariceridae Larvae ･･･ 岡崎克則　907
 ハネカ科　Nymphomyiidae ･･･ 竹門康弘　929
 チョウバエ科　Psychodidae ･･･ 古屋八重子　935
 ニセヒメガガンボ科　Tanyderidae ･･･ 三枝豊平，中村剛之　939
 コシボソガガンボ科　Ptychopteridae ･･･ 三枝豊平，中村剛之　943
 ホソカ科　Dixidae ･･･ 三枝豊平，杉本美華　957
 カ科　Culicidae ･･･ 田中和夫　1021
 ユスリカバエ科　Thaumaleidae ･･･ Bradley J. Sinclair　1271
 ブユ科　Simuliidae ･･･ 上本騏一　1279
 ユスリカ科　Chironomidae ･･･ 新妻廣美，山本 優　1307
 ミズアブ科　Stratiomyidae ･･･ 永冨 昭　1445
 ナガレアブ科　Athericidae ･･･ 永冨 昭　1455

アブ科	Tabanidae	早川博文	1463
オドリバエ科	Empididae	三枝豊平	1479
アシナガバエ科	Dolichopodidae	桝永一宏	1557
ヤリバエ科	Lonchopteridae	三枝豊平	1565
ハナアブ科	Syrphidae	池崎善博	1595
ベッコウバエ科	Dryomyzidae	巣瀬　司	1609
ヤチバエ科	Sciomyzidae	末吉昌宏	1611
ニセミギワバエ科	Canacidae	宮城一郎, 大石久志	1643
フンバエ科	Scathophagidae	諏訪正明	1653
ハナバエ科	Anthomyiidae	諏訪正明	1655
イエバエ科	Muscidae	篠永　哲	1657

索　引 ··· 1665

総　論

川合禎次

第1章　水生昆虫とは

　水生昆虫という言葉は，分類学的なある1つの昆虫のグループを示す言葉ではない．衛生昆虫，森林昆虫，洞窟性昆虫等と同様，生態学的な言葉と考えた方が，水生昆虫を総括的に理解することは容易である．水生昆虫を定義すれば，彼等の生活環の全部，あるいはその一部を水中で生活する昆虫のグループの総称と解すべきである．一般に，昆虫は卵，幼虫（若虫），蛹，成虫の段階の生活の繰り返しである．上に述べた事を，模式的に示したのが表1-1である．

　昆虫の大部分は陸上に生活するが，水中あるいは水面上に生活しているものも少なくない．然し，地球上に現存している昆虫の種族の数から見れば，水生のものは陸生のものに比較すればほんのわずかである．しかも，極く小数の海水中に生活する種族を除けば，全て湖沼や河川等の内陸の水域，陸水に生息している．

　水中に生息する昆虫は全て陸上に生活していたものが二次的に，再び水の中の生活に移ったものと考えられているから，その生活法もその環境の変化に応じて，それに適応したものが多い．従って生態学上の研究対象としての興味は尽きることはない．従ってこれら水生昆虫を研究の対象とした水生昆虫学と呼ばれる昆虫学ないし生態学からの一分科としての水生昆虫学が成立する所である．

　昆虫に属する全部の目（order）のうちで水生の生活をするものは13目である．これらの中で成虫も幼虫も水に依存して生活するものは，半翅目，鞘翅目（甲虫目）だけである．しかし，ホタルおよびナガハナノミ科の成虫は陸生である．その他の目は，幼虫あるいは幼虫と蛹の時代を水中でおくり，成虫陸上即ち，空気中で生活をする．蜉蝣目（カゲロウ目），襀翅目（カワゲラ目），および蜻蛉目（トンボ目）は，幼虫時代を水の中で過ごす例である．これらのように幼虫から直接成虫になるという，いわゆる不完全変態の幼虫を特に若虫と呼ぶ場合がある．膜翅目，広翅目，毛翅目（トビケラ目）および双翅目等は幼虫と蛹の時代を水の中で過ごす．表1-2に示したように多くの昆虫のグループが，彼等の生活の一部を水の中で過ごしているが，いずれも幼虫時代あるいは幼虫

表1-1　水生昆虫の生活環

水中			陸上	例
卵——幼虫	——蛹	——成虫		トビケラ，ユスリカ，アミカ
卵——幼虫		——蛹	——成虫	ヘビトンボ，ゲンゴロウ，ホタル
卵——幼虫（若虫）			——成虫	カワゲラ，カゲロウ，トンボ
卵——幼虫（若虫）			——成虫	アメンボウ，タガメ，ミズスマシ

＊共編者の川合禎次は，前の版の刊行後の2005年4月23日に逝去しました．川合の著わした総論のなかには，修正や追記の必要な部分もないではないが，著者の意見を確認することができないので，前版のままで刊行することにした．（谷田一三）

表1-2　代表的な水生昆虫一覧

目	科	幼生時代	成虫
粘管目	○<u>トビムシ科</u>	水生	水生
	○<u>マルトビムシ科</u>	水生	水生
直翅目	○<u>ゴキブリ科</u>	水生	陸生
襀翅目	すべての科	水生	陸生
蜉蝣目	すべての科	水生	陸生
蜻蛉目	ほぼすべての科	水生	陸生
半翅目	ミズムシ科	水生	水生
	マルモミズムシ科	水生	水生
	タイコウチ科	水生	水生
	タガメ科（亜科）	水生	水生
	ナベブタムシ科	水生	水生
	コバンムシ科	水生	水生
	アメンボ科	水生	水生
	カタビロアメンボ科	水生	水生
	イトアメンボ科	水生	水生
	ミズカメムシ科	水生	水生
	ケシミズカメムシ科	水生	水生
広翅目	ヘビトンボ科	水生	陸生
	センブリ科	水生	陸生
扁翅目	ミズカゲロウ科	水生	陸生
毛翅目	ほぼすべての科	水生	陸生
鱗翅目	○メイガ科	水生	陸生
鞘翅目	コガシラミズムシ科	水生	水生
	ゲンゴロウ科	水生	水生
	ガムシ科	水生	水生
	ミズスマシ科	水生	水生
	○ナガハナノミ科	水生	陸生
	ドロムシ科	水生	水生
	ヒメドロムシ科	水生	水生
	ホタル科	水生	陸生
膜翅目	○<u>ヒメバチ科</u>	水生	陸生
	ミズバチ科	水生	陸生
	○<u>コマユバチ科</u>	水生	陸生
	○<u>アシブトコバチ科</u>	水生	陸生
	○<u>シリボソクロバチ科</u>	水生	陸生
双翅目	カ科	水生	陸生
	ガガンボ科	水生	陸生
	ニセヒメガガンボ科	水生	陸生
	コシボソガガンボ科	水生	陸生
	アミカ科	水生	陸生
	アミカモドキ科	水生	陸生
	○チョウバエ科	水生	陸生
	ユスリカ科	水生	陸生
	ブユ科	水生	陸生
	ミズアブ科	水生	陸生
	○アブ科	水生	陸生
	ナガレアブ科	水生	陸生
	ホソカ科	水生	陸生
	○シギアブ科	水生	陸生
	○オドリバエ科	水生	陸生
	○ショクガバエ科	水生	陸生
	カマキリバエ科	水生	陸生

○印は水生種を含むもの．<u>　　　</u>は日本より記録のないもの．（上野，1948より一部改変）

表1-3 原始昆虫の生活空間への広がり（上野，1948）

と蛹の時代を水中で生活し，成虫となって空気中で生活する．これらを通じて，気のつくことは成虫時代だけを水中で生活し，幼虫や蛹の時代を陸上で生活する種属は決していないということである．繰り返していえば，水生昆虫といわれる昆虫のグループは，彼等の幼虫時代あるいは幼虫と蛹の時代を水の中で過ごし，成虫になって空気中へ出ても，主として水辺での生活をする昆虫の総称ということができる．

水生昆虫の起原についての定説は，まだ確立されたものはない．水の中で生活する昆虫を概観しても，彼等は多岐に渉る分類群に属しており，その起原が単純なものではないことは容易に頷ける．

昆虫類の起原は，非常に古く古生代のデボン紀に，すでに肢を持った種として出現したが，石炭紀にはもう翅を持った昆虫，現在の昆虫の祖先型と見られる多くの分類群が出現している．これらは陸上生活を新しく拓いた開拓者的昆虫であるといわれている．デボン紀に出現した無翅の昆虫は石炭紀には多くの有翅昆虫，夥しい種属へ分化発達したのである．分類系統上は別として，石炭紀に多くの種属を分化発達した昆虫類がどのように生活の変化に適応していったかは，大よそ表1-3のように考えられる．

表1-3の"水の生活"というものは，他の三つの場合のように，運動方法を主にしてその適応を考えてみることができる．水に住む昆虫は水中や水面を移動するのに都合の良い体形を持つものが非常に多い．オールのようになったゲンゴロウの後肢はそのよい例の1つであるし，また水面を軽やかに滑走するアメンボウの肢はその目的に最もよく適応している．しかし，水の生活への適応は，体形や運動器官のそれ以上に適応しなければならない問題がある．それは，彼等が水の中で生活するために一番重要な呼吸についてである．

石炭紀には，もうすでに立派な翅を持った昆虫の一群が繁栄していた．それは古網翅目（Palaeodictyoptera）と呼ばれる一群の昆虫である．これは蛹の時代を経ずに幼虫（若虫）から直接成虫になる，いわゆる不完全変態の昆虫で，幼生の化石の腹部に鰓と思える突起を持つこと等から，水生生活をしていたのではないかといわれている（上野，1948）．しかし，この古網翅目の幼虫といわれる化石は古網翅目ではないという説もある（朝比奈，1970）．古網翅目幼虫の化石が正しいとしても，それによってこの目に属する全ての種属が水生生活をしていたとは考えられないし，また例え，一部の種属がそうであっても水生昆虫の起原をそこに求めるには余りにも無理がある．現世の水生昆虫を見ると，表1-2に見るように多く分類群に見られ多士済々である．昆虫の系統から見ても，これらがある時期に一斉に水生生活に入ったと考えるより，個々の群がそれぞれ別の時期に水へ入ったと考える方が妥当ではないだろうか．

磯辺（1997）は，水生昆虫の日周期活動や行動の観察の結果から，水生昆虫の起原について興味深い考えを述べている．古網翅目の繁栄した石炭紀の地球上の気候は温暖湿潤な気候の元で生活をしていた．しかし，地球は乾燥化と寒冷化に向かい，プレートテクトニークによって大陸は移動して，今までの熱帯地域も温暖ないし寒冷な地域へと変化した．それに従って，昆虫類は色々な新しい種群ごとに時代と共に，高温湿潤な地域で分化して行ったであろう．熱帯地域において昆虫の分類群

（目）が生息することは，高温湿潤な地域で種分化がおこった事を示唆する．

　水の中で生活をする昆虫でも，それぞれの分類群の原始的といわれる分類群は，いずれも冷涼な地域の定水温な水中に生息している．生息環境が冷涼になる中で，その場所に留まった物は，原始的といわれる多くの特徴を残し，そこから派生したと考えられる新たな種群はより高温な水域（下流，止水）へと生息域を広げていった．その結果として，現在の亜熱帯や熱帯地域にも多くの種属が生息するように変化した．

　水生昆虫の起原について，洞窟の生物を調べている人達の間で水生昆虫の起原を示唆するような面白い話がある．洞窟は真暗であることはいうまでもない，外界との連絡口が狭い洞窟内の湿度は非常に高く，特に内部に水溜まりや池あるいは小川等があると，湿度は飽和あるいは過飽和に近い状態にある．従って，洞窟内の床面はいうに及ばず壁面も天井も湿潤状態でしっとりしている．そのような所にも数 mm 以下のゴミムシの仲間が生息している．彼等は床面，壁面や天井を歩き回っているのであるが，彼等の体表は常にしっぽりと濡れている．彼等の行動を観察すると遮二無二に歩き回っている彼等は水溜まり等があっても平気で水のなかへ入り，また水から出て来るのである．即ち，自由に水へ出入りするのである．この様な行動が，ある環境条件の元での水への適応の始まりで，これが水生生活への始原の１つではなかろうかというのである．

　近時水生昆虫を，自己の研究課題として選ぶ若い人たちが多くなってきた事は喜ばしい限りである．最近ではその効果ともいえる事柄が現れてきている．その第一は，今までわが国には分布（生息）しないと断言あるいは疑問視されていた種属の発見，以前から１種と信じられていた別種の発見等が相次いでいる．その最たるものは野崎（1992, 1994）により，わが国には分布しないと断言されていたツノツットビケラ科（Beraeidae）の東京，八王子での発見，また西本（1997）によるコエグリトビケラ科（Apataniidae）の陸生種の中部日本からの発見等である．また今まで *Agriotypus gracilis* ミズバチ１種のみと思われていたが，小西・青柳（1994）によって別種が発見された例もある．この様に研究者が増えれば増える程，分類学的な発見のみならず，動物地理学的（分析）な発見も多くなるようである．ここに挙げた例は代表的なもののほんの一部に過ぎない．

　この様に新しい種や分布地が続々と報告されている．欧米で前世紀以来その存在が知られ，極く普通の事であるのに，わが国ではまだ１種もその存在が報告されていない水生昆虫のグループがある．わが国で出版された水生昆虫に関する書物には一言も触れられていないので，初学者には全く知らない人が多いのではなかろうか．

　表１-１を注意して見ればわかる事であるが，その代表的なグループを二，三挙げておく．

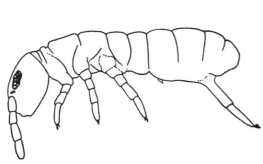

図１-１ *Archisotoma besseisi*（Meritt & Cummins, 1978）

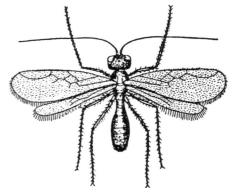

図１-２ *Yrocampa stagnalis*（Brauer, 1909）

1. 粘管目　COLLEMBOLA

体長3mm以下の非常に小さい無翅の昆虫で，一般に落葉の下や腐植土の中に生息しており，陸のプランクトンと呼ばれることもある．Illies（1967）のLimnofauna europaによるとヨーロッパ全土で11属30種が報告されているが（図1-1），わが国からはこの種発見の報告は1つもない．陸生の種が水の中に落ちて流されていることがあるので間違えないように注意しなければならない．なお，このグループの昆虫の同定は非常に難しいので，種名の決定は専門家に依頼するのが最良である．

2. コマユバチ科　Braconidae

非常に小さい寄生蜂でユスリカに寄生する．わが国からの報告はない．しかし，この科に属するハチがわが国に分布していることは確実である．Illiesの上記によると，ヨーロッパ全土で8属11種が報告されている（図1-2）．コマユバチ科以外にも，水生昆虫に寄生する寄生蜂が欧米から報告されているが，わが国ではミズバチ科のミズバチだけが知られているのみである．

第2章　水への適応

既に述べた様に，水生昆虫は陸上で生活していた昆虫が，理由は分からないが，二次的に水の中へ入って生活をするようになったものである．彼等が水の中で生活するためには克服しなければならない幾つかの問題の中で，最も大きな物の1つは，元来空気中の酸素を取っていたものが水中では如何にして酸素を取りいれるかという呼吸の問題，もう1つは流れの中で生活するためには流れに対する抵抗，即ち運動の問題の二つが最重要である．

1. 水の中での呼吸

水の中で生活をするためには，彼等は，呼吸の方法を変更せざるを得なかった．即ち，元来気管系がよく発達して空気中の酸素を取り込んでいた彼等は，水面に出て空気を取る何等かの方法を考案するか，そうでなければ水中に溶け込んでいる酸素を利用しなければならなくなった．

(a) 空気中の酸素の利用

コオイムシ，タイコウチやゲンゴロウ，ミズスマシのように生涯の大半を水中で生活する種属では陸上での呼吸方法を保持しており，水中生活にあっても空気呼吸への適応がみられる．即ち，ときどき水面に浮上して空気を体内に取りいれるのであるが，気管は気門によって直接外に開口して直接空気に触れる．タイコウチやミズカマキリ等では体の後端に長い呼吸管があり，これを水面上に出して呼吸する．ゲンゴロウやガムシ等でも尾端を水面上に出して空気を取り入れて呼吸をすることはミズカマキリ等と同様であるが，体の背面が平らになり，この間に比較的広い空間があって，その中へ気門が開口している（図2-1）．即ち，この中を空気の貯蔵庫として利用している．翅の下に空気を取り込んで水の中で行動することは多くの水生昆虫に見られることで，ミズバチの成虫等が空気の泡で体を銀色に輝かせて水底を動き回るのが陽春の頃に観察される．甲虫類や半翅類以外の種属でも，解放性の気管を持つものではときどき水面にでて空気を取りいれる必要がある．カの幼虫，ボウフラの呼吸法はこの恒例である．特殊な呼吸法として植物組織から酸素を摂取する種属があるキンイロヌマカ Mansonia の幼虫は水草の茎に入り込み，その組織の気道中の酸素を取りいれる．また昆虫ではないがミズグモが，水草の蜜に繁茂した所と水面の間を何度も往復して気泡を運び，水草の茂みの中に気泡室を作って，その中で生活する例もある．

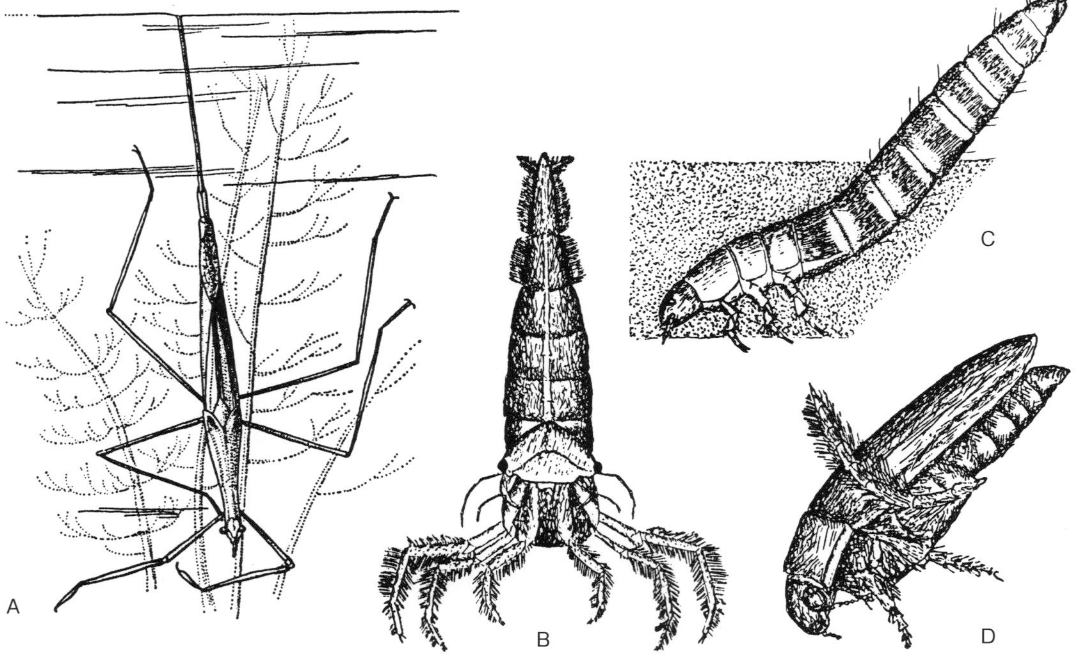

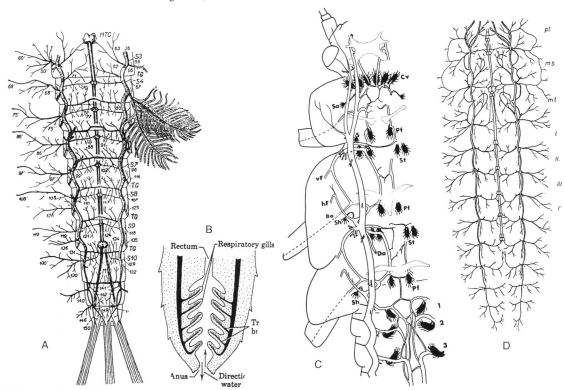

図2-1 水生昆虫の空気の摂取
A：*Ranatra linealis*，B：*Dytiscus marginalis* 幼虫，C：*Noterus* sp 幼虫，D：*Dytiscus marginalis* 成虫（A：Jeannel, 1960，B～D：Wesenberg-Lund, 1943）

図2-2 幼虫の気管鰓
A：カゲロウ *Potamanthus luteus*（Illies, 1968），B：トンボ（模式図）（Ross, 1963），C：カワゲラ *Peronarcella*（Zwick, 1980），D：トビケラ *Plectrocnemia compersa*（Malicky, 1973）

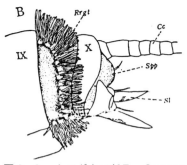

図2-3 トワダカワゲラ *Scopura longa* の気管鰓 (Kawai, 1967)

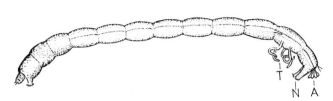

図2-4 ユスリカ幼虫の血鰓 (Platzer-Schultz., 1974)

(b) 水に溶けている酸素の利用

　水に溶け込んだ酸素, 即ち, 溶存酸素を利用するために発達した器官がいわゆる気管鰓で, 閉鎖気管系である. 気管鰓は昆虫の体壁が葉状あるいは糸状にのびた所へ気管が進入したものである. 従って気門は直接外界に拓かず, 酸素はこの鰓を通して, 周辺の水に溶け込んでいる酸素を拡散によってガス交換をしている. 気管は昆虫の発生の比較的早い段階でできてくる重要な器官であるから, 気管鰓が水生昆虫の生活に応じて発達してきたことは彼等が水の中で生活するための最重要の適応の1つである. カゲロウの幼虫の気管鰓は, 一般に葉状で対となって各腹節についている. 種属によっては葉状鰓の基部に糸状の気管鰓を有するものがある. カワゲラの幼虫では胸部の腹面の各脚の基部に, 糸状鰓が叢状についている. なお肛門の周辺部に叢状の鰓をもっているものがある (図2-2). なかでもトワダカワゲラ幼虫の気管鰓は, 一見したところ肛門の周りに環状に存在する様に見えるが, よく観察すると, 第9腹節と第10腹節の間の節間膜から出ている (図2-3). イトトンボの幼虫では腹端に細長い葉状鰓が多くの場合3枚ついている. トンボ, ヤンマやサナエトンボ等の場合はイトトンボ等の場合と異なっている. これらでは腸の後端部の内壁が気管で充たされており, あたかも鰓室ともいうべき構造になってい, 水中に溶け込んでいる酸素を取るが, 一旦吸い込んだ水を肛門から強く射出することによって体を前進させる機能もあるから, 呼吸と同時に運動にも役だっている. 一般に, トンボの幼虫は腸呼吸であるといわれるのは上に述べたような次第である.

(c) 十分に機能する気管系をもたないもの

　これらの昆虫では, 主として体表を通して, 陸上水中を問わず直接酸素を取り込んでいる. この場合血液が酸素を運搬する役割を果たしている. オオユスリカ幼虫の腹部後端にある血鰓と呼ばれる指状の細長い付属物は水中の酸素を取り込む働きをしていると言われている (図2-4).

　気管鰓あるいは体表から直接に酸素を取り込む機能を得ることによって, もはや水面に出て空中の酸素を取ることを必要としなくなった. 即ち, 溶存酸素を利用できる機能をもつ事によって, 成虫になるまでの期間を水中で生活するようになった. 昆虫が水のなかで生活するためには, 呼吸の仕方にも上に挙げたように幾つかの方法があることがわかる. 呼吸法という見地から, ある時期に一斉に水中生活に入ったとは考えられない. 当然, 各昆虫群の目, 科, 属, あるいは種のレベルで時期は分からないが, 個々別々に水中生活に適応して行ったと思われる. 気管鰓あるいは体表から水中の溶存酸素を摂取する昆虫群の方が, それぞれ時期は不明であるが, 水面に出て空中の酸素を

摂取する昆虫群よりもより古い時期に水中生活に適応したと考えるのが妥当ではなかろうか.

2. 流れに対する抵抗

　水の激しい流動が渓流等に生活する昆虫に著しい影響を与え，このため彼等の間に急流に対する著しい適応現象が見られることは良く知られた事実である.

　山間部の激しい流れの中に生息する昆虫幼虫は運動方法，流されるのを防止する法，および摂食の方法に特殊な適応が見られる.

(a) 吸着器官

　この好例として挙げられるのはアミカ科の幼虫である. 山間渓流の流れの激しい部分の岩や石面上に生息する腹部腹面の正中線上に円形の強力な吸盤が前後にならんでおり，これ等の吸盤で岩石上に密着することによって，急な流れから流されるのを防いでいる. 彼等は前後の吸盤を交互に動かして，ジグザグ運動をして岩石上を滑るように移動する（図2-5）.

　メイガ科のミズメイガの幼虫の腹脚の先端にキチン質の多数の小さい鉤爪があり，それが吸盤のような働きをして体が急流に押し流されるのを防いでいる（図2-5）. ブユ科の幼虫も渓流性昆虫の代表者の1つで，渓流中の岩石や水草の葉上に群集している. 幼虫の腹端部に小さい鉤爪が円形に配列して吸盤状になっている. 幼虫は吸盤様に配列した小鉤爪によって岩石や葉上に固着して生活している. しかし，この固着はそれ程強固なものではなく，衝撃的な流れがくると固着部から簡単に離れて流される. しかし，離れる瞬間に口から糸を吐出して流下して，流れがある程度落ち着くと，糸を手繰りよせるように口の中へ入れて，元の位置へ戻る習性を持っている. また，岩面上や葉面上の移動は，前胸腹面にある前脚先端部にある鉤爪を，腹端にある鉤爪とを交互に使ってシャクトリムシのようにして前進する. 以上の他に，小さい鉤爪を円く配列して吸盤として岩石面上に体を吸着させると同時に移動にも使う例としてシギアブの幼虫もその1つに挙げることができる.

(b) 分泌物によって押し流されるのを防止する

　上に挙げたブユ幼虫の，刺激を受けた際に糸を吐出しながら流下するのは，この好例の1つである. 即ち，この方法は流れの急激な変化あるいはなんらかの刺激が虫体に加わり，正常な方法ではその位置を安定に保つことが不可能な場合に用いる方法である. トビケラ類のコエグリトビケラ亜科の幼虫にもブユに見られるのと同様な行動が観察されている（岩田，1930）. また筒巣を持ったトビケラ幼虫の中には筒巣の先端を自己の分泌物で石面や葉面に付着して，水流に押し流されるのを防止している種属もある.

　また，自己の分泌した絹糸によって，廻りの小石を岩石上にくっつけて，巣室を作りその中に入り，巣室の入り口に網を建て流下してくる微細な藻類や流下物を補食するシマトビケラ科，ヒゲナガカワトビケラ科，カワトビケラ科およびイワトビケラ科等の幼虫もこの部類に入る（図2-6）.

　全てのトビケラ類は蛹化すると，巣を作らないナガレトビケラ亜科でも自己の分泌物によって蛹室を河底の岩石上に固着させる.

(c) 鉤爪による方法

　急流の中で押し流されないように自己の位置を安定させるために，岩石上あるいは石の間を移動するのに脚の先端部に鋭い鉤爪をもつあるいは腹部後脚に尾肢とよばれる突起があり，その先端部に鋭い鉤爪があって，水流によって巣から押し流されたり，岩石上や石間を自由に移動する. これらの代表的な例としてトビケラ，カゲロウ，およびヘビトンボ等の幼虫を挙げることができる. なかでも，携帯性の巣を持って河底を自由に動き回るコエグリトビケラの幼虫の鉤爪は他種と比べて長く，鋭く且つ深く曲がっている（図2-7）.

水への適応　9

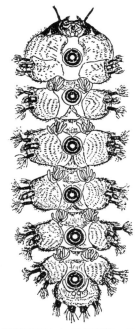

図2-5　吸着器官としての吸盤　スカシアミカ
　　　　Parablepharocera esakii（北上，1931）

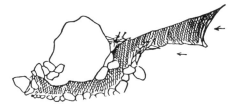

図2-6　実験的に作らせた巣　ヒゲナガカワトビケラ Stenopsyche marmorata（西村，1987）

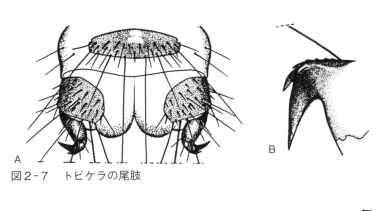

図2-7　トビケラの尾肢

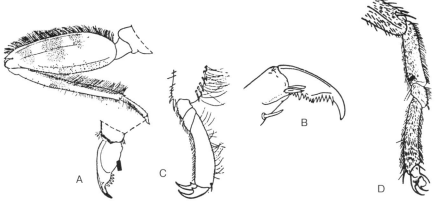

図2-8　カゲロウとカワゲラの爪
A：エルモンヒラタカゲロウ　Epeorus latifolium，B：Choroterpes altioculus（Uéno, 1928），C：Isoperla shibakawae，D：フタトゲクロカワゲラ　Capnia bitubercurata（Uéno, 1929）

石の表面や間を自由に移動しているカワゲラやカゲロウの各脚先端の鉤爪は鋭く，深く曲がっている．前者では2個，後者では1個である．カゲロウでは内側微少な突起がある（図2-8）．

一般的にいって水生昆虫は湖，沼，池，湿地等に生息する静水性のものと渓流や河川のように水が常に動いている動水性の二つに分けてみると，前者に入る水生昆虫は直接空気を，即ち空中の酸素を取る種属が多く，後者にはいる水生昆虫は気管鰓を通じて水に溶け込んでいる，所謂溶存酸素を取る種属が多い．

陸水生物学ないし淡水生物学では，生物をその棲み場所の違いによって，底生生物，プランクトン，遊泳生物，および水表生物の四つのカテゴリーにわけるが，水生昆虫の大部分は底生生物の中へ含まれることはいうまでもない．従って水生昆虫を流れに対する抵抗の様子，餌の摂取法および棲み場所等を勘案した幾つかの生活型に分けることができる．

水生昆虫の生活型は六つにの型に分けることができる．

i 造網型（net spinning type）自己の分泌した絹糸を用いて巣の前面に捕獲網を作る．例　シマトビケラ科，ヒゲナガカワトビケラ科，イワトビケラ科等．

ii 固着型（attaching type）強力な吸盤あるいは鉤爪（鉤着）によって岩石上に固着する．従ってあまり大きな移動はしない．例　アミカ科，アミカモドキ科，ブユ科等．

iii 匍匐型（creeping type）河底の石の間や石面上を歩き廻るもので，歩行型という方が適当かもしれない．例　カワゲラ類，ヒラタカゲロウ科，マダラカゲロウ科，ナガレトビケラ科，ヘビトンボ科，ドロムシ科，シギアブ科等非常に多くの種属がこの型に入る．

iv 携巣型（case bearing type）上記の匍匐型に類似するが，筒巣に入って石間や石面上を移動する．例　トビケラ科，エグリトビケラ科等筒巣を持ったトビケラ類は全てこの型である．

v 遊泳型（swimming type）移動は歩行よりも遊泳を主とするもの．例　コカゲロウ科，イトトンボ科等．

vi 掘潜型（burrowing type）河底の砂や泥の中に潜って生活するもの．例　モンカゲロウ科，ムカシトンボ科，トンボ科，サナエトンボ科等．

一般に，渓流等の流水では上に挙げた全ての型の水生昆虫が見られるが，池や沼等の静水では携巣型，遊泳型および掘潜型等の水生昆虫が多く見られる．

第3章　水生昆虫研究の史的展望

わが国において，水生昆虫学が体系的に行われるようになったのは，淡水生物の体系的研究の一環として始められ，それは川村多実二の「日本淡水生物学」上下2巻（1918）の出版がその出発点となったことは否定できない．もっともそれ以前からも断片的ではあるが水生昆虫に関する記述や観察の記録はあった．中も天保七年（1836）鈴木牧之によって出版された「北越雪譜」に記述された観察記録は当時としては卓越したものである．同書は天保年間の現在の新潟県地方の冬の生活や風物を述べた著述であって，当時の人の暮らし振りを知るのに貴重な文献といわれている．同書は人の暮らしだけでなく，越後地方の自然現象や動物についても記述があり，その中に二つの項を設けて水生昆虫についてのべている．

即ち，「雪中の虫」（図3-1）と「渋海（しぶみ）川さかべつたう」（図3-2）である．

「雪中の虫」では，この虫が雪と共に出現し，雪が消えると虫も姿を消すとあってこれら昆虫の

東海大学出版部
出版案内
2017.No.3

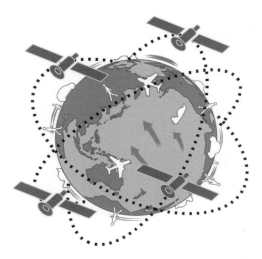

『動く地球の測りかた』より

東海大学出版部

〒259-1292 神奈川県平塚市北金目4-1-1
Tel.0463-58-7811　Fax.0463-58-7833
http://www.press.tokai.ac.jp/
ウェブサイトでは、刊行書籍の内容紹介や目次をご覧いただけます。

日本産ヒラメ・カレイ類

尼岡邦夫 著

B5判・上製本・236頁　定価(本体18000円+税)　ISBN978-4-486-02108-7　2016.9

カレイ・ヒラメ類は世界で約678種が生息しており、魚類の中でも大きな一群である。日本産のカレイ・ヒラメ類、94種を検索および全種のカラー写真で紹介し、食用の有無などを解説する有用魚類図鑑。

【フィールドの生物学㉑】

植物をたくみに操る虫たち
虫こぶ形成昆虫の魅力

徳田　誠 著

B6判・並製本・304頁　定価(本体2000円+税)　ISBN978-4-486-02097-4　2016.11

タマバエ、アブラムシや菌類などが植物に入り込んでつくる虫こぶについて、その形成昆虫と寄生植物の相互関係を中心に、そのメカニズムの解明に挑んだ研究過程を、調査の様子とともに紹介する。

確率統計序論　第三版

道家暎幸・土井　誠・山本義郎 著

A5判・並製本・112頁　定価(本体1600円+税)　ISBN978-4-486-02124-7　2016.11

本書は、統計学の基礎を体系的、かつ簡潔にまとめた入門書で、初学者にも理解できるよう、統計学の基礎や背景を丁寧に解説し、統計的推論を視野に入れ、生きた統計学を活用出来るように書かれている。

サケの記憶
生まれた川に帰る不思議

上田　宏 著

A5変判・並製本・104頁　定価(本体2000円+税)　ISBN978-4-486-02115-5　2016.11

「サケが生まれた川に帰る謎」を生活史、ホルモン、嗅覚、記憶、稚魚の母川想起、回遊行動の最新情報をもとに解明する。また、サケ資源の現状と将来展望を解説する。

日本産フグ類図鑑

松浦啓一　著
B5判・上製本・144頁　定価（本体7200円＋税）ISBN978-4-486-02127-8　2017.3

日本に生息するフグ類（ハリセンボン、マンボウ）13属・58種を網羅したカラー図鑑。フグ類の系統分類、特徴、識別、分布、食性と毒性、フグ類の属から種への検索が可能。日本産フグ類のエンサイクロペディアである。

招かれない虫たちの話
虫がもたらす健康被害と害虫管理

日本昆虫科学連合　編
A5変判・並製本・240頁　定価（本体3300円＋税）ISBN978-4-486-02125-4　2017.3

「虫と感染症」をキーワードに、近年大きな注目を集める感染症を媒介する節足動物（マダニ、ヒトスジシマカ、イエバエ、イエダニ、トコジラミ他）と人間の正しい関わり方を19名の研究者が、分かりやすく解説する。

ワレリウス・マクシムスの『著名言行録』の修辞学的側面の研究

吉田俊一郎　著
A5判・上製本・208頁　定価（本体4000円＋税）ISBN978-4-486-02130-8　2017.3

古代ローマの歴史家であるワレリウス・マクシムスの「記憶に値する行為と言葉」のレトリック的側面の研究である。マクシムスの生きた時代、古代ローマにおける修辞学の重要な諸側面について「著名言行録」との関わりを詳細に検討した研究である。

基本観光学

岸　真清・島　和俊・浅野清彦・立原　繁・片岡勲人・服部　泰・小澤考人　著
A5判・並製本・192頁　定価（本体2700円＋税）ISBN978-4-486-02142-1　2017.3

東海大学観光学部の基礎科目のカリキュラムに沿ったテキスト。目次：躍進する観光産業と金融システム／観光の動向と日本経済／サービス・マネジメント／日本におけるメディカルツーリズムの可能性／観光とコンテンツビジネス／観光文化のための批判的諸理論／オリンピックというイベントと観光・ツーリズムの可能性

人工知能の哲学

松田雄馬　著
A5変判・上製本・248頁　定価（本体3000円＋税）ISBN978-4-486-02141-4　2017.4

本書は、人間の脳の働きに触れながら、人間が主体的に活動する日常の生活世界と切り離された人工知能への妄想や誤解を解いていく。

学ぶ力のトレーニング

石村康生・角田博明　著
A5判・並製本・114頁　定価（本体1800円＋税）ISBN978-4-486-02138-4　2017.4

これから就職活動を考える大学生に、将来なりたい自分になるために、これからの学生生活、社会生活を考え、シミュレーションをできるようにすることを提案する。

目立ちたがり屋の鳥たち

江口和洋　著
A5変判・並製本・254頁　定価（本体2800円＋税）ISBN978-4-486-02140-7　2017.4

鳥のさまざまな行動生態の中から面白い行動を紹介する。最新鳥類生態学の成果を解説する。目次：早起きな鳥はセクシー／イケメンはイクメン／オオカミがきた！／愛の巣を飾ろう／イースターエッグを探せ／舞踏への勧誘／親の手助け弟を世話し／デキる奴はモテる／ライバルこそが頼り

統計学序論　改訂版

山本義郎　著
A5判・並製本・216頁　定価（本体2400円＋税）ISBN978-4-486-02133-9　2017.4

初めての統計学を学ぶ人のための入門書。統計学の基礎的な理論と手法を理解することを目的とし、その手法と理論的背景を解説する。改訂版では手法の理解のための例題、実用面を考慮した章末問題が充実。また「統計検定」に対応した。

図3-1　雪中の虫　　図3-2　渋海川のさかべつとう
　　　（北越雪譜）　　　　　　（北越雪譜）

生態をよく観察している．文中に　この虫は，二種あり，一ツは翼（はね）ありて飛行（とびあるき），一ツははねあれども蔵（おさめて）蚊行（はひあり），共に足六つあり……（原文のまま）とあって非常によく観察をしている．描かれた図と記載から，前者はユスリカ成虫であり，後者は，早春の頃同地方に多く見られるヤマトクロカワゲラ，*Capnia japonica* あるいはフタトゲクロカワゲラ，*Capnia bitubercurata* と推定することができる．

「渋海川さかべつたう」
　さかべつたうとは越後方言でガ類の総称で，同地方では現在でも使われている．この話は，本文末に記しているように，著者，鈴木牧之が直接見たのではなく，渋海川沿岸から嫁入って来た老婦から聞いた話であると断っている．これは記述からトビケラ，多分シマトビケラ科あるいはヒゲナガカワトビケラ科成虫の群飛と推定できる．人によっては，これをトビケラではなくてカゲロウとする考えがある．文中に白蝶とか白布等といった表現がある所からそういった誤解が生じたのではなかろうか．「件（くだん）さかべつたうは渋海川の石蚕（せきさん）なるべし」（原文のまま）とあるように彼も本草の書物からトビケラを知っていたと想像される．この現象は毎年見られたようであるが，天明の洪水以来見られなくなったという．また挿絵を見ると川辺に毛氈を敷いて，数人の男女が群飛を見物しながら酒食を共にしているが，冒頭にも記したようにこの話は人から聞いた話で絵は想像によって描かれたと思う．いくら100年以上前でも絵の様な状況の下では重箱をひらいて飲んだり食ったりできたとは思われない．
　著者，鈴木牧之（1770～1842，明和7～天保13）は越後，塩沢の生まれ，名は儀三治，牧之は俳句の号である．質屋と綿布問屋を営み産を築き，俳句や詩歌をよみ，上方や江戸の文人墨客と親交を結び，特に山東京山とは深い親交があったようで，本著の挿絵は牧之の草描を基として，京山の息子，京水が描いたといわれている．牧之には北越雪譜以外に秋山紀行の著作もある．
　水生昆虫学という言葉は津田松苗によって「水生昆虫学」が出版された1962年以降に一般に使われるようになった．しかしそれより以前に上野益三（1948）は彼の論文，「水に棲む昆虫」の中で，「水生昆虫学というべき昆虫学の一分科がここに成り立つわけである」と述べている．これが水生昆虫学という言葉を，わが国で使った最初であろう．

1．わが国の昆虫学小史

　水生昆虫学の発達について述べる前に，わが国における昆虫学の発達の過程について簡単に触れる．

　1877年に東京大学が発足し，理学部の中に動物学教室（設立当初は生物学科と称した）が置かれ，箕作佳吉（1858～1909）と飯島魁（1861～1912）の二人が教授として教室の運営，研究および後進の指導にあたった．こうした中で多くの動物学者が輩出したが，昆虫学者は数人のみである．モースの伝統を引き継いだ，箕作，飯島の両教授の興味の中心は海の動物や寄生虫の研究にあり，特に飯島は最後まで昆虫に対する興味を示さなかったといわれている．

　このような中でも三宅恒方（1880～1912），矢野宗幹（1884～1970），木下周太（1884～1955），および江崎悌三（1899～1957）等，数は少ないながらも傑出した昆虫学者がでた．彼等，昆虫学者は，研究課題の中心を海の動物や寄生虫とする箕作・飯島の目には，研究室の異端の士と写ったであろう．その頃，昆虫の研究は応用面，特に害虫駆除に関する研究が主となるような風潮にあった．

　このような風潮の基で昆虫に関する研究教育は農学系で修める伝統は，理学部準助教授であった佐々木忠次郎（1857～1938）が，1883年に駒場農学校（後の東京大学農学部）へ転出したときに始まる．実利的な応用問題とは別個に純粋の昆虫学は，動物学の一部として理学系で行われるのが正当と思われるが，わが国ではそれが実現されなかった．わが国では昆虫学は，一般的に農学系で修めるという風潮が定着したようである．しかし欧米諸国においても多少はこういった傾向にあるようである．

　わが国における昆虫の研究教育は駒場農学校と札幌農学校で行われ，駒場系と札幌系の二つの学派が形成されることになる．

2．駒場学派と札幌学派

　駒場農学校へ移った佐々木忠次郎は福井県の生まれで，東京大学理学部生物学科の第一回卒業生である．彼は農学校において昆虫学および養蚕学の講義をした．駒場農学校からは純粋昆虫学よりも応用昆虫学の方面で名を挙げた人が多かった．

　いっぽう，東北帝国大学農科大学（現北海道大学農学部）の昆虫学教室を主宰した教授松村松年（1872～1960）は，明石市生まれ，札幌農学校第13期（1895）の卒業である．彼は卒業の翌年に母校の助教授となり，1934年に北海道帝国大学を退官するまで多くの昆虫学者を育成した．彼自身は国内はもとより，サハリン，台湾，中国東北部を廻って昆虫を採集し多くの種を記載すると同時に，北大農学部昆虫学教室の標本室の基礎を築いた．

　ここも農学系であるから，応用昆虫に関する教育，研究が行われたことはいうまでもない．こうした状況下にあっても，北大からは純粋昆虫学へ貢献する昆虫学が多く輩出した．松村門下からも水生昆虫に関係する優れた業績を残した昆虫学者多い．

　素木得一（1880～1976），1905年札幌農学校卒業，台北帝国大学教授．直翅目が本来の専門であるが，ブユ科についても造詣深く，わが国のブユ科のモノグラフを出版した．他に昆虫学，農業害虫および衛生害虫についての大著がある．

　岡本半次郎（1882～1960），広島県，福山市生まれ．1907年札幌農学校卒業，つづいて北海道農業試験場に技師として勤務，農業害虫に関する研究を進める傍ら襀翅目，クサカ科の研究をする．特にカワゲラ類については1912（札幌博物学会会報），1922（朝鮮総督府勧業模範場欧文報告）に

図3-3 岡本半次郎（Hanjiro Okamoto 1880～1960）

図3-4 松村門下（撮影時期不明）後列左から小熊桿，桑山茂，荒川重里，前列左から素木得一，松村松年，岡村半次郎．桑山茂は桑山覚博士の令兄（坂本与一博士所蔵）．

図3-5 桑山覚(Satoru Kuwayama 1895～1985)

モノグラフを分別して掲載，今でもカワゲラに関する重要な文献の1つである．1920年，朝鮮総督府勧業模範場技師病理昆虫係主任となり転勤する．同時に水原高等農林学校（現ソウル大学農学部）の教授を兼任する．1925年退官して故郷の福山へ帰る．帰郷後は故郷で中学校長，教員養成所長，地方事務所長等を務め，1947年，広島大学教育学部福山分校講師を務める（図3-3）．

　小熊　桿（1885～1971）．東京生まれ，東北帝国大学農科大学1911年卒業．昆虫学を修めたが，卒業後動物学教室に移り，八田三郎教授に師事する．1929年北海道帝国大学農学部，翌1930年には同大学理学部教授に就任する．遺伝学分野の染色体や細胞遺伝学への貢献が著名である．わが国のトンボ研究の草分け的存在で，初期にはトンボに関する報告が多くある．1949年国立遺伝学研究所を創設，退官まで初代所長の要職にあった（図3-4）．

　桑山　覚（1895～1985）．北海道釧路生まれ．東北帝国大学農科大学農学実科（現北大農学部を1917年卒業，直ちに北海道農業試験場に職を得，1959年場長として退官するまで勤務した．この間道内の農業害虫の研究は素晴らしい物があり，なかでもイネドロオイムシ，イネヒメハモグリバエやニカメイガ等の北海道での生態を明らかにして，寒地稲作への貢献は極めて大である．彼はまた毛翅目の分類学的研究にも務め，北方地域のトビケラ相の解明に大きく寄与した．農事試験所退官

後しばらくの間，酪農学園大学に教授として勤務した（図3-5）．

松村門下あるいは札幌学派といわれるこれらの学者たちは農学系本来の応用昆虫学的研究に著しい寄与をし，害虫の駆除に対して多大の業績をのこす一方で，純粋昆虫学への寄与もはなはだ大きいものであったといわなければならない．これらの人たちの研究成果を基礎として，今に見る水生昆虫学の発展があったことを忘れてはならない．

3．京都帝大を中心とした水生昆虫学

この章の冒頭で述べた「日本淡水生物学」の著者である，川村多実二はわが国の淡水生物研究の創始者であることはいうまでもないことである．

川村多実二（1883〜1964）岡山県津山市生まれ．津山で中学校を卒業，引き続いて第三高等学校（現京都大学人間科学部）を経て1905年東京帝国大学理科大学動物学科へ入学し，飯島魁教授に師事して，クダクラゲを研究する．クダクラゲ研究への興味は，研究中心が動物生態学や淡水生物学へ移っても失われることなく続けられ，1954年に発表された論文が最後である．クダクラゲの研究により，1907年東京帝国大学を，成績優秀者に下賜される銀時計組の一人として卒業した．直ちに大学院に入り研究を続行したが，その頃動物学が形態学や分類学を主流とすることに疑問を抱かせたようである．川村は創設間もない京都帝国大学医科大学で生理学研究のために石川日出鶴丸教授のもとに移ったのは1912年のことである．京都へ移った川村は石川教授と共に石川がドイツ留学中にプレーンで視察したような臨湖実験所を創始すべく努力し，1914年に琵琶湖畔の大津市，浄水道取入口横（大津市観音寺町）に京都帝国大学医科大学付属大津臨湖実験所（現．京都大学生態学研究センター）を開設した（図3-6）．

開設したばかりの臨湖実験所において，実際の研究や後進の指導にあたったのは川村である．即ち，この時をもってわが国において水生昆虫を含めて淡水生物科学的研究が軌道にのったということができる．

1919年，京都帝国大学医科大学，理科大学はそれぞれ医学部，理学部と改称され，理学部に動物学教室と植物学教室が新たに設けられた．大津臨湖実験所は1922年に理学部へ移管され，動物学教室第二講座（動物生理生態学）を担当していた川村は，理学部付属大津臨湖実験所を初代所長として主宰した．動物生理生態学講座が開設されるのに先立って，臨湖実験所において開設以来続けてきた淡水生物研究の成果をもとに上下二巻の「日本淡水生物学」（1918）を出版した．この書が，これ以降淡水生物学を学ぶ人たちへの必須指針の書となり本書の恩恵を受けた研究者の数は計り知れない．また，その翌年に2ヵ年の期間アメリカへ留学した．アメリカでは各地の大学や研究機関を訪れた．彼地で川村の印象を最も深めたのは，コーネル大学においてI. G. ニーダム教授によって実施されていた野外実習であった．これが帰国後に動物生態学を開講するにあたって非常な参考になったようである．これこそ川村が東大在学中から追い求めてきた「生きた動物学」であった．帰国後新しく開設された動物学教室では，わが国初の動物生態学および同実習が，川村によって開講された．即ち，これがわが国で初めての動物生態学の講義および実習の最初である．

川村が1943年停年退官するまでの間に，生態学あるいは生理学の指導を受けた人は数多くあり，夫々にこの道の指導的な立場に立つ人たちが輩出した．自己の研究と学生の指導だけに留まらず，その名声を慕って教えを乞う学外からの人達にも，分け隔てなく接し，彼の薫陶を受けた学者も少なくない．

大津臨湖実験所が1914年に開設されて以来，実験所では，日本の淡水域にはどんな動植物が生息

図3-6　川村多実二（Tamiji Kawamura 1883～1964）

図3-7　上野益三（Masuzou Ueno 1900～1989）

するかを探索することが第一であった．実験所が理学部へ移管されるに伴って，自己の研究課題に淡水生物を選ぶ学生や研究者が集まってきた．これらの人たちによって，日本の淡水動物相は明らかになっていった．この伝統は生態学研究センターへも引き継がれている．

　上野益三（1900～1989）．大阪生まれ，幼少の頃から非常に聡明な少年であった．小学校5年生の時に豊中市（当時は豊中村）に移り住んだ上野少年にとって，自然のままの野原や池沼が多く，草や虫に絶大な興味を持っていた少年にとって，豊中での田園生活に不足のあるわけはなかった．大阪府立北野中学校（現北野高等学校）から大阪薬学専門学校（現大阪薬科大学）を経て京都帝国大学理学部動物学科へ入学したのは1923年4月である．自然をこよなく愛した彼は，中学生の時に，すでに淡水生物に関心を深くし近くの池や沼から採集したエビ，コオイムシやマツモムシ等を水槽で飼育観察をした．こうして彼に淡水生物に興味を深くせしめたのは，丁度その頃，川村多実二による「日本淡水生物学」が出版されていたので，それを入手した彼は淡水生物への思いが募ったようである（図3-7）．

　上に述べたように京都帝国大学へ入学した時には，すでに淡水生物に関心を持ち，書物を通じて川村多実二教授の名前を知っていた上野は淡水生物学への途に専念すべく決めていたようである．川村教授に師事して鰓脚類研究によって1926年に京都帝国大学を卒業した彼は，動物学教室の助手に就任して，淡水生物学の途を邁進することになった．また同時に付属大津臨湖実験所において，卒業以来の題目である鰓脚類を中心とする甲殻類の研究を進めると共に，カゲロウやカワゲラ等の水生昆虫を含めた淡水産の節足動物の研究を進め，本格的に淡水生物学に精進することになる．

　1925年7月，十和田湖畔の細流で川村教授と共に採集した奇妙な形態のカワゲラ，トワダカワゲラの発見は，彼の数多くある研究業績の中でも特筆に値するものの1つである．

　トワダカワゲラの学名，*Scopura longa* は，これを研究中に，中国からの帰途川村教授を訪ねて大津臨湖実験所へ立ち寄ったコーネル大学のJ. G. ニーダム教授の示唆によるものである．カゲロウやカワゲラについていえば，多くの新種の記載は中国東北部，ヒマラヤ地域や東南アジア地域に及んでいる．特にカゲロウへの関心は晩年になっても失われなかった．トワダカワゲラは後年成虫が発見され，やはり特異な形態をしているところから，1935年にトワダカワゲラ科として，新科を創設した．

図3-8 1928年6月28日 大津臨湖実験所を訪れたJ. G. Needhamとともに．左から岩田正俊，近藤康二，J. G. ニーダム，上野益三，宮地伝三郎．旧建物玄関前で．

　彼はまた，淡水の動物の分類学的な研究だけでなく，湖沼，河川はいうまでもなく，湧泉，湿地や地下水の陸水学的研究にも先鞭をつけ，わが国の陸水学発展に貢献する甚大である．日本陸水学会が1931年に創設されるにさいしては，設立委員の一人として，学会の設立に尽力した．学会が設立されるや，機関誌，陸水学雑誌の編集を創刊号より一手に引き受け，それは，彼が1964年陸水学会会長に就任するまで続けられた．

　長野県信濃教育委員会の支援を受けて，槍沢を源流とし上高地を通って犀川に合流する梓川水系を数年にわたり調査した報告書として，岩波書店から「上高地梓川水系の水棲動物」を出版した．本著は一見したところ地方誌的報告書のようにみえるが，川那部（1989）もいうように，わが国で最初に発刊された河川群集の書物であるだけでなく，わが国初の水生昆虫についての成書ということができる．

　彼の研究は，卒業研究以来続けられてきた鰓脚類に留まらず，当時は殆ど手のつけられていなかったカゲロウやカワゲラの研究にもおよぶ．わが国水生昆虫学の礎の1つとなっている．上にも記したようにトワダカワゲラの発見，多くの新種の記載等昆虫分類学への寄与も大である．特にカゲロウの研究は晩年まで続けられた．

　彼の研究は記載を主とする分類学だけでなく，むしろ研究の主流はわが国の陸水域の生態学的ないし陸水学的研究である．このような観点から，先にも触れたように，性質の異なる陸水域を求め自らを現地に運び調査研究した．これらの研究はいずれもわが国の陸水学の草分け的な研究であって，陸水学の発展に寄与しただけでなく，どのような水域にどんな生物がいるかを，未知であった水域の生物相を明らかにしたことからも高く評価されなければならない．1934年，動物学雑誌に発表された一連の「日光火山彙陸水の生態学的研究」はその代表的な1つである．この論文において，日光地方の湖，沼，渓流および湿原を総合的に取り上げ，各生物群集について総合的に書かれたわが国最初の論文である．

　1943年．上野の師事していた川村教授が停年退官されると，助教授に昇進していた彼はその身分のまま大津臨湖実験所所長の地位を引き継いで所長に就任して，実験所の管理運営にあたったが，時あたかも大戦の最中であり，続いて敗戦直後の混乱期に突入して，実験所の運営は筆舌に尽くし難い苦労があったようである．1963年，教授に昇格されると同時に30年間すごした大津臨湖実験所から京都大学教養部（現人間科学部）へ移ったが，研究は従来通り実験所で行われた．1963年3月

図3-9　岩田正俊（Masatoshi Iwata 1897〜1997）

慣れ親しんだ京都大学を退官した．退官後は甲南女子大学に迎えられて，女子学生に生物学，科学史を講じた．退官を境にして，研究の主流は陸水学から博物学史へと移って，晩年は，それが主流となり，博物学史や生物学史に関する大著を数冊以上を出版した．一般に彼の生物学史の研究は京都大学を停年退官後に始まったように理解している人もあるが，生物学史への興味は若い頃からで，最初の生物学史の著書出版が1934年であることをみてもわかる．1989年6月17日早朝89才の生涯を閉じた．

　岩田正俊（1897〜1997），島根県荒島町（現安来市）生まれ．1923年京都帝国大学理学部動物学科は入学，川村多実二教授に師事する．川村教授より与えられた研究課題はわが国のトビケラ幼虫の研究であった．その当時，わが国における昆虫としてのトビケラに関する知識は成虫について松村松年や中原和郎らによる報告が若干ある程度で，幼虫については皆目分からない状態にあった．
　川村教授が実験所開設以来各地で採集保存してあった標本をスケッチし，記載する一方，自身で近くの三井寺山内の細流，比叡山山麓，坂本の日吉川，京都の鴨川，貴船川，鞍馬川や清滝川等へ採集に出かけて材料を集めて研究した．また遠く信州や帰郷した際には自宅近辺の川でもトビケラ類を研究の材料に採集した．1927年から1930年の4年間にわたり動物学雑誌に「日本産毛翅目研究，第一—第五報」として掲載発表された．殊に第一報は60余ページ，多くの図版を含んだ大著である．これら一連の論文には *Uenoa* や *Kitagamia* 等の新属や新種の記載が多くされている．また記録，記載した全ての種に和名がつけられている．この論文は現在でもトビケラ幼虫を研究する上で重要な文献の1つである．
　上記の論文を卒業論文として1927年に京都帝国大学を卒業した岩田は大津臨湖実験場に残り，トビケラ幼虫の研究を続けたが，鴨川上流における一文を日本生物地理学会報（1930）に発表して大津臨湖実験所を去った（図3-9）．
　どういう理由か知らないが，京都を離れた岩田は大阪医科大学（後の大阪帝国大学医学部）の吉田貞雄教授のもとで寄生虫の研究をはじめた．1936年大阪帝国大学より医学博士の学位を授与されて寄生虫の途を進んだ．戦時中は，寄生虫研究のために，海軍から委嘱を受け，ニューギニアやマレーシアへ赴き現地で調査研究に当たった．1950年から奈良学芸大学（現奈良教育大学）の教授となり，生物学等を講ずる．その間も寄生虫の研究は止むことなく続けられ，1963年同大学を停年退

官して故郷，安来にもどっても続けた．晩年は上に述べたように，自宅に作った研究室での研究と自宅裏の中海へ飛来する白鳥を観察する日々であったが，1997年8月満100才の天寿を全うした．

　北上四郎（1904～1953），兵庫県武庫郡（現神戸市）生まれ．第四高等学校（現金沢大学）を経て京都帝国大学理学部動物学科へ1934年入学，水道生物学の創始者，近藤正義らと同期である．北上も川村教授に師事し，生涯をアミカ科の研究に捧げることになるが，それには以下に述べるようなエピソードがある．
　川村が「日本淡水生物学」を発行以来昭和の始めに至るまでわが国からアミカの幼虫は未発見であった．同書においてアミカ科の解説をした川村は，「欧米の渓流にて既に発見せられ適応の驚く可き例なさるるは……」にはじまり，「我邦に於いては未だ知られざるも，一種 Liponeura infuscata（くろばあみか）の成虫は盛岡以北に産すると聞けば，今後東北地方の山間の急流に此幼虫および蛹の採集せらるる日も遠からざるべし．……力めて探索するを要す．中原の鹿果たして何人の手に落ちるか」（原文のまま）と結んである．登山を趣味とし，登山家でもあった北上は，剣岳の西斜面を流下する早月川で，夕食のために釣り上げたイワナの胃を大津臨湖実験所へ持ち帰った．実験室へ持ち帰ったイワナの胃はアミカの幼虫で充満していた．驚いた北上は満身の笑みをたたえて，中原の鹿を見つけたと人に語ったといわれている．正にこれが，わが国でアミカ幼虫の発見の瞬間であった．これが動機となって，アミカを研究し，「The Blepharoceridae of Japan」を卒業論文として完成させて，1927年に京都帝国大学を卒業，続いて京都府立医科大学予科教授に任ぜられ，医師となるべき学生に動物学を講ずる傍らアミカの研究を精力的に行なう．それは，幼虫のみならず，蛹や成虫をも含めた精細のものである．1948年「The revision of the Blepharoceridae of Japan and adjacent territories」の論文により京都大学から理学博士の学位を授与された．彼の論文は敗戦間もない頃に印刷されたので，紙が悪いために図等見にくいが，その内容は単なるモノグラフではなくアミカ科の系統について論じたものである．
　1950年熊本県立女子大学の教授に任ぜられ，同地での活躍が期待されたが1953年7月に死亡した（図3-10）．

　今西錦司（1902～1992），京都生まれ．第三高等学校を経て1925年，京都帝国大学農学部農林生物学科へ入学，徳永雅明（昆虫学），小泉清明（昆虫生理学，陸水学）らと同期である．1928年農林生物第一回生として卒業した彼は，理学部に移り川村教授に師事して，与えられた題目がカゲロウの研究である．京都近郊の山々でカゲロウを採集して分類するだけでなく，幼虫を成虫として，その関係を明らかにした．ヒラタカゲロウ類幼虫の石面上での散らばりの様子を詳細に観察することによって，所謂「すみわけ理論」を創設した．これによって理学博士の学位を授与された．これは今西生態学へ，更に今西進化論へと展開して行った（図3-11）．

　津田松苗（1911～1975），兵庫県尼崎市生まれ京都育ち．幼少の頃から秀才の誉れ高く，桃山小学校5年生から府立桃山中学校へ，更に桃中4年生終了で第三高等学校へ入学した．三高では，将来医学の途へ進むべく理乙（ドイツ語）を選んだが，健康を損ねて1年余を静養せねばならなくなり，医学への途を断念して，理学部で動物学を修めることにした．1932年三高を卒業した津田は京都帝国大学理学部へ入学，動物学を専攻することになった．この頃から水生昆虫との出会いが始まることになる．川村多実二教授に師事して卒業研究の指導を受けて，ミズメイガやトビケラの研究をし，「Untersuchugen ueber die Japanischen Wasser insekten, I-III」のシリーズを卒業論文として1935

図3-10　北上四郎（Shiro Kitagami 1904～1953）

年に京大を卒業，続いて大学院へ入学，水生昆虫を主とする淡水生物の研究生活が始まった．彼は精力的にトビケラの成虫や幼虫を研究して新属，新種の記載はもとより，成虫と幼虫の関係を明らかにする等して，幼虫の学名を決定する努力をした．

ドイツ語が達者で流暢に話す津田は，1937年から1年余り日独交換学生の一人としてドイツへ留学することになった．

かねてから応用陸水学に深い関心を抱いていた津田は，将来の自己の研究の方向として汚水生物学を志向して，ミュンヘン大学のデモル教授（1882～1960）の研究室へ行ったとき，それは決定的になった．デモル教授の元で汚水生物学の研修をしたことは，後年彼が日本の汚水生物学を創設するための原動力になったことはいうまでもない．即ち，デモルらによるドイツ応用陸水学の伝統は津田によって日本へ導入されたのである．またドイツ滞在中にハンブルグ郊外に，世界のトビケラ界の大御所といわれたウルマー（1877～1963）を訪れ，わが国のトビケラについて意見の交換をした．留学中に機会を作って，欧州各国の大学や研究機関を訪れ，多くの知見を得て1939年2月に帰国した．

帰国後は留学前からのトビケラに関する研究を継続し，その間，1941年には京都帝国大学助手に就任，大津臨湖実験所勤務となる．1943年大学卒業以来続けてきたトビケラの研究によって理学博士の学位を授与された．その主論文となったのは「Japanische Trichopteren I, Systematik II, Verberitung und Phylogenie」である．Iはモノグラフで，トビケラ研究者の多くいる現在でも，新しいモノグラフが出版されていないので，トビケラを研究する人にとっては必要欠くべからざる重要な文献の1つである．IIは印刷に付すべく，原稿が東京の印刷屋へ送られたが，空襲によって印刷屋もろとも灰燼に帰したために公刊されずに終わってしまったのは返す返すも残念である．

1946年，奈良女子高等師範学校講師として赴任，翌年には同校教授となる．同校が1949年学制改革によって，奈良女子大学に昇格するや，同大学の教授となり停年退官するまで，研究，教育また評議員，学部長，図書館長として同大学の管理運営の要職を勤める．

奈良へ移ってからも，トビケラの研究は断続して行われたが，それらは主に卒業研究の指導を受けにきた学生や外部から研究にきた人たちに課題として与えて指導した．それらはトビケラだけでなく，他の水生昆虫の幼虫にもおよんだ．これらの研究は成虫を確かめたり，幼虫を記載せしめるだけで，規約に基ずいた命名は殆どなかった．即ち，属名の後に，学名と間違われないような符号によって示された．

図3-11 鹿野忠男学位論文提出記念会 京都三島亭において．後列左から徳田御稔，安江安宣，前列左から森下正明，可児藤吉，鹿野忠男，今西錦司．（安江安宣所蔵）

　当時水生昆虫の同定に，まとまった成書はなく，それぞれの昆虫群に応じて原著または原記載を見なければならず，その探索に時間と労力を要し非常に不便であった．それを解消するため，彼の周辺で水生昆虫を研究している人たちの協力により1962年「水生昆虫学」を出版した．わが国初の水生昆虫の成書である．本書の出現によって研究者はいうまでもなく，初学者にも多大の便を与えた．またこの書物の出版によって，水生昆虫の研究は容易になり，水生昆虫の研究を自己の生涯の題目とする若い人たちの増加をもたらしたことは否定できない．

　奈良へ移ってからの津田の研究の興味の中心は，トビケラの分類学よりも，渓流生物群集の生態学，即ち，群集の現存量や生産力の研究に向けられた．これらの一連の研究の結果，わが国の渓流においてはヒゲナガカワトビケラやシマトビケラ等の，所謂造網型の昆虫の占める重要性を発見した．1956年，オーストリアで開催された国際陸水学会に日本代表として出席した津田は，その席上，上記の問題について，「Important role of net spinning caddis fly larvae in Japanese running waters」を題する講演をして，その重要性を世界に向けて発表した．

　津田の陸水研究の領域は渓流の群集生態学にとどまらず，湖沼の沿岸部，人工湖や河川下流部へと発展していった．その方向は徐々にではあるが，応用陸水学，特に汚水生物学的色彩の濃いものになっていった．これは，彼が以前から深い関心を持っていた問題であり，また留学したミュンヘン大学デモル教授のもとで研修した賜で，ミュンヘンで身につけてきたデモルの学風が発揮されることになる．

　丁度その頃空気や水の汚れに対する問題が社会的に大きくなり，地方自治体や企業から調査研究の依頼や要請を受けることが多くなり，学生に与える課題も汚水生物学的なものが多くなっていった．彼が以前から汚水生物に深い関心を持っていたことはすでに述べた通りであるが，1944年に発表されたつぎの三つの報文をみてもわかる．「生物学的水質判定要義」，「邦産生物による水質汚濁指標生物表」および「鴨川水系の動物群集と該河水汚化との関係」で，上の二つは水道協会雑誌に，最後のは，戦時中，京大生理生態学講座で発刊されていた生理生態学講座業績という冊子に発表されたものである．

水生昆虫研究の史的展望　21

図3-12　津田松苗（Matsunae Tsuda 1911〜1979）

　応用陸水学即ち汚水生物学へ研究の主流を移していった津田は1964年に「汚水生物学」を出版した．これもわが国で始めて世に出た類書のない書物で，この途に進む者にとっては必携の書となっている．またこの同じ年に，水道生物学の創始者，近藤正義を会長にして水処理生物学会を設立，自らは副会長を勤め，機関誌「日本水処理生物学会誌」を編集する等して学会の発展に尽力すること大であった．

　応用陸水学的研究はこれ以降1975年に停年退官するまで続けられた．退官後は公職を離れ学会での活躍が期待されたが，病魔の侵すところとなり，その年の10月に不帰の客となったことは悔やんでも余りある（図3-12）．

　可児藤吉（1908〜1944），岡山県勝田郡（現勝央町）生まれ．津山中学校，大阪府立浪速高等学校を経て1930年4月，京都帝国大学農学部農林生物学科へ入学する．湯浅八郎教授に師事して昆虫学を専攻する．ノミの触角の比較形態学的研究を卒業論文として，1933年同大学を卒業．直ちに大学院へ入学する．研究題目は医用昆虫学であった．徳永雅明助教授の助言を受けて京都鴨川でブユの研究を始める．また同時に理学部付属植物園構内や鴨川近辺の下水溝の動物生態について調べているが，これについてはただ1つの報文があるのみで，その後は進展しなかったようである．京都近辺の水系はいうまでもなく，遠く長野県，特に松本市，奈良井川や梓川等へ調査に出掛けている．

　この頃可児が師事した湯浅教授は京都を去り，京大農学部も昆虫学研究室は春川忠吉教授に変わっていた．可児は鴨川におけるブユ研究に関する昭和11年度大学院報告を春川教授に提出して，理学部大学院に転学して動物学教室の川村多実二教授に師事することになったのは1937年3月である．この時から可児の本格的な水生昆虫の研究が開始された．可児が農学部から理学部へ移った本当の理由は分からない．しかし彼は農学部在学中から理学部動物学教室によく出入りし，第二講座の談話会や陸水学会京都談話会に出席し，彼自身の研究の経過や結果について発表しているので，その辺に理由があるかもしれない．もう今となってはその頃の人たちは殆ど故人となっているので聞く術もない．理学部に移ってからも，彼は農学部昆虫研究室の談話会にも参加して自己の研究の経過や成果について発表している．戦前は，京都大学においてはこうした学部の枠を超えた交流が日常茶飯事のこととして行われていた．

　理学部へ移った可児は，長野県木曾福島町にあった京都大学木曾生物研究所を基点として木曾川

およびその支流，王滝川特に後者を精力的に歩き，川の水生動物特に昆虫の生態を研究し，その得た結果を「河流における動物の生息状態」の一連の題目で動物第二講座や昆虫研究室の談話会席上で再々に渡って発表している．勿論上記以外の演題でも多くの水生昆虫の話があり，これらが後に出版される大著の基になっているようである．

　1943年2月，可児は召集令を受け，研究を中断して大阪の部隊に入らねばならなくなった．

　召集を受けるまでに，すでに出版社に渡っていた大著，「渓流性昆虫の生態について——カゲロフ・トビケラ・カハゲラその他の幼虫について——」（原文のまま）が，1944年3月に研究社から日本生物誌第4巻昆虫上巻に約140ページの大著が公刊された．しかし可児は，本著が出版になったときはまだ大阪にいたようであるが，何分，全く自由のきかない軍隊であったから，自分の著作が出版されていることも知らずに，翌月4月に戦線へ赴いた可能性が高いといわれている．赴いた先は，戦況の厳しかったサイパン島であった．同島へ上陸して2カ月後の1944年7月に戦死，帰らぬ人となった．

　本著はその後の渓流の群集生態を研究する者にとっては，研究の指針として重要な参考書とされた．特に可児の発想による河川形態の表示は現在でも一般に重宝されている．

　1947年，友人や知己により可児藤吉遺稿整理委員会が発足して，彼の残した原稿を整理し長野県木曾教育会から，1952年に「木曾王滝川昆虫誌」が発刊された．また1971年に思索社から「可児藤吉全集　全一巻」が発刊され，これらによって可児の研究の全貌を知ることができる（図3-13）．

　河野光子（1916～1992），福島県会津若松町（現在市）に生まれる．幼少の頃から昆虫を好み，会津高等女学校（現会津女史高等学校）に入学してからは，平山修次郎の主宰する昆虫同好会に入会し，セーラー服姿で採集会等に参加し，今なら極く普通のことであるが，当時としては珍しい風景であったろうと思われる．このように昆虫に趣味を持っていた彼女が生涯研究することになるカワゲラに何時頃から興味を持ち始めたか分からないが，河野家の裏を流れる湯川の川岸で，3月下旬に雪上を歩き回るクロカワゲラを見たのが発端と聞いている．

　会津高等女学校を卒業した彼女は，1935年4月に東京女子高等師範学校（現お茶の水女子大学）へ入学し，小さい頃から昆虫が好きであった彼女は理科，生物学を専攻したことは勿論である．そこで彼女は動物学担当の菊池健三教授（1901～1949）によって，もうすでにカワゲラの観察研究を始めていた彼女は菊池教授から京大大津臨湖実験所の上野益三講師（当時）を紹介されて，以後は上野講師の助言を受けて研究を進めることになる．女高師在学中休暇を利用して日光や上高地等に採集旅行を試み，特に日光ではトワダカワゲラの雌成虫を発見，採集して報告（1937）している．これは同種の雌成虫の発見の第一号である．また彼女は女高師入学の前年（1934）に彼女にカワゲラ研究に興味を抱かせたヤマトクロカワゲラの観察記録を昆虫同好会の機関誌「昆虫界」に「ヤマトクロカワゲラに就いて」と題して発表している．

　1941年東京女子高等師範学校を卒業した彼女は就職することもなく，故郷会津若松へ帰り，自宅でカワゲラの研究に専念することになった．女高師在学中から日本昆虫学会の機関誌「昆虫界」や九州大学安松教授が主宰する雑誌に論文を投稿掲載されていた彼女は，若松へ帰ってからはその勢いは衰えを知らず，ますます盛んで多くの成果を発表している．それらは幼虫の記載，生活史，新種の記載および飼育や観察によって成虫を確認して学名を決定した観察の記録や論文等である．

　河野によって幼虫が記載され，後日成虫が判明して，学名が決定あるいは命名されたものは以下のようである．

Peltoperla sp. No. 2 (Kohno, 1938) = *Nogipertla japonica* Okamoto, 1912 (Kohno 1941)

図 3-13 可児藤吉 (Toukichi Kani 1908〜1944) 牧野四子吉画，可児藤吉全集より．

図 3-14 河野光子 (Mitsuko Kohno) 1916〜1992．スペイングラナダにて川合撮影，1989．

Isogenus sp. No. 30 (Kohno, 1937) = *Stavsolus japonicus* (Okamoto), 19123 (Kohno, 1946)
Isoperla sp. No. 29 (Kohno, 1937) = *Isoperla aizuana* Kohno, 1953 (Kohno, 1953)
Isoperla sp. No. 47 (Kohno, 1938) = *Isoperla asakaswae* Kohno, 1941 (Kohno, 1953)
Isoperla sp. No. 50 (Kohno, 1938) = *Isoperla towadensis* Okamoto, 1912 (Kohno, 1946)
Perla sp. No. 35 (Kohno, 1938) = *Caroperla pacifica* Kohno, 1946 (Kohno, 1946)
Chloroperla sp. No. 44 (Kohno, 1937) = *Alloperla nikkoensis* (Okamoto), 1912 (Kohno, 1940)
Chloroperla sp. No. 46 (Kohno, 1941) = *Haploperla japonica* Kohno, 1946 (Kohno, 1946)

　1947年に結婚し，3児の母となっても，研究意欲は衰えることなく続けられた．1960年父君の亡くなられた後，此花酒造の社長となって，会社の管理運営の傍らも研究を続行，1962年に東北大学からの「日本の襀翅目」を主論文として理学博士の学位を授与されている．4年目毎に開催される国際カワゲラシンポジウムに出席して，カワゲラに対する熱意は少しも衰えを見せなかった．社長職を令息に譲り，自らは会長となり酒造会社を背後から支え，余生を楽しみながらも，地域への活動もされていたようで，1990年秋に科学部門での福島県文化功労者に選ばれている．1992年12月13日自宅で脳出血によって倒れ，何の患もなく不帰の客となった．76才であった（図3-14）．

　川村多実二を基点として開始された淡水生物の研究は，初期にはどこにどのような生物がいるかを知ることが先決であった．即ち，名前を決める，同定，分類することが第一で，特に昆虫の場合，水のなかで生活している大部分は幼虫であるから，幼虫を分類することが主体となったのは当然である．その頃成虫については，すでに昆虫学者，特に札幌学派ともいうべき人たちによって多くの種が記載報告されていたが，それらと幼虫との関連あるいは結びつける努力はなされたとは思えない．しかし川村門下においても水生幼虫の同定分類だけでなく，成虫の記載分類も行われ，成虫と幼虫を結びつける試みはなされていた．代表的なものを挙げると，カゲロウは上野，今西，カワゲラは，上野，トビケラは岩田，津田，アミカは北上等で，後二者はそれぞれ津田（1942），北上（1950）らによってモノグラフとして大成した．カワゲラについては後年川合（1967）によって大成したが，カゲロウについては未だに，今西（1940）による幼虫のモノグラフ的な論文のみで，完全なモノグラフは出版されていないのは残念である．

当然ながら分類学を主流として走り出した水生昆虫学は，1930年代に入ると生態学的あるいは地域的な著作が見られるようになる．今西によるすみわけ理論（1934），上野による梓川の水生動物（1935）等を代表的なものとして挙げることができる．もちろん，この間にあっても種名決定のためには，成虫の研究や生活史を明らかにする努力はなされていた．これらの成果は，それぞれの著者によって論文となって動物学雑誌，動物学彙報，生物地理学会会報，京都帝国大学理学部紀要等に掲載発表された．
　この頃欧米では，すでに水生昆虫に関する入門的あるいは専門的な書籍は数多く出版されていて，先学たちやわれわれが水生昆虫を研究する上で大いに参考となった．しかし，この時期わが国において啓蒙的，専門的を問わず水生昆虫についての出版物は1つもなかった．しかし，1932年，日本昆虫図鑑が出版された時，その巻末104ページにわたって昆虫幼虫が図説され，その中に若干の水生幼虫の代表的な種属が図示解説された．これは川村の日本淡水生物学に水生昆虫が図示されて以来のことである．また上野による上記した梓川水系の水生動物（1935）にも水生昆虫が数多く図示されていて，初学者，専門家を問わず多大の便を受けた．
　1940年代になると戦争への機運が高まり，第二次世界大戦（太平洋戦争）が開始されるや，世間は一挙に戦時態勢となって，自分の興味だけで研究を続けることは殆ど不可能となった．全て戦時色一色であった．そんな中で先に挙げた可児（1944）の遺作となった大著，渓流水生昆虫の生態は異彩放つものであったが，時代が異常なときだけに，あまり注目されることはなかった．戦後に注目されて，渓流の生態学の重要な指針となった．この戦時下にあっても，自己の興味の赴くままに研究を続けた人がある．それは河野光子である．彼女は自宅裏を流れる湯川を利用してカワゲラ幼虫を飼育して成虫を羽化させたり，行動や生活史等の観察を続行，幼虫や新種等の記載をした．戦時下において，こうした研究が続けられたのは，彼女が何処へも勤務することなく自宅に居たからに他ならない．彼女の得た成果は戦後になってから，「昆虫界」，「むし」や「採集と飼育」（1946-1948）の誌上に公表されて，カワゲラ事情は一挙に明るくなった．
　戦後になると全てがそうであったように，事情は一変した．即ち，今まで水生昆虫の研究といえば分類学的な傾向の強いものであったのが，可児の論文による刺激もあって生態学的な方向，特に群集生態学研究が主な流れに移っていった．そしてそれが極に達したのは日本がI. B. P.（国際生物事業計画）に参加した時である．
　水生昆虫即渓流生物の生態といったような風潮が高まり，個々の種より群集として渓流を捕らえる研究が主流の感を呈してきた．従って，渓流生物群集の現存量，生産量あるいは生産力に関する研究である．このように生態学的研究が主流となったけれども，種の同定については困難をしていた．そんなとき「日本幼虫図鑑」（1959）が出版されたことは晴天の霹靂であった．本書は旧版の日本昆虫図鑑の巻末の幼虫編を拡充したもので水生昆虫について見れば，旧版では川村が代表的種属について図示しただけであるが，新版においては，それぞれ各専門家によって執筆図示されて充実した内容で初心者にもまた専門家にも利して便なものであった．その3年後に津田の編集による「水生昆虫学」が公刊されて，同定が非常に容易になっただけでなく，水生昆虫を自己の題目とする若い人の増加に繋がったことは先にも述べた通りである．
　群集生態学的研究を主流としたかに見えた，生産を中心とした水生昆虫の研究はI. B. P.の終了と共に下火となっていった．それに代わって台頭してきたのが，1つは底生動物による水質判定と生物指標等，応用陸水学的な方向，もう1つは水生昆虫の個々の種についての成虫を含めた生活史の研究である．最近では，特に後者に関しては研究者の増えたことも手伝って，それらの成果には目を見張るものがある．この頃にしてようやく水生昆虫学も足を地につけて地道に歩き出した感が

ある.

　以上述べてきたことを基として,水生昆虫学として取り扱う範囲を模型的に示したのが図3-15である.即ち,京都大学において川村多実二に端を発した淡水生物学から分枝した生態的研究で,群集生態学の枝は生産量や生産力の研究が主体に見えたが,生活史や行動の方向と応用陸水学の方向へと二分した.生態学の枝は更に分枝する可能性を秘めている.

　水生昆虫学を科学として確固たる地位を得るためには,分類系,生態系の枝を繁栄させることは勿論であるが,それにもまして,生理学,発生学の枝を発展させる必要がある.これらについては

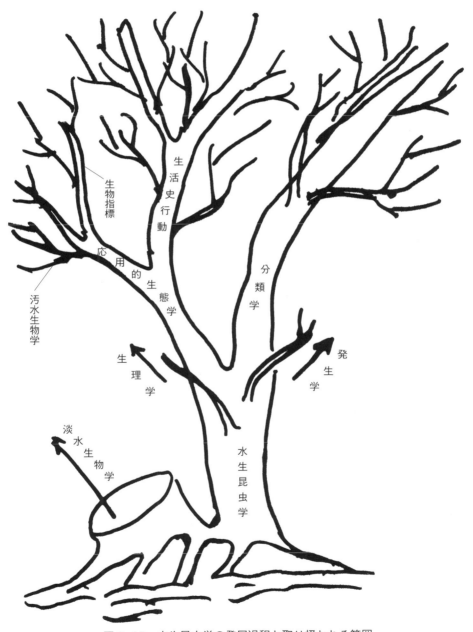

図3-15　水生昆虫学の発展過程と取り扱われる範囲

断片的な報告があるのみあるのみある，特に前者については，興味ある問題であるのに，飼育の困難さも手伝って見るべきものはない．これら二分野が発展してこそ，水生昆虫学の科学としての確固たる地位が確立されるであろう．

参考文献および関連書

Brehm'J., M & Meijering P. D. 1990. Fliessgewaesserkunde. Quelle & Meyer Verlag, Heidelberg.
Edmondson, W. I., (ed.) 1959. Ward and Whiple's Freshwater Biology. J. Wiley, New York.
江崎悌三（編）．1950．学生版　日本昆虫図鑑．北隆館，東京．
江崎悌三（編）．1959．日本幼虫図鑑．北隆館，東京．
Fey, J. M. 1996. Biologie am Bach. Quelle & Meyer, Wiesbaden.
Hynes, H. B. N. 1970. The Ecology of Running Waters. Liverpool Univ. Press, Liverpool.
Illies, J. 1961. Lebensgemeinschaft des Bergbachen. Franckh'sche Verlag, Stuttgart.
Illies, J. 1967. Limnofauna Europa. Gustav Fischer Verlag, Stuttgart.
Illies, I. 1968. Ephemeroptera. Handb. Zool. 4 (2) 2/5 1-63. Walter de Gruyter & Co., Berlin.
磯辺ゆう．1997．昆虫類の日周期性の起源と水生昆虫の起源．生物科学ニュース．No. 312, 12-15.
岩田正俊．1930．急流棲昆虫の適応について．昆虫，4, 1-13.
Karny, H. H. 1934. Biologie der Wassweinsekten. Verlag von Fritz Wagner, Wien.
川合禎次（編著）．1985．日本産水生昆虫検索図説．東海大学出版会，東京．
川合禎次．1989．わが国の水生昆虫研究史．柴谷篤弘・谷田一三編，日本の水生昆虫，18-28．東海大学出版会，東京．
Lehmkuhl, D. M. 1979. How to Know the Aquatic Insects. Wm. C. Brown Comp. Publ., Dubuque, Iowa.
Macan. T. T. 1959. A Guide to Fershwater Inbertebrate Animals. Longman Group Lim.
Malicky, H. 1973. Trichoptera, Handb. Zoo, 4 (2). 2/29, 1-114. Walter de Gruyter, Berlin.
McCafferty, T. W. & Provonsha A. V. 1981. Aquatic Entomology. Sci. Book Internatl., Boston.
Merritt, R. W. & Cummins K. W. (eds.) 1978. An Introduction to the Aquatic Insects of North America. Kendall / Hunt Publ. Comp. Dubuque, Iowa.
宮下　力．1985．水生昆虫学．アテネ書房，東京．
Nager, P. 1989. Bildbestimmungsschlussel der Saprobien. Gustav Fischer Verlag, Strttgart.
Nilsson. A. (ed.) 1996. Aquatic insects of North Europe, 2 vols, Apollo Books, Stenstrup.
西村登．1987．ヒゲナガカワトビケラ．文一総合出版，東京．
Pedkarsky, B. et al. 1990. Freshwater Macroinvertebrates of Northeastern North America. Cornell University Press, Ithaca.
Pennak, R. W. 1953. Freshwater invertebrates of the United States. Ronald Press.
Platzer-Schultz, I. 1974. Unsere Zuckmucken. A. Ziemsen Verlag, Wittenberg Lutherstadt.
柴谷篤弘・谷田一三（編）．1989．日本の水生昆虫．東海大学出版会，東京．
Townsend, C. R. 1980. The Ecology of Strems and Rivers, Edward Arnold, New York.
津田松苗（編）．1962．水生昆虫学．北隆館，東京．
上野益三．1935．上高地および梓川水系の水棲動物．岩波書店，東京．
上野益三．1937．渓流動物の生態．植物及動物，5：207-212.
上野益三．1948．水に棲む虫．宝塚昆虫館報，51：1-21.
上野益三（編）．1975．川村日本淡水生物学．北隆館，東京．
Usinger, R. L. (ed.) 1956. Aquatic Insects of California with Keys to North American Genera and California Species. University of Calfornia Press, Berkeley.
Wesenberg-Lund, C. 1943. Biologie der Suesswasser Insekten. Gyldendalske Boghandel Nordisk Forlag., Kopenhagen.
Williams, D. D. & Feltmate B. W. 1992. Aquatic Insects. Redwood Press Ltd., Melksham.
Zwick, P. 1980. Plecoptera, Handb. Zool. 4 (2) 2/7, 1-111. Walter de Gruyter, Berlin.

各　論

第1章　水生昆虫幼虫の目（order）の検索表

　水生昆虫幼虫の各目の識別にはこの検索表と別図の水生昆虫識別検索図を併せて使うと，初心者にとっては便利である．成虫については各種昆虫図鑑によって簡単に知ることができる．

1a　幼虫はうじ型である．翅の原基は外部から見ることはできない．完全変態である ……2
1b　幼虫はうじ型ではない．翅の原基はよく発達し，胸部背面に翅包として認められる．不完全変態である． ……………………………………………………………………………… 8
2a　幼虫の胸部にまったく肢がない ………………………………………………………… 3
2b　幼虫の胸部に3対の肢がある …………………………………………………………… 4
3a　腹部末端に1対の尾状突起がある ………………………………… **膜翅目（ハチ目）**
3b　腹部末端に上記のような尾状突起はない ………………………… **双翅目（ハエ目）**
4a　口器は前方にのび吸液管となる ……………………………………………… **扁翅目**
4b　口器は吸液管とならない，咬むに適す ………………………………………………… 5
5a　腹部最後節に1対の腹肢がある．各腹肢は1ないし2個の鉤爪がある ……………… 6
5b　腹部最後節に腹肢のあるものとないものがある．腹肢のある場合は数対ある．腹肢に鉤爪はない ……………………………………………………………………………………… 7
6a　各腹節の側面にむち状の付属物が1対ある ……… **広翅目（脈翅目，アミメカゲロウ目）**
6b　各腹節の付属物はない．幼虫は砂粒あるいは植物片で可型の筒巣にはいっているか，水中の石の間に砂粒や植物片等で固着の巣をつくる．この場合巣の入口に餌をとるための捕獲網をつくるものがある ………………………………………… **毛翅目（トビケラ目）**
7a　腹部下面に5対の腹肢がある．腹部末端に気孔がない ………… **鱗翅目（チョウ目）**
7b　腹部下面に腹肢はない．腹部末端に気孔がある …………………… **鞘翅目（甲虫目）**
8a　口器は長くのびて吸液管となる ……………………………… **半翅目（カメムシ目）**
8b　口器は吸液管とならず，咬むに適す ……………………………………………………… 9
9a　腹部末端に長い尾がある．下唇は頭部の長さより短い ……………………………… 10
9b　腹部末端に尾はない．尾部に3個の葉状の気管鰓あるいは棘状突起がある．下唇は頭部よりはるかに長く，蝶番状に頭部下面にたたみこまれている ……… **蜻蛉目（トンボ目）**
10a　尾は2本，各肢の跗節の爪は2個，鰓は胸部または腹部末端にある
　　　…………………………………………………………………… **積翅目（カワゲラ目）**
10b　尾は3本または2本，各肢の跗節の爪は1個，鰓は腹部各節の側面あるいは背面にある
　　　…………………………………………………………………… **蜉蝣目（カゲロウ目）**

28　各論

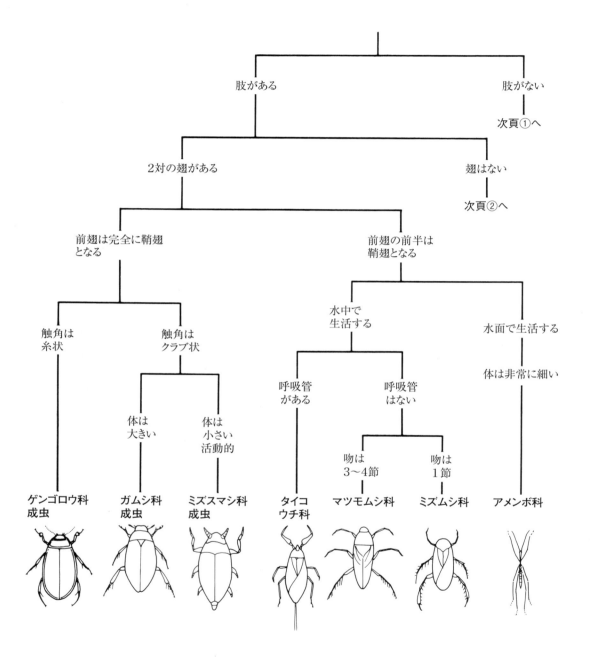

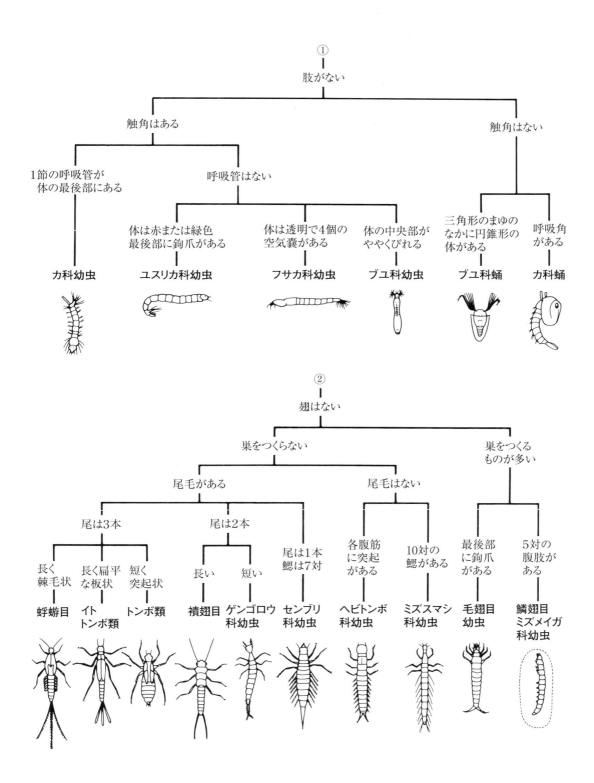

カゲロウ目 Ephemeroptera　　　　　　　　　　　　　　　　　　　　　　　　　　　　　　　　　　　Plate 1

Plate 1　トビイロカゲロウ科 Leptophlebiidae
1. ヒメトビイロカゲロウ *Choroterpes (Euthraulus) altioculus* Kluge，幼虫
2. オオトゲエラカゲロウ *Thraulus grandis* Gose，幼虫
3. クロトビイロカゲロウ *Choroterpes (Dilatognathus) nigella* (Kang & Yang)，幼虫
4. ナミトビイロカゲロウ *Paraleptophlebia japonica* (Matsumura)，雄成虫
5. ナミトビイロカゲロウ *P. japonica*，幼虫
6. ナミトビイロカゲロウ *P. japonica*，雌亜成虫
7. ウェストントビイロカゲロウ *Paraleptophlebia westoni* Imanishi，幼虫

Plate 2 カワカゲロウ科 Potamanthidae
1. キイロカワカゲロウ *Potamanthus (Potamanthodes) formosus* Eaton, 雄成虫
2. キイロカワカゲロウ *P. (P.) formosus*, 雌成虫
3. キイロカワカゲロウ *P. (P.) formosus*, 雄成虫
4. キイロカワカゲロウ *P. (P.) formosus*, 幼虫
5. オオカワカゲロウ *Potamanthus (Potamanthus) huoshanensis* Wu, 幼虫（写真提供：杉山章）
6. オオカワカゲロウ *P. (P.) huoshanensis*, 雄成虫（小林・西野, 1992より）

カゲロウ目　Ephemeroptera　　　　　　　　　　　　　　　　　　　　　　　　　　　　　　　　　　Plate 3

Plate 3　モンカゲロウ科 Ephemeridae
1. モンカゲロウ *Ephemera (Sinephemera) strigata* Eaton，雄成虫
2. モンカゲロウ *E. (S.) strigata*，雌成虫
3. モンカゲロウ *E. (S.) strigata*，雄亜成虫
4. トウヨウモンカゲロウ *Ephemera (Ephemera) orientalis* McLachlan，雌成虫
5. フタスジモンカゲロウ *Ephemera (Sinephemera) japonica* McLachlan，雄成虫
6. フタスジモンカゲロウ *E. (S.) japonica*，雄亜成虫
7. フタスジモンカゲロウ *E. (S.) japonica*，幼虫

Plate 4　シロイロカゲロウ科 Polymitarcyidae，ヒメシロカゲロウ科 Caenidae
1．アカツキシロカゲロウ *Ephoron eophilum* Ishiwata，雄成虫
2．アカツキシロカゲロウ *E. eophilum*，幼虫
3．オオシロカゲロウ *Ephoron shigae* (Takahashi)，雄成虫
4．ビワコシロカゲロウ *Ephoron limnobium* Ishiwata，雄成虫
5．ミツトゲヒメシロカゲロウ *Brachycercus japonicus* Gose，雄成虫
6．ヒメシロカゲロウ属の1種 *Caenis* sp.，幼虫

カゲロウ目　Ephemeroptera　　　　　　　　　　　　　　　　　　　　　　　　　　　Plate 5

Plate 5　マダラカゲロウ科（1）Ephemerellidae
1．オオクママダラカゲロウ Cincticostella (Cincticostella) elongatula (McLachlan), 雄成虫
2．オオクママダラカゲロウ C. (C.) elongatula, 雄亜成虫
3．オオクママダラカゲロウ C. (C.) elongatula, 幼虫
4．クロマダラカゲロウ Cincticostella (Cincticostella) nigra (Uéno), 幼虫
5．クロマダラカゲロウ C. (C.) nigra, 雄亜成虫
6．チェルノバマダラカゲロウ Cincticostella (Cincticostella) orientalis (Tshernova), 幼虫
7．チェルノバマダラカゲロウ C. (C.) orientalis, 雄亜成虫
8．カスタネアマダラカゲロウ Cincticostella (Cincticostella) levanidovae (Tshernova), 幼虫

Plate 6 マダラカゲロウ科（2）Ephemerellidae
1. ミツトゲマダラカゲロウ *Drunella trispina* (Uéno)，雄成虫
2. オオマダラカゲロウ *Drunella basalis* (Imanishi)，雄成虫
3. オオマダラカゲロウ *D. basalis*，幼虫
4. コウノマダラカゲロウ *Drunella kohnoi* (Allen)，雌亜成虫
5. コウノマダラカゲロウ *D. kohnoi*，雄成虫
6. フタコブマダラカゲロウ *Drunella cryptomeria* (Imanishi)，幼虫
7. フタマタマダラカゲロウ *Drunella sacharinensis* (Matsumura)，幼虫
8. ヨシノマダラカゲロウ *Drunella ishiyamana* Matsumura，雌亜成虫

カゲロウ目 Ephemeroptera　　Plate 7

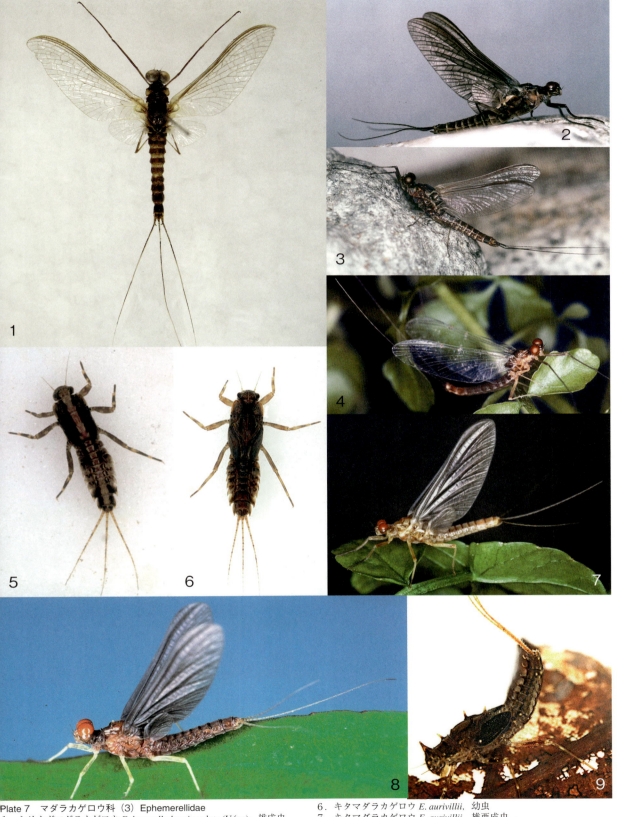

Plate 7　マダラカゲロウ科（3）Ephemerellidae
1．シリナガマダラカゲロウ *Ephacerella longicaudata* (Uéno)，雄成虫
2．シリナガマダラカゲロウ *E. longicaudata*，雄亜成虫
3．シリナガマダラカゲロウ *E. longicaudata*，雄成虫
4．キタマダラカゲロウ *Ephemerella aurivillii* (Bengtsson)，雄成虫
5．キタマダラカゲロウ *E. aurivillii*，幼虫
6．キタマダラカゲロウ *E. aurivillii*，幼虫
7．キタマダラカゲロウ *E. aurivillii*，雄亜成虫
8．ツノマダラカゲロウ *Ephemerella tsuno* (Jacobus & McCafferty)，雄亜成虫
9．ツノマダラカゲロウ *E. tsuno*，幼虫

Plate 8　マダラカゲロウ科（4）Ephemerellidae
1. ホソバマダラカゲロウ *Ephemerella atagosana* Imanishi，雄成虫
2. ホソバマダラカゲロウ *E. atagosana*，雄成虫
3. ホソバマダラカゲロウ *E. atagosana*，雄亜成虫
4. ホソバマダラカゲロウ *E. atagosana*，幼虫
5. イマニシマダラカゲロウ *Ephemerella occiprens* (Jacobus & McCafferty)，幼虫
6. イマニシマダラカゲロウ *E. occiprens*，雌亜成虫
7. クシゲマダラカゲロウ *Ephemerella setigera* Bajkova，雄成虫
8. イシワタマダラカゲロウ *Ephemerella ishiwatai* Gose，幼虫

カゲロウ目 Ephemeroptera　　　　　　　　　　　　　　　　　　　　　　　　　　　　　　　　　　　　　Plate 9

Plate 9　マダラカゲロウ科（5）Ephemerellidae
1. キマダラカゲロウ *Ephemerella notata* Eaton，雄成虫
2. キマダラカゲロウ *E. notata*，幼虫
3. キマダラカゲロウ *E. notata*，雄亜成虫
4. エラブタマダラカゲロウ *Torleya japonica* (Gose)，雄成虫
5. エラブタマダラカゲロウ *T. japonica*，雄亜成虫
6. チノマダラカゲロウ *Teleganopsis chinoi* (Gose)，幼虫
7. アカマダラカゲロウ *Teleganopsis punctisetae* (Matsumura)，幼虫
8. アカマダラカゲロウ *U. punctisetae*，雄成虫

Plate 10　　カゲロウ目　Ephemeroptera

Plate 10　ヒメフタオカゲロウ科 Ameletidae，コカゲロウ科 Baetidae
1．マエグロヒメフタオカゲロウ *Ameletus costalis* (Matsumura), 雄成虫
2．キョウトヒメフタオカゲロウ *Ameletus kyotensis* Imanishi, 雄成虫（写真提供：青木 舜）
3．キョウトヒメフタオカゲロウ *A. kyotensis*, 雄亜成虫（写真提供：青木 舜）
4．クロベヒメフタオカゲロウ *Ameletus subalpinus* Imanishi, 雄成虫（写真提供：青木 舜）
5．クロベフタオカゲロウ *A. subalpinus*, 雄亜成虫（写真提供：青木 舜）
6．ウスイロフトヒゲコカゲロウ *Labiobaetis atrebatinus orientalis* (Kluge), 幼虫
7．フタバコカゲロウ *Baetiella japonica* (Imanishi), 雄成虫
8．フタバカゲロウ *Cloeon dipterum* (Linnaeus), 雌成虫
9．フタバカゲロウ *C. dipterum*, 幼虫
10．フタバカゲロウ *C. dipterum*, 雄成虫
11．フタバカゲロウ *C. dipterum*, 雌成虫
12．シロハラコカゲロウ *Baetis thermicus* Uéno, 幼虫

カゲロウ目 Ephemeroptera　　　　　　　　　　　　　　　　　　　　　　　　　　　　　　Plate 11

Plate 11　ガガンボカゲロウ科 Dipteromimidae，フタオカゲロウ科 Siphlonuridae
1．ガガンボカゲロウ *Dipteromimus tipuliformis* McLachlan，雄成虫
2．ガガンボカゲロウ *D. tipuliformis*，雄成虫
3．オオフタオカゲロウ *Siphlonurus* (*Siphlonurus*) *binotatus* (Eaton)，雌成虫
4．オオフタオカゲロウ *S.* (*S.*) *binotatus*，雄成虫
5．ヨシノフタオカゲロウ *Siphlonurus* (*Siphlonurus*) *yoshinoensis* Gose，雄成虫
6．ヨシノフタオカゲロウ *S.* (*S.*) *yoshinoensis*，雌成虫
7．ナミフタオカゲロウ *Siphlonurus* (*Siphlonurus*) *sanukensis* Takahashi，幼虫
8．ナミフタオカゲロウ *S.* (*S.*) *sanukensis*，雄亜成虫

Plate 12 チラカゲロウ科 Isonychiidae, ヒトリガカゲロウ科 Oligoneuriidae
1. チラカゲロウ *Isonychia* (*Isonychia*) *valida* (Navás), 雄成虫
2. チラカゲロウ *I.* (*I.*) *valida*, 雌成虫
3. ヒトリガカゲロウ *Oligoneuriella pallida* (Hagen), 幼虫
4. ヒトリガカゲロウ *O. pallida*, 雄成虫
5. ヒトリガカゲロウ *O. pallida*, 雌成虫

カゲロウ目　Ephemeroptera　　　　　　　　　　　　　　　　　　　　　　　　　　　　Plate 13

Plate 13　ヒラタカゲロウ科（1）Heptageniidae
1．オビカゲロウ *Bleptus fasciatus* Eaton，雄亜成虫
2．オビカゲロウ *B. fasciatus*，雄成虫
3．オビカゲロウ *B. fasciatus*，幼虫
4．シロタニガワカゲロウ *Ecdyonurus yoshidae* Takahashi，幼虫
5．シロタニガワカゲロウ *E. yoshidae*，雄成虫
6．シロタニガワカゲロウ *E. yoshidae*，雌成虫

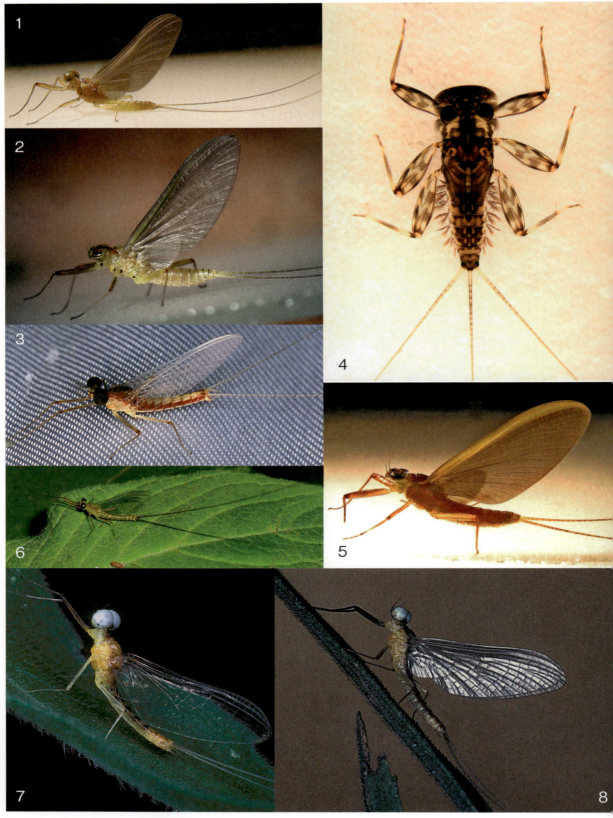

Plate 14 ヒラタカゲロウ科（2）Heptageniidae
1．シロタニガワカゲロウ *E. yoshidae*，雄亜成虫
2．シロタニガワカゲロウ *E. yoshidae*，雌亜成虫
3．ミナミタニガワカゲロウ *Ecdyonurus hyalinus* (Ulmer)，雄亜成虫
4．ミドリタニガワカゲロウ *Ecdyonurus viridis* (Matsumura)，幼虫
5．ミドリタニガワカゲロウ *E. viridis* (Matsumura)，雌亜成虫
6．ミドリタニガワカゲロウ *E. viridis*，雄成虫
7．ヒメタニガワカゲロウ *Ecdyonurus scalaris* Kluge，雄成虫
8．ヒメタニガワカゲロウ *E. scalaris*，雄亜成虫

カゲロウ目 Ephemeroptera　　　　　　　　　　　　　　　　　　　　　　　　　　　　　　　　　　　　　Plate 15

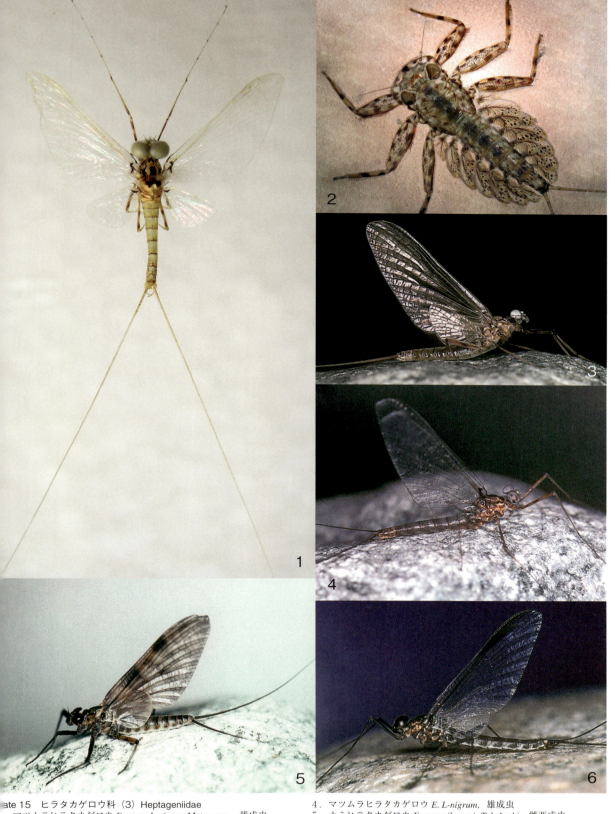

Plate 15　ヒラタカゲロウ科（3）Heptageniidae
1．マツムラヒラタカゲロウ *Epeorus L-nigrum* Matsumura，雄成虫
2．マツムラヒラタカゲロウ *E. L-nigrum*，幼虫
3．マツムラヒラタカゲロウ *E. L-nigrum*，雄亜成虫
4．マツムラヒラタカゲロウ *E. L-nigrum*，雄成虫
5．ナミヒラタカゲロウ *Epeorus ikanonis* Takahashi，雌亜成虫
6．ナミヒラタカゲロウ *E. ikanonis*，雄成虫

Plate 16 ヒラタカゲロウ科（4）Heptageniidae
1. キョウトキハダヒラタカゲロウ *Heptagenia kyotoensis* Gose，幼虫
2. キョウトキハダヒラタカゲロウ *H. kyotoensis*，雌亜成虫
3. キハダヒラタカゲロウ *Kageronia kihada* Matsumura，雄成虫
4. キハダヒラタカゲロウ *K. kihada*，雌成虫
5. タテヤマヒメヒラタカゲロウ *Rhithrogena tateyamana* Imanishi，雄成虫
6. ミナヅキヒメヒラタカゲロウ *Rhithrogena minazuki* Imanishi，雄成虫

カゲロウ目　Ephemeroptera

石綿進一，竹門康弘，藤谷俊仁

はじめに

カゲロウ類は有翅昆虫類に属し，きわめて古い時代から地球上に出現した原始的な昆虫類の一群である．世界のカゲロウ目の科および属のチェックリストによると（Hubbard, 1990），カゲロウ類の最古の化石は石炭紀まで遡り，この年代の化石から4属のカゲロウが報告されている．そして，ジュラ紀にはマダラカゲロウ科，コカゲロウ科などをはじめ現存の多くの科が認められている．

すべてのカゲロウ類は，幼虫（nymph）の段階を水中で過ごし成虫（imago, adult）には陸上生活を送る．また，カゲロウは，亜成虫（subimago, subadult）という独特の発育段階をもっている．亜成虫は，完全変態を行う昆虫の蛹（pupa）に相当する段階で，成虫に似た姿をしており空中を飛ぶことができる．羽化した亜成虫は，河原周辺の梢などで1〜数日間を過ごしてから成虫になる．ごく一部のカゲロウは，亜成虫のままで交尾・産卵し一生を終えるものもある．これらの種では，羽化してから交尾や産卵を終えて死ぬまで，僅か数時間の寿命である．"カゲロウの命"がはかなさの代名詞として使われるゆえんである．Ephemeropteraの名称も，「たった一日の命」の意味のギリシャ語に由来する．

雌は一般に数千もの卵を産むため，幼虫は河川の底生動物のなかでしばしば優占種になる．このため，魚類をはじめとする捕食性の水生動物にとって，重要な餌となることが知られている．カゲロウは，古くから釣り餌やフライ（疑似餌）として注目を浴びてきた．特に種によって明確な羽化期や羽化の時間帯を示すカゲロウ類は，フライのイミテーションの対象として人気を集めている（島崎，1997）．これは，魚が集中的に羽化するカゲロウ類を餌対象に選びやすいため，それらのカゲロウの羽化生態を知ることが釣果につながるからである．いっぽう，羽化したカゲロウの成虫は，魚のみならずトンボや鳥にとっても重要な餌資源となっている．このため，カゲロウが羽化することは，水中生態系の有機物を陸上生態系へ移出することを意味しており，河川の水質浄化にも一役買っていることになる．

多くのカゲロウの幼虫が清澄な水域に生息することから，EPT種数やスコア法において水質の指標生物としてよく利用されている．また，分析機器を使用しなくても河川の汚れ具合を簡単に調べることができるので，環境教育の教材として有用であり，学校，自治体，地域の環境保全団体などで講習会が実施されてきている（石綿ほか，1989；Ishiwata et al., 1996）．

分類学的概説

日本産カゲロウ目として150種報告されており（Ishiwata, 2018），このうち，幼虫と成虫の関連のついている種は，115種である．カゲロウ目は，McCafferty（1991）によると3亜目に大別され，30上科に分類されている（McCafferty, 1997）．Hubbard（1990）によると310属，種数はTshernova et al.（1986）によると2200種と報告されている．しかし，種，属をはじめ亜目や亜科の分類においても，分類上の知見が集積することによって変化しているのが現状であり，現在，3000種を超えるカゲロウが報告されている（42科，405属，3045種：Bauernfeind & Soldán, 2012；3341種：Barber-James et. al., 2013）．日本産カゲロウ目をMcCafferty（1997）に準拠し整理すると，2亜目6上科に配分でき

る．このうち，マダラカゲロウ亜目（Suborder Rectracheata）は，4上科（トビイロカゲロウ上科 Leptophlebioidea，モンカゲロウ上科 Ephemeroidea，ヒメシロカゲロウ上科 Caenoidea，マダラカゲロウ上科 Ephemerelloidea），ヒラタカゲロウ亜目（Suborder Pisciforma）は，2上科（フタオカゲロウ上科 Siphlonuroidea，ヒラタカゲロウ上科 Heptagenoidea）がそれぞれ含まれる．また，それぞれの上科には，以下の科が含まれる．トビイロカゲロウ上科（トビイロカゲロウ科），モンカゲロウ上科（カワカゲロウ科，モンカゲロウ科，シロイロカゲロウ科），ヒメシロカゲロウ上科（ヒメシロカゲロウ科），マダラカゲロウ上科（マダラカゲロウ科），フタオカゲロウ上科（ヒメフタオカゲロウ科，コカゲロウ科，ガガンボカゲロウ科，フタオカゲロウ科），ヒラタカゲロウ上科（チラカゲロウ科，ヒトリガカゲロウ科，ヒラタカゲロウ科）．

形態的特徴

　卵（図1）：卵の形態については，Koss (1968)，Koss & Edmunds (1974) の研究があり，多くのカゲロウの卵について報告された．それ以後，卵に関する研究が増加し，最近では，走査型電子顕微鏡を使って卵表面の微細構造についての報告が増えてきている．日本においても，岡崎 (1981, 1982, 1984)，Ishiwata (1996)，Tojo & Machida (1998)，Tiunova et al. (2004) によって研究が行われている．これらの研究の結果，カゲロウ目の卵の形態には以下の特徴がある．卵殻表面の模様（chorionic sculpturing）は近縁な種間で異なることが多い．卵殻表面の付属物（attachment structures）は，コイル状付着糸（Knob-terminated coiled threads：KCT）（図1-6），（付着鉤 hook：h）（図1-1），粘着層 adhesive layers などがあり，属ごとに似た付着物を有することが多い．極冠（polar cap：pc）（図1-2〜5）の有無，その形態は科あるいは属によってほぼ一定である．卵門（micropylar devices：m）（図1-3, 4, 6）はいくつかの構造物によって構成されているが，それらの形態は科あるいは属によってほぼ一定である．また，卵のサイズも重要である（図1-2〜5）．これらの特徴から，成虫や幼虫で区別しにくい近縁な種間においても，卵によって容易に区別できることが多い．また，雌の成虫や亜成虫においても，一部を除き現段階では同定が難しいが，その卵を調べることによって，種を特定できることが少なくない．

　幼虫（図2-1）：体は，頭部，胸部，腹部に3区分される．頭部には触角，単眼，複眼，口器（図2-2）がある．口器は上唇，舌，大顎，小顎，下唇によって構成されている．胸部は，前・中・後胸よりなり，それぞれ1対の肢がある．それぞれの肢は爪（1個），跗節，脛節，腿節，転節，基節より構成されている．中・後胸には翅芽とよばれる成虫の翅の礎があり，終齢になるときに大きく発達し，羽化前にはこの部分が黒化する．腹部は10節よりなり，背板，腹板それぞれに特徴的な斑紋をもつことが多い．腹節には鰓があり，鰓の形，数などが種，属グループなどの違いによってほぼ一定の形態をしている．雄は終齢に近づくと，腹板最後節に交尾器の原基が確認されるので，雌雄の判別が可能である（図19-7, 8, 33-5, 6）．腹節末端に3本あるいは2本の尾毛をもち，左右の2本を尾，中央の1本を中尾糸という．それぞれに長毛，刺毛などを有すことがある．

　亜成虫：基本的には成虫と同様の形態をしているが，前・後翅を含む体表面に微毛を有し，よく水を弾く点で異なっている．このため，亜成虫の翅は不透明で，チラカゲロウやトラタニガワカゲロウのように黒色となる場合や，モンカゲロウやキョウトキハダヒラタカゲロウのように黄色になる場合もある．また，尾毛や肢は幼虫よりは伸長するものの，成虫に較べて短い特徴がある．特に雄の前肢と尾毛は，亜成虫から成虫になるときに一挙に伸長する．

　成虫（図3）：各部の名称は幼虫とほぼ同様である．口器は機能することなく退化するが，水分は摂取することができる（Takemon, 1993）．雄の複眼は一般に大きく，上部と下部に分けられるこ

図1 カゲロウ数種の卵
1：ウスグロトゲエラカゲロウ *Thraulus fatuus*　2：ミツトゲヒメシロカゲロウ属の一種 *Brachycercus* sp.
3：ビワコシロカゲロウ *Ephoron limnobium*　4：アカツキシロカゲロウ *Ephoron eophilum*　5：オオシロ
カゲロウ *Ephoron shigae*　6：シロタニガワカゲロウ *Ecdyonurus yoshidae*
KCT：コイル状付着糸；h：付着鈎；pc：極冠；m：卵門

とが多く，特にコカゲロウ科ではその傾向が著しく，上眼をターバン眼とよぶことがある（図3-3）．雌の複眼は一般に小さい．

　中胸部，後胸部にそれぞれ前翅，後翅が発達するが，後翅が欠失したり痕跡的になったりする種もある．翅脈は分類群によって異なることが多く，おもに科の表徴として重要である．跗節の形状あるいは各節の比率は分類群によって異なることが多い．胸部においては，背板，腹板の形態的特徴が重要である．ここでは検索に用いた前・中胸の特徴について述べる．前胸腹板は，前胸骨基腹板（BS1：basisternum of prosternum），前胸骨叉甲腹板（FS1：furcasternum of prosternum），前胸骨叉甲腹板穴（FP：furcal pit of prosternum）などによって構成される（図3-6～9）．BS1を縦断する稜線様隆起（図3-6），BS1とFS1間を横断する稜線様隆起（図3-7, 9矢印）の有無が重要である．中胸背板は，背中線（MLs：median longitudinal suture）（図3-4, 5）は中央を縦断し，中胸横縫合線（MNs：mesonotal suture）（図3-4）は横断する．MNsの有無，位置などが重要な表徴となる．また，MNsによく似た構造で中胸前方を横断する横陥没線（tcl：transverse concave line）（図3-2）が，トビイロカゲロウ科の各種に存在する．背中線の外側に中胸縦平行縫合線（MPs：medioparapsidal suture）さらにその外側に中胸側平行縫合線（LPs：lateroparapsidal suture）がそれぞれ1対縦断する（図3-2～5）．MNsを含めこれらの各線が接するかそうでないかは重要な表徴となる．なお，前縁部の突出（中胸前縁突出部：ANp：anteronotal protuberance of mesothorax）（図3-3）の形態はコカゲロウ科の属を区別する際に重要な表徴となる．中胸腹板において，中胸骨基腹板（BS2：basisternum of mesosternum），中胸骨叉甲腹板（FS2：furcasternum of mesosternum）などによって構成され（図3-6～9），それぞれの形状が重要である．特に，BS2の左右の隆起が平行に並ぶかあるいは接するかは，属やグループを区別する際の表徴となる．なお，ここに図示した胸部は，雄成虫に基づいた．雌成虫においては，胸部全体が幅広である．腹部において，その背面，腹面の斑紋が重要である．交尾器は，雄では陰茎と把持子よりなり，他の昆虫同様重要な形質であるが，単純な構造のものも多く，近縁種間では区別しにくい場合も少なくない．小型のマダラカゲロウ属などのように陰茎に小刺があり，その位置が種を区別するのに重要な表徴である場合には，陰茎のアルカリ処理が必要である．雌の交尾器は第7腹節腹板の後端に開口しており，一般に第7腹節腹板が伸長した亜生殖板と呼ばれる硬いキチン板で覆われている．亜生殖板の発達程度は分類群によって異なっており，ヒメフタオカゲロウ科や一部のヒラタカゲロウ科のようによく発達したものからモンカゲロウ科のように未発達のものまで変異がある．

地理分布

　本章で解説する各種の地理分布は，Ishiwata（2018）に基づいた．

生活史と生態の特徴

　化性：日本産カゲロウ類には，年1世代と年2世代の例が多く知られている（御勢，1970, 1972）．ただし，春と夏に分離した羽化期をもち明らかな年2世代の種や，春から秋まで羽化が継続し世代の分離が困難な種がある．後者には，基本的には年1世代だが一部成長の早い個体が年内に羽化する場合や，基本的に年2世代だが一部成長の遅い個体が羽化せずに冬を越す場合が含まれている（黒田ほか，1984；Watanabe, 1988；渡辺，1992）．カゲロウ類の化性の地理変異は，基本的には水温の積算温量で説明できる例が多いので，水温の低い高標高，高緯度地域では年1世代や2年1世代へ変化することが予想される．ヨーロッパに分布するモンカゲロウの一種 *Ephemera danica* では，2～3℃以上の水温条件で成長し，1世代を完了するためには，温量の積算値がお

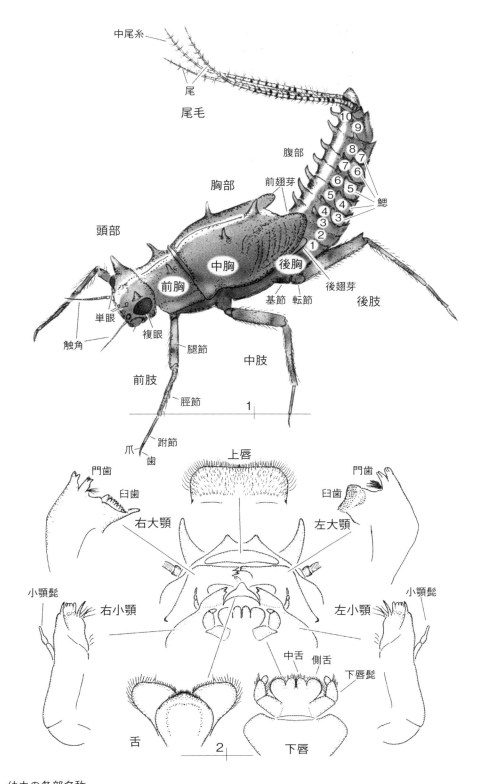

図2 幼虫の各部名称
1：全体図（ツノマダラカゲロウ Ephemerella tsuno）　2：口器（オオマダラカゲロウ Drunella basalis）

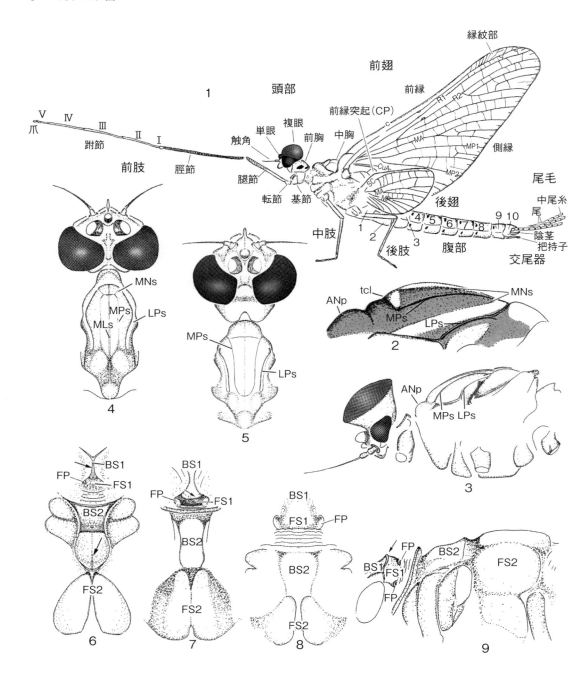

図3 成虫の各部名称
1：全体図（キマダラカゲロウ *Ephemerella notata*）　2：亜成虫胸部側面（ナミトビイロカゲロウ *Paraleptophlebia japonica*）　3：雄頭・胸部側面（フタバコカゲロウ *Baetiella japonica*）　4：雄頭・胸部背面（エゾミヤマタニガワカゲロウ *Cinygmula cava*）　5：雄頭・胸部背面（ミナミヒラタカゲロウ *Epeorus erratus*）　6：前・中胸腹板（ナミトビイロカゲロウ *Paraleptophlebia japonica*）　7：前・中胸腹板（オオフタオカゲロウ *Siphlonurus (Siphlonurus) binotatus*）　8：前・中胸腹板（ミナミヒラタカゲロウ *Epeorus erratus*）　9：前・中胸腹板側面（オオフタオカゲロウ *Siphlonurus (Siphlonurus) binotatus*）

よそ4000～4800℃・日必要である．この値と各地の水温と化性とを比べると，ピレネーでは半数が年1化で残りが2年に1化，イギリス南部ではほとんどが2年に1化でごく少数が年1化，スウェーデン南部では一部が2年に1化で多くは3年に1化であることがうまく説明される（Tokeshi, 1985）．いっぽう，フタバカゲロウのように小型で成長や発育の早い種では，年3世代以上になることもある．

卵期：カワカゲロウ科，シロイロカゲロウ科，ヒメシロカゲロウ科，マダラカゲロウ科，ヒメフタオカゲロウ科，コカゲロウ科，フタオカゲロウ科，チラカゲロウ科，ヒラタカゲロウ科（ヒラタカゲロウ属を除く）のようにコイル状付着糸，付着鉤あるいは粘着層などの発達している卵は，水中に産下されても卵塊のまま底質に付着し卵期を過ごす．いっぽう，モンカゲロウ属，ヒラタカゲロウ属，トビイロカゲロウ属のように付着器官の未発達な卵では，産下直後は表面がさらさらしているため水中でバラバラとなり底質の隙間に落ち込み底質内で卵期を過ごす．カゲロウ類の卵期間は，通常1～3週間であるが，卵越冬をするオオシロカゲロウでは，卵の孵化のために低温にさらされる必要があり，8℃に75日間置かれると80％の成功率で一斉に孵化することが知られている（Watanabe & Takao, 1991）．

幼虫期：カゲロウ類の幼虫は，体形，移動方式，微生息場所の組み合わせによりいくつかの生活形（life form）に分類されてきた．Needham et al.（1935）やImanishi（1941）などを参考に，Ⅰ）遊泳型あるいは自由遊泳型（ヒメフタオカゲロウ科，フタオカゲロウ科，ガガンボカゲロウ科，フタバカゲロウ属，コカゲロウ属，チラカゲロウ科，ヒトリガカゲロウ科），Ⅱ）掘潜型あるいは埋没型（モンカゲロウ科，シロイロカゲロウ科），Ⅲ）接触掘潜型（キイロカワカゲロウ），Ⅳ）潜伏匍行型（マダラカゲロウ科，ヒメシロカゲロウ科），Ⅴ）強滑行型（ヒラタカゲロウ属，タニガワカゲロウ属，ヒメヒラタカゲロウ属），Ⅵ）弱滑行型（トビイロカゲロウ科，ミヤマタニガワカゲロウ属）に分けることができる．このほかに，カゲロウ目について，津田（1962）は匍匐型（ヒラタカゲロウ科），遊泳型（コカゲロウ科），掘潜型（モンカゲロウ科）を提唱している．竹門（2005）は遊泳型（コカゲロウ科，ヒメフタオカゲロウ科，フタオカゲロウ科，チラカゲロウ科），露出固着型（フタバカゲロウ属），滑行型（ヒラタカゲロウ科），匍匐型（マダラカゲロウ科，ヒメシロカゲロウ科），滑行掘潜型（トビイロカゲロウ属，カワカゲロウ属），自由掘潜型（モンカゲロウ科），造巣掘潜型（シロイロカゲロウ科）を提唱している．餌の食べ方による類型として摂食機能群（functional feeding group）が知られている（Cummins, 1973；Merritt & Cummins, 1996）．これらを日本のカゲロウ類に対応させると，Ⅰ）捕食者 predator（トゲマダラカゲロウ属），Ⅱ）喰み採り者 grazer（ヒメフタオカゲロウ科，フタオカゲロウ科，ガガンボカゲロウ科，フタバカゲロウ属，コカゲロウ属の一部，フタバコカゲロウ，ヒラタカゲロウ科の一部），Ⅲ）濾過食者 filter-feeder（モンカゲロウ科，シロイロカゲロウ科），Ⅳ）堆積物収集者 deposit-collector; collector-gatherer（ヒラタカゲロウ科の一部，キイロカワカゲロウ，トビイロカゲロウ科，ヒメシロカゲロウ科，コカゲロウ科の一部）Ⅴ）破砕食者 shredder（マダラカゲロウ科の一部）となり，Ⅵ）寄生者 parasite は現在のところ日本では知られていないが，アフリカで二枚貝に寄生するコカゲロウ科が知られている（Gilles & Elouard, 1990）．

羽化期：カゲロウ類には，春～初夏に羽化する種が多いものの，オナガヒラタカゲロウのように真冬に羽化する種もいる．また，早春～春に羽化する種は，羽化期が短期間であることが多い．たとえば，本州のモンカゲロウは，4～5月に集中的に羽化する．これは，終齢幼虫期の発育限界温度が約9℃と成長限界温度よりも高いために，冬期に発育が停止し成長の遅れた個体が早いものに追い付くためであると考えられている（Takemon, 1990）．この説は，春から初夏の水温上昇期

8　カゲロウ目

に羽化する種の集中羽化の仕組みとして適用できるが，オオシロカゲロウのように9月に集中羽化する場合には有効積算温量から必ずしも説明がつかず，温度以外の要因が働いていると考えられる（Watanabe et al., 1998）．いっぽう，羽化の時間帯は，冬や春先に羽化する種では，昼間の気温上昇時に羽化し，晩春から初夏には夕方に，夏には夜間に羽化する．

羽化の方法は，I）這い上がり陸上羽化型，II）水中羽化這い上がり型，III）水中羽化浮き上がり型，IV）浮き上がり水面羽化型の4類型があり，I）には上流域や源流域に生息する遊泳が得意な種が，II）には上流域や源流域に生息する強滑降型などの遊泳が不得意な種が，III）中下流域や湖沼に生息する遊泳が不得意な種が，IV）には中下流域や湖沼に生息する遊泳が得意な種がそれぞれ対応している（竹門，1985）．I）にはヒメフタオカゲロウ科，ガガンボカゲロウ科，チラカゲロウ，シロハラコカゲロウ，トビイロカゲロウ属，フタスジモンカゲロウなどが知られているが，比較的大きな川に棲むフタスジモンカゲロウではIV型になる．II）にはクロタニガワカゲロウが，III）にはヒラタカゲロウ属，フタバコカゲロウ，ミツトゲマダラカゲロウやオオマダラカゲロウが知られるが，オオマダラカゲロウについては，個体によってはIV型も行う．IV）の例にモンカゲロウ，トウヨウモンカゲロウ，キイロカワカゲロウ，シリナガマダラカゲロウ，ヒメシロカゲロウなどがある．

成虫期：亜成虫は，羽化後1～数日後に脱皮して成虫になるとすぐに繁殖行動を行う．ただし，オオシロカゲロウの雌のようにごく一部の種では，亜成虫のままで交尾・産卵し一生を終えるものもある．一般にカゲロウ類の配偶は空中で行われる．まず雄が河川や河原の上空に群飛（swarm）を形成し，雌の飛来を待つ．これに飛び込んだ雌を雄が長い前肢で下から抱えるように捕捉し，腹部末端を反り返らせて把持子で雌の腹部を挟み，陰茎を第7腹節後部の交尾器に差し込んで交尾する．モンカゲロウでは数秒から数十秒で飛行をしながら交尾を終え空中で解離する．いっぽう，トゲトビイロカゲロウでは，雄が雌を捕捉するとすぐに降下し地上で交尾が行われ，交尾時間は平均2分58秒かかる（Takemon, 2000）．さらに，ナミヒラタカゲロウでは，産卵場所の岸辺に雄が降りて地上で待機しており，産卵のために降下した雌を地上で捕捉しそのまま交尾が行われ，交尾時間は平均7分48秒に達する（Takemon, 1993）．

カゲロウ類の産卵行動には，以下の類型が知られている（竹門，1988）．I）雌が産卵前に河川上空でホバリング飛行し，空中で腹部末端に全卵を産み出し大きな卵塊にしてから着水して落とす方法（マダラカゲロウ科，ヒメフタオカゲロウ科，フタオカゲロウ科，チラカゲロウ，キイロカワカゲロウなど），II）雌が産卵前に河川上空でホバリング飛行し，空中で腹部末端に数回に分けて小卵塊を産み出し繰り返し着水して落とす方法（タニヒラタカゲロウ，エルモンヒラタカゲロウ，ユミモンヒラタカゲロウなど），III）雌が産卵場所の岸辺や水面に降下した後，腹部下面を水に着けて全卵を流し出す方法（モンカゲロウ属，オオシロカゲロウなど），IV）雌が産卵場所の岸辺に降下した後，腹部末端に数回に分けて小卵塊を産み出し繰り返し水中に落とす方法（ナミヒラタカゲロウ，トゲトビイロカゲロウ，ナミトビイロカゲロウなど），V）雌が水辺に降下した後，石や倒流木伝いに歩行して水中へ潜り，石や木の裏面に一卵ずつ並べて産みつける方法（シロハラコカゲロウ，ウデマガリコカゲロウなど）．

多くの種では，雄は数日以内，雌は産卵後すぐに死亡するが，晩秋～春に羽化する種は比較的長寿で，ナミヒラタカゲロウの雄は，野外条件でも水を飲むと平均7.8日間，最長16日間は生存できる（Takemon, 1993）．いっぽう，フタバカゲロウの雌は，交尾を終えてもすぐには産卵せず，2～3週間生き続ける．この間に，雌の体内で卵の発生が進み，産卵時には，卵が水中に落ちるとすぐに孵化した幼虫が泳ぎ出すといわれている．また，モンカゲロウでは産卵直前の雌が河川を遡上飛行する行動がみられ，幼虫期に流下する距離を代償している可能性がある．さらに，北米ではマラ

ダカゲロウ属の一種が本流で羽化し支流で産卵する回遊型の生活史が知られている（Uno & Power, 2015）.

採集と保存方法

多くの幼虫を効率よく採集するには，ハンドネットなどを用いて，河床をキックサンプリングするのが効率的である．飼育が目的の場合は，いわゆる"見つけ取り"で丁寧に採集することが望ましい．カゲロウの幼虫は，体が脆弱であるため，なるべくピンセットなど使用しないほうがよいが，比較的頑丈なマダラカゲロウ類などはやわらかいピンセットが有用である．コカゲロウなど小型のカゲロウは，吸い口の大き目のスポイトを使用すると便利である．また，成虫を得ることを目的とする場合は，翅芽が黒化した羽化直前の幼虫を採集し，飼育し羽化させるとよい．この際，幼虫腹板最後節の交尾器の原基の形態（前述）から，雌雄を分けて採集することも可能である．また，モンカゲロウ科やヒラタカゲロウ科では終齢幼虫の段階で雄の複眼が大きいことで見分けられる．さらに，コカゲロウ科の羽化直前の雄はターバン眼の色が頭部背面に透けてみえるので区別が容易である．

成虫については，灯火採集が効率的である．ただし，亜成虫であることが多く，成虫を得るためには，数日間生かした状態で放置する必要がある．大き目の容器に保存すると良好な結果が得られる．灯火採集以外には，スィーピングでも可能であるが，個体が傷つきやすいので注意が必要である．川から羽化する亜成虫を直接捕虫網で採集するか，あるいは葉裏に止まっているカゲロウを探しながら採集するほうが効率的である．卵を得るためには，雌の腹部末端の卵塊から採集するか，雌（亜）成虫あるいは羽化直前の終齢幼虫の腹部を解剖し，卵を摘出する方法がある．すべて標本として検鏡可能であるが，成虫以外の雌から採集した卵については，一部，形態的に異なるという報告がある（Studemann & Landolt, 1997）．

標本は，70％のエタノールによる液浸保存が一般的であるが，幼虫・成虫の脱色は免れないので，乾燥標本を作製することを併用することが好ましい．なお，ここの述べた採集方法を含め，飼育，標本の作成方法については石綿（1990），丸山・花田（2016）に詳しい．

日本産カゲロウ類の検索

本稿で扱うカゲロウ類は，日本産カゲロウ目のチェックリスト（Ishiwata, 2017）に基づき種名の明らかなカゲロウを原則として対象としたが，コカゲロウ属の幼虫については，小林（1987），Fujitani et al.（2003a，2003b，2004，2005）によって記号で分類・整理したものも用いた．なお，和名は Ishiwata（2017）に準じた．検索の対象は幼虫および成虫とし，幼虫は終齢に基づいた．また，一部の亜成虫でのみ同定可能なカゲロウについてはその旨を記した．科，属，亜属までの検索は石綿（2001）に準拠し，以下の論文を参考に作成した．また，本検索に用いたカゲロウ目の一般的な形態的特徴を表す用語は御勢（1979a, 1979b, 1985），胸部については Kluge（1988, 1994），Kluge et al.（1995），石綿（2001）にそれぞれ準じた．なお，それぞれの分類群の特徴については，基本的に以下の論文を参照した．地理的分布については，Ishiwata（2018）に準じた．また，生態については，既知の情報がある場合には個別に引用をした．

カゲロウ目全般：Edmunds & Waltz（1996），Edmunds et al.（1976），Engblom（1996），御勢（1962, 1979a, 1979b, 1979c, 1979d, 1979e, 1980a, 1980b, 1980c, 1980d, 1980e, 1980f, 1985），平嶋ほか（1989），Kluge（1997, 2004），今西（1940），Tshernova et al.（1986），石綿（2001, 2002, 2004, 2005, 2017），石綿・小林（2003），Ishiwata（2017）；**トビイロカゲロウ科**：Peters & Edmunds（1970），

カワカゲロウ科：Bae & McCafferty (1991)；シロイロカゲロウ科：Ishiwata (1996)；ヒメシロカゲロウ：Sun & McCafferty (2008)；マダラカゲロウ科：Allen (1971), Edmunds (1959), 石綿 (1987), Ishiwata (2003)；ヒメフタオカゲロウ科：青木 (2000), Zloty (1996)；フタオカゲロウ科：Kluge et al. (1995)；コカゲロウ科：Kluge (1994), 小林 (1987), Waltz et al. (1994), Fujitani et al. (2003a, 2003b, 2004, 2005, 2011, 2017), 藤谷 (2006)；ガガンボカゲロウ科：石綿・小林 (2003), Tojo & Matsukawa (2003)；チラカゲロウ科：Kondratieff & Voshell (1984), Tiunova et al. (2004)；ヒラタカゲロウ科：Kluge (1988, 2004), Webb & McCafferty (2008).

幼虫

1a 大顎の先端は頭部前縁より前方に突出する（図6-1, 7-1～3, 8-1～4）．第2～7鰓は細長く二叉しその縁辺は羽毛状に細裂する（図6-1, 7-1, 4, 8-1） ·· 2

1b 大顎の先端は頭部前縁より前方に突出しない．第2～7鰓の形態はいろいろ．第2～7鰓は細長く，二叉する場合はその縁辺は羽毛状に細裂しない（図4-3, 4, 5b, 6b） ············ 4

2a 前肢は掘潜するに適した形態に変形している（図7-5, 8-5）．第2～7鰓は腹部背面を覆う（図8-1） ··· 3

2b 前肢は掘潜するに適した形態に変形していない（図6-1, 2）．鰓は腹部背面を覆わない（図6-1） ··· カワカゲロウ科　Potamanthidae

3a 大顎の先端は外側に広がる（図8-1～4）．後肢脛節の先端は尖る（図8-6）
 ··· モンカゲロウ科　Ephemeridae

3b 大顎の先端は内側に向かう（図7-1～3）．後翅脛節の先端は尖らない（図7-6）
 ·· シロイロカゲロウ科　Polymitarcyidae

4a 前肢腿節および脛節の内側に長毛列が並ぶ（図35-2, 6, 37-2）．下唇基部あるいは小顎および前肢転節の基部に棒状あるいは房状の鰓（g）がある（図35-2, 6, 37-2） ·················· 5

4b 前肢腿節および脛節の内側に長毛列が並ばない．下唇基部あるいは小顎および前肢転節の基部に上記のような鰓はない ·· 6

5a 小顎，前肢転節基部および腹部に鰓がある（図35-2, 6）．第1腹節の鰓（g1）は側方に位置する（図35-1, 5）．中・後胸腹板にそれぞれ先端中央部が凹む突出物がある（図35-3）
 ·· チラカゲロウ科　Isonychiidae

5b 小顎および腹部に鰓があり，前肢転節基部に鰓はない（図37-2）．第1腹節の鰓（g1）は腹面に位置する（図37-2）．中・後胸腹板に突出物がない
 ··· ヒトリガカゲロウ科　Oligoneuriidae

6a 鰓は第1～第6腹節に位置し，第1，第2および第3～6腹節の鰓はそれぞれ異型．第2腹節の1対の鰓は四角形で腹部背面で左右に接するか重なり，後方の他の鰓を覆う（図10-1, 6）．後翅の原基はない ·· ヒメシロカゲロウ科　Caenidae

6b 鰓の位置はいろいろ（腹節：1～6, 1～7, 2～7, 3～7）．鰓の形はほぼ同形あるいは第1鰓のみ異型．第2腹節の鰓は後方の他の鰓を覆わない（第1鰓がその他の鰓を覆う場合は，第1鰓は第3腹節にある）．後翅の原基はあるかあるいはない ··· 7

7a 鰓の位置は第3～7腹節（図2-1） ··································· マダラカゲロウ科　Ephemerellidae

7b 鰓の位置は第1～7腹節あるいは第2～7腹節 ·· 8

8a 体は扁平．複眼および触角は頭部の背面に位置し，大顎は頭部の背面に位置せず，頭盖の一部を形成しない（図38-1, 2, 39-1, 40-1, 41-1, 42-1, 43-1, 44-1, 5, 45-1～5, 48-1, 49-1,

50-1, 3) ··· ヒラタカゲロウ科　Heptageniidae
8b 体は扁平，あるいは扁平でない．扁平な場合，大顎は側方にでて頭蓋の一部を形成する（図4-1）·· 9
9a 鰓の形は単一糸状（図4-2a），二叉（図4-5, 6, 9a），縁辺が羽毛状に細裂する（図4-9b）．状の鰓はない．小顎の頭頂部に長毛を密集する（図4-11）
　　··· トビイロカゲロウ科　Leptophlebiidae
9b 鰓は多くの場合，葉状と叢状からなり，葉状鰓の形は卵形，ハート形，長円形，細長く先端が尖るかあるいは葉状鰓はない．葉状鰓がない場合叢状鰓のみ．小顎の頭頂部側方に長毛を密生しない ·· 10
10a 触角の長さは頭幅の2～3倍（図21-1, 22-1, 23-1, 26-1, 29-1）．上唇前縁の中央部が鋭角に凹む（図21-8, 23-3, 24-1～5, 27-2, 3, 12～14, 30-1, 2）．中・後胸部下方にそれぞれ突出物がない ··· コカゲロウ科　Baetidae
10b 触角の長さは頭幅の2倍に満たない．上唇前縁の中央部が鋭角に凹まない．中・後胸部下方にそれぞれ突出物があるか（図31-4, 35-3），あるいはない ··· 11
11a 第1～2鰓は2葉，他はすべて単葉．第9腹節腹板後縁の中央部は後方に突出しない（腹節側縁の後方突起の末端より短い）（図33-5～8）．肛側片（p：paraproct）の内側先端に1対の刺を備える（図33-5～8）··· フタオカゲロウ科　Siphlonuridae
11b 鰓はすべて単葉．第9腹節腹板後縁の中央部は後方に突出する（腹節側縁の後方突起の末端より長い）（図19-7, 8, 11）．肛側片（p：paraproct）の内側先端に刺はない（図19-7, 8）
　　·· 12
12a 小顎の頭頂部に櫛状の長毛が並ぶ（図19-2, 3）．中・後胸腹板は平坦（中央部に瘤上突起がない）··· ヒメフタオカゲロウ科　Ameletidae
12b 小顎の頭頂部に櫛状の長毛が並ばない（図31-2）．中・後胸腹板は中央部に瘤上突起はある（図31-4）··· ガガンボカゲロウ科　Dipteromimidae

成虫

1a 前翅の縦脈は少ない（明瞭な縦脈はR1より下に3～4本）（図37-3）．雄の中肢は前肢の約1.5倍 ··· ヒトリガカゲロウ科　Oligoneuriidae
1b 前翅の翅脈は上記のようでなく，縦脈も多い．後翅はあるかあるいはない．雄の前肢は中・後肢より長い（1.5倍以上）··· 2
2a 前翅のMP2は基部近くで大きく湾曲し（CuAに接することも多い），その後基部でMP1に接近または接するか（図6-9a, 9-2a），あるいはMP2は基部近くでCuAに癒合しその後CuAが湾曲し基部でMP1に接近あるいは接する（図6-6a, 7-10）．後翅のMAは分岐しない（図6-9b）．中胸腹板のFS2の左右の隆起は接する（図6-5, 7-8, 9-9）······················· 3
2b 前翅のMP2およびCuAは基部近くで大きく湾曲しない（図3-1, 5-1, 2a～4a, 10-4, 13-4a, 20-3a, 22-4, 23-10, 25-1a, 26-5, 29-7a, 32-4a, 34-1a, 5a, 36-1a, 40-5a, 41-4a, 46-1a, 51-1a）．後翅のMAはいろいろ．中胸腹板のFS2の左右の隆起は接するかあるいは接しない······ 5
3a 雄の中・後肢，雌のすべての肢は萎縮し，機能的でない
　　··· シロイロカゲロウ科　Polymitarcyidae
3b 雌雄ともすべての肢はよく発達し，機能的である·· 4
4a 前翅のA1は縁近くで分岐する（図6-6a）············· カワカゲロウ科　Potamanthidae

12　カゲロウ目

4b 前翅のA1は縁近くで分岐せず，A1から縁に3本以上の翅脈が直接走る（図9-2a）
　　　‥‥‥‥‥‥‥‥‥‥‥‥‥‥‥‥‥‥‥‥‥‥‥‥‥‥ モンカゲロウ科　Ephemeridae
5a 前翅後縁部の複数の間脈はCuAから直接あるいは分岐し後縁に達する（図20-3a, 32-9a, 34-1a, 5a, 36-1a）．中胸背板のMNsはある（図20-4, 32-1, 33-9, 10, 36-2, 7）．中胸腹板のFS2の左右の隆起は接する（図3-7, 32-2, 36-5）‥‥‥‥‥‥‥‥‥‥‥‥‥‥‥‥‥ 6
5b 前翅後縁部の間脈は上記のようではなくさまざまである．中胸背板のMNsはあるあるいはない．中胸腹板のFS2の左右の隆起は接するかあるいは接しない‥‥‥‥‥‥‥‥‥‥ 7
6a 前肢転節と小顎の基部に鰓の痕跡(gr)が認められる（図36-3, 5）．後翅は萎縮せず，そのMPは縁近くで分岐する（図36-1b, 36-6）‥‥‥‥‥‥‥ チラカゲロウ科　Isonychiidae
6b 前肢転節と小顎の基部に鰓の痕跡がない．後翅は萎縮し小型化しているか（図32-4b），そうでない場合，そのMPは基部近くで分岐する（図20-3b, 34-1b, 5b）‥‥‥‥‥ 11
7a 尾毛は3本．中胸腹板のFS2の左右の隆起は接するかあるいは接しない‥‥‥‥‥‥‥ 8
7b 尾毛は2本．中胸腹板のFS2の左右の隆起は接しない（図3-8, 22-5, 23-9, 26-7, 39-7, 40-8, 42-5, 43-11, 46-3, 48-6, 50-7）‥‥‥‥‥‥‥‥‥‥‥‥‥‥‥‥‥‥‥‥‥‥‥‥‥ 10
8a 後翅はない．前胸腹板のBS1とFS1の間に稜線様隆起はある（図10-3, 7）．中胸背板に中胸背膜（MNM：中胸背中線上の膜質部）があり，MNsはない（図10-2）．中胸腹板のFS2の左右の隆起は接しない（図10-3, 7）‥‥‥‥‥‥‥‥‥ ヒメシロカゲロウ科　Caenidae
8b 後翅はあるか，あるいはない．後翅がある場合，後翅は大きく複数の分岐した翅脈ある．前胸腹板のBS1とFS1の間に稜線様隆起はない（図5-5, 6, 13-2, 17-1）．中胸背板に中胸背膜（MNM：中胸背中線上の膜質部）はない．MNsはある（図3-2, 11-10, 13-1）．中胸腹板のFS2の左右の隆起は接するかあるいは接しない‥‥‥‥‥‥‥‥‥‥‥‥‥‥ 9
9a 前翅外縁の間脈は発達していない（図5-1〜4）．杷持子の末端節とその前節はともに短いか（図5-8, 9, 12），そうでない場合（図5-7），後翅はない．中胸腹板のFS2の左右の隆起は接近または接するかあるいは接しない（図3-6, 5-5, 6）
　　　‥‥‥‥‥‥‥‥‥‥‥‥‥‥‥‥‥‥‥‥‥‥‥‥ トビイロカゲロウ科　Leptophlebiidae
9b 前翅外縁の間脈はよく発達する（図13-4）．杷持子の末端節が短くその前節は長い（図13-5〜11, 14-6, 17-2〜5, 18-6, 10）．後翅はある．中胸腹板のFS2の左右の隆起は接しない（図17-1）‥‥‥‥‥‥‥‥‥‥‥‥‥‥‥‥‥‥ マダラカゲロウ科　Ephemerellidae
10a 前翅の間脈は1〜2本あり，それぞれの間脈は各縦脈に接することなく，MA2とMP2は基部に達しない（図22-4, 23-10, 25-1a, 26-5, 29-7a）．後翅はあるか，あるいはない．後翅がある場合，小さく，縦脈が2〜3本（図23-11, 25-1b, 29-7b）．雄複眼の上部はターバン状となる（図3-3, 21-12, 27-9, 28-14, 30-11）．中胸背板のMNsはない（図3-3, 21-3, 23-8, 26-6）‥‥‥‥‥‥‥‥‥‥‥‥‥‥‥‥‥‥‥‥‥‥‥ コカゲロウ科　Baetidae
10b 前翅の間脈は各縦脈に接し，MA2とMP2は基部に達する（図40-5a, 41-4a, 46-1a, 51-1a）．中胸背板のMNsはあるかあるいはない‥‥‥‥‥‥‥‥‥ ヒラタカゲロウ科　Heptageniidae
11a 中尾糸は発達し尾毛は3本．後翅は萎縮し，小さい（図32-4b）．MNsとMLsの交点は垂直（図32-1）．BS2は細長く，その後端は著しく隆起する（図32-3）．陰茎は棒状で単純（図32-5）．雌の第7腹節の中央部は後方に突出する（図32-6, 8）
　　　‥‥‥‥‥‥‥‥‥‥‥‥‥‥‥‥‥‥‥‥‥‥‥‥ ガガンボカゲロウ科　Dipteromimidae
11b 中尾糸はなく尾毛は3本．後翅は萎縮しない．MNsとMLsの交点はより後方で交わる（図20-4, 33-10）．BS2は幅広く（図3-7），その後端は隆起しない（図3-9）．陰茎は突起など

	の付加物を有し複雑．雌の第7腹節の腹板中央部は後方に突出しない……………… 12
12a	MNs と MPs は接しない（図19-5, 20-4）．爪は異形（図20-2）．雄の亜生殖板には膜質部分（ma）がある（図20-5）……………………………… **ヒメフタオカゲロウ科** Ameletidae
12b	MNs と MPs は接する（図33-9, 10）．爪は同形（図34-7）．雄の亜生殖板には膜質部分がない……………………………………………………… **フタオカゲロウ科** Siphlonuridae

トビイロカゲロウ科　Leptophlebiidae

　日本からは，リュウキュウトビイロカゲロウ属（幼虫未詳），ヒメトビイロカゲロウ属，トビイロカゲロウ属，トゲエラカゲロウ属の4属が知られている．幼虫の体は幾分扁平で，頭蓋の一部は大顎によって形成されている（背面からみて大顎が確認できる）．尾毛は3本で刺毛はまばらである．雄成虫の複眼は上下に明瞭に二分される．跗節第1節は脛節に癒合するため，雄前肢跗節の第1節はきわめて短く確認しにくい．MNs は中胸後方にあるが成虫では不明瞭であり亜成虫では明瞭（図3-2）．横陥没線（tcl）が中胸背面前方にあるが（図3-2），ヒメトビイロカゲロウ属，トゲエラカゲロウ属において不明瞭な個体もある．尾毛は3本．

トビイロカゲロウ科の属の検索表

幼虫

1a	第1鰓はある．鰓はすべて同型で細長く，基部近くあるいは中ほどで二叉する（図4-3, 4, 5a, 5b, 4-6a, 6b）……………………………… **トビイロカゲロウ属** Paraleptophlebia
1b	第1鰓はないか，ある場合は，第1鰓とその他の鰓は異型（図4-2a, 2b, 9a, 9b）……… 2
2a	第1鰓は分岐せず，その他の鰓の先端は3分岐する（図4-2a, 2b）……………………………………………………………… **ヒメトビイロカゲロウ属** Choroterpes
2b	第1鰓は2本に分岐し，その他の鰓は葉状で周辺に糸状突起が並列する（図4-9a, 9b, 10）……………………………………………………… **トゲエラカゲロウ属** Thraulus

成虫

1a	後翅はない……………………………… **リュウキュウトビイロカゲロウ属** Chiusanophlebia
1b	後翅はある………………………………………………………………………………… 2
2a	BS2の後半は縦に稜線をともなう（図3-6）．FS2の左右の隆起は前方で互いに接するか，あるいはきわめて接近する（図3-6）．後翅に前縁突起（cp）はない（図5-3b）……………………………………………………… **トビイロカゲロウ属** Paraleptophlebia
2b	BS2の後半は縦に稜線をともなわない．FS2の左右の隆起は接することなく，その間は大きく広がる（図5-5, 6）．後翅に前縁突起（cp）はある（図5-2b, 4b）……………… 3
3a	前翅 CuP と CuA 間の間脈は3本以上（図5-2）．把持子の基節の基部から上方1/3の内側が幅広い（図5-8）……………………………… **ヒメトビイロカゲロウ属** Choroterpes
3b	前翅 CuP と CuA 間の間脈は2本（図5-4）．把持子の基節の基部から上方1/2の内側が幅広い（図5-12）…………………………………………… **トゲエラカゲロウ属** Thraulus

リュウキュウトビイロカゲロウ属　*Chiusanophlebia* Uéno, 1969

　リュウキュウトビイロカゲロウ *Chiusanophlebia asahinai* Uéno, 1969　1属1種のみが確認されており，日本特産（琉球列島：八重山，沖縄，奄美）．幼虫不明．雄交尾器において，把持子は2節よりなり陰茎は棒状で一様．

ヒメトビイロカゲロウ属　*Choroterpes* Eaton, 1881

　この属はヒメトビイロカゲロウ亜属とクロトビイロカゲロウ亜属の2亜属に分けられ，それぞれ1種知られている．前者は**ヒメトビイロカゲロウ** *Choroterpes* (*Euthraulus*) *altioculus* Kluge, 1984，後者は**クロトビイロカゲロウ** *Choroterpes* (*Dilatognathus*) *nigella* (Kang & Yang, 1994) である．ヒメトビイロカゲロウは，本州，四国，九州のほか韓国，中国，ロシアに分布．幼虫と成虫の関連はついている．雄交尾器において，把持子は3節よりなり基部から上方1/3の内側が幅広く，陰茎先端のほぼ1/2が針状（図5-8）．ヒメトビイロカゲロウは，大型の河川の中・下流域に多産する．卵と若齢幼虫は砂洲内の間隙水中から発見され，成長した幼虫は平瀬や淵のはまり石やのり石の下面に集まる．晩春から初秋まで羽化するが化性は不明．クロトビイロカゲロウは，八重山（西表島，石垣島），台湾，中国，タイ，インドに分布．成虫不明．

ヒメトビイロカゲロウ科の属・亜属および種の検索

幼虫

1a　第1鰓はない．小顎髭，下唇髭はともに長い（頭部側縁から大きくはみ出る）（図4-1）
　　　　……………………………………… **クロトビイロカゲロウ亜属**　*Choroterpes* (*Dilatognathus*)
　　　　　　　　　　　　　　　　　　クロトビイロカゲロウ　*Choroterpes* (*Dilatognathus*) *nigella*

1b　第1鰓はある．小顎髭，下唇髭はともに長くない（頭部側縁から大きくはみ出ない）
　　　　……………………………………… **ヒメトビイロカゲロウ亜属**　*Choroterpes* (*Euthraulus*)
　　　　　　　　　　　　　　　　　　ヒメトビイロカゲロウ　*Choroterpes* (*Euthraulus*) *altioculus*

トビイロカゲロウ属　*Paraleptophlebia* Lestage, 1917

　日本産3種で，**ナミトビイロカゲロウ** *Paraleptophlebia japonica* (Matsumura, 1931) は，日本（北海道，本州，四国，九州）のほか韓国，中国，モンゴル，ロシアから，**ウェストントビイロカゲロウ** *Paraleptophlebia westoni* Imanishi, 1937は，北海道，本州，四国の他ロシア，**トゲトビイロカゲロウ** *Paraleptophlebia spinosa* Uéno, 1931は，本州，四国から記録されている．それぞれ成虫と幼虫の関連はついているが，ナミトビイロカゲロウの幼虫に酷似した別種が存在する．ウェストントビイロカゲロウは，源流域や山地渓流の上部に分布し，化性は不明であるが，本州では6月と9～10月に成虫が得られている．雄は樹冠，屋根，橋の欄干などの突出物上空で群飛する．トゲトビイロカゲロウは，山地渓流から河川中流域に分布し，年1化．本州では3～4月に羽化する．雄が水際に沿った産卵場所上空でせわしない群飛を行い，飛来した雌を捕らえると地上で時間をかけて交尾する（Takemon, 2000）．ナミトビイロカゲロウは，源流から河川中流域に広く分布し，本州では5月上旬から羽化する．その後6～9月にも小型のトビイロカゲロウが羽化するが，本種以外も混じるので化性については未解明である．ナミトビイロカゲロウもトゲトビイロカゲロウと同様の産卵場所や群飛行動がみられるが，交尾行動については不明．いずれの種の幼虫も，淵や平瀬に生息し，リターパックの隙間や載り石の下面に多くみられる．

トビイロカゲロウ科 15

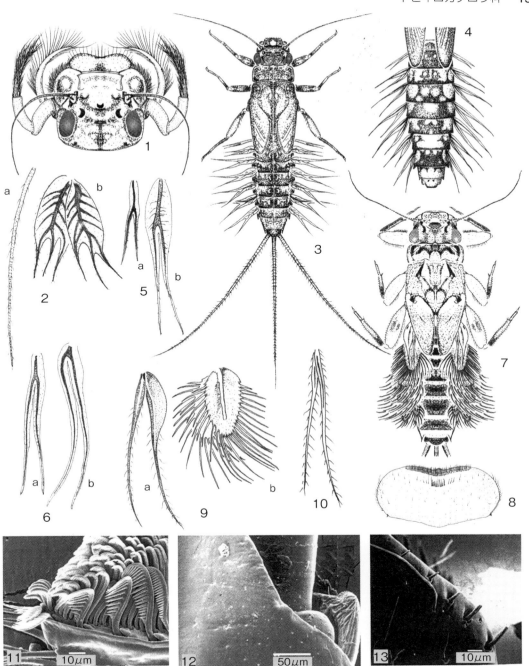

図4 トビイロカゲロウ科（幼虫）Leptophlebiidae nymphs
1：クロトビイロカゲロウ *Choroterpes (Dilatognathus) nigella*，頭部　2：ヒメトビイロカゲロウ *Choroterpes (Euthraulus) altioculus*，a：第1鰓，b：第3鰓　3：ナミトビイロカゲロウ *Paraleptophlebia japonica*，全形　4：ウェストントビイロカゲロウ *Paraleptophlebia westoni*，腹部背面　5：ナミトビイロカゲロウ *Paraleptophlebia japonica*，a：第1鰓，b：第3鰓　6：ウェストントビイロカゲロウ *Paraleptophlebia westoni*，a：第1鰓，b：第3鰓．7〜9：オオトゲエラカゲロウ *Thraulus grandis*；7：全形；8：上唇；9：鰓，a：第1鰓，b：第3鰓　10：トゲエラカゲロウ属の1種 *Thraulus* sp.，第1鰓　11, 12：ナミトビイロカゲロウ *Paraleptophlebia japonica*，11：小顎上部；12：腹部腹板最後節右半　13：トゲトビイロカゲロウ *Paraleptophlebia spinosa*，腹部腹板最後節右半

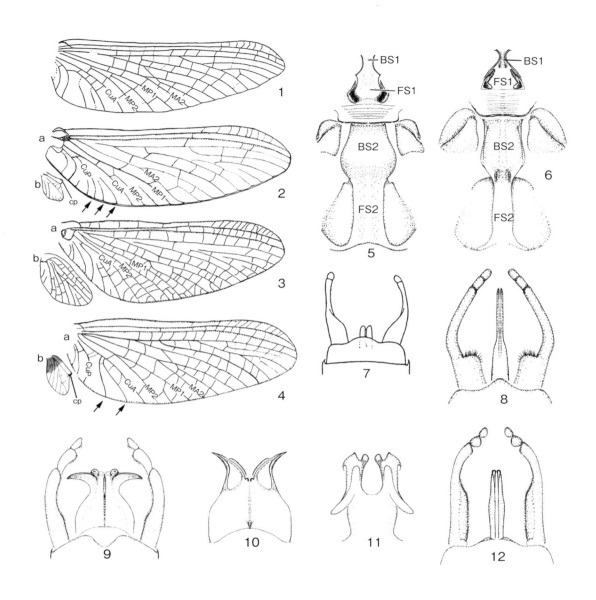

図5 トビイロカゲロウ科（成虫）Leptophlebiidae adults (imagines)
1～4：前翅あるいは前翅および後翅．1：リュウキュウトビイロカゲロウ *Chiusanophlebia asahinai*；2：ヒメトビイロカゲロウ *Choroterpes (Euthraulus) altioculus*, a：前翅，b：後翅；3：ナミトビイロカゲロウ *Paraleptophlebia japonica*, a：前翅，b：後翅；4：オオトゲエラカゲロウ *Thraulus grandis*, a：前翅，b：後翅　5～6：前・中胸腹板．5：ヒメトビイロカゲロウ *Choroterpes (Euthraulus) altioculus*；6：オオトゲエラカゲロウ *Thraulus grandis*　7～12：雄交尾器あるいは陰茎，腹面．7：リュウキュウトビイロカゲロウ *Chiusanophlebia asahinai*；8：ヒメトビイロカゲロウ *Choroterpes (Euthraulus) altioculus*；9：ナミトビイロカゲロウ *Paraleptophlebia japonica*；10：トゲトビイロカゲロウ *Paraleptophlebia spinosa*；11：ウェストントビイロカゲロウ *Paraleptophlebia westoni*；12：オオトゲエラカゲロウ *Thraulus grandis*

トビイロカゲロウ属の種の検索表
幼虫

1a 鰓は基部付近で二叉し，その器官は黒色ないし黒褐色の横枝を出していない（図4-6）．腹部背面に複雑な斑紋はある（図4-4）
　………………………………… ウェストントビイロカゲロウ　*Paraleptophlebia westoni*

1b 鰓はその中ほどで二叉し，その器官は上記横枝を出している（図4-5）．腹部背面に複雑な斑紋がない（図4-3）………………………………………………………………………… 2

2a 第9腹節腹版側縁に刺が0〜2対ある（図4-12）
　………………………………………… ナミトビイロカゲロウ　*Paraleptophlebia japonica*

2b 第9腹節腹版側縁に刺が5〜8対ある（図4-13）
　………………………………………… トゲトビイロカゲロウ　*Paraleptophlebia spinosa*

成虫

1a 陰茎の先端の左右の突出は，棒状で陰茎の腹側面に位置し，その先端は斜め前方（基部方向）に向かう（図5-11）………… ウェストントビイロカゲロウ　*Paraleptophlebia westoni*

1b 陰茎の先端の左右の突出は，刺状で側方あるいは後方に向かう（図5-9, 10）……………2

2a 陰茎各片の突出は，斜め後方に向かう（図5-10）雄雌ともに前翅の先半分がとび色に着色する……………………………………… トゲトビイロカゲロウ　*Paraleptophlebia spinosa*

2b 陰茎各片の突出は，真横に向かう（図5-9）
　………………………………………… ナミトビイロカゲロウ　*Paraleptophlebia japonica*

トゲエラカゲロウ属　*Thraulus* Eaton, 1881

日本産3種で，**オオトゲエラカゲロウ** *Thraulus grandis* Gose, 1980 は，本州，四国，九州，沖縄（沖縄本島）から，**ヒメトゲエラカゲロウ** *Thraulus macilentus* Kang & Yang, 1994 は，本州，沖縄（沖縄本島），台湾から，**ウスグロトゲエラカゲロウ** *Thraulus fatuus* Kang & Yang, 1994 は，沖縄および台湾から記録されている．成虫と幼虫の関連がついているのは**オオトゲエラカゲロウ**で，他の2種は幼虫の記載のみで成虫不明．オオトゲエラカゲロウは体長12 mm以上で，後翅の基部付近は褐色である（図5-4b）．オオトゲエラカゲロウは，丘陵地帯の谷戸あるいは平地を流れる緩やかな河川の落葉の堆積した淵や溜め池に生息している．

トゲエラカゲロウ属の種の検索
幼虫

1a 凹んだ上唇の先端が中央で一部突出しない
　……………………………………………… ヒメトゲエラカゲロウ　*Thraulus macilentus*

1b 凹んだ上唇の先端が中央で一部突出する（図4-8）………………………………………… 2

2a 第1腹節上の2葉の鰓は一方が幅広い（図4-9a）．体長12 mm以上
　……………………………………………… オオトゲエラカゲロウ　*Thraulus grandis*

2b 第1腹節上の2葉の鰓はほぼ同型（図4-10）．体長10 mm以下
　……………………………………………… ウスグロトゲエラカゲロウ　*Thraulus fatuus*

カワカゲロウ科　Potamanthidae

　日本産カワカゲロウ科はカワカゲロウ属のみ．幼虫の体は幾分扁平で，各肢を左右に広げる．大顎の先端は頭部前縁より突出する．鰓は腹部側方に広がる．尾毛は3本で長毛を密生する．成虫の複眼は上下に明瞭に二分されることはない．跗節第1節は脛節に癒合するため，雄前肢跗節の第1節はきわめて短く確認しにくい．尾毛は3本．

カワカゲロウ属　*Potamanthus* Pictet, 1843

　この属はキイロカワカゲロウ亜属，カワカゲロウ亜属の2亜属に分けられ，それぞれ1種知られている．前者は**キイロカワカゲロウ** *Potamanthus (Potamanthodes) formosus* Eaton, 1892．後者は**オオカワカゲロウ** *Potamanthus (Potamanthus) huoshanensis* Wu, 1987 である．それぞれ幼虫と成虫の関連はついている．オオカワカゲロウの幼虫は日本から記録はないが，Bae & McCafferty（1991）によると，キイロカワカゲロウのそれに酷似しており，検索に示すように，雄は複眼の大きさで区別できる．キイロカワカゲロウは，北海道を除き，きわめて普通にみられる種で，ほかに韓国，中国，タイ，マレーシア，ミャンマー，ラオスに分布．幼虫は河川の中下流域の砂底のはまり石や載り石の下面に生息する．羽化期は初夏から秋まで比較的長く，年2化のコホートと年1化のコホートが混在する複雑な生活史が報告されている（Watanabe, 1988）．オオカワカゲロウは，本州（滋賀県，三重県）から記録されており，このほか中国大陸に分布．羽化期の詳細は不明であるが，成虫は7月に採集された記録がある．

カワカゲロウ科の属・亜属および種の検索

幼虫

1a　雄の複眼は小さく，左右に分離する．前肢腿節背面は中程に横方向の太い剛毛列が並ぶ（図6-2）．前肢脛節腹面先端近くに長毛の束はある（図6-3）
　　　　　　　　　　　　　　　　　キイロカワカゲロウ亜属　*Potamanthus (Potamanthodes)*
　　　　　　　　　　　　　　　　　キイロカワカゲロウ　*Potamanthus (Potamanthodes) formosus*
1b　雄の複眼は大きく，左右の複眼は近づく．前肢腿節背面は中程に横方向の太い剛毛列がない．前肢脛節腹面先端近くに長毛の束はない
　　　　　　　　　　　　　　　　　カワカゲロウ亜属　*Potamanthus (Potamanthus)*
　　　　　　　　　　　　　　　　　オオカワカゲロウ　*Potamanthus (Potamanthus) huoshanensis*

成虫

1a　翅は半透明で黄色の斑紋がある．前翅のMP2はCuAに接する（図6-5a）．後翅のR1はScに接する（図6-6b）．雄の複眼は小さく左右に分離する（図6-4）．陰茎各片の外側は腫れ上がらない（図6-7）　　　　　**キイロカワカゲロウ亜属**　*Potamanthodes (Potamanthodes)*
　　　　　　　　　　　　　　　　　キイロカワカゲロウ　*Potamanthus (Potamanthodes) formosus*
1b　翅は無色透明．前翅のMP2はCuAに接しない（図6-9a）．後翅のR1はScに接しない（図6-9b）．雄の複眼は大きく左右の複眼は近づく（図6-8）．陰茎各片の外側は腫れ上る（図6-10）　　　　　　　　　　　　　　　　　**カワカゲロウ亜属**　*Potamanthus (Potamanthus)*
　　　　　　　　　　　　　　　　　オオカワカゲロウ　*Potamanthus (Potamanthus) huoshanensis*

カワカゲロウ科 19

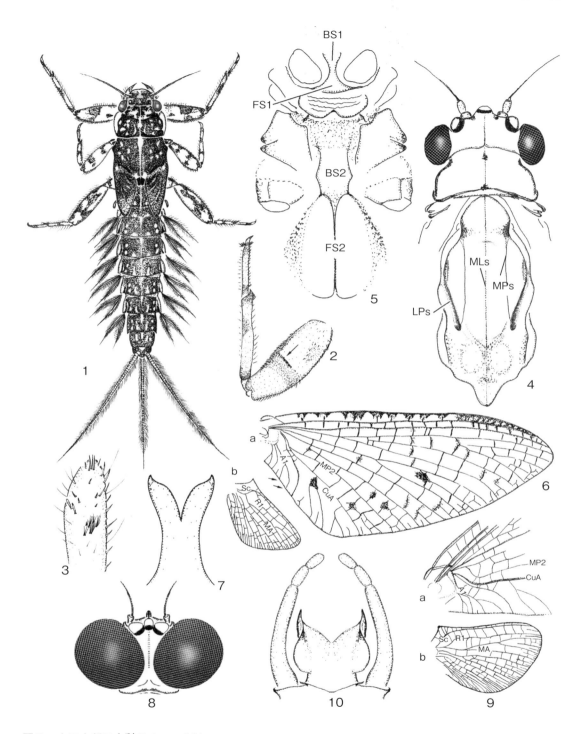

図6　カワカゲロウ科 Potamanthidae
1〜7：キイロカワカゲロウ *Potamanthus* (*Potamanthodes*) *formosus*，1：幼虫全形；2：幼虫前肢；3：幼虫前肢脛節；4：雄成虫頭・胸部背面；5：前・中胸腹板腹面；6：翅，a：前翅，b：後翅；7：陰茎腹面　8〜10：オオカワカゲロウ *Potamanthus* (*Potamanthus*) *huoshanensis*，8：雄成虫頭部；9：翅，a：前翅，b：後翅；10：雄交尾器腹面

シロイロカゲロウ科　Polymitarcyidae

　日本産シロイロカゲロウ科はシロイロカゲロウ属のみ．幼虫の体は円筒形で，掘潜型．頭部前縁中ほどの突起は中央部で凹むことはなく，円形あるいは三角形に突出．大顎の先端は頭部前縁より著しく突出し，その背側面に小突起を備える．鰓は腹部背面を覆う（図は鰓を広げてある）．尾毛は3本で長毛を密生する．雄成虫の複眼は小さく左右に分離し上下に明瞭に二分されることはない．雄の中・後肢，雌の全肢は萎縮し弱々しい．尾毛は雄2本，雌3本．

シロイロカゲロウ属　*Ephoron* Williamson, 1802

　日本産3種で，**オオシロカゲロウ** *Ephoron shigae* (Takahashi, 1924) は，本州，四国，九州にきわめて普通にみられる種類で，ほかに韓国，極東ロシアに分布．**アカツキシロカゲロウ** *Ephoron eophilum* Ishiwata, 1996 および**ビワコシロカゲロウ** *Ephoron limnobium* Ishiwata, 1996は，いずれも分布が局限され，前者は関東地方（利根川，荒川，江戸川），後者は琵琶湖に分布．これら3種の成虫はともによく似ているため，雄の交尾器（図9-12）および雌の体色や外部形態では区別しにくい．下に示した検索以外に，雌は卵の表面構造の模様と卵サイズで区別できる（図1-3～5）．この場合，実体顕微鏡下で容易に識別できる．成虫の複眼は頭部側面に位置し，雄のそれは他のカゲロウと比較して小さい（図9-7）．

　日本産カゲロウのうち大型のグループで体長20 mmに達する．すべて成虫と幼虫の関連はついている．オオシロカゲロウは8～9月の夕方から夜半にかけて羽化し，その後数時間のうちに交尾産卵し一生を終える．オオシロカゲロウに関する研究事例は多く，発生機構に関する研究は渡辺ほか（1993）によって総説されている．このほか，分布や単為生殖に関するの研究などがある (Ishiwata, 1996; Watanabe & Ishiwata, 1997; Watanabe et al., 1998)．アカツキシロカゲロウは早朝に羽化し，日の出前に交尾・産卵し数時間のうちに死ぬ（青柳ほか，1998）．なお，雄は亜成虫から成虫に脱皮するが，雌は亜成虫のままで一生を終える．いずれも年1世代である．ビワコシロカゲロウの生態に関する研究事例はないが，オオシロカゲロウに似た生態をもつようだ．

シロイロカゲロウ属の種の検索

幼虫

1a　頭部前縁の突起は円形（図7-2）･････････････ アカツキシロカゲロウ　*Ephoron eophilum*
1b　頭部前縁の突起は三角形（図7-3）･･ 2
2a　腹部背面の模様は明褐色から暗褐色．鰓をとおる器官は横枝を出している（図7-1）
　　･････････････････････････････････････ オオシロカゲロウ　*Ephoron shigae*
2b　腹部背面の模様は不明瞭．鰓をとおる器官は横枝を出していない（図7-4）．本州（琵琶湖）に分布････････････････････････ ビワコシロカゲロウ　*Ephoron limnobium*

成虫

1a　雄の翅は白色（図7-9）．本州（利根川，荒川，江戸川）に分布
　　････････････････････････････････ アカツキシロカゲロウ　*Ephoron eophilum*
1b　雄の翅は半透明（図7-11）･･ 2
2a　腹部背面の模様は明褐色から暗褐色．本州・四国・九州に分布
　　･････････････････････････････････････ オオシロカゲロウ　*Ephoron shigae*

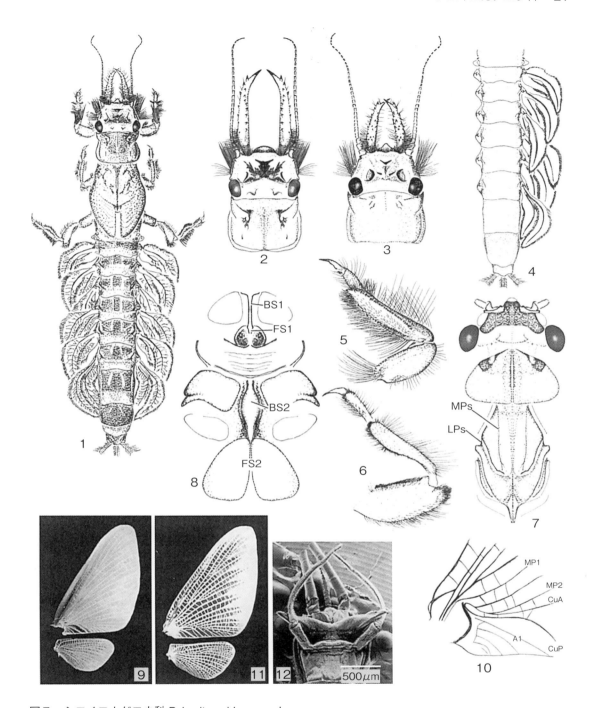

図7 シロイロカゲロウ科 Polymitarcyidae nymphs
1〜6：幼虫，1：オオシロカゲロウ Ephoron shigae，全形（鰓は広げた状態）；2：アカツキシロカゲロウ Ephoron eophilum Ishiwata，頭部・前胸部；3〜5：ビワコシロカゲロウ Ephoron limnobium；3：頭部・前胸部；4：腹部背面（鰓は広げた状態，左鰓削除）；5：前肢；6：オオシロカゲロウ Ephoron shigae，後肢　7〜12：成虫，7：アカツキシロカゲロウ Ephoron eophilum，雄頭・胸部背面；8：同左，前・中胸腹板腹面；9：同左，雄翅；10：同左，前翅基部；11：オオシロカゲロウ Ephoron shigae，雄翅；12：同左，雄交尾器腹面

2b　腹部背面の模様は不明瞭．本州（琵琶湖）に分布 … ビワコシロカゲロウ　*Ephoron limnobium*

モンカゲロウ科　Ephemeridae

　日本産モンカゲロウ科はモンカゲロウ属のみである．幼虫の体は円筒形で，掘潜型．頭部前縁中ほどの突出は中央部で凹む．大顎の先端は頭部前縁より著しく突出し，その基部付近は長毛が密生する（図7-2～4は長毛を除き作図）．鰓は腹部背面を覆う．尾毛は3本で長毛を密生する．雄成虫の複眼は大きく左右に分離するが上下に明瞭に二分されることはない．跗節第1節は脛節に癒合するため，雄前肢跗節の第1節はきわめて短く確認しにくい．尾毛は3本．

モンカゲロウ属　*Ephemera* Linnaeus, 1758

　この属はモンカゲロウ亜属 *Ephemera* (*Sinephemera*)，トウヨウモンカゲロウ亜属 *Ephemera* (*Ephemera*)，の2亜属に分けられる．前者には**フタスジモンカゲロウ** *Ephemera* (*Sinephemera*) *japonica* McLachlan, 1875，**モンカゲロウ** *Ephemera* (*Sinephemera*) *strigata* Eaton, 1892，後者には**トウヨウモンカゲロウ** *Ephemera* (*Ephemera*) *orientalis* McLachlan, 1875，**タイワンモンカゲロウ** *Ephemera* (*Ephemera*) *formosana* Ulmer, 1919が含まれる．フタスジモンカゲロウは，日本（北海道，本州，四国，九州）のほか，極東ロシアに分布し，山地，丘陵地帯の河川上流部に普通．モンカゲロウおよびトウヨウモンカゲロウは，ともに日本（北海道，本州，四国，九州）のほか，韓国，中国，モンゴル，ロシアに分布し，前者は山地から平野部に，後者は湖沼など止水域に普通．

　それぞれの幼虫は淡水域の砂泥底に生息し，水中の細かな有機物を濾過・摂食し成長する．成虫の翅は透明〜淡褐色で多くは濃褐色の斑紋をもち，その複眼は比較的大きく頭部側面に位置する（図8-1）．日本産カゲロウのうち大型のグループで体長20 mmに達する．すべて成虫と幼虫の関連はついている．幼虫および成虫の同定は，従来から腹部背面の斑紋によっているが，斑紋の不明瞭な個体（なかでも8，9腹節）が少なくないことから注意が必要である．

　これら3種は，一般に河川の上流から下流にかけて流程に沿ったすみわけがみられるとの報告が多いが，河川環境によっては分布傾向が異なる事例もある（石綿ほか，1997）．これら3種の生態の違いについては竹門（1989）に詳しい．

　タイワンモンカゲロウは琉球列島（沖縄，八重山），台湾に普通．いずれも成虫と幼虫の関連はついている．フタスジモンカゲロウは，基本的には年1世代だが，羽化期は初夏から晩秋までと長く，初夏に孵化した幼虫が年内に羽化する可能性もある（黒田ほか，1984）．本州のモンカゲロウは晩春に集中的に羽化する明瞭な年1世代の生活史を示す（Takemon, 1990）．トウヨウモンカゲロウは，晩春〜初夏と初秋に羽化する年2世代だが成長の遅れた個体は年1世代となる（渡辺，1992）．

モンカゲロウ属の属・亜属・種の検索
幼虫

1a　腹節背面の斑紋は逆八字紋（図8-1, 7）
　　　……………………………………………… 2…モンカゲロウ亜属　*Ephemera* (*Sinephemera*)
1b　腹節背面の斑紋は1〜3対の縦状紋（図8-8, 9）
　　　……………………………………………… 3…トウヨウモンカゲロウ亜属　*Ephemera* (*Ephemera*)
2a　腹節の斑紋は細く，第7〜9腹節の中央に1本の縦状紋がある（図8-7）．後単眼間に黒色の斑紋はない（図8-2）………………**フタスジモンカゲロウ**　*Ephemera* (*Sinephemera*) *japonica*

シロイロカゲロウ科，モンカゲロウ科，ヒメシロカゲロウ科　23

2b 腹節の斑紋は太く，第7～9腹節の中央に1本の縦状紋がない（図8-1）．左右の後単眼間に黒色の斑紋があり，斑紋はつながる（図8-2）
　………………………………………… モンカゲロウ　*Ephemera (Sinephemera) strigata*

3a 第7～9腹節の3対の縦状紋のうち，外側の2対は濃く明瞭（内側の1対の縦状紋は不明瞭な場合がある）（図8-8）．左右の後単眼間にそれぞれ黒色の斑紋があり，これらの紋はつながらない（図8-1）…………… トウヨウモンカゲロウ　*Ephemera (Ephemera) orientalis*

3b 第7～9腹節の3対の縦状紋のうち，外側の1対は幅広くその外側の境界は不明瞭，中央の1対は濃く明瞭，内側の1対は幅広く不明瞭であるか時には欠く（図8-9）．左右の後単眼間にそれぞれ黒色の斑紋がない
　………………………………………… タイワンモンカゲロウ　*Ephemera (Ephemera) formosana*

成虫

1a 腹節背面の斑紋は逆八字紋（図9-5，10）．陰茎先端の外側に1対の突起がある（図9-6，11）………………………………… 2…モンカゲロウ亜属　*Ephemera (Sinephemera)*

1b 腹節背面の斑紋は2～3対の縦状紋（図9-3，7）．陰茎先端の外側に1対の突起はない（図9-4，8）……………………… 3…トウヨウモンカゲロウ亜属　*Ephemera (Ephemera)*

2a 第7～9腹節の中央に1本の縦状紋がある（図9-10）．陰茎の突起は腹面にある（図9-11）………………………………… フタスジモンカゲロウ　*Ephemera (Sinephemera) japonica*

2b 第7～9腹節の中央に1本の縦状紋がない（図9-5）．陰茎の突起は背面にある（図9-6）
　………………………………………… モンカゲロウ　*Ephemera (Sinephemera) strigata*

3a 第7～9腹節の3対の縦状紋のうち外側2対は明瞭（図9-3）（内側の1対は欠くことがある）．前翅中央付近とIMPの基部付近に褐色の斑点があり（図9-2a），後翅側縁は褐色にふちどられる（図9-2b）．陰茎の先端側方は左右に広がり，先端の腹面に1～2対の小刺がある（図9-4）…………………… トウヨウモンカゲロウ　*Ephemera (Ephemera) orientalis*

3b 第7～9腹節に3対の縦状紋のうち内側2対は明瞭（図9-7）．前翅中央付近とIMPの基部付近に褐色の斑点はない．後翅側縁は褐色にふちどられない．陰茎の先端側方は左右に広がることはなく，腹面に刺はない（図9-8）
　………………………………………… タイワンモンカゲロウ　*Ephemera (Ephemera) formosana*

ヒメシロカゲロウ科　Caenidae

　日本産2属で，ミツトゲヒメシロカゲロウ属，ヒメシロカゲロウ属が記録されているが，前者には未記載種が存在することおよび近縁な属が確認されているので注意が必要である．この科の日本における分類学的研究は不十分である．幼虫の体は幾分扁平で，体毛が多い．後翅の翅芽はない．第2鰓は四角形で腹部背面を覆う．尾毛は3本．雄成虫の複眼は小さく左右に分離する（図10-2）．前翅の後縁部に小毛が並ぶ（図10-4）．跗節第1節は脛節に癒合するため，雄前肢跗節の第1節はきわめて短く確認しにくい．把持子は1節よりなる（図10-5，8）．尾毛は3本で，雄は長く，雌は短い．

24 カゲロウ目

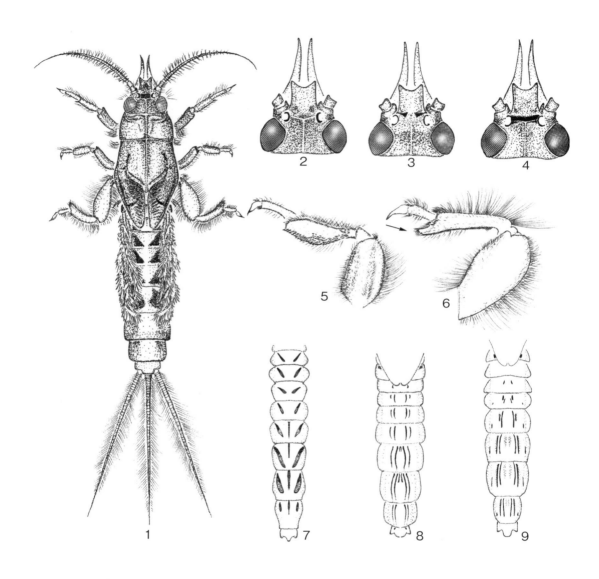

図8 モンカゲロウ科（幼虫）Ephemeridae nymphs
1：モンカゲロウ *Ephemera (Sinephemera) strigata*, 全形　2：フタスジモンカゲロウ *Ephemera (Sinephemera) japonica*, 頭部　3：トウヨウモンカゲロウ *Ephemera (Ephemera) orientalis*, 頭部　4：モンカゲロウ *Ephemera (Sinephemera) strigata*, 頭部　5〜6：タイワンモンカゲロウ *Ephemera (Ephemera) formosana*, 5：前肢；6：後肢　7〜9：腹部背面, 7：フタスジモンカゲロウ *Ephemera (Sinephemera) japonica*；8：トウヨウモンカゲロウ *Ephemera (Ephemera) orientalis*；9：タイワンモンカゲロウ *Ephemera (Ephemera) formosana*

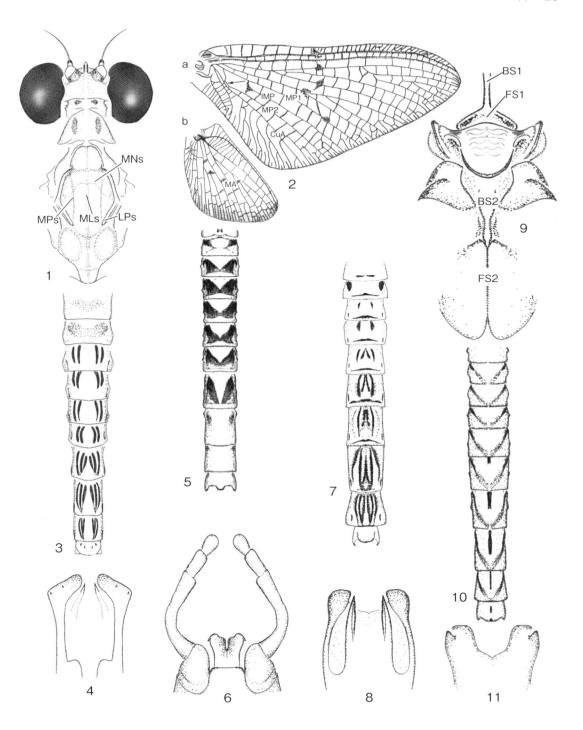

図9　モンカゲロウ科（成虫）Ephemeridae adults（imagines）
1〜4：トウヨウモンカゲロウ *Ephemera* (*Ephemera*) *orientalis*，1：雄頭・胸部背面；2：翅，a：前翅，b：後翅；3：腹部背面；4：陰茎　5〜6：モンカゲロウ *Ephemera* (*Sinephemera*) *strigata*；5：腹部背面；6：雄交尾器　7〜8：タイワンモンカゲロウ *Ephemera* (*Ephemera*) *formosana*，7：腹部背面；8：陰茎　9〜11：フタスジモンカゲロウ *Ephemera* (*Sinephemera*) *japonica*；9：前・中胸腹板；10：腹部背面；11：陰茎

26 カゲロウ目

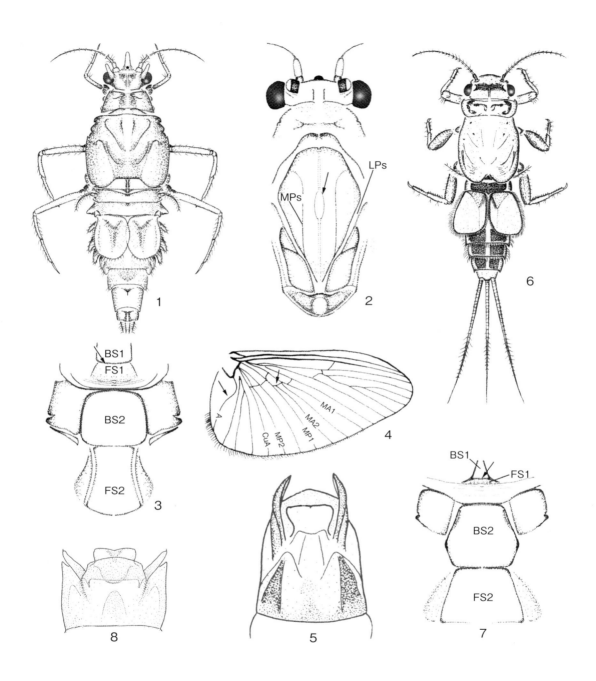

図10 ヒメシロカゲロウ科 Caenidae
1〜5：ミツトゲヒメシロカゲロウ *Brachycercus japonicus*，1：幼虫全形；2：雄成虫頭・胸部；3：成虫前・中胸腹板；4：前翅；5：雄交尾器腹面（Tojo, 2001より）　6〜7：ヒメシロカゲロウ属の1種 *Caenis* sp.，6：幼虫全形；7：成虫前・中胸腹板；8：ビワコヒメシロカゲロウ *Caenis nishinoae*，雄交尾器腹面（Malzacher, 1996より）

ヒメシロカゲロウ科の属の検索
幼虫

1a 頭部に3本の突起はある．前肢は中・後肢よりきわめて短い（図10-1）
　　　　　　……………………………………………… ミツトゲヒメシロカゲロウ属　*Brachycercus*
　　　　　　　　　　　　　　　　　　　　　　ミツトゲヒメカゲロウ　*Brachycercus japonicus*

1b 頭部に3本の突起はない．前肢は中・後肢とほぼ同長（図10-6）
　　　　　　…………………………………………………………… ヒメシロカゲロウ属　*Caenis*
　　　　　　　　　　　　　　　　　　　　　　ヒメシロカゲロウ属の数種　*Caenis* spp.

成虫

1a 胸部のBS1は四角形（図10-3）……………… ミツトゲヒメシロカゲロウ属　*Brachycercus*
　　　　　　　　　　　　　　　　　　　　　　ミツトゲヒメシロカゲロウ　*Brachycercus japonicus*

1b 胸部のBS1は三角形（図10-7）……………………………………… ヒメシロカゲロウ属　*Caenis*
　　　　　　　　　　　　　　　　　　　　　　ヒメシロカゲロウ属の数種　*Caenis* spp.

ミツトゲヒメシロカゲロウ属　*Brachycercus* Curtis, 1834

　ミツトゲヒメカゲロウ *Brachycercus japonicus* Gose, 1980 1種が知られているが，近縁種が複数存在する．本州から確認されている．化性や生活史については不明であるが，羽化は早朝に行われる．

ヒメシロカゲロウ属　*Caenis* Stephens, 1835

　ビワコヒメシロカゲロウ *Caenis nishinoae* Malzacher, 1996が琵琶湖から記載されている（図10-8）．このほか，国外では，韓国，中国，ロシアから記録がある．また，*Caenis horaria* (Linnaeus, 1758)が記録されている．このほか，御勢が記号で2種（*Caenis* sp. CA, *Caenis* sp. CB）を区別している．これらについては比較研究が行われていないためお互いの関係は不明である．河川に生息する種のうち，早朝に羽化し午後に雌だけの産卵前群飛行動を示すものもある．化性や生活史については不明．

マダラカゲロウ科　Ephemerellidae

　日本産6属で，トウヨウマダラカゲロウ属，トゲマダラカゲロウ属，シリナガマダラカゲロウ属，マダラカゲロウ属，エラブタマダラカゲロウ属，アカマダラカゲロウ属が含まれる．幼虫の体は幾分扁平で，頑強な体型である．尾毛は3本．雄成虫の左右の複眼は大きく，上部で接するか接近する．各複眼は上下に分離するが，コカゲロウ科のように明瞭に二分されることはない．跗節第1節は脛節に癒合するため，雄前肢跗節の第1節はきわめて短い．尾毛は3本．石綿（1989）はこのグループの生態分布について述べており，幼虫の流速や底質で区分される微生息場所はおもに属間で認められ，近縁な種間では生活環特に羽化期の分離が認められるとしている．

マダラカゲロウ科の属の検索
幼虫

1a 前肢腿節前縁に不規則な突起が並ぶ（図12-1, 7〜11）
　　　　　　……………………………………………………… トゲマダラカゲロウ属　*Drunella*, 1909

1b 前肢腿節前縁に上記突起はない（図14-2, 図15-2, 6, 図16-3, 6, 8）………………… 2

2a 小顎に犬歯はある（図15-9）……………………………………………………………… 3
2b 小顎に犬歯はない（図11-3，図18-2）………………………………………………… 4
3a 小顎髭はある（図15-9）．第3腹節の鰓はそれ以外の鰓を覆わない（図2-1，図15-1, 4）
　　………………………………………………………………… マダラカゲロウ属 *Ephemerella*
3b 小顎髭はない．第3腹節の鰓は大きく，それ以外の大部分の鰓を覆う（図18-9）
　　……………………………………………………………… エラブタマダラカゲロウ属 *Torleya*
4a 小顎の先端内側に変形した1枚の歯はあり，小顎髭はある（図11-3）．中胸の前側縁は側方に突出する（図11-1）．腹部背面の各節に1対の刺状あるいは瘤状の突起は並ぶ（図11-1, 6）……………………………………………………………………………………………… 5
4b 小顎の先端内側に変形した1枚の歯はなく，小顎髭はない（図18-2）．中胸の前側縁は側方に突出しない．腹部背面の各節に上記のような突起はない（図18-1, 7）
　　……………………………………………………………… アカマダラカゲロウ属 *Teleganopsis*
5a 中胸前側縁は丸く突出する（図11-1）．尾毛の各節接合部の毛は太く短い（図11-5）
　　……………………………………………………………… トウヨウマダラカゲロウ属 *Cincticostella*
5b 中胸前側縁は三角に突出する（図14-1）．尾毛の各節接合部の毛は細く長い（図14-4）
　　……………………………………………………………… シリナガマダラカゲロウ属 *Ephacerella*

成虫

1a 雄成虫の前肢第1跗節は鉤状に変形する（図18-4, 5）．陰茎の先端に複数の小刺がある（図18-6）………………………………………………………… アカマダラカゲロウ属 *Teleganopsis*
1b 雄成虫の前肢第1跗節は鉤状に変形しない（図13-3）．陰茎に小刺はあるか，あるいはない．小刺がある場合，陰茎の先端を除いた周辺（側面，背面，腹面など）にある（図17-2, 6〜9）……………………………………………………………………………………………… 2
2a 陰茎は小刺がなく，左右に大きく広がり，その先端はそれぞれ前方および後方に鋭く尖る（図18-10）……………………………………………………… エラブタマダラカゲロウ属 *Torleya*
2b 陰茎の形はいろいろであるが，上記のようでない…………………………………………… 3
3a 陰茎は小刺があるかあるいはない．もし小刺がない場合，陰茎は中央部で大きく切れ込み，把持子の末端節の長さは幅の約2倍，把持子の基部付近は内側に曲がり（図17-3），前胸背面に2対の黒斑はある（図3-1）……………………… マダラカゲロウ属 *Ephemerella*
3b 陰茎に小刺はなく，中央部で大きく切れ込まない…………………………………………… 4
4a 把持子の末端節の長さは幅の1〜1.5倍あり，把持子の第2節の先端付近の内側は大きく折れ曲がる（図11-11〜13，図14-6）………………………………………………………… 5
4b 把持子の末端節の長さは幅の2倍以上あり，把持子の第2節は上記のようでない．把持子の第2節の内側が大きく曲がる場合は，その部位が括れ狭まるかあるいは把持子の第2節全体が曲がる（図13-5〜11）……………………………… トゲマダラカゲロウ属 *Drunella*
5a 把持子の末端節の長さは幅と同等かわずかに長く，陰茎先端付近の幅は基部より狭く，陰茎先端部はわずかに突出する（図14-6）………………… シリナガマダラカゲロウ属 *Ephacerella*
5b 把持子の末端節の長さは幅の約1.5倍（図11-11〜13）．陰茎の先端付近の幅は基部より広いか，あるいは狭い．狭い場合，陰茎先端部が突出しない（図11-11, 12）
　　……………………………………………………………… トウヨウマダラカゲロウ属 *Cincticostella*

トウヨウマダラカゲロウ属　*Cincticostella* Allen, 1971

　日本産4種で，**クロマダラカゲロウ** *Cincticostella* (*Cincticostella*) *nigra* (Uéno, 1928), **オオクママダラカゲロウ** *Cincticostella* (*Cincticostella*) *elongatula* (McLachlan, 1875) は，日本（北海道，本州，四国，九州（対馬を除く））のほか，極東ロシア（国後島）に分布し，前者は後者に比べより山地性であり，いずれも各地に普通．**チェルノバマダラカゲロウ** *Cincticostella* (*Cincticostella*) *orientalis* (Tshernova, 1952) は，北海道，本州，韓国，ロシアに分布．**カスタネアマダラカゲロウ** *Cincticostella* (*Cincticostella*) *levanidovae* (Tshernova, 1952) は，日本では対馬のみに分布し，このほか，韓国，ロシアに分布．幼虫と成虫の関係はすべてついている．ただし，クロマダラカゲロウとオオクママダラカゲロウは酷似するので要注意．各肢腿節上の棍棒状突起の有無による区別は，終齢あるいは終齢近くの幼虫に限定される．また，交尾器による区別は困難．この場合，以下に示すように体色および発生時期による区別が有用（石綿，1989，2000）．これらはすべて年1世代であるが，混生する地域では成虫の出現時期はオオクママダラカゲロウが最も早く，関東地方の低山地では3月末〜4月初めに羽化する．次いでチェルノバマダラカゲロウが羽化し，クロマダラカゲロウは最も遅く5月下旬〜6月に羽化する．カスタネアマダラカゲロウの幼虫は，クロマダラカゲロウ，オオクママダカゲロウのそれに酷似するが，分布域の違いから区別可能．

トウヨウマダラカゲロウ属の種の検索
幼虫

1a　尾毛は短く体長以下（図11-1）．爪の歯は1〜2本（図11-2）
　　……………………… チェルノバマダラカゲロウ　*Cincticostella* (*Cincticostella*) *orientalis*
1b　尾毛は長く体長以上．爪の歯は5〜8本（図11-4）……………………………………………… 2
2a　各腿節背面は棍棒状小突起に覆われる（図11-8, 9）
　　……………………… オオクママダラカゲロウ　*Cincticostella* (*Cincticostella*) *elongatula*
2b　各腿節背面は棍棒状小突起に覆われない（図11-7）……………………………………………… 3
3a　腹部背面に明瞭な2対の黒色縦線はある（図11-6）
　　……………………… カスタネアマダラカゲロウ　*Cincticostella* (*Cincticostella*) *levanidovae*
3b　腹部背面に明瞭な2対の黒色縦線はなく，体全体が黒褐色〜黒色（しばしば中央部に白〜淡黄褐色の縦線が走る）………… クロマダラカゲロウ　*Cincticostella* (*Cincticostella*) *nigra*

成虫

1a　陰茎の幅は先端に向かい徐々に狭まる（図11-12）
　　……………………… チェルノバマダラカゲロウ　*Cincticostella* (*Cincticostella*) *orientalis*
1b　陰茎の幅は上記のようではない……………………………………………………………………… 2
2a　陰茎の先端は左右に広がる（図11-13）．腹部背面に2対の黒色縦線はある
　　……………………… カスタネアマダラカゲロウ　*Cincticostella* (*Cincticostella*) *levanidovae*
2b　陰茎の先端は左右に広がらない（図11-11）．腹部背面に2対の黒色縦線はない（まれに，薄い縦線が認められる場合がある）……………………………………………………………………… 3
3a　体色は黒色〜黒褐色．亜成虫の翅は黒色
　　……………………………… クロマダラカゲロウ　*Cincticostella* (*Cincticostella*) *nigra*
3b　体色は淡褐色〜赤褐色．亜成虫の翅は灰色
　　……………………… オオクママダラカゲロウ　*Cincticostella* (*Cincticostella*) *elongatula*

30 カゲロウ目

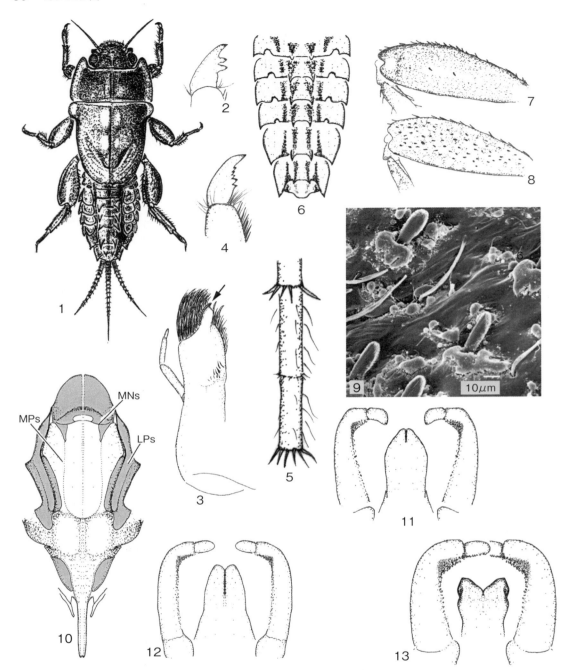

図11 マダラカゲロウ科トウヨウマダラカゲロウ属 Ephemerellidae *Cincticostella*
1～9：幼虫，1：チェルノバマダラカゲロウ *Cincticostella* (*Cincticostella*) *orientalis*，全形；2：同左，爪；3：オオクママダラカゲロウ *Cincticostella* (*Cincticostella*) *elongatula*，小顎；4：同左，爪；5：同左，尾；6：カスタネアマダラカゲロウ *Cincticostella* (*Cincticostella*) *levanidovae*，腹部背面；7：クロマダラカゲロウ *Cincticostella* (*Cincticostella*) *nigra*，後肢腿節；8：オオクママダラカゲロウ *Cincticostella* (*Cincticostella*) *elongatula*，後肢腿節；9：同左，腿節上の顆粒状突起　10：オオクママダラカゲロウ *Cincticostella* (*Cincticostella*) *elongatula*，亜成虫中胸背面　11～13：雄交尾器腹面，11：クロマダラカゲロウ *Cincticostella* (*Cincticostella*) *nigra*；12：チェルノバマダラカゲロウ *Cincticostella* (*Cincticostella*) *orientalis*；13：カスタネアマダラカゲロウ *Cincticostella* (*Cincticostella*) *levanidovae*

マダラカゲロウ科 31

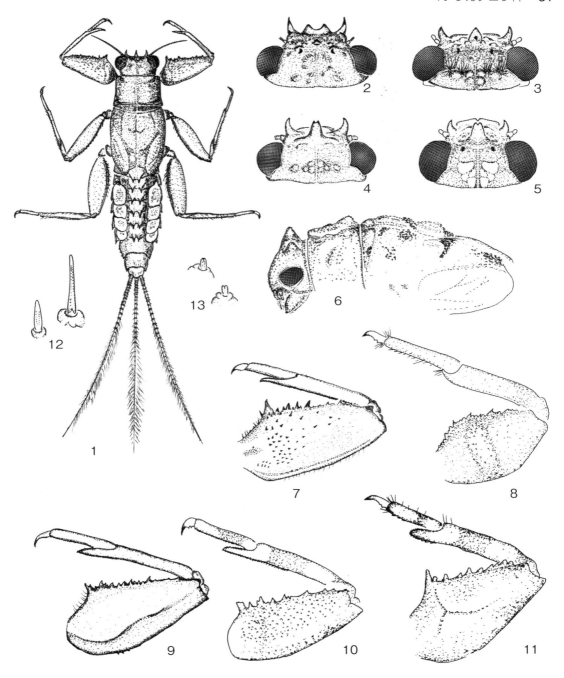

図12 マダラカゲロウ科トゲマダラカゲロウ属（幼虫）Ephemerellidae *Drunella* nymphs
1：ミツトゲマダラカゲロウ *Drunella trispina*, 全形　2〜5：頭部, 2：オオマダラカゲロウ *Drunella basalis*；3：コウノマダラカゲロウ *Drunella kohnoi*；4：フタマタマダラカゲロウ *Drunella sachalinensis*；5：ヨシノマダラカゲロウ *Drunella ishiyamana*　6：フタコブマダラカゲロウ *Drunella cryptomeria*, 頭・胸部側面　7〜11：前肢腿節, 7：ミツトゲマダラカゲロウ *Drunella trispina*；8：フタコブマダラカゲロウ *Drunella cryptomeria*；9：エゾミツトゲマダラカゲロウ *Drunella triacantha*；10：フタマタマダラカゲロウ *Drunella sachalinensis*；11：ヨシノマダラカゲロウ *Drunella ishiyamana*　12〜13：腿節上の顆粒状突起, 12：ミツトゲマダラカゲロウ *Drunella trispina*；13：フタマタマダラカゲロウ *Drunella sachalinensis*

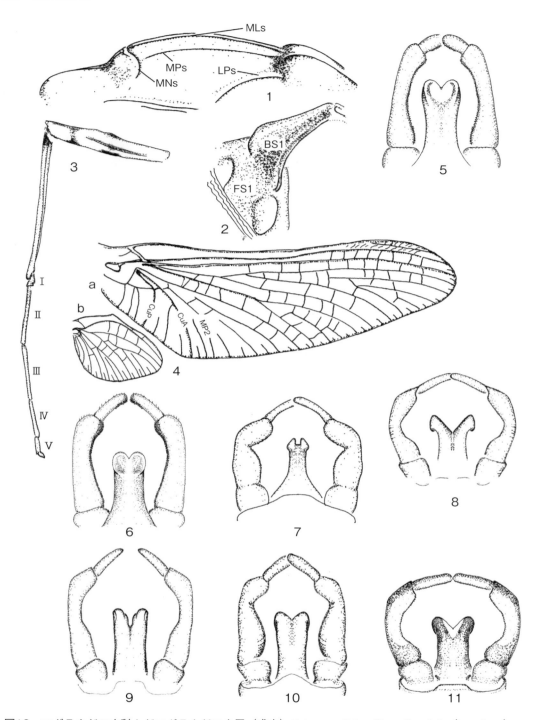

図13　マダラカゲロウ科トゲマダラカゲロウ属（成虫）Ephemerellidae *Drunella* adults (imagines)
1〜5：ヨシノマダラカゲロウ *Drunella ishiyamana*, 1：中胸背板側面；2：前胸腹板後側面；3：雄前肢；4：翅, a：前翅, b：後翅；5：雄交尾器背面　6〜11：雄交尾器, 6：フタコブマダラカゲロウ *Drunella cryptomeria*, 背面；7：オオマダラカゲロウ *Drunella basalis*, 腹面；8：コウノマダラカゲロウ *Drunella kohnoi*, 腹面；9：ミツトゲマダラカゲロウ *Drunella trispina*, 腹面；10：エゾミツトゲマダラカゲロウ *Drunella triacantha*, 腹面；11：フタマタマダラカゲロウ *Drunella sachalinensis*, 腹面

トゲマダラカゲロウ属　*Drunella* Needham, 1909

　日本からは7種知られている．**オオマダラカゲロウ** *Drunella basalis* (Imanishi, 1937) および**フタマタマダラカゲロウ** *Drunella sacharinensis* (Matsumura, 1931) は日本（北海道，本州，四国，九州）のほか，極東ロシア（国後島）に分布．**ヨシノマダラカゲロウ** *Drunella ishiyamana* Matsumura, 1931は，日本（北海道，本州，四国，九州）のほか，韓国，中国，ベトナム，極東ロシア（沿海州・サハリン）から，**ミツトゲマダラカゲロウ** *Drunella trispina* (Uéno) は，日本（北海道，本州，四国，九州）のほか，中国，モンゴル，ロシアから，**エゾミツトゲマダラカゲロウ** *Drunella triacantha* (Tshernova) は北海道，韓国，中国，中国，モンゴルから，**コオノマダラカゲロウ** *Drunella kohnoi* (Allen) は本州，四国，九州から，**フタコブマダラカゲロウ** *Drunella cryptomeria* (Imanishi) は本州，韓国，中国，モンゴルから記録されている．いずれも成虫と幼虫の関連はついている．この他に，中型および小型の未記載の2種が分布する．オオマダラカゲロウ，ヨシノマダラカゲロウ，ミツトゲマダラカゲロウの雄は河川上空の高いところで群飛するため観察できる機会が少ないが，強風で高度を下げたときに確認することができる．いっぽう，マダラカゲロウ科に共通する性質として，産卵前の雌は瀬の上空に集まり雌だけ群飛の様相を呈する．トゲマダラカゲロウ属の幼虫は，捕食者とされており（石綿，1989），野外や飼育下で前肢腿節と脛節とでシマトビケラ属の幼虫などを挟み込んで捕食する姿を観察できる．本属の幼虫は石礫底に生息するものの，ミツトゲマダラカゲロウなどでは石の周りに砂や砂利が多い場所を好むことが知られている（田村・加賀谷，2017）．

トゲマダラカゲロウ属の種の検索

幼虫

1a　脛節先端は伸びない（図12-8）．頭部前方および頭部前縁に突起はない．後頭部に1対の瘤はある（図12-6）……………**フタコブマダラカゲロウ** *Drunella cryptomeria*
1b　脛節先端は伸びる（図12-7, 9〜11）．頭部前方および頭部前縁のいずれか，あるいは双方に複数の突起はある（図12-1〜5）．後頭部に1対の瘤はない……………………2
2a　前肢腿節背面に稜線はある（図12-9, 11）………………………………………………3
2b　前肢腿節背面に稜線はない（図12-7, 10）………………………………………………4
3a　頭部前縁の中央部は凹む（図12-5）…………**ヨシノマダラカゲロウ** *Drunella ishiyamana*
3b　頭部前縁の中央部は凹まない…………**エゾミツトゲマダラカゲロウ** *Drunella triacantha*
4a　頭部前縁は突出し，その中央部が凹み，頭部前方に1対の大きな突起はある（図12-2）………………………………………………**オオマダラカゲロウ** *Drunella basalis*
4b　頭部前縁は突出することなく，中央部が凹まない．頭部前方に3本の大きな突起はある（図12-3, 4）…………………………………………………………………………5
5a　腿節背面の顆粒状突起は前肢のみにあり，その突起の先端は尖る（図12-12）………………………………………………**ミツトゲマダラカゲロウ** *Drunella trispina*
5b　腿節背面の顆粒状突起は全肢にあり，その突起の先端は丸い（図12-13）……………6
6a　後頭部に長毛の束はある（図12-3）………**コオノマダラカゲロウ** *Drunella kohnoi*
6b　後頭部に長毛の束はない（図12-4）……**フタマタマダラカゲロウ** *Drunella sacharinensis*

成虫

1a　把持子の第2節の内側は括れない（図13-5, 6）……………………………………2
1b　把持子の第2節の内側は大きく括れる（図13-7〜11）……………………………3

34　カゲロウ目

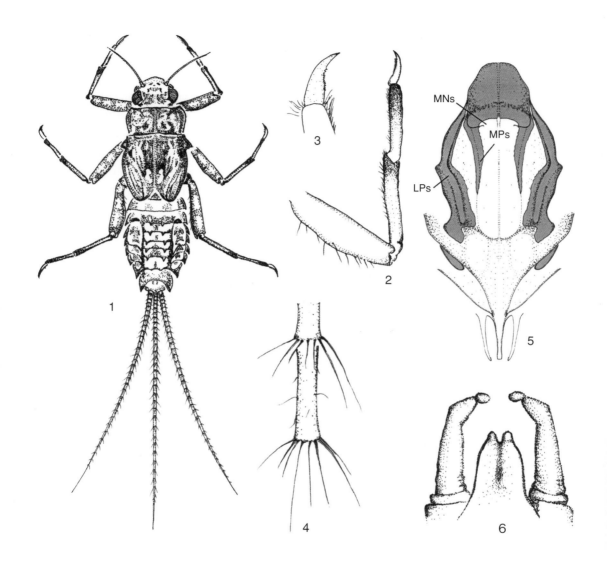

図14　マダラカゲロウ科シリナガマダラカゲロウ属 Ephemerellidae *Ephacerella*
シリナガマダラカゲロウ *Ephacerella longicaudata*, 1〜4：幼虫, 1：全形；2：前肢；3：爪；4：尾（一部）　5：亜成虫中胸背面；6：雄交尾器背面

2a　把持子の先端節の長さは幅の約3倍（図13-6）．中・後肢腿節の基部付近に黒斑はある．
　　 第4〜7腹節は黄褐色で半透明……………… **フタコブマダラカゲロウ**　*Drunella cryptomeria*
2b　把持子の先端節の長さは幅の約2倍（図13-5）．中・後肢腿節の基部付近に黒斑はない．
　　 第4〜7腹節は黒褐色で半透明ではない…… **ヨシノマダラカゲロウ**　*Drunella ishiyamana*
3a　陰茎の先端部は基部と比較して著しく幅が狭く，先端直前で括れる（図13-7）
　　 …………………………………………………… **オオマダラカゲロウ**　*Drunella basalis*
3b　陰茎先端部の幅は上記のようでない …………………………………………………… 4
4a　陰茎先端部は左右に広がることなく，幅は中央部とほぼ同等（図13-9，10）………… 5
4b　陰茎先端部は左右に広がり，幅は中央部より広い（図13-8，11）…………………… 6
5a　陰茎先端部の外側が抉られる（図13-9）……… **ミツトゲマダラカゲロウ**　*Drunella trispina*
5b　陰茎先端部の外側が抉られない（図13-10）
　　 ……………………………………………… **エゾミツトゲマダラカゲロウ**　*Drunella triacantha*
6a　陰茎先端部の幅は基部と較べわずかに広い（図13-11）
　　 ………………………………………………… **フタマタマダラカゲロウ**　*Drunella sachalinensis*
6b　陰茎先端部の幅は基部と較べ著しく広い（図13-8）
　　 …………………………………………………… **コオノマダラカゲロウ**　*Drunella kohnoi*

シリナガマダラカゲロウ属　*Ephacerella* Paclt, 1994

シリナガマダラカゲロウ *Ephacerella longicaudata* (Uéno, 1928) 1属1種のみ確認されている．日本（本州，四国，九州）のほか，韓国，中国，ロシア（沿海州）に分布．幼虫（図14-1）は大型で15 mm以上に達し，各肢は細長く爪の歯が多い（10〜15本）特徴がある（図14-3）．幼虫および雄成虫の分類は容易である．しかし，雌成虫はオオクママダラカゲロウに似ており区別しにくい．ただし，亜成虫は胸部MPs上の褐色部が長いことで区別できる（図14-5）．シリナガマダラカゲロウは，河川中下流域の淵や平瀬あるいは湖沼のリターパックや抽水植物帯に生息し，年1世代で早春に羽化する．

マダラカゲロウ属　*Ephemerella* Walsh, 1863

日本産8種で，**ホソバマダラカゲロウ** *Ephemerella atagosana* Imanishi, 1937は，日本（本州，四国，九州），韓国，ロシア，中国から，**キタマダラカゲロウ** *Ephemerella aurivillii* (Bengtsson, 1908) は，日本（北海道，東北地方の山岳地帯から本州の中部山岳地帯），北米，ヨーロッパから中央，西アジア，ロシアにかけて，**キマダラカゲロウ** *Ephemerella notata* Eaton, 1887は，日本（本州および九州），ヨーロッパからロシアにかけて，**ツノマダラカゲロウ** *Ephemerella tsuno* (Jacobus & McCafferty, 2008) は本州，四国，九州から，**イマニシマダラカゲロウ** *Ephemerella occiprens* (Jacobus & McCafferty, 2008) は，本州，四国，九州，韓国から，**クシゲマダラカゲロウ** *Ephemerella setigera* Bajkova, 1965は，日本（北海道，本州，四国，九州），中国，韓国，ロシアから，**イシワタマダラカゲロウ** *Ephemerella ishiwatai* (Gose, 1985) は，本州，九州からそれぞれ記録されている．すべての成虫と幼虫の関連はついているが，イシワタマダラカゲロウあるいはクシゲマダラカゲロウの幼虫に似た別種が存在する．前者は，イシワタマダラカゲロウ同様，後頭部に1対の瘤がある．斑紋に変化が多く後頭部の瘤も雌雄あるいは産地によって変異がある．これらは日本に広く分布し，少なくとも3種が存在する．後者は，クシゲマダラカゲロウ同様，尾毛に帯紋があるが，後頭部は滑らかで隆起などは認められない．この成虫は，前記未記載種の雄交尾器によく似ており，現在までの

ところ雄交尾器では区別できない．本属の幼虫は一般に緩流性の種で，淵や岸寄りの緩やかな流れ，あるいは水中の水生植物上にみられる場合が多い．ホソバマダラカゲロウおよびキタマダラカゲロウは，年1世代で早春に羽化する．いずれも山地性の種であるが，後者は関東地方では標高1500 m以上の山地に生息する．キマダラカゲロウおよびイシワタマダラカゲロウは年1世代で，前者は早春に後者は初夏に羽化する．幼虫は河川中下流域に生息．ツノマダラカゲロウおよびイマニシマダラカゲロウは，年1世代と考えられ，初夏に羽化．いずれも山地に多いが後者の幼虫は中流域にも分布．クシゲマダラカゲロウの羽化期は5〜11月と長く，年2世代以上．山地渓流や中流の流れの速い石礫底に多い．

マダラカゲロウ属の種の検索

幼虫

1a 後頭部，胸部背面のいずれにも突起はない··2
1b 後頭部，胸部背面のいずれか，あるいは双方に突起（小隆起も含む）はある（図15-5，図16-1, 2, 4, 5, 7）··4
2a 各腹部背面に明瞭な刺列はなく，胸部〜腹部背面にしばしば縦縞が走る（図15-8）
·· キタマダラカゲロウ *Ephemerella aurivillii*
2b 各腹部背面に明瞭な刺列はある（図15-1, 10）．胸部〜腹部背面に縦縞は走らない ······3
3a 前胸背面に2対の黒斑はある（図15-10）．体長12 mm以上
·· キマダラカゲロウ *Ephemerella notata*
3b 前胸背面に2対の黒斑はない（図15-1）．体長10 mm以下
·· ホソバマダラカゲロウ *Ephemerella atagosana*
4a 後頭部，胸部背面の双方に明瞭な突起はある（図16-1, 2, 4, 5）······························5
4b 後頭部，胸部背面の双方に明瞭な突起はない．もしあっても，後頭部に突起や小隆起が認められる（図15-5，図16-7）··6
5a 各部位の突起は長大（図16-1, 2）．前肢腿節背面は平坦で長毛がある（図16-3）．体長12〜15 mm ·· ツノマダラカゲロウ *Ephemerella tsuno*
5b 各部位の突起は短い（図16-4, 5）．前肢腿節背面の先端付近は隆起し剛毛列がある（図16-6）．体長8〜10 mm ································· イマニシマダラカゲロウ *Ephemerella occiprens*
6a 後頭部に2対の小隆起はある（図15-5）．各肢腿節は幅広く，前肢跗節および脛節内側の刺毛は少なく粗に並ぶ（図15-6, 7）（図）··· クシゲマダラカゲロウ *Ephemerella setigera*
6b 後頭部に2対の小隆起はなく，1対の突起あるいは小隆起がある（図16-7）．各肢腿節は上記のようでなく細く，前肢跗節および脛節内側の刺毛は多く密に並ぶ（図16-8, 9）
·· イシワタマダラカゲロウ *Ephemerella ishiwatai*

成虫

1a 把持子の先端節の長さは幅の約2倍（図17-3）．陰茎の中央部から先端部にかけての幅はほぼ同等で，先端中央部は大きく切れ込み，陰茎の切れ込みに刺はない（図17-3）
·· キマダラカゲロウ *Ephemerella notata*
1b 把持子の先端節の長さは幅のほぼ等倍．陰茎の形はいろいろ．陰茎の周辺（側面，背面，腹面など）に刺はある··2
2a 陰茎の先端中央部はV字形に大きく切れ込み（切れ込みは陰茎の長さのほぼ1/2），陰茎

マダラカゲロウ科 37

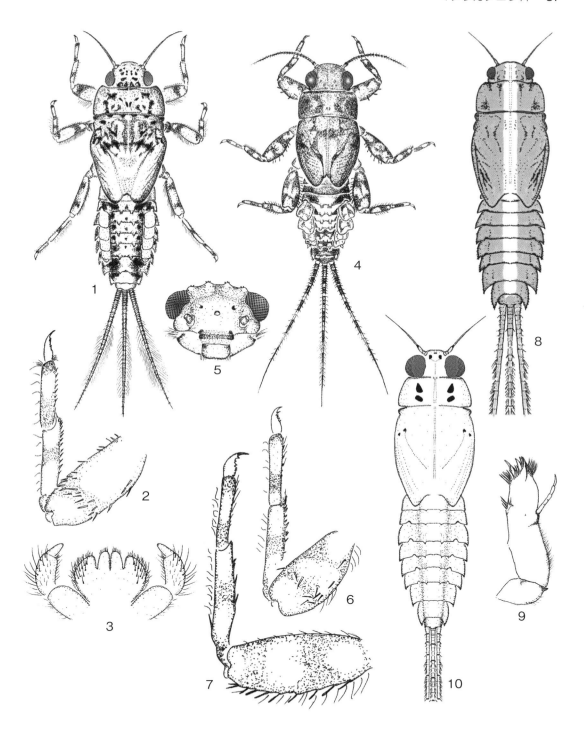

図15 マダラカゲロウ科マダラカゲロウ属（幼虫1）Ephemerellidae *Ephemerella* nymphs
1～3：ホソバマダラカゲロウ *Ephemerella atagosana*, 1：全形；2：前肢；3：下唇　4～7：クシゲマダラカゲロウ *Ephemerella setigera*, 4：全形；5：頭部；6：前肢；7：後肢　8～9：キタマダラカゲロウ *Ephemerella aurivillii*, 8：頭・胸・腹部（肢，鰓を除く）；9：小顎　10：キマダラカゲロウ *Ephemerella notata*, 頭・胸・腹部（肢，鰓を除く）

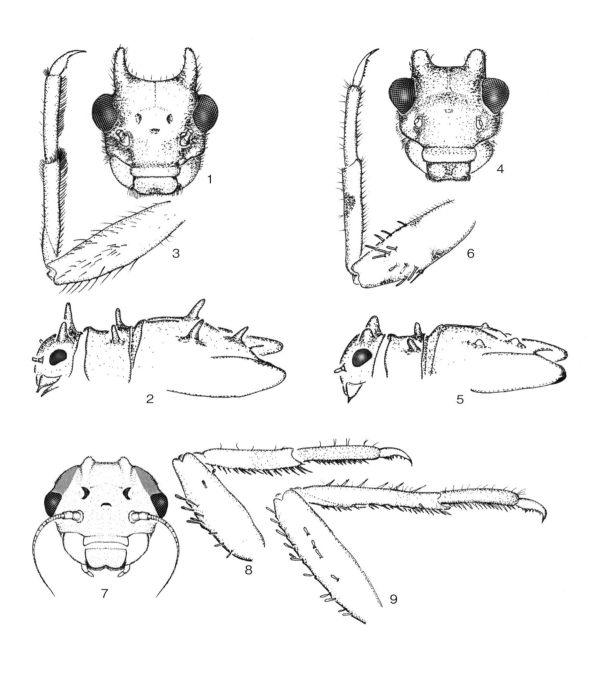

図16 マダラカゲロウ科マダラカゲロウ属（幼虫2）Ephemerellidae *Ephemerella* nymphs
1〜3：ツノマダラカゲロウ *Ephemerella tsuno*，1：頭部；2：頭・胸部側面；3：前肢　4〜6：イマニシマダラカゲロウ *Ephemerella occiprens*，4：頭部；5：頭・胸部側面；6：前肢　7〜9：イシワタマダラカゲロウ *Ephemerella ishiwatai*，7：頭部；8：前肢；9：後肢

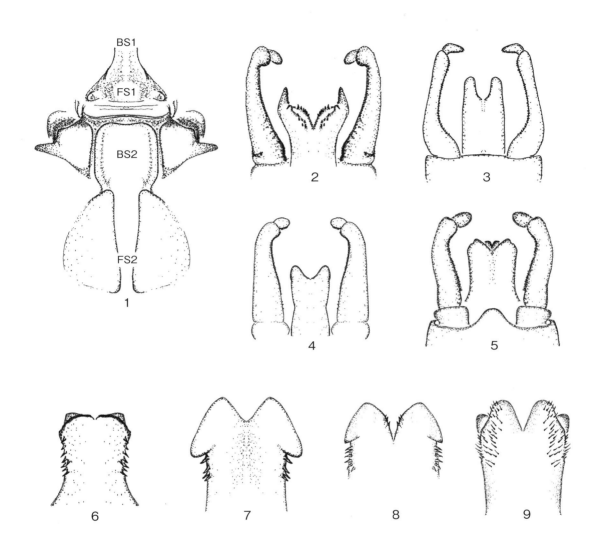

図17 マダラカゲロウ科マダラカゲロウ属(成虫) Ephemerellidae *Ephemerella* adults (imagines)
1:イシワタマダラカゲロウ *Ephemerella ishiwatai*, 前・中胸腹板 2:キタマダラカゲロウ *Ephemerella aurivillii*, 雄交尾器背面 3:キマダラアカゲロウ *Ephemerella notata*, 雄交尾器腹面 4:ホソバマダラカゲロウ *E. atagosana*, 雄交尾器腹面 5:イシワタマダラカゲロウ *Ephemerella ishiwatai*, 雄交尾器腹面 6:同左, 雄交尾器背面 7:ツノマダラカゲロウ *Ephemerella tsuno*, 背面 8:イマニシマダラカゲロウ *Ephemerella occiprens*, 雄交尾器背面 9:クシゲマダラカゲロウ *Ephemerella setigera*, 雄交尾器腹面

40 カゲロウ目

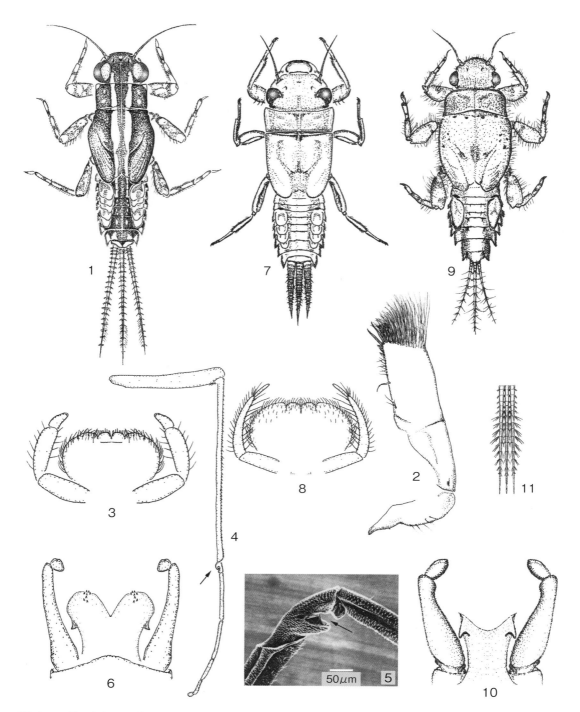

図18 マダラカゲロウ科アカマダラカゲロウ属, エラブタマダラカゲロウ属, Ephemerellidae *Teleganopsis*, *Torleya*

1〜6：アカマダラカゲロウ *Teleganopsis punctisetae*, 1：幼虫全形；2：小顎；3：下唇；4：成虫前肢；5：第1付節；6：雄交尾器腹面　7〜8：チノマダラカゲロウ *Teleganopsis chinoi*, 7：幼虫全形；8：下唇　9〜10：エラブタマダラカゲロウ *Torleya japonica*, 9：幼虫全形；10：雄交尾器背面　11：ヤエヤママダラカゲロウ *Torleya nepalica*, 尾毛

の刺はその切れ込みの基部から中央部にある（図17-2）
·· **キタマダラカゲロウ** *Ephemerella aurivillii*

2b 陰茎の先端中央部は切れ込むが，その切れ込みは陰茎の長さの1/3に満たない．陰茎の刺は，その背面，側面，腹面，先端中央部の切れ込みのいずれか，あるいはこれらのうちのいくつかの部位にある·· 3

3a 陰茎先端付近の背面に陰茎基部に向かう翼状突起はある（図17-7, 8）················· 4
3b 陰茎先端付近の背面は上記のようでなく，あっても瘤状（図17-6, 9）··············· 5
4a 陰茎中央部の切れ込みに刺はある（図17-8）······ **ツノマダラカゲロウ** *Ephemerella tsuno*
4b 陰茎中央部の切れ込みに刺はない（図17-7）
·· **イマニシマダラカゲロウ** *Ephemerella occiprens*
5a 陰茎の中程が狭まる（図17-4）············ **ホソバマダラカゲロウ** *Ephemerella atagosana*
5b 陰茎の中程が狭まることはない ·· 6
6a 背側面に4〜8対の刺はある（図17-6）
·· **イシワタマダラカゲロウ** *Ephemerella ishiwatai*
6b 陰茎先端付近にはっきりした刺はない（腹面から側面にかけて30〜40対の刺毛はある）（図17-9）··························· **クシゲマダラカゲロウ** *Ephemerella setigera*

エラブタマダラカゲロウ属　*Torleya* Lestage, 1917

日本産2種で，いずれも幼虫と成虫の関係はついている．**エラブタマダラカゲロウ** *Torleya japonica* (Gose, 1980) は北海道，本州，四国，九州に分布．**ヤエヤママダラカゲロウ** *Torleya nepalica* (Allen & Edmunds, 1963) は沖縄（西表島，石垣島），台湾，中国，インド，マレーシア，ネパール，パキスタン，タイ，ベトナムに分布．エラブタマダラカゲロウは，山地渓流下部から河川下流域の平瀬や淵に生息する．初夏〜夏に羽化するが化性は不明．ヤエヤママダラカゲロウは山地渓流部に生息する．

エラブタマダラカゲロウ属の種の検索
幼虫

1a 尾毛の接合部の毛はまばら（図18-9）············ **エラブタマダラカゲロウ** *Torleya japonica*
1b 尾毛の接合部の毛は密（図18-11）················ **ヤエヤママダラカゲロウ** *Torleya nepalica*

アカマダラカゲロウ属　*Teleganopsis* Ulmer, 1939

日本産2種で，**アカマダラカゲロウ** *Teleganopsis punctisetae* (Matsumura, 1931) は，北海道，本州，四国，九州にきわめて普通にみられる種類である．このほか，韓国，中国，モンゴル，ロシアに分布する．**チノマダラカゲロウ** *Teleganopsis chinoi* (Gose, 1980) は本州（近畿以西）から知られている．いずれも成虫と幼虫の関連はついているが，交尾器（図18-6）が酷似するため現在までのところ体色で区別するのみ．アカマダラカゲロウは山地渓流上部から河川下流域の早瀬や平瀬に生息する．羽化期は4〜10月と長く，年2世代以上．チノマダラカゲロウの生息域は河川中下流域だが生活史の詳細は不明．

アカマダラカゲロウ属の種の検索

幼虫

1a 下唇髭の第2節および先端節は太く短い（図18-3）．体色は赤褐色．多くの場合，頭部から腹部にかけて1対の淡色の帯が走る（図18-1）
··**アカマダラカゲロウ** *Teleganopsis punctisetae*

1b 下唇髭の第2節および先端節は細長い（図18-8）．体色は一様に乳白色から淡褐色．頭部から腹部にかけて1対の淡色の帯がない（図18-7）
··**チノマダラカゲロウ** *Teleganopsis chinoi*

成虫

1a 体色は赤褐色··**アカマダラカゲロウ** *Teleganopsis punctisetae*
1b 体色は乳白色～淡褐色··································**チノマダラカゲロウ** *Teleganopsis chinoi*

ヒメフタオカゲロウ科　Ameletidae

ヒメフタオカゲロウ属　*Ameletus* Eaton, 1885

　日本産6種記載されているが，これらのほかに複数の未記載種が存在する（青木，2000）．**マエグロヒメフタオカゲロウ** *Ameletus costalis* (Matsumura, 1931) は，日本（北海道，本州，四国，九州）のほか，韓国，中国，ロシアに分布．本種は国内で記載された本属のカゲロウうち，**キョウトヒメフタオカゲロウ** *Ameletus kyotensis* Imanishi, 1932 に先立ち早春に羽化する大型種がいるので注意が必要である．この種の終齢幼虫幼虫は赤褐色で，鰓葉が真紅となる（青木，2010）．なお，キョウトヒメフタオカゲロウおよび以下に述べるヒメフタオカゲロウは，ともに前肢脛節に刺列をもたないが，マエグロヒメフタオカゲロウおよび上記未記載種は刺列をもつ．**ヒメフタオカゲロウ** *Ameletus montanus* Imanish は，日本（北海道，本州，九州）のほか，ロシア（クナシリ島）分布．本種に近縁な未記載種が多い．**クロベヒメフタオカゲロウ** *Ameletus subalpinus* Imanishi, 1932は，山地性の種で羽化期が遅く，9～11月に及ぶ（石綿，1997；青木，2000）．なお，**ヨコスジヒメフタオカゲロウ** *Ameletus croceus* Imanishi, 1932 および**ナバスヒメフタオカゲロウ** *Ameletus aethereus* (Navás, 1915) は成虫のみ記載されているが，記載が不十分なため不詳．本属は，河川の比較的上流域に生息し，その多くは年1世代で，中流域の種は早春に源流域の種は初夏や夏に羽化する．本州の低山域では，3月中旬に赤褐色の大型種，3月下旬にキョウトヒメフタオカゲロウ，4月上旬にマエグロヒメフタオカゲロウ，4月下旬～5月にヒメフタオカゲロウとその近縁種が順次羽化する（竹門，1990；青木，2000）．

　幼虫の体は円筒形で，遊泳型．小顎に櫛状の長毛を備える．鰓は1葉．尾毛は3本で左右に長毛を密生する．雄成虫の左右の複眼は大きく，上部で接するが，上下に明瞭に二分されることはない．跗節は5節よりなる．尾毛は2本．いずれの種も淵や平瀬の岸近くの石礫底やリターパックに多く生息し．大顎を石表面に打ち付けるようにして付着藻を喰み採る．

幼虫

1a 右大顎の外側にほぼ同じ大きさの犬歯3本があり，下側に短毛列がある（図19-7, 8）···2
1b 右大顎の外側に大きな犬歯2本と小さな犬歯1本があり，下側に長毛列がある（図19-9, 10）···3

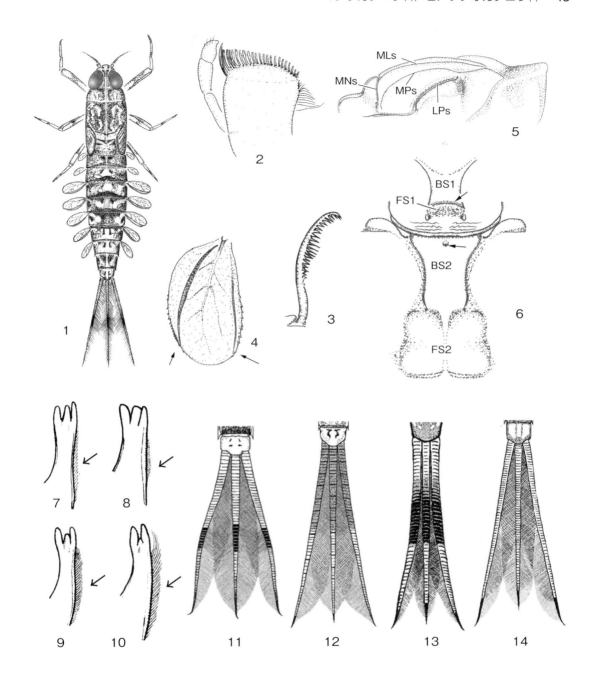

図19　ヒメフタオカゲロウ科ヒメフタオカゲロウ属 Ameletidae *Ameletus*
1～6：マエグロヒメフタオカゲロウ *Ameletus costalis*, 1：幼虫全形；2：小顎；3：小顎先端部の櫛状長毛；4：第3鰓；5：成虫中胸背板側面；6：成虫前・中胸腹板　7～10：幼虫大顎犬歯（青木，2000より），7：マエグロヒメフタオカゲロウ *Ameletus costalis*；8：キョウトヒメフタオカゲロウ *Ameletus kyotensis*；9：ヒメフタオカゲロウ *Ameletus montanus montanus*；10：クロベヒメフタオカゲロウ *Ameletus subalpinus*　11～13：幼虫尾毛（青木，2000より），11：マエグロヒメフタオカゲロウ *Ameletus costalis*；12：ヒメフタオカゲロウ *Ameletus montanus montanus*；13：キョウトヒメフタオカゲロウ *Ameletus kyotensis*　14：クロベヒメフタオカゲロウ *Ameletus subalpinus*

44　カゲロウ目

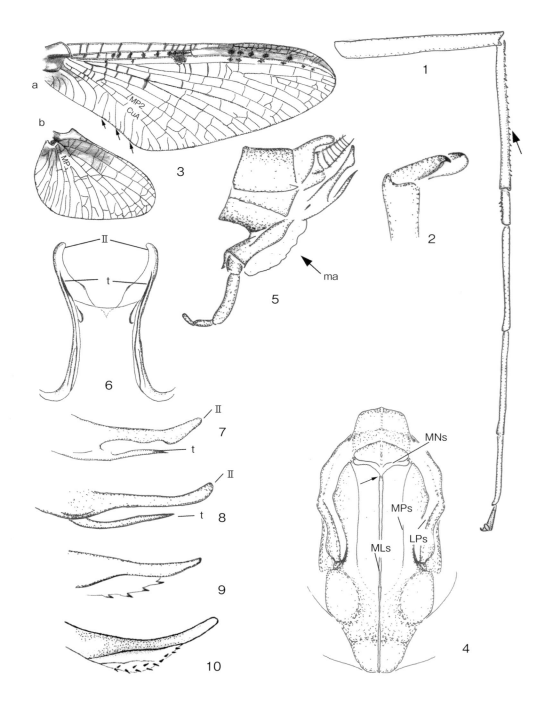

図20　ヒメフタオカゲロウ科ヒメフタオカゲロウ属（成虫）Ameletidae *Ameletus* adults（imagines）
1〜6：マエグロヒメフタオカゲロウ *Ameletus costalis*，1：雄前肢；2：爪；3：翅，a：前翅，b：後翅；4：成虫中胸背面；5：雄最後腹節側面；6：陰茎腹面　7〜10：陰茎側面．7：マエグロヒメフタオカゲロウ *Ameletus costalis*；8：キョウトヒメフタオカゲロウ *Ameletus kyotensis*；9：ヒメフタオカゲロウ *Ameletus montanus montanus*；10：クロベヒメフタオカゲロウ *Ameletus subalpinus*（青木，2000より）．
ma：亜生殖板の膜質部分

2a	尾毛の中央部は濃色である（図19-1, 11）	
	································マエグロヒメフタオカゲロウ	*Ameletus costalis*
2b	尾毛の基半部は淡黒褐色である（図19-12）	
	································キョウトヒメフタオカゲロウ	*Ameletus kyotensis*
3a	尾毛の中央部は濃色である（図19-13）	
	································ヒメフタオカゲロウ	*Ameletus montanus montanus*
3b	尾毛の中央部は淡色である（図19-14）	
	································クロベヒメフタオカゲロウ	*Ameletus subalpinus*

成虫

1a	陰茎先端は尖る．陰茎側片（titilator：t）はある．陰茎側片は陰茎腹面から完全に分離している ································ 2	
1b	陰茎先端は丸い．陰茎側片（titilator：t）はない ································ 3	
2a	陰茎（lateral lobe：ll）を側面からみると足状（図20-7）	
	································マエグロヒメフタオカゲロウ	*Ameletus costalis*
2b	陰茎（lateral lobe：ll）を側面からみると棒状（図20-8）	
	································キョウトヒメフタオカゲロウ	*Ameletus kyotensis*
3a	陰茎腹面の刺数は4〜5個（図20-9）······ヒメフタオカゲロウ	*Ameletus montanus montanus*
3b	陰茎腹面の刺数は5〜12個程度（図20-10）	
	································クロベヒメフタオカゲロウ	*Ameletus subalpinus*

コカゲロウ科　Baetidae

　日本産11属で，ミジカオフタバコカゲロウ属，シリナガコカゲロウ属，フタバコカゲロウ属，コカゲロウ属（狭義），ウスバコカゲロウ属，フタバカゲロウ属，フトヒゲコカゲロウ属，マツムラコカゲロウ属，トビイロコカゲロウ属，ヒメウスバコカゲロウ属，ヒゲトガリコカゲロウ属が含まれるが，マツムラコカゲロウ属については不詳（Ishiwata, 2018）．Fujitani et al.（2003a，2003b，2004，2005），藤谷（2006）は，日本産コカゲロウ属（広義）について分類学的検討を行い，各種をシリナガコカゲロウ属，コカゲロウ属（狭義），フトヒゲコカゲロウ属，トビイロコカゲロウ属，ヒゲトガリコカゲロウ属に割り当てた．同時に，小林（1987）によって記号で整理されたコカゲロウ属（広義）の幼虫についても，各属に再編させた．ここでは，その分類体系に準じた．

　幼虫の体は小型円筒形で，触角は長く頭幅の2〜3倍．鰓は1〜2葉．尾毛は主に3本，あるいは2本で中尾糸を欠く種もいる．左右の尾に長毛が密生する種が多い．雄成虫の左右の複眼は大きく，上下に明瞭に二分される．上部の複眼はターバン眼とよばれる特異な形状をしており，互いに接近している．後翅はきわめて小さく，縦脈は2〜3本であるが，後翅が欠失したり痕跡的になっている種もある．雄成虫では，中脚と後脚の跗節第1節が痕跡的で脛節に癒合する．尾毛は2本．

　ほとんどの種は泳ぎが上手で，生活型は遊泳型に区分される．食性について，Merritt & Cummins（1996）では，コカゲロウ科は堆積物収集者に組み込まれているが，少なくともシロハラコカゲロウ，フタバコカゲロウ，フタバカゲロウなど日本産のいくつかの種は，石表面や植物表面の藻類も摂食している．

コカゲロウ科の属の検索
幼虫

1a 各肢の爪は強く曲がり，その内側に1列の歯が並ぶ（図22-3，図23-5）．尾毛は2〜3本あり，その3〜5節おきに褐色の節がない（図21-1，図22-1，図23-1，図27-15） ……… 2

1b 各肢の爪はわずかに曲がり，その内側に歯はないか（図29-4），あるいは2列の歯が並ぶ（図26-3）．尾毛は3本あり，その3〜5節おきに濃褐色の節がある（図26-1，9，図29-1，6） ……… 4

2a 脚（肢）の跗節外側に長毛が密に生える（図21-5，6，22-3）……… 3

2b 脚の跗節外側に長毛が生えない（図28-11，12）……… 6

3a 尾毛は2〜3本ある．体断面は幾分扁平で，体は短い（図21-1）．下唇髭の第2節は短い（図21-2）．爪の先端付近に刺毛は生えない ……… ミジカオフタバコカゲロウ属 *Acentrella*

3b 尾毛は2本ある．体断面は丸く，体は細長い（図22-1）．下唇髭の第2節は長い（図22-2）．爪の先端付近に刺毛が生える（図22-3）……… フタバコカゲロウ属 *Baetiella*

4a 下唇髭の末端節の外側は突出する（図26-2）．第1〜6腹節の左右の鰓は2葉（上葉および下葉）からなり，第1〜5腹節の上葉の形は下葉にほぼ等しい（図26-4）……… フタバカゲロウ属 *Cloeon*

4b 下唇髭の末端節の外側は突出しない（図29-3）．第1〜6腹節の左右の鰓は単葉あるいは2葉からなり，2葉の場合は上葉が下葉より著しく小さい（図29-5）……… 5

5a 大顎の門歯は深く切れ込む（図25-8）……… ウスバコカゲロウ属 *Centroptilum*

5b 大顎の門歯は深く切れ込まない（図29-2）……… ヒメウスバコカゲロウ属 *Procloeon*

6a 各腿節基部腹面の細毛束（villopore）はない．右大顎内縁の刺毛列，中舌腹面の1〜数本の刺毛がそれぞれある（図21-9，10，図28-1〜6）……… 7

6b 各腿節基部腹面の細毛束（villopore）はある（図23-4，図30-10）．上記のような右大顎内縁の刺毛列，中舌腹面の刺毛がない（図24-6，7，図30-3，4）……… 8

7a 肛側板の内縁後端に指状突起がある（図21-11）……… シリナガコカゲロウ属 *Alainites*

7b 肛側板の内縁後端に突起を欠く（図23-6）……… トビイロコカゲロウ属 *Nigrobaetis*

8a 触角の基節に突起がある（図27-1）．小顎髭の先端付近にくぼみがある（図27-4） ……… フトヒゲコカゲロウ属 *Labiobaetis*

8a 触角の基節に突起がない（図23-2）．小顎髭の先端付近にくぼみがない ……… 9

9a 各腿節背面中央部に正中線隆起をもつヘラ状刺毛がある（図30-9） ……… ヒゲトガリコカゲロウ属 *Tenuibaetis*

9b 各腿節背面中央部の刺毛は細いかヘラ状．ヘラ状の場合は，正中線隆起はみられない ……… コカゲロウ属 *Baetis*

成虫

1a 中胸部背面の前縁突起（ANp）は上方に著しく突出する（図21-3） ……… ミジカオフタバコカゲロウ属 *Acentrella*

1b 中胸部背面の前縁突起（ANp）は上方に著しく突出しない（図3-3）……… 2

2a 前翅の外縁の間脈は2本ずつ（図22-4，図23-10）．雄交尾器の把持子の末端節の幅は第2節の幅とほぼ同等（図21-13，図22-6，図23-7，図27-10，11，図30-12）（イシガキトビイロコカゲロウ *N. ishigakiensis* では第2節の幅の1/2）……… 3

2b	前翅の外縁の間脈は1本ずつ（図25-1, 図29-7）．雄交尾器の把持子の末端節の幅は第2節の幅の1/2（図25-3, 図26-8, 10, 図29-8）	……4
3a	雄交尾器の把持子の末端節の長さはその幅の2.5倍以上（図22-6）．前翅の横脈は黒く，目立つ（図22-4）	フタバコカゲロウ属 *Baetiella*
3b	雄交尾器の把持子の末端節の長さはその幅の1.5倍以下（図21-13, 図23-7, 図27-10, 11, 30-12）．前翅の横脈は黒くならない	……6
4a	左右の把持子の中央部に突出部がある（図26-8, 10）．雌の前翅前縁は透明ではなく，着色を有す（図26-5）	フタバカゲロウ属 *Cloeon*
4b	左右の把持子の中央部は平坦かあるいは針状に尖る（図25-3, 図29-8）．雌の前翅前縁は斑紋を有さない	……5
5a	雄の左右の把持子の中間部に針状の突起はなく平坦（図29-8）	ヒメウスバコカゲロウ属 *Procloeon*
5b	雄の左右の把持子の中間部に針状の突起はある（図25-3）	ウスバコカゲロウ属 *Centroptilum*
6a	把持子の基節の間に硬化板がある（図27-11）	フトヒゲコカゲロウ属 *Labiobaetis*
6b	把持子の基節の間に硬化板がない（図23-7, 図30-12）	……7
7a	雄前頭部が前方に膨らむ（図21-12, 図28-14）	……8
7a	雄前頭部が前方に膨らむことはない（図30-11）	……9
8a	把持子の末端節が長楕円形である	トビイロコカゲロウ属 *Nigrobaetis*
8b	把持子の末端節が卵円形である（図21-13）	シリナガコカゲロウ属 *Alainites*
9a	後翅の翅脈は3本．2本の場合は腹節の後端に1対の点紋がある	コカゲロウ属 *Baetis*
9a	後翅の翅脈は2本．腹節の後端に1対の点紋はない	ヒゲトガリコカゲロウ属 *Tenuibaetis*

ミジカオフタバコカゲロウ属　*Acentrella* Bengtsson, 1912

　日本産4種が記載されている．いずれも小型のコカゲロウで，成虫の中胸部背面の前縁突起（ANp）が上方に著しく突出する（図21-3）．幼虫の体形は比較的平たい．
　ミツオミジカオフタバコカゲロウ *Acentrella gnom* (Kluge, 1983) は，日本（本州，四国，九州）のほか，台湾，韓国，ロシアに分布．**ミジカオフタバコカゲロウ** *Acentrella sibirica* (Kazlauskas, 1963) は日本（本州，四国，九州）のほか，韓国，ロシアに分布．いずれも幼虫と成虫の関連はついている．**ミナミミジカオフタバコカゲロウ** *Acentrella lata* (Müller-Liebenau, 1985) は沖縄，台湾に分布．幼虫のみ記載されている．**スズキミジカオフタバコカゲロウ** *Acentrella suzukiella* Matsumura, 1931 は翅に細かい毛が生えているとされていることから，亜成虫が記載されたものであるが，記載が不十分で詳細不明．
　ミツオミジカオフタバコカゲロウは，河川の中下流域に多産する．ミジカオフタバコカゲロウは，山地渓流から中下流域に生息する．ミナミミジカオフタバコカゲロウは，沖縄本島の山地渓流から記録がある．ミツオミジカオフタバコカゲロウとミジカオフタバコカゲロウは春から秋にかけて羽化する．

ミジカオフタバコカゲロウ属の種の検索
幼虫
1a 中尾糸はあり，明瞭な尾毛が3本（図21-1）
　………………………………………… ミツオミジカオフタバコカゲロウ　*Acentrella gnom*
1b 中尾糸は痕跡程度，明瞭な尾毛が2本…………………………………………………… 2
2a 脛節に1列の長毛列がある（図21-6）…ミナミミジカオフタバコカゲロウ　*Acentrella lata*
2b 脛節に2列の長毛列がある（図21-5）…… ミジカオフタバコカゲロウ　*Acentrella sibirica*

成虫
1a 雄の第2～6腹節は白色，第7～9腹節は暗褐色．雌の腹節は明るい緑色
　………………………………………… ミツオミジカオフタバコカゲロウ　*Acentrella gnom*
1b 雄の上記腹節はすべて褐色．．雌の腹節は暗い緑色
　………………………………………… ミジカオフタバコカゲロウ　*Acentrella sibirica*

シリナガコカゲロウ属　*Alainites* Waltz & McCafferty, 1994

日本産4種が知られている．成虫は前頭が前方に膨らみ（図21-12，図28-14），把持子の末端節が卵円形である（図21-13）．幼虫は，体形が細長く，肛側板内縁後端に指状突起がある（図21-11）などの特徴がある．

アタゴコカゲロウ *Alainites atagonis* (Imanishi, 1937) は京都府愛宕山で捕獲された成虫が記載されている．**フローレンスコカゲロウ** *Alainites florens* (Imanishi, 1937) と**ヨシノコカゲロウ** *Alainites yoshinensis* (Gose, 1980) は，幼虫と成虫の関連がついており，ヨシノコカゲロウは，北海道，本州，四国，九州，奄美大島，沖縄島，石垣島，西表島に分布する．フローレンスコカゲロウは，京都市下鴨で捕獲された成虫で記載されているが，幼虫の産地については不詳．**キソコカゲロウ** *Baetis muticus* (Linnaeus, 1758) は，木曽福島で捕獲された成虫で記録されている．ヨシノコカゲロウは低山地の源流や渓流の瀬に生息し，春から秋にかけて羽化する．ほか3種の生活史や生態については不明．

シリナガコカゲロウ属をトビイロコカゲロウ属の亜属 *Takobia* として扱う意見もある（Kluge & Novikova, 2014）．

シリナガコカゲロウ属の種の検索
幼虫
1a 尾毛および中尾糸に帯班がある……………… フローレンスコカゲロウ　*Alainites florens*
1b 尾毛および中尾糸に帯班がない……………… ヨシノコカゲロウ　*Alainites yoshinensis*

成虫
1a 後翅の縦脈が2本……………………………… フローレンスコカゲロウ　*Alainites florens*
1b 後翅の縦脈が3本…………………………………………………………………………… 2
2a 把持子の基節間に1対の突起があり，基節の内縁後端に明瞭な突起がない（図21-13）．雄の腹部2～6節は白色で，側縁と後縁に沿って褐色の部分がある
　………………………………………………… ヨシノコカゲロウ　*Alainites yoshinensis*
2b 把持子の基節間に1対の突起がなく，基節の内縁後端に明瞭な突起がある．雄の腹部2～

10節は黄色ないしは薄黄色，6〜8節の後縁に沿って褐色の部分がある
.... アタゴコカゲロウ *Alainites atagonis*

フタバコカゲロウ属　*Baetiella* Uéno, 1931

　日本産2種が確認されている．検索で示した特徴のほか，幼虫では下唇髭の末端節はほぼ三角形（図22-2），後翅の原基はあるが痕跡程度という特徴がある．成虫および亜成虫は，静止時に翅を広げるという習性をもつ．

　フタバコカゲロウ *Baetiella japonica* (Imanishi, 1930) の幼虫と成虫の関連はついており，北海道，本州，四国，九州に分布．**トゲトゲフタバコカゲロウ** *Baetiella bispinosa* (Gose, 1980) は，幼虫のみ記載され，沖縄（西表島，石垣島）および台湾に分布．

　フタバコカゲロウは，河川の源流域から下流域まで広い生息域をもつ．幼虫は早瀬や急流部の石，岩，倒流木表面にしがみついて生活し，あまり動かない．付着藻類を摂食する喰み採り者である．年2世代以上である．トゲトゲフタバコカゲロウの幼虫は，山地渓流の早瀬に生息する．石垣島には，腹部背面の突起の数がトゲトゲフタバコカゲロウと異なり，鰓が6対の種が確認されている（藤谷，2006）．この種は，台湾で記載された *Baetiella macani* (Müller-Liebenau, 1985) の可能性がある．

フタバコカゲロウ属の種の検索
幼虫

1a　腹部背面に瘤状突起が並ぶ（腹部1〜2節に1本，3〜9節に2本）（図22-7）
.... トゲトゲフタバコカゲロウ　*Baetiella bispinosa*
1b　腹部背面に瘤状突起はない（図22-1）............... フタバコカゲロウ　*Baetiella japonica*

コカゲロウ属　*Baetis* Leach, 1815

　日本産18種が確認されている．成虫の前頭は膨らまず，把持子の末端節は卵円形などの特徴がある．後翅の縦脈は2本ないし3本．幼虫は，各腿節の基部腹面に細毛束（図23-4），背面中央部に正中線隆起があるヘラ状刺毛（図23-4, 図30-10）を備え，右大顎内縁の刺毛列と中舌腹面の刺毛を欠く（図24-6, 7，図30-3, 4）などの特徴がある．

　トガリコカゲロウ *Baetis acuminatus* Gose, 1980，**フタオコカゲロウ** *Baetis bicaudatus* Dodds, 1923，**ケルクスコカゲロウ** *Baetis celcus* Imanishi, 1937，**ウスグロコカゲロウ** *Baetis fuscatus* (Linnaeus, 1761)，**イリオモテコカゲロウ** *Baetis iriomotensis* Gose, 1980，**ヒュウガコカゲロウ** *Baetis hyugensis* Gose, 1980，**チチイロコカゲロウ** *Baetis lacteus* Takahashi, 1929，**アカメコカゲロウ** *Baetis nakanoensi* Takahashi, 1929，**サホコカゲロウ** *Baetis sahoensis* Gose, 1980，**カイノコカゲロウ** *Baetis scambus* Eaton, 1870，**シナノコカゲロウ** *Baetis shinanonis* Uéno, 1931，**フタモンコカゲロウ** *Baetis taiwanensis* Müller-Liebenau, 1985，**タカミコカゲロウ** *Baetis takamiensis* Gose, 1980，**シロハラコカゲロウ** *Baetis thermicus* Uéno, 1931，**トツカワコカゲロウ** *Baetis totsukawensis* Gose, 1980，**ツシマコカゲロウ** *Baetis tsushimensis* Gose, 1980，**ウエノコカゲロウ** *Baetis uenoi* Gose, 1980，**ヤマトコカゲロウ** *Baetis yamatoensis* Gose, 1965が知られる．

　これらのうち，幼虫と成虫の関連がついている種は，ウスグロコカゲロウ，サホコカゲロウ，シナノコカゲロウ，フタモンコカゲロウ，シロハラコカゲロウ，トツカワコカゲロウ，ヤマトコカゲロウである．成虫のみ知られている種は，トガリコカゲロウ，ケルクスコカゲロウ，イリオモテコカゲロウ，チチイロコカゲロウ，アカメコカゲロウ，ウエノコカゲロウである．幼虫のみ知られ

ている種はフタオコカゲロウ，ヒュウガコカゲロウ，タカミコカゲロウ，ツシマコカゲロウである．上記の種のうち，ウスグロコカゲロウとシナノコカゲロウは，シロハラコカゲロウに該当すると考えられる（藤谷，2006）．

　フタオコカゲロウは，国内では北海道や本州の中部山岳地帯から記録があり，国外では，ロシア沿海州，シベリア，カムチャッカ，北米に分布．幼虫は尾が２本で，山地渓流の瀬に生息しており，本州においては標高が高い所に限定されている．成虫は北米で記載されているが，日本国内では未記録である．本州の低山地の山地渓流では，２～３月頃に尾が２本のコカゲロウ幼虫がみられることがあるが，フタオコカゲロウとは別種と考えられる．サホコカゲロウは，北海道，本州，四国，九州に分布するが，南西諸島には分布しない．平地河川の瀬に生息する普通種で，幼虫は有機汚濁の進行した河川にも多く生息する．山地河川でも，まれにサホコカゲロウに同定される幼虫がみられるが，これは別種の可能性が高い．フタモンコカゲロウは，日本（北海道，本州，四国，九州）のほか，台湾に分布．幼虫は山地渓流から平地河川の比較的流れの緩やかな瀬や岸際に生息する普通種．成虫は春から秋にかけて羽化し，川沿いの灯りによく飛来する．シロハラコカゲロウは，日本（北海道，本州，四国，九州，奄美大島，沖縄島）のほか台湾に分布．幼虫は山地渓流から平地河川の瀬に生息する普通種．成虫が早春～晩秋に出現する比較的大型のコカゲロウである．

　これらのほかに，幼虫が記号で区別された種（小林，1987）には，Ｆコカゲロウ *Baetis* sp. F，Ｊコカゲロウ *Baetis* sp. J，Ｍコカゲロウ *Baetis* sp. M，M1コカゲロウ *Baetis* sp. M1，Ｏコカゲロウ *Baetis* sp. O がある．Ｆコカゲロウは，北海道，本州，四国，九州に分布．源流部や山地渓流の川岸などの緩流部に生息する．Ｊコカゲロウは，北海道，本州，四国，九州に分布．山地渓流から平地河川の瀬に生息する普通種である．Ｍコカゲロウは，北海道と九州に分布．源流部から山地渓流の瀬に生息する．Ｏコカゲロウは，北海道に分布．山地渓流から平地河川の水草の群落中や川岸の緩流部に生息する．以上は小林（1987）が記号で整理した種であるが，M1コカゲロウはFujitani（2002）が幼虫で区別したコカゲロウで，由良川の源流域から報告されている．

　コカゲロウ属は日本からさらに多くの種が記載されているが，他種からの区別点となる形態が記載され，形態による検索が可能と考えられる種について検索表を作成した．

コカゲロウ属の種の検索
成虫

1a　翅脈が２本．腹部背板の後縁に１対の褐色点紋がある（図25-1）
　　　　　　　　　　　　　　　　　　　　　　　　フタモンコカゲロウ　*Baetis taiwanensis*
1b　翅脈が３本．腹部背板に１対の褐色点紋はない・・・２
2a　胸部は黄褐色で，側面に褐色の線紋がある（図25-2）・・・・・・・・　Ｆコカゲロウ　*Baetis* sp. F
2b　胸部は上記のようではない・・・３
3a　胸部は褐色または黄褐色で，側面に３つの褐色の点紋がある（図25-4）．前翅の付け根に褐色の箇所がある（図25-5）・・・・・・・・・・・・・・・・・・・・・　シロハラコカゲロウ　*Baetis thermicus*
3b　胸部や前翅は上記のようではない・・・４
4a　雄成虫の腹部第１～第９節の後縁に褐色の線紋があり，末端部の背面は淡褐色．把持子基節の内縁後端に明瞭な突出部がある・・・・・・・・・・・・・・・・・・・・・・・・　Ｊコカゲロウ　*Baetis* sp. J
4b　雄成虫の腹部背面に明瞭な斑紋はなく，末端部の背面は淡褐色または濃褐色．把持子基節の内縁後端に明瞭な突出部がない・・・・・・・・・・・・・・・・・・・・・・　サホコカゲロウ　*Baetis sahoensis*

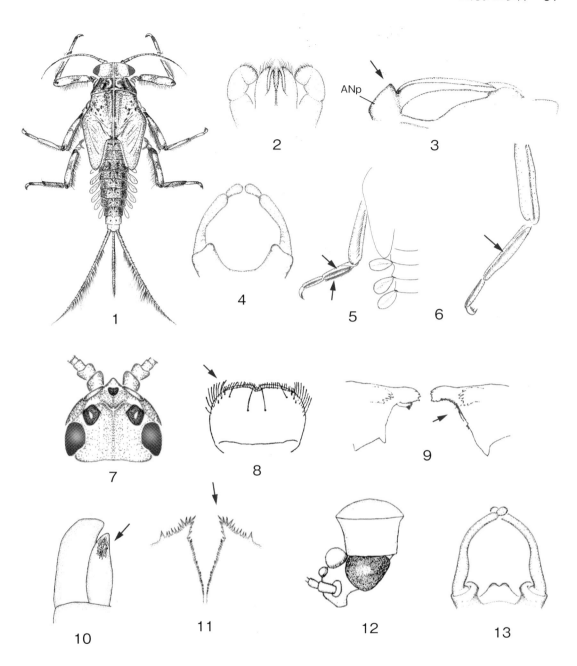

図21 コカゲロウ科ミジカオフタバコカゲロウ属,シリナガコカゲロウ属 Baetidae *Acentrella*, *Alainites*
1:ミツオミジカオフタバコカゲロウ *Acentrella gnom*, 幼虫全形 2:ミナミミジカオフタバコカゲロウ *Acentrella lata*, 下唇 3:ミジカオフタバコカゲロウ *Acentrella sibirica*, 成虫中胸背板側面 4:ミツオミジカオフタバコカゲロウ *Acentrella gnom*, 雄交尾器 5:ミジカオフタバコカゲロウ *Acentrella sibirica*, 後肢,胸・腹部背面左半 6:ミナミミジカオフタバコカゲロウ *Acentrella lata*, 後肢 7〜13:ヨシノコカゲロウ *Alainites yoshinensis*, 7:幼虫頭部;8:幼虫上唇;9:幼虫大顎;10:幼虫側・中舌;11:幼虫肛側板;12:雄成虫頭部側面;13:雄交尾器(上唇,大顎は小林,1987より,側・中舌,成虫頭部は Fujitani et al., 2003より)

52 カゲロウ目

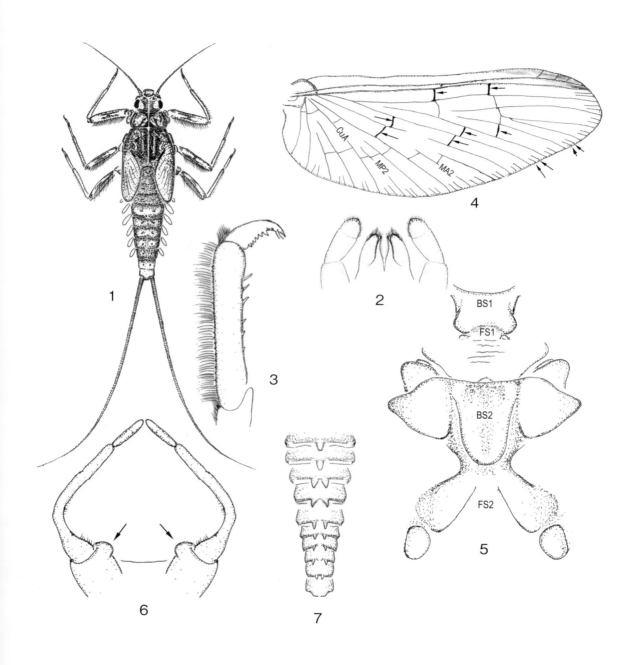

図22 コカゲロウ科フタバコカゲロウ属 Baetidae *Baetiella*
1～6：フタバコカゲロウ *Baetiella japonica*，1：幼虫全形；2：下唇；3：幼虫前肢跗節および爪；4：前翅；5：前・中胸腹板；6：雄交尾器　7：トゲトゲフタバコカゲロウ *Baetiella bispinosa*，幼虫腹部背面

コカゲロウ科 53

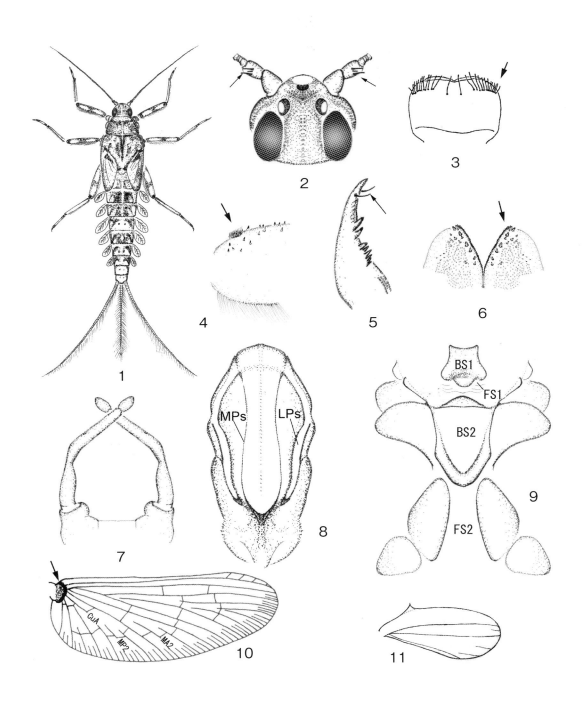

図23　コカゲロウ科コカゲロウ属 Baetidae *Baetis*
1～11：シロハラコカゲロウ *Baetis thermicus*，1：幼虫全形；2：幼虫頭部；3：幼虫上唇；4：幼虫腿節基部腹面の細毛束（villopore）；5：幼虫爪；6：幼虫肛側板；7：雄交尾器；8：成虫中胸背板；9：成虫前・中胸腹板；10：前翅；11：後翅（上唇は小林, 1987より，前翅と後翅は御勢, 1980b より）

54　カゲロウ目

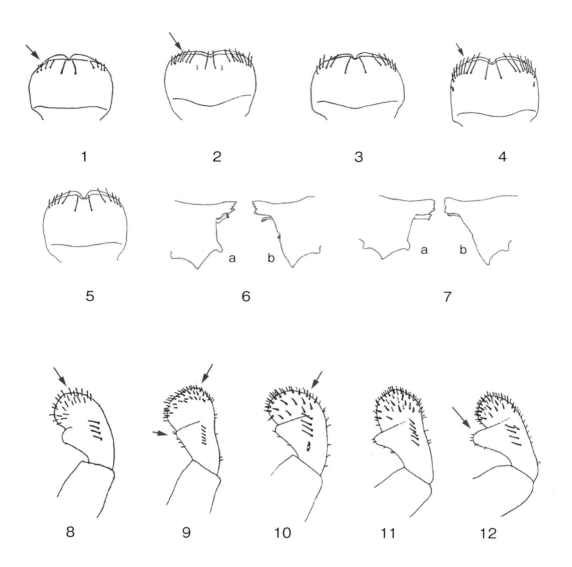

図24　コカゲロウ科コカゲロウ属 Baetidae *Baetis*
1〜5：幼虫上唇，1：サホコカゲロウ *Baetis sahoensis*；2：Fコカゲロウ *Baetis* sp. F；3：Jコカゲロウ *Baetis* sp. J；4：Mコカゲロウ *Baetis* sp. M；5：Oコカゲロウ *Baetis* sp. O　6〜7：幼虫大顎（a：左大顎，b：右大顎），6：Jコカゲロウ *Baetis* sp. J；7：Oコカゲロウ *Baetis* sp. O　8〜12：幼虫小唇髭，8：サホコカゲロウ *Baetis sahoensis*；9：Fコカゲロウ *Baetis* sp. F；10：Jコカゲロウ *Baetis* sp. J；11：Mコカゲロウ *Baetis* sp. M；12：Oコカゲロウ *Baetis B.* sp. O（小林，1987より）

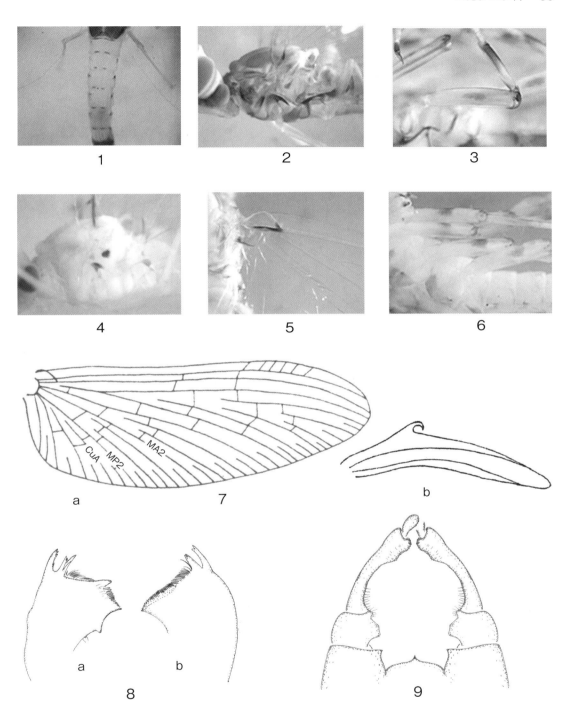

図25 コカゲロウ科コカゲロウ属，ウスバコカゲロウ属 Baetidae *Baetis*, *Centroptilum*
1：フタモンコカゲロウ *Baetis taiwanensis*，雄腹部背面　2〜3：Fコカゲロウ *Baetis* sp. F, 2：雄胸部側面；3：幼虫脚　4〜5：シロハラコカゲロウ *Baetis thermicus*, 4：雄胸部側面；5：雄前翅基部　6：サホコカゲロウ *Baetis sahoensis*，幼虫脚　7：ウスバコカゲロウ *Centroptilum rotundum*, 翅，a：前翅（御勢，1980cより），b：後翅（高橋，1929より）　8〜9：ウスバコカゲロウ属の一種 *Centroptilum* sp., 8：大顎，a：左大顎，b：右大顎；9：雄交尾器腹面

56　カゲロウ目

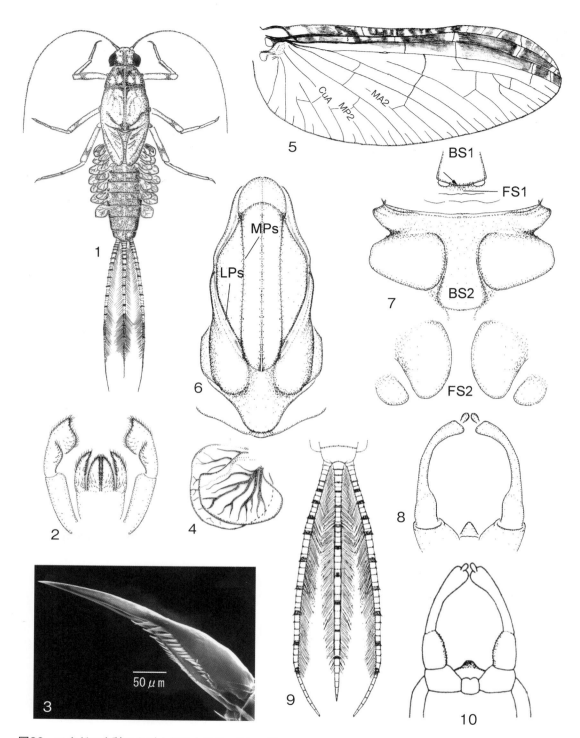

図26　コカゲロウ科フタバカゲロウ属 Baetidae *Cloeon*
1～8：フタバカゲロウ *Cloeon dipterum*，1：幼虫全形；2：下唇；3：幼虫爪；4：第5鰓；5：雄前翅；
6：中胸背板；7：前・中胸腹板；8：雄交尾器腹面　9～10：タマリフタバカゲロウ *Cloeon ryogokuense*，
9：尾毛（御勢，1980a より）；10：雄交尾器腹面（御勢，1980a より）

コカゲロウ科 57

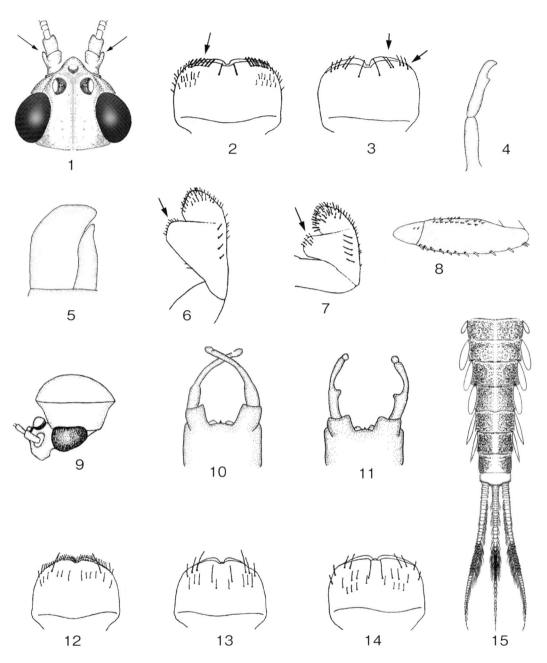

図27 コカゲロウ科フトヒゲコカゲロウ属，トビイロコカゲロウ属 Baetidae *Labiobaetis*, *Nigrobaetis*
1～2：ウスイロフトヒゲコカゲロウ *Labiobaetis atrebatinus orientalis*，1：幼虫頭部；2：幼虫上唇　3：クロフトヒゲコカゲロウ *Labiobaetis tricolor*，幼虫上唇　4～6：ウスイロフトヒゲコカゲロウ *Labiobaetis atrebatinus orientalis*，4：小顎髭；5：側・中舌；6：幼虫小唇髭　7：クロフトヒゲコカゲロウ *Labiobaetis tricolor*, 幼虫小唇髭　8～10：ウスイロフトヒゲコカゲロウ *Labiobaetis atrebatinus orientalis*，8：幼虫腿節；9：雄成虫頭部側面；10：雄交尾器　11：クロフトヒゲコカゲロウ *Labiobaetis tricolor*，雄交尾器　12～14：幼虫上唇，12：D コカゲロウ *Nigrobaetis* sp. D；13：ヒロバネトビイロコカゲロウ *Nigrobaetis latus*；14：N コカゲロウ *Nigrobaetis* sp. N；15：トゲエラトビイロコカゲロウ *Nigrobaetis acinaciger*，幼虫腹部背面（上唇，小唇髭は小林，1987より，側・中舌，腿節，成虫頭部，交尾器は Fujitani et al., 2003a より）

103

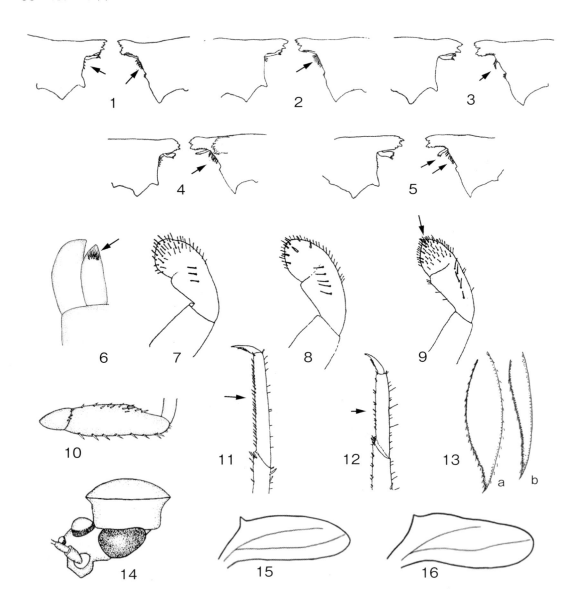

図28 コカゲロウ科トビイロコカゲロウ属 Baetidae *Nigrobaetis*
1〜5：幼虫大顎，1：Dコカゲロウ *Nigrobaetis* sp. D；2：ヒロバネトビイロコカゲロウ *Nigrobaetis latus*；3：トゲエラトビイロコカゲロウ *Nigrobaetis acinaciger*；4：Nコカゲロウ *Nigrobaetis* sp. N；5：Pコカゲロウ *Nigrobaetis* sp. P　6：トゲエラトビイロコカゲロウ *Nigrobaetis acinaciger*，幼虫側・中舌　7〜9：幼虫小顎髭，7：Dコカゲロウ *Nigrobaetis* sp. D；8：ヒロバネトビイロコカゲロウ *Nigrobaetis latus*；9：トゲエラトビイロコカゲロウ *Nigrobaetis acinaciger*　10：トゲエラトビイロコカゲロウ *Nigrobaetis acinaciger*，幼虫腿節腹面　11〜12：幼虫付節，11：ヒロバネトビイロコカゲロウ *Nigrobaetis latus*；12：Nコカゲロウ *Nigrobaetis* sp. N　13〜14：トゲエラトビイロコカゲロウ *Nigrobaetis acinaciger*；13：鰓，a：第6鰓，b：第7鰓；14：雄成虫頭部側面　15〜16：後翅，15：Dコカゲロウ *Nigrobaetis* sp. D；16：ヒロバネトビイロコカゲロウ *Nigrobaetis latus*
（大顎，小顎髭，付節は小林，1987より，側・中舌，腿節，成虫頭部は Fujitani et al., 2003a より）

コカゲロウ科 59

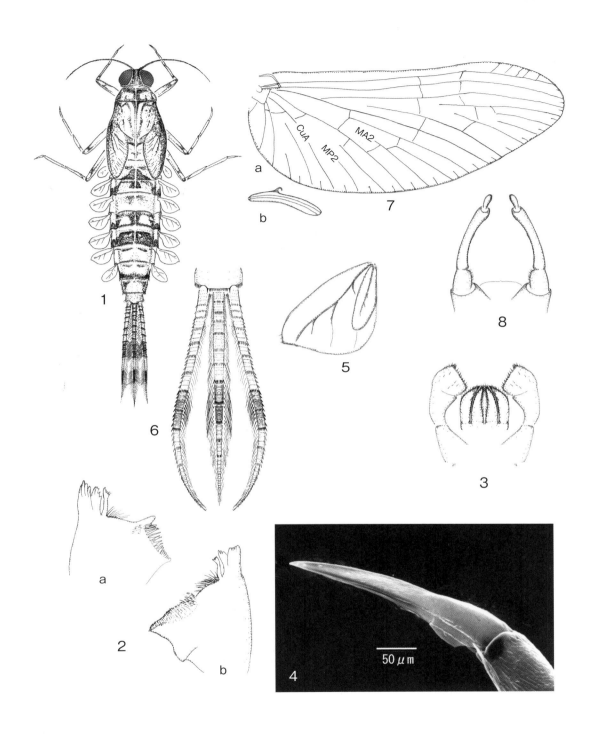

図29 コカゲロウ科ヒメウスバコカゲロウ属 Baetidae *Procloeon*
ヒメウスバコカゲロウ属の数種 *Procloeon* spp., 1〜6:幼虫, 1:幼虫全形;2:大顎, a:左大顎, b:右大顎;3:下唇;4:爪;5:第5鰓;6:眉毛 7〜8:幼虫, 7:翅, a:前翅, b:後翅;8:雄交尾器腹面

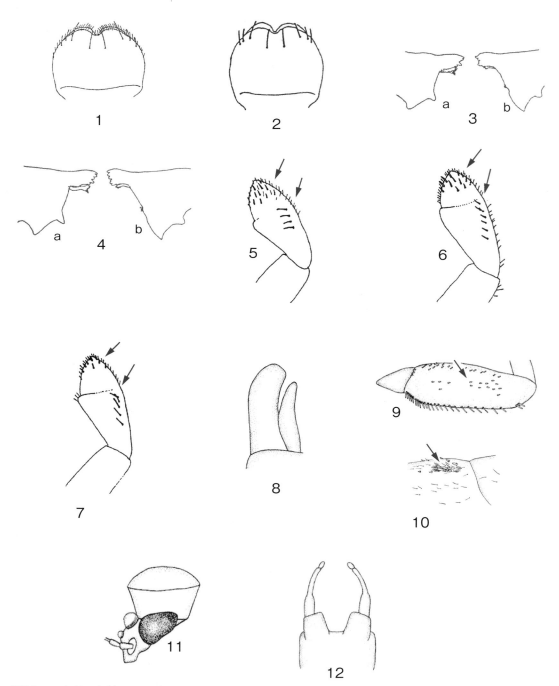

図30　コカゲロウ科ヒゲトガリコカゲロウ属 Baetidae *Tenuibaetis*
1〜2：上唇．1：コバネヒゲトガリコカゲロウ *Tenuibaetis parvipterus*；2：ウデマガリコカゲロウ *Tenuibaetis flexifemora*　3〜4：大顎．3：コバネヒゲトガリコカゲロウ *Tenuibaetis parvipterus*；4：ウデマガリコカゲロウ *Tenuibaetis flexifemora*　5〜7：小唇髭．5：コバネヒゲトガリコカゲロウ *Tenuibaetis parvipterus*；6：ウデマガリコカゲロウ *Tenuibaetis flexifemora*；7：ヒゲトガリコカゲロウ *Tenuibaetis pseudofrequentus*　8〜12：ヒゲトガリコカゲロウ *Tenuibaetis pseudofrequentus*．8：側・中舌；9：腿節腹面；10：幼虫腿節基部腹面の細毛束（villopore）；11：雄成虫頭部側面；12：雄交尾器（上唇，大顎，小唇髭は小林，1987より，側・中舌，腿節，villopore，成虫頭部は Fujitani et al., 2003a より）

コカゲロウ科

幼虫（上唇前縁の刺毛の数は，右もしくは左半分を示す）

- 1a 尾毛の数は2本 ··· フタオコカゲロウ *Baetis bicaudatus*
- 1b 尾毛の数は3本 ··· 2
- 2a 尾毛の中央部に暗色の帯斑がある ·· 3
- 2b 尾毛の中央部に帯斑はない ·· 5
- 3a 腹部背板後縁の切れ込みの間が半円形．腹部背板には斑紋があり，腹部第4節と第6節の斑紋が不明瞭 ··· フタモンコカゲロウ *Baetis taiwanensis*
- 3b 腹部背板後縁の切れ込みの間が三角形 ··· 4
- 4a 上唇前縁の長い刺毛は7〜8本（図24-2）．腿節背面の斑紋は縦に細長い（図25-3）
  ·· F コカゲロウ *Baetis* sp. F
- 4b 上唇前縁の長い刺毛は5本以下（図24-1）．腿節背面の斑紋は細長くない（図25-6）
  ··· サホコカゲロウ *Baetis sahoensis* Gose
- 5a 上唇前縁の長い刺毛は5本以下（図24-3, 5） ·· 6
- 5b 上唇前縁の長い刺毛は8〜16本（図23-3, 24-4） ·· 7
- 6a 小唇髭の第2節は大きく張り出している（図24-12）（北海道に生息）
  ··· O コカゲロウ *Baetis* sp. O
- 6b 小唇髭の第2節は大きく張り出さない（図24-10） ············· J コカゲロウ *Baetis* sp. J
- 7a 上唇前縁の長い刺毛は12〜16本（図23-3）．触角の第2基節に明瞭で長い刺がある（図23-2） ··· シロハラコカゲロウ *Baetis thermicus*
- 7b 上唇前縁の長い刺毛は8〜10本（図24-4）．触角の第2基節に明瞭な刺はない ············ 8
- 8a 爪の先端近くに1対の毛が生える ····························· M コカゲロウ *Baetis* sp. M
- 8b 爪の先端近くに1対の毛が生えない ························· M1コカゲロウ *Baetis* sp. M1

ウスバコカゲロウ属 *Centroptilum* Eaton, 1869

日本からはウスバコカゲロウ *Centroptilum rotundum* Takahashi, 1929が記載されている．この他，複数種が存在すると思われるが詳細不明．

幼虫において，大顎の門歯は深く切れ込み（図25-8a, 8b），第1〜6腹節の左右の鰓は単葉あるいは2葉からなり，2葉の場合は上葉が下葉より著しく小さい．成虫において，雄の左右の把持子の中間部に針状の突起があるという特徴がある（図25-9）．

フタバカゲロウ属 *Cloeon* Leach, 1815

日本産7種が確認されている．雄成虫の把持子の間には突出部がみられる（図26-8, 26-10）．雌成虫の前縁部は透明ではなく，色が着いた部分がある（図26-5）．幼虫の下唇髭の末端節の外側は突出し（図26-2），第1〜5腹節の上葉の形は下葉にほぼ等しい（図26-4）

フタバカゲロウ *Cloeon dipterum* (Linnaeus, 1761) およびタマリフタバカゲロウ *Cloeon ryogokuense* Gose, 1980 は，幼虫，成虫の関連はついている．このほか，キョウトフタバカゲロウ *Cloeon kyotonis* Matsumura, 1931，アメフリフタバカゲロウ *Cloeon maikonis* (Takahashi, 1924)，アカモンフタバカゲロウ *Cloeon marginale* Hargen, 1858，アオバフタバカゲロウ *Cloeon okamotoi* Takahashi, 1924，タマガワフタバカゲロウ *Cloeon tamagawanum* (Matsumura, 1931) については詳細不明．

フタバカゲロウの雌は，交尾後2週間あまり生き続ける．この間に雌の体内で卵の発生が進み，産卵時には卵が水中に落ちるとすぐに幼虫が孵化し，泳ぎ出す．幼虫は河川の岸際など流れの緩い

ところでも採集されるが,湖沼,湿地,河川敷の水溜りのほか,水田,公園の噴水,プール,庭先の金魚鉢など様々な止水で発生する.成長も早く,年多化性であると考えられる.

幼虫

1a 尾毛の中央部近くに濃色の帯斑がある(図26-1).腹部腹面の中央部の左右に,1対の淡褐色の縦条がある……………………………………………… フタバカゲロウ　*Cloeon dipterum*
1b 尾毛の中央部近くに濃色の帯斑がない(図26-9).腹部腹面の中央部の左右に縦条がない
……………………………………………… タマリフタバカゲロウ　*Cloeon ryogokuense*

成虫

1a 交尾器は三角形で,その尖端は尖る(図26-8)………… フタバカゲロウ　*Cloeon dipterum*
1b 交尾器は山形で,その尖端は尖らない(図26-10)
……………………………………………… タマリフタバカゲロウ　*Cloeon ryogokuense*

フトヒゲコカゲロウ属　*Labiobaetis* Novikova & Kluge, 1987

日本産2種が記載されている.いずれも幼虫と成虫の関連はついている.幼虫は,下唇髭の内縁が突出するなどの特徴がある.成虫は,ともに後翅が前縁突起を欠くことが特徴である.

ウスイロフトヒゲコカゲロウ *Labiobaetis atrebatinus orientalis* (Kluge, 1983) は,日本(北海道,本州,四国,九州,沖縄島,石垣島)のほか,台湾,韓国,ロシアにも分布.**クロフトヒゲコカゲロウ** *Labiobaetis tricolor* (Tshernova, 1928) は日本(北海道,本州,四国,九州)のほか,ロシア,ヨーロッパにも分布する.

両種の幼虫は川岸の水中に露出したツルヨシ等の根や,カナダモ,コカナダモ等の水草群落の中に生息する.前者は山地渓流や平地河川に普通.後者は比較的規模の大きな河川の下流域に生息し,地理的分布は局限されるが,産地では普通.

フトヒゲコカゲロウ属の種の検索

幼虫

1a 上唇前縁の長い刺毛は幅が広く,先端に切れ込みが入り,ギザギザにみえる.その基部は鎖状につながっている(図27-2).体色は淡褐色〜褐色
……………………………………… ウスイロフトヒゲコカゲロウ　*Labiobaetis atrebatinus orientalis*
1b 上唇前縁の長い刺毛は幅が広くなく,先端が尖る(図27-3).体色は濃褐色
……………………………………………… クロフトヒゲコカゲロウ　*Labiobaetis tricolor*

成虫

1a 把持子は,第2節内縁後端に突起があり,末節は球形(図27-11)
……………………………………………… クロフトヒゲコカゲロウ　*Labiobaetis tricolor*
1b 把持子は,第2節内縁後端に突起がなく,末節は卵円形(図27-10)
……………………………… ウスイロフトヒゲコカゲロウ　*Labiobaetis atrebatinus orientalis*

トビイロコカゲロウ属　*Nigrobaetis* Novikova & Kluge

　日本産8種が知られている．形態的特徴はシリナガコカゲロウ属に似ているが，幼虫は肛側板の内縁後端に指状突起を欠き（図23-6），成虫は把持子の末端節が長楕円形である．

　トゲエラトビイロコカゲロウ *Nigrobaetis acinaciger* (Kluge, 1983) は，日本では本州，四国，九州に分布し，国外では韓国とロシアにも分布する．ハネナシトビイロコカゲロウ *Nigrobaetis apterus* Fujitani, 2017は，関東地方の利根川水系と荒川水系に分布する．トビイロコカゲロウ *Nigrobaetis chocorata* (Gose, 1980) は，本州（奈良）で記載されたが，それ以外の生態情報は不詳．イシガキトビイロコカゲロウ *Nigrobaetis ishigakiensis* Fujitani, 2017は，石垣島に分布する．ヒロバネトビイロコカゲロウ *Nigrobaetis latus* Fujitani, 2017は，北海道，本州，四国，九州に分布する．リュウキュウコカゲロウ *Nigrobaetis sacishimensis* (Uéno, 1969) は西表島に分布し，成虫のみが記載されているが，生態情報は不詳．これらのほか，幼虫が記号で区別された種は，Dコカゲロウ *Nigrobaetis* sp. DとNコカゲロウ *Nigrobaetis* sp. Nが知られている．Dコカゲロウは本州，四国，九州，沖縄島，石垣島，西表島に分布するとされるが，沖縄島以南については再検討が必要．Nコカゲロウは奄美大島，沖縄島，石垣島，西表島にそれぞれ分布する．

　トゲエラトビイロコカゲロウは，山地渓流から平地河川の瀬に生息する．ハネナシトビイロコカゲロウとイシガキトビイロコカゲロウは，平地河川の川岸や水草の根元などの緩流部に生息する．ヒロバネトビイロコカゲロウは山地渓流から平地河川の主に淵，川岸などの緩流部に生息する．Dコカゲロウは山地渓流から平地河川に生息するが，特に平地河川の瀬に多い．Nコカゲロウは山地渓流から平地河川の川岸や水草の根元などの緩流部に生息する．

トビイロコカゲロウ属の種の検索
幼虫

1a	鰓は6対	2
1b	鰓は7対	3
2a	腹部6節目と7節目の鰓は末端が尖る（図27-15，図28-13）……トゲエラトビイロコカゲロウ　*Nigrobaetis acinaciger*	
2b	腹部6節目と7節目の鰓は末端が尖らない……Nコカゲロウ　*Nigrobaetis* sp. N	
3a	腹部4節目の背板は，隣接する背板よりも淡色	4
3b	腹部4節目の背板は，隣接する背板と同色	5
4a	後翅の翅芽がある……イシガキトビイロコカゲロウ　*Nigrobaetis ishigakiensis*	
4b	後翅の翅芽がない……ハネナシトビイロコカゲロウ　*Nigrobaetis apterus*	
5a	頭部から腹部にかけて，背面に淡色の線が走る……トビイロコカゲロウ　*Nigrobaetis chocorata*	
5b	頭部から腹部にかけて，背面に淡色の線を欠く	6
6a	右大顎の内縁に明瞭な細い刺があり，数は10本を超える（図28-2）……ヒロバネトビイロコカゲロウ　*Nigrobaetis latus*	
6b	右大顎の内縁に明瞭な刺があるが，数は10本には満たない（図28-1）……Dコカゲロウ　*Nigrobaetis* sp. D	

成虫

- 1a 後翅を欠く……………………………………ハネナシトビイロコカゲロウ *Nigrobaetis apterus*
- 1b 後翅がある………………………………………………………………………………………2
- 2a 把持子3節目の幅は，2節目のほぼ半分．後翅前縁突起の先端は直線的
  ……………………………… イシガキトビイロコカゲロウ *Nigrobaetis ishigakiensis*
- 2b 把持子3節目の幅は，2節目とほぼ同じ．後翅前縁突起の先端は尖る………………3
- 3a 後翅の縦脈は3本……………………トゲエラトビイロコカゲロウ *Nigrobaetis acinaciger*
- 3b 後翅の縦脈は2本………………………………………………………………………………4
- 4a 後翅の前縁が膨らむ（図28-16）…………ヒロバネトビイロコカゲロウ *Nigrobaetis latus*
- 4b 後翅の前縁が膨らまない（図28-15）…………………………………………………………5
- 5a 本州，四国，九州に分布……………………………… D コカゲロウ *Nigrobaetis* sp. D
- 5b 琉球列島に分布……………………………… リュウキュウコカゲロウ *Nigrobaetis sacishimensis*

ヒメウスバコカゲロウ属　*Procloeon* Bengtsson, 1915

日本産からは**ヒメウスバコカゲロウ** *Procloeon bimaculatum* (Eaton, 1885) が記録されている．このほか，複数種が存在すると思われるが詳細不明．

幼虫において大顎の門歯が深く切れ込むことなく（図29-2a, 2b），第1～6腹節の左右の鰓は単葉（図29-1）あるいは2葉からなり，2葉の場合は上葉は下葉より著しく小さいという特徴がある（図29-5）．本属の成虫は，左右の把持子の中央部に明瞭な突出部がないという特徴がある（図29-8）．

本属は河川の山地渓流から平地河川に生息し，幼虫は平瀬や淵の岸際の砂礫河床に多く見い出される．体色が砂地と紛らわしくみつけ難いが，近寄ると敏捷に逃げ回る．

ヒゲトガリコカゲロウ属　*Tenuibaetis* Kang & Yang, 1994

日本産3種が知られている．幼虫は小唇髭の先端が尖り（図30-5, 30-6, 30-7），脚の腿節に正中線隆起をもつ刺毛があるなどの特徴がある（図30-9）．成虫は把持子の末端節が卵形（図30-12），後翅の縦脈が2本などの特徴がある．

ウデマガリコカゲロウ *Tenuibaetis flexifemora* (Gose, 1985) と**コバネヒゲトガリコカゲロウ** *Tenuibaetis parvipterus* Fujitani, 2011は，北海道，本州，四国，九州に分布する．**ヒゲトガリコカゲロウ** *Tenuibaetis pseudofrequentus* (Müller-Liebenau, 1985) は，奄美大島，沖縄島，石垣島，西表島，台湾に分布する．いずれの種も，幼虫と成虫の関連はついている．

ウデマガリコカゲロウとコバネヒゲトガリコカゲロウの幼虫は，瀬や水中の川岸に露出したツルヨシの根等に生息する普通種で，前者は山地渓流に多いが，後者は平地河川に多い．ヒゲトガリコカゲロウの幼虫は，平地河川に多い．

ヒゲトガリコカゲロウ属の種の検索

幼虫

- 1a 小唇髭の第2節の刺毛は3～4本（図30-5）．第1～8腹節背面は濃褐色で，淡色の点紋があるが，第3～5腹節では淡色の範囲が広がることが多い
  ……………………………… コバネヒゲトガリコカゲロウ *Tenuibaetis parvipterus*
- 1b 小唇髭の第2節の刺毛は4～7本（図30-6, 7）．第1～8腹節背面は黒褐色で，第4腹節背面の淡色紋が目立つ．第8～9腹節の背面は様々………………………………2

2a 小顎髭の第2節の刺毛は6～7本（図30-6）．北海道から九州にかけて分布．第8腹節背面に1対の淡色紋，第9腹節背面の正中線上に淡色の明瞭な線紋がある
・・・ ウデマガリコカゲロウ *Tenuibaetis flexifemora*

2b 小顎髭の第2節の刺毛は4～5本（図30-7）．琉球列島に分布．第8腹節背面に1対の淡色紋を欠き，第9腹節背面はほぼ全面が淡色・・・・・・・・ ヒゲトガリコカゲロウ *Tenuibaetis pseudofrequentus*

成虫

1a 腹節腹面の両側に1対の褐色の紋がない．雄成虫の前肢腿節は緩く曲がっているが，明瞭なくの字形ではない．雌成虫の後翅は痕跡的である
・・ コバネヒゲトガリコカゲロウ *Tenuibaetis parvipterus*

1b 腹節腹面の両側に1対の褐色の紋がある．雄成虫の前肢腿節は，くの字形に明瞭に曲がっている．雌成虫の後翅は痕跡的ではない・・ 2

2a 北海道から九州にかけて分布・・・・・・・・・・・・・・・ ウデマガリコカゲロウ *Tenuibaetis flexifemora*

2b 琉球列島に分布・・・・・・・・・・・・・・・・・・・・・ ヒゲトガリコカゲロウ *Tenuibaetis pseudofrequentus*

ガガンボカゲロウ科 Dipteromimidae

ガガンボカゲロウ属 *Dipteromimus* McLachlan, 1875

1科1属2種でガガンボカゲロウ *Dipteromimus tipuliformis* McLachlan, 1875，キイロガガンボカゲロウ *Dipteromimus flavipterus* Tojo & Matsukawa, 2003が確認されている．いずれの種も日本特産で，前者は本州，四国，九州，奄美大島，後者は本州（岩手県大船渡市）に分布し，共に源流域に生息する．それぞれ成虫と幼虫の関連はついている．ガガンボカゲロウの幼虫（図31-1）は体長20 mmに達し，淵の岩面や石上に静止している．近付いても逃げないので，手の平で容易に採集することができる．成虫は渓流に沿った低草木の葉の表面に点々と見つかることが多い．羽化期は，5月下旬から10月に及び年1世代と推測される．

ガガンボカゲロウ科の種の検索

幼虫

1a 背板6～9節正中線上に褐色線紋がある（図31-7）
・・・・・・・・・・・・・・・・・・・・・・・・・・・・・ キイロガガンボカゲロウ *Dipteromimus flavipterus*

1b 背板6～9節正中線上に褐色線紋がない（図31-1）
・・・・・・・・・・・・・・・・・・・・・・・・ ガガンボカゲロウ *Dipteromimus tipuliformis*（図32-1～5）

成虫

1a 体色，前翅前縁部は黄色．陰茎の長さは把持子の約1/4．中尾子は尾より短い．雌の亜生殖板（第7腹節腹板）の長さは，第8腹節腹板の長さの1/2より短く（図31-8），伸張した第9腹節腹板の末端は丸い（図31-9）・・・・・・・・ キイロガガンボカゲロウ *Dipteromimus flavipterus*

1b 体色は乳白色，前翅前縁部は無色透明．陰茎の長さは把持子の約1/3．中尾子の長さは尾とほぼ同じ．雌の亜生殖板（第7腹節腹板）の長さは，第8腹節腹板の長さの1/2より長く（図31-6），伸張した第9腹節腹板の末端の中央部は凹む
・・・・・・・・・・・・・・・・・・・・・・・・・・・・・・・ ガガンボカゲロウ *Dipteromimus tipuliformis*

66　カゲロウ目

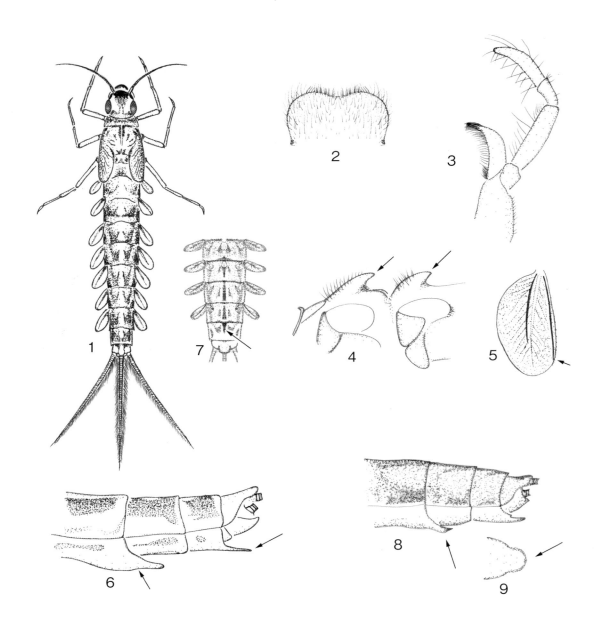

図31　ガガンボカゲロウ科ガガンボカゲロウ属 Dipteromimidae *Dipteromimus*
1〜6：ガガンボカゲロウ *Dipteromimus tipuliformis* 幼虫，1：全形；2：上唇；3：小顎；4：中・後胸腹板側面；5：第3鰓；6：雌第7〜10腹節側面　7〜9：キイロガガンボカゲロウ *Dipteromimus flavipterus*，7：幼虫腹部背面；8：雌第7〜10腹節側面；9：雌成虫第9腹節腹面（キイロガガンボカゲロウは Tojo & Matsukawa, 2003 より）

ガガンボカゲロウ科 67

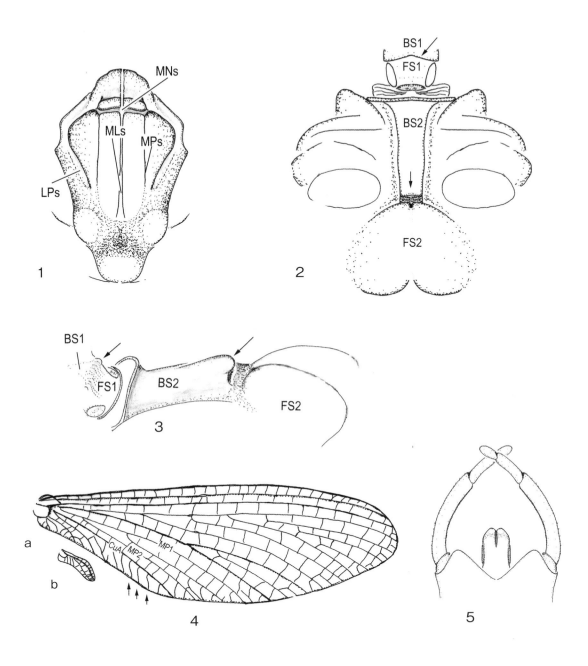

図32 ガガンボカゲロウ科ガガンボカゲロウ属（成虫）Dipteromimidae *Dipteromimus* adults（imagines）
1〜5：ガガンボカゲロウ *Dipteromimus tipuliformis*，1：中胸背板；2：前・中胸腹板；3：中・後胸腹板側面；4：翅，a：前翅，b：後翅；5：雄交尾器腹面

フタオカゲロウ科　Siphlonuridae

　日本産フタオカゲロウ科はフタオカゲロウ属のみである．幼虫の体は円筒形で，遊泳型．鰓は1～2葉．尾毛は3本で左右に長毛を密生する．雄成虫の左右の複眼は大きく，上部で接するが，上下に明瞭に二分されることはない．跗節は5節よりなる．尾毛は2本．

フタオカゲロウ属　*Siphlonurus* Eaton, 1868

　日本産4種ですべてフタオカゲロウ亜属に属す．**オオフタオカゲロウ** *Siphlonurus (Siphlonurus) binotatus* (Eaton, 1892) は，日本（北海道，本州，四国）のほか，中国に分布し，低山地，丘陵地帯の河川中流部に普通．**エゾフタオカゲロウ** *Siphlonurus (Siphlonurus) zhelochovtsevi* Tshernova, 1952 は北海道，ロシアに分布．**ナミフタオカゲロウ** *Siphlonurus (Siphlonurus) sanukensis* Takahashi, 1929 は日本（本州，四国，九州）のほか，韓国に分布．**ヨシノフタオカゲロウ** *Siphlonurus (Siphlonurus) yoshinoensis* Gose, 1979 は本州，四国に分布．オオフタオカゲロウ，ナミフタオカゲロウ，ヨシノフタオカゲロウは本州では普通にみられるが，幼虫におけるこれら3種の区別は非常に難しいことから，羽化直前の個体で雄の交尾器が外から確認できる状態のもの，あるいは成虫の体色が透けて確認できる個体によって区別せざるを得ない．エゾフタオカゲロウについては，北海道から幼虫が記録されているのみで不詳．オオフタオカゲロウは比較的大きな河川の中下流域に分布し，幼虫はサイドプール，たまり，ワンドなど浅くて干上がりやすい一時的な止水域に高密度で生息，砂底表面の付着藻類を摂食する喰い採り者である．冬期から春に急速に成長し，4～7月に羽化をする．成虫は高速で飛翔し採集が難しい．雌は産卵時に瀬頭に着水して卵を数個ずつ産み落とすが，一回で産卵を終了せず数日に分けて産む可能性がある．

幼虫

1a　把持子の原基（df）の基部内側に突起はある（図33-5, 8）……………………………… 2
1b　把持子の原基（df）の基部内側に突起はない（図33-7）
　　……………………………**ヨシノフタオカゲロウ**　*Siphlonurus (Siphlonurus) yoshinoensis*
2a　陰茎の原基（dp）の先端は丸い（図33-7）
　　……………………………**オオフタオカゲロウ**　*Siphlonurus (Siphlonurus) binotatus*
2b　陰茎の原基（dp）の先端は尖る（図33-8）
　　……………………………**ナミフタオカゲロウ**　*Siphlonurus (Siphlonurus) sanukensis*

成虫

1a　翅に斑紋はない．陰茎背面の1対の突起は先端で狭まる（図34-8）
　　……………………………**ナミフタオカゲロウ**　*Siphlonurus (Siphlonurus) sanukensis*
1b　翅に斑紋はある（図34-1, 5）．陰茎背面の1対の突起は先端で広がる（図34-3）か，あるいは先端が鉤状（1対の腹面の突起が折れ曲がって背面に伸長し鉤形に変形）（図34-6）…… 2
2a　翅の斑紋は前翅のみにある（図34-5）．腹部腹面にU字形の黒班はない．陰茎に1対の鉤形突起はある（図34-6）…………**オオフタオカゲロウ**　*Siphlonurus (Siphlonurus) binotatus*
2b　翅の斑紋は前翅と後翅にある（図34-1）．腹部腹面にU字形の黒班はある（図33-2に酷似）．陰茎に鉤形突起はない（図34-3）
　　……………………………**ヨシノフタオカゲロウ**　*Siphlonurus (Siphlonurus) binotatus*

フタオカゲロウ科　69

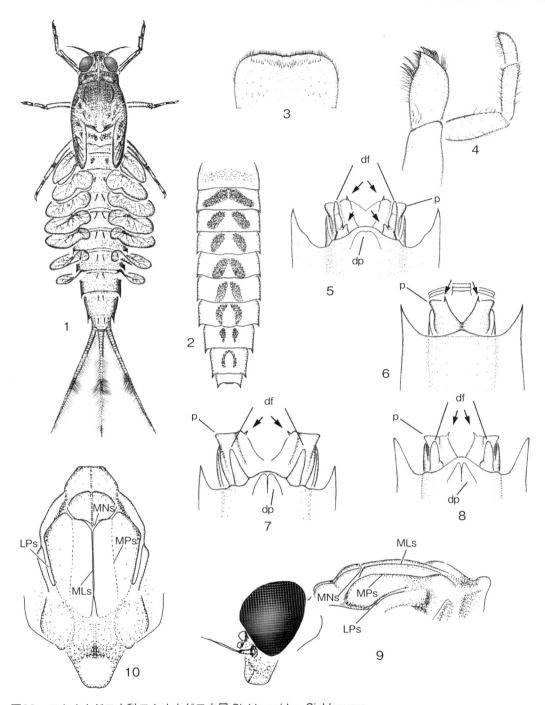

図33　フタオカゲロウ科フタオカゲロウ属 Siphlonuridae *Siphlonurus*
1〜8：幼虫．1：ヨシノフタオカゲロウ *Siphlonurus* (*Siphlonurus*) *yoshinoensis*, 全形；2：同左, 腹部腹面；3：ナミフタオカゲロウ *Siphlonurus* (*Siphlonurus*) *sanukensis*, 上唇；4：同左, 小顎；5：オオフタオカゲロウ *Siphlonurus* (*Siphlonurus*) *binotatus*, 雄腹部最後節腹面；6：同左, 雌腹部最後節腹面；7：ヨシノフタオカゲロウ *Siphlonurus* (*Siphlonurus*) *yoshinoensis*, 雄腹部最後節腹面；8：ナミフタオカゲロウ *Siphlonurus* (*Siphlonurus*) *sanukensis*, 雄腹部最後節腹面　9〜10：成虫．9：オオフタオカゲロウ *Siphlonurus* (*Siphlonurus*) *binotatus*, 頭・胸部側面；10：同左, 中胸背板．df：杷持子の原基；dp：陰茎の原基；p：肛側片

70　カゲロウ目

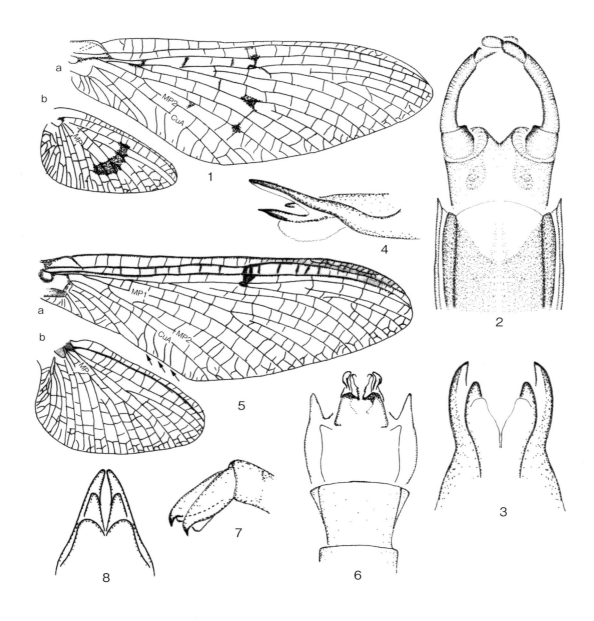

図34　フタオカゲロウ科フタオカゲロウ属（成虫）Siphlonuridae *Siphlonurus* adults（imagines）
1～4：ヨシノフタオカゲロウ *Siphlonurus* (*Siphlonurus*) *yoshinoensis*, 1：翅, a：前翅, b：後翅；2：雄腹部腹板後部および把持子；3：陰茎腹面；4：陰茎側面　5～6：オオフタオカゲロウ *Siphlonurus* (*Siphlonurus*) *binotatus*, 5：翅, a：前翅, b：後翅；6：雄腹部腹板後部（把持子を除く）　7～8：ナミフタオカゲロウ *Siphlonurus* (*Siphlonurus*) *sanukensis*, 7：爪；8：陰茎腹面

チラカゲロウ科　Isonychiidae

日本産チラカゲロウ科はチラカゲロウ属のみ．

チラカゲロウ属　*Isonychia* Eaton, 1871

　この属は，チラカゲロウ亜属 *Isonychia (Isonychia)* およびシマチラカゲロウ亜属 *Isonychia (Prionoides)* の2亜属に分けら，それぞれ1種知られている．前者は**チラカゲロウ** *Isonychia (Isonychia) valida* (Navás, 1919) = *Isonychia japonica* (Ulmer, 1919) で日本（北海道，本州，四国，九州）のほか，韓国，中国，ロシア，後者は**シマチラカゲロウ** *Isonychia (Prionoides) shima* (Matsumura, 1931) で北海道，本州（青森，新潟）確認されている．それぞれ幼虫と成虫の関連はついている．

　幼虫の体は円筒形で，遊泳型．小顎および前肢の基部に房状あるいは棒状，腹部側面に葉状の鰓がある．前肢に2本の長毛列がある．尾毛は3本で左右に長毛を密生する．雄成虫の左右の複眼は大きく，上部で接するが，上下に明瞭に二分されることはない．前肢の基部に鰓の痕跡がある．跗節は5節よりなる．尾毛は2本．チラカゲロウは河川の上流から下流まで広く分布する．幼虫は早瀬や平瀬の石礫底に流水部に生息し，前肢の長毛列で流下物を濾し採って摂食するといわれている．関西では5〜10月まで連続的に羽化がみられ，年2世代以上と考えられる．雄成虫は，日没後に川面上空を高速で飛び回る特異な群飛行動を示す．シマチラカゲロウの生態分布や生活史については不明．

チラカゲロウ科の属・亜属および種の検索

幼虫

1a 前肢基部の鰓は房状（図35-2）．雌の腹部腹板の最後節は中央で凹む（図35-4）
　　　　　　　　　　　　　　　　　　　　　　　チラカゲロウ亜属　*Isonychia (Isonychia)*
　　　　　　　　　　　　　　　　　　　　　チラカゲロウ　*Isonychia (Isonychia) valida*

1b 前肢基部の鰓は棒状（図35-6）．雌の腹部腹板の最後節は中央で突出する（図35-7）
　　　　　　　　　　　　　　　　　　　　　シマチラカゲロウ亜属　*Isonychia (Prionoides)*
　　　　　　　　　　　　　　　　　　　シマチラカゲロウ　*Isonychia (Prionoides) shima*

成虫

1a 陰茎には突起などの付属器官はなく，雄の第9腹節腹板後縁および雌の亜生殖板後縁は大きく凹む（図36-4）　　　　　　　　　**チラカゲロウ亜属**　*Isonychia (Isonychia)*
　　　　　　　　　　　　　　　　　　　　　チラカゲロウ　*Isonychia (Isonychia) valida*

1b 陰茎には突起などの付属器官はあり，雄の第9腹節腹板後縁および雌の亜生殖板後縁は大きく凹まない（図36-8）　　　　　　　**シマチラカゲロウ亜属**　*Isonychia (Prionoides)*
　　　　　　　　　　　　　　　　　　　シマチラカゲロウ　*Isonychia (Prionoides) shima*

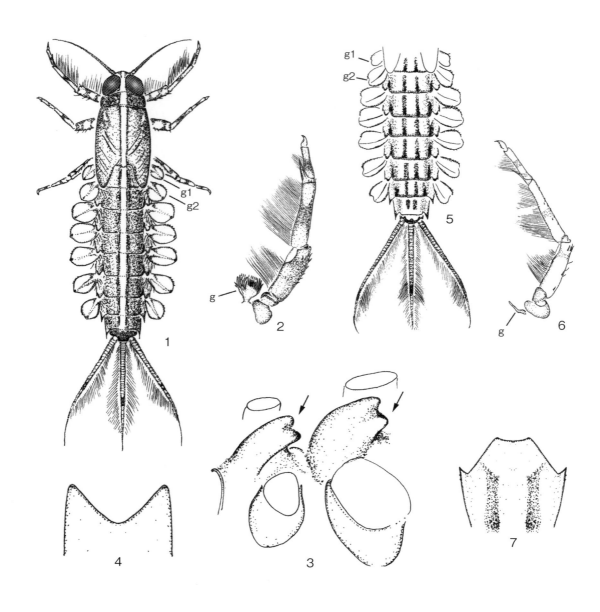

図35 チラカゲロウ科チラカゲロウ属（幼虫）Isonychiidae *Isonychia*
1〜4：チラカゲロウ *Isonychia (Isonychia) valida*, 1：全形；2：前肢；3：中・後胸腹板側面；4：雌腹部腹板最後節　5〜7：シマチラカゲロウ *Isonychia (Prionoides) shima*, 5：腹部腹面；6：前肢；7：雌腹部腹板最後節
g：鰓；g1, g2：第1および第2腹節上の鰓

ヒトリガカゲロウ科　73

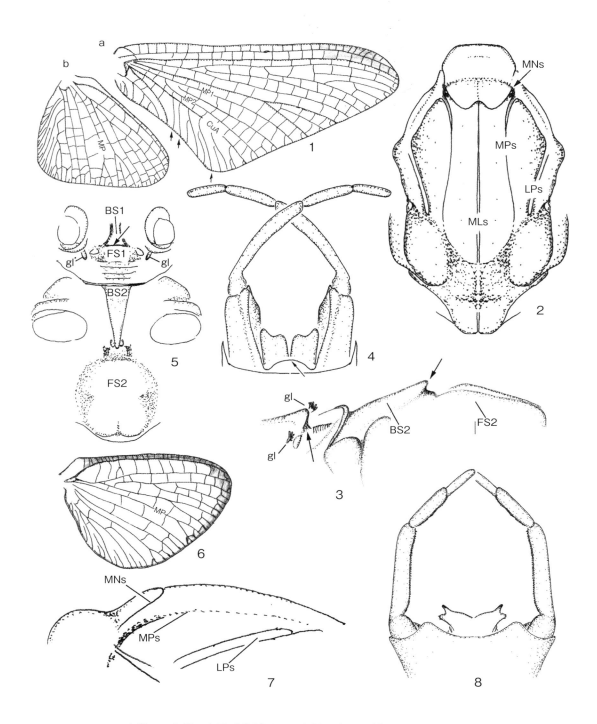

図36　チラカゲロウ科チラカゲロウ属（成虫）Isonychiidae *Isonychia*
1〜4：チラカゲロウ *Isonychia (Isonychia) valida*, 1：翅, a：前翅, b：後翅；2：中胸背面；3：前・中胸腹板腹面；4：雄交尾器腹面　5〜8：シマチラカゲロウ *Isonychia (Prionoides) shima*, 5：前・中胸腹板；6：後翅；7：中胸背板側面；8：雄交尾器腹面．gl：鰓の痕跡

74　カゲロウ目

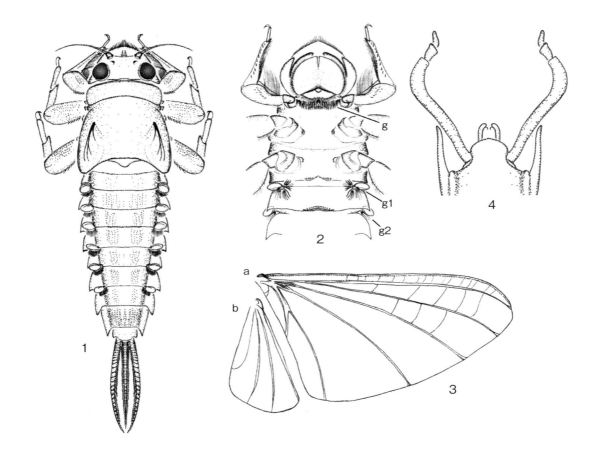

図37　ヒトリガカゲロウ科ヒトリガカゲロウ属 Oligoneuriidae *Oligoneuriella*
ヒトリガカゲロウ *Oligoneuriella pallida* (Hagen, 1855)．1～2：幼虫，1：全形；2：頭・胸・腹部（第1，2腹節）腹面，g：糸状鰓；g1, g2：第1および第2腹節上の鰓　3～4：成虫，3：翅，a：前翅，b：後翅；4：雄交尾器腹面

ヒトリガカゲロウ科　Oligoneuriidae

ヒトリガカゲロウ属　*Oligoneuriella* Ulmer, 1924

　国内では1科1属1日本産ヒトリガカゲロウ科はヒトリガカゲロウ属 *Oligoneuriella* Ulmer, 1924 のみで，**ヒトリガカゲロウ** *Oligoneuriella pallida* (Hagen, 1855) のみ確認されている．日本（本州），モンゴル，ロシア，ヨーロッパに分布．成虫と幼虫の関連はついている．幼虫（図37-1）は体長約10 mmで，大河川の下流域に生息．古くは日本海の沿岸からの記録があるが（上野，1950），最近は千葉県からの記録のみ（石綿，2001）．検索で示したほか，幼虫は体の下面が扁平なこと，下唇が特殊化し頭部下面を覆うことなどの特徴によってもチラカゲロウ科から区別できる．幼虫は夕方から夜半にかけて羽化し，その後数時間のうちに交尾産卵し一生を終える．幼虫の体は幾分扁平．前肢に2本の長毛列がある．小顎の基部に房状の鰓がある．腹部の鰓は，第1鰓は腹面，第2鰓以降は背面にある．尾毛は3本．雄成虫の左右の複眼は大きく，上部で接するか接近するが，上下に明瞭に二分されることはない．各翅の縦脈は単純（3～4本の複合縦脈），横脈の多くは退化．雄の前肢は中肢より短い．雌の前肢は萎縮する．尾毛は2本．

ヒラタカゲロウ科　Heptageniidae

　日本産8属で，オビカゲロウ属，タイリクヒラタカゲロウ属，ミヤマタニガワカゲロウ属，タニガワカゲロウ属，ヒラタカゲロウ属，キハダヒラタカゲロウ属，ウスギキハダヒラタカゲロウ属，ヒメヒラタカゲロウ属，マダラタニガワカゲロウ属が知られている．マダラタニガワカゲロウ属 *Electrogena* については記号のみの報告である．各属の成虫の同定は比較的容易であるが，幼虫において同定困難な属やグループがある．なかでもミヤマタニガワカゲロウ属，小型のタニガワカゲロウ属，ヒメヒラタカゲロウ属において，一部を除き同定不能．

　幼虫の体は扁平．頭蓋は口器を覆う（背面からみて大顎が確認できない）．尾毛は2～3本．雄成虫の複眼は大きいが，上下に明瞭に二分されることはない．各肢跗節は5節よりなる．尾毛は2本．

ヒラタカゲロウ科の属の検索
幼虫

1a	尾毛は2本	2
1b	尾毛は3本	3
2a	頭部前縁，脛節に長毛列はない（図38-1）．下唇中舌の幅は先端で広く丸い（図38-3）．第1腹節の糸状鰓は葉状鰓より大きい（図38-4）	**オビカゲロウ属** *Bleptus*
2b	頭部前縁，脛節に長毛列はある（図45-1～5）．下唇中舌の幅は先端で狭い（図45-6）．第1腹節の糸状鰓は葉状鰓より小さい（図45-7）	**ヒラタカゲロウ属** *Epeorus*
3a	小顎腹面の長毛は不規則（図43-8）．下唇中舌の先端は幅広い（図42-8）	**タニガワカゲロウ属** *Ecdyonurus*
3b	小顎腹面の長毛は1列に並ぶ（図48-2）．下唇中舌の先端は幅広いか，あるいは狭い	4
4a	上唇の幅は狭い（縦幅＞横幅）（図39-2）．下唇中舌の先端は幅広い	**タイリクヒラタカゲロウ属** *Cinygma*
4b	上唇の幅は広い（縦幅＜横幅）（図49-3）．下唇中舌の先端は幅が狭い	5
5a	葉状鰓はあり，第1，7腹節の葉状鰓は他の腹節のそれより大きく，左右の鰓が腹面で接	

	するか,あるいは接近する(図50-4)･････････ヒメヒラタカゲロウ属　*Rhithrogena*	
5a	葉状鰓はないか,ある場合は第1,7腹節の葉状鰓は他の腹節のそれと同等か小さく,上記のように左右の鰓が腹面で接近あるいは接することはない･････････････････6	
6a	糸状鰓は第1～7腹節にないか(図40-2),あるいはあっても痕跡程度 ･････････････････ミヤマタニガワカゲロウ属　*Cinygmula*	
6b	明瞭な糸状鰓は第1～7腹節にある(一部に第1～6腹節)(図48-1,49-1)･････････7	
7a	各鰓の先端部は丸く,尖ることはない(図49-6,7).糸状鰓は第1～7腹節にある ･････････････････キハダヒラタカゲロウ属　*Heptagenia*	
7b	各鰓の先端部は尖ることはない(図49-4).糸状鰓は第1～6腹節にある ･････････････････ウズキキハダヒラタカゲロウ属　*Kageroenia*	

成虫

1a	MNs はない(図38-5,46-2,5,6)･････････････････････････････2
1b	MNs はある(図39-4,5,40-3,4,41-3,42-4,43-10,44-7,48-5,49-8,50-5,8～10) ･････････････････3
2a	BS1とFS1の境界は横に隆起する(図38-6)･････････オビカゲロウ属　*Bleptus*
2b	BS1とFS1の境界は横に隆起しない(図46-3,4)･････････ヒラタカゲロウ属　*Epeorus*
3a	FS2の左右の隆起は平行あるいは前方で広がる(図42-5,43-11) ･････････････････タニガワカゲロウ属　*Ecdyonurus*
3b	FS2の左右の隆起は前方で狭まる(図39-7,40-8,48-6,50-7)･････････････････4
4a	BS1とFS1の境界は横に隆起する(図48-6)･････････････････5
4b	BS1とFS1の境界は横に隆起しない(図39-6,7,40-8,50-6,7)･････････････････6
5a	亜成虫の翅の色は黄色.雄の陰茎は左右に翼様に広がる(図49-2,10,11) ･････････････････キハダヒラタカゲロウ属　*Heptagenia*
5b	亜成虫の翅の色は灰色.雄の陰茎は左右に翼様に広がることはない(図49-5) ･････････････････ウズキキハダヒラタカゲロウ属　*Kageroenia*
6a	MPs は LPs に接する(図39-4,5)･････････タイリクヒラタカゲロウ属　*Cinygma*
6b	MPs は LPs に接しない(図40-3,4,41-3,50-5,8～10)･････････････････7
7a	雄の前肢跗節の第1節は第2節の1/2以上(図40-6) ･････････････････ミヤマタニガワカゲロウ属　*Cinygmula*
7b	雄の前肢跗節の第1節は第2節の1/3以下(図50-11) ･････････････････ヒメヒラタカゲロウ属　*Rhithrogena*

オビカゲロウ属　*Bleptus* Eaton, 1885

　オビカゲロウ *Bleptus fasciatus* Eaton, 1885　1属1種のみ確認されている.日本(本州,四国,九州)のほか韓国にも分布.成虫と幼虫の関連はついている.幼虫(図38-1)は体長15 mmに達し,腹部背面に1列の刺をもつ.成虫は前翅の中ほどおよび後翅の側・後縁に黒色の帯状斑紋をもつ.雄の陰茎は棒状V字形で突起などがない単純な構造である(図38-7).山地や丘陵地帯の源流域に生息する.幼虫は,滝や急流部の岩盤上の飛沫帯(hygropetric zone)に生息し濡れた岩面であれば陸域にも歩みでる.同様の習性はイワヒラタカゲロウ *Epeorus cumulus* も観察され,両種は同所的に見い出されることも多い.オビカゲロウの成虫は,源流域の水辺植生上に静止している.

タイリクヒラタカゲロウ属　*Cinygma* Eaton, 1885

国内では**オオエゾカゲロウ** *Cinygma lyriforme* (McDunnough, 1924) および**ヘカチエゾタニガワカゲロウ** *Cinygma hekachii* (Matsumura, 1931) が確認されている．オオエゾカゲロウは日本（北海道）のほか，韓国，ロシア，北米，カナダに分布する．成虫と幼虫の関連はついている．幼虫（図39-1）は体長15 mmに達する．幼虫の第1腹節の叢状鰓は葉状鰓より長く，第1腹節の葉状鰓は第2鰓の1/2以下（図39-3）．成虫の各肢基節などに黒色点斑をもち（図39-6），前翅縁紋部はほぼ直線的な縦脈によって二分される（図39-8）．雄の陰茎は2片よりなり後方に伸びた翼状である（図39-9）．幼虫は緩やかな流れの礫上や流木上に生息する．ヘカチエゾタニガワカゲロウについては不詳．

ミヤマタニガワカゲロウ属　*Cinygmula* McDunnough, 1933

日本産は7種が記載されているが未記載種が多い．**チャイロミヤマタニガワカゲロウ** *Cinygmula adusta* (Imanishi, 1935) は本州，四国から，**セスジミヤマタニガワカゲロウ** *Cinygmula dorsalis* (Imanishi, 1935)，は本州，九州から，**ハルノミヤマタニガワカゲロウ** *Cinygmula vernalis* (Imanishi, 1935) は本州からそれぞれ記録されている．**エゾミヤマタニガワカゲロウ** *Cinygmula cava* (Ulmer, 1927) は，北海道，モンゴル，ロシアから，**ミヤマタニガワカゲロウ** *Cinygmula hirasana* (Imanishi, 1935) は，本州，九州，韓国，中国，ロシアから，**クロミヤマタニガワカゲロウ** *Cinygmula putoranica* Kluge, 1980 は北海道，モンゴル，ロシアから，**ヤヨイミヤマタニガワカゲロウ** *Cinygmula sapporensis* (Matsumura, 1904) は，日本（北海道，本州）のほか，韓国，ロシアから記録されている．これらのうちチャイロミヤマタニガワカゲロウおよびハルノミヤマタニガワカゲロウを除き幼虫と成虫の関連はついている．ヤヨイミヤマタニガワカゲロウは，本属のうち最も大型のカゲロウで，幼虫は冬に山地渓流の淵や平瀬の礫底の岸際にみられる．成虫は関東地方では3月上旬頃，関西地方では2月下旬〜3月上旬に羽化する．本属の成虫は同定が比較的容易であるが，幼虫は一部を除き困難．本属では，いずれの種についても分布や生活史について不明の部分が多い．

成虫

1a 　前翅の前縁付近の横脈と後翅の基部周辺に暗褐色の斑紋がある（図40-5）．雄の前肢は体長とほぼ同長．陰茎の各片は丸く，それぞれ左右に陰茎側片（titilator：t）がある（図40-7）．体長12 mm以上
　　　　　………………………………………… ヤヨイミヤマタニガワカゲロウ　*Cinygmula sapporensis*

1b 　翅に上記のような暗褐色の斑紋はない．雄の前肢は体長よりはるかに長い．陰茎は上記のようでない．体長10 mm以下 ………………………………………………………………………… 2

2a 　翅（縦・横脈を除く透明部分）は淡褐色に色付く．外側の陰茎側片は基部が太く先端部は小突起がある（図41-10）…………… クロミヤマタニガワカゲロウ　*Cinygmula putoranica*

2b 　翅および陰茎側片は上記のようでない ……………………………………………………… 3

3a 　雄の左右の複眼は接近あるいは接する（図40-3に酷似）……………………………………… 4

3b 　雄の左右の複眼は大きく離れる（図41-3）……………………………………………………… 5

4a 　陰茎側片は不明瞭（図41-7）………… ハルノミヤマタニガワカゲロウ　*Cinygmula vernalis*

4b 　陰茎側片は明瞭（図41-6）………………… エゾミヤマタニガワカゲロウ　*Cinygmula cava*

5a 　陰茎各片は左右に大きく分離し，陰茎側片は陰茎の中央部に一対ある（図41-8）
　　　　　………………………………………… チャイロミヤマタニガワカゲロウ　*Cinygmula adusta*

5b 　陰茎各片は分離するが不完全で中央部の大部分が接し，陰茎側片は陰茎の中央部と側方

(図41-5) あるいは側方にある（図41-9） ･･･ 6
- 6a 外側の陰茎側片は短い（図41-5） ･････ **セスジミヤマタニガワカゲロウ** *Cinygmula dorsalis*
- 6b 外側の陰茎側片は長い（図41-9） ････････････ **ミヤマタニガワカゲロウ** *Cinygmula hirasana*

タニガワカゲロウ属　*Ecdyonurus* Eaton, 1868

　日本産12種記載されている．成虫の区別は比較的容易であるが，幼虫は一部の小型のタニガワカゲロウ属において種レベルの同定不可．**オニヒメタニガワカゲロウ** *Ecdyonurus zhilzovae* Bajkova, 1975 は，日本（本州，四国，九州）のほか，韓国，ロシアから記録されており，幼虫および成虫の同定は容易．**キイロタニガワカゲロウ** *Ecdyonurus flavus* Takahashi, 1929 は本州から成虫記載されているが，詳細は不明．また，幼虫不明．**キブネタニガワカゲロウ** *Ecdyonurus kibunensis* Imanishi, 1936は，日本（本州，四国，九州）のほか，韓国，中国，モンゴル，ロシアから，**ヒメタニガワカゲロウ** *Ecdyonurus scalaris* Kluge, 1983は，日本（本州，四国，九州）のほか，韓国，ロシアから記録されている．いずれも幼虫および成虫が記載されているが，幼虫の区別は困難．**アシグロヒメタニガワカゲロウ** *Ecdyonurus naraensis* Gose, 1968は本州および四国から記録されている．幼虫および成虫が記載されている．**ミナミタニガワカゲロウ** *Ecdyonurus hyalinus* (Ulmer, 1912) は沖縄（西表島，石垣島），台湾および中国から記録され，幼虫および成虫が記載されている．**トラタニガワカゲロウ** *Ecdyonurus tigris* Imanishi, 1936は，本州，四国，九州，**クロタニガワカゲロウ** *Ecdyonurus tobiironis* Takahashi, 1929は本州，四国および九州から，**シロタニガワカゲロウ** *Ecdyonurus yoshidae* Takahashi, 1924 は日本（本州，四国，九州）のほか，韓国，中国，ロシアから，**ミドリタニガワカゲロウ** *Ecdyonurus viridis* (Matsumura, 1931) は北海道，本州，四国，九州および沖縄（本島）からそれぞれ記録されている．それぞれ幼虫および成虫が記載されており，いずれも同定は容易．**ミナミマダラタニガワカゲロウ** *Ecdyonurus fracta* (Kang & Yang, 1994) は沖縄（南西諸島）から記録され，幼虫および成虫が記載されている．これら以外に未記載種が複数存在する．なお，*Ecdyonurus bifasciatus* Navás が記載されているが，不詳である．

　トラタニガワカゲロウの幼虫は，源流域の淵に生息し，しばしばガガンボカゲロウと共存する．成虫は5月下旬〜7月に羽化する，年1世代．クロタニガワカゲロウの幼虫は，渓流の上流域の淵や平瀬の礫底の岸際に生息し，成虫は4月中旬〜5月上旬に羽化する，年1世代．クロタニガワカゲロウの雄成虫は，群飛行動を示さず，渓流沿いの岸辺に止まって雌の飛来を待つ．雌をみつけると空中で番い，地上に降りて交尾する．シロタニガワカゲロウは，河川の中下流域の緩流域ならびに湖沼やダム湖の沿岸帯に生息する．雄成虫は，河川沿いや湖岸沿いの上空で群飛を行い，空中で交尾する．

タニガワカゲロウ属の種の検索

幼虫

- 1a 糸状鰓は不明瞭．第2〜7腹節上の葉状鰓はほぼ円形（図43-2）
　････････････････････････････ **オニヒメタニガワカゲロウ** *Ecdyonurus zhilzovae*（図43-1）
- 1b 糸状鰓は明瞭．第2〜7腹節上の葉状鰓は上記のようではない ･････････････････････ 2
- 2a 頭部前縁に斑紋はない．第7腹節上の葉状鰓はきわめて細長い（図43-9）．体長10 mm 以上
　･･･ **クロタニガワカゲロウ** *Ecdyonurus tobiironis*
- 2b 頭部前縁に斑紋はあるか，あるいはない．第7腹節上の葉状鰓は上記のようでない．体長はいろいろ ･･ 3

3a	体色は薄く胸部および腹部に黒褐色～黒色のまだら状の斑紋が広がる．各肢腿節に4本の帯状の斑紋（基部および先端部の斑紋がしばしば不明瞭）はある（図44-1）．頭部前縁に白色丸斑紋はあるか，あるいはない	4
3b	胸部および腹部，各肢腿節に上記のような斑紋はない．頭部前縁に2～4個の白色丸斑紋がある（図42-1，44-5）	5
4a	頭部前縁に6個の白色丸斑紋はある．沖縄（南西諸島）に分布 ミナミマダラタニガワカゲロウ *Ecdyonurus fracta*	
4b	頭部前縁に白色丸斑紋はない（図44-1）．本州，四国，九州に分布 トラタニガワカゲロウ *Ecdyonurus tigris*	
5a	各肢腿節後縁に長毛および刺毛は並ぶ（図42-10, 12）．腹部腹板の最後節後半は褐色，あるいは後縁は褐色に縁取られ，尾毛の基部は白色，他は明瞭なまだら模様（図42-11）	6
5b	各肢腿節後縁に長毛が並び刺毛はない（図42-2）．腹部腹板の最後節は上記のようではなく，尾毛のまだら模様は不明瞭（図42-3）	7
6a	各肢腿節後縁すべてに刺毛は並ぶ（図42-10）．胸部の側面に黒斑はある（図42-9） シロタニガワカゲロウ *Ecdyonurus yoshidae*	
6a	各肢腿節後縁の中央から先端にかけて刺毛は並ぶ（図42-12）．胸部の側面に黒斑はない ミナミタニガワカゲロウ *Ecdyonurus hyalinus*	
7b	体長は9 mm以上．頭部前縁に4個の白色丸斑紋はある（図42-1） ミドリタニガワカゲロウ *Ecdyonurus viridis*	
7b	体長は8 mm以下．頭部前縁に2個の白色丸斑紋はある（図44-5） キブネタニガワカゲロウ *Ecdyonurus kibunensis*	

成虫

1a	体色は薄く胸部および腹部に黒褐色～黒色のまだら状の斑紋が広がる（図44-2）．各肢腿節に4本の帯状の斑紋（基部および先端部の斑紋がしばしば不明瞭）はある（図44-3）．陰茎は後方に広がり，各片の中央部は括れる（図44-4）．体長10 mm以下 トラタニガワカゲロウ *Ecdyonurus tigris*	
1b	胸部，腹部および各肢腿節は上記のようでない．陰茎は上記のようではなくいろいろ．体長はいろいろ	2
2a	小型種（体長8 mm以下）	3
2b	中・大型種（体長10 mm以上）	6
3a	陰茎は角張って左右に広がる．左右の把持子間に1対の丸い突起はある（図44-8）．腹部背面に複雑な斑紋はある（図44-7） ヒメタニガワカゲロウ *Ecdyonurus scalaris*	
3b	交尾器および腹部背面は上記のようでない	4
4a	前・中胸部側面に帯状の黒斑紋はある（図43-3）．陰茎は半円状に左右に広がり，陰茎中央部に1対の刺はある（図43-4） オニヒメタニガワカゲロウ *Ecdyonurus zhilzovae*	
4b	前・中胸部側面に帯状の黒斑紋はない．陰茎は広がるが上記のようでない	5
5a	陰茎の刺は腹面に3対ある（図43-7）．第1～7腹節背面後縁中央部に黒色帯状の斑紋がある（図43-6）．雄の腿節先端から中央部，頸節先端および第1跗節は黒褐色（図43-5） アシグロヒメタニガワカゲロウ *Ecdyonurus naraensis*	

5b 陰茎の刺は背面に1対，腹面に2対ある（図44-6）．第1～7腹節背面後縁中央部は黒色帯状の斑紋はない．雄の腿節先端から中央部，脛節先端および第1跗節は上記のようでない……………………………… キブネタニガワカゲロウ *Ecdyonurus kibunensis*

6a 頭部前縁は著しく伸長する（図43-10）．陰茎は扇形に広がり，その中央付近には先端が外側に広がる肉質突起がある（図43-12）……… クロタニガワカゲロウ *Ecdyonurus tobiironis*

6b 頭部前縁は著しく伸長しない．陰茎の形は上記のようでない……………………………… 7

7a 陰茎は中程で数片に分かれ左右に広がる（図42-13）
 ……………………………… ミナミタニガワカゲロウ *Ecdyonurus hyalinus*

7b 陰茎は上記のようでなく角張って左右に広がる（図42-7）……………………………… 8

8a 胸部側面に複数の黒点斑紋はある……………… シロタニガワカゲロウ *Ecdyonurus yoshidae*

8b 胸部側面に複数の黒点斑紋はない……………… ミドリタニガワカゲロウ *Ecdyonurus viridis*

ヒラタカゲロウ属　Genus *Epeorus* Eaton, 1868

　日本産11種記載されている．幼虫のからだは扁平で，そのほとんどが流れの速い川底に生息する．各種幼虫の生息場所の違いは，すみわけの研究で有名（Imanishi, 1941；可児，1944；今西，1949）．**マツムラヒラタカゲロウ** *Epeorus L-nigrum* Matsumera, 1931 および**キタヒラタカゲロウ** *Epeorus uenoi* (Matsumura, 1933) は，成虫で記載され幼虫不明．前者は北海道，本州，四国，九州に，後者は北海道でのみ確認されている．他のヒラタカゲロウ属は幼虫と成虫の関連はついている．**キイロヒラタカゲロウ** *Epeorus aesculus* Imanishi, 1934，**エルモンヒラタカゲロウ** *Epeorus latiforium* Uéno, 1928 および**ウエノヒラタカゲロウ** *Epeorus curvatulus* Matsumura, 1931 は日本（北海道，本州，四国，九州）のほか，韓国，中国，ロシアに分布．**ナミヒラタカゲロウ** *Epeorus ikanonis* Takahashi, 1924 は北海道，本州，四国，九州に分布．**タニヒラタカゲロウ** *Epeorus napaeus* Imanishi, 1934 は，本州，四国に分布するが北海道および九州の記録は精査が必要．**ユミモンヒラタカゲロウ** *Epeorus nipponicus* (Uéno, 1931) は日本（北海道，本州，四国，九州）のほか韓国，中国に分布．**イワヒラタカゲロウ** *Epeorus cumulus* Imanishi, 1941 は本州に分布．**オナガヒラタカゲロウ** *Epeorus hiemalis* Imanishi, 1934 は本州および九州に分布．**ミナミヒラタカゲロウ** *Epeorus erratus* Braasch, 1981 は沖縄（南西諸島）と台湾に分布．

　オナガヒラタカゲロウは，山地渓流上部に生息し，幼虫は7～12月に滝や急流部の跳躍水の裏側に集まって暮らす．羽化は11月上旬～2月下旬に起こり年1化性．繁殖行動は小春日和の日に限り観察できる．雄成虫は谷間の高いところで優雅な上下飛行を行い，網で採集することは難しい．ナミヒラタカゲロウは，山地渓流上部から河川中流域まで広く分布し，幼虫は早瀬から平瀬の礫底に生息する．4上旬～中旬に羽化する年1化性．雄成虫は，配偶のために川原上空でホバリングするほか岸沿いに降下して雌待ち，交尾は地上で行われる．また，雌成虫は岸辺から産卵する（Takemon, 1993）．ウエノヒラタカゲロウは，山地渓流上部から河川中流域まで広く分布し，幼虫は早瀬の急流部の石面上に生息する．化性は年1化とされているが，5月中旬～11月に羽化する．成虫は空中の群飛中で交尾し，早瀬の流水面に卵塊を落下させる方法で産卵する．ユミモンヒラタカゲロウは，山地渓流上部から河川中流域に分布し，幼虫は早瀬から平瀬の礫底に生息する．6上旬～9月に羽化し，化性については不明．タニヒラタカゲロウは，山地渓流上部から河川中流域に分布し，幼虫は早瀬，平瀬，淵の緩流域の石礫底に生息する．4月中旬～下旬に集中的に羽化する明確な年1化性．成虫は空中の群飛中で交尾し，淵尻の瀬頭の岸近くに卵塊を落下させる方法で産卵する．エルモンヒラタカゲロウは，山地渓流上部から河川下流域まで広く分布し，幼虫はタニヒラタカゲロウ

ヒラタカゲロウ科 81

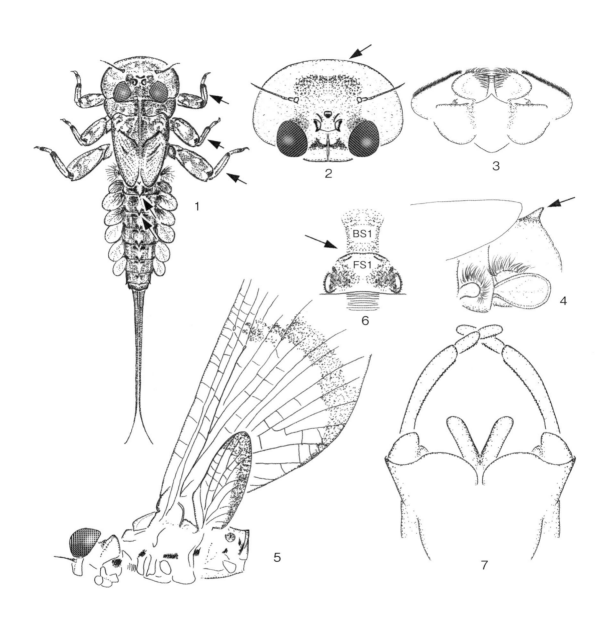

図38 ヒラタカゲロウ科オビカゲロウ属 Heptageniidae *Bleptus*
オビカゲロウ *Bleptus fasciatus* Eaton, 1885. 1〜4：幼虫, 1：全形；2：頭部；3：下唇（下唇髭を除く）；4：第1, 2鰓　5〜7：成虫, 5：頭・胸部側面；6：前胸腹板；7：雄交尾器腹面

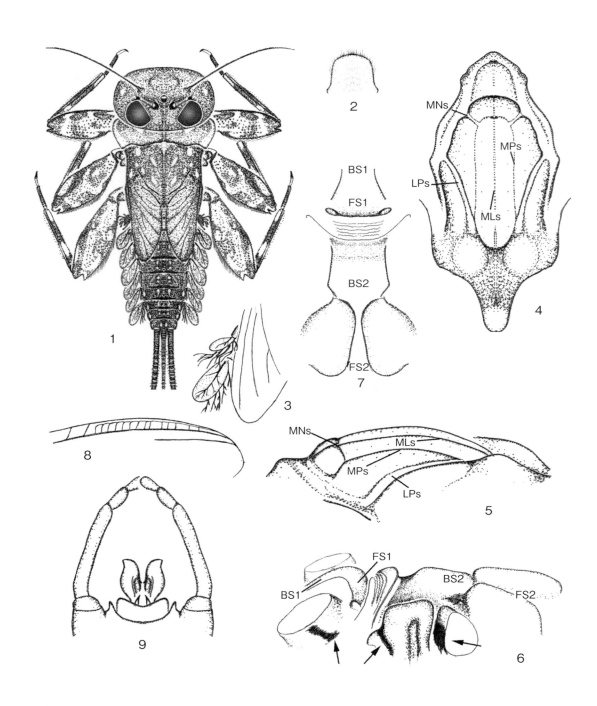

図39 ヒラタカゲロウ科タイリクヒラタカゲロウ属 Heptageniidae *Cinygma*
オオエゾカゲロウ *Cinygma lyriforme*. 1～3：幼虫．1：全形；2：上唇；3：第1，2鰓 4～9：成虫．4：中胸背板；5：中胸背板側面；6：前・中胸腹板側面；7：前・中胸腹板；8：前翅縁紋部；9：雄交尾器腹面

ヒラタカゲロウ科 83

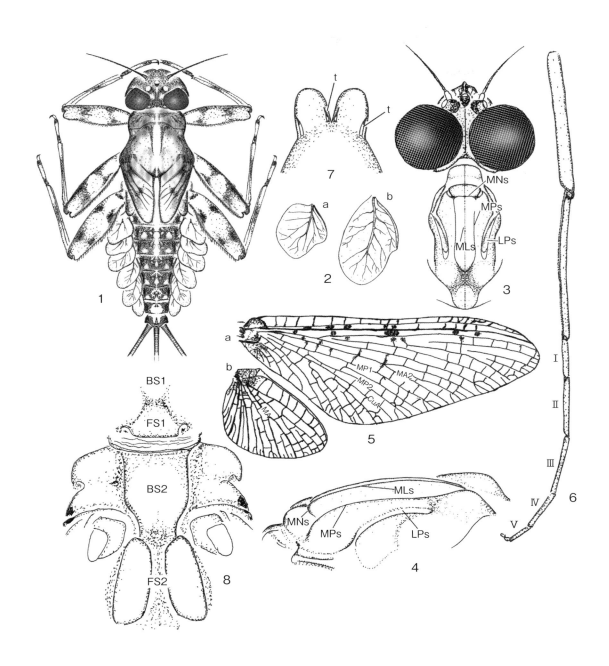

図40 ヒラタカゲロウ科ミヤマタニガワカゲロウ属（1）Heptageniidae *Cinygmula*
1〜7：ヤヨイミヤマタニガワカゲロウ *Cinygmula sapporensis*，1：幼虫全形；2：鰓，a：第1鰓，b：第3鰓；3：雄成虫頭・胸部背面；4：中胸背板側面；5：翅，a：前翅，b：後翅；6：雄成虫前肢；7：陰茎腹面　8：ミヤマタニガワカゲロウ属の1種 *Cinygmula* sp., 前・中胸腹板

129

84　カゲロウ目

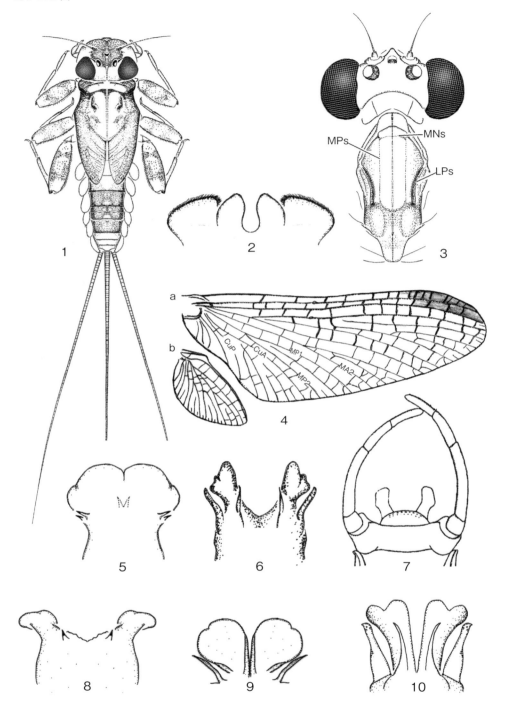

図41　ヒラタカゲロウ科ミヤマタニガワカゲロウ属（2）Heptageniidae *Cinygmula*
1〜5：セスジミヤマタニガワカゲロウ *Cinygmula dorsalis*, 1：幼虫全形；2：下唇（下唇髭を除く）；3：雄成虫頭・胸部背面；4：翅, a：前翅, b：後翅；5：陰茎腹面　6〜10：陰茎あるいは交尾器, 腹面，6：エゾミヤマタニガワカゲロウ *Cinygmula cava*；7：ハルノミヤマタニガワカゲロウ *Cinygmula vernalis*（Imanishi, 1935より）；8：チャイロミヤマタニガワカゲロウ *Cinygmula adusta*；9：ミヤマタニガワカゲロウ *Cinygmula hirasana*；10：クロミヤマタニガワカゲロウ *Cinygmula putoranica*

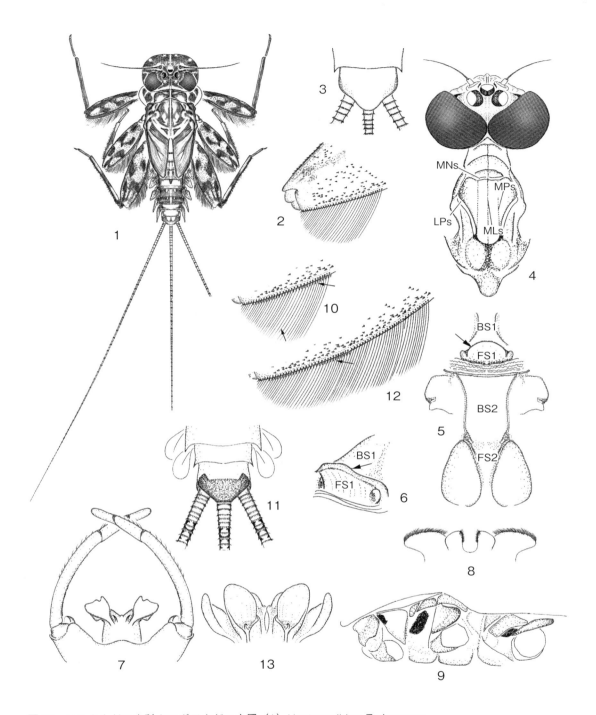

図42　ヒラタカゲロウ科タニガワカゲロウ属（1）Heptageniidae *Ecdyonurus*
1～7：ミドリタニガワカゲロウ *Ecdyonurus viridis*，1：幼虫全形；2：後肢腿節先端；3：雌幼虫腹部末端腹面；4：雄成虫頭・胸部背面；5：前・中胸腹板；6：前胸腹板後側面；7：雄交尾器腹面　8～11：シロタニガワカゲロウ *Ecdyonurus yoshidae*，幼虫，8：下唇（下唇髭を除く）；9：胸部側面；10：後肢腿節先端内側；11：雌幼虫腹部末端腹面　12～13：ミナミタニガワカゲロウ *Ecdyonurus hyalinus*，12：後肢腿節先端内側；13：陰茎腹面

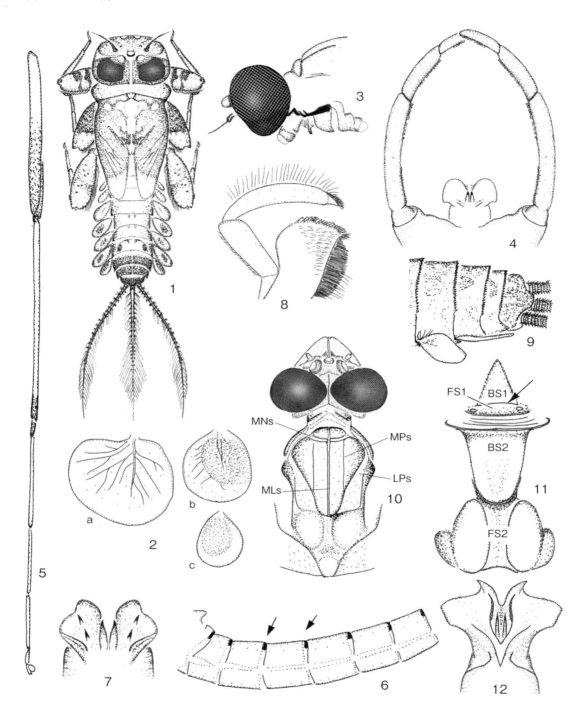

図43 ヒラタカゲロウ科タニガワカゲロウ属（2）Heptageniidae *Ecdyonurus*
1〜4：オニヒメタニガワカゲロウ *Ecdyonurus zhilzovae*，1：幼虫全形；2：鰓，a：第3鰓，b：第6鰓，c：第7鰓；3：雄成虫頭・胸部側面；4：雄交尾器腹面　5〜7：アシグロヒメタニガワカゲロウ *Ecdyonurus naraensis* Gose, 1968，成虫，5：雄前肢；6：腹部側面；7：陰茎腹面　8〜12：クロタニガワカゲロウ *Ecdyonurus tobiironis* Takahashi, 1929，8：小顎；9：幼虫腹節後部側面および第6，7鰓；10：雄成虫頭・胸部背面；11：前・中胸腹板；12：陰茎腹面

ヒラタカゲロウ科 87

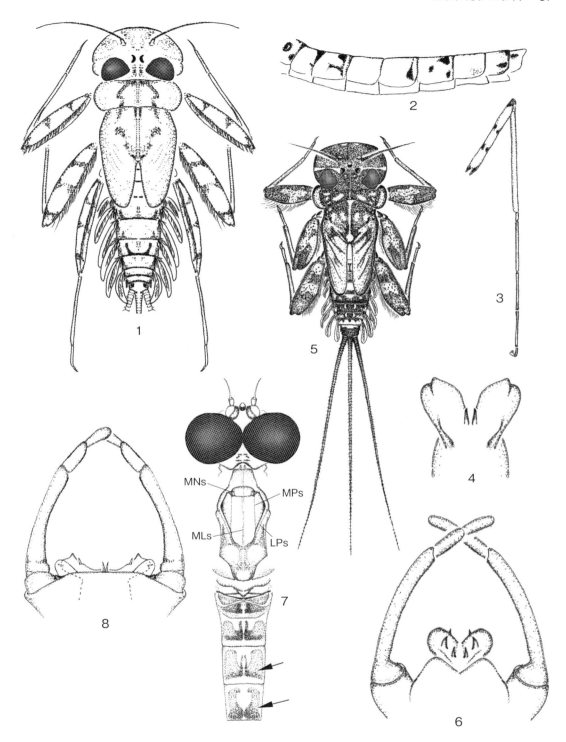

図44 ヒラタカゲロウ科タニガワカゲロウ属（3）Heptageniidae *Ecdyonurus*
1～4：トラタニガワカゲロウ *Ecdyonurus tigris*，1：幼虫全形；2：成虫腹部側面；3：雄成虫前肢；4：陰茎腹面　5～6：キブネタニガワカゲロウ *Ecdyonurus kibunensis*，5：幼虫全形；6：雄交尾器腹面　7～8：ヒメタニガワカゲロウ *Ecdyonurus scalaris*，7：雄成虫頭・胸部背面；8：雄交尾器腹面

88 カゲロウ目

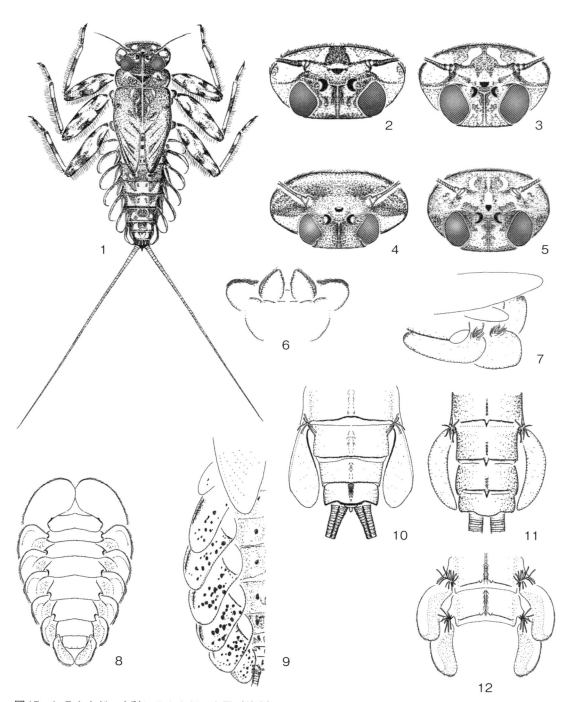

図45 ヒラタカゲロウ科ヒラタカゲロウ属（幼虫）Heptageniidae *Epeorus* nymphs
1：ナミヒラタカゲロウ *Epeorus ikanonis*, 全形　2〜5：頭部．2：キイロヒラタカゲロウ *Epeorus aesculus*；3：ウエノヒラタカゲロウ *Epeorus curvatulus*；4：オナガヒラタカゲロウ *Epeorus hiemalis*；5：ユミモンヒラタカゲロウ *Epeorus nipponicus*　6〜8：オナガヒラタカゲロウ *Epeorus hiemalis*, 6：下唇（下唇髭を除く）；7：第1，2鰓；8：腹部腹面　9〜12：腹部背面．9：エルモンヒラタカゲロウ *Epeorus latifolium*, 左半；10：ユミモンヒラタカゲロウ *Epeorus nipponicus*；11：ミナミヒラタカゲロウ *Epeorus erratus*；12：オナガヒラタカゲロウ *Epeorus hiemalis*

134

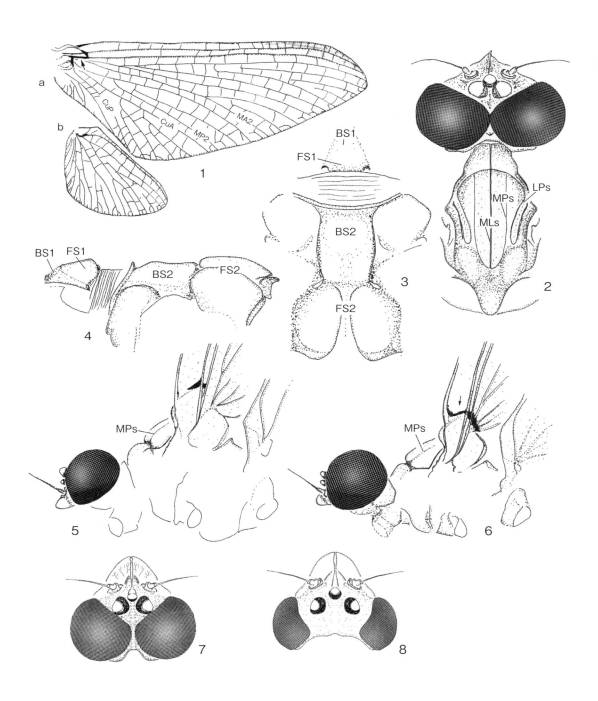

図46 ヒラタカゲロウ科ヒラタカゲロウ属（成虫）Heptageniidae *Epeorus* adults（imagines）
1〜4：マツムラヒラタカゲロウ *Epeorus L-nigrum*；1：翅，a：前翅，b：後翅；2：雄頭・胸部背面；3：前・中胸腹板；4：前・中胸腹板側面　5〜6：雄頭・胸部側面，5：タニヒラタカゲロウ *Epeorus napaeus*；6：ユミモンヒラタカゲロウ *Epeorus nipponicus*　7〜8：ナミヒラタカゲロウ *Epeorus ikanonis*, 頭部，7：雄；8：雌

カゲロウ目

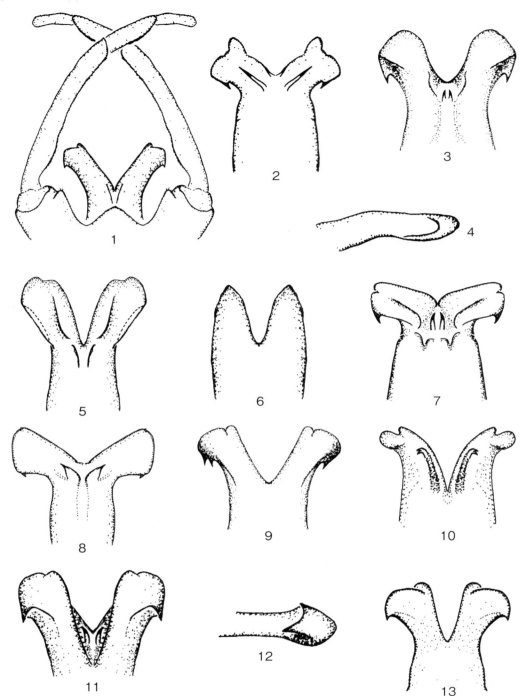

図47 ヒラタカゲロウ科ヒラタカゲロウ属（交尾器または陰茎）Heptageniidae *Epeorus*
1：タニヒラタカゲロウ *Epeorus napaeus* 腹面　2：キイロヒラタカゲロウ *Epeorus aesculus*，腹面　3：イワヒラタカゲロウ *Epeorus cumulus*，腹面　4：ウエノヒラタカゲロウ *Epeorus curvatulus*，側面　5：同左，腹面　6：ミナミヒラタカゲロウ *Epeorus erratus*，腹面　7：オナガヒラタカゲロウ *Epeorus hiemalis*，腹面　8：ナミヒラタカゲロウ *Epeorus ikanonis*，腹面　9：エルモンヒラタカゲロウ *Epeorus latifolium*，腹面　10：マツムラヒラタカゲロウ *Epeorus L-nigrum*，腹面　11：ユミモンヒラタカゲロウ *Epeorus nipponicus*，腹面　12：同左，側面；13：キタヒラタカゲロウ *Epeorus uenoi*，腹面

ヒラタカゲロウ科　91

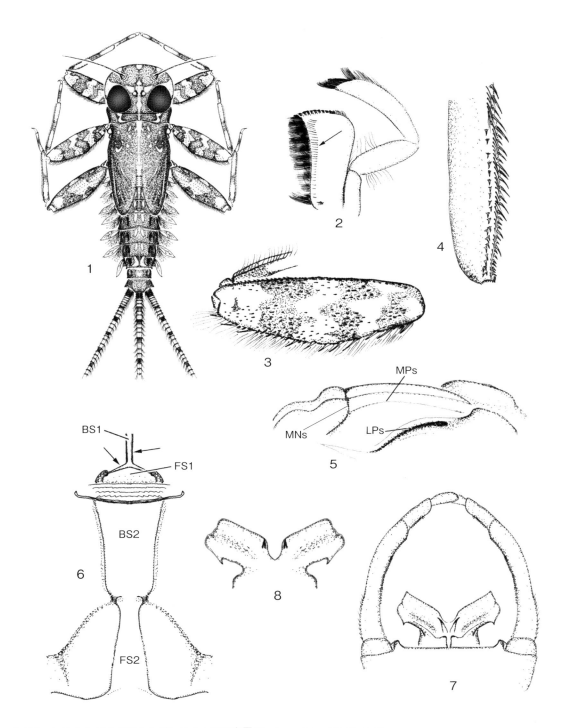

図48　ヒラタカゲロウ科キハダヒラタカゲロウ属 Heptageniidae *Heptagenia*
サトキハダヒラタカゲロウ *Heptagenia flava*．1〜4：幼虫，1：全形；2：小顎；3：後肢腿節背面；4：後肢腿節後縁　5〜8：成虫，5：中胸背板側面；6：前・中胸腹板；7：雄交尾器腹面；8：陰茎背面

92 カゲロウ目

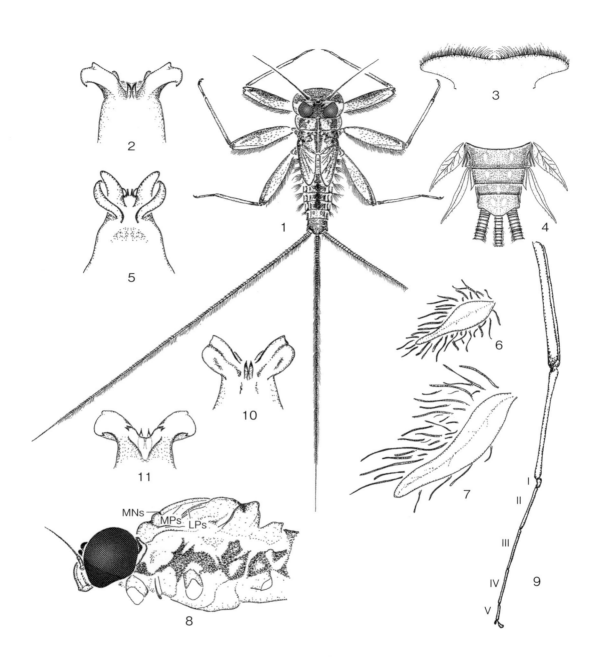

図49 ヒラタカゲロウ科キハダヒラタカゲロウ属，ウヅキキハダヒラタカゲロウ属 Heptageniidae *Heptagenia, Kageronia*
 1〜2：キョウトキハダヒラタカゲロウ *Heptagenia kyotoensis*, 1：幼虫全形；2：陰茎腹面　3〜8：ムナグロキハダヒラタカゲロウ *Heptagenia pectoralis*, 3：第1鰓；4：第3鰓；5：雄頭・胸部側面；6：雄成虫前肢；7：陰茎腹面；8：陰茎背面　9〜11：キハダヒラタカゲロウ *Kageronia kihada*, 9：上唇；4：幼虫腹節後部背面；5：陰茎腹面

138

ヒラタカゲロウ科　93

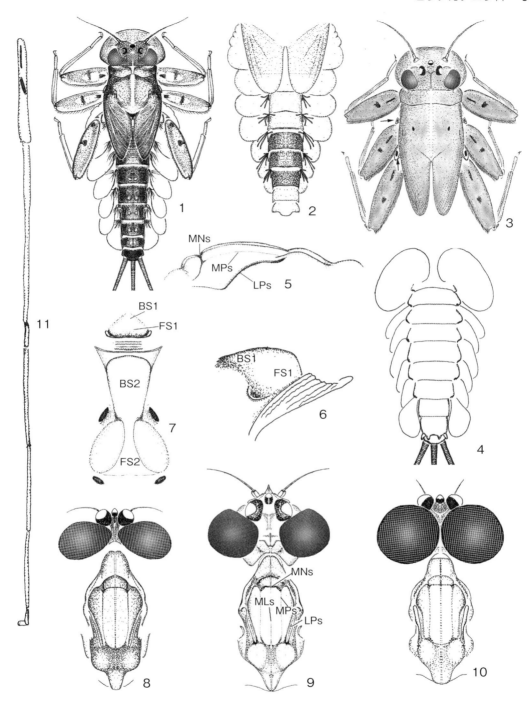

図50　ヒラタカゲロウ科ヒメヒラタカゲロウ属 Heptageniidae *Rhithrogena*
1：ヒメヒラタカゲロウ *Rhithrogena japonica*, 1：幼虫全形　2：サツキヒメヒラタカゲロウ *Rhithrogena tetrapunctigera*, 幼虫腹部腹面　3：同, 頭胸部背面　4：ヒメヒラタカゲロウ属の1種 *Rhithrogena* sp., 幼虫腹部腹面　5：同, 成虫中胸背板側面　6：同, 前胸腹板後側面　7：同, 前・中胸部腹板　8〜10：成虫頭・胸部背面, 7：タイワンヒメヒラタカゲロウ *Rhithrogena parva*；8：ミナヅキヒメヒラタカゲロウ *Rhithrogena minazuki*；9：ヒメヒラタカゲロウ *Rhithrogena japonica*；11：タイワンヒメヒラタカゲロウ *Rhithrogena parva*, 雄成虫前肢

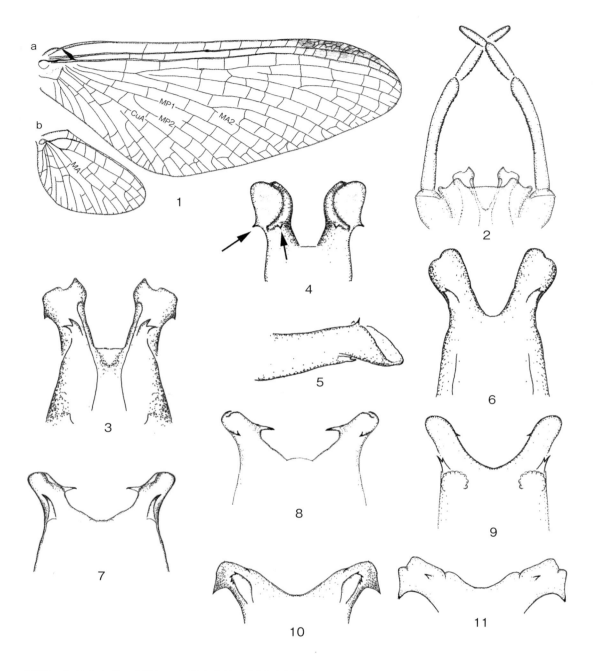

図51 ヒラタカゲロウ科ヒメヒラタカゲロウ属（成虫）Heptageniidae *Rhithrogena* adults (imagines)
1：タイワンヒメヒラタカゲロウ *Rhithrogena parva*, 翅, a：前翅, b：後翅　2～10：雄交尾器あるいは陰茎．
2：タテヤマヒメヒラタカゲロウ *Rhithrogena tateyamana*, 交尾器腹面；3：同, 陰茎腹面；4：同, 陰茎背面；5：ヒメヒラタカゲロウ *Rhithrogena japonica*, 側面；6：同, 腹面；7：ミナヅキヒメヒラタカゲロウ *Rhithrogena minazuki*, 腹面；8：同, 背面；9：サツキヒメヒラタカゲロウ *Rhithrogena tetrapunctigera*；10：タイワンヒメヒラタカゲロウ *Rhithrogena parva*, 腹面；11：同, 背面

とほぼ同様の生息場所を利用する．5月上旬から12月まで連続的に羽化し，化性については，さまざまな可能性がある．成虫は空中の群飛中で交尾し，早瀬の流水面に卵塊を落下させる方法で産卵する．タニヒラタカゲロウの幼虫は，エルモンヒラタカゲロウの幼虫に酷似するが，前者が大形であることと生活史の違いから分けることができる，すなわち，5月以降に得られる終齢幼虫はエルモンヒラタカゲロウ，12月以降に得られる成長した幼虫はタニヒラタカゲロウと判断できる．イワヒラタカゲロウは，山地渓流の源流域に分布し，6〜12月に羽化がみられるが化性については不明．幼虫・成虫（雄交尾器）ともにユミモンヒラタカゲロウに酷似するが，前者がより大型であること，幼虫の生息場所が水中ではなく，流水から幾分離れた飛沫帯であることから区別できる．

ヒラタカゲロウ属の種の検索
幼虫

1a 腹部背面中央部に1列の突起はある（図45-11）… ミナミヒラタカゲロウ *Epeorus erratus*
1b 腹部背面中央部に1列の突起はない ……………………………………………………… 2
2a 第1腹節の左右の葉状鰓は大きく，腹面で接することがある（図45-8）……………… 3
2b 第1腹節の左右の葉状鰓は小さく，腹面で接することがない ……………………… 5
3a 頭部に斑紋はない（図45-4）．腹部背面の中央部に1対の小隆起はある（図45-12）
　　　　　　　　　　　　　　　　　　　………… オナガヒラタカゲロウ *Epeorus hiemalis*
3b 頭部に斑紋はある（図45-1〜3，5）．腹部背面の中央部に1対の小隆起はない（図45-10）
　　　　　　　　　　　　　　　　　　　　　　　　　　　　　　　　　　　　　　 4
4a 頭部前縁中央部の褐色の縦斑の両側に2個の淡色斑紋はある（図45-3）
　　　　　　　　　　　　　　　　　　　………… ウエノヒラタカゲロウ *Epeorus curvatulus*
4b 頭部前縁中央部の褐色の縦斑の両側は一様に淡色である（図45-2）
　　　　　　　　　　　　　　　　　　　………… キイロヒラタカゲロウ *Epeorus aesculus*
5a 葉状鰓に赤紫褐色の多数の斑点はある（図45-9）……………………………………… 6
5b 葉状鰓は上記のようではない………………………………………………………… 7
6a 成熟幼虫の体長14.0〜18.5 mm．体色は暗褐色 …… タニヒラタカゲロウ *Epeorus napaeus*
6b 成熟幼虫の体長13.0 mmに満たない．体色は淡褐色 … エルモンヒラタカゲロウ *Epeorus latifolium*
7a 頭部前縁に4個の淡色紋があり，中央の2個は小さく，外側の2個は大きい（図45-1）．尾毛の長さは体長とほぼ同等……………………………… ナミヒラタカゲロウ *Epeorus ikanonis*
7b 頭部前縁中央に相対するC字斑はある（図45-5）．尾毛の長さは体長のほぼ1.5倍……… 8
8a 尾毛の背面に長毛列はある（図45-10）．体色は淡褐色
　　　　　　　　　　　　　　　　　　　………… ユミモンヒラタカゲロウ *Epeorus nipponicus*
8b 尾毛の背面に長毛列はない．体色は暗褐色………… イワヒラタカゲロウ *Epeorus cumulus*

成虫

1a 陰茎は左右に広がらず中央部は深く抉れる（図47-6）
　　　　　　　　　　　　　　　　　　　………… ミナミヒラタカゲロウ *Epeorus erratus*
1b 陰茎は左右に広がる………………………………………………………………………… 2
2a 陰茎先端に肉質小突起はある（図47-2）．前肢基節基部に黒点はある

	································· キイロヒラタカゲロウ *Epeorus aesculus*	
2a	陰茎先端に肉質小突起はない．前肢基節基部に黒点はない·································	3
3a	前翅基部に黒斑紋（L字紋，点紋，線紋）はない·································	4
3b	前翅基部に黒斑紋（L字紋，紋点，線紋）はある（図46-1, 5, 6）·································	6
4a	左右の陰茎の各片の幅は先端までほぼ平行（図47-7）	
	································· オナガヒラタカゲロウ *Epeorus hiemalis*	
4b	左右の陰茎の各片は先端で広がる（図47-3, 8）·································	5
5a	頭部前縁は伸長する（図46-7, 8）················ ナミヒラタカゲロウ *Epeorus ikanonis*	
5b	頭部前縁は伸長しない················ イワヒラタカゲロウ *Epeorus cumulus*	
6a	前翅基部の黒斑は黒線様（図46-6）·································	7
6b	前翅基部の黒斑は黒点あるいはL字斑紋（図46-1, 5）·································	8
7a	左右の陰茎の腹面は全体にほぼ平坦で，側方に翼状に広がる．陰茎背面側方に基部に向かう刺はない（図47-4, 5）················ ウエノヒラタカゲロウ *Epeorus curvatulus*	
7b	左右の陰茎の腹面は先端部が丸く膨らむ．陰茎背面側方にしばしば基部に向かう刺を有す（図47-11, 12）················ ユミモンヒラタカゲロウ *Epeorus nipponicus*	
8a	前翅基部の黒斑は黒点様（図46-5）·································	9
8b	前翅基部の黒斑はL字様（図46-1）·································	10
9a	体色は暗褐色，陰茎各片は細長い（図47-1）········ タニヒラタカゲロウ *Epeorus napaeus*	
9b	体色は淡褐色，陰茎各片は先端で膨らむ（図47-13）	
	································· キタヒラタカゲロウ *Epeorus uenoi*	
10a	陰茎の先端は左右に大きく広がり，その先端は基部に向かう1～3本の刺はある（図47-9）················ エルモンヒラタカゲロウ *Epeorus latifolium*	
10a	陰茎の先端は左右に大きく広がることはなく，その先端は基部に向かう刺はない（図47-10）················ マツムラヒラタカゲロウ *Epeorus L-nigrum*	

キハダヒラタカゲロウ属　*Heptagenia* Walsh, 1863

　日本産3種記載されている．**キョウトキハダヒラタカゲロウ** *Heptagenia kyotoensis* Gose, 1963 は日本（本州，四国，九州）のほか，韓国および中国から，**サトキハダヒラタカゲロウ** *Heptagenia flava* Rostock, 1878 は日本（北海道および本州）のほか韓国，中国，モンゴル，ロシアからヨーロッパにかけて，**ムナグロキハダヒラタカゲロウ** *Heptagenia pectoralis* Matsumura, 1931 は北海道，本州，四国，九州から記録されている．幼虫はいずれも扁平で，流れの緩やかな川底に生息する．幼虫と成虫の関連はすべてついている．キョウトキハダヒラタカゲロウおよびムナグロキハダヒラタカゲロウは主に山地渓流上部から下部に分布する．幼虫は岩盤や巨石に生息し，6～10月に羽化する．いずれの種についても化性や成虫の繁殖行動などについては不明．

キハダヒラタカゲロウ属の種の検索
幼虫

1a	葉状鰓は細長く萎縮し不明瞭（図49-1）················ キョウトキハダヒラタカゲロウ *Heptagenia kyotoensis*	
1b	葉状鰓は上記のようでなく明瞭·································	2
2a	胸部側面に黒色帯が走る．頭部前縁部に斑紋がない	

	·················· **ムナグロキハダヒラタカゲロウ** *Heptagenia pectoralis*
2b	胸部側面に黒色帯はない．頭部前縁部に斑紋がある（図48-1）
	························· **サトキハダヒラタカゲロウ** *Heptagenia flava*

成虫

1a	陰茎の各片内側は中央部背面に刺がなく，その先端に小さな肉質突起がある（図49-2）
	············· **キョウトキハダヒラタカゲロウ** *Heptagenia kyotoensis*
1b	陰茎の各片内側は中央部背面に刺があり，その先端に肉質突起がない（図48-7, 8, 図49-10, 11）·· 3
2a	陰茎内側の中央部背面の刺は小さく先が二叉する（図49-11）．胸部側面に黒色帯が走る（図49-8）·················· **ムナグロキハダヒラタカゲロウ** *Heptagenia pectoralis*
2b	陰茎内側の中央部背面の刺は1本突出する（図48-8）．胸部側面に黒色帯はない ·· **サトキハダヒラタカゲロウ** *Heptagenia flava*

ウズキキハダヒラタカゲロウ属　*Kageronia* Matumura, 1931

日本産1属1種で，国内ではキハダヒラタカゲロウ *Kageronia kihada* Matsumura, 1931，1属1種のみ確認されている．日本（本州，四国，九州）のほか，韓国，中国，モンゴル，ロシアに分布する．成虫と幼虫の関連はついている．幼虫は湧水や低山地の谷戸（谷地）や細流に分布し，落葉落枝の隙間や石礫の底表面を滑行生活し，4〜6月に羽化する．

ヒメヒラタカゲロウ属　*Rhithrogena* Eaton, 1881

日本産5種記載されている．このほかに数種存在する．幼虫の同定は一部を除き困難．ヒメヒラタカゲロウ *Rhithrogena japonica* Uéno, 1928 は，幼虫・成虫ともに記載されている．幼虫は背面の体色が一様に黒褐色（図50-1），腹部腹面の体色は淡色で末端は暗褐色である．日本（北海道，本州，四国，九州）のほか，韓国から記録されている．本属のカゲロウのうち最も早く羽化する．サツキヒメヒラタカゲロウ *Rhithrogena tetrapunctigera* Matsumura, 1931 の幼虫は，腹部背面の基部および末端部は黒褐色，その間の腹節は淡色であるが，変異も多く，6〜8節が黒褐色，9, 10節が淡色の場合も多い．ただし，いずれの場合も，3〜5節は淡色である．本種は各肢腿節の中央部に暗褐色の斑紋もたないが，斑紋を有する近縁な種が存在する．また，胸部腹面に4個の黒点があるが，同様な斑紋を有する近縁な種が存在する．本州，韓国から記録されている．ミナヅキヒメヒラタカゲロウ *Rhithrogena minazuki* Imanishi, 1936 の幼虫は，頭の前縁部に淡色の斑紋を備える特徴が知られているが，その斑紋はしばしば不明瞭．日本（北海道，本州，四国，九州，沖縄）のほかロシアから記録されている．タテヤマヒメヒラタカゲロウ *Rhithrogena tateyamana* Imanishi, 1936 は成虫による記載のみで，幼虫は不明．本州から記録されている．タイワンヒメヒラタカゲロウ *Rhithrogena parva* (Ulmer, 1912) は沖縄（西表島，石垣島），台湾に分布．

ヒメヒラタカゲロウは，山地渓流上部から河川中流域に広く分布する．幼虫は早瀬や平瀬の石礫底に生息し，4月中旬〜5月上旬に羽化する．雄成虫は，河川上空，河原，路上の低空で群飛するので，人目につきやすい．その後初夏や夏に出現する幼虫の同定に問題があるため本種の化性については不明である．サツキヒメヒラタカゲロウは，山地渓流上部から河川中流域に広く分布し，幼虫は平瀬の小礫底に生息し，5月下旬〜7月に羽化する．

ヒメヒラタカゲロウ属の種の検索
幼虫

1a 腹部背面の基節および先端節は黒褐色，その間の3～5腹節は淡黄～白色（8～10節が淡色の場合も多い）（図50-2）．胸部腹面に4個の黒点はある（羽化間近の個体） ………… 2
1b 腹部背面の各節は上記のようでなく一様（図50-1, 3）．胸部腹面に4個の黒点はない（羽化間近の個体） ………… 3
2a 各肢腿節の中央部に暗褐色の斑紋はない
　　………… サツキヒメヒラタカゲロウ　*Rhithrogena tetrapunctigera*
2b 各肢腿節の中央部に暗褐色の斑紋はある
　　………… ヒメヒラタカゲロウ属の1種　*Rhithrogena* sp.
3a 頭・胸・腹部の背面の体色は一様に黒褐色（図50-1）．腹部腹面の体色は淡色で末端は暗褐色．前・中・後胸部側面の突起（基節基部）に黒点斑はない．北海道・本州に分布
　　………… ヒメヒラタカゲロウ　*Rhithrogena japonica*
3b 頭・胸・腹部の背面の体色は一様に淡褐色（図50-3）．腹部腹面の体色は一様に淡色．前・中・後胸部側面の突起（基節基部）に黒点斑はあるかあるいはない ………… 4
4a 前・中・後胸部側面の突起（基節基部）に黒点斑はある（図50-3）
　　………… タイワンヒメヒラタカゲロウ　*Rhithrogena parva*
4b 前・中・後胸部側面の突起（基節基部）に黒点斑はない
　　………… ヒメヒラタカゲロウ属の数種　*Rhithrogena* spp.

成虫

1a 各肢腿節の中央部に暗褐色の斑紋はなく，胸部腹面に4個の黒点があり（図50-7），陰茎の基部付近が膨らむ（図51-9）
　　………… サツキヒメヒラタカゲロウ　*Rhithrogena tetrapunctigera*
1b 各肢腿節，胸部腹面および陰茎の基部付近は上記のようでない ………… 2
2a 陰茎の各片は左右に大きく開く（図51-7, 8, 10, 11） ………… 3
2b 陰茎は上記のようでなく，後方に伸びる（図51-2～4, 6） ………… 4
3a 陰茎の各片は内側および背面に刺がある（図51-7, 8）．雄の左右の複眼は大きく，内側で接するかあるいはきわめて接近する（図50-10）．体色は淡黄土色
　　………… ミナヅキヒメヒラタカゲロウ　*Rhithrogena minazuki*
3b 陰茎の各片の外側および背面に刺がある（図51-10, 11）．雄の左右の複眼は上記のようでない（図50-9）．体色は濃褐色 ………… タイワンヒメヒラタカゲロウ　*Rhithrogena parva*
4b 陰茎の背面に二対の刺がある（図51-4）
　　………… タテヤマヒメヒラタカゲロウ　*Rhithrogena tateyamana*
4b 陰茎の背面に一対の刺がある（図51-5） ………… ヒメヒラタカゲロウ　*Rhithrogena japonica*

参考文献

Allen, R. K. 1971. New Asian *Ephemerella* with notes (Ephemerellidae). The Canadian Entomologist, 103: 512-528.

青木　舜. 2000. 長良川・木曽川水系のヒメフタオカゲロウ属10種について. 陸の水, (43): 7-16.

青柳育夫・手塚マサ子・中村和夫. 1998. アカツキシロカゲロウの生活史と若齢幼虫形態について. 陸水学雑誌, 59: 185-198.

Bae, Y. J. & W. P. McCafferty. 1991. Phylogenetic systematics of the Potamanthidae (Ephemeroptera). Transactions of the American Entomological Society, 117(3/4): 1-143.

Barber-James, H., M. Sartori, J-L. Gattolliat & J. Webb. 2013. World checklist of freshwater Ephemeroptera species. World Wide Web electronic publication (http://fada.biodiversity.be/group/show/35)

Bauernfeind, E. & T. Soldán. 2012. The Mayflies of Europe (Ephemeroptera). Apollo Books, Ollerup.

Cummins, K. W. 1973. Trophic relatons of aquatic insects. Annual Review of Entomology, 18: 183-206.

Edmunds, G. F., Jr. 1959. Subgeneric groups within the mayfly genus *Ephemerella* (Ephemeroptera: Ephemerellidae). Annals of the Entomological Society of America, 52: 543-547.

Edmunds, G. F., Jr. & R. D. Waltz. 1996. Ephemeroptera. In Merrit, R. W. & K. W. Cummins (eds.), An Introduction to the Aquatic Insects of North America, 3rd ed.: 126-163. Kendall/ Hunt, Dubque, Iowa.

Edmunds, G. F., Jr., S. L. Jensen & L. Berner. 1976. The Mayflies of North and Central America. University of Minnesota Press, Minneapolis.

Engblom, E. 1996. Ephemeroptera, mayflis. In Nilsson, A. N. (ed.), Aquatic Insects of North Europe, A Taxnomic Handbook: 13-53. Apollo Books, Denmark.

Fujitani, T. 2002. Species composition and distribution patterns of baetid nymphs (Baetidae: Ephemeroptera) in a Japanese stream. Hydrobiologia, 185: 111-121.

藤谷俊仁. 2006. 日本産コカゲロウ科（カゲロウ目）の7属への検索及び所属する種の分類と分布・ハビタットに関する情報. 陸水学雑誌, 67: 185-207.

Fujitani, T., T. Hirowatari & K. Tanida. 2003a. Genera and species of Baetidae in Japan: *Nigrobaetis, Alainites, Labiobaetis,* and *Tenuibaetis* n. stat. (Ephemeroptera). Limnology, 4: 121-129.

Fujitani, T., T. Hirowatari & K. Tanida. 2003b. Nymphs of *Nigrobaetis, Alainites, Labiobaetis, Tenuibaetis* and *Baetis* from Japan (Ephemeroptera: Baetidae): diagnosis and keys for genera and species. In: Gaino E. (Ed.) Research Update on Ephemeroptera and Plecoptera: 127-133. University of Perugia.

Fujitani, T., T. Hirowatari & K. Tanida. 2004. First record of *Baetis taiwanensis* Müller-Liebenau from Japan, with descriptions of the imago and subimago (Ephemeroptera: Baetidae). Entomological Science, 7: 39-46.

Fujitani, T., T. Hirowatari & K. Tanida. 2005. *Labiobaetis* species of Japan, Taiwan and Korea, with a new synonym of *L. atrebatinus* (Eaton, 1890) and reerection of the subspecies *L. atrebatinus orientalis* (Kluge, 1983) (Ephemeroptera: Baetidae). Limnology, 6: 141-147.

Fujitani, T., N. Kobayashi, T. Hirowatari & K. Tanida. 2011. Three species of a genus *Tenuibaetis* (Ephemeroptera: Baetidae) from Japan, with description of a new species. Limnology, 12: 213-223.

Fujitani, T., N. Kobayashi, T. Hirowatari & K. Tanida. 2017. Morphological description of four species belonging to the genus *Nigrobaetis* (Ephemeroptera: Baetidae) from Japan. Limnology, 18: 315-331.

Gilles, M. T. & J. M. Elouard. 1990. The Mayfly-mussel association, a new example from the River Niger Basin. In Campbell, I. C. (ed.), Mayflies and Stoneflies: 289-297. Kluwer Academic Publishers.

Gose K. 1963: 140-141. The imago of *Choroterpes trifurcata* Uéno (Ephemeroptera). Kontyû, 31: 140-141.

御勢久右衛門. 1979a. 日本産カゲロウ類. 1. 概説. 海洋と生物, 1: 38-44.

御勢久右衛門. 1979b. 日本産カゲロウ類. 2. 分類と検索（1）. 海洋と生物, 2: 40-45.

御勢久右衛門. 1979c. 日本産カゲロウ類. 3. 分類と検索（2）. 海洋と生物, 3: 58-60.

御勢久右衛門. 1979d. 日本産カゲロウ類. 4. 分類と検索（3）. 海洋と生物, 4: 43-47.

御勢久右衛門. 1979e. 日本産カゲロウ類. 5. 分類と検索（4）. 海洋と生物, 5: 51-53.

御勢久右衛門. 1980a. 日本産カゲロウ類. 6. 分類と検索（5）. 海洋と生物, 6: 76-79.

御勢久右衛門．1980b．日本産カゲロウ類．7．分類と検索（6）．海洋と生物，7: 122-123.
御勢久右衛門．1980c．日本産カゲロウ類．8．分類と検索（7）．海洋と生物，8: 211-215.
御勢久右衛門．1980d．日本産カゲロウ類．9．分類と検索（8）．海洋と生物，9: 286-288.
御勢久右衛門．1980e．日本産カゲロウ類．10．分類と検索（9）．海洋と生物，10: 366-368.
御勢久右衛門．1980f．日本産カゲロウ類．11．分類と検索（10）．海洋と生物，11: 454-457.
御勢久右衛門．1985．カゲロウ目．川合禎次（編），日本産水生昆虫検索図説：7-32．東海大学出版会，東京．
平嶋義宏・森本 桂・多田内修．1989．カゲロウ目．昆虫分類学：146-153．川島書店．東京．
Hubbard, M. D. 1990. Mayflies of the World. A Catalog of the Family and Genus Group Taxa (Insect: Ephemeroptera). Flora & Fauna Handbook 8. Sandhill Crane Press, INC. Gainesville, Florida.
今西錦司．1940．満州・内蒙古並びに朝鮮の蜉蝣類．川村多実三（編），関東州及満州国陸水生物調査書：169-263.
Imanishi, K. 1941. Mayflies from Japanese Torrents X. Life forms and life zones of mayfly nymphs. II. Ecological structure illustrated by life zone arrangement. Memoirs of the College of Science, Kyoto Imperial University (Ser. B) 16: 1-35.
今西錦司．1949．生物社会の論理．毎日新聞社（1981）．三版生物社会の論理：5-184，思索社，東京．
Ishiwata, S. 1996. A study of the genus *Ephoron* from Japan (Ephemeroptera, Polymitarcyidae). The Canadian Entomologist, 128: 551-572.
Ishiwata, S. 2001. A checklist of Japanese Ephemeroptera. In Bae, Y. J. (ed.), 21st Century and Aquatic Entomology in East Asia (Proceedings of the 1st Joint Meeting and Symposium of Aquatic Entomologists in East Asia): Jeonghangsa, Seoul, Korea.
Ishiwata, S., T. M. Tiunova & R. B. Kuranishi (2000). The mayflies (Insecta: Ephemeroptera) collected from the Kamchatka Peninsula and the North Kuril Islands in 1996-1997. In Komai, T. (ed.), Results of Recent Research on Northeast Asian Biota. Natural History Research, Special Issue, 7: 67-75.
石綿進一．1987．マダラカゲロウ科の形態及び検索（1）．属の形態及び検索．神奈川県の水生生物，9: 27-34.
石綿進一．1989．マダラカゲロウ．系統分化と小生息場所の分割利用．柴谷篤弘，谷田一三（編），日本の水生昆虫―種分化とすみわけをめぐって：42-52．東海大学出版会，東京．
石綿進一．1990．カゲロウの採集方法―カゲロウの採集・飼育・標本作成法．昆虫と自然，25(8): 2-7.
石綿進一．1997．カゲロウ類．丹沢大山自然環境総合調査報告書，丹沢山地動植物目録：290-296．神奈川県．
石綿進一．2000．神奈川県産カゲロウ類の知見．神奈川自然史資料，21: 73-82.
石綿進一．2001a．千葉県のカゲロウ類―チェックリスト，記相および検索―．千葉中央博自然誌研究報告，6: 163-200.
石綿進一．2002．神奈川県のカゲロウ類．神奈川虫報，(138): 1-46.
石綿進一．2004．カゲロウ目 Ephemeroptera．神奈川昆虫誌：45-66．神奈川県．
石綿進一．2005．カゲロウ目 Ephemeroptera．日本産幼虫図鑑：10-19．学習研究社，東京．
Ishiwata, S. 2018. An Annotated Catalogue of Japanese Ephemeroptera. Revised Edition. Kanagawa Institute of Technology, Division for Environmental Chemistry Research Report.
石綿進一．ヒトリガカゲロウ（ヒトリガカゲロウ科，ヒトリガカゲロウ属）の分類上の検討．千葉中央博自然誌研究報告（印刷中）．
石綿進一・竹門康弘．2005．日本産カゲロウ類の和名―チェックリストおよび学名についてのノート―．陸水学雑誌，66: 11-35.
石綿進一・小林紀雄．2003．カゲロウ類（蜉蝣目 Ephemeroptera）．西田睦・鹿谷法一・諸喜田茂充（編），琉球列島の陸水生物：296-321．東海大学出版会，東京．
Ishiwata S., T. Nozaki & H. Honda. 1996. Promotion of river watching for citizens and students – A case study in Kanagawa Prefecture –. The 11th Japan-China symposium on Environmental Science: 108. Japan-China

Science and Technology Exchange Association (JCSTEA) and The Chinese Academy of Sciences.

石綿進一・野崎隆夫・狩山浩子・池貝隆宏．1989．水生生物とのふれあいウォッチング，かながわ"リバーウォッチング"実践記．公害と対策．25: 795-798.

石綿進一・野崎隆夫・清水高男．1997．IV．水生昆虫からみた丹沢の沢．丹沢大山自然環境総合調査報告書．pp. 530-538．神奈川県．

石綿進一・藤谷俊仁・司村宜祥．2013．ヌタノ沢のカゲロウ類．神奈川県自然環境保全センター報告 (10): 177-185.

Kang, S. & C. Yang. 1995. Ephemerellidae of Taiwan (Insecta, Ephemeroptera). Bulletin of National Museum of Natural Science, 5: 95-116.

可児藤吉．1944．渓流棲昆虫の生態．日本生物誌．昆虫（上）．古川晴男（編）：171-317．研究社．東京．

小林紀雄．1987．環境指標昆虫としてのコカゲロウ．安野正之・岩熊敏夫（編），シンポジウム 水域における生物指標の問題点と将来：41-60．国立環境研究所．

小林紀雄．1989．コカゲロウ．分類学的種群と生態分布．柴谷篤弘・谷田一三（編），種分化とすみわけをめぐって：53-67．東海大学出版会．東京．

小林紀雄・西野麻知子．1992．カゲロウ目．西野麻知子（編）びわ湖の底生動物II 水生昆虫編：4-17．滋賀県琵琶湖研究所．大津．

Kluge, N. Ju. 1988. Revision of genera of the family Heptageniidae (Ephemeroptera). 1. Diagnoses of tribes, genera and subgenera of the subfamily Heptageniinae. Entomologicheskoe Obozrenie, 67: 291-313.

Kluge, N. Ju. 1994. Pterothorax structure of mayflies (Ephemeroptera) and its use in systematics. Bulletin de la Société entomologique de France, 99: 41-61.

Kluge, N. Ju. 2004. The phylogenetic System of Ephemeroptera. Kluwer Academic Publishers.

Kluge, N. Ju. & E. A. Novikova. 2014. Systematics of *Indobaetis* Müller-Liebenau & Morihara 1982, and related implication for some other Baetidae genera (Ephemeroptera). Zootaxa, 3835: 209-236.

Kluge, N. Ju., D. Studemann, P. Landolt & T. Gonsern. 1995. A reclassification of Siphlonuroidea (Ephemeroptera). Mitteilungen der Schweizerischen Entomologischen Gesellschaf, 68: 103-132.

Kondratieff, B. C. & J. R. Voshell, Jr. 1984. The north and central American species of *Isonychia* (Ephemeroptera: Oligoneuriidae). Transactions of the American Entomological Society, 110(2): 129-244.

Koss, R. W. 1968. Morphology and taxonomic use of Ephemeroptera eggs. Annals of the Entomological Society of America, 61: 696-721.

Koss, R. W. & G. F. Jr., Edmunds. 1974. Ephemeroptera eggs and their contribution to phylogenetic studies on the order. Zoological Journal of Linnean Society, 55: 267-349.

黒田珠美・藤本蔦子・渡辺直．1984．葛谷川（香川県）におけるモンカゲロウ（*Ephemera*）属3種の分布と生活環．香川生物．12: 15-21.

Malzacher, P. 1996. *Caenis nishinoae*, a new species of the family Caenidae from Japan (Insecta: Ephemeroptera). Stuttgarter Beiträge zur Naturkunde (Ser. A – Biologie), 547: 1-5.

丸山博紀・花田聡子．2016．原色川虫図鑑 成虫編 カゲロウ・カワゲラ・トビケラ．全国農村教育協会，東京．

McCafferty, W. P. 1991. Toward a phylogenetic classification of the Ephemeroptera (Insecta): A commentary on systematics. Annals of the Entomological Society of America, 84: 343-360.

McCafferty, W. P. 1996. The Ephemeroptera species of North America and index to their complete nomenclature. Transactions of the American Entomological Society, 122: 1-54.

McCafferty, W. P. 1997. Ephemeroptera. In R. W. Poole & P. Gentili (eds.). Nomina Insecta Nearctica. A Check List of the Insects of North America. Vol. 4: Non-holometabolous Orders: 89-117. Entomological Information Services, Rockville, Maryland.

Merritt, R. & K. W. Cummins (eds.). 1996. An Introduction to the Aquatic Insects of North America, 3rd edition. Kendall / Hunt, Dubuque, Iowa.

Needham, J. G., j. R. Traver & Y-C. Hsu. 1935. The Biology of Mayflies. Classey Ltd.

岡崎博文．1981．日本産カゲロウの卵について（1）．陸水生物学報，2: 8-10.
岡崎博文．1982．日本産カゲロウ目Ephemeropteraの産卵様式と卵形態について．昆虫と自然，17: 23-27.
岡崎博文．1984．日本産カゲロウ目の卵の走査型電子顕微鏡による観察．陸水生物学報，3: 19-27.
Peters, W. L. & G. F. Edmunds Jr. 1970. Revision of the generic classification of the eastern Hemisphere Leptophlebiidae (Ephemeroptera). Pacific Insects, 12: 157-240.
Studemann, D. & P. Landolt. 1997. Eggs of Ephemerellidae (Ephemeroptera). In Landolt, P. and M. Sartori (eds.), Ephemeroptera and Plecoptera: 362-371. Freiburg.
Sun, L. & W. P. McCafferty. 2008. Cladistics, classification and identification of the brachycercinae mayflies (Insecta: Ephemeroptera: Caenidae). Zootaxa, 1801: 1-239.
竹門康弘．1986．カゲロウ類の羽化行動．昆虫と自然，21(7), 16-19.
竹門康弘．1988．カゲロウ類の産卵行動とスペントの行方．フライの雑誌，No. 6, 95-97.
竹門康弘．1989．モンカゲロウ属の羽化・繁殖様式と流程分布．柴谷篤弘・谷田一三（編），日本の水生昆虫―種分化とすみわけをめぐって：29-41．東海大学出版会，東京．
竹門康弘．1990．京都府のカゲロウ類―分類学上の問題点と種類相の特徴について―．同志社大学理工学研究報告，31: 49-63.
Takemon, Y. 1990. Timing and synchronicity of the emergence of *Ephemera strigata*. In Campbell I. C. (ed.), Mayflies and Stoneflies: 61-70. Kluwer Academic Publishers.
Takemon, Y. 1993. Water intake by the adult mayfly *Epeorus ikanonis* (Ephemeroptera, Heptageniidae) and its effect on their longevity. Ecological Research, 8: 115-124.
Takemon, Y. 2000. Reproductive behaviour and morphology of *Paraleptophlebia spinosa* (Ephemeroptera: Leptophlebiidae): implications of variation in copula duration. Limnology, 1: 47-56.
竹門康弘．2005．底生動物の生活型と摂食機能群による河川生態系評価．日本生態学会誌，55: 189-197.
田村繁明・加賀谷　隆．2017．ミットゲマダラカゲロウ（*Drunella trispina* (Uéno)）（カゲロウ目，マダラカゲロウ科）幼虫の河床分布と細粒底質との関係．陸水学雑誌，78: 231-235.
Tiunova, T. M., N. J. Kluge & S. Ishiwata. 2004. Revision of the East Palaearctic *Isonychia* (Ephemeroptera). The Canadian Entomologist, 136: 1-41.
Tojo, K. 2001. Redescription of *Brachycercus japonicus* Gose, 1980 (Ephemeroptera, Caenidae). Entomological Science, 4: 369-377.
Tojo, K. & R. Machida. 1998. Egg structure of Japanese ephemerid species (Ephemeroptera). Entomological Science, 1: 573-579.
Tojo, K. & K. Matsukawa. 2003. A description of the second species of the family Dipteromimidae (Insecta, Ephemeroptera), and genetic relationship of two dipteromimid mayflies inferred from mitochondrial 16S rRNA gene sequences. Zoological Science, 20: 1249-1259.
Tokeshi, M. 1985. Life-cycle and production of the burrowing mayfly, *Ephemera danica*: A new method for estimating degree-days required for growth. Journal of Animal Ecology, 54: 919-930.
Tong, X. & D. Dudgeon. 2000. Ephemerellidae (Insecta: Ephemeroptera) from Hong Kong, China, with descriptions of two new species. Aquatic Insects, 22: 197-207.
Tshernova, O. A., N. Ju. Kluge, N. D. Sinichenkova, & V. V. Belov. 1986. Order Ephemeroptera. In P. A. Lehr, (ed.). Opredelitel' Nasekomykh Dal'negro Vostoka SSSR: 99-142. Nauk, Leningrad. (in Russian)
津田松苗．1962．水生昆虫学．北隆館，東京．
Uno, H. & M. E. Power. 2015. Mainstem-tributary linkages by mayfly migration help sustain salmonids in a warming river network. Ecology Letters, 18: 1012-1020.
上野哲朗．1995．西播磨地方におけるトゲエラカゲロウ属2種について．兵庫陸水生物，46: 25-27.
上野益三．1950．蜉蝣目．石井　悌（編），日本昆虫図鑑：120-130．北隆館，東京．
Waltz, R. D. & W. P. McCafferty. 1987. Systematics of *Pseudocloeon, Acentrella, Baetiella,* and *Liebebiella*, new genus (Ephemeroptera: Baetidae). Journal of the New York Entomological Society, 95: 553-568.
Waltz, R. D., W. P. McCafferty & A. Thomas. 1994. Systematics of *Alainites* n.gen., *Diphetor, Indobaetis,*

Nigrobaetis n.stat., and *Takobia* n.stat. (Ephemeroptera, Baetidae). Bulletin de la Société d'Histoire Naturelle de Toulouse, 130: 33-36.

Watanabe, N. 1988. Life history of *Potamanthus kamonis* in a stream of central Japan (Ephemeroptera: Potamanthidae). Verhandlungen der Internationalen Vereinigung für Theoretische und Angewandte Limnologie, 23: 2118-2125.

渡辺　直．1992．葛谷川（香川県）におけるトウヨウモンカゲロウの生活環．香川生物, 19: 105-109.

渡辺　直・中村和夫・八田耕吉・久枝和生・石綿進一・星　一彰（1993）．カゲロウの大量発生機構に関する研究．日産科学振興事業団研究報告書, 16: 151-162.

Watanabe, N. K. Hatta, K. Hisaeda, K. Hoshi & S. Ishiwata. 1998. Saesonal and diurnal timing of emergence of *Ehoron shigae* (Ephemeroptera: Polymitarcyidae). Japanese Journal of Limnology, 59: 199-206.

Watanabe, N. & S. Ishiwata. 1997. Geographic distribution of the mayfly, *Ephoron shigae* in Japan, with evidence of geographic parthenogenesis (Insecta: Ephemeroptera: Polymitarcyidae). Japanese Journal of Limnology, 58: 15-25.

Watanabe, N. C. & S. Takao. 1991. Effect of a low temperature period on the egg hatching of the Japanese burrowing mayfly, *Ephoron shigae*. In: J. Alba-Tercedor & A. Sanchez-Ortega (eds.), Overview and Strategies of Ephemeroptera and Plecoptera: 439-445. Sandhill Crane Press.

Zloty, J. 1996. A revision of the Nearctic *Ameletus* mayflies based on adult males, with description of seven new species (Ephemeroptera: Ameletidae). The Canadian Entomologist, 128: 293-346.

トンボ目（蜻蛉目） Odonata

石田昇三，石田勝義

トンボ目幼虫の同定に関して

　トンボ目幼虫は流水，止水を問わず陸水域の環境調査等で，有効な指標となりうる可能性がある．それは成虫が無類の飛行上手な昆虫であることと，幼虫の生息環境が成虫による産卵場所の選択にかかっていることを加味すれば容易に判断できる．また水中でのミクロな環境の選択は幼虫によって行われ，ミクロな環境が気に入らなかった場合には幼虫は泳ぎまたは流下，水中歩行によって移動を行う．以上のような点から環境調査等での指標昆虫としての重要性はかなり高い．

　しかしながら環境調査等で，トンボ目の分布を扱う場合，幼虫または羽化殻のみの標本をもとに判断することは危険である．日本での分布が1属1種である場合等は，属によってかなり形態的な特徴が固まったグループが多く有効であろうが，同属内に多数の種を抱える場合や亜種が存在する場合には同定にはかなりの熟練が必要である．ましてや新産地を追加するのはかなりの危険がある．

　本書では検索表によって種まで到達できるようにしてあるものの，視検標本数は種によって異なり，一般に「珍種・稀種」と呼ばれるような希少種に関しては多数の個体を観察しているわけではない．さらにトンボ目の高次のカテゴリーに対する分類は，成虫の翅脈の脈相を中心に扱うことが多く，低次のカテゴリーである種の記載においても成虫の特徴が主であり，幼虫が扱われることは少ない．幼虫を分類の対象として扱った研究は少なく，成虫の分類単位に当てはめた同定用の研究にとどまっているのが現状である．

　ここで幼虫の検索表に使用した特徴は，その種に属する個体群中の各個体にすべて適用できる場合もあれば，典型から少し離れた個体では通用しない可能性がある場合もある．典型から離れた場合に，検索表の上で他の種に到達する可能性があるかもしれない．しかしその場合のチェック方法としてその種の分布域，生息環境および生態学的な説明と照らすことが有効である．特に分布に関しては，トンボ類の愛好者が増えたこともあって，かなり正確な記録が残されており，本書では分布域のかなり正確な把握が行えると思う．幼虫での同定に関しては，検索表と分布域を合わせた上での決定が望ましい．そして何よりも間違いがないのは，同一産地で採集した成虫を同定したり，幼虫から羽化をさせた成虫によって確認することである．

＊改訂にあたって

　これまでは形態学的な見地から種の分類が行われてきたが，21世紀に入って，これに分子系統学的な手法を加えた新しいトンボ類の分類が進められてきた．分子系統学的な手法は，核DNAやミトコンドリアDNA，リボソームRNAの一部の領域を対象に，共通する部分と変異した部分とを比較することで分岐した年代を推定し，種・属などの共通点と相違点を比較検討することにある．実際の形態学的な相違を表現する特定のタンパク質の遺伝子の違いを見ているわけではなく，その点では形態学的に明瞭な相違点を指していないが，特徴的な核酸の領域に差異がある以上，きっとタンパク質に差異が生まれ，牽いては形質にも差異が生じるであろうということを目途としている．近年の研究においては，形態学的な手法と分子系統学的な手法の両方から，日本のトンボ類の分類が再検討され，その結果，多くの種において分類学的な位置が置き換えられている．種はもちろんの

2　トンボ目

こと種以下の亜種のレベルおよび種以上の属，科のレベルにおいても再検討が進められており，現在の分類学的位置づけとそれに対応した和名と学名の組み合わせも新しいものに換わってきている．今回の改訂にあたっては，2017年現在，多くのトンボ研究者の間で使われている分類体系を採用することにした．さらに改訂にあたり第1版との分類体系（所属・名称など）の変更を各項目で記載し，その変更の根拠となる論文を各引用文献末の番号で示した．また，第1版では成虫の亜目・科・属への検索表を示したが，水生昆虫の範疇として幼虫の検索表のみとした．

トンボ目　Odonata Fabricius, 1793

幼虫の亜目の検索表

1a　腹部末端に2〜3枚の尾鰓がある ……………………………………… **均翅亜目**　Zygoptera（図1）
1b　腹部末端に尾鰓がなく，肛錐がある ………………………………………………………………… 2
2a　腹部第3〜6節の後側縁にヤスリ状の発音器官がある
　　……………………………………………………………… **ムカシトンボ亜目**　Anisozygoptera（図2）
2b　腹部各節の後側縁にヤスリ状の発音器官がない ………………… **不均翅亜目**　Anisoptera

解説図1　イトトンボ科　背面図．解説図2　アオイトトンボ科　左側面図．解説図3　ムカシトンボ　背面図［a：体長；b：頭長；c：頭幅；d：触角長；e：後翅長；f：後腿節長］

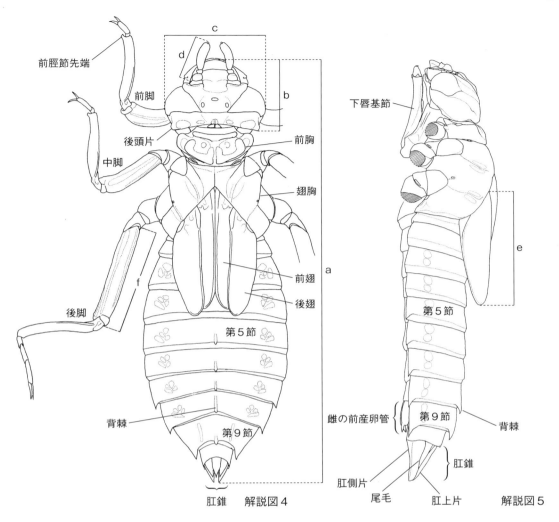

解説図4 サナエトンボ科 背面図. 解説図5 ヤンマ科 左側面図 [a：体長；b：頭長；c：頭幅；d：触角長；e：後翅長；f：後腿節長]

均翅亜目　Zygoptera Selys, 1853

　日本にはカワトンボ科・ハナダカトンボ科・ミナミカワトンボ科・ヤマイトトンボ科・アオイトトンボ科・モノサシトンボ科・イトトンボ科の7科が分布している．

幼虫の科の検索表

1a　下唇基節中片に中央欠刻がない ·· 2（図3）
1b　下唇基節中片にはっきりした中央欠刻がある ·· 3（図4）
2a　下唇基節の腮刺毛は1本かもしくは複数本で，その場合は左右の刺毛列が鋭角に外側へ広がる ·· **イトトンボ科**　Coenagrionidae（図5，48）
2b　下唇基節の腮刺毛は複数本で，左右の刺毛列が一直線に並ぶか，または鈍角に外側へ広がる ·· **モノサシトンボ科**　Platycnemididae（図6，40）

4　トンボ目

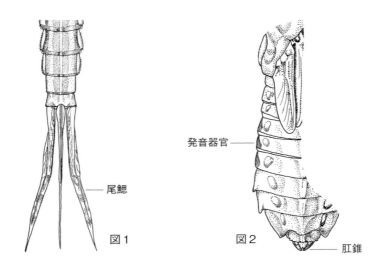

図1　マンシュウイトトンボ *Ischnura elegans elegans*　腹部後半．図2　ムカシトンボ *Epiophlebia superstes* 腹部側縁

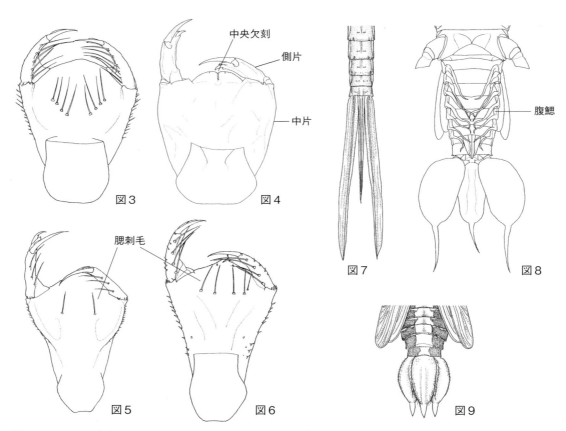

図3　ヒヌマイトトンボ *Mortonagrion hirosei*　下唇基節内面．図4　オキナワトゲオトンボ *Rhipidolestes okinawanus*　下唇基節内面．図5　アカナガイトトンボ *Pseudagrion pilidorsum pilidorsum*　下唇基節内面．図6　アマゴイルリトンボ *Platycnemis echigoana*　下唇基節内面．図7　アオハダトンボ *Calopteryx japonica* 腹部後半．図8　コナカハグロトンボ *Euphaea yayeyamana*　腹鰓．図9　オキナワトゲオトンボ *Rhipidolestes okinawanus*　尾鰓

3a	尾鰓は葉片状か，そうでない場合には腹鰓がない	………………………………… 4
3b	尾鰓は三角錐状か，そうでない場合には腹鰓がある	…………………… 5（図7，8）
4a	尾鰓は葉片状	…………………………………… アオイトトンボ科　Lestidae
4b	尾鰓はソーセージのような囊状	………… ヤマイトトンボ科　Megapodagrionidae（図9）
5a	触角第1節は第2節よりも短い	……………………… ミナミカワトンボ科　Euphaeidae
5b	触角第1節は第2節の2倍以上の長さ	…………………………………………………… 6
6a	尾鰓は3枚	…………………………………… カワトンボ科　Calopterygidae
6b	尾鰓は2枚	…………………………………… ハナダカトンボ科　Chlorocyphidae

カワトンボ科　Calopterygidae Selys, 1850

日本にはアオハダトンボ属・ハグロトンボ属・タイワンハグロトンボ属・キヌバカワトンボ属・カワトンボ属の5属が分布している．

幼虫の属の検索表

1a	体は細長く，尾鰓も細長い．側鰓は剣形	………………… 2（全形図1；図7）
1b	体は太短く，尾鰓も太短い．側鰓は卵形	………………… 4（全形図4；図10）
2a	下唇基節の中央欠刻はひし形で，深さは全体の長さの1/2程度 ……………………… ハグロトンボ属　Atrocalopteryx（図11）		
2b	下唇基節の中央欠刻は楕円形で，深さは全体の長さの1/2をやや超える ……………… 3		
3a	雌の前産卵管の側片の先端は長く伸長し，腹部第10節の先端を超える ……………………… タイワンハグロトンボ属　Matrona		
3b	雌の前産卵管の側片の先端は長く伸長せず，腹部第10節を超えない ……………………… アオハダトンボ属　Calopteryx		
4a	側鰓には中央鰓と接しない側の稜に大きな鋸歯列がある ……………………… キヌバカワトンボ属　Psolodesmus（図10）		
4b	側鰓のどの稜にも鋸歯列がない …………………… カワトンボ属　Mnais（図14，15）		

アオハダトンボ属　*Calopteryx* Leach, 1815（全形図1）
幼虫の種の検索表

1a	下唇基節の中央欠刻内の刺毛は1対	………… ミヤマカワトンボ　*Calopteryx cornelia* ［北海道，本州，四国，九州と五島列島・屋久島］（図12）
1b	下唇基節の中央欠刻内の刺毛は2対	………… アオハダトンボ　*Calopteryx japonica* ［本州，九州］（図13）

アオハダトンボ　*Calopteryx japonica* Selys, 1869

体長21.4〜23.1 mm；中央鰓長9.2〜10.4 mm；側鰓長13.7〜15.5 mm；頭長2.5〜2.7 mm；頭幅3.4〜3.5 mm；触角長4.1〜4.5 mm；後翅長6.4〜7.3 mm；後腿節長8.7〜9.3 mm.

平地や丘陵地の挺水植物や沈水植物が繁茂する清流に生息する．しばしばハグロトンボと混生しているが，より清らかな水域を好む傾向が強く，産地はかなり限られていて，ハグロトンボが生息する小川に必ずしも生息しているとは限らない．幼虫は主に流れにゆらぐ藻などにつかまって生活している．

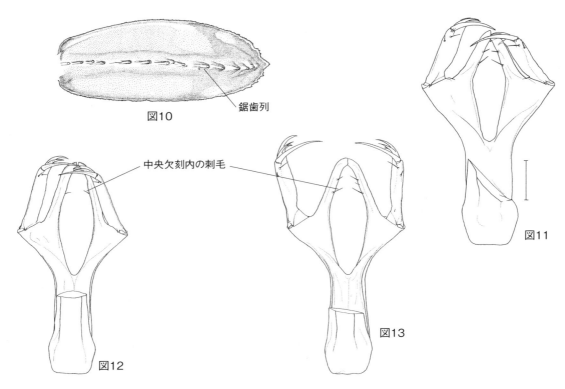

図10 クロイワカワトンボ *Psolodesmus mandarinus kuroiwae* 側鰓．図11 ハグロトンボ *Atrocalopteryx atrata* 下唇基節内面．図12 ミヤマカワトンボ *Calopteryx cornelia* 下唇基節内面．図13 アオハダトンボ *Calopteryx japonica* 下唇基節内面

ミヤマカワトンボ　*Calopteryx cornelia* Selys, 1853
　体長29.1〜40.0 mm；中央鰓長11.0〜11.2 mm；側鰓長17.4〜18.7 mm；頭長3.2〜3.5 mm；頭幅4.6〜4.9 mm；触角長5.7〜7.2 mm；後翅長9.0〜10.6 mm；後腿節長11.0〜12.7 mm.
　丘陵地から山地の挺水植物が繁茂する渓流に生息し，川幅の広い河川の中流〜上流にもみられる．幼虫は植物性沈積物の多い淵やよどみに生息し，挺水植物の根際や水底の沈積物の陰に隠れて生活している．

ハグロトンボ属　*Atrocalopteryx* Dumont, Vanfleteren, De Jonckheere et Weekers, 2005（全形図2）
　近年の分子系統学的な研究により，ハグロトンボを模式種としてアオハダトンボ属から独立した．日本にはハグロトンボ1種が分布している．[1]　　　［本州，四国，九州と屋久島，種子島以北の属島］

ハグロトンボ　*Atrocalopteryx atrata* (Selys, 1853)
　体長19.5〜28.0 mm；中央鰓長6.8〜13.3 mm；側鰓長13.5〜18.5 mm；頭長2.5〜2.9 mm；頭幅3.6〜3.9 mm；触角長3.3〜4.0 mm；後翅長6.8〜8.8 mm；後腿節長8.3〜10.1 mm.
　主に平地や丘陵地の挺水植物や沈水植物が繁茂する緩やかな清流に生息する．しばしばアオハダトンボと混生している．幼虫は主に流れにゆらぐ藻などにつかまって生活している．

タイワンハグロトンボ属　*Matrona* Selys, 1853（全形図3）
　日本にはリュウキュウハグロトンボ1種が分布している．　　　　　　　［奄美大島・徳之島・沖縄島］

カワトンボ科

リュウキュウハグロトンボ　*Matrona japonica* Förster, 1897

体長21.6〜25.3 mm；中央鰓長7.8〜10.4 mm；側鰓長11.8〜15.0 mm；頭長2.2〜2.8 mm；頭幅3.4〜4.2 mm；触角長4.1〜5.5 mm；後翅長6.5〜7.6 mm；後腿節長8.1〜10.3 mm.

従来 *Matrona basilaris japonica* の学名が与えらてきたが，中国産の本属を検証する際に，日本産の亜種が種に昇格された.[2]

山間の森林に囲まれた渓流や挺水植物や沈水植物が繁茂する清流に生息する．幼虫は挺水植物の根際や植物性沈積物の多い淵やよどみでそれらにつかまって生活している．

キヌバカワトンボ属　*Psolodesmus* McLachlan, 1870（全形図5）

日本にはクロイワカワトンボ1種が分布している．　　　　　　［八重山諸島の石垣島・西表島］

クロイワカワトンボ　*Psolodesmus mandarinus kuroiwae* Matsumura et Oguma in Oguma, 1913

体長12.8〜18.1 mm；中央鰓長4.2〜4.6 mm；側鰓長5.3〜5.6 mm；頭長2.4〜2.6 mm；頭幅3.9〜4.1 mm；触角長2.4〜2.5 mm；後翅長5.6〜6.2 mm；後腿節長5.6〜5.8 mm.

山間の森林に覆われた陰湿な渓流に生息する．幼虫は緩やかな流れに洗われた細い植物の根束や挺水植物の根際，淵やよどみに沈む植物性沈積物の陰に潜んで生活している．

カワトンボ属　*Mnais* Selys, 1853（全形図4）

従来，オオカワトンボ *Mnais nawai* Yamamoto, 1956とニシカワトンボ *Mnais pruinosa pruinosa* とヒガシカワトンボ *Mnais pruinosa costalis* の2種1亜種とされてきたが，分子系統学的な解析によりニシカワトンボが中心のアサヒナカワトンボとオオカワトンボとヒガシカワトンボをほぼ合わせたニホンカワトンボの2系統とされ，混乱を避けるために同時に前記のように和名の変更も行った.[3]

幼虫の種の検索表

1a　側鰓の周縁が直線的で，先がややえぐれるように狭まり，先端中央が強く突出する
　………　ニホンカワトンボ　*Mnais costalis*［北海道，本州と壱岐，四国，九州］（図15）

1b　側鰓の周縁の丸みが強く，先は丸みをもって狭まり，先端中央がわずかに突出する
　………　アサヒナカワトンボ　*Mnais pruinosa*［北海道，本州，四国，九州］*1（図14）

アサヒナカワトンボ　*Mnais pruinosa* Selys, 1853

体長15.6〜19.4 mm；中央鰓長4.3〜6.4 mm；側鰓長5.4〜7.0 mm；頭長2.6〜2.8 mm；頭幅4.1〜4.4 mm；触角長2.2〜2.6 mm；後翅長5.9〜6.6 mm；後腿節長5.7〜7.0 mm.

平地から山地までの清流に生息するが，山間の渓流に限って生息する地域もある．幼虫は流れの緩やかな川岸の挺水植物や流れにゆらぐ沈水植物にしがみついたり，植物性沈積物の多い淵やよどみに潜んでいる．

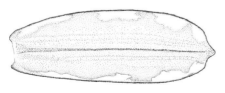
図14

図15

図14　アサヒナカワトンボ *Mnais pruinosa* 側鰓．図15　ニホンカワトンボ *Mnais costalis* 側鰓

*1 伊豆半島周辺域においてはアサヒナカワトンボとニホンカワトンボの雑種由来と考えられる個体群が生息しているが，DNA の塩基配列においてのみ違いがみられ，アサヒナカワトンボとの形態上の差異は見出せない．[4]

ニホンカワトンボ　*Mnais costalis* Selys, 1869

体長16.0～24.3 mm；中央鰓長3.8～6.5 mm；側鰓長4.4～7.7 mm；頭長2.5～2.9 mm；頭幅4.1～4.6 mm；触角長2.1～2.7 mm；後翅長6.4～7.4 mm；後腿節長6.0～7.8 mm．

平地や丘陵地の挺水植物や沈水植物が繁茂する比較的明るい環境の清流に生息し，時にはかなり大きな河川の中流域や畦間を流れる小川にもみられる．幼虫の生息場所はニシカワトンボとほとんど変わらない．

アサヒナカワトンボと混生する地域ではより平坦で明るく開放的な場所を本種が占め，やや傾斜が強くて比較的陰湿な鬱閉的環境の場所をアサヒナカワトンボが占める傾向がみられる．

ハナダカトンボ科　Chlorocyphidae Cowley, 1937

日本にはハナダカトンボ属1属が分布している．

ハナダカトンボ属　*Rhinocypha* Rambur, 1842（全形図6）
幼虫の種の検索表

1a　触角第3節は第1節の1/4よりも短く，下唇基節の幅は長さの0.7倍以上
　……………………………………………………ハナダカトンボ　*Rhinocypha ogasawarensis*
　　　　　　　　　　　　　　　　　　　　　　　　［小笠原諸島の父島・兄島・弟島・母島・姉島］（図16）

1b　触角第3節は第1節の1/2よりも長く，下唇基節の幅は長さの0.6倍以下
　……………ヤエヤマハナダカトンボ　*Rhinocypha uenoi*［八重山諸島の西表島］（図17）

ハナダカトンボ　*Rhinocypha ogasawarensis* Matsumura in Oguma, 1913

完全な個体を得ていないので体の各部を計測していない．

山間の森林に覆われた陰湿な渓流に生息する．幼虫は挺水植物や岸辺植物が水辺に張り出して，

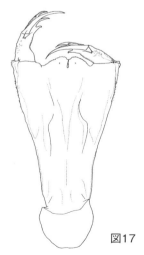

図16　ハナダカトンボ *Rhinocypha ogasawarensis*　下唇基節内面．図17　ヤエヤマハナダカトンボ *Rhinocypha uenoi*　下唇基節内面

枯れ葉などが水面に浮かぶ緩やかな淵の落差のある小さな滝の落ち口に生息し，岸辺植物の茂みの間やそこに堆積した枯れ葉やそだなどの陰に潜んで生活している．

ヤエヤマハナダカトンボ　*Rhinocypha uenoi* Asahina, 1964

完全な個体を得ていないので体の各部を計測していない．

山間の森林に覆われた陰湿な渓流に生息する．幼虫は緩やかな流れの河床植物の根際などに潜んで生活している．

ミナミカワトンボ科　Euphaeidae Jacobson et Bianchi, 1905

日本にはヒメカワトンボ属・ミナミカワトンボ属の2属が分布している．

幼虫の属の検索表

1a　頬の外縁に3本の大きな剣状突起がある　………　ミナミカワトンボ属　*Euphaea*（図18）
1b　頬の外縁に突起がない　………………………………　ヒメカワトンボ属　*Bayadera*（図19）

ミナミカワトンボ属　*Euphaea* Selys, 1840（全形図7）

日本にはコナカハグロトンボ1種が分布している．　　　　　　　［八重山諸島の石垣島・西表島］

コナカハグロトンボ　*Euphaea yayeyamana* Matsumura in Oguma, 1913

体長10.0〜13.3 mm；中央鰓長3.2（+1.4）〜4.1（+2.3）mm；側鰓長3.4（+1.7）〜4.6（+2.5）mm；頭長2.3〜3.0 mm；頭幅3.8〜4.4 mm；触角長2.6〜3.5 mm；後翅長4.5〜5.3 mm；後腿節長3.9〜4.9 mm．［( )内は紐状突起の長さ］

平地の川幅が広く明るい河川下流域から山間の森林に囲まれた陰湿な渓流の源流域に至るかなり広範な流水域に生息する．幼虫は腹面が平板状を呈する．比較的流れの速い瀬を好み，やや大きめの瀬石の裏などにしがみついて生活していて，ヒラタカゲロウの幼虫のように巧みに石の表面を這い回る．

ヒメカワトンボ属　*Bayadera* Selys, 1853（全形図8）

日本にはチビカワトンボ1種が分布している．　　　　　　　　［八重山諸島の石垣島・西表島］

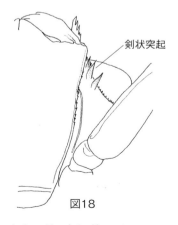

図18　コナカハグロトンボ *Euphaea yayeyamana* 頬．図19　チビカワトンボ *Bayadera ishigakiana* 頬

チビカワトンボ　*Bayadera ishigakiana* Asahina, 1964
体長15.8 mm；頭長2.3 mm；頭幅4.2 mm；触角長3.5 mm；後翅長5.1 mm；後腿節長4.8 mm．［羽化殻の計測値］

台湾産のヒメカワトンボ *Bayadera brevicauda* Fraser, 1934の亜種とされてきたが，形態学的な検証により，独立種に昇格した．[5]

山間の森林に囲まれた渓流に生息する．しばしばコナカハグロトンボと混生する．コナカハグロトンボがどちらかといえば河川の中・下流域に多いのに対して，本種はその上手の源流域を好む傾向が強い．幼虫の腹面に丸みがあって完全な平板状でないことから，コナカハグロトンボのように流れの速い瀬の石裏に張り付いているのではなく，カワトンボ科のように流れの比較的緩やかな部位の水底の植物性沈積物の裏などにつかまっていることが多いのかも知れない．

ヤマイトトンボ科　Megapodagrionidae Calvert, 1913

日本にはトゲオトンボ属1属が分布している．

トゲオトンボ属　*Rhipidolestes* Ris, 1912（全形図9）
幼虫の種の検索

本属の幼虫は形態的に酷似し，産地によって種を判断する以外に確実な識別方法が見出せなかった．ここでは体の各部の計測値［側尾鰓長の（ ）内は先端の糸状突起物の長さ］と分布を示し，検索表はつくれなかった．

近年の分子系統学的な研究により，本属は模式属 *Megapodagrion* を含む真のヤマイトトンボ科には属さないとされているが，現在のところ真の所属が不明で，ここでは従来通りヤマイトトンボ科Megapodagrionidaeに属するとした．[6]

シコクトゲオトンボ　*Rhipidolestes hiraoi* Yamamoto, 1955
体長9.0～10.0 mm；頭幅3.7～3.8 mm；後翅芽長4.3～4.6 mm；側尾鰓長2.3（+0.4）～2.6（+0.6）mm.
［四国］

主に山間の森林に囲まれた陰湿な沢の水が滴り落ちるような苔むした岩場などに生息している．若齢幼虫は岩盤上に生えたコケや草の根の間に潜み，終齢幼虫は濡れた岩盤上のコケや落ち葉の下，時には岩の裂け目に体を密着させて生活している．

ヤクシマトゲオトンボ　*Rhipidolestes yakusimensis* Asahina, 1951
体長9.4～13.8 mm；頭幅3.6～4.7 mm；後翅芽長5 mm 内外；側尾鰓長3 mm 内外．
［九州と天草諸島・屋久島］

これまで，八重山諸島に分布するトゲオトンボの亜種とされてきたが，分子系統学的な解析により独立種とされた．[7]

主に山間の森林に囲まれた陰湿な沢の水が滴り落ちるような苔むした岩場などに生息している．若齢幼虫は岩盤上に生えたコケや草の根の間に潜み，終齢幼虫は濡れた岩盤上のコケの下や落ち葉の下，時には岩の裂け目に体を密着させて生活している．

コシキトゲオトンボ　*Rhipidolestes asatoi* Asahina, 1994
体長10 mm；頭幅3.4 mm；後翅芽長4.4 mm；側尾鰓長1.9（+0.9）mm．［甑島列島の上甑島・下甑島］

主に山間の森林に囲まれた陰湿な沢の水が滴り落ちるような苔むした岩場などに生息している．幼虫の生息環境および生活状況はほとんどトゲオトンボと変わらないと考えられる．

アマミトゲオトンボ　*Rhipidolestes amamiensis amamiensis* Ishida, 2005*[2]
体長8.4 mm；頭幅3.4 mm；後翅芽長4.2 mm；側尾鰓長1.7(＋0.5)〜1.9(＋1.1)mm.
［奄美大島とその属島（加計呂麻島，与路島，請島）］

*[2] アマミトゲオトンボには原名亜種のほかにトクノシマトゲオトンボ1亜種が知られている．各亜種の幼虫を比較検討しておらず，産地が重要な同定のための目安になる．

トクノシマトゲオトンボ　*Rhipidolestes amamiensis tokunoshimensis* Ishida, 2005
幼虫を得ていないので体の各部を計測していない．　　　　　　　　　　　　　［徳之島］

オキナワトゲオトンボ　*Rhipidolestes okinawanus* Asahina, 1951*[3]
体長8.4 mm；頭幅3.4 mm；後翅芽長4.2 mm；側尾鰓長1.7(＋0.5)〜1.9(＋1.1)mm.
［沖縄島中部以北・慶良間諸島の渡嘉敷島］
主に山間の森林に囲まれた陰湿な沢の水が滴り落ちるような苔むした岩場などに生息している．若齢幼虫は岩盤上に生えたコケや草の根の間に潜み，終齢幼虫は濡れた岩盤上のコケの下や落ち葉の下，時には岩の裂け目に体を密着させて生活している．

*[3] 従来，中琉球に分布するトゲオトンボ類は，すべてオキナワトゲオトンボとされてきたが，形態学的な検証により3種1亜種に再分類された．[8]

ヤンバルトゲオトンボ　*Rhipidolestes shozoi* Ishida, 2005*[4]
体長8.4 mm；頭幅3.4 mm；後翅芽長4.2 mm；側尾鰓長1.7(＋0.5)〜1.9(＋1.1)mm.　［沖縄本島北部］

*[4] 沖縄本島北部に分布し，オキナワトゲオトンボと分布が重なる地域もある．雄成虫での差異は明らかで分子系統学的解析でも支持されているが，幼虫では両者の差異を見出していない．

トゲオトンボ　*Rhipidolestes aculeatus* Ris, 1912
体長8.0〜9.0 mm；頭幅3.4〜3.7 mm；後翅芽長4.0〜4.4 mm；側尾鰓長1.8(＋0.6)〜2.2(＋1.0) mm.
［八重山諸島の石垣島・西表島］
主に山間の森林に囲まれた陰湿な沢の水が滴り落ちるような苔むした岩場などに生息している．若齢幼虫は岩盤上に生えたコケや草の根の間に潜み，終齢幼虫は濡れた岩盤上のコケの下や落ち葉の下，時には岩の裂け目に体を密着させて生活している．

アオイトトンボ科　Lestidae Calvert, 1901

日本にはアオイトトンボ属・ホソミオツネントンボ属・オツネントンボ属の3属が分布している．

幼虫の属の検索表

1a　下唇基節の側片を除いた長さは下唇基節中片の前縁の幅の2倍以上
　　………………………………………………………アオイトトンボ属　*Lestes*（図20）
1b　下唇基節の側片を除いた長さは下唇基節中片の前縁の幅の2倍以下……… 2（図21）
2a　下唇基節中片の前縁の幅は下唇基節の中央の位置での幅の2.5倍以上で，側片の外葉片は大きく二双し，外側の突起は長い剣状になる
　　……………………………………………ホソミオツネントンボ属　*Indolestes*（図22）
2b　下唇基節中片の前縁の幅は下唇基節の中央の位置での幅の2倍以下で，側片の外葉片は内側にのみ長い歯状突起がある………………………オツネントンボ属　*Sympecma*（図23）

アオイトトンボ属　*Lestes* Leach, 1815（全形図10）
幼虫の種の検索表

1a 下唇基節側片の可動鈎上の刺毛は3本
　　………………エゾアオイトトンボ　*Lestes dryas*［北海道と国後島］（図24）
1b 下唇基節側片の可動鈎上の刺毛は2本……………………………………………2
2a 下唇基節側片の外葉片にある中央の葉片は細長く突出する
　　………コバネアオイトトンボ　*Lestes japonicus*［本州と隠岐，四国，九州］（図25）
2b 下唇基節側片の外葉片にある中央の葉片は幅広く，あまり突出しない………… 3（図26）
3a 下唇基節側片の外葉片にある中央の葉片の先端には7個の微細な歯がある．雄の前生殖器は後方へ鋭く突出し，雌の前産卵管の内片および中片は上反りになる
　　……………………………………………………… アオイトトンボ　*Lestes sponsa*
　　　　　　　　　　［北海道と日本海側の属島・国後島，本州と佐渡島，四国，
　　　　　　　　　　　九州と壱岐・対馬・五島列島・甑島列島］（図27, 28）
3b 下唇基節側片の外葉片にある中央の葉片の先端には9個の微細な歯がある．雄の前生殖器は斜め下方へ突出し，雌の前産卵管は内片は丸みがあって上反りにならない
　　…………………………………………… オオアオイトトンボ　*Lestes temporalis*
　　　　　　　　　　［北海道，本州と佐渡島・隠岐，四国，九州と壱岐・
　　　　　　　　　　　対馬・天草諸島・甑島列島］（図29, 30）

アオイトトンボ　*Lestes sponsa* (Hansemann, 1823)
体長14.7～22.3 mm；中央鰓長8.5～9.6 mm；側鰓長8.8～9.8 mm；頭長1.6～1.9 mm；頭幅3.6～4.0 mm；触角長2.9～3.4 mm；後翅長4.6～5.6 mm；後腿節長4.7～5.4 mm.
　平地から山地に至る挺水植物が繁茂する池沼や湿原，あるいは湿地の滞水などに生息する．寒冷な環境を好む傾向が強く，山岳地域の高層湿原にも多産する．幼虫は挺水植物や水中植物等につかまって生活している．

エゾアオイトトンボ　*Lestes dryas* Kirby, 1890
体長16.2～17.1 mm；中央鰓長9.3～10.0 mm；側鰓長9.4～10.2 mm；頭長1.7～1.9 mm；頭幅3.8～4.3 mm；触角長3.0 mm内外；後翅長5.1～5.3 mm；後腿節長4.5～5.0 mm.
　寒冷地の森林に囲まれたスゲ等の挺水植物やコウホネ，ジュンサイ，ヒルムシロ等浮葉植物が繁茂する池沼に生息し，アオイトトンボと混生していることが多い．幼虫は水中の植物体や水底の沈積物などにつかまって生活している．
　北海道ではアオイトトンボが主に沼央に近いスゲ等に産卵するのに対して，本種が林縁のササの軸等に産卵し，ほとんど沼央部へでていかない等，占有場所にかなりはっきりした棲み分けがみられたが，幼虫の棲み分けはまだ解明されていない．

コバネアオイトトンボ　*Lestes japonicus* Selys, 1883
体長17.3～18.7 mm；中央鰓長9.0～9.3 mm；側鰓長9.2～9.5 mm；頭長1.8～1.9 mm；頭幅3.6～3.7 mm；触角長3.0～3.1 mm；後翅長4.8～5.0 mm；後腿節長4.5～4.7 mm.
　主に平地や丘陵地のクログワイやヒメホタルイ・ヒメガマ等比較的柔らかい組織をもつ挺水植物が繁茂する池沼や湿地の滞水に生息する．幼虫は水中の植物や水底の植物性沈積物等につかまって生活している．比較的産地が局地的なのは，同属4種のうちで，いちばん産卵管を動かす筋肉の発達が悪く，柔らかい組織の挺水植物でなければ産卵できないという成虫の産卵特性にあると考えられる．

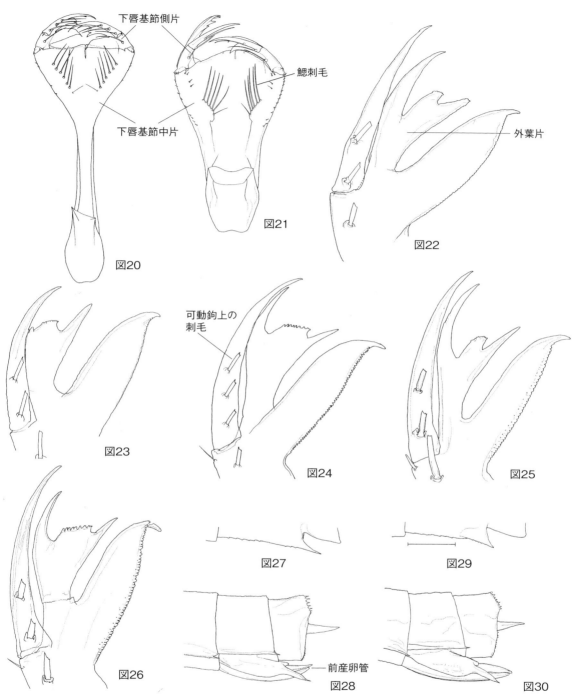

図20 エゾアオイトトンボ Lestes dryas　下唇基節内面. 図21 オツネントンボ Sympecma paedisca　下唇基節内面. 図22 ホソミオツネントンボ Indolestes peregrinus　下唇基節側片内面. 図23 オツネントンボ Sympecma paedisca　下唇基節側片内面. 図24 エゾアオイトトンボ Lestes dryas　下唇基節側片内面. 図25 コバネアオイトトンボ Lestes japonicus　下唇基節側片内面. 図26 オオアオイトトンボ Lestes temporalis　下唇基節側片内面. 図27 アオイトトンボ Lestes sponsa　雄の前生殖器. 図28 アオイトトンボ Lestes sponsa　雌の腹部末端. 図29 オオアオイトトンボ Lestes temporalis　雄の前生殖器. 図30 オオアオイトトンボ Lestes temporalis　雌の腹部末端

オオアオイトトンボ　*Lestes temporalis* Selys, 1883

体長16.0〜18.2 mm；中央鰓長7.5〜8.7 mm；側鰓長7.8〜9.3 mm；頭長1.7〜1.9 mm；頭幅3.6〜3.9 mm；触角長2.7〜3.2 mm；後翅長4.8〜5.6 mm；後腿節長4.5〜5.1 mm.

主に平地や丘陵地の岸辺に木立のある池沼や湿地の滞水に生息し，しばしば丘裾の緩やかな流れや溝にもみられる．幼虫は水中の植物や沈積物につかまって生活している．雌が生きている1年生のまたはその年に成長した木の枝の水面上に張り出した部分に産卵するので，水辺に産卵に適した木（樹種はほとんど問わない）がないと棲めない．

ホソミオツネントンボ属　*Indolestes* Fraser, 1922（全形図11）

幼虫の種の検索表

1a 腹部第5〜8節に小さな側棘がある……　オガサワラアオイトトンボ　*Indolestes boninensis*
　　　　　　　　　　　　　　　　　　　　　　　［小笠原諸島の父島，兄島，弟島］（図31）

1b 腹部第3〜9節に小さい側棘がある…………　ホソミオツネントンボ　*Indolestes peregrinus*
　　　　　　　　　　　　　　　　　　　　「北海道の日高地方，本州，四国，九州と五島列島・
　　　　　　　　　　　　　　　　　　　　甑島列島・種子島・奄美大島・西表島」（図32）

ホソミオツネントンボ　*Indolestes peregrinus* (Ris, 1916)

体長11.3〜13.0 mm；中央鰓長5.6〜6.4 mm；側鰓長5.7〜7.2 mm；頭長1.4〜1.6 mm；頭幅3.0〜3.3 mm；触角長1.9〜2.1 mm；後翅長3.9〜4.5 mm；後腿節長3.1〜3.3 mm.

主に平地から山地に至る挺水植物が繁茂する池沼や溝・湿地の滞水・水田などに生息する．丘裾の緩流にもみられ，しばしば高標高地でも採集されている．幼虫は挺水植物や沈水植物につかまって生活している．

オガサワラアオイトトンボ　*Indolestes boninensis* (Asahina, 1952)

体長17.8 mm；中央鰓長4.2 mm；側鰓長6.2 mm；頭幅3.9 mm；下唇基節長3.2 mm；後翅長5.8 mm；後腿節長4.2 mm［石田・小島（1978）］.

主に山間の森林に囲まれたやや鬱閉的な環境のシュロカヤツリやサンカクイ等の挺水植物が繁茂する池沼に生息する．小笠原諸島の父島では山中に放置されていたコンクリート貯水池にみられた．幼虫は挺水植物などにつかまって生活している．

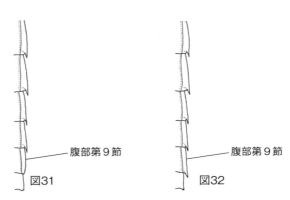

図31　オガサワラアオイトトンボ *Indolestes boninensis*　腹部側縁. 図32　ホソミオツネントンボ *Indolestes peregrinus*　腹部側縁

アオイトトンボ科，モノサシトンボ科　15

オツネントンボ属　*Sympecma* Burmeister, 1839（全形図12）

日本にはオツネントンボ1種が分布している．

［北海道と奥尻島，本州と佐渡島，四国，九州と壱岐・対馬・五島列島・甑島列島］

オツネントンボ　*Sympecma paedisca* (Brauer, 1877)

体長13.8〜17.8 mm；中央鰓長7.2〜8.0 mm；側鰓長7.3〜8.6 mm；頭長2.0〜2.2 mm；頭幅3.6〜3.8 mm；触角長2.7〜2.9 mm；後翅長4.7〜5.2 mm；後腿節長4.3〜4.5 mm．

平地から山地に至るヨシやマコモ，ガマ，アヤメ類などの挺水植物が繁茂する池沼や湿原あるいは湿地の滞水に生息している．しばしば汽水域の沼にも産し，2000 mを超す高山でも記録されている．幼虫は挺水植物につかまったり水底に溜まった植物性沈積物の陰に隠れて生活している．

モノサシトンボ科　Platycnemididae Tillyard et Fraser, 1938

日本にはグンバイトンボ属・モノサシトンボ属・ルリモントンボ属の3属が分布している．

幼虫の属の検索表

1a　尾鰓は太短くて体長より明らかに短く，先端に紐状の突起がない
　　………………………………………………………**ルリモントンボ属**　*Coeliccia*（図33）
1b　尾鰓は細長くて体長とほぼ等しいかそれに近く，先端に紐状の突起がある……　2（図34）
2a　腹部第7節に側棘がある………………………………**グンバイトンボ属**　*Platycnemis*（図35）
2b　腹部第7節に側棘がない………………………………**モノサシトンボ属**　*Pseudocopera*（図36）

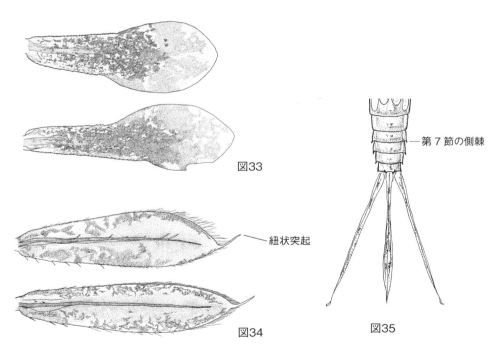

図33　リュウキュウルリモントンボ *Coeliccia ryukyuensis ryukyuensis*　尾鰓．図34　アマゴイルリトンボ *Platycnemis echigoana*　尾鰓．図35　グンバイトンボ *Platycnemis foliacea sasakii*　腹部後半

グンバイトンボ属　*Platycnemis* Charpentier, 1840（全形図13）
幼虫の種の検索表

1a　後頭片は後側方へ強く突出して後側角が鋭く尖る
　　…………………………………………………… アマゴイルリトンボ　*Platycnemis echigoana*
　　　　　　　　　　　　　　　　　　　　　　　［本州の青森・山形・新潟・福島の各県］（図37）
1b　後頭片は後側方へあまり強く突出せず後側角が丸い
　　… グンバイトンボ　*Platycnemis foliacea sasakii*［宮城県以南の本州，四国，九州］（図38）

グンバイトンボ　*Platycnemis foliacea sasakii* Asahina, 1949

体長10.5〜11.7 mm；中央鰓長6.3〜6.7 mm；側鰓長6.1〜6.9 mm；頭長1.7〜1.9 mm；頭幅3.2〜3.5 mm；触角長1.8〜2.0 mm；後翅長4.0〜4.5 mm；後腿節長3.7〜4.1 mm.

丘陵地や低山地の湧き水のある挺水植物や沈水植物などが繁茂する緩やかな清流に生息する．清冽な水が常に補給される止水域に生息する例もある．幼虫は通常緩やかな，というよりむしろよどみに近い流れに揺れる沈水植物の茂み，挺水植物の水中に没した茎や根際等につかまって生活しているが，水底の沈積物の隙間や柔らかい泥にごく浅く潜って生活していることもある．

アマゴイルリトンボ　*Platycnemis echigoana* Asahina, 1955

体長9.4〜11.6 mm；中央鰓長6.2〜6.8 mm；側鰓長6.4〜7.2 mm；頭長1.9〜2.0 mm；頭幅3.0〜3.2 mm；触角長1.8〜1.9 mm；後翅長4.2〜4.4 mm；後腿節長3.6〜3.9 mm.

山間の森林に覆われたヨシなどの挺水植物が茂って水面にヒツジグサ，ジュンサイ，ヒルムシロなどの浮葉植物が自生する比較的大きくて深い池沼に生息する．幼虫は浮葉植物の葉柄下部や挺水植物の根際，水底に沈積した植物質の間に潜んで生活している．

モノサシトンボ属　*Pseudocopera* Fraser, 1922（全形図14）

日本産のモノサシトンボ属の種は模式種を含む真の*Copera*とは所属が異なると，これまでに何度も指摘されてきたが，分子系統学的な解析によりその所属が明確になり，日本産の2種の所属が変更になった．[9]

幼虫の種の検索表

1a　腹部第8，9節または第9節に側棘がある ……… モノサシトンボ　*Pseudocopera annulata*
　　　　　　　　　　　　［北海道，本州と粟島・佐渡島・隠岐，四国，九州と壱岐・対馬・五島列島］（図36）
1b　腹部に側棘がない ………………………………… オオモノサシトンボ　*Pseudocopera tokyoensis*
　　　　　　　　　　　　　　　　　［本州の宮城・新潟の各県および関東地方利根川水系下流域］（図39）

モノサシトンボ　*Pseudocopera annulata* (Selys, 1863)

体長11.8〜13.8 mm；中央鰓長10.1〜11.1 mm；側鰓長10.3〜11.4 mm；頭長1.9〜2.1 mm；頭幅3.4〜3.6 mm；触角長1.9〜2.3 mm；後翅長4.6〜5.0 mm；後腿節長5.0〜5.3 mm.

平地や丘陵地のヨシやマコモ，その他の挺水植物や浮葉植物が繁茂する植物性沈積物の多い池沼や湿地の縁の緩やかな流れ等に生息する．特に岸辺近くに木立のある，やや薄暗い環境を好む．市街地の社寺の境内池でかなりの個体をみることもある．幼虫は挺水植物の根際につかまったり，植物性沈積物の間に潜んで生活している．

オオモノサシトンボ　*Pseudocopera tokyoensis* (Asahina, 1948)

体長15.6〜16.4 mm；中央鰓長11.4(+0.8)〜14.7(+1.4) mm；側鰓長12.9(+1.0)〜13.2(+1.0) mm；頭長2.1〜2.2 mm；頭幅3.8〜3.9 mm；触角長2.0〜2.1 mm；後翅長5.2〜5.4 mm；後腿節長6.0〜6.3 mm.［羽化殻

の計測値]

　利根川や信濃川下流等のデルタ地域のヨシやマコモ，ガマなど，背丈の高い１ｍを超す挺水植物が密生する泥深い富栄養型または腐植栄養型の河跡池沼に生息する．幼虫は挺水植物の根際につかまったり，植物性沈積物の間に潜んで生活している．

ルリモントンボ属　*Coeliccia* Kirby, 1890　（全形図15）
幼虫の種の検索表

1a　触角第３節は第２節よりはるかに長い
　　……　マサキルリモントンボ　*Coeliccia flavicauda masakii*［八重山諸島の石垣島・西表島］
1b　触角第３節は第２節とほぼ同じ長さ
　　………………………………　リュウキュウルリモントンボ　*Coeliccia ryukyuensis*[*5]
　　[*5]　リュウキュウルリモントンボには原名亜種の他にアマミルリモントンボ１亜種が日本から知られている．各亜種は以下の検索表で同定することができるが，産地が重要な同定のための目安になる．
　　1a　腮刺毛は３本で内側に１本の短い刺毛がある
　　　……………………　リュウキュウルリモントンボ　*Coeliccia ryukyuensis ryukyuensis*
　　　　　　　　　　　　　　　　　　　　　　　　　［沖縄島とその周辺の属島］（図40）
　　1b　腮刺毛は４本で内側に１本の短い刺毛がある
　　　……　アマミルリモントンボ　*Coeliccia ryukyuensis amamii*［奄美大島・徳之島］（図41）

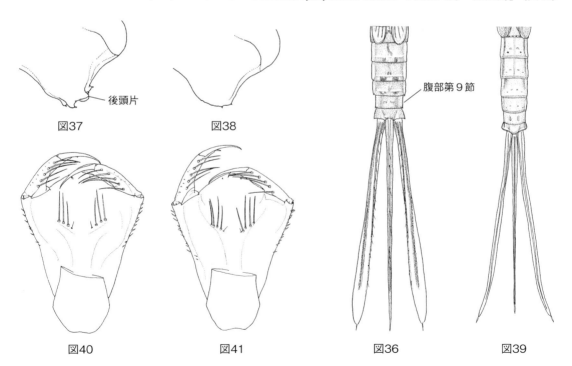

図36　モノサシトンボ　*Pseudocopera annulata*　腹部後半．図37　アマゴイルリトンボ　*Platycnemis echigoana*　後頭片．図38　グンバイトンボ　*Platycnemis foliacea sasakii*　後頭片．図39　オオモノサシトンボ　*Pseudocopera tokyoensis*　腹部後半．図40　リュウキュウルリモントンボ　*Coeliccia ryukyuensis ryukyuensis*　下唇基節内面．図41　アマミルリモントンボ　*Coeliccia ryukyuensis amamii*　下唇基節内面

リュウキュウルリモントンボ　*Coeliccia ryukyuensis ryukyuensis* Asahina, 1951

体長11.0〜14.4 mm；中央鰓長3.8〜5.0 mm；側鰓長4.1〜5.3 mm；頭長1.8〜2.2 mm；頭幅3.3〜3.7 mm；触角長2.5〜2.7 mm；後翅長4.2〜4.8 mm；後腿節長3.5〜4.0 mm．

　主に山間の森林に囲まれた渓流域に生息する．幼虫は緩やかな流れの植物性沈積物の多い淵や流畔に生じた水溜りなどに棲み，しばしば林道の轍の跡の滞水にもみられる．通常，水底の植物性沈積物の間に生活しているが，水底の泥にごく浅く埋もれていることもある．

アマミルリモントンボ　*Coeliccia ryukyuensis amamii* Asahina, 1962

体長12.9〜14.8 mm；中央鰓長5.0〜5.3 mm；側鰓長5.3〜5.7 mm；頭長1.9〜2.2 mm；頭幅3.5〜3.7 mm；触角長2.3〜2.6 mm；後翅長4.5〜4.8 mm；後腿節長3.7〜4.0 mm．

　リュウキュウルリモントンボと同様，主に山間の森林に囲まれた渓流域に生息する．幼虫は緩やかな流れの植物性沈積物の多い淵や，清冽な水が流れ込む湿地の滞水などに棲み，しばしば林道脇の溝や轍の跡の水溜りにもみられる．通常，水底の植物性沈積物の間に潜んで生活している．

マサキルリモントンボ　*Coeliccia flavicauda masakii* Asahina, 1951

体長11.1〜14.1 mm；中央鰓長4.5〜5.0 mm；側鰓長4.6〜5.4 mm；頭長1.9〜2.2 mm；頭幅3.4〜3.7 mm；触角長2.3〜2.4 mm；後翅長4.1〜4.5 mm；後腿節長3.6〜4.2 mm．

　リュウキュウルリモントンボ，アマミルリモントンボとほぼ同じ環境に生息し，幼虫の生活様式もほとんど変わらない．

イトトンボ科　Coenagrionidae Kirby, 1890

　イトトンボ科は科のレベルに相当すると考えられる相異によって2つのグループに分けられると，成虫の形態系統学的および分子系統学的な解析の双方において示唆されているが，現在のところ新しいカテゴリーとはされていない．一方は，成虫の頭楯が前方に張り出したグループで，日本産の属ではカラカネイトトンボ属とキイトトンボ属が含まれ，もう一方は頭楯が前方に張り出さないグループで，日本産イトトンボ科の他の属すべてが含まれる．成虫の頭楯が張り出すグループに属するカラカネイトトンボ属とキイトトンボ属の幼虫は，下唇基節内面の腮刺毛が片側1本ずつという点で共通する．しかし，もう一方のグループに含まれるナガイトトンボ属も片側1本であり，これがグループの特徴とは言い切れない．また体形的には，頭部が体長に比べて大きく，頭幅が広いことがあげられるが，もう一方のグループに属するものの体が小さいヒメイトトンボ属やモートンイトトンボ属は体長と頭幅の比率において頭楯の張り出すグループに近い値を示す．双方のグループが幼虫でも共通した特徴をもつかどうかは，世界に分布するそれぞれのグループの他の属の幼虫の腮刺毛の数とともに体形および他の特徴を比較検討する必要がある．

　日本にはカラカネイトトンボ属・キイトトンボ属・ナガイトトンボ属・ヒメイトトンボ属・モートンイトトンボ属・ホソミイトトンボ属・アオモンイトトンボ属・ルリイトトンボ属・クロイトトンボ属・エゾイトトンボ属・アカメイトトンボ属の11属が分布する．

幼虫の属の検索表

1a　腮刺毛は1本 ……………………………………………………………………………… 2
1b　腮刺毛は2本以上 ………………………………………………………………………… 4
2a　体は太短く，頭幅は体長の1/4を超える …………………………………… 3（全形図16）
2b　体は細長く，頭幅は体長の1/4を超えない …… **ナガイトトンボ属**　*Pseudagrion*（図42）

モノサシトンボ科，イトトンボ科　19

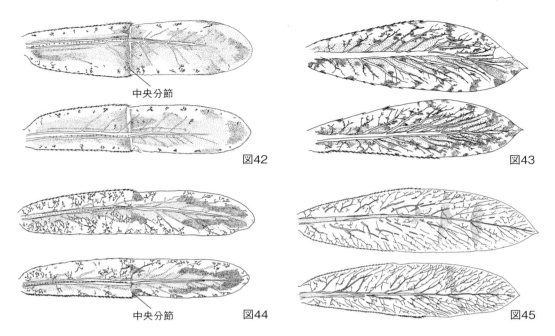

図42　アカナガイトトンボ *Pseudagrion pilidorsum pilidorsum*　尾鰓．図43　カラカネイトトンボ *Nehalennia speciosa*　尾鰓．図44　アカメイトトンボ *Erythromma humerale*　尾鰓．図45　ルリイトトンボ *Enallagma circulatum*　尾鰓

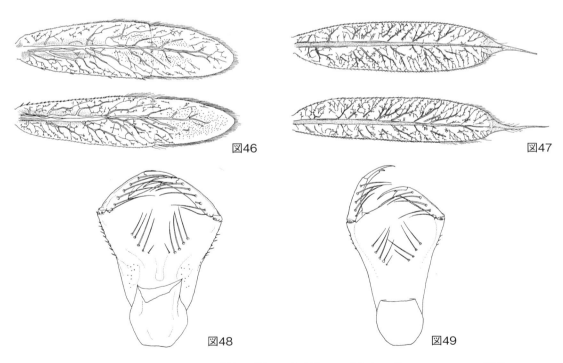

図46　オゼイトトンボ *Coenagrion terue*　尾鰓．図47　オガサワライトトンボ *Ischnura ezoin*　尾鰓．
図48　アオモンイトトンボ *Ischnura senegalensis*　下唇基節内面．図49　ホソミイトトンボ *Aciagrion migratum* 下唇基節内面

3a	尾鰓にはっきりした中央分節がある	キイトトンボ属 *Ceriagrion*（図58）
3b	尾鰓にはっきりした中央分節がない	カラカネイトトンボ属 *Nehalennia*（図43）
4a	体が小さく，頭幅は3.0 mm より狭い	5
4b	体は中型以上で，頭幅は3.0 mm より広い	6
5a	触角長は頭幅の1/2より長い	ヒメイトトンボ属 *Agriocnemis*
5b	触角長は頭幅の1/2より短い	モートンイトトンボ属 *Mortonagrion*
6a	尾鰓の先端は尖らず，中央分節の有無にかかわらず前半部と後半部が明らかに区別できる	7（図44）
6b	尾鰓の先端は鋭く尖り，中央分節がなく前半部と後半部の区別がない	9（図45）
7a	触角は完全で7節からなる	クロイトトンボ属 *Paracercion*
7b	触角は第6節と第7節が癒合して，見かけ上6節になっている	8
8a	尾鰓にはっきりした斑紋がある	アカメイトトンボ属 *Erythromma*（図44）
8b	尾鰓に斑紋がない	エゾイトトンボ属 *Coenagrion*（図46）
9a	下唇基節は太短く，各側片の基部を結ぶ線から基端までの長さはその幅と同じ長さ	アオモンイトトンボ属 *Ischnura*（図48）
9b	下唇基節は細長く，各側片の基部を結ぶ線から基端までの長さはその幅よりも長い	10（図49）
10a	後腿節長は頭幅よりも長い	ルリイトトンボ属 *Enallagma*
10b	後腿節長は頭幅よりも短い	ホソミイトトンボ属 *Aciagrion*

カラカネイトトンボ属　*Nehalennia* Selys, 1850（全形図17）

日本にはカラカネイトトンボ1種が分布している．　　［北海道，信越地方以北の本州］（図43）

カラカネイトトンボ　*Nehalennia speciosa* (Charpentier, 1840)

体長8.7〜10.5 mm；中央鰓長3.3〜3.5 mm；側鰓長3.6〜3.8 mm；頭長1.5〜1.6 mm；頭幅2.7〜2.8 mm；触角長1.6 mm 内外；後翅長2.9〜3.0 mm；後腿節長2.4〜2.5 mm.

主に寒冷地のミズゴケ湿原やミズトクサ，スゲ類等湿生植物が繁茂する湿地に生息する．幼虫は特に植物が密生する滞水や池塘に多い．たぶん挺水植物の茂みに潜んで生活していると考えられる．

キイトトンボ属　*Ceriagrion* Selys, 1876（全形図16）

幼虫の種の検索表

1a	中央鰓の上縁の鋸歯列は全体の長さの1/2に達しない	リュウキュウベニイトトンボ *Ceriagrion auranticum ryukyuanum* ［九州南部と琉球列島の各島］（図50）
1b	中央鰓の上縁の鋸歯列は全体の長さの1/2をはるかに超える	2（図51）
2a	下唇基節側片の外葉片は幅が狭く，外縁先端から可動鉤までの長さより短い	ベニイトトンボ *Ceriagrion nipponicum* ［本州の一部，四国の一部，九州と壱岐・対馬・五島列島］（図52）
2b	下唇基節側片の外葉片は幅広く，外縁先端から可動鉤までの長さより長い	キイトトンボ *Ceriagrion melanurum* ［本州と粟島・佐渡島・隠岐・見島，四国，九州と壱岐・対馬・五島列島・甑島列島・大隅諸島］（図53）

イトトンボ科 21

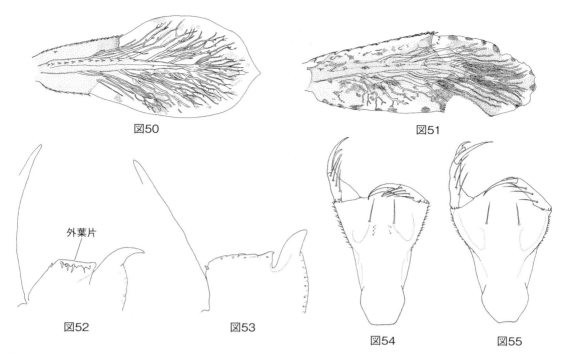

図50 リュウキュウベニイトトンボ *Ceriagrion auranticum ryukyuanum* 中央鰓. 図51 ベニイトトンボ *Ceriagrion nipponicum* 中央鰓. 図52 ベニイトトンボ *Ceriagrion nipponicum* 下唇基節側片内面. 図53 キイトトンボ *Ceriagrion melanurum* 下唇基節側片内面. 図54 アオナガイトトンボ *Pseudagrion microcephalum* 下唇基節内面. 図55 アカナガイトトンボ *Pseudagrion pilidorsum pilidorsum* 下唇基節内面

キイトトンボ *Ceriagrion melanurum* Selys, 1876
体長9.9〜12.8 mm；中央鰓長4.0〜4.4 mm；側鰓長4.2〜4.7 mm；頭長2.1〜2.4 mm；頭幅3.5〜3.7 mm；触角長2.1〜2.2 mm；後翅長3.2〜4.0 mm；後腿節長2.7〜3.5 mm.
平地から低山地に至る挺水植物や沈水植物が繁茂する池沼や湿地の浅い滞水，水田・水郷のほとんど流れを感じない溝川などに生息する．しかし，尾瀬ヶ原，志賀高原，小松原等高標高地の湿原にも産する．幼虫は挺水植物や沈水植物の茂みにつかまって生息し，しばしば水底の植物性沈積物の間からも採集される．

ベニイトトンボ *Ceriagrion nipponicum* Asahina, 1967
体長13.0〜13.2 mm；中央鰓長4.0〜4.4 mm；側鰓長4.1〜4.7 mm；頭長2.3〜2.4 mm；頭幅3.4〜3.7 mm；触角長1.8 mm 内外；後翅長3.6〜4.0 mm；後腿節長2.9〜3.2 mm.
主に低湿地のヨシ・ガマ等背丈の高い挺水植物や浮き草，藻などの浮葉植物あるいは沈水植物が繁茂する富栄養型ないし腐植栄養型の池沼や水郷のほとんど流れを感じない溝川などに生息する．幼虫の生活はキイトトンボとほとんど差がない．

リュウキュウベニイトトンボ *Ceriagrion auranticum ryukyuanum* Asahina, 1967
体長10.4〜13.8 mm；中央鰓長3.8〜4.2 mm；側鰓長3.8〜4.3 mm；頭長2.1〜2.4 mm；頭幅3.3〜3.9 mm；触角長2.0〜2.3 mm；後翅長3.4〜3.9 mm；後腿節長2.8〜3.2 mm.
平地の挺水植物や浮葉植物・沈水植物が繁茂する池沼や水郷の溝川，湿地の滞水，水田などかなり広範な止水域に生息し，時には植生豊かな緩流でみかけることもある．幼虫は挺水植物や沈水植物につかまって生活しているが，しばしば水底の植物性沈積物の間に潜んでいるのもみつかる．

ナガイトトンボ属　*Pseudagrion* Selys, 1876　（全形図20）
幼虫の種の検索表

1a 　後頭片に後側方へ突出した角状の小さな突起があり，下唇基節側片の側刺毛は4本
　　………　アオナガイトトンボ　*Pseudagrion microcephalum*　［八重山諸島の与那国島］（図54）
1b 　後頭片に角状の突起がなく，下唇基節側片の側刺毛は3本
　　………………………………………　アカナガイトトンボ　*Pseudagrion pilidorsum pilidorsum*
　　　　　　［沖縄島・久米島・慶良間諸島・石垣島・竹富島・西表島・与那国島］（図55）

アカナガイトトンボ　*Pseudagrion pilidorsum pilidorsum* (Brauer, 1868)

体長12.4～16.4 mm；中央鰓長4.5～5.2 mm；側鰓長4.2～5.8 mm；頭長1.8～2.2 mm；頭幅3.0～3.7 mm；触角長2.2～2.8 mm；後翅長4.3～5.1 mm；後腿節長3.0～3.2 mm.
　平地から丘陵地の挺水植物や浮葉植物・沈水植物が繁茂する緩やかな清流に生息する．特に川岸に低木やヨシ等背丈のある草本が茂った，いくぶん陰のある場所を好む傾向がある．幼虫は挺水植物の茂みや藻などの間に潜んで生活している．

アオナガイトトンボ　*Pseudagrion microcephalum* (Rambur, 1842)

体長14.3～18.1 mm；中央鰓長5.2～5.8 mm；側鰓長4.9～6.0 mm；頭長2.0～2.8 mm；頭幅3.2 mm内外；触角長2.1～2.6 mm；後翅長4.1～4.3 mm；後腿節長2.9～3.6 mm.
　与那国島ではサンゴ石灰岩の崖下から湧きでる，挺水植物や沈水植物が繁茂する比較的流れの速い清流に生息する．幼虫は藻などがよく繁茂したところを好み，流れにゆらぐ葉や茎につかまって生活している．台湾や東南アジアの諸島では，平地の挺水植物や沈水植物が繁茂する緩流にみられる．

ヒメイトトンボ属　*Agriocnemis* Selys, 1877　（全形図18）
幼虫の種の検索表

1a 　雄の尾毛は長く尾端からよく突出する．雌の前産卵管の側片は軽くくびれて，側面にはっきりした毛根突起がない……………………コフキヒメイトトンボ　*Agriocnemis femina oryzae*
　　　　　［本州の山口県，四国南部，九州とその属島および琉球列島の各島］（図56, 57）
1b 　雄の尾毛は丸く尾端からあまり突出しない．雌の前産卵管の側片は強くくびれて，下縁にはっきりした毛根突起がある……………………ヒメイトトンボ　*Agriocnemis pygmaea*
　　　　　　　　　　　　　　［奄美大島以南の琉球列島］（図58, 59）

ヒメイトトンボ　*Agriocnemis pygmaea* (Rambur, 1842)

体長7.1～9.1 mm；中央鰓長3.2～5.0 mm；側鰓長3.7～5.0 mm；頭長1.2～1.5 mm；頭幅2.3～2.5 mm；触角長1.3～1.4 mm；後翅長2.4～2.8 mm；後腿節長1.8～1.9 mm.
　低湿地のクサヨシなど，背丈の低い挺水植物が密生する滞水や沼，水田およびほとんど流れを感じないような溝川等に生息し，しばしばコフキヒメイトトンボと混生する．幼虫は密生する挺水植物につかまって生活している．

コフキヒメイトトンボ　*Agriocnemis femina oryzae* Lieftinck, 1962

体長7.2～10.1 mm；中央鰓長3.2～5.1 mm；側鰓長3.2～5.3 mm；頭長1.3～1.5 mm；頭幅2.2～2.6 mm；触角長1.3～1.6 mm；後翅長1.9～2.7 mm；後腿節長1.8～2.2 mm.
　ヒメイトトンボと同様，低湿地のクサヨシなど背丈の低い挺水植物に覆われた滞水や池沼，水田，ほとんど流れを感じないような溝川などに生息し，しばしばヒメイトトンボと混生する．幼虫は密生する挺水植物につかまったり，水底の植物性沈積物の間に潜んで生活している．

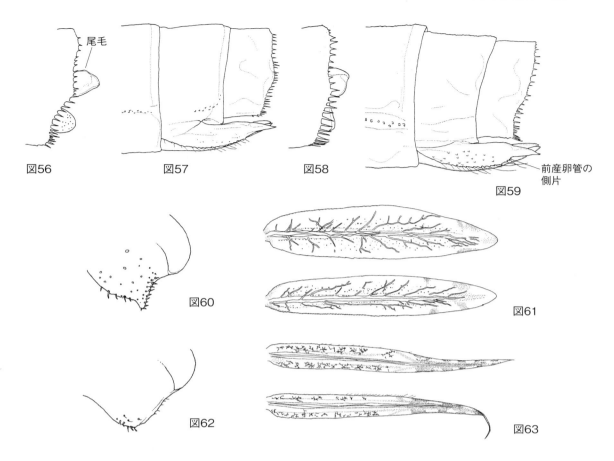

図56 コフキヒメイトトンボ *Agriocnemis femina oryzae* 雄の腹部末端. 図57 コフキヒメイトトンボ *Agriocnemis femina oryzae* 雌の腹部末端. 図58 ヒメイトトンボ *Agriocnemis pygmaea* 雄の腹部末端. 図59 ヒメイトトンボ *Agriocnemis pygmaea* 雌の腹部末端. 図60 モートンイトトンボ *Mortonagrion selenion* 後頭片. 図61 モートンイトトンボ *Mortonagrion selenion* 尾鰓. 図62 ヒヌマイトトンボ *Mortonagrion hirosei* 後頭片. 図63 ヒヌマイトトンボ *Mortonagrion hirosei* 尾鰓

モートンイトトンボ属 *Mortonagrion* Fraser, 1920（全形図19）
幼虫の種の検索表

1a 後頭片に後方もしくは後側方へ突出した角状の大きな突起があり，尾鰓は中央部がやや膨らんだ柳葉状で先端は尖らない………… モートンイトトンボ *Mortonagrion selenion* 〔北海道南端，本州と飛島・粟島・佐渡島，四国，九州〕（図60, 61）

1b 後頭片に角状の突起がなく，尾鰓は針葉状で先端が鋭く尖る
………… ヒヌマイトトンボ *Mortonagrion hirosei*〔本州，九州北部と対馬〕（図62, 63）

モートンイトトンボ *Mortonagrion selenion* (Ris, 1916)

体長10.5〜13.2 mm；中央鰓長4.3〜5.8 mm；側鰓長4.3〜5.8 mm；頭長1.5〜1.8 mm；頭幅2.5〜2.9 mm；触角長1.3〜1.6 mm；後翅長2.7〜3.6 mm；後腿節長1.9〜2.4 mm.

平地から低山地に至る湿地のクサヨシ，セリなど背丈の低い挺水植物や湿生植物が繁茂する浅い滞水や水田（休耕田も）などに生息するが，時にはかなり標高の高い湿原にも産する．幼虫は密生した植物の根際や茎につかまったり，水底の植物性沈積物の陰に潜んで生活している．

24　トンボ目

ヒヌマイトトンボ　*Mortonagion hirosei* Asahina, 1972
体長9.8〜10.3 mm；中央鰓長4.5〜4.7 mm；側鰓長4.3〜4.5 mm；頭長1.6〜1.7 mm；頭幅2.6〜2.7 mm；触角長1.1 mm内外；後翅長2.9〜3.1 mm；後腿節長2.2〜2.3 mm.

主に河口部の干潮時でも干上がらない泥深いヨシ原や，海岸沿いのヨシ，マコモ等背の高い挺水植物が密生する汽水域のヘドロが堆積した湿地や沼等に生息する．幼虫は塩分濃度が海水の約半分弱くらいの水域の水深の浅い部分に成育する挺水植物の根際や，水面に漂うヨシの枯れ茎等植物性浮遊物につかまって生活している．この傾向は特に羽化が迫った終齢幼虫に多い．

ホソミイトトンボ属　*Aciagrion* Selys, 1891（全形図21）
日本にはホソミイトトンボ1種が分布している．
［関東・北陸以西の本州，四国，九州と壱岐・対馬・五島列島・甑島列島・大隅諸島・沖永良部島］

ホソミイトトンボ　*Aciagrion migratum* (Selys, 1876)
体長9.4〜11.3 mm；中央鰓長5.2〜5.9 mm；側鰓長5.2〜6.0 mm；頭長1.5〜1.8 mm；頭幅2.5〜2.7 mm；触角長2.0〜2.3 mm；後翅長3.7〜4.1 mm；後腿節長2.2〜2.6 mm.

平地や丘陵地の背丈の低い挺水植物や沈水植物等が繁茂する池沼や湿地の滞水，水田等に生息する．幼虫は挺水植物の茂みや藻などの葉間に潜んで生活している．

アオモンイトトンボ属　*Ischnura* Charpentier, 1840（全形図22, 23）

幼虫の種の検索表[*6]

1a　尾鰓の先端は紐状に長く伸長する　　　　　　オガサワライトトンボ　*Ischnura ezoin*
　　　　　　［小笠原諸島の聟島，父島，兄島，弟島，母島，向島］（図47）
1b　尾鰓の先端は紐状に長く伸長しない　……………………………………………… 2
2a　腮刺毛は3本で，その内側に1本の小刺毛がある．触角第3節は第1節の長さの2倍よりも短い…………………… マンシュウイトトンボ　*Ischnura elegans elegans*
　　　　　　［北海道の東北部と利尻島，本州の青森県］
2b　腮刺毛は4〜5本で，その内側に1本の小刺毛がある．触角第3節は第1節の2倍以上の長さ……………………………………………………………………………………… 3
3a　雄の前生殖器は短く，腹部第9節の後縁に達する程度．雌の前産卵管の側片の上縁は先端が大きく湾曲する　……………………………… アジアイトトンボ　*Ischnura asiatica*
　　　　　　［北海道の一部，本州とその属島および伊豆・小笠原諸島，四国，九州とその属島および琉球列島の一部の島々］（図65, 66）
3b　雄の前生殖器は長く，腹部第9節の後縁をはるかに超える．雌の前産卵管の側片の上縁は先端までほぼ直線的　……………………… アオモンイトトンボ　*Ischnura senegalensis*
　　　　　　［岩手県以南の本州と伊豆・小笠原諸島，四国，九州とその属島および琉球列島の各島］（図67, 68）

[*6]　これまでオガサワライトトンボ属 *Boninagrion* を1属1種で構成したオガサワライトトンボは分子系統学と形態学による解析により属が同物異名とされ本属へ移動された．[10)]
　本属は，他にキバライトトンボ *Ischnura aurora aurora* Brauer, 1865　1種が日本から記録されている．本書では偶産飛来としてこの種を検索表から省いた．

アオモンイトトンボ　*Ischnura senegalensis* (Rambur, 1842)
体長11.5〜12.2 mm；中央鰓長5.5〜6.3 mm；側鰓長5.7〜6.2 mm；頭長1.7〜1.9 mm；頭幅3.0〜

イトトンボ科 25

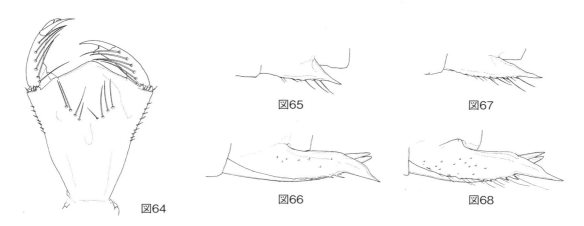

図64 マンシュウイトトンボ Ischnura elegans elegans 下唇基節内面. 図65 アジアイトトンボ Ischnura asiatica 雄の前生殖器. 図66 アジアイトトンボ Ischnura asiatica 雌の前産卵器. 図67 アオモンイトトンボ Ischnura senegalensis 雄の前生殖器. 図68 アオモンイトトンボ Ischnura senegalensis 雌の前産卵器

3.2 mm；触角長1.8〜2.0 mm；後翅長3.7〜4.0 mm；後腿節長2.8〜3.0 mm.

　平地の挺水植物や浮葉植物・沈水植物などが繁茂する池沼や，水郷のほとんど流れのない溝川，湿地の滞水，水田などかなり広範な止水域に生息する．しばしばヘドロ臭がする腐植栄養型の水域や海岸沿いの汽水沼にも多産する．しかし，日本本土では，生息域が海岸に近い地域に限られる傾向がある．幼虫は挺水植物の根際や浮葉植物・沈水植物の茂みに潜んで生活している．場所によってはアジアイトトンボやヒヌマイトトンボ等と混生するが，その場合は常に本種が最も生態的優位を占める．

マンシュウイトトンボ　*Ischnura elegans elegans* (Van der Linden, 1820)

　体長10.9 mm；中央鰓長5.3 mm；側鰓長5.3 mm；頭長2.0 mm；頭幅3.3 mm；触角長1.9 mm；後翅長4.4 mm；後腿節長2.9 mm.

　寒冷地のヨシ等背丈の高い挺水植物が繁茂する比較的大きくて深く，植物性沈積物が多い富栄養型ないし腐植栄養型の池沼や湖に生息する．幼虫は挺水植物の根際や沈水植物の茂みに潜んで生活しており，しばしば水底の植物性沈積物の間にも潜んでいる．

アジアイトトンボ　*Ischnura asiatica* Brauer, 1865

　体長11.0〜12.3 mm；中央鰓長4.4〜5.0 mm；側鰓長4.2〜5.0 mm；頭長1.6〜1.7 mm；頭幅2.9〜3.1 mm；触角長1.9 mm 内外；後翅長3.3〜3.8 mm；後腿節長2.5〜2.6 mm.

　主に平地や丘陵地の挺水植物や浮葉植物・沈水植物が繁茂する池沼や湿地の滞水・水郷のほとんど流れを感じない溝川・水田等に生息する．市街地の公園や社寺の境内池あるいは学校の観察池等人工の止水域にもしばしばみられるほか，庭の水鉢で発生することもある．幼虫は水中の植物につかまっていることが多いが，水底の沈積物の間に潜んでいることもある．

オガサワライトトンボ　*Ischnura ezoin* (Asahina, 1952)

　体長10.6〜11.0 mm；中央鰓長5.0〜5.1 mm；側鰓長5.1〜5.5 mm；頭長1.5〜1.7 mm；頭幅3.0〜3.1 mm；触角長1.6〜1.7 mm；後翅長3.3〜3.6 mm；後腿節長2.5〜2.7 mm.

　主に山間の森林に囲まれた挺水植物が生育する比較的薄暗い池沼や緩やかな谷川に生息する．幼虫は主に，水底に堆積している落ち葉や粗朶，あるいは石の隙間等に潜んで生活している．

キバライトトンボ　*Ischnura aurora aurora* Brauer, 1842

[小笠原諸島の硫黄島および（偶産飛来記録）石垣島]

石垣島から偶産飛来と考えられる1雌が記録されている．また小笠原諸島の硫黄島では年間を通じて多数の個体が生息しており，幼虫も採集されているらしい．定着地域ではほとんどあらゆる止水域に生息し，しばしば海岸沿いの汽水性沼沢にもみられる．幼虫の生活様式はアジアイトトンボに似る．

ルリイトトンボ属　*Enallagma* Charpentier, 1840（全形図24）

日本にはルリイトトンボ1種が分布している．

[北海道と国後島・択捉島，岐阜・福井県境以北の本州]

ルリイトトンボ　*Enallagma circulatum* Selys, 1883

体長12.7〜18.2 mm；中央鰓長6.8〜7.5 mm；側鰓長7.4〜8.5 mm；頭長1.9〜2.1 mm；頭幅3.3〜3.6 mm；触角長2.2〜2.6 mm；後翅長4.5〜5.1 mm；後腿節長3.8〜4.3 mm．

北海道では平地の挺水植物や浮葉植物・沈水植物が繁茂する池沼や湖にほぼ普通にみられる．本州では青森県の恐山や十二湖以外のほとんどが標高の高い山岳地域の池沼に限られる．幼虫はコウホネやジュンサイ，ヒルムシロなど浮葉植物の葉裏や葉柄につかまっていることが多い．

クロイトトンボ属　*Paracercion* Weekers et Dumont, 2004（全形図25）

従来，日本産の種は *Cercion* 属に属するとされてきたが，東アジアに分布する種類は，他の属へ移動された模式種とは差異があるとして，新たに *Paracercion* が創設され日本産のすべての種がこの属に移された．[11]

幼虫の種の検索表

1a　終齢幼虫の頭幅は4.0 mm をはるかに超える
　　………………………………………… オオセスジイトトンボ　*Paracercion plagiosum*

[本州の青森・秋田・宮城の各県と信濃川・利根川水系]

1b　終齢幼虫の頭幅は4.0 mm にはまったく達しない ………………………………… 2

2a　触角第2節が長く，第1節の長さの1.8倍以上．尾鰓の3個の褐色斑は互いに連続する
　　………………………………………… クロイトトンボ　*Paracercion calamorum calamorum*

[北海道，本州と佐渡島・隠岐・見島，九州と壱岐・対馬・五島列島・甑島列島・種子島]（図69）

2b　触角第2節が短く，第1節の長さの1.5倍以下．尾鰓の3個の褐色斑は互いに独立する … 3

3a　触角第3節はあまり長くなく，第2節の長さの1.3倍前後．中央鰓の基部背面の鋸歯列は短く全長の1/2以下 ……………………………… ムスジイトトンボ　*Paracercion melanotum*

[岩手県以南の本州と伊豆諸島・隠岐，四国，九州と壱岐・対馬を含むその属島および琉球列島]（図70）

3b　触角第3節は長く，第2節の長さの1.5倍前後．中央鰓の基部背面の鋸歯列は長く全長の1/2かそれ以上 ………………………………………………………………………… 4

4a　触角第2節は短く，第1節の長さの1.3倍前後．尾鰓の気管分枝が多く，周辺部で特に密になる ……………………………………… セスジイトトンボ　*Paracercion hieroglyphicum*

[北海道の一部と礼文島，本州と佐渡島・見島，四国，九州と五島列島・甑島列島]（図71）

イトトンボ科　27

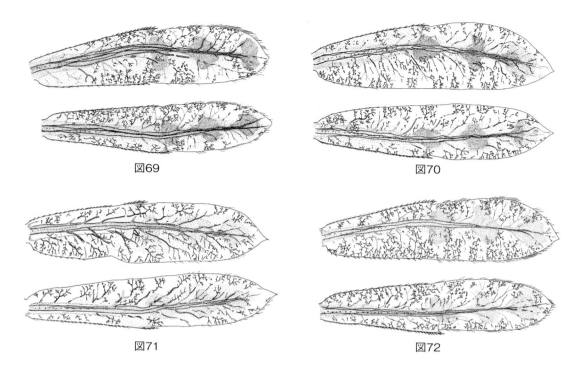

図69　クロイトトンボ *Paracercion calamorum calamorum*　尾鰓．図70　ムスジイトトンボ *Paracercion melanotum*　尾鰓．図71　セスジイトトンボ *Paracercion hieroglyphicum*　尾鰓．図72　オオイトトンボ *Paracercion sieboldii*　尾鰓

4b　触角第2節は長く，第1節の長さの1.5倍前後．尾鰓の気管分枝は少ない
　………………………………………………… **オオイトトンボ**　*Paracercion sieboldii*
［北海道の南西部と利尻島，本州と粟島・佐渡島・隠岐，
四国，九州と壱岐・対馬・甑島列島］（図72）

クロイトトンボ　*Paracercion calamorum calamorum* (Ris, 1916)
　体長12.8〜16.8 mm；中央鰓長5.3〜6.3 mm；側鰓長5.0〜6.3 mm；頭長1.7〜2.0 mm；頭幅3.2〜3.5 mm；触角長1.9〜2.4 mm；後翅長3.6〜4.4 mm；後腿節長2.8〜3.6 mm．
　平地や丘陵地の挺水植物・沈水植物が繁茂する池沼や湖などに生息し，水田の畦間の溝川にもみられる．また市街地の公園の噴水池や社寺の境内池など人工水域にも生息する．幼虫は沈水植物の茂みや浮葉植物の葉裏・葉柄につかまっていることが多い．

オオイトトンボ　*Paracercion sieboldii* (Selys, 1876)
　体長14.1〜16.0 mm；中央鰓長6.3〜6.6 mm；側鰓長5.9〜6.5 mm；頭長1.8〜1.9 mm；頭幅3.4〜3.5 mm；触角長2.1 mm 内外；後翅長4.0〜4.3 mm；後腿節長3.2〜3.5 mm．
　平地や丘陵地の挺水植物や浮葉植物が繁茂する池沼や湖などに生息し，湿地の滞水，水田などにもみられる．高所での記録もある．幼虫はクロイトトンボと同様，沈水植物の茂みや浮葉植物の葉裏・葉柄につかまっていることが多い．

ムスジイトトンボ　*Paracercion melanotum* (Selys, 1876)
　体長12.2〜15.4 mm；中央鰓長5.2〜6.2 mm；側鰓長5.3〜6.2 mm；頭長1.6〜1.8 mm；頭幅3.1〜3.3 mm；触角長2.0〜2.3 mm；後翅長3.6〜3.9 mm；後腿節長2.9〜3.2 mm．

従来 *Cercion sexlineatum* の学名が与えられてきたが，*Enallagma melanotum* Selys, 1876の同物異名とされ，またこの種が *Cercion* に移動されたことにより，その後に現在の学名に変更された．[12]

主に平地の挺水植物や浮葉植物・沈水植物が繁茂する池沼や湿地の滞水，水郷のほとんど流れを感じない溝川，水田などに生息する．また，しばしば海岸沿いの汽水性沼沢にもみられる．幼虫は浮葉植物の葉裏につかまったり，挺水植物の根際や沈水植物の茂みに潜んで生活している．

セスジイトトンボ *Paracercion hieroglyphicum* (Baruer, 1865)

体長15.6〜18.0 mm；中央鰓長5.0〜6.6 mm；側鰓長5.2〜6.5 mm；頭長1.7〜2.0 mm；頭幅3.2〜3.5 mm；触角長1.7〜2.1 mm；後翅長4.0〜4.5 mm；後腿節長2.8〜3.5 mm.

平地や丘陵地の挺水植物や浮葉植物・沈水植物が繁茂する池沼や湖，水郷のほとんど流れを感じない溝川などに生息するが，しばしば畦間の緩流や植生の豊かな河川の緩やかな流水部にもみられる．どちらかといえば緩やかな流水域を好む傾向すら認められる．幼虫は挺水植物の水中に没した部分や浮葉植物の葉裏，沈水植物の茂みの間に潜んで生活している．

オオセスジイトトンボ *Paracercion plagiosum* (Needham, 1930)

体長17.6〜20.7 mm；中央鰓長7.2〜7.4 mm；側鰓長7.3〜8.0 mm；頭長2.3〜2.4 mm；頭幅4.2〜4.4 mm；触角長2.8〜2.9 mm；後翅長4.9〜5.6 mm；後腿節長4.5〜4.7 mm.

利根川水系と信濃川水系下流のデルタ地域のヨシやマコモ，ガマなど背丈の高い挺水植物が密生する河跡池沼に生息するといわれていたが，東北地方各地の産地は必ずしも大河と結びついていない．しかし，背丈の高い挺水植物が密生する泥深い富栄養型ないし腐植栄養型の池沼という点では共通している．幼虫は挺水植物の根際や底に溜まった植物性沈積物の間に潜んで生活している．

エゾイトトンボ属　*Coenagrion* Kirby, 1890　（全形図26）
幼虫の種の検索表

1a　後頭片の外縁角は側方へ突出する
　………　**オゼイトトンボ**　*Coenagrion terue*［北海道，甲信越地方以北の本州］（図73）
1b　後頭片の外縁角は突出せずに丸みがある……………………………………………2
2a　尾鰓にはっきりとした中央分節がある…………**エゾイトトンボ**　*Coenagrion lanceolatum*
　　　　［北海道と礼文島・利尻島・国後島，北陸・信越地方以北の本州］（図74）
2b　尾鰓にはっきりとした中央分節がない……………………………………………3
3a　尾鰓の気管分枝は不明瞭で，中央鰓背縁の鋸歯列も小さくはっきりしない
　………………　**カラフトイトトンボ**　*Coenagrion hylas*［北海道の道央・道東］（図75）
3b　尾鰓の気管分枝は明瞭で，中央鰓背縁の鋸歯列がはっきりとし終点の結節も明瞭
　………………　**キタイトトンボ**　*Coenagrion ecornutum*［北海道と利尻島・国後島］（図76）

オゼイトトンボ　*Coenagrion terue* (Asahina, 1949)

体長10.5〜11.0 mm；中央鰓長4.0〜4.5 mm；側鰓長4.1〜4.5 mm；頭長1.7〜1.8 mm；頭幅3.0〜3.1 mm；触角長1.7 mm内外；後翅長4.1〜4.2 mm；後腿節長2.6〜2.7 mm.

主に山地のスゲ・カヤツリグサ・ホシクサ等湿生植物が繁茂する寒冷な湿原性池沼やミツガシワ・ヨシ等の挺水植物が茂る湧き水がある緩やかな流れの小川などに生息している．幼虫は挺水植物の根際や沈水植物の茂みに潜んでいる．

エゾイトトンボ　*Coenagrion lanceolatum* (Selys, 1872)

体長11.5〜13.8 mm；中央鰓長5.6〜6.8 mm；側鰓長5.4〜6.8 mm；頭長1.7〜1.9 mm；頭幅3.1〜3.6 mm；触角長2.0〜2.4 mm；後翅長4.0〜4.7 mm；後腿節長2.9〜3.6 mm.

イトトンボ科 29

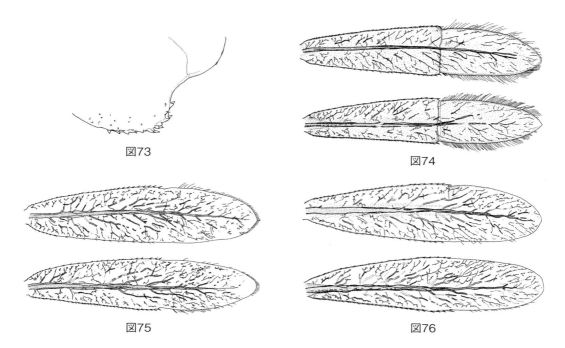

図73　オゼイトトンボ *Coenagrion terue*　後頭片．図74　エゾイトトンボ *Coenagrion lanceolatum*　尾鰓．
図75　カラフトイトトンボ *Coenagrion hylas*　尾鰓．図76　キタイトトンボ *Coenagrion ecornutum*　尾鰓．

主に寒冷な地域の挺水植物や浮葉植物，沈水植物が繁茂する池沼や湿地の滞水に生息する．幼虫は浮葉植物の葉裏や葉柄につかまったり，沈水植物の茂みに潜んで生活しているが，岐阜県北濃の村間ヶ池の例では，むしろ水底に沈んだ植物性堆積物の隙間に潜んでいることが多いらしい．

キタイトトンボ　*Coenagrion ecornutum* (Selys, 1872)

体長9.8～12.3 mm；中央鰓長4.6～5.3 mm；側鰓長4.6～5.3 mm；頭長1.5～1.8 mm；頭幅2.7～3.2 mm；触角長1.7～1.9 mm；後翅長3.2～3.8 mm；後腿節長2.5～2.8 mm．

主にミズトクサやスゲ類，ミツガシワ等の挺水植物やジュンサイ，ヒルムシロ，ヒシ等の浮葉植物あるいは沈水植物が繁茂する寒冷な池沼や湿原に生息するが，ほとんど流れのない溝川にもみられる．道東の塘路湖やシラルトロ湖，達古武沼などのような大きな湖にも多産する．幼虫は浮葉植物の葉裏や葉柄につかまったり，挺水植物の根際や沈水植物の茂みなどに潜んで生活している．

カラフトイトトンボ　*Coenagrion hylas* (Trybom, 1889)

体長13.2～14.8 mm；中央鰓長5.0～5.7 mm；側鰓長4.8～5.8 mm；頭長1.7～2.0 mm；頭幅3.0～3.3 mm；触角長1.8～2.1 mm；後翅長3.6～4.4 mm；後腿節長2.8～3.1 mm．

平地あるいは山間の挺水植物や沈水植物が繁茂する泥深い緩やかな流れや，植物性沈積物のある小川の滞水等に生息するが，大型のカヤツリグサ科植物が茂った湿地畔で採集された記録もある．幼虫は挺水植物の根際や沈水植物の茂みに潜んで生活している．

アカメイトトンボ属　*Erythromma* Charpentier, 1840　（全形図27）

日本にはアカメイトトンボ1種が分布している．　　　　　　　［北海道の道北・道東］（図44）

アカメイトトンボ　*Erythromma humerale* Selys, 1887

体長17.8～20.5 mm；中央鰓長7.7～8.4 mm；側鰓長7.6～8.5 mm；頭長1.9～2.1 mm；頭幅3.5～3.7 mm；

触角長2.2〜2.3 mm；後翅長4.6〜4.9 mm；後腿節長3.5〜3.9 mm.

日本産のこの種にはゴトウアカメイトトンボ *Erythromma najas baicalensis* の名が与えられてきたが，この種が属する種群を再検討した結果同物異名とされ，その後和名も変更された.[13]

寒冷地のミツガシワやヨシ，コウホネ，ヒルムシロ，ヒシ等の挺水植物や浮葉植物，あるいは沈水植物が繁茂するやや深くて大きい池沼や湖に生息する．幼虫はかなり深いところの挺水植物や沈水植物の茂みに潜んで生活している．

ムカシトンボ亜目　Anisozygoptera Handlirsh, 1906

現生の科はムカシトンボ科1科が知られている．

Anisozygoptra と Anisoptera を亜目よりも下位の分類群として扱い，両者を合わせて Epiprocta Lohmann, 1996 不均翅亜目として均翅亜目 Zygoptera と2分岐したとする考え方もあるが，本書では従来通り Anisozygoptera をムカシトンボ亜目，Anisopetra を不均翅亜目として扱った.[14]

ムカシトンボ科　Epiophlebiidae Muttkowski, 1911

現生の属はムカシトンボ属1属が知られている．

ムカシトンボ属　*Epiophlebia* Calvert, 1903 （全形図28）

日本にはムカシトンボ1種が分布している．　　　　　　　［北海道，本州と隠岐，四国，九州］

ムカシトンボ　*Epiophlebia superstes* (Selys, 1889)

体長17.0〜22.8 mm；頭長4.2〜4.5 mm；頭幅6.3〜6.6 mm；触角長12 mm内外；後翅長6.1〜6.4 mm；後腿節長5.7〜5.8 mm.

山間の森林に囲まれた流畔にワサビ，フキ，オオブキ，オタカラコウ，メタカラコウ，ウワバミソウ，レイジンソウ，シラネセンキュウ，ハマニュウ，ジャゴケ等成虫の産卵に適した柔らかい組織をもつ植物が生育する水温の低い河川源流域の急流に生息する．幼虫は流れの速い瀬の瀬石の隙間等に潜んで生活している．平板状を呈する腹面を石の表面にくっつけて巧みに石面を這う．

不均翅亜目　Anisoptera Selys, 1840

日本にはムカシヤンマ科・ヤンマ科・サナエトンボ科・ミナミヤンマ科・オニヤンマ科・ミナミヤマトンボ科・ヤマトンボ科・エゾトンボ科・トンボ科の9科が分布している．

幼虫の科の検索表

1a　下唇基節が平たいシャモジ形で，折り畳んだときには頭部の下面を覆う ……… 2（図77）
1b　下唇基節が底の深いスプーン形で，折り畳んだときには頭部の前面を覆う … 4（図78）
2a　触角は4節で，第3節が大きく棒状・ヘラ状・シャモジ状・ウチワ状等形に色々な変化がある ……………………………………… サナエトンボ科　Gomphidae（図79）
2b　触角は6節もしくは7節で紐状か糸状である ……………………………………… 3
3a　触角は6節で太短い ………………………… ムカシヤンマ科　Petaluridae（図80）
3b　触角は7節で細長い ……………………………… ヤンマ科　Aeshnidae（図81）

イトトンボ科, ムカシトンボ科　31

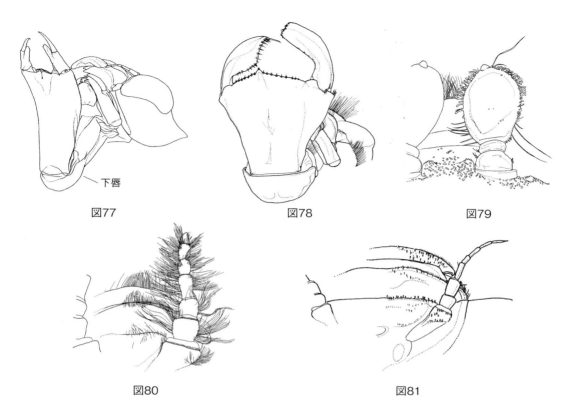

図77　コシボソヤンマ *Boyeria maclachlani*　頭部下面.　図78　シオカラトンボ *Orthetrum albistylum speciosum* 頭部下面.　図79　ヒメホソサナエ *Leptogomphus yayeyamensis*　触角.　図80　ムカシヤンマ *Tanypteryx pryeri* 触角.　図81　ミルンヤンマ *Planaeschna milnei milnei*　触角

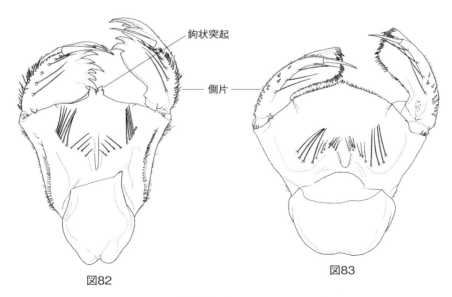

図82　オニヤンマ *Anotogaster sieboldii*　下唇基節内面.　図83　シマアカネ *Boninthemis insularis*　下唇基節内面

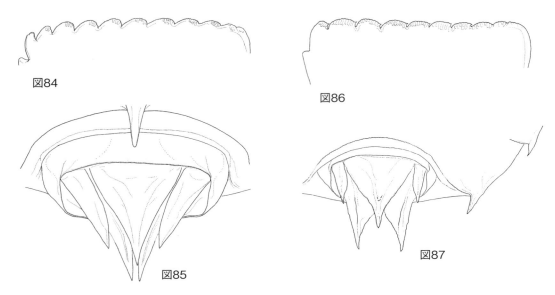

図84　モリトンボ *Somatochlora graeseri graeseri*　下唇基節側片内面の前縁. 図85　モリトンボ *Somatochlora graeseri graeseri*　肛錐. 図86　シマアカネ *Boninthemis insularis*　下唇基節側片内面の前縁. 図87　ホソアカトンボ　*Agrionoptera insignis insignis*　肛錐

4a　下唇基節中片の前縁中央部に1対の鉤状突起があり，側片の前縁が大小の鋭い歯に分かれる ……………………………………………………………………………………… 5（図82）
4b　下唇基節中片の前縁中央部に鉤状突起がなく，側片の前縁はほぼ同大の小さい鋸歯列になる ……………………………………………………………………………………… 6（図83）
5a　腹部には第8，9節に側棘がある ………………… オニヤンマ科　Cordulegastridae（図151）
5b　腹部に側棘がない ……………………………………… ミナミヤンマ科　Chlorogomphidae
6a　下唇基節側片の前縁の各鋸歯の間は深く，その深さが鋸歯1個の1/4〜1/2である．肛錐の尾毛が長く，肛側片の長さの1/2より長い ……………………………… 7（図84, 85）
6b　下唇基節側片の前縁の各鋸歯の間は浅く，その深さが鋸歯1個の1/10〜1/6である．肛錐の尾毛が短く，肛側片の長さの1/2より短い …… トンボ科　Libellulidae（図86, 87）
7a　脚は著しく長く，後腿節長は頭幅の1.4倍以上 ………………… ヤマトンボ科　Macromiidae
7b　脚は長いが，後腿節長は頭幅の1.4倍に達しない …………………………………………… 8
8a　触角は短く，頭幅の約1/2の長さ …………… ミナミヤマトンボ科　Gomphomacromiidae
8b　触角はやや長く，頭幅の約3/5の長さ ……………………… エゾトンボ科　Corduliidae

ムカシヤンマ科　Petaluridae Needham, 1903

日本にはムカシヤンマ属1属が分布している．

ムカシヤンマ属　*Tanypteryx* Kennedy, 1917（全形図29）

日本にはムカシヤンマ1種が分布している．　　　　　　　　　　　　　　［本州と佐渡島，九州］
ムカシヤンマ　*Tanypteryx pryeri* (Selys, 1889)
体長32.3〜39.7 mm；頭長5.8〜7.0 mm；頭幅7.9〜9.0 mm；触角長3.0〜4.2 mm；後翅長8.9〜

11.2 mm；後腿節長7.0～8.2 mm．［羽化殻の計測値］

主に低山地や山地の湿地や斜面の湧水地で，水が滴り落ちるような場所に生息している．特異な環境ということもあって産地はかなり局所的である．幼虫はたっぷり湿った土やコケの間にトンネルを掘って生活している．春先の日中には，トンネルの入り口で頭胸の前半を外にだしてじっとうずくまっているのが観察される．トンネルの入り口は直径が幼虫の頭より一回り大きく，深さは5～15 cmぐらいで，奥がやや広まった行き止まりに終わり，色々な形に曲がっていて，中に水の溜まっていることが多い．

ヤンマ科　Aeshnidae Rambur, 1842,

日本にはサラサヤンマ属・コシボソヤンマ属・ミルンヤンマ属・アオヤンマ属・カトリヤンマ属・ヤブヤンマ属・ルリボシヤンマ属・トビイロヤンマ属・ギンヤンマ属・ヒメギンヤンマ属[*7]の10属が分布（一部偶産飛来記録）している．

[*7] 日本ではヒメギンヤンマ属はヒメギンヤンマ1種が偶産飛来種として知られ，幼虫および羽化殻がみつかっていない．よって以下の幼虫の検索表から省いた．

幼虫の属の検索表

1a	触角は頭長とほぼ同じ長さ ……………… サラサヤンマ属 *Sarasaeschna*（全形図30）
1b	触角は頭長の2/3以下の長さ ………………………………………………………… 2
2a	頭部と前胸のそれぞれの側縁はほぼ一直線につながる ……………………………… アオヤンマ属 *Aeschnophlebia*（全形図31）
2b	頭部と前胸のそれぞれの側縁の間には明らかな凹みがある ………… 3（全形図32）
3a	複眼は頭部の側縁につき，半球状に軽く膨出する …… ギンヤンマ属 *Anax*（全形図33）
3b	複眼は頭部の前側角につき，球状に強く膨出する ………………… 4（全形図34）
4a	下唇基節中片の中央欠刻の両側に顕著な歯状突起がある ………………… 5（図88）
4b	下唇基節中片の中央欠刻の両側に顕著な歯状突起がない ………………… 6（図89）
5a	腹部第5節の側棘は大きく鋭い ……………… コシボソヤンマ属 *Boyeria*（図90）
5b	腹部第5節の側棘は小さくほとんど痕跡的 ……… ミルンヤンマ属 *Planaeschna*（図91）
6a	下唇基節中片の中央欠刻の落ち口の両脇は微小突起がなく丸い ………… 7（図92）
6b	下唇基節中片の中央欠刻の落ち口の両脇は微小突起があり角張る ……… 8（図93）
7a	下唇基節側片の端鉤は大きく，可動鉤上に短い刺毛の列がある ……………………………… ルリボシヤンマ属 *Aeshna*（図92）
7b	下唇基節側片の端鉤は小さく，可動鉤上に長い刺毛の列がある ……………………………… トビイロヤンマ属 *Anaciaeschna*（図94）
8a	下唇基節の側片上に側刺毛がある …………… カトリヤンマ属 *Gynacantha*（図93）
8b	下唇基節の側片上に側刺毛がない …………… ヤブヤンマ属 *Polycanthagyna*（図89）

サラサヤンマ属　*Sarasaeschna* **Karube et Yeh, 2001**（全形図30）

これまで所属されていた *Oligoaeschna* 属が再検討され，東アジアに分布する種群に対して新たに属が創設され，日本に分布する2種が移動された．[15)]

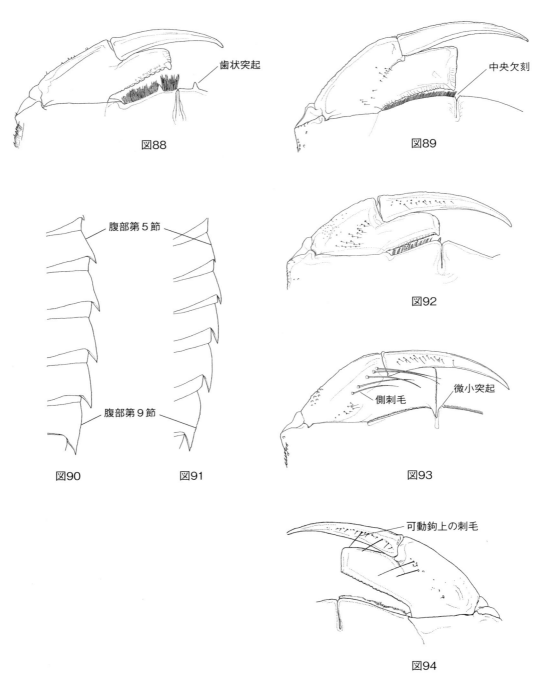

図88　コシボソヤンマ Boyeria maclachlani　下唇基節側片内面．図89　ヤブヤンマ Polycanthagyna melanictera 下唇基節側片内面．図90　コシボソヤンマ Boyeria maclachlani　腹部第5～9節側縁．図91　ミルンヤンマ Planaeschna milnei milnei　腹部第5～9節側縁．図92　イイジマルリボシヤンマ Aeshna subarctica subarctica 下唇基節側片内面．図93　カトリヤンマ Gynacantha japonica　下唇基節側片内面．図94　トビイロヤンマ Anaciaeschna jaspidea　下唇基節側片内面

幼虫の種の検索表

1a 腹部第6節の側棘は痕跡的で，第7，8節の側棘の先端は後方に突出する
　　……………………オキナワサラサヤンマ　*Sarasaeschna kunigamiensis*［沖縄島北部］
1b 腹部第6節の側棘は明瞭で，第7，8節の側棘の先端は外方に突出する
　　……………………………………………サラサヤンマ　*Sarasaeschna pryeri*
　　　　　　　　［北海道の一部，本州と隠岐，四国，九州と対馬・屋久島・種子島］

サラサヤンマ　*Sarasaeschna pryeri* (Martin, 1909)

体長31.2～35.5 mm；頭長3.4～3.9 mm；頭幅5.7～7.0 mm；触角長3.7～3.8 mm；後翅長7.0～7.5 mm；後腿節長6.2～7.1 mm；♀前産卵管長2.9～3.2 mm.

主に丘陵地や低山地のハンノキやヤナギ類が疎生する湿地林に生息する．幼虫は落ち葉などに覆われた湿った地面のくぼみの水溜りの水面近くに重なっている落ち葉の隙間に張り付くように潜んでいる．特にくぼ地の水が伏流となって緩やかに流れている場所に多い．

オキナワサラサヤンマ　*Sarasaeschna kunigamiensis* (Ishida, 1972)

体長27.8～31.5 mm；頭幅5.3～5.5 mm；腹幅4.7～5.5 mm；後翅長6.4～7.0 mm；後腿節長5.1～5.6 mm．［Kawashima (2003)］

成虫は山間の樹林に囲まれた湿地や谷川沿いの小空間等でみつかっている．幼虫は佐藤（1988）によれば，河川源流部の河床が頻繁に干上がるような場所の水辺から少し離れた湿った陸地の転石下からみつけたという．いずれも羽化前の終齢幼虫ばかりだったため，ムカシトンボなどにみられる羽化を控えた一時的な生活場所である可能性も考えられるという．

コシボソヤンマ属　*Boyeria* McLachlan, 1896 （全形図35）

日本にはコシボソヤンマ1種が分布している．

　　［北海道の道央，本州と粟島・佐渡島・隠岐，四国，九州と対馬・五島列島・屋久島・種子島］

コシボソヤンマ　*Boyeria maclachlani* (Selys, 1883)

体長38.4～44.5 mm；頭長4.2～4.8 mm；頭幅8.7～9.2 mm；触角長2.5～2.7 mm；後翅長9.4～11.8 mm；後腿節長8.5～8.9 mm；♀前産卵管長3.2～3.5 mm.

平地や丘陵地の木陰の多い清流に生息する．幼虫は水中に露呈した植物の細い根束や挺水植物の根際などにつかまって生活している．捕まえると脚を縮めて体を背面に強く反らせ，擬死を装う．

ミルンヤンマ属　*Planaeschna* McLachlan, 1896 （全形図32）

幼虫の種および亜種の検索表

1a 後頭片の背面後側角に鋭く突出した小さな角状突起がある
　　…………………………イシガキヤンマ　*Planaeschna ishigakiana*[8]（図95）
1b 後頭片の背面後側角は丸みがあるか，角張っても角状突起がない ……………2（図96）
2a 肛側片は短く，肛上片の1.1倍以下 ………サキシマヤンマ　*Planaeschna risi sakishimana*
　　　　　　　　　　　　　　　　　　　　　　［八重山諸島の石垣島・西表島］（図97）
2b 肛側片は長く，肛上片の1.3倍以上 ………… ミルンヤンマ　*Planaeschna milnei*[9]（図98）
[8] イシガキヤンマには原名亜種の他にアマミヤンマ1亜種が日本から知られている．各亜種は以下の検索表で同定することができるが，産地が重要な同定のための目安になる．
　　1a 腹部第6～9節に側棘がある …イシガキヤンマ　*Planaeschna ishigakiana ishigakiana*
　　　　　　　　　　　　　　　　　　　　　　　　　　　　　［八重山諸島の石垣島・西表島］

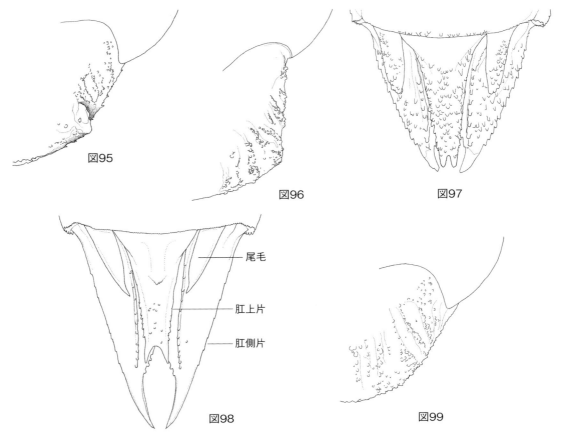

図95　イシガキヤンマ Planaeschna ishigakiana ishigakiana　後頭片．図96　ミルンヤンマ Planaeschna milnei milnei　後頭片．図97　サキシマヤンマ Planaeschna risi sakishimana　肛錐．図98　ミルンヤンマ Planaeschna milnei milnei　肛錐．図99　ヒメミルンヤンマ Planaeschna milnei naica　後頭片

　　　1b　腹部第5〜9節に側棘がある
　　　　　　………………………………… アマミヤンマ　Planaeschna ishigakiana nagaminei ［奄美大島］
*9　分子系統学的な解析により，これまで独立種とされていたヒメミルンヤンマはミルンヤンマの亜種とされた．各亜種は以下の検索表で同定することができる．[16]
　　　1a　後頭片背面の後側角が角張る ……………… ミルンヤンマ　Planaeschna milnei milnei
　　　　　［北海道の一部，本州と佐渡島・隠岐，四国，九州とその西南部の属島］（図96）
　　　1b　後頭片背面の後側角が丸い ……………… ヒメミルンヤンマ　Planaeshna milnei naica
　　　　　　　　　　　　　　　　　　　　　　　　　　　　　　　　　［奄美大島と徳之島］（図99）

ミルンヤンマ　Planaeschna milnei milnei (Selys, 1883)
　体長24.6〜33.0 mm；頭長3.4〜4.1 mm；頭幅6.8〜7.9 mm；触角長1.8〜2.4 mm；後翅長7.0〜8.4 mm；後腿節長6.3〜7.5 mm；♀全産卵管長2.1〜2.8 mm.
　主に山間の森林に囲まれた陰湿な渓流に生息する．幼虫は流れの緩やかな植物性沈積物の多い淵やよどみに棲み，沈積物の間に隠れて生活している．また，冬季にほとんど水のなくなった流れの湿った石下で蹲って越冬している中齢期の数頭の集団をみつけたこともある．

ヒメミルンヤンマ　*Planaeschna milnei naica* Ishida, 1994
体長31.5～33.0 mm；頭長3.9～4.7 mm；頭幅6.8～7.4 mm；触角長1.9～2.2 mm；後翅長7.0～7.6 mm；後腿節長6.5～7.1 mm；♀前産卵管長2.3～2.7 mm.
ミルンヤンマと同様，山間の森林に囲まれた陰湿な渓流に生息する．幼虫は流れの緩やかな植物性沈積物の多い淵やよどみに棲み，沈積物の間に隠れて生活している．奄美大島では同属のアマミヤンマと混生していることが多いが，アマミヤンマより環境適応性が広く，より広い範囲にみられる．

サキシマヤンマ　*Planaeschna risi sakishimana* Asahina, 1964
体長23.9～39.7 mm；頭長3.3～4.1 mm；頭幅6.8～7.7 mm；触角長2.1～2.3 mm；後翅長7.7～8.3 mm；後腿節長6.3～7.8 mm；♀前産卵管長2.5～2.8 mm.
ミルンヤンマとほぼ同様，山間の森林に囲まれた陰湿な渓流に生息する．幼虫は流れの緩やかな植物性沈積物の多い滝壺や淵，よどみなどに棲み，沈積物の間に隠れて生活している．夜間，付近を活発に歩き回って餌を探すのが観察されている．

イシガキヤンマ　*Planaeschna ishigakiana ishigakiana* Asahina, 1951
体長34.0～35.4 mm；頭幅8.0～8.5 mm；後腿節長6.0～6.2 mm；腹幅（第6節）6.0～6.2 mm.〔松木（1989），松木・山本（1990）〕
主に山間の森林に囲まれた陰湿な渓流に生息する．幼虫は西表島では川幅5～6 mの上流域で，流れに洗われる植物の細い根束に潜り込んでいたものが採集されている．サキシマヤンマより環境の選択幅が狭く，より細い流れの緩やかな砂泥底を好む傾向がみられるが，まだ採集例が少なく，さらに検討が必要である．

アマミヤンマ　*Planaeschna ishigakiana nagaminei* Asahina, 1988
体長34.5～34.9 mm；頭長3.4～3.9 mm；頭幅7.0～7.3 mm；触角長2.2～2.3 mm；後翅長6.5～7.9 mm；後腿節長6.1～6.4 mm；♀前産卵管長2.1～2.5 mm.
ミルンヤンマの生息環境とほぼ同様，山間の森林に囲まれた陰湿な渓流に生息する．幼虫は流れの緩やかな植物性沈積物の多い淵やよどみに棲み，沈積物の間に潜んで生活している．奄美大島ではヒメミルンヤンマと混生していることが多いが，ヒメミルンヤンマより環境適応の幅が狭く，より山深い源流域の川岸に植物があって，その細い根束が緩やかな流れに洗われているような場所を好む傾向がみられる．

アオヤンマ属　*Aeschnophlebia* Selys, 1883（全形図31, 36）
幼虫の種の検索表

1a　腹部第8～9節に背棘がある……………………ネアカヨシヤンマ　*Aeschnophlebia anisoptera*
　　〔宮城県と関東・信越地方以西の本州と隠岐，四国，九州と対馬・甑島列島〕（全形図31）
1b　腹部に背棘がない…………………………………アオヤンマ　*Aeschnophlebia longistigma*
　　〔北海道，本州と隠岐，四国，九州と対馬〕（全形図36）

アオヤンマ　*Aeschnophlebia longistigma* Selys, 1883
体長48.0～49.1 mm；頭長4.7～5.0 mm；頭幅8.6 mm内外；触角長2.4～2.5 mm；後翅長10.2～10.5 mm；後腿節長7.4～7.5 mm；♀前産卵管長3.8 mm内外.
低地や平地のヨシ・ガマ等背丈が1.5 mを超す挺水植物が密生する，やや泥深い富栄養型ないし腐植栄養型の池沼や水郷地域の溝川などに生息する．幼虫は挺水植物の根際や水底に溜まった植物性沈積物につかまって生活している．

ネアカヨシヤンマ　*Aeschnophlebia anisoptera* Selys, 1883
　体長37.0〜43.3 mm；頭長4.0〜4.6 mm；頭幅8.6〜9.2 mm；触角長2.6〜2.8 mm；後翅長8.9〜9.6 mm；後腿節長8.1〜8.9 mm；♀前産卵管長2.7 mm 内外.
　主に平地や丘陵地のヨシやマコモ・ガマ等背丈が1.5 m を超す挺水植物が密生する，やや泥深い池沼に生息する．近くに森林がある丘陵地の沼を好む性質が強く，しばしば丘懐の長期間放置されている休耕田にもみられる．低湿地の比較的明るい沼沢に多いアオヤンマとは一線を画している．雌は湿った土中に産卵するため，水辺に湿った土の露呈部を伴うことも必要条件になる．幼虫は挺水植物の根際や植物性沈積物の陰に潜んで生活している．

カトリヤンマ属　*Gynacantha* Rambur, 1842（全形図34）
幼虫の種の検索表

　1a　腹部第5節に側棘がない ………………………………… カトリヤンマ　*Gynacantha japonica*
　　　　　　　　　　［北海道南端，本州と粟島・佐渡島・隠岐，四国，九州と
　　　　　　　　　　　壱岐・対馬・五島列島および沖縄島以北の琉球列島］
　1b　腹部第5節に側棘がある …………… リュウキュウカトリヤンマ　*Gynacantha ryukyuensis*
　　　　　　　　　　　　　　　　　　　　　　　　　［種子島以南の琉球列島の各島］

カトリヤンマ　*Gynacantha japonica* Bartenef, 1909
　体長27.1〜33.8 mm；頭長3.5〜4.8 mm；頭幅6.5〜7.5 mm；触角長2.4〜3.0 mm；後翅長6.6〜8.2 mm；後腿節長6.1〜6.9 mm；♀前産卵管長3.0〜3.4 mm.
　主に丘陵地の低山地の挺水植物が繁茂する木陰の多い池沼や，植物性沈積物のある溜り水，湿地の滞水，水はけの悪い丘懐の水田および畦間の小流などに生息する．幼虫は主に，水底の植物性沈積物の陰に潜んで生活しているが，時に挺水植物につかまっていることもある．

リュウキュウカトリヤンマ　*Gynacantha ryukyuensis* Asahina, 1962
　体長36.3〜38.2 mm；頭長5.2〜5.4 mm；頭幅8.5〜8.8 mm；触角長3.4〜3.5 mm；後翅長9.6〜10.3 mm；後腿節長8.5〜9.2 mm；♀前産卵管長2.3〜2.4 mm.
　主に丘陵地の挺水植物が繁茂する富栄養型あるいは腐植栄養型の木陰のある池沼や，湿地の滞水，丘懐の水はけの悪い水田あるいは丘裾の森林に囲まれた緩流などに生息する．カトリヤンマに比べて一回り草深い環境を好む傾向がある．幼虫は挺水植物の根際や水底の植物性沈積物の陰に潜んで生活している．

ヤブヤンマ属　*Polycanthagyna* Fraser, 1933（全形図37）
日本にはヤブヤンマ1種が分布している.
　　　　［本州と佐渡島・隠岐および伊豆諸島，四国，九州とその属島および沖縄島以北の琉球列島］

ヤブヤンマ　*Polycanthagyna melanictera* (Selys, 1883)
　体長37.5〜42.5 mm；頭長5.5〜6.5 mm；頭幅8.3〜9.3 mm；触角長3.2〜3.6 mm；後翅長9.3〜10.2 mm；後腿節長8.1〜9.3 mm；♀前産卵管長3.5〜3.8 mm.
　主に丘陵地や低山地の植物性沈積物が多い木陰のある池沼や水溜りに生息する．野壺等人工の閉塞的な小水域にもしばしばみつかる．幼虫は水底に溜まった植物性沈積物の陰に潜んで生活している．

ヤンマ科 39

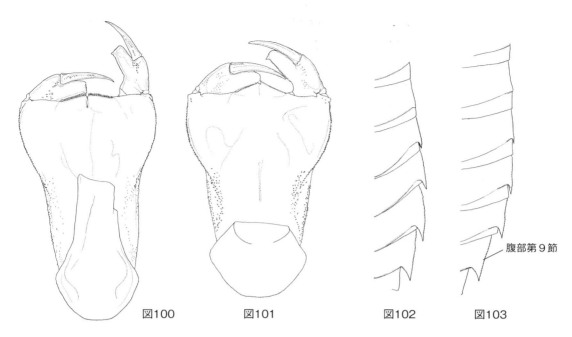

図100 マダラヤンマ Aeshna mixta soneharai 下唇基節内面．図101 オオルリボシヤンマ Aeshna crenata 下唇基節内面．図102 オオルリボシヤンマ Aeshna crenata 腹部第5〜9節側縁．図103 ルリボシヤンマ Aeshna juncea 腹部第5〜9節側縁．

ルリボシヤンマ属　Aeshna Fabricius, 1775（全形図38）
幼虫の種の検索表

1a 腹部第7〜9節に側棘がある
　　……………………… イイジマルリボシヤンマ　Aeshna subarctica subarctica ［北海道］
1b 腹部第6〜9節に側棘がある …………………………………………………………………… 2
2a 下唇基節は細長く，長さの最大幅の1.6倍より長い
　　… マダラヤンマ　Aeshna mixta soneharai ［北海道，北陸・信越地方以北の本州］（図100）
2b 下唇基節は短く，長さは最大幅の1.6倍より短い ………………………… 3（図101）
3a 腹部第6節の側棘は大きく鋭い ……………………… オオルリボシヤンマ　Aeshna crenata
　　　　　　［北海道と日本海側の属島，本州と佐渡島，四国の一部，九州の一部］（図102）
3b 腹部第6節の側棘は小さく不明瞭………………………………… ルリボシヤンマ　Aeshna juncea
　　　　　　　　　　　　［北海道とその属島，本州，四国東部，対馬］（図103）

ルリボシヤンマ　Aeshna juncea (Linnaeus, 1758)
　体長36.0〜38.7 mm；頭長5.8〜6.1 mm；頭幅9.0〜9.1 mm；触角長3.0〜3.2 mm；後翅長9.9〜10.2 mm；後腿節長8.3〜9.4 mm；♀前産卵管長1.9〜2.2 mm.
　主に寒冷な湿原や抽水植物が繁茂する泥炭地の比較的浅くて小さい池沼や滞水などに生息する．幼虫は池塘の縁のくぼみや，水底の植物性沈積物の陰などで生活している．

オオルリボシヤンマ　Aeshna crenata Hagen, 1856
　体長36.3〜38.2 mm；頭長5.2〜5.4 mm；頭幅8.5〜8.8 mm；触角長3.4〜3.5 mm；後翅長9.6〜10.3 mm；後腿節長8.5〜9.2 mm；♀前産卵管長2.3〜2.4 mm.
　これまで日本特産種とされてきた本種は，分子系統学的な解析により旧北区に広く分布するAeshna

crenata と差異がないことが判明し，これまで与えられてきた *Aeshna nigroflava* Martin, 1908 は同物異名であるとして学名が変更された．[17]

　主に寒冷な地域の湿原の大規模で深い滞水や挺水植物や浮葉植物・沈水植物などが繁茂する泥炭地の池沼などに生息し，北海道では塘路湖やシラルトロ湖，屈斜路湖，網走湖など各地の大湖にも産する．ルリボシヤンマより大きくて深い水域を好み，混生地では両者の間にかなりはっきりした棲み分けが認められる．幼虫は主に，池塘の縁のくぼみや水底に溜まった植物性沈積物の陰に潜んで生活しているが，浮葉植物が繁茂している池沼ではその葉柄につかまっていることも多い．

イイジマルリボシヤンマ　*Aeshna subarctica subarctica* Walker, 1908

　体長37.2〜39.9 mm；頭長6.0〜6.2 mm；頭幅7.5〜8.1 mm；触角長2.6〜2.8 mm；後翅長8.0〜8.6 mm；後腿節長6.0〜6.4 mm．

　寒冷地の湿原に生息し，海抜0 mに近い低地から1000 mを超す高所までみられ，大雪山沼の平（標高約1400 m）にも産する．幼虫はスゲ類やアヤメ，ヨシ等の挺水植物が密生するごく浅い滞水やヤチヤナギ，コケモモ等の湿生灌木，地衣類が生育する著しく小規模な池塘に生息しており，池塘の縁のくぼみや水底に溜まった植物性沈積物の間に潜んで生活している．

　釧路湿原ではルリボシヤンマ・オオルリボシヤンマ・イイジマルリボシヤンマの3種が混生するが，広々とした開放水面のある大きくて深い池沼にオオルリボシヤンマが，それより狭くて浅い挺水植物が繁茂する小さい池沼にルリボシヤンマが棲み，挺水植物や湿生灌木，地衣類が生育するほとんど水面のみえない著しく小さく浅い池塘にイイジマルリボシヤンマが生息している．棲み分けは単に幼虫だけでなく，未熟な成虫の摂食場所および成熟雄の縄張り占有領域および飛翔する高さにもそれぞれ微妙な違いが認められる．

マダラヤンマ　*Aeshna mixta soneharai* Asahina, 1988

　体長34.9 mm；頭長5.3 mm；頭幅7.7 mm；触角長4.1 mm；後翅長8.2 mm；後腿節長6.4 mm；♀前産卵管長4.3 mm．

　主に丘裾の平坦地のよく開けたフトイ，ヨシ・ガマなど背丈の高い挺水植物が密生する泥深い池沼に生息する．幼虫は比較的水深の浅い藻などのよく繁茂した水域を好み，特に成熟した終齢幼虫は水際のフトイなど挺水植物の根際につかまっていることが多い．

トビイロヤンマ属　*Anaciaeschna* Selys, 1878（全形図39）
幼虫の種の検索表

1a　下唇基節側片の端鉤は小さいが明瞭で，内縁の鋸歯とはっきり区別できる
　………………………………………………………………マルタンヤンマ　*Anaciaeschna martini*
　　［東北の一部・北陸・関東北部以西の本州と佐渡島・隠岐，四国，九州と壱岐・対馬・五島列島・天草諸島・甑島列島・大隅諸島］（図104）

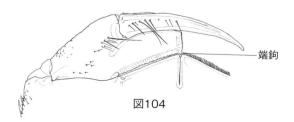

図104　マルタンヤンマ *Anaciaeschna martini* 　下唇基節側片内面

1b 下唇基節側片の端鉤はまったく不明瞭で，内縁の鋸歯と区別がつかない
・・ トビイロヤンマ *Anaciaeschna jaspidea*
〔小笠原諸島の父島・母島，トカラ列島以南の琉球列島〕（図94）

トビイロヤンマ *Anaciaeschna jaspidea* (Burmeister, 1839)

体長35.6(30.0～37.0)mm；頭長5.9(5.2～5.4)mm；頭幅7.8(7.4～8.0)mm；触角長3.6(3.4～3.5)mm；後翅長8.6(7.5～8.5)mm；後腿節長5.9(5.0～6.0)mm；♀前産卵管長(2.3～2.4mm).〔( ) 内は松木・尾花（1985）〕

主に平地の暖地性低層湿原や挺水植物が繁茂する浅い滞水域，長期間放置されている休耕田や畦間の溝などに生息する．幼虫は密生する挺水植物の根際や水底に溜まった植物性沈積物の陰などに潜んで生活している．

マルタンヤンマ *Anaciaeschna martini* (Selys, 1897)

体長30.7～37.8 mm；頭長5.0～5.5 mm；頭幅7.8～8.3 mm；触角長2.1～2.5 mm；後翅長8.3～9.1 mm；後腿節長6.6～7.1 mm；♀前産卵管長1.5～1.7 mm.

平地や丘陵地の大型カヤツリグサやホテイアオイ，ミズアオイ等，株が扇型に広がる挺水植物や浮き草が繁茂する比較的浅い池沼や沼沢に生息し，しばしば木陰の多い社寺の境内池にも産する．幼虫は挺水植物の根際や水底に溜まった植物性沈積物の陰に潜んで生活している．

ギンヤンマ属　*Anax* Leach, 1815*10（全形図33）
幼虫の種の検索表

1a 下唇基節側片の内葉片は先端の外角が直角に近い角度で屈折し，前縁が切り立つ
・・ ギンヤンマ *Anax parthenope julius*
〔属島も含む北海道，本州および伊豆・小笠原諸島，四国，九州および琉球列島〕（図105）

1b 下唇基節側片の内葉片は先端の外角が鈍角で曲がり，前縁が斜めに切れる　…2（図106）

2a 下唇基節は細長く，長さは最大幅の2.0倍より長い　……… オオギンヤンマ *Anax guttatus*
〔琉球列島の各島と日本各地の飛来記録〕（図107）

2b 下唇基節は短く，長さは最大幅の1.9倍より短い ・・・・・・・・・・・・・・・・・・・・ 3（図108）

3a 尾毛は細長く肛上片の長さの3/5を超える
・・・・・・・・・・・・・・・・・・・・・・・・・・・・・ クロスジギンヤンマ *Anax nigrofasciatus nigrofasciatus*
〔北海道南端，本州と佐渡島，四国，九州と壱岐・対馬・五島列島・天草諸島・甑島列島・種子島・奄美大島〕（図109）

3b 尾毛は短く肛上片の長さの1/2をわずかに超える程度
・・・・・・・・・・・・・・・・・・・ リュウキュウギンヤンマ *Anax panybeus*〔琉球列島の各島〕（図110）

*10 本属は，他にアメリカギンヤンマ *Anax junius* (Drury, 1770) 1種が日本から記録されている．幼虫や羽化殻は記録されていないため，本書では偶産飛来としてこの種を検索表から省いた．

ギンヤンマ *Anax parthenope julius* Brauer, 1865

体長38.0～43.8 mm；頭長6.3～7.3 mm；頭幅8.4～8.7 mm；触角長3.0～3.2 mm；後翅長9.7～10.5 mm；後腿節長9.8～10.6 mm；♀前産卵管長1.7～1.8 mm.

成虫は，平地から低山地に至る明るく広い，均一的空間を好む性質が強く（典型的な農耕依存種），挺水植物や浮葉植物，沈水植物が繁茂する開放的で比較的大きい池沼（溜め池）や湿地の滞水，水郷の溝川などに生息する．水田や灌漑用の小流にも棲み，しばしば公園の池や社寺の境内池でもみ

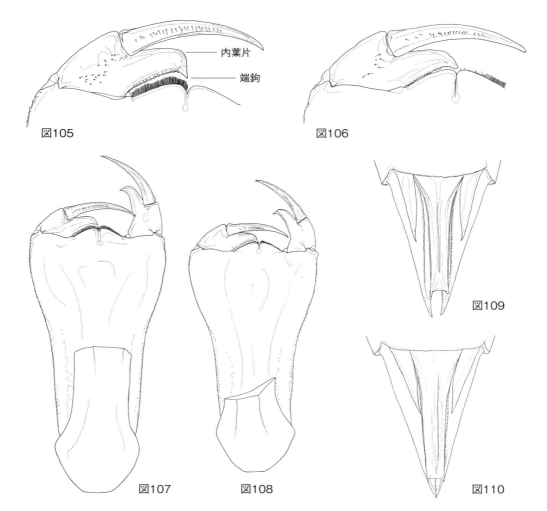

図105 ギンヤンマ Anax parthenope julius 下唇基節側片内面. 図106 クロスジギンヤンマ Anax nigrofasciatus nigrofasciatus 下唇基節側片内面. 図107 オオギンヤンマ Anax guttatus 下唇基節内面. 図108 リュウキュウギンヤンマ Anax panybeus 下唇基節内面. 図109 クロスジギンヤンマ Anax nigrofasciatus nigrofasciatus 肛錐. 図110 リュウキュウギンヤンマ Anax panybeus 肛錐.

かける．幼虫は挺水植物の水中に没した茎や沈水植物の茂みにつかまっていることが多いが，水底に溜まった植物性沈殿物の陰に潜んでいることもある．

クロスジギンヤンマ　　Anax nigrofasciatus nigrofasciatus Oguma, 1915

体長39.8～43.9 mm；頭長6.7～7.5 mm；頭幅8.8～9.3 mm；触角長3.2～3.5 mm；後翅長9.7～12.4 mm；後腿節長10.2～10.7 mm；♀前産卵管長1.9～2.0 mm.

平地から低山地に至る挺水植物や浮葉植物，沈水植物が繁茂する池沼に生息し，市街地の社寺の境内池にもよくみられる．比較的木陰の多いやや鬱閉的な小規模水域を好み，極端な場合は，都心のビルの屋上に置かれた径1m前後の水蓮鉢で発生することもあって，近縁のギンヤンマが開放的な大きい池沼に多いのと対照的に棲み分けている．両種が混生する池沼では，池畔に樹木がある陰の多い場所にクロスジギンヤンマが，樹がなく明るい場所にギンヤンマが多くいる傾向が認められる．幼虫はギンヤンマと同様，水中の植物につかまったり，水底に溜まった植物性沈殿物の陰に潜

んで生活している.

オオギンヤンマ　*Anax guttatus* (Burmeister, 1839)

体長43.0 mm；頭長7.7 mm；頭幅9.2 mm；触角長3.4 mm；後翅長10.8 mm；後腿節長11.1 mm.

平地や丘陵地の挺水植物や浮葉植物,沈水植物が繁茂する池沼や暖地性低層湿原の滞水,水郷のほとんど流れのない溝川などに生息する.幼虫は他のギンヤンマ類と同様,水中の植物につかまったり,水底に溜まった植物性沈積物の陰に潜んで生活している.

リュウキュウギンヤンマ　*Anax panybeus* Hagen, 1867

体長41.1〜48.9 mm；頭長7.3〜8.1 mm；頭幅9.4〜10.0 mm；触角長3.1〜3.5 mm；後翅長10.5〜11.0 mm；後腿節長10.6〜11.9 mm；♀前産卵管長1.4〜1.8 mm.

平地や丘陵地の挺水植物や浮葉植物,沈水植物が繁茂する比較的大きい池沼や暖地性低層湿原の滞水,水郷のほとんど流れのない溝川の外,泥深い水田などにも生息する(両種の間には本州におけるクロスジギンヤンマとギンヤンマの棲み分けに似た環境選択の相違がみられる).幼虫は他のギンヤンマ類と同様,水中の植物につかまったり,水底に溜まった植物性沈積物の陰に潜んで生活している.

アメリカギンヤンマ　*Anax junius* (Drury, 1770)

〔(偶産飛来記録)小笠原諸島硫黄島〕

ヒメギンヤンマ属　*Hemianax* Selys, 1883

ヒメギンヤンマ属 *Hemianax* を認めず, *Hemianax* に属するすべての種がギンヤンマ属 *Anax* に含まれるとする研究者もあり,現在も意見の統一がなされていない.本書では *Hemianax* を認める意見に従った.本属はヒメギンヤンマ1種が日本から記録されている.[18]

ヒメギンヤンマ　*Hemianax ephippiger* (Burmeister, 1839)

〔(偶産飛来記録)本州の神奈川・静岡・福井の各県〕

サナエトンボ科　Gomphidae Rambur, 1842

日本にはミヤマサナエ属・メガネサナエ属・ホンサナエ属・アジアサナエ属・ダビドサナエ属・ヒメクロサナエ属・コサナエ属・オジロサナエ属・ヒメサナエ属・ホソサナエ属・アオサナエ属・オナガサナエ属・コオニヤンマ属・タイワンウチワヤンマ属・ウチワヤンマ属の15属が分布している.

幼虫の属の検索表

1a	後脚の跗節は2節からなる………………………………………………………	2（図111）
1b	後脚の跗節は3節からなる………………………………………………………	3（図112）
2a	体は長く,腹部は縦長の菱形……………ウチワヤンマ属　*Sinictinogomphus*	（全形図40）
2b	体は太短く,腹部は卵形……………タイワンウチワヤンマ属　*Ictinogomphus*	（全形図41）
3a	腹部は著しく扁平で,幅の広い広葉状……………コオニヤンマ属　*Sieboldius*	（全形図42）
3b	腹部は扁平でないか,扁平でも広葉状にはならない………………………………	4
4a	終齢幼虫の左右の翅芽は平行………………………………………………………	5（全形図43）
4b	終齢幼虫の左右の翅芽は角度の大小にかかわらず先が左右に開く…………	12（全形図44）
5a	前脛節の先端外角は単純で突起がない…………………メガネサナエ属　*Stylurus*	（図113）

44　トンボ目

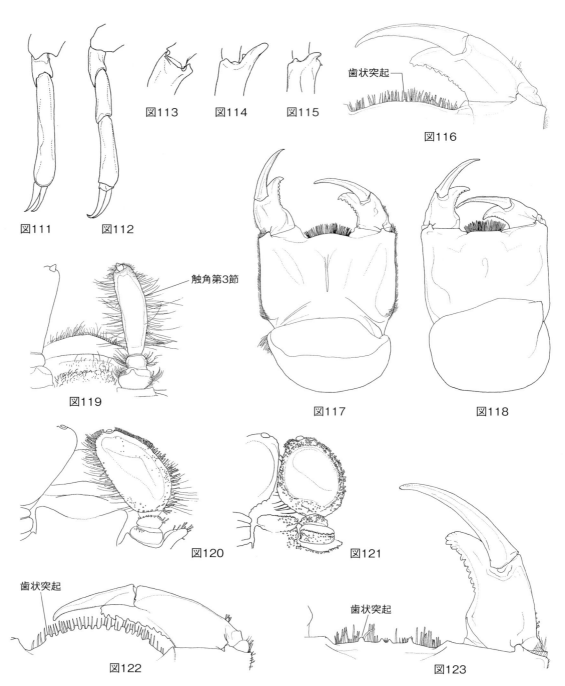

図111　タイワンウチワヤンマ Ictinogomphus pertinax　後跗節．図112　ヤマサナエ Asiagomphus melaenops 後跗節．図113　ナゴヤサナエ Stylurus nagoyanus　前脛節先端．図114　ミヤマサナエ Anisogomphus maacki 前脛節先端．図115　ヒメサナエ Sinogomphus flavolimbatus　前脛節先端．図116　ミヤマサナエ Anisogomphus maacki　下唇基節側片内面．図117　ホンサナエ Shaogomphus postocularis　下唇基節内面．図118　キイロ サナエ Asiagomphus pryeri　下唇基部内面．図119　フタスジサナエ Trigomphus interruptus　触角．図120　ヒ メサナエ Sinogomphus flavolimbatus　触角．図121　オキナワオジロサナエ Stylogomphus ryukyuanus asatoi 触角．図122　ヒメサナエ Sinogomphus flavolimbatus　下唇基節側片内面．図123　ヒメクロサナエ Lanthus fujiacus　下唇基節側片内面

194

5b	前脛節の先端外角に大小にかかわらず突起がある……………………………………………………	6
6a	前脛節の先端外角の突起は長大………………………………………………………………	7（図114）
6b	前脛節の先端外角の突起は短小………………………………………………………………	9（図115）
7a	下唇基節の中片前縁の中央に1個の歯状突起がある ……………………………………………………… ミヤマサナエ属　*Anisogomphus*	（図116）
7b	下唇基節の中片前縁に歯状突起がない………………………………………………………	8
8a	下唇基節は幅広で正方形に近く，長さは幅の1.2倍に達しない …………………………………………………………… ホンサナエ属　*Shaogomphus*	（図117）
8b	下唇基節はやや縦長の長方形で，長さは幅の1.2倍以上 ……………………………………………………………… アジアサナエ属　*Asiagomphus*	（図118）
9a	触角第3節はやや扁平な棒状………………………………… コサナエ属　*Trigomphus*	（図119）
9b	触角第3節はヘラ状かまたはウチワ状…………………………………	10（図120, 121）
10a	下唇基節の中片前縁のほぼ全域に歯状突起がある… ヒメサナエ属　*Sinogomphus*	（図122）
10b	下唇基節の中片前縁の中央部のみに歯状突起がある………………………	11（図123）
11a	腹部第7節に側棘がある……………………………………… ヒメクロサナエ属　*Lanthus*	
11b	腹部第7節に側棘がない……………………………………… オジロサナエ属　*Stylogomphus*	
12a	終齢幼虫の左右の翅芽の開きはわずかで，先端は腹部の側縁に達しない ……………………………………………………………… ダビドサナエ属　*Davidius*	（全形図44）
12b	終齢幼虫の左右の翅芽の開きは強く，先端が腹部の側縁に達するか，わずかに越える ……………………………………………………………………………………	13（全形図45）
13a	触角は細長い棒状………………………………… アオサナエ属　*Nihonogomphus*	（図124）
13b	触角はシャモジ状…………………………………………………………	14（図125）
14a	肛側片は長く，腹部第9節の長さよりも長い…… オナガサナエ属　*Melligomphus*	（図126）
14b	肛側片は短く，腹部第9節の長さよりも短い……… ホソサナエ属　*Leptogomphus*	（図127）

ミヤマサナエ属　*Anisogomphus* Selys, 1854（全形図44）

日本にはミヤマサナエ1種が分布している． ［本州，四国，九州］

ミヤマサナエ　*Anisogomphus maacki* (Selys, 1872)

体長21.7〜25.3 mm；頭長3.9〜4.2 mm；頭幅5.5〜5.8 mm；触角長2.4〜2.5 mm；後翅長6.5〜7.2 mm；後腿節長6.5〜7.1 mm.

幼虫は河川の中・下流寄りの比較的流れの緩やかな砂泥底に生息し，昼間は浅く泥に潜って生活している．

メガネサナエ属　*Stylurus* Needham, 1897（全形図43）
幼虫の種の検索表

1a	下唇基節は幅広く，前縁が最も幅広で，長さは側片の基部の位置での幅の1.3倍よりも短い…………………オオサカサナエ　*Stylurus annulatus*［本州の中部・近畿地方］	（図128）
1b	下唇基節は細長く，基部の幅が最も幅広で，長さは側片の基部の位置での幅の1.3倍よりも長い………………………………………………………………	2（図129）
2a	腹部第9節の長さは幅の1.1倍以上 ……………………………… メガネサナエ　*Stylurus oculatus* ［近畿地方以東の本州］	（図130）

46　トンボ目

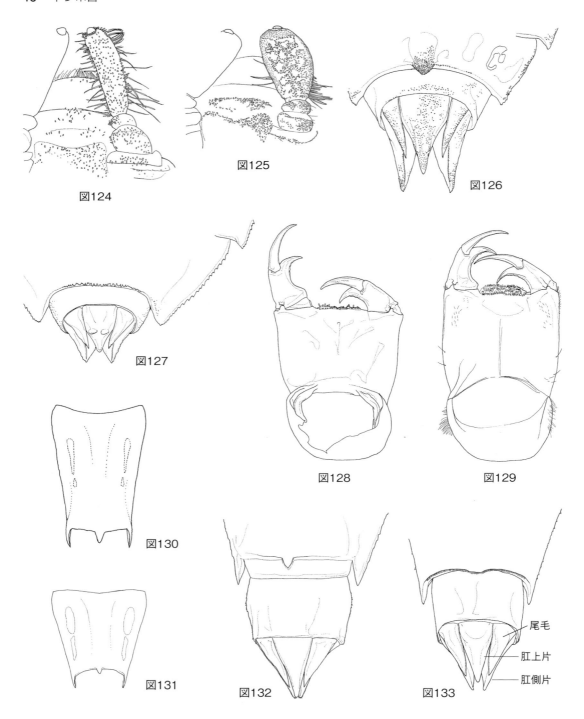

図124　アオサナエ Nihonogomphus viridis　触角．図125　オナガサナエ Melligomphus viridicostus　触角．図126　オナガサナエ Melligomphus viridicostus　肛錐．図127　ヒメホソサナエ Leptogomphus yayeyamensis　肛錐．図128　オオサカサナエ Stylurus annulatus　下唇基節内面．図129　メガネサナエ Stylurus oculatus　下唇基節内面．図130　メガネサナエ Stylurus oculatus　腹部第9節．図131　ナゴヤサナエ Stylurus nagoyanus　腹部第9節．図132　アマミサナエ Asiagomphus amamiensis amamiensis　肛錐．図133　キイロサナエ Asiagomphus pryeri　肛錐

2b　腹部第9節の長さは幅と同長かわずかに短い……………… **ナゴヤサナエ**　*Stylurus nagoyanus*
〔北海道，本州，四国，九州〕（図131）

メガネサナエ　*Stylurus oculatus* (Asahina, 1949)

体長38.2～41.8 mm；頭長4.8～4.9 mm；頭幅6.1～6.5 mm；触角長3.0～3.2 mm；後翅長8.0～8.6 mm；後腿節長5.6～6.0 mm.

主に平地の湖や大きくて泥深い池沼とその流出入河川の出入部に生息するが，まったく池沼のない河川でもみられる．例外的には長野県小海町の長湖（標高1123m）のような高所にも産する．幼虫はかなり深い水底の泥に潜って生活しているようで，琵琶湖では水深2～8m前後で最も多く採れるという．この仲間は羽化直前に沖合いから岸辺に向かって，ほぼ直角方向に水面をジェット推進泳法で一直線に泳いできて，岸に到達すると，直ちに杭や護岸，挺水植物，時には水際の岩や砂浜に定位して時をおかずに羽化をはじめる性質がある．

ナゴヤサナエ　*Stylurus nagoyanus* (Asahina, 1951)

体長34.7～36.9 mm；頭長4.4～4.5 mm；頭幅5.9 mm内外；触角長3.0～3.2 mm；後翅長8.0～8.6 mm；後腿節長5.6～6.0 mm.

主に大河の下流部に生息するが，潮の干満のある河口部や宍道湖のような汽水湖にも産する．幼虫は揖斐川や長良川では潮の干満のある河口から10 km未満の地点の水深1.5 m前後の泥底からカレイやハゼの稚魚，マシジミ，ゴカイなどに混じって採集されている．また木曽川では感潮域からやや上流の淡水域で岸辺に近い護岸用コンクリートブロックの下の水深0.5～2mほどの泥の中から多数の幼虫が発見されている．しばしばメガネサナエと混生しているが，琵琶湖や諏訪湖ではみつかっていない．幼虫は日中は泥に浅く潜って生活している．

オオサカサナエ　*Stylurus annulatus* (Dijakonov, 1926)

体長34.9～36.3 mm；頭長4.3～4.6 mm；頭幅6.0～6.1 mm；触角長2.9～3.0 mm；後翅長6.8～7.3 mm；後腿節長5.0～5.2 mm.〔羽化殻の計測値〕

琵琶湖とそれに関連する河川でメガネサナエに混じってみられる．湖岸ではメガネサナエよりはるかに少ないが，河川域では部分的にオオサカサナエの方が多いところも知られている．羽化殻は概して河川部に多く，湖内では波の当たりの比較的強いところに多い傾向があるという．大津市の大戸川では下流域にオオサカサナエが，上流域にメガネサナエが多くみられて，両者の間に微妙な棲み分けが認められる．三重県の雲出川ではオオサカサナエのみが生息している．幼虫は琵琶湖では冬季にかなり深いところから貝曳網で採集されているが，雲出川では流れの滞った水深1mを超す泥底で泥に潜って生活しているのが確認されている．

ホンサナエ属　*Shaogomphus* Chao, 1984（全形図47）

東アジアに分布する*Gomphus*に属する種は，原名亜種が分布するヨーロッパの*Gomphus*属とは差異があるとして，新たに設けられた*Shaogomphus*属に移動された．日本にはホンサナエ1種が分布している．[19)]
〔北海道，本州と佐渡島，四国の一部，九州〕

ホンサナエ　*Shaogomphus postocularis* (Selys, 1869)

体長26.5～27.0 mm；頭長4.3～4.6 mm；頭幅5.3～5.9 mm；触角長2.6～2.8 mm；後翅長6.2～6.4 mm；後腿節長5.1～6.6 mm.

主に平地から低山地に至る泥底の小川に生息し，琵琶湖等の大きな湖にも多産する．幼虫は緩やかな流れの挺水植物の根際や植物性沈積物のある淵やよどみで砂泥に浅く潜ったり沈積物の陰に潜んで生活している．

48　トンボ目

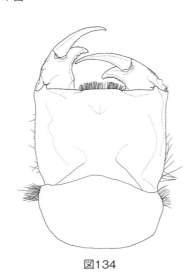
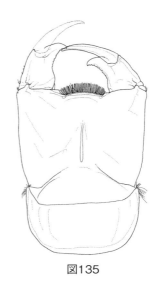

図134　　　　　　　　　　　　　　　図135

図134　ヤマサナエ Asiagomphus melaenops　下唇基節内面．図135　ヤエヤマサナエ Asiagomphus yayeyamensis 下唇基節内面

アジアサナエ属　Asiagomphus Asahina, 1985（全形図48）
幼虫の種の検索表

1a　肛上片と肛側片はほぼ同長 ………… アマミサナエ　Asiagomphus amamiensis*[11]（図132）
1b　肛上片は肛側片よりも明らかに短い…………………………………………………… 2（図133）
2a　腹部第6節に側棘がない………………………………… キイロサナエ　Asiagomphus pryeri
　　　　　　　　　　　　　　　　　　　　　　　　［関東・信越地方以西の本州，四国，九州と種子島］
2b　腹部第6節に側棘がある………………………………………………………………………… 3
3a　下唇基節は短い縦長の長方形で，両側縁がほぼ平行している
　　………… ヤマサナエ　Asiagomphus melaenops［本州と隠岐，四国，九州と甑島］（図134）
3b　下唇基節はやや長い逆台形で，両側縁がわずかに丸みを帯びる
　　…… ヤエヤマサナエ　Asiagomphus yayeyamensis［八重山諸島の石垣島と西表島］（図135）

*[11]　アマミサナエには原名亜種のほかにオキナワサナエ1亜種が日本から知られている．各亜種は以下の検索表で同定することができるが，産地が重要な同定のための目安になる．

　　1a　腹部第6節の側棘は明瞭
　　　　…………… アマミサナエ　Asiagomphus amamiensis amamiensis［奄美大島とその属島］
　　1b　腹部第6節の側棘は痕跡的ではっきりしない
　　　　……………………… オキナワサナエ　Asiagomphus amamiensis okinawanus［沖縄島北部］

ヤマサナエ　Asiagomphus melaenops (Selys, 1854)
　体長28.8～36.3 mm；頭長4.9～5.9 mm；頭幅6.2～7.0 mm；触角長3.0～3.3 mm；後翅長7.8～9.4 mm；後腿節長5.8～7.4 mm.
　平地から低山地に至る泥底のある比較的緩やかな流れに普通．時にはかなり大きい河川でもみつかることがある．幼虫は砂泥底の挺水植物の根際や植物性沈積物がある淵やよどみで砂泥の中に浅く潜ったり，植物性沈積物の陰に潜んで生活している．

キイロサナエ　Asiagomphus pryeri (Selys, 1883)
　体長26.5～36.0 mm；頭長5.0～5.5 mm；頭幅6.1～6.8 mm；触角長2.8～3.3 mm；後翅長7.3～8.3 mm；

後腿節長5.5～6.5 mm.

　平地から低山地に至る泥底のある比較的緩やかな流れに生息する．しばしばヤマサナエと混生するが，ヤマサナエほど普遍的ではない．幼虫はヤマサナエよりさらに緩やかな流れの，いっそう泥分の多い砂泥底を好む傾向があり，好条件のところではヤマサナエより圧倒的に多いこともある．挺水植物の根際や植物性沈積物がある淵やよどみで砂泥の中に潜ったり，植物性沈積物の陰に潜んで生活している．

アマミサナエ　*Asiagomphus amamiensis amamiensis* (Asahina, 1962)
　体長29.6～32.2 mm；頭幅5.4～5.7 mm；後腿節長5.6～6.3 mm．［羽化殻の計測値］
　主に山間の泥底のある清流に生息する．幼虫は比較的緩やかな流れの挺水植物の根際や，植物性沈積物のある淵やよどみの砂泥の中に浅く潜ったり植物性沈積物の陰に潜んで生活している．

オキナワサナエ　*Asiagomphus amamiensis okinawanus* (Asahina, 1964)
　体長29.3 mm；頭長5.0 mm；頭幅6.1 mm；触角長3.0 mm；後翅長8.4 mm；後腿節長6.2 mm.
　山間の泥底のある清流に生息する．幼虫は比較的緩やかな流れの挺水植物の根際や，植物性沈積物のある淵やよどみの砂泥の中に浅く潜ったり植物性沈積物の陰に潜んで生活している．

ヤエヤマサナエ　*Asiagomphus yayeyamensis* (Matsumura in Oguma, 1926)
　体長27.2～28.2 mm；頭長4.4～5.0 mm；頭幅5.6～6.3 mm；触角長2.6～3.0 mm；後翅長6.3～7.6 mm；後腿節長5.2～6.0 mm.
　山間の流水にかなり広く生息する．時には河川の源流や下流の潮の干満の影響を受ける間際でみつかることもある．幼虫は比較的緩やかな流れの挺水植物の根際や，植物性沈積物のある淵やよどみの砂泥の中に浅く潜ったり，植物性沈積物の陰に潜んで生活している．

ダビドサナエ属　*Davidius* Selys, 1878　（全形図44）
幼虫の種の検索表

1a　下唇基節前縁の歯は，前縁の凹みの幅の1/3の幅に分散する
　　　　　　　　　　　　　　　　モイワサナエ　*Davidius moiwanus**12　（図136）
1b　下唇基節前縁の歯は，前縁の凹みの幅の1/4の幅に集まる ……………… 2　（図137）
2a　雄の肛上片上の瘤は大きく，左右に強く張り出す
　　　　　　　　　　　　クロサナエ　*Davidius fujiama*［本州，四国，九州］（図138）
2b　雄の肛上片上の瘤は小さく，左右に強く張り出さない ……　ダビドサナエ　*Davidius nanus*
　　　　　　　　　　　　　　　　［本州と隠岐，四国，九州と対馬・五島列島］（図139）

*12 モイワサナエには原名亜種のほかにヒラサナエ・ヒロシマサナエの2亜種が日本から知られている．各亜種は以下の検索表で同定することができるが，産地が重要な同定のための目安になる．

　　1a　雄の肛上片の瘤状突起は，側縁から側方に向かって突出する
　　　　　　　…モイワサナエ　*Davidius moiwanus moiwanus*［北海道，信越地方以北の本州］（図140）
　　1b　雄の肛上片の瘤状突起は，背面から上方に突出する……………………… 2　（図141）
　　2a　触角第3節は比較的幅が広く，長さは幅の2.1倍程度
　　　　　　　……………ヒロシマサナエ　*Davidius moiwanus sawanoi*［本州の中国地方西部］
　　2b　触角第3節は比較的幅が狭く，長さは幅の2.3倍程度
　　　　　　　……………ヒラサナエ　*Davidius moiwanus taruii*［本州の北陸・中国地方東部］

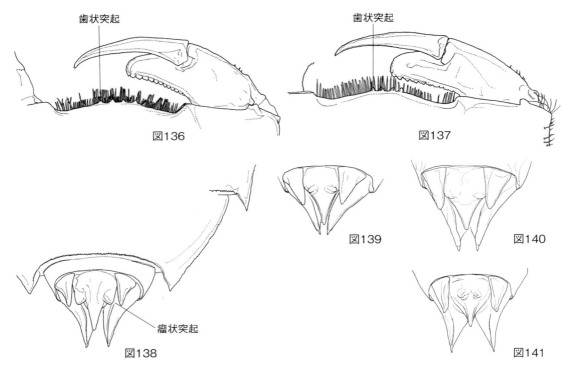

図136　モイワサナエ *Davidius moiwanus moiwanus*　下唇基節内面前縁．図137　ダビドサナエ *Davidius nanus* 下唇基節内面前縁．図138　クロサナエ *Davidius fujiama*　肛錐．図139　ダビドサナエ *Davidius nanus*　肛錐．図140　モイワサナエ *Davidius moiwanus moiwanus*　肛錐．図141　ヒラサナエ *Davidius moiwanus taruii*　肛錐

ダビドサナエ　*Davidius nanus* (Selys, 1869)

体長17.9〜22.0 mm；頭長3.3〜3.7 mm；頭幅4.3〜5.1 mm；触角長1.8〜2.1 mm；後翅長5.4〜6.1 mm；後腿節長4.4〜5.0 mm．

平地から山地に至る渓流に生息するが，大きな河川の上・中流域にも産する．同属のクロサナエと混生していることが多いが，クロサナエよりも下流を好む傾向が強い．幼虫は緩やかな流れの挺水植物の根際につかまったり植物性沈積物のある淵やよどみの砂泥底に浅く潜ったり，植物性沈積物の間に潜んで生活している．

クロサナエ　*Davidius fujiama* Fraser, 1936

体長19.8〜21.7 mm；頭長3.4〜3.8 mm；頭幅5.0〜5.3 mm；触角長2.0〜2.1 mm；後翅長5.6〜5.8 mm；後腿節長4.8〜5.4 mm．

主に山間の渓流に生息し，時にはかなり大きい河川の上・中流域にもみられる．志賀高原洗坂沢（標高1600 m）のような高標高地の記録もある．ダビドサナエと混生していることが多いが，ダビドサナエより上流を好む傾向が強い．なかには滋賀県の比良山系の河川のようにダビドサナエがほとんどいなくて本種ばかり目に付くところもある．幼虫はダビドサナエと同様，緩やかな流れの挺水植物の根際や植物性沈積物のある淵やよどみの砂泥底に浅く潜ったり，植物性沈積物の間に潜んで生活している．

モイワサナエ　*Davidius moiwanus moiwanus* (Matsumura et Okumura in Oguma, 1935)

体長20.0〜21.7 mm；頭長3.5〜3.8 mm；頭幅4.6〜5.0 mm；触角長2.1〜2.2 mm；後翅長5.0〜5.4 mm；後腿節長4.5〜4.9 mm．［羽化殻の計測値］

主に丘陵地や山地の森林に囲まれたやや陰湿な渓流の湿地の緩やかな流れに生息する．北海道では平地の清流にも産し，長野県志賀高原熊の湯（標高1650 m）のような高所記録もある．幼虫は緩やかな流れの挺水植物の根際や植物性沈積物のある淵やよどみの砂泥底に浅く潜ったり，植物性沈積物の間に潜んで生活している．

ヒラサナエ　*Davidius moiwanus taruii* Asahina et Inoue, 1973
体長17.5～19.3 mm；頭長3.2～3.5 mm；頭幅4.4～4.7 mm；触角長1.9～2.0 mm；後翅長5.0～5.2 mm；後腿節長4.0 mm 内外．

寒冷な湿地や湿原の中のスゲ類などが密生する緩やかな小流に生息し，丘裾の水田跡の細流にもみられる．幼虫は挺水植物の間の柔らかい泥の中に浅く潜って生活している．別亜種のヒロシマサナエに比べて，さらに流れが緩やかで，浅く細い流れを好む．

ヒロシマサナエ　*Davidius moiwanus sawanoi* Asahina et Inoue, 1973
体長17.0～19.2 mm；頭長3.3～3.8 mm；頭幅4.8～5.0 mm；触角長2.1～2.3 mm；後翅長5.3～5.7 mm；後腿節長4.3～4.8 mm．

広島県八幡湿原（標高700 m）では，ハンノキやヤナギ類が疎生する日当たりのよい湿原の中の小流に生息している．幼虫はかなり流れの速い水路のスゲなどが繁茂するよどみで，底に沈積する植物の陰や，柔らかい底泥の中に潜って生活している．亜種ヒラサナエに比べて，一段流れの速い水深のある流れを好む．

ヒメクロサナエ属　*Lanthus* Needham, 1897　（全形図49）
日本にはヒメクロサナエ1種が分布している．　　　　　　　　　　　　　　　　[本州と隠岐，四国，九州]

ヒメクロサナエ　*Lanthus fujiacus* (Fraser, 1936)
体長18.8～19.8 mm；頭長4.0～4.4 mm；頭幅5.0～5.5 mm；触角長2.1～2.3 mm；後翅長5.0～5.9 mm；後腿節長4.3～5.0 mm．

山間の森林に囲まれた細かい砂底の渓流に生息し，しばしばダビドサナエ属のものと混生している．ダビドサナエ属が砂底よりむしろ泥分の多い場所を好む傾向が強いのに対して本種は泥の少ないさらさらした細砂質の底を好む傾向が強い．幼虫は緩やかな流れの植物性沈積物のあるよどみに棲み，水底の砂に浅く潜ったり，沈積物の間に潜んで生活している．

コサナエ属　*Trigomphus* Bartenef, 1911　（全形図50）
幼虫の種の検索表

1a	腹部の背棘は第6～9節にあり，大きく明瞭 ………	タベサナエ *Trigomphus citimus tabei*
		[中部地方以西の本州，四国，九州と壱岐]（図142）
1b	腹部の背棘は第8～9節にあるが，小さく不明瞭 ………………………………	2（図143）
2a	腹部第10節の長さと幅はほぼ同長 ………………	コサナエ *Trigomphus melampus*
		[北海道，瀬戸内地方を除く本州と佐渡島]（図144）
2b	腹部第10節の長さは幅の1.5倍以上 ……………………………………………	3
3a	腹部第10節の長さは幅の約1.5倍 ………………	フタスジサナエ *Trigomphus interruptus*
		[中部地方以西の本州，四国，九州と壱岐]（図145）
3b	腹部第10節の長さは幅の約2.1倍 ………………	オグマサナエ *Trigomphus ogumai*
		[中部地方以西の本州，四国の一部，九州]（図146）

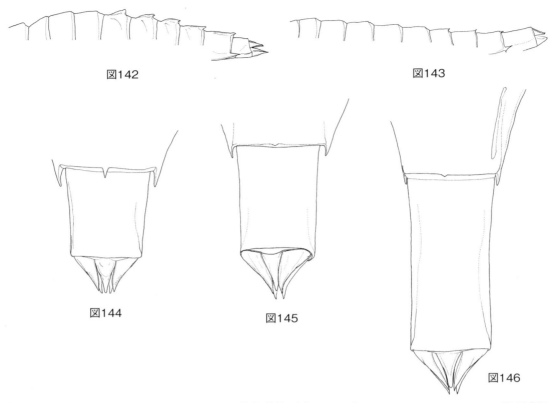

図142 タベサナエ Trigomphus citimus tabei 腹部背縁. 図143 コサナエ Trigomphus melampus 腹部背縁. 図144 コサナエ Trigomphus melampus 腹部第10節. 図145 フタスジサナエ Trigomphus interruptus 腹部第10節. 図146 オグマサナエ Trigomphus ogumai 腹部第10節

タベサナエ *Trigomphus citimus tabei* Asahina, 1949

体長20.8〜25.4 mm；頭長3.7〜4.2 mm；頭幅5.1〜5.8 mm；触角長2.4〜2.7 mm；後翅長5.8〜6.7 mm；後腿節長5.4〜6.1 mm.

平地や丘陵地の流れの緩やかな浅い小川や畦間の溝に生息し，しばしば灌漑用の溜め池にもみられる．コサナエを除いた同属中では最も山寄りまで生息している．幼虫は挺水植物の根際や水底で浅く泥に潜ったり，植物性沈積物の陰に潜んで生活している．

コサナエ *Trigomphus melampus* (Selys, 1869)

体長18.9〜21.9 mm；頭長3.1〜3.7 mm；頭幅4.4〜5.2 mm；触角長1.9〜2.2 mm；後翅長4.8〜5.6 mm；後腿節長4.9〜5.7 mm.

平地からかなり高い山地に至る挺水植物が繁茂する池沼や湿地の滞水，溝川などに生息する．長野県白馬連峰の栂池高原（標高1900 m）のような高所の記録もある．幼虫は水底の柔らかい砂泥の中に浅く潜ったり，植物性沈積物の陰に潜んで生活している．

フタスジサナエ *Trigomphus interruptus* (Selys, 1854)

体長20.4〜24.4 mm；頭長3.6〜4.1 mm；頭幅5.0〜5.6 mm；触角長2.1〜2.3 mm；後翅長5.1〜6.0 mm；後腿節長5.1〜5.4 mm.

平地や丘陵地の挺水植物が繁茂する池沼や，丘懐の年中水の涸れない水田や畦間の溝などに生息する．しかし同属のオグマサナエ同様，岐阜・長野県境や奈良県室生地方では標高500 m前後の場

所でも生息地が何カ所か知られている．幼虫は水底の柔らかい泥の中に浅く潜ったり植物性沈積物の陰に潜んで生活している．

オグマサナエ　*Trigomphus ogumai* Asahina, 1949

体長24.5〜26.2 mm；頭長3.8〜4.0 mm；頭幅5.0〜5.2 mm；触角長2.2 mm内外；後翅長5.8〜6.3 mm；後腿節長5.6〜6.0 mm．

平地や丘陵地の挺水植物が繁茂する池沼や丘懐の年中水の涸れない水田や畦間の溝川などに生息する．岐阜県東濃地方や岐阜・長野県境や奈良県室生地方では標高500 m前後の場所でも生息地が何カ所か知られている．幼虫は植物性沈積物が溜まった柔らかい泥の中に浅く潜ったり，沈積物の陰に潜んで生活している．伊勢平野や伊賀盆地ではフタスジサナエと混生しているが，両者の間に微妙な環境選択の違いがあって，比較的水深のある大きな池沼にオグマサナエが，浅くて挺水植物が多いやや小さい池沼にフタスジサナエが生息し，かなりはっきりした棲み分けが認められる．また，より周囲が明るく開放的環境の池沼にオグマサナエが，若干木立が迫ったり，丘懐に入った明暗のはっきりした鬱閉環境の池沼にフタスジサナエが産するといった，周辺環境にも選択の違いがありそうである．

オジロサナエ属　*Stylogomphus* Fraser, 1922（全形図51）

幼虫の種の検索表

1a　触角第3節の内縁の後角は丸みがあり，左右が互いにあまり寄り合わない
　…………………………………………… **チビサナエ**　*Stylogomphus ryukyuanus*[*13]（図147）

1b　触角第3節の内縁の後角は角張り，左右が互いによく寄り合う………………… 2（図148）

2a　肛錐は幅広く，長さよりも幅が長い．肛側片は肛上片よりもやや長い程度
　………………………… **ワタナベオジロサナエ**　*Stylogomphus shirozui watanabei*
　　　　　　　　　　　　　　　　　　　　　　　　［八重山諸島の石垣島・西表島］（図149）

2b　肛錐はあまり幅広くなく，長さと幅はほぼ同じ長さ．肛側片は肛上片よりもかなり長い
　………………………………………… **オジロサナエ**　*Stylogomphus suzukii*
　　　　　　　　　　　　　　　　　　　［本州と隠岐，四国，九州と五島列島・甑島列島］（図150）

[*13] チビサナエには原名亜種の他にオキナワオジロサナエ1亜種が日本から知られている．各亜種は以下の検索表で同定することができるが，産地が重要な同定のための目安になる．

　1a　尾毛はやや短く，肛上片の長さの3/4に達しない
　　………………………… **チビサナエ**　*Stylogomphus ryukyuanus ryukyuanus*
　　　　　　　　　　　　　　　　　　　　　　［九州の一部と大隅諸島および奄美大島・徳之島］

　1b　尾毛はやや長く，肛上片の長さの3/4か，またはそれ以上
　　……… **オキナワオジロサナエ**　*Stylogomphus ryukyuanus asatoi*［沖縄島と慶良間諸島］

オジロサナエ　*Stylogomphus suzukii* (Matsumura in Oguma, 1926)

体長15.8〜18.9 mm；頭長3.1〜3.3 mm；頭幅3.9〜4.1 mm；触角長1.8〜2.0 mm；後翅長4.2〜4.6 mm；後腿節長3.0〜3.1 mm．

主に丘陵地から低山地に至る挺水植物が繁茂する清流に生息するが，箱根の芦ノ湖にも多産する．幼虫は岸辺植物や挺水植物の根際や植物性沈積物のある淵やよどみに棲み，砂泥の中に浅く潜ったり，植物性沈積物の陰に潜んで生活している．

ワタナベオジロサナエ　*Stylogomphus shirozui watanabei* Asahina, 1984

体長16.5 mm；頭長3.0 mm；頭幅3.9 mm；触角長1.9 mm；後翅長4.0 mm；後腿節長2.7 mm．［N-3

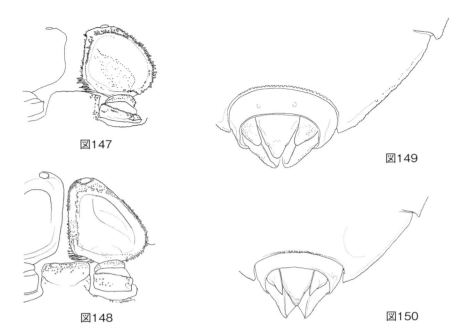

図147　チビサナエ *Stylogomphus ryukyuanus ryukyuanus*　触角．図148　オジロサナエ *Stylogomphus suzukii*　触角．図149　ワタナベオジロサナエ *Stylogomphus shirozui watanabei*　肛錐．図150　オジロサナエ *Stylogomphus suzukii*　肛錐．

齢幼虫からの飼育個体の計測]
　主に比較的大きな河川の上・中流域に生息するが，森林に囲まれた陰湿な小渓流にもみられる．幼虫はオジロサナエと同様，挺水植物の根際や植物性沈積物のある淵やよどみに棲み，砂泥の中に浅く潜ったり，植物性沈積物の陰に潜んで生活している．

チビサナエ　*Stylogomphus ryukyuanus ryukyuanus* Asahina, 1951
　体長13.9～14.7 mm；頭長2.7～2.8 mm；頭幅3.2～3.3 mm；触角長1.5 mm内外；後翅長3.2～3.4 mm；後腿節長2.4～2.5 mm．
　主に山間の森林に囲まれた渓流に生息するが，比較的大きな河川の上・中流域にもみられる．幼虫はオジロサナエと同様，挺水植物の根際や植物性沈積物のある淵やよどみに棲み，砂泥の中に浅く潜ったり，植物性沈積物の陰に潜んで生活している．

オキナワオジロサナエ　*Stylogomphus ryukyuanus asatoi* Asahina, 1972
　体長13.2～15.8 mm；頭長2.8～3.0 mm；頭幅3.3～3.7 mm；触角長1.6～1.8 mm；後翅長3.4～3.8 mm；後腿節長2.3～2.7 mm．
　山間の森林に囲まれた渓流に生息する．幼虫はチビサナエと同様，挺水植物の根際や植物性沈積物のある淵やよどみに棲み，砂泥の中に浅く潜ったり，植物性沈積物の陰に潜んで生活している．

ヒメサナエ属　*Sinogomphus* May, 1935（全形図52）

日本にはヒメサナエ1種が分布している．　　　　　　　　　　　　　　　［本州，四国，九州］

ヒメサナエ　*Sinogomphus flavolimbatus* (Matsumura in Oguma, 1926)
　体長16.3～18.9 mm；頭長3.2～3.8 mm；頭幅4.2～4.9 mm；触角長1.7～1.9 mm；後翅長4.7～5.3 mm；後腿節長3.6～4.1 mm．

主に山間の渓流や河川の上・中流域に生息する．幼虫は比較的流れの速い瀬の石下や隙間に潜んで生活している．

ホソサナエ属　*Leptogomphus* Selys, 1878（全形図53）

日本にはヒメホソサナエ1種が分布している．　　　　　　　　　　　　［八重山諸島の石垣島・西表島］

ヒメホソサナエ　*Leptogomphus yayeyamensis* Matsumura in Oguma, 1926

体長15.6〜21.4 mm；頭長3.1〜3.8 mm；頭幅3.9〜4.5 mm；触角長1.9〜2.0 mm；後翅長4.3〜5.4 mm；後腿節長3.9〜4.5 mm．

主に山間の森林に覆われた陰湿な渓流に生息しており，昼なお暗い鬱閉的な林内の細流にも棲んでいる．幼虫は緩やかな流れの岸辺植物の根際や植物性沈積物のあるよどみなどで，浅く砂泥に潜ったり，植物性沈積物の陰に潜んで生活している．

アオサナエ属　*Nihonogomphus* Oguma, 1926（全形図45）

日本にはアオサナエ1種が分布している．　　　　　　　　　　　　　　　　　　　　［本州，四国，九州］

アオサナエ　*Nihonogomphus viridis* Oguma, 1926

体長29.5 mm；頭長5.3 mm；頭幅6.2 mm；触角長2.9 mm；後翅長8.0 mm；後腿節長5.9 mm．

主に平地から低山地に至る清流に生息するが，琵琶湖や山中湖等のような大湖にも産する．幼虫は比較的流れの速い砂礫底や破砕湖岸の浮き石の下や隙間に潜んで生活している．しばしばオナガサナエと混生するが，本種の方が一回り流れの遅い小粒の礫底を好む傾向があるように見受けられる．

オナガサナエ属　*Melligomphus* Chao, 1990（全形図54）

これまでに比較的大きな属であった*Onychogomphus*が再検討され細分化された．これによると真の*Onychogomphus*はヨーロッパ・アフリカに分布しておりアジアには分布していないとされている．日本産オナガサナエの属への帰属を検討した結果，中国に産する*Melligomphus*に属するとして変更がなされた．日本にはオナガサナエ1種が分布している．[20]　　　［本州と隠岐，四国，九州と種子島］

オナガサナエ　*Melligomphus viridicostus* (Oguma, 1926)

体長28.7 mm；頭長5.0 mm；頭幅6.2 mm；触角長2.6 mm；後翅長7.3 mm；後腿節長4.9 mm．

主に平地から低山地に至る清流に生息するが，大きな河川の上流下部から中流域にもみられる．幼虫は比較的流れの速い瀬の石下や砂礫の隙間などに潜んで生活している．しばしばアオサナエと混生するが，本種の方が一回り流速の速い大きな礫底を好む傾向があるように見受けられる．

コオニヤンマ属　*Sieboldius* Selys, 1854（全形図42）

日本にはコオニヤンマ1種が分布している．
　　　　　　　　［北海道，本州と佐渡島・隠岐，四国，九州と対馬・五島列島・種子島・屋久島］

コオニヤンマ　*Sieboldius albardae* Selys, 1886

体長34.3〜38.2 mm；頭長5.5〜6.0 mm；頭幅7.2〜8.0 mm；触角長3.2〜3.8 mm；後翅長9.8〜11.7 mm；後腿節長11.7〜14.3 mm．

主に丘陵地から山地を流れる河川の上流ないし中流域に生息するが，かなり細い流れにも産し，琵琶湖や阿寒湖等の大湖にも多産する．幼虫は挺水植物の根際や流れに洗われる細い根束につかまったり，川縁のくぼみやよどみの砂泥に溜まった植物性沈積物の陰に潜んだり，流れの比較的緩やかな砂礫底の砂礫の隙間等にうずくまって生活している．

タイワンウチワヤンマ属　*Ictinogomphus* Cowley, 1934 （全形図41）

日本にはタイワンウチワヤンマ1種が分布している．近年，本州太平洋岸沿いに分布を拡大している．　　　　　　　　　　　　　　　［伊豆半島以西の本州，四国，九州とその属島および琉球列島の各島］

タイワンウチワヤンマ　*Ictinogomphus pertinax* (Selys, 1854)

体長26.3～30.0 mm；頭長5.4～6.0 mm；頭幅7.0～7.5 mm；触角長2.8～3.0 mm；後翅長7.7～8.5 mm；後腿節長6.6～7.1 mm.

平地の挺水植物や浮葉植物が繁茂するやや大きい池沼や暖地性低層湿原・水郷の溝川等に生息し，沖縄県ではダムなどの大規模な人工水域にも多い．また，しばしば海岸沿いの半汽水または汽水性沼沢にもみられる．幼虫は挺水植物の根際や水底の沈積物の間に潜んだり，柔らかい泥の中に潜って生活している．

ウチワヤンマ属　*Sinictinogomphus* Fraser, 1939 （全形図40）

日本にはウチワヤンマ1種が分布している．　　　［本州と佐渡島，四国，九州と壱岐・五島列島］

ウチワヤンマ　*Sinictinogomphus clavatus* (Fabricius, 1775)

体長39.3～42.8 mm；頭長5.8～6.2 mm；頭幅7.4～7.7 mm；触角長3.5～3.9 mm；後翅長8.8～9.4 mm；後腿節長7.4～8.3 mm. ［羽化殻の計測値］

平地や丘陵地のヨシやマコモ，ガマなどの背丈が1.5 mを超す挺水植物があって，浮葉植物が繁茂する大きく深い池沼や湖等に生息し，水郷地帯のヨシやマコモ，ガマなどが生育する溝川にも産する．幼虫は挺水植物の根際に潜んだり，水底の泥にやや深く潜り込んだりして生活している．冬季にはとりわけ水深の深い場所へ移動する傾向がある．

ミナミヤンマ科　Chlorogomphidae Calvert, 1893

従来，オニヤンマ科の1群として扱われてきたが，分子系統学的な研究によりミナミヤンマ科として独立された．日本にはミナミヤンマ属1属が分布している．[21]

ミナミヤンマ属　*Chlorogomphus* Selys, 1854 （全形図55）
幼虫の種の検索表*14

1a 頭部の後頭片背面上にある，複眼後方部の小突起群の各突起は大きめで，明瞭なために，波状の凹凸があるように見える
　　　　　　…………　イリオモテミナミヤンマ　*Chlorogomphus iriomotensis* ［八重山諸島の西表島］
1b 頭部の後頭片背面上にある，複眼後方部の小突起群の各突起は小さく，不明瞭なために，波状の凹凸があるように見えない…………………………………………………………………2
2a 尾毛は太短く，長さは幅の2.0倍程度．雄の肛上片の前尾部下付属器の隆起は大きく，側縁にまで達する……………………　カラスヤンマ　*Chlorogomphus brunneus**15 （図152）
2b 尾毛は細長く，長さは幅の2.5倍程度．雄の肛上片の前尾部下付属器の隆起は小さく，側縁まで達しない………………………　オキナワミナミヤンマ　*Chlorogomphus okinawensis*
　　　　　　　　　　　　　　　　　　　　　　　　　　　　　　　　　　［沖縄島北部］（図153）

*14 本属各種の幼虫は形態的に酷似し，産地が同定の決め手になる．しかし沖縄島北部にはカラスヤンマとオキナワミナミヤンマの2種が同所的に分布している．両種の区別はかなり難しく多数の視検標本を見比べる必要がある．

サナエトンボ科，ミナミヤンマ科　57

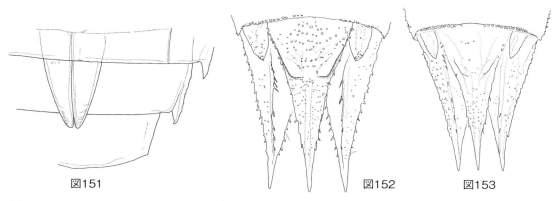

図151　オニヤンマ *Anotogaster sieboldii*　腹部第8〜9節腹面．図152　カラスヤンマ *Chlorogomphus brunneus brunneus*　雄の肛錐．図153　オキナワミナミヤンマ *Chlorogomphus okinawensis*　雄の肛錐

*15 カラスヤンマには原名亜種の他に，ミナミヤンマ，アサトカラスヤンマの2亜種が日本から知られている．分子系統学的な解析によれば，アサトカラスヤンマには亜種に相当する差が認められないとされ，同一亜種内の一地域変異にとどまるかもしれない．また3亜種間の確実な識別法をみいだせず，本書では各亜種の解説に分布を示すにとどめた．[22]

カラスヤンマ　*Chlorogomphus brunneus brunneus* Oguma, 1929　　　　　　　　　　[沖縄本島北部]
体長36.3(39.4)mm；頭長4.1(4.9)mm；頭幅7.1(7.9)mm；触角長1.9mm；後翅長8.0(8.4)mm；後腿節長5.5(5.4)mm．[（　）内は羽化殻の計測値]
主に森林に囲まれた山間の渓流に生息する．幼虫は比較的流れの緩やかな瀬尻のやや細かい砂礫底や大きな岩の下手の小さく浅い淵の，底に溜まった砂底に浅く体を埋めて生活している．

ミナミヤンマ　*Chlorogomphus brunneus costalis* Asahina, 1949
[四国太平洋岸，九州南部と天草諸島・種子島・屋久島・口永良部島，トカラ列島口之島・中之島・奄美大島・徳之島]
体長36.4〜40.9mm；頭長4.8〜5.5mm；頭幅7.8〜8.4mm；触角長1.8〜1.9mm；後翅長8.7〜9.2mm；後腿節長5.3〜5.8mm．[高知県足摺岬産羽化殻の計測値]
体長29.9(36.4〜36.5)mm；頭長4.6(4.6〜4.7)mm；頭幅7.5(7.4〜7.8)mm；触角長1.7(1.7〜1.9)mm；後翅長8.2(8.4〜8.9)mm；後腿節長5.0(5.0〜5.1)mm．[鹿児島県奄美大島産（　）内は羽化殻の計測値]
カラスヤンマと同様に，主に森林に囲まれた山間の渓流に生息する．幼虫は原名亜種カラスヤンマと同様に，比較的流れの緩やかな瀬尻のやや細かい砂礫底や大きな岩の下手の小さく浅い淵の，底に溜まった砂底に浅く体を埋めて生活している．

アサトカラスヤンマ　*Chlorogomphus brunneus keramensis* Asahina, 1972　　　　[慶良間諸島]
体長38.2mm；頭幅8.2mm；後腿節長5.8mm；腹長26.8mm；腹幅（第5節）8.8mm．[松木・杉村・長嶺（1995）]
カラスヤンマと同様に，森林に囲まれた山間の渓流に生息する．幼虫の生活様式はカラスヤンマと変わらない．

オキナワミナミヤンマ　*Chlorogomphus okinawensis* Ishida, 1964
体長35.1mm；頭長4.5mm；頭幅7.0mm；触角長1.5mm；後翅長8.1mm；後腿節長4.8mm．
森林に囲まれた山間の渓流に生息する．カラスヤンマより一段上流を好む傾向がある．幼虫の生活様式はカラスヤンマとほとんど変わらない．

イリオモテミナミヤンマ　*Chlorogomphus iriomotensis* Ishida, 1972

体長37.5～38.0 mm；頭幅7.8～8.0 mm；後腿節長5.6～5.8 mm；腹長24.4～25.2 mm；腹幅（第5腹節）7.8 mm 内外．［松木・渡辺（1993）］

森林に囲まれた山間の渓流に生息する．幼虫は観察例が少ないので十分解明されていないが，流れの中の大きな岩の下手に生じた，ごく浅い場所の1 cm ぐらいの礫が砂に混じっているような比較的硬く絞まった砂礫底で，浅く砂に潜っていたのを観察している．

オニヤンマ科　Cordulegastridae Carvert, 1893

日本にはオニヤンマ属1属が分布している．

オニヤンマ属　*Anotogaster* Selys, 1854（全形図56）

従来，日本全国に分布する個体群はオニヤンマ1種とされてきたが，分子系統学的な研究により，琉球列島の八重山諸島に分布する個体群は中国南部やベトナムに分布する別種ヒロオビオニヤンマ *Anotogaster klossi* と同定された．日本にはオニヤンマとヒロオビオニヤンマの2種が分布している．現在のところ，この2種に関しては産地によって種を判断する以外に確実な識別方法を見出せていない．本書では種の解説に分布を示すのみで，検索表はつくれなかった．[23]

オニヤンマ　*Anotogaster sieboldii* Selys, 1854

　［北海道と国後島・奥尻島，本州と飛島・粟島・佐渡島・隠岐・見島・伊豆諸島の御蔵島・神津島，四国，九州とその属島および琉球列島の種子島・屋久島・口之永良部島・奄美大島・沖縄島］

体長34.1～39.7 mm；頭長4.6～5.3 mm；頭幅8.7～9.9 mm；触角長3.2～4.0 mm；後翅長9.1～10.2 mm；後腿節長8.6～9.7 mm.

平地から山地に至る小川や湧水・湿地の滞水等きわめて広範な陸水域に生息し，かなり薄暗い林内の水溜りにも棲んでいる．比較的明暗の強い林縁部を好む性質が強い．幼虫は水底の砂泥の中や落ち葉等植物性沈積物の下，ミズゴケの間などに潜んで生活している．

ヒロオビオニヤンマ　*Anotogaster klossi* Fraser, 1919　　　　　［八重山諸島の石垣島・西表島］

完全な個体を得ていないので体の各部を計測していない．

オニヤンマと同様に，かなり薄暗い林内の鉄分の多い赤茶けた湿地の滞水等に生息している．比較的明暗の強い林縁部を好む性質が強い．幼虫は水底の砂泥の中や落ち葉等植物沈積物の下，ミズゴケの間などに潜んで生活している．

ミナミヤマトンボ科　Gomphomacromiidae Tillyard et Fraser, 1940

従来，エゾトンボ科に属するとされてきたが，分子系統学的な研究によりミナミヤマトンボ科として独立された．科の所属に関しては意見の対立があり，Synthemistidae とされることもあるが，この場合模式属 *Synthemis* 属の幼虫とは形態的な差異が著しくこの所属には疑問がある．本書ではSynthemistidae の亜科とされることもある Gomphomacromiinae を亜科よりも上位の科として扱いGomphomacromiidae に所属するとした．日本にはミナミヤマトンボ属1属が分布している．[24]

ミナミヤマトンボ属　*Macromidia* Martin, 1907（全形図59）

日本にはサキシマヤマトンボ1種が分布している．　　　　　　　　［八重山諸島の石垣島・西表島］

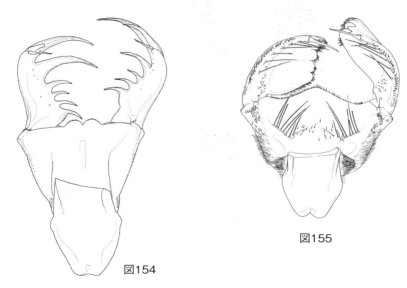

図154 オオヤマトンボ *Epophthalmia elegans elegans* 下唇基節内面. 図155 オキナワコヤマトンボ *Macromia kubokaiya* 下唇基節内面

サキシマヤマトンボ *Macromidia ishidai* Asahina, 1964
体長22.7 mm；頭長4.0 mm；頭幅5.8 mm；触角長3.0 mm；後翅長6.4 mm；後腿節長6.3 mm.
主に山間の森林に覆われた渓流域に生息する．幼虫は植物性沈積物が堆積するやや薄暗い淵や滝壺，あるいは流れをほとんど感じないようなよどみなどに生育し，若齢幼虫は腐臭が漂うような腐植質の堆積したごく小さな閉鎖的滞水でもみつかっている．水底の沈積物の間に潜んで生活している．

ヤマトンボ科　Macromiidae Needham, 1903

従来，エゾトンボ科に属するとされてきたが，分子系統学的な研究によりヤマトンボ科として独立された．日本にはオオヤマトンボ属とコヤマトンボ属の１属が分布している．[25]

幼虫の属の検索表

1a 下唇基節に腮刺毛と側刺毛がない ………… オオヤマトンボ属 *Epophthalmia*（図154）
1b 下唇基節に腮刺毛と側刺毛がある ………… コヤマトンボ属 *Macromia*（図155）

オオヤマトンボ属　*Epophthalmia* Burmeister, 1839 （全形図57）

日本にはオオヤマトンボ１種が分布している．
　［北海道の一部，本州と佐渡島・隠岐，四国，九州と壱岐・対馬・五島列島・天草諸島および琉球列島の種子島・屋久島・徳之島・沖縄島・伊是名島・久米島・石垣島・西表島・与那国島］
オオヤマトンボ *Epophthalmia elegans elegans* (Brauer, 1865)
体長33.7～38.9 mm；頭長5.6～5.7 mm；頭幅7.6～8.0 mm；触角長4.5～4.8 mm；後翅長10.6～10.9 mm；後腿節長13.5～13.6 mm.
平地から低山地に至る挺水植物が繁茂する大きく深い開放的な池沼に生息する．琵琶湖や諏訪湖等の大湖にも多産する．しかし，時にはプールの半分ほどの小さな池でみつかることもある．幼虫

60　トンボ目

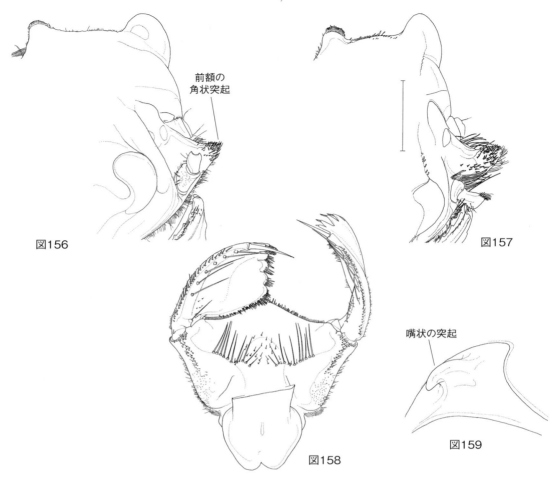

図156　オキナワコヤマトンボ *Macromia kubokaiya*　頭部. 図157　コヤマトンボ *Macromia amphigena amphigena*　頭部. 図158　コヤマトンボ *Macromia amphigena amphigena*　下唇基節内面. 図159　キイロヤマトンボ *Macromia daimoji*　後胸後腹板

は水底の柔らかい泥に浅く潜って生活している．冬期にはとりわけ水深の深い箇所へ移動する傾向がある．

コヤマトンボ属　*Macromia* Rambur, 1842（全形図60）
幼虫の種の検索表

1a　跗節の爪はそれほど長くなく，跗節第3節の1/2に満たない ……………………………… 2
1b　跗節の爪はすこぶる長く，跗節第3節とほぼ同長 ……………………………………… 4
2a　前額の角状突起は小さく，山形に盛り上がる程度
　　………………………**オキナワコヤマトンボ**　*Macromia kubokaiya*［沖縄島北部］（図156）
2b　前額の角状突起は大きく，はっきりした角状を呈する…………………… 3（図157）
3a　腮刺毛は外側の6本が長い………………**コヤマトンボ**　*Macromia amphigena*[*16]（図158）
3b　腮刺毛は外側の7本が長い……………………………**タイワンコヤマトンボ**　*Macromia clio*
　　　　　　　　　　　　　　　　　　　　　　　　　　　　　　　　　　　　　　［八重山諸島の西表島］

210

ヤマトンボ科

4a　後胸後腹板の中央に嘴状の突起がある……………　キイロヤマトンボ　*Macromia daimoji*
　　　　　　　　　　　　　　　　　　　　　　　　　　［関東以西の本州，四国の一部，九州］（図159）
4b　後胸後腹板の中央に嘴状の突起がない……………　ヒナヤマトンボ　*Macromia urania*
　　　　　　　　　　　　　　　　　　　　　　　　　　　　　　　　　［八重山諸島の石垣島・西表島］

*16　コヤマトンボには原名亜種の他にエゾコヤマトンボ1亜種が日本から知られているが，分子系統学的な差は大きくないという．各亜種は以下の検索表で同定することができるが，産地が重要な同定のための目安になる．

　1a　後腿節の長さが頭幅の約1.5倍ある　…　コヤマトンボ　*Macromia amphigena amphigena*
　　　　　　　　　　　　　　　　　　　　　　　［本州と隠岐・伊豆大島，四国，九州と対馬，大隅諸島］
　1b　後腿節の長さが頭幅の約1.6倍ある
　　　　　　　　……………………………　エゾコヤマトンボ　*Macromia amphigena masaco*　［北海道］

キイロヤマトンボ　*Macromia daimoji* Okumura, 1949
体長28.4〜28.8 mm；頭長4.5〜5.0 mm；頭幅6.9〜7.1 mm；触角長2.3〜2.5 mm；後翅長8.8〜9.0 mm；後腿節長12.6〜12.9 mm.

丘陵地や低山地を流れるさらさらめの細かい砂底の河川に生息する．しかし三重県ではただ1カ所干満の影響を受ける河川の汽水域にも生息するところが知られている．幼虫は比較的流れの緩やかな砂底の浅いくぼみにごく浅く体を埋めて生活している．産地がかなり局所的なのは，幼虫が好む川底の選択性の狭いことに起因していると考えられる．

ヒナヤマトンボ　*Macromia urania* Ris, 1916
完全な個体を得ていないので体の各部を計測していない．

山間の森林に囲まれた砂底の河川に生息する．幼虫はキイロヤマトンボと同様，比較的流れの緩やかな砂底ないし少し泥がまじった砂泥底にごく浅く体を埋めて生活している．

コヤマトンボ　*Macromia amphigena amphigena* Selys, 1871
体長27.6〜28.8 mm；頭長5.6〜5.8 mm；頭幅7.7〜8.0 mm；触角長4.6〜4.8 mm；後翅長9.0〜9.1 mm；後腿節長11.6〜11.7 mm.

主に丘陵地や低山地を流れる砂礫底ないし砂泥底の河川に生息するが，しばしば大湖の湖岸や灌漑用の溜め池にもみられる．幼虫は比較的緩やかな砂礫のくぼみや，植物性沈積物の溜まった淵やよどみにうずくまったり，砂泥の中に浅く潜ったり，川岸植物や挺水植物の根際につかまったりして生活している．

エゾコヤマトンボ　*Macromia amphigena masaco* Eda, 1976
体長23.9〜27.6 mm；頭長5.0〜5.4 mm；頭幅7.0〜7.5 mm；触角長4.2〜4.3 mm；後翅長8.3〜9.0 mm；後腿節長11.5〜12.0 mm.

主に低山地の森林に囲まれた大きな池沼や湖，あるいは河川の中流域などに生息する．幼虫は湖岸や流れの緩やかな淵・よどみ等の砂礫底あるいは砂泥底に生息し，落ち葉やそだなどの植物性沈積物の下や砂礫の隙間あるいは浮き石の下などに潜んで生活している．

オキナワコヤマトンボ　*Macromia kubokaiya* Asahina, 1964
体長24.5〜28.8 mm；頭長4.7〜5.4 mm；頭幅6.7〜7.1 mm；触角長3.0〜3.6 mm；後翅長7.0〜8.7 mm；後腿節長9.9〜11.0 mm.

主に山間の森林に囲まれた砂礫あるいは砂泥底の河川に生息する．幼虫の生活はコヤマトンボとほとんど変わらない．

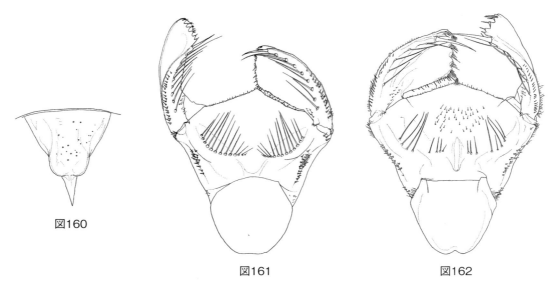

図160　カラカネトンボ *Cordulia amurensis*　雄の肛上片．　図161　クモマエゾトンボ *Somatochlora alpestris* 下唇基節内面．　図162　ミナミトンボ *Hemicordulia mindana nipponica*　下唇基節内面

タイワンコヤマトンボ　*Macromia clio* Ris, 1916

　体長28.5～30.0 mm；後腿節長13.5～15.0 mm；腹部長18～19 mm；腹部幅11～12 mm.
　主に山間の森林に囲まれた砂礫底河川の上・中流域に生息する．幼虫は開放的で明るい大きな淵の岸辺植物や挺水植物の根際に溜まった砂泥の中に浅く潜って生活している．

エゾトンボ科　Corduliidae Tillyard et Fraser, 1940

　従来エゾトンボ科に含まれていたミナミヤマトンボ属，オオヤマトンボ属とコヤマトンボ属がそれぞれ独立した科に移動したために，残った狭義のエゾトンボ科の各属で構成されている．日本にはトラフトンボ属，カラカネトンボ属，エゾトンボ属およびミナミトンボ属の4属が分布している．[26]

幼虫の属の検索表

- 1a　複眼後方の後頭片背面上に1対の瘤状突起がある ……………… トラフトンボ属　*Epitheca*
- 1b　後頭片背面上に瘤状突起がなく単純 ……………………………………………………… 2
- 2a　雄の肛上片上の瘤状突起は側方へ強く張り出す … カラカネトンボ属　*Cordulia*（図160）
- 2b　雄の肛上片上の瘤状突起は側方へ強く張り出さない ……………………………………… 3
- 3a　下唇基節の左右の腮刺毛はそれぞれが1つながりになる
    　 ………………………………………………………… エゾトンボ属　*Somatochlora*（図161）
- 3b　下唇基節の左右の腮刺毛はそれぞれが中央で2つに分かれる
    　 ………………………………………………………… ミナミトンボ属　*Hemicordulia*（図162）

トラフトンボ属　*Epitheca* Burmeister, 1839（全形図61）

幼虫の種の検索表

- 1a　腹部第9節の側棘の先端は肛上片の先端に達しない

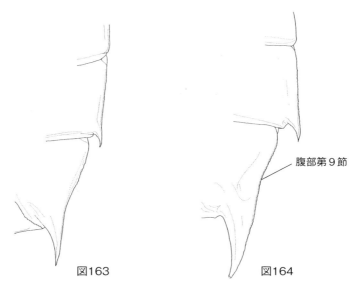

図163 トラフトンボ *Epitheca marginata* 腹部第8～9節側縁. 図164 オオトラフトンボ *Epitheca bimaculata* 腹部第8～9節側縁

　　　　………… トラフトンボ　*Epitheca marginata*［本州と佐渡島，四国，九州と壱岐］（図163）
　1b　腹部第9節の側棘の先端は肛上片の先端を超す
　　　　……… オオトラフトンボ　*Epitheca bimaculata*［北海道，甲信越地方以北の本州］（図164）

トラフトンボ　*Epitheca marginata* (Selys, 1883)
　体長20.9～21.7 mm；頭長3.9～4.1 mm；頭幅5.7 mm内外；触角長4.6～4.8 mm；後翅長6.8～7.1 mm；後腿節長7.6～7.8 mm.
　主に平地や丘陵地の挺水植物やジュンサイ，ガガブタ，ヒツジグサ，コウホネ，ヒルムシロ，ヒシなどの浮葉植物が繁茂する，比較的深くて大きい池沼に生息する．幼虫は挺水植物の根際や水底に溜まった植物性沈積物の陰に潜んだり，柔らかい泥の中に浅く潜って生活している．

オオトラフトンボ　*Epitheca bimaculata* (Charpentier, 1825)
　体長23.8 mm；頭長4.3 mm；頭幅6.5 mm；触角長4.3 mm；後翅長8.0 mm；後腿節長9.0 mm.
　従来，日本産のオオトラフトンボには *Epitheca bimaculata sibirica* Selys, 1887の学名が与えられてきたが，形態学的に検証した結果，亜種の差異がないと同物異名にされた．[27]
　主に寒冷地の湿原や山岳地域の森林に覆われた挺水植物や浮葉植物が繁茂する比較的大きい池沼に生息する．幼虫は挺水植物の根際や水底に溜まった植物性沈積物の陰に潜んで生活している．

カラカネトンボ属　*Cordulia* Leach, 1815（全形図62）

　従来 *Cordulia aenea* (Linnaeus, 1758) の亜種として記載され，その後も同じ地位で扱われてきたが，遺伝学的な解析により独立種に昇格した．日本にはカラカネトンボ1種が分布している．[28]

　　　　　　　　　　　　　　　　　　　　　　　［北海道，北陸・信越地方以北の本州］

カラカネトンボ　*Cordulia amurensis* Selys, 1887
　体長16.9～17.8 mm；頭長3.5～3.9 mm；頭幅5.8～6.0 mm；触角長4.5～4.7 mm；後翅長6.2～6.8 mm；後腿節長7.5～7.9 mm.
　寒冷地や高い山間の挺水植物や浮葉植物が繁茂する池沼，湿地あるいは湿原の植物性沈積物が豊

富な滞水などに生息する．幼虫は挺水植物の根際や植物性沈積物の陰に潜んで生活している．

エゾトンボ属　*Somatochlora* Selys, 1871　（全形図58）
幼虫の種の検索表

1a　腹部に背棘，側棘ともにない･･･2
1b　腹部に背棘，側棘ともにある･･･3
2a　肛上片が尾毛よりも長い
　　･･･････････････クモマエゾトンボ　*Somatochlora alpestris*　[北海道の道央]（図165）
2b　肛上片が尾毛よりも短い･･････････････････････ホソミモリトンボ　*Somatochlora arctica*
　　　　　　　　　　　　　　　　[北海道の東部と国後島・択捉島，本州の長野県と
　　　　　　　　　　　　　　　　栃木・群馬・福島・新潟の県境付近]（図166）
3a　下唇基節の側刺毛は7本　･･4
3b　下唇基節の側刺毛は8本以上　･･5
4a　下唇基節側片の最基部の側刺毛は他よりも明らかに細くて短い
　　･･･････････････コエゾトンボ　*Somatochlora exuberata japonica*[*17]　[北海道]（図167）
4b　下唇基節の側刺毛はすべてがほぼ同長　･･････ハネビロエゾトンボ　*Somatochlora clavata*
　　　　　　　　　　　　　　　[北海道の一部，本州と佐渡島・隠岐，四国，九州と対馬]（図168）
5a　腹部第3節の背棘は大きくはっきりしている　･･････････････････････････6（図169）
5b　腹部第3節の背棘は痕跡的か，またはない　モリトンボ　*Somatochlora graeseri*[*18]（図170）
6a　下唇基節の腮刺毛は12～13本････････････････････エゾトンボ　*Somatochlora viridiaenea*
　　　　　　　　　　　　　　　[北海道と奥尻島，本州と隠岐，四国，九州の一部]（図171）
6b　下唇基節の腮刺毛は16～17本････････････････････タカネトンボ　*Somatochlora uchidai*
　　　　　　　　　　　　　　　[北海道と日本海側の属島・国後島，本州と佐渡島・隠岐・
　　　　　　　　　　　　　　　伊豆諸島の大島・御蔵島，四国，九州と対馬・屋久島]（図172）

[*17] これまで，チョウセンエゾトンボ *Somatochlora exuberate* Bartenef, 1912が本州（山梨県）から記録されていたが，北海道に分布するコエゾトンボ *Somatochlora japonica* Matsumura, 1911がチョウセンエゾトンボの亜種とされたことにともなって，この記録自体に，誤同定の可能性も含めて疑問がもたれている．よって本書ではチョウセンエゾトンボは検索表から省き，コエゾトンボ *Somatochlora exuberate japonica* のみを示した．

[*18] モリトンボには原名亜種の他にキバネモリトンボ1亜種が日本から知られている．各亜種は以下の検索表で同定することができるが，産地が重要な同定のための目安になる．
　　1a　腹部第3節の背棘は小さいがある････････モリトンボ　*Somatochlora graeseri graeseri*
　　　　　　　　　　　　　　　　　　[北海道の道央・知床半島と国後島・択捉島]
　　1b　腹部第3節に背棘がない････････････キバネモリトンボ　*Somatochlora graeseri aureola*
　　　　　　　　　　　　　　　　　　[北海道，本州の青森・岩手・新潟の各県]

ホソミモリトンボ　*Somatochlora arctica* Zetterstedt, 1840
体長15.0～16.5 mm；頭長3.8～4.0 mm；頭幅5.6～6.0 mm；触角長3.5～4.0 mm；後翅長5.8～6.3 mm；後腿節長5.1～6.0 mm．

主に寒冷地や高冷地の湿原のミズゴケやスゲ類，コケモモ，ヤチヤナギ等湿生植物が繁茂する小規模な浅い池塘に生息する．幼虫は数cmほどの深さの浅い水溜りの底泥の中や植物性沈積物の下などに潜り込んで生活している．

エゾトンボ科 65

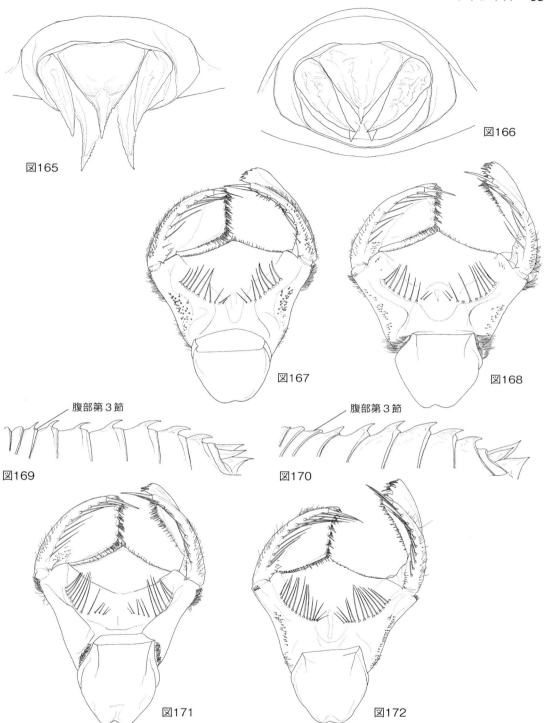

図165 クモマエゾトンボ Somatochlora alpestris 肛錐. 図166 ホソミモリトンボ Somatochlora arctica 肛錐. 図167 コエゾトンボ Somatochlora exuberata japonica 下唇基節内面. 図168 ハネビロエゾトンボ Somatochlora clavata 下唇基節内面. 図169 エゾトンボ Somatochlora viridiaenea 腹部背縁. 図170 キバネモリトンボ Somatochlora graeseri aureola 腹部背縁. 図171 エゾトンボ Somatochlora viridiaenea 下唇基節内面. 図172 タカネトンボ Somatochlora uchidai 下唇基節内面

クモマエゾトンボ　*Somatochlora alpestris* Selys, 1840
体長17.9〜22.7 mm；頭長3.8〜4.3 mm；頭幅5.7〜6.1 mm；触角長3.5〜4.1 mm；後翅長5.9〜6.8 mm；後腿節長5.4〜6.2 mm.

標高が1300 mを超す高い山のハイマツやササ類に覆われた湿原に生息する．幼虫は背丈の低い挺水植物が繁茂する小規模な浅い池塘の植物性沈積物の多い底でそれらの間に潜んで生活している．

コエゾトンボ　*Somatochlora exuberata japonica* Matsumura, 1911
体長17.5(20.6)mm；頭長4.1(4.0)mm；頭幅6.0(5.8)mm；触角長4.2(4.7)mm；後翅長6.3(6.5)mm；後腿節長6.5(7.0)mm．［（）内は羽化殻の計測値］

従来，チョウセンエゾトンボ *Somatochlora exuberata* Bartenef, 1912とは別種とされてきたが，分子系統学的な解析により，両者は同一種内の亜種関係にあるとされた．本州のチョウセンエゾトンボの偶産飛来記録は，コエゾトンボの偶産飛来か他の種の誤同定である可能性が高い．[29]

平地から高い山地の寒冷な湿原の背丈が1.5 mを超す挺水植物が繁茂する池沼や湿原を流れる緩やかな流れのよどみなどに生息する．大雪山系の沼の平（標高約1400 m）のような高山の湿原でも成虫が採集されている．幼虫は挺水植物の根際や水底に堆積した植物性沈積物の陰に潜んで生活している．

モリトンボ　*Somatochlora graeseri graeseri* Selys, 1887
体長22.5 mm；頭長4.2 mm；頭幅6.0 mm；触角長4.4 mm；後翅長7.4 mm；後腿節長7.6 mm.

主に森林に覆われた挺水植物や浮葉植物が繁茂する泥深い池沼に生息する．幼虫は挺水植物の根際や厚く堆積した植物性沈積物の間から採集される．

キバネモリトンボ　*Somatochlora graeseri aureola* Oguma, 1913
体長16.5〜20.9 mm；頭長3.9〜4.5 mm；頭幅5.7〜6.4 mm；触角長4.2〜4.6 mm；後翅長6.1〜7.4 mm；後腿節長6.7〜7.9 mm.

主に寒冷な平地や丘陵地の森林に覆われた挺水植物や浮葉植物が繁茂する植物性沈積物の多い池沼や，湿地あるいは湿原の緩やかな流れなどに生息する．かなり大きな湖沼にも産し，特に鬱閉的な池沼ではタカネトンボと混生していることもある．幼虫は樹木が水面に覆いかぶさるように茂る水域の，特に植物性沈積物が分厚く堆積するエリアを好み，植物性沈積物の陰に潜んだり，柔らかい泥の中に浅く潜って生活している．

タカネトンボ　*Somatochlora uchidai* Förster, 1909
体長20.1〜24.1 mm；頭長4.3〜4.6 mm；頭幅6.2〜6.5 mm；触角長4.6〜4.9 mm；後翅長7.1〜7.6 mm；後腿節長7.7〜8.1 mm.

丘陵地から山地に至る森林に囲まれたやや鬱閉的な環境の植物性沈積物の豊富な池沼に生息する．林間の野壺や排・貯水プール，社寺の境内池等人工の小水域にも定着していて，八ヶ岳七つ池（標高2300 m）のような高所にもみられる．北海道ではキバネモリトンボとしばしば混生している．幼虫は厚く堆積した落ち葉やそだの間に潜んで生活していることが多いが，柔らかい泥の中に浅く埋没していることもある．

エゾトンボ　*Somatochlora viridiaenea* (Uhler, 1858)
体長21.1〜24.9 mm；頭長4.2〜4.7 mm；頭幅6.6〜6.9 mm；触角長4.2〜4.6 mm；後翅長7.6〜8.0 mm；後腿節長6.7〜7.2 mm.

主に寒冷な湿原の背丈が1.5 mを超す挺水植物が密生する滞水に生息し，ミズゴケ湿原にも多産する．本州西南部では山間の湿地や湿地林，沼沢地などにみられる．幼虫は湿原の中の浅い水溜りや溝の周辺部に多く，堆積した腐植質や柔らかい泥の中に浅く潜って生活している．

エゾトンボ科 67

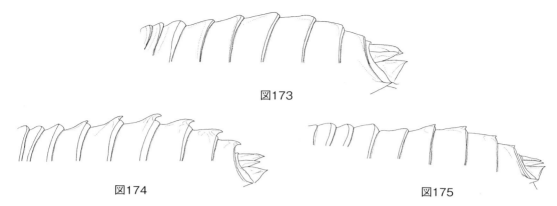

図173　オガサワラトンボ *Hemicordulia ogasawarensis*　腹部背縁.　図174　リュウキュウトンボ *Hemicordulia okinawensis*　腹部背縁.　図175　ミナミトンボ *Hemicordulia mindana nipponica*　腹部背縁

ハネビロエゾトンボ　*Somatochlora clavata* Oguma, 1913
　体長20.3〜22.8 mm；頭長4.7〜4.9 mm；頭幅6.6〜6.9 mm；触角長4.6〜4.9 mm；後翅長7.0〜7.5 mm；後腿節長7.1〜7.5 mm.
　主に丘陵地や低山地の湿地，周りに森林をともなう湿原の細流，湧き水に関わる挺水植物が繁茂する清らかな緩流などに生息する．幼虫は挺水植物の根際や水底に堆積した植物性沈積物の陰に潜んで生活している．

ミナミトンボ属　*Hemicordulia* Selys, 1870（全形図63）
幼虫の種の検索表

1a　腹部の背面に背棘がある ……………………………………………………………………… 2
1b　腹部の背面に背棘がない ……………… オガサワラトンボ　*Hemicordulia ogasawarensis*
　　　　　　　　　　　　　　　　　　　　　［小笠原諸島の父島・弟島・母島・姉島］（図173）
2a　腹部第9節の背棘は長く，先端が第10節の後縁に達する
　　………　リュウキュウトンボ　*Hemicordulia okinawensis*［奄美大島・沖縄島北部］（図174）
2b　腹部第9節の背棘は短く，先端が第9節の後縁をわずかに超える
　　……………………………………………… ミナミトンボ　*Hemicordulia mindana nipponica*
　　　　［九州の宮崎県と種子島・トカラ列島の中之島・八重山諸島の石垣島，西表島］（図175）

ミナミトンボ　*Hemicordulia mindana nipponica* Asahina, 1980
　体長17.1〜19.5 mm；頭長3.7〜4.0 mm；頭幅5.2〜5.3 mm；触角長3.8〜4.2 mm；後翅長5.6〜6.0 mm；後腿節長6.3〜7.1 mm.
　主に平地や丘陵地の森林に覆われた挺水植物が繁茂する植物性沈積物の豊富な池沼や湿地・湿原の滞水あるいはそれに付属する緩やかな流れに生息する．幼虫は挺水植物の根際や厚く堆積した腐植質の間に潜んだり，柔らかい泥の中に浅く潜って生活している．

リュウキュウトンボ　*Hemicordulia okinawensis* Asahina, 1947
　体長17.8〜20.1 mm；頭長4.0〜4.4 mm；頭幅5.6〜5.9 mm；触角長4.1〜4.2 mm；後翅長6.2〜6.9 mm；後腿節長6.9〜7.3 mm.
　主に山間の森林に覆われた挺水植物が繁茂する植物性沈積物の豊富な池沼や，流れが塞止められて生じた沼やよどみなどに生息する．幼虫はミナミトンボと同様，挺水植物の根際や厚く堆積した

腐植質の間に潜んだり，柔らかい泥の中に浅く潜って生活している．

オガサワラトンボ *Hemicordulia ogasawarensis* Oguma, 1913

体長16.2〜17.3 mm；頭長3.5〜4.0 mm；頭幅5.1〜5.4 mm；触角長3.1〜3.5 mm；後翅長5.6〜5.9 mm；後腿節長5.9〜6.4 mm.

主に山間の森林に覆われた挺水植物が繁茂する植物性沈積物の豊富な池沼や，流れの緩やかな小川の淵などに生息する．かつてはコンクリート製の人工の貯水槽にもみられ，1975年には夜明け山山頂に放置されていた底に浅く泥が溜まった数m角の旧日本軍の水道施設跡で数百頭の終齢幼虫がひしめくように生息していたのを観察したことがある．幼虫は水底の植物性沈積物の陰に潜んだり，柔らかい泥の中にごく浅く潜って生活している．

トンボ科　Libellulidae

日本には，ホソアカトンボ属・アジアアカトンボ属[19]・シマアカネ属・ハラビロトンボ属・ヨツボシトンボ属・シオカラトンボ属・ハッチョウトンボ属・コシブトトンボ属・アオビタイトンボ属・ヒメキトンボ属・コフキトンボ属・ショウジョウトンボ属・ナンヨウベッコウトンボ属・ヒメトンボ属・アカネ属・カオジロトンボ属・ベニトンボ属・コシアキトンボ属・アメイロトンボ属・オオメトンボ属・チョウトンボ属・オオキイロトンボ属・ハネビロトンボ属・ウスバキトンボ属・ウミアカトンボ属の25属が分布（一部偶産飛来記録）している．

[19] 日本ではアジアアカトンボ属はアジアアカトンボ1種が偶産飛来種として知られ，幼虫および羽化殻がみつかっていない．よって以下の幼虫の検索表から省いた．

幼虫の属の検索表

1a	下唇基節は太短く，幅と長さがほぼ同じ長さ ………………………………………	2（図176）
1b	下唇基節は細長く，長さが明らかに幅よりも長い ………………………………	14（図177）
2a	複眼の後側角が強く突出する ………………… **ウミアカトンボ属** *Macrodiplax*	（全形図64）
2b	複眼は球状である ………………………………………………………………………	3
3a	触角は太短く，各節が短い棍棒状である ………… **チョウトンボ属** *Rhyothemis*	（図178）
3b	触角は細長く，第1，2節を除いて糸状である ………………………………………	4（図179）
4a	下唇基節側片の前縁にある鋸歯はそれぞれが大きく，鋸歯間の欠刻は大変深い ………………………………………………………………………………………	5（図180）
4b	下唇基節側片の前縁にある各鋸歯間の欠刻は浅い ………………………………	6（図181）
5a	尾毛は短く，肛上片の長さの1/2以下の長さ ………… **コフキトンボ属** *Deielia*	（図182）
5b	尾毛は長く，肛上片の長さの1/2以上の長さ … **ヒメキトンボ属** *Brachythemis*	（図183）
6a	触角は頭長とほぼ同じ長さ …………………………………………………………	7
6b	触角は頭長よりも明らかに短い ……………………………………………………	8
7a	腹部第8，9節の側棘は小さいが，肛錐は著しく長大である ……………………………………………… **アメイロトンボ属** *Tholymis*	（図184）
7b	腹部第8，9節の側棘は大きいが，肛錐は短小である ……………………………………………………… **オオメトンボ属** *Zyxomma*	（図185）
8a	体長は12 mm 以下 ……………………………………………………………………	9
8b	体長は13mm 以上 ……………………………………………………………………	10

エゾトンボ科，トンボ科 69

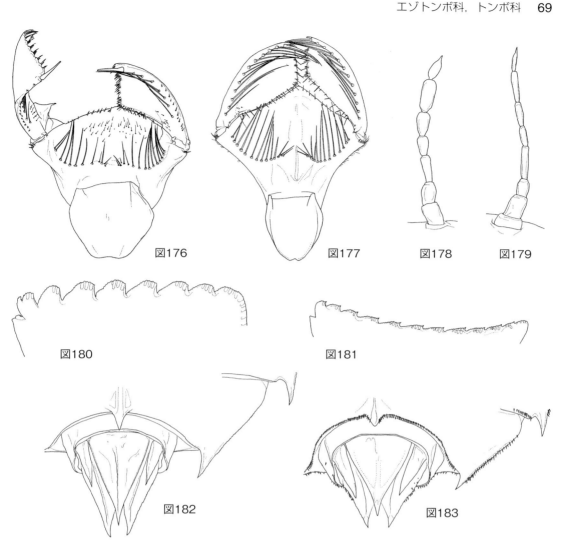

図176 ウミアカトンボ *Macrodiplax cora* 下唇基節内面．図177 アオビタイトンボ *Brachydiplax chalybea flavovittata* 下唇基節内面．図178 オキナワチョウトンボ *Rhyothemis variegata imperatrix* 触角．図179 アメイロトンボ *Tholymis tillarga* 触角．図180 コフキトンボ *Deielia phaon* 下唇基節側片内面の前縁．図181 アメイロトンボ *Tholymis tillarga* 下唇基節側片内面の前縁．図182 コフキトンボ *Deielia phaon* 肛錐．図183 ヒメキトンボ *Brachythemis contaminata* 肛錐

9a 腹部に側棘がある ………………………… ハッチョウトンボ属 *Nannophya*（全形図65）
9b 腹部に側棘がない ………………………… コシブトトンボ属 *Acisoma*（全形図66）
10a 複眼は著しく大きく，腹部に背棘がない … ホソアカトンボ属 *Agrionoptera*（全形図67）
10b 通常腹部に背棘があるが，ない場合は複眼が著しく小さい ……………… 11（全形図68）
11a 腹部第8，9節の側棘は外側に向かって伸長する
 ………………………………………………… シマアカネ属 *Boninthemis*（図186）
11b 腹部第8，9節の側棘は真直ぐ後方かやや内側に向かって伸長する ……… 12（図187）
12a 下唇基節中片の中央は前方へ強く突出しない … ハラビロトンボ属 *Lyriothemis*（図188）
12b 下唇基節中片の中央は前方へ強く突出する ……………………………… 13（図189）

219

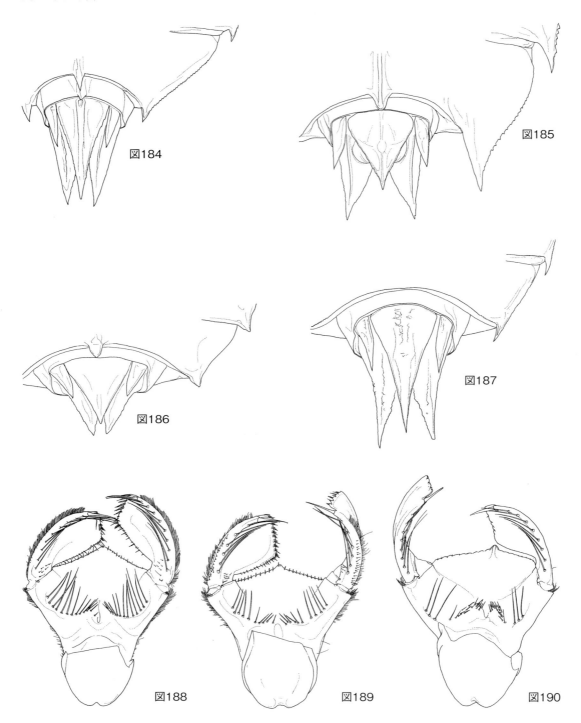

図184 アメイロトンボ *Tholymis tillarga* 肛錐. 図185 オオメトンボ *Zyxomma petiolatum* 肛錐. 図186 シマアカネ *Boninthemis insularis* 肛錐. 図187 ハラボソトンボ *Orthetrum sabina sabina* 肛錐. 図188 オオハラビロトンボ *Lyriothemis elegantissima* 下唇基節内面. 図189 ヨツボシトンボ *Libellula quadrimaculata asahinai* 下唇基節内面. 図190 ハラボソトンボ *Orthetrum sabina sabina* 下唇基節内面

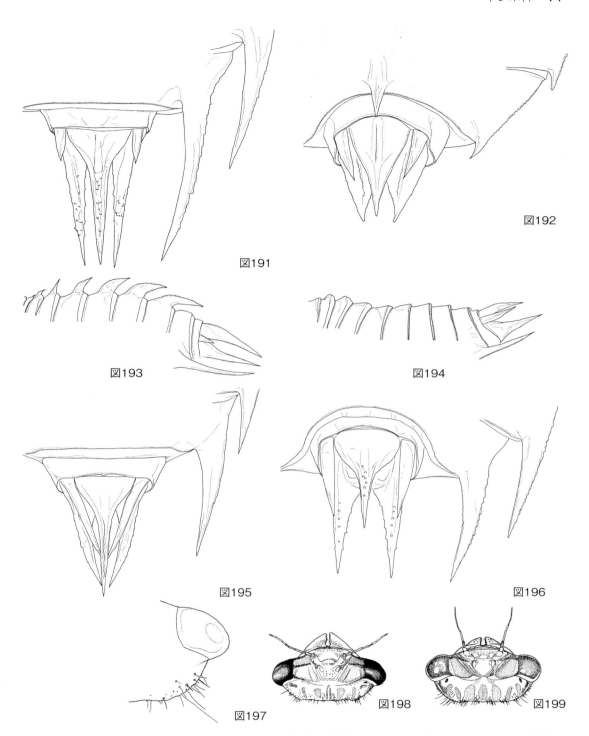

図191 オオキイロトンボ Hydrobasileus croceus 肛錐. 図192 ベニトンボ Trithemis aurora 肛錐.
図193 オオキイロトンボ Hydrobasileus croceus 腹部背縁. 図194 ハネビロトンボ Tramea virginia 腹部背縁. 図195 ウスバキトンボ Pantala flavescens 肛錐. 図196 ハネビロトンボ Tramea virginia 肛錐. 図197 アオビタイトンボ Brachydiplax chalybea flavovittata 複眼. 図198 カオジロトンボ Leucorrhinia dubia orientalis 頭部. 図199 アキアカネ Sympetrum frequens 頭部

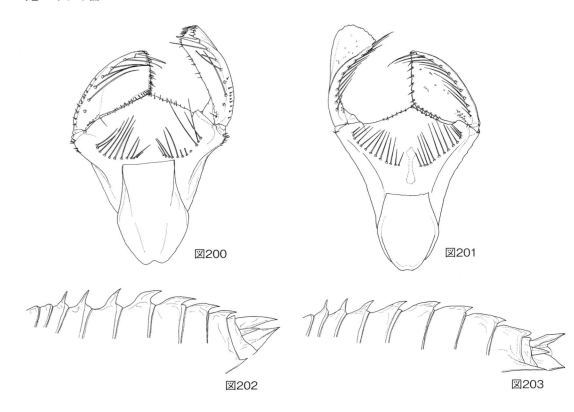

図200　ベニトンボ *Trithemis aurora*　下唇基節内面．図201　ヒメトンボ *Diplacodes trivialis*　下唇基節内面．
図202　ベニトンボ *Trithemis aurora*　腹部背縁．図203　コシアキトンボ *Pseudthemis zonata*　腹部背縁

13a 下唇基節中片の中央は縦に稜状に盛り上がる …… シオカラトンボ属　*Orthetrum*（図190）
13b 下唇基節中片の中央は稜状に盛り上がらない …… ヨツボシトンボ属　*Libellula*（図189）
14a 肛上片は先半分が強く細まったロート形である……………………………… 15（図191）
14b 肛上片は先端部のみが細まって，ほぼ二等辺三角形である……………… 17（図192）
15a 腹部に著しく明瞭な背棘がある……………… オオキイロトンボ属　*Hydrobasileus*（図193）
15b 腹部の背棘は不明瞭であるか，まったくない…………………………… 16（図194）
16a 肛側片は肛上片と同長かわずかに短い…………… ウスバキトンボ属　*Pantala*（図195）
16b 肛側片は肛上片よりもはるかに長い…………… ハネビロトンボ属　*Tramea*（図196）
17a 複眼は後側方へ強く張り出し，後側角が強く突出する
　　　………………………………………… アオビタイトンボ属　*Brachydiplax*（図197）
17b 複眼は球状である………………………………………………………………… 18
18a 複眼を含む頭部の形は横長の長楕円形である… カオジロトンボ属　*Leucorrhinia*（図198）
18b 複眼を含む頭部の形は逆台形である…………………………………… 19（図199）
19a 下唇基節側片の外縁には刺毛が群生する……………………………… 20（図200）
19b 下唇基節側片の外縁には刺毛がない…………………………………… 21（図201）
20a 腹部第3～9節に背棘がある……………………… ベニトンボ属　*Trithemis*（図202）
20b 腹部第2～10節に背棘がある…………………… コシアキトンボ属　*Pseudothemis*（図203）
21a 腹部に背棘がある……………………………………… アカネ属　*Sympetrum*（全形図77）

21b	腹部に背棘がない···	22
22a	体は小さく華奢で，終齢幼虫の体長は14mmに達しない ·· **ヒメトンボ属** *Diplacodes*（全形図70）	
22b	体は大きく，終齢幼虫の体長は14mmを超える ··	23
23a	脚の各腿節および脛節に2本の環状褐色斑がある．終齢幼虫の体長は15～16mm ··· **ナンヨウベッコウトンボ属** *Neurothemis*	
23b	脚の各腿節に1本の環状褐色斑がある．終齢幼虫の体長は20mmを超える ··· **ショウジョウトンボ属** *Crocothemis*（全形図69）	

ホソアカトンボ属　*Agrionoptera* **Brauer,** 1864 [20]（全形図67）

日本にはホソアカトンボ種が分布している．　　　　　　　　　　［八重山諸島の西表島］

ホソアカトンボ　*Agrionoptera insignis insignis* (Rambur, 1842)

体長14.9～16.6mm；頭長3.1～3.6mm；頭幅5.2～5.5mm；触角長2.5～3.0mm；後翅長5.5～6.0mm；後腿節長6.0～6.5mm．

主にマングローブ林に近い低湿地のタコノキなどが生育する林の，挺水植物が繁茂するやや鬱閉的な小さい池沼や水溜りに生息する．幼虫は木漏れ日の差し込むような場所の植物性沈積物の多い泥底に潜んで生活している．Lieftinck（1954）は，原名亜種はマングローブ林に棲み，塩に対する耐性があるとしているが，日本産のホソアカトンボはマングローブが繁茂する汽水域で採集されたことはない．

　[20] 本属では，他にカロリンホソアカトンボ1種が日本から記録されている．幼虫と羽化殻はみつかっていない．

カロリンホソアカトンボ　*Agrionoptera sanguinolenta sanguinolenta* Liefrinck, 1962
［(偶産飛来記録) 小笠原諸島の母島］

アジアアカトンボ属　*Lathrecista* **Kirby,** 1889

本属はアジアアカトンボ1種が日本から記録されている．幼虫と羽化殻はみつかっていない．

アジアアカトンボ　*Lathrecista asiatica asiatica* (Fabricius, 1798)
［(偶産飛来記録) 琉球列島の西表島・与那国島］

シマアカネ属　*Boninthemis* **Asahina,** 1952（全形図71）

日本にはシマアカネ1種が分布している．
　　　　　　　　　　　　　　　　［小笠原諸島の聟島・父島・兄島・弟島・母島・姉島・向島］

シマアカネ　*Boninthemis insularis* (Oguma in Matsumura, 1913)

体長14.9mm；頭長2.8mm；頭幅4.7mm；触角長2.0mm；後翅長5.4mm；後腿節長4.6mm．

主に山間の森林に覆われた小川や挺水植物が繁茂する細い溝川などに生息する．成熟した幼虫は流れの中にいるより，むしろ水際に近い陸地の湿った石の下などに潜んでいることの方が多い．

ハラビロトンボ属　*Lyriothemis* **Brauer,** 1868（全形図72）

幼虫の種の検索表

1a	下唇基節側片の側刺毛は8本 ·················· **キイロハラビロトンボ** *Lyriothemis flava*［八重山諸島の西表島］（図204）	

1b　下唇基節側片の側刺毛は9本‥‥‥‥‥‥‥‥‥‥‥‥‥‥‥‥‥‥‥‥‥‥‥‥‥‥‥‥‥2（図205）
2a　腹部の背棘は大きくて鋭く，第4節のものは長くて大きな弧を描いて突出する
　‥‥‥‥‥‥‥‥‥‥‥‥‥‥‥‥‥‥‥‥‥‥ハラビロトンボ　*Lyriothemis pachygastra*
　　　［北海道の道南，本州と佐渡島，四国，九州と対馬・五島列島・天草諸島・種子島］（図206）
2b　腹部の背棘は小さく，第4節のものは真直ぐ斜め後方に短く突出する
　‥‥‥‥‥‥‥‥‥‥‥‥‥‥‥‥‥‥‥‥‥オオハラビロトンボ　*Lyriothemis elegantissima*
　　　　　　［九州南部と種子島，琉球列島の奄美大島・徳之島・沖永良部島・
　　　　　　沖縄島・慶良間諸島・石垣島・西表島・大東諸島］（図207）

ハラビロトンボ　*Lyriothemis pachygastra* (Selys, 1878)

体長14.2〜16.9 mm；頭長2.6〜3.0 mm；頭幅4.1〜4.8 mm；触角長2.1〜2.5 mm；後翅長5.0〜5.5 mm；後腿節長4.6〜5.2 mm.

主に平地や丘陵地の挺水植物が繁茂する腐植栄養型の沼沢地や湿地に生息する．休耕田にもよくみられる．また1000 m を超す高所での記録もある．幼虫は挺水植物の根際や植物性沈積物の下などに隠れたり，柔らかい泥の中に潜ったりして生活している．幼虫は乾燥に強く，水が干からびても，地割れした底に潜り込んでかなり長期間耐えることができるらしく，かつて尾鷲市の水田で30 cmほどの深さにひび割れた裂け目の底から生きた幼虫を掘り出したことがある．

オオハラビロトンボ　*Lyriothemis elegantissima* Selys, 1883

体長14.6〜19.0 mm；頭長2.8〜3.2 mm；頭幅4.7〜5.0 mm；触角長2.8 mm内外；後翅長4.8〜5.6 mm；後腿節長4.7〜5.9 mm.

平地や丘陵地の森影にある挺水植物の密生する沼沢地や湿地・湿原などに生息する．幼虫は挺水植物の根際や植物性沈積物の陰に潜んだり，柔らかい泥の中に浅く潜って生活している．

キイロハラビロトンボ　*Lyriothemis flava* Oguma, 1915

体長21.5〜24.0 mm；頭幅6.0〜6.5 mm；後腿節長5.5〜6.0 mm；腹部長12.0〜12.8 mm；腹部幅7.7〜8.4 mm．［連・松木（1979）台湾産の個体の計測値］

これまで，*Lyriothemis tricolor* Ris, 1916の学名が与えられてきたが，記載の先取権の確認により学名および命名者が変更された．[30]

山間の森林帯の林縁や渓流沿いのやや開けた空き地，林道脇などで，林床の下草やシダ・灌木などに止まっている成虫が単独でみつかる場合が多い．幼虫は竹の切り株や樹洞などに生じた小さい水溜りに生息し，中で発生するボウフラ等を食べて成長することが台湾で確認された．

ヨツボシトンボ属　*Libellula* Linnaeus, 1758（全形図73）

幼虫の種の検索表

1a　腹部の背棘は第3〜8節にある‥‥‥‥‥ヨツボシトンボ　*Libellula quadrimaculata asahinai*
　　　　　　　　　　　　［北海道と日本海側の属島・国後島・択捉島，
　　　　　　　　　　　　本州と佐渡島・隠岐，四国，九州と対馬］（図208）
1b　腹部の背棘は第3〜9節にある‥‥‥‥‥‥‥‥‥‥‥ベッコウトンボ　*Libellula angelina*
　　　　　　　　　　　　　　　　　　　　　［本州，四国，九州と対馬］（図209）

ヨツボシトンボ　*Libellula quadrimaculata asahinai* Schmidt, 1957

体長18.3〜21.5 mm；頭長2.8〜3.3 mm；頭幅5.4〜6.9 mm；触角長2.7〜3.0 mm；後翅長6.4〜7.5 mm；後腿節長6.0〜6.6 mm.

主に寒冷な平地から山地に至る挺水植物が密生する池沼や湿地・湿原の滞水に生息する．幼虫は

トンボ科 75

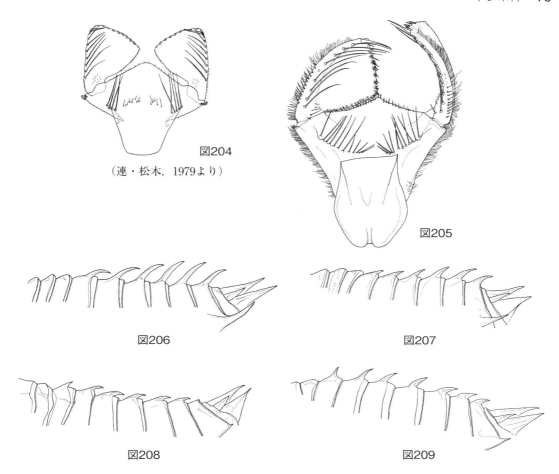

図204　キイロハラビロトンボ *Lyriothemis flava*　下唇基節内面. 図205　ハラビロトンボ *Lyriothemis pachygastra* 下唇基節内面. 図206　ハラビロトンボ *Lyriothemis pachygastra*　腹部背縁. 図207　オオハラビロトンボ *Lyriothemis elegantissima*　腹部背縁. 図208　ヨツボシトンボ *Libellula quadrimaculata asahinai*　腹部背縁. 図209　ベッコウトンボ *Libellula angelina*　腹部背縁

挺水植物の根際や植物性沈積物の陰に潜んだり，柔らかい泥の中に浅く潜って生活している．

ベッコウトンボ　*Libellula angelina* Selys, 1883
体長16.6〜19.6 mm；頭長2.8〜3.2 mm；頭幅5.3〜5.5 mm；触角長2.9〜3.0 mm；後翅長6.1〜6.6 mm；後腿節長5.6〜6.3 mm.

主に平地や丘陵地のヨシやマコモ，ガマなど背丈が1.5 mを超す挺水植物が密生する腐植栄養型の泥深い大きな池沼や，水郷地域の溝などに生息する．幼虫は挺水植物の根際や植物性沈積物の陰に潜んだり，柔らかい泥の中に浅く潜って生活している．沼の陸化が進行して，底の泥が硬くなるとやがて姿を消す傾向がある．

シオカラトンボ属　*Orthetrum* Newman, 1833　（全形図68）
幼虫の種の検索表

1a　腹部に背棘がない ………………………………………………………………………… 2
1b　腹部に背棘がある ………………………………………………………………………… 3

225

2a 下唇基節の側刺毛は6本 … **タイワンシオヤトンボ** *Orthetrum internum* ［対馬］（図210）
2b 下唇基節の側刺毛は5本 ………………… **シオカラトンボ** *Orthetrum albistylum speciosum*
　　［属島も含む北海道，本州および伊豆諸島，四国，九州および沖縄島以北の琉球列島］（図211）
3a 腹部第2～9節に背棘がある ……… **ミヤジマトンボ** *Orthetrum poecilops miyajimaensis*
　　　　　　　　　　　　　　　　　　　　　　　　　　　　　　　　　　　［本州の広島県厳島］（図212）
3b 少なくとも腹部第2，3および9節に背棘がない ……………………………………………… 4
4a 腹部の背棘は第4～8節にある
　　…………………………… **コフキショウジョウトンボ** *Orthetrum pruinosum neglectum*
　　　　　　　　　　　　　　　　［八重山諸島の石垣島・竹富島・西表島・波照間島］（図213）
4b 腹部の背棘は第4～7節にある …………………………………………………… 5（図214）
5a 下唇基節側片の側刺毛は5本…………………………………………………………… 6（図215）
5b 下唇基節側片の側刺毛は7本以上……………………………………………………… 7（図190）
6a 腹部第7節の背棘は小さく痕跡的 …………… **ホソミシオカラトンボ** *Orthetrum luzonicum*
　　　　　　　　　［琉球列島の屋久島・トカラ列島の口之島と中之島・沖縄島・
　　　　　　　　　　宮古島・石垣島・西表島・波照間島・与那国島］（図215）
6b 腹部第7節の背棘は大きく，第6節の背棘とほぼ同大
　　……………………………………………………… **シオヤトンボ** *Orthetrum japonicum*
　　　　　　　　　［北海道と奥尻島，本州と佐渡島・隠岐および伊豆諸島の八丈島，
　　　　　　　　　四国，九州と壱岐・五島列島・天草諸島・種子島］（図216）
7a 下唇基節側片の側刺毛は7本……… **オオシオカラトンボ** *Orthetrum melania*[*21]（図217）
　　　　　　　　　［北海道と奥尻島，本州と粟島・佐渡島・隠岐および伊豆諸島の各島，
　　　　　　　　　四国，九州とその属島および琉球列島の各島］（図217）
7b 下唇基節側片の側刺毛は8本 ……………………………………………………………… 8
8a 下唇基節の基端は前基節の後縁に達しない … **タイワンシオカラトンボ** *Orthetrum glaucum*
　　　　　　　　　［九州の鹿児島県南部と屋久島・トカラ列島の口之島・
　　　　　　　　　　中之島・奄美大島・沖永良部島・西表島］
8b 下唇基節の基端は前基節の後縁をわずかに超える
　　……… **ハラボソトンボ** *Orthetrum sabina* sabina ［九州と甑島列島および琉球列島の各島］

[*21] 従来，オオシオカラトンボはタイワンオオシオカラトンボ *Orthetrum triangulare* (Selys, 1878) の亜種とされ，*Orthetrum triangulare melania* (Selys, 1883) の学名が与えられてきた．近年，分子系統学的な手法と形態学的な手法に基づくタイワンオオシオカラトンボとオオシオカラトンボの比較解析がなされ，*Orthetrum melania* (Selys, 1883) は独立種とされた．同時にオオシオカラトンボ *Orthetrum melania* の種内における比較検討の結果，日本本土に産するグループ，中国・朝鮮半島・台湾に産するグループ，中琉球（トカラ列島～久米島）に産するグループ，南琉球（八重山諸島）に産するグループの4グループに分けられ，それぞれが亜種として記載された．これらに和名は付けられておらず，日本に分布する亜種は，解説においてそれぞれの学名と分布を示すにとどめた．各亜種の幼虫に関して比較検討を行っておらず検索表はつくれなかった．[31]

ハラボソトンボ *Orthetrum sabina sabina* (Drury, 1770)
体長16.8 mm；頭長3.3 mm；頭幅4.3 mm；後翅長5.9 mm；後腿節長4.3 mm．
主に平地から低山地に至る挺水植物が繁茂する池沼や湿地の滞水，水田，溝川などかなり広範囲

トンボ科 77

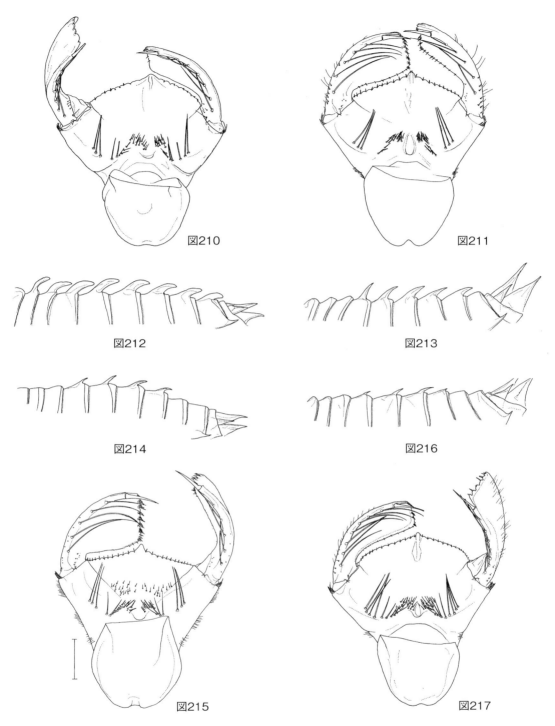

図210 タイワンシオヤトンボ *Orthetrum internum* 下唇基節内面. 図211 シオカラトンボ *Orthetrum albistylum speciosum* 下唇基節内面. 図212 ミヤジマトンボ *Orthetrum poecilops miyajimaensis* 腹部背縁. 図213 コフキショウジョウトンボ *Orthetrum pruinosum neglectum* 腹部背縁. 図214 ホソミシオカラトンボ *Orthetrum luzonicum* 腹部背縁. 図215 ホソミシオカラトンボ *Orthetrum luzonicum* 下唇基節内面. 図216 シオヤトンボ *Orthetrum japonicum* 腹部背縁. 図217 オオシオカラトンボ *Orthetrum melania melania* 下唇基節内面

な止水域に生息する．ほんの１坪にも満たないちっぽけな水溜りにも幼虫を見出すこともある．幼虫は柔らかい泥の中に浅く潜って，複眼と腹端のみをのぞかせていることが多いが，植物性沈積物の根際に潜んでいることもある．

ミヤジマトンボ　*Orthetrum poecilops miyajimaensis* Yuki et Doi, 1916

体長17.5〜20.7 mm；頭長3.5〜3.6 mm；頭幅4.5〜4.6 mm；触角長2.2〜2.3 mm；後翅長6.1〜6.5 mm；後腿節長4.3 mm 内外．

山が海に迫った，大潮時には海水が侵入するような場所のアブラガヤやヨシ等が多生するヘドロの腐臭が漂う腐植栄養型の汽水沼に生息する．幼虫は挺水植物の根際や植物性沈積物の陰に潜んだり，柔らかい泥の中に浅く潜って生活している．

ホソミシオカラトンボ　*Orthetrum luzonicum* (Brauer, 1868)

体長15.6〜18.4 mm；頭長3.6〜3.7 mm；頭幅4.5〜4.7 mm；触角長2.3〜2.6 mm；後翅長5.3〜5.8 mm；後腿節長4.3〜4.6 mm．

主に平地や丘陵地のクサヨシなど背丈の低い挺水植物が密生する湿地や湧水地・休耕田などに生息する．幼虫は植物に覆われた浅い滞水や周辺の緩やかな流れの泥中に潜んでいる．

シオカラトンボ　*Orthetrum albistylum speciosum* (Uhler, 1858)

体長18.4〜21.1 mm；頭長3.5〜4.0 mm；頭幅4.8〜5.2 mm；触角長2.1〜2.7 mm；後翅長7.1〜7.3 mm；後腿節長6.2〜6.7 mm．

平地から低山地に至る挺水植物が繁茂する池沼や湿地の滞水，休耕田，ほとんど流れのない溝川など広範な止水域に生息する．市街地の社寺の境内池や公園の池など人工の水域にも棲み，時には海岸沿いの汽水性沼沢にも生息する．また白樺湖（標高1420 m）などの高所でも幼虫がみつかっている．幼虫は挺水植物の根際や植物性沈積物の陰に隠れたり，柔らかい泥の中に潜って生活している．

シオヤトンボ　*Orthetrum japonicum* (Uhler, 1858)

体長14.2〜16.5 mm；頭長3.0〜3.4 mm；頭幅4.3〜4.6 mm；触角長2.1〜2.3 mm；後翅長5.5〜6.0 mm；後腿節長3.8〜4.2 mm．

主に平地から低山地の背丈の低い挺水植物が繁茂する湿地や休耕田・水の涸れない水田などに生息する．志賀高原の大沼池（標高1695 m）のような高所にも産する．幼虫は好んで畦間の緩やかな流れや水田中や湿地の流水部などに棲み，柔らかい泥の中に浅く潜っていることが多い．

タイワンシオヤトンボ　*Orthetrum internum* McLachlan, 1894 [32]

体長13.6〜18.1 mm；頭長3.0〜3.3 mm；頭幅4.0〜4.2 mm；触角長2.0〜2.2 mm；後翅長5.2〜6.0 mm；後腿節長3.6〜4.2 mm．

主に丘陵地の背丈の低い挺水植物が繁茂する湿地や休耕田・水田などに生息するが，本土のシオヤトンボに比べて，生息地はかなり局所的である．幼虫はシオヤトンボと同様，好んで畦間の緩やかな流れや水田中や湿地の流水部などに棲み，柔らかい泥の中に浅く潜っていることが多い．

タイワンシオカラトンボ　*Orthetrum glaucum* (Brauer, 1865)

体長16.9 mm；頭長4.0 mm；頭幅4.3 mm；触角長2.2 mm；後翅長5.1 mm；後腿節長4.0 mm．［想定による羽化殻の計測値］

主に平地や丘陵地の挺水植物が繁茂する，やや開けた湿地や湿原，あるいはその周辺の溝などに生息する．幼虫は植物が繁茂する浅い滞水に棲み，植物の根際に潜んだり，柔らかい泥の中に浅く潜って生活している．

オオシオカラトンボ　*Orthetrum melania melania* (Selys, 1883)

［北海道，本州と伊豆諸島を含む属島，四国，九州と大隅諸島以北の属島］

Orthetrum melania ryukyuensis Sasamoto et Futahashi, 2013

　　　　　　　　　　　　　　　[トカラ列島以南で沖縄諸島・久米島以北の琉球列島の各島]

Orthetrum melania yaeyamense Sasamoto et Futahashi, 2013

　　　　　　　　　　　　　　　　　　　[八重山諸島の石垣島・西表島・与那国島]

体長17.1〜21.1 mm；頭長2.6〜3.7 mm；頭幅4.4〜5.5 mm；触角長2.4〜2.8 mm；後翅長6.6〜7.2 mm；後腿節長5.4〜6.7 mm．[種 *Orthetrum melania* としての計測値であり，日本産の3亜種はすべてこの範疇に入る]

平地から低山地に至る挺水植物が繁茂する池沼や湿地，休耕田，あるいは水田または緩やかな流れの溝川などに生息する．木立が縁にあるやや鬱閉的な環境を好み，明るい開放的な環境が好きなシオカラトンボとかなり明確に棲み分けている．幼虫は植物性沈積物の陰に潜んだり，柔らかい泥の中に浅く潜って生活している．

コフキショウジョウトンボ　*Orthetrum pruinosum neglectum* (Rambur, 1842)

体長17.7〜18.4 mm；頭長3.0〜3.1 mm；頭幅4.6〜4.8 mm；触角長2.1 mm内外；後翅長6.3〜6.5 mm；後腿節長5.3〜5.7 mm.

平地や丘陵地の挺水植物が繁茂する水田・湿地の滞水や緩やかな流れの溝川などに生息する．山沿いの地ではしばしばオオシオカラトンボと混生するが，オオシオカラトンボよりやや開けた明るい環境を好む傾向が強い．幼虫はオオシオカラトンボと同様，植物性沈積物の陰に潜んだり，柔らかい泥の中に浅く潜って生活している．

ハッチョウトンボ属　*Nannophya* Rambur, 1842（全形図65）

日本にはハッチョウトンボ1種が分布している．　　　　　　　　　　　[本州，四国，九州]

ハッチョウトンボ　*Nannophya pygmaea* Rambur, 1842

体長8.0〜8.4 mm；頭長1.9〜2.0 mm；頭幅2.9〜3.0 mm；触角長0.9〜1.0 mm；後翅長3.0〜3.1 mm；後腿節長2.3 mm 内外.

主に平地から山地のモウセンゴケやミミカキグサ，サギソウ，トキソウなどが生育する日当たりのよい滲出水のある湿地や湿原に生息する．丘懐の休耕田にもみられるが，尾瀬ヶ原（標高1400〜1700 m）などの高所にも多産する．幼虫は背丈が20 cm 未満の湿性植物が繁茂する小さく浅い滞水や滲出水の溜りなどに棲み，水底の浮泥中に潜んで生活している．環境を放置して植生の遷移が進み，草丈が30 cm を超すようになると急速にいなくなってしまう．

コシブトトンボ属　*Acisoma* Rambur, 1842（全形図66）

日本にはコシブトトンボ1種が分布している．　　　　　　　[奄美諸島以南の琉球列島の各島]

コシブトトンボ　*Acisoma panorpoides panorpoides* Rambur, 1842

体長9.9〜12.0 mm；頭長1.8〜2.3 mm；頭幅3.5〜3.7 mm；触角長1.1〜1.5 mm；後翅長3.6〜4.4 mm；後腿節長3.7〜4.5 mm.

クサヨシなど背丈の低い挺水植物が密生する浅い池沼や湿地・湿原・水田あるいはほとんど流れを感じない溝川などに生息し，しばしば休耕田や廃田にもみられる．幼虫は植物が密生する浅い滞水の泥の中に潜んで生活している．

アオビタイトンボ属　*Brachydiplax* Brauer, 1868（全形図74）

日本にはアオビタイトンボ1種が分布している．近年，国内での分布域を北東へと拡大しつつあ

る．　　　　　　　　　　　［本州の山口県，九州の各県および奄美大島以南の琉球列島の島々］

アオビタイトンボ　*Brachydiplax chalybea flavovittata* Ris, 1911

体長16.0〜19.1 mm；頭長2.5〜2.6 mm；頭幅5.1〜5.6 mm；触角長2.8〜3.0 mm；後翅長5.2〜5.7 mm；後腿節長4.8〜5.3 mm．

主に平地や丘陵地の挺水植物が密生する腐植栄養型の浅い池沼や湿原などに生息する．幼虫は密生する挺水植物の根際や植物性沈積物の陰などに潜んで生活している．

ヒメキトンボ属　*Brachythemis* Brauer, 1868　（全形図75）

日本にはヒメキトンボ1種が分布している．1963年の与那国島での初記録以降一度は消滅したかにみえたが，近年は琉球列島内での分布域が拡大しつつある．

［沖縄諸島の久米島，八重山諸島の石垣島・西表島・与那国島］

ヒメキトンボ　*Brachythemis contaminata* (Fabricius, 1793)

体長14.6〜16.7 mm；頭長2.2〜2.5 mm；頭幅4.1〜4.3 mm；触角長2.1〜2.4 mm；後翅長4.9〜5.2 mm；後腿節長5.2〜5.6 mm．

主に平地の挺水植物が繁茂する池沼や湿地，あるいは溝川などに生息する．幼虫は挺水植物の根際や水底の柔らかい泥の中に潜って生活している．

コフキトンボ属　*Deielia* Kirby, 1889　（全形図76）

日本にはコフキトンボ1種が分布している．

［北海道の一部，本州と佐渡島および伊豆諸島の三宅島，四国，九州と壱岐・対馬・五島列島および琉球列島の種子島・トカラ列島の中之島・沖永良部島・沖縄島と伊江島］

コフキトンボ　*Deielia phaon* (Selys, 1883)

体長20.4〜23.1 mm；頭長3.0〜3.4 mm；頭幅4.9〜5.3 mm；触角長2.6〜2.9 mm；後翅長6.5〜7.1 mm；後腿節長6.5〜7.2 mm．

主に平地のヨシやマコモ，ガマなど背丈の高い挺水植物が繁茂する腐植栄養型の池沼や湿地，水田などに生息する．大きな湖や水郷地域の溝川にも多いが，海岸沿いの汽水沼にもしばしば多産する．幼虫は挺水植物の根際や植物性沈積物の陰に潜んで生活している．

ショウジョウトンボ属　*Crocothemis* Brauer, 1868　（全形図77）

日本にはタイリクショウジョウトンボ1種が分布している[*22]．

[*22] タイリクショウジョウトンボには原名亜種の他にショウジョウトンボ1亜種が日本から知られている．各亜種は以下の検索表で同定することができるが，数には変動の幅があり産地が重要な同定のための目安になる．

1a　下唇基節の側刺毛は10〜11本　…タイリクショウジョウトンボ　*Crocothemis servilia servilia*
　　　　　　　　　　　　　　　　　　［大東諸島を含むトカラ列島以南の琉球列島の各島］
1b　下唇基節の側刺毛は12本……………ショウジョウトンボ　*Crocothemis servilia mariannae*
　　　　　　　　　　　　　　　　［北海道の南端，本州と佐渡島・隠岐・見島，四国，九州と大隅諸島以北の属島］

タイリクショウジョウトンボ　*Crocothemis servilia servilia* (Drury, 1770)

平地から低山地に至る比較的明るい挺水植物が繁茂する池沼や湿地あるいは湿原，水田，水郷地域の溝川などきわめて広範な止水域に生息し，時には海岸沿いの汽水沼にもみられる．幼虫は挺水植物の根際や植物性沈積物の陰に潜んでいることが多いが，柔らかい泥の中に浅く潜っていること

もある.

ショウジョウトンボ Crocothemis servilia mariannae Kiauta, 1983
体長20.8〜23.3 mm；頭長3.2〜4.0 mm；頭幅5.7〜6.3 mm；触角長1.8〜2.4 mm；後翅長5.6〜6.9 mm；後腿節長5.5〜6.6 mm. ［種 Crocothemis servilia としての計測値であり，日本産の2亜種はすべてこの範疇に入る］

タイリクショウジョウトンボと同様，平地から低山地に至る比較的明るい挺水植物が繁茂する池沼や湿地あるいは湿原，水田，水郷地域の溝川などきわめて広範な止水域に生息し，時には海岸沿いの汽水沼にもみられる．幼虫は挺水植物の根際や植物性沈積物の陰に潜んでいることが多いが，柔らかい泥の中に浅く潜っていることもある．

ナンヨウベッコウトンボ属 Neurothemis Brauer, 1867

日本ではアカスジベッコウトンボ1種の繁殖が確認されている[*23].

[*23] ナンヨウベッコウトンボ属はナンヨウベッコウトンボとフチトリベッコウトンボおよびアカスジベッコウトンボの3種の偶産飛来が記録されていた．このうちアカスジベッコウトンボの西表島，与那国島での繁殖が確認され，日本産の個体を用いた記載がなされた．ナンヨウベッコウトンボ，フチトリベッコウトンボの2種はともに偶産飛来と考えられ検索表はつくらなかった．[33)]

アカスジベッコウトンボ Neurothemis ramburi ramburi (Kaup in Brauer, 1866)
体長15.5〜16.2 mm；頭幅5.1〜5.3 mm；後腿節長5.7〜5.8 mm；腹長10.5〜10.7 mm；腹幅（第6節）5.6〜5.8 mm. ［Watanabe, Kawashima & Sasamoto (2013)］

平地から丘陵地に至る抽水植物や挺水植物が繁茂する池沼や湿地，水田などの試水域に生息する．幼虫は挺水植物の根際や植物性沈積物の陰に潜んでいることが多いが，柔らかい泥の中に浅く潜っていることもある． ［八重山諸島の与那国島と西表島］

ナンヨウベッコウトンボ Neurothemis terminata terminata Ris, 1911
［（偶産飛来記録）八重山諸島の石垣島］

フチトリベッコウトンボ Neurothemis fluctuans (Fabricius, 1793)
［（偶産飛来記録）東京都，神奈川県，八重山諸島の西表島］

ヒメトンボ属 Diplacodes Kirby, 1889 （全形図70）
幼虫の種の検索表

1a 肛側片は長く，肛上片の1.3倍の長さ …………… **ヒメトンボ** Diplacodes trivialis （図218）
　　　　　　　　　　　　　　　　　　　　　　　　［屋久島以南の琉球列島の各島］
1b 肛側片は肛上片とほぼ同長 ……………… **ベニヒメトンボ** Diplacodes bipunctatus （図219）
　　　　　　　　　　　　　　　　　　　［小笠原諸島の聟島・父島・兄島・弟島・南島・母島・姉島・向島］

ヒメトンボ Diplacodes trivialis (Rambur, 1842)
体長13.7 mm；頭長2.2 mm；頭幅4.3 mm；触角長1.6 mm；後翅長4.5 mm；後腿節長4.2 mm.

主に平地から低山地に至る背丈の低い挺水植物が繁茂する湿地や湿原，水田，溝川などに生息する．轍の水溜りや草むらの滞水にもみられ，公園や学校等の比較的浅くて小さい池や排水溝など人工的な水域にも生育する．幼虫は水の浸った柔らかい泥の中に浅く潜って生活している．

ベニヒメトンボ Diplacodes bipunctatus (Brauer, 1865)
体長13.1 mm；頭長2.8 mm；頭幅4.2 mm；触角長1.9 mm；後翅長4.0 mm；後腿節長3.5 mm.

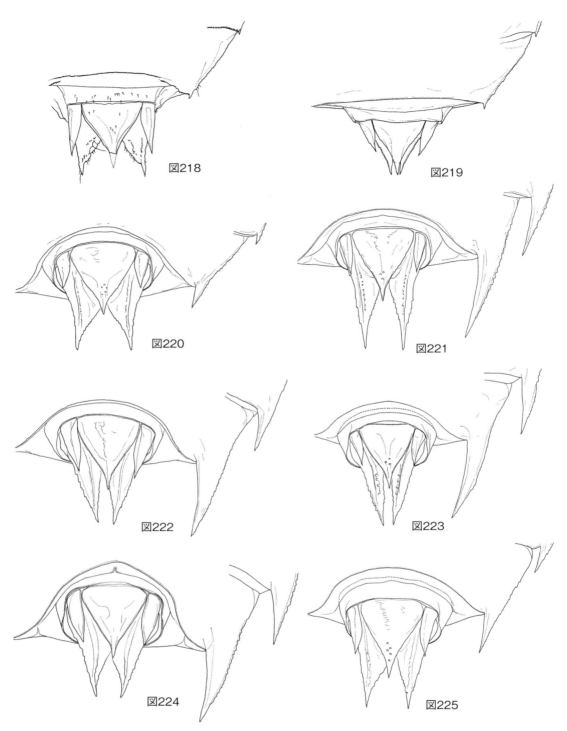

図218 ヒメトンボ *Diplacodes trivialis* 肛錐. 図219 ベニヒメトンボ *Diplacodes bipunctatus* 肛錐. 図220 ムツアカネ *Sympetrum danae* 肛錐. 図221 ネキトンボ *Sympetrum speciosum speciosum* 肛錐. 図222 タイリクアカネ *Sympetrum striolatum imitoides* 肛錐. 図223 コノシメトンボ *Sympetrum baccha matutinum* 肛錐. 図224 マイコアカネ *Sympetrum kunckeli* 肛錐. 図225 エゾアカネ *Sympetrum flaveolum flaveolum* 肛錐

主に平地の背丈の低い挺水植物が繁茂する池沼や湿地・沼沢などに生息し，Lieftinck (1962) によれば特に海岸に近い水域を好む傾向があるという．小笠原諸島の兄島では海岸の工場跡とみられる原っぱのハマゴウやサンカクイなどに半ば覆われた1.5m四方ほどのコンクリート水槽にもみられた．しかしパプア・ニューギニアでは高地の湿原にも産する．幼虫は水の浸った柔らかい泥の中に浅く潜って生活している．

アカネ属　*Sympetrum* Newman, 1833 *24　（全形図77）
幼虫の種の検索表

1a　腹部第8節に背棘がない……………………………………………………………………2
1b　腹部第8節に背棘がある……………………………………………………………………3
2a　腹部第8, 9節の側棘は側棘を除いた各節の長さの1/2以下
　　　　　　　　　　　　　　　　　　　　　　　　　ムツアカネ　*Sympetrum danae*
　　　［北海道と礼文島・利尻島・国後島・択捉島，岐阜・長野県境以北の本州］（図220）
2b　腹部第8, 9節の側棘は側棘を除いた各節の長さと同長かわずかに長い
　　　　　　　　　　　　　　　　　　　　　　　ネキトンボ　*Sympetrum speciosum speciosum*
　　　［宮城・福島・新潟以西の本州と隠岐，四国，九州と対馬・五島列島・
　　　天草諸島・甑島列島・屋久島・種子島およびトカラ列島の中之島］（図221）
3a　腹部第9節に背棘がない……………………………………………………………………4
3b　腹部第9節に背棘がある……………………………………………………………………16
4a　腹部第8節の側棘は側棘を除いた節の長さの3/5以下で明らかに短い　………5　（図222）
4b　腹部第8節の側棘は側棘を除いた節の長さとほぼ同長か明らかに長い………10　（図223）
5a　腹部第9節の側棘は側棘を除いた節の長さの4/5以上　………………6　（図224）
5b　腹部第9節の側棘は側棘を除いた節の長さの3/4以下　………………7　（図225）
6a　下唇基節の腮刺毛は15本以上……………タイリクアカネ　*Sympetrum striolatum imitoides*
　　　［北海道と利尻島・奥尻島，本州の青森・宮城・福島・富山の各県・三重県以西の
　　　本州と隠岐，四国，九州と壱岐・対馬・五島列島・天草諸島・甑島列島］（図226）
6b　下唇基節の腮刺毛は14本以下………………………マイコアカネ　*Sympetrum kunckeli*
　　　［北海道の一部，本州と佐渡島，四国，九州と壱岐・対馬・天草諸島・甑島列島］（図227）
7a　腹部第8節の側棘は第9節の側棘の3/4の長さ　………エゾアカネ　*Sympetrum flaveolum*
　　　　　　　　　　　　　　　　　　　　　　　　　　　［北海道と国後島・択捉島］（図225）
7b　腹部第8節の側棘は第9節の側棘の1/2の長さ　…………………………………………8
8a　腹部第9節の側棘は側棘を除いた節の長さの3/4
　　　　　　　　　　　　　　　　　……………マユタテアカネ　*Sympetrum eroticum eroticum*
　　　［北海道と礼文島・利尻島・奥尻島，本州と粟島・佐渡島・隠岐，
　　　四国，九州とその属島およびトカラ列島の中之島］（図228）
8b　腹部第9節の側棘は側棘を除いた節の長さの1/2以下　……………………………………9
9a　肛上片は太短く，長さは基部の幅よりも短い　…………ヒメアカネ　*Sympetrum parvulum*
　　　［北海道の一部と利尻島・奥尻島，本州と隠岐，四国，
　　　九州と対馬・天草諸島・甑島列島・屋久島・種子島］（図229）
9b　肛上片は細長く，長さは基部の幅の1.2倍　…ミヤマアカネ　*Sympetrum pedemontanum elatum*
　　　［北海道と奥尻島・国後島，本州と佐渡島，四国，九州と天草諸島］（図230）

84 トンボ目

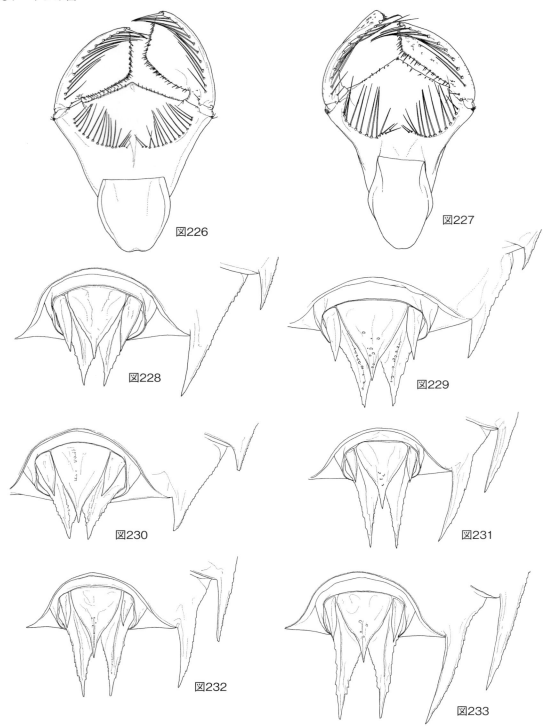

図226 タイリクアカネ Sympetrum striolatum imitoides 下唇基節内面. 図227 マイコアカネ Sympetrum kunckeli 下唇基節内面. 図228 マユタテアカネ Sympetrum eroticum eroticum 肛錐. 図229 ヒメアカネ Sympetrum parvulum 肛錐. 図230 ミヤマアカネ Sympetrum pedemontanum elatum 肛錐. 図231 アキアカネ Sympetrum frequens 肛錐. 図232 リスアカネ Sympetrum risi risi 肛錐. 図233 ナツアカネ Sympetrum darwinianum 肛錐

トンボ科 85

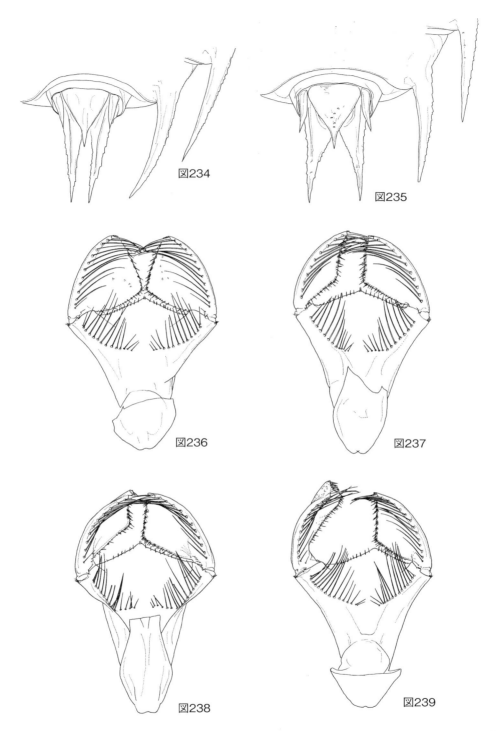

図234 ノシメトンボ Sympetrum infuscatum 肛錐. 図235 ナニワトンボ Sympetrum gracile 肛錐. 図236 ナニワトンボ Sympetrum gracile 下唇基節内面. 図237 マダラナニワトンボ Sympetrum maculatum 下唇基節内面. 図238 キトンボ Sympetrum croceolum 下唇基節内面. 図239 オオキトンボ Sympetrum uniforme 下唇基節内面

10a 腹部第8節の側棘は側棘を除いた節の長さとほぼ同長 ………………………………………… 11
10b 腹部第8節の側棘は側棘を除いた節の長さの1.2倍以上 …………………………………… 13
11a 腹部第8節の側棘は第9節の側棘に比較して短めで2/3の長さ
　　　………………………………… **コノシメトンボ** *Sympetrum baccha matutinum*
　　　　　　　　　　　　　　[北海道と奥尻島，本州と飛島・粟島・佐渡島・隠岐，
　　　　　　　　　　　　　　　四国，九州とその属島および種子島]（図223）
11b 腹部第8節の側棘は第9節の側棘に比較してやや短い程度で4/5の長さ ……………… 12
12a 尾毛は長大で肛上片の2/3の長さ ……………………… **アキアカネ** *Sympetrum frequens*
　　　　　　　　　　　　　　[北海道と焼尻島・奥尻島・国後島，本州と飛島・粟島・佐渡島・隠岐，
　　　　　　　　　　　　　　　九州と対馬・五島列島・天草諸島および奄美大島]（図231）
12b 尾毛は短めで肛上片の1/2の長さ ……………… **リスアカネ** *Sympetrum risi*[*25]（図232）
13a 腹部第8節の側棘は第9節の側棘よりも明らかに短い
　　　………………………………………………… **ナツアカネ** *Sympetrum darwinianum*
　　　　　　　　　　　　　　[北海道と奥尻島，本州と飛島・粟島・佐渡島・隠岐・見島・伊豆諸島の式根島，四国，
　　　　　　　　　　　　　　　九州と壱岐・対馬・五島列島・天草諸島・甑島列島・種子島，奄美大島]（図233）
13b 腹部第8節の側棘は第9節の側棘とほぼ同長 ………………………………………………… 14
14a 腹部第8，9節の側棘は大きな弧を描いて内向きに曲がる
　　　…………………………………………………… **ノシメトンボ** *Sympetrum infuscatum*
　　　　　　　　　　　　　　[北海道と日本海側の属島・国後島，本州と飛島・粟島・佐渡島・隠岐・
　　　　　　　　　　　　　　　見島，四国，九州と壱岐・対馬・天草諸島・甑島列島]（図234）
14b 腹部第8，9節の側棘はほぼ真直ぐに後方へ伸長する …………………… 15（図235）
15a 下唇基節の側片に褐色の小斑点が散在する ………… **ナニワトンボ** *Sympetrum gracile*
　　　　　　　　　　　　　　　　　　　　　　　　[滋賀・三重以西の本州と四国]（図236）
15b 下唇基節の中片，側片ともに無斑
　　　……………………………… **マダラナニワトンボ** *Sympetrum maculatum* [本州]（図237）
16a 下唇基節の側刺毛は11本 ……………………………… **キトンボ** *Sympetrum croceolum*
　　　　　　　　　　　　　　　　　　　　　　　[北海道と焼尻島，本州，四国，九州]（図238）
16b 下唇基節の側刺毛は13本 …………………………… **オオキトンボ** *Sympetrum uniforme*
　　　　　　　　　　　　　　　　　　　　　　　　　　　[本州，四国，九州北部と対馬]（図239）

[*24] 本属には，他にマンシュウアカネ，タイリクアキアカネ，オナガアカネ，スナアカネの4種が日本から知られている．稀に繁殖行動が確認された種もあるが，本書では偶産飛来として検索表から省き解説するにとどめた．

[*25] リスアカネには原名亜種の他にヒメリスアカネ1亜種が知られている．分子系統学的な解析によれば両亜種間に差は認められず，同種内の一地域変異にとどまるかもしれない．本書では従来通り亜種として扱った．各亜種は以下の検索表で同定することができるが，産地が重要な同定のための目安になる．

　1a 肛上片は細長く，長さは基部の幅の1.5倍 …………… **リスアカネ** *Sympetrum risi risi*
　　　　　　　　　　　　　　[本州と飛島・粟島・隠岐・見島，四国，九州と壱岐・
　　　　　　　　　　　　　　　対馬・五島列島・天草諸島・甑島列島]
　1b 肛上片は太短く，長さは基部の幅の1.2倍
　　　…………………………………… **ヒメリスアカネ** *Sympetrum risi yosico* [北海道]

ミヤマアカネ　*Sympetrum pedemontanum elatum* (Selys, 1872)
　体長13.0〜16.6 mm；頭長2.3〜2.8 mm；頭幅4.0〜4.6 mm；触角長1.7〜2.3 mm；後翅長4.9〜5.9 mm；後腿節長4.5〜5.4 mm.
　主に丘陵地や低山地の水田地域や湿地の緩やかな流れに生育するが，三重県ではかなり大きく流れもそこそこに速い河川でも多産するところが知られている．幼虫は挺水植物や岸辺植物の茂みの間やよどみに溜まった植物性沈積物の陰に潜んでいることが多いが，柔らかい泥の上にうずくまっていることもある．

ナツアカネ　*Sympetrum darwinianum* (Selys, 1883)
　体長14.7〜18.0 mm；頭長2.5〜3.0 mm；頭幅5.1〜5.5 mm；触角長2.7〜3.0 mm；後翅長5.3〜6.0 mm；後腿節長5.6〜6.3 mm.
　主に平地から低山地に至る背丈のあまり高くない挺水植物が繁茂する池沼や湿地・湿原・水田・溝川などに生息するが白馬岳の神の田（標高1900 m）のような高所にも産する．また市街地の社寺の境内池など人工的な小水域にもしばしば定着している．最も多くみられるのは平地の水田地域である．これはナツアカネが広々とした明るい開放的空間を好み，水際に繁茂する挺水植物（たとえば刈り取る前のイネ）の上から卵をばらまいて産卵（打空産卵）するという産卵特性に深く関わっている．幼虫は挺水植物や岸辺植物の茂みの間や植物性沈積物の陰に潜んでいることが多いが，柔らかい泥の上にうずくまっていることもある．

アキアカネ　*Sympetrum frequens* (Selys, 1883)
　体長14.4〜16.7 mm；頭長2.3〜2.8 mm；頭幅5.0〜5.5 mm；触角長2.6〜2.8 mm；後翅長5.4〜6.1 mm；後腿節長5.6〜6.5 mm.
　主に平地から低山地に至る背丈のあまり高くない挺水植物が繁茂する池沼や湿地・湿原・水田・溝川などに生息する．八ヶ岳の雨池（標高2060 m）のような高所での羽化記録もある．最近では市街地の学校のプールなど比較的水深の深い人工的な水域にもみられる．最も多くみられるのは平地の水田地域である．これはアキアカネが広々とした明るい開放的空間を好み，ごく浅い水域または湿った土のある場所を選んで産卵するという産卵特性に深く関わっている．しかし，東海地方では近年，稲作の同一品種の広域一連栽培と超早稲品種の栽培志向が高まり，アキアカネ幼虫が中齢期に達する5月上旬から，イネの分けつ促進と倒伏予防のため，水を抜く（中干し指導）ことが普及したため，田んぼからアキアカネが姿を消しつつある．幼虫は挺水植物や岸辺植物の茂みの間や植物性沈積物の陰に潜んでいることが多いが，柔らかい泥の上にうずくまっていることもある．

タイリクアカネ　*Sympetrum striolatum imitoides* Bartenef, 1919
　体長15.0〜16.7 mm；頭長2.9〜3.3 mm；頭幅5.1〜5.5 mm；触角長2.6〜2.7 mm；後翅長5.5〜6.0 mm；後腿節長5.9〜6.3 mm.
　平地や丘陵地の挺水植物が繁茂する池沼や水溜りに生息する．特に海岸沿いの汽水が入る腐植栄養型の池沼に多く，アキアカネと同様，市街地の学校のプールなど人工的な水域にもみられる．熊野灘沿岸では海岸断崖の上のタイドプールに産する．幼虫は挺水植物や岸辺植物の茂みの間や植物性沈積物の陰に潜んでいることが多いが，柔らかい泥の上にうずくまっていることもある．

マンシュウアカネ　*Sympetrum vulgatum imitans* (Selys, 1886)
　［（偶産飛来記録）北海道，本州の富山・石川・鳥取・山口の各県］

タイリクアキアカネ　*Sympetrum depressiuscula* (Selys, 1841)
　［（偶産飛来記録）北海道，本州の山形・新潟・長野・石川・京都・滋賀・兵庫・鳥取・島根，四国の香川・愛媛・高知，九州の福岡・鹿児島の各府県と対馬および琉球列島の沖縄島・伊平屋島・

石垣島・西表島・与那国島]

スナアカネ　*Sympetrum fonsocolombei* (Selys, 1840)

[(偶産飛来記録) 本州の東京・静岡・石川・富山・愛知・三重，四国の高知，九州の鹿児島の各都県および琉球列島の宮古島]

マユタテアカネ　*Sympetrum eroticum eroticum* (Selys, 1883)

体長12.5～15.0 mm；頭長1.9～2.7 mm；頭幅3.7～4.7 mm；触角長1.9～2.3 mm；後翅長4.1～5.3 mm；後腿節長4.1～5.7 mm.

主に平地から低山地に至る挺水植物が繁茂する池沼や湿地・湿原・水田およびそれに連なる溝川などかなり広範な止水域に生息する．この他に植生の豊富な緩流にもしばしば多産することがわかった．林縁など木陰の多いやや鬱閉的な環境を好み，農耕が始まったばかりの古代日本列島では，最も普通のアカトンボだったろうと考えられる．幼虫は挺水植物の根際や植物性沈積物の陰に潜んでいることが多いが，柔らかい泥の上にうずくまっていることもある．

マイコアカネ　*Sympetrum kunckeli* (Selys, 1884)

体長14.1～14.6 mm；頭長2.4～2.7 mm；頭幅4.2 mm内外；触角長2.1 mm内外；後翅長4.5～4.8 mm；後腿節長4.5 mm内外.

平地や丘陵地の挺水植物が繁茂する腐植栄養型の池沼に生息する．しばしば海岸沿いの汽水沼にも生息し，塩田にもみられるという．幼虫は挺水植物の根際や植物性沈積物に潜んでいることが多いが，柔らかい泥の上にうずくまっていることもある．

ヒメアカネ　*Sympetrum parvulum* (Bartenef, 1912)

体長11.6～14.0 mm；頭長2.5～3.0 mm；頭幅3.9～4.2 mm；触角長1.6～1.9 mm；後翅長4.3～4.6 mm；後腿節長3.7～4.1 mm.

主に平地から低山地に至る背丈の低い（ハッチョウトンボよりやや高い範囲）挺水植物が密生する滲出水のある湿地や丘懐の休耕田・廃田などに生息する．しばしばハッチョウトンボと混生している．幼虫は湿生植物の根際に潜んだり，植物性沈積物のある浮泥にまみれて生活している．

オナガアカネ　*Sympetrum cordulegaster* (Selys, 1883)

[(偶産飛来記録) 北海道，本州の日本海側と東海および近畿地方，四国の高知県，九州の対馬および琉球列島の奄美大島・沖縄諸島の各島・宮古島・石垣島・西表島]

エゾアカネ　*Sympetrum flaveolum flaveolum* (Linnaeus, 1758)

体長15.5～16.7 mm；頭長2.0～2.3 mm；頭幅3.8～4.6 mm；触角長1.9～2.3 mm；後翅長4.0～5.3 mm；後腿節長4.5～5.2 mm.

主に寒冷地の挺水植物が密生する湿原に生息する．幼虫は挺水植物の根際や浅い水底に溜まった植物性沈積物の陰に潜んで生活している．

ムツアカネ　*Sympetrum danae* (Sulzer, 1776)

体長11.3～12.2 mm；頭長2.2～2.4 mm；頭幅4.4～4.6 mm；触角長2.3 mm内外；後翅長4.5～4.7 mm；後腿節長4.8～5.2 mm.

北海道では平地や丘陵地の挺水植物が繁茂する開放的な寒冷池沼や湿原に生息する．かなり大きい湖にも産するが，本州では標高の高い山間の寒冷池沼に限られ，南限は岐阜県高根村の通称ちんまヶ池（標高約1400 m）である．幼虫は密生する挺水植物の根際や水底の植物性沈積物の陰に潜んでいることが多いが，柔らかい泥の上にうずくまっていることもある．

リスアカネ　*Sympetrum risi risi* Bartenef, 1914

体長17.7 mm；頭長3.1 mm；頭幅5.5 mm；触角長3.0 mm；後翅長6.3 mm；後腿節長6.2 mm.

丘陵地や低山地の森林に囲まれたやや鬱閉的な植物性沈積物の多い池沼に生息する．幼虫は水底の植物性沈積物の陰に潜んでいることが多い．

ヒメリスアカネ　*Sympetrum risi yosico* Asahina, 1961
体長11.5〜13.9 mm；頭長2.1〜2.3 mm；頭幅4.0〜4.6 mm；触角長2.2〜2.8 mm；後翅長4.0〜4.9 mm；後腿節長4.5〜5.0 mm．

主に森林に囲まれた鬱閉的な挺水植物が繁茂する植物性沈積物の多い池沼や湿地に生息する．幼虫の生活様式はリスアカネとほとんど変わらない．

ノシメトンボ　*Sympetrum infuscatum* (Selys, 1883)
体長18.2 mm；頭長2.9 mm；頭幅5.0 mm；触角長2.7 mm；後翅長5.7 mm；後腿節長5.1 mm．

主に平地から低山地に至る挺水植物が繁茂する水深の浅い池沼や水田・溝川などに生息する．八ヶ岳雨池（標高2060 m）のような高所にも産する．ナツアカネ，アキアカネに次ぐ農耕依存型の種であるが，近年の稲作変換の影響はアキアカネほど顕著ではないらしく，個体数はそれほど減っていない．幼虫は水底の植物性沈積物の陰に潜んでいることが多い．

コノシメトンボ　*Sympetrum baccha matutinum* Ris, 1911
体長18.1〜18.5 mm；頭長3.1〜3.7 mm；頭幅5.0 mm内外；触角長2.6〜2.7 mm；後翅長5.4〜5.5 mm；後腿節長5.1〜5.2 mm．

主に丘陵地や低山地の挺水植物が繁茂する池沼や水田などに生息するが，標高が2000 mを超す高い山にもみられる．幼虫は水底の植物性沈積物の陰に潜んでいることが多いが，柔らかい泥の上にうずくまっていることもある．

ナニワトンボ　*Sympetrum gracile* Oguma, 1915
体長15.1〜17.1 mm；頭長2.8〜3.0 mm；頭幅4.8 mm内外；触角長2.5〜2.7 mm；後翅長4.9〜5.0 mm；後腿節長4.5 mm内外．

主に丘陵地のマツ林に囲まれた水際になだらかななぎさがあって挺水植物が繁茂する浅い池沼に生息する（＊産卵期に当たる秋にこのような状態であることが大事）．幼虫は比較的浅い水底の泥の上にうずくまっていることが多い．

マダラナニワトンボ　*Sympetrum maculatum* Oguma, 1915
体長14.7〜16.3 mm；頭長2.6〜3.0 mm；頭幅4.5〜5.1 mm；触角長2.5 mm内外；後翅長4.4〜4.9 mm；後腿節長4.3〜5.1 mm．

ナニワトンボと同様，主に丘陵地や低山地のマツ林に囲まれた水際になだらかななぎさがあって挺水植物が繁茂する浅い池沼に生息する（＊産卵期に当たる秋にこのような状態であることが大事）．幼虫は比較的浅い水底の泥の上にうずくまっていることが多い．

ネキトンボ　*Sympetrum speciosum speciosum* Oguma, 1915
体長17.1〜19.8 mm；頭長3.8〜3.9 mm；頭幅5.4〜6.0 mm；触角長2.8〜3.1 mm；後翅長5.9〜6.3 mm；後腿節長6.2〜6.4 mm．

主に丘陵地や低山地の森林に囲まれた挺水植物や浮葉植物が繁茂するやや深くて大きい池沼に生息するが，八ヶ岳雨池（標高2060 m）のような高所の池にも多産する．しかし，同一池沼に必ずしも長期定着しているとは限らず，突然いなくなったり，出現することがあることも知られている．幼虫は挺水植物の根際や植物性沈積物の陰に潜んだり，底の泥の上にうずくまっていることが多いが，しばしば水中に繁茂するタヌキモやアオミドロの群落中に潜んでいることもある．

キトンボ　*Sympetrum croceolum* (Selys, 1883)
体長17.9〜21.4 mm；頭長3.2〜3.3 mm；頭幅4.9〜5.0 mm；触角長3.0 mm内外；後翅長5.0〜5.8 mm；

後腿節長5.9〜7.0 mm.

主に丘陵地や低山地の岸辺に木立のある挺水植物が繁茂するやや深い池沼などに生息するが，シラルトロ湖のような大きな湖にも多産する．幼虫は挺水植物の根際や植物性沈積物の陰に潜んで生活している．

オオキトンボ　*Sympetrum uniforme* (Selys, 1883)

体長22.9 mm；頭長4.3 mm；頭幅6.1 mm；触角長3.4 mm；後翅長7.0 mm；後腿節長7.0 mm.

主に平地や丘陵地のヨシやマコモ・ガマなど背丈が1.5 mを超す挺水植物が繁茂する開放的な，泥深いどちらかといえば腐植栄養型の大きな池沼に生息する．幼虫は挺水植物の根際や植物性沈積物の陰に潜んで生活している．

カオジロトンボ属　*Leucorrhinia* Brittinger, 1850（全形図78, 79）
幼虫の種の検索表

1a　腹部第9節の側棘は長大で，先端は肛側片の先端をはるかに超す
　　…………………………………………… **カオジロトンボ**　*Leucorrhinia dubia orientalis*
　　　　　　　　　　　　　　　　　　　　　　［北海道，福井・岐阜以北の本州］（全形図78）

1b　腹部第9節の側棘は短小で，先端は肛側片の先端に達しない
　　………… **エゾカオジロトンボ**　*Leucorrhinia intermedia ijimai*［北海道の道東］（全形図79）

カオジロトンボ　*Leucorrhinia dubia orientalis* Selys, 1887

体長16.2 mm；頭長3.0 mm；頭幅5.1 mm；触角長2.6 mm；後翅長5.7 mm；後腿節長5.0 mm.

主に寒冷地や高冷地のミズゴケ湿原や挺水植物が繁茂する湿地の滞水に生息する．幼虫は池塘の挺水植物の根際や植物性沈積物の陰に潜んでいることが多いが，水底の柔らかい泥の中に潜っていることもある．

エゾカオジロトンボ　*Leucorrhinia intermedia ijimai* Asahina, 1961

体長16.7 mm；頭長3.0 mm；頭幅5.2 mm；後翅長5.7 mm；後腿節長4.5 mm.

主に寒冷地の平地や丘陵地の森林に覆われた挺水植物が繁茂する腐植栄養型の池沼や湿地林に隣接する滞水などに生息する．幼虫は挺水植物の根際や植物性沈積物の陰に潜んで生活している．

ベニトンボ属　*Trithemis* Brauer, 1868（全形図80）

日本にはベニトンボ1種が分布している．近年，本州南端潮岬近辺で確認され，さらに分布を拡大しているようだ．

　　　　　　　［本州の和歌山県と三重県，四国の太平洋沿岸，九州南部および琉球列島の屋久島・
　　　　　　　奄美諸島・沖縄島・慶良間諸島・久米島・宮古島・石垣島・西表島］

ベニトンボ　*Trithemis aurora* (Burmeister, 1839)

体長14.5〜15.4 mm；頭長2.4〜3.0 mm；頭幅4.1〜4.4 mm；触角長2.1〜2.7 mm；後翅長4.9〜5.7 mm；後腿節長4.8〜5.3 mm.

九州では池田湖や鰻池など深くて大きなカルデラ湖に生息する．琉球列島の島々では主に山地の森林が伐採された周辺の川筋の流れが塞止められて生じた，挺水植物が繁茂する沼や滞水などに生息する．川床の岩に生じた凹穴のような小水域にもみられる．幼虫は挺水植物の根際やよどみに溜まった植物性沈積物の陰に潜んだり，水底の柔らかい泥の中に浅く潜ったりして生活している．

コシアキトンボ属　*Pseudothemis* Kirby, 1889（全形図81）

日本にはコシアキトンボ1種が分布している.

［本州と佐渡島・隠岐および伊豆諸島，四国，九州と壱岐・対馬・五島列島・天草諸島・甑島列島および大隅諸島・久米島・八重山諸島の石垣島・西表島］

コシアキトンボ　*Pseudothemis zonata* (Burmeister, 1839)

体長16.5〜20.7 mm；頭長2.6〜3.0 mm；頭幅5.3〜5.5 mm；触角長2.2〜2.6 mm；後翅長5.7〜6.7 mm；後腿節長4.7〜5.3 mm.

主に平地から低山地に至る森林に囲まれたやや鬱閉的な植物性沈積物の多い泥底池沼や，ほとんど流れを感じない溝川のよどみなどに生息するが，市街地の社寺の境内池や公園の池にもよくみられる．幼虫は水底に堆積した落ち葉やそだなどの下に潜り込んで生活している．

アメイロトンボ属　*Tholymis* Hagen, 1867（全形図82）

日本にはアメイロトンボ1種が分布している.

［琉球列島の中之島・宝島・奄美諸島・沖縄島・久米島・宮古島・石垣島・西表島・与那国島および大東諸島］

アメイロトンボ　*Tholymis tillarga* (Fabricius, 1798)

体長19.5〜19.7 mm；頭長3.2〜3.3 mm；頭幅5.3 mm内外；触角長3.0〜3.1 mm；後翅長6.1〜6.3 mm；後腿節長6.2〜6.4 mm.

主に平地の挺水植物が繁茂する池沼や溝川に生息している．アダンやマングローブが繁茂する河口または海岸沿いの汽水沼や湿原などにもみられる．かつてトカラ列島の宝島では大雨の後に海岸の砂浜に出現した大規模な水溜りで，多数の雄が縄張り活動を行うのを観察したことがある．幼虫は挺水植物の根際や植物性沈積物の陰に潜んで生活している．

オオメトンボ属　*Zyxomma* Rambur, 1842（全形図83）

幼虫の種の検索表

1a　腹部には第3〜10節に背棘がある ……………… コフキオオメトンボ　*Zyxomma obtusum*
　　　　　　　　　　　　　　　　　　　　　　　［八重山諸島の西表島および大東諸島］（図240）

1b　腹部には第4〜10節に背棘がある ……………… オオメトンボ　*Zyxomma petiolatum*
　　　　　　　　　　　　　　　　　　　　　　　　［奄美諸島以南の琉球列島の各島］（図241）

オオメトンボ　*Zyxomma petiolatum* Rambur, 1842

体長15.9〜19.8 mm；頭長3.2〜3.6 mm；頭幅5.1〜5.6 mm；触角長3.1〜3.4 mm；後翅長5.2〜6.3 mm；後腿節長5.4〜6.4 mm.

主に平地や丘陵地の森林に囲まれた鬱閉的な挺水植物が繁茂する植物性沈積物の多い池沼や溝川，林地を流れる緩流のよどみなどに生息する．コンクリートで固められたダムの放水路や灌漑用の水路にもみられる．幼虫は水底の植物性沈積物の間に潜んだり，柔らかい泥の中に浅く潜って生活している．

コフキオオメトンボ　*Zyxomma obtusum* Albarda, 1881

体長17.5〜20.0 mm；頭幅5.6〜5.9 mm；後腿節長5.2〜6.0 mm；腹長11.7〜13.6 mm；腹幅（第6節）7.8〜8.6 mm.［青木（1995）］

南大東島では樹林に覆われた鬱閉的な挺水植物が繁茂する腐植栄養型の池沼や池岸にアダンが密生する汽水性の深くて大きな池などに生息し，それらの池では雄の縄張り活動や雌の産卵行動が観

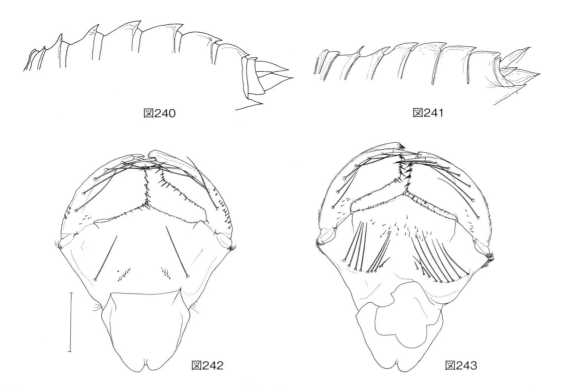

図240 コフキオオメトンボ *Zyxomma obtusum* 腹部背縁. 図241 オオメトンボ *Zyxomma petiolatum* 腹部背縁. 図242 オキナワチョウトンボ *Rhyothemis variegate imperatrix* 下唇基節内面. 図243 チョウトンボ *Rhyothemis fuliginosa* 下唇基節内面

察されているが，幼虫の生息状況は未解明．

チョウトンボ属　*Rhyothemis* Hagen, 1867[*26]（全形図84）
幼虫の種の検索表

1a 下唇基節の腮刺毛は外側の1本だけが長刺毛になる
　　……………………………………… オキナワチョウトンボ　*Rhyothemis variegata imperatrix*
　　　　　　　　　　　　［奄美大島・喜界島以南の琉球列島の各島および大東諸島］（図242）
1b 下唇基節の腮刺毛は全体に長刺毛からなり，特に外側の6本が長い
　　……………………………………………………………… チョウトンボ　*Rhyothemis fuliginosa*
　　　　　　　［本州と佐渡島・隠岐，四国，九州と壱岐・対馬・五島列島・甑島列島・種子島］（図243）

[*26] 本属は，他にハネナガチョウトンボとスキバチョウトンボの2種が日本から記録されている．ハネナガチョウトンボでは繁殖活動も観察されているが，本書では偶産飛来として両種を検索表から省いた．

チョウトンボ　*Rhyothemis fuliginosa* Selys, 1883

体長13.5〜14.8 mm；頭長2.6〜3.2 mm；頭幅4.5〜4.6 mm；触角長1.9〜2.3 mm；後翅長5.3 mm内外；後腿節長5.3〜5.7 mm.

　主に平地や丘陵地のヨシやマコモ，ガマ等の背丈が1.5 mを超す挺水植物が密生する腐植栄養型の泥深い池沼や水郷地帯の溝川などに生息する．幼虫は挺水植物の根際や植物性沈積物の陰に潜ん

だり，水底の柔らかい泥の中に潜って生活している．

オキナワチョウトンボ *Rhyothemis variegata imperatrix* Selys, 1887

体長11.3～15.4 mm；頭長2.4～3.0 mm；頭幅4.2～5.0 mm；触角長1.8～2.3 mm；後翅長5.0～6.4 mm；後腿節長5.3～6.1 mm．

主に平地のヨシやマコモ，ガマなど背丈が1.5 mを超す挺水植物が密生する腐植栄養型の泥深い池沼や水郷地帯の湿原，水田，溝川などに生息する．幼虫は挺水植物の根際や植物性沈積物の陰に潜んだり，水底の柔らかい泥の中に潜って生活している．

ハネナガチョウトンボ *Rhyothemis severini* Ris, 1913

［(偶産飛来記録) 奄美大島］

本種は偶産飛来種であると考えられるが，現在も継続的な生息が続いている．しかしオキナワチョウトンボとの間に体の大きさ以外に明確な違いがみられない．

主に平地や丘陵地の背丈の高い挺水植物が密生する腐植栄養型の泥深い池沼や水郷地帯の湿原，溝川などに生息する．しばしば海岸沿いの汽水沼にもみられる．奄美大島では海岸近くの背丈の高い挺水植物が繁茂する腐植栄養型の沼でみつかっている．幼虫は台湾では挺水植物の根際や植物性沈積物の陰に潜んだり，水底の柔らかい泥の中に浅く潜って生活している．

スキバチョウトンボ *Rhyothemis phyllis phyllis* (Sulzer, 1776)

［(偶産飛来記録) 西表島］

本種は偶産飛来種であると考えられ幼虫や羽化殻は記録されていない．

オオキイロトンボ属 *Hydrobasileus* Kirby, 1889 （全形図85）

日本にはオオキイロトンボ1種が分布している． ［琉球列島の沖縄島・石垣島・西表島］

オオキイロトンボ *Hydrobasileus croceus* (Brauer, 1867)

体長19.5～19.7 mm；頭長3.2～3.3 mm；頭幅5.3 mm内外；触角長3.0～3.1 mm；後翅長6.1～6.3 mm；後腿節長6.2～6.4 mm．

主に平地や丘陵地の挺水植物や浮葉植物が繁茂するやや大きい池沼や水田，流れをほとんど感じないような溝川などに生息するが，公園の人工池や養魚場跡の廃池にもみられる．幼虫は挺水植物の根際や植物性沈積物の間に潜んだり，水中植物の茂みにつかまって生活している．

ハネビロトンボ属 *Tramea* Hagen, 1861[27] （全形図86）
幼虫の種の検索表

1a 腹部第8節の側棘長は肛上片とほぼ同長かわずかに短い
　　……………………………………… ヒメハネビロトンボ *Tramea transmarina*[28] （図244）
1b 腹部第8節の側棘長は肛上片長の約1.1倍 ……………… ハネビロトンボ *Tramea virginia*
　　　　　　　　　　　　　　　［四国南部，九州とその属島および琉球列島の各島］（図245）

[27] 本属は，他にオセアニアハネビロトンボとテンジクハネビロトンボの2種が日本から記録されている．本書では偶産飛来としてこの種を検索表から省いた．

[28] 日本に分布するヒメハネビロトンボの2亜種，ヒメハネビロトンボとコモンヒメハネビロトンボの間には明瞭な区別点がなく検索表で表せなかった．

ハネビロトンボ *Tramea virginia* (Rambur, 1842)

体長15.1～26.0 mm；頭長4.1～5.9 mm；頭幅5.9～7.8 mm；触角長5.1～5.6 mm；後翅長5.9～8.2 mm；後腿節長6.3～8.5 mm．

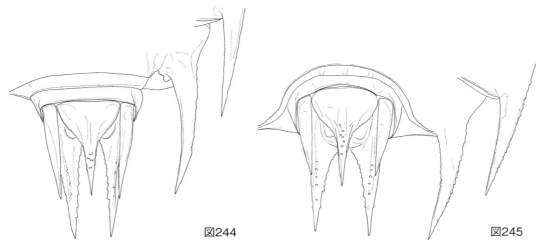

図244　ヒメハネビロトンボ *Tramea transmarina yayeyamana*　肛錐. 図245　ハネビロトンボ *Tramea virginia* 肛錐

　主に平地や丘陵地の挺水植物や水中植物が繁茂する池沼や溝に生息する．幼虫は挺水植物の根際や植物性沈積物の間にうずくまったり，水中植物の茂みにつかまって生活している．高知ではアオミドロが繁茂した灌漑用の小さなコンクリート水槽に生育し，晩秋まで成長を続け，気温が下がると1～2齢のごく若いものだけが生き残って冬を越すことが観察されている．

ヒメハネビロトンボ　*Tramea transmarina yayeyamana* Asahina, 1964
　体長26.9 mm；頭長5.4 mm；頭幅7.8 mm；触角長5.5 mm；後翅長8.0 mm；後腿節長8.6 mm.
　　　　　　　　　　　　　　　　［八重山諸島の石垣島・西表島・竹富島・波照間島・与那国島］
　主に平地や丘陵地の挺水植物や水中植物が繁茂する池沼や植物性沈積物の多い滞水などに生息する．幼虫は挺水植物の根際や植物性沈積物の間にうずくまったり，水中植物の茂みにつかまって生活している．

コモンヒメハネビロトンボ　*Tramea transmarina euryale* Selys, 1878
　体長23.7～26.0 mm；頭長4.5～5.0 mm；頭幅6.7～6.9 mm；触角長5.5 mm内外；後翅長6.3～7.3 mm；後腿節長7.7～8.0 mm.
　　　　　［小笠原諸島の父島・兄島・弟島・南島・硫黄島，沖縄諸島の沖縄島・久米島・慶良間諸島］
　小笠原諸島の父島と弟島では平地の挺水植物や水中植物が繁茂する池沼に生息する．兄島では浜辺に放置された1辺が2 mほどのハマボウやサンカクイに覆われたコンクリート製の水槽で羽化殻を採集し，南島では海岸の砂浜にあるヤドカリやカニが生息する汽水性の池に幼虫が生息するのを確認した．幼虫は挺水植物の根際や水底の植物性沈積物の陰，または水底の砂泥の上にうずくまって生活している．

オセアニアハネビロトンボ　*Tramea loewii* Kaup in Brauer, 1866
　［(偶産飛来記録) 琉球列島の沖縄島，石垣島，西表島］

テンジクハネビロトンボ　*Tramea basilaris burmeisteri* Kirby, 1889
　［(偶産飛来記録) 本州の千葉・静岡の各県］

ウスバキトンボ属　*Pantala* Hagen, 1861（全形図87）
　日本にはウスバキトンボ1種が分布している．

［属島も含む北海道，本州および伊豆・小笠原諸島，四国，九州および琉球列島の各島］

ウスバキトンボ *Pantala flavescens* (Fabricius, 1798)

体長24.5〜26.8 mm；頭長5.3〜5.4 mm；頭幅6.0〜6.3 mm；触角長1.6〜2.4 mm；後翅長6.6〜7.1 mm；後腿節長5.8〜8.3 mm.

主に平地や丘陵地の池沼や水田，溝川などに生息する．時には都市公園の噴水池や学校の観察池・プール，町中の貯水槽などでみつかることもあり，雨後に生ずる一時的な水溜りにみられることもある．幼虫は挺水植物の根際や植物性沈積物の陰，または水底の砂泥の上にうずくまって生活している．

ウミアカトンボ属　*Macrodiplax* **Brauer, 1868**（全形図64）

日本にはウミアカトンボ1種が分布している．

［小笠原諸島の父島・向島，琉球列島の久米島・石垣島・西表島および大東諸島］

ウミアカトンボ *Macrodiplax cora* (Brauer, 1867)

体長20.9 mm；頭長4.5 mm；頭幅5.9 mm；触角長3.2 mm；後翅長5.7 mm；後腿節長6.2 mm．［羽化殻の計測値］

小笠原諸島の南島では海岸の砂浜にあるヤドカリやカニが生息する汽水性の池で羽化殻を採集した．幼虫は挺水植物の根際や植物性沈積物の陰，または水底の砂泥の上にうずくまって生活している．

96 トンボ目

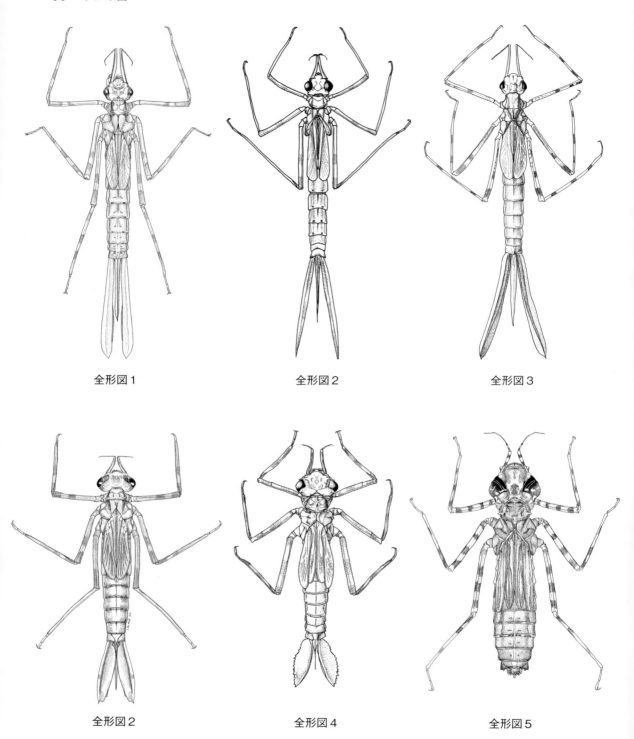

全形図1　ミヤマカワトンボ *Calopteryx cornelia*. 全形図2　ハグロトンボ *Atrocalopteryx atrata*. 全形図3　リュウキュウハグロトンボ *Matrona japonica*. 全形図4　ニホンカワトンボ *Mnais costalis*. 全形図5　クロイワカワトンボ *Psolodesmus mandarinus kuroiwae*. 全形図6　ヤエヤマハナダカトンボ *Rhinocypha uenoi*

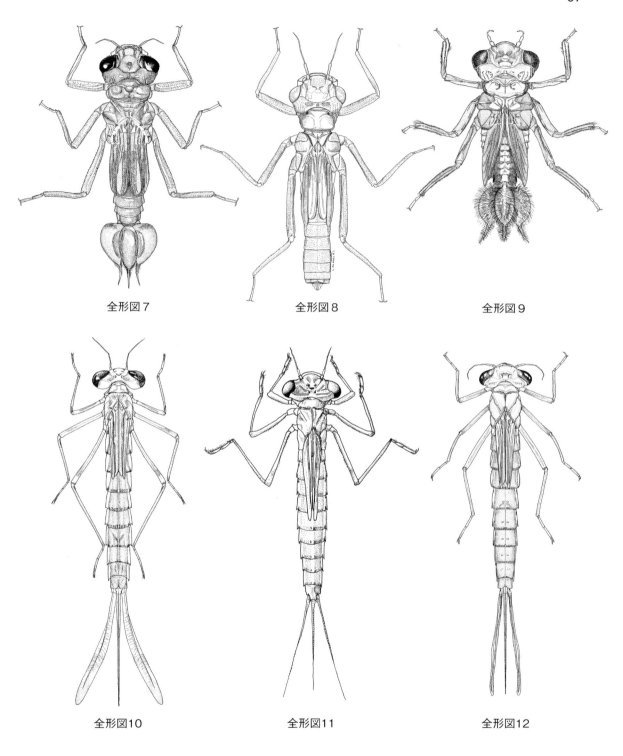

全形図7　コナカハグロトンボ *Euphaea yayeyamana*. 全形図8　チビカワトンボ *Bayadera ishigakiana*. 全形図9　トゲオトンボ *Rhipidolestes aculeatus*. 全形図10　コバネアオイトトンボ *Lestes japonicus*. 全形図11　ホソミオツネントンボ *Indolestes peregrinus*. 全形図12　オツネントンボ *Sympecma paedisca*

98　トンボ目

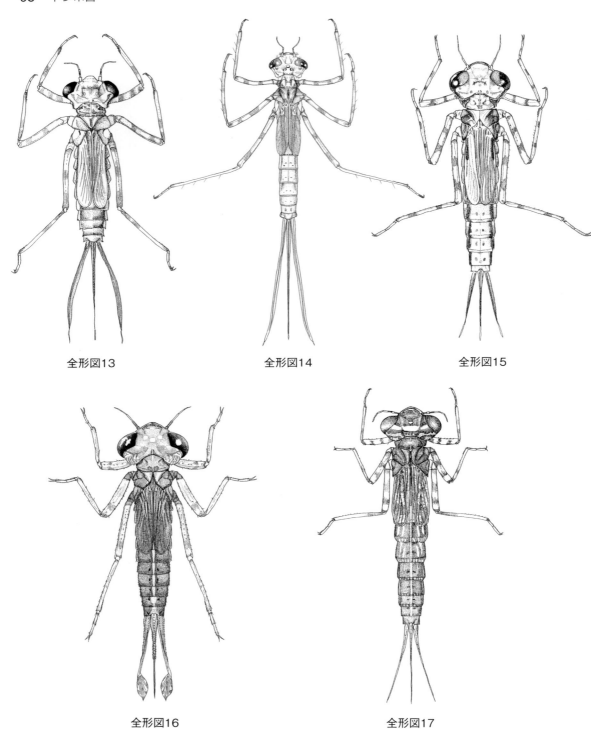

全形図13　アマゴイルリトンボ *Platycnemis echigoana*.　全形図14　オオモノサシトンボ *Pseudocopera tokyoensis*.
全形図15　アマミルリモントンボ *Coeliccia ryukyuensis amamii*.　全形図16　ベニイトトンボ *Ceriagrion nipponicum*.
全形図17　カラカネイトトンボ　*Nehalennia speciosa*

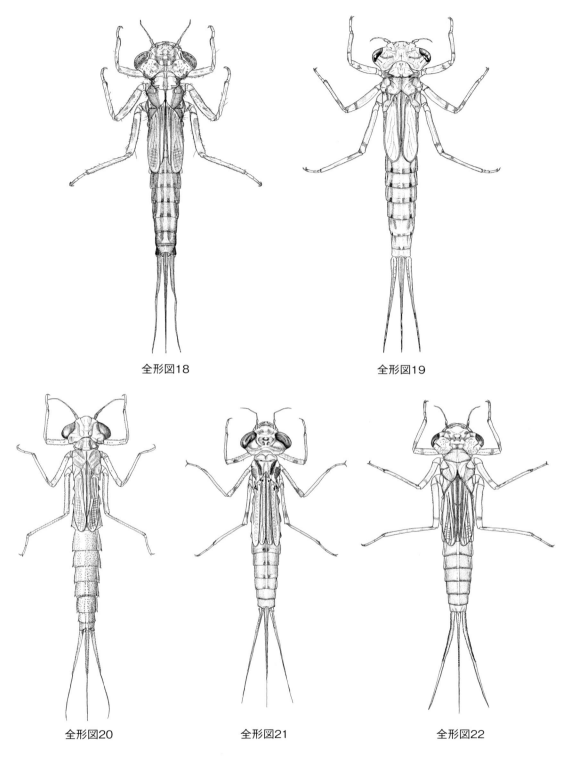

全形図18　コフキヒメイトトンボ *Agriocnemis femina oryzae*.　　全形図19　ヒヌマイトトンボ *Mortonagrion hirosei*.
全形図20　アオナガイトトンボ *Pseudagrion microcephalum*.　　全形図21　ホソミイトトンボ *Aciagrion migratum*.
全形図22　アオモンイトトンボ *Ischnura senegalensis*

100 トンボ目

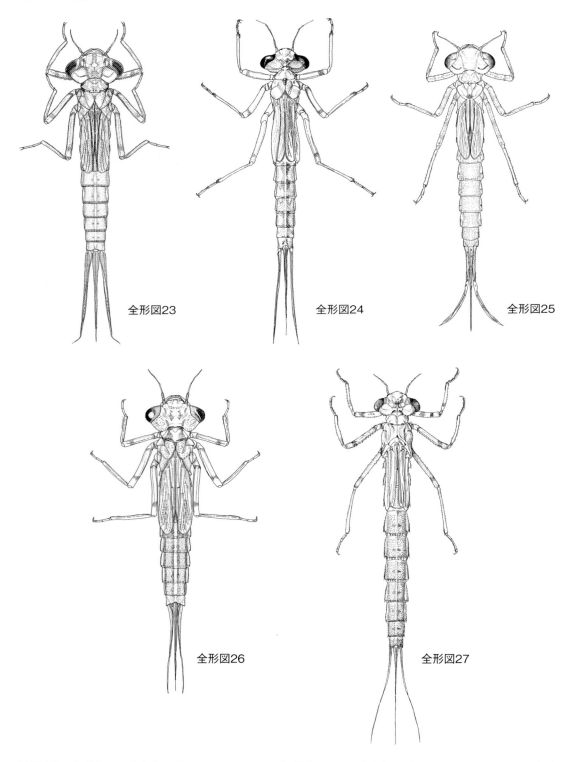

全形図23 オガサワライトトンボ *Ischnura ezoin*. 全形図24 ルリイトトンボ *Enallagma circulatum*. 全形
図25 ムスジイトトンボ *Paracercion melanotum*. 全形図26 エゾイトトンボ *Coenagrion lanceolatum*. 全形
図27 アカメイトトンボ *Erythromma humerale*

250

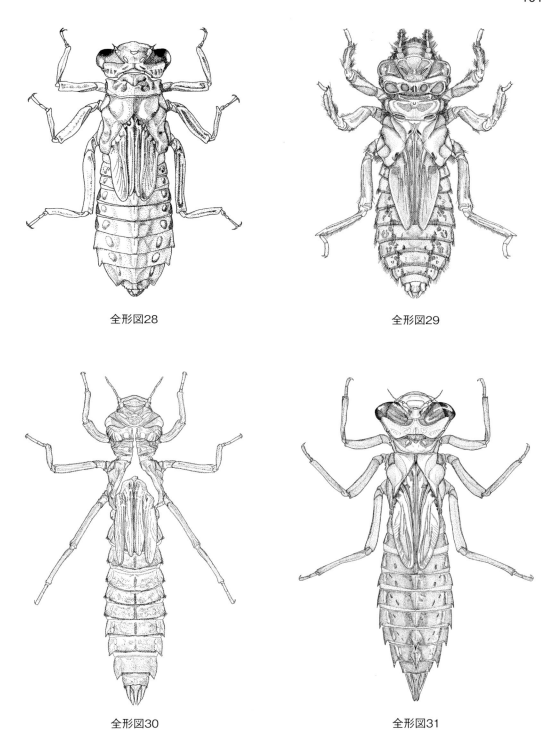

全形図28　ムカシトンボ *Epiophlebia superstes*.　全形図29　ムカシヤンマ *Tanypteryx pryeri*.　全形図30　サラサヤンマ *Sarasaeschna pryeri*.　全形図31　ネアカヨシヤンマ *Aeschnophlebia anisoptera*

102 トンボ目

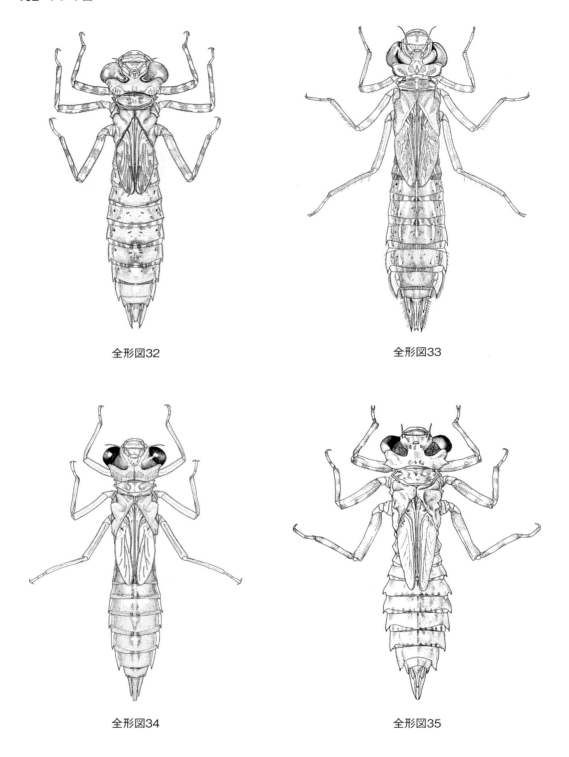

全形図32　　　　　　　　　　　　　　　　全形図33

全形図34　　　　　　　　　　　　　　　　全形図35

全形図32　ミルンヤンマ *Planaeschna milnei milnei*. 全形図33　ギンヤンマ *Anax Parthenope julius*. 全形図34　カトリヤンマ *Gynacantha japonica*. 全形図35　コシボソヤンマ *Boyeria maclachlani*

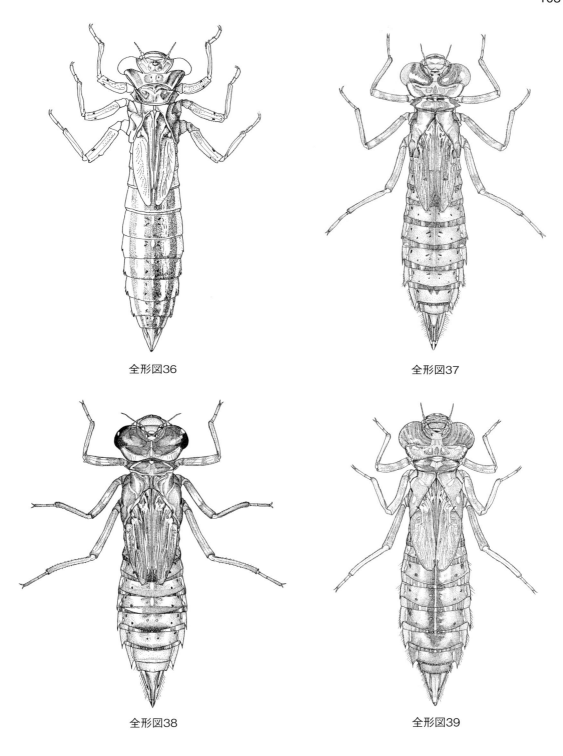

全形図36　アオヤンマ Aeschnophlebia longistigma.　全形図37　ヤブヤンマ Polycanthagyna melanictera.
全形図38　ルリボシヤンマ Aeshna juncea.　全形図39　マルタンヤンマ Anaciaeschna martini

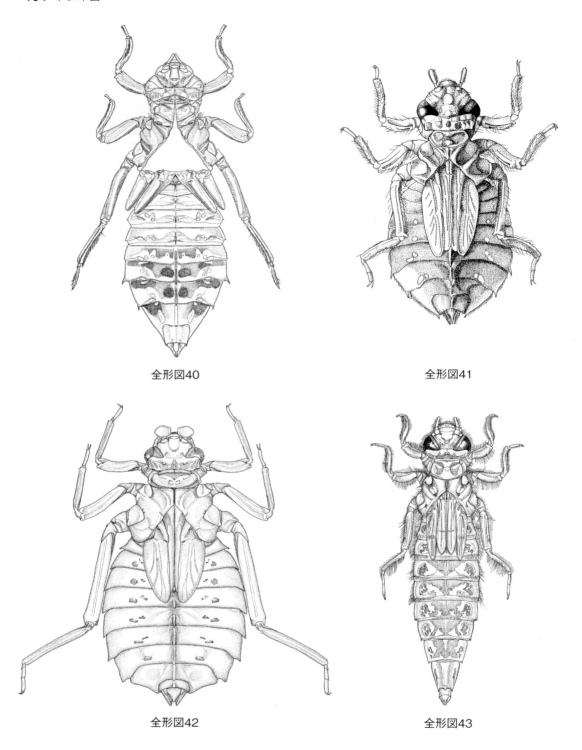

全形図40　ウチワヤンマ *Sinictinogomphus clavatus*.　全形図41　タイワンウチワヤンマ *Ictinogomphus pertinax*.
全形図42　コオニヤンマ *Sieboldius albardae*.　全形図43　ナゴヤサナエ *Stylurus nagoyanus*

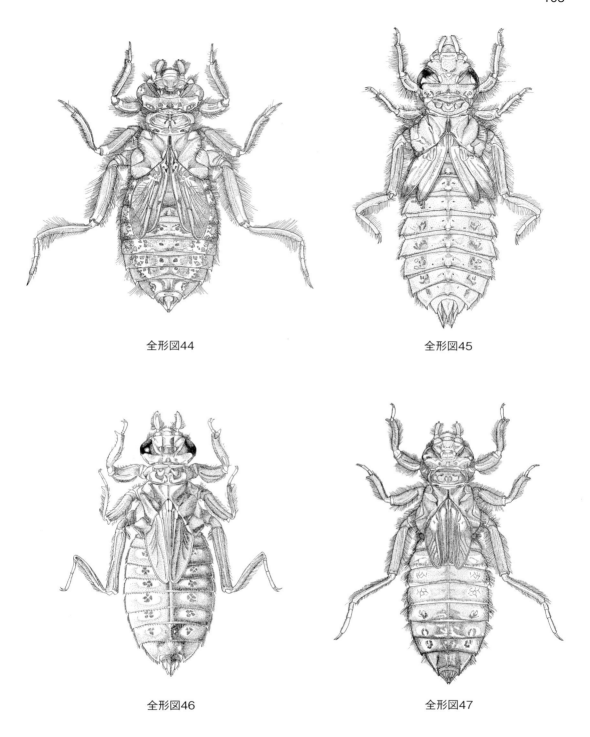

全形図44 クロサナエ *Davidius fujiama*. 全形図45 アオサナエ *Nihonogomphus viridis*. 全形図46 ミヤマサナエ *Anisogomphus maacki*. 全形図47 ホンサナエ *Shaogomphus postocularis*

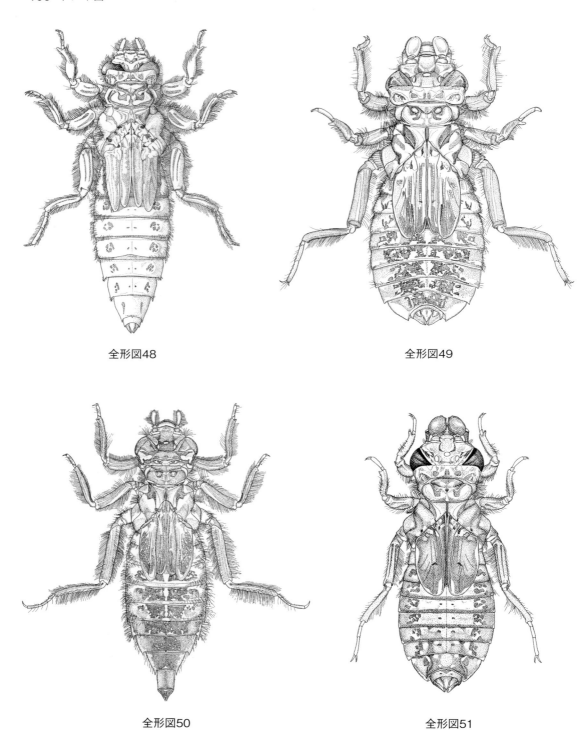

全形図48　オキナワサナエ *Asiagomphus amamiensis okinawanus*.　全形図49　ヒメクロサナエ *Lanthus fujiacus*.
全形図50　コサナエ *Trigomphus melampus*.　全形図51　オキナワオジロサナエ *Stylogomphus ryukyuanus asatoi*

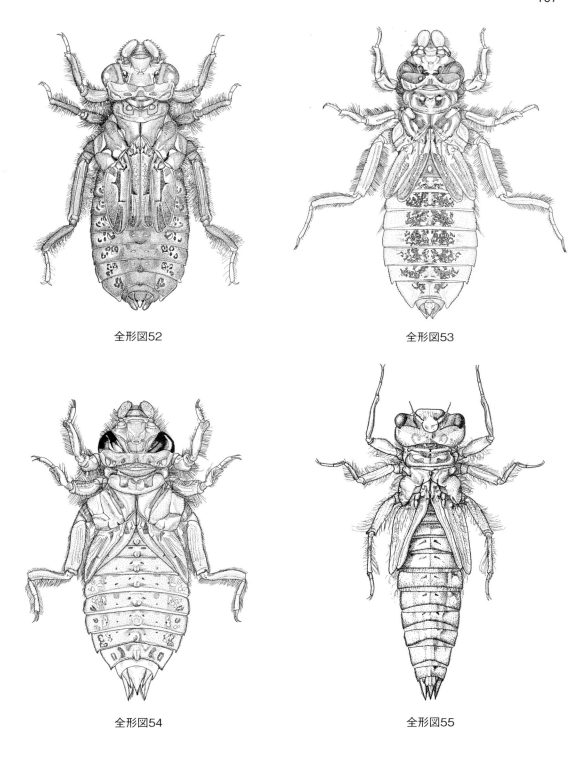

全形図52　ヒメサナエ *Sinogomphus flavolimbatus*.　全形図53　ヒメホソサナエ *Leptogomphus yayeyamensis*.
全形図54　オナガサナエ *Melligomphus viridicostus*.　全形図55　ミナミヤンマ *Chlorogomphus brunneus costalis*

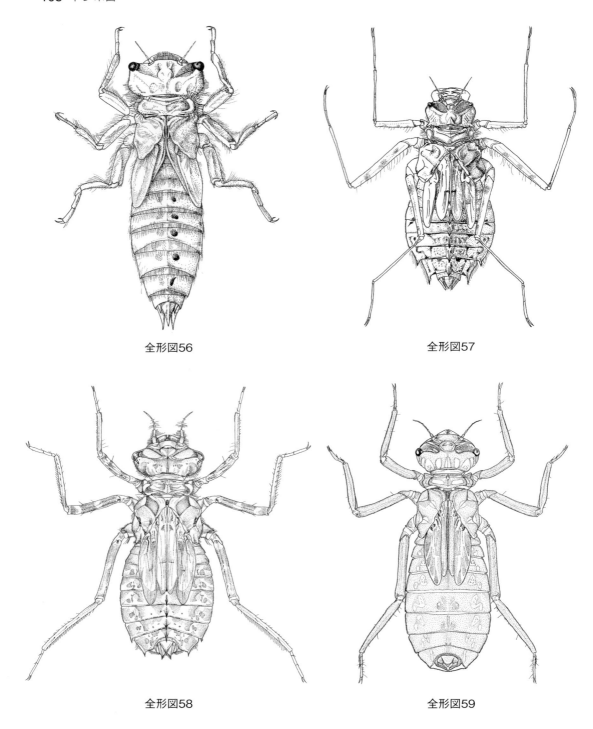

全形図56　オニヤンマ *Anotogaster sieboldii*.　全形図57　オオヤマトンボ *Epophthalmia elegans elegans*.
全形図58　ハネビロエゾトンボ *Somatochlora clavata*.　全形図59　サキシマヤマトンボ *Macromidia ishidai*

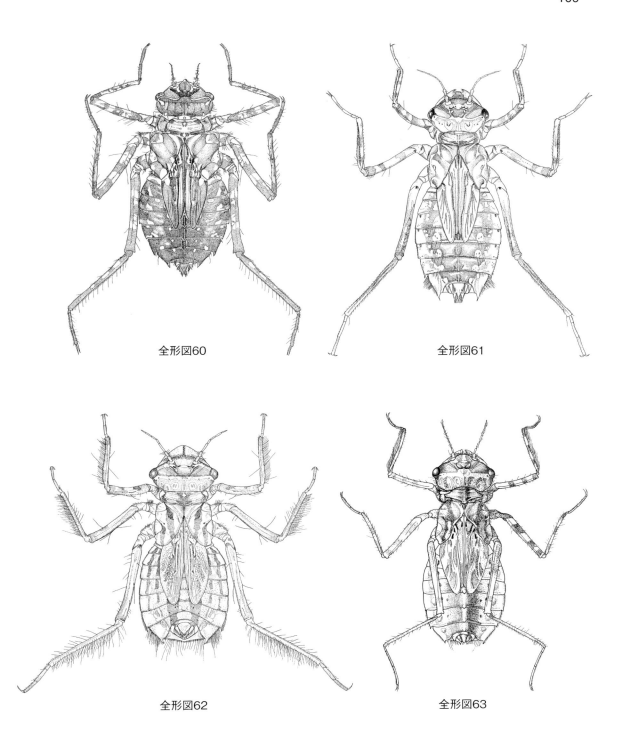

全形図60　コヤマトンボ *Macromia amphigena amphigena*.　全形図61　トラフトンボ *Epitheca marginata*.
全形図62　カラカネトンボ *Cordulia amurensis*.　全形図63　ミナミトンボ *Hemicordulia minadana nipponica*

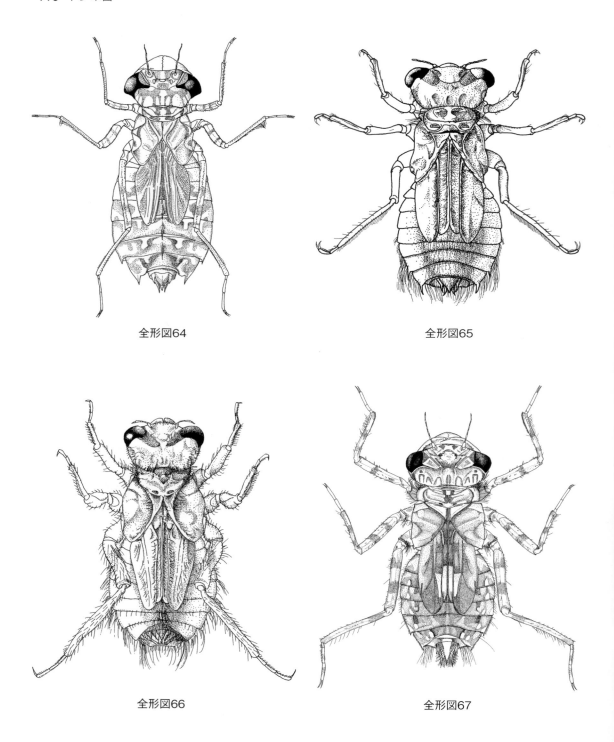

全形図64 ウミアカトンボ *Macrodiplax cora*. 全形図65 ハッチョウトンボ *Nannophya pygmaea*. 全形図66 コシブトトンボ *Acisoma panorpoides panorpoides*. 全形図67 ホソアカトンボ *Agrionoptera insignis insignis*

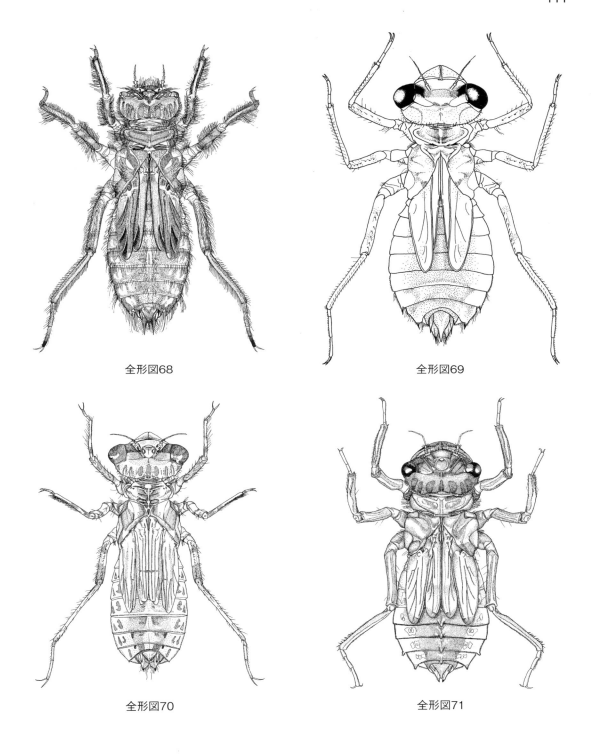

全形図68　シオカラトンボ *Orthetrum albistylum speciosum*. 全形図69　ショウジョウトンボ *Crocothemis servilia mariannae*. 全形図70　ヒメトンボ *Diplacodes trivialis*. 全形図71　シマアカネ *Boninthemis insularis*

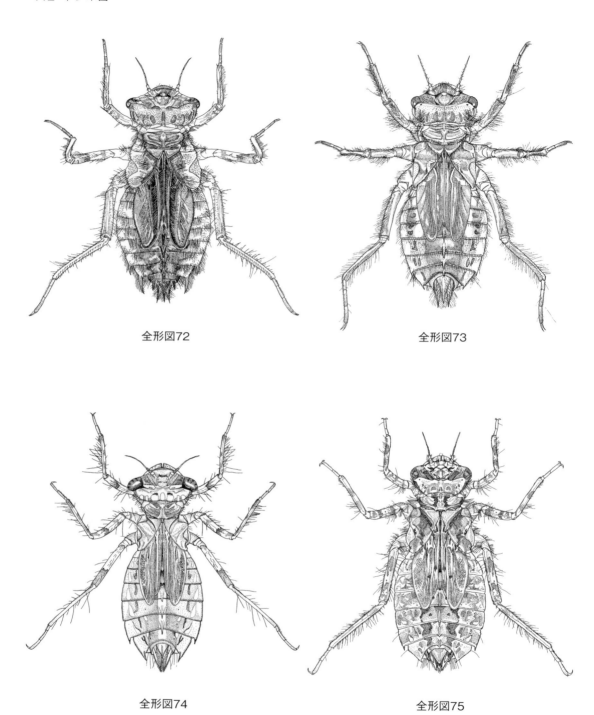

全形図72　ハラビロトンボ *Lyriothemis pachygastra*.　全形図73　ベッコウトンボ *Libellula angelina*.　全形図74　アオビタイトンボ *Brachydiplax chalybea flavovittata*.　全形図75　ヒメキトンボ *Brachythemis contaminata*

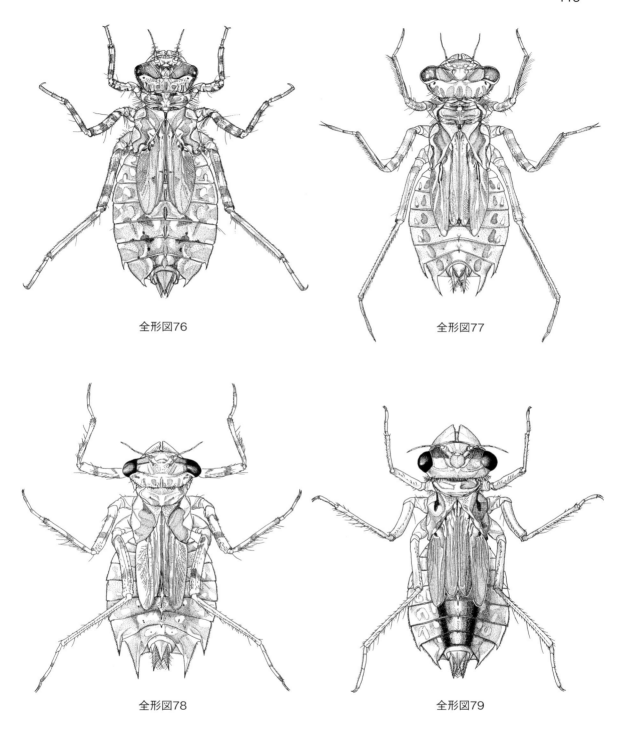

全形図76　コフキトンボ *Deielia phaon*.　全形図77　アキアカネ *Sympetrum frequens*.　全形図78　カオジロトンボ *Leucorrhinia dubia orientalis*.　全形図79　エゾカオジロトンボ *Leucorrhinia intermedia ijimai*

114 トンボ目

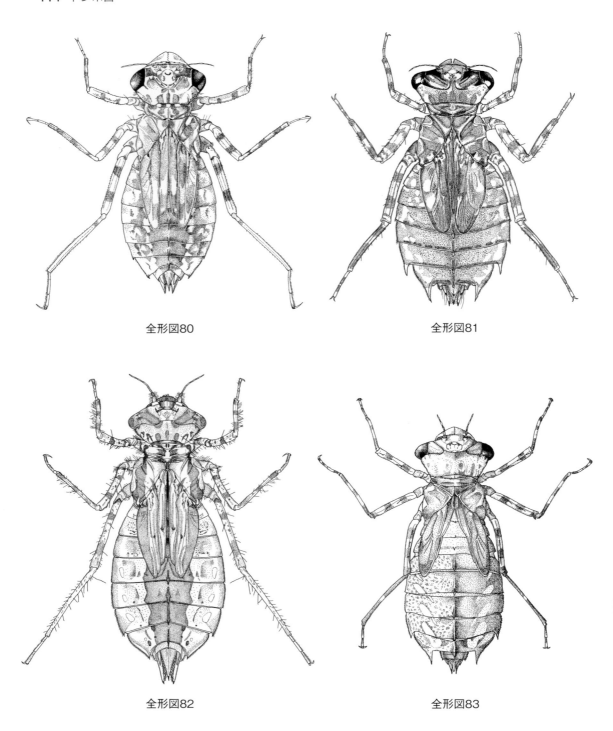

全形図80　　　　　　　　　　　　　　全形図81

全形図82　　　　　　　　　　　　　　全形図83

全形図80　ベニトンボ *Trithemis aurora*. 全形図81　コシアキトンボ *Pseudothemis zonata*. 全形図82　アメイロトンボ *Tholymis tillarga*. 全形図83　オオメトンボ *Zyxomma petiolatum*

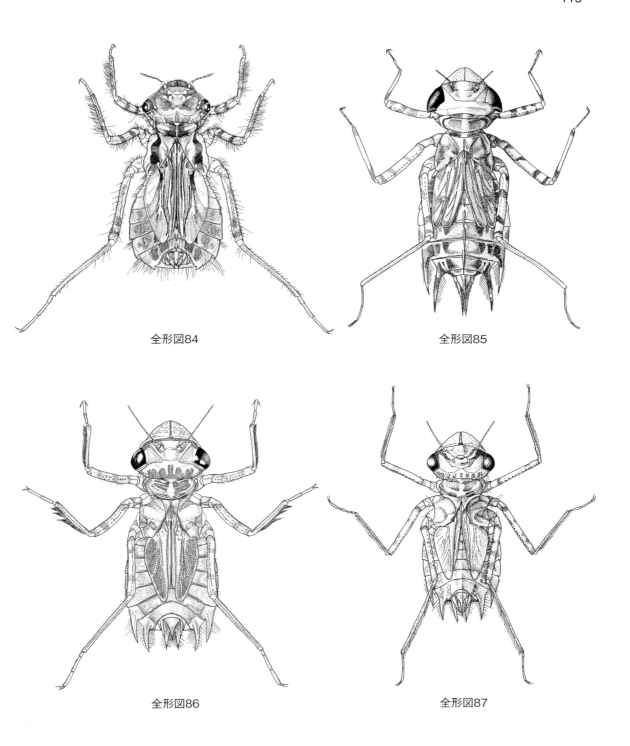

全形図84　オキナワチョウトンボ *Rhyothemis variegata imperatrix*.　全形図85　オオキイロトンボ *Hydrobasileus croceus*.　全形図86　ハネビロトンボ *Tramea virginia*.　全形図87　ウスバキトンボ *Pantala flavescens*

参考文献（本文中の上付引用番号は文献の後に示す）

Aguesse, P. 1968. Les Odonates. De L'europe occidentale, du Nord de L'afrique et Iles Atlantique. 258pp. 6 pls. Masson et Cie editeurs, Paris.
安藤　尚・高崎保郎．1981．日本産エゾアカネとヒメリスアカネの生態と幼虫の記載．Tombo, 23: 23-27.
青木典司．1995．コフキオオメトンボ幼虫の記載．月刊むし，291: 25-27.
新井　裕．1989．ミルンヤンマ幼虫の記載．月刊むし，220: 24-25.
新井　裕．1989．オオギンヤンマ幼虫の採集と飼育記録．Gracile, 41: 17-18.
朝比奈正二郎．1939．日本の蜻蛉 [II]．動物学雑誌，51: 141-150.
朝比奈正二郎．1939．日本の蜻蛉 [III]．動物学雑誌，51: 295-301.
朝比奈正二郎．1940．満州産蜻蛉幼虫．関東州及満州国陸水生物調査書．157-168, pls. 1-4.
Asahina, S. 1954. A morphological study of a relic dragonfly *Epiophlebia superstes* Selys (Odonata, Anisozygoptera). 153pp. 71pls. Tokyo. Society for Promotion of Science.
Asahina, S. 1955. A new platycnemidid damselfly for Japan. Akitsu, 4 (4): 101-104.
朝比奈正二郎．1956．日本の蜻蛉　資料（2）～（8）．新昆虫，9(5): 54-59, 9(6): 47-52, 9(8): 54-58, 9(10): 54-58, 9(12): 52-56, 9(13): 38-39.
朝比奈正二郎．1957．日本の蜻蛉　資料（10）～（14）．新昆虫，13(4): 56-62, 13(6): 51-58, 13(8): 49-55, 13(10): 55-60, 13(12): 51-57.
朝比奈正二郎．1958．日本の蜻蛉　資料（15）～（19）．新昆虫，14(2): 52-56, 14(4): 58-62, 14(6): 59-62, 14(9): 59-62, 14(11): 54-58.
Asahina, S. 1958. On the discovery and a description of the larval of *Oligoaeschna pryeri* Martin (Aeschnidae). Tombo, 1 (2/3): 10-12.
朝比奈正二郎．1959．邦産エゾトンボグループの成熟幼虫の分類．Tombo, 2(1/2): 7-10.
朝比奈正二郎．1959．蜻蛉目．江崎悌三ほか．日本幼虫図鑑，pp.59-92．北隆館．東京．
朝比奈正二郎．1960．日本産メガネサナエ群3種の幼虫．Tombo, 3(3/4): 18-22.
朝比奈正二郎．1961．日本昆虫分類図説1 (1)．90pp, 7pls．北隆館．東京．
Asahina, S. 1961. Contribution to the knowledge of the Odonata fauna of Central China. Tombo, 4 (1, 2): 1-17.
Asahina, S. 1970. Notes on Chinese Odonata, III. Kellogg Collection in the California Academy of Sciences. Kontyu, 38(3): 198-204.
Asahina, S. 1970. The Odonata of Tsushima. Mem. Nat. Sci. Mus., 3: 211-224, 1 pl.
朝比奈正二郎．1974．数種の*Anax*（ギンヤンマ）属幼虫の脱皮殻による分類．Tombo, 17: 10-16.
朝比奈正二郎．1985．日本および東部アジア産*Gomphus*属の再検討．月刊むし，169: 6-17.
Asahina, S. 1992. A taxonomic revision of *Erythromma najas* group of northeast Asia. Tombo, 35: 2-10.[13]
Asahina, S. & T. Okumura. 1949. The nymph of *Tanypteryx pryeri* Selys. Mushi, 10: 37-38. 1 pl.
朝比奈正二郎・曽根原今人．1965．マダラヤンマ幼虫の形態の記載．Tombo, 7 (3/4): 22-24.
朝比奈正二郎・山本　弘．1959．ミヤマサナエ幼虫の発見．Tombo, 2 (1/2): 11-12.
安里　進．1971．リュウキュウギンヤンマ幼虫の記載．Tombo, 14(1/2): 15.
Begum, A., M. A. Bashar & B. R. Biswas. 1982. Life history and external egg and larval morphology of *Brachythemis contaminata* Fabricius. (Anisoptera: Libellulidae). Odonatologica, 11: 89-97.
Belyshev, B. F. 1957. Die larve von *Agrion hylas* Trybom. (Odon. Agrionidae). Deutsche Entomologische Zeitschrift, N. F., 4: 191-192.
Boudot, J.-P. 2013. *Hemianax* versus *Anax ephippiger* (Burmeister, 1839). Martinia Hors-serie, Hemianax ephipoiger - migration 2011, 3-11.[18]
Bybee, S. M., T. H. Ogden, M. A. Branham & M. F. Ehiting. 2008. Molecules, morphology and fossil: a comprehensive approach to odonate phylogeny and the evolution of the odonate wing. Cladistics, 23: 1-38.[6]
Calvert, P. P. 1892-1908. "Fam. Odonata". In Godman, F.D.; Salvin, O. Biologia Centrali-Americana. Insecta. Neuroptera. 1892-1908. London: R. H. Porter. 17-342, 342-410.
Carle, F. L., K. M. Kjer & M. L. May. 2008. Evolution of Odonata with special reference to Coenagrionoidea (Zygoptera). Arthropod Systematics and Phylogeny, 66: 37-44.
Chao, H.-f. 1984. Reclassification of Chinese gomphid dragonflies with the establishment of a new subfamily and the descriptions of new genus and species. Odonatologica, 13(1): 71-80.[19]
Chao, H.-f. 1990. The gomphid dragonflies of China (Odonata). 486pp. The Science and Technology Publishing

House. Fuzhou, Fujian.[19]

Dammerman, K. W. 1948. The fauna of Krakatau 1883-1933. Verhandelingen Koninklijke Nederlandsche Akadimie van Wetenschappen, AFD, Natuurkunde Twedw Sectie, Deel XLIV, 594pp.

Dijkstra, K.-D. B. 2013. Three new genera of damselflies (Odonata: Chlorocyphidae, Platycnemididae) International Journal of Odonatology, 16(3): 269-274.[9]

Dijkstra, K.-D. B., G. Bechly, S. M. Bybee, R. A. Dow, H. J. Dumont, G. Fleck, R. W. Garrison, M. Hämäläinen, V. J. Kalkman, H. Karube, M. I. May, A. G. Orr, D. R. Paulson, A. C. Rehn, G. Theischinger, J. W. H. Trueman, J. V. Tol, N. V. Ellenrieder & J. Ware. 2013. "The classification and diversity of dragonflies and damselflies (Odonata). In: Zhang, Z.-Q. (Ed.) Animal Biodiversity: An Outline of Higher-level Classification and Survey of Taxonomic Richness. Addenda 2013". Zootaxa. 3703(1): 36-45.[6, 14, 21, 24, 25, 26]

Dijkstra, K.-D. B., V. J. Kalkman, R. A. Dow, F. R. Stokvis & J. V. Tol. 2014. Redefining the damselfly families: a comprehensive molecular phylogeny of Zygoptera. Systematic Entomology, 39: 68-96.[6, 9]

Dumont, H. J., J. R. Vanfleteren, J. F. De Jonckheere & P. H. H. Weekers. 2005. Phylogenetic relationships, divergence time estimation, and global biogeographic patterns of calopterygoid damselflies (Odonata, Zygoptera) inferred from Ribosomal DNA sequences. Systematic Biology, 54(3): 347-362.[1]

Dumont, H. J., A. Vierstrraete & J. R. 2010. A molecular phylogeny of Odonata (Insecta). Systematic Entomlogy, 35: 6-18.[6]

槐　真史・佐藤正幸・斉藤洋一．1994．ダビドサナエ属２種の幼虫♀の相違点について．昆虫と自然，29(7): 27-30.

二橋　亮．2011．DNA解析からみた日本のトンボ再検討（1）．Tombo, 53: 67-74.[24]

二橋　亮．2013．トンボのDNA解析とトンボ図鑑．昆虫DNA研究会ニュースレター，18: 26-34.

二橋　亮．2014．DNA解析からみた日本のトンボ再検討（2）．Tombo, 56: 57-59.[6, 7, 9, 10, 14, 16, 17, 22, 23, 24, 29, 31]

Futahashi, R. & A. Sasamoto. 2012. Revision of Japanese species of *Rhipidolestes* based on nuclear and mithochondrial gene generalogies, with a special reference of Kyushu - Yakushima population and Taiwan - Yaeyama population. Tombo, 54: 107-122.[7]

Gardner, A. E. 1951. The life-history of *Sympetrum danae* (Sulzer) = *S. scoticum* (Donovan) (Odonata). Ent. Gaz. 2, 109-127, 8 figs.

Gardner, A. E. 1954. A key to the larvae of the British Odonata. Entomologist's Gazette, 5: 157-171.

Geijskes, D. C. 1934. Notes on the odonate-fauna of the Dutch West Indians Aruba, Curacao and Bonaire, with an account on their nymphs. Intrnationale Revue der Gesamten Hydrobiologie und Hydrographie, 31: 287-311.

浜田　康・井上　清．1985．日本産トンボ大図鑑　第１巻 364pp, 第２巻 371pp．講談社．東京．

Hämäläinen, M. 1987. Note on synonymy in Asiatic *Ceriagrion* species (Zygoptera: Coenagrionidae). Odonatologica, 16(2): 183-184.

Hämäläinen, M. 2004. Caloptera damselflies from Fujian (China), with description of a new species and taxonomic notes. Odonatologica, 33(4): 371-398.[5]

Hämäläinen, M. 2005. *Mnais strigata* versus *Mnais pruinosa*, a reborn nomenclatoric question. Notu. odonatol. 6(6): 66.[3]

Hämäläinen, M., X. Yu & H. Zhang. 2011. Descriptions of *Matrona oreades* spec. nov. and *Matrona corephaea* spec. nov. from China (Odonata: Calopterygidae). Zootaxa, 2830: 20-28.[2]

Hayashi, F., S. Dobuta. 2004. Macro- and microscale distribution patterns of two closely related Japanese *Mnais* species inferred from nuclear ribosomal DNA, its sequences and morphology. Odonatologica, 33(4): 399-412.[3]

林　文男・土畑重人・二橋　亮．2004．核 DNA (ITS1) の塩基配列によって区別される日本産カワトンボ屬の幼虫の形態．Tombo, 47: 13-24.[3]

Hayashi, F., S. Dobuta & R. Futahashi. 2005. Disturbed Population genetics: suspected introgressive hybridization between two *Mnais* damselfly species (Odonata). Zoological Science, 22: 869-881.[4]

林　文男・苅部治紀．2009．伊豆半島周辺におけるカワトンボ属２種の交雑由来集団．日本生態学会関東地区会会報，58: 50-52.[4]

林　克久．2000．ミトコンドリアDNAからみた日本産トンボ目数科の遺伝的変異と分子系統—サナエトンボ科メガネサナエ属を中心に—．新潟県高等学校教育研究会理科部会理科研究集録，39: 50-57.[23]

広瀬欽一．1962．蜻蛉目．水生昆虫学，25-70．北隆館．
広瀬金一・六山正孝．1966．カワトンボ幼虫の2型と河川におけるその分布．Tombo, 9: 23-26.
池崎善博．1977．長崎市産ニシカワトンボの幼虫．Tombo, 20: 21-22.
Ishida, K. 1994. *Planaeschna naica*, a new species of dragonfly from Amami-oshima, Ryukyu Islands (Odonata: Aeshnidae). Trans. Shikoku Ent. Soc., 20 (3, 4): 161-170.
石田勝義．1996．日本産トンボ目幼虫検索図説．447pp．北海道大学図書刊行会，札幌．
石田勝義．2005．トンボの分類に関わるヤゴ（幼虫）の位置付け．昆虫と自然，40(6): 16-21.
Ishida, K. 2005. Reclassification of *Rhipidolestes okinawanus* Asahina, 1951, occurring in the Rykyus (Odonata, Megapodagrionidae). Jpn. J. Syst. Entomol., 11(1): 167-181.[8]
Ishida, K. and S. Ishida. 1982. The larvae of the genus *Planaeschna* of Japan. Spec. Iss. Mem. Retir. Emer. Prof. M. Chujo. 165-168.
石田昇三・石田勝義．1985．2．蜻蛉目（トンボ目）Odonata．川合禎次編，日本産水生昆虫検索図説，33-124．東海大学出版会，東京．
石田昇三・石田勝義・小島圭三・杉村光俊．1988．日本産トンボ幼虫・成虫検索図説，140pp．東海大出版会，東京．
石田昇三・小島圭三．1978．小笠原諸島のトンボ．げんせい，33: 3-13.
Jödicke, R. 1997. Die Binsenjungfern und Winterlibellen Europas. Lestidae. 277pp. Westarp Wissenschaften. Magdeburg.
Jödicke, R., P. Langhoff & B. Misof. 2004. The species-group taxa in the Holarctic genus *Cordulia*. International Journal of Odonatology, 7(1): 37-52.[28]
Karube, H. 1995. The true taxonomic status of *Chlorogomphus okinawensis* Ishida. Aeschna, 31: 19-25.
苅部治紀．2007．キイロハラビロトンボの学名は*Lyriothemis tricolor*ではない．Tombo, 50: 69-70.[30]
Karube, H. 2012. True generic identity of *Onychogomphus viridicostus* (Oguma, 1926). Tombo, 54: 123-126.[20]
苅部治紀・焼田理一郎．2004．石垣島におけるテンジクハネビロトンボ *Tramea basilaris burmeisteri* の記録．Tombo, 47(1): 11.
Karube, H. & W.-C. Yeh. 2001. *Sarasaeschna* gen. nov., with description of female *S. minuta* (Asahina) and male penile structures of Linaeschna. Tombo, 43: 1-8.[15]
苅部治紀・二橋　亮・伊藤　智．2004．小笠原の固有トンボ類のDNA解析結果（予報）．神奈川県博調査研報（自然），12: 55-57.[10]
Karube, H., R. Futahashi, A. Sasamoto & I. Kawashima. 2012. Taxonomic revision of Japanese odonate species, based on nuclear and mitochondrial gene genealogies and morphological comparison with allied species. Part 1. Tombo, 54: 75-106.[10, 16, 17, 23, 29, 32]
Kawashima, I. 2003. Redescription of the larva of the aeshnid dragonfly, *Sarasaeschna kunigaamiensis* (Ishida, 1972) (Aeshnidae) from Okinawa-jima Is., Ryukyu Isis. Tombo. 46: 13-16.
川島逸郎・伊藤　智．1999．北海道産クモマエゾトンボ終齢幼虫に関する知見．Aeschna, 36: 25-32.
木下周太・朝比奈正二郎．1937．熱河省産昆虫［III］蜻蛉目．第1次満蒙学術調査団報告，5/1/2/24, 1-40, 1, 2 pls.
木下周太・小原充雄．1931．アキアカネ *Sympetrum frequens* の生活史並びに幼虫の成長に就いて．動物学雑誌，43 (508-509): 362-365.
Kiyoshi, T. 2008. Differentiation of golden-ringed dragonfly *Anotogaster sieboldii* (Selys, 1854) (Cordulegastridae: Odonata) in the insular East Asia revealed by the mitochondorial gene genealogy with taxonomic implications. Journal of Zoological Systematics and Evolurionary Reseach, 46: 105-109.[23]
小島圭三・中村慎吾．1972．小笠原諸島のトンボ類．げんせい，23: 5-10.
Kosterin, O. E. 2004. Odonata of the Daursky State Nature Reserve Area, Transbaikalia, Russia. Odonatologica, 33(1): 41-71.[27]
Kumar, A. 1973. Description of the last instar larvae of Odonata from the Dehra Dun valley (India), with notes on biology. II. suborder Anisoptera. Oriental Insects, 7: 291-331.
Lieftinck, M. A. 1940. Revisional notes on some species of *Copera* Kirby, with notes on habitats and larvae (Odon., Platycnemididae). Treubia, 17: 281-306, pls. 10-14.
Lieftinck, M. A. 1962. Odonata. Insects of Micronesia, 5(1): 1-95.
Lieftinck, M. A., J. C. Lien & T. C. Maa. 1984. Catalogue of Taiwanese Dragonflies (Insecta: Odonata) Asian

Ecological Society, Taichung, Taiwan. 81pp.

連 日清・松木和雄. 1979. 台湾産ハラビロトンボ2種の幼虫について. 昆虫と自然, 14: 57-60.

Lim, P.-E., J. Tna, P. Eamsobhana & H. S. Yong. 2013. Distinct genelic clades of Malaysian *Copera* damselflies and the phylogeny of platycnemine subfamilies. Scientific Reports, 3(2977): 1-7.

Liu, T.-W. 1928-1929. Life histories and taxonomic characters of Peping Odonata I. Taxonomic characters of naiads. Peking Society of Natural History Bulletin, 3: 7-19, 1 pl.

Lohmann, H. 1996. Das phylogenetische System der Anisoptera (Odonata). Entomologische Zeitschrift, 106: 209-252.[14]

松木和雄. 1987. 台湾産ギンヤンマ属幼虫の記載. Tombo, 30: 25-32.

松木和雄. 1988. 台湾産ヒメキトンボの幼虫について. 月刊むし, 212: 24.

松木和雄. 1989. イシガキヤンマ幼虫は記載されていなかった!? Tombo, 32: 29-32.

松木和雄. 1992. オキナワミナミヤンマ幼虫の記載. Tombo, 35: 26-29.

松木和雄. 1993. イリオモテミナミヤンマ幼虫の想定記載. Tombo, 36: 19-22.

松木和雄. 1993. オキナワサラサヤンマ幼虫の記載. 月刊むし, 263: 15-17.

松木和雄. 1993. タイ国産 *Lyriothemis bivittata* 幼虫の記載. Tombo, 36: 25-28.

松木和雄・相田正人. 1998. 岐阜県長良川産ホンサナエ幼虫の背棘・側棘数について. Gracile, 60: 4-5.

松木和雄・広瀬良宏. 1992. 北海道産カラフトイトトンボ幼虫の記載. Tombo, 35: 23-26.

松木和雄・井上 清. 1997. 京都府宇治産市産ホンサナエ幼虫の背棘・側棘数について. Gracile, 58: 3-7.

Matsuki, K. & J. C. Lien. 1982. Description of the larvae of two *Macromia* species of Taiwan. Tombo, 25: 19-22.

Matsuki, K. & J. C. Lien. 1984. Descriptions of the larvae of two species of the genus *Coeliccia* in Taiwan. Tombo, 27: 21-22.

松木和雄・連 日清. 1985. 台湾産 *Planaeschna* 属2種の幼虫の記載. ちょうちょう, 8(4): 2-8.

松木和雄・尾花 茂. 1985. 日本および台湾産トビイロヤンマの幼虫の記載. 月刊むし, 175: 29-31.

松木和雄・尾花 茂・三木安貞. 1985. 日本産ミナミトンボ属の幼虫について. 月刊むし, 177: 13-15.

松木和雄・尾花 茂. 1986. コエゾトンボ幼虫の記載. 月刊むし, 188: 30-31.

松木和雄・杉村光俊・長嶺邦雄. 1995. アサトカラスヤンマ幼虫の記載. 月刊むし, 291: 28-29.

松木和雄・渡辺賢一. 1993. イリオモテミナミヤンマ幼虫の想定記載. Tombo, 36: 19-22.

松木和雄・吉田一夫. 1997. 徳島県徳島市産ホンサナエ幼虫の背棘・側棘数について. Gracile, 58: 8-13.

松木和雄・吉田一夫. 1998. 徳島県産ヤマサナエ属幼虫の背棘と側棘の変異について. Gracile, 60: 6-11.

松木和雄・山本哲央. 1990. イシガキヤンマの幼虫について. Tombo, 33: 27-32.

May, M. L. 1997. The status of some species of *Enallagma*. Entomological News, 108(2): 77-91.[12]

Miyakawa, K. 1983. Description of the larva of *Calopteryx japonica* Selys, in comparison with *C. virgo* (L.) and *C. atrata* Selys larvae (Odonata, Calopterygidae). Proc. Jap. Soc. Syst. Zool., 26: 25-34.

永瀬幸一. 1985. オオサカサナエ幼虫についての知見. Gracile, 34: 17-18.

奈良岡弘治. 1971. ベニトンボの脱皮殻の発見. Tombo, 14 (3/4): 24-25.

Needham, J. G. 1904. New dragonfly nymphs in the United States National Museum. Proceedings of the U. S. National Museum, 27: 685-720.

Needham, J. G. 1930. A manual of the dragonflies of China. A monographic study of Chinese Odonata. 304pp., 20 pls. Fan Memorial Institute of Biology, Peping.

Needham, J. G. & M. K. Gyger. 1937. The Odonata of the Philippines. Philippine Journal of Science, 63(1): 21-101, 10pls.

新村捷介. 2006. スナアカネの孵化から羽化まで. Gracile, 69: 1-7.

尾花 茂. 1976. トンボ幼虫の飼育（とくにトビイロヤンマについて）. Gracile, 20: 8.

尾花 茂・井上 清. 1972. リュウキュウギンヤンマの産卵から羽化まで. Tombo, 15: 18-21.

尾花 茂・井上 清・東 輝弥. 1965. サラサヤンマ幼虫の採集と羽化. Gracile, 2: 1-4.

尾花 茂・乾風 登・新村捷介. 1977. 主として南方にすむトンボの飼育について. Tombo, 20: 23-25.

尾園 暁・川島逸郎・二橋 亮. 2012. 日本のトンボ. 531pp. 文一総合出版. 東京.

O'Grady, E. W. & M. L. May. A phylogenetic reassessment of the subfamilies of Coenagrionidae (Odonata: Zygoptera). Journal of Natural History, 37: 2807-2834.

Rambur, J. 1842. Histoire naturelle des insectes. Névroptères. Paris: Librairie Encyclopédique de Roret. pp. 534.

六山正孝. 1964. ヒメアカネの幼虫. 昆虫, 32(3): 390-392.

Sasamoto, A. & R. Futahashi. 2013. Taxonomic revision of the status of *Orthetrum triangulare* and *melania* group (Anisoptera: Libellulidae) based on molecular phylogenetic analysis and morphological comparison, with a description of three new subspecies of *melania*. Tombo, 55: 57-82.[31]

笹本彰彦・牛島弘一郎．2000．ネパール産タイリククロスジギンヤンマ幼虫について．Tombo, 42: 46-48.

沢野十蔵．1966．ミヤジマトンボの幼虫の発見とその記載．Tombo, 9: 4-7.

Schmidt, E. 1968. Das Schlupfen von *Aeschna subarctica* Walker, ein Bildbeitrag. Tombo, 11: 7-11.

Selys-Longchamps, E. 1854. Monographie des caloptérygines. Brussels and Leipzig: C. Muquardt. pp. 1-291.

杉村光俊・石田昇三・小島圭三・石田勝義・青木典司．1999．原色日本トンボ幼虫・成虫大図鑑，XXXV + 917pp．北海道大学図書刊行会．札幌．

高崎保郎．1957．オジロサナエの幼虫．佳香蝶，10(36): 7-11.

高崎保郎．1958．名古屋地方で採集されたアカトンボ類幼虫．佳香蝶，10(37): 7-11.

高崎保郎．1959．ネキトンボの幼虫．Tombo, 2(3/4): 28-30.

高崎保郎．1962．マダラナニワトンボ及びナニワトンボの幼虫．Tombo, 5: 21-23.

高崎保郎．1963．オオキトンボの幼虫．佳香蝶，15(63): 1-3.

高崎保郎．1963．マイコアカネの幼虫．Tombo, 6(3/4): 27-29.

高崎保郎・松井一郎．1962．ホソミモリトンボ幼虫の発見．Tombo, 5: 18-20.

Theischinger, G. 2009. Identification guide to the Australian Odonata. Dept. of Environment, Climate Change and Water. Sydney South, N.S.W. 283 pp.

Tillyard, R. 1917. The biology of dragonflies. (Odonata or Paraneuroptera). 395pp. Cambridge University Press. London.

Ubukata, H. & M. Iga. 1974. Description of the larva of *Hemicordulia ogasawarensis* Oguma (Corduliidae). Tombo, 17: 21-22.

梅田 孝．2015．アジアアカトンボ，フチトリベッコウトンボ幼虫の採集及び飼育．Aeschna, 51, 9-10.

Walker, E. M. & P. S. Corbet. 1975. The Odonata of Canada and Alaska. vol. III. 308pp., University of Toronto Press. Toronto.

渡辺賢一．1979．八重山の蜻蛉3種についての新知見．Tombo, 22: 31-33.

渡辺賢一．1981．ホソアカトンボの幼虫の記載．Tombo, 24: 33-34.

渡辺賢一．1984．クロイワカワトンボとヤエヤマサナエの幼虫の記載．Tombo, 27: 39-41.

Watanabe, K., I. Kawashima & A. Sasamoto. 2013. Notes on the larva of *Neurothemis ramburii ramburii* (Kaup in Brauer, 1866) obtained from Iriomote-jima Island, Yaeyama Islands, southern Ryukyus, Japan (Anisoptera: Libellulidae). Tombo, 55: 83-87.[33]

Ware, J., M. May & K. Kjer. 2007. Phylogeny of the higher Libelluloidea (Anisoptera: Odonata): an exploration of the most specious superfamily of dragonflies. Molecular Phylogenetics and Evolution, 45: 289-310.[27]

Ware, J., S. Y. Ho & K. Kjer. 2008. Divergence dates of libellulid dragonflies (Odonata: Anisoptera) estimated from rRNA using paired-site substitution models. Molecular Phylogenetics and Evolution, 47: 426-432.[27]

Weekers, P. H. H. & H. J. Dumont. 2004. A molecular study of the relationship between the coenagrionid genera *Erythromma* and *Cercion*, with the creation of *Paracercion* gen. nov. for the East Asiatic *Cercion*. Odonatologica, 32(2): 181-188.[11]

焼田理一郎・片野茂樹．2011．沖縄県におけるオセアニアハネビロトンボの記録（テンジクハネビロトンボの記録の訂正）．琉球の昆虫，35: 67.

山本悠起夫．1959．ヒメアカネの幼虫．Akitu, 8(1): 19-20.

山本悠起夫．1963．ナツアカネの幼虫．New Ent., 12(10): 53-55.

山本悠起夫．1963．ミヤマアカネの幼虫．佳香蝶，15(56): 143-145.

山本悠起夫．1964．ノシメトンボとリスアカネの幼虫．ひらくら，8(11): pp.4.

横山 透．2015．コエゾトンボ幼虫の生息環境と幼虫期．Aeschna, 51: 6-8.

横山 透・吉田雅澄．2012．マンシュウアカネ（イソアカネ極東亜種）幼虫の飼育記録．Aeschna, 48: 47-50.

Yum & Bae. 2007. Description of the larva of *Copera tokyoensis* Asahina (Insecta: Odonata: Platycnemididae) from Korea. Korean J. Syst. Zool., 23(1): 87-89.

カワゲラ目（襀翅目）PLECOPTERA

清水高男，稲田和久，内田臣一

　カワゲラ目の幼虫は，主に流水に棲み，河床の礫間や礫下のすき間，落葉の堆積や植物の根の間などから見つかる．成虫は，水辺の植物や礫下に日中は潜むが，水辺を飛翔する姿も観察される．その飛び方は，他の昆虫と比べ，ゆっくりと直線的で，短距離しか飛ばないことが多い．初夏から秋にかけて羽化する成虫は，しばしば灯火に飛来するが，冬から早春に羽化する分類群では，成虫が雪上を歩き飛翔能力を欠くものもある．

　成虫の寿命は渓流性昆虫の中では比較的長く，特に雌では1ヵ月以上も生きることがある．カワゲラ科の成虫口器は退化が著しく，固形物を摂食できず水分などを摂るのみと考えられる．しかし，成虫の行動範囲や摂食に関する知見は，ごくわずかで，今後の課題である．北半球のカワゲラ類は，ドラミングという発音行動によって同種の交尾相手を探すことが知られている．この行動は，成虫が腹部を木の枝や草の茎にたたきつけて振動を発するもので，種に特有のパターンを示す．

　世界のカワゲラ目の研究史および系統分類，生理生態，形態などについては，Zwick（1980）による総説がもっとも包括的である．Zwick（2000）は，さらにその後の知見を加えてカワゲラ目の系統分類と動物地理を総説し，次の2亜目16科とする分類体系を提唱した．本章も以下のように，その分類体系（一部簡略）に従う．日本産の種はすべて2亜目のうちのキタカワゲラ亜目に属する．

Order Plecoptera カワゲラ目
 Suborder Antarctoperlaria ミナミカワゲラ亜目（4科：オーストラリア，ニュージーランド，南アメリカ）
 Suborder Arctoperlaria キタカワゲラ亜目
  Euholognatha 完舌類
   Scopuridae トワダカワゲラ科（朝鮮半島，日本）
   Nemouroidea オナシカワゲラ上科
    Taeniopterygidae シタカワゲラ科（北半球の温帯と寒帯）
    Capniidae クロカワゲラ科（北半球の温帯と寒帯）
    Leuctridae ホソカワゲラ科（北半球の温帯と寒帯，東南アジア）
    Notonemouridae（アフリカ南部，マダガスカル，オーストラリア，ニュージーランド，南アメリカ）
    Nemouridae オナシカワゲラ科（北半球の温帯と寒帯，東南アジア）
  Systellognatha 同舌類
   Pteronarcyoidea

＊本章は2005年に出版されたカワゲラ目の章の完全な再録である．そのため，"comb. nov."など命名法的行為もあえて2005年版のままの表記となっていることに注意し，「清水高男，稲田和久，内田臣一（2005）」として引用されたい．ただし，2005年版にあった誤字・脱字，数字の誤りなどの最低限の訂正は施した．その後の分類学的変更などは，別にp. 325〜328の「カワゲラ目追記」に記した．（内田臣一，吉成暁）

Pteronarcyidae（アジア大陸東北部，樺太，北アメリカ）
Styloperlidae（中国南部，台湾）
Peltoperlidae ヒロムネカワゲラ科（東・東南アジア，北アメリカ）
Perloidea カワゲラ上科
Perlodidae アミメカワゲラ科（北半球の温帯と寒帯）
Chloroperlidae ミドリカワゲラ科（北半球の温帯と寒帯）
Perlidae カワゲラ科（北半球の温帯，東南アジア，中央・南アメリカ，アフリカ）

　世界から記録されているカワゲラ目は2000種を超えているが，依然各地から新種の報告が続いている．カワゲラ目のカタログはよく整備されており（Claassen, 1940；Illies, 1966；Zwick, 1973），近年の文献は毎年発行されるニュースレター誌"Perla"に追加されている．最新のカタログはデータベース型による公開を目指して作業が進められていたが，現在はテキスト形式で配信されている（Joel Hallan, on www）．

　日本産カワゲラ目の分類学的研究は1841年にPictetが4種を記載したのに始まり，Okamoto（1912, 1922）やKawai（1967）は成虫のモノグラフをまとめている．幼虫の同定には，これまで一般的に川合（1962）と川合・磯辺（1985）による手引きが使われてきた．しかし，現状では幼虫と成虫の関係がわかっていない種が多く，同じ属の近似種間では幼虫での識別が極めて困難であったり不可能であったりするため，幼虫での同定は難しい．また，成虫の識別は比較的容易であるが，識別の際に重要な形質である交尾器などの特徴を観察することが困難な場合がある．そこで，本書では属までの同定を主な目的として琉球列島を除く日本のカワゲラ類を概説する．琉球列島については，内田（2003）の概説を参照されたい．

　カワゲラ類の同定にあたっては，約70％のエタノールで固定・保存した液浸標本を，双眼顕微鏡で観察するのが一般的である．成虫の同定には乾燥標本も用いられるが，生殖器を観察するために腹部を切り取って，10％水酸化カリウム（KOH）水溶液中で数分間熱し，生時に近い形に戻すことが必要な場合が多い．幼虫では近似種を区別するための特徴が見つかっていない分類群も多いが，成虫では観察の難易はあっても近似種を区別するための特徴は知られている．したがって，カワゲラ相を調べるための資料としては，幼虫よりも成虫の方が有用である．成虫は種類によりほぼ一年を通じて羽化するため，成虫を採集する際には，川沿いの草木のビーティングやスイーピング，水際の石起こし，幹や橋脚を利用した見つけ採りなど，季節によりいろいろな方法を使い分けることが必要である．近年ではマレーズトラップを利用した採集も行われている．

　これまでに日本から記録されたカワゲラ類は約200種に達するが，まだ未記載種が多く，実際に日本に生息している種数を350～400種とする推定もある（Shimizu, 2001）．したがって，今後も日本から採集された記録のない属や種が発見される可能性が高い．このため，同定にあたっては，検索表だけを用いず，各分類群のもとに記された特徴も確認し，未記録のカワゲラを既知のものと混同することがないように，注意する必要がある．日本産の既知種に関するカタログと分類学上の新たな知見は，「日本のカワゲラホームページ」において公開されている．

カワゲラの体制

　カワゲラは，もっとも原始的な新翅類の1つとされ，翅を畳む多くの昆虫類の基本構造を多くとどめている．成虫の体長は3～40mmで，体は細長くほぼ円筒形で，やや背腹に扁平である．翅を背面に重ねて水平に畳む．脚は細長く，前脚，中脚，後脚はほぼ同じ形である．

頭部には多数に分節した鞭状の触角と口器，複眼，多くは2〜3個の単眼をもつ．口器は上唇（labrum）と強く節片化した大顎（mandible），発達した内葉（lacinia）をもつ小顎（maxillia），下唇（labium）から成る．小顎内葉の形状はアミメカワゲラ科において属の識別に有用である．小顎や下唇の鬚（palpus）の形状も識別に用いられる．

　胸部は，前胸と中胸，後胸とに分かれ，各節に長い脚をもち，中胸と後胸に翅（成虫）や翅芽（幼虫）を備える．脚はともに，基節，短い転節，しっかりとした腿節，細長い脛節，3つの跗節と2つの爪から成る．翅は種によって，短くなるものや無翅となるものがある．翅の臀部（anal area）は分類に用いられることが多いほか，横脈なども属の識別に有用である．縦脈は外（前）から，前縁脈（C），亜前縁脈（Sc），径脈（R），中脈（M），付脈（Cu），臀脈（A）と表され，RからM脈への横脈はr-m脈などと表される．腹板の分節片や内部骨格に通じる溝（縫合線 suture）の構造は，アミメカワゲラ科やクロカワゲラ科の重要な分類形質である．

　腹部は10節からなり，末端には尾（cercus）をもつ．幼虫の尾は多数節で長く腹部とほぼ同長であるが，成虫ではオナシカワゲラ上科などのように数節あるいは1節になるものもある．腹部の末端部は，多様に変形した付属肢をもつが，雌の場合は概して単純で，普通は第8腹板にある生殖口の前方（前節）に亜生殖板をつくる．雄の末端部は分類群ごとに多様で，複雑になるが，交尾の補助や，精子の受け渡しに重要な役割を果たしている．いくつかの分類群では，腹端上部にある肛上板（epiproct）や，下面1対の肛側板（paraproct）が発達する．また，雄ではドラミングに関連して，腹面にはカワゲラ科の第9節の槌片（hammer）やアミメカワゲラ科の第7〜8節の小葉（lobe），

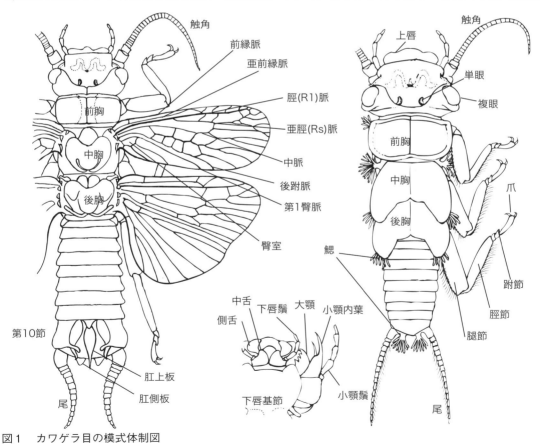

図1　カワゲラ目の模式体制図

オナシカワゲラ上科の第9節の小胞（vesicle）などをもつ．ペニス（挿入器 aedeagus）は完舌類とトワダカワゲラ科には見られるが，単純で同定に利用できない分類群もあり，オナシカワゲラ科では著しく退化または消失する．

また，同舌類の卵は，卵殻が固く，その外形や表面構造などに特徴をもち，分類体系や種の同定に利用される．幼虫期には，指状または糸状の鰓をもつものが多く，下唇基節（submentum）や頸部下面，各脚の基部同辺，腹端など，その位置や形は属などの分類に利用されている．

日本産カワゲラ目幼虫の科の検索表

- 1a 体は幅広くゴキブリ様（図5-1，5-3〜4）……… ヒロムネカワゲラ科　Peltoperlidae
- 1b 体は細長い（図7，9，11，14，16，18-1〜2，20，21-4，22-1〜3，24-1，26-1）……………………………………………………………………………………………… 2
- 2a 腹部第9節と第10節の間に，環状に糸状鰓がある（図20）
  ……………………………………………………………… トワダカワゲラ科　Scopuridae
- 2b 腹部第9節と第10節の間に，鰓はない（図7，9，11，14，16，18-1〜2，21-4，22-1〜3，24-1，26-1）……………………………………………………………………… 3
- 3a 下唇の側舌は中舌より，はるかに大きい（図2-1〜3）
  ………………………………………………………… （カワゲラ上科　Perloidea）… 4
- 3b 下唇の側舌と中舌は，ほぼ同じ大きさ（図2-4）
  ……………………………………………………… （オナシカワゲラ上科　Nemouroidea）… 6
- 4a 胸部側面の脚の基部周辺に糸状鰓がある（図2-5）．下唇の側舌は，球状に膨らむ（図2-2）
  ………………………………………………………………………… カワゲラ科　Perlidae
- 4b 胸部側面には，鰓はまったくないか，あるいは指状の鰓がある（図2-6〜7）．下唇の側舌は膨らまない（図2-1，2-3）……………………………………………………… 5
- 5a 下唇の側舌は，弧状に側方へ張り出す（図2-1）．鰓はまったくないか，あるいは頭部腹面と胸部側面に指状の鰓がある（図2-6〜7）．終齢幼虫後胸の発達した翅芽は後方に向かって広がり，尾は長くて腹部とほぼ同長（図7，9，11）
  ………………………………………………………………… アミメカワゲラ科　Perlodidae
- 5b 下唇の側舌は，直線的に前方へのびる（図2-3）．鰓はまったくない．終齢幼虫後胸の発達した翅芽は側方に弧を描き広がらず，尾は腹部よりもずっと短い（図18-1〜2）
  ………………………………………………………………… ミドリカワゲラ科　Chloroperlidae
- 6a 腹部は短い．後脚を後方へのばすと脛節の先端は腹部末端を越える（図21-4，22-1〜3）……………………………………………………………………………………… 7
- 6b 腹部は長い．後脚を後方へのばしても脛節の先端は腹部末端に達しない（図24-1，26-1）……………………………………………………………………………………… 8
- 7a 腹部第9腹板は，大きく舌状となって後方へのびる（図2-8）．脚の第2跗節は第1跗節とほぼ同じ長さ，あるいはそれより長い（図3-10）…シタカワゲラ科　Taeniopterygidae
- 7b 腹部第9腹板は，前方の他の腹板と同様（図2-9）．脚の第2跗節は第1跗節より短い（図3-11）……………………………………………………… オナシカワゲラ科　Nemouridae
- 8a 腹部背板と腹板の境界は，第2節から第9節まで，明瞭な褶曲として認められる（図2-10）．終齢あるいはそれに近い幼虫では，発達した後胸の翅芽は後方に向かって広がる（図24-1）……………………………………………………………… クロカワゲラ科　Capniidae

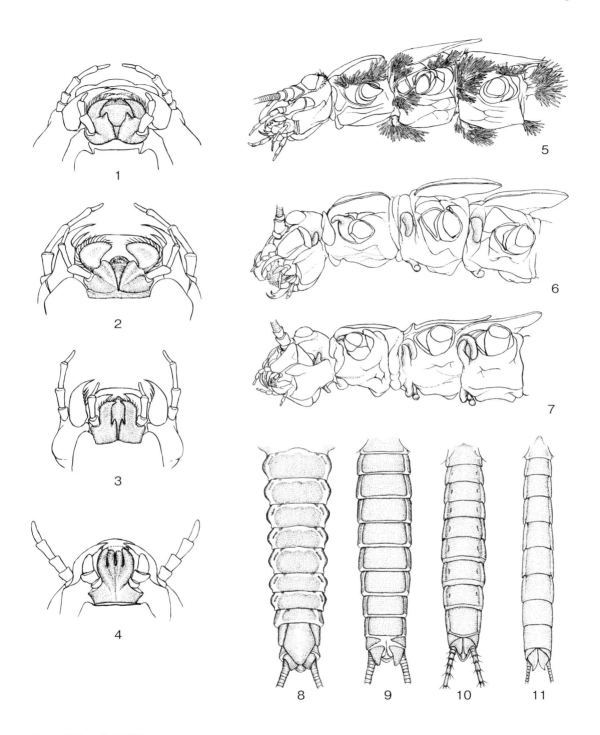

図2 幼虫の検索形質
1〜4：幼虫の口器（下唇）；1：アミメカワゲラ科，2：カワゲラ科，3：ミドリカワゲラ科，4：オナシカワゲラ科，5〜7：頭胸部側下面；5：カワゲラ科［オオヤマカワゲラ属の1種 Oyamia sp.］，6：オオアミメカワゲラ Megarcys ochracea，7：ニッコウアミメカワゲラ Sopkalia yamadae，8〜11：腹部腹面；8：シタカワゲラ科，9：オナシカワゲラ科，10：クロカワゲラ科，11：ホソカワゲラ科

8b 腹部背板と腹板の境界は，前方では明瞭な褶曲として認められるが，後方では次第に不明瞭となり，第8，9腹節では背板と腹板が一連となって円筒状をなす（図2-11）．終齢あるいはそれに近い幼虫では，発達した後胸の翅芽は後方にまっすぐのびる（図26-1）
··· ホソカワゲラ科　Leuctridae

日本産カワゲラ目成虫の科の検索表

1a 腹部第10節は第9節にほとんどの部分を覆われ，尾や肛上板などを除いて背面から観察できない．単眼がない．大型（体長13mm以上）で無翅
··· トワダカワゲラ科　Scopuridae
1b 腹部第10節は第9節に一部が隠れるが，背板はほとんど外に現れる．2～3個の単眼をもつ．有翅であるか，無翅の場合は小型種 ··· 2
2a 附節の基節（第1節）は端末節（第3節）よりも明らかに短い（図3-6～9）．口器の大顎は退化して膜質 ·· 3
2b 附節の基節（第1節）は端末節（第3節）とほぼ同長か，より長い（図3-10～13）．口器の大顎は幼虫と同様に強く節片化する ··· 6
3a 口器下唇の側舌と中舌はほぼ同じ大きさ（図3-2）··· ヒロムネカワゲラ科　Peltoperlidae
3b 口器下唇の側舌は中舌よりはるかに大きい（図3-1）···（カワゲラ上科　Perloidea）··· 4
4a 胸部側面に幼虫の糸状鰓の痕跡がある（図3-3）．口器下唇の側舌は内側に向かう
··· カワゲラ科　Perlidae
4b 糸状鰓の痕跡はない．口器下唇の側舌は前方にのびる ····································· 5
5a 前翅基部の臀脈2Aの分岐（図3-4，矢印）は，臀室（同図，黒点）に接する．後翅の臀脈は5本以上（図4-2～4）··· アミメカワゲラ科　Perlodidae
5b 前翅基部の臀脈2Aの分岐（図3-5，矢印）は，臀室（同図，黒点）から離れる．あるいは，臀脈2Aは分岐しない．後翅の臀脈は4本以下（図4-6）
··· ミドリカワゲラ科　Chloroperlidae
6a 脚の附節の第1～3節は，ほぼ同じ長さ（図3-10）··· シタカワゲラ科　Taeniopterygidae
6b 脚の附節の第2節は，第1，3節よりはるかに短い（図3-11～13）····················· 7
7a 尾は長く，4節以上からなる ·· クロカワゲラ科　Capniidae
7b 尾は1節のみからなる（図23-2～13，26-5～13）·· 8
8a 翅脈にX字型に交差する分岐点がある（図4-8）．常に有翅．体型はずんぐりで，頭部は横長（図22-5）·· オナシカワゲラ科　Nemouridae
8b 翅脈にX字型に交差する分岐点がない（図4-10）．無翅の種がある．体型は細長く，頭部は縦長か，縦横比がほぼ同じ（図26-4）···················· ホソカワゲラ科　Leuctridae

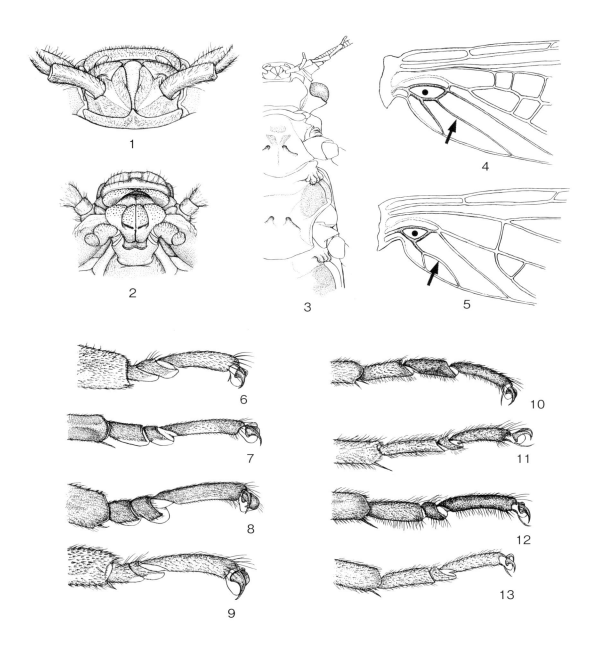

図3　成虫の検索形質
1〜2：成虫の口器；1：カワゲラ科，2：シタカワゲラ科．3：カワゲラ科成虫の腹部下面．4〜5：前翅の基部（黒点：臀室，矢印：2A脈）：4：アミメカワゲラ科［ヒメカワゲラ属の1種 Stavsolus sp.］，5：ミドリカワゲラ科［セスジミドリカワゲラ属の1種 Sweltsa sp.］．6〜13：中脚の跗節：6：ヒロムネカワゲラ科，7：アミメカワゲラ科，8：カワゲラ科，9：ミドリカワゲラ科，10：シタカワゲラ科，11：オナシカワゲラ科，12：クロカワゲラ科，13：ホソカワゲラ科

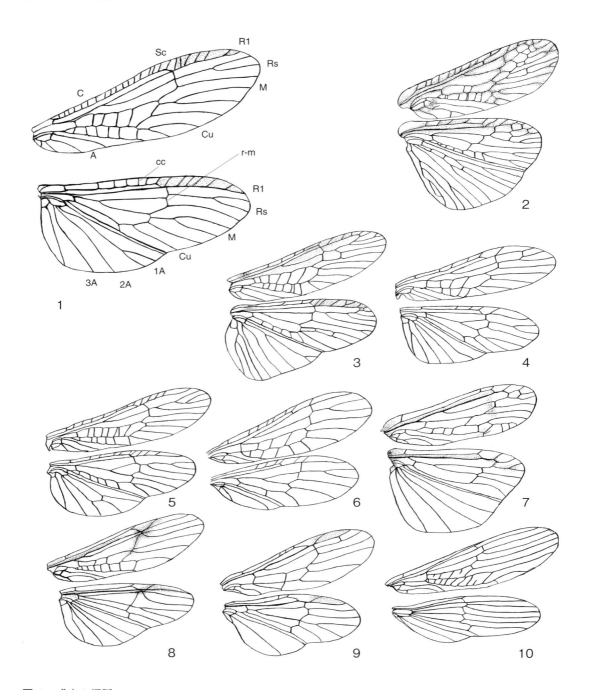

図4 成虫の翅脈
1：ヒロムネカワゲラ科［ノギカワゲラ Cryptoperla japonica］，2：アミメカワゲラ科［ニッコウアミメカワゲラ Sopkalia yamadae］，3：アミメカワゲラ科［ヒメカワゲラ属の1種 Stavsolus sp.］，4：アミメカワゲラ科［フタスジクサカワゲラ Isoperla nipponica］，5：カワゲラ科［フタツメカワゲラ Neoperla geniculata］，6：ミドリカワゲラ科［セスジミドリカワゲラ属の1種 Sweltsa sp.］，7：シタカワゲラ科［ユキシタカワゲラ属の1種 Mesyatsia sp.］，8：オナシカワゲラ科［フサオナシカワゲラ属の1種 Amphinemura sp.］，9：クロカワゲラ科［クロカワゲラ属の1種 Capnia sp.］，10：ホソカワゲラ科［カギホソカワゲラ属の1種 Paraleuctra sp.］．

1. ヒロムネカワゲラ科（ヒロカワゲラ科） Peltoperlidae

2亜科3属が本州以南より記録される．主に河川渓流から上流域と，谷沢などに見られる．小型から中型（成虫の体長は5〜13mm）で長翅．春から秋に羽化する．幼虫・成虫とも胸部が横長で，頭部よりも幅広い．幼虫は茶褐色で明瞭な模様などをもたないが，成虫は茶褐色のほかに黄褐色の種もある．和名に使用される「ノギカワゲラ」の名は，Nogiperla という属名が長く使用されていたことに由来する．

ヒロムネカワゲラ科幼虫の種の検索表

1a 単眼3個．鰓はまったくない ………… ヒメノギカワゲラ *Microperla brevicauda* Kawai
1b 単眼2個．胸部側面に指状の鰓がある …………………………………………………… 2
2a 頭部腹面に1対，各脚の基部と背板との間にそれぞれ2本の指状の鰓がある
   ………………………………… ミヤマノギカワゲラ *Yoraperla uenoi* (Kohno)
2b 中脚，後脚の基部と背板の間にそれぞれ1本の指状鰓がある
   ………………………………… ノギカワゲラ属 *Cryptoperla* … 3
3a 背面から見た複眼の輪郭は円形に近い（図5-4）
   ………………………………… ノギカワゲラ *Cryptoperla japonica* (Okamoto)
3b 背面から見た複眼の輪郭は横長の長方形に近い（図5-5）
   ………………………………… クロノギカワゲラ *Cryptoperla kawasawai* Maruyama

ヒロムネカワゲラ科成虫の種の検索表

1a 単眼3個 ……………………… ヒメノギカワゲラ *Microperla brevicauda* Kawai
1b 単眼2個 …………………………………………………………………………………… 2
2a 雄の尾の内側には毛の列がない．雌の第8腹板後縁中央に深い欠刻がある
   ………………………………… ミヤマノギカワゲラ *Yoraperla uenoi* (Kohno)
2b 雄の尾の第1節はのびて，内側には細く長い毛の列がある（図5-6b）．雌の第8腹板後縁には欠刻がない ………………………………… ノギカワゲラ属 *Cryptoperla* … 3
3a 各脚の腿節は黄白色 ……………… ノギカワゲラ *Cryptoperla japonica* (Okamoto)
3b 各脚の腿節は濃い茶褐色あるいは黒褐色
   ………………………………… クロノギカワゲラ *Cryptoperla kawasawai* Maruyama

ヒメノギカワゲラ亜科　Microperlinae

1. ヒメノギカワゲラ属　*Microperla* Chu, 1928（図5-1〜2）

西日本からヒメノギカワゲラ *Microperla brevicauda* Kawai, 1958のみが知られる．西日本では谷沢などに見られ早春に羽化する．小型で，頭部は横長にならず，単眼は3個，鰓はもたない．幼虫期の触角は長く，体長とほぼ同じ長さになる．卵は円盤形．

ヒロムネカワゲラ亜科　Peltoperlinae

2．ミヤマノギカワゲラ属　*Yoraperla* Ricker, 1952（図5-3）

本州の高冷地からミヤマノギカワゲラ *Yoraperla uenoi* (Kohno, 1946) のみが知られる．幼虫は上流～源流域の落ち込みなど，飛沫帯周辺の礫上に生息する．中型で，頭部は横長，幼虫の前～後胸および脚の腿節などには明瞭な剛毛が生じる．卵は円盤形．

3．ノギカワゲラ属　*Cryptoperla* Needham, 1909（図5-4～7）

本州・四国・九州に広く見られるノギカワゲラ *Cryptoperla japonica* (Okamoto, 1912) のほか，四国からクロノギカワゲラ *Cryptoperla kawasawai* Maruyama, 2002が知られる．琉球列島の種については分類学的な検討が不十分である．幼虫は渓流～源流域に生息し，飛沫帯や落葉中などで見つかるが，クロノギカワゲラの生息は源流の谷沢に限られるようである．卵は卵形．

2．アミメカワゲラ科　Perlodidae

11属約20種が屋久島以北から記録されている．体長7～25mm．雄はしばしば短翅．大型の種では，翅に横脈が多く網目状をなす．幼虫は肉食．早春から夏に羽化．おもに黒褐色あるいは褐色で中～大型のアミメカワゲラ亜科 Perlodinae と，主に黄褐色で中型のクサカワゲラ亜科 Isoperlinae とに分けられる．しかし，日本産の種には，この亜科分類を越えて誤った属に所属されているものがいくつかあるため，以下の検索表による結果と本来の各分類郡が示す特徴とは食い違っている場合がある．本科の属分類に関する総説はないが，成虫については稲田（1996）による兵庫県産の概説が参考になる．

アミメカワゲラ科幼虫の属または種の検索表

- 1a 頭部腹面と胸部側面の両方，あるいは頭部腹面のみに，指状の鰓がある（図2-6～7，6-1） ··· 2
- 1b 頭部腹面と胸部側面に，鰓はまったくない ··· 6
- 2a 頭部腹面と胸部側面の両方に，指状の鰓がある（図2-6～7） ······························ 3
- 2b 頭部腹面のみに，指状の鰓がある（図6-1） ·· 4
- 3a 前～中胸間と中～後胸間の指状の鰓は，腹方に向かう長いものと背方に向かう短いものが対をなす（図2-7） ············· ニッコウアミメカワゲラ　*Sopkalia yamadae* (Okamoto)
- 3b 前～中胸間と中～後胸間の指状の鰓は，腹方に向かう長いもののみ（図2-6） ··· オオアミメカワゲラ　*Megarcys ochracea* Klapálek
- 4a 中胸腹板のY線は，腹板孔の後端に接続する（図6-3） ··· コウノアミメカワゲラ属　*Tadamus*
- 4b 中胸腹板のY線は，腹板孔の前端に接続する（図6-2） ································· 5
- 5a 小顎の内葉には剛毛が密に生える（図6-7～9）．体表面にはツヤを欠く ··· ヒメアミメカワゲラ属　*Skwala*
- 5b 小顎の内葉には剛毛がほとんど生じない（図6-13）．体表面にはややツヤがある ·· ヒメカワゲラ属　*Stavsolus*
- 6a 腹部第1～6節あるいは第1～4節の背板と腹板は，膜質部で隔てられる（図6-4～5）

ヒロムネカワゲラ科，アミメカワゲラ科　11

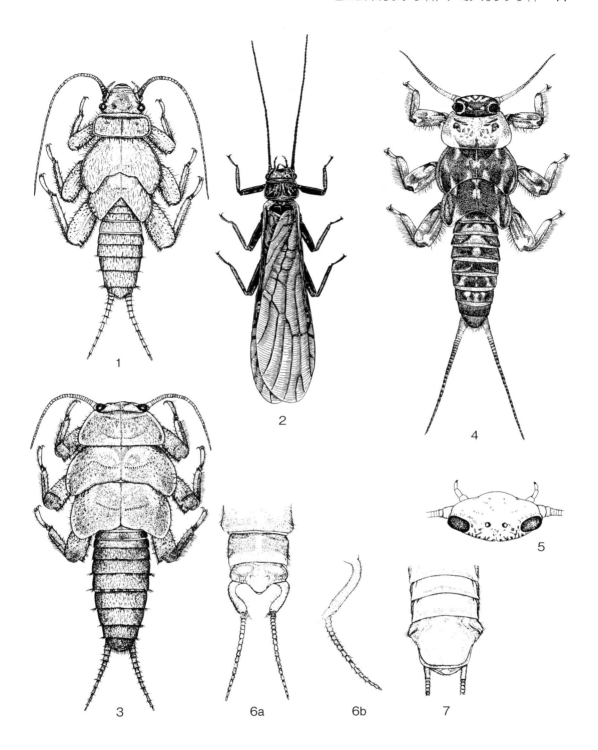

図5　ヒロムネカワゲラ科
1〜2：ヒメノギカワゲラ Microperla brevicauda；1：幼虫，2：成虫，3：ミヤマノギカワゲラ Yoraperla uenoi：幼虫，4：ノギカワゲラ Cryptoperla japonica：幼虫，5〜7：クロノギカワゲラ Cryptoperla kawasawai；5：幼虫頭部，6：雄腹端背面（a）と尾（b），7：雌腹端腹面

　　　　………7
6b　腹部第1〜2節の背板と腹板は，膜質部で隔てられる（図6-6）…………………8
7a　腹部第1〜6節の背板と腹板は，膜質部で隔てられる（図6-4）
　　　　……………………… シノビアミメカワゲラ　*Megaperlodes niger* Yokoyama et al.
7b　腹部第1〜4節の背板と腹板は，膜質部で隔てられる（図6-5）
　　　　……………………… フライソンアミメカワゲラ　*Perlodes frisonanus* Kohno
8a　中胸腹板のY線は，腹板孔の前端に接続する（図6-2）
　　　　……………………… ヒロバネアミメカワゲラ　*Pseudomegarcys japonica* Kohno
8b　中胸腹板のY線は，腹板孔の後端に接続する（図6-3）…………………………9
9a　腹部の背面には中央に横長の淡色斑紋が広がる（図9-4〜5）…………………10
9b　腹部の背面は，不明瞭な斑紋をもつか（図9-7，11-5），縦に濃色の帯が走る（図9-3，
　　9-6，11-1〜4）……………………………………………………………………11
10a　小顎内葉の先端は単一にのびる（図6-16）……… アサカワヒメカワゲラ属　*Kogotus*
10b　小顎内葉の先端には分岐があり二股に分かれる（図6-14〜15）
　　　　……………………… コグサヒメカワゲラ属の多く　*Ostrovus* (in part)
11a　小顎内葉には剛毛や棘毛が見られる（図6-17〜19）
　　　　……………………… クサカワゲラ属（広義）の多く　*Isoperla* (in part)
11b　小顎内葉には剛毛や棘毛を生じない（図6-14〜16，6-20）……………………12
12a　腹部の紋様は縦の帯状紋とならない（図9-7，11-5）……………………………13
12b　腹部の紋様は縦帯となる（図9-3，9-6，11-1〜4）……………………………14
13a　腹部背面は濃褐色で不明瞭な横長の紋様がある
　　　　……………………… 一部のコグサヒメカワゲラ属　*Ostrovus* (in part)
13b　腹部背面の紋様は不明瞭で，頭部には単眼周辺に横長の褐色斑紋をもつ（図9-7）
　　　　……………………… オカモトクサカワゲラ　*Isoperla okamotonis* Kohno
14c　腹部背面に明瞭な2対の縦帯をもち，頭部には幅の広い逆W字型の黒色紋（図9-6），
　　尾の背面には基部から先端にかけて長毛を列生する
　　　　……………………… ホソクサカワゲラ　*Isoperla debilis* Kohno
14d　腹部背面に明瞭であるが細い縦帯をもち，頭部は単眼の間の淡色部を取り囲む斑紋をも
　　つ（図9-3）．全体に黄褐色で濃褐色部分は少ない．尾の背面には中央から先端にかけ
　　て長毛を列生する ……………… アミメカワゲラ族所属不明　*Perlodini incertae sedis*
　　　　　　　　　　　（西日本の幼虫は確認しているが，東日本の種は幼虫未知）

アミメカワゲラ科成虫の属または種の検索表

（9以降の中型種に関する検索は雄個体への使用に限られる）
1a　頭部腹面と胸部側面の両方，あるいは頭部腹面のみに，指状の鰓がある（図2-6〜7，6-1）
　　　　…………………………………………………………………………………………2
1b　頭部腹面と胸部側面に，鰓はまったくない……………………………………………6
2a　頭部腹面と胸部側面の両方に，指状の鰓がある（図2-6〜7）……………………3
2b　頭部腹面のみに，指状の鰓がある（図6-1）…………………………………………4
3a　前〜中胸間と中〜後胸間の指状の鰓は，腹方に向かう長いものと背方に向かう短いもの
　　が対をなす（図2-7）……………ニッコウアミメカワゲラ　*Sopkalia yamadae* (Okamoto)

アミメカワゲラ科　13

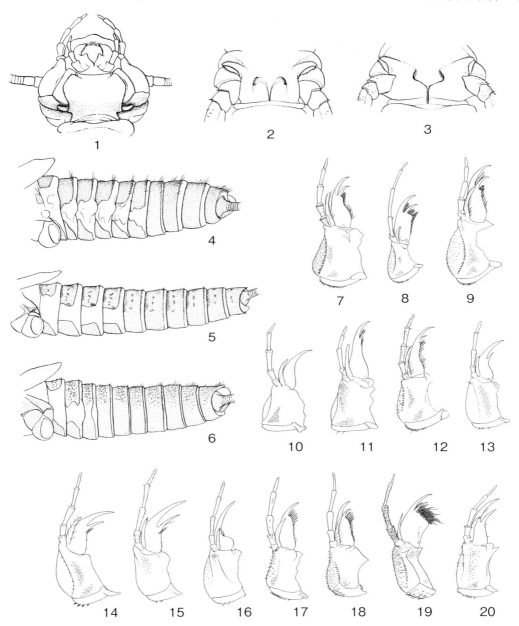

図6　アミメカワゲラ科幼虫の形質
1：幼虫の頭部腹面（下唇基節）の指状鰓［ヒメカワゲラ属の1種 Stavsolus sp.］，2～3：幼虫の中胸腹面のY字溝；2：ヒメカワゲラ属の1種 Stavsolus sp.，3：コウノアミメカワゲラ属の1種 Tadamus sp.，4～6：幼虫の腹部側面：4：シノビアミメカワゲラ Megaperlodes niger，5：フライソンアミメカワゲラ Perlodes frisonanus，6：ヒロバネアミメカワゲラ Pseudomegarcys japonica，7～20：幼虫の小顎；7：オオアミメカワゲラ Megarcys ochracea，8：ヒロバネアミメカワゲラ Pseudomegarcys japonica，9：ニッコウアミメカワゲラ Sopkalia yamadae，10：シノビアミメカワゲラ Megaperlodes niger，11：フライソンアミメカワゲラ Perlodes frisonanus，12：コウノアミメカワゲラ属の1種 Tadamus sp.，13：アミメカワゲラ族の1種 Perlodini Gen. sp.，14：ヒメカワゲラ属の1種 Stavsolus sp.，15：コグサヒメカワゲラ属の1種 Ostrovus sp.，16：アサカワヒメカワゲラ属の1種 Kogotus sp.，17：フタスジクサカワゲラ Isoperla nipponica，18："アイズあるいはスズキ"クサカワゲラ Isoperla aizuana/suzukii indet.，19：トワダクサカワゲラ類縁種 Isoperla (towadensis) sp.，20：ホソクサカワゲラ "Isoperla" debilis

3b	前〜中胸間と中〜後胸間の指状の鰓は，腹方に向かう長いもののみ（図2-6） ································ オオアミメカワゲラ *Megarcys ochracea* Klapálek	
4a	中胸腹板のY線は，腹板孔の後端に接続する（図6-3） ································ コウノアミメカワゲラ属 *Tadamus*	
4b	中胸腹板のY線は，腹板孔の前端に接続する（図6-2） ································ 5	
5a	雄の第10節は広く中央で分割され，側部は背方にのびる（図8-3）．雌の亜生殖板は第8節が穏やかにのび後縁にはくびれがある（図8-4）··· ヒメアミメカワゲラ属 *Skwala*	
5b	雄の第10節は後方が広く分割され，側部は膜質（図8-10）．雌の亜生殖板は発達して舌状に伸び後縁は丸まる（図8-11） ································ ヒメカワゲラ属 *Stavsolus*	
6a	腹部第1〜6節あるいは第1〜4節の背板と腹板は，膜質部で隔てられる（図6-4〜5） ································ 7	
6b	腹部第1〜2節の背板と腹板は，膜質部で隔てられる（図6-6） ································ 8	
7a	腹部第1〜6節の背板と腹板は，膜質部で隔てられる（図6-4） ································ シノビアミメカワゲラ *Megaperlodes niger* Yokoyama et al.	
7b	腹部第1〜4節の背板と腹板は，膜質部で隔てられる（図6-5） ································ フライソンアミメカワゲラ *Perlodes frisonanus* Kohno	
8a	中胸腹板のY線は，腹板孔の前端に接続する（図6-2） ································ ヒロバネアミメカワゲラ *Pseudomegarcys japonica* Kohno	
8b	中胸腹板のY線は，腹板孔の後端に接続する（図6-3） ································ 9	
9a	雄の腹部第10背板は左右に分裂しない（図10-9），多くの種の頭部は黄色で濃（黒）褐色の斑紋をもつ（図12-1，2）．雌の第8腹板は後方にのびるなどわずかに変形するが，亜生殖板は発達せず周辺部と明瞭に区別できない（図12-4，7） ································ クサカワゲラ属 *Isoperla*（一部の雌には例外がある）	
9b	雄の腹部第10背板は左右に割れる（図10-2，10-4，10-7），頭部は茶褐色で斑紋をもたないか（図10-1），一部に黄色域の斑紋をもつ（図10-6）．雌の亜生殖板は発達し，腹板と明瞭に区別できる（図10-3，10-5，10-8，10-10） ································ 10	
10a	頭部は黄色で前頭部と複眼の後方に濃色部が広がり，前胸背の中央の黄色部も幅広い（図10-6） ································ アサカワヒメカワゲラ属 *Kogotus*	
10b	頭部は一様に褐色であるか，一部分が黄色になるが上記のようではない（図10-1）··· 11	
11a	雄の第8背面は変形して突起となる（図10-4）······ コグサヒメカワゲラ属 *Ostrovus*	
11b	雄の第8節背面は変形しない ········· アミメカワゲラ族所属不明 Perlodini incertae sedis	

アミメカワゲラ亜科　Perlodinae

　大型〜中型種からなる本亜科の成虫は，雄の第10背板が普通は左右に分裂し，肛上板には側部節片（lateral stylets）をもつ．幼虫・成虫の下唇基節には1対の指状の鰓を生じる特徴をもつが，一部の分類群ではこれを消失する．以下の族分類は現在使用されている体系であるが，いまだに不安定な面もある．特にアミメカワゲラ族とアミメカワゲラモドキ族の所属は今後も変更される可能性がある．

アミメカワゲラ科 15

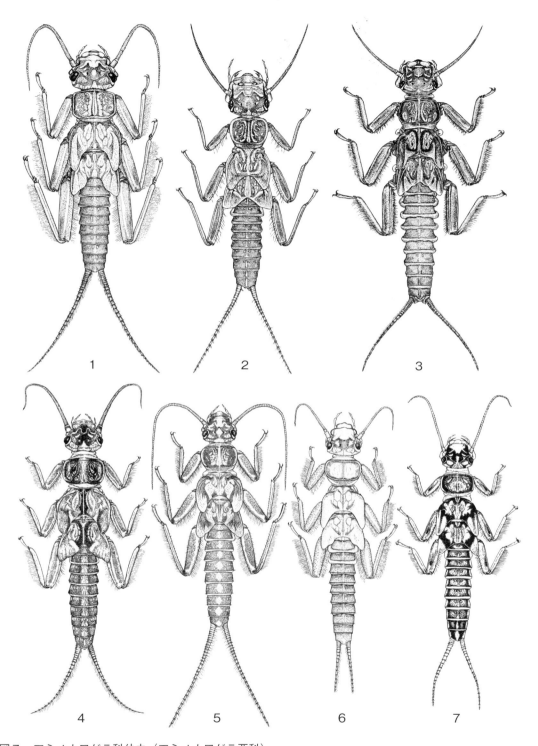

図7 アミメカワゲラ科幼虫（アミメカワゲラ亜科）
1：オオアミメカワゲラ *Megarcys ochracea*, 2：ヒロバネアミメカワゲラ *Pseudomegarcys japonica*, 3：ニッコウアミメカワゲラ *Sopkalia yamadae*, 4：ミスジアミメカワゲラ *Skwala natorii*, 5：ヒメアミメカワゲラ *Skwala pusilla*, 6：コウノアミメカワゲラ属の1種 *Tadamus* sp., 7：ヒメカワゲラ属の1種 *Stavsolus* sp.

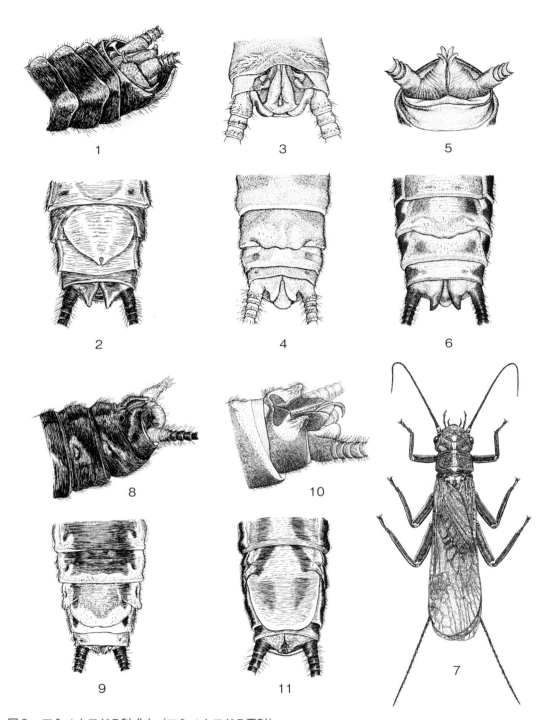

図8 アミメカワゲラ科成虫（アミメカワゲラ亜科）
1〜2：ヒロバネアミメカワゲラ Pseudomegarcys japonica；1：雄腹端背側面，2：雌腹端腹面，3〜4：ヒメアミメカワゲラ Skwala pusilla；3：雄腹端背面，4：雌腹端腹面，5〜7：シノビアミメカワゲラ Megaperlodes niger；5：雄腹端後面，6：雌腹端腹面，7：全形，8〜9：コウノアミメカワゲラ属の1種 Tadamus sp.；8：雄腹端背側面，9：雌腹端腹面，10〜11：ヒメカワゲラ属の1種 Stavsolus sp.；10：雄腹端背側面，11：雌腹端腹面

ヒロバネアミメカワゲラ族　Arcynopterygini

　大型で翅は短翅あるいはやや短くなり先端部に網目状の横脈をもつ．雄の第10節は広く左右に割れて，両側部の背板からは節片化した突起がのびる．卵は卵形だが，オオアミメカワゲラ属とニッコウアミメカワゲラ属では数ヵ所に大きな凹みがある．幼虫は，頭部腹面と胸部側面の両方に指状の鰓をもつ（オオアミメカワゲラ属とニッコウアミメカワゲラ属）か，頭部腹面のみに指状の鰓をもつ（ヒメアミメカワゲラ属）か，あるいは鰓を欠く（ヒロバネアミメカワゲラ属）．卵巣の成熟は早く，羽化直前の雌の幼虫はすでに成熟した卵をもつ．1年1化．

1．オオアミメカワゲラ属　*Megarcys* Klapálek, 1912（図2-6，6-7，7-1）

　オオアミメカワゲラ *Megarcys ochracea* Klapálek, 1912のみが本州中部以北と北海道から知られる．本州中部では山地渓流に産し，北海道では広く渓流に分布し，幼虫は瀬に多い．夏から若齢幼虫が現れ，秋冬を経て，5～8月に羽化する．成虫の体色は黄褐色で，雄の第10背板からのびる突起は長くのびて前方へ曲がる．

2．ヒロバネアミメカワゲラ属　*Pseudomegarcys* Kohno, 1946（図6-6，6-8，7-2，8-1～2）

　ヒロバネアミメカワゲラ *Pseudomegarcys japonica* Kohno, 1946のみが本州から知られる．山地渓流に生息し，幼虫は流れの緩やかな瀬や平瀬に多い．秋から若齢幼虫が現れ，冬を経て，3～4月に羽化する．翅の長さには変異があるが，長いものでも腹端に達する程度である．成虫は濃褐色で明瞭な黄色部分をもつ．雄の第10背板の突起は細く棒状にのびる．

3．ニッコウアミメカワゲラ属　*Sopkalia* Ricker, 1952（図2-7，6-9，7-3）

　ニッコウアミメカワゲラ *Sopkalia yamadae* (Okamoto, 1917) のみが本州から知られる．標高の高い山地渓流に多いが，時に低標高の渓流でも確認される．幼虫は流れの速い落ち込み型の早瀬に見られる．若齢幼虫は夏から見られ，秋冬を経て，4～8月に羽化する．成虫は茶褐色で黄色紋をもつ．雄の第10背板の突起は長くのびて前方へと曲がる．

4．ヒメアミメカワゲラ属　*Skwala* Ricker, 1943（図7-4～5，8-3～4）

　中部以北の本州において微翅～短翅の変異を示すミスジアミメカワゲラ *Skwala natorii* Chino, 1999が，北海道から本州中部にかけてはやや短翅となるヒメアミメカワゲラ *Skwala pusilla* (Klapálek, 1912) が知られる．ミスジアミメカワゲラは山地渓流に，ヒメアミメカワゲラは河川上流に多く，幼虫は流れの緩やかな平瀬を中心に生息する．秋から若齢幼虫が現れ，冬を経て，3～4月に羽化する．ヒメアミメカワゲラの雄の第10背板からのびる突起は扁平でオール状となるが，ミスジアミメカワゲラのものはやや太い棍棒状である．

アミメカワゲラ族　Perlodini

　以下の4属のうちシノビアミメカワゲラ属とアミメカワゲラ属は，いずれも大型で翅の先端部には網目状の横脈が目立つ．雄の第10節背板は単純で左右に分裂しないことで同亜科他属から区別できる．北海道からアミメカワゲラ属あるいは，日本未記載属（？未記載属）の幼虫が採集されているが，資料不十分．いっぽう，翅の網目の発達が悪い別の2属は，アミメカワゲラモドキ族と似ていて区別は難しい．卵は扁平で背面の中央にそって隆起するため，断面としては三角様になる．小顎の内葉はその分岐位置が，本科の典型的な位置よりも前方に位置するという本族の共通性は例外が多い．

18 カワゲラ目

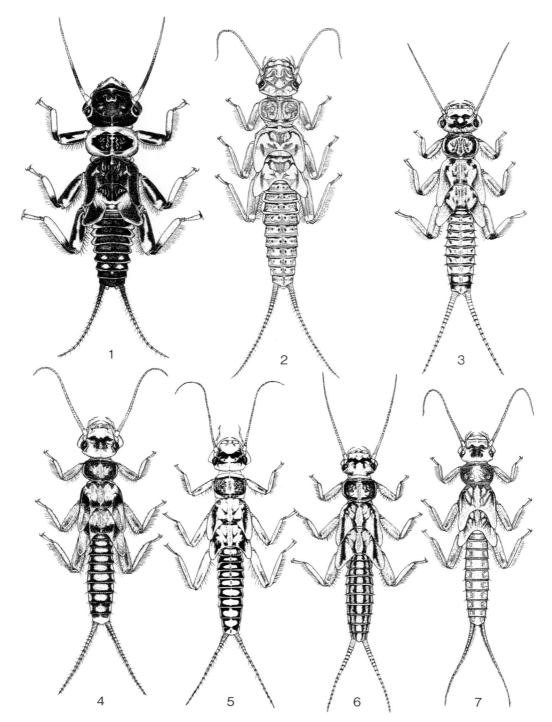

図9 アミメカワゲラ科幼虫（アミメカワゲラ亜科とクサカワゲラ亜科）
1：シノビアミメカワゲラ *Megaperlodes niger*，2：フライソンアミメカワゲラ *Perlodes frisonanus*，3：アミメカワゲラ族の1種 Perlodini Gen. sp.，4：アサカワヒメカワゲラ属の1種 *Kogotus* sp.，5：コグサヒメカワゲラ属の1種 *Ostrovus* sp.，6：ホソクサカワゲラ "*Isoperla*" *debilis*，7：オカモトクサカワゲラ "*Isoperla*" *okamotonis*

アミメカワゲラ科　19

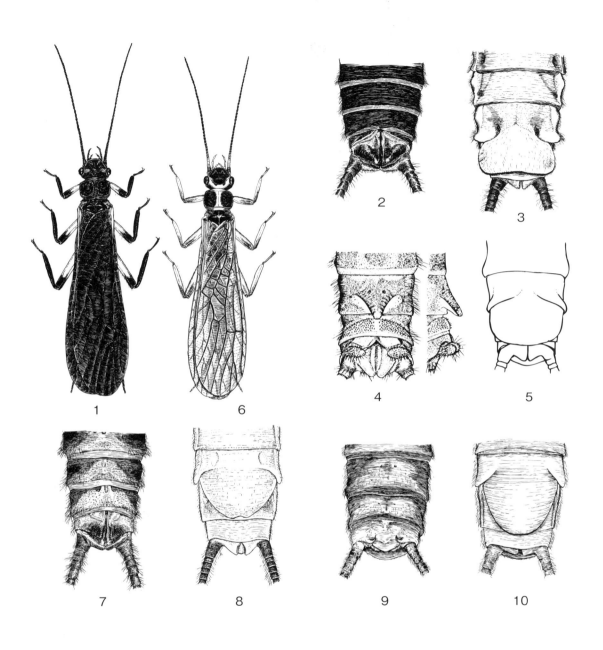

図10　アミメカワゲラ科成虫（アミメカワゲラ亜科とクサカワゲラ亜科）
1〜3：アミメカワゲラ族の1種 Perlodini Gen. sp.；1：全形，2：雄腹端背面，3：雌腹端腹面，4〜5：コグサヒメカワゲラ属の1種 *Ostrovus* sp.；4：雄腹端背面，5：雌腹端腹面，6〜8：アサカワヒメカワゲラ属の1種 *Kogotus* sp.；6：全形，7：雄腹端背面，8：雌腹端腹面，9〜10：ホソクサカワゲラ "*Isoperla*" *debilis*；9：雄腹端背面，10：雌腹端腹面

5．シノビアミメカワゲラ属　*Megaperlodes* Yokoyama et al., 1990
（図 6-4, 6-10, 8-5～7, 9-1）

シノビアミメカワゲラ *Megaperlodes niger* Yokoyama et al., 1990のみが本州から知られる．山地渓流に広く生息するが，ほとんどの産地で個体数が少ない．3～4月に羽化する．頭部はアンバランスに大きく，幼虫は黒褐色と黄褐色の鮮やかなコントラストを示す．

6．アミメカワゲラ属　*Perlodes* Banks, 1903（図 6-5, 6-11, 9-2）

フライソンアミメカワゲラ *Perlodes frisonanus* Kohno, 1943のみが本州から知られる．河川の中・下流域に生息し，幼虫は流れの緩い瀬や平瀬で見つかる．3～4月に羽化する．

7．コウノアミメカワゲラ属（クロヒメカワゲラ属）　*Tadamus* Ricker, 1952
（図 6-3, 6-12, 7-6, 8-8～9）

本州と四国より，既知のコオノヒメカワゲラ *Tadamus kohnonis* (Ricker, 1952) と本属に所属すべき1種が確認されている．これらは，山地性と低地性とに分かれているようであるが，既知種との関係は未解決である．

8．アミメカワゲラ族所属不明の1属　Perlodini incertae sedis（図 6-13, 9-3, 10-1～3）

未記載種のいくつかが本州と四国から確認されているが，いまのところ一属の範疇と思われる．卵の形状と雄の肛上板形状より本族に置くが，幼虫の小顎形状は，アミメカワゲラモドキ族の特徴に似ている．兵庫県の種については，稲田(1996)により，ミドリカワゲラモドキ類の1種 *Isogenus* (s. lat.) sp. として報告されている．

アミメカワゲラモドキ族　Diploperlini

以下の分類群は，中～大型で翅の先端部に網目状の横脈をもたない．卵はお椀を伏せたような形で，断面はドーム状になる．雄の第7腹板には小葉が発達して8節にかかるが，この特徴はアミメカワゲラ族にも共通する．小顎内葉の棘毛は退化して，時に消失している．幼虫の体表面は，やや光沢があり，はっきりとした斑紋を示すものが多い．おそらくすべて1年1化．

9．ヒメカワゲラ属（アミメカワゲラモドキ属）　*Stavsolus* Ricker, 1952
（図 6-2, 6-14, 7-7, 8-10～11）

日本からは4種（アイヌヒメカワゲラ *Stavsolus ainu* Teslenko, 1999「北海道」，ヒメカワゲラ *Stavsolus japonicus* (Okamoto, 1912)「本州・四国・九州」，"*Tadamus*" *scriptus* (Klapálek, 1912) [species inquirenda]，"*Togoperla*" *tennina* Needham, 1905 [species inquirenda]）の記録があるが，本属の種の標徴は退化的な肛上板に見られるわずかな形状の違いしか知られておらず，十分な分類学的再検討を行わない限り実情は理解しがたい．

10．コグサヒメカワゲラ属（コグサアミメカワゲラ属）　*Ostrovus* Ricker, 1952
（図 6-15, 9-5, 10-4～5）

日本より2種（コグサヒメカワゲラ *Ostrovus mitsukonis* (Okamoto et Kohno, 1940) とニッコウコグサヒメカワゲラ *Ostrovus nikkoensis* (Okamoto, 1912)「ともに本州」）が記載されているが，さらに多くの種が生息することがわかっており，既知種の再記載と合わせ分類学的検討が必要である．雄の

アミメカワゲラ科　21

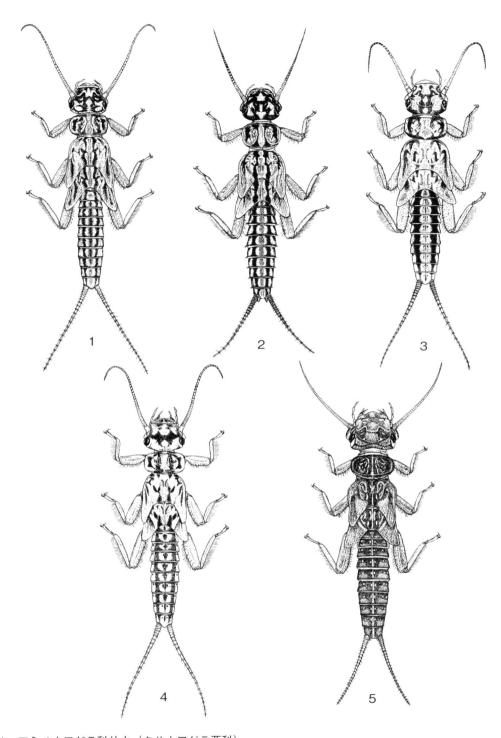

図11　アミメカワゲラ科幼虫（クサカワゲラ亜科）
1：フタスジクサカワゲラ Isoperla nipponica，2：オニクサカワゲラ Isoperla motions，3：ヤマクサカワゲラ Isoperla shibakawae，4："アイズあるいはスズキ"クサカワゲラ Isoperla aizuana/suzukii indet.，5：トワダクサカワゲラ類縁種 Isoperla (towadensis) sp.

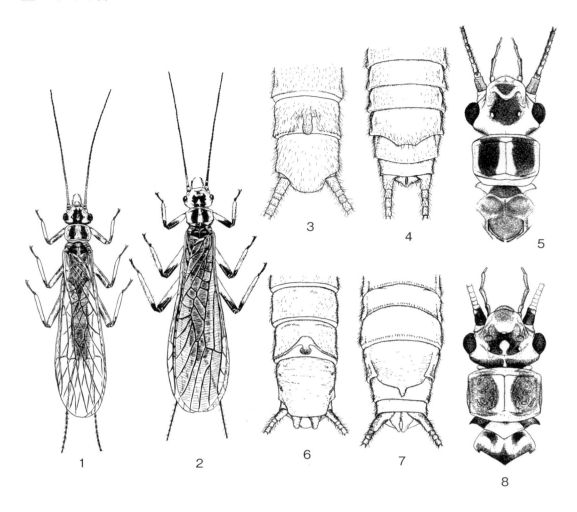

図12 アミメカワゲラ科成虫（クサカワゲラ亜科）
1〜2：成虫全形；1：フタスジクサカワゲラ Isoperla nipponica，2：トワダクサカワゲラ類縁種 Isoperla (towadensis) sp.，3〜5：ヤマクサカワゲラ Isoperla shibakawae；3：雄腹端腹面，4：雌腹端腹面，5：頭部〜中胸，6〜8："アイズあるいはスズキ"クサカワゲラ Isoperla aizuana/suzukii indet.；6：雄腹端腹面，7：雌腹端腹面，8：頭部〜中胸

腹部第7節背面に後方にのびる突起をもつことで他の属と容易に区別ができる．雄の肛上板は発達し，前述の突起形状とともに種特異的な形状を示す．

11. アサカワヒメカワゲラ属 *Kogotus* Ricker, 1952（日本新記録）（図6-16, 9-4, 10-6〜8）

アサカワヒメカワゲラ *Kogotus asakawae* (Kohno, 1941) comb. nov. およびその類似未記載種は，ロシア極東部などから記録されている本属に移動されるべきである．種の特定には既知種の再記載と合わせ分類学的検討が必要であるが，雄の肛上板は発達し，種特異的な形状を示すので区別は比較的容易である．幼虫の小顎内葉の形状は，分岐をもたず単純な単一針状にのびるので区別がつく．

クサカワゲラ亜科　Isoperlinae

　大型種を多く含むアミメカワゲラ亜科に対し，より小型の種のみによって構成される．雄の肛上板が未発達で，第10節背板も（分裂せず）単純で，一部の種の後縁に突起などを備えるにとどまる．また，第8腹板にはしばしば単純な小葉を形成する．幼虫は完全に鰓を欠く．わずかな種から構成される数属と，多様な構成種をもつ狭義のクサカワゲラ属からなり，本邦ではトゲクサカワゲラ属 *Kaszabia* Rauser, 1968とクサカワゲラ属の2属が記録されているが，いずれの属も分類学的再検討が必要であり，本章では暫定的に単一の属として扱った．卵巣の成熟は遅く，羽化直後の雌はまだ成熟した卵をもたない．大部分の種がおそらく1年1化．

12. クサカワゲラ属（広義）（ミドリカワゲラモドキ属）　*Isoperla* Banks, 1906
（図6-17～20，10-9～10，11，12）

　クサカワゲラ属として配属されている種のうち，ホソクサカワゲラ *Isoperla debilis* Kohno, 1953とオカモトクサカワゲラ *Isoperla okamotonis* Kohno, 1941は，アミメカワゲラモドキ族に位置すると思われるが，便宜的に本書では分類学的処置を放棄する．この2種は，卵の形や小顎内葉，雄の小葉位置など多くの点で，本属の特徴と一致しない．日本にはこの他に10種以上が生息すると見られ，狭義のクサカワゲラ属も体色や形態的特徴は多様である．アイズクサカワゲラ *Isoperla aizuana* Kohno, 1953は，平地性のスズキクサカワゲラ *Isoperla suzukii* Okamoto, 1912との区別が難しく，トゲクサカワゲラ *Kaszabia digitata* (Kawai, 1963) と中間的個体も発見されており，分類学的検討が必要である．また，従来トワダクサカワゲラ *Isoperla towadensis* Okamoto, 1912と呼ばれていたものには，複数の未記載種が含まれている．本州の各地でよく見られるフタスジクサカワゲラ *Isoperla nipponica* Okamoto, 1912には，よく似たカッパクサカワゲラ *Isoperla kappa* Ishizuka, 2002が記載されたが，両種はヤマクサカワゲラ *Isoperla shibakawae* Okamoto, 1912とも斑紋が似ている．成虫の後翅が黒褐色になるオニクサカワゲラ *Isoperla motonis* (Okamoto, 1912) [? = *Isoperla azusana* Kohno, 1953] は高冷地で比較的よく見られる．

3．カワゲラ科　Perlidae

　中型から大型の種からなり，春から秋にかけて成虫が現れる．幼虫は分岐した糸状の鰓を胸部にもち，成虫でも収縮した鰓のあとが脚の基部周辺などに見ることができる．成虫の前腿節の前縁には棘毛の列が生える．属分類は比較的整理されているが，日本では種レベルの分類学的再検討は不十分なグループが多い．本書のほかに，Sivec et al.（1988）によるカワゲラ亜科の概説は，属の確定に役立つだろう．また，成虫による種の同定には稲田（1998）による兵庫県産の概説が一般にも利用しやすい．雌成虫の検索形質はわずかで，一般には見づらい形質が多いため，雄成虫についてのみ検索表を与えた．

カワゲラ科幼虫の属または種の検索

（ヒメナガカワゲラ *Gibosia angusta* の幼虫は未知で，ナガカワゲラ属 *Kiotina* に判別される可能性がある）

1a　腹部は第1節～3節までと第7・8節が淡色でその他が褐色になる（図14-1）
　　·· コカワゲラ　*Miniperla japonica* Kawai

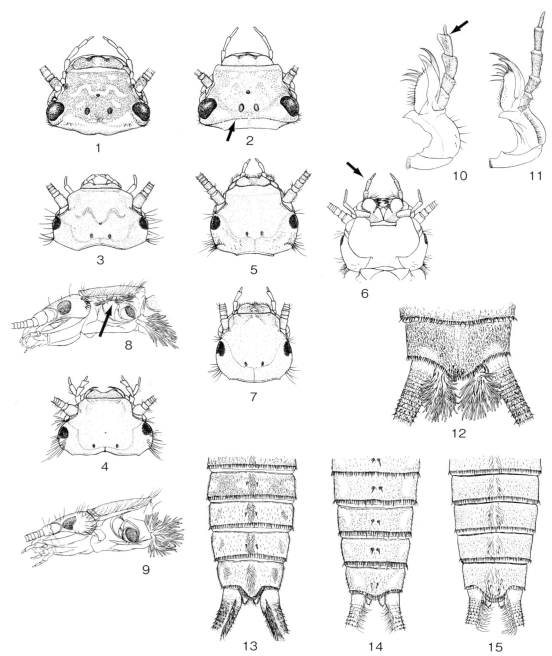

図13 カワゲラ科幼虫形質
1～7：幼虫頭部；1：モンカワゲラ Calineuria stigmatica, 2：クロヒゲカワゲラ Kamimuria quadrata ［矢印：隆起線］, 3：ヤマトカワゲラ Niponiella limbatella, 4：エダオカワゲラ属の1種 Caroperla sp., 5, 6：ナガカワゲラ属の1種 Kiotina sp. ［4：背面, 6腹面（矢印：小顎鬚)］, 7：コナガカワゲラ属の1種 Gibosia sp. 8～9：頭部と前胸の側面；8：ヤマトカワゲラ Niponiella limbatella ［矢印：前胸の鰓］, 9：エダオカワゲラ Caroperla pacifica, 10～11：小顎（小顎鬚）；10：コナガカワゲラ属の1種 Gibosia sp. ［矢印：小顎鬚の第4節］, 11：ナガカワゲラ属の1種 Kiotina sp., 12：肛門鰓；オオヤマカワゲラ Oyamia lugubris. 13～15：腹部背面の毛；13：オオクラカワゲラ Paragnetina tinctipennis, 14：トウゴウカワゲラ Togoperla limbata, 15：カミムラカワゲラ Kamimuria tibialis.

1b	腹部の色彩は上記と異なる ………………………………………………………………………	2
2a	後頭部を横断して稜をなす隆起線がない（図13-1，13-3〜5，13-7） ………………	3
2b	後頭部を横断して稜をなす隆起線がある（図13-2） ………………………………………	9
3a	肛門鰓がない（図13-13〜15） ……………………………………………………………………	4
3b	肛門鰓がある（図13-12） …………………………………………………………………………	5
4a	頭部および胸部の斑紋は，黒色と黄色のはっきりした区域に分かれる（図14-2）．後頭部および胸部・腹部背面の正中線に沿って，長く細い毛の列がある ……………………………………………………………………… キカワゲラ属　*Acroneuria*	
4b	頭部および胸部の斑紋は細かく，上記のようではない（図14-3）．後頭部および胸部・腹部背面には，長く細い毛の列はない ………………………… モンカワゲラ属　*Calineuria*	
5a	体色は一様ではなく，黄褐色の地色に褐色の斑紋をもつ（図14-4） ……………………………………………………… モンカワゲラ族所属不明　Acroneuriini incertae sedis	
5b	体色はほぼ一様に黄褐色からオレンジ色で，体表面には毛が少なくツヤがある（図14-5〜7） ………………………………………………………………………………………………………	6
6a	頭部は幅広い（図13-3〜4） ………………………………………………………………………	7
6b	頭部は細長い（図13-5〜7） ………………………………………………………………………	8
7a	前胸に鰓がある（図13-8） ………………… ヤマトカワゲラ　*Niponiella limbatella* Klapálek	
7b	前胸に鰓がない（図13-9） ……………………………………… エダオカワゲラ属　*Caroperla*	
8a	小顎鬚（図13-6矢印）の第4節は円筒形（図13-11），その最大幅は第5節の約2倍 ……………………………………………………………………………… ナガカワゲラ属　*Kiotina*	
8b	小顎鬚の第4節は扁平；その最大幅は第5節の3〜4倍（図13-10） ……………………………………………………………………………… コナガカワゲラ属　*Gibosia*	
9a	後頭部の隆起線上には，短い剛毛が密に並ぶ．単眼3個 …………………………………	10
9b	後頭部の隆起線上には，剛毛がない．単眼2個 ……………… フタツメカワゲラ属　*Neoperla*	
10a	肛門鰓がある（図13-12） ……………………………………… オオヤマカワゲラ属　*Oyamia*	
10b	肛門鰓がない（図13-13〜15） ………………………………………………………………………	11
11a	後頭部および胸部・腹部背面の正中線に沿って，長く細い毛が密に生える（図13-13）．頭部の前部に逆三角形の明瞭な淡色部がある（図16-3）… クラカケカワゲラ属　*Paragnetina*	
11b	後頭部および胸部・腹部背面の正中線に沿って，長く細い毛は生えない（図13-14），あるいは疎らに生える（図13-15）．頭部の前部に逆三角形の淡色部はない ……………	12
12a	腹部の各背板の中央には1対の顕著な剛毛がある．後頭部および胸部・腹部背面には，長く細い毛は生えない（図13-14） ………………………… トウゴウカワゲラ属　*Togoperla*	
12b	腹部の各背板の中央には剛毛があるが，数は不定で後方の節で多くなる．後頭部および胸部・腹部背面に沿って，長く細い毛が疎らに生える（図13-15） …………………………………………………………………………… カミムラカワゲラ属　*Kamimuria*	

カワゲラ科雄成虫の属または種への検索

1a	第9腹板後部中央に槌片がある（図15-2，15-10〜11矢印） …………………………………	2
1b	第9腹板後部中央は平滑 ………………………………………………………………………………	8
2a	肛側板はトランペット形（図15-6矢印）　ヤマトカワゲラ　*Niponiella limbatella* Klapálek	
2b	肛側板は鉤形 ………………………………………………………………………………………………	3

3a	第9腹板後部中央の槌片は，節片化する	
	················· モンカワゲラ族所属不明	Acroneuriini incertae sedis
3b	第9腹板後部中央の槌片は膜質である（図15-2矢印）·················	4
4a	腹部第10節背板には1対の剛毛群が生じる（図15-1，15-4～5）·················	5
4b	腹部第10節背板には剛毛群がない ·················	6
5a	翅のr-m横脈周辺は濁り斑紋様に見える（図15-3）．単眼の間は黄褐色になる種がある	
	················· モンカワゲラ属	Calineuria
5b	翅の一部が上記のように濁ることはなく，広く褐色に濁るか，あるいはほぼ透明である．単眼の間は常に茶褐色になる ················· キカワゲラ属	Acroneuria
6a	体色は黄褐色の部分が広く小型（図15-9）．第9腹板後部中央の槌片は後方に延びて，第9腹板に部分的に固定される（図15-10）··· 多くのコナガカワゲラ属	Gibosia (in part)
6b	体色は大部分が黒褐色でやや大型（図15-8）．第9腹板後部中央の槌片は腹端を越えてのびない（図15-11）·················	7
7a	肛上板は縦長で中央が深く切れ込む（図15-12）．体色は一様に黒褐色で黄色部をもたない ················· ヒメナガカワゲラ	Gibosia angusta (Klapálek)
7b	肛上板の形状は上記と異なる（図15-12と一致しない）．体色は一部に黄色部をもつときがある ················· ナガカワゲラ属	Kiotina
8a	尾の第1節は変形して枝状になる（図15-7）················· エダオカワゲラ属	Caroperla
8b	尾に上記のような変形は見られない ·················	9
9a	単眼2個（図17-2）················· フタツメカワゲラ属	Neoperla
9b	単眼3個（図17-1）·················	10
10a	腹部第3節背板は隆起する（図17-8）················· コカワゲラ	Miniperla japonica Kawai
10b	腹部第3節背板は隆起しない ·················	11
11a	第5節背板に小胞はない（図17-3）················· カミムラカワゲラ属	Kamimuria
11b	第5節背板に小胞がある（図17-4～6）·················	12
12a	第10節の鉤状突起（hemitergite）は第8節まで前方にのびる（図17-4）	
	················· オオヤマカワゲラ属	Oyamia
12b	第10節の鉤状突起はせいぜい第9節後縁にとどく程度まで前方にのびる ·················	13
13a	第8背板には中央に後方にのびる突起がある（図17-6）	
	················· クラカケカワゲラ属	Paragnetina
13b	第8背板には中央に突起はない（図17-5）················· トウゴウカワゲラ属	Togoperla

モンカワゲラ亜科　Acroneuriinae

　モンカワゲラ族 Acroneuriini と中南米産の Anacroneuriini からなり，日本産の種はすべてモンカワゲラ族に属する．ただし，ナガカワゲラ属とその近似属は明瞭な一群をなすと考えられるので，仮にナガカワゲラ属群としてまとめておく．幼虫は後頭部に隆起線を欠き，雄の第10節は単純な構造で分裂せず，第9腹板の後部中央には槌片がある．

モンカワゲラ族（狭義）　Acroneuriini

　一般的なカワゲラの姿をし，明瞭な斑紋をもち，背面には長く柔らかい毛と短く硬い毛が生える．

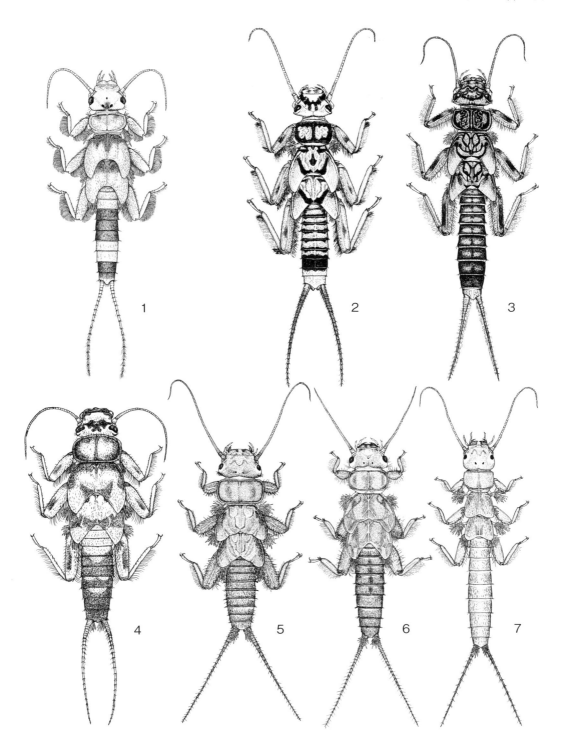

図14 カワゲラ科幼虫
1：コカワゲラ Miniperla japonica，2：ジョウクリカワゲラ Acroneuria jouklii，3：モンカワゲラ Calineuria stigmatica，4：モンカワゲラ族の1種 Acroneuriini Gen. sp.，5：ヤマトカワゲラ Niponiella limbatella，6：エダオカワゲラの1種 Caroperla sp.，7：ナガカワゲラ属の1種 Kiotina sp.

28　カワゲラ目

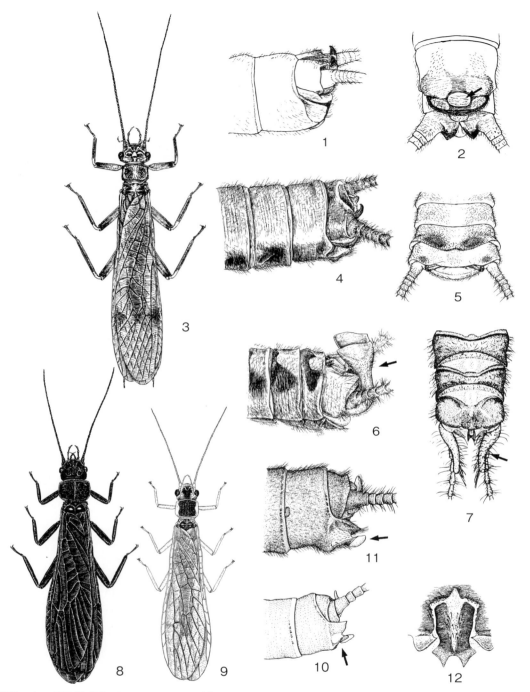

図15　カワゲラ科成虫（モンカワゲラ亜科）.
1～2：キクロカワゲラ "*Paragnetina*" *bolivari*；1：雄腹端背側面，2：雄腹端腹面［矢印：槌片］，3～4：モンカワゲラ *Calineuria stigmatica*；3：全形，4：雄腹端背側面，5：モンカワゲラ族の1種 Acroneuriini Gen. sp：雄腹端背面，6：ヤマトカワゲラ *Niponiella limbatella*：雄腹端背側面［矢印：肛側板］，7：エダオカワゲラ *Caroperla pacifica*：雄腹端背面［矢印：尾の第1節］，8：クロナガカワゲラ *Kiotina suzukii*：全形，9～10：オオメコナガカワゲラ *Gibosia thoracica*；9：全形，10：雄腹部側面［矢印：槌片］11～12：ヒメナガカワゲラ *Gibosia angusta*；11：雄腹端側面［矢印：槌片］，12：雄肛上板

1．キカワゲラ属　*Acroneuria* Pictet, 1841（図14-2，15-1〜2）

キカワゲラ *Acroneuria fulva* Klapálek, 1907が北海道と本州中部以北から，ジョウクリカワゲラ *Acroneuria jouklii* Klapálek, 1907が本州と四国から，キクロカワゲラ "*Paragnetina*" *bolivali* (Klapálek, 1907)が本州から知られる．幼虫では種の区別は困難である．流量や土砂移動の人為的制御が少なく，有機汚濁もほとんどない清冽な河川を好んで生息する．幼虫は単眼域より前頭部が逆三角形状に黄褐色になる目立った色彩をもつ．キカワゲラは2年（あるいは3年？）に1化で，7〜9月に羽化し，一年中幼虫が採集される．ジョウクリカワゲラとキクロカワゲラは1年1化と推定される．夏の終わり頃から若齢幼虫が現れ，秋冬を経て成長し，5〜6月に羽化する．

2．モンカワゲラ属　*Calineuria* Ricker, 1954（図13-1，14-3，15-3〜4）

日本産3種，ミツモンカワゲラ *Calineuria jezoensis* (Okamoto, 1912)が北海道から，モンカワゲラ *Calineuria stigmatica* (Klapálek, 1907)が本州・四国から，フトオモンカワゲラ *Calineuria crassicauda* Uchida, 1983が関東以西の本州から知られるほか，さらにいくつかの未記載種がある．大型で翅のr横脈周辺が黒褐色に濁り斑紋状に見える．モンカワゲラは，本州中部では標高が500mより高い高冷地の渓流に，東北地方ではこれより低い標高の渓流まで普通に生息する．2年（あるいは3年？）に1化で，6〜8月に羽化し，一年中幼虫が見られる．フトオモンカワゲラはモンカワゲラよりも低い山に分布するが，生息地は局限される．1年1化で，冬から若齢幼虫が現れ，春に成長し，6〜7月に羽化する．

3．モンカワゲラ族所属不明の1属　*Acroneuriini incertae sedis*（図14-4，15-5）

所属のわからない未記載種が静岡県以西の本州より採集されている．幼虫の斑紋はキカワゲラ属のように単純であるが，頭部に逆三角形状の淡色部をもたない．成虫はクロヒゲカワゲラに似て明るい黄色の部分が多く，夏から秋に採集される．

ナガカワゲラ属群　*Kiotina*-group

幼虫の体表面には光沢があり，明瞭な斑紋を欠き，長く硬い毛が目立つ．ナガカワゲラ属とコナガカワゲラ属は特に体が細長い．これは，幼虫期に河床下間隙を主な生息場とする生態的特性と関係すると思われる．成虫もモンカワゲラ族に比べ扁平な印象を受ける．

4．ヤマトカワゲラ属　*Niponiella* Klapálek, 1907（図13-3，13-8，14-5，15-6）

ヤマトカワゲラ *Niponiella limbatella* Klapálek, 1907のみが本州と四国から知られる．大型種で，源流や小沢に多く，大きな渓流には少ない．2年（あるいは3年？）に1化で5〜8月に羽化し，一年中幼虫が採集される．幼虫は緩流部の落葉の間や石礫の間隙に生息する．成虫は頭部から前胸背板・前翅前縁にわたり幅広く黄色い縁取りがあざやかで，類似の他種はない．雄の肛側板の形も大きく広がり，特異的である．

5．エダオカワゲラ属（オスエダカワゲラ属）　*Caroperla* Kohno, 1946
（図13-4，13-9，14-6，15-7）

日本固有属で，エダオカワゲラ *Caroperla pacifica* Kohno, 1946のみが本州から記載されているが，ほかにいくつかの未記載種がある．小さな川の緩流部の落葉の間や礫間に生息する．雄の尾節第1節は長くのびて，時に棘状に変形する．中型で，全体に黒褐色で前翅前縁は黄色く縁取られる．1

年1化と推定され，夏に羽化する．

6．ナガカワゲラ属（フタツメカワゲラモドキ属）　*Kiotina* Klapálek, 1907
（図13-5～6，13-11，14-7，15-8）

日本から3種が記載されており，本州からはナガカワゲラ *Kiotina pictetii* (Klapálek, 1907) とクロナガカワゲラ *Kiotina suzukii* Okamoto, 1912が知られる．幼虫は，次のコナガカワゲラ属とともに河床下間隙に潜ってすむと考えられ，採集されにくい．成虫は大型，黒色で，幼虫同様に細長い．4～6月に羽化する．

7．コナガカワゲラ属（コガタフタツメカワゲラ属）　*Gibosia* Okamoto, 1912
（図13-7，13-10，15-9～12）

日本からは8種の成虫が記録され，主に斑紋の違いで区別されている．ナガカワゲラ属に似た大型の黒色種であるヒメナガカワゲラ *Gibosia angusta* (Klapálek, 1907)（近似の1未記載種あり）と，多くの中型種が含まれる．中型種には，全身が黄色で無紋のキコナガカワゲラ *Gibosia hatakeyamae* (Okamoto, 1912) から，褐色部の多いキアシコナガカワゲラ *Gibosia hagiensis* (Okamoto, 1912) まで体色も様々で，未記載種が多く分類学的には未整理である．ヒメナガカワゲラは5～6月に，中型種は6～9月に羽化する．ナガカワゲラ属と同様に幼虫は採集されにくいが，中型種の成虫は川沿いの灯火で夏季に良く採集され，個体数も多い．

カワゲラ亜科　Perlinae

3族に分けられるが，日本産の種は Claasseniini を除く，カワゲラ族とフタツメカワゲラ族に含まれる．幼虫は多くの場合に後頭部に完全な隆起線をもち，雄の腹部第10背板は前方にのびる鉤状突起（hemitergal hook）を発達させる．2族は単眼の数により容易に区別ができる．

カワゲラ族　Perlini

下の5属のほかに琉球列島からミナミカワゲラ属 *Tyloperla* Sivec & Stark, 1988が記録されている．単眼は3つある．

8．オオヤマカワゲラ属　*Oyamia* Klapálek, 1907（図16-1，17-4）

オオヤマカワゲラ *Oyamia lugubris* (McLachlan, 1875) とヒメオオヤマカワゲラ *Oyamia seminigra* (Klapálek, 1907) の2種が本州・四国・九州から知られていたが，さらに静岡県以西の本州・四国・九州に未記載種がある．オオヤマカワゲラは低山の山地渓流を中心に分布するが，ほかの2種は規模の大きな河川にすみ，中・下流域でも汚濁の少ない河川に限られる．大型で，頭胸部に複雑な黄色紋をもつ幼虫は，やや緩やかな流れの礫間に生息する．オオヤマカワゲラは5～6月に，ほかの2種はやや早く4～5月に羽化する．オオヤマカワゲラは3年に1化で一年中幼虫が見られる．ほかの2種では少なくとも大きな幼虫は冬から春にしか見られない．雄の腹部第10背板の鉤状突起は背方に大きく膨らんで発達し，第5節背板の突起も大きい．

9．トウゴウカワゲラ属　*Togoperla* Klapálek, 1907（図16-2，17-5）

近年の分類学的整理により日本産種は本州・四国・九州から知られる．キベリトウゴウカワゲラ

Togoperla limbata (Pictet, 1841) 1種となったが，さらに本州には別の未記載種が生息する．中部以西の本州・四国・九州の低山で，規模が小さい渓流や源流に個体数が多い．幼虫は茶褐色ではっきりしない複雑な斑紋をもつ．雄成虫の腹部第5節背板は隆起し，腹部第10背板の鉤状突起はやや前方にのび，内側には瘤をつくる．雌の亜生殖板は後方にのびて舌状となる．2年（あるいは3年？）に1化で，6～9月に羽化し，幼虫は一年中見られる．

10. カミムラカワゲラ属（カワゲラ属・ナミカワゲラ属） *Kamimuria* Klapálek, 1907
（図16-4～6，17-1，17-3）

北海道・本州・四国・九州からカミムラカワゲラ *Kamimuria tibialis* (Pictet, 1841)，本州・四国・九州からウエノカワゲラ *Kamimuria uenoi* Kohno, 1947，北海道・本州・四国・九州からクロヒゲカワゲラ *Kamimuria quadrata* (Klapálek, 1907) の3種の生息が確認されている．前2種は1年1化で春（北海道では夏）に羽化し，成虫は黒褐色，若齢幼虫は夏の終わり頃に現れ，秋から冬を経て成長し，季節を通じて大きさもそろう．いっぽうクロヒゲカワゲラは，6～9月に羽化し，成虫は黄褐色，幼虫はほぼ一年中見られ，大きさがそろわない．関東以西では，カミムラカワゲラは低い山地や平地の中～大規模河川に極めて普通，ウエノカワゲラは低い山地の規模の小さい渓流に普通，クロヒゲカワゲラは前々種よりやや個体数が少なく，低い山地だけではなく1000m程度までの山地の規模の小さい渓流に広く見られる．これらの幼虫は頭・胸部の斑紋で区別されるが，変異もあり慣れるまではやや難しい．雄の腹部背板は同族の別属よりも単純で，短く瘤状の鉤状突起のほかは，第8～9背板の中央が短棘をもつのみ．

11. クラカケカワゲラ属（クラカワゲラ属） *Paragnetina* Klapálek, 1907 （図16-3，17-6）

本州・四国・九州からオオクラカケカワゲラ *Paragnetina tinctipennis* (McLachlan, 1875)，スズキクラカケカワゲラ *Paragnetina suzukii* (Okamoto, 1912)，ヒトホシクラカケカワゲラ *Paragnetina japonica* (Okamoto, 1912) の3種がしられ，さらに未記載種が見つかっている．幼虫での区別点は示されているが，種内の個体変異が大きく注意が必要．幼虫は前頭部に独特なV字型に開く淡色部をもち，低い山から平地の河川に多く，急な流れの礫間に生息する．雄成虫は内側に瘤をもつ比較的小さな鉤状突起を腹部第10背板にもち，第5節背板が隆起するほか，第7・8背板の中央部もやや節片化して瘤状に隆起する．

12. コカワゲラ属 *Miniperla* Kawai, 1967 （図14-1，17-8）

コカワゲラ *Miniperla japonica* Kawai, 1967のみが本州（京都府宇治川，島根県斐伊川）から知られる．宇治川では1958～1959年に採集された後，記録が途絶え．現在では斐伊川の中・下流域が唯一の確実な生息地であり，日本産カワゲラ目の中で最も絶滅が危惧されている種である．小型で，雄成虫の鉤状突起は棍棒状で長く，第7・8背板の中央はやや節片化して瘤状に隆起する．第3～9背板まで変形する．幼虫の後頭部の隆起線は不完全である．成虫は6～8月に採集されている．

32　カワゲラ目

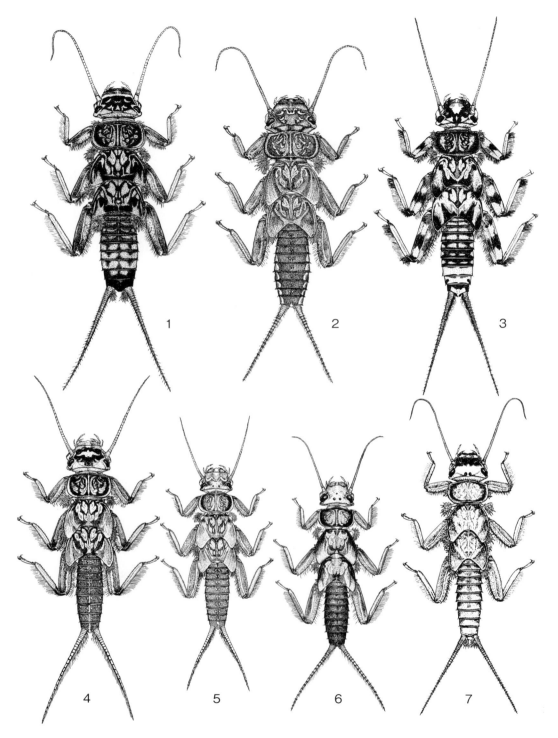

図16　カワゲラ科幼虫
1：オオヤマカワゲラ *Oyamia lugubris*，2：トウゴウカワゲラ *Togoperla limbata*，3：スズキクラカワゲラ *Paragnetina suzukii*，4：カミムラカワゲラ *Kamimuria tibialis*，5：ウエノカワゲラ *Kamimuria uenoi*，6：クロヒゲカワゲラ *Kamimuria quadrata*［体色は西日本型］，7：フタツメカワゲラ属の1種 *Neoperla* sp.

カワゲラ科　33

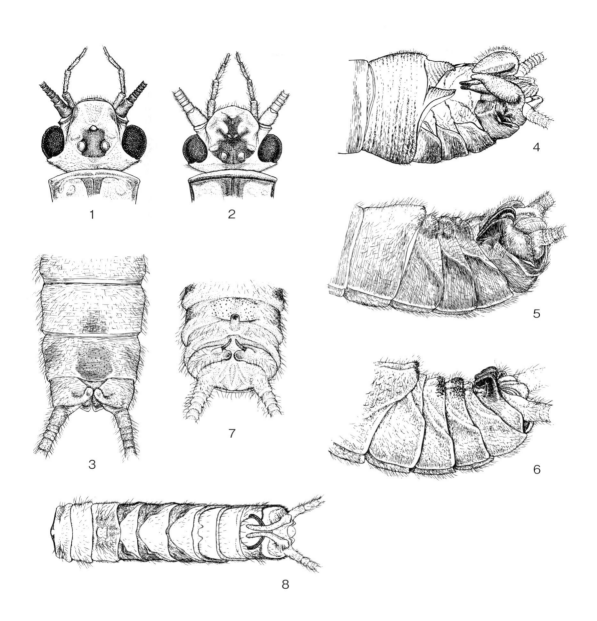

図17　カワゲラ科成虫（カワゲラ亜科）
1〜2：頭部；1：クロヒゲカワゲラ Kamimuria quadrata, 2：フタツメカワゲラ Neoperla geniculata, 3：クロヒゲカワゲラ Kamimuria quadrata；雄腹端背面, 4：オオヤマカワゲラ Oyamia lugubris：雄腹端背側面, 5：トウゴウカワゲラ Togoperla limbata：雄腹端背側面, 6：ヒトホシクラカワゲラ Paragnetina japonica：雄腹端背側面, 7：フタツメカワゲラ属の1種 Neoperla sp.：雄腹端背面, 8：コカワゲラ Miniperla japonica：雄腹端背面

フタツメカワゲラ族　Neoperlini

単眼の数は2つ.

13. フタツメカワゲラ属（フタメカワゲラ属）　*Neoperla* Needham, 1905（図16-7，17-2，17-7）

本州・四国・九州からフタツメカワゲラ *Neoperla geniculata* (Pictet, 1841), ヤマトフタツメカワゲラ *Neoperla niponensis* (McLachlan, 1875) など4種が報告されているが，未記載種が多い．河川だけでなく，琵琶湖などの湖岸にも生息するが，河川では落葉堆積（リターパック）などの緩流部で見られることが多い．単眼の数は2つで，大きく近くに位置する．雄の第10背板の鉤状突起は枝状に前方にのび，第7節と8節に瘤状の隆起をもつ．

4. ミドリカワゲラ科　Chloroperlidae

ミドリカワゲラ科は，Choloroperlinae と Paraperlinae の2亜科に分けられるが，日本産の種は，すべて前者に含まれる4属に帰する．しかし，多くの種については分類学上の再検討および整理が必要な状況にあり，特に多くの未記載種の整理や，ロシア極東と北海道産の種の関係を再検討する必要がある．成虫は，黄色〜黄緑色の淡色で，黒色あるいは黒褐色の紋様をもつ種類が多いが，なかには黒色部分が広く頭部から胸部の大部分が黒褐色となる種がある．小型（5〜10mm程度）で，翅の腿脈が数本（5本未満）に退化するなどの特徴をもつ．主に渓流などに生息し，早春から初夏にかけて羽化期を迎える．夕暮れどきに上流へと向かう群飛がしばしば観察されるほか，灯火にもよく集まる．幼虫は細長い体に比べ，脚と尾が短い．

以下の検索表は，Surdick(1985) による Choloroperlinae のレビューならびに Stewart & Stark (1993) による北米産の検索表を元に作成した．セスジミドリカワゲラ属とキミドリカワゲラ属は類縁性が高く，アジア地域はどちらに所属させるべきか難しいものがあるため，注意が必要である．

ミドリカワゲラ科幼虫の属または種の検索表

（終齢幼虫への使用に限る）

1a　尾の各節の後縁には生える毛は短く，末端近くでも各節長の1/2程度
　　　　　………………………………………………… Suwallini…ツヤミドリカワゲラ属　*Suwallia*
1b　尾の各節の後縁には生える毛は長く，末端近くでは各節長とほぼ同長かそれ以上になる
　　　　　………………………………………………………………………………………… 2
2a　小顎鬚の末端節は前節の幅の1/3未満で明瞭に細くなる（図18-3）．小型種．発達した翅芽の内縁は普通よりも狭くなる（図18-1）
　　　　　………………………………………………… Chloroperlini…ヒメミドリカワゲラ属　*Haploperla*
2b　小顎鬚の末端節は前節の幅の1/2程度で上記ほど明瞭に細くない（図18-4）．中型種を含む．翅芽の内縁は平行にならず，後方に向かって広がる（図18-2）………………… 3
3a　中・後胸腹板には濃色の細毛が前縁から後縁にわたって目立つ．前胸背板の前縁と後縁には密に毛が生じる．尾の節間には毛が生えない　… セスジミドリカワゲラ属　*Sweltsa*
3b　上記の組み合わせと異なる．（日本産の種については検討が不十分であるが，以下のような特徴をもつと推測される）前胸背板に生じる毛は角の付近に限られる．尾の後半には節間に毛が生える ………………………………………… キミドリカワゲラ属　*Alloperla*

カワゲラ科，ミドリカワゲラ科　35

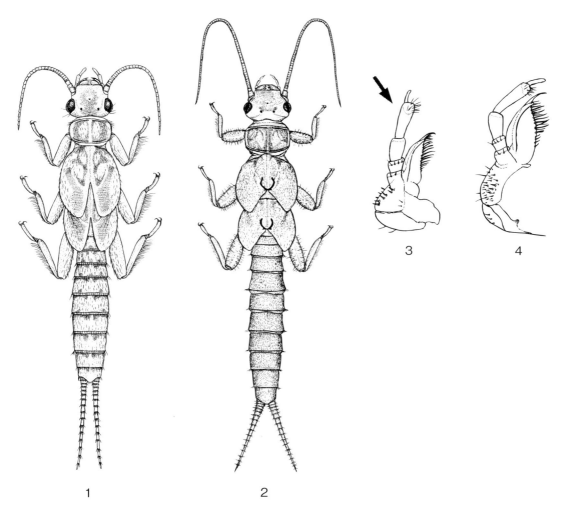

図18　ミドリカワゲラ科幼虫
1〜2：全形；1：ヤマトヒメミドリカワゲラ Haploperla japonica，2：セスジミドリカワゲラ属の1種 Sweltsa sp., 3〜4：小顎（矢印：小顎鬚第4節）；3：ヤマトヒメミドリカワゲラ Haploperla japonica，4：セスジミドリカワゲラ属の1種 Sweltsa sp.

ミドリカワゲラ科成虫の属または種の検索表

1a 腹部末端節の側縁には剛毛の束が生じる（図19-4，5 矢印の位置）……… Alloperlini … 2
1b 腹部末端節の側縁には上記のような剛毛の束がない ……………………………………… 4
2a 雄の肛上板は微小である（図19-2）．雌の亜生殖板は，後方にのびて尖る（図19-3）
　　 ……………………………… **イシカリミドリカワゲラ** *Alloperla ishikariana* Kohno
2b 雄の肛上板は長く大きい．雌の亜生殖板の後縁は角張るか丸まるが鋭く尖ることはない
　　 ……………………………………………………………………………………………… 3
3a 頭部は黒褐色で小型種．雄の肛上板は前方にのびるが，せいぜい第9節の中央に達する
　　 程度で，先端は鈍らである（図19-4）．雌の亜生殖板は第8腹板と一体（図19-5）
　　 ……………………………… **キミドリカワゲラ属の一部** *Alloperla* (in part)

305

3b 頭部は黄褐色の種があり，前胸には中央に沿って黒い斑紋を備えるものが多い．雄の肛上板は長く前方にのびて時に尖る．第9節の背板の前縁に沿って隆起する場合がある．雌の亜生殖板は第8腹板と境界をもつ（図19-7） … セスジミドリカワゲラ属 *Sweltsa*

4a 雄の肛上板は節片化が弱く膜質部が残り，第10節背板の後縁には一対の突起物をもつ（図19-10矢印）．ヴァジナは膜質である．大顎は退化し，大部分は膜質化する
………………………………………………………… Suwallini…ツヤミドリカワゲラ属 *Suwallia*

4b 雄の肛上板は節片化し，第10節背板の後縁には上記のような突起物をもたない（図19-8）．ヴァジナは厚く，小さい刺に覆われる．大顎は歯をもつ
…………………………………………… Chloroperlini…ヒメミドリカワゲラ属 *Haploperla*

1．キミドリカワゲラ属（ナガミドリカワゲラ属） *Alloperla* Banks, 1906（図19-2～5）

日本産の種は分類学的に未整理だが，少なくとも3種が生息するようである．このうち，北海道に生息するチシマクロミドリカワゲラ *Alloperla kurilensis* Zhiltzova, 1978と本州に広く生息するヤマトコミドリカワゲラ *Alloperla nipponica* (Okamoto, 1912) comb. nov. は，肛上板が発達するが，雌の亜生殖板は腹部との境界が不明瞭であり，現在の前種の帰属に合わせ本属においた．また，ヤマトコミドリカワゲラに関する過去の記録は，誤同定による記述が多く混乱があるが，北海道大学に所蔵される模式標本を基に本書ではここに帰属させる．また，本属の典型的な特徴をもつイシカリミドリカワゲラ *Alloperla ishikariana* Kohno, 1953は，北海道では極めて普通に見られるが，大陸で記録されている *Alloperla mediata* (Navás, 1925) との関係を精査する必要がある．

2．ヒメミドリカワゲラ属（コミドリカワゲラ属） *Haploperla* Navás, 1934
（図18-1，18-3，19-8～9）

本州からヤマトヒメミドリカワゲラ *Haploperla japonica* Kohno, 1946のみが記録されている．小型種で，成虫はセスジミドリカワゲラ属にやや遅れて春に見られ，特に河川中流域を中心に多く見られる．

3．セスジミドリカワゲラ属（ハネクスミドリカワゲラ属） *Sweltsa* Ricker, 1943
（図18-2，18-4，19-1，19-6～7）

日本産の種は未整理の状況だが，既知種では少なくとも5種（セスジミドリカワゲラ *Sweltsa abdominalis* (Okamoto, 1912) comb. nov. ［from *Alloperla*］；キブネミドリカワゲラ *Sweltsa kibunensis* (Kawai, 1964) comb. nov. ［from *Isoperla*］；ニッコウミドリカワゲラ *Sweltsa nikkoensis* (Okamoto, 1912) comb. nov. ［from *Alloperla*］；エゾミドリカワゲラ *Sweltsa sapporensis* (Okamoto, 1912) comb. nov. ［from *Alloperla*］；シバカワミドリカワゲラ *Sweltsa shibakawae* (Okamoto, 1912) comb. nov. ［from *Alloperla*］）が本属に帰属すると考える．河川でよく見かけられる種でも未記載である場合がある．また，各種に特徴的な頭胸部の斑紋は，変異や隠蔽種の存在から，正確な同定には利用できない場合があり，種の区別は容易ではない．成虫は春に羽化期を迎え，中流から源流域に至る多くの河川環境に見られる．北海道産のエゾミドリカワゲラをはじめ，黄緑色の体色に黒色の条を備える種が多いが，黒色部の広いセスジミドリカワゲラ *Sweltsa abdominalis* (Okamoto, 1912) などもある．

4．ツヤミドリカワゲラ属 *Suwallia* Ricker, 1943（図19-10～11）

Alexander & Stewart（1999）によって本属の整理が行われ，4種が本邦より記録されている．北

ミドリカワゲラ科　37

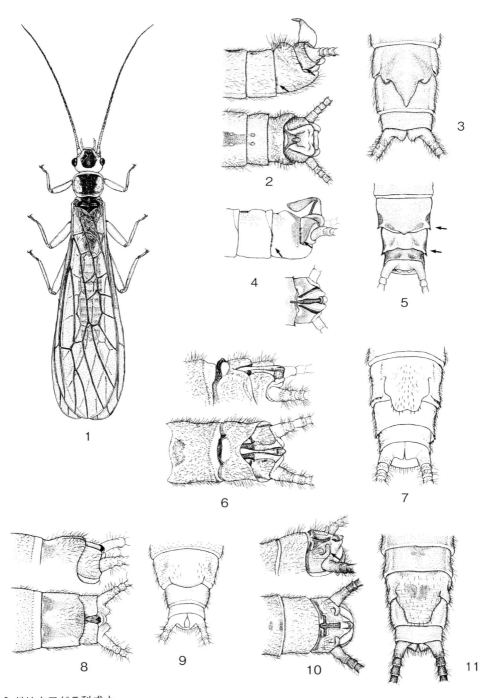

図19　ミドリカワゲラ科成虫
1：セスジミドリカワゲラ Sweltsa abdominalis：全形，2〜3：イシカリミドリカワゲラ Alloperla ishikariana；2：雄腹端［側面（上）と背面（下）］，3：雌腹端腹面，4〜5：ヤマトミドリカワゲラ Alloperla nipponica（矢印：剛毛の生える位置）；4：雄腹端［側面（上）と背面（下）］，5：雌腹端腹面，6〜7：セスジミドリカワゲラ属の1種 Sweltsa sp.；6：雄腹端［側面（上）と背面（下）］，7：雌腹端腹面，8〜9：ヤマトヒメミドリカワゲラ Haploperla japonica；8：雄腹端［側面（上）と背面（下）］，9：雌腹端腹面，10〜11：ツヤミドリカワゲラ属の1種 Suwallia sp.；11：雄腹端［側面（上）と背面（下）］，12：雌腹端腹面

海道のフタモンミドリカワゲラ *Suwallia bimaculata* (Okamoto, 1912) とコエゾミドリカワゲラ *Suwallia jezoensis* (Kohno, 1953) は，ともにその斑紋により容易に区別がつくが，本州には未記載種も多く，分類学的整理が必要である．成虫はセスジミドリカワゲラ属よりも遅れて初夏に羽化期を迎え，灯火にも多数飛来する．コエゾミドリカワゲラを除く黒色種の成虫には，体表面に光沢感がある．

5．トワダカワゲラ科　Scopuridae

　日本と朝鮮半島のみに生息するトワダカワゲラ属 *Scopura* Uéno, 1929（図20）のみで構成され，日本では4種が確認されている．大型で成虫・幼虫ともに無翅．谷沢や細流に生息する．本邦の4種はそれぞれ分布を異にしているが，関東甲信越から西の山岳域に生息するミネトワダカワゲラ *Scopura montana* Maruyama, 1987と，茨城県と東北地方に広く生息するトワダカワゲラ *Scopura longa* Uéno, 1929は，関東北部から新潟周辺で混成する場所も見つかっている．北海道からは道南においてフタカギトワダカワゲラ *Scopura bihamulata* Uchida, 1987が記録され，道央ではヨツカギトワダカワゲラ *Scopura quattuorhamulata* Uchida, 1987が知られているが，道東からの記録はない．Uchida & Maruyama（1987）により成虫・(雄) 幼虫ともに種の同定ができる．生活環は長く，1世代に4年を要する．

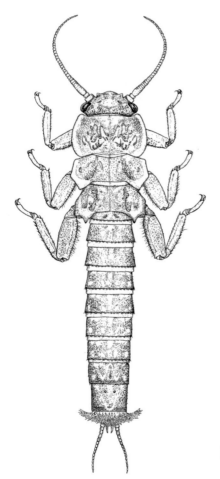

図20　トワダカワゲラ科
ミネトワダカワゲラ *Scopura montana*：幼虫全形

6. シタカワゲラ科（ミジカオカワゲラ科） Taeniopterygidae

　本邦のものは Brachypterainae の6属に分けられるが，著者は Ricker & Ross (1975) により設立された *Okamotoperla* と *Kohnoperla* の2属はオビシタカワゲラ属と同じものであると考えるため，ここでは別属として取り上げないこととする．主に山地渓流に生息し，成虫は新緑の季節に飛翔するのが見られるが，ユキミジカオカワゲラ属では羽化が早く，積雪上を歩行する．附節第2節が長くなる．成虫の尾は数節になり雄では第1節は顕著に発達する．成虫と同様に幼虫も第9腹板が舌状に変形し後方へとのびる．

シタカワゲラ科幼虫の属または種の検索表

（終齢幼虫への使用に限る）
- 1a　尾の背面には毛をもたない
　………………………………………ヤマトミジカオカワゲラ　*Taenionema japonicum* (Okamoto)
- 1b　尾の背面には毛を生じる（図21-1～3）…………………………………………………… 2
- 2a　尾の背面には生じる毛は基部から先端部まで生じ（図21-1），触角の鞭節の上部にも一様に細毛が見られる．終齢の雄の肛側板は先端が筒状に変形する
　………………………………………………………………………ユキシタカワゲラ属　*Mesyatsia*
- 2b　尾の背面には生じる毛は基部のみで先端部にはない．触角鞭節の細毛は微弱で観察しにくく，見られる場合にも，終齢の雄の肛側板は上記のようにならない ………………… 3
- 3a　尾の基部には背面に多くの毛が生じ（図21-3），触角柄節と梗節とに毛がわずかに生じる　………………………………………………………………オビシタカワゲラ属　*Obipteryx*
- 3b　尾の基部には背面にまばらに毛が生じ（図21-2），触角柄節と梗節には毛がない
　……………………………………………………………………キシタカワゲラ属　*Strophopteryx*

シタカワゲラ科成虫の属または種の検索表

- 1a　翅は腹端をわずかに越えるか，それよりも短い（図21-5）
　………………………………………………………………………ユキシタカワゲラ属　*Mesyatsia*
- 1b　翅は腹端をはるかに越えて長くのびる ……………………………………………………… 2
- 2a　亜前縁脈の先端に位置する前縁脈への横脈（costal cross vein）は1本のみ．雄の第10背板には先端の鋭い1対の突起をもつ（図21-10）………オビシタカワゲラ属　*Obipteryx*
- 2b　亜前縁脈の先端に位置する前縁脈への横脈は2本．雄の第10背板には突起がないか，あっても先端は丸くなる（図21-12, 21-14）……………………………………………………… 3
- 3a　雄の第9背板後縁は側方が切れ，後に突出し，第10背板には突起がない（図21-12）．雌の舌状板は先端に向かっても途中で急に狭くなる（図21-13）
　……………………………………………………………………キシタカワゲラ属　*Strophopteryx*
- 3b　雄の第9背板後縁は上記の様にならず，雄の第10背板には1対の丸い突起がある（図21-14）．雌の舌状板は先端にむかって徐々に狭くなる（図21-15）
　………………………………………ヤマトミジカオカワゲラ　*Taenionema japonicum* (Okamoto)

1. ユキシタカワゲラ属　*Mesyatsia* Ricker and Ross, 1975（図21-1，21-5～9）

　本州に広く生息するイマニシシタカワゲラ *Mesyatsia imanishii* (Uéno, 1929) のみが日本より記録

40 カワゲラ目

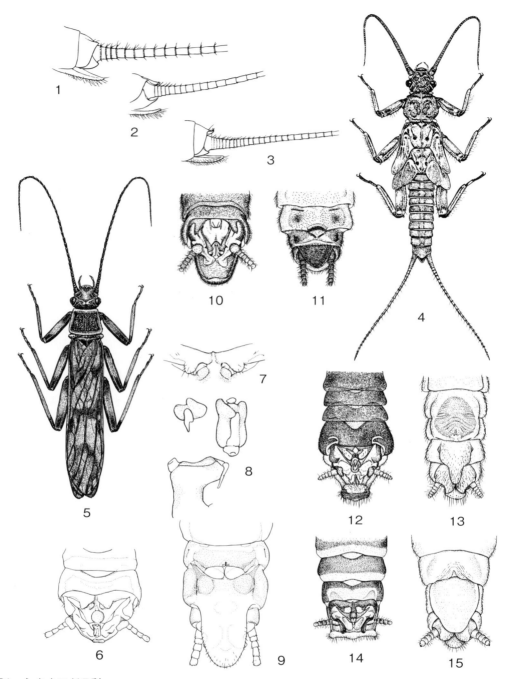

図21 シタカワゲラ科
1〜3：幼虫の尾側面；1：ユキシタカワゲラ属の1種 *Mesyatsia* sp., 2：キシタカワゲラ属の1種 *Strophopteryx* sp., 3：オビシタカワゲラ属の1種 *Obipteryx* sp., 4：幼虫全形：オビシタカワゲラ属の1種 *Obipteryx* sp., 5：成虫全形：ユキシタカワゲラ属の1種 *Mesyatsia* sp., 6〜9：イマニシシタカワゲラ *Mesyatsia imanishii*；6：雄腹端背面, 7：雄の第10背板の瘤, 8：雄の肛上板, 9：雌腹端腹面 10〜11：オビシタカワゲラ属 *Obipteryx femoralis*；10：雄腹端背面, 11：雌腹端腹面, 12〜13：キシタカワゲラ *Strophopteryx nohirae*；12：雄腹端背面, 13：雌腹端腹面, 14〜15：ヤマトミジカオカワゲラ *Taenionema japonicum*；14：雄腹端背面, 15：雌腹端腹面

されているが，さらに北海道より1種，本州より2種の未記載種が確認されている．山地渓流に多く，積雪上を歩いている姿が見られ，翅は腹端にとどく程度に短くなる．

2．オビシタカワゲラ属　*Obipteryx* Okamoto, 1922（図21-3～4，21-10～11）

成虫の翅には，オビシタカワゲラ *Obipteryx femoralis* Okamoto, 1922などのように広い褐色部をもったり斑紋を備えたりするなどの帯紋がでる種が多い．日本産の種は，原記載以降の記録がないオカモトシタカワゲラ "*Okamotoperla*" *zonata* (Okamoto, 1922)や，一時別属とされていたコオノシタカワゲラ *Obipteryx yugawae* (Ricker and Ross 1975) のほかに，オビシタカワゲラと既知の2種（ヒメオビシタカワゲラ *Obipteryx tenuis* (Needham, 1905)；マルモンシタカワゲラ *Obipteryx o-notata* (Okamoto, 1922) comb. nov.［from *Rhabdiopteryx*］）が所属すると思われるが，さらに多くの未記載種も確認されている．山地渓流に多くの種が見られ，やや大きな渓流域に生息する種もいる．成虫は主に春の新緑の時期に見られる．

3．キシタカワゲラ属（シタカワゲラ属）　*Strophopteryx* Frison, 1929（図21-12～13）

本州よりキシタカワゲラ *Strophopteryx nohirae* (Okamoto, 1922) のみが記載されるが，著者はもう1種の未記載種を得ている．他属のものよりもやや大きな渓流に多いようで，かつては春に羽化した成虫が桃の花芽を食害し問題となったという記録があるが，最近ではこの種が大量に発生する河川を見かけることはないように思われる．

4．ミジカオカワゲラ属　*Taenionema* Banks, 1905（図21-14～15）

ロシア極東から北海道にかけて生息するヤマトミジカオカワゲラ *Taenionema japonicum* (Okamoto, 1922) のみが知られる．渓流に多く，札幌近郊では極めて普通とされていた記録がある．過去に本州からも記録されているが，ユキシタカワゲラ類との誤同定によるものであると判断する．

7．オナシカワゲラ科　Nemouridae

日本では，4属の生息が確認されている．河川中流域から渓流や谷沢において普通に見られるが，岩盤上のしたたりや湧水などに特異的な種もある．カワゲラ目の中ではもっとも多くの種が記録されているが，山岳地や特異な環境ではいまだに多くの未記載種があり，また離島においても多くの未記載種の発見が期待される．春あるいは秋に羽化する種が多く，一部の種では春と秋に羽化期を迎えるものがあるが，年に2化性を示すかどうかは不明な点もある．

オナシカワゲラ科幼虫の属の検索表

1a	頸部の腹面に総状や指状の鰓はない（図22-6上段）	……2
1b	頸部の腹面に総状あるいは指状の鰓がある（図22-6下段）	……3
2a	体色はやや黒ずんで，腹端や翅芽に淡色の斑紋がでる個体が多い（図22-3） ……………… インドオナシカワゲラ属 *Indonemoura*		
2b	頸部の腹面の側面は膨らまない（図22-6A）．もし膨らんでいる場合は体色が薄い褐色で濃色の斑紋を備える ……………… オナシカワゲラ属 *Nemoura*		
3a	頸部の腹面には房状の鰓が見られる（図22-6C）… フサオナシカワゲラ属 *Amphinemura*		
3b	頸部の腹面には指状の鰓が見られる（図22-6D）　ユビオナシカワゲラ属 *Protonemura*		

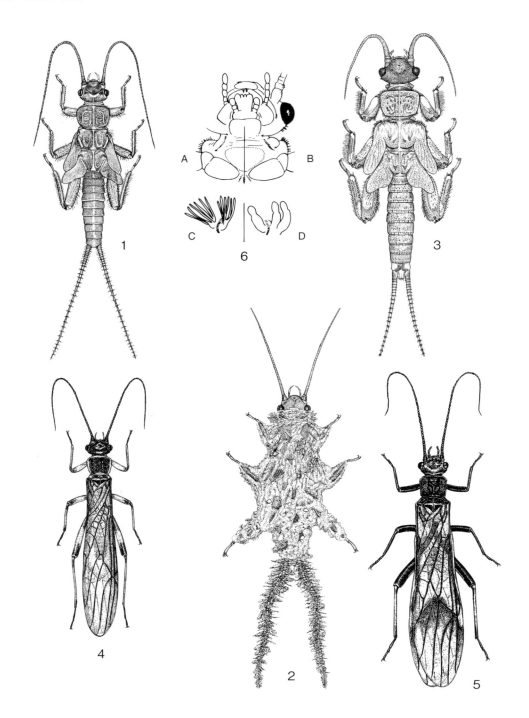

図22　オナシカワゲラ科
1～3：幼虫の全形；1：オナシカワゲラ属の1種 Nemoura sp.，2：モンオナシカワゲラ類縁種 Amphinemura (megaloba) sp.，3：クロオナシカワゲラ Indonemoura nohirae，4～5：成虫の全形：4：オナシカワゲラ属の1種 Nemoura sp.，5：モンオナシカワゲラ類縁種 Amphinemura (megaloba) sp.，6：幼虫の頸部鰓形状：A：オナシカワゲラ属 Nemoura，B：オナシカワゲラ属 Nemoura あるいはインドオナシカワゲラ属 Indonemoura，C：フサオナシカワゲラ属 Amphinemura，D：ユビオナシカワゲラ属 Protonemura

オナシカワゲラ科成虫の属の検索表

1a 雄の尾は節片化が強く多くの場合変形し（図23-6～9），肛側板は小さな内葉と発達した外葉に分かれる．雌は第7腹板の亜生殖板は発達し，第8腹板には弱い節片しかもたない（図23-10） ………………………………………………………… **オナシカワゲラ属** *Nemoura*

1b 雄の尾は節片化が弱く多くの場合は単純，肛側板には棘や棘毛を備え（図23-2，23-4，23-11，23-13），小さな内葉と発達した中葉・外葉に分かれる．雌は第7腹板の前生殖板に加えて第8腹板中央に亜生殖板をもち，第7節の前生殖板は時に退化する ………… 2

2a 雄の肛側板中葉は外葉よりも大きく発達して，普通は棘毛をもつ（図23-2）．雌の第8腹板は中央の板亜生殖板の他に，目立った節片をもたない（図23-3，23-5）．頸部の腹面には総状の鰓が縮小したものが見られる ……… **フサオナシカワゲラ属** *Amphinemura*

2b 雄の肛側板中葉には，普通1片の突起がある．棘毛がある場合は，外葉にある場合が多い（図23-11）．雌の第8腹板には中央の発達した亜生殖板の後方に，明瞭な1対の円盤状の節片をもつ（図23-12） ……………………………………………………… 3

3a 頸部は側面が膨らむのみ．体色は黒褐色で，翅は全体に黒褐色に濁る
 ……………………………………………………… **インドオナシカワゲラ属** *Indonemoura*

3b 頸部の腹面には指状の鰓が縮小したものが見られる．体色は一様に黒褐色となることはない ……………………………………………………… **ユビオナシカワゲラ属** *Protonemura*

オナシカワゲラ亜科　Nemourinae

　日本に唯一生息するオナシカワゲラ属は，多様な構成種を含み，形態的特性も多様である．フサオナシカワゲラ亜科との違いは，雄成虫の肛側板が3葉に分かれず2葉であることと，雌成虫の第8腹板に亜生殖板を欠き，第7節の前生殖板のみが発達することである．雄の肛側板の外葉は，単純なことが多いが，先端部はやや変形し，時に棘状に変形する種もある．雌の第8腹板の生殖口周辺は内面が節片化し，外部までつながることがあるが，普通は目立たず，フサオナシカワゲラ属の退化的な亜生殖板は逆に生殖口内面の節片化が見られない．

1．オナシカワゲラ属　*Nemoura* Latreille, 1796（図23-1，23-4，23-6～10）

　本邦より30種以上が記録されているが，いまだ多くの未記載種が存在する．一般に，緩い流れの落葉中にはオナシカワゲラ *Nemoura fulva* (Šámal, 1921) が見られ，渓流の瀬ではアサカワオナシカワゲラ *Nemoura longicercia* Okamoto, 1922が見られる．幼虫による同定は行えないが，成虫に関しては断片的な整理がなされている．雄成虫の特徴から，尾に強く節片化した鉤状の突起をもつトゲオナシカワゲラ (*Nemoura spinosa*) 種群，腹部背面に3本の帯状紋の現れるミスジオナシカワゲラ (*Nemoura ovocercia*) 種群などいくつかの近縁群に分けられ，生息場所や幼虫形態にもある程度の違いが見受けられるが，十分な検討は行われていない．ユキオナシカワゲラ *Nemoura stratum* Kawai, 1966は翅が短く，積雪上に成虫が現れる点で特異である．日本産の種では，エゾオナシカワゲラ *Nemoura jezoensis* Okamoto, 1922のように，尾の変形がわずかなものがある．ヤマトオナシカワゲラ *Nemoura japonica* Needham, 1905は，ほぼ通年成虫が見られる珍しい種であるが，多くは春・秋あるいは春と秋の2回成虫が現れる．

44　カワゲラ目

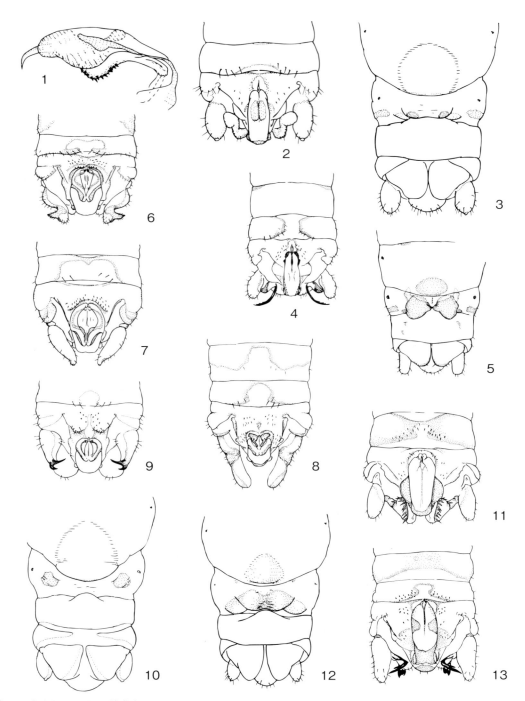

図23　オナシカワゲラ科成虫
1～3：サトモンオナシカワゲラ *Amphinemura zonata*；1：肛上板側面，2：雄腹端背面，3：雌腹端腹面，4～5：ムネオナシカワゲラ *Amphinemura longispina*；4：雄腹端背面，5：雌腹端腹面，6～8：オナシカワゲラ属数種 *Nemoura* spp. の雄腹端背面；6：ヤマトオナシカワゲラ *Nemoura japonica*，7：エゾオナシカワゲラ *Nemoura jezoensis*，8：アサカワオナシカワゲラ *Nemoura longicercia*，9～10：オナシカワゲラ *Nemoura fulva*；9：雄腹端背面，10：雌腹端腹面，11～12：エンバンオナシカワゲラ *Protonemura orbiculata*；11：雄腹端背面，12：雌腹端腹面，13：クロオナシカワゲラ *Indonemoura nohirae*：雄腹端背面

フサオナシカワゲラ亜科　Amphinemurinae

雄成虫の肛側板は3葉に分かれ，雌成虫の第8腹板には亜生殖板をもつ．雌の第7節の前生殖板の発達は弱い．フサオナシカワゲラ属・ユビオナシカワゲラ属ともに多様な構成種を含み，形態的特性も多様なので，識別には注意が必要である．雌の形状はユビオナシカワゲラ属（インドオナシカワゲラ属）において亜生殖板が扇状に広がるなど，比較的画一なので，これ以外をフサオナシカワゲラ属と考えることもできる．雄でも，ユビオナシカワゲラ属（インドオナシカワゲラ属）は下面から観察すると中葉は単純な半円板でしばしば内縁に強く節片化した突起を備えるのみである．

2．フサオナシカワゲラ属　Amphinemura Ris, 1902 （図22-2，22-5，23-1～5）

日本からは，16種が記録されているにすぎないが，地域固有種もあって，未記載種の数は多い．現在のところ幼虫による同定は行えないが，成虫に関しては断片的な整理がなされ，雄成虫の特徴からいくつかの種群が定義されている．幼虫では粘膜のつき具合や長毛の生え方などに特徴が見られる．例えばブヨブヨとした粘液に覆われた大きめの幼虫（図22-2）は，モンオナシカワゲラ（Amphinemura megaloba）種群の特徴として知られる．平地から低山に広く生息するジュッポンオナシカワゲラ Amphinemura decemseta (Okamoto, 1922) は，関東以西において地理的変異に富む．夏の終わりに羽化するムネオナシカワゲラ Amphinemura longispina (Okamoto, 1922) や，マルオナシカワゲラ Amphinemura bulla Shimizu, 1997のように，成虫の前胸に点刻などの特徴をもつ種がある．

3．ユビオナシカワゲラ属　Protonemura Kempny, 1898 （図23-11, 12）

本邦より12種が記録されているほか，未確定の1種が沖縄島からも記録されている．普通は寒冷な水域に見られ，時に酸性河川で多産することがある．幼虫による同定は行えないが，成虫に関しては Shimizu（1998）により整理がなされている．本州にもっとも普通に見られるエンバンオナシカワゲラ Protonemura orbiculata Shimizu, 1998とその近縁種は，早春に羽化し積雪上に見られることも多いが，トワダオナシカワゲラ Protonemura towadensis (Kawai, 1954) やホタカオナシカワゲラ Protonemura hotakana (Uéno, 1931) のようにもっぱら秋に羽化する種もある．

4．インドオナシカワゲラ属　Indonemoura Baumann, 1975 （図22-3，23-13）

クロオナシカワゲラ Indonemoura nohirae (Okamoto, 1922) のみが本州以南より記録されているが，著者は関東・中部地方の源流域で別の未記載種を得ている．クロオナシカワゲラは春と秋に成虫が見られるが，秋の個体は春のものに比べ小型である．雄の肛側板は地域的な変異に富む．幼虫ではオナシカワゲラ属と区別が困難であるが，インドオナシカワゲラ属の幼虫は，細流（したたり）や源流域でしか見つかっていない．成虫の腹部末端形態は，ユビオナシカワゲラ属に似るが，日本産の種はその黒褐色の色彩ですぐにそれとわかる．

8．クロカワゲラ科　Capniidae

本邦より7属が確認されていたが，コガタクロカワゲラ属を新たに加え，少なくとも8属が分布する．成虫は冬場に羽化し，11～4月頃に見られる．多くは10mm未満の小型種．黒色で，時に無翅または短翅の分類群がある．成虫の尾は複数節あって，普通は長い尾毛となる．雪面上を歩いているところを見られることも多く，ユキムシ（セッケイムシ）として知られる代表的な昆虫である．

幼虫はホソカワゲラ科との区別が難しいが，腹板と背板の境がはっきりしていることや，より毛深いことなどで区別がつく．河川中流域から渓流や谷沢において見られるが，成長期の幼虫は河床間隙に生息すると考えられ，採集される機会は終齢幼虫に近い時期に限られる．そのため若齢期に採集されるのは稀である．成長した幼虫は河川の落葉中などに多く見られる．多くの種を含むクロカワゲラ属については，単系統性が疑問視されるほか，日本産の種については十分な分類学的研究がなされておらず，属群の扱いについても今後の再検討が必要である．

クロカワゲラ科幼虫の一部の属への検索表

（以下の検索表は，Stewart & Stark（1993）を参考にして日本産の種にも使用できると判断した部分を引用したものである．掲載された4属の日本産の幼虫は十分に検討できておらず，幼虫未知の属も多い．終齢幼虫の使用に限り用いることが可能と思われる．）

- 1a 尾には鉛直方向に長毛が密生する ……………………………………………… 2
- 1b 尾には長毛が疎らに生える ……………………………………………………… 3
- 2a 尾は約20節からなる（例外もある）．長毛は尾の基部から先端部の全域にわたる ……………………………………………… ナガクロカワゲラ属　*Isocapnia*
- 2b 尾は約15節からなる．尾毛には基節より5〜6節までには尾に密生した長毛がない ……………………………………… フトオクロカワゲラ　*Nemocapnia japonica* Kohno
- 3a 腹部には細毛が密生し，細毛の長さは各腹節長の0.5倍以上 ……………………………………………… コガタクロカワゲラ属　*Paracapnia*
- 3b 腹部には細毛がわずかにしかない；あるいは，あっても長さが各腹節長の0.3倍以下である ……………………………………………………………… 4
- 4a 体毛は少ない．尾は節間が広く20節未満で，節間には毛が生えない．小顎内葉の腹面には同長のクシ状の歯が多数（40本以上）並ぶ ……… ミジカオクロカワゲラ属　*Eucapnopsis*
- 4b 上記の形質と異なる ……………………………………………………… その他の属

クロカワゲラ科成虫の属または種の検索表

- 1a 前胸の前腹板（presternum: ps）は基腹板（basisternum: bs）と融合する（図24-2）…… 2
- 1b 前胸の前腹板は基腹板と分離する（図24-3）……………………………………… 3
- 2a 後胸腹板の叉状板（furcasternum: fs）は第1腹板と融合する（図24-2） ……………………………………………… ナガクロカワゲラ属　*Isocapnia*
- 2b 後胸腹板の叉状板は第1腹板と分離する（図24-3） ……………………………………… フトオクロカワゲラ　*Nemocapnia japonica* Kohno
- 3a 中胸腹板に位置する後叉状板（postfurcasternum: pfs）は大きく発達し，叉状板および棘状板（spinasternum: ss）と融合する（図24-2）………… コガタクロカワゲラ属　*Paracapnia*
- 3b 中胸腹板に位置する後叉状板は叉状板および棘状板と融合しない（図24-3）………… 4
- 4a 無翅またはパット状の痕跡（黒色）をもつ（図25-1）……………………………… 5
- 4b 長翅あるいは短翅，時に微翅（透明）となる（図25-2）…………………………… 6
- 5a 中胸腹板の棘状板は腕状節片をもたないか，もっても短い（図24-3, 24-4左），(*E. shigensis* Kawaiを除き）雄の肛上板は上下に扁平になるか，あるいはこん棒状，雄の腹節は第7背板が変形することはない ……………………… ユキクロカワゲラ属　*Eocapnia*
- 5b 中胸腹板の棘状板は長い腕状節片をもち，基板の両端まで達する（図24-4右），雄の肛

クロカワゲラ科　47

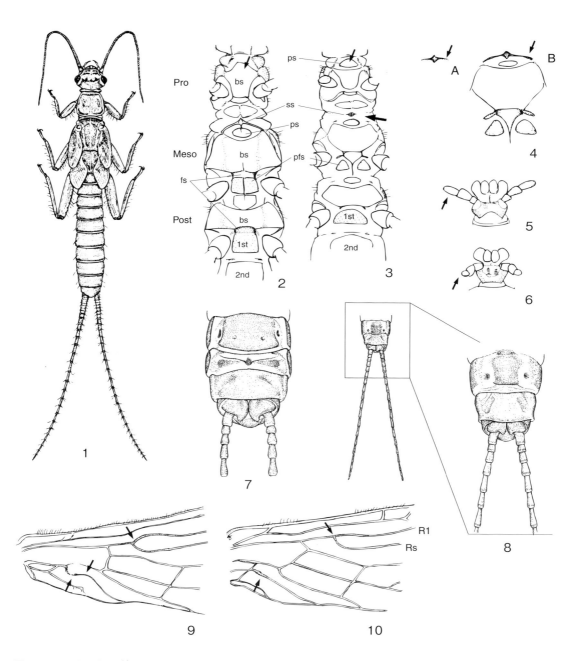

図24　クロカワゲラ科
1：幼虫全形：クロカワゲラ属の1種 Capnia sp.，2〜3：胸部の節片：2：ヒメナガクロカワゲラ Isocapnia japonica ［矢印：前胸の基腹板］，3：ユキクロカワゲラ Eocapnia nivalis ［矢印：前胸の前腹板（上）と中胸の棘状腹板（中ほど）］，4：棘状節片のちがい（中胸の棘状腹板）：A：ユキクロカワゲラ属の1種 Eocapnia sp.，B：ハダカカワゲラ属の1種 Apteroperla sp.，5〜6：下唇鬚（矢印：末端節）；5：ミジカオクロカワゲラ Eucapnopsis stigmatica，6：クロカワゲラ Capnia nigra，7〜8：腹端（雌）と尾；7：ミジカオクロカワゲラ Eucapnopsis stigmatica，8：コバネクロカワゲラ Capnia flebilis，9〜10：翅の基部（矢印：R_1脈の分岐位置と1A脈の位置）；9：クロカワゲラ Capnia nigra，10：エゾクロカワゲラ Takagripopteryx jezoensis

	上板は棒状（針状）で先端に向かって鋭く尖る；雄の腹節は第7背板が隆起する場合がある ··· **ハダカカワゲラ属** *Apteroperla*
6a	尾は腹部よりも短く，普通は10節より少ない節よりなる（図24-7） ························ 7
6b	尾は腹部の長さと同じかより長く，10節より多くの節からなる（図24-8） ············ 8
7a	下唇鬚の第3節は第2節とほぼ同長か長い（図24-5） ·· **ミジカオクロカワゲラ属** *Eucapnopsis*
7b	下唇鬚の第3節は円形で小さい（図24-6） ······ **クロカワゲラ属の一部** *Capnia* (in part)
8a	前翅の R_1 脈は基部で前方に折れ，さらに後方へと曲がる（図24-9）．前翅の1A脈は，下方に曲がったあと折り返すように曲がる（図24-9）；微翅のため翅脈の検鏡が難しい場合がある．雄の場合は第7背板が変形する ··· **クロカワゲラ属の一部** *Capnia* (in part)
8b	前翅の R_1 脈は基部で真直ぐにのびる（図24-10），また前方に R_1 脈が曲がっても1A脈は上記のようには曲がらない（図24-10）．短翅であっても翅脈の検鏡は十分に行える長さをもつ．雄の場合にも第8背板は変形するが，第7背板は変形しない ··· **オカモトクロカワゲラ属** *Takagripopteryx*

1．ハダカカワゲラ属　*Apteroperla* Matsumura, 1931（図24-4右，25-5）

日本固有の属で，積雪期の本州の山地から山岳域において成虫が多く確認できる．これまでに6種が記載されているが，多くの未記載種があることがわかっている．雄の腹部背面に顕著な突起が並ぶツヤハダカカワゲラ *Apteroperla verdea* (Kawai, 1967) は比較的広い範囲に生息するようだが，ヤマハダカカワゲラ *Apteroperla monticola* (Kawai, 1955) など多くの種は狭い山域ごとに分布が限られるようである．本属はセッケイカワゲラモドキ属（*Allocapniella*）とされていたが，松村（1931）により記載されていたハダカカワゲラ属に統合されたため今回の表記にした．同様に雪上に見られる無翅のユキクロカワゲラ属とは検索に示した胸部構造の比較が重要である．

2．クロカワゲラ属　*Capnia* Pictet, 1841（図24-1，24-6，24-8～9，25-2，25-7～9）

河川中流から源流にかけて様々な種が生息している．尾が顕著に短いナライクロカワゲラ (*Capnia naraiensis*) 種群の成虫は早春に出現するが，多くの成虫は真冬に現れ，雪上でもしばしば見つかる．雄の第7背板が前方へ裏返る特徴をもつヤマトクロカワゲラ (*Capnia japonica*) 種群と，同位置に1対の前方にのびる突起をもつフタトゲクロカワゲラ (*Capnia bituberculata*) 種群の2系統が，本州ではよく見られる．また北海道では本属の模式種となるクロカワゲラ *Capnia nigra* (Pictet, 1833) が記録されている．ヤマトクロカワゲラ種群のヤマトクロカワゲラ *Capnia japonica* Okamoto, 1922やタカハシクロカワゲラ *Capnia takahashii* Okamoto, 1922は河川の中流域に見られる．一方，フタトゲクロカワゲラ種群のフタトゲクロカワゲラ *Capnia bituberculata* Uéno, 1929［? = *Capnia naebensis* Kawai, 1957］やキブネクロカワゲラ *Capnia kibuneana* Kawai, 1957は山地渓流に多く，成虫は雪上で見られることも多い．これまでに記載されている6種のほかにも多くの未記載種があることがわかっており，種の同定には，雄成虫において交尾器の形状を原記載などと注意深く照合する必要がある．コバネクロカワゲラ *Capnia flebilis* Kohno, 1952［? = *Capnia breviptera* Kawai, 1967］には微翅の雄が出現するが，雌の短翅型は採集されていない．

3．ユキクロカワゲラ属　*Eocapnia* Kawai, 1955（図25-1，25-6）

日本固有の属で，北海道および本州の山地から山岳域において，積雪期に多く見られる．これ

クロカワゲラ科　49

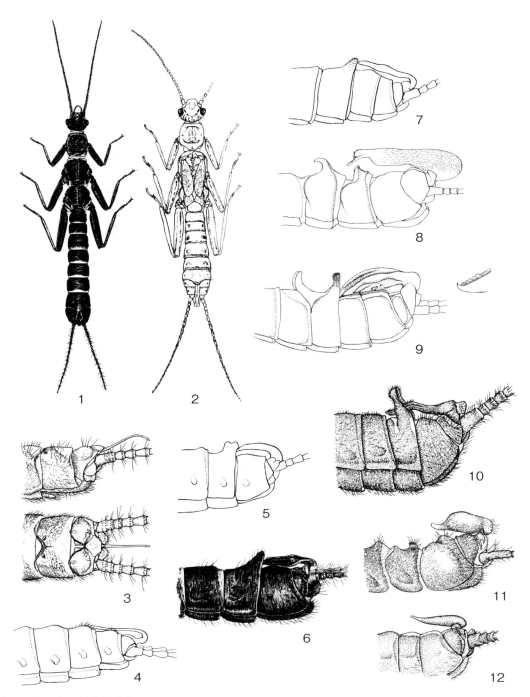

図25　クロカワゲラ科成虫
1～2：成虫全形；1：ユキクロカワゲラ Eocapnia nivalis, 2：コバネクロカワゲラ Capnia flebilis, 3～12：雄腹端；3：ヒメナガクロカワゲラ Isocapnia japonica [側面（上）と背面（下）], 4：コガタクロカワゲラ Paracapnia recta, 5：ハダカカワゲラ属の1種 Apteroperla sp., 6：ユキクロカワゲラ Eocapnia nivalis, 7：コバネクロカワゲラ Capnia flebilis, 8：タカハシクロカワゲラ Capnia takahashii, 9：キブネクロカワゲラ Capnia kibuneana [右図：肛上板の先端], 10：オカモトクロカワゲラ Takagripopteryx nigra, 11：エゾクロカワゲラ Takagripopteryx jezoensis, 12：イマムラクロカワゲラ Takagripopteryx imamurai

までに3種（本州 ユキクロカワゲラ *Eocapnia nivalis* (Uéno, 1929)；シガユキクロカワゲラ *Eocapnia shigensis* Kawai, 1967；北海道 エゾユキクロカワゲラ *Eocapnia yezoensis* Kawai, 1955）が記載されているが，さらに多くの未記載種があることがわかっている．本属はセッケイカワゲラ属と呼ばれていたが，ハダカカワゲラ属の仲間よりも低山に多いことから改名することとした．本州でもっとも普通に見られる種はユキクロカワゲラで，胸部に丸いパット状の翅のような構造をもつが，同属の中にはこのような構造をもたないものが多い．

4．ミジカオクロカワゲラ属　*Eucapnopsis* Okamoto, 1922（図24-5，24-7）

本州の山地から広く確認されており，成虫は残雪期から早春に見られる．これまでに3種が記載されているが，さらに未記載1種があることもわかっている．長翅の2種は特に小型のヨンセツミジカオカワゲラ *Eucapnopsis quattuorsegmentata* Okamoto, 1922と，ミジカオクロカワゲラ *Eucapnopsis stigmatica* Okamoto, 1922が知られ，特に後者は比較的普通である．やや短翅となるウエノミジカオカワゲラ *Eucapnopsis bulba* (Uéno, 1929) と未記載の1種は積雪上で採集されることが多い．和名に示す通り，尾の節数が少なく他の分類群よりも短いが，種によっては10節程度ある．雄の肛上板は独特の丸い形をする．

5．ナガクロカワゲラ属　*Isocapnia* Banks, 1938（図24-2，25-3）

ヒメナガクロカワゲラ *Isocapnia japonica* Kohno, 1953の1種のみが本州から知られ，早春の渓流などで成虫は見られる．しかし著者は，本州の山地から大形の未記載種を採集しており，さらに多くの種が得られる可能性もある．雄の肛上板は針状に細く後方へとのび，先端がわずかに鉤状となる．検索表に記した胸部構造は祖先的な形質群をもつ分類群の区別に有用である．

6．フトオクロカワゲラ属　*Nemocapnia* Banks, 1938

日本から唯一記録されているフトオクロカワゲラ *Nemocapnia japonica* Kohno, 1953は，岐阜市内の長良川の中流より記載されているが，原記載以降はまったく記録・採集ともされていない．属の帰属と合わせ，生息環境の把握と保全の検討が必要と考えられる．雄の肛上板は，ナガクロカワゲラ属のように後方に向かうがより太くなる．

7．コガタクロカワゲラ属　*Paracapnia* Hanson, 1946（日本新記録）（図25-4）

ロシア極東部から記録されていた微翅の *Paracapnia recta* Zhiltzova, 1984と思われるものが，本州の山地で確認されたほか，兵庫県の谷沢で長翅の別種も見つかった．微翅の種も積雪上には見られず，里山の谷沢などで落葉や樹上から採集されることが多いようである．雄はナガクロカワゲラ属よりもやや太い棒状の肛上板をもち，その先端は前方へとのびる．

8．オカモトクロカワゲラ属　*Takagripopteryx* Okamoto, 1922（図25-10〜12）

翅は普通よりもやや短く，腹端に達する程度になる．北海道では3種が，本州にはやや大形のオカモトクロカワゲラ *Takagripopteryx nigra* Okamoto, 1922のみが知られる．北海道ではイマムラクロカワゲラ *Takagripopteryx imamurai* Kohno, 1954とエゾクロカワゲラ *Takagripopteryx jezoensis* Kohno, 1954が河川沿いの集合住宅に集中して，不快昆虫として問題になったことがある（未発表）．前種と後2種とでは見た目の類似性がほとんどなく，属の定義と合わせ再検討を要する．

9. ホソカワゲラ科（ハラジロオナシカワゲラ科） Leuctridae

　本邦より3属が確認されている．小型で細長い体形をする．成虫・幼虫ともクロカワゲラ科と似ているが，成虫では尾が1節になることや翅が体を巻くように畳まれること，幼虫では体毛が明らかに少ないことなどで区別できる．渓流や谷沢において普通に見られるが，成長期の幼虫は河床間隙に生息すると考えられ，採集されるのは成熟した幼虫の場合が多く，瀬の落葉中などに見られる．分類学上の検討が不十分なため誤同定などによる記録も多く，現状では種の同定は，カギホソカワゲラ属を除き，諦めたほうが無難である．幼虫による属の識別も，未検討の分類群が多いため本書では示さなかったが，北米と共通する属についてはStewart & Stark (1993) による解説が参考にできる．

ホソカワゲラ科成虫の属の検索表

1a 前胸腹板は前腹板と基腹板とに分かれない（図26-2）．雄の第9腹節は周辺から分離する亜生殖板をもち（図26-8），もし分離しない場合は短翅である．雌の生殖口は8節の後縁に位置する（図26-6，26-9） ································ **カギホソカワゲラ属** *Paraleuctra*

1b 前胸の腹板は前腹板と基腹板とに分離する（図26-3）．雄の第9腹節は周りから分離する亜生殖板をもたず，リング状になる（図26-10）．雌の生殖口は第8節の後縁よりもやや前方に位置する．無翅あるいは短翅の種はない ······························· 2

2a 雄の第9腹板の後縁は中央部が顕著に伸長する．また第10節は左右に分離した節片となり，時に瘤状の隆起をもつ（図26-10矢印）．雌の第7腹板は，時に後方に伸長するが，第8節を覆うことはなく，第8節は中央の生殖口を挟むように1対の節片群をもつ（図26-11矢印） ································· **ハルホソカワゲラ属** *Perlomyia*

2b 雄の第9腹板の後縁は中央部がわずかに伸長する．第10節は中央に節片をつくり，側縁は時に鋭い棘状突起をなす（図26-12）．雌の第7腹板は後方に伸長し第8節中央まで覆い，第8節の後部に位置する単純な節片の前方に生殖口は位置する（図26-13）
································· **トゲホソカワゲラ属** *Rhopalopsole*

1．カギホソカワゲラ属（ハラジロオナシカワゲラ属・ハラホソカワゲラ属）
***Paraleuctra* Hanson, 1941**（図26-2，26-5～9）

　日本から8種が記録されており，成虫の検索表も与えられている (Shimizu, 2000)．本属の成虫は早春に見られ，無翅のユキホソカワゲラ *Paraleuctra ambulans* Shimizu, 2000以外でも残雪上で見られることがある．北海道からは短翅のエゾホソカワゲラ *Paraleuctra ezoensis* Shimizu, 2000が知られるが，これら2種の他は長翅である．日本に広く分布するが，南西諸島から本属の記録はない．雄の尾はモンホソカワゲラ *Paraleuctra cercia* (Okamoto, 1922) のように上下に分岐するか，オカモトホソカワゲラ *Paraleuctra okamotoa* (Claassen, 1936) とその近縁種のように長細い松果状の先端がのびて鉤状に曲がる形をする．雌の第8腹板はエゾホソカワゲラを除き，亜生殖板が広く発達して後縁は左右に丸く広がる．

2．ハルホソカワゲラ属 ***Perlomyia* Banks, 1906**（図26-2，26-3～4，26-10～11）

　日本から3種が記載されているが，いずれの種についても疑問名（Nomen dubia）または種不詳 (species inquirenda) となっている．ただし，日本には未記載種を含め数多くの種がいることもわかっている．本属はカギホソカワゲラ属よりやや遅れて羽化が始まり，春に谷沢や渓流を飛翔するよう

52 カワゲラ目

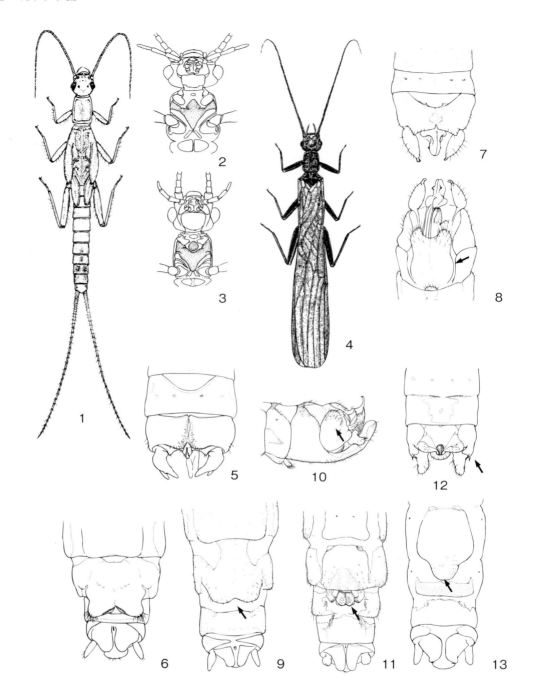

図26 ホソカワゲラ科
1：幼虫全形：ハルホソカワゲラ属の1種 Perlomyia sp., 2～3：前胸の腹面；2：カギホソカワゲラ属の1種 Paraleuctra sp., 3：ハルホソカワゲラ属の1種 Perlomyia sp., 4：成虫全形：ハルホソカワゲラ属の1種 Perlomyia sp., 5～6：モンホソカワゲラ Paraleuctra cercia；5：雄腹端背面, 6：雌腹端腹面, 7～9：オカモトホソカワゲラ Paraleuctra okamotoa；7：雄腹端背面, 8：雄腹端腹面［矢印：亜生殖板の境界］, 9：雌腹端腹面［矢印：生殖口の位置］, 10～11：ハルホソカワゲラ属の1種 Perlomyia sp.；10：雄腹端背面［矢印：第10節］, 11：雌腹端腹面［矢印：生殖口の位置］, 12～13：トゲホソカワゲラ属の1種 Rhopalopsole sp.［矢印：第10節の棘］；12：雄腹端背面, 13：雌腹端腹面［矢印：生殖口の位置］

すが見られる．日本に広く分布するが，沖縄島よりも南の記録はない．雄の第10節背板は左右に分離して，強く節片化し，しばしば突起などの変形を有する．雌は生殖口の周りを1対の節片群により取り囲まれた独特の形状を示す．

3．トゲホソカワゲラ属（ホソカワゲラ属・ミナミホソカワゲラ属） *Rhopalopsole* Klapálek, 1912
(図26-12〜13)

　日本からはこれまでに6種の記録があるがトゲホソカワゲラ *Rhopalopsole dentata* Klapálek, 1912を除く5種の記録がより確実である．いずれの種についても分類上の再検討が必要で，さらに多くの未記載種がいる．本属はハルホソカワゲラ属よりさらに1ヵ月程度遅く羽化が始まり，初夏のころに谷沢や渓流を飛翔するようすが見られる．日本に広く分布するが，北海道からの記録は無い．多くの種では雄の第10節側縁が棘状の突起に変形する．雌は第8節腹板に1対または横長の1つの節片をもつ．

引用・参考文献

Alexander, K. D. & K. W. Stewart 1999. Revision of the genus *Suwallia* Ricker (Plecoptera: Chloroperlidae). Transactions of the American Entomological Society, 125: 185-250.

Claassen, P. W. 1940. A catalogue of the Plecoptera of the world. Memoirs of Cornell University Agricultural Experiment Station, 232: 1-235.

Joel Hallan (on www) List of species for the Order Plecoptera. [URL=http://insects.tamu.edu/research/collection/hallan/ PlecoptRpt1.txt].

Illies, J. 1966. Katalog der rezenten Plecoptera. Tierreich, 81: XXX + 632 pp.

稲田和久．1996．兵庫県のカワゲラ類成虫図説（第1報）ヒロムネカワゲラ科・アミメカワゲラ科．陸水生物学報11: 45-74.

稲田和久．1998．兵庫県のカワゲラ類成虫図説（第2報）カワゲラ科（1）．陸水生物学報13: 24-66.

Isobe, Y. 1988. Eggs of Plecoptera from Japan. Biology of Inland Waters, 4: 27-39.

川合禎次．1962．襀翅目．pp. 71-95, 津田松苗（編），水生昆虫学．北隆館

Kawai, T. 1967. Plecoptera (Insecta). Fauna Japonica, Biogeographical Society of Japan, 211 pp.

川合禎次・磯部ゆう．1985．襀翅目（カワゲラ目）．pp. 125-148, 川合禎次（編），水生昆虫検索図説，東海大学出版会．

松村松年．1931．日本昆虫大図鑑．刀江書院

丸山博紀・高井幹夫．2000．川虫図鑑．全国農村教育協会．244 pp.

Okamoto, H. 1912. Erster Beitrag zur Kenntnis der japanischen Plecopteren. Transaction of the Sapporo Natural History Society, 4: 105-170.

Okamoto, H. 1922. Zweiter Beitrag zur Kenntnis der japanischen Plecopteren. Bulletin of the Agricultural Experiment Station, Government General of Chosen, 1: 1-46, Tafel I-VI.

Ricker, W. E. & H. H. Ross. 1975. Synopsis of the Brachypterinae, (Insecta: Plecoptera, Taeniopterygidae). Canadian Journal of Entomology, 53: 132-153.

Shimizu, T. 1998. The Genus *Protonemura* in Japan (Insecta: Plecoptera: Nemouridae). Species Diversity, 3, 133-154.

Shimizu, T. 2000. *Paraleuctra* (Insecta: Plecoptera: Leuctridae) from Japan, with taxonomic notes on the Japanese Leuctridae. Species Diversity, 5, 285-303.

Shimizu, T. 2001. Biodiversity of Asian streams with particular reference to stonefly studies in Japan. pp. 11-19. Y. J. Bae (ed.) The 21st Century and Aquatic Entomology in East Asia. Korean Society of Aquatic Entomology.

清水高男（on www）日本のカワゲラホームページ．[URL =http://homepage.mac.com/kawagera/plec/index.html or /index_j.html]

Stewart, K. W & B. P. Stark. 1993. Nymphs of North American Stonefly Genera (Plecoptera). UNT Press.

Sivec, I., B. P. Stark, & S. Uchida. 1988. Synopsis of the world genera of Perlinae (Plecoptera: Perlidae). Scopolia 16: 1-66.

Surdick, R. F. 1985. Nearctic genera of Chloroperlinae (Plecoptera: Chloroperlidae). Illinois Biological Monograph, 54: 1-146.

内田臣一．1990. 日本産カワゲラ科（昆虫綱：カワゲラ目）の分類学的再検討, 特にその系統について（英文）．東京都立大学大学院理学研究科学位論文．228 pp.

内田臣一．2003. カワゲラ類（襀翅目）Plecoptera. 西田睦ほか（編），琉球列島の陸水生物，東海大学出版会，pp. 344-350.

Uchida, S. & H. Maruyama. 1987. What is *Scopura longa* Uéno, 1929 (Insecta, Plecoptera)? A revision of the genus. Zoological Science, 4: 699-709.

内田臣一・幸島司郎・今井初太郎・花田聡子．1996. カワゲラ類．日本動物大百科 8 巻 昆虫I，pp. 84-89.

Zwick, P. 1973. Insecta: Plecoptera. Phylogenetisches System und Katalog. Tierreich, 94: XXXII + 465 pp.

Zwick, P. 1980. Plecoptera (Steinfliegen). Handbuch der Zoologie 4 (2) 2/7: 115 pp.

Zwick, P. 2000. Phylogenetic system and zoogeography of the Plecoptera. Annual Review of Entomology 45: 709-746.

カワゲラ目（襀翅目）追記
PLECOPTERA, Additional Notes

内田臣一，吉成　暁

　旧版の前から出版されていた原色川虫図鑑（丸山・高井，2000）に加え，原色川虫図鑑 成虫編（丸山・花田 編，2016）が出版された．本書はカワゲラ目成虫の同定に大きな助けとなる．丸山・花田 編（2016）における分類学的扱いは，以下のカワゲラ目の追記に記された旧版以降の変更の多くをすでに反映している．なお，原色川虫図鑑（丸山・高井，2000）は，原色川虫図鑑 幼虫編（丸山・高井，2016）と改題されて増刷された．

　日本産カワゲラ目のカタログについては，日本産カワゲラ目録（清水，on WEB）や丸山・花田 編（2016）の「日本産種のリスト」が参考になる．

2．アミメカワゲラ科 Perlodidae

4．ヒメアミメカワゲラ属 *Skwala* Ricker, 1943

　日本産2種のうち1種ヒメアミメカワゲラの学名 *Skwala pusilla* (Klapálek, 1912) は新参異名とされ，*Skwala compacta* (McLachlan, 1872) が使われることになった（Teslenko, 2012）．

9．ヒメカワゲラ属 *Stavsolus* Ricker, 1952

　Ohgane & Uchida（2016）によって分類学的再検討がなされたが，この論文には多数のミスがあり，修正と再整理が待たれる．

3．カワゲラ科 Perlidae

1．キカワゲラ属 *Xanthoneuria* Uchida, 2011

　旧版では，日本産3種を広義の *Acroneuria* Pictet, 1841 に含めてあったが，ロシア極東地方，朝鮮半島に分布する1種とともに *Xanthoneuria* へ移すことになった（Uchida, Stark & Sivec, 2011）．

　日本産3種のうち，*Xanthoneura jouklii* (Klapálek, 1907) の和名は，Okamoto（1912）以来旧版まで長らく，ジョウクリカワゲラ（あるいはジョクリモンカワゲラ）が使われてきた．しかし，「*jouklii*」はチェコの昆虫学者（鱗翅目が専門）Hynek Alois Joukl（1862-1910）に献名されたものであり（Klapálek, 1907, p.7），チェコ語でJOUKLは「ヨウクル」に近く発音されるので，和名を「ヨウクルカワゲラ」に変更する．

3．モンカワゲラ族所属不明の1属
（ニシカワゲラ属 *Sinacroneuria* Yang & Yang, 1995）

　本属は中国から記載された *Sinacroneuria* Yang & Yang, 1995であることがわかり，日本産の1種は *Sinacroneuria acuticornis* Uchida, 2017となった（Li et al., 2017）．和名は，静岡県以西からしか見つかってないことから，記載の前から使われていた「ニシカワゲラ」とする．また *Sinacroneuria* の属和名は「ニシカワゲラ属」とする．

6．ナガカワゲラ属 *Kiotina* Klapálek, 1907

Stark & Sivec（2008b）に，リュウキュウナガカワゲラ *Kiotina riukiuensis* Uéno, 1938の詳細な形態が示された．

7．コナガカワゲラ属（コガタフタツメカワゲラ属）（広義）
（ヒメナガカワゲラ属 *Gibosia* Okamoto, 1912・コナガカワゲラ属 *Flavoperla* Chu, 1929）

旧版で *Gibosia* Okamoto, 1912に含められていた種の多くは *Flavoperla* Chu, 1929へ移された（Stark & Sivec, 2008a）．その結果，日本産のこの群の属・種とその和名は次のようになる．ただし，この他に多くの未記載種があり，一方で同物異名（新参シノニム）の可能性がある種は省いてある．幼虫による属への同定は稲田（2015）で可能だが，若齢個体では困難な場合があるので注意が必要．
日本から記録されている種の所属は以下の通りである．

ヒメナガカワゲラ属 *Gibosia* Okamoto, 1912
　ヒメナガカワゲラ *Gibosia angusta* (Klapálek, 1907)
コナガカワゲラ属 *Flavoperla* Chu, 1929
　キアシコナガカワゲラ *Flavoperla hagiensis* (Okamoto, 1912)
　キコナガカワゲラ *Flavoperla hatakeyamae* (Okamoto, 1912)
　オオメコナガカワゲラ *Flavoperla thoracica* (Okamoto, 1912)
　エゾキコナガカワゲラ *Flavoperla tobei* (Okamoto, 1912)

8．オオヤマカワゲラ属 *Oyamia* Klapálek, 1907

旧版で未記載種とされていた第3の種は，*Oyamia cryptomeria* Isobe & Uchida, 2009として記載された．和名は，静岡県以西に分布することから，記載の前から使われていた「ニシオオヤマカワゲラ」とする．

9．トウゴウカワゲラ属 *Togoperla* Klapálek, 1907

旧版で未記載種とされていた第2の種は，*Togoperla brevispinis* Yoshinari, Uchida & Nakamura, 2016として記載された（Isobe & Uchida, 2009）．和名は，記載の前から使われていた「ヤマトウゴウカワゲラ」とする．また，*Togoperla limbata* (Pictet, 1841) の和名は従来「キベリトウゴウカワゲラ」とされていたが，「キベリ」の由来となった成虫の翅の斑紋が前述の種にも見られることから，単に「トウゴウカワゲラ」とする．

11．クラカケカワゲラ属 *Paragnetina* Klapálek, 1907

奄美大島から未記載種と考えられる幼虫が確認された（稲田，2013）．

7．オナシカワゲラ科 Nemouridae

1．オナシカワゲラ属 *Nemoura* Latreille, 1796

Shimizu（2016）は，*Nemoura japonica* Needham, 1905が異物同名のため，*Nemoura hikosan* Shimizu, 2016を置換名とした．

8．クロカワゲラ科 Capniidae

1．ハダカカワゲラ属 *Apteroperla* Matsumura, 1931

Shimizu & Negoro（2007）にヤザワハダカカワゲラ *Apteroperla yazawai* Matsumura, 1930の雄が記載された．

9．ホソカワゲラ科 Leuctridae

2．ハルホソカワゲラ属 *Perlomyia* Banks, 1906

Sivec & Stark（2012）は7種を新たに記載し，日本産種の検索表を示した．

3．トゲホソカワゲラ属 *Rhopalopsole* Klapálek, 1912

Sivec, Harper & Shimizu（2008）により，本州，四国，九州，琉球列島から新たに10種が記載された．また，この中で *Rhopalopsole longicercia* とされた種を Stark, Sivec & Shimizu（2012）は *Rhopalopsole sinuacercia* Sivec & Shimizu, 2012として記載した．

引用文献（旧版に掲載されていないもの）

稲田和久．2013．奄美大島採集記．兵庫陸水生物，64: 105-113．

稲田和久．2015．ナガカワゲラ族幼虫の種確定への試み．兵庫陸水生物，66: 33-42．

Isobe, Y. & S. Uchida. 2009. Japanese species of the genus *Oyamia* (Plecoptera: Perlidae), with notes on *O. nigribasis* from Korea. Aquatic Insects, 31 (Supplement 1): 231-244.

Klapálek, F. 1907. Japonské druhy podčeledi Perlinae. Rozpravy České Akademie, Praha, II 16 (31): 1-28.

Li, W. H., D. Murányi, K. M. Orci, S. Uchida & R. F. Wang. 2017. A new species of *Sinacroneuria* (Plecoptera: Perlidae) from Guangxi Zhuang Autonomous Region, southcentral China based on male adult, larva and drumming signals, and validation of the Japanese species of the genus. Zootaxa, 4299: 95-108.

丸山博紀・花田聡子 編．2016．原色川虫図鑑 成虫編．全国農村教育協会．

丸山博紀・高井幹夫．2016．原色川虫図鑑 幼虫編．全国農村教育協会．

Ohgane, Y. & S. Uchida. 2016. Revision of the Genus *Stavsolus* (Plecoptera, Perlodidae) from Japan, with special reference to the morphology of epiproct. Biology of Inland Waters, Supplement, 3: 109-133.

Shimizu, T. 2016. Dates, validity and spelling of Japanese stoneflies (Plecoptera) described by Shonen Matsumura. Illiesia, 12: 27-30.

清水高男（on WWW）日本産カワゲラ目録．[URL =http://kawagera.html.xdomain.jp/Pleco_Lists/Pleco_Lists.html]

Shimizu, T. & H. Negoro. 2007. Three Species of the genus *Apteroperla* (Plecoptera: Capniidae) from the North Japan Alps (Hida Mountains). Bulletin of the Toyama Science Museum, 30: 57-62.

Sivec, I., P. P. Harper & T. Shimizu. 2008. Contribution to the study of the oriental genus *Rhopalopsole* (Plecoptera: Leuctridae). Scopolia, 64: 1-122.

Sivec, I. & B. P. Stark. 2012. Seven new species of *Perlomyia* (Plecoptera: Leuctridae) from Japan. Illiesia, 8: 94-103.

Stark, B. P. & I. Sivec. 2008a. New Vietnamese species of the genus *Flavoperla* Chu (Plecoptera: Perlidae). Illiesia, 4: 59-65.

Stark, B. P. & I. Sivec. 2008b. Systematic notes on *Kiotina* Klapálek and *Hemacroneuria* Enderlein (Plecoptera: Perlidae), with description of four new species. Illiesia, 4: 161-175.

Stark, B. P., I. Sivec & T. Shimizu. 2012. Notes on *Rhopalopsole* Klapálek (Plecoptera: Leuctridae), with descriptions of three new species from Vietnam. Illiesia 8: 134-140.

Teslenko, V. A. 2012. A taxonomic revision of the genus *Arcynopteryx* Klapálek, 1904 (Plecoptera, Perlodidae). Zootaxa, 3329: 1-18.

Uchida, S., B. P. Stark & I. Sivec. 2011. *Xanthoneuria*, a new genus of stonefly (Plecoptera: Perlidae) from Japan. Illiesia, 7: 65-69.

Yoshinari, G., S. Uchida & M. Nakamura. 2016. Morphological and DNA sequence analyses of Japanese *Togoperla* (Plecoptera, Perlidae), with description of a new species. Biology of Inland Waters, Supplement, 3: 141-156.

半翅目　Hemiptera

林　正美，宮本正一

　半翅類昆虫は半翅目（カメムシ目）Hemiptera に含まれる昆虫の総称で，セミ，ヨコバイ，ウンカ，アブラムシおよびカメムシ類などからなる大きな群である．一般的に，これらはセミ，ヨコバイ，アブラムシが属す同翅亜目 Homoptera とカメムシ類が属す異翅亜目 Heteroptera の2亜目に分けられていた．また，研究者によってはこれらを目レベルで扱うこともあったが，最近の分子生物学的手法による系統解析によって同翅類の単系統性が否定され，半翅類が3つのグループ，頸吻亜目 Auchenorrhyncha，腹吻亜目 Sternorrhyncha，異翅亜目 Heteroptera からなることが示されている．

　水生半翅類は，水生カメムシとも呼ばれ，すべて異翅亜目に属す．従来の分類体系によると，水棲カメムシ類 Hydrocorisae と両棲カメムシ類 Amphicorisae が水生半翅類に相当する．口器は針状の口吻 rostrum となり，これは3〜4節からなる管状の下唇によって形成される．また，前翅は革質部（基方）と膜質部があり，半翅鞘といわれる．多くの種では，後胸部（幼虫では腹部）に臭いを出す臭腺がある．水中，水面，水辺の地表などに生息し，多くは捕食肉食性である．

　Štys & Kerzhner（1975）は異翅類 Heteroptera の上位分類体系について再検討を行い，従来の3群を再編成して7つの下目 infraorder に分類した．そのうち，水生半翅類（水生カメムシおよび半水生カメムシ）はタイコウチ下目 Nepomorpha，アメンボ下目 Gerromorpha，ミズギワカメムシ下目 Leptopodomorpha に属すものである．また，陸生カメムシ類の1群とされるムクゲカメムシ下目 Dipsocoromorpha を水生半翅類に含めることがある．

　日本産の水生半翅類に関する分類学的研究は20世紀当初に松村松年博士によって着手された（Matsumura, 1905, 1915）．その後，1950〜1960年代を中心に，江崎悌三博士や宮本らにより研究は飛躍的に進展し，多くの種が記載・記録された（Esaki, 1924; Esaki & Miyamoto, 1955, 1959b; Miyamoto, 1958, 1959, 1963a, 1963b, 1964b, 1964c; 日浦，1967, 1968; 宮本，1980など）．その時点で琉球列島を含むわが国の相がほぼ解明されるまでになった．さらに，それまでの知見を基にして，宮本（1973, 1985）は日本産水生半翅類全種の科および属までの検索を示した．これによって，成虫および幼虫による同定が可能となったが，出版の際の事情により種までの検索は掲載されてなく，実際に種の同定に使用できないのは残念である．また，1989年に刊行された「日本産昆虫総目録，I」には，種のリストと分布がまとめられ（宮本・安永，1989），これは学名や分布を調べるためには有用な文献である．

　1990年以降，水中ライトトラップも使用されるようになり（林ら，1989），琉球列島を初めとした日本各地で水生半翅類の調査・採集が行われており，新たに数種が記録されるとともに，日本および近隣諸国の詳しい分布状況が明らかにされつつあった（林，1991b, 1997, 2002, 2003a; Hasegawa & Hayashi, 1995; Hayashi & Iwatsuki, 1992; Hayashi & Miyamoto, 1997, 2001, 2002, 2007, 2009; Hayashi et al., 1996, 2001; Miyamoto & Hayashi, 1998, 2006; Usui et al., 1997; Polhemus & Polhemus, 2000; Yamazaki & Sugiura, 2004; Vinokurov, 2004, 2006; Kanyukova, 2006 など）．

　2005年に「日本産水生昆虫」が出版されて以来，地域多様性のまとめや分布記録など，多くの知見が追加された．水生半翅類地域相を総合的にまとめた主なものとしては，東海地方（矢崎・石田，2008），島根県（川野ら，2011），広島県（野崎・野崎，2011），徳島県（林・大原，2001; 林ら，

2 半翅目

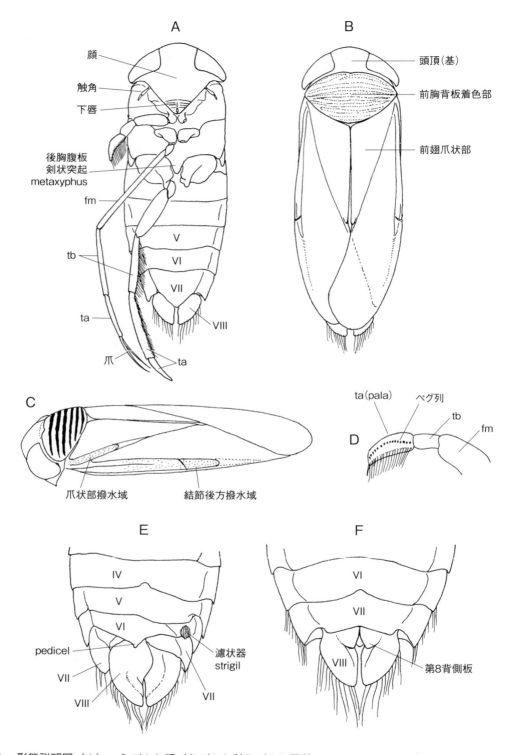

図1 形態説明図（1）—ミズムシ類（ミズムシ科ミズムシ亜科 Corixidae-Corixinae）
A：腹面 B：背面 C：斜側面 D：♂前脚腹面 E：♂腹部背面 F：♀腹部背面．V, VI, VII, VIII はそれぞれ腹部第5, 6, 7, 8節を示す．fm：腿節, tb：脛節, ta：跗節

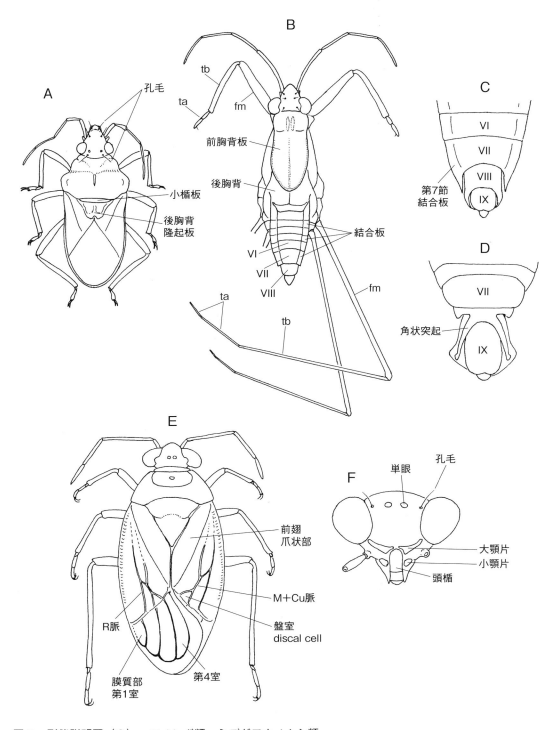

図2 形態説明図（2）—アメンボ類・ミズギワカメムシ類
A：ケシミズカメムシ科 Hebridae 背面　B：アメンボ科 Gerridae（無翅型）背面　C：アメンボ亜科 Gerrinae ♂腹部腹面　D：ウミアメンボ亜科 Halobatinae（*Halobates*）♂腹部腹面　E：ミズギワカメムシ科 Saldidae（ミズギワカメムシ属 *Saldula*）背面　F：ミズギワカメムシ科 Saldidae 頭部正面．略号は図1と同じ

2003),愛媛県(渡部ら,2014),長崎県(深川,2015),天草諸島(野崎ら,2016),下甑島(野崎ら,2015),琉球島嶼(青柳,2010,2011,2013b 他)などがある.また,分布地理上注目すべき記録も頻出し,日本の水生半翅類相がより明らかになりつつある.これらはすべて,綿密な調査・研究をされた方々の努力と熱意によるものである.

ムクゲカメムシ下目を除けば,現在のところ,日本産はタイコウチ下目,アメンボ下目,ミズギワカメムシ下目の3下目に合計19科54属149種が知られている.ここではこれら3下目を対象とし,科および種などの検索を示し,日本産水生半翅類を分類・同定する上での一助としたい.なお,幼虫については,未研究な面が多く,近縁種間では特徴を表す形態的形質がさらに微妙となるためここでは省略し,成虫に限って述べることにする.

科・亜科の配列,各種の学名等については,"Catalogue of the Heteroptera of the Palaearctic Region, Vol. 1 (Aukema & Rieger, 1995), Vol. 6 (Aukema et al., 2013)",「日本産水生昆虫,半翅目」(林・宮本,2005),さらに,最近刊行された「日本昆虫目録,第4巻」(日本昆虫目録編集委員会編,2016)に従っている.また,図1〜2に,主な体制図および本文中に使用した形態各部位の名称を示した(*cf.* Poisson, 1957;宮本,1961;Andersen, 1982;Polhemus, 1985;Péricart, 1990;Chen *et al.*, 2005;*etc.*).

はじめに,数々のご助言・ご支援をされた碓井徹氏(NGO法人 埼玉県絶滅危惧動物種調査団代表,埼玉県上尾市)に感謝の意を表する.また,標本の提供や貸与,野外調査への協力・支援,生態・分布に関する情報提供をされた下記の方々にお礼申し上げる:青柳克氏(沖縄県浦添市),石川忠准教授(東京農業大学),紙谷聡志准教授(九州大学農学部),金城政勝氏(元琉球大学),北野忠教授(東海大学),三田村敏正氏(福島県伊達市),中谷正彦氏(北海道釧路市),野崎達也氏(ウエスコ,福岡市),大原賢二氏(元徳島県立博物館館長),大庭伸也准教授(長崎大学教育学部),大木克行氏(山口県山口市),故 Dr John T. Polhemus,佐々木健志氏(琉球大学博物館「風樹館」),故佐藤正孝博士,杉本雅志氏(沖縄県浦添市),友国雅章博士(国立科学博物館),塚田拓氏(鹿児島県鹿児島市),塘忠顕教授(福島大学教育学部),Dr Nikolai N. Vinokurov (Russian Academy of Science, Yakutsk),渡部晃平氏(石川県ふれあい昆虫館),山田量崇博士(徳島県立博物館),山本亜生氏(小樽市総合博物館),矢野真志氏(面河山岳博物館),矢崎充彦氏(三重県いなべ市),吉澤和徳准教授(北海道大学農学部).

科の検索

- **1a** 触角は頭部より短く,複眼の下側に収納されるか複眼の後方に位置する;頭頂には3対の孔毛(trichobothria)がない(タイコウチ下目 Nepomorpha)·· 2
- **1b** 触角は頭部より長く顕著で,頭部の前方から生じる;頭頂には複眼の内縁に沿って3対の孔毛がみられる ·· 11
- **2a** 単眼を2個もつ;触角は背面からみえる;複眼の内縁は円く湾入する;前脚は捕獲脚とならない ·· メミズムシ科 Ochteridae
- **2b** 単眼を欠く;触角は背面からほとんどみえない;複眼の内縁は顕著に湾入しない ········· 3
- **3a** 腹端に呼吸管がある;前脚は細くても捕獲脚となる ·· 4
- **3b** 腹端に呼吸管はない ··· 5
- **4a** 腹端に短いが伸縮自在の呼吸管(呼吸弁)がある ············· コオイムシ科 Belostomatidae
- **4b** 腹端にはふつう長い伸縮できない呼吸管がある ······················· タイコウチ科 Nepidae
- **5a** 口吻の下唇は三角形状となり,頭部と癒合する;前脚は特殊化し,鎌状〜櫛状ときに細長い指状となり,長毛列とペグ列がある ··· ミズムシ科 Corixidae

5b	口吻（下唇）は針状；前脚は特殊化せず，通常または太い捕獲脚となる	6
6a	体は扁平で，短くて幅広い	7
6b	体は扁平にならず，細長いものが多いが，短い場合では半球形に近くなる	9
7a	前脚の爪は2本；前脚腿節は脛節よりも太いが，中脚や後脚と同じ程度である；口吻は長く，前脚基節をはるかに超える；左右の複眼は後方で近づく ナベブタムシ科 Aphelocheiridae	
7b	前脚の爪は1本；前脚腿節はきわめて太く，捕獲脚となる	8
8a	体は扁平で幅広く，表面には凹凸があり，光沢がない；頭部は幅広く短く，複眼は上方にやや突出する；前翅はほとんど重ならない アシブトメミズムシ科 Gelastocoridae	
8b	体は長卵形で，表面は滑らかで光沢がある；左右の前翅は後方で大きく重なる コバンムシ科 Naucoridae	
9a	体は長楕円形〜広線形で，後脚はオール状となる マツモムシ科 Notonectidae	
9b	体は広卵形で，後脚はオール状とならない	10
10a	頭部と前胸は癒合しない マルミズムシ科 Pleidae	
10b	頭部と前胸は癒合する タマミズムシ科 Helotrephidae	
11a	後脚基節は横位で，とくに基部は幅広い；前翅は革質部と膜質部からなる（一部例外）	12 （ミズギワカメムシ下目 Leptopodomorpha）
11b	後脚基節は円筒形または円錐形；有翅型の場合，前翅は半翅鞘とならない	14 （アメンボ下目 Gerromorpha）
12a	体はほぼ半球形；前翅は丸く膨らみ，膜質部を欠き，脈は不明瞭；頭部とくに複眼はきわめて大きく，頭長は体長の1/4〜1/3を占める；複眼の内縁はほとんど湾入しない；産卵管はない サンゴカメムシ科 Omaniidae	
12b	体は扁平または長形；前翅は半翅鞘となり，膜質部には4個の翅端室がある；複眼の内縁は後方で半円形に湾入する	13
13a	触角は4節からなり，各節は多少とも紡錘形で，ふつう第2節が長くなる；口吻（下唇）は4節からなり，各節の側面に顕著な棘はない；単眼は頭頂に2個ある；♀は産卵管をもつ ミズギワカメムシ科 Saldidae	
13b	触角は4節からなり，細長く毛状で，第3節が顕著に長くなる；口吻（下唇）は4節からなり，第2，3節の側面には顕著な棘がある；2個の単眼は頭頂の小隆起上にある；♀腹部には産卵管を欠く アシナガミギワカメムシ科 Leptopodidae	
14a	前脚の爪は先端より手前にある	15
14b	すべての脚の爪は先端に付く	17
15a	頭頂の正中線上は浅い溝となる；中脚は前脚と後脚のほぼ中間から生じる（アシブトカタビロアメンボ亜科とケシウミアメンボ亜科は例外で，中脚は後脚に近い）；後脚腿節は短く，腹端を超えることはない（ケシウミアメンボ亜科では例外） カタビロアメンボ科 Veliidae	
15b	頭頂中央に縦溝はない；中脚は前脚よりも明らかに後脚に近い；後脚腿節は長く，腹端を大きく超える	16
16a	跗節は2節からなる；中脚と後脚の爪も先端より手前にある アメンボ科 Gerridae	
16b	跗節は3節からなる；中脚と後脚の爪は先端にある サンゴアメンボ科 Hermatobatidae	
17a	体は細長く棒状；頭部はきわめて長く，とくに複眼後方が長い；跗節は2節からなる	

		·· イトアメンボ科 Hydrometridae
17b	体は棒状でなく，頭部はふつう前胸背より短い；複眼は頭部基部（後縁）付近にある ·· 18	
18a	跗節は2節からなる；触角は，第4節の中央付近がくびれ膜質となることにより，5節からなるように見える；頬板は後方に発達し，口吻を収める溝を形成する；単眼をもつ ··· ケシミズカメムシ科 Hebridae	
18b	跗節は3節からなる；触角は4節；頬板は通常で，口吻基部付近の側方にある；長翅型では単眼をもつ ··· ミズカメムシ科 Mesoveliidae	

種の検索および特徴

タイコウチ下目　NEPOMORPHA

　従来の異翅類分類体系でいう水棲カメムシ類 Hydrocorisae がこの群にあたり，大部分の種は水中生活をする．そのため，カメムシ類 Heteroptera の中では特異な形態を示している．触角は短小化し，複眼後方（腹側面）に位置し，ときに複眼後方にある溝に収納される．また，後脚は扁平になるか遊泳毛が発達している．いずれも，水中での抵抗が小さく，遊泳に適した形状となっている．ミズムシ類以外はすべて捕食肉食性を示し，前脚が太く発達して捕獲脚となるものもある．季節によって，空中を頻繁に飛翔移動するものがあり，ライトにも飛来する．本下目の分類学的研究は，Lundblad (1933), Hungerford (1933), Hutchinson (1940), Brooks (1951), Lansbury (1972), Kanyukova (1973, 1988a) らによって行われ，現在日本からは10科に24属62種が記録されている．

タイコウチ科　Nepidae

　腹端には伸縮のできない呼吸管をもつ．胸部に臭腺を欠き，前脚は捕獲脚となることがある．頭部と前胸背の相対幅や体形で亜科分類される．日本産は2亜科3属7種で，タイコウチ亜科に4種，ミズカマキリ亜科に3種が知られる．主として止水域に棲み，タイコウチ類は主に底生性で，動きは不活発であるが，ミズカマキリ類は抽水植物が生育する環境を好み，よく遊泳する．なお，Lansbury (1972) は東洋区のミズカマキリ類の分類を行っている．

種の検索

1a	体は長円形～長形で，多少とも扁平となる；頭部は前胸背前縁より幅が狭い（タイコウチ亜科 Nepinae） ·· 2
1b	体は棒状あるいは円筒状；頭部は前胸背前縁より幅が広い（ミズカマキリ亜科 Ranatrinae） ··· 5
2a	呼吸管はきわめて短く（4 mm 未満），前翅よりはるかに短い；前脚腿節基部には棘状あるいは瘤状の突出がみられない ··· ヒメタイコウチ Nepa hoffmanni
2b	呼吸管は長く，前翅長とほぼ同じかより長い；前脚腿節基部には棘状または瘤状の突出がある ··· 3
3a	小型で，体長（呼吸管を除く）は 20 mm 以下；前脚腿節基部に1本の小さな棘がある ··· エサキタイコウチ Laccotrephes maculatus
3b	大型で，体長（呼吸管を除く）は 30 mm 以上 ····································· 4

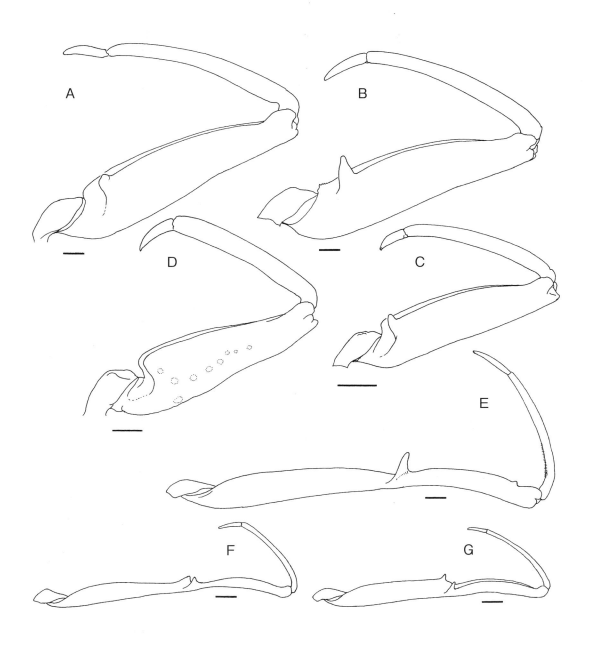

図3 タイコウチ科 Nepidae 各種の右前脚
A：タイワンタイコウチ *Laccotrephes grossus*　B：タイコウチ *Laccotrephes japonensis*　C：エサキタイコウチ *Laccotrephes maculatus*　D：ヒメタイコウチ *Nepa hoffmanni*　E：ミズカマキリ *Ranatra chinensis*　F：マダラアシミズカマキリ *Ranatra longipes*　G：ヒメミズカマキリ *Ranatra unicolor*．スケール：1 mm

4a	前脚腿節基部に1本の長い棘がある………………………	タイコウチ　*Laccotrephes japonensis*
4b	前脚腿節基部に瘤状の隆起がある………………………	タイワンタイコウチ　*Laccotrephes grossus*
5a	呼吸管は前翅より明らかに短い…………………………	ヒメミズカマキリ　*Ranatra unicolor*
5b	呼吸管は前翅より長い………………………………………………………………………	6
6a	前脚腿節中央付近の棘は1本で顕著である………………	ミズカマキリ　*Ranatra chinensis*
6b	前脚腿節中央付近の棘は小さく鈍突で，2本が並ぶ ………………………………………………………	マダラアシミズカマキリ　*Ranatra longipes*

種の特徴

タイコウチ亜科　Nepinae

タイワンタイコウチ　*Laccotrephes grossus* (Fabricius, 1787)（図3-A）

タイコウチ *L. japonensis* Scott によく似るが，やや大型で，前脚腿節の棘を欠く．水田などの浅い開放的な止水域の底泥中に棲む．体長（呼吸管を除く）：34〜37 mm．分布：石垣島，西表島，与那国島；台湾，中国，東南アジア．近年，水田などの生息環境の多くが消滅した上に，2014年の干ばつによって，八重山諸島全域で激減した．

タイコウチ　*Laccotrephes japonensis* Scott, 1874（図3-B）

体は灰褐色〜暗褐色で，前脚腿節基部付近には1本の大きな棘がある．頭部下顎腺から臭いの強い乳白色の液体を分泌する．水田，浅い池沼に生息し，底生生活をする．なお，奄美大島産は形態にやや相異があるというが，一つの地理変異と思われる．その分類学的措置等については今後の詳細な比較検討が必要である．体長（呼吸管を除く）：30〜38 mm．分布：本州，隠岐，淡路島，四国，九州，壱岐，対馬，平戸，五島（中通島，福江島），種子島，トカラ（中之島），奄美大島，徳之島，沖縄島；朝鮮半島，中国，台湾，マレーシア．

エサキタイコウチ　*Laccotrephes maculatus* (Fabricius, 1775)（図3-C）

1992年に日本での分布が確認された種である（Hayashi & Iwatsuki 1992）．小型のタイコウチで，体は暗褐色．体長（呼吸管を除く）：16〜18 mm．抽水植物が発達した比較的深い水路や湿原，水田などにみられる．環境省レッドリスト2017ではNT（準絶滅危惧種）に選定されている．分布：与那国島；台湾，東南アジア．

ヒメタイコウチ　*Nepa hoffmanni* Esaki, 1925（図3-D）

体は長卵形で全体が暗褐色．呼吸管は非常に短い．体長（呼吸管を除く）：18〜22 mm．湿地の浅い水底や草間および落葉下に生息し，ワラジムシなどの陸生小動物を捕食する．長谷川ら(2005)は，本種の分布記録・生息環境をまとめ，分布地理について考察している．分布：本州（静岡県，愛知県，岐阜県，三重県，兵庫県），四国（香川県）；朝鮮半島，中国，ロシア極東（沿海州）．

ミズカマキリ亜科　Ranatrinae

ミズカマキリ　*Ranatra chinensis* Mayr, 1865（図3-E）

体は棒状で，淡褐色〜淡黄褐色．深くて挺水植物が多い止水域にみられ，よく遊泳する．夏期の日中，頻繁に飛翔移動をする．体長（呼吸管を除く）：40〜45 mm．分布：北海道，本州，隠岐，淡路島，四国，九州，平戸，壱岐，対馬，五島（小値賀島，福江島），種子島，沖縄島？；朝鮮半島，ロシア極東（ハバロフスク，沿海州，南千島・国後島），中国．本種の沖縄島からの記録には疑問があり，再検証

を要する．

マダラアシミズカマキリ *Ranatra longipes* Stål, 1861 （図3-F）
サイズ，色彩ともに次種，ヒメミズカマキリ *R. unicolors* Scott に似るが，前脚腿節の突起の形状で区別できる．体長（呼吸管を除く）：24～29 mm．日本では八重山諸島のみに分布し，水生植物が豊富な池沼に生息する．環境省レッドリスト2017ではNT（準絶滅危惧種）に選ばれている．分布：石垣島，小浜島，西表島，与那国島；台湾，タイ，インド．

ヒメミズカマキリ *Ranatra unicolor* Scott, 1874 （図3-G）
淡褐色～淡黄褐色で，前脚腿節の突起は歯状で中央付近にある．抽水植物の多い水中に棲み，ときに河川中・下流域の緩流部や止水部にもみられる．体長（呼吸管を除く）：24～32 mm．分布：北海道，本州，淡路島，四国，九州，平戸，五島（福江島），徳之島，沖縄島，伊平屋島，久米島，北大東島，南大東島；朝鮮半島，ロシア極東（アムール，沿海州），中国，カザフスタン，タジキスタン，アゼルバイジャン，中東．なお，琉球列島産の個体には，呼吸管が比較的長いことなど，二三の形態的な相異がみられる．

コオイムシ科　Belostomatidae

体は卵形～長円形で多少とも扁平となる．前脚は捕獲脚となり，腹端には伸縮自在の呼吸管をもつ．止水域から緩流域に生息する．コオイムシ亜科では♀は♂の背に産卵するが，タガメ亜科では水面上の茎などに産卵し，孵化まで♂は卵塊上にとどまってそれを保護する．タガメ類は電灯などによく飛来することから，"electric light bug" または "giant electric water bug" と呼ぶことがある．日本からは2亜科4属5種 ― コオイムシ亜科2属3種，タガメ亜科2属2種 ― が知られるが，近年ほとんどみられなくなったものもある．Perez Goodwyn（2006）によるタガメ亜科の再検討の結果，日本産種（*deyllori*）を基に設立された *Kirkaldyia* 属が復活されている．

種の検索

1a 前脚の爪は1本；後脚の脛節と跗節は扁平で，中脚跗節よりも明らかに幅広い；♂の後胸には臭腺（後胸腺）がある（タガメ亜科 Lethocerinae） ··· 2
1b 前脚の爪は2本；中脚と後脚の脛節と跗節は扁平にならず，円筒形；後胸の臭腺（後胸腺）を欠く（コオイムシ亜科 Belostomatinae） ·· 3
2a 頭頂の幅は複眼より幅広い ·· **タガメ** *Kirkaldyia deyrolli*
2b 複眼は大きくほぼ球形で，その幅は頭頂より広い ········· **タイワンタガメ** *Lethocerus indicus*
3a 前脚跗節は1節からなる；前翅革質部に網目状の脈はほとんどない；頭部は，複眼を含めて全体的に三角形で扁平となる ············· **タイワンコオイムシ** *Diplonychus rusticus*
3b 前脚跗節は2節からなる；前翅革質部には網目状の脈が現れる；頭部は扁平な三角形とならない ··· 4
4a 口吻の第2節の長さは第1節よりやや長い；前胸背前縁の中央部は湾入するが，そのくぼみは左右の前側角を結んだ線とほぼ同じ位置である ········· **コオイムシ** *Appasus japonicus*
4b 口吻の第2節は長く，第1節の約1.5倍；前胸背前縁の中央部はより深く湾入し，そのくぼみは左右の前側角を結んだ線より深い ····················· **オオコオイムシ** *Appasus major*

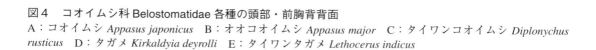

図4 コオイムシ科 Belostomatidae 各種の頭部・前胸背背面
A：コオイムシ Appasus japonicus　B：オオコオイムシ Appasus major　C：タイワンコオイムシ Diplonychus rusticus　D：タガメ Kirkaldyia deyrolli　E：タイワンタガメ Lethocerus indicus

種の特徴

コオイムシ亜科　Belostomatinae

コオイムシ　*Appasus japonicus* Vuillefroy, 1864（図4-A，5-A）
　体は扁平な卵形で，淡黄褐色～淡褐色．体長：17～20 mm．頭部の下顎腺から臭いが強い白色の液体を分泌する．水田や池沼など比較的浅い開放水域に棲む．♀は♂の背面（前翅上）に卵塊を産む．近年，個体数が減少しており，環境省レッドリスト2017でNT（準絶滅危惧種）とされている．分布：北海道，本州，隠岐，四国，九州，壱岐，対馬，五島（福江島），甑島（下甑島）；朝鮮半島，中国．次種と形態的によく似ているため，近年の記録には次種との誤同定によるものがある（苅部・高桑，1994）．また，これら2種の比較形態については堀（2001）によって詳述されている．

オオコオイムシ　*Appasus major* (Esaki, 1934)（図4-B，5-B）
　前種によく似るが，体はやや大型で，暗褐色～黒褐色．体長：23～26 mm．高層湿原や谷地などにみられ，閉鎖的な水域（湿地）に生息する．ときに，水溜まりがなくても湿った草間（地表）に棲む．北日本～東日本から広く知られているが，最近になって四国と九州からも確認された．分布：北海道，本州，四国（徳島県，愛媛県），九州（大分県）；朝鮮半島，中国，ロシア極東（沿海州，サハリン）．

タイワンコオイムシ　*Diplonychus rusticus* (Fabricius, 1781)（図4-C）
　体長：15～20 mm．体背面は黄褐色～褐色で光沢がある．日本（琉球）では1950年代に沖縄島（金武町，那覇市首里），1960年代に与論島で少数が確認されているにすぎない．1990年頃に沖縄島恩納村にある施設の電灯に飛来した本種と思われる個体が目撃されているが，その後の確認情報は一切ない．詳細な野外調査にもかかわらず未確認であり，環境省レッドリスト2017ではDD（情報不足類）からCR（絶滅危惧IA類）にランクアップされている．分布：与論島，沖縄島；台湾，中国，フィリピン，東洋区．

タガメ亜科　Lethocerinae

タガメ　*Kirkaldyia deyrolli* (Vuillefroy, 1864)（図4-D）
　超大型の水生半翅類で，抽水植物が豊富な止水域や緩流にみられる．♀は水面上の植物の茎など

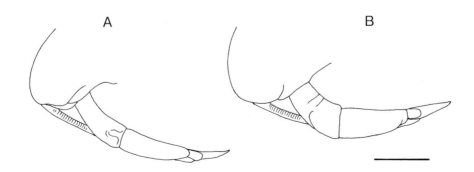

図5　コオイムシ属 *Appasus* 2種の口吻側面
A：コオイムシ *Appasus japonicus*　B：オオコオイムシ *Appasus major*．スケール：1 mm

に卵塊を産み，♂は孵化するまでこれを保護する．環境省レッドリスト2017のVU（絶滅危惧Ⅱ類）．体長：48〜65 mm. 分布：北海道，本州，隠岐，淡路島，四国，九州，壱岐，対馬，奄美大島，沖縄島，宮古島，石垣島，西表島，与那国島；台湾，朝鮮半島，中国，ロシア極東（沿海州），東洋区．与那国島からは2001年に記録され，同島では次種とともに2種のタガメが記録されている（林・佐々木, 2001）．本種が所属する *Kirkaldyia* 属は頭部の形状（複眼の大きさ，頭頂部の長さ等）や前脚腿節内側にある毛束（溝）縦列の非対称性などの違いで分けられているが，触角および♂生殖器等の形状には属を定義するだけの質的な相異点（特徴）は見当たらない（*cf.* Perez Goodwyn, 2006）．本属の独立性など，再検討の余地があると思われる．

タイワンタガメ *Lethocerus indicus* (Lepeletier et Serville, 1825)（図4-E）

タガメよりさらに大型で，体は黄褐色でやや光沢がある．複眼はほぼ球形で大きく，前胸背には2本の黒褐色の縦帯がある．前脚は短く，後脚の脛節と跗節はさらに幅広く扁平となる．水田や池沼などの止水域に生息する．与那国島からの1980年代以降の正式な記録はなく（林・佐々木, 2001），絶滅が危惧されており，環境省レッドリスト2017ではランクがCR（絶滅危惧IA類）に変更されている．体長：60〜80 mm. 分布：与那国島；台湾，中国，東洋区．

ミズムシ科　Corixidae

池，沼，用水池などの止水域，ときに清流中に棲み，主として植物性プランクトン（底生の珪藻など）や藻類などから吸汁するが，捕食肉食性を示す種もみられる．また，塩水中にも生息するものがある（Scudder 1976）．かつてフウセンムシとも呼ばれていたもので，英名は water boatman という．一部の種では，♂が発音することが知られている．ミズムシ類の分類については，Hungerford (1948) による大著をはじめとして多くの研究があり（Lundblad, 1933；Hutchinson, 1940；Chen, 1960；Jaczewski, 1960, 1961；Wróblewski, 1960, 1968；Dunn, 1979；宮本，1980；Jansson, 1986；林・宮本, 2005 など），これらの文献は日本産の分類や同定にも役立つ．種の特徴は，前胸背板着色部（pronotal disc），後胸腹面中央の剣状突起（metaxyphus），前翅基部および前縁部の撥水域（pruinose area または puina），前翅（とくに爪状部）の斑紋（皺状／網目状）などに現れる．さらに，♂では，顔面の凹み方，特殊化した前脚跗節（pala），左右不相称の生殖器（日本産ではとくに右交尾鉤 right paramere）が，♀では腹部第8節の背側板および腹側板などが，種を同定するための重要な形質である．また，コミズムシ属 *Sigara* では，♂の腹部第6背板上の濾状器（strigil）の有無や形状も同定するための重要な形質の一つである．日本からは3亜科8属29種 ― チビミズムシ亜科1属9種，ミゾナシミズムシ亜科1属1種，ミズムシ亜科6属19種 ― が記録されている．

種の検索

1a 小型で，体長は4 mm以下；中胸背小楯板は三角形で顕著；触角は3節からなる；♂前脚跗節（palaと呼ばれる）の先端には折りたたみ可能な袋状の爪があり，♀前脚の脛節と跗節は癒合する；後翅のM脈はR脈と一時的に癒合する
　　　………………………………………… 2　（チビミズムシ亜科 Micronectinae）

1b 中胸背小楯板は隠れて見えない；触角は4節からなる；♂前脚跗節の爪は剛毛状で折りたためず，♀前脚の脛節と跗節は癒合しない；後翅のM脈はCu脈と一時的に癒合する；♂の腹部は顕著に左右不相称となる……………………………………… 10

2a 体長は2 mm未満；清流の砂底や岩盤上に生息する（*Micronecta* 亜属）………… 3

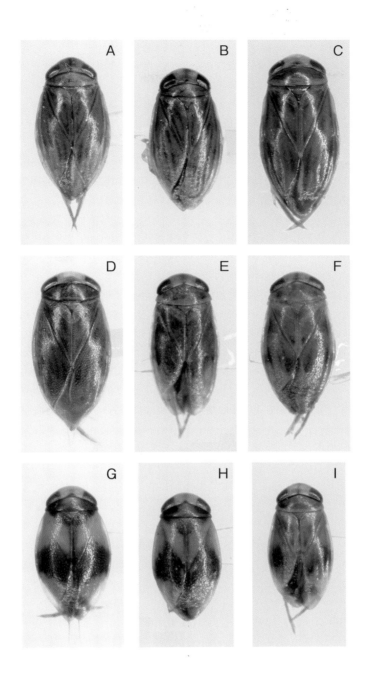

図6　ミズムシ科 Corixidae チビミズムシ亜科 Micronectinae（♂）．種名の後の（　）内は体長を示す
A：ハイイロチビミズムシ *Micronecta sahlbergii*（2.9 mm）　B：チビミズムシ *Micronecta sedula*（2.8 mm）　C：クロチビミズムシ *Micronecta orientalis*（3.1 mm）　D：ケチビミズムシ *Micronecta grisea*（3.1 mm）　E：コチビミズムシ *Micronecta guttata*（1.8 mm）　F：ヘラコチビミズムシ *Micronecta kiritschenkoi*（1.9 mm）　G：アマミコチビミズムシ *Micronecta japonica*（1.8 mm）　H：フタイロコチビミズムシ *Micronecta lenticularis*（1.6 mm）　I：モンコチビミズムシ *Micronecta hungerfordi*（1.7 mm）

2b	体長は 3 mm 前後かそれ以上；池や沼などの止水域に生息する ······························	7
3a	体背面は黒色～黒褐色で，広いコントラストの強い顕著な黄白色部あるいは黄褐色部がある ···	4
3b	体背面は一様に暗褐色で明瞭な斑紋はないが，時に不規則ながら広い灰白色部をもつ ···	5
4a	前翅は黄白色で，中央部の広い黒色部は横帯状となる；奄美諸島（奄美大島と徳之島）に固有··· アマミコチビミズムシ *Micronecta japonica*	
4b	前翅は淡黄褐色で，中央部の黒色～黒褐色部は三角形状となり，その前方は爪状部脈に沿って翅の基部近くまで広がる；琉球・八重山諸島と台湾に分布する ··· フタイロコチビミズムシ *Micronecta hungerfordi*	
5a	♂生殖器の右交尾鈎の中央部は扁平で膨出し，内縁は波状に強く湾曲する；♀腹部第8腹板内縁は基方で強く湾入し，中央付近は鈎状に突出する ··· コチビミズムシ *Micronecta guttata*	
5b	♂生殖器の右交尾鈎は中央部で膨出しない；♀腹部第8腹板内縁中央部は鈎状とならない ···	6
6a	♂生殖器の右交尾鈎は内縁が直線的で，先端が弓状に曲がり，尖突となる；短翅型では前胸背の後側角はわずかに後方に突出する；日本本土に分布する ·· ヘラコチビミズムシ *Micronecta kiritshenkoi*	
6b	♂生殖器の右交尾鈎は強くS字状に湾曲する；短翅型でも前胸背板の後側角は後方に突出しない；前翅の中央より後方には不明瞭な大きな暗色紋がある；琉球・八重山諸島に分布する··· モンコチビミズムシ *Micronecta lenticularis*	
7a	体は淡褐色～暗褐色で，前翅上には銀白色の長毛が散在する；頭楯は前方に突出せず，頭頂基は幅広く，複眼の幅の 1.5 倍前後；頭部後縁は前方にあまり湾曲しない ··· ケチビミズムシ *Micronecta grisea*	
7b	体は灰褐色～黒褐色で，前翅上に長毛はない；頭楯はわずかに前方に突出し，頭頂基の幅は複眼の幅と同じかやや広い ···	8
8a	♂前脚の跗節爪（palar claw）は細く棍棒状になる；前翅にしばしば 3～4 本の不明瞭な暗色斜条が現れる ······································· チビミズムシ *Micronecta sedula*	
8b	♂前脚の跗節爪は先端部でやや扁平になり，スプーン状に広がる ·····························	9
9a	♂生殖器の左交尾鈎の先端部はS字状に強く湾曲し，表面には多数の逆向きの顕著な棘が密生する ································· ハイイロチビミズムシ *Micronecta sahlbergii*	
9b	♂生殖器の左交尾鈎の先端部は大きく肥大し内側に曲がり，表面には逆向きの微小な棘が密生する ··· クロチビミズムシ *Micronecta orientalis*	
10a	顔は短く，口吻（下唇）に横条を欠く；前脚跗節は扁平にならず，きわめて細長く指状となる（ミゾナシミズムシ亜科 Cymatiainae）··········· ミゾナシミズムシ *Cymatia apparens*	
10b	口吻（下唇）には多数の横条がある；前脚跗節は多少とも扁平で，鎌状またはシャベル状となる ·· 11 （ミズムシ亜科 Corixinae）	
11a	頭部は大きく，複眼は球形に突出する；顔面は♂♀ともほぼ平坦で，絹状の毛が密生する；♂前脚跗節には斜めに走る2本のペグ列があり，それらは背縁の1点で交わる··· オオメミズムシ *Glaenocorisa cavifrons*	
11b	頭部は通常で，複眼は三角形状で外側方が幅狭くなる；♀の顔は凹まない；♂前脚跗節のペグ列は背縁に達しない ···	12

12a 前翅爪状部基部の撥水域 (claval pruinose area) は短く，結節後方の撥水域 (postnodal pruinose area) の1/2～2/3 ·· 13
12b 前翅爪状部基部の撥水域は長く，結節後方の撥水域とほぼ同じ長さか，明らかに長い ·· 16
13a 中胸後側板 (mesepimeron) は幅広く隆起し，側面からみると長さより幅広く，前胸背側片 (lateral lobe) 後方を覆い隠す；前胸背板の着色部 (pronotal disc) は短く，頭部とほぼ同じ長さで，4～6本の黒色横帯がある；♂前脚跗節のペグ列は基半部には現れない (Xenocorixa 属) ·· *Xenocorixa vittipennis*
13b 中胸後側板は側面からみると幅と同長かより長い；前胸背側片は四角形または台形状で，中胸後側板に隠されることはない；前胸背板着色部は後方で長く，三角形状となり，8～11本の黒色横帯がある；♂前脚跗節のペグ列はそのほぼ全長に及ぶ (Hesperocorixa 属) ·· 14
14a 後胸腹面の剣状突起 (metaxyphus) は長さより幅広い；♂の顔面は全幅が強く凹み，前方の凹みはとくに顕著で，複眼中程を結んだ線よりはるかに超えて上方に達する ·· ナガミズムシ *Hesperocorixa mandshurica*
14b 後胸の剣状突起は幅より長く，長三角形となる；♂顔面の凹みの前縁は複眼のほぼ中程までである ·· 15
15a 前翅爪状部基部にある撥水域は幅広く，先端が円くなる；中胸の後側板は側方からみるとほぼ正方形で，長さとほぼ同幅；頭頂は幅広く，後縁の幅は複眼幅より広い；♂顔面の凹陥部は半円形で，白色の長毛が密生する；♂前脚跗節は長方形に近く，背縁は先端部でほぼ直角に屈曲する ·· オオミズムシ *Hesperocorixa kolthoffi*
15b 前翅爪状部基部の撥水域は狭く楔形で，先端は鈍突となる；中胸後側板は側面からみると菱形に近く，幅より明らかに長い；♂顔面の凹陥部は長楕円形で浅く，白色毛を欠く；♂前脚跗節はほぼ台形で，背縁は先端部で斜めに屈曲し，三角形状となる ·· ミズムシ *Hesperocorixa distanti*
(15b-1) 前胸背板着色部上の黒色横帯は10～11本だが，短い分枝を除けば基本的に10本である；前胸背板後縁は直線的で，円みのある三角形状となる；北海道と東北地方北部に分布する ·· ミズムシ *Hesperocorixa distanti distanti*
(15b-2) 前胸背板着色部上の黒色横帯は8～10本だが，短い分枝を除けば基本的に8～9本である；前胸背板後縁は先端にかけて緩やかに円くなる；本州 (山形県以南)，四国，九州に分布する ·· ホッケミズムシ *Hesperocorixa distanti hokkensis*
16a 前翅結節部後方の撥水域は爪状部撥水域よりはるかに短く，幅より短い；体背面には細毛が密生する；前胸背板着色部には黒色横帯はなく，全体灰褐色；♂の顔面は凹まない ·· ツヤミズムシ *Agraptocorixa hyalinipennis*
16b 前翅結節部後方の撥水域は長く，爪状部基部のとほぼ同長 (ときに短い)；前胸背板上には黒色横帯がみられる；♂顔面は多少とも凹む ·· 17
17a 前胸背板着色部には後縁近くまで達する中央隆起線がある；腹部4～7節の結合板はやや側方に張り出し，そのため体は後半で幅広くなる；前胸背側片および胸部腹面は広く暗褐色～黒色となる；♂前脚跗節のペグ列は中程で分断される；体長は8mmを超える ·· チシマミズムシ *Arctocorisa kurilensis*
17b 前胸背板着色部に中央隆起線はないか，あっても前縁付近；腹部結合板は側方にほとんど

	張り出さない；前胸背側片はじめとして胸部腹面は全体あるいは大部分が黄褐色である；小型で，ほとんどは体長が 7 mm 以下	18
18a	前胸背板着色部の側縁は三角形状に角張る	19
18b	前胸背板着色部の側縁は角張らず，多少とも円味がある	21
19a	♂前脚跗節のペグ列は連続する；♂の頭部は大きく，前胸背板より幅広く，顔中央部は長円形に広く凹む；♂の第 6 腹節背板の右側には濾状器（strigil）がある ················· トカラコミズムシ *Sigara distorta*	
19b	♂前脚跗節のペグ列は大きく分断される	20
20a	♂前脚跗節のペグ列は，中程で上下に大きく分断される；頭頂部は，幅広く円く前方に膨出する；前翅は先端部（縁）が一様に円く，半円形；爪状部基部の内側は淡黄褐色となる ················· ホテイコミズムシ *Sigara assimilis*	
20b	♂前脚跗節のペグ列は分断されるが，基方のペグ列は斜めで，先端は背縁近くのペグ列へ連続する方向を向く；頭頂部は顕著に膨出しない；前翅の先端部（縁）は一様に円くならず，半楕円形；爪状部の色彩は一様；濾状器はきわめて小さい ················· シマコミズムシ *Sigara falleni*	
21a	前胸背板着色部の後縁は側方で浅く湾入する；後脚跗節の第 1 節（先端部）と第 2 節（背面全域）は黒褐色〜黒色で，脚の先端部が黒くみえる；♂に濾状器はあるが微小 ················· サキグロコミズムシ *Sigara lateralis*	
21b	前胸背板着色部の後縁は湾入しない；後脚は黄褐色，または先端に向かって徐々に暗色となるが先端部だけが黒くなることはない	22
22a	爪状部を除く前翅革質部の黒色部はとくに発達し，細かな縞模様あるいは網目模様にならず，黒地に黄褐色の小斑が散在する··· トヨヒラコミズムシ *Sigara toyohirae*（♂は未知）	
22b	前翅革質部は黄褐色で，黒い細かな縞模様あるいは網目模様がみられる	23
23a	♂（腹部は左右不相称）	24
23b	♀（腹部はほぼ左右相称）	30
24a	腹部第 6 背板（ふつう右側）に濾状器がある	25
24b	腹部第 6 背板に濾状器がない	26
25a	顔の凹みは広く大きく，複眼の内縁角にまで達し，そこには白色絹状の長毛が密生する；前脚跗節はヘラ状で細長く，先端へ向かって徐々に幅狭くなる ················· エサキコミズムシ *Sigara septemlineata*	
25b	顔の凹みは浅く小さく，中央部にみられる；前脚跗節は鎌状で，幅広く短く，ペグの数は 20 本前後と少ない；前胸背板上の黒色横帯はふつう細く，途中で消失することがある ················· ヒメコミズムシ *Sigara matsumurai*	
26a	頭部は大きく，前方に顕著に膨出し，顔の凹みは深く長く，ほぼ顔全体を占め，頭部の前縁付近にまで達する；前脚跗節のペグ列は波状に湾曲する ················· オモナガコミズムシ *Sigara bellula*	
26b	頭部は顕著に膨出せず，顔の凹みは浅く，中央部にみられる	27
27a	前脚跗節は中央部で幅広くなり，偏五角形となる；ペグ列は山型に湾曲する ················· ハラグロコミズムシ *Sigara nigroventralis*	
27b	前脚跗節はヘラ状または鎌状となる	28
28a	腹部第 7 腹節の右側縁は角張る；顔の凹みは複眼の下縁を超える	

	·· アサヒナコミズムシ *Sigara maikoensis*	
28b	腹部第 7 腹節の側縁は角張らず，緩やかにカーブする；顔の凹みは複眼の下縁を大きく超えることはない ··	29
29a	腹部第 6 背板後縁は側方で前方に大きく湾曲し，中央付近には顕著な突出部（pedicel）がある；前脚跗節のペグ列は跗節先端付近まで達する ············ コミズムシ *Sigara substriata*	
29b	腹部第 6 節後縁は側縁以外はあまり湾曲せず，突出部（pedicel）もみられない；前脚跗節は幅広く先端部で急に幅狭くなり，ペグ列は先端近くに達しない；前胸背板および爪状部の黒条は細くなることが多い ························· タイワンコミズムシ *Sigara formosana*	
30a	腹部第 8 腹側板は幅広く短く，先端は円みが強く，内側縁の基部には鉤状の短い突起がある ·· アサヒナコミズムシ *Sigara maikoensis*	
30b	腹部第 8 腹側板は先端で鈍く尖るか角張り，その内縁基部に鉤状の突起はない ·········	31
31a	第 8 腹節背側板の内縁は 1 ヵ所または 2 ヵ所で角張る ··	32
31b	第 8 腹節背側板の内縁は斜めで直線的である ···	33
32a	前胸背板着色部は短く，幅は長さの約 1.9 倍で，中央付近でもっとも幅広くなる ·· ハラグロコミズムシ *Sigara nigroventralis*	
32b	前胸背板着色部は後半が広三角形状になり，幅は長さの約 1.7 倍で，中央より前方でもっとも幅広くなる ·· オモナガコミズムシ *Sigara bellula*	
33a	第 8 腹節背側板は腹側板との癒合点より後方に張り出さない；小型種で前胸背板上の黒条はふつうきわめて細い ···	34
33b	第 8 腹節背側板は腹側板との癒合点を超えて三角形に張り出す ··································	35
34a	前胸背板着色部は中央より前方でもっとも幅広くなる；前翅爪状部上の黒条および黒斑は部分的に消失することが多い；日本本土に分布 ········· ヒメコミズムシ *Sigara matsumurai*	
34b	前胸背板着色部はほぼ中央でもっとも幅広くなる；前翅爪状部上の黒条は細くなるが，部分的に消失することはない；琉球列島（八重山諸島）に分布 ·· タイワンコミズムシ *Sigara formosana*	
35a	前胸背板着色部は前側縁で強く湾曲し，その側縁は前胸背側縁より内側となり，前縁中央部は強く凹陥する ·· エサキコミズムシ *Sigara septemlineata*	
35b	前胸背板着色部の側縁はほぼ体の側縁にまで達し，前縁中央部はわずかに凹陥する ·· コミズムシ *Sigara substriata*	

種の特徴

チビミズムシ亜科　Micronectinae

　小型（日本産は 4 mm 未満）で，体は扁平な楕円形〜長円形．前脚跗節はほぼスプーン形で，♂ではその先端には脛節外側の溝に収納可能な袋状〜刺毛状の爪がある．♀の前脚では，脛節と跗節は癒合する．♂腹部先端は左右不相称となり，生殖器の右把握器（right paramere）基部には細かな発音摩擦板がある．卵は無柄で，側面を付着させるように産下される．長翅型と短翅型が知られ，♀での種分類は一般に困難である．現在日本からは 1 属 9 種が記録されているが，さらに未知の数種が得られている．チビミズムシ類は現分類体系ではミズムシ科 Corixidae の 1 亜科とされるが，形態的特徴から独立した科で扱われることがある（Nieser, 2002；Chen *et al.*, 2005）．

ハイイロチビミズムシ *Micronecta (Basileonecta) sahlbergii* (Jakovlev, 1881)（図6-A, 7-A）

体背面は灰褐色～暗褐色で，前翅には不明瞭な暗色の斜条がみられる．長翅型と短翅型が知られる．海岸付近から山間の池沼にふつうにみられ，長翅型はライトにしばしば飛来する．♂成虫は発音する．体長：2.7～3.2 mm．分布：本州，四国，九州，奄美大島，沖縄島，伊平屋島，伊是名島，瀬底島，伊計島，慶良間（渡嘉敷島，阿嘉島），石垣島，小浜島，西表島；朝鮮半島，ロシア極東（アムール，ハバロフスク，沿海州），中国，台湾，東南アジア．

チビミズムシ *Micronecta (Basileonecta) sedula* Horváth, 1905（図6-B, 7-B）

淡褐色で，頭部は黄褐色．前翅には断続的な4本の暗褐色縦条があるが，太さには変異が多い．長翅型，短翅型．体長：2.8～3.1 mm．平地の池沼に生息し，年3～4化．♂成虫は発音する．分布：本州，隠岐，淡路島，四国（愛媛県），九州；朝鮮半島，中国，ロシア極東，ベトナム．

クロチビミズムシ *Micronecta (Dichaetonecta) orientalis* Wróblewski, 1960（図6-C, 7-C）

体長：[長翅型] 3.0～3.4 mm，[短翅型] 2.8～3.2 mm．体背面は暗褐色で，頭部は黄白色～黄褐色．前翅には4本の不明瞭な暗色縦条がある．長翅型と短翅型がある．池沼，溜池などの止水域に多いが，ときに河川の淀みや汽水域にもみられる．年3～4化で，成虫で越冬する．長翅型は夏期に羽化する世代に出現頻度が高い．♂成虫は発音し，その音は水際から5m程離れた場所からも聞こえるほど大きい．関東地方以西に知られていたが，最近，福島県からも確認された（塘ら，2017）．分布：

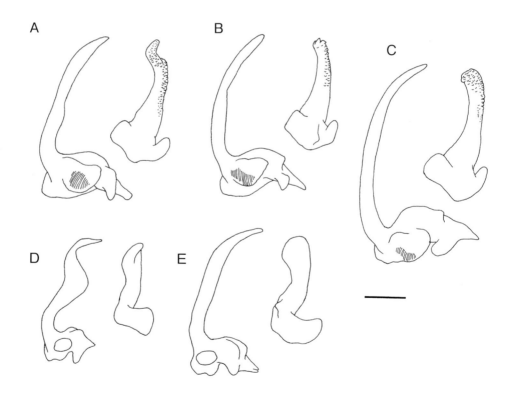

図7　チビミズムシ亜科 Micronectinae 5種の♂生殖器（左右の把握器 paramere）（大木克行氏描画）
A：ハイイロチビミズムシ *Micronecta sahlbergii*　B：チビミズムシ *Micronecta sedula*　C：クロチビミズムシ *Micronecta orientalis*　D：コチビミズムシ *Micronecta guttata*　E：ヘラコチビミズムシ *Micronecta kiritschenkoi*．スケール：0.1 mm

本州，四国，九州，対馬，天草；台湾，中国．

ケチビミズムシ *Micronecta (Indonectella) grisea* (Fieber, 1844)（図 6 -D ）
体背面は光沢のある灰褐色〜淡褐色で，銀灰白色の毛が散在する．前翅爪状部の基部は暗化する．頭頂基は幅広く，複眼幅の 1.4〜1.6 倍．長翅型のみ．体長：3.0〜3.3 mm．池沼，用水池などに生息し，電灯にもよく飛来する．なお，従来用いられていた学名 *M. thyesta* Distant, 1910 は本種の新参異名（junior synonym）である（Wróblewski, 1968）．分布：沖縄島，伊平屋島，伊是名島，伊良部島，多良間島，石垣島，西表島，与那国島；台湾，中国，ベトナム，マレーシア，インド，スリランカ．

コチビミズムシ *Micronecta (Micronecta) guttata* Matsumura, 1905（図 6 -E, 7 -D ）
淡褐色〜灰褐色で，頭頂は黄白色．前翅には 3 本の不明瞭な暗色縦条があるが，時に前翅に暗色小斑を横列させるものもある．長翅型と短翅型．大きな河川に生息し，流れがほとんどない岸付近の浅い所に多い．年 2 化で，夏期の第 2 化には長翅型が多い．体長：1.7〜2.1 mm．分布：本州，四国，九州；韓国，中国，モンゴル，ロシア（極東，東シベリア），カザフスタン．なお，*Micronecta* 亜属の種（コチビミズムシ類）は，いずれも流水域に生息する．

フタイロコチビミズムシ *Micronecta (Micronecta) hungerfordi* Chen, 1960（図 6 -H ）
1998 年に日本（琉球八重山諸島）にも分布することが確認された（Miyamoto & Hayashi, 1998）．体背面は淡黄色と暗褐色で，頭部は淡黄色，小楯板は淡褐色で，前翅は中程に屈曲した太い暗色横帯をもつ．河川中流域の浅い所に棲み，木陰のある転石の多い川底にみられ，ときに群生する．短翅型ときに長翅型．体長：1.6〜1.9 mm．分布：石垣島，西表島；台湾，中国．

アマミコチビミズムシ *Micronecta (Micronecta) japonica* Chen, 1960（図 6 -G ）
体背面は淡黄色と黒褐色で，頭部は黄白色〜淡黄褐色となる．河川上・中流域の清水中に生息し，水際近くの岩盤上や礫上に多い．日本固有種．短翅型ときに長翅型．体長：1.7〜2.0 mm．分布：奄美大島，徳之島．なお，沖縄島からの記録もあるが，よく似た別種（未記載種）であるため，分布域から除外されている．

ヘラコチビミズムシ *Micronecta (Micronecta) kiritshenkoi* Wróblewski, 1963（図 6 -F, 7 -E ）
体は全体的に褐色で，頭部が黄白色であるが，西日本産では胸背や前翅に広い白色部をもつ個体が多い（渡部，2017b）．これらが地理変異なのか季節型なのかどうか詳しく検証する必要がある．長翅型，短翅型．体長：［長翅型］1.7〜2.0 mm，［短翅型］1.9〜2.2 mm．河川の中〜下流域にみられ，生息環境はコチビミズムシに似るが，分布に異所性がみられる．今まで，関東地方以北から知られていた（大木，1995）が，その後，西日本の数ヵ所でも新たに確認されている．分布：北海道，本州，四国，九州；ロシア極東（沿海州）．

モンコチビミズムシ *Micronecta (Micronecta) lenticularis* Chen, 1960（図 6 -I ）
体の背面は褐色で，前翅中央に大きな暗褐色紋がある．長翅型および短翅型．体長：［長翅型］1.7〜2.0 mm，［短翅型］1.6〜1.7 mm．河川上〜中流の緩流の浅い岩盤上に高密度で群生する．1998 年に日本（琉球・八重山諸島）から記録されたものである．分布：石垣島，西表島；台湾．

ミゾナシミズムシ亜科　Cymatiainae

ミゾナシミズムシ *Cymatia apparens* (Distant, 1911)（図 8 -A, 12 -A, 14 -A ）
一見コミズムシ類（*Sigara* 属）に似ているが，体はやや細い．頭部腹面（顔）は非常に短く，下唇の横条を欠く．前脚跗節の形状は♂♀とも細長い指状で，先端には顕著な爪がみられる．前胸背板着色部の暗色横帯は全体的または部分的に癒合し，前胸背板が全体的に暗色となることがある．

体長：5.0〜5.9 mm．安定した止水域に生息するが，その密度は一般に低い．生態については詳しくはわかっていないが，捕食肉食性が強く，アカムシなどで飼育が可能である．近年，個体数がさらに減少する傾向があり，環境省レッドリスト 2017 には NT（準絶滅危惧種）に選定されている．近年，福島県の海岸付近（浜通り）において高密度で生息する水域が確認された（三田村，2009）が，東日本大震災でその環境は壊滅状態となった．分布：北海道，本州，四国（徳島県，愛媛県），九州；韓国，中国，ロシア極東（沿海州），インド，東洋区．

ミズムシ亜科　Corixinae

ツヤミズムシ族　Agraptocorixini

ツヤミズムシ　*Agraptocorixa hyalinipennis* (Fabricius, 1803)（図 8 -B，12-B，14-B）

比較的幅広く，全体的に灰褐色〜黄褐色で，腹面は赤茶色となる．前胸背板は灰褐色で，黒色の横帯はない．前翅も一様に灰褐色〜黄褐色で，その表面には微毛が密生し，爪状部に不明瞭な暗色斑が現れることがある．体長：6.4〜8.0 mm．池沼や用水池に生息し，牧場内などの富栄養化した水域に高密度でみられることがある．ライトにも少数が飛来する．分布：沖縄島，宮古島，石垣島，小浜島，西表島，波照間島，与那国島；台湾，中国，東南アジア．

オオメミズムシ族　Glaenocorisini

オオメミズムシ　*Glaenocorisa cavifrons* (Thomson, 1869)（図 8 -C，12-C，14-C）

体長：7.9〜8.6 mm．体は細長く，暗黄褐色の地に黒褐色の斑紋がある．頭部は大きく，とくに複眼は球形で大きい．顔面は♂♀ともほぼ平坦で，白色の長毛が密生する．♂前脚跗節の形状やそのペグ列の位置はきわめて特異である．日本では，2000 年 8 月に岩手県・八幡平山頂部の池沼で初めて採集された（Hayashi & Miyamoto, 2001）．寒冷地の水生植物相がきわめて貧弱な池沼に生息し，生息密度は低い．環境省レッドリスト 2017 では DD（情報不足類）に選ばれている．分布：本州（岩手県）；ロシア（カムチャッカ，マガダン，ヤクーツク），北ヨーロッパ,，アラスカ，カナダ．かつて，*G. propinqua* (Fieber, 1860) の亜種とされていたが，現在では独立種として扱うようになった（Aukema *et al*., 2013）．

ミズムシ族　Corixini

チシマミズムシ　*Arctocorisa kurilensis* Jansson, 1979（図 8 -D，12-D，14-D）

体長：7.8〜9.4 mm．体はやや細長く，腹部結合板は前翅よりやや側方に出る．♂の頭部は黄褐色で円く前方に突出し，顔は大きく凹む．南千島・国後島から記載された種で，日本では大雪山（北海道）と八幡平（岩手県）から記録された（Hasegawa & Hayashi, 1995；Hayashi & Miyamoto, 2001）．ミツガシワやミヤマホタルイなどの抽水植物がまばらに生育する池沼に生息するが，群生することはない．分布：北海道，本州（岩手県）；ロシア極東（カムチャッカ，ハバロフスク，サハリン，千島）．環境省レッドリスト 2017 の DD（情報不足類）．

ミズムシ　*Hesperocorixa distanti* (Kirkaldy, 1899)

体長は 9.5〜11.0 mm で，♀の方がやや大きい．♂の頭部は円く前方に膨出し，顔の凹みは長楕円形で，中央寄りにみられる．♂前脚跗節は台形に近く，先端部はほぼ三角形で内側に曲がり，内側のペグ列はその全長にわたってみられる．前胸背板着色部の黒色横帯の数などによって 2 亜種に分類されているが，その扱いについては二三の意見があり，確定していない．また，オオミズムシ

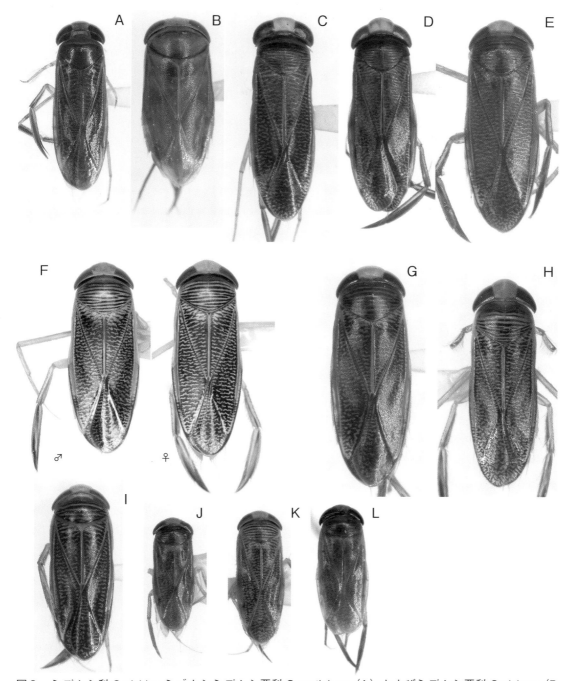

図8 ミズムシ科 Corixidae ミゾナシミズムシ亜科 Cymatiainae（A）およびミズムシ亜科 Corixinae（B－J）（♂）．種名の後の（ ）内は体長を示す
A：ミゾナシミズムシ *Cymatia apparens*（5.7 mm） B：ツヤミズムシ *Agraptocorixa hyalinipennis*（6.6 mm） C：オオメミズムシ *Glaenocorisa cavifrons*（8.3 mm） D：チシマミズムシ *Arctocorisa kurilensis*（8.1 mm） E：ミズムシ *Hesperocorixa distanti distanti*（9.6 mm） F：ホッケミズムシ *Hesperocorixa distanti hokkensis*（♂ 9.9 mm, ♀ 10.2 mm） G：オオミズムシ *Hesperocorixa kolthoffi*（10.0 mm） H：ナガミズムシ *Hesperocorixa mandshurica*（9.3 mm） I：ミヤケミズムシ *Xenocorixa vittipennis*（7.8 mm） J：ヒメコミズムシ *Sigara matsumurai*（3.9 mm） K：エサキコミズムシ *Sigara septemlineata*（4.5 mm） L：タイワンコミズムシ *Sigara formosana*（♂ 4.2 mm）

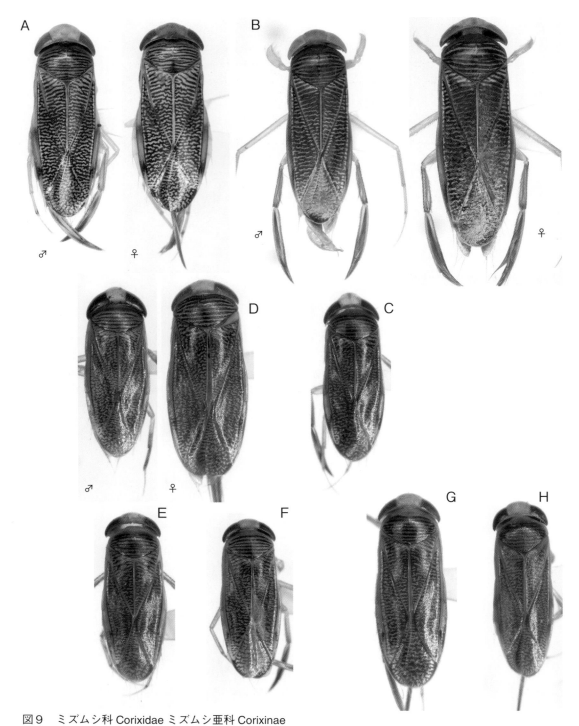

図9　ミズムシ科 Corixidae ミズムシ亜科 Corixinae
A：ホテイコミズムシ Sigara assimilis（♂ 6.1 mm, ♀ 6.0 mm）　B：シマコミズムシ Sigara falleni（♂ 7.0 mm, ♀ 7.8 mm）　C：オモナガコミズムシ Sigara bellula（♂ 5.7 mm）　D：トカラコミズムシ Sigara distorta（♂ 5.2 mm, ♀ 6.6 mm）　E：アサヒナコミズムシ Sigara maikoensis（♂ 5.5 mm）　F：ハラグロコミズムシ Sigara nigroventralis（♂ 5.1 mm）　G：コミズムシ Sigara substriata（♂ 6.3 mm）　H：サキグロコミズムシ Sigara lateralis（♂ 5.7 mm）

にこの学名をあてることがあった（Dunn, 1979）が，Kanyukova（2006）はこれを否定した．分布：北海道，本州，四国，九州；韓国，中国，ロシア極東．

1）ミズムシ　*Hesperocorixa distanti distanti* (Kirkaldy, 1899)（図8-E, 12-E, 14-E）

体長：9.5〜11.0 mm. 前胸背板着色部の黒色横帯は基本的に10本となる．分布：北海道，本州（青森県）；韓国，中国，ロシア極東（サハリン，南千島）．別亜種ホッケミズムシとの分布境界は明瞭でなく，東北地方北部では，これらをはっきりと区別できないことがある．

2）ホッケミズムシ　*Hesperocorixa distanti hokkensis* (Matsumura, 1905)（図8-F）

環境省レッドリスト2017のNT（準絶滅危惧類）．原名亜種とは前胸背板着色部の黒色横帯が基本的に8〜9本であることで区別される．独立種として扱うこともあり，その場合，*H. ussuriensis* (Jaczewski) と混同している可能性がある（Dunn, 1979）．体長：9.5〜10.8 mm. 分布：本州（山形県以南），淡路島，四国，九州，五島（福江島），甑島（下甑島）．

オオミズムシ　*Hesperocorixa kolthoffi* (Lundblad, 1933)（図8-G, 12-F, 14-F）

日本最大のミズムシで，体長は♂9.8〜11.9 mm, ♀11.1〜13.4 mm にもなる．体は幅広く，全体的に丸味がある．前翅爪状部の黒色部は細かな網目状となる．♂の顔は半円形に凹み，♂前脚跗節はほぼ長方形で，先端部は内側に強く曲がる．池沼に生息し，ときに群生するが，産地は局所的である．環境省レッドリスト2017のNT（準絶滅危惧類）．分布：本州（近畿地方以西），四国，九州；韓国，中国．

ナガミズムシ　*Hesperocorixa mandshurica* (Jaczewski, 1924)（図8-H, 12-G, 14-G）

体は細長く，体長は♂9.0〜10.4 mm, ♀10.2〜11.3 mm. ♂の顔は広く凹み，凹み方は前縁でとくに顕著である．後胸の剣状板は短い．溜池や池沼に生息し，ときに群生する．産地は一般的に局所的であり，地方によっては産地数が激減している．環境省レッドリスト2017のNT（準絶滅危惧類）．東海地方・三重県と近畿地方以西から確認されている．分布：本州，四国，九州；北朝鮮，中国，ロシア極東（沿海州）．ロシア極東にはよく似た *H. ussuriensis* が知られる（Kanyukova, 2006）．

ヒメコミズムシ　*Sigara (Pseudovermicorixa) matsumurai* Jaczewski, 1968（図8-J, 13-A, 15-A）

小型種で，体長は3.5〜4.3 mm. 前胸背板着色部上の黒色横帯は一般的に7〜8本で細く，しばしば途中で消失する．♂の顔中央の凹みは浅く，複眼の位置よりやや下方にみられる．丘陵地の池沼や水路の緩流などに生息するが，産地はやや局所的である．分布：本州，四国（徳島県，愛媛県），九州，種子島．

エサキコミズムシ　*Sigara (Pseudovermicorixa) septemlineata* (Paiva, 1918)（図8-K, 11-B, 13-C, 15-C, 16-A）

Sigara esakii Lundblad, 1929 は新参異名（シノニム）と扱われている（Jaczewski, 1961）．体長：4.5〜6.0 mm. ♂の顔面の凹みは広く大きく，複眼の内側角にまで及び，凹陥部には絹状の長毛が生える．体サイズには変異があり，とくに♂には小さい個体がしばしばみられる．前胸背板の黒色横縞の太さもいろいろで，かなり細くなるものもある．各地でふつうにみられ，ライトにもしばしば飛来する．分布：本州，淡路島，四国，九州，壱岐，対馬，天草，甑島（下甑島），種子島，トカラ（中之島，宝島），奄美大島，喜界島，徳之島，沖永良部島，沖縄島，屋我地島，伊計島，慶良間（渡嘉敷島，阿嘉島），久米島，石垣島，小浜島，西表島，波照間島，与那国島；北朝鮮，中国，ロシア極東（ハバロフスク，沿海州），台湾，東洋区．

ホテイコミズムシ　*Sigara (Sigara) assimilis* (Fieber, 1848)（図9-A, 13-E, 15-E）

♂頭頂部が前方に膨出することで，一見次種のオモナガコミズムシ *S. bellula* に似るが，頭頂部が幅広いこと，前脚跗節のペグ列が上下2本に分断される（基方の下方列のペグは18本，上方列

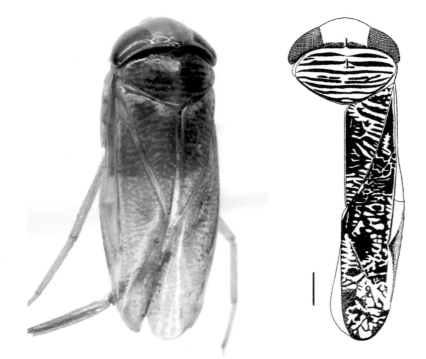

図10　トヨヒラコミズムシ *Sigara toyohirae*，タイプ標本♀（北海道大学農学部所蔵）
A：斜背面，B：背面描画（宮本，1980を改変）．スケール：0.5 mm

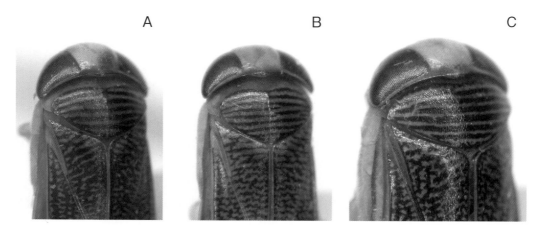

図11　コミズムシ属 *Sigara* 3種の頭部・胸部（斜背面）
A：ハラグロコミズムシ *Sigara nigroventralis*　B：エサキコミズムシ *Sigara septemlineata*　C：トカラコミズムシ *Sigara distorta*

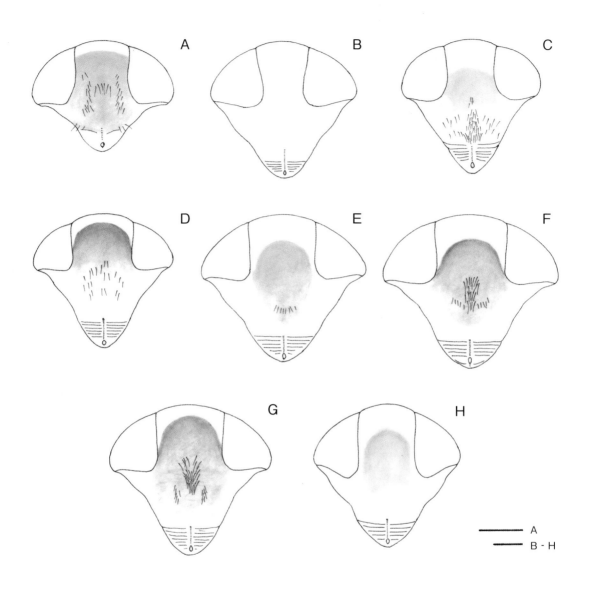

図12 ミズムシ科 Corixidae（ミゾナシミズムシ亜科 Cymatiainae およびミズムシ亜科 Corixinae）各種の
♂頭部正面（顔）
A：ミゾナシミズムシ *Cymatia apparens*　B：ツヤミズムシ *Agraptocorixa hyalinipennis*　C：オオメミズムシ
Glaenocorisa cavifrons　D：チシマミズムシ *Arctocorisa kurilensis*　E：ミズムシ *Hesperocorixa distanti distanti*
F：オオミズムシ *Hesperocorixa kolthoffi*　G：ナガミズムシ *Hesperocorixa mandshurica*　H：ミヤケミズムシ
Xenocorixa vittipennis. スケール：0.5 mm

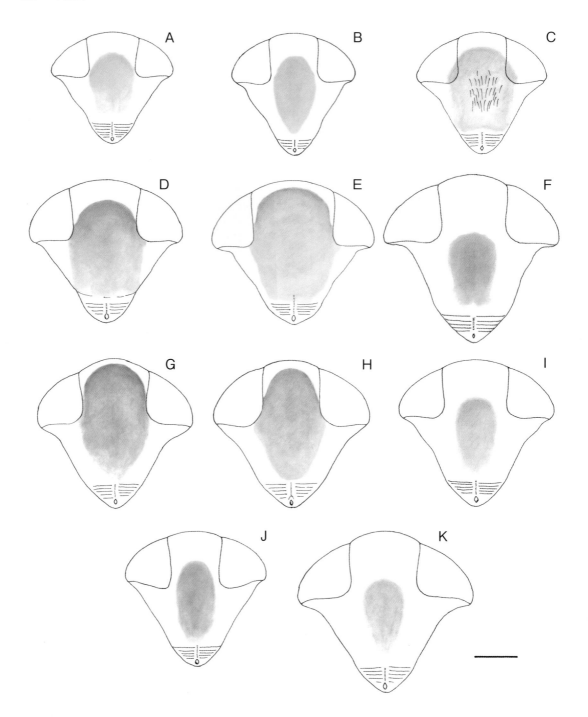

図13 ミズムシ科 Corixidae（ミズムシ亜科 Corixinae コミズムシ属 Sigara）各種の♂頭部正面（顔）
A：ヒメコミズムシ Sigara matsumurai　B：タイワンコミズムシ Sigara formosana　C：エサキコミズムシ Sigara septemlineata　D：サキグロコミズムシ Sigara lateralis　E：ホテイコミズムシ Sigara assimilis　F：シマコミズムシ Sigara falleni　G：オモナガコミズムシ Sigara bellula　H：トカラコミズムシ Sigara distorta　I：アサヒナコミズムシ Sigara maikoensis　J：ハラグロコミズムシ Sigara nigroventralis　K：コミズムシ Sigara substriata. スケール：0.5 mm

ミズムシ科 27

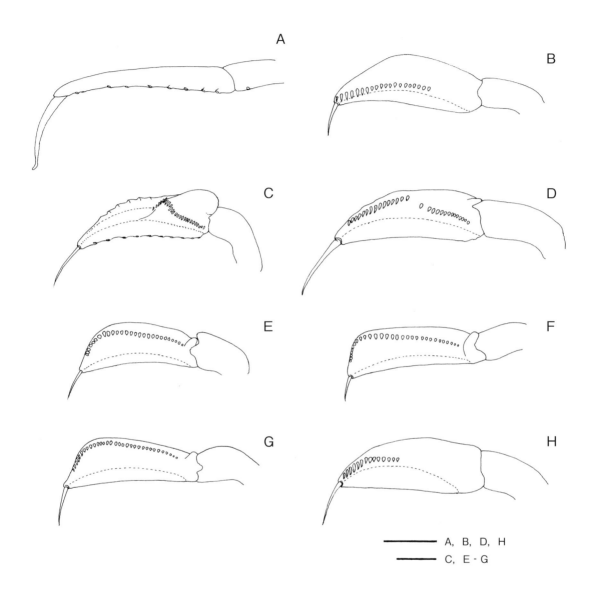

図14 ミズムシ科 Corixidae（ミゾナシミズムシ亜科 Cymatiainae およびミズムシ亜科 Corixinae）の♂前脚跗節 pala
A：ミゾナシミズムシ *Cymatia apparens*　B：ツヤミズムシ *Agraptocorixa hyalinipennis*　C：オオメミズムシ *Glaenocorisa cavifrons*　D：チシマミズムシ *Arctocorisa kurilensis*　E：ミズムシ *Hesperocorixa distanti distanti*　F：オオミズムシ *Hesperocorixa kolthoffi*　G：ナガミズムシ *Hesperocorixa mandshurica*　H：ミヤケミズムシ *Xenocorixa vittipennis*. スケール：0.3 mm

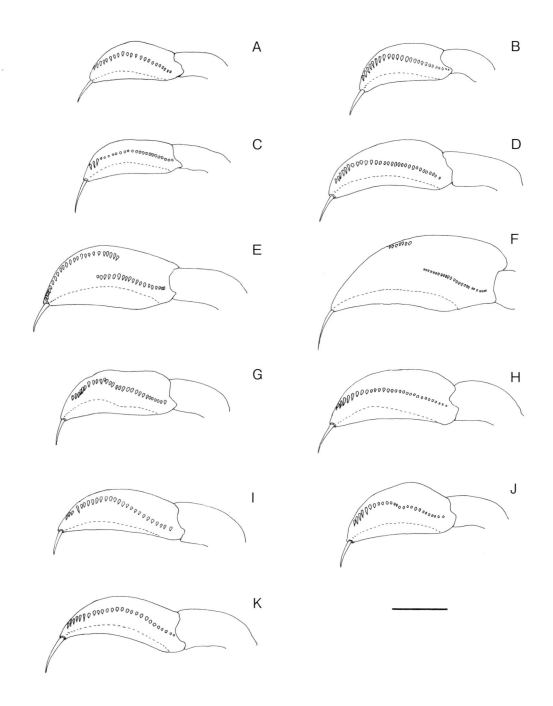

図15　ミズムシ科 Corixidae（ミズムシ亜科 Corixinae コミズムシ属 *Sigara*）各種の♂前脚跗節 pala
A：ヒメコミズムシ *Sigara matsumurai*　B：タイワンコミズムシ *Sigara formosana*　C：エサキコミズムシ *Sigara septemlineata*　D：サキグロコミズムシ *Sigara lateralis*　E：ホテイコミズムシ *Sigara assimilis*　F：シマコミズムシ *Sigara falleni*　G：オモナガコミズムシ *Sigara bellula*　H：トカラコミズムシ *Sigara distorta*　I：アサヒナコミズムシ *Sigara maikoensis*　J：ハラグロコミズムシ *Sigara nigroventralis*　K：コミズムシ *Sigara substriata*．スケール：0.3 mm

では 21 本）こと，および前翅先端が一様に円くなることで区別できる．体長：♂ 6.0～7.0 mm, ♀ 5.7～7.4 mm. 頭頂部は幅広く，複眼幅より広い．また，前胸背板着色部には 9 本の細い黒色横帯がみられ，途中で不規則に断裂することが多い．前翅爪状部基部の内縁付近は明るく黄褐色となる．2001 年になって日本から記録された種で，兵庫県川西市と島根県出雲市で 2 個体（♂）が採集されているにすぎなかった（Hayashi et al., 2001；林・松田, 2014）が，神戸市東灘区の沖合の海域で多数が確認された（山田ら, 2018）．分布：本州（兵庫県，島根県）；中国北部，モンゴル，旧北区．なお，ヨーロッパでは沿岸や内陸の塩水中に生息することが知られている（Scudder, 1976）．

シマコミズムシ *Sigara (Subsigara) falleni* (Fieber, 1848)（図 9 -B, 13-F, 15-F）
日本産コミズムシ属の中では大型で，体長は 7.0～8.1 mm. 体背面は光沢が鈍く，前胸背着色部には 8 本の黄褐色横帯があり，後側角は角張り，後縁は広く三角形状となる．♂前脚跗節は大きく，基部付近の幅は脛節の約 2 倍となる．ペグ列は 2 本に分断し，基部下方の列は斜めで 24～27 本のペグからなり，もう一方の背方の列は約 7 本の長めのペグが並ぶ．濾状器はきわめて小さい．2003 年 9 月に北海道北部の豊富町（サロベツ川）で初めて 7 個体が採集された（Hayashi & Miyamoto, 2009）が，それ以降の再確認情報はない．分布：北海道；中国（東北地方），モンゴル，カザフスタン，東シベリア，ヨーロッパ．

オモナガコミズムシ *Sigara (Tropocorixa) bellula* (Horváth, 1879)（図 9 -C, 13-G, 15-G）
中型で，体長は 5.4～5.9 mm. 前胸背板着色部の黒色横帯は基本的に 8 本である．♂頭部は強く前方に膨出し，顔の大部分は強く凹む．♂の前脚跗節のペグ列は波状に湾曲する．主として西日本の池沼にみられるが，局所的で個体数は少なく，その生息環境等は明らかになっていないが，海岸近くの止水域でみられることが多い．関東地方以西に分布するとされていたが，最近，福島県でも確認された（三田村ら, 2018）．なお，対馬・田ノ浜（上県町）では 2003 年以降に水田で比較的多数が採集されている（林・宮本, 2006）．分布：本州，九州，対馬，天草；韓国，中国，台湾．

トカラコミズムシ *Sigara (Tropocorixa) distorta* (Distant, 1911)（図 9 -D, 11-C, 13-H, 15-H）
やや大型で，体長は 5.0～6.8 mm. サイズおよび体形が♂と♀で異なり，♂では小型で，頭部は強く前方に突出し，前胸背板の横縞は細くなる傾向がある．琉球列島ではもっともふつうにみられ，池沼，用水池，水田に多産する．分布：トカラ（中之島），奄美大島，硫黄鳥島，沖縄島，伊平屋島，伊是名島，伊計島，粟国島，慶良間（渡嘉敷島，阿嘉島），宮古島，伊良部島，多良間島，石垣島，小浜島，西表島，波照間島，与那国島；台湾，中国，東洋区．

タイワンコミズムシ *Sigara (Tropocorixa) formosana* (Matsumura, 1915)（図 8 -L, 13-B, 15-B）
小型種で，体長 4.0～4.5 mm. 大きさからエサキコミズムシ *S. septemlineata* の小型個体に一見よく似るが，♂顔面の凹みは中央部のみで浅い．また，体サイズや斑紋，♂生殖器右交尾鈎の形状などでヒメコミズムシ *S. matsumurai* によく似るが，濾状器を欠くことで区別される（*cf.* Miyamoto, 1965b）．石垣島と西表島から記録されるが，採集例はきわめて少なく，近年では全く確認されていない．日本（琉球）での生息環境，生息状況等は不明である．分布：石垣島，西表島；台湾，韓国．

アサヒナコミズムシ *Sigara (Tropocorixa) maikoensis* (Matsumura, 1915)（図 9 -E, 13-I, 15-I, 16-B）
Sigara asahinai Jaczewski, 1961 は本種の新参異名．体長：4.7～5.6 mm. 体は幅広く，前胸背板着色部の前縁中央はあまり湾入しない．♂の顔は中央部でやや広く凹むが，浅い．♂腹部第 7 節の側縁は角張り，♀の第 8 節の内縁基部には鈎状の突起がある．一般的に，水温が低い高層湿原，池沼に生息するが，ときに火山地帯の温水中にも多数みられる．分布：北海道，本州，四国，九州，甑島（下甑島）；中国，ロシア極東（サハリン，南千島・国後島）．後述のトヨヒラコミズムシ *S.*

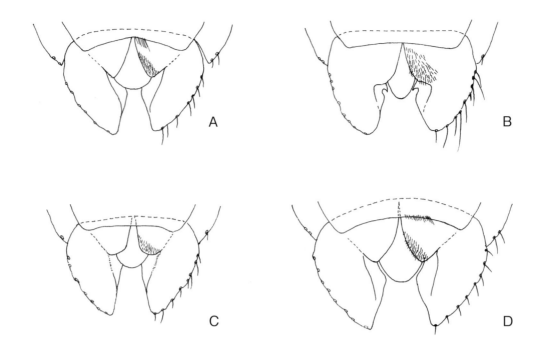

図16　ミズムシ科（ミズムシ亜科 Corixinae コミズムシ属 *Sigara*）4種の♀腹端部背面
A：エサキコミズムシ *Sigara septemlineata*　B：アサヒナコミズムシ *Sigara maikoensis*　C：ハラグロコミズムシ *Sigara nigroventralis*　D：コミズムシ *Sigara substriata*

toyohirae の新参異名と扱われた（Jaczewski, 1961; Kanyukova, 1988a, 2006；Aukema & Rieger, 1995）が，この措置は明らかに誤りである．

　ハラグロコミズムシ　*Sigara (Tropocorixa) nigroventralis* (Matsumura, 1905)（図9-F，11-A，13-J，15-J，16-C）
　体長：4.7〜5.6 mm．♂の顔の凹みは浅く，中央部のみである．♂前脚跗節の形状は特異で，偏五角形となり，ペグ列は山型に湾曲する．北方系の種で，平地から山地にかけての開放的な水域にみられるが，水温の低い場所または木陰となる場所を好むようである．北日本では寒冷地の高層湿原などに多産する．一方，奄美大島では林道脇などの狭い湧水域に局所的に生息する．分布：北海道，利尻島，本州，八丈島，淡路島，四国，九州，対馬，トカラ（中之島，宝島），奄美大島，徳之島；ロシア極東（サハリン南部，南千島），北朝鮮，台湾．
　コミズムシ　*Sigara (Tropocorixa) substriata* (Uhler, 1896)（図9-G，13-K，15-K，16-D）
　中型種で，体長5.5〜6.5 mm．前胸背板の着色部は大きく，基本的に9本の黒色横帯がみられ，後側縁は直線的である．♂の顔は複眼の下方の中央部で浅く凹む．♂腹部は強く非対称となり，左右が逆になる（左曲がりになる）個体がときどきみられる．西日本にはふつうにみられるが，東日本では分布が局所的で比較的少ない．分布：北海道，本州，隠岐，四国，九州；朝鮮半島，ロシア極東（ハバロフスク，沿海州），中国，台湾．今までコミズムシ類は一括して本種と同定されていた可能性が高いため，従来の記録は再確認を要す．

トヨヒラコミズムシ　*Sigara* (*Tropocorixa*?) *toyohirae* (Matsumura, 1905)（図10）
体長：♀4.9 mm. 札幌市の豊平川で1個体（Holotype ♀，北海道大学農学部所蔵）が採集されているだけで，その後の追加記録は全くない．いくらかの形態的な状態から，ここで *Tropocorixa* 亜属に含めているが，本種の分類学的位置ならびに所属については，♂個体が得られていないため確定できない．前翅爪状部の皺状の黒色条紋は発達し，広い部分で癒合する．腹部第8節背側板の形状はハラグロコミズムシ *S. nigroventralis* に似ている．また，第8節基部の鉤状突起がなく，アサヒナコミズムシ *S. maikoensis* とは明らかに別の種である．分布：北海道（札幌市）．

サキグロコミズムシ　*Sigara* (*Vermicorixa*) *lateralis* (Leach, 1817)（図9-H，13-D，15-D）
体長：5.4〜6.8 mm. 体形や♂の顔の凹み方などで，エサキコミズムシ *S. septemlineata* に似ているが，体背面の光沢が鈍いこと，前胸背板着色部の後縁側方がわずかに湾入すること，後脚先端部（跗節の第1節先端部と第2節）の背面が黒色〜暗褐色となる点で区別される．2001年に日本（本州中部）から記録された（Hayashi *et al*., 2001）．分布：北海道，本州，天草；中国，モンゴル，カザフスタン，ロシア（沿海州まで），旧北区，南アジア，アフリカ．なお，ヨーロッパでは，塩水中にも生息することが報告されている（Scudder, 1976）．また，山本（2014）は道央の海岸砂丘上の池で確認している．

ミヤケミズムシ　*Xenocorixa vittipennis* (Horváth, 1879)（図8-H，12-H，14-H）
やや大型の種で，体長は7.2〜9.1 mm. 体は丸味があり幅広く，強い光沢がある．前胸背板着色部は比較的短く，側縁は角張り，6〜8本の太い黒色横帯がある．♂の頭部は三角形状に前方に突出し，顔の凹みはほとんどなく，平坦である．♂前脚跗節のペグ列は1列で，端半部のみにみられる．水生植生が豊富な池沼に生息し，高密度で群生するが，産地は局所的である．分布：本州，四国，九州，天草；台湾，中国．

メミズムシ科　Ochteridae

日本には，北海道から琉球列島にかけて1種が分布する．触角は複眼の下に付くが，背面から見える．複眼背面側の内縁は円く湾入する．単眼をもち，脚はほぼ同形で，前脚は捕獲脚とならない．♂の腹部は左右不相称．湿地や水辺の地表に生息する．

メミズムシ　*Ochterus* (*Ochterus*) *marginatus marginatus* (Latreille, 1804)（図17-A）
体長：4.1〜5.5 mm. 体背面は光沢のない黒色で，灰白色や黄褐色の小さな斑紋がある．琉球・八重山諸島産は，やや小型で，斑紋が発達する傾向がある．湿った地表に棲み，歩行，跳躍，短距離飛行を頻繁に行なう．幼虫の胸背および腹部背面からの分泌物によって砂粒を背中に付着させる習性がある．大隅諸島〜宮古諸島には分布記録がなかったが，最近になって種子島，徳之島，宮古島から確認された（塚田，2007；北野，2010；上手，2013）．分布：北海道（上士幌町），本州，四国，九州，種子島，徳之島，宮古島，池間島，石垣島，西表島，与那国島；朝鮮半島，ロシア極東（国後島），旧北区，東洋区，エチオピア区，オーストラリア区．

アシブトメミズムシ科　Gelastocoridae

体は円味のある四角形に近く，扁平．背面全体が暗褐色〜褐色で，光沢がなく，微小な突起が密生する．頭部は横位で幅広く，単眼を欠き，触角は複眼下の溝に収納される．前脚腿節はきわめて太い．♂の腹部は左右不相称．海岸や陸水域の水辺に生息するが，ときに水域からかなり離れた場

所で発見される．日本産は1種で，九州以南および小笠原諸島に分布する．

アシブトメミズムシ *Nerthra macrothorax* (Montrouzier, 1855)（図17-B）

体長：7.5～9.0 mm．広円形で扁平．全体的に褐色～黒褐色で，体表は光沢がなく粗面である．海岸砂浜（ときに岩場）の海浜植生内にみられ，落葉下や砂中浅くに棲む．小笠原諸島ではしばしば山中（ときに尾根沿い）で発見される．動きは緩慢であるが，仰向けになると両後脚をテコにして前向きに起き上がる．2006年には南大東島からも発見された（東・佐々木，2007）．分布：小笠原，九州，屋久島，トカラ（宝島），奄美大島，喜界島，徳之島，与論島，沖縄島，伊平屋島，伊是名島，屋我地島，粟国島，渡名喜島，慶良間（屋嘉比島），久米島，南大東島，宮古島，池間島，大神島，伊良部島，下地島，多良間島，石垣島，西表島，与那国島；台湾，東南アジア，太平洋地域，ニューギニア，オーストラリア．

コバンムシ科　Naucoridae

体は楕円形で，単眼を欠き，口吻は前基節よりはるかに短い．前脚の腿節はきわめて太く，前脚跗節は1節からなり，爪は1本．ほとんどが長翅型であり，膜質部に脈はない．日本産は1種で，挺水植物が豊富な深い池沼などに生息し，よく遊泳する．

コバンムシ *Ilyocoris cimicoides exclamationis* (Scott, 1874)（図17-C）

体は小判形で，生時，前胸背と前翅の基部は光沢のある緑色である（乾燥標本では暗黄褐色に変色する）．前脚腿節はとくに太くなる．ヒシ，スイレン，コウホネなどの水生植物が豊富な深い池沼に生息する．長翅型のみ．既知産地がもともと数少ない上に，最近になって生息が確認されなくなった産地が多く，絶滅が危惧される．そのため，環境省レッドリスト2017ではEN（絶滅危惧IB類）にランク変更された．体長：11.3～12.8 mm．分布：本州，九州；韓国．なお，中国，モンゴル，ロシア極東（沿海州）からヨーロッパにかけては別亜種が知られる（*cf.* Kanyukova, 2006）．

ナベブタムシ科　Aphelocheiridae

体はほぼ円形で，扁平．単眼を欠き，口吻は前基節より長い．前脚は捕獲脚にならず，前脚跗節は3節からなり，爪は2本．ふつう短翅型で，前翅は鱗片状となる．プラストロンによる呼吸を行い，一生水中で生活する．清流中に棲み，砂礫の多い水底に浅く潜る．日本産は1属3種で，いずれも近年減少傾向にあり，中には最近全く確認されないものもある．ロシア産についてはKanyukova (1974)による研究があり，この内容には日本産種の分類学的再検討に参考とすべきことが多い．

種の検索

1a 複眼より前方の頭頂は三角形に近く，複眼前縁より後方の長さとほぼ同じ；頭頂は黄褐色で，前縁付近が黒褐色～黒色に暗化する；前胸背板は顕著に張り出さず，後側角は円い；小型で，頭部以外の体はほぼ黒色または黒褐色
　………………………………………………………… **カワムラナベブタムシ** *Aphelocheirus kawamurae*
1b 複眼より前方の頭頂は，複眼前縁より後方の長さより短い；頭頂は黄褐色で，基部が暗褐色になり，前縁は円みが強い……………………………………………………………………………… 2
2a 前胸背は後側方でほぼ直角に張り出し，側縁に剛毛はない；腹部第3背板の後側角は鎌状に突出しない；胸背および腹背は北方の産地で全体的に暗褐色～黒色になることが多い

アシブトメミズムシ科，コバンムシ科，ナベブタムシ科　33

　　　　　　　　　　　　　　　　　　　　　　　　　　ナベブタムシ　*Aphelocheirus vittatus*
2b　前胸背は強く張り出し，側縁は湾曲し小さな剛毛が列生し，後側角は鋭角に尖る；腹部第
　　3背板の後側角は鎌状に突出する；胸背と腹背は黒褐色で，側方には比較的明瞭な黄褐色
　　の斑紋がある……………………………………………トゲナベブタムシ　*Aphelocheirus nawae*

種の特徴

カワムラナベブタムシ　*Aphelocheirus kawamurae* Matsumura, 1915（図18-A）
　小型種で光沢のない黒色であるが，頭部と脚は黄色〜黄白色．頭部は長く，三角形に前方に突出する．短翅型のみ．体長：6.8〜8.0 mm．琵琶湖南部と琵琶湖疎水だけから知られているが，1960年代初期以降，詳細な調査にもかかわらず，全く確認されていない（友国ら，1995）．環境省レッドリスト 2017 では CR（絶滅危惧 IA 類）に選定され，絶滅がとくに懸念されている．分布：本州（滋賀県，京都府）；韓国．

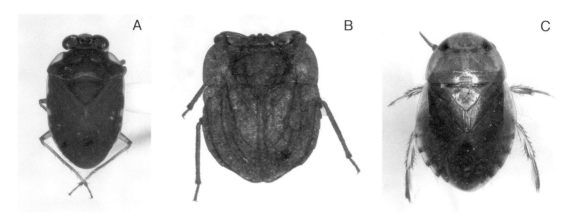

図17　メミズムシ科 Ochteridae，アシブトメミズムシ科 Gelastocoridae およびコバンムシ科 Naucoridae.
　　　種名の後の（　）内数値は体長を示す
A：メミズムシ *Ochterus marginatus marginatus*（八重山諸島与那国島産，4.1 mm）　B：アシブトメミズムシ *Nerthra macrothorax*（7.5 mm）　C：コバンムシ *Ilyocoris cimicoides exclamationis*（12 mm）

図18　ナベブタムシ科 Aphelocheiridae 3種の頭部・胸部背面
A：カワムラナベブタムシ *Aphelocheirus kawamurae*　B：ナベブタムシ *Aphelocheirus vittata*　C：トゲナベブタムシ *Aphelocheirus nawae*

トゲナベブタムシ *Aphelocheirus nawae* Nawa, 1905 （図18-C）
体背面は円形暗褐色に黄褐色〜黄色の紋をもつ．前胸背と腹節の側縁は後側方に顕著に突出する．ふつう短翅型であるが，稀に長翅型が出現する．体長：8.5〜10.0 mm．細礫のある瀬に棲む．近年，河川の護岸工事などによって，多くの既知産地では姿がみられなくなり，生息地でも個体数が減少している．環境省レッドリスト2017のVU（絶滅危惧II類）．分布：本州（三重県・岐阜県以西），九州；朝鮮半島，中国，ロシア（ハバロフスク，沿海州，東シベリア），カザフスタン．

ナベブタムシ *Aphelocheirus vittatus* Matsumura, 1905 （図18-B）
体長：8.5〜10.0 mm．体背面には黄褐色と暗褐色の斑紋があるが，暗色部の広さには変異がある．前胸背の側角は円味があり，尖らない．短翅型，稀に長翅型．東日本での長翅型の出現率はきわめて低いといわれる．丘陵地〜山地の清流に棲み，砂地を好み，通常は砂中や小礫間に隠れている．分布：本州，四国，九州；韓国．

マツモムシ科　Notonectidae

体はほぼ円筒形で，複眼は大きく，単眼を欠く．腹部腹面は黒色〜黒褐色で長毛を密生する．主として，止水域〜緩流に生息し，他の水生昆虫を捕食する．背面を下にして背泳することから，"backswimmer" と呼ぶ．コマツモムシ類には優れた移動能力があるため，一般に各種の分布域が広い．本科の分類学的研究はBrooks（1951）やHungerford（1933）らによって行われており，また，Miyamoto（1964a）は日本産数種の学名について検討し，一部訂正している．日本産には2亜科3属11種 ― マツモムシ亜科 Notonectinae 2属4種，コマツモムシ亜科 Anisopinae 1属7種 ― が知られる．なお，コマツモムシ類では，頭部（顔）の形態は属学名が示すとおり♂♀で異なっており，また，前脚跗節の小節数が♂では1節，♀では2節である．一部の種を除き，種同定が比較的困難である．

種の検索

1a 前翅会合部の基部に毛に囲まれた感覚孔（hemelytral pit）がない；水面で静止する ……………………………………………………… 2 （マツモムシ亜科 Notonectinae）
1b 前翅会合部の基部に毛に囲まれた感覚孔がある；水面で静止することはできない ……………………………………………………… 5 （コマツモムシ亜科 Anisopinae）
2a 前胸背前側角付近は円く凹陥する；体は光沢があり，淡灰褐色〜銀灰色で，頭部はしばしば緑色や淡青色となる……………………… タイワンマツモムシ *Enithares sinica*
2b 前胸背前側角付近は凹陥しない；体背面に光沢はほとんどない………………………… 3
3a 中胸背（小楯板）および前翅膜質部は光沢のない黄褐色〜淡褐色（小楯板はときに黒色）；前胸背の側縁はわずかに湾入する……………… キイロマツモムシ *Notonecta reuteri reuteri*
3b 中胸背（小楯板）および前翅膜質部は光沢のない黒色；前胸背の側縁は直線的またはわずかに膨らむ………………………………………………………………………………… 4
4a 前翅は黒色で，黄褐色の斑紋がある……………………… マツモムシ *Notonecta triguttata*
4b 前翅は黒色であるが，広い朱赤色部がある… オキナワマツモムシ *Notonecta montandoni*
5a ♂（前脚跗節は1節からなる）………………………………………………………………… 6
5b ♀（前脚跗節は2節からなる）………………………………………………………………… 12

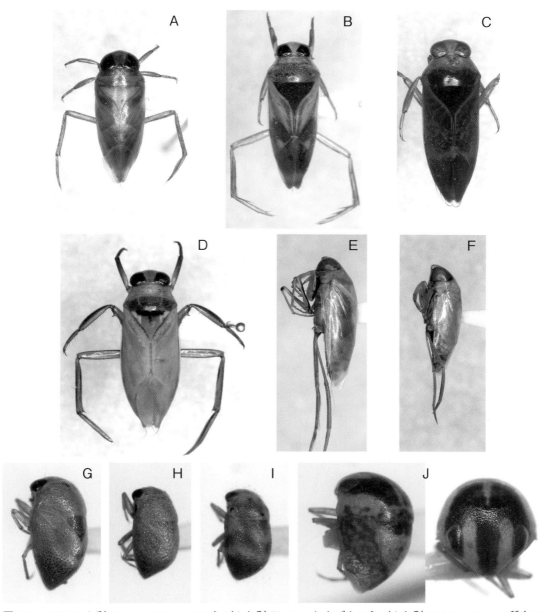

図19 マツモムシ科 Notonectidae, マルミズムシ科 Pleidae およびタマミズムシ科 Helotrephidae. 種名の後の ( ) 内は体長を示す
A: タイワンマツモムシ *Enithares sinica* (9.0 mm) B: マツモムシ *Notonecta triguttata* (13 mm) C: オキナワマツモムシ *Notonecta montandoni* (15 mm) D: キイロマツモムシ *Notonecta reuteri reuteri* (14 mm) E: オオコマツモムシ *Anisops stali*, ♂側面 (9.8 mm) F: ハナダカコマツモムシ *Anisops nasutus*, ♂側面 (7.0 mm) G: マルミズムシ *Paraplea japonica*, 斜側面 (2.4 mm) H: ヒメマルミズムシ *Paraplea indistinguenda*, 斜側面 (1.7 mm) I: ホシマルミズムシ *Paraplea liturata*, 斜側面 (1.7 mm) J: エグリタマミズムシ *Heterotrephes admorsus*, 斜側面および正面 (2.5 mm)

6a 頭部は多少とも前方に突出し，下面（腹面）に凹陥部がある……………………………………7
6b 頭部は前方に突出せず，平坦である……………………………………………………………10
7a 頭部突出部の下面（顔）はしゃもじ形に円く凹陥する
……………………………………………… ハナダカコマツモムシ　*Anisops nasutus*
7b 頭部突出部の下面は溝状に凹陥する……………………………………………………………8
8a 頭部の突出は顕著で，下面の溝は3本………… クロイワコマツモムシ　*Anisops kuroiwae*
8b 頭部の突出は小さく，下面の溝は1本…………………………………………………………9
9a 大型種で，体長は9mmを超える；中脚脛節基部に内側に向く毛束からなる円い突起があ

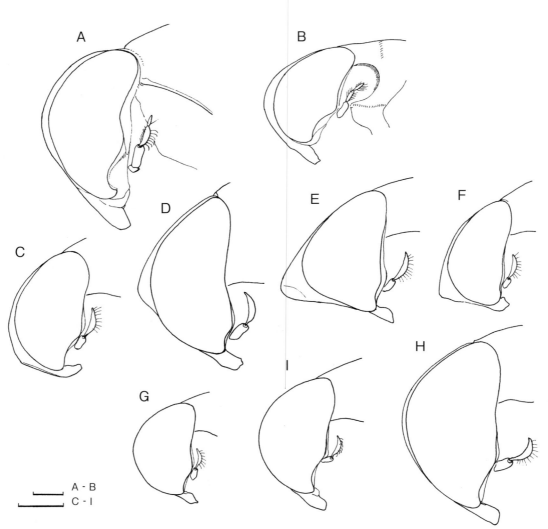

図20　マツモムシ科 Notonectidae 各種の♂頭部側面図
A：オキナワマツモムシ *Notonecta montandoni*　B：タイワンマツモムシ *Enithares sinica*　C：コマツモムシ *Anisops ogasawarensis*　D：オオコマツモムシ *Anisops stali*　E：ハナダカコマツモムシ *Anisops nasutus*　F：クロイワコマツモムシ *Anisops kuroiwae*　G：チビコマツモムシ *Anisops exiguus*　H：イシガキコマツモムシ *Anisops occipitalis*　I：ヒメコマツモムシ *Anisops tahitiensis*．スケール：0.5 mm

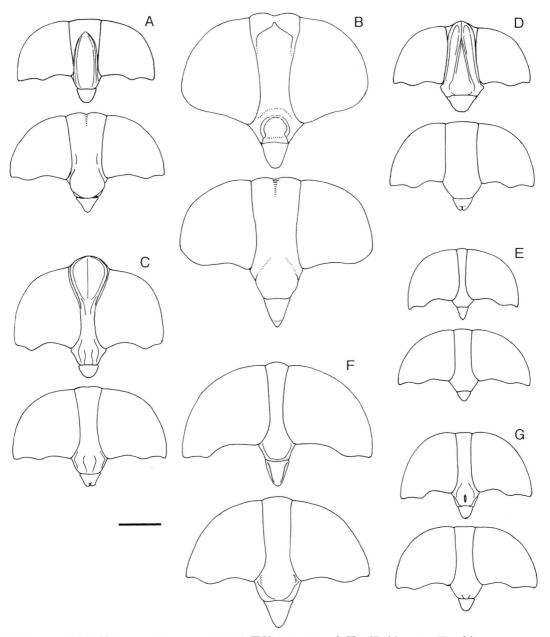

図21 マツモムシ科 Notonectidae コマツモムシ亜科 Anisopinae 各種の顔（上，♂；下，♀）
A：コマツモムシ *Anisops ogasawarensis*　B：オオコマツモムシ *Anisops stali*　C：ハナダカコマツモムシ *Anisops nasutus*　D：クロイワコマツモムシ *Anisops kuroiwae*　E：チビコマツモムシ *Anisops exiguus*　F：イシガキコマツモムシ *Anisops occipitalis*　G：ヒメコマツモムシ *Anisops tahitiensis*. スケール：0.3 mm

	る··オオコマツモムシ *Anisops stali*	
9b	中型種で，体長はほぼ6〜7mm；中脚脛節基部に毛束からなる突起はない ··コマツモムシ *Anisops ogasawarensis*	
10a	体長は6.5 mm以上；後胸腹板の剣状突起（metaxyphus）は太く鋭形で，中程でやや狭まる···イシガキコマツモムシ *Anisops occipitalis*	
10b	小型で，体長は5.5 mm以下 ···	11
11a	前脚跗節の内側にペグがない；後胸前腹板（metepisternum）の後縁は直線的で，剣状突起は太く長三角形··ヒメコマツモムシ *Anisops tahitiensis*	
11b	前脚跗節の内側にペグが5本ある；後胸前側板の後縁は緩やかに湾曲し，剣状突起は鋭形··チビコマツモムシ *Anisops exiguus*	
12a	顔は幅広く，頭部の幅は複眼間の約5倍かそれ以下··································	13
12b	顔の幅は狭く，頭幅は複眼間の5.5倍以上··	15
13a	複眼腹面の内縁はほぼ平行；後胸前側板は非常に幅広くて大きく，後縁は緩やかに湾曲する；剣状突起は小さくて細長く，先端は円い……クロイワコマツモムシ *Anisops kuroiwae*	
13b	複眼腹面の内縁は先端側（口吻側）でやや近づく；後胸前側板は小さく，剣状突起は相対的に大きい ··	14
14a	大型で，体長は9 mmを超える；後胸の剣状突起は先端が鋭く尖る ··オオコマツモムシ *Anisops stali*	
14b	体長はほぼ6〜7mm；後胸の剣状突起は先端が広く円みをおび，やや裁断状となる ··コマツモムシ *Anisops ogasawarensis*	
15a	腹面からみた複眼は幅と同長かより長い；体長は6〜7 mm ··························	16
15b	腹面からみた複眼は長さより幅広い；体長はほぼ4.5〜5.5 mm ······················	17
16a	中脚跗節第2節腹面の斜走する剛毛列は中央付近から先端にかけてみられる；後胸腹板の剣状突起は中程でいったん狭まり，先端は鋭く尖る ··ハナダカコマツモムシ *Anisops nasutus*	
16b	中脚跗節第2節腹面の斜走する剛毛列は先端付近のみにみられる；後胸腹板の剣状突起は太く三角形状で，先端は鋭く尖る···············イシガキコマツモムシ *Anisops occipitalis*	
17a	中脚跗節第2節の腹面には中央部を縦走するペグ列がある；体長は4.5 mm以下 ···チビコマツモムシ *Anisops exiguus*	
17b	中脚跗節第2節の腹面にはペグ列がない；体長は5〜5.5 mm ··ヒメコマツモムシ *Anisops tahitiensis*	

種の特徴

マツモムシ亜科　Notonectinae

タイワンマツモムシ　*Enithares sinica* (Stål, 1854)（図19-A，20-B）
　体は光沢のある灰色〜銀灰色で，頭部は黄緑色で，銀灰色または淡青色になることがある．体長：7.9〜9.1 mm．抽水植物が多い水路や池沼に生息し，木陰を好む．産地は多少とも局限される．分布：沖縄島，宮古島，石垣島，小浜島，西表島，与那国島；台湾，中国，ベトナム，フィリピン．
オキナワマツモムシ　*Notonecta* (*Notonecta*) *montandoni* Kirkaldy, 1897（図19-C，20-A）
　大型種で，体長は12.6〜15.9 mm．頭部は淡黄色で，前翅上に広い朱赤色部がある．日本では沖

縄島のみに分布し，明るい池や山間の木陰のある沼まで，いろいろな止水域に生息するが，産地は近年減少しつつある．環境省レッドリスト2017のNT（準絶滅危惧種）に指定されている．分布：沖縄島，屋我地島；中国，ミャンマー，インド．なお，宮本（1985）は本種の学名にN. (Paranecta) chinensis Fallou, 1887を用いたが，これは間違いである．

キイロマツモムシ *Notonecta (Notonecta) reuteri reuteri* Hungerford, 1928（図19-D）
体長：13.5～16.7 mm．体背面は黄灰白色～ベージュ色で，腹面は対照的に黒褐色である．顔面はしばしば緑色を帯び，中胸背が暗色または黒色となることがある．後脚は長く，脛節と跗節には長い遊泳毛が密生する．本州の中部地方以北の寒冷地に分布し，高層湿原に点在する深い池に生息する．分布：北海道，利尻島，本州；北朝鮮，中国，モンゴル，ロシア極東（ハバロフスク，沿海州，サハリン），シベリア，旧北区．

マツモムシ *Notonecta (Paranecta) triguttata* Motschulsky, 1861（図19-B）
体長：11.5～14.0 mm．頭部と前胸背は淡黄褐色で，前胸背は半透明となる．前翅は黒色で，黄色の斜めの帯がある．黄色部の現れ方には地理変異がみられ，北方では一般に広くなる．体腹面は黒色～暗褐色．池沼，用水池，水路などの止水域にふつうにみられる．分布：北海道，利尻島，本州，佐渡，隠岐，淡路島，四国，九州，対馬，天草，種子島；朝鮮半島，中国，ロシア極東（沿海州，南千島・国後島）．

コマツモムシ亜科　Anisopinae

チビコマツモムシ *Anisops exiguus* Horváth, 1919（図20-G，21-E，22-E）
日本産種ではもっとも小型で，体長は4.3～4.5 mm．1991年に琉球列島から初めて確認され（林，1991b），その後，本州（東海地方以西），四国，九州からも確認されている．浅い池沼や用水池など開放的な水域に生息する．なお，従来用いられていた学名A. exigeraはBrooks（1951）による引用時のスペルミスによるものである．分布：本州，四国，九州，甑島（下甑島），奄美大島，徳之島，沖縄島，伊平屋島，伊是名島，粟国島，渡名喜島，慶良間（阿嘉島），宮古島，石垣島，西表島，波照間島，与那国島）；中国，ヒマラヤ，インド，モルッカ諸島，ニューギニア．

クロイワコマツモムシ *Anisops kuroiwae* Matsumura, 1915（図20-F，21-D，22-D）
体長：5.6～6.4 mm．琉球列島各地にもっともふつうにみられる．♂の顔は大きく突出し，下面には3本の顕著な縦溝がある．水田，車の轍にできた一時的な水溜まりなど，陽当たりのいい開放的な場所に群生し，時に水温がかなり高くなる海岸岩礁上の水溜まりにも高密度でみられる．ライトにもしばしば飛来する．分布：トカラ（中之島，宝島），奄美大島，喜界島，徳之島，沖永良部島，沖縄島，伊平屋島，伊是名島，伊計島，浜比嘉島，粟国島，渡名喜島，慶良間（渡嘉敷島，阿嘉島），久米島，宮古島，伊良部島，石垣島，小浜島，西表島，波照間島，与那国島；韓国（済州島），台湾，中国，フィリピン，インド．

ハナダカコマツモムシ *Anisops nasutus* Fieber, 1851（図19-F，20-E，21-C，22-C）
体長：♂6.0～7.8 mm．♀6.0～6.9 mm．♂の顔の形は特異で，腹面からみると杓文字形に突出し，他と間違えることはない．体色はときに淡黄色となる．1991年になって日本（琉球）から記録された種で，川の淵から用水池まで，多様な環境にみられるが，概して深い場所を好むようである（林，1991b）．日本では琉球列島だけから知られていたが，2004年末に鹿児島県本土からも発見された（大原・林，2005）．分布：九州（鹿児島県），奄美大島，喜界島，徳之島，硫黄鳥島，沖縄島，伊平屋島，伊是名島，伊計島，粟国島，渡名喜島，慶良間（渡嘉敷島，阿嘉島），宮古島，伊良部島，多良間島，

石垣島，小浜島，西表島，波照間島，与那国島；台湾，中国，東南アジア，太平洋諸島，オーストラリア．

イシガキコマツモムシ *Anisops occipitalis* Breddin, 1905（図20-H，21-F，22-F）
やや大型で体は太く，体長6.6〜7.2 mm．顔は♂でも突出しない．琉球列島に広くみられ，個体数も少なくない．水量の安定した止水域に生息し，水生植物が発達する場所をとくに好む．分布：奄美大島，徳之島，沖縄島，伊平屋島，伊是名島，屋我地島，粟国島，渡名喜島，慶良間（阿嘉島），宮古島，伊良部島，石垣島，西表島，与那国島；台湾，中国，インドネシア，太平洋諸島，ニューギニア，オーストラリア．

コマツモムシ *Anisops ogasawarensis* Matsumura, 1915（図20-C，21-A，22-A）
中型種で，体長5.8〜7.2 mm．顔の幅は広く，♂ではやや前方に突出し，前下面に1本の広い溝がある．池沼，用水池，水路などの止水域にふつうにみられ，ときに群生し，中層部で浮遊する．夜間，電灯にしばしば飛来する．分布：本州，隠岐，小笠原，四国，九州，対馬，天草，甑島（下甑島），沖縄島，石垣島，西表島；韓国，台湾，中国．日本本土では普遍的にみられるが，琉球列島ではむしろ稀である．

オオコマツモムシ *Anisops stali* Kirkaldy, 1904（図19-E，20-D，21-B，22-B）
体長9.0〜10.6 mm（平均9.6 mm）の大型種で，サイズだけで他種から区別できる．顔は比較的幅広く，平坦で，♂ではその下面がわずかに凹陥する．♂中脚脛節の基部内側に円い毛束による突起がある．池沼，水路，用水池などにみられるが，産地は限られる．個体数は一般的に少ないが，ときに富栄養水域で群生することがある．分布：徳之島，沖永良部島，沖縄島，伊平屋島，伊是名

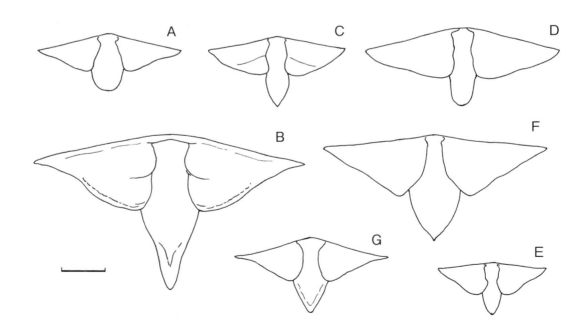

図22　コマツモムシ亜科 Anisopinae 各種の♀後胸腹板（前側板 prepisternum および剣状突起 xyphus）
A：コマツモムシ *Anisops ogasawarensis*　B：オオコマツモムシ *Anisops stali*　C：ハナダカコマツモムシ *Anisops nasutus*　D：クロイワコマツモムシ *Anisops kuroiwae*　E：チビコマツモムシ *Anisops exiguus*　F：イシガキコマツモムシ *Anisops occipitalis*　G：ヒメコマツモムシ *Anisops tahitiensis*．スケール：0.1 mm

島，北大東島，石垣島，西表島，与那国島；台湾，中国，フィリピン，インドネシア．

ヒメコマツモムシ *Anisops tahitiensis* Lundblad, 1934（図20-I，21-G，22-G）

小型種で，体長5.1〜5.5 mm．池沼，水溜まり，水田，用水池などにふつうにみられるが，森林に囲まれた池沼を好む傾向がある．多い場所では，特定の区画に多数が群生する．ライトにもよく飛来する．分布：天草，甑島（下甑島），トカラ（中之島），奄美大島，喜界島，徳之島，沖永良部島，与論島，硫黄鳥島，沖縄島，伊是名島，屋我地島，瀬底島，伊計島，浜比嘉島，粟国島，渡名喜島，慶良間（渡嘉敷島，阿嘉島，座間味島），久米島，北大東島，南大東島，池間島，伊良部島，多良間島，石垣島，西表島，波照間島，与那国島；アンダマン諸島，ニューギニア，オーストラリア，太平洋諸島．

マルミズムシ科　Pleidae

体はやや角張った楕円形で，頭部は幅広く，前胸背とほぼ同幅である．背面には点刻がある．主として，池，水田などの止水域に生息し，背泳する．日本には1属3種が知られ，これらは頭頂から顔にかけての中央隆起線の有無等で区別される．分類に関しては，Lundblad（1933）による大著がある．

種の検索

1a　頭部，胸背，前翅に長毛が生える；後脚蹠節には顕著な長毛列がある；前胸背には5個の黒点があり，前翅には不規則な2本の灰白色の横帯がある
……………………………………………**ホシマルミズムシ**　*Paraplea liturata*

1b　体背面には長毛がほとんどない；後脚蹠節に顕著な長毛列はない；前胸背に小黒点はなく，前翅にも斑紋はない……………………………………………………………………………2

2a　頭部には正面から頭頂後縁近くに達する中央隆起線がある；小型で，体長は2 mm未満
……………………………………………**ヒメマルミズムシ**　*Paraplea indistinguenda*

2b　頭部にはほぼ平坦で，顕著な中央隆起線はないが，正面中央が縦に隆起することがある；体長は2 mmを超える………………………………**マルミズムシ**　*Paraplea japonica*

種の特徴

ヒメマルミズムシ　*Paraplea indistinguenda* (Matsumura, 1905)（図19-H）

淡褐色〜黄褐色で，頭頂から顔面にかけての中央部は線状に隆起する．体長：1.5〜1.7 mm．湿地的環境など，開放水面が狭い水域を好む．水際の植生間でときに群生する．分布：本州，四国（徳島県，愛媛県），九州；韓国，中国，ロシア極東（アムール，沿海州），台湾，東洋区．

マルミズムシ　*Paraplea japonica* (Horváth, 1904)（図19-G）

体長：2.3〜2.6 mm．頭部には縦隆起はないが，その部分がときに暗色となる．台湾以南の東南アジアなどに広く分布する *P. frontalis* (Fieber, 1844) によく似ており，それらの形態について詳しく比較検討する必要がある．水草が多い浅い所を好み，背を下にして泳ぐ．池沼，水田，用水池などの開放的な止水域に棲むが，ときに河川（静水部）にもみられ，水際付近の浅瀬に群生することがある．分布：本州，四国，九州，対馬，天草，甑島（下甑島），トカラ（中之島），奄美大島，徳之島，沖永良部島，硫黄鳥島，沖縄島，伊平屋島，伊是名島，屋我地島，瀬底島，粟国島，渡名喜島，慶良間（渡嘉敷島，阿嘉島），久米島，北大東島，南大東島，宮古島，池間島，伊良部島，石垣島，

小浜島，西表島，波照間島，与那国島；韓国，台湾，インド．

ホシマルミズムシ *Paraplea liturata* (Fieber, 1844)（図19-I）

体長：1.6〜1.7 mm．1998年に西表島で初めて確認された種である（Miyamoto & Hayashi, 1998）．体は淡褐色で，背面には白色の長毛が生える．前胸背には5個の黒色小点，前翅には2本の灰白色の不規則な斜帯があり，他種から容易に区別できる．ライトトラップにより数個体が採集されているにすぎなかったが，西表島東部の海岸付近のハイキビなどの水辺植生が発達した池で再確認された（北野ら，2013）．また，沖縄島の大宜味村と古宇利島（今帰仁村）および石垣島からも発見された（青柳・北野，2013；渡部，2017a）．沖縄島では，外来種ボタンウキクサ間から採集されている．分布：沖縄島，古宇利島，石垣島，西表島；フィリピン，インド，インドシナ，スマトラ，ジャワ，バリ，スラウェシ，オーストラリア，ニューカレドニア．

タマミズムシ科　Helotrephidae

体は卵形，すなわち卵を半分にしたような形である．頭部と前胸が癒合するという，他の昆虫にないようなきわめて特異な形態をもつ．水量の安定した河川の上流〜中流域に棲み，岸近くの反流部または止水部に多くみられる．水中の礫上を頻繁に歩行し，水面近くで短い距離を背泳する．日本には1種が分布し，奄美大島と徳之島に固有である（Esaki & Miyamoto, 1959a）．

エグリタマミズムシ *Heterotrephes admorsus* Esaki et Miyamoto, 1959（図19-J）

卵形で，黄褐色の地に暗褐色の不規則な形の斑紋をもつ．顔中央には1本の黒色の顕著な縦条がある．口吻は黒く頑丈で，長い．体長：2.2〜2.5 mm．幼虫は黒色〜黒褐色で腹部に1対の白色斑をもつ．河川上〜中流の岸付近にみられ，草や根が水に洗われている所に多い．礫や岩上をよく歩行し，窪みに数個体が集まることがある．短翅型のみ．本種の奄美大島における分布状況や生態については林（1991a）による奄美大島における当時の生息状況の報告がある．環境省レッドリスト2017ではVU（絶滅危惧II類）に挙げられている．分布：奄美大島，加計呂麻島，与路島，徳之島．

アメンボ下目　GERROMORPHA

　両棲カメムシ類 Amphibicorisae の1群で，半水棲カメムシ類ともいわれ，水面（陸水面および海面）あるいは水際付近の湿った地表で生活する．触角は長く顕著で，頭頂には顕著な孔（ソケット）から生じる3対の孔毛(trichobothria)がある．後脚基節はほぼ円筒形で，とくに幅広くなることはない．水面で生活する群では，脚の全体的な形状および跗節の小節数や爪の形態が特異的に変化している．各脚の跗節小節数(跗節式)は科（または亜科）を同定するための一つの重要な形質となる．種によっては，翅に相変異がみられ，長翅型，短翅型，無翅型などが知られる．アメンボ下目の分類体系や系統については Andersen（1982）によってまとめられ，現在もその体系がそのまま踏襲されている．現在，日本には6科20属61種が確認されている．

ミズカメムシ科　Mesoveliidae

　単眼は長翅型では2個あるが，無翅型では欠く．跗節式は3-3-3．長翅型では，中胸背の小楯板は横長で幅広くなり，その後方に後胸背の隆起部がみられる．日本には2属6種が知られる．抽水植物のある水際近くの水面上，谷川付近や林床などの湿った地表，海蝕洞などに棲み，素早く疾走する．日本産の種の分類に関しては，Miyamoto（1964c）や Kanyukova（1988b）による研究がある．

種の検索

1a 頭部は長く，幅より長く，幅の約1.5倍である；前胸背後縁は後方に湾曲する；♂生殖節（pygofer）の後縁は背面中央で湾入する；海蝕洞などにみられる ………………………………………………………… ウミミズカメムシ　*Speovelia maritima*

1b 頭部は幅より短い；前胸背後縁は後方に湾曲せず，直線的である；♂生殖節後縁は湾入しない；陸水域に生息する …………………………………………………………………………… 2

2a 中脚腿節後縁には棘が列生しない；♂の腹部第8腹板側方に黒色の毛束はない ………………………………………………………… マダラミズカメムシ　*Mesovelia horvathi*

2b 中脚腿節後縁には黒色の棘が列生する ………………………………………………… 3

3a ♂の腹部第8腹板中央には刺毛束による黒い1本の突起がある …………………… 4

3b ♂の腹部第8腹板には1対の黒い刺毛束の突起がある …………………………… 5

4a ♀の腹部第9腹板の後縁付近には小さな瘤状の隆起が現れる；本州（関東地方）以西に分布する ………………………………………………… ミズカメムシ　*Mesovelia vittigera*

4b ♀の腹部第9腹板の後方に1対の棘状の細い突起がある；北海道と本州の海岸湿地にみられる ………………………………………………… キタミズカメムシ　*Mesovelia egorovi*

5a ♀の腹部第9節腹面後縁には1対の針状の突起がある；各胸背はやや隆起し，節間はより顕著に凹む；体は緑褐色～褐色で，側縁は暗化することが多い ………………………………………………… ヘリグロミズカメムシ　*Mesovelia thermalis*

5b ♀の腹部第9腹板に1対の突起がない；胸背および腹部腹面は全体的に平坦で，節間は顕著な溝状に凹まない；体は全体的に緑褐色～鮮緑色 ………………………………………………… ムモンミズカメムシ　*Mesovelia miyamotoi*

44 半翅目

種の特徴

キタミズカメムシ *Mesovelia egorovi* Kanyukova, 1981 (図23-A，24-A)

1998年になって日本から記録された (Miyamoto & Hayashi, 1998). 体背面は緑褐色で，光沢がある. ♂の腹部第8腹板中央には1本の黒い毛束による突起がある. 日本では無翅型のみが採集されている. 体長：2.8〜3.7 mm. 分布：北海道，本州（福島県，島根県）；韓国，ロシア極東（沿海州，サハリン）. 北海道では，道東（根室）とオホーツク沿岸（網走）だけから知られていたが，最近になって福島県と島根県からも確認された（林ら，2016）. 海岸近くの湿地や池沼周辺にみられる.

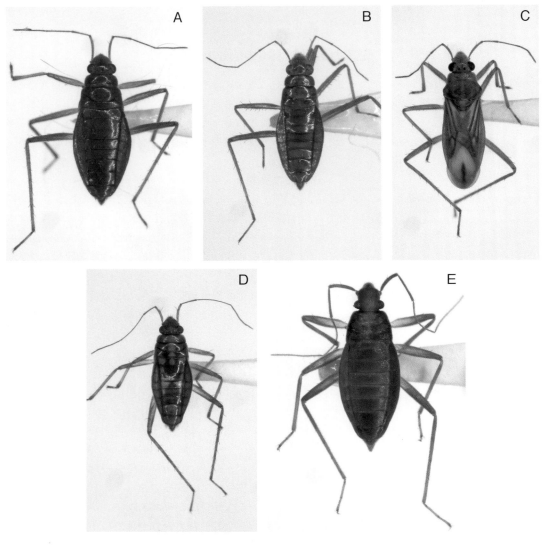

図23　ミズカメムシ科 Mesoveliidae．種名の後の（　）内は体長を示す
A：キタミズカメムシ *Mesovelia egorovi*（♀3.6 mm）　B：ヘリグロミズカメムシ *Mesovelia thermalis*（♀3.3 mm）　C：ミズカメムシ *Mesovelia vittigera*（長翅型♀3.2 mm）　D：マダラミズカメムシ *Mesovelia horvathi*（♀2.8 mm）　E：ウミミズカメムシ *Speovelia maritima*（♀4.0 mm）

マダラミズカメムシ *Mesovelia horvathi* Lundblad, 1933 (図23-D)

従来用いられていた学名 *M. japonica* Miyamoto, 1964 は本種の新参異名とされている (Polhemus & Polhemus, 2000) が, Damgaard *et al.* (2012) はこの措置に疑問を示している. 体背面は褐色で, 腹部背板上には淡褐色の紋がある. 中脚腿節内縁に沿った黒棘列はなく, ♂腹部第8腹板上の突起もない. 無翅型ときに長翅型. 森林内のうす暗い水域近くの地上に生息する. 体長: 2.1〜2.8 mm. 九州と琉球列島から記録されていたが, 最近, 本州 (東海地方以西) と四国から発見された (大木, 2002; 林ら, 2003; 中尾ら, 2003; 野崎・野崎, 2004b; 矢崎・石田, 2008). 分布: 本州 (愛知県, 三重県, 大阪府, 和歌山県, 岡山県, 山口県), 四国 (徳島県, 愛媛県), 九州 (福岡県), 天草, 甑島 (下甑島), 奄美大島, 徳之島, 沖縄島, 伊平屋島, 伊是名島, 屋我地島, 瀬底島, 粟国島, 渡名喜島, 慶良間 (座間味島, 阿嘉島), 久米島, 宮古島, 池間島, 石垣島, 西表島, 与那国島; 台湾, 中国, フィリピン, インドシナ, ボルネオ, スラウェシ, ニューギニア, オーストラリア, 西アフリカ.

ムモンミズカメムシ *Mesovelia miyamotoi* Kerzhner, 1977 (図24-B)

体背面は緑色〜緑褐色で光沢がある. 胸背と腹部背面は平坦となる. 無翅型ときに長翅型. 体長: ♂ 2.7〜2.9 mm, ♀ 3.0〜3.4 mm. ヒシ, スイレン, ヒツジグサなどの浮葉植物が多い池沼に生息する.

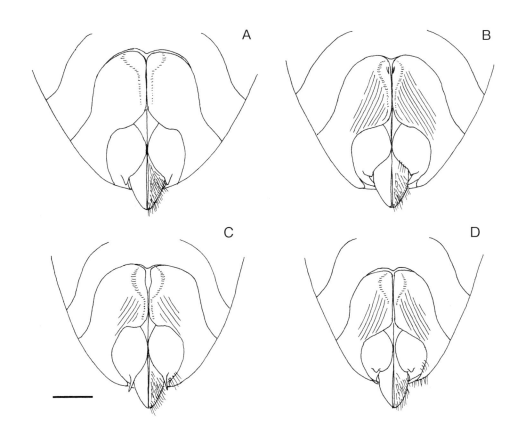

図24 ミズカメムシ科 Mesoveliidae 4種の♀腹端部腹面
A: キタミズカメムシ *Mesovelia egorovi* B: ムモンミズカメムシ *Mesovelia miyamotoi* C: ヘリグロミズカメムシ *Mesovelia thermalis* D: ミズカメムシ *Mesovelia vittigera*. スケール: 0.3 mm

分布：北海道，本州，四国，九州；ロシア極東（アムール，沿海州，サハリン，南千島・国後島）．本種はロシア極東から記載され，宮本（1985）によって日本からも記録された．

ヘリグロミズカメムシ *Mesovelia thermalis* Horváth, 1915（図23-B，24-C）

前種に似るが，体色は褐色味が強く，体側方は暗褐色になることが多い．体の背面は平坦でなく，節間で多少とも凹む．♀の腹部はとくに幅広くなり，第9節（腹面）には1対の針状の突起がある．無翅型ときに長翅型．体長：♂ 2.6〜2.8 mm，♀ 3.0〜3.4 mm．浮葉植物上よりもむしろ，抽水植物間を好むようである．日本からの最初の記録は，市田（1991）による青森県産のものである．その後，関東地方以西の本州および四国から採集され（林, 1998；友国ら, 2000；林・大原, 2001；中尾ら, 2003；野崎・野崎, 2004b；矢崎・石田, 2008），さらに，北海道からも記録された（Vinokurov, 2006）．分布：北海道，本州，四国（徳島県，愛媛県）；ロシア極東（アムール，沿海州），旧北区．

ミズカメムシ *Mesovelia vittigera* Horváth, 1895（図23-C，24-D）

緑褐色で背面には光沢がある．前・中脚の腿節内縁には黒色の小棘が列生する．♂の腹部第8腹板中央には黒色の毛束からなる突起がある．浮葉植物や抽水植物が多い低地の陸水域（ときに汽水域）に生息し，水面を素早く疾走する．ふつう無翅型だが，季節によって長翅型が多数出現する．体長：♂ 2.3〜2.6 mm，♀ 3.1〜3.4 mm．分布：本州，四国，九州，対馬，天草，甑島（下甑島），屋久島，トカラ（中之島，平島），奄美大島，喜界島，徳之島，沖永良部島，沖縄島，伊平屋島，伊是名島，屋我地島，瀬底島，伊計島，浜比嘉島，粟国島，渡名喜島，慶良間（渡嘉敷島，阿嘉島，座間味島），久米島，北大東島，南大東島，宮古島，池間島，伊良部島，石垣島，小浜島，西表島，波照間島，与那国島；韓国，中国，ロシア極東（沿海州），台湾，東洋区，南ヨーロッパ，オーストラリア区，エチオピア区．

ウミミズカメムシ *Speovelia maritima* Esaki, 1929（図23-E）

暗褐色で，背面には弱い光沢がある．頭部は長く，前方に強く突出する．触角，とくに第3，4節はきわめて長い．口吻は長く，後基節に達する．無翅型のみ．海蝕洞内の礫間，ときに消波ブロック間に棲み，高潮位線付近の石の下（底面）に多い．暗い所の湿った礫上に静止するが，驚くと敏捷に走り，素早く礫間に潜り込む．体長：3.0〜4.5 mm．今まで関東地方以西から局所的に記録されていたが，最近になって北海道，東北地方，四国，沖縄島，石垣島などからも確認されている（中村, 2005；林ら, 2009；林・山本, 2011；青柳, 2017）．分布：北海道，本州，八丈島，隠岐，四国（徳島県，愛媛県），五島（中通島），沖縄島，粟国島，石垣島．

イトアメンボ科　Hydrometridae

体は非常に細長く棒状で，複眼は長い頭部の中間より後方に付く．跗節式は3-3-3．日本産は1属5種で，抽水植物や挺水食物がある水面や水際に棲む．いずれの種にも長翅型と短翅型（微翅型）が知られる．水辺や水面上の小昆虫などを捕食し，ミジンコから吸汁することもあるという．

種の検索

1a 触角の第4節は第2節とほぼ同長；複眼は頭部後方にあり，その前方（AO；anteocular space）と後方（PO；postocular space）の長さを比較すると，AO/PO ≧2.4；体は灰黒色〜灰褐色で，体長は11〜14 mm ·· 2

1b 触角第4節は第2節よりはるかに長い；複眼はやや中央よりに付き，AO/PO＜2.3；体は淡褐色〜暗褐色で，体長は10.5 mm 以下 ··· 3

ミズカメムシ科，イトアメンボ科　47

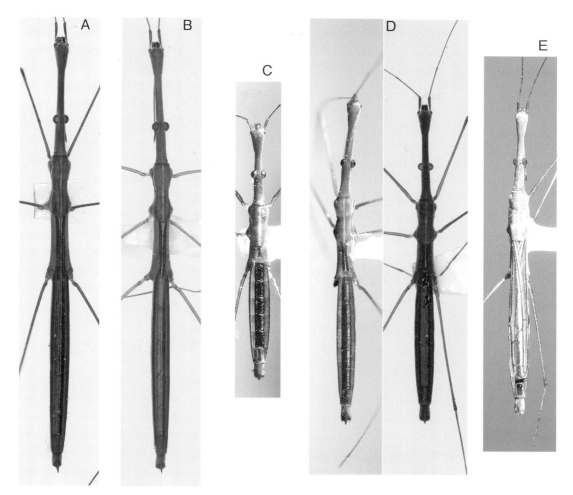

図25　イトアメンボ科 Hydrometridae 5種（♂）の背面図．種名の後の（　）内は体長を示す
A：イトアメンボ *Hydrometra albolineata*（12.2 mm）　B：コブイトアメンボ *Hydrometra annamana*（11.9 mm）
C：キタイトアメンボ *Hydrometra gracilenta*（6.3 mm）　D：オキナワイトアメンボ *Hydrometra okinawana*（左，沖縄島産 8.9 mm；右，対馬産 8.7 mm）　E：ヒメイトアメンボ *Hydrometra procera*（8.1 mm）

2a　♂の腹部第7腹板に突起や顕著な隆起はなく，長毛が生える；♀の腹部第7結合板の後縁に黒色の微小な突起がある……………………………… イトアメンボ　*Hydrometra albolineata*
2b　♂の腹部第7腹板上には1対の瘤状の突起がある；♀腹部第7結合板の後縁に突起はない
　　………………………………………………… コブイトアメンボ　*Hydrometra annamana*
3a　AO/PO ≦ 1.8；体長は 6.1〜7.6 mm ………… キタイトアメンボ　*Hydrometra gracilenta*
3b　AO/PO は 1.9〜2.3；体長は 7.5〜10.5 mm ……………………………………………… 4
4a　触角第2節は第1節の2倍より短い；後脚跗節と触角第2節はほぼ等長；♂の腹部第7腹板の中央付近には1対の棘状突起がある………… ヒメイトアメンボ　*Hydrometra procera*
4b　触角第2節は第1節の2倍にほぼ等しい；後脚跗節は触角第2節より短い；♂の腹部第7腹板の前縁付近には1対の棘状突起がある
　　……………………………………………… オキナワイトアメンボ　*Hydrometra okinawana*

種の特徴

イトアメンボ *Hydrometra albolineata* (Scott, 1874)（図25-A，26-A）
大型のイトアメンボで，野外では黒灰色にみえる．長翅型と短翅型がみられるが，短翅型の方が圧倒的に多い．短翅型では，前翅は棒状で短く，後胸背板をわずかに超える．1960年代以降激減し，ほとんどの地域ではみられなくなったが，近年になって数ヵ所で再発見されるようになった（林，2001）．分布はきわめて局所的だが，産地では個体数は多い．環境省レッドリスト2017ではVU（絶滅危惧II類）に指定されている．体長：♂11.2〜13.0 mm，♀13.4〜14.0 mm．分布：本州，隠岐，四国，九州，対馬，トカラ（中之島，宝島），奄美大島；韓国，中国，台湾．

コブイトアメンボ *Hydrometra annamana* Hungerford et Evans, 1934（図25-B，26-B）
前種とほぼ同サイズ，同色である．短翅型が多く，ときに長翅型が現れる．短翅型の前翅は後胸背板を明らかに超え，先端部は左右に分かれることが多い．開放的な水域の水草が多い水際付近に生息する．最近，多くの産地で個体数が減少している．体長：♂11.3〜12.6 mm，♀12.3〜13.6 mm．分布：奄美大島，徳之島，沖永良部島，沖縄島，慶良間（渡嘉敷島，座間味島），渡名喜島，久米島，宮古島，池間島，石垣島，小浜島，西表島，与那国島；台湾，中国，ベトナム，ラオス，タイ．

キタイトアメンボ *Hydrometra gracilenta* Horváth, 1899（図25-C，26-C）
旧北区に広く分布する種で，2010年になって日本から初めて確認された（Usui & Hayashi, 2010）．体は暗褐色〜黒褐色で，♂腹部第7節の突起の位置などはオキナワイトアメンボ *H. okinawana* に似るが，体長やAO/POの値などから区別される。日本産のイトアメンボ科のなかでは最も小型の種．翅型に関しては，これまで国内で確認された個体はすべて痕跡的な翅長の個体（短翅型−微翅型）のみで，長翅型は知られていない（碓井ら，2016）．抽水植物群落内に点在する狭い開放水面の縁

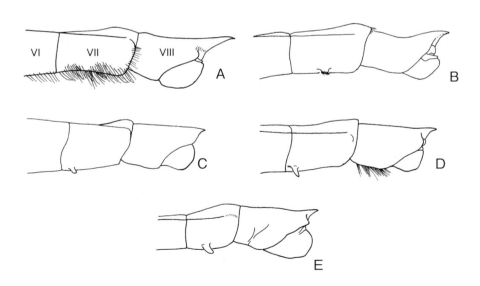

図26 イトアメンボ科Hydrometridae 5種の♂腹端部側面．VI, VII, VIIIはそれぞれ，第6, 7, 8腹節を示す
A：イトアメンボ *Hydrometra albolineata* B：コブイトアメンボ *Hydrometra annamana* C：キタイトアメンボ *Hydrometra gracilenta* D：オキナワイトアメンボ *Hydrometra okinawana* E：ヒメイトアメンボ *Hydrometra procera*

辺のやや暗い水面にみられる．体長：♂6.1〜6.8 mm，♀6.8〜7.6 mm．分布：北海道，本州（青森県）；中国，モンゴル，ロシア，旧北区．

オキナワイトアメンボ　*Hydrometra okinawana* Drake, 1951（図25-D, 26-D）

ヤスマツイトアメンボ（コガタイトアメンボ）*H. yasumatsui* Miyamoto, 1964 は本種の新参異名である（Polhemus, 1992）．イトアメンボやコビトアメンボより小型で，体は全体的に淡褐色〜暗褐色で，琉球列島産は一般に淡色となる．また，地域によっては強く暗化し，ほぼ黒色になることがある．体長：♂8.3〜9.5 mm，♀9.1〜11.1 mm．短翅型が多く，ときに長翅型が現れる．短翅型では棒状の短い前翅は後胸背板を超えない．池沼や水田などの止水域をはじめとして，森林内の湿地，渓流沿いなど，多様な環境にみられるが，日本本土では暗い水域に生息し，渓流付近の岩・崖の垂直面にみられることもある（碓井，2001）．分布：本州，隠岐，四国，九州，対馬，天草，甑島（下甑島），トカラ（中之島，平島，宝島），奄美大島，喜界島，徳之島，沖永良部島，沖縄島，伊平屋島，伊是名島，屋我地島，瀬底島，伊計島，浜比嘉島，粟国島，渡名喜島，慶良間（渡嘉敷島，阿嘉島，座間味島），北大東島，南大東島，宮古島，池間島，伊良部島，石垣島，小浜島，西表島，波照間島，与那国島）；韓国（済州島），台湾．

ヒメイトアメンボ　*Hydrometra procera* Horváth, 1905（図25-E，26-E）

体サイズ，色彩などは前種によく似るが，暗色（とくに腹面）となることがある．前種とは，触角各節の相対長や♂腹部第7節の突起の位置などで区別される．ふつう長翅型で，ときに短翅型．長翅型では前翅は腹部第6節〜第7節背板の中程まで伸び（亜長翅型），短翅型では前翅は後胸背板を超える．池沼や水田などの明るい開放的な水域の水際付近にふつうにみられる．体長：♂7.5〜9.0 mm，♀9.3〜10.5 mm．分布：北海道，奥尻島，本州，佐渡，淡路島，隠岐，四国，九州，対馬，天草，奄美大島，沖縄島；韓国，中国，台湾．なお，琉球列島からの記録は，近似の前種と混同された可能性があり，再確認する必要がある．

ケシミズカメムシ科　Hebridae

単眼をもち，触角は4節からなるが，先端の第4節は中央付近で膜質部を介して関節し，見かけ上は5節となる．頬板は後方に発達し，口吻を収納する溝を形成する．中胸背小楯板は横長の平板状で，その後方に三角形状の後胸背板の隆起がある（従来，これらを合わせて小楯板と呼んでいた）．跗節式は2-2-2．Miyamoto（1965a）は台湾産の種（一部日本産と共通）について研究し，種の形態的特徴を示している．また，Kanyukova（1997）はロシアおよび近隣地域の種について研究し，微妙な種間の相異点を示している．ごく最近に記録された種を含め，日本産は1属4種で，さらに未記載種も採集されている．長翅型または短翅型だが，翅型の種内変異は認められない（一部例外）．水田，湿地，池沼，河川などの水際近くの地上をゆっくり歩行し，水面に出ることはほとんどない．触角第4節中程の関節部（膜質部）にリング状の骨片があるものを別亜属 *Hebrusella* に分類している（*cf.* Poisson, 1957；Andersen, 1982；Kanyukova, 2006）．

種の検索

1a　後胸背隆起板は幅広い台形で短く，後縁は広く浅く凹む；短翅型（微翅型）で，翅は痕跡的で腹部第1節前後に達する程度である；腹部は楕円形で，全体的に黒色に近い；♂後脚腿節は弓状に湾曲しない・・・・・・・・・・・・・・・**フタイロコバネケシミズカメムシ**　*Hebrus ruficeps*

1b　後胸背隆起板は三角形に近い；長翅型または短翅型だが，後者の場合でも前翅は腹部中程

50　半翅目

　　　を超える（中翅型）·· 2
2a　短翅型（中翅型）で，前翅は腹部第6節後縁付近まで達する（後翅は痕跡的）；後胸背の
　　　隆起板は円味のある広三角形で，後縁中央の切れ込み（湾入）はない；♂の後脚腿節は弓
　　　状に湾曲する···································· **ケブカコバネケシミズカメムシ** *Hebrus pilosellus*
2b　長翅型で，前翅は腹端まで達する；後胸背の隆起板は三角形で，後縁中央は半円形（とき
　　　に四角形）に切れ込む；♂の後脚腿節は湾曲しない··· 3
3a　前翅革質部（前縁脈）の先端は鈍突；体背面には黒色の長毛をもつ；頬板は後方に向かっ
　　　て幅広くなり，後方への張り出しは幅広い············ **ケシミズカメムシ** *Hebrus nipponicus*
3b　前翅革質部（前縁脈）の先端は鋭く尖る；頭・胸部背面には長毛をもたない；頬板は後方
　　　でもほぼ同幅で，後方への張り出しは狭い
　　　··· **ハセガワケシミズカメムシ** *Hebrus hasegawai*

図27　ケシミズカメムシ科 Hebridae
A：ケシミズカメムシ *Hebrus nipponicus*（♂ 1.9 mm）　B：ハセガワケシミズカメムシ
Hebrus hasegawai（♀ 2.0 mm）　C：ケブカコバネケシミズカメムシ *Hebrus pilosellus*（♂
1.7 mm）　D：フタイロコバネケシミズカメムシ *Hebrus reficeps*（♀ 1.6 mm）

図28　ケシミズカメムシ科 Hebridae 2種の右前翅
A：ケシミズカメムシ *Hebrus nipponicus*（福島県産）　B：ハセガワケシミズカメムシ *Hebrus hasegawai*（西表島産）

種の特徴

ハセガワケシミズカメムシ　*Hebrus* (*Hebrus*) *hasegawai* Miyamoto, 1964（図27-B, 28-B）

　長翅型で，体長1.9〜2.1 mm．胸背は明るい赤褐色で，頭部と胸背には3対の孔毛以外に長毛はみられない．また，複眼直前の疣状小突起は不明瞭で，前翅革質部先端は鋭く尖る．明るい場所を好み，水際近くの地上をゆっくり歩行し，水面に出ることはほとんどない．流れ沿いの礫間や湿った岩盤上の落ち葉下で静止していることが多い．分布：石垣島，西表島；台湾．

ケシミズカメムシ　*Hebrus* (*Hebrus*) *nipponicus* Horváth, 1929（図27-A, 28-A）

　長翅型で，体長1.6〜2.0 mm．前種によく似るが，頭部と胸背には黒色の長毛が生えること，頬板が後方で幅広くなること，前翅革質部先端が鈍突となること，などで区別される．体色は赤褐色〜黒褐色で，琉球列島産は黒褐色となることが多い．水田や池沼などの水際の湿った地上にみられ，一定の速度でゆっくりと歩行する．前種と同所的に生息する琉球列島では，むしろ暗い水辺を好み，ジャングル内の流れ沿いにもしばしばみられる．日本本土では早春（3〜4月）と初秋（9〜10月）にみられるが，個体数は早春の方が多い．分布：本州，四国，九州，対馬，石垣島，西表島，与那国島；韓国，台湾，インドネシア（ジャワ，スマトラ）．ロシア極東各地からの記録は誤りで，いずれも近似の数種との誤同定によるという（Kanyukova, 1997）．

ケブカコバネケシミズカメムシ　*Hebrus* (*Hebrus*) *pilosellus* Kanyukova, 1997（図27-C）

　コバネケシミズカメムシから改称（林，2018）．体長1.6〜1.9 mm．頭部および胸背は黒褐色または赤褐色で，体表には黒色〜黒褐色の長毛が密生する．短翅型（中翅型）で前翅は短く，その先端は腹部第6節後縁に達する程度である．後胸背の隆起板は幅広く，後縁は円味が強く，その中央に切れ込みや湾入部はない．♂後脚の腿節は弓状に湾曲し，脛節腹面（内縁）の基部付近には長い毛が列生する．ロシア極東（沿海州）を模式産地として記載され，近年，日本からも確認された（Miyamoto & Hayashi, 2006）．ごく最近，福島県からも発見された（三田村ら，2017）．分布：本州（青森県，福島県，埼玉県），九州（福岡県）；朝鮮半島，ロシア極東（沿海州）．

フタイロコバネケシミズカメムシ　*Hebrus* (*Hebrusella*) *ruficeps* Thomson, 1871（図27-D）

　ごく最近になって，日本から確認・記録された種である（林，2018）．小型種で，体長1.4〜1.7 mm．頭部と胸背は橙褐色〜赤褐色で，頭部（頭頂）はときに暗褐色となる（♀の方がその割合が高い）．後胸背隆起板は幅広い台形で，幅は長さの約3倍となり，後縁は全体的に浅く凹む．短翅型（微翅型）で，翅は痕跡的できわめて短く，せいぜい腹部第1節前縁に達する程度である．なお，大陸では稀に長翅型が見つかっているが，日本産では未知．腹部は一様に光沢の弱い黒色〜黒褐色．脚は全体

的に橙色を帯びた淡褐色で，♂後脚腿節は湾曲せず，脛節に長毛列はみられない．愛知県名古屋市周辺の東海丘陵湿地で局所的に産し，森林に囲まれた斜面に発達する湿地に生息する．ミズゴケ群落間の高湿な地上をゆっくりと歩行する．分布：本州（愛知県）；ロシア極東（沿海州），シベリア（イルクーツク），カザフスタン～ヨーロッパ（旧北区）．

カタビロアメンボ科　Veliidae

小型～微小で，アメンボを小さく，脚を短くしたような形である．頭頂中央には明瞭な縦溝がある．前脚，中脚，後脚はほぼ等間隔に生じる（アシブトカタビロアメンボとケシウミアメンボは例外で，中脚は後脚に近づく）．東南アジア産の本科の分類については Lundblad（1933）によってまとめられ，日本産については Esaki & Miyamoto（1955, 1959b）や Miyamoto（1959, 1964b）によって分類・記載されている．その結果，日本からは現在までに 3 亜科 5 属 19 種 ― アシブトカタビロアメンボ亜科 Rhagoveliinae 1 属 1 種，ケシカタビロアメンボ亜科 Microveliinae 3 属 17 種，ケシウミアメンボ亜科 Haloveliinae 1 属 1 種 ― が知られる．跗節式は亜科によって異なる．なお，ケシカタビロアメンボ類は主として♂生殖器の形態で同定され，従って，長翅型の外観または♀による分類は困難なものが多い．流水～静水の水面（ときに水辺の陸域）に棲み，水面上を歩行または疾走する．生息環境には多少とも種特異性がみられる．Damgaard（2008a, 2008b）による分子系統解析によると，本科は側系統群であり，単一の分類群として扱えないことが示唆されている．

種の検索

1a 跗節式は 3-3-3；中脚跗節の先端節には顕著な裂け目があり，その中に扇状に広がる羽毛状の付属物がある（アシブトカタビロアメンボ亜科 Rhagoveliinae）
　　　　　　　　　　　　　　　　　　　　　アシブトカタビロアメンボ　*Rhagovelia esakii*
1b 跗節式は 2-2-2（ケシウミアメンボ亜科 Haloveliinae）；体は円みが強く，光沢のない黒色；沿岸の海面に生息する　　　　　ケシウミアメンボ　*Halovelia septentrionalis*
1c 跗節式は 1-2-2；中脚跗節の先端節に裂け目はない
　　　　　　　　　　　　　　　　　　　　2　（ケシカタビロアメンボ亜科 Microveliinae）
2a 中脚跗節は脛節とほぼ同長で，跗節先端の爪は 3 枚の葉状片となる；体はほぼ小判形～菱形　　　　　　　　　　　　　　　　　　　　　　　　　　　　3　（*Xiphovelia* 属）
2b 中脚跗節は脛節よりはるかに短い；跗節先端の爪は 2 本で葉状片にならない；体は長円形または長形　　　　　　　　　　　　　　　　　　　　　　　　　　　　　　　　　5
3a 体は短い黒色毛と太い黒色長毛で密に覆われ，背面に銀白色の毛による斑紋はない；小笠原諸島に固有　　　　　　　　ケブカオヨギカタビロアメンボ　*Xiphovelia boninensis*
3b 体は短い黒色毛が密生するが，長毛はない；腹背と腹部背面には銀白色の毛による斑紋がある　　　　　　　　　　　　　　　　　　　　　　　　　　　　　　　　　　　　4
4a ♂の前脚脛節は弓状に湾曲する；胸背には淡色の毛による斑紋はない；奄美・沖縄諸島に分布　　　　　　　　　アマミオヨギカタビロアメンボ　*Xiphovelia curvifemur*
4b ♂の前脚脛節は湾曲しない；中胸背に 1 対の銀白色の毛による斑紋がある
　　　　　　　　　　　　　　　　　　　　オヨギカタビロアメンボ　*Xiphovelia japonica*
5a 中脚および後脚は太く，跗節は脛節とほぼ同幅；触角第 1 節の頭部前縁より突出する部分はその 2/3 よりはるかに長い　　　　　　　　　　　　　　6　（*Pseudovelia* 属）

5b	中脚および後脚の跗節は脛節より細い；触角第1節の頭部前縁より突出する部分は短く，その1/2以下 ··· 10 （*Microvelia* 属）
6a	体は茶色味が強く，表面には淡色の毛が密生する；前胸背は大部分が暗褐色；触角の第1節は第4節より長い；♂後脚跗節の第1節は第2節より短く，約1/2で，第1節下面には8本の長い遊泳毛をもつ；八重山諸島に分布し，山地の小さな流れに生息する ·· タカラナガレカタビロアメンボ *Pseudovelia takarai*
6b	体は黒色～黒褐色で，前胸背や腹部側縁は暗褐色になることが多く，表面は体と同色の毛で覆われる；前胸背前縁には暗橙褐色などの横条がある；触角第1節は第4節と同長かより短い ··· 7
7a	触角第1節は第4節より短い；♂後脚跗節の第1節は第2節と同長で，第1節下面に3本の長い遊泳毛をもつ；八重山諸島に分布し，山間の流れに生息する ·· ヒラシマナガレカタビロアメンボ *Pseudovelia hirashimai*
7b	触角第1節は第4節とほぼ同長；♂後脚跗節各節の長さは異なる ·························· 8
8a	♂中脚脛節の先端部に棘状の剛毛束がある；♂後脚跗節の第1節下面には6～7本の遊泳毛があり，第1節は第2節より短い；日本本土に分布する ·· ナガレカタビロアメンボ *Pseudovelia tibialis tibialis*
8b	♂中脚脛節の先端部に剛毛束を欠く；♂後脚跗節の第1節下面には3～4本の遊泳毛がある ·· 9
9a	♂後脚跗節の第1節は第2節より長く，第1節下面には3～4本の長い遊泳毛をもつ；本州北部（東北地方）の湖沼の水辺（陸域）にみられる ·· エサキナガレカタビロアメンボ *Pseudovelia esakii*
9b	♂後脚跗節の第1節は第2節より短く，第1節の下面には短い1本と長い2本の遊泳毛をもつ；体表面の毛はとくに長く，顕著である；トカラ列島（宝島），奄美諸島，沖縄諸島に分布する ·· ツツイナガレカタビロアメンボ *Pseudovelia tsutsuii*
10a	［無翅型］中胸背が顕著に認められる ·· 11
10b	［無翅型］中胸背は後側角を除き前胸背でおおわれる ·· 12
11a	体は全体灰黒色で，表面には毛が多いが，淡色の毛による斑紋はない；♂は長形で小さいが，♀は広円形ではるかに大きい；琉球列島に分布する ·· ウスイロケシカタビロアメンボ *Microvelia leveillei*
11b	体は全体黒色～茶色で，毛が密生し，腹部第1～3背板に銀灰色の毛による紋がある；日本本土に分布するが，北日本に多い··· マダラケシカタビロアメンボ *Microvelia reticulata*
12a	♂の生殖節はきわめて大きく，その幅は腹部第6または第7背板より広い ············· 13
12b	♂の生殖節の幅は腹部第6または第7背板より明らかに狭い ································· 14
13a	♂生殖器の右交尾鈎（右把握器 right paramere）は太く，膝状に曲がり，先端は鋭く尖る；体は灰黒色で，ときに暗褐色；本州から宮古島にかけて分布する ·· ホルバートケシカタビロアメンボ *Microvelia horvathi*
13b	♂生殖器の右交尾鈎は太くて膝状に曲がるが，先端は円い；体は褐色～暗赤褐色；八重山諸島に固有················ イリオモテケシカタビロアメンボ *Microvelia iriomotensis*
14a	小型で，体形は丸みがある；体は黒色に近く，表面は全体的に細毛が密生し，胸部および腹部の背面には青灰色や灰色の毛による斑紋がみられる ··· 15
14b	胸背および腹背は全体的に細毛が密生することはなく，少なくとも胸背には毛による斑紋

	はない……………………………………………………………………………………… 16
15a	体は長楕円形；♂生殖器の右交尾鈎は基部で大きく，ほぼ直角に曲がり，先端は鋭く尖る………………………………………… カスリケシカタビロアメンボ　*Microvelia kyushuensis*
15b	微小種で，体は広卵形；♂生殖器の右交尾鈎は弓状で一様に曲がり，先端は尖る；八重山諸島に分布する………………… モリモトケシカタビロアメンボ　*Microvelia morimotoi*
16a	前胸背板上の点刻は大きく顕著；体背面は褐色で，腹部第1～4背板の後側方は銀灰白色や銀青白色の毛で被われる；♂の右交尾鈎は比較的短く，ゆるやかに曲がる；本州中部から沖縄島にかけて分布し，源流域に生息する ……………………………………………… チャイロケシカタビロアメンボ　*Microvelia japonica*
16b	前胸背板上の点刻は不明瞭；腹部第1～4背板には毛による顕著な斑紋はない……… 17
17a	体は褐色で長毛が密生する；♂生殖器の右交尾鈎は強大できわめて長く，全体的に曲がる；西表島固有種………………………… ウエノケシカタビロアメンボ　*Microvelia uenoi*
17b	体はふつう黒色で，長毛は密生しない；♂生殖器の右交尾鈎は針状で，中程よりやや先端側で直角近くの角度で曲がる………………… ケシカタビロアメンボ　*Microvelia douglasi*

種の特徴

アシブトカタビロアメンボ亜科　Rhagoveliinae

アシブトカタビロアメンボ　*Rhagovelia (Neorhagovelia) esakii* Lundblad, 1937（図29-A）

　日本（琉球）固有種．体は光沢のない黒色で，脚の基部は淡褐色～黄白色となる．頭楯は前方に突出せず平坦で，複眼は大きい．中脚は後脚に近づき，♂の後脚腿節はやや太くなり，腹面中央（やや基方）に2～3本の小さな棘がある．無翅型ときに長翅型．渓流などの流水上にみられ，きわめて敏捷に滑走する．やや緩流の水面上では成虫と幼虫からなる小集団を形成する．最近になって，宮古島からも発見された（青柳，2013a）．体長：2.8～3.5 mm．分布：宮古島，石垣島，西表島．

ケシカタビロアメンボ亜科　Microveliinae

ケシカタビロアメンボ　*Microvelia douglasi* Scott, 1874（図29-C，35-A）

　体長：1.5～2.0 mm．体は黒色～暗赤褐色．無翅型と長翅型がみられる．各地にもっともふつうで，止水域に生息する．長翅型はライトに飛来する．分布：本州，佐渡，隠岐，小笠原，四国，九州，対馬，天草，甑島（下甑島），屋久島，トカラ（中之島，宝島），奄美大島，喜界島，徳之島，沖永良部島，与論島，沖縄島，伊平屋島，伊是名島，屋我地島，瀬底島，伊計島，浜比嘉島，粟国島，渡名喜島，慶良間（渡嘉敷島，阿嘉島，座間味島），久米島，宮古島，伊良部島，石垣島，小浜島，西表島，波照間島，与那国島；韓国，中国，台湾，東洋区，オーストラリア区．なお，小笠原諸島産などには形態的な差異がみられ，詳細な分類学的検討が必要と考えられる．

ホルバートケシカタビロアメンボ　*Microvelia horvathi* Lundblad, 1933（図30-A，35-B）

　体長：1.3～1.8 mm．体は黒色～暗赤褐色で，前種よりやや幅広くて短い．♂の生殖節はきわめて大きい．無翅型および長翅型．湿地や抽水植物が発達した比較的狭い開放水面を好むようである．前種と同じように，長翅型はライトによく飛来する．ごく最近，石垣島でも発見された（吉井ら，2017）．分布：本州，四国，九州，対馬，天草，甑島（下甑島），奄美大島，喜界島，徳之島，沖永良部島，沖縄島，宮古島，石垣島；韓国，中国，台湾．

イリオモテケシカタビロアメンボ　*Microvelia iriomotensis* Miyamoto, 1964（図30-B，35-C）
体長：1.6〜2.0 mm．体形は前種 *M. horvathi* によく似るが，体色は淡褐色〜暗褐色，ときに黒褐色．おもに無翅型だが，ときに長翅型が現れる．源流域などの湧水付近や岩盤上の細流，古井戸などのうす暗い場所に生息する．八重山諸島から記録されていたが，奄美諸島まで広く分布することがわかっている（青柳，2013b；林，2018）．奄美諸島の一部の産地では，次種チャイロケシカタビロアメンボ *M. japonica* と同所的にみられる．分布：奄美大島，喜界島，沖縄島，渡名喜島，宮古島，来間島，石垣島，西表島，与那国島．本種はジャワから記載された *M. genitalis* Lundblad, 1933 に似ていることから，その亜種として扱われていた（Miyamoto, 1964a）．しかし，右交尾鉤はじめ♂生殖器の形状には，類似点はあるが，琉球産とは連続しない差異と認められたため，分布域の大きな違いも考慮に入れて，ここでは独立した種 *M. iriomotensis* として扱う．

チャイロケシカタビロアメンボ　*Microvelia japonica* Esaki et Miyamoto, 1955（図30-C，35-D）
体長：1.5〜2.1 mm．体は茶色で，褐色の長毛が密生する．前胸背には大きな点刻が散在し，腹部背面には灰白色〜青灰色の毛による斑紋がある．無翅型，稀に長翅型．森林内のうす暗い源流域に生息し，きわめて狭い水溜まりにみられる．分布：本州（三重県，滋賀県，京都府，兵庫県，広島県，島根県），四国（愛媛県，高知県），九州（福岡県），奄美大島，喜界島，徳之島，沖永良部島，沖縄島．

カスリケシカタビロアメンボ　*Microvelia kyushuensis* Esaki et Miyamoto, 1955（図31-A，35-E）
体背面には毛による斑紋が発達する．無翅型，稀に長翅型．体長：［無翅型］♂ 1.6〜1.9 mm，♀ 1.7〜2.2 mm；［長翅型］1.8〜2.0 mm．九州では浮葉植物や抽水植物が多い海岸近くの池にみられるが，琉球列島での詳しい生息環境はわかっていないが，河川上流〜中流域の水際や岩盤上などにみられ，西表島の大見謝川ではポットホールにしばしば群生する．分布：本州（東海地方以西），九州，石垣島，西表島，与那国島．

ウスイロケシカタビロアメンボ　*Microvelia leveillei* (Lethierry, 1877)（図29-B）
今まで用いられた学名 *Microvelia diluta* Distant, 1909 は新参異名（Zettel & Gapud, 1999；Aukema et al., 2013）．体長：♂ 1.4〜1.8 mm，♀ 2.1〜2.3 mm．体は灰色〜灰黒色で，♂は小さく長形であるのに対して，♀はかなり大きく楕円形である．無翅型ときに長翅型．用水池，一時的な水溜まりなどに群生する．分布：与論島，沖縄島，伊是名島，瀬底島，伊計島，宮古島，伊良部島，石垣島，西表島，波照間島；台湾，中国，東洋区，ミクロネシア．

モリモトケシカタビロアメンボ　*Microvelia morimotoi* Miyamoto, 1964（図31-B，35-F）
体が広卵形の小型種で，体長：♂ 1.0〜1.3 mm，♀ 1.2〜1.7 mm．無翅型，稀に長翅型．用水池，水路，水田などの草が多い止水域にみられ，木陰となる場所を好む．産地は局所的だが，ときに高密度に群生する．無翅型，稀に長翅型．八重山諸島固有種と考えられていたが，沖縄諸島および大東諸島からも記録された（青柳，2011；林，2018）．分布：屋我地島，北大東島，西表島，与那国島．

マダラケシカタビロアメンボ　*Microvelia reticulata* (Burmeister, 1835)（図31-C）
楕円形の小型種で，体長：1.1〜1.6 mm．体は暗褐色〜黒褐色であるが，灰青白色の毛による斑紋があり，斑模様となる．無翅型ときに長翅型．無翅型では，中胸背が顕著に認められる．冷涼地の池沼にみられ，水際付近の狭い水面で生活する．限られた場所に生息するが，しばしば群生する．分布：北海道，利尻島，奥尻島，本州，淡路島，四国，九州，対馬；韓国，中国，ロシア極東（マガダン，アムール，沿海州，サハリン，南千島），シベリア（イルクーツク），旧北区．

ウエノケシカタビロアメンボ　*Microvelia uenoi* Miyamoto, 1964（図32-A，35-G）
比較的大きく，体長：1.7〜1.9 mm．体は暗褐色〜淡褐色で，長毛が密生する．無翅型のみ．採

集例は少なく，森林内の暗い小さな谷沿いの湿った場所や細流の草陰に生息し，石の下などにも発見される．分布：西表島；台湾．

エサキナガレカタビロアメンボ *Pseudovelia esakii* Miyamoto, 1959（図32-B）

ナガレカタビロアメンボ *P. tibialis tibialis*（後述）に似ているが，体は細く，暗褐色〜黒褐色．♂後脚蹠節の第1節は第2節より長く，3〜4本の遊泳毛をもつ．無翅型のみ．本州・東北地方北部の湖や池に限って分布するといわれていたが，福島県の猪苗代湖にも生息することが確認された（塙，2017）．水面ではなく，水辺陸域の石や倒木・枯葉などの下および岩の垂直面にみられ，黒い塊になるように集合することがある．体長：♂1.9〜2.0 mm，♀2.4〜2.6 mm．分布：本州（青森県，秋田県，福島県）．近年，本州・中部地方以西にも産地が点在するとの情報がある．形態的には本種によく似ているが，生息環境等に大きな相異があることから，今後，各地の個体を生物学的に慎重に比較検討する必要がある．

ヒラシマナガレカタビロアメンボ *Pseudovelia hirashimai* Miyamoto, 1964（図32-C）

体長：[無翅型]♂1.7〜1.9 mm，♀2.3〜2.6 mm；[長翅型]♂2.0〜2.2 mm，♀2.3〜2.4 mm．長円形で，体背面は黒色または暗褐色で，黒色毛が密生する．♂後脚の蹠節第1節下面（腹面）には3本の長い遊泳毛がある．無翅型ときに長翅型．長翅型の腹部は後方へ徐々に幅狭くなり，結合板はほぼ黒色．渓流などの水辺付近の止水部や緩流部に生息し，河川近くの湿った礫間，石や落葉などの下など，地上部でしばしばみられる．分布：石垣島，西表島，与那国島．

タカラナガレカタビロアメンボ *Pseudovelia takarai* Miyamoto, 1964（図33-A）

体長：♂1.9〜2.0 mm，♀2.2〜2.4 mm．前種に似るが，毛がやや淡色でより密生しているので，全体的に灰色がかってみえる．♂後脚の蹠節第1節の遊泳毛は8本．無翅型がほとんどだが，稀に長翅型が現れる（*cf.* Miyamoto, 1964b）．長翅型は，色彩では前種に似ているが，やや明るくて茶色味をおび，前胸前縁付近の橙褐色部は不鮮明ながら幅広く発達し，腹部結合板は褐色となる．前翅前基室の白色帯は長く，翅室のほぼ全域を占める．体格は幅広く，次種の長翅型によく似る．源流に近い河川上流部に生息する．分布：石垣島，西表島．

ナガレカタビロアメンボ *Pseudovelia tibialis tibialis* Esaki et Miyamoto, 1955（図33-B）

暗褐色〜黒色で，前胸背や腹部結合板は淡色となることが多く，腹部背板には銀灰白色毛からなる紋がある．♂では，中脚脛節先端部には棘状の剛毛束があり，後脚蹠節第1節には6〜7本の長い遊泳毛がある．遊泳毛が6本の場合を別亜種（*P. tibialis sexseta* Miyamoto et Lee, 1963）とされているが，あえて分ける必要がないと思われる．無翅型ときに長翅型．体長：2.0〜2.7 mm．上流〜中流（ときに下流）の水際の静水面または緩流面に群生する．分布：北海道，本州，四国，九州，対馬，甑島（下甑島），屋久島，トカラ（中之島）；韓国，ロシア極東（南千島；国後島）．

ツツイナガレカタビロアメンボ *Pseudovelia tsutsuii* Esaki et Miyamoto, 1955（図33-C）

体長♂1.6〜1.8 mm，♀1.7〜2.1 mm．体は楕円形で，♀の腹部は幅広いことが多い．黒色〜黒褐色で，黒色毛を密生させるが，腹部背面に銀灰色の毛による斑紋はない．頭部および腹部結合板は暗褐色．脚は黄白色〜淡褐色で，♂後脚の蹠節第1節腹面に3本の遊泳毛をもつ．無翅型，稀に長翅型．中流域〜上流域の水辺に生息し，山間部や海崖の湧水付近を好む．緩流の水際付近や岩の隙間などの小さな水溜まりにみられる．分布：トカラ（宝島），奄美大島，喜界島，徳之島，沖縄島，伊平屋島，慶良間（渡嘉敷島，阿嘉島，座間味島）．

ケブカオヨギカタビロアメンボ *Xiphovelia boninensis* Esaki et Miyamoto, 1959（図34-A）

体は黒色〜黒褐色で，黒色の短毛と顕著な長毛が密生する．体は長円形〜楕円形で，背面には淡色の毛による斑紋はない．体長：1.9〜2.4 mm．無翅型，長翅型．山間の流れに生息するが，局所

カタビロアメンボ科 57

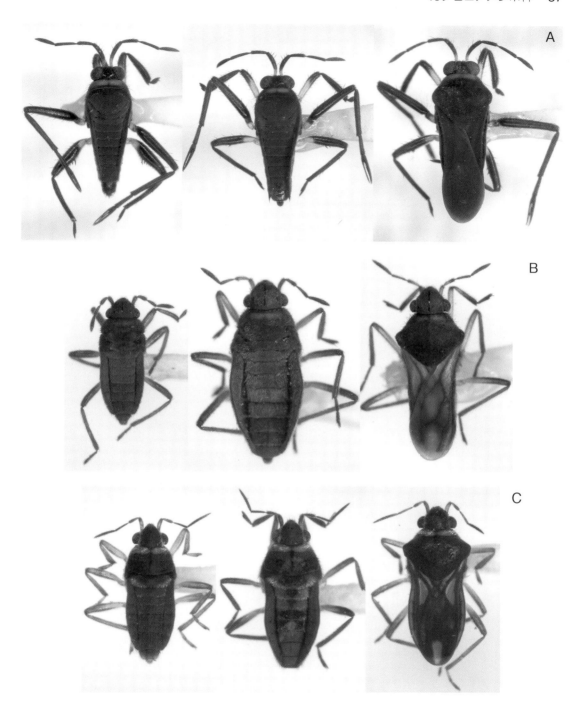

図29 カタビロアメンボ科 Veliidae；アシブトカタビロアメンボ亜科 Rhagoveliinae（A）およびケシカタ
ビロアメンボ亜科 Microveliinae（B C）．各種について，無翅型♂・無翅型♀・長翅型の順で図示し
ている．種名の後の（ ）内は翅型ごとの体長を示す
A：アシブトカタビロアメンボ *Rhagovelia esakii*（2.9 mm，2.9 mm，♀3.5 mm）　B：ウスイロケシカタビロ
アメンボ *Microvelia leveillei*（1.6 mm，2.3 mm，♀2.1 mm）　C：ケシカタビロアメンボ *Microvelia douglasi*（1.7
mm，1.8 mm，♀1.9 mm）

58　半翅目

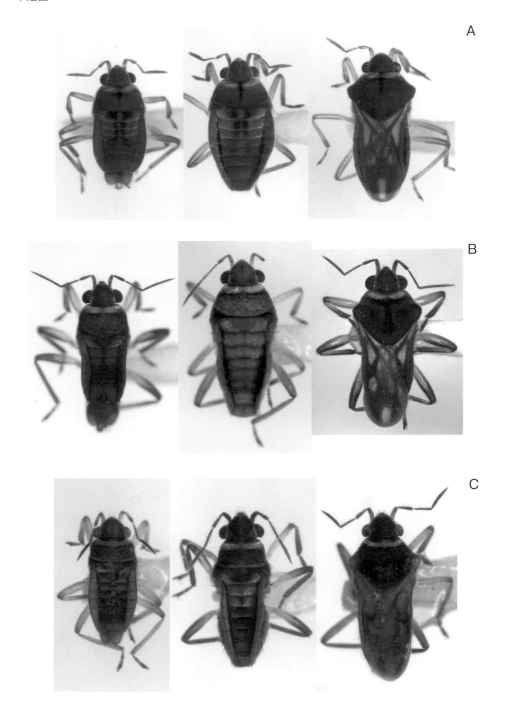

図30　カタビロアメンボ科ケシカタビロアメンボ亜科 Veliidae-Microveliinae. 無翅型♂・無翅型♀・長翅型の順で図示している
A：ホルバートケシカタビロアメンボ *Microvelia horvathi*（1.5 mm, 1.6 mm, ♀1.8 mm）　B：イリオモテケシカタビロアメンボ *Microvelia iriomotensis*（1.7 mm, 1.9 mm, ♂1.9 mm）　C：チャイロケシカタビロアメンボ *Microvelia japonica*（1.5 mm, 1.8 mm, ♀2.1 mm）

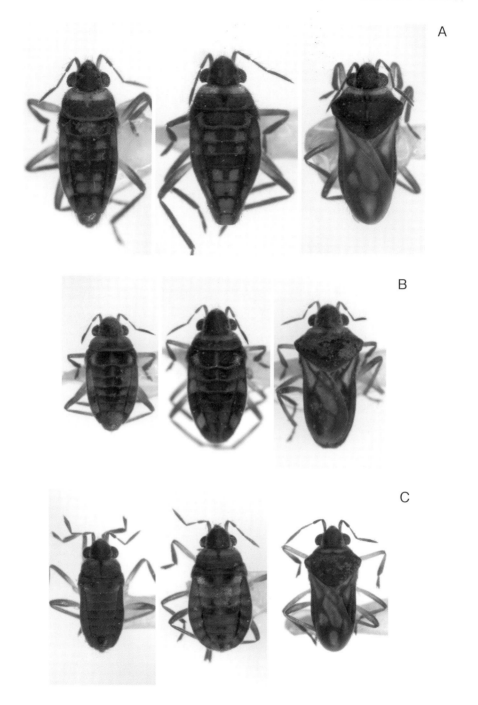

図31 カタビロアメンボ科ケシカタビロアメンボ亜科 Veliidae-Microveliinae. 無翅型♂・無翅型♀・長翅型の順で図示している
A：カスリケシカタビロアメンボ *Microvelia kyushuensis*（1.9 mm, 2.2 mm, ♂ 2.0 mm） B：モリモトケシカタビロアメンボ *Microvelia morimotoi*（1.3 mm, 1.6 mm, ♀ 1.7 mm） C：マダラケシカタビロアメンボ *Microvelia reticulata*（1.3 mm, 1.5 mm, ♀ 1.5 mm）

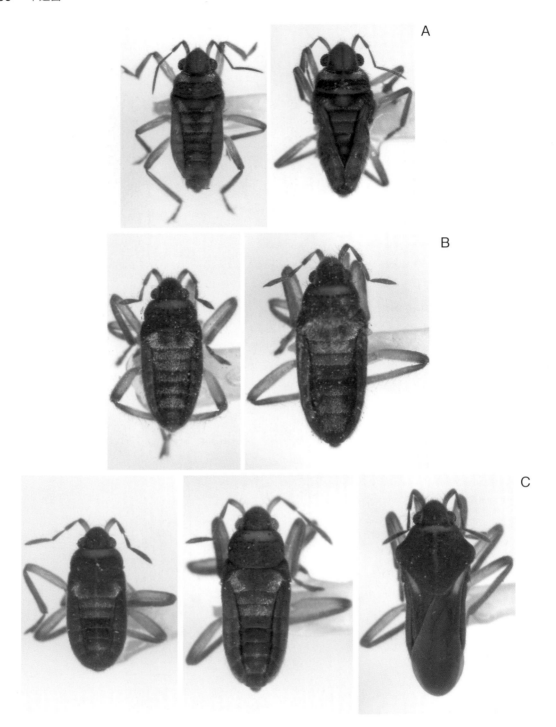

図32 カタビロアメンボ科ケシカタビロアメンボ亜科 Veliidae-Microveliinae. 無翅型♂・無翅型♀・長翅型（一部の種では未知）の順で図示している
A：ウエノケシカタビロアメンボ *Microvelia uenoi*（1.8 mm, 1.8 mm, −）　B：エサキナガレカタビロアメンボ *Pseudovelia esakii*（2.0 mm, 2.6 mm, −）　C：ヒラシマナガレカタビロアメンボ *Pseudovelia hirashimai*（1.9 mm, 2.4 mm, ♀2.5 mm）

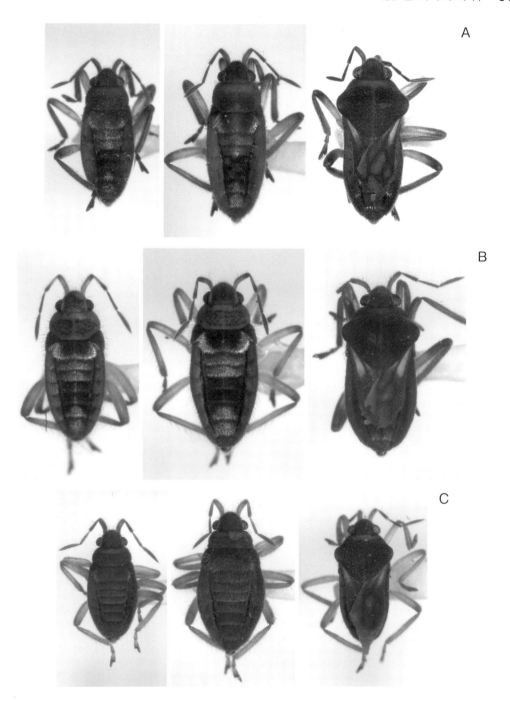

図33 カタビロアメンボ科ケシカタビロアメンボ亜科 Veliidae-Microveliinae. 無翅型♂・無翅型♀・長翅型の順で図示している
A：タカラナガレカタビロアメンボ *Pseudovelia takarai*（2.1 mm, 2.4 mm, ♀ 2.4 mm）　B：ナガレカタビロアメンボ *Pseudovelia tibialis tibialis*（2.3 mm, 2.7 mm, ♀ 2.6 mm）　C：ツツイナガレカタビロアメンボ *Pseudovelia tsutsuii*（1.7 mm, 2.1 mm, ♂ 2.1 mm）

62　半翅目

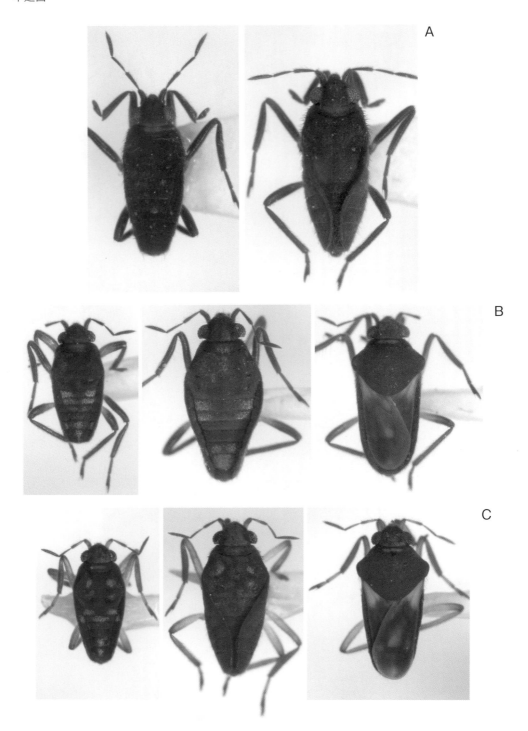

図34　カタビロアメンボ科 Veliidae；ケシカタビロアメンボ亜科 Microveliinae. 無翅型♂・無翅型♀・長翅型（一部の種では未知）の順で図示している．種名の後の（　）内は翅型ごとの体長を示す
A：ケブカオヨギカタビロアメンボ *Xiphovelia boninensis*（2.0 mm，2.2 mm，-）　B：アマミオヨギカタビロアメンボ *Xiphovelia curivifemur*（1.6 mm，2.2 mm，♀ 2.2 mm）　C：オヨギカタビロアメンボ *Xiphovelia japonica*（1.6 mm，2.0 mm，♀ 2.1 mm）

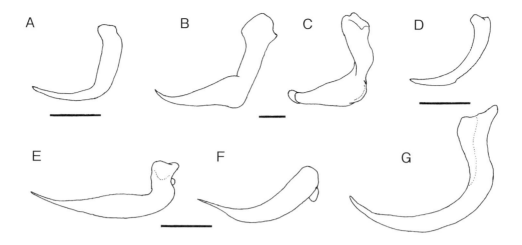

図35 カタビロアメンボ科 Veliidae,ケシカタビロアメンボ属 Microvelia 7種の♂生殖器右交尾鉤（宮本,1964b,1985より改変）
A：ケシカタビロアメンボ Microvelia douglasi　B：ホルバートケシカタビロアメンボ Microvelia horvathi　C：イリオモテケシカタビロアメンボ Microvelia iriomotensis　D：チャイロケシカタビロアメンボ Microvelia japonica　E：カスリケシカタビロアメンボ Microvelia kyushuensis　F：モリモトケシカタビロアメンボ Microvelia morimotoi　G：ウエノケシカタビロアメンボ Microvelia uenoi．スケール：0.05 mm

的である．産地では個体数は比較的多いが，近年その産地がさらに減少し，絶滅が危惧されることから，環境省レッドリスト2017ではVU（絶滅危惧II類）に選定されている．分布：小笠原（父島）．

アマミオヨギカタビロアメンボ　*Xiphovelia curvifemur* Esaki et Miyamoto, 1959（図34-B）
体長：♂1.5～1.7 mm，♀2.1～2.2 mm．体は黒色で，♂は小判形であるが，♀は菱形となる．♂前脚の腿節は弓状に湾曲する．ふつう無翅型だが，稀に長翅型が現れる．主に中流域など比較的川幅の広い緩流域を好み，流水上に群生する．奄美大島南部や沖縄島北部の中流部では数百個体からなる集団がみられる．分布：奄美大島，徳之島，沖縄島．

オヨギカタビロアメンボ　*Xiphovelia japonica* Esaki et Miyamoto, 1959（図34-C）
体長：♂1.5～1.9 mm，♀1.8～2.2 mm．体は光沢のない黒色（ときに暗褐色）で，黒色の細毛が密生し，銀灰白色毛による紋が中胸背，腹部背板および結合板にみられる．♂では小判形で，♀は菱形に近く，背面はほぼ平坦となる．ふつう無翅型だが，ごく稀に長翅型が現れる．流れや池沼の水際近くに群生し，水面上を素早く泳ぎ回る．池沼では，細流の流入部近くにみられる．もともと既知産地は少なかった上に，環境悪化によりほとんどの産地では絶滅し，きわめて局所的と考えられていた（大木，2001；林ら，2003）．しかし，東海地方からは大きな河川の緩流部に生息することがわかり（矢崎・石田，2008），その後の各地における調査によって，新たな産地が見つかった．環境省レッドリスト2017ではNT（準絶滅危惧種）．分布：本州（東海地方以西），四国（徳島県），九州（福岡県，佐賀県），対馬．

ケシウミアメンボ亜科　Haloveliinae

ケシウミアメンボ　*Halovelia septentrionalis* Esaki, 1926（図36）
体は楕円形〜菱形で，全体が光沢のないベルベット状の黒色〜黒褐色．頭部（頭頂）後方は広く暗橙褐色となり，胸背後方と腹部背面には灰色の短毛が密生し，斑紋状になることがある．前脚の跗節は2節からなり，中脚は後脚に近づく．無翅型のみ．沿岸性で，岩礁地帯に生息し，干潮時に岩陰や小さな入江など波が穏やかな海面上に多数がみられ，ときに群生する．体長：♂ 1.4〜1.6 mm，♀ 2.0〜2.4 mm．分布：本州，四国，九州，対馬，天草，トカラ（中之島，宝島），奄美大島，喜界島，徳之島，沖永良部島，与論島，硫黄鳥島，沖縄島，伊平屋島，伊是名島，粟国島，渡名喜島，久米島，宮古島，伊良部島，石垣島，西表島，与那国島，尖閣（北小島）；台湾．

アメンボ科　Gerridae

体は長形または円みがある菱形．複眼は大きく，側方に突出し，背面側の内縁は円く湾入する（ウミアメンボ，シマアメンボ類を除く）．跗節式は2-2-2．主として，体の色彩，腹端部や♂生殖器の形状などで種が分類される．渓流上，池沼，沿岸海域から大洋上にまでみられる．水面上を疾走し，小動物を捕食する．Matsuda（1960）による総説では全世界の亜科や属の分類が詳述され，Hungerford & Matsuda（1960）には亜科・属などの検索および代表種の図が示されている．東アジア地域を中心とした本科の分類学的研究は，Andersen（1975, 1994），Andersen & Spence（1992），Chen & Nieser（1993a, 1993b），Kanyukova（1982）らによって行われ，属・亜属分類をはじめとして多くの種が記載されている．また，Herring（1961）は海産のウミアメンボ類をまとめている．日本産については，Esaki（1924），Miyamoto（1958）によって研究され，大部分の種はその時点で明らかになっている．また，宮本（1961）による日本産アメンボ科の総説は，属・亜属の扱いは現在とはやや異なるが，分類・同定をする上で重要な文献である．その後，属・亜属の部分的な変更があり，さらに4種が新たに記録され，現在日本には3亜科10属26種 — トガリアメンボ亜科 Rhagadotarsinae 1属1種，アメンボ亜科 Gerrinae 6属17種，ウミアメンボ亜科 Halobatinae 3属8種 — が知られる．

図36　ケシウミアメンボ *Halovelia septentrionalis*（カタビロアメンボ科 Veliidae；ケシウミアメンボ亜科 Haloveliinae）．無翅型♂ 1.5 mm・無翅型♀ 2.0 mm

種の検索

1a 腹部第8節はきわめて細長く棒状で，腹部の1/3～2/5に及ぶ；腹部第1腹板は顕著に認められる；♀の産卵管は長く，鋸歯状となる（トガリアメンボ亜科 Rhagadotarsinae）
 ··· トガリアメンボ *Rhagadotarsus kraepelini*
1b 腹部第8節は棒状に伸長せず，♀には産卵管はない；腹部第1腹板は認められない······ 2
2a 複眼背面内縁の一部は円く湾入する；前胸背は幅より長く，後縁は後方に張り出し，中胸背を多少とも覆う·· 3 （アメンボ亜科 Gerrinae）
2b 複眼背面の内縁は湾入しない；前胸背はふつう長さよりはるかに幅広く，中胸背を覆うことはない；一部の長翅型では，前胸背は幅より長いが，その幅は頭部より明かに幅広い；渓流上または海面に生息する················· 19 （ウミアメンボ亜科 Halobatinae）
3a 体背面は黒色で，光沢がある；前胸背板の側縁および後縁は黄色～黄褐色··············· 4
3b 体背面に光沢はなく，黒色，灰黒色，黒褐色，赤褐色または橙褐色で，黄色で縁どられない··· 8
4a 前胸背板は細長く，長さは幅の約2倍で，前葉には1対の黄褐色紋があり，周縁は黄色·· 5 （*Limnogonus* 属）
4b 前胸背板は短く，長さは幅の約1.3倍で，前葉中央付近には1個の暗黄褐色紋があり，周縁は黄色または暗褐色～暗黄褐色························· 7 （*Neogerris* 属）
5a 前胸背板中央には黄色の縦条がない；第7腹節結合板の後側角は針状に後方に突出する··· ツヤセスジアメンボ *Limnogonus nitidus*
5b 前胸背板中央には1本の黄色縦条がある；第7腹節結合板の後側角は後方に突出しない··· 6
6a 前胸背の前葉側縁にある黄褐色条は，周縁の黄色条と連続せず，上下にずれる；♀の腹部第7腹板は後縁中央が鋭く後方に突出する；無翅型の腹部背板は黒色
 ··· セスジアメンボ *Limnogonus fossarum fossarum*
6b 前胸背の前葉側縁にある黄褐色条は，周縁の黄色条と連続し，上下にずれることはない；♀の腹部第7腹板後縁は後方に突出しない；無翅型の腹部背板中央には黄褐色紋がある
 ··· ホソミセスジアメンボ *Limnogonus hungerfordi*
7a 中脚および後脚の腿節は長く，体長の3/4を超える；♀の腹部第7腹板の後縁は円く突出する；小笠原諸島に固有····························· オガサワラアメンボ *Neogerris boninensis*
7b 中脚および後脚の腿節は体長の2/3未満である；♀の腹部第7腹板の後縁は三角形状に突出する；奄美・沖縄諸島に分布···················· ヒメセスジアメンボ *Neogerris parvulus*
8a 腹部第7結合板の後側縁は棘状に後方に強く突出する·· 9
8b 腹部第7結合板の後側縁はふつう棘状に後方に突出しない····································· 13
9a 触角は細長く，体長の1/2を超え，第4節は基部を除き黄白色；♂の中脚脛節基部の内側に1本の鋭い棘がある；前胸背は褐色で，中央に黒色縦条がある；♂は♀より大型；琉球・与那国島に分布する······································· トゲアシアメンボ *Limnometra femorata*
9b 触角は体長のほぼ1/2かそれ以下で，第4節は黒色～黒褐色である；♂の中脚腿節に棘はない；ほとんどの種では♂より♀の方が大型 ··· 10
10a 前胸背板は広く暗赤褐色，赤褐色または橙褐色となる·· 11
10b 前胸背板は全体が黒色または灰黒色となる；♂の第7腹板後縁は全体的に深く湾入する（*Aquarius* 属）··· 12

11a	小型種（体長はふつう 10 mm 以下）；触角は先端の第 4 節がもっとも長い；前胸背板は暗赤褐色〜赤褐色で，体側面には銀灰白色の毛による縦条がある ·· エサキアメンボ *Limnoporus esakii*
11b	大型種（ふつう 12 mm を超える）；触角は第 1 節がもっとも長い；前胸背板は赤褐色〜橙褐色で，体側に淡色の縦条はない ················ セアカアメンボ *Limnoporus genitalis*
12a	超大型種で，♂は♀よりやや大きく，脚も長い；前脚跗節の第 1 節は第 2 節より長い；中脚腿節は後脚腿節より明らかに長い ······················ オオアメンボ *Aquarius elongatus*
12b	大型種で，♀は♂より大きい；前脚跗節の第 1 節は第 2 節より短い；中脚腿節は後脚腿節とほぼ同長 ····························· アメンボ（ナミアメンボ）*Aquarius paludum*
(12b-1)	触角第 2 節は第 4 節とほぼ同長；♂の第 8 腹節腹面の基部に長三角形の隆起がある ·· アメンボ（ナミアメンボ）*Aquarius paludum paludum*
(12b-2)	触角第 2 節は第 4 節より明らかに長い；♂の第 8 腹節腹面にはっきりした隆起はない ·· アマミアメンボ *Aquarius paludum amamiensis*
13a	前胸背板は前葉を除き広く暗赤褐色〜赤褐色；腹部結合板の節間に銀白色の毛が生える；前翅の翅脈上に横縞がみられる ················ 14（*Gerris* 属 *Macrogerris* 亜属）
13b	前胸背板は全体が黒色〜灰黒色；腹部結合板の節間に銀白色の毛は生えない；♂の腹部第 7 腹板後縁中央部は V 字形または U 字形に湾入する ········· 16（*Gerris* 属 *Gerris* 亜属）
14a	前胸背板は暗赤褐色；♂腹部の第 7 腹板に 1 対の黒色の不明瞭な楕円形〜円形の紋があり，第 8 腹板には 1 対の楕円形の凹陥部がない；♂生殖器の末端片は Y 字形となる；♀腹部の第 7 結合板後端は全く突出しない ······ ヤスマツアメンボ *Gerris (Macrogerris) insularis*
14b	前胸背板はふつう赤褐色；♂腹部の第 7 腹板に黒色の紋はなく，第 8 腹板に 1 対の楕円形の凹陥部がある；♀腹部の第 7 結合板後端は三角形に短く突出する ······················ 15
15a	♂生殖器の末端片は退化し，1 対の円い微小片となる；♀腹部第 7 結合板後縁の突出部はやや鋭く，幅より長い ················ コセアカアメンボ *Gerris (Macrogerris) gracilicornis*
15b	♂生殖器の末端片は長く，左右が癒合し，細長い嘴状となる；♀腹部第 7 結合板後縁の突出部は円みがあって鈍く，幅より明らかに短い ·· エゾコセアカアメンボ *Gerris (Macrogerris) yezoensis*
16a	腹部とくにその側方は平たく広がり，全体的に幅広い；腹部第 2〜6 腹板の正中線の両側は広楕円形に浅く凹み，正中線上は隆起する；♂腹部第 7 腹板の後縁中央は V 字状に湾入する；長翅型のみ ·············· ヒメアメンボ *Gerris (Gerris) latiabdominis*
16b	腹部はほぼ半円筒形；腹部第 2〜6 腹板の正中線両側の凹みはない ······················ 17
17a	♂の腹部第 7 腹板に 1 対の楕円形の凹みがあり，その部分には灰白色の紋がある；体は長菱形で，灰黒色；前脚腿節背面は，基部を除き，ほぼ全体が黒色；♀および長翅型♂では腹部第 7 結合板の後縁が棘状に突出するが，腹端を超えることはない；長翅型および無翅型 ·································· ハネナシアメンボ *Gerris (Gerris) nepalensis*
17b	♂の腹部第 7 腹板に灰色の毛による紋はない；体は長形で，黒色 ····················· 18
18a	♂腹部第 7 腹板の後半から第 8 腹板前半にかけては顕著に凹み，第 7 腹板後縁の中央部は浅い U 字状または台形状に湾入する；体長は♂が 6〜8 mm，♀が 8〜9 mm；長翅型および短翅型（微翅型）···················· ババアメンボ *Gerris (Gerris) babai*
18b	♂腹部第 7〜8 腹板に凹みはない；体長は♂が 9〜11 mm，♀が 11〜12 mm；触角は全体的に黒色，ときに暗褐色；♀の腹部第 7 結合板後縁は斜め上方に短く突出する；長翅型お

アメンボ科 67

　　　　よび短翅型（中翅型，微翅型）・・・・・・・・・・・・・・・・**キタヒメアメンボ** *Gerris (Gerris) lacustris*
19a　触角の第3節がもっとも短い；中脚の脛節および跗節に遊泳毛をもたない；体は黄褐色で，数本の黒褐色の条紋がある；無翅型ときに長翅型で，山間の渓流上に生息する・・・・・・・・ 20
19b　触角の第4節がもっとも短い；中脚の脛節に遊泳毛をもつ；体は灰白色〜灰黒色で，ときに黄褐色紋をもつ；海面に生息する・・・ 21
20a　中胸背にある中央よりの1対の黒褐色条は弓状に内側に曲がり，長翅型では後方で中央条に達することがある；♂の前脚腿節は太く発達し，脛節は基部で内側に曲がる；♂腹部第7腹板後縁は，側面からみると，斜めで直線的；♀腹部第7腹板の側縁は中程に切れ込みがあり，後縁は円く後方に張り出し，中央はわずかに湾入する；沖縄諸島と八重山諸島に分布する・・・・・・・・・・・・・・・・・・・・・・・・・・・・・・・・・・・**タイワンシマアメンボ** *Metrocoris esakii*
20b　無翅型の中胸背上にある中央よりの1対の黒褐色条は直線的で，後方で外側の条としばしば癒合する；♂の前脚腿節は太くならない；♂腹部第7腹板後縁は，側面からみると，中程よりやや下方（腹面側）で強く湾曲する；♀腹部第7腹板の表面に凹凸はなく，側縁は直線的；北海道から奄美諸島の徳之島にかけて分布する
　　　　・・**シマアメンボ** *Metrocoris histrio*
21a　前脚跗節の第1節はきわめて小さく短く，幅とほぼ同長で，第2節の約1/5にすぎない；中脚の遊泳毛は脛節のみにみられる；♂前脚の腿節は基部付近できわめて太くなる；頭部，前胸背には顕著な暗黄褐色紋がある；沿岸性で，波が穏やかな内湾の小さな入江などに生息する・・・・・・・・・・・・・・・・・・・・・・・・・・・・・・・・・・・**シオアメンボ** *Asclepios shiranui*
21b　前脚跗節の第1節は幅より明らかに長い；中脚の遊泳毛は脛節と跗節第1節にみられる；♂の前脚腿節は顕著に太くならない；♂腹部第8節（第1生殖節）はやや左右不相称で，側面に顕著な三角形状の張り出しがある・・・・・・・・・・・・・・・・ 22 （*Halobates* 属）
22a　前脚跗節の第1節は第2節と同長かより長い；触角第1節は長く，その長さは他の3節の合計と等しいかそれ以上；中脚の遊泳毛は短い；体は長楕円形・・・・・・・・・・・・・・・・・・ 23
22b　前脚跗節の第1節は第2節より短い；触角第1節の長さは他の3節の合計より短い；中脚の遊泳毛は長い；体は卵形・・ 24
23a　前脚跗節第1節は第2節とほぼ同長；♂腹部第8腹節（第1生殖節）の角状突起は先端で広がらない；沿岸性・・・・・・・・・・・・・・・・・・・・・・・**ウミアメンボ** *Halobates japonicus*
23b　前脚跗節第1節は第2節より明らかに長い；♂腹部第8腹節（第1生殖節）の角状突起は先端で外側に円く広がる；沿岸性・・・・・・・・・・**シロウミアメンボ** *Halobates matsumurai*
24a　中脚脛節の長さは腿節の1/2より長い；♂第1生殖節の角状突起は内側にやや湾曲する；触角第4節の長さは第2節＋第3節の長さより短い；外洋性
　　　　・・・・・・・・・・・・・・・・・・・・・・・・・・・・・・・・・・・・・**センタウミアメンボ** *Halobates germanus*
24b　中脚脛節の長さは腿節の約1/2かそれ以下・・・・・・・・・・・・・・・・・・・・・・・・・・・・・・・・・ 25
25a　触角第4節の長さは第2節＋第3節より短い；触角および脚は漆黒色で藍色の光沢がある；中脚基節は円筒形で太く，藍色の光沢が顕著である；♂第1生殖節の角状突起は左右で大きく異なり，左側の突起は外側に大きく折れ曲がる；外洋性
　　　　・・・・・・・・・・・・・・・・・・・・・・・・・・・・・・・・・・・・・・・**ツヤウミアメンボ** *Halobates micans*
25b　触角第4節の長さは第2節＋第3節とほぼ等しい；触角および脚は黒色だが，藍色の光沢はない；♂中脚の転節と腿節の内側に小さな歯状突起が多数列生する；♂第1生殖節の角状突起は左右がほぼ同形；外洋性・・・・・・・・・・**コガタウミアメンボ** *Halobates sericeus*

395

種の特徴

トガリアメンボ亜科　Rhagadotarsinae

トガリアメンボ　*Rhagadotarsus (Rhagadotarsus) kraepelini* Breddin, 1905（図37-A）

小型のアメンボで，体長は♂3.3〜3.6 mm，♀3.7〜4.4 mm．体は光沢のない灰色で，側方は黒色〜黒褐色となる．腹部第8節はきわめて長く棒状となり，腹部後半は鈍尖となる．前脚跗節の形状は特異的で，深い切れ込みがある．無翅型および長翅型．2001年9月に兵庫県で発見され（Hayashi & Miyamoto, 2002），その後，分布域は九州（鹿児島県本土）から山陰地方や北陸地方，さらに関東地方北部（栃木県・茨城県）まで拡大した（中谷ら，2003；山尾・中尾，2003；大原・林，2004；野崎・野崎，2004a；吉岡，2007；矢崎・石田，2008；富沢，2012；大原，2013；中峯，2014；大庭，2014；碓井・西田，2015；碓井，2015ほか）．水生植生が貧弱な半人工的〜人工的な池に生息し，岸辺近くに多い．近年発見されたことと，分布拡大スピードが速いことから，外来種である可能性が高い．分布：本州（関東地方以西），淡路島，四国，九州，壱岐；台湾，中国，東洋区，ニューギニア．

アメンボ亜科　Gerrinae

オオアメンボ　*Aquarius elongatus* (Uhler, 1896)（図37-B, 40-A）

大型で日本最大種．体背面は光沢のない黒色〜黒褐色で，側面には銀灰色の軟毛が帯状に密生する．♂の中脚は長く，腿節の長さは体長以上で，大型個体では腿節と脛節がとくに長くなる．長翅型のみ．体長：19〜27 mmで，♂は♀よりやや大型となる．池沼などの止水域，緩流に生息し，日陰となる水面を好む．分布：本州，隠岐，四国，九州，対馬，天草；韓国（済州島），中国，台湾．

アメンボ（ナミアメンボ）　*Aquarius paludum* (Fabricius, 1794)

体は黒色で，ときに褐色を帯びる．触角各節の長さ，♂生殖器の一部の違いなどによって2亜種に分類されている．しかし，これらの差異が果たして亜種レベルの分化かどうか疑問が多く，今後各地の標本を調査し，これらの分類学的位置について再検討する必要がある．長翅型および短翅型（微翅型〜中翅型）がみられる．分布：北海道，本州，四国，九州，琉球列島；朝鮮半島，ロシア極東，中国，台湾，ベトナム，タイ，ミャンマー，インド，旧北区．

1) **アメンボ（ナミアメンボ）**　*Aquarius paludum paludum* (Fabricius, 1794)（図37-C, 40-B）

    体長：11〜16 mm．触角第2節と第4節はほぼ同じ長さとなる．♂腹部第8節（第1生殖節）の腹面中央には三角形状の隆起がある．各地でふつうにみられ，止水域や緩流に生息する．分布：北海道，礼文島，本州，隠岐，四国，九州，対馬，天草，甑島（下甑島），種子島，屋久島，大隅（竹島），トカラ（中之島）；朝鮮半島，ロシア極東（ハバロフスク，沿海州，サハリン，南千島・国後島），シベリア（イルクーツク），中国，台湾．

2) **アマミアメンボ**　*Aquarius paludum amamiensis* (Miyamoto, 1958)（図37-D, 40-C）

    体長：12〜17 mm．琉球固有亜種で，触角第2節は第4節より明らかに長い．♂第8腹節の腹面中央に顕著な隆起はない．池沼や河川の緩流，ときに珊瑚礁のタイドプールに生息する．分布：奄美大島，喜界島，徳之島，沖永良部島，与論島，沖縄島，伊平屋島，伊是名島，屋我地島，瀬底島，伊計島，浜比嘉島，粟国島，渡名喜島，慶良間（渡嘉敷島，阿嘉島，座間味島），久米島，北大東島，南大東島，宮古島，伊良部島，多良間島，石垣島，小浜島，西表島，波照間島，与那国島．

ババアメンボ　*Gerris* (*Gerris*) *babai* Miyamoto, 1958（図37-E，40-D）

小型で，体は黒色．前脚腿節は大部分が黒色となる．♂腹部の第7腹板から第8腹板にかけての中央は幅広く凹み，第7腹板の後縁中央部はU字状に湾入する．体長：6.3～9.1 mm．短翅型（微翅型）および長翅型．抽水植物群落と開放水面の境付近を好み，素早く滑走する．環境省レッドリスト2017のNT（準絶滅危惧類）．近年，北九州市でも発見された（上田・井上，2012）．分布：北海道，利尻島，本州，九州（福岡県）；韓国，中国，ロシア極東（アムール，沿海州），東シベリア（チタ）．

キタヒメアメンボ　*Gerris* (*Gerris*) *lacustris* (Linnaeus, 1758)（図37-F，40-E）

旧北区に広く分布し，1997年になって日本から初めて確認された（Usui *et al*., 1997）．体は黒色で，体は細めである．腹部腹面の正中線両側の浅い凹み，側方への広がりはみられない．長翅型および短翅型（微翅型／中翅型）．本州の個体群では，形態にやや相異がみられる（碓井，1998）．体長：7.9～12.0 mm．分布：北海道，本州（青森県，岩手県，福島県）；朝鮮半島，中国，モンゴル，ロシア，旧北区．

ヒメアメンボ　*Gerris* (*Gerris*) *latiabdominis* Miyamoto, 1958（図37-G，40-F）

体は黒色で，前種とよく似ている．腹部結合板は側方にやや拡がり，腹板の正中線の両側には1対の楕円形の浅い凹みが連なる．♂腹部第7腹板後縁の中央部は円く湾入する．長翅型だが，稀に前翅がやや短い個体が知られる（亜長翅型）（碓井，2006）．かつて短翅型といわれていたものは前種の誤同定と考えられている．体長：9.0～12.0 mm．池沼や一時的な水溜まりなど，開放水面にふつうにみられる．従来，分布南限はトカラ列島口之島といわれていたが，中峯（2005）は中之島から2♂を採集し，記録している．分布：北海道，本州，隠岐，淡路島，四国，九州，壱岐，対馬，天草，甑島（下甑島），種子島，屋久島，大隅（黒島），トカラ（口之島，中之島）；朝鮮半島，中国，ロシア極東（沿海州，サハリン，南千島），台湾．

ハネナシアメンボ　*Gerris* (*Gerris*) *nepalensis* Distant, 1910（図38-A，40-G）

体は灰黒色～黒色で，やや幅広く菱形のようである．無翅型ときに長翅型．無翅型♀と長翅型の腹部第7結合板は棘状に後方へ突出する．体長：6.5～10.0 mm．水生植物（とくに浮葉植物）が多い止水域を好み，葉などの浮遊物にとまって静止するが，驚くと素早く滑走して逃げる．分布：北海道，本州，隠岐，四国，九州，天草；朝鮮半島，ロシア極東（アムール，沿海州），中国，台湾，ベトナム，バングラデシュ，ネパール．

コセアカアメンボ　*Gerris* (*Macrogerris*) *gracilicornis* (Horváth, 1879)（図38-B，40-H，42-A）

胸背および前翅は暗褐色～暗赤褐色．腹部第7結合板後縁は短く後方へ突出する．♂の第8腹板の中央部には1対の楕円形～四角形の浅い凹みがある．長翅型のみ．平地～低山地の池沼や緩流に生息する．体長：11～16 mm．分布：北海道，本州，伊豆諸島（御蔵島），隠岐，四国，九州，対馬，天草，甑島（下甑島），屋久島，トカラ（口之島，中之島，平島，宝島），奄美大島，喜界島，徳之島，沖永良部島，沖縄島，伊平屋島，屋我地島，瀬底島，慶良間（渡嘉敷島，座間味島，阿嘉島），久米島，石垣島，西表島，与那国島，尖閣諸島；朝鮮半島，ロシア極東（ハバロフスク，沿海州，国後島），中国，台湾，ブータン，北インド．

ヤスマツアメンボ　*Gerris* (*Macrogerris*) *insularis* (Motschulsky, 1866)（図38-C，40-I，42-B）

体長：9～14 mm．♂は♀より明らかに小型である．体は暗赤褐色～黒褐色で，前種より暗色となる．腹部第7結合板後縁は後方にほとんど突出しない．♂腹部第8節腹面の凹みはなく，第7腹板には1対の黒色毛からなる楕円形の紋がある．長翅型のみ．水温の低い池沼や緩流に生息し，木陰となる暗い場所を好む．分布：北海道，本州，伊豆諸島（八丈島），佐渡，隠岐，四国，九州，対馬；韓国，ロシア極東（沿海州）．なお近年，前脚が太い個体群が発見されており，分子生物学

的な分析結果によると，別種である可能性が高いといわれる（Muraji, 2001）．

エゾコセアカアメンボ *Gerris* (*Macrogerris*) *yezoensis* Miyamoto, 1958（図38-D，40-J，42-C）

体形，色彩はコセアカアメンボによく似ており，外見での区別は困難である．腹部第7結合板後縁の突出は鈍い．♂生殖器の末端片の形状は特異的で長い嘴状となり，この点では前2種から容易に区別できる．長翅型のみ．体長：10〜15 mm．寒冷地の池沼にふつうにみられる．分布：北海道，礼文島，本州（石川県以東）；朝鮮半島，中国，ロシア極東（ハバロフスク，沿海州，サハリン，択捉島，色丹島，国後島）．

セスジアメンボ *Limnogonus* (*Limnogonus*) *fossarum fossarum* (Fabricius, 1775)（図39-A，41-D）

体背面は光沢の強い黒色で，前胸背の側縁と中央には細い黄色条が，前葉に1対の黄色紋がある．前胸背側方の黄色条は前方（前葉と後葉の境）で上下にずれる．♀腹部の第7腹板は大きく，後方の節を覆う．無翅型，長翅型．体長：7.5〜11.0 mm．池沼，水田などの開放水面にふつうにみられる．分布：奄美大島，徳之島，沖縄島，伊平屋島，伊是名島，屋我地島，瀬底島，慶良間（座間味島），久米島，南大東島，宮古島，池間島，石垣島，小浜島，西表島，波照間島，与那国島；台湾，中国，東洋区．

ホソミセスジアメンボ *Limnogonus* (*Limnogonus*) *hungerfordi* Andersen, 1975（図39-B，41-E）

1996年に日本での分布が確認された（Hayashi *et al.*, 1996）．前種に似るが，やや小型で細身である．前胸背側方の黄色条は連続する．ふつう無翅型で，ときに長翅型が現れる．体長：[長翅型] ♂ 7.8〜8.3 mm，♀ 8.1〜9.2 mm；[無翅型] ♂ 7.2〜7.9 mm，♀ 7.8〜8.7 mm．池沼，湧水，水路などにみられ，木陰となる所や抽水植物間などうす暗い水面に生息する．分布：宮古島，大神島，石垣島，西表島，与那国島；台湾，東洋区，オーストラリア区．

ツヤセスジアメンボ *Limnogonus* (*Limnogonus*) *nitidus* (Mayr, 1865)（図39-C，41-F）

本種も1996年に日本（琉球）から記録された（Hayashi *et al.*, 1996）．セスジアメンボ *L. fossarum fossarum* (Fabricius) に似るが，さらに小型で，前胸背中央の黄色条を欠く．腹部第7結合板の後縁は棘状に突出する．長翅型，ときに無翅型．環境省レッドリスト2017ではNT（準絶滅危惧類）に選定されている．体長：♂ 6.7〜7.4 mm，♀ 8.3〜9.3 mm．木陰となる池，草で被われた水路など，暗い水面に生息する．東南アジアでは長翅型はライトによく飛来する．分布記録が少ない種であるが，ごく最近になって，奄美大島と西表島で採集された（渡部・北野, 2018）．分布：奄美大島，北大東島，南大東島，石垣島，西表島，与那国島；中国，ベトナム，インドシナ．

トゲアシアメンボ *Limnometra femorata* Mayr, 1865（図38-E，41-A）

オオアメンボに次ぐ大型種．胸背は褐色で，中央には黒色の細い縦条がある．触角は長く，第4節は黄白色．中・後脚の腿節先端部も黄白色．腹部背面は橙色〜赤橙褐色で，飛翔時は目立つ．長翅型のみで，♂は♀よりはるかに大きい．体長：♂ 21〜23 mm，♀ 17〜19 mm．ジャングル内の暗い静水域に生息し，ときに群生する．成虫は驚かすと頻繁に飛んで逃亡する．環境省レッドリスト2017のVU（絶滅危惧II類）．分布：与那国島；台湾（緑島，蘭嶼），フィリピン，ボルネオ，マレーシア．

エサキアメンボ *Limnoporus esakii* (Miyamoto, 1958)（図38-F，41-B）

体長：♂ 7.9〜8.5 mm，♀ 9.1〜10.5 mm．小型の繊細で美しいアメンボで，体は暗赤褐色〜褐色であり，体側には銀白色の毛による縦帯がある．触角は褐色で，第4節はもっとも長く黒色となる．長翅型のみ．ヨシなどの抽水植物群落内のやや暗い水面で生活し，早春や晩秋以外は開放水面ではほとんどみられない．水辺環境の悪化に伴って産地は減少し，環境省レッドリスト2017ではNT（準絶滅危惧種）に選定されている．分布：北海道，本州，四国，九州，対馬；朝鮮半島，中国．

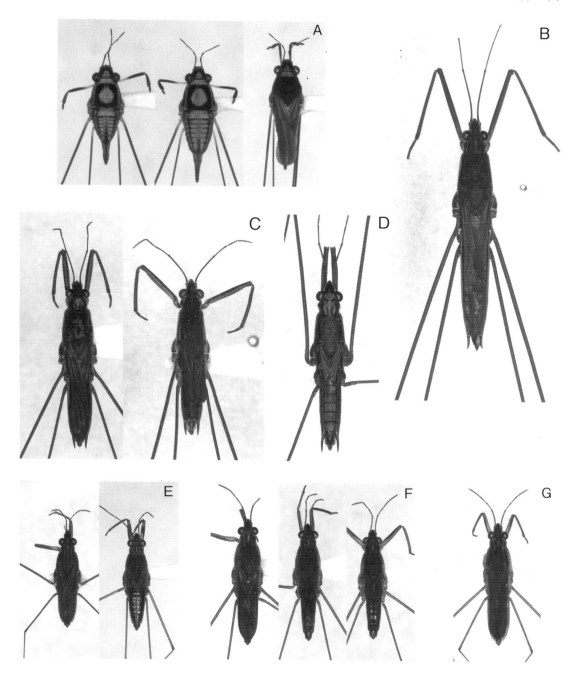

図37 アメンボ科 Gerridae；トガリアメンボ亜科 Rhagadotarsinae（A）およびアメンボ亜科 Gerrinae（B-G）．翅型に変異がある種については，長翅型 Mf（macropterous form），短翅型 Bf（brachypterous form），無翅型 Af（apterous form）の各型を図示している（D 以外）．種名の後の（　）内は体長を示す
A：トガリアメンボ *Rhagadotarsus kraepelini*（Af ♂ 3.5 mm, Af ♀ 4.2 mm, Mf ♀ 4.0 mm）　B：オオアメンボ *Aquarius elongatus*（Mf ♂ 24 mm）　C：アメンボ *Aquarius paludum paludum*（Mf ♂ 13 mm, Bf ♂ 13 mm）
D：アマミアメンボ *Aquarius paludum amamiensis*（Bf ♂ 14 mm）　E：ババアメンボ *Gerris* (*Gerris*) *babai*（Mf ♂ 7.0 mm, Bf ♂ 7.0 mm）　F：キタヒメアメンボ *Gerris* (*Gerris*) *lacustris*（北海道産 Mf ♂ 9.0 mm, 北海道産 Bf ♂ 8.7 mm, 青森県産 Bf ♂ 8.0 mm）　G：ヒメアメンボ *Gerris* (*Gerris*) *latiabdominis*（Mf ♂ 9.0 mm）

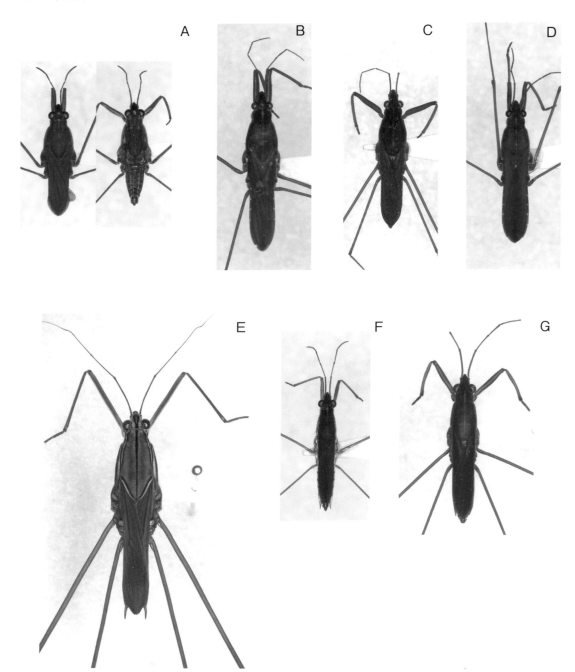

図38 アメンボ科 Gerridae アメンボ亜科 Gerrinae. 翅型に変異がある種については，長翅型 Mf（macropterous form），短翅型 Bf（brachypterous form），無翅型 Af（apterous form）の各型を図示している
A：ハネナシアメンボ *Gerris* (*Gerris*) *nepalensis*（Mf ♂ 8.0 mm, Af ♂ 7.4 mm） B：コセアカアメンボ *Gerris* (*Macrogerris*) *gracilicornis*（Mf ♂ 13 mm） C：ヤスマツアメンボ *Gerris* (*Macrogerris*) *insularis*（Mf ♂ 10 mm） D：エゾコセアカアメンボ *Gerris* (*Macrogerris*) *yezoensis*（Mf ♂ 11 mm） E：トゲアシアメンボ *Limnometra femorata*（Mf ♂ 22 mm） F：エサキアメンボ *Limonoporus esakii*（Mf ♂ 8.2 mm） G：セアカアメンボ *Limonoporus genitalis*（Mf ♂ 13 mm）

アメンボ科　73

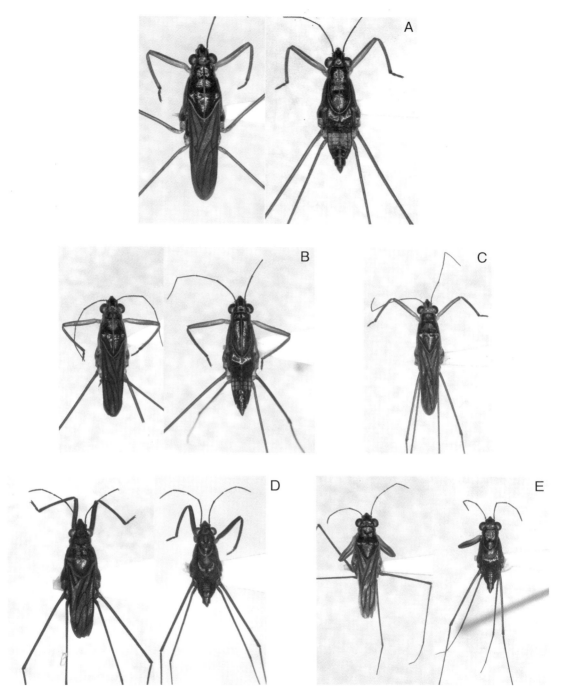

図39　アメンボ科 Gerridae アメンボ亜科 Gerrinae.　翅型に変異がある種については，長翅型 Mf (macropterous form)，短翅型 Bf (brachypterous form)，無翅型 Af (apterous form) の各型を図示している（C 以外）
A：セスジアメンボ *Limnogonus fossarum fossarum*（Mf ♂ 9.8 mm, Af ♂ 8.0 mm）　B：ホソミセスジアメンボ *Limnogonus hungerfordi*（Mf ♂ 7.8 mm, Af ♂ 7.6 mm）　C：ツヤセスジアメンボ *Limnogonus nitidus*（Mf ♂ 7.2 mm）　D：オガサワラアメンボ *Neogerris boninensis*（Mf ♀ 7.2 mm, Af ♂ 5.1 mm）　E：ヒメセスジアメンボ *Neogerris parvulus*（Mf ♂ 6.2 mm, Af ♂ 4.3 mm）

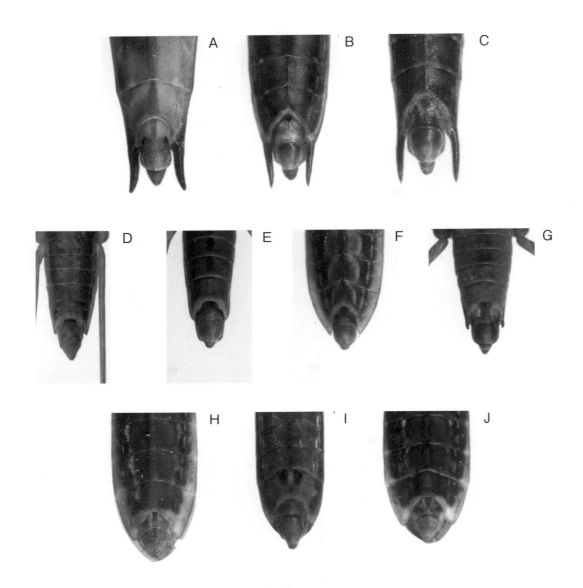

図40　アメンボ亜科 Gerrinae 各種の♂腹部腹面
A：オオアメンボ *Aquarius elongatus*　B：アメンボ *Aquarius paludum paludum*　C：アマミアメンボ *Aquarius paludum amamiensis*　D：ババアメンボ *Gerris (Gerris) babai*　E：キタヒメアメンボ *Gerris (Gerris) lacustris*　F：ヒメアメンボ *Gerris (Gerris) latiabdominis*　G：ハネナシアメンボ *Gerris (Gerris) nepalensis*　H：コセアカアメンボ *Gerris (Macrogerris) gracilicornis*　I：ヤスマツアメンボ *Gerris (Macrogerris) insularis*　J：エゾコセアカアメンボ *Gerris (Macrogerris) yezoensis*

アメンボ科 75

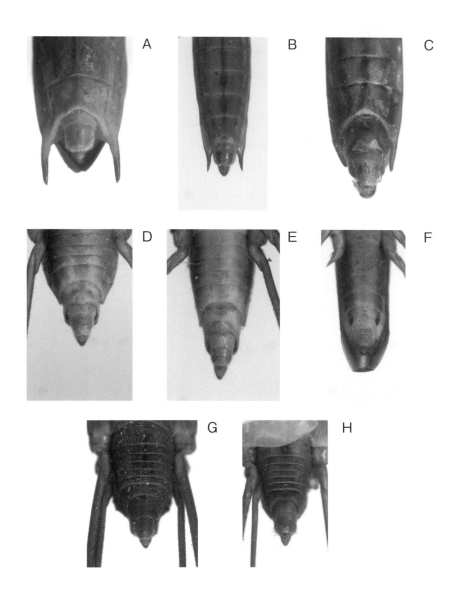

図41　アメンボ亜科 Gerrinae 各種の♂腹部腹面
A：トゲアシアメンボ *Limnometra femorata*　B：エサキアメンボ *Limnoporus esakii*　C：セアカアメンボ *Limnoporus genitalis*　D：セスジアメンボ *Limnogonus fossarum fossarum*　E：ホソミセスジアメンボ *Limnogonus hungerfordi*　F：ツヤセスジアメンボ *Limnogonus nitidus*　G：オガサワラアメンボ *Neogerris boninensis*　H：ヒメセスジアメンボ *Neogerris parvulus*

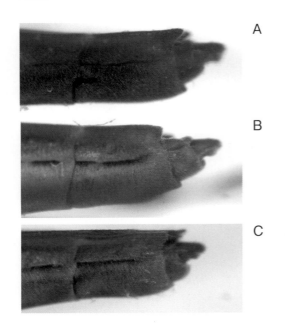

図42
コセアカアメンボ亜属 Macrogerris 3種の
♀腹端部側面
A：コセアカアメンボ
　　Gerris (Macrogerris) gracilicornis
B：ヤスマツアメンボ
　　Gerris (Macrogerris) insularis
C：エゾコセアカアメンボ
　　Gerris (Macrogerris) yezoensis

セアカアメンボ　*Limnoporus genitalis* (Miyamoto, 1958)（図38-G，41-C）
　赤褐色〜暗橙褐色の大型種で，体長：11.5〜14.6 mm．触角は長く，体長の1/2以上になる．♂の第1生殖節（第8節）の腹面中央には顕著な隆起がみられる．長翅型のみ．池沼や高層湿原の水溜まりにみられ，あまり活発に動き回らないが，驚かすと抽水植物間に逃げ込む．分布：北海道，本州（青森県，島根県）；ロシア極東（サハリン南部，南千島）．北海道では道東と道北に多い．島根県では松江市西川津町の用水路で1個体（♀），松江市鹿島町で1♂が採集されている（川野ら，2011）．分布地理上きわめて興味深いことで，今後，詳細に調査する必要がある．また最近，青森県つがる市でも確認された（北野，2014）．

オガサワラアメンボ　*Neogerris boninensis* Matsumura, 1913（図39-D，41-G）
　体長：[無翅型] ♂ 5.1〜5.3 mm，♀ 5.6〜5.9 mm；[長翅型] 6.3〜7.5 mm．黒色で，光沢は鈍い．暗褐色紋があるが，全体的に黒くみえる．中脚と後脚の腿節は長く，体長の3/4以上である．無翅型，稀に長翅型．長翅型の形態的特徴：色彩・斑紋は無翅型と基本的に同じ；前胸背は発達し，長さ/幅は約1.9（無翅型では約1.2）となり，後葉の方が幅広く，背側方に円く張り出す；翅は煙黒色で，脈は全て黒色である．川の止水部など暗い水面にみられる．公共工事等によって，生息水域が激減し，個体数も減少している．国指定の天然記念物および環境省レッドリスト2017のNT（準絶滅危惧種）．分布：小笠原（父島列島：弟島，兄島，西島，父島）．

ヒメセスジアメンボ　*Neogerris parvulus* (Stål, 1860)（図39-E，41-H）
　前種とよく似ているが，体背面には光沢がある．また，暗褐色紋は全体的に大きい．無翅型ときに長翅型．体長：[無翅型] ♂ 4.2〜4.9 mm，♀ 5.5〜6.0 mm；[長翅型] ♂♀ 6.2〜7.0 mm．抽水植物が多いやや暗い水辺に多く，ときに小群をつくる．南大東島では，同じような環境に生息するツヤセスジアメンボ *Limnogonus nitidus* と同所的にみられるが，そこでは本種の方が木陰の暗い水際近くを占有することが観察されている（林，1999a）．分布：奄美大島，徳之島，沖縄島，伊平屋島，伊是名島，屋我地島，渡名喜島，久米島，北大東島，南大東島；台湾，中国，東洋区，オーストラリア区．

アメンボ科 77

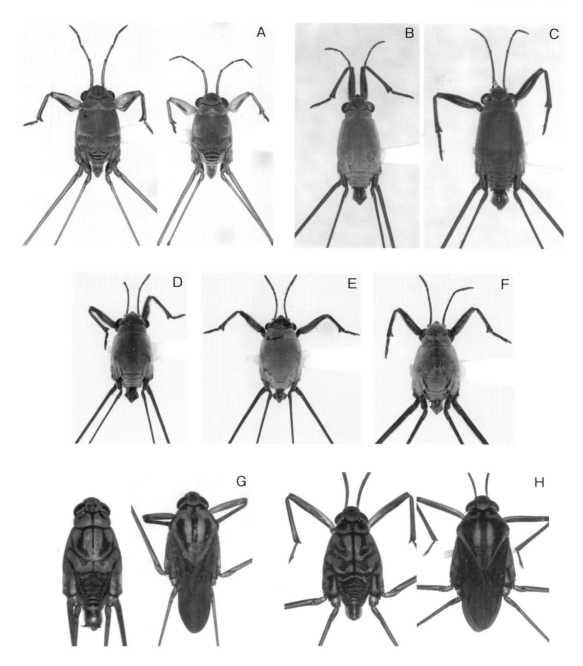

図43 アメンボ科 Gerridae ウミアメンボ亜科 Halobatinae（♂）．一部の種に長翅型（Mf）が知られる．
種名の後の（ ）内は体長を示す
A：シオアメンボ *Asclepios shiranui*（左，長崎県産 3.7 mm；右，沖縄島産 3.3 mm）　B：ウミアメンボ *Halobates japonicus*（4.9 mm）　C：シロウミアメンボ *Halobates matsumurai*（5.6 mm）　D：センタウミアメンボ *Halobates germanus*（3.5 mm）　E：コガタウミアメンボ *Halobates sericeus*（3.5 mm）　F：ツヤウミアメンボ *Halobates micans*（4.3 mm）　G：タイワンシマアメンボ *Metrocoris esakii*（6.6 mm，Mf ♀ 7.0 mm）　H：シマアメンボ *Metrocoris histrio*（5.6 mm，Mf ♀ 6.7 mm）

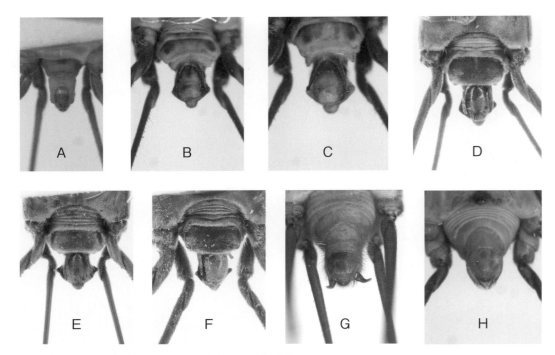

図44 ウミアメンボ亜科 Halobatinae 各種の♂腹部腹面
A：シオアメンボ *Asclepios shiranui*　B：ウミアメンボ *Halobates japonicus*　C：シロウミアメンボ *Halobates matsumurai*　D：センタウミアメンボ *Halobates germanus*　E：コガタウミアメンボ *Halobates sericeus*　F：ツヤウミアメンボ *Halobates micans*　G：タイワンシマアメンボ *Metrocoris esakii*　H：シマアメンボ *Metrocoris histrio*

ウミアメンボ亜科　Halobatinae

シオアメンボ　*Asclepios shiranui* (Esaki, 1924)（図43-A，44-A）

小型種で，体長は 3.5〜4.0 mm．体背面は光沢のない灰色〜暗灰色で，頭部や胸背には暗黄褐色紋がある．前脚跗節の第1節は短小で，第2節はきわめて長い．中脚の遊泳毛は脛節腹面のみにみられ，短い．無翅型のみ．波のほとんどない内湾の入江に生息し，木陰の海面上に小集団をつくる．1950年代までは山口県，佐賀県（有明海），長崎県佐世保付近でみられたが，その後見つからず，絶滅が懸念されていた．山口県の産地や模式産地（佐世保市真申）ではすでに絶滅したが，1996年の調査によって佐賀県や対馬を含む長崎県の数ヵ所で再発見され（Hayashi & Miyamoto, 1997），その後の継続調査により九州北部での生息状況が明らかになっている（林・宮本，2003）．また，2011年10月には沖縄島の羽地内海沿岸の一部（マングローブ帯）で発見され，淡色で小型個体（体長 3.2〜3.7 mm）ながら，多くの形態的形質から本種と認められた（林，2018）．いずれの産地もかなり局所的で狭く，環境変化による減少・絶滅が懸念されることから，環境省レッドリスト2017ではVU（絶滅危惧II類）に選定されている．分布：九州（佐賀県，長崎県），対馬，沖縄島；韓国．なお，韓国産は別亜種とされているが，分けるだけの形態的根拠が見当たらない．

センタウミアメンボ　*Halobates germanus* White, 1883（図43-D，44-D）

小型で卵形．体長：3.4〜4.2 mm．体はビロード状の灰黒色で，触角や脚は黒色となる．海岸等での生存時には体は淡青色に見える．脚は長く，中脚の脛節と跗節第1節下面の遊泳毛は長い．♂

の中脚腿節腹面の小棘列を欠く．無翅型．外洋性で，分布域は広い．分布：伊豆諸島，紀伊半島沖，太平洋，東シナ海，日本海；インド洋．東シナ海一帯では多い．強風の荒天が続くと，多数が海岸に吹き上げられる（友国・佐藤，1978；大原ら，2013）．打ち上げられた個体は海へ戻ることはない．

ウミアメンボ *Halobates japonicus* Esaki, 1924（図43-B, 44-B）
やや大型で，体長は4.3〜5.5 mm．体はビロード状の灰黒色〜灰白色で，触角と脚は光沢のある黒色．触角第1節はとくに長く，他の3節の合計よりも長い．中脚の遊泳毛は短い．無翅型のみ．沿岸性で，琉球列島ではマングローブ林周辺にとくに多い．分布：本州，四国，九州，奄美大島，喜界島，徳之島，沖縄島，宮古島，伊良部島，石垣島，小浜島，西表島．

シロウミアメンボ *Halobates matsumurai* Esaki, 1924（図43-C, 44-C）
大型で，体長は5.5〜6.0 mmにもなる．体は長楕円形で，ビロード状の灰白色〜灰色（対馬産では黒褐色）で，触角や脚は黒色である．前脚跗節の第1節は第2節より明らかに長い．無翅型のみ．内湾の沿岸部に生息し，瀬戸内海や九州北部の沿岸に分布していたが，近年産地が激減し（兵庫県では絶滅），絶滅が危惧されていた．しかし，最近の調査によって，三重県，広島県，佐賀県，長崎県，対馬などで確認されている（Miyamoto & Hayashi, 1996；鍵本・碓井，2001；石田・矢崎，2002；林・宮本，2003）．環境省レッドリスト2017ではVU（絶滅危惧II類）に選定されている．分布：本州（三重県，広島県），九州（佐賀県，長崎県），対馬；韓国，中国，台湾．

ツヤウミアメンボ *Halobates micans* Eschscholtz, 1822（図43-F, 44-F）
卵形のやや大型種で，体長は3.5〜4.6 mm．体は灰色（生存時は青色を帯びる）で，触角や脚は藍色光沢のある黒色．中脚の遊泳毛は長く，脛節の長さは腿節の約1/2と短い．♂第1生殖節は著しく左右不相称で，腹面の角状突起は左右で大きく異なり，左突起は短くなり外側に大きく折れ曲がる．無翅型のみ．分布：日本海，太平洋；インド洋，大西洋．外洋性であるが，荒天時に海岸に吹き上げられることが観察されている（大原ら，2013）．

コガタウミアメンボ *Halobates sericeus* Eschscholtz, 1822（図43-E, 44-E）
卵形の小型種で，体長3.0〜3.7 mm．体は灰黒色〜灰白色で，触角と脚は黒褐色．中脚腿節腹面には小刺を列生する．中脚の遊泳毛は長い．無翅型．外洋性だが，冬期や台風などの荒天時には多数が沿岸に吹き上げられ（友国・佐藤，1978；大原ら，2013），時には，夥しい数の死体で海岸砂浜が黒くなることがある．分布：日本海，太平洋，東シナ海；大西洋．

タイワンシマアメンボ *Metrocoris esakii* Chen et Nieser, 1993（図43-G, 44-G）
淡黄褐色〜暗黄色で，黒色の条紋をもつ．♂前脚の腿節は太く，脛節は基部で湾曲する．無翅型ときに長翅型．長翅型の前胸背は菱形で，3本の黒色条紋は太めで，後方で中央黒条と癒合する．体長：5.0〜7.9 mm．従来，本種の学名にM. lituratus (Stål, 1854) が用いられていたが，琉球列島および台湾産は別種であることがわかり，M. esakiiと命名された（Chen & Nieser, 1993b）．流水性で，山間の流れの水面で生活する．分布：琉球（沖縄島，石垣島，西表島，与那国島）；台湾，中国．

シマアメンボ *Metrocoris histrio* (White, 1883)（図43-H, 44-H）
体は暗黄色で黒色の条紋をもつ．無翅型ときに長翅型．長翅型では，前胸背は大きく菱形となり，翅は全体的に黒色．体長：4.8〜6.8 mm．河川の流れに生息し，山間の渓流上に多い．長翅型は秋期に多くみられる．分布：北海道，本州，隠岐，四国，九州，対馬，天草，甑島（下甑島），種子島，屋久島，大隅（黒島），奄美大島，徳之島；朝鮮半島．

80 半翅目

図45 サンゴアメンボ *Hermatobates schuhi*（サンゴアメンボ科 Hermatobatidae）
A：♂（3.8 mm），B：♀（3.6 mm）

サンゴアメンボ科　Hermatobatidae

　頭部は幅広く，複眼は離れる．前胸背は短く，中胸背と後胸背は癒合してきわめて大きく，♂では腹部1〜4節とも癒合する．♀の中胸背・後胸背は中央の膜質の縦溝によって二分され，腹部第1〜6節は癒合する．腹部はとくに短く，胸部後方背面に位置し，後脚は見かけ上，体の後端近くから生じる．跗節式は3-3-3．日本産は1種．Polhemus & Polhemus（2012）は *Hermatobates* 属の分類学的再検討を行い，日本産は真の *weddi*（オーストラリアに分布）ではなく，独立種（新種）として記載された．本科はアメンボ科に近縁と考えられていたが，分子系統解析によってイトアメンボ科と姉妹群関係にあることが示されている（Damgaard, 2008a, 2008b）．

　サンゴアメンボ　*Hermatobates schuhi* Polhemus et Polhemus, 2012（図45）
　日本（琉球）固有種．体はビロード状の黒色で，黒色の毛が密生するが，野外では暗灰色にみえる．♂前脚の腿節は太く，腿節と脛節の内側には顕著な棘がある．無翅型のみ．体長：3.4〜4.0 mm．サンゴ礁など潮間帯に生息し，干潮時には昼夜にかかわらず活動し，満潮時は海面下にある岩礁の小孔内で休止する．活動時はカーブを描いて海面を素早く疾走する．その動きは海面ぎりぎりを飛ぶハエのようである．沿岸部の岩礁が減少し海水が汚れたために，産地数および個体数が減少しつつあり，環境省レッドリスト2017ではNT（準絶滅危惧種）に選ばれている．分布：トカラ（中之島，宝島），奄美大島，与論島，沖縄島，伊平屋島，慶良間（渡嘉敷島），久米島，池間島，石垣島，西表島，与那国島．

ミズギワカメムシ下目　LEPTOPODOMORPHA

　従来の分類体系では両棲カメムシ類 Amphibicorisae に含まれていたものである．体はやや扁平な楕円形～長円形であることが多く，頭頂部には3対の孔毛（trichobothria）があるが，後脚基節が幅広くなり横長となることでアメンボ下目から区別される．複眼は大きく顕著で，頭部側面全体にわたる．口吻（下唇）は4節からなるが，第1節が短く上唇下に隠れることから見かけ上3節となる．形態，分布，分類体系および系統関係については，Schuh & Polhemus (1980)，Péricart (1990) らによって詳述されている．湿った地表や河川の岩上（一部は海岸の岩礁上や礫間）に生息する．近年，アシナガミズギワカメムシ科 Leptopodidae の1種，ミズギワカメムシ科の2種が新たに確認され（Yamazaki & Sugiura, 2004；Vinokurov, 2004；Hayashi & Miyamoto, 2007），日本からは3科10属26種が知られている．

ミズギワカメムシ科　Saldidae

　体はふつう楕円形だが，アリに似たの種もある．複眼は発達して大きく顕著で，ほとんどの場合，内縁（背面側）は円く湾入する．単眼は2個で，互いに接近することが多い．跗節式は3-3-3である．前翅は強く革質化し，脈はときに不明瞭となる．爪状部以外の革質部はR脈を境に外片 (exocorium) と内片 (endocorium) に分けられる．Polhemus (1985) は世界的レベルで本科の総説を著し，Schuh et al. (1987) は種・文献の目録をまとめている．日本を含む東アジア地域産の分類については，Miyamoto (1963a)，Cobben (1985)，Vinokurov (1988)，Vinokurov & Kanyukova (1995) らによる研究があるが，属によっては種間（ときに属間）の相異が小さく，分類・同定が困難なものが多い．湿地上，水際の地上，渓流の岩上または海岸の岩礁などに棲み，動きは活発で，歩行，跳躍，飛翔を素早く行なう．日本には3族に8属24種が分布する．

種の検索

1a 頭部は前胸背前縁とほぼ同幅；複眼は楕円形で，背面側内縁はほとんど湾入しない；単眼間は広く，複眼との距離よりも長い（サンゴミズギワカメムシ族 Saldunculini）
　　　　　　　　　　　　　　　　　　　サンゴミズギワカメムシ　*Saldunculа decempunctata*
1b 頭部は前胸背前縁より幅広い；複眼はほぼ球形で，背面側の内縁は顕著に湾入する；単眼間は狭く，複眼との距離より短い……………………………………………………………2
2a 前胸背の側縁は湾入し，前縁近くには横溝があり，襟は顕著である；触角第1節の先端と第4節は白色～黄白色………………………………………………………………………3
2b 前胸背の側縁は湾入せず，多少とも膨らむ；触角は全体が黒色か暗褐色………………4
3a 前胸背前葉に1対の顕著な鈎状または円錐状の突起がある；体は赤褐色で，体形はアリに似る………………………………………………トゲミズギワカメムシ　*Saldoida armata*
3b 前胸背前葉に突起はなく，側縁はわずかに湾入する；体は黒色で光沢があり，長毛が多く，白色の斑紋をもつ…………モンシロミズギワカメムシ　*Chartoscirta elegantula longicornis*
4a 体は長形または長楕円形で，体長は幅の約 2.4 倍；触角第2節は長く，第3節＋第4節の長さとほぼ同長；前翅膜質部の第1室外側は脈で完全に閉じる……5　（*Macrosaldula* 属）
4b 体はほぼ卵形～長卵形で，体長は幅の約2倍かそれ以下；触角第2節は第3節＋第4節より短い；前翅膜質部の第1室外側は脈で完全に閉じないことが多い……………………8

5a	体は全体が黒色で光沢があり，ときに暗青色の光沢がある；前翅革質部は全体が黒色；触角第2節に長毛は生えない	6
5b	体表面には光沢があるが，青色の光沢はない；前翅革質部には6〜8個の黄褐色〜黄色の小斑または条紋がある	7
6a	体は黒色で藍色の金属光沢があり，前翅表面には微毛が生える クロツヤミズギワカメムシ *Macrosaldula violacea*	
6b	体は黒色で細毛があり，光沢は弱い オオクロツヤミズギワカメムシ *Macrosaldula koreana*	
7a	触角第2節には長毛を欠く；体背面の黒色長毛は短く，密生しない タニガワミズギワカメムシ *Macrosaldula miyamotoi*	
7b	触角第2節には長毛が生える；体背面の長毛は長く直立し，密生する オモゴミズギワカメムシ *Macrosaldula shikokuana*	
8a	大型で，体長はふつう♂で5.0 mm以上，♀で5.5 mm以上である	9
8b	小型〜中型で，体長はふつう♂で4.5 mm以下，♀で5.0 mm以下である	13
9a	触角第2節には短毛が密生するが，長毛はみられない；大顎片（mandibular plate）の基部は細く肥厚する マダラオオミズギワカメムシ *Teloleuca kusnezowi*	
9b	触角第2節には長毛がみられる；大顎片の基部は肥厚しない	10
10a	前翅革質部に脈がはっきりと認められ，膜質部の第4室の基部は第3室よりわずかに前方に突出する；触角第2節の長毛は中央付近にみられる；体表面は光沢が強く，背面に顕著な黒色の長毛が生える モンキツヤミズギワカメムシ *Saldula nobilis*	
10b	前翅革質部の脈は不明瞭で，膜質部の第4室は顕著に前方に突出し，第3室の先端は第4室の基部から1/3〜1/2に達する程度である；触角第2節には全体的に長毛が生える	11 (*Salda*属)
11a	体は暗褐色で光沢はなく，前翅室などに褐色の斑紋がある；前脚腿節の内側には黒色の棘がある ヒラタオオミズギワカメムシ *Salda littoralis*	
11b	体は全体黒色で，斑紋はまったくない；前脚腿節の内側に棘はなく，剛毛だけである	12
12a	体表面は平滑で，光沢があり，無毛である オゼミズギワカメムシ *Salda morio*	
12b	体背面は光沢が弱く，表面には多数の微毛が生える オオミズギワカメムシ *Salda kiritshenkoi*	
13a	頭部の大顎片は少なくとも基部で不明瞭となり，肥厚部は上方（背方）に強く湾曲する；前翅革質部の翅室には暗黄褐色〜暗赤褐色の条紋がみられ，M+Cu脈は長く顕著で，盤室（discal cell）とほぼ同長；触角第2節には黒色長毛が斜めに密生する チャモンミズギワカメムシ *Salda sahlbergi*	
13b	頭部の大顎片は基部まで明瞭で，線状〜三角形状に肥厚し，その上縁はほぼ水平；前翅革質部のM+Cu脈はないか，あっても短い（不明瞭となることもある）	14
14a	体表面には直立した長毛が密生する；前翅革質部の脈はR+M脈以外は不明瞭である；単眼後方の頭頂の長さは前胸背前葉の長さにほぼ等しい ヒメミズギワカメムシ *Micracanthia hasegawai*	
14b	体表面には直立した長毛を密生しない；前翅革質部の脈は比較的明瞭である；単眼後方の頭頂は前胸背前葉より短い	15

15a	前脚脛節は全体が黒色；前翅膜質部の第1室外側は脈で完全に閉じる；小笠原諸島に固有 ·· オガサワラミズギワカメムシ *Micracanthia boninana*	
15b	前脚脛節は褐色で，ときに黒色の条紋がある；前翅膜質部の第1室外側は脈で完全に閉じない ···	16
16a	前脚脛節背面に黒色縦条紋がなく，基部のみに黒色紋がみられる·························	17
16b	前脚脛節背面に長い黒色縦条紋がある··	20
17a	大顎片の横隆起は，細くて棒状となる········ コミズギワカメムシ *Micracanthia ornatula*	
17b	大顎片の隆起はほぼ三角形である··	18
18a	前翅革質部に前縁に沿って基部から膜質部に達する帯状の半透明淡色部があり，先端部内側に1個の淡褐色斑がある····················· シロヘリミズギワカメムシ *Saldula opacula*	
18b	前翅革質部の前縁に沿った帯状の淡色部はないか，あっても基部と先端部は黒色となり，中央部より後方で黒色部によって切断されるか狭められる·································	19
19a	前翅前縁の淡色帯はふつう中央より後方で切断される；革質部には1～3個の淡褐色斑がみられるが，ときに繋がって広い淡色部となる；♂の大顎片は鮮やかな黄色となる ··· エゾミズギワカメムシ *Saldula recticollis*	
19b	前翅前縁の淡色部は基部と先端を除き連続する；革質部外片には通常3個の淡褐色～白色斑があり，とくに先端の1個は明瞭となり，内片には3～4個の白色斑か淡色斑がある；♂大顎片は暗黄褐色················ タイワンミズギワカメムシ *Saldula taiwanensis*	
20a	前脚脛節背面の黒色条紋は1ヵ所で分断される（まれに連続することがある）；触角第1節の前縁には顕著な黒色の直立剛毛がある ·································	21
20b	前脚脛節背面の黒色条紋は2ヵ所で分断される·································	23
21a	体背面には短い金灰色の軟毛のみがみられる ··· ウスイロミズギワカメムシ *Saldula pallipes*	
21b	体背面には金灰色の軟毛と黒色の長毛がみられる·································	22
22a	頭楯から単眼までの頭頂部の長さは複眼間の幅とほぼ等しい；頭部の斜めの長毛は他より長くなる；前翅は基部と爪状部を除き，広く淡色になることが多い ··· ケブカミズギワカメムシ *Saldula pilosella*	
22b	頭楯から単眼までの頭頂部の長さは複眼間の幅より明らかに長い；頭部の長毛は他と同じように短い ··················· ヒメウスイロミズギワカメムシ *Saldula palustris*	
23a	触角第1節の前縁には直毛が列生する；前頭前縁の大顎片と小顎片（maxillary plate）は広く接する··························· ホシミズギワカメムシ *Saldula kurentzovi*	
23b	触角第1節の前縁には直毛列はなく，先端が曲がった剛毛が生える ··· ミズギワカメムシ *Saldula saltatoria*	

種の特徴

サンゴミズギワカメムシ族　Saldunculini

サンゴミズギワカメムシ　*Salduncula decempunctata* Miyamoto, 1963（図46-A）
　体は黒色～黒褐色で，前翅上に10個の白色～黄白色の紋をもつが，それらの数や大きさには変異がみられ，ときには発達して白色の横帯となる．口吻は長く，後基節を超える．長翅型のみ．体長（平均）：♂ 2.5～3.1 mm（2.8 mm），♀ 2.9～3.4 mm（3.2 mm）．サンゴ礁などの岩礁の潮間帯に

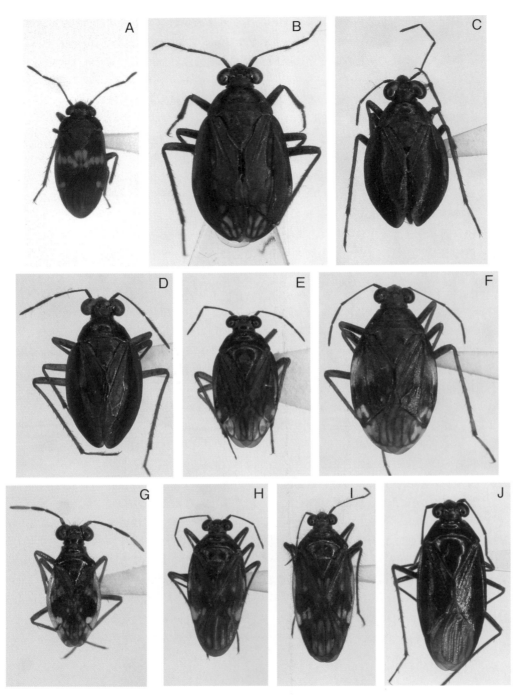

図46 ミズギワカメムシ科 Saldidae 各種．種名の後の（ ）内に体長を示す
A：サンゴミズギワカメムシ *Salduncula decempunctata*（♂ 2.6 mm） B：ヒラタオオミズギワカメムシ *Salda littoralis*（♀ 6.3 mm） C：オオミズギワカメムシ *Salda kiritshenkoi*（♀ 5.5 mm） D：オゼミズギワカメムシ *Salda morio*（♂ 5.5 mm） E：チャモンミズギワカメムシ *Salda sahlbergi*（♀ 4.9 mm） F：マダラオオミズギワカメムシ *Teloleuca kusnezowi*（♀ 6.1 mm） G：モンシロミズギワカメムシ *Chartoscirta elegantula longicornis*（♂ 3.2 mm） H：タニガワミズギワカメムシ *Macrosaldula miyamotoi*（♀ 4.8 mm） I：オモゴミズギワカメムシ *Macrosaldula shikokuana*（♀ 5.2 mm） J：クロツヤミズギワカメムシ *Macrosaldula violacea*（♀ 5.9 mm）

ミズギワカメムシ科　85

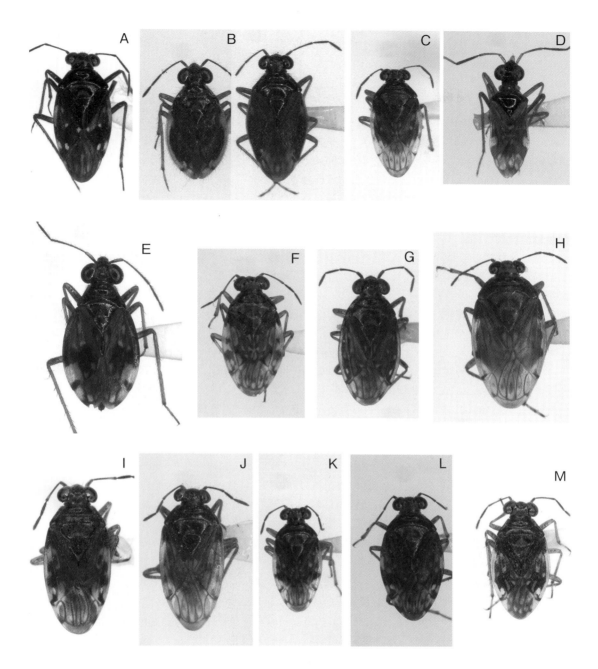

図47　ミズギワカメムシ科 Saldidae 各種．種名の後の（　）内に体長を示す
A：オガサワラミズギワカメムシ *Micracanthia boninana*（♂ 3.7 mm）　B：ヒメミズギワカメムシ *M. hasegawai*（短翅型♂ 3.1 mm 左；長翅型♂ 3.5 mm 右）　C：コミズギワカメムシ *M. ornatula*（♀ 2.9 mm）　D：トゲミズギワカメムシ *Saldoida armata*（長翅型♂ 3.3 mm）　E：モンキツヤミズギワカメムシ *Saldula nobilis*（♀ 5.3 mm）　F：ホシミズギワカメムシ *Saldula kurentzovi*（♂ 3.5 mm）　G：シロヘリミズギワカメムシ *Saldula opacula*（♀ 3.6 mm）　H：ウスイロミズギワカメムシ *Saldula pallipes*（♀ 4.4 mm）　I：ヒメウスイロミズギワカメムシ *Saldula palustris*（♂ 3.5 mm）　J：ケブカミズギワカメムシ *Saldula pilosella pilosella*（♀ 3.9 mm）　K：エゾミズギワカメムシ *Saldula recticollis*（♂ 2.8 mm）　L：ミズギワカメムシ *Saldula saltatoria*（♂ 3.4 mm）　M：タイワンミズギワカメムシ *Saldula taiwanensis*（♂ 3.3 mm）

みられ，干潮時に岩上を断続的に素早く歩き，ときに飛翔する．分布：トカラ（中之島），奄美大島，沖縄島，伊平屋島，久米島，石垣島，西表島，波照間島．

オオミズギワカメムシ族　Saldini

オオミズギワカメムシ　*Salda kiritshenkoi* Cobben, 1985（図46-C）

黒色の大型種で，体背面の光沢は弱く，前胸背や前翅上に暗褐色の細毛を密生する．また，前翅革質部の脈は不明瞭である．日本産は短翅型のみ．体長（平均）：♂ 4.9〜5.5 mm (5.3 mm)，♀ 5.5〜6.1 mm (5.8 mm)．湿原の地上に生息する．分布：北海道，利尻島，本州；北朝鮮，中国，ロシア極東．

ヒラタミズギワカメムシ　*Salda littoralis* (Linnaeus, 1758)（図46-B）

体はやや扁平で，光沢が弱い黒色で，前翅の翅室に暗褐色の不明瞭な紋をもつ．日本産は短翅型のみとされていたが，最近長翅型が採集された（林，2011）．体長：♂ 5.7〜6.3 mm，♀ 6.2〜6.7 mm．日本では北海道の東部やオホーツク沿岸など冷涼地に分布し，主に海域や汽水域にみられる海岸湿地（干潟）の草間や泥上に生息する（日浦，1968；林，1999b）．環境省レッドリスト2017ではNT（準絶滅危惧種）に選定されている．分布：北海道；中国，モンゴル，ロシア（極東，シベリア），旧北区，新北区（アラスカ，カナダ）．

オゼミズギワカメムシ　*Salda morio* Zetterstedt, 1838（図46-D）

オオミズギワカメムシ *S. kiritshenkoi* に似るが，体背面に光沢があり，細毛を欠く．日本産は短翅型のみ．高層湿原などの湿地に生息し，地上やミズゴケなどの上を歩行する．体長（平均）：♂ 5.0〜5.5 mm (5.3 mm)，♀ 5.4〜6.0 mm (5.7 mm)．分布：北海道，本州；中国，モンゴル，ロシア（極東，東シベリア），旧北区．

チャモンミズギワカメムシ　*Salda sahlbergi* Reuter, 1875（図46-E）

長翅型の中型種で，体長（平均）は♂ 4.3〜4.7 mm (4.4 mm)，♀ 4.9〜5.2 mm (5.0 mm)．体は長楕円形で，光沢の弱い黒褐色〜黒色．前翅革質部の翅室には暗黄褐色〜暗赤褐色の紋が発達し，中室より基方にはM + Cu脈が顕著に認められる（盤室とほぼ同長）．頭部の大顎片は先端部で細く隆起し，背方に向かって弓状に湾曲し，♂では黄色，♀では黒色．北ヨーロッパからロシア極東（サハリン）にかけての亜寒帯に広く知られており，近年，北海道ニセコ山系の高層湿原で発見された（Miyamoto & Hayashi, 2006）．分布：北海道；朝鮮半島，中国（黒竜江省），ロシア極東，モンゴル，旧北区，新北区（カナダ）．

マダラオオミズギワカメムシ　*Teloleuca kusnezowi* Lindberg, 1934（図46-F）

大型種で，体長（平均）は♂ 4.8〜5.6 mm (5.2 mm)，♀ 5.5〜6.4 mm (5.9 mm)．体背面は光沢がある黒色だが，短い褐色の毛が密生するため全体的に暗褐色にみえる．触角第1，3，4節には直立長毛が生える．前胸背の襟は明瞭で，前翅の第1翅端室は第2室よりもはるかに短い．後脚跗節の第2節は第3節（末端節）より長い．長翅型．山地の渓流際に生息し，砂礫の多いところよりも土質の地表を好む．分布は局所的であるが，産地では個体数は多い．分布：北海道，本州；ロシア極東，中国．

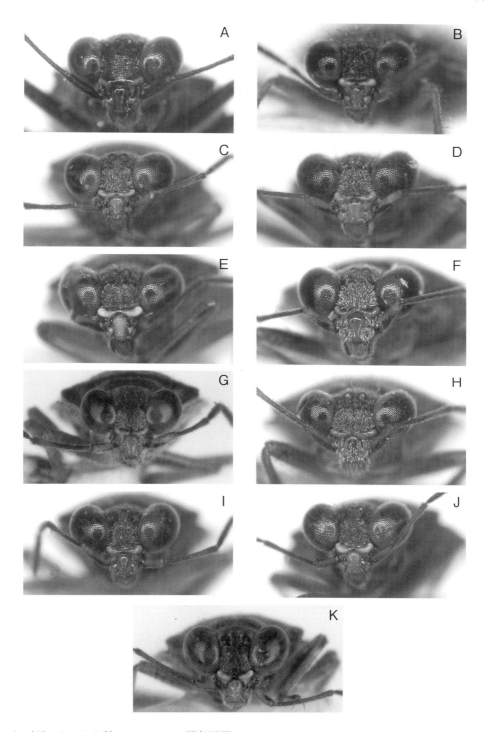

図48　ミズギワカメムシ科 Saldidae の♂頭部正面
A：オガサワラミズギワカメムシ *Micracanthia boninana*　B：ヒメミズギワカメムシ *Micracanthia hasegawai*
C：コミズギワカメムシ *Micracanthia ornatula*　D：ホシミズギワカメムシ *Saldula kurentzovi*　E：シロヘリミズギワカメムシ *Saldula opacula*　F：ウスイロミズギワカメムシ *Saldula pallipes*　G：ヒメウスイロミズギワカメムシ *Saldula palustris*　H：ケブカミズギワカメムシ *Saldula pilosella pilosella*　I：エゾミズギワカメムシ *Saldula recticollis*　J：ミズギワカメムシ *Saldula saltatoria*　K：タイワンミズギワカメムシ *Saldula taiwanensis*

ミズギワカメムシ族　Saldoidini

モンシロミズギワカメムシ　*Chartoscirta elegantula longicornis* (Jakovlev, 1882)（図46-G）
体は比較的細長く，光沢の強い黒色地に白色の紋がある．体表には黒色の長毛で覆われる．触角の第1節先端部と第4節は黄白色．前胸背は細長く，側縁は弓状に湾入し，前葉と後葉は横溝によってはっきり分かれる．長翅型（亜長翅型）のみ．体長（平均）：♂3.0〜3.8 mm（3.2 mm），♀3.2〜3.9 mm（3.6 mm）．湿地の雑草間の地表に生息する．日本での分布域は本州以南とされていたが，林・宮本（2006）は北海道から記録し，以降，道東まで局所的に採集されている．分布：北海道，本州，四国，九州；朝鮮半島，ロシア極東（沿海州），旧北区，東洋区．

オオクロツヤミズギワカメムシ　*Macrosaldula koreana* (Kiritshenko, 1912)
クロツヤミズギワカメムシ *M. violacea* によく似る．本種の体長は5.4〜7.3 mm（ふつう6 mm超）と報告され，平均してやや大きい（*cf.* Cobben, 1985）．体全体は黒色で，背面の藍色の光沢は弱い．顔面は隆起部を含め全体が黒色．日本での分布記録は1998年になってからで，石川県鶴来町から1♀が採集されている（Miyamoto & Hayashi, 1998）．分布：本州（石川県）；北朝鮮，モンゴル，ロシア（東シベリア，極東）．

タニガワミズギワカメムシ　*Macrosaldula miyamotoi* Cobben, 1985（図46-H）
長形〜長楕円形．体背面は光沢のある黒色で，黒色長毛と黄金色の軟毛をもち，前翅革質部上には6〜8個の黄色や黄褐色の紋がある．長翅型のみ．河川上流部の大きな転石や岩盤上にみられ，晴天時はかなり敏捷で動きは速い．休息時および悪天候時は，コケ類で被われた岩の垂直面に静止していることが多い．体長（平均）：♂4.4〜5.1 mm（4.7 mm），♀4.6〜5.9 mm（5.5 mm）．分布：本州，隠岐，九州，対馬，屋久島；中国．

オモゴミズギワカメムシ　*Macrosaldula shikokuana* Cobben, 1985（図46-I）
前種によく似ているが，体背面の直立した長毛はさらに長く密生し，後脚脛節の長毛が棘より長いことで区別できる．前翅革質部の前縁には淡灰褐色の細い条紋がある．長翅型のみ．生息環境も前種に似ている．環境省レッドリスト2017のNT（準絶滅危惧種）．体長（平均）：♂4.2〜5.0 mm（4.5 mm），♀4.8〜5.4 mm（5.2 mm）．分布：四国（徳島県，愛媛県）．愛媛県面河渓で発見され，その後，徳島県や愛媛県の中流〜上流域に広く分布することがわかった（林ら，2003；渡部ら，2014）．

クロツヤミズギワカメムシ　*Macrosaldula violacea* Cobben, 1985（図46-J）
体全体は黒色で，背面は藍色の強い金属光沢があり，黒色長毛が散在する．長翅型のみ．大きな河川（中流〜下流域）の石が多い河原に生息する．夏期に出現し，晴天時の活動はきわめて敏捷である．体長（平均）：♂5.1〜5.4 mm（5.3 mm），♀5.9〜6.2 mm（6.1 mm）．分布：北海道，本州；韓国，ロシア極東．

オガサワラミズギワカメムシ　*Micracanthia boninana* (Drake, 1961)（図47-A，48-A）
長楕円形で，やや光沢がある黒色．前翅は黒色で，金色および黒色の毛が密生する．革質部の前縁は淡褐色となるが，中央付近で黒色〜黒褐色部で遮断される．革質部内片には2個，外片の先端部には大きな1個の灰白色紋がある．長翅型のみ．生息環境等の生態についての詳細は不明であるが，母島では海崖の水が滲み出す岩盤垂直面で多数が確認されている．しかし近年になって，産地ならびに確認個体数が全般的に減少し，環境省レッドリスト2017ではNT（準絶滅危惧種）に選定されている．体長（平均）：♂3.5〜3.9 mm（3.7 mm），♀3.9〜4.3 mm（4.2 mm）．分布：小笠原（父島，母島）．

ヒメミズギワカメムシ *Micracanthia hasegawai* (Cobben, 1985)（図47-B，48-B）
　小型種で，体は卵形～円形．背面は光沢のある黒色で，黒色の直立長毛を密生する．前翅は光沢の鈍い黒色で，革質部の前縁に沿って淡黄色の斑紋がある．短翅型がほとんどだが，稀に長翅型が現れる（林，2003b）．高層湿原や火山地帯の湿性環境の地表に生息し，ゆっくりと歩行する．本州では北部に限って分布すると考えられていたが，かなり南の栃木県（日光・湯元）の湿地から発見された（前原，2010）．環境省レッドリスト2017のNT（準絶滅危惧類）．体長（平均）：♂ 2.5～3.1 mm（2.9 mm），♀ 2.8～3.5 mm（3.3 mm）［長翅型：♂ 3.5 mm，♀ 4.1 mm］．分布：北海道，本州（青森県，秋田県，栃木県）；ロシア極東，中国．

コミズギワカメムシ *Micracanthia ornatula* (Reuter, 1881)（図47-C，48-C）
　小型種で，体は楕円形．前翅革質部は光沢が弱く黒色で，前縁部に淡黄色の紋をもつことが多い．膜質部は半透明の白色で，はっきりした暗色部は現れない．長翅型．池沼周辺，海岸湿地など，開放的な湿地に生息し，湿った土質を好む．体長（平均）：♂ 2.5～3.8 mm（3.0 mm），♀ 2.9～3.9 mm（3.3 mm）．分布：本州，四国，奄美大島，沖縄島，伊是名島，屋我地島，伊計島，宮古島，石垣島，西表島，与那国島；北朝鮮，中国，台湾，東洋区，中東，熱帯アフリカ，太平洋諸島，オーストラリア区．

トゲミズギワカメムシ *Saldoida armata* Horváth, 1911（図47-D）
　体背面は灰白色，茶色，暗褐色の紋があり，直立した黒色長毛を散布する．触角の第3，4節は太く紡錘状で，第4節は白色～黄白色である．前胸背前葉には1対の顕著な鉤状突起がある．ふつう短翅型だが，稀に長翅型が現れる．池沼周辺や湿った草地の地表に棲み，アリのようにゆっくりと歩行するが，驚くと頻繁に跳ねる．体長（平均）：［短翅型］♂ 2.2～2.7 mm（2.5 mm），♀ 2.7～3.5 mm（3.1 mm）［長翅型］3.2～3.4 mm．分布：本州，四国，九州，奄美大島，喜界島，徳之島，沖縄島，宮古島，池間島，石垣島，西表島，与那国島；台湾，中国，東洋区．

ホシミズギワカメムシ *Saldula kurentzovi* Vinokurov, 1979（図47-F，48-D）
　体形・サイズ，前脚脛節の黒条はミズギワカメムシ *S. saltatoria* に似ている．体長（平均）：♂ 3.3～3.6 mm（3.5 mm），♀ 3.5～4.1 mm（3.7 mm）．頭部の大顎片と小顎片が広く接し，この特徴によって他の同属種から区別される．前翅は光沢のない黒色で，淡色紋が発達し，膜質部は淡黄色の透明で翅室の中央部には褐色紋をもつ．長翅型．渓谷の石上から平坦な湿地までみられ，日当たりがいい場所を好む．分布：北海道，本州；ロシア極東．日本からの記録はP. Lindskog（1995; *In* Aukema & Rieger eds.）によるが，詳しい産地は示されていなかった．しかし，最近になって，北海道と本州における産地が報告されている（林，1998；林・宮本，2006）．

モンキツヤミズギワカメムシ *Saldula nobilis* (Horváth, 1884)（図47-E）
　大型種で，体長は5.0～6.0 mm．体は長卵形．胸背は黒色で光沢が強く，黒色の直立長毛が散在する．前翅革質部は黒色で，先端には顕著な黄色の紋をもつ．顔面の隆起が不明瞭で，これは*Salda*属に似た特徴である．また，体形は一見，*Teloleuca*属を思わせる．長翅型および短翅型．分布：北海道，本州；中国，モンゴル，ロシア（極東，シベリア），旧北区．

シロヘリミズギワカメムシ *Saldula opacula* (Zetterstedt, 1838)（図47-G，48-E）
　体は長楕円形で，背面は光沢のある黒色で，金色の軟毛が密生する．体長（平均）：♂ 2.9～3.9 mm（3.5 mm），♀ 3.6～4.5 mm（4.2 mm）．前脚脛節には黒色の条紋はない．前翅革質部は前縁に沿って白色半透明となり，爪状部先端には黄褐色の紋がある．長翅型．高層湿原など，寒冷地の湿地に生息する．分布：北海道，本州；韓国，中国，モンゴル，ロシア，旧北区，東洋区（インド・カシミール），新北区（カナダ，アメリカ）．なお，岩手県・八幡平産は体サイズが小さく，円味があり，

9個体の平均体長は約 0.5 mm 小さい.

ウスイロミズギワカメムシ　*Saldula pallipes* (Fabricius, 1794)（図47-H，48-F）

長楕円形で，体背面は光沢のある黒色．体長（平均）：♂ 3.9〜4.3 mm（4.1 mm），♀ 4.0〜4.8 mm（4.5 mm）．体表には黒色毛はなく金灰色の軟毛のみが密生し，全体的に灰色味を帯びるようにみえる．前脚脛節の背面には1ヵ所で分断される黒色条がある．前翅の淡色部はふつう発達して広く，とくに膜質部に暗色紋をしばしば欠く．長翅型．河原や休耕田など，日当たりがいい開放的な平坦地に生息する．分布：北海道，本州，四国，九州；朝鮮半島，中国，台湾，モンゴル，ロシア，全北区，東洋区．

ヒメウスイロミズギワカメムシ　*Saldula palustris* (Douglas, 1874)（図47-I，48-G）

体形，斑紋等は前種によく似る．体長（平均）：♂ 3.6〜3.9 mm（3.8 mm），♀ 4.0〜4.3 mm（4.2 mm）．前翅膜質部は強く暗化することが多く，ときに大部分が黒色となる．体背面に，同じ長さの黒色の長毛が全体的に生えること，触角第1節内側に顕著な黒色棘列があること，前脚脛節背面の黒色条は1ヵ所で切れることなどで他種から区別できる．長翅型．分布：北海道，本州（青森県）；中国，モンゴル，ロシア，全北区．なお，日本での分布は P. Lindskog（1995; *In* Aukema & Rieger eds.）によって記録されたが，地域は特定されていない．今まで，北海道と本州から確認されたものの多くは次種と混同されていたものである（林，1998；林・宮本，2006；林，2011）．本種の既知産地は北海道と本州（青森県）の数ヵ所にすぎない．

ケブカミズギワカメムシ　*Saldula pilosella pilosella* (Thomson, 1871)（図47-J，48-H）

前種ヒメウスイロミズギワカメムシ *S. palustris* に似るが，顔は幅広く，頭楯から単眼までの頭頂部の長さは複眼間の幅とほぼ等しく，頭部の斜め後方に伸びる長毛が他よりとくに長い点などで区別できる．また，前翅の大部分が淡色（淡褐色〜灰白色）になることが多い．体長（平均）：♂ 4.0〜4.3 mm（4.1 mm），♀ 4.3〜4.7 mm（4.6 mm）．Vinokurov（2004）が新潟県新津市（現在は新潟市）で採集された標本（1♂）を基に初めて日本から記録した．前種として記録された本州産の多くは本種の間違いである（*cf.* 林・宮本，2005；林，2011）．ヨーロッパでは主として海岸に生息すると報告されており（Péricart, 1990），日本でも低地の池沼周辺や海岸などにみられる．分布：本州（新潟県，埼玉県，東京都，大阪府）；韓国，中国，ロシア極東，モンゴル，ヨーロッパ．

エゾミズギワカメムシ　*Saldula recticollis* (Horváth, 1899)（図47-K，48-I）

小型種で，体はほぼ楕円形．体長（平均）：♂ 2.8〜3.5 mm（3.2 mm），♀ 3.1〜3.7 mm（3.4 mm）．体背面，とくに頭部，胸背は光沢ある黒色で金灰色の微毛と，先端が曲がった黒色直立長毛が密生する．頭部の大顎片は幅広い三角形（♂では黄白色，♀では黒褐色〜黒色）となり，前脚脛節上の黒色条を欠く．長翅型．日当たりの良好な開放的な環境に生息し，土質よりも砂礫が多い所を好むようである．分布：北海道，本州，四国，対馬，奄美大島，徳之島，沖縄島；韓国，中国，ロシア極東．従来，北海道だけに分布するものとされていたが，その後の調査によって琉球列島まで広く分布することがわかっている（林，2002）．

ミズギワカメムシ　*Saldula saltatoria* (Linnaeus, 1758)（図47-L，48-J）

体は漆黒色で，前翅革質部には褐色や黄白色の斑紋をもつ．斑紋には変異がみられるが，全体的に黒色部が多い．触角第1節内側に棘列を欠き，前脚脛節背面の黒色縦条はふつう2ヵ所で分断される．長翅型．体長（平均）：♂ 3.1〜3.9 mm（3.5 mm），♀ 3.6〜4.1 mm（3.8 mm）．平地でふつうにみられ，水田，河原など日当たりがいい湿潤な開放的な平坦地に個体数が多い．また，ときには高層湿原や河川の転石上にもみられる．分布：北海道，本州，四国，九州，対馬，天草，沖縄島；朝鮮半島，中国，台湾，モンゴル，ロシア（極東，シベリア），全北区．

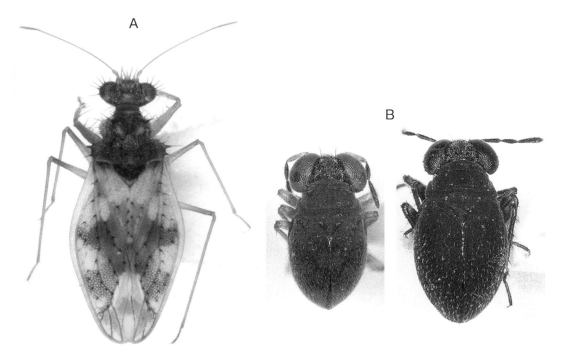

図49 アシナガミギワカメムシ科 Leptopodidae およびサンゴカメムシ科 Omaniidae. 種名の後の（ ）内は体長を示す
A：トゲアシナガミギワカメムシ *Patapius spinosus*（♀ 3.5 mm） B：サンゴカメムシ *Corallocoris satoi*（♂ 1.1 mm, ♀ 1.5 mm）

タイワンミズギワカメムシ　*Saldula taiwanensis* Cobben, 1985（図47-M, 48-K）
　エゾミズギワカメムシ *S. recticollis* に酷似し，今までこれと混同されていたが，Hayashi & Miyamoto（2007）によって新たに確認・記録された．♂頭部の大顎片は暗黄褐色．前翅前縁の淡色部はほぼ連続し，中央付近で黒色部によって分断されることはほとんどない．また，革質部外片には通常3個の淡褐色～白色斑があり，とくに先端の1個は明瞭となる．体長（平均）：♂ 3.0～3.5 mm（3.3 mm），♀ 3.6～4.0 mm（3.9 mm）．河川中流域または下流域の岩盤上にしばしば群生し，曇天時には濡れた落葉下に隠れる．分布：西表島；台湾．

アシナガミギワカメムシ科　Leptopodidae

　アラメカメムシ科（山崎・杉浦，2005）改称．体は細長く，長楕円形～長形．複眼は大きく発達し，側方に突出する．単眼は2個で，頭頂中央の小隆起上に近接してみられる．触角はきわめて細長く，4節からなり，第3,4節は毛状（糸状）で，第3節がとくに長い．口吻（下唇）は4節からなり，第2,3節の両側に数本の顕著な棘がある．跗節式は3-3-3．♀腹部には産卵管を欠く．長翅型．本科は最近まで日本から未知であったが，Yamazaki & Sugiura（2004）によって初めて記録された．日本産は1属1種．

トゲアシナガミギワカメムシ *Patapius spinosus* (Rossi, 1790)（図49-A）

トゲアラメカメムシ改称．長楕円形で，頭部と胸背は黒色で点刻が密生する．前翅は淡褐色であるが，中央付近に大きな三角形の暗色紋がある．頭部，複眼，胸背，前翅上に多くの棘が生える．触角は細長く，第3節がとくに長く，第1節＋第2節の約4倍となる．口吻（下唇）の第2,3節の側面に2本ずつの長い棘がある．体長：3.2〜3.5 mm．大阪府泉南市の海岸から発見され，高潮位線より上（陸側）の礫間（石の間）から採集された（Yamazaki & Sugiura, 2004；山崎・杉浦, 2005）．本種の分布パターンから判断すると，外来種である可能性が高い．分布：本州（大阪府）；ヨーロッパ南部・北アフリカ（地中海沿岸），アメリカ西部（移入），チリ（移入）．

サンゴカメムシ科　Omaniidae

微小なカメムシで，頭部や複眼は著しく大きく体全体の1/4〜1/3にもなる．複眼背面の内縁は湾入しない．単眼を欠く．短翅型で，前翅は強く革質化して膨らみ，甲虫のように腹部をおおう．跗節式は3-3-3．岩礁地帯に生息し，捕食性．Cobben（1970）による分類学的研究によると，本科は2属4種からなる小さな群で，日本にはそのうちの1種が分布する．

サンゴカメムシ　*Corallocoris satoi* (Miyamoto, 1963)（図49-B）

体は半球形に近く，全体が光沢のない黒色．体長：♂ 1.1〜1.2 mm，♀ 1.3〜1.4 mm．頭部はきわめて大きく，複眼は暗赤色〜赤褐色で，♂の方が大きくて赤味が強い．短翅型のみ．サンゴ礁など多孔質の岩が多い所にみられ，高潮位線よりやや上部に多く生息する．岩の小孔や溝の中，ときに打ち上げられた海藻の下などに隠れ，好天時に岩の上をゆっくりと歩行するが，驚くと頻繁に跳躍する．分布および生息環境については林（1994）による報告がある．屋久島からは，目撃確認に基づいて記録され（吉富，1998），後に標本採集によって再確認された（林，2014）．分布：屋久島，トカラ（宝島），奄美大島，徳之島，沖永良部島，与論島，沖縄島，伊平屋島，伊是名島，粟国島，北大東島，南大東島，宮古島，来間島，伊良部島，石垣島，西表島，与那国島．

参考文献

Andersen, N. M., 1975. The *Limnogonus* and *Neogerris* of the Old World with character analysis and a reclassification of the Gerrinae (Hemiptera: Gerridae). Entomologica Scandinavica, 7: 1-96.

Andersen, N. M., 1982. The semiaquatic bugs (Hemiptera, Gerromorpha). Phylogeny, adaptations, biogeography and classification. Entomonograph, 3: 1-455.

Andersen, N. M., 1994. Classification, phylogeny, and zoogeography of the pond skater genus *Gerris* Fabricius (Hemiptera: Gerridae). Canadian Journal of Zoology, 71: 2473-2508.

Andersen, N. M. & J. R. Spence, 1992. Classification and phylogeny of the Holarctic water strider genus *Limnoporus* Stål (Hemiptera, Gerridae). Canadian Journal of Zoology, 70: 753-785.

青柳　克, 2010. 伊是名島の水生半翅類. 琉球の昆虫, (34): 48-51.

青柳　克, 2011. 沖縄島近隣島嶼（屋我地島・瀬底島・伊計島・浜比嘉島）の水生昆虫類. 琉球の昆虫, (35): 101-110.

青柳　克, 2013a. 宮古島からアシブトカタビロアメンボ初記録. Rostria, (55): 25-26.

青柳　克, 2013b. 渡名喜島の水生昆虫（トンボ・カメムシ・コウチュウ）. 琉球の昆虫, (37): 23-29.

青柳　克, 2017. 石垣島ならびに粟国島（沖縄諸島）からウミミズカメムシの新産地記録. Rostria, (61): 29-30.

青柳　克・北野　忠, 2013. 沖縄島および古宇利島から採集されたホシマルミズムシ. Rostria, (55): 27-29.

Aukema, B. & Ch. Rieger (*eds.*), 1995. Catalogue of the Heteroptera of the Palaearctic Region, Vol. 1. Enicocephalomorpha, Dipsocoromorpha, Nepomorpha, Gerromorpha and Leptopodomorpha. xxvi + 222 pp. Netherland Entomological Society, Amsterdam.

Aukema, B., Ch. Rieger & W. Rabitsch (*eds.*), 2013. Catalogue of the Heteroptera of the Palaearctic Region, Vol. 6. Supplement. xxiv + 629 pp. Netherland Entomological Society, Amsterdam.

Brooks, G. T., 1951. A revision of the genus *Anisops* (Notonectidae, Hemiptera). University of Kansas Science Bulletin, 34: 301-475, pls. 36-57.

Chen, L. C., 1960. A study on the genus *Micronecta* of India, Japan, Taiwan and adjacent regions (Heteroptera: Corixidae). Journal of Kansas Entomological Society, 33: 99-118.

Chen, P. P. & N. Nieser, 1993a. A taxonomic revision of the Oriental water strider genus *Metrocoris* Mayr (Hemiptera, Gerridae). Part I. Steenstrupia, Copenhagen, 19: 1-43.

Chen, P. P. & N. Nieser, 1993b. A taxonomic revision of the Oriental water strider genus *Metrocoris* Mayr (Hemiptera, Gerridae). Part II. Steenstrupia, Copenhagen, 19: 45-82.

Chen, P. P., N. Nieser & H. Zettel, 2005. The aquatic and semi-aquatic bugs (Heteroptera: Nepomorpha & Gerromorpha) of Malesia. Fauna Malesiana Handbook 5, x + 546 pp. Brill, Leiden.

Cobben, R. H., 1970. Morphology and taxonomy of intertidal dwarfbug (Heteroptera: Omaniidae fam. nov.). Tijdschrift voor Entomologie, 113: 61-90.

Cobben, R. H., 1985. Additions to the Eurasian saldid fauna, with a description of fourteen new species (Heteroptera, Saldidae). Tijdschrift voor Entomologie, 128: 215-270.

Damgaard, J., 2008a. Phylogeny of the semiaquatic bugs (Hemiptera-Heteroptera, Gerromorpha). Insect Systematics & Evolution, 39: 431-460.

Damgaard, J., 2008b. Evolution of the semi-aquatic bugs (Hemiptera-Heteroptera: Gerromorpha) with a re-interpretation of the fossil record. Acta Entomologica Musei Nationalis Pragae, 48: 251-268.

Damgaard, J., F. F. F. Moreira, M. Hayashi, T. A. Weir & H. Zettel, 2012. Molecular phylogeny of the pond treaders (Insecta: Hemiptera: Heteroptera: Mesoveliidae), discussion of the fossil record and a checklist of species assigned to the family. Insect Systematics & Evolution, 43: 175-212.

Dunn, C. E., 1979. A revision and phylogenetic study of the genus *Hesperocorixa* Kirkaldy (Hemiptera: Corixidae). Proceedings of Academy of Natural Science of Philadelphia, 131: 158-190.

Esaki, T., 1924. On the genus *Halobates* from Japanese and Formosan coasts (Hemiptera: Gerridae). Psyche, 31:

112-118, pl. V.

Esaki, T. & S. Miyamoto, 1955. Veliidae of Japan and adjacent territory (Hemiptera-Heteroptera). I. *Microvelia* Westwood and *Pseudovelia* Hoberlandt of Japan. Sieboldia, Fukuoka, 1: 169-204, pls. 24-29.

Esaki, T. & S. Miyamoto, 1959a. A new genus and species of Helotrephidae (Hemiptera-Heteroptera). Sieboldia, Fukuoka, 2: 83-89, pls. 7-9.

Esaki, T. & S. Miyamoto, 1959b. Veliidae of Japan and its adjacent territory (Hemiptera-Heteroptera), II. Sieboldia, Fukuoka, 2: 91-108, pls. 10-13.

深川元太郎，2015．長崎県の大型水生カメムシ類の記録3．こがねむし，(80): 41-48．

Hasegawa, H. & M. Hayashi, 1995. Discovery of *Arctocorisa kurilensis* (Heteroptera, Corixidae) from Hokkaido and Honshu. Japanese Journal of Entomology, 63: 322.

長谷川道明・佐藤正孝・浅香智也，2005．ヒメタイコウチの分布．（付）関連文献目録．豊橋市自然史博物館研究報告，(15): 15-27．

林　成多・松田隆嗣，2014．島根県出雲市の海岸砂丘に生息する昆虫類の目録．ホシザキグリーン財団研究報告，(17): 263-284．

林　成多・三田村敏正・林　正美，2016．本州におけるキタミズカメムシ（ミズカメムシ科）の記録と生息環境．Rostria, (59): 35-39．

林　正美，1991a．奄美大島におけるエグリタマミズムシの棲息状況．Rostria, (41): 48-52．

林　正美，1991b．琉球列島におけるマツモムシ類の分布．Rostria, (41): 53-59．

林　正美，1994．サンゴカメムシの新産地および棲息環境．Rostria, (43): 54-56．

林　正美，1997．琉球列島における水生・半水生半翅類の分布．Rostria, (46): 17-38．

林　正美，1998．埼玉県の半翅類．埼玉県昆虫誌，1: 147-234．

林　正美，1999a．南大東島におけるヒメセスジアメンボとツヤセスジアメンボの共存．Rostria, (48): 37．

林　正美，1999b．根室半島の昆虫．V 同翅目頸吻亜目および異翅目．Sylvicola別冊，III: 71-76．

林　正美，2001．最近のイトアメンボ採集記録．Rostria, (50): 51-53．

林　正美，2002．Heteropteraカメムシ目（異翅目）．東　清二監修「増補改訂 琉球列島産昆虫目録」（沖縄県産生物目録シリーズ1，沖縄生物学会）：125-149．

林　正美，2003a．カメムシ類（半翅目）Hemiptera．「琉球列島の陸水生物」（西島信昇監修，西田　睦・鹿谷法一・諸喜田茂充編），pp. 351-365．東海大学出版会，東京．

林　正美，2003b．ヒメミズギワカメムシの秋田県からの発見および長翅型の記録．Rostria, (51): 21-23．

林　正美，2011．日本産ミズギワカメムシに関する新知見．Rostria, (53): 75-77．

林　正美，2014．サンゴカメムシを屋久島から再確認．Rostria, (57): 24．

林　正美，2018．日本産アメンボ下目についての新知見．Rostria, (62)（印刷中）

林　正美・新井　透・稲葉孝子・松本千春，1989．水中ライトトラップの効果．埼玉大学紀要教育学部（数学・自然科学），38(2): 1-10．

Hayashi, M. & N. Iwatsuki, 1992. A new record of the water scorpion, *Laccotrephes maculatus* (Heteroptera, Nepidae) from Japan. Japanese Journal of Entomology, 60: 730.

Hayashi, M. & S. Miyamoto, 1997. Rediscovery of *Asclepios shiranui* (Heteroptera, Gerridae) from northern Kyushu, Japan. Japanese Journal of Entomology, 65: 438-439.

Hayashi, M. & S. Miyamoto, 2001. Occurrence of *Glaenocorisa propinqua cavifrons* in Japan and an additional record of *Arctocorisa kurilensis* from Honshu (Heteroptera, Corixidae). Japanese Journal of Systematic Entomology, 7: 123-125.

Hayashi, M. & S. Miyamoto, 2002. Discovery of *Rhagadotarsus kraepelini* (Heteroptera, Gerridae) from Japan. Japanese Journal of Systematic Entomology, 8: 79-80.

林　正美・宮本正一，2003．九州北部におけるシオアメンボならびに沿岸性ウメアメンボ類の棲息状況および生態．Rostria, (51): 1-20．

林　正美・宮本正一，2005．半翅目Hemiptera．日本産水生昆虫－科・属・種への検索（川合禎次・谷田一三編），pp. 291-378．東海大学出版会，秦野．

林　正美・宮本正一，2006．日本産水生半翅類の分布資料．Rostria, (52): 51-55.
Hayashi, M. & S. Miyamoto, 2007. New record of *Saldula taiwanensis* from Japan. Japanese Journal of Systematic Entomology, 13: 67-68.
Hayashi, M. & S. Miyamoto, 2009. New record of *Sigara* (*Subsigara*) *falleni* (Heteroptera, Corixidae) from northern Japan. Japanese Journal of Systematic Entomology, 15: 287-288.
林　正美・大原賢二，2001．徳島県で確認された水棲半翅類．徳島県立博物館研究報告，(11): 7-16.
林　正美・大原賢二・岩崎光紀，2003．徳島県の水生半翅類．徳島県立博物館研究報告，(13): 1-27.
Hayashi, M., K. Ohgi, K. Kanai & S. Miyamoto, 2001. New records of two water boatmen (Heteroptera, Corixidae) from Japan. Japanese Journal of Systematic Entomology, 7: 121-122.
林　正美・佐々木健志，2001．与那国島からタガメを確認．Rostria, (50): 54-55.
Hayashi, M., T. Usui & S. Tachikawa, 1996. New records of two water striders (Heteroptera, Gerridae) from the Ryukyu Islands, Japan. Japanese Journal of Entomology, 64: 363-364.
林　正美・山田量崇・大原賢二，2009．徳島県初記録のウミミズカメムシ．徳島県立博物館研究報告，(19): 33-38.
林　正美・山本亜生，2011．ウミミズカメムシの新産地．Rostria, (53): 78.
Herring, J. H., 1961. The genus *Halobates* (Hemiptera: Gerridae). Pacific Insects, 3: 223-305.
東　和明・佐々木健志，2007．アシブトメミズムシの南大東島からの分布記録．琉球の昆虫，(31): 74-75.
日浦　勇，1967．日本産水棲・半水棲半翅類の分布の研究1．大阪市立自然科学博物館所蔵標本の検討．大阪市立自然科学博物館研究報告，(20): 65-81.
日浦　勇，1968．日本産水棲・半水棲半翅類の分布の研究2．1967年北海道で採集した資料について．大阪市立自然科学博物館研究報告，(21): 13-17.
堀　繁久，2001．北海道におけるコオイムシ属2種の形態と分布．北海道開拓記念館研究紀要，(29): 59-66.
Hungerford, H. B., 1933. The genus *Notonecta* of the World (Notonectidae-Hemiptera). University of Kansas Science Bulletin, 21: 5-195, pls. I-XVII.
Hungerford, H. B., 1948. The Corixidae of the Western Hemisphere (Hemiptera). University of Kansas Science Bulletin, 32: 5-827, 1 pl.
Hungerford, H. B. & R. Matsuda, 1960. Keys to subfamilies, tribes, genera and subgenera of the Gerridae of the World. University of Kansas Science Bulletin, 41: 3-23.
Hutchinson, G. E., 1940. A revision of the Corixidae of India and adjacent regions. Transactions of Connecticut Academy of Arts & Sciences, 33: 339-476, pls. I-XXXVI.
市田忠夫，1991．青森県のカメムシ（III）．Celastrina, (26): 44-54.
石田和男・矢崎充彦，2002．シロウミアメンボを大王町で採集．ひらくら，46: 54-55.
Jaczewski, T., 1960. On some Japanese Corixidae (Heteroptera). Annales Zoologici, Warszawa, 18: 459-469.
Jaczewski, T., 1961. Further notes on Japanese Corixidae. Bulletin de l'Académie Polonaise des Sciences, II, 9: 435-439.
Jansson, A., 1986. The Corixidae (Heteroptera) of Europe and some adjacent regions. Acta Entomologica Fennica, 47: 1-94.
鍵本文吾・碓井　徹，2001．広島県宮島で発見されたシロウミアメンボ．Rostria, (50): 35-36.
上手雄貴，2013．徳之島におけるメミズムシの記録．月刊むし，(513): 48.
Kanyukova, E. V., 1973. Water-boatmen (Heteroptera, Notonectidae) of the fauna of the USSR. Entomologicheskoe Obozrenie, 52: 352-366.
Kanyukova, E. V., 1974. Water bugs of the family Aphelocheiridae (Heteroptera) in the fauna of the USSR. Zoologicheskii Zhurnal, 53: 1726-1731.
Kanyukova, E. V., 1982. Water-striders (Heteroptera, Gerridae) of the fauna of the USSR. Trudy Zoologicheskogo Instituta, Akademiya Nauk SSSR, 105 [1981]: 62-93.

Kanyukova, E. V., 1988a. Infraorder Nepomorpha. *In* Ler, P. A. *ed*.: Keys to insects of Far East USSR, 2: 737-747.

Kanyukova, E. V., 1988b. Infraorder Gerromorpha. *In* Ler, P. A. *ed*.: Keys to insects of Far East USSR, 2: 755-760.

Kanyukova, E. V., 1997. Hebridae of Russia and adjacent countries (Heteroptera). Zoosystematica Rossica, 6: 223-236.

Kanyukova, E. V., 2006. Aquatic and semiaquatic bugs (Heteroptera: Nepomorpha, Gerromorpha) of the fauna of Russia and neighbouring countries. 297 pp. Dalnauka, Vladivostok.

苅部治紀・高桑正敏 1994. 神奈川県を主としたコオイムシ属２種について．神奈川自然誌資料, (15): 11-14.

川野敬介・尾原和夫・大木克行・吉岡誠人・青木新吾・林　成多・皆木宏明，2011．島根県産水生半翅類の分布記録．ホシザキグリーン財団研究報告特別号, (2): 1-104.

北野　忠, 2010. 宮古島でメミズムシを採集．月刊むし, (474): 46.

北野　忠, 2014. 青森県つがる市におけるセアカアメンボの記録. Rostria, (57): 21-22.

北野　忠・中島　淳・田島文忠・河野裕美，2013．西表島におけるホシマルミズムシの採集記録と生息環境．ホシザキグリーン財団研究報告, (16): 207-209.

Lansbury, I., 1972. A review of the Oriental species of *Ranatra* Fabricius (Hemiptera-Heteroptera: Nepidae). Transactions of Royal Entomological Society of London, 124: 287-341.

Lundblad, O., 1933. Zur Kenntnis der aquatilen und semiaquatilen Hemipteren von Sumatra, Java und Bali. Archiv für Hydrobiology, 12 (Suppl. 4): 1-195, 263-489, pls. I-XXI.

前原　諭, 2010. 栃木県で採集したカメムシ２．インセクト, 60(2): 131-137.

Matsuda, R., 1960. Morphology, evolution and a classification of the Gerridae (Hemiptera-Heteroptera). University of Kansas Science Bulletin, 41: 25-632.

Matsumura, S., 1905. Die Wasser-Hemipteren Japans. Journal of Sapporo Agricultural College, 2: 53-66, pl. I.

Matsumura, S., 1915. Uebersicht der Wasser-Hemipteren von Japan und Formosa. Entomological Magazine, Kyoto, 1: 103-119, pl. III.

三田村敏正，2009．浜通り北部におけるミゾナシミズムシの採集記録．ふくしまの虫, (27): 33-34.

三田村敏正・平澤　桂・吉井重幸・石川　忠, 2017. 福島県でコバネケシミズカメムシを採集．Rostria, (61): 31-33.

三田村敏正・吉井重幸・平澤　桂, 2018. オモナガコミズムシを福島県で採集．Rostria, (62) (印刷中)

Miyamoto, S., 1958. New water striders from Japan (Hemiptera, Gerridae). Mushi, Fukuoka, 32: 115-128.

Miyamoto, S., 1959. Veliidae of Japan and adjacent territory. III. A new species of *Pseudovelia* Hoberlandt from Japan, with description of its larval stages. Kontyû, Tokyo, 27: 81-85, pl. 6.

宮本正一，1961．半翅目・アメンボ科．日本昆虫分類図説, 1(3): 1-39. 北隆館, 東京.

Miyamoto, S., 1963a. New halophilous saldids from the Tokara Islands. Sieboldia, Fukuoka, 3: 39-49.

Miyamoto, S., 1963b. Some aquatic Heteroptera from the Tokara Islands. Sieboldia, Fukuoka, 3: 51-53.

Miyamoto, S., 1964a. On the name of two species of *Anisops* from the Ryukyus, with the designation of lectotype of *A. kuroiwai* Matsumura. Kontyû, Tokyo, 32: 67-68.

Miyamoto, S., 1964b. Veliidae of the Ryukyus (Hemiptera, Heteroptera). Kontyû, Tokyo, 32: 137-150.

Miyamoto, S., 1964c. Semiaquatic Heteroptera of the South-west Islands, lying between Kyushu and Formosa. Sieboldia, Fukuoka, 3: 193-218, pl. 10.

Miyamoto, S., 1965a. Hebridae in Formosa (Hemiptera). Sieboldia, Fukuoka, 3: 281-290, pls. 13-14.

Miyamoto, S., 1965b. Notes on Formosan Corixidae (Hemiptera). Kontyû, Tokyo, 33: 483-492, pls. 42-43.

宮本正一，1973．半翅目Hemiptera．日本淡水生物学（上野益三編）: 567-575. 北隆館, 東京.

宮本正一，1980．日本産ミズムシ亜科の覚え書き．Rostria, (33): 347-354.

宮本正一，1985．半翅目Hemiptera．日本産水生昆虫検索図説（川合禎次編）: 149-162. 東海大学出版会, 東京.

Miyamoto, S. & M. Hayashi, 1996. Discovery of *Halobates matsumurai* (Heteroptera, Gerridae) from Tsushima Is., Kyushu. Japanese Journal of Entomology, 64: 110.

Miyamoto, S. & M. Hayashi, 1998. New records of aquatic Heteroptera from Japan. Japanese Journal of Systematic Entomology, 4: 321-323.

Miyamoto, S. & M. Hayashi, 2006. New record of two aquatic Heteroptera from Japan. Rostria, (52): 57-58.

宮本正一・安永智秀，1989．半翅目異翅亜目．日本産昆虫総目録（平嶋義宏監修），pp. 151-188．九州大学農学部昆虫学教室・日本野生生物研究センター．

Muraji, M., 2001. Molecular, morphological, and behavioral analyses of Japanese *Gerris* (*Macrogerris*) water striders (Heteroptera: Gerridae): evidence for a new species. Entomological Science, 4: 321-334.

中峯浩司，2005．トカラ列島中之島2003年6月の昆虫．鹿児島県立博物館研究報告，(24): 28-45.

中峯浩司，2014．鹿児島県におけるトガリアメンボの分布について．Satsuma, (151): 121-126.

中村 学，2005．ウミミズカメムシの岩手県における新産地．岩手県立博物館研究報告，(22): 41-44.

中尾史郎・山尾あゆみ・林 正美，2003．和歌山県におけるミズカメムシ類2種の発見．南紀生物，45: 95-96.

中谷憲一・今給黎靖夫・金沢 至・河合正人，2003．トガリアメンボの発見と生息環境．Nature Study, 49(2): 15-17.

Nieser, N., 2002. Guide to aquatic Heteroptera of Singapore and Peninsular Malaysia. Raffles Bulletin of Zoology, 50: 263-274.

日本昆虫目録編集委員会（編），2016．日本昆虫目録，第4巻．準新翅類．xxxiv + 629 pp. 日本昆虫学会・櫂歌書房，福岡．［水生半翅類については，林 正美・碓井 徹が担当（pp. 357-376)］

野崎達也・野崎陽子，2004a．トガリアメンボの岡山県・広島県東部への分布拡大．すずむし，(138): 7-11.

野崎達也・野崎陽子，2004b．岡山県から採集したミズカメムシ属4種の記録．すずむし，(139): 5-6.

野崎達也・野崎陽子，2011．広島県の水生半翅類．比婆科学，(238): 1-14, Pls. I-X.

野崎達也・野崎陽子・宇木浩太・塚田 拓，2015．鹿児島県下甑島の異翅亜目．Rostria, (58): 1-43.

野崎達也・野崎陽子・宇木浩太・塚田 拓，2016．熊本県天草諸島牛深地域の異翅亜目．Rostria, (60): 67-96.

大原賢二，2013．九州におけるトガリアメンボの分布について．Satsuma, (149): 147-152.

大原賢二・林 正美，2004．四国におけるトガリアメンボの発見とその分布状況．徳島県立博物館研究報告，(14): 69-83.

大原賢二・林 正美，2005．鹿児島県日置郡金峰町で採集された水生半翅類．Satsuma, (132): 75-76.

大原賢二・林 正美・山田量崇，2013．徳島県における外洋性ウミアメンボ3種の記録．徳島県立博物館研究報告，(23): 69-75.

大庭伸也，2014．長崎県本土および壱岐における外来種・トガリアメンボの記録．長崎県生物学会誌，(75): 52-54.

大木克行，1995．日本からの *Micronecta kiritshenkoi* ヘラコチビミズムシ（新称）の記録およびその生息環境．Rostria, (44): 29-33.

大木克行，2001．オヨギカタビロアメンボの新産地．Rostria, (50): 47-48.

大木克行，2002．本州初記録のマダラミズカメムシ．山口のむし，(1): 65.

Perez Goodwyn, P. J., 2006. Taxonomic revision of the subfamily Lethocerinae Lauck & Menke (Heteroptera: Belostomatidae). Stuttgarter Beiträge zur Naturkunde, Ser. A, (695): 1-71.

Péricart, J., 1990. Hémiptères Saldidae et Leptopodidae d'Europe occidentale et du Maghreb. Faune de France, 77: 1-238.

Poisson, R., 1957. Hétéroptères aquatiques. Faune de France, 61: 1-264.

Polhemus, J. T., 1985. Shore bugs (Heteroptera, Hemiptera; Saldidae). A World overview and taxonomy of Middle American forms. 252 pp. The Different Drummer, Colorado.

Polhemus, J. T., 1992. Nomenclatural notes on aquatic and semiaquatic Heteroptera. Journal of Kansas Entomological Society, 64: 438-443.

Polhemus, J. T. & D. A. Polhemus, 2000. The genus *Mesovelia* Mulsant & Rey in New Guinea (Heteroptera:

Mesoveliidae). Journal of New York Entomological Society, 108: 205-230.

Polhemus, J. T. & D. A. Polhemus, 2012. A review of the genus *Hermatobates* (Heteroptera: Hermatobatidae), with descriptions of two new species. Entomologica Americana, 118: 202-241.

Schuh, R. T., B. Galil & J. T. Polhemus, 1987. Catalog and bibliography of Leptopodomorpha (Heteroptera). Bulletin of American Museum of Natural History, 185: 243-406.

Schuh, R. T. & J. T. Polhemus, 1980. Analysis of taxonomic congruence among morphological, ecological and biogeographical data sets for the Leptopodomorpha (Hemiptera). Systematic Zoology, 29: 1-26.

Scudder, G. G. E., 1976. Water-boatmen of saline waters (Hemiptera: Corixidae). *In* Cheng, L. (*ed.*): Marine Insects: 263-289. North-Holland Publishing Co., Amsterdam.

Štys, P. & I. M. Kerzhner, 1975. The rank and nomenclature of higher taxa in recent Heteroptera. Acta Entomologica Bohemoslovaca, 72: 65-79.

富沢　章，2012．能登島の水生昆虫．とっくりばち，(80): 41-43.

友国雅章・林　正美・碓井　徹，2000．皇居の半翅類（腹吻群同翅類を除く）．国立科学博物館専報，(36): 35-55.

友国雅章・佐藤正孝，1978．小笠原諸島（含硫黄諸島）の水棲および半水棲昆虫．国立科学博物館専報，(11): 107-121.

友国雅章・佐藤正孝・市川憲平・荒木　裕・二宗誠治，1995．絶滅が危惧されるカワムラナベブタムシと，兵庫県で生息が確認されたトゲナベブタムシ．Rostria, (44): 21-25.

塚田　拓，2007．メミズムシを種子島で発見．月刊むし，(434): 48.

塘　忠顕，2017．猪苗代湖の低生動物相（予報）．福島大学地域創造，28(2): 57-71.

塘　忠顕・佐々木伸彰・増渕翔太，2017．裏磐梯地域の酸性湖沼・銅沼における水生昆虫相．福島生物，(60): 15-22.

上田恭一郎・井上大輔，2012．ババアメンボの北部九州からの新産地．Rostria, (54): 31-34.

碓井　徹，1998．*Gerris* (*Gerris*) *lacustris* キタヒメアメンボ（新称）の本州北部からの発見．Rostria, (47): 43-44.

碓井　徹，2001．オキナワイトアメンボの新産地とその棲息環境．Rostria, (50): 40-42.

碓井　徹，2006．日本産ヒメアメンボ属 *Gerris* ヒメアメンボ亜属 *Gerris*（半翅目：アメンボ科，アメンボ亜科）4種の翅型に関する知見の整理．埼玉県立自然史博物館研究報告，(23): 23-29.

碓井　徹，2015．埼玉県のトガリアメンボ．(1) 2015年の分布調査報告．寄せ蛾記，(159): 8-23.

Usui, T. & M. Hayashi, 2010. New record of the water measurer *Hydrometra gracilenta* (Heteroptera, Hydometridae) from Japan. Japanese Journal of Systematic Entomology, 16: 377-378.

碓井　徹・林　正美・矢崎充彦，2016．*Hydrometra gracilenta* キタイトアメンボ（新称）の北海道からの初記録と本州における新産地．Rostria, (59): 34.

Usui, T., S. Miyamoto & M. Hayashi, 1997. Occurrence of *Gerris* (*Gerris*) *lacustris* (Heteroptera, Gerridae) in Hokkaido, Japan. Japanese Journal of Entomology, 65: 217-218.

碓井　徹・西田　彰，2015．栃木県におけるトガリアメンボの採集記録．寄せ蛾記，(159): 1-2.

Vinokurov, N. N., 1988. Infraorder Leptopodomorpha. *In* Ler, P. A. *ed.*: Keys to insects of Far East USSR, 2: 747-755.

Vinokurov, N. N., 2004. Bugs of the genus *Saldula* V. D., 1914 (Heteroptera, Saldidae) in Russia and adjacent countries. Euroasian Entomological Journal, 3: 101-118.

Vinokurov, N. N., 2006. On semiaquatic bugs from Hokkaido, Japan (Heteroptera: Gerromorpha). Zoosystematica Rossica, 14 [2005]: 202.

Vinokurov, N. N. & E. V. Kanyukova, 1995. Heteroptera of Siberia. 238 pp. Siberian Publication Firm "Science", Novosibirsk.

渡部晃平・武智礼央・矢野真志，2014．愛媛県のカメムシ 2・水生半翅類．面河山岳博物館研究報告，(6): 1-22.

渡部晃平，2017a．石垣島におけるホシマルミズムシの初記録．月刊むし，(552): 62-63.

渡部晃平，2017b．石川県におけるコチビミズムシ亜属の生息状況．Rostria, (61): 24-28.
渡部晃平・北野　忠，2018．奄美大島および西表島におけるツヤセスジアメンボの初記録．Rostria, (62)（印刷中）
Wróblewski, A., 1960. Notes on some Asiatic species of the genus *Micronecta* Kirk. (Heteroptera, Corixidae). Annales Zoologici, Warszawa, 18: 301-331.
Wróblewski, A., 1968. Notes on Oriental Micronectinae (Heteroptera, Corixidae). Polskie Pismo Entomologiczne, 38: 753-779.
山田量崇・林　正美・渡辺昌造，2018．塩水中で発生したホテイコミズムシ．Rostria, (62)（印刷中）
山本亜生，2014．水生半翅類2種の北海道からの記録．Rostria, (56): 23-24.
山尾あゆみ・中尾史郎，2003．近畿地方におけるトガリアメンボ亜科の1種，*Rhagadotarsus kraepelini*の定着と分布拡大．南紀生物，45: 15-20.
Yamazaki, K. & S. Sugiura, 2004. *Patapius spinosus*: First record of Leptopodidae (Heteroptera) from Japan. Entomological Science, 7: 291-293.
山崎一夫・杉浦真治，2005．大阪湾岸で発見された日本初科のカメムシ．昆虫と自然，40 (11): 31-33.
矢崎充彦・石田和男，2008．東海地方の水生半翅類．佳香蝶，60 (234): 165-200.
吉井重幸・平澤　桂・三田村敏正，2017．石垣島でホルバートケシカタビロアメンボを採集．月刊むし，(554): 44-45.
吉岡誠人，2007．島根県東出雲町でトガリアメンボを確認．ホシザキグリーン財団研究報告，(10): 257-260.
吉富博之，1998．サンゴカメムシの屋久島からの記録．Rostria, (47): 47.
Zettel, H. & V. P. Gapud, 1999. A new species group of Oriental *Microvelia* s.l. (Insecta: Heteroptera: Veliidae), with descriptions of three new species. Annalen des Naturhistorischen Museums in Wien, 101B: 135-146.

ヘビトンボ目（広翅目） Megaloptera

林　文男

　ヘビトンボ目（広翅目）は完全変態をする昆虫の中では最も原始的なグループと考えられている．アミメカゲロウ目（脈翅目）の1つの亜目とされることもあるが，成虫の翅脈が周辺部で細かく分岐せず，後翅基部は幅広く静止に際し畳み込まれるといる特徴をもつ．幼虫はすべて水生で，生きた餌を大顎でとらえて丸呑みにする．全世界に300種ほどが知られている．センブリ科 Sialidae, alderfly とヘビトンボ科 Corydalidae の2科のみで構成され，後者はさらにクロスジヘビトンボ亜科 Chauliodinae, fishfly とヘビトンボ亜科 Corydalinae, dobsonfly に二分される．日本からはセンブリ科1属13種，ヘビトンボ科2亜科3属14種が知られている．

　卵は卵塊として，水面上に張り出した木の枝や葉，あるいは崖（堰堤や橋けたなどの人工物も含む）に直接産み付けられる．2週間ほどで孵化する．孵化した幼虫は落下して水中生活を開始する．幼虫の脱皮回数は多い（約10回）．幼虫期間は1〜3年．充分に成長した幼虫は，岸辺に上陸して土中あるいは地表の物陰に蛹室と呼ばれる穴を掘り，その中で約2週間の前蛹期間を経て蛹となる．繭はつくらない．蛹期間は約2週間．成虫は陸生．雄は雌よりやや小さい．ヘビトンボ類は夜行性で，樹液を吸う．センブリ類は昼行性で，ヤナギ類の花粉を食べることが知られている．いずれも，飼育下では，水，砂糖水，果汁を吸う．雄は交尾の際，雌の腹部に外部精包を付着させる．精子はこの外部精包の中から細い管を通って雌の交尾嚢に到達する．成虫の寿命は数週間．

　分類には，成虫では，触角（antenna）の形状，単眼（ocellus）の有無，複眼後方突起（postocular spine）の有無，第4跗節（tarsus IV）の形状が重要である（図1 a, b）．幼虫では，尾端が鉤爪（caudal claw）となるか尾端突起（caudal filament）となるか，また，総状鰓（tufted gill）であるか呼吸管（respiratory tube）であるかが主な区別点となる（図1 c, d）．成虫の種の同定には，翅脈や翅の模様が交尾器の形態とともに有効である．幼虫の種の同定には，体色，頭楯（clypeus）の色，腹部剛毛（abdominal seta）の形態，腹側突起（lateral filament）の形態，あるいは呼吸管の形態を用いる．

科，亜科および属の検索

- 1a　成虫には単眼がなく，脚の第4跗節が二葉状となる．幼虫の尾端は鞭状の突起となる（図1-1, 図2-1〜2）……………センブリ科　Sialidae　センブリ属　*Sialis*（p. 380〜382）
- 1b　成虫には3個の単眼があり，脚の第4跗節が葉状とはならない．幼虫の尾端には左右それぞれ1対の鉤爪を有する（図1-2）……ヘビトンボ科　Corydalidae（p. 382〜384）…2
- 2a　成虫頭部に複眼後方突起がある．幼虫には第1腹節から第7腹節まで各1対の総状鰓がある．第8腹節に呼吸管はない（図1-3, 図2-3）……………ヘビトンボ亜科　Corydalinae　ヘビトンボ属　*Protohermes*
- 2b　成虫頭部に複眼後方突起がない．幼虫は総状鰓を欠くが，第8腹節に1対の呼吸管を有する（図1-2, 図2-4〜5）……………クロスジヘビトンボ亜科　Chauliodinae…3
- 3a　成虫の触角は雌では鋸状，雄では櫛状（図1-2）．翅には明瞭な褐色の斑紋がある……………モンヘビトンボ属　*Neochauliodes*
- 3b　成虫の触角は雌雄とも鋸状．翅の斑紋は不明瞭……クロスジヘビトンボ属　*Parachauliodes*

ヘビトンボ目

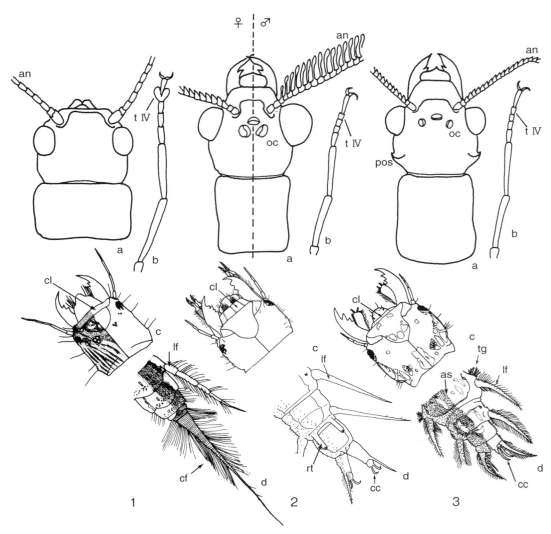

図1　a：成虫頭胸部　b：成虫脚　c：幼虫頭部　d：幼虫第7～9腹節の一般形態（すべて背面）
1：センブリ科 Sialidae　2：クロスジヘビトンボ亜科 Chauliodinae　3：ヘビトンボ亜科 Corydalinae
an (antenna)：触角　as (abdominal seta)：腹部剛毛　cc (caudal claw)：尾端鉤爪　cf (caudal filament)：尾端突起　cl (clypeus)：頭楯　lf (lateral filament)：腹側突起　oc (ocellus)：単眼　pos (postocular spine)：複眼後方突起　rt (respiratory tube)：呼吸管（第8腹節）　tg (tufted gill)：総状鰓（第1～7腹節）　t IV (tarsus IV)：第4跗節

センブリ属　*Sialis* Latreille, 1802

ヒガシウスバセンブリ　*Sialis jezoensis* Okamoto, 1910（図3-1）

国後島，北海道，本州東北部．稀．夏に羽化．前翅長10～14 mm．幼虫未知．旧版でウスバセンブリとされていた種の2亜種を2種として扱うことになり，本種ヒガシウスバセンブリと次種ニシウスバセンブリとされた（木村・林，2016）．

ニシウスバセンブリ　*Sialis kuwayamai* (Hayashi & Suda, 1995)

中部以西の本州，九州．きわめて稀．初夏に羽化．前翅長10～14 mm．幼虫未知．

センブリ科 3

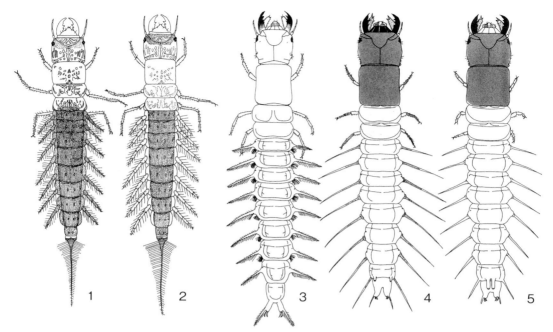

図2　本州，四国，九州の代表的5種の幼虫全形（背面）
1：チュウブクロセンブリ *Sialis melania*　2：ネグロセンブリ *Sialis japonica*　3：ヘビトンボ *Protohermes grandis*　4：タイリククロスジヘビトンボ *Parachauliodes continentalis*　5：ヤマトクロスジヘビトンボ *Parachauliodes japonicus*

クメセンブリ　*Sialis kumejimae* Okamoto, 1910（図3-2）

奄美大島，徳之島，沖縄本島，久米島，渡嘉敷島，西表島，台湾．稀．西表島では2月頃，他では3～5月に羽化．前翅長9～16 mm．幼虫の頭部は細長く，前胸も横幅が狭くて正方形に近い形となる．体色は茶褐色で腹部側縁および腹側突起も同様に茶色．

センブリ　*Sialis sibirica* McLachlan, 1872（図3-3）

北海道，北欧，ロシア，中国北部．普通．初夏に羽化．前翅長10～17.5 mm．幼虫の頭部は台形状（後縁が幅広い），前胸の横幅は広い．体色は黒色に近く，各腹節の背面の中央部には黄白色の菱形の模様がある．腹部側縁および腹側突起は黄白色．

ヤマトセンブリ　*Sialis yamatoensis* Hayashi & Suda, 1995（図3-4）

本州．産地は局限される．春に羽化．前翅長8～14 mm．幼虫の頭部は台形状（後縁が幅広い），前胸の横幅は広い．体色は茶褐色で腹部側縁および腹側突起も茶色．

キタセンブリ　*Sialis longidens* Klingstedt, 1932（図3-5）

北海道，ロシア極東部，中国北東部，韓国．やや稀．初夏に羽化．前翅長11.5～17.5 mm．幼虫の頭部はやや台形状（後縁がやや幅広くなる）．体色は黒褐色で，腹部側縁および腹側突起は褐色が薄くなる．腹部第5～8節の背面中央が淡くすじ模様になるのが本種の特徴である．

ネグロセンブリ　*Sialis japonica* Weele, 1909（図2-2，図3-6）

本州，四国，九州．普通．春～初夏に羽化．前翅長8.5～15.5 mm．幼虫の頭部，前胸とも正方形に近い形となる．体色は淡い褐色．腹部側縁および腹側突起は白っぽい．腹側突起が体幅と同じくらい長いのは，本種だけの特徴である．

フタオセンブリ　*Sialis bifida* Hayashi & Suda, 1997
　本州．産地は局限される．初夏に羽化．前翅長12〜16 mm．成虫は前種ネグロセンブリと酷似するが，雄の交尾片の先端が二叉することで区別される（ネグロセンブリでは1本の突起となる）．幼虫未知．

チュウブクロセンブリ　*Sialis melania* Nakahara, 1915（図2-1，図3-7）
　中部以西の本州，四国，隠岐島後，隠岐西ノ島．やや稀．春〜初夏に羽化．前翅長7.5〜18 mm．幼虫の頭部はやや台形状（後縁がやや幅広くなる）．体色は茶褐色で，腹部側縁および腹側突起も茶色．本種はクロセンブリと呼ばれ4亜種に区別されていたが，それぞれを種として扱うことになった（木村・林，2016参照）．

トウホククロセンブリ　*Sialis tohokuensis* Hayashi & Suda, 1995
　中部以東の本州．普通．晩春〜初夏に羽化．前翅長7.5〜18 mm．*S. melania* の亜種として記載されたが種に昇格した．幼虫ではチュウブクロセンブリと区別できない．

トヤマクロセンブリ　*Sialis toyamaensis* Hayashi & Suda, 1995
　本州（富山県，岐阜県）．稀．初夏〜夏に羽化．前翅長7.5〜18 mm．*S. melania* の亜種として記載されたが種に昇格した．幼虫未知．

キュウシュウクロセンブリ　*Sialis kyushuensis* Hayashi & Suda, 1995
　九州．ごく稀．春〜初夏に羽化．前翅長7.5〜18 mm．*S. melania* の亜種として記載されたが種に昇格した．幼虫未知．

ミナミセンブリ　*Sialis sinensis* Banks, 1940（図3-8）
　奄美大島，沖縄本島，台湾，中国．稀．春に羽化．前翅長10〜16.5 mm．幼虫の頭部，前胸とも正方形に近い形となる．体色は茶褐色で，腹部側縁および腹側突起も茶色．頭部前半部が濃い褐色であるのに対して，後半部は顕著に黄褐色となるのが本種の特徴である．

クロスジヘビトンボ属　*Parachauliodes* Weele, 1909

アサヒナクロスジヘビトンボ　*Parachauliodes asahinai* Liu, Hayashi & Yang, 2008
　九州，本州，韓国．ごく稀．成虫の出現期は5〜6月．前翅長35〜51 mm．幼虫の頭楯には黒褐色の斑紋があり，呼吸管は太くて長く，左右に離れて並ぶ（Jung et al., 2016）．福井，京都，滋賀からは，カクレクロスジヘビトンボ（*P. inopinatus* Shimonoya, 2016）が記録されている（下野谷，2015，2017；河瀬・武田，2016）．

タイリククロスジヘビトンボ　*Parachauliodes continentalis* Weele, 1909（図2-4，図4-3）
　本州，四国，九州，隠岐島後，隠岐西ノ島，対馬，福江島，天草．普通．成虫の出現期は4〜6月．前翅長33〜56 mm．幼虫の頭楯には黒褐色の斑紋が発達し，呼吸管は短く，離れて並ぶ（呼吸管の長さよりもよく離れる）．

ヤマトクロスジヘビトンボ　*Parachauliodes japonicus* (McLachlan, 1867)（図2-5，図4-1）
　本州，四国，九州，福江島，天草，屋久島，種子島．普通．成虫の出現期は4〜6月．前翅長36〜57 mm．幼虫の頭楯は白色．呼吸管は太くて長く，基部が隣接する．従来，ヤマトクロスジヘビトンボと呼ばれる種は本州から台湾まで広く分布するとされてきたが，本州から屋久島・種子島までのものが本種とされ，奄美大島以南のものはリュウキュウクロスジヘビトンボとタイワンクロスジヘビトンボという別種として区別された（木村・林，2016参照）．

タバタクロスジヘビトンボ（新称）　*Parachauliodes* sp.
　九州北部，天草，壱岐．ごく稀．成虫の出現期は4〜6月．前翅長40〜45 mm．成虫では，オスの触角がやや櫛状となる．幼虫はヤマトクロスジヘビトンボに酷似．

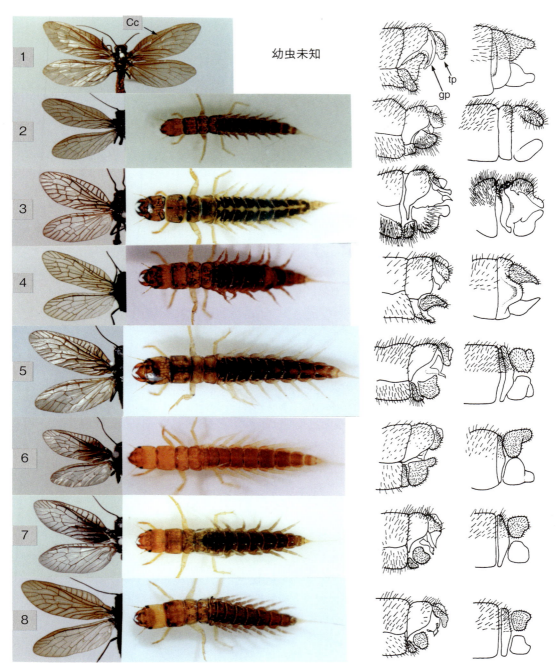

図3 センブリ科 Sialidae 各種
1：ヒガシウスバセンブリ Sialis jezoensis　2：クメセンブリ Sialis kumejimae　3：センブリ Sialis sibirica　4：ヤマトセンブリ Sialis yamatoensis　5：キタセンブリ Sialis longidens　6：ネグロセンブリ Sialis japonica　7：チュウブクロセンブリ Sialis melania　8：ミナミセンブリ Sialis sinensis
向かって左から成虫（背面），幼虫（背面），オス成虫交尾器（側面），同（腹面）．Cc：Cc 脈．gp (genital plate)：交尾片．tp (terminal plate)：肛下片

リュウキュウクロスジヘビトンボ　*Parachauliodes yanbaru* Asahina, 1987

奄美大島，加計呂麻島，徳之島，沖縄本島．やや稀．成虫の出現期は3～5月．前翅長27～52 mm．幼虫はヤマトクロスジヘビトンボと同じ．

タイワンクロスジヘビトンボ　*Parachauliodes nebulosus* (Okamoto, 1910)

石垣島，西表島，台湾．きわめて稀．成虫の出現期は2～3月．前翅長28～46 mm．幼虫はヤマトクロスジヘビトンボと同じ．

オキナワクロスジヘビトンボ　*Parachauliodes niger* Liu, Hayashi & Yang, 2008（図4-2）

沖縄本島北部の特産種．きわめて稀．成虫の出現期は3～4月．前翅長30～41 mm．幼虫の体色は他種よりも赤く，呼吸管は円錐状である．旧版で，ヤンバルヘビトンボ *P. yanbaru* とされていた種は本種である（木村・林，2016）．

モンヘビトンボ属　*Neochauliodes* Weele, 1909

モンヘビトンボ　*Neochauliodes formosanus*（Okamoto, 1910）

対馬，韓国，中国本土，台湾．対馬では稀．対馬における成虫の出現期は7月．前翅長30～40 mm．幼虫の頭楯は白色．呼吸管は細長く，基部は離れる（呼吸管の長さとほぼ同じくらい離れる）．旧版で *N. sinensis* とされていた種群の詳細な形態比較から，日本において，対馬の集団は *N. formosanus*，奄美大島の集団は新種 *N. amamioshimanus*，石垣島・西表島の集団は中国南西部に分布する *N. nigris* とされた（木村・林，2016参照）．

アマミモンヘビトンボ　*Neochauliodes amamioshimanus* Liu, Hayashi & Yang, 2007（図4-4）

奄美大島の特産種．やや稀．成虫の出現期は6月．前翅長29～36 mm．幼虫はモンヘビトンボに似る．

サキシマモンヘビトンボ　*Neochauliodes nigris* Liu & Yang, 2005

石垣島，西表島，中国南部．稀．成虫の出現期は4～7月．前翅長30～35 mm．幼虫未知．

ヤエヤマモンヘビトンボ　*Neochauliodes azumai* Asahina, 1987（図4-5）

石垣島，西表島の特産種．稀．成虫の出現期は4～10月．前翅長30～45 mm．旧版でヤエヤマヘビトンボと呼ばれていたが，所属を混乱しないようにヘビトンボの前に「モン」が追加されている（木村・林，2016）．幼虫未知．

ヘビトンボ属　*Protohermes* Weele, 1907

1a　成虫の頭部（複眼後方）に黒斑があり，前翅の前方の縁には黒斑がない．幼虫の腹部体表面に密生する剛毛は細長く棍棒状（図4-6～7）……………………………………… 2

1b　成虫の頭部に黒斑がなく，前翅の前方の縁に黒斑を有する．幼虫の腹部体表面に密生する剛毛は丸くてへら状（体表地色より濃く目立つ）（図4-8）……………………………………… ミナミヘビトンボ　*P. disjunctus*

2a　成虫では翅に黄斑を有する．幼虫の腹部体表面の剛毛の色は体表の地色よりうすく目立たない（図4-6）……………………………… ヘビトンボ　*P. grandis*

2b　成虫では翅に黄斑がほとんどない．幼虫の腹部体表面の剛毛の色は体表の地色より濃く目立つ（図4-7）……………………………… アマミヘビトンボ　*P. immaculatus*

ヘビトンボ　*Protohermes grandis* (Thunberg, 1781)（図2-3，図4-6）

北海道，本州，四国，九州，奥尻島，佐渡島，隠岐，対馬，福江島，天草，屋久島，種子島．普通．初夏～夏にかけて羽化．前翅長は50 mmに達する．翅脈が黒化せず，翅全体が黄化する個体

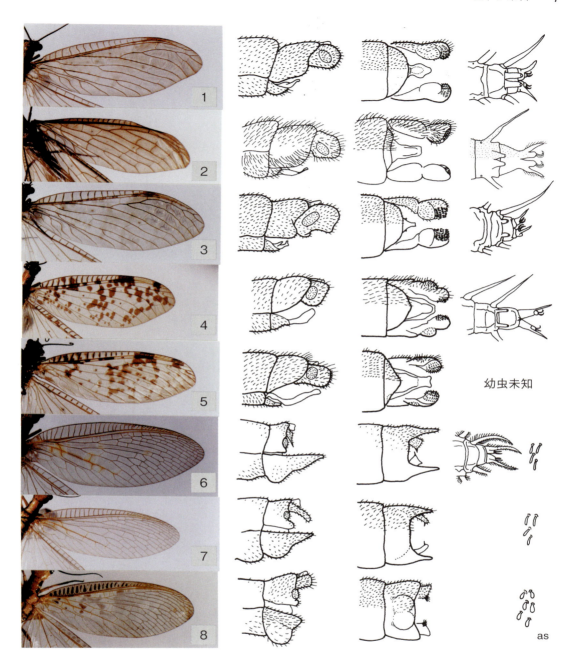

図4　ヘビトンボ科 Corydalidae 各種
1：ヤマトクロスジヘビトンボ *Parachauliodes japonicus*　2：オキナワクロスジヘビトンボ *Parachauliodes niger*　3：タイリククロスジヘビトンボ *Parachauliodes continentalis*　4：アマミモンヘビトンボ *Neochauliodes amamioshimanus*　5：ヤエヤマモンヘビトンボ *Neochauliodes azumai*　6：ヘビトンボ *Protohermes grandis*　7：アマミヘビトンボ *Protohermes immaculatus*　8：ミナミヘビトンボ *Protohermes disjunctus*
向かって左から成虫前翅，オス成虫交尾器（側面），同（腹面），幼虫尾端（背面）．6〜8 では最後の欄に幼虫腹部背面の体表の剛毛 as を示す．

が野外でも飼育下でも稀に出現する.

アマミヘビトンボ　*Protohermes immaculatus* Kuwayama, 1964（図4-7）

　奄美大島，徳之島，久米島．初夏～夏に羽化．前翅長25～30 mm．ヘビトンボに比べ著しく小型．久米島からはミナミヘビトンボの幼虫が記録されているが，これは本種の誤りと思われる．

ミナミヘビトンボ　*Protohermes disjunctus* Liu, Hayashi & Yang, 2007（図4-8）

　石垣島，西表島．石垣島では産地は局限される．初夏～夏に羽化．前翅長約20～35 mm．本種は台湾から中国，ビルマ，インド北東部にかけて広く分布するヒメヘビトンボ *P. costalis*（Walker, 1853）に近縁であるが，著しく小型化し，翅の黄斑がよく発達する．

参考文献

林　文男．1989a．アマミヘビトンボの生態と系統的位置について．昆虫と自然，24 (11): 19-21.
林　文男．1989b．石垣・西表島産モンヘビトンボの飼育記録．月刊むし，(222): 18-19.
林　文男．1989c．ミナミヘビトンボの成虫を確認．インセクタリウム，26: 354-356.
林　文男．1989d．タイリククロスジヘビトンボ概説．採集と飼育，51: 398-401.
林　文男．1990a．教材生物としての孫太郎虫（ヘビトンボ）．遺伝，44: 72-77.
林　文男．1990b．ヤマトクロスジヘビトンボの生活史と分布．採集と飼育，52: 396-399.
林　文男．1990c．ヤンバルヘビトンボの奇妙な分布．採集と飼育，52: 488-489.
林　文男．1990d．奄美大島のモンヘビトンボについて．月刊むし，228: 14-15.
林　文男．1995．センブリ類の分類を一段落させて．兵庫陸水生物，46: 1-24.
林　文男．1997．束になって泳ぐ精子．日経サイエンス，27(7): 142-145.
Hayashi, F. & S. Suda. 1995. Sialidae (Megaloptera) of Japan. Aquatic Insects, 17: 1-15.
Hayashi, F. & S. Suda. 1997. A new species of *Sialis* (Megaloptera, Sialidae) from Japan. Japanese Journal of Entomology 65 : 813-815.
Jung, S. W., T. S. Vshivkova & Y. J. Bae. 2016. DNA-based identification of South Korean Megaloptera larvae with taxonomic notes. The Canadian Entomologist, 148: 123-139.
河瀬直幹・武田　滋．2016．滋賀県のカクレクロスジヘビトンボ新記録および滋賀県産ヘビトンボ目の記録．Came虫，(187): 6-9.
木村正明．1999．南西諸島におけるクロスジヘビトンボ類の採集記録．月刊むし，(336): 40-41.
木村正明・林　文男．2001．ヤンバルヘビトンボ（広翅目，ヘビトンボ科）の幼虫．自然環境科学研究，14: 49-51.
木村正明・林　文男．2016．日本産広翅目（ヘビトンボ目）の最近の分類体系と和名について．月刊むし，(541): 2-13.
西川芳太郎．1989．黄色いはねのヘビトンボ．昆虫と自然，24(9): 32.
西島信昇・諸喜田茂充・大城信弘．1980．久米島儀間川における淡水動物の生息状況．文部省環境科学特別研究「琉球列島における島嶼生態系とその人為的変革」報告集，113-125pp.
里山昆虫研究会．1995．多摩川中流域の丘陵部における里山昆虫の研究．（財）とうきゅう環境浄化財団（一般）研究助成　No. 94，229pp.
下野谷豊一．2015（2016出版）．本州中部福井県で発見されたクロスジヘビトンボの一新種．福井市自然史博物館研究報告，62: 43-52.
下野谷豊一．2017．温故知新～図鑑に載っていたカクレクロスジヘビトンボ～．月刊むし，(553): 18-21.
高井　泰．2002．クロセンブリ富山亜種の岐阜県からの記録．月刊むし，(380): 47.

アミメカゲロウ目（脈翅目）　Neuroptera

林　文男

　アミメカゲロウ目（脈翅目）の成虫の翅脈は，例外のコナカゲロウ科を除き，外縁部で何度か分岐する．後翅の基部は，前翅と同様に幅広くならず，静止時に後翅の内縁が折り畳まれることはない．幼虫は体外消化を行い，羽化するまで排泄しないこともこの仲間の特徴である．多くは陸生であるが，ミズカゲロウ科 Sisyridae，シロカゲロウ科 Nevrorthidae，ヒロバカゲロウ科 Osmylidae の3科において，幼虫が水生あるいは半水生（水際に生息）となっている．これらの3科は，雌腹端の第9節の背板と腹板が屈伸可能な関節をなし，産卵管状の構造をもつなど，形態的にも共通点が多く，ヒロバカゲロウ上科 Osmyloidea としてまとめられることがある．

　ミズカゲロウ科の幼虫は湖沼の淡水海綿に寄生する．シロカゲロウ科およびヒロバカゲロウ科の幼虫は水辺の湿った場所に生息し，昆虫などの小動物を餌とする．幼虫の脱皮回数は少なく（3齢期），充分に成長した幼虫は，土や苔のすき間で繭をつくり蛹となる．成虫は陸生で夜に活動する．成虫は，花粉や蜜，アリマキやハダニなどの小動物を餌とする．交尾後，外部精包が観察される．卵塊は水辺の植物の葉裏などに産み付けられる．ミズカゲロウ類では糸を紡いで卵塊の表面を覆う．

　検索には，成虫の翅脈や交尾器，幼虫の触角と吸収顎（大顎と小顎が接着して管を形成し餌の体液などを吸収する）の長さなどが利用される．

科の検索

1a　成虫の翅は横脈が多く網目状（図2）．幼虫の触角は吸収顎の長さよりかなり短い（図2-11〜12）・・・・・・・・・・・・・・・・・・・・・・・・・・・・・ヒロバカゲロウ科　Osmylidae（p. 389〜391）

1b　成虫の翅には横脈が少ない（図1-1a〜5a）．幼虫の触角は吸収顎の長さとほぼ等しいかそれより長い（図1-1d，1-6）・・2

2a　前翅の外半部に2列になった横脈（段横脈）がある（図1-2a〜5a）．幼虫の体は細い（図1-6）・・・・・・・・・・・・・・・・・・・・・・・・・・・・・・・・・・・・・シロカゲロウ科　Nevrorthidae（p. 389）

2b　翅の外半部に列をなす横脈（段横脈）はない（図1-1a）．幼虫の体幅は広い（図1-1d）・・・ミズカゲロウ科　Sisyridae（p. 387）

ミズカゲロウ科　Sisyridae

日本からはミズカゲロウ属 *Sisyra* Burmeister, 1839の1種が知られるのみ．

ミズカゲロウ　*Sisyra nikkoana* (Navás, 1910)（図1-1）

　ロシア極東部，北海道，本州，四国，九州．前翅長4〜6 mm．成虫は多化性で5〜9月に出現．幼虫（図1-1d）の体形は卵形で，充分に摂食した終齢幼虫の体長は約5 mm．孵化幼虫の体長は約0.5 mm．幼虫は，吸収顎を突き刺して，ヌマカイメンやミュラーカイメンなどの淡水海綿類および帰化動物であるオオマリコケムシ（触手動物）の内容物を吸う（上野，1929；Kawashima, 1957；榎本，1987）．

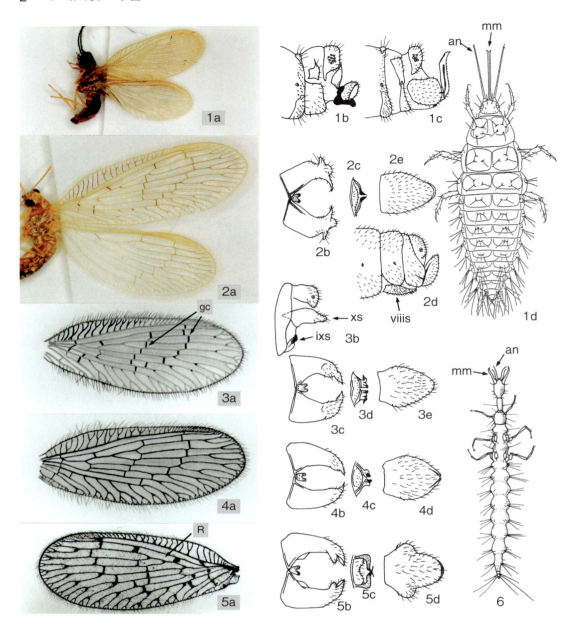

図 1　ミズカゲロウ科 Sisyridae およびシロカゲロウ科 Nevrorthidae
1：ミズカゲロウ *Sisyra nikkoana*（a：成虫．b：雄交尾器側面図．c：雌交尾器側面図．d：幼虫全形）　2：クロスジシロカゲロウ *Nipponeurorthus fuscinervis*（a：成虫．b：雄交尾器第10節腹板背面図．c：同第9節腹板腹面図．d：雌交尾器側面図．e：雌第8腹節腹板腹面図）　3：エゾシロカゲロウ *Nipponeurorthus pallidinervis*（a：成虫前翅．b：雄交尾器側面図．c：雄交尾器第10節腹板背面図．d：同第9節腹板腹面図．e：雌交尾器第8腹節腹板腹面図）　4：ヤクシロカゲロウ *Nipponeurorthus tinctipennis*（a：成虫前翅．b：雄交尾器第10節腹板背面図．c：同第9節腹板腹面図．d：雌交尾器第8腹節腹板腹面図）　5：ホシシロカゲロウ *Nipponeurorthus punctatus*（同上）　6：ヨーロッパ産 *Nevrorthus fallax* の幼虫全形
an (antenna)：幼虫触角　gc (gradate crossvein)：段横脈　mm (combined mandible and maxilla)：幼虫吸収顎　R：R 室　viiis：雌交尾器第8腹節腹板　ixs：雄交尾器第9腹板　xs：同第10節腹板
1d は榎本，1987 より，　2b, c および 3～5 は Nakahara, 1958 より，　6 は Dethier & Haenni, 1986 より描く．それ以外の図の作成に使用した標本は，市田忠夫，榎本友好，久原直利，益田芳樹氏の御好意による．

シロカゲロウ科　Nevrorthidae

Neurorthidaeという従来の綴りは誤り（Oswald & Penny, 1991）．シロカゲロウ属 *Nipponeurorthus* Nakahara, 1958（これはvではなくuが正しい綴り）の5種が日本から知られている．生態についてはまったく不明．ヨーロッパ産 *Nevrorthus fallax* (Rambur, 1842) の幼虫を図1-6に示す（この属名は，uではなくvが正しい綴り）．日本産のものもこれと同様の形態である．

クロスジシロカゲロウ　*Nipponeurorthus fuscinervis* (Nakahara, 1915)（図1-2）
北海道，本州．前翅長9～10 mm．成虫は6～8月に出現．前翅外側の段横脈付近とその外側の縦脈が黒化する．

エゾシロカゲロウ　*Nipponeurorthus pallidinervis* Nakahara, 1958（図1-3）
北海道，本州，九州，対馬．前翅長8～9 mm．成虫は6～7月に出現．前翅横脈は黒化するが，縦脈はまったく淡色．

ヤクシロカゲロウ　*Nipponeurorthus tinctipennis* Nakahara, 1958（図1-4）
屋久島．前翅長9～10 mm．成虫は7月に採集されている．前翅横脈，縦脈ともに黒化する．

ホシシロカゲロウ　*Nipponeurorthus punctatus* (Nakahara, 1915)（図1-5）
北海道，本州，九州．前翅長6～7 mm．成虫は7月に出現．前翅R室の横脈上に明瞭な黒斑を有する．

オキナワシロカゲロウ　*Nipponeurorthus flinti* U. Aspöck & H. Aspöck, 2008
奄美大島，沖縄本島．前翅長6.5～8.5 mm．成虫は3～5月に出現．日本産の他種に比べ，縦脈，横脈ともによく黒化し，段横脈付近の暗色部がよく目立つ（翅および雄交尾器の形態についてはAspöck et al., 2017）．

ヒロバカゲロウ科　Osmylidae

日本からはウンモンヒロバカゲロウ属 *Osmylus* Latreille, 1802　4種，ヒロバカゲロウ属 *Lysmus* Navas, 1911　2種，ヤマトヒロバカゲロウ属 *Spilosmylus* Kolbe, 1897　4種の合計3属10種が知られている．なお，エトロフ島産1雄（前翅長17 mm，6月採集）に基づきチシマヒロバカゲロウ *Lysmus kurilensis* Kuwayama, 1956が記載されているが（Kuwayama, 1956），その後の追加記録はない．

幼虫の飼育によって成虫と対応づけられた種は，ウンモンヒロバカゲロウ属4種（松野，2015；Matsuno & Yoshitomi, 2016）とヤマトヒロバカゲロウ属のキマダラヒロバカゲロウ（Kawashima, 1957）のみである．いずれも飼育下では幼虫の餌としてアリマキを与えている．

ウンモンヒロバカゲロウ（*Osmylus*）属4種の終齢（3齢）幼虫の検索
- 1a　頭部前縁に15～20本の短毛がある　………………　スカシヒロバカゲロウ　*O. hyalinatus*
- 1b　頭部前縁に8本の長毛がある　………………　ツマモンヒロバカゲロウ　*O. decoratus*
- 1c　頭部前縁に4本の長毛がある　……………………………………………………………… 2
- 2a　吸収顎が短い（頭幅のおよそ2倍）　………………　ウンモンヒロバカゲロウ　*O. tessellatus*
- 2b　吸収顎が長い（頭幅のおよそ3倍）　………………　プライヤーヒロバカゲロウ　*O. pryeri*

ウンモンヒロバカゲロウ　*Osmylus tessellatus* McLachlan, 1875（図2-1）
ロシア極東部，北海道，本州，四国，九州．前翅長20～27 mm．成虫は4～10月に出現．本種を基に亜属 *Plesiosmylus* Makarkin, 1985が設立されている（Oswald & Penny, 1991）．

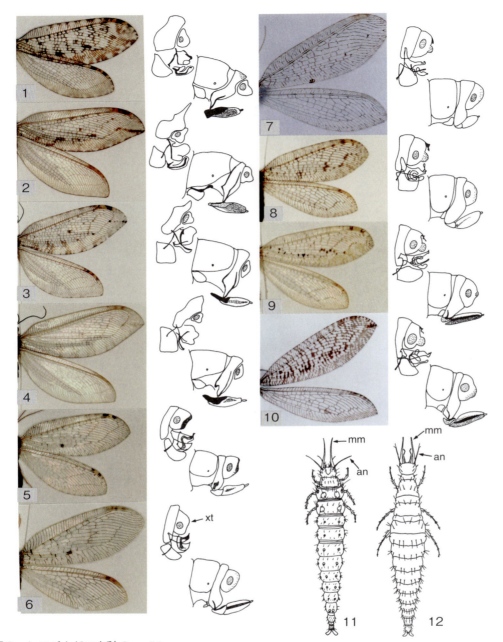

図2 ヒロバカゲロウ科 Osmylidae
1：ウンモンヒロバカゲロウ *Osmylus tessellatus*　2：プライヤーヒロバカゲロウ *Osmylus pryeri*　3：ツマモンヒロバカゲロウ *Osmylus decoratus*　4：スカシヒロバカゲロウ *Osmylus hyalinatus*　5：ヒロバカゲロウ *Lysmus harmandinus*　6：オガタヒロバカゲロウ *Lysmus ogatai*　7：ヤマトヒロバカゲロウ *Spilosmylus tuberculatus*　8：カスリヒロバカゲロウ *Spilosmylus nipponensis*　9：キマダラヒロバカゲロウ *Spilosmylus flavicornis*　10：アヤナミヒロバカゲロウ *Spilosmylus kruegeri*　11：プライヤーヒロバカゲロウ *Osmylus pryeri* 幼虫全形（岩田，1928より描く）　12：キマダラヒロバカゲロウ *Spilosmylus flavicornis* 幼虫全形（Kawashima, 1957より描く）
1～10については左より順に成虫の翅（裏面），雄および雌の交尾器（側面図，剛毛省略）を示す．
xt：雄交尾器第10節背板　an：幼虫触角　mm：幼虫吸収顎
成虫の図の作成に使用した標本は，市田忠夫，田畑郁夫，脇一郎，久保浩一，小林貞，川島逸郎氏の御好意による．

□ プライヤーヒロバカゲロウ　*Osmylus pryeri* McLachlan, 1875（図 2 - 2，11）

ロシア極東部，北海道，本州，四国，九州．前翅長23〜28 mm．成虫は 6 〜10月に出現．亜属 *Osmylus* に属す．なお，長野県東筑摩郡宗賀村奈良井川上流にて 4 月に採集された幼虫に基づいて記載されたキソヒロバカゲロウ *O. kisoensis* Iwata, 1928は本種と同種とされている（Matsuno & Yoshitomi, 2016）．

□ ツマモンヒロバカゲロウ　*Osmylus decoratus* Nakahara, 1914（図 2 - 3 ）

ロシア極東部，北海道，本州．前翅長23〜28 mm．成虫は 5 〜10月に出現．亜属 *Osmylus* に属す．本種と次の種は，*Plethosmylus* とされてきたが，この属名 *Plethosmylus* は，亜属名としても *Osmylus* と同一とされる（Oswald & Penny, 1991）．

□ スカシヒロバカゲロウ　*Osmylus hyalinatus* McLachlan, 1875（図 2 - 4 ）

ロシア極東部，北海道，本州，四国，九州，屋久島．前翅長20〜26 mm．成虫は 4 〜10月に出現．亜属 *Osmylus* に属す．

□ ヒロバカゲロウ　*Lysmus harmandinus* (Navás, 1910)（図 2 - 5 ）

ロシア極東部，北海道，本州，四国，九州．前翅長16〜20 mm．成虫は 6 〜 9 月に出現．成虫は次種オガタヒロバカゲロウと似るので同定は要注意．特に九州など日本南部の記録は再確認の必要があると指摘されている（田畑，1993）．

□ オガタヒロバカゲロウ　*Lysmus ogatai* (Nakahara, 1955)（図 2 - 6 ）

本州，四国，九州，台湾．前翅長13〜15 mm．成虫は 5 〜 7 月に出現．前種ヒロバカゲロウに似るが，本種では，前翅 Sc 脈と R 脈の間の狭い室に数個の黒点があること，内側の段横脈に不鮮明な斑紋があること，腹部第10節背板の後端が硬化して褐色にならないことで区別できる．

□ ヤマトヒロバカゲロウ　*Spilosmylus tuberculatus* (Walker, 1853)（図 2 - 7 ）

本州（関東以南），四国，九州，対馬，台湾，東南アジア．前翅長17〜19 mm．成虫は 7 〜 8 月に出現．

□ カスリヒロバカゲロウ　*Spilosmylus nipponensis* (Okamoto, 1914)（図 2 - 8 ）

本州，四国，九州，対馬，屋久島[a]，沖縄本島．前翅長14〜18 mm．成虫は 5 〜 8 月（沖縄では 3 〜 4 月）に出現．

□ キマダラヒロバカゲロウ　*Spilosmylus flavicornis* (McLachlan, 1875)（図 2 - 9 ，12）

北海道，本州，四国，九州．前翅長14〜18 mm．成虫は 7 〜 8 月に出現．充分に成長した終齢幼虫の体長は 9 mm，全体に黒っぽく，各腹節にただ 1 列の剛毛があるのみ．第10節の付属肢に鉤状突起はなく，短い剛毛があるのみ．

□ アヤナミヒロバカゲロウ　*Spilosmylus kruegeri* (Esben-Petersen, 1914)（図 2 -10）

奄美大島，西表島，台湾．前翅長15〜19 mm．奄美では 7 月に，西表では 3 〜 5 月に，台湾では 5 月に成虫が採集されている．*Spilosmylus krugeri* ではなく，*Spilosmylus kruegeri* が正しい綴り．

参考文献

Asahina, S. 1970. Ephemeroptera, Plecoptera, Mecoptera, Megaloptera and Neuroptera-Planipennia of Tsushima. Memoirs of the National Sciences Museum, 3: 225-232.

Aspöck, U., H. Aspöck & X. Liu. 2017. The Nevrorthidae, mistaken at all times: phylogeny and review of present knowledge (Holometabola, Neuropterida, Neuroptera). Deutsche Entomologische Zeitschrift, 64: 77-110.

Dethier, M. & J.-P. Haenni. 1986. Planipennes, Megalopteres et Lepidopteres a larves aquatiques. Bulletin mensuel de la Societe Linneenne de Lyon, 55: 201-224.

榎本友好．1987．ミズカゲロウ（*Sisyra nikkoana* Navas）の生活史およびその形態に関する研究．昭和61年度筑波大学生物学類卒業研究．1-19．

江崎悌三．1937．奄美大島産未記録の注目すべき昆虫数種．あきつ，1: 23-25，plate 3．
Esben-Petersen, P. 1914. Description of a new genus and some new or interesting species of Planipennia. Notes from the Leyden Museum, 36; 263-270.
市田忠夫．1992．青森県の脈翅類．Celastrina, 27: 78-124.
岩田正俊．1928．キソヒロバカゲロウ *Osmylus kisoensis* n. sp. の幼虫．昆虫，2: 215-220.
加藤光次郎．1934．ミズカゲロウ *Sisyra* に就て．動物学雑誌，46: 4-5.
Kawashima, K. 1957. Bionomics and earlier stages of some Japanese Neuroptera (1) *Spilosmylus flavicornis* (MacLachlan) (Osmylidae). Mushi, 30: 67-70, plate 2.
木村正明．1999．南西諸島におけるヒロバカゲロウ科の採集記録．月刊むし，(346): 31-32.
Kuwayama, S. 1956. Further studies on the Neuroptera-Planipennia of the Kurile Islands. Insecta Matsumurana, 20: 77-82.
Kuwayama, S. 1962. A revisional synopsis of the Neuroptera in Japan. Pacific Insects, 4: 325-412.
桑山　覚．1965．脈翅類の分布新記録．昆虫，33: 298.
桑山　覚．1967．南千島昆虫誌．北農会．札幌．225pp.
Makarkin, V. N. 1995. Neuroptera. Keys to the Insects of Russian Far East. Vol. 4, Pt. 1: 37-68. Dal'nauka, Vladivostok. (in Russian)
松野茂富．2015．日本産ヒロバカゲロウ科（アミメカゲロウ目）の絵解き検索．環境アセスメント動物調査手法25．日本環境動物昆虫学会，東京，pp. 11-21.
Matsuno, S. & H. Yoshitomi 2016. Descriptions of three larvae of *Osmylus* species from Japan (Neuroptera: Osmylidae), with a proposed naming system for the larval sclerites. Zootaxa, 4189 (2): 348-366.
Nakahara, W. 1958. The Neurorthinae, a new subfamily of the Sisyridae. Mushi, 32: 19-32, plates 7-9.
Nakahara, W. 1966. Hemerobiidae, Sisyridae and Osmylidae of Formosa and Ryukyu Islands (Neuroptera). Kontyû, 34: 193-207.
Oswald, J. D. & N. D. Penny 1991. Genus-group names of the Neuroptera, Megaloptera and Raphidioptera of the world. Occasional Papers of the California Academy of Sciences, 147: 1-94.
Pupedis, R. J. 1987. Foraging behavior and food of adult spongila-flies (Neuroptera: Sisyridae). Annals of the Entomological Society of America, 80: 758-760.
Sekimoto, S. & K. Yoshizawa 2011. Revision of the genus *Osmylus* (Neuroptera: Osmylidae: Osmylinae) of Japan. Insecta Matsumurana, New Series, 67: 1-22.
関本茂行・吉澤和徳．2016．脈翅目（アミメカゲロウ目）．日本昆虫目録 第5巻．櫂歌書房，福岡，pp. 7-40.
田畑郁夫．1993．北九州産脈翅類分布資料（3）．北九州の昆虫，40: 67-70，plate 8．
上野益三．1929．淡水海綿中に棲むミズカゲロウの幼虫．動物学雑誌．41: 139-142.
脇　一郎．1995．相模の脈翅類その二．神奈川虫報，No. 110: 1-17.

検閲標本

a)　2♂2♀，3-V-2013，鹿児島県屋久島栗生，木村正明採集，林保管．

トビケラ目　Trichoptera　　　　　　　　　　　　　　　　　　　　　　　　　　　　　　　　Plate 1

トビケラ幼虫の筒巣・巣網と生態（1）

1（幼虫），2（柄付きの筒巣）：キタガミトビケラ *Limnocentropus insolitus*　　3：タニガワトビケラ属 *Dolophilodes* の筒状捕獲網（奈良県大塔村）　　4：半陸生のトビケラ幼虫 *Manophylax* sp.（石川県白山市蛇谷）　　5：マルツツトビケラ *Micrasema quadriloba* の蛹化集団（石川県白山市赤谷）　　6：アツバエグリトビケラ *Neophylax* の卵塊の集団（北海道，支笏湖）　　7（捕獲網の顕微鏡写真）：シマトビケラ属 *Hydropsyche*

トビケラ幼虫の筒巣・巣網と生態 (2)
1：シマトビケラ属 *Hydropsyche* 幼虫の捕獲網と巣室とアツバエグリトビケラ属 *Neophylax* の蛹化集団（下流側）（愛知県寒狭川）　2：ビワコエグリトビケラ *Apatania biwaensis* 蛹化集団（滋賀県琵琶湖北湖々岸）　3：ヒゲナガカワトビケラ *Stenopsyche* 幼虫の捕獲網（愛知県寒狭川）　4：カメノコヒメトビケラ *Palaeagapetus ovatus* 幼虫と筒巣　5：カメノコヒメトビケラ *Palaeagapetus ovatus* 幼虫の筒巣づくり　6：ナラカクツツトビケラ *Lepidostoma naraense* 幼虫と筒巣

ビケラ目　Trichoptera　　　　　　　　　　　　　　　　　　　　　　　　　　　　　　　　　　　Plate 3

マトビケラ科及びナガレトビケラ科の幼虫と成虫（1）
1（幼虫），2（成虫）：アミメシマトビケラ *Arctopsyche spinifera*　3（幼虫），4（成虫）：オオシマトビケラ *Macrostemum liatum*　5（幼虫），6（成虫）：ウルマーシマトビケラ *Hydropsyche orientalis*　7（幼虫），8（成虫）：セリーシマトビケラ *Hydropsyche selysi*　9（幼虫），10（成虫）：イカリシマトビケラ *Hydropsyche ancorapunctata*　（田代忠之氏撮影）

Plate 4   トビケラ目　Trichoptera

シマトビケラ科及びナガレトビケラ科の幼虫と成虫 (2)
1 (幼虫), 2 (成虫)：シロズシマトビケラ *Hydropsyche albicephala*　3 (幼虫), 4 (成虫)：コガタシマトビケラ *Cheumatopsyche brevilineata*　5 (幼虫), 6 (成虫)：ヒロアタマナガレトビケラ *Rhyacophila brevicephala*　7 (幼虫), 8 (成虫)：ニッポンナガレトビケラ *Rhyacophila nipponica*　9 (幼虫), 10 (成虫)：ヤマナカナガレトビケラ *Rhyacophila yamanakensis*
(田代忠之氏撮影)

トビケラ目　Trichoptera　　　　　　　　　　　　　　　　　　　　　　　　　　　　　　　　　Plate 5

トビケラ科及びナガレトビケラ科の幼虫と成虫（3）

1（幼虫），2（成虫）：トランスクィラナガレトビケラ *Rhyacophila transquilla*　3（幼虫），4（成虫）：ホッカイドウナガレトビケラ *Rhyacophila hokkaidensis*　5（幼虫），6（成虫）：レゼイナガレトビケラ *Rhyacophila lezeyi*　7（幼虫），8（成虫）：オオナガレトビケラ *Himalopsyche japonica*　（田代忠之氏撮影）

トビケラ科及びエグリトビケラ科の成虫
1：ムラサキトビケラ Eubasilissa regina ♀（北海道産）　2：ゴマフトビケラ Semblis melaleuca ♀（新潟県産）　3：ツマグ
ロトビケラ Phryganea japonica ♂（北海道産）　4：セジロウンモントビケラ Agrypnia acristata ♂（北海道産）　5：アミメトビケラ
Oligotricha fluvipes ♀（愛知県産）　6：ヒメアミメトビケラ Hagenella apicalis ♀（北海道産）　7：ジョウザンエグリトビケラ
Dicosmoecus jozankeanus ♀（北海道産）　8：シロフエグリトビケラ Ecclisocosmoecus spinosus ♂（北海道産）　9：カムチャッ
カトビケラ Ecclisomyia kamtshatica ♀（北海道産）　10：ホタルトビケラ Nothopsyche ruficollis ♂（兵庫県産）、11：サハリントビ
ケラ Asynarchus sachalinensis ♀（山形県産）　12：クロズエグリトビケラ Lenarchus fuscostramineus ♂（北海道産）　13：ウス
ヨウスバキトビケラ Limnephilus orientalis ♂（新潟県産）　14：エグリトビケラ Nemotaulius admorsus ♂（三重県産）　15：サカイ
レエグリトビケラ Rivulophilus sakaii ♂（栃木県産）　16：オツネントビケラ Brachypsyche sibirica ♂（北海道産）　17：ユキエグ
リトビケラ Chilostigma sieboldi ♂（北海道産）　18：ユミモントビケラ Halesus sachalinensis ♂（北海道産）　19：クロモンエグ
リトビケラ Hydatophylax nigrovittatus ♂（岡山県産）　20：トチギミヤマトビケラ Pseudostenophylax tochigiensis ♂（山梨県産）．
サイズは1.33倍．

トビケラ目（毛翅目）　Trichoptera

谷田一三, 野崎隆夫, 伊藤富子, 服部壽夫*, 久原直利

　トビケラ目は，極地を除く世界各地に分布している．化石種約500種を含めて世界中では1万5000種以上が記載され（Morse, 2018），昆虫では中程度のグループ．近年はインドから東アジアにおける種類相の研究や未記載種の記載分類が急速に進展し，種数は飛躍的に増加している．日本からは現在約550種が記録されている（野崎，2018）．しかし，この日本産の種数はさらに増えると思われる．

成虫

　成虫は前翅長で1.5～40 mm程度．中型から小型の種が多い．全体に蛾に似ているが，翅には鱗粉ではなく小毛のある種が多い．この小毛が，毛翅目という名称の由来．トビケラ目に最も近い昆虫は鱗翅目である．しかし，鱗翅目のような管状の長い吻はなく，伸長する吻をもち，液状の餌は摂取できる（Crichton, 1957；Nozaki & Shimada, 1997）．触角は基本的には棒状で，鱗翅目のような多様性はないが，カクツツトビケラ科 Lepidostomatidae の雄などでは，柄または第1節が変形する．前翅の形は楕円あるいは逆三角形に近く，後翅の形やサイズも基本的には前翅に似ている．しかし，シマトビケラ科 Hydropsychidae やヒゲナガカワトビケラ科 Stenopsychidae などは，後翅の基部が後方に拡がり袋翅になっている種もある．翅の色は，褐色や黒色など地味な色彩で斑紋もはっきりしない種が多いが，オオシマトビケラ *Macrostemum radiatum* やムラサキトビケラ *Eubasilissa regina*，ヒゲナガトビケラ科 Leptoceridae の一部の種などは，はっきりした地模様や目につく斑紋をもつ．また，翅の表面に生える小毛が特徴的な模様をつくる種類も多い．3対の胸脚はよく発達し，歩行に適している．シマトビケラ属 *Hydropsyche* やヒゲナガカワトビケラ属 *Stenopsyche*，それにヤマトビケラ属 *Glossosoma* などの雌のなかには，中脚が扁平になり，潜水産卵するときの遊泳脚として機能する種もある．

　成虫の分類形質としては，以下のような標徴がよく使われる．特に科レベルの分類には，単眼の有無，小顎肢（節数および末端節などの形態），背板隆起が，重要で判りやすい形質である（図2～3）．また，翅脈相は科や属の区別点として広く使われる．慣れるまでは，小型種については翅だけをスライドグラスなどにマウントするなどして精査したほうがよい．横脈については見にくいことがあるので，特に注意が肝要である．

　頭部（図2，3）：単眼（ocellus），頭部背板（盾板・小盾板）などの隆起（setal wart），触角（antenna），小顎肢（maxillary palpus），下唇肢（labial palpus）

　胸部（図2，3）：前翅・後翅（翅全体の形態，翅脈相（wing venation）），胸脚の距式（spur formula）（前・中・後脚の脛節にあるそれぞれの距の数を2-2-4のように示す）（図2-1）および距の形態，背板などの隆起（setal wart）

　腹部：雌・雄交尾器（genitalia）（種レベルの標徴として最も重要）

---

*服部は改訂版刊行前の2016年2月に死去したため，本改訂には参加していない．久原が新たに加わった．

幼虫

　幼虫はイモムシ形で完全変態する．頭部外骨格は完全に硬化し，胸部背面の一部も硬化する（図1）．頭部は，頭盾板，両頬部，咽頭板に分かれる．ヒゲナガトビケラ科の幼虫では，頬部がさらに2対の硬板に分かれる種が多い．口器は完全で，大顎，小顎，上唇，下唇が明瞭に区別される．いずれも一部のグループを除き，強く硬化している．大顎の形態は，摂食様式とよく対応しているといわれている（Wiggins, 1996）．触角は単節で，ヒゲナガトビケラ科以外では短い．点眼群（集眼）は1対で，各々は点眼からなる．

　前胸背板は例外なく強く硬化するが，中胸および後胸の背板の硬化は，科や属レベルで異なり，その様相は幼虫分類のよい標徴となる（図1）．3対の胸脚はよく発達し硬化や分節も完全で，先端に強固な鉤爪をもつ種類が多い．胸脚は水中での歩行や運動に適している．また，センカイトビケラ属 *Triaenodes* やヒゲナガトビケラ属 *Leptocerus* などのように，後脚に長毛が密生して遊泳脚として機能する種もある（谷田ら，1991；Wiggins, 1996）．腹部体節はほとんど膜質で，末端腹節を除けば付属脚をもたない．末端腹節には尾脚があり，その先端の鉤爪は強く硬化し，水中での移動や身体の保持，それに筒巣（可搬巣（ポータブル・ケース））の携行に重要な役割をもつ．水中での呼吸器官として，胸部や腹部の気管鰓をもつ種が多い．体液の塩分調整のために，塩類上皮（chloride epithelium）と呼ばれる特別の表皮構造をもつ種類もいる．

　鱗翅目の幼虫と同様に，幼虫は吐糸腺から絹糸状の糸を分泌し，それを用いて筒巣，固着巣，捕獲網，それに蛹繭をつくる．

　幼虫の分類形質としては，以下のような標徴がよく使われる．検索に使われない形質についても確認しておくことが，正確な同定のために必要である．

　頭部（図1）：全体の形態（サイズ，長さと幅の比），色彩，斑紋，頭盾板（frontclypeal apotome）（形態と斑紋），咽頭板（ventral apotome），触角（長さと位置），上唇（labrum），下唇（labium），大顎（mandible），一次刺毛（primary setae）（形状，配置，長さ）（primary setae）

　胸部（図1）：背板の配置と形状，sa（setal area）の硬板や刺毛，一次刺毛，胸脚，胸脚基節（coxa），胸脚亜基節（sub-coxa），側板（pleuron），前胸腹板突起（prosternal horn），腹板（sternite），気管鰓（tracheal gill）

　腹部（図1-1・11・13）：第1腹節隆起，肛門乳頭状突起（anal papilla），塩類上皮（chloride epithelium），尾脚，側線毛（lateral fringe），硬板（おもに背板（tergite））

生活史

　幼虫は，河川の源流から下流までの流水域，池沼や湖などの止水域といった淡水域に広く生息する．湖沼では沿岸部に多いが，水深数十mのやや深いところに生息する種類もいる．河川では，カゲロウ目幼虫やハエ目のユスリカ科幼虫とともに，最も種数や個体数の卓越する水生昆虫となることが多い．陸生または半陸生の幼虫や（Nishimoto, 1997；Nozaki, 1999a），珊瑚礁に生息する幼虫も報告されているが，これらはきわめて例外的．成虫は水辺から遠く離れることは少ない．灯火採集は効率のいい採集法ではあるが，走光性をもたない種もあるので，種類相の調査の時には，ネット採集（スィーピング）や幼虫調査（羽化法などを含む）など他の方法も併用する必要がある．

　近年はマレーゼトップという昆虫の飛翔性を利用した幕トラップが広く使われるようになった．ファウナだけではなく成虫の季節性も把握する調査が，北海道や本州では広く行われ，大きな成果をあげている（例として久原（2011），Nozaki & Tanida（2007），山本・伊藤（2014）など．ただし，飛翔行動を利用しているために，必ずしも河川流程に沿った分布を正確に把握しているとは断定できな

い．採集効率は悪いが，羽化トラップを利用することで，よりピンポイントに幼虫の分布や羽化期を把握することができるが，国内のトビケラについての調査例は多くはない（Tanida & Takemon, 1993）．

　幼虫は基本的には5齢期を経て蛹になる．幼虫は巣網（シマトビケラ亜目 Annulipalpia）あるいは筒巣（エグリトビケラ亜目 Integripalpia）をつくるものが多いが，ナガレトビケラ科やカワリナガレトビケラ科 Hydrobiosidae（＝ツメナガナガレトビケラ科）は，筒巣や巣網をまったくつくらない裸の幼虫時代を過ごす．シマトビケラ亜目やナガレトビケラ亜目 Spicipalpia は，蛹期には絹様物質で繭をつくるが，筒巣をつくるトビケラ類であるエグリトビケラ亜目の種は，前端と後端に蓋をするだけで，筒巣中で蛹となる．大部分の種は水中で蛹化するが，ホタルトビケラなど，上陸してから蛹になる種もある（野崎・小林, 1987）．成虫期間は幼虫期間に比べて格段に短いのがふつうで，数日から数週間程度である．しかし，数ヶ月にわたる長い成虫期間をもつ種や成虫夏眠する種もいる．卵は卵塊として水中に産まれることが多い．エグリトビケラ科 Limnephilidae には，陸上産卵をする種がある．これらの種では，枝や葉の先端に産みつけられたゼラチン質に包まれた卵塊の中で幼虫が孵化し，雨などで水分の供給されるのを待って，卵塊からでて水中に移動する（Crichton, 1987）．ヒゲナガカワトビケラ科やシマトビケラ科の場合には，雌成虫が潜水して一卵ずつ石の表面に産みつけ，扇形の卵塊をつくる（西村, 1987）．これらの卵塊はセメント様物質で包まれている．産卵の終わった雌成虫（スペント）はそのまま死ぬことが多い．エグリトビケラ亜目にはゼラチン質で包まれた卵塊を落下あるいは潜水して水中に産卵する種が多い．ただし，この仲間でもグマガトビケラ属は，セメント質で固めた特有の形の卵塊をつくり，落下産卵する（Wood & Resh, 1991）．

　休眠はいろいろなステージでみられる．エグリトビケラ科，コエグリトビケラ科 Apataniidae やクロツツトビケラ科 Uenoidae には，蛹になる直前の終齢幼虫（前蛹）で夏眠する種が多い．エグリトビケラ科には，春に羽化した成虫が秋まで夏眠する種もいる．しかし，まったく休眠ステージをもたない種が大部分で，冬眠するトビケラはまだ知られていない．年に1世代の種が多いが，北海道の湧水や源流では2年に1世代の生活環をもつ種も知られている（Ito, 1984a；Nagayasu & Ito, 1999）．いっぽう，本州以南の河川では年に2世代以上の生活環をもつ種がヒゲナガカワトビケラ属 *Stenopsyche*（御勢, 1974；青谷・横山, 1987, 1989），シマトビケラ属 *Hydropsyche*（谷田, 1980），ヤマトビケラ属 *Glossosoma*（Sameshima & Sato, 1994）などについて報告されている．羽化期の短い種もあるが，成長や羽化に適した温度条件では，成虫が連続して出現し，世代がはっきり区別できない種が多い．シマトビケラ属などでは，夏世代（非越冬世代）の世代の重複が大きく，コホート（同時出生個体群）などの分離さえも野外河川では困難ことがある（谷田, 1980）．

　幼虫や蛹と成虫の関係を明らかにすることは，生態研究だけでなく，系統学的研究にも欠かせないテーマである．日本を含めてトビケラの幼虫の分類学的研究は，一部の害虫を除けば他の昆虫群に比べて進んでいる（Wiggins, 1996；谷田ほか, 2005）．幼虫や蛹と成虫との関係を明らかにする方法としては，幼虫や蛹を飼育する方法（Ito, 1984, 2011；Nozaki, 2013など），成熟蛹の中の幼虫の脱皮殻と雌雄生殖器を検討する方法（metamorphotype method）（Ito, 2017c；久原, 2017など）が，昔から行われて成果をあげてきた．それに加えて最近では，ミトコンドリア COI やヒストンなどの遺伝子配列を幼虫と成虫で比較することで，幼虫と成虫の関連付けをする新しい方法が大きな成果をあげはじめている（Ito & Saito, 2016；Nozaki et al., 2016）．これらの研究についても，日本は世界に先駆けている．

生態

　鱗翅目の幼虫が，陸上で生活し，主に生きた植物を餌とし，しかも食性の幅が狭いという摂餌戦

略をとるのに対して，トビケラ目の幼虫は，淡水中で生活し，落葉，藻類，他の動物を餌とする雑食性，広食性の種が多い．姉妹群（目）でありながら対照的な摂餌戦略を採用している．また，鱗翅目では成虫期の適応放散が著しいのに対して，トビケラ目では幼虫期の適応放散が顕著である．

　トビケラ幼虫の食性の幅は一般に広く，また摂食機能群（Cummins, 1973）としても多岐にわたっている．ナガレトビケラ科やアミメシマトビケラ亜科 Arctopsychinae 幼虫は肉食傾向が強く（プリデター：捕食者），ヤマトビケラ科 Glossosomatidae やニンギョウトビケラ科 Goeridae の幼虫は石の表面に付着している藻類（水垢）を主な餌とする（グレーザーあるいはスクレーパー：はぎ取り食者）．また，カメノコヒメトビケラ属 Palaeagapetus は苔類を専食する（Ito, 1998c）．粒状有機物（POM：particulate organic matter）を集めて食べるコレクター（収集食者）も多い．河川のコレクターは，濾過コレクターと堆積物コレクターに大別される．シマトビケラ亜目の幼虫は捕獲網を使う濾過コレクターだが，齢期の進行や成長にともなって，植物質の餌から動物質の餌へと，食性を転換する傾向がある（新名，1995, 1996）．

　アミメシマトビケラ亜科の幼虫は，捕獲網を張る濾過コレクターだが，肉食に偏っている（谷田，1980）．特異な濾過コレクターとしてキタガミトビケラ Limnocentropus insolitus がいる．この幼虫は，前脚の突起と刺で水中を流れてくる水生昆虫など濾過摂食する肉食者である．アメリカカクスイトビケラ Brachycentrus americanus もよく似た摂食様式をもつ．

　堆積物コレクターのトビケラ幼虫は多いが，付着藻類をはぎ取るスクレーパーを兼ねる種類が多い．エグリトビケラ科やカクツツトビケラ科の幼虫には，水底の落葉を餌とする種が多く，シュレッダー（破砕食者）に分類される（Cummins, 1973；Allan, 1985など）．

成虫の行動と繁殖

　成虫は，鱗翅目とは違ってほとんど餌を摂取しない．トビケラ成虫には，小型種や夜行性の種が多いために摂食行動の観察事例は少ないが，一部の種では花蜜や甘露が繁殖に不可欠であることも報告されている（Nozaki & Shimada, 1997）．

　雄成虫の群飛は多くの種類でみられる．琵琶湖の南湖岸での研究では，湖面と湖岸の1本の樹木をめぐって，実に9種ものトビケラ成虫（ヒゲナガトビケラ科など琵琶湖に幼虫が生息していた種）が群飛し，それぞれの種類の群飛空間には微妙だが明瞭な使い分け（すみわけ）があったという（森・松谷，1953）．群飛のサイト（目標物，ポスト）は，種によって，環境条件によって，かなり細かく決まってくるようだ．ナガレトビケラ科やヒゲナガカワトビケラ科では，河川水面上に伸びた木の枝がポストに使われることが多い．雄の群飛が，雌を誘引することは，多くの種で認められている．成虫については，繁殖期には，雌がフェロモンを出して雄を誘引する行動が北米産トビケラにおいて報告されている（Jackson & Resh, 1991）．

　日本産の河川性のトビケラでは，ヒゲナガカワトビケラ Stenopsyche marmorata の繁殖行動がよく調べられている（西村，1987）．雄は川面に張り出した樹木の枝先で群飛し，そこに雌が飛び込みペアができる．彼らは地面や草本上で交尾する．交尾後の雌は，集団で上流に向かっての産卵のための遡上飛行をする（Nishimura, 1981；西村，1987）．この遡上飛行は幼虫時代の流下を補償する行動，いわゆるコロナイゼーション・サイクルとして有名だが，必ずしもすべての個体群あるいは河川で起こるわけではない．また，ヒゲナガカワトビケラに限らず，シマトビケラ属やアメリカカクスイトビケラ（谷田ら，1991）など多くのトビケラの種についても成虫の遡上飛行が観察されている．

食物網のなかで

　トビケラ幼虫は，サケマス類などの淡水魚に広く食べられるだけでなく，大型のカワゲラやヘビトンボ，それに肉食性のトビケラなど，肉食性底生動物にも捕食される．サケマス類は，流下や移動している幼虫だけでなく，羽化しようとする蛹や羽化・産卵中の雌成虫，産卵後の雌（スペント）を集中的に捕食する．トビケラ幼虫は巣網や筒巣をつくるため，裸の幼虫であるカゲロウやカワゲラ幼虫に比べて，捕食されることは少ない．しかし，イワナなどは，川底に生息する携巣性のトビケラ幼虫を筒巣ごとつつき食いすることもある（Tanida et al., 1989；Nakano & Furukawa-Tanaka, 1994）．

　トビケラを含む水生昆虫の羽化成虫は，鳥類，クモ類，コウモリ類，両生類など河畔にすむ陸上動物の餌になり，動物の行動，成長，個体数に影響する（Baxter et al., 2005）．その重要度は季節により地域により異なるが，日本では，鳥類（中野，2003；ある源流河川の流域では，全鳥類の全個体の年間摂取エネルギーの25％が水生資源），クモ類（Iwata, 2007；水生昆虫の羽化量が造網性クモ類の密度と空間分布に影響を及ぼす），陸生甲虫類（Terui et al., 2017；近縁のゴミムシ5種の水生由来の餌の割合は，種の探索行動や乾燥耐性によって異なるが半分以上（1～56％）になることもある））についての研究により，水生昆虫の羽化が陸域生態系に及ぼす影響が明らかになりつつある．

　シマトビケラなどの蛹には，高い頻度でハリガネムシの体内寄生がみられ，卵巣がほとんど線虫で占められていることもある．寄生率は，河川や場所によって大きく違う．ユスリカ幼虫には携巣性のトビケラ幼虫に外部寄生する種や，捕食寄生者もいる．ミズバチ類はトビケラの前蛹あるいは蛹に限って寄生する．日本では，ニンギョウトビケラ *Goera japonica* を寄主とするミズバチ *Agriotypus gracilis* と，近縁種でアツバエグリトビケラ属 *Neophylax* に寄生するミヤマミズバチ *Agriotypus silvestris* が記録されている（Konishi & Aoyagi, 1994）．ミズバチに寄生されたトビケラの筒巣からは，外部に呼吸糸（機能不明）が伸びてくるので，肉眼でもミズバチの寄生が判断できる．ミズバチについてはこれら以外の宿主として，フタスジキソトビケラ *Psilotreta kisoensis*，コエグリトビケラ属 *Apatania* 幼虫があげられているが（川合，1985），再検討を要する宿主もあるようだ．いっぽう，トビケラ成虫にはダニ類が外部寄生していることが多い．

進化と系統

　トビケラの先祖が陸水域に進出し，水中生活に再適応したのは，中生代三畳紀とされ，同じ水生昆虫であるカゲロウ類やカワゲラ類の進出年代よりもかなり新しい（Ross, 1956）．カゲロウやカワゲラといった水生昆虫が，自らの体制自体を変化させてさまざまな生息場所に進出（適応放散）しているのに比べて，トビケラ幼虫については，基本体制の変化は少ない．しかし，幼虫は絹様分泌物を用いて，巣網や筒巣などをつくり，その構造物の多様性と精緻さは昆虫にとどまらず，動物のなかでも際だっている．この習性が，トビケラ幼虫の適応放散と淡水中での繁栄を支える背景である．

　トビケラ成虫の化石は，三畳紀からジュラ紀にかけて翅の化石が発見され，その翅脈相の研究から，シリアゲムシ目から分岐したグループとされたが（Ross, 1956）近年は鱗翅目と姉妹群というのが定説である．さらに時代を下った古第三紀のバルト琥珀からは，トビケラ成虫の保存状態のいい化石が多数発見されており，その多くは現生属にも対応している．幼虫は，中生代あるいは新生代の堆積岩に筒巣化石が残っている．日本からは，手取統（中生代ジュラ紀）でみつかった化石は，砂粒の筒巣と植物破片の筒巣（マルバネトビケラに類似）であった（谷田，未発表）．能登半島の新第三紀の堆積物からもやはり植物破片を巣材とする筒巣がみつかっている（谷田，未発表）．トビケラが淡水域に侵入した場所は，低温の流水域，すなわち源流やそのまわりの湿潤部と考えられて

いる．中流や下流部，さらに大河川や湖沼へは，かなり後になって分布を拡げたとされている（Ross, 1956；Wiggins, 1977, 1996）．

トビケラ目の大分類については議論が多い．かつては成虫の形態に基づき，シマトビケラ（環髭）亜目 Annulipalpia とエグリトビケラ（完髭）亜目 Integripalpia に分けることや（Schmid, 1998），ナガレトビケラ上科 Rhyacophiloidea，シマトビケラ上科 Hydropsychoidea とエグリトビケラ上科 Limnephiloidea の3上科に分ける立場があったが（Ross, 1967；Wiggins, 1977），この3上科は近年は使われていない．最近では，上記の2亜目に加えて，ナガレトビケラ科などを別にしたナガレトビケラ亜目 Spicipalpia の3亜目を認める立場もあった（Wiggins, 1996）．しかし，ナガレトビケラ亜目の単系統性には異論も多いが，ここでは仮に以上の3亜目に分ける立場をとる．

ナガレトビケラ亜目には，ナガレトビケラ科，カワリナガレトビケラ科，ヤマトビケラ科，ヒメトビケラ科 Hydroptilidae，カメノコヒメトビケラ科 Ptilocolepidae が含まれる．幼虫期には筒巣も固着巣もつくらないか，あるいは終齢幼虫だけが可携巣をつくる．ただし，ヤマトビケラ科幼虫は，筒巣型ではない砂粒からなる可携巣をつくる．肉食あるいはグレーザー（はぎ取り）型の幼虫が多い．幼虫も成虫も，造網性トビケラと携巣性トビケラの中間的な特徴をもっている．ナガレトビケラ科は，この亜目では原始的なグループと考えられている（Ross, 1956；Schmid, 1998）．

シマトビケラ亜目はシマトビケラ上科に対応するが，ヒゲナガカワトビケラ科，カワトビケラ科 Philopotamidae，シンテイトビケラ科 Dipseudopsidae，ムネカクトビケラ科 Ecnomidae，イワトビケラ科 Polycentropodidae，クダトビケラ科 Psychomyiidae，キブネクダトビケラ科 Xiphocentronidae，シマトビケラ科，いわゆる造網性トビケラが含まれる．幼虫は，捕獲網と固着巣，あるいはその両者をつくり，定着型の生活様式をもち，流下物，堆積物などを餌とするものが多い．このなかでは，カワトビケラ科とヒゲナガカワトビケラ科が原始的な特徴を残している．

エグリトビケラ亜目はエグリトビケラ上科に対応し，エグリトビケラ科，ヒゲナガトビケラ科，カクスイトビケラ科 Brachycentridae など，すべての齢期の幼虫が筒巣をつくるトビケラ（携巣性トビケラ）が含まれる．摂食様式はさまざまである．柔らかい筒巣をもつマルバネトビケラ科 Phryganopsychidae や定着型の筒巣をもつキタガミトビケラ科 Limnocentropodidae は，その種数が少なく東アジアの一部に分布が局限すること，また他の携巣性トビケラにみられない特異な生活様式をもつとして注目されている．特に，マルバネトビケラ科はこの亜目の原始的な特徴を示すとされている（Wiggins & Gall, 1993）．

人との関わり

トビケラの幼虫は，川釣り，特に渓流釣りの生き餌として頻繁に使われている．また，成虫や幼虫をモデルとした毛針やフライもつくられる．釣り人，特にフライフィッシングの世界では，成虫，蛹，幼虫ともに，フライのモデルとしてのカディス（caddis）として注目されている（谷田ら，1991）．欧米のフライフィッシングでは，カゲロウに比べて注目されることが少なかったが，日本の毛針釣，いわゆるテンカラ釣りでは，トビケラをモデルにすることが多かったとも聞く（谷田，2014）．

「飛蝶」やトビケラなどの名称は，成虫由来のもので，幼虫については石蚕（せきさん）をあてる．これは，幼虫が絹糸を分泌し，石や砂粒などをつづるものが多いことから来た名称である．ニンギョウトビケラの幼虫のつくる筒巣は，人形石として江戸時代の本草家（博物学者）にも注目されていた．幼虫の俗称としては，イサゴムシ（砂虫の意味），ゲナ，セムシ（瀬の虫）などがある．

トビケラ類は，河川や湖沼の水質汚濁の生物指標として重要なグループで，大部分の種類は汚濁の少ない水域に生息する．しかし，シマトビケラ類の一部には有機汚濁の多少進んだ水域で大発

生する種類もある．中流から下流に生息するコガタシマトビケラ Cheumatopsyche brevilineata やオオシマトビケラ Macrostemum radiatum などは，大量発生した成虫が人家に飛来して不快害虫となる．病気や寄生虫を媒介するトビケラはいないが，成虫がアレルゲンになるという報告はある．また，ギンボシツツトビケラ Setodes argentatus（別名泥つと虫），ゴマダラヒゲナガトビケラ Oecetis nigropunctata，トウヨウウスバキトビケラ Limnephilus orientalis などは，かつては水田害虫だったという（丸山・高井，2000）．

造網性トビケラ類のうち，ウルマーシマトビケラ Hydropsyche orientalis，ナカハラシマトビケラ Hydropsyche setensis，オオシマトビケラ，コガタシマトビケラなどは，水力発電用の導水路に密集して巣網を張り，通水阻害を起こす．戦中戦後のエネルギーが水力主体の時期には，「発電害虫」・「電力を食う虫」として各地で防除が試みられ，基礎研究や応用昆虫学的な研究が進展した（津田編，1955；柴田，1975）．関西電力の宇治発電所で行われる人力と竹箒などによる防除のようすが，1960年頃には風物詩としてニュースに取り上げられていた．水力発電の比率が下がったため注目されることが少なくなったが，トビケラ類幼虫が発電害虫になっていることには今でも変わりはない．

昆虫食はアジア諸国で広くみられ，わが国でも50種以上の昆虫が食用にされているという（丸山・高井，2000）．トビケラでは天竜川で食用として採取されるザザムシが有名である．かつては，カワゲラ幼虫なども含まれていたというが，今はほとんどがヒゲナガカワトビケラである．漁業権が設定され冬場に限って採取され，珍味佃煮としてかなり高価で販売されている．

幼虫の検索表

（おもに Wiggins (1977, 1996) と谷田（1985）を参照して作成した．図1なども参照のこと）

1 a 幼虫は砂粒を用いて巻貝に似た筒巣をつくる．きわめて小型で幼虫の体形は非対称
　　　　　　　　　　　　　　　　　　　　　　　カタツムリトビケラ科　Helicopsychidae（図1-35）
1 b 幼虫は上記のような巣をつくらないか，巣をもたない．幼虫の体形は左右対称で，サイズはさまざま　　2
2 a 後胸の背面は，1対あるいは1枚の硬板に広く覆われ，膜質部分がみえないか，あるいは正中線で接した広い1対の硬板で覆われる（図1-11, 19）　　　　　　　　　　　　　　　　　　　3
2 b 後胸の大部分は膜質で硬板で広く覆われることはないか，あるいは小さな硬板がある（図1-12）　　7
3 a 中胸と後胸の背面は，1枚の硬板で広く覆われる（図1-17）　　　　　　　　　　　　　4
3 b 中胸と後胸の背面は，1対（2枚）の硬板で覆われる（図1-11）．いずれも小型種で，5齢幼虫だけが可携巣をつくる　　　　　　　　　　　　　　　　　　　　　　　　　　　　　5
4 a 腹部腹面には枝分かれした気管鰓がみられ，尾脚の先端には長毛の束がある（図1-5）．大型ないし中型で，幼虫は固着型の巣と捕獲網をつくる
　　　　　　　　　　　　　　　　　　　　　　　シマトビケラ科　Hydropsychidae（図1-19）…6
4 b 腹部には枝分かれした気管鰓はなく，尾脚の基部にも長毛の束はない
　　　　　　　　　　　　　　　　　　　　　　　　　　　　ムネカクトビケラ科　Ecnomidae
5 a 幼虫は背腹に扁平で第1～8節の両側に臼状の肉質突起がある．可携巣の材料は苔類
　　　　　　　　　　　　　　　　　　　　　　　カメノコヒメトビケラ科　Ptilocolepidae（図18-11）
5 b 幼虫は左右に扁平か円筒形で，上記のような肉質突起はない．可携巣の材料は，分泌物（錦糸状物質），砂粒，糸状藻類，蘇類などさまざま…**ヒメトビケラ科**　Hydroptilidae（図1-11）

6a	頭部腹面の咽頭板によって，両側頬板は完全に分離する（図57-1b）．幼虫は大型で，源流から山地渓流上部を中心に生息する………… **アミメシマトビケラ亜科** Arctopsychinae	
6b	頭部腹面の咽頭板は小さいか欠如し（図59-3b，60-4b），両側頬板の少なくとも一部は直接に接する．分布は広い…………… **シマトビケラ亜科** Hydropsychinae（図1-19），**ミヤマシマトビケラ亜科** Diplectroninae，**オオシマトビケラ亜科** Macronematinae	
7a	触角は頭部の前縁にあり，タテヒゲナガトビケラ属 *Ceraclea* を除けば長くて明瞭（図1-29）．頭部の頬部（側板）は前後2対の硬板に分かれる（図1-29）（タテヒゲナガトビケラ属についても，触角以外の特徴は合致する．オオヒゲナガトビケラ属 *Triplectides* の頬部は前後2対の硬板にならないが，触角は長い）…… **ヒゲナガトビケラ科** Leptoceridae	
7b	触角は頭部の前縁にはなく，点眼の前方あるいは頭部前縁と点眼の中間付近にある（図1-24, 28）．触角は短く，長さは幅の1/3以下である ………………………………………	8
8a	中胸の背面は膜質で，硬板があるときも背面の1/3以下の小形の板だけ（図1-12a, b） ………………………………………………………………………………	9
8b	中胸の背面は広く硬板に覆われる（図1-24）……………………………………	18
9a	腹部第9節の背面に硬板がある（図26-13b）（ナガレトビケラ科では，第9腹節が伸びていないときには見にくいので注意）…………………………………………	10
9b	腹部第9節背面は完全に膜質で硬板はない………………………………………	13
10a	後胸背面の sa（setal area）3 は膜質（図1-12b）で，剛毛の束はない．前胸腹板突起がない．幼虫は筒巣をつくらないか，下記とは違うタイプの筒巣をつくる…………………	11
10b	後胸背面の sa 3 には小硬板があり，毛の束がある（図1-21）．前胸腹板突起がある（図1-1）．幼虫は短冊状の植物片を規則正しく配列した円筒形の可携の筒巣をつくる ……………………………………………………………… **トビケラ科** Phryganeidae	
11a	尾脚は短く，第9腹節と広く接している．尾脚鉤爪の背側に歯がある（図1-6）．幼虫は砂粒からなる亀甲状の巣をつくる………… **ヤマトビケラ科** Glossosomatidae（図1-12）	
11b	尾脚は長く，第9腹節とは部分的に接している（図1-4）．尾脚鉤爪の内側には歯のあることもあるが，背側には歯はない．幼虫は巣はつくらない ………………………	12
12a	前脚の脛節より先は変形し，中・後脚とは大きく形が異なる（図1-8） ……………………………………………… **カワリナガレトビケラ科** Hydrobiosidae	
12b	前脚は大きくは変形しない……………… **ナガレトビケラ科** Rhyacophilidae（図1-9）	
13a	上唇は膜質で，伸びたときには先端がT字形に広がる．頭部は細長く顕著な斑紋はない（図1-14）．袋状の捕獲網を兼ねた固着巣をつくる………… **カワトビケラ科** Philopotamidae	
13b	上唇は硬化し，前縁は丸い．頭部は細長い種類もあるが，そのときには顕著な斑紋がある．袋型の固着巣はつくらない………………………………………………	14
14a	前脚の亜基節（図31-1c）の前縁には，先の尖った2本の突起がある．頭部は著しく細長く，褐色の地色に黒色の明瞭な斑紋がある（図1-13） ……………………………………………… **ヒゲナガカワトビケラ科** Stenopsychidae	
14b	前脚の亜基節には，2本の突起はない．頭部は著しく細長いことはなく淡色…………	15
15a	前胸の前側板は先端が尖り（図54-1b），基部は側板と広く癒合する．主に絹糸でつくったロート状あるいは天幕状の固着巣をつくる………………………………………	16
15b	前胸の前側板は先端が広がる（図44-2〜7）．石礫などの表面に細長い管状の固着巣をつ	

	くり，表面には小さな砂粒をつける………………………………………………………………	17
16a	各胸脚の跗節は幅が広くなる．下唇は長く頭部の先端を越える（図1-16）．中・後胸と腹部第1節の腹面に指状の気管鰓がある種もある…… シンテイトビケラ科 Dipseudopsidae	
16b	各胸脚の跗節は幅が広くはならない．下唇は短く頭部の先端を越えない．指状の気管鰓はない……………………………………………… イワトビケラ科 Polycentropodidae（図1-18）	
17a	中胸側板は背前方に突出し，先端が広がる（図48）……………………………………………………………………… キブネクダトビケラ科 Xiphocentronidae	
17b	中胸側板は上記のようにはならない………… クダトビケラ科 Psychomyiidae（図1-15)	
18a	後胸背面には，sa（setal area）3に小硬板があるだけで，大部分は膜質である（図64-1c）．植物片や砂粒を綴り合わせて，屈曲自在の粗雑な外観の筒巣をつくる……………………………………………… マルバネトビケラ科 Phryganopsychidae	
18b	後胸背面にはsa3以外にも小硬板があり，その配置や大きさはさまざま．筒巣の形はさまざまであるが，屈曲自在ではない………………………………………………………	19
19a	後胸背面のsa1に小硬板はない（図1-23）．腹部第1節には，背方突起，側方突起ともにないものが多いが，稀に側方突起のある種もいる… カクスイトビケラ科 Brachycentridae	
19b	後胸背面のsa1に小硬板がある．腹部第1節には，少なくとも側方突起があるが，稀にきわめて小さいこともある（図1-25）……………………………………………………	20
20a	上唇の背面には，16本以上の長い剛毛が並んでいる（図1-31）……………………………………………………… アシエダトビケラ科 Calamoceratidae	
20b	上唇の背面の長い剛毛は6本（3対）で，上記のような剛毛列はない………………………	21
21a	腹部第1節背面には，1対の幅の広い硬板がある（図1-22）．筒巣は前方に長い支持柄をつけて，石礫などに固着させる………………… キタガミトビケラ科 Limnocentropodidae	
21b	腹部の第1節背面には硬板はない．幼虫は支持柄のない可携型の筒巣をつくる………	22
22a	触角は短い．点眼群のすぐ前方に位置する（図1-24）．筒巣は葉片あるいは樹皮片を用いて，四角柱の筒巣をつくるか，あるいは細かい砂粒の円筒形……………………………………………… カクツツトビケラ科 Lepidostomatidae	
22b	触角は短く，点眼群と頭部の前縁とのほぼ中間より前方に位置する（図1-28）．筒巣の巣材や形態はさまざまであるが，葉片を用いた四角柱の筒巣はつくらない………………	23
23a	触角は点眼群と頭部前縁のほぼ中間に位置する．前胸腹板突起や腹部体節の塩類上皮がある………………………………………………………………………………………	24
23b	触角は頭部の前縁に位置する．前胸腹板突起や腹部体節の塩類上皮はない………………	27
24a	中胸背板は，2対の分離した硬板となる（図1-28）．砂粒からなる筒巣の両側に，翼状のやや大きめの砂粒をつける……………………………………… ニンギョウトビケラ科 Goeridae	
24b	中胸背板は，1対の互いに接する硬板に広く覆われる……………………………………	25
25a	中胸背板の前縁は平滑………………………………………………………………………	26
25b	中胸背板の前縁の中央部は，多少とも凹む（図1-27）…… クロツツトビケラ科 Uenoidae	
26a	大顎には明瞭な歯がなく，端は平滑．後胸のsa1小硬板が欠如することがあり，その場合には多数の刺毛が横断方向に並ぶ（図1-26）…………… コエグリトビケラ科 Apataniidae	
26b	大顎には明瞭な歯がある．後胸にはsa1に必ず小硬板がある（図1-25）……………………………………………………… エグリトビケラ科 Limnephilidae	
27a	尾脚の基部（膜質）の背面には，約30本以上の長毛がある．大きさのそろった細かな砂粒	

	で，やや弧状に曲がった円筒形の筒巣をつくる
	·· ケトビケラ科　Sericostomatidae（図1-33）
27b	尾脚基部の長毛は5本程度·· 28
28a	後脚の鉤爪は変形する（図99-11など）．砂粒からなる筒巣の両側と前方に，翼状部をつける（図99-7，9，12）················· ホソバトビケラ科　Molannidae（図1-30）
28b	後脚の鉤爪は変形しない··· 29
29a	前胸の1対の背板には横断方向の隆起（carina）があるが，日本産の種では見にくいので注意．腹部体節の気管鰓は単一で分枝しない．細かい砂粒を使った円筒形の筒巣をつくる．頭部にははっきりとした斑紋はなく淡色（図1-34）········· ツノツツトビケラ科　Beraeidae
29b	前胸の背板には，上記のような隆起はない．腹部体節の気管鰓の多くは分枝する．砂粒でつくった円筒形の筒巣で内張りがない．頭部にははっきりとした斑紋があるか，あるいは全体に黒色（図1-32）···················· フトヒゲトビケラ科　Odontoceridae

トビケラ成虫の科への検索表

前版の検索に加えて，野崎（2016）の検索を全面的に採用した．

1a	小型種（前翅長5 mm未満）で，翅は長毛に覆われ，先端は尖る．小顎肢は雌雄ともに5節，基部の2節が特に短い
	·· ヒメトビケラ科　Hydroptilidae（図3-3）
1b	小型種から大型種までさまざまであるが，上記の組み合わせとは異なる················ 2
2a	単眼がある（図2-2，図3-1）·· 3
2b	単眼がない·· 14
3a	小顎肢は5節で，末端節は鞭状（非常に細いものからやや太めのものまである）になり柔軟（図2-1，4，5）··· 4
3b	小顎肢は3〜5節（稀に6節もある）で，5節の場合も末端節は鞭状にはならない ···· 5
4a	小型あるいは中型で前翅長は15 mm以下．前翅には黒色の網状紋はない．触角は前翅より短い················· カワトビケラ科　Philopotamidae（図2-5，図3-6，図4-6）
4b	大型で前翅長は20 mm以上．前翅にははっきりした黒色の網状紋がある（図4-5）．触角は細く前翅より長い········· ヒゲナガカワトビケラ科　Stenopsychidae（図2-4，図3-5）
5a	前翅長は5 mm以下で，腹部には各節とほぼ同長の黒褐色の長毛が多数生える．距式は2-4-4．小顎肢は5節
	············· カメノコヒメトビケラ科　Ptilocolepidae（ヒメトビケラ科から独立）（図4-4）
5b	上記の組み合わせとは異なる．微小種の場合でも腹部の毛は短い····························· 6
6a	前脚に前距があり，距式は3-4-4．小顎肢の第5節の先端が尖る（図2-2）
	·· ナガレトビケラ科　Rhyacophilidae（図3-1，図4-1）
6b	前脚に前距はなく，末端距は0〜2本·· 7
7a	小顎肢は5節で，第1節と第2節は短く，ほぼ同長．第5節の先端は尖らない（図2-3）
	·· ヤマトビケラ科　Glossosomatidae（図3-4，図4-3）
7b	小顎肢は3〜5節で，5節の場合でも第2節は棒状で，第1節より明らかに長い（図2-5，6）··· 8
8a	前脚の距は2本で，距式は2-4-4··· 9

8b	前脚の距は1本かあるいはない………………………………………………………………	12
9a	複眼には多数の毛が生える…………………………………………………………………	10
9b	複眼には多数の毛は生えない………………………………………………………………	11
10a	小型で前翅長は10 mm以下．雄の腹部第6，7節，雌の腹部第5，6節の腹面中央に突起がある………………………カワリナガレトビケラ科 Hydrobiosidae（図3-2，図4-2）	
10b	比較的大型で，前翅長は10 mmより長い．腹部腹面に上記のような目立つ突起はない……………………………………キタガミトビケラ科 Limnocentropodidae（図3-16）	
11a	前後翅ともに m-cu 横脈は長く，M 脈から Cu1 脈の基部方向に伸びる（図4-12）．前翅は先端が丸みのある長い楕円形………マルバネトビケラ科 Phryganopsychidae（図3-13）	
11b	前後翅ともに m-cu 横脈は短く，M 脈から Cu1 脈の翅端方向に伸びる．前翅は長い楕円形で先端の丸みは小さい……………………………………トビケラ科 Phryganeidae	
12a	後翅前縁には先端が鉤状にまがった刺毛（フック状）が直立して並ぶ（図4-14）………………………………………………クロツツトビケラ科 Uenoidae（図3-18）	
12b	後翅前縁には上記のような直立する刺毛はないか，あっても軽く湾曲する程度で鉤状にはならない………………………………………………………………………………………	13
13a	前翅は褐色から黒褐色で，目立つ斑紋はない．小型から中型種が多く，前翅長は10 mm未満が多いが，普通にみられるコエグリトビケラ属 Apatania は10 mmに達することもある．前翅の Sc 脈は c-r 横脈で止まり前縁に達しない（図4-13）………………………………………………………………コエグリトビケラ科 Apataniidae	
13b	前翅に斑紋をもつ種が多い．中型から大型種が多く，前翅長は10 mmを越える種が多い．前翅の Sc 脈は前縁に達する……………エグリトビケラ科 Limnephilidae（図3-17）	
14a	小顎肢は2〜6節．5節の場合，末端節は鞭状ではない．6節の場合，前翅長は明らかに5 mm以上…………………………………………………………………………………	15
14b	小顎肢は5節，稀に6節．5節の場合は末端節は他の節より長くて鞭状（図2-8）．6節の場合は前翅長が2〜3 mmの微小種…………………………………………………	16
15a	距式は3-4-4……………………シンテイトビケラ科の一部 Dipseudopsidae（Hyalopsyche）	
15b	距式は上記とは異なる………………………………………………………………………	23
16a	距式は1-4-4，2-4-3または2-4-4……………………………………………………	17
16b	距式は3-4-4……………………………………………………………………………………	19
17a	中胸盾板にこぶ状隆起はない（図3-12）．後翅は前翅と同じ幅かそれより広い（図4-11）……………………………………シマトビケラ科 Hydropsychidae（図2-8）	
17b	中胸盾板にこぶ状隆起がある（図3-8）．後翅は前翅より幅が狭い…………………	18
18a	中胸盾板の1対のこぶ状隆起は大きな長方形で，正中線で広く接する（図3-8）．前後翅は細く先端が尖る（図4-8）……………………キブネクダトビケラ科 Xiphocentronidae	
18b	中胸盾板のこぶ状隆起は小さく楕円形．翅形は上記と異なる．ただし後翅の先端が尖ることはある（図4-7）………………………………………………………クダトビケラ科の一部（オオクダトビケラ属 Eoneureclipsis を除く） Psychomyiidae（part）（図2-6，図4-7）	
19a	腹部第5節腹板の前側縁に1対の糸状突起がある………………………………イワトビケラ科 Polycentropodidae（図2-7，図3-11，図4-10）	
19b	腹部第5節腹板の前側縁には，上記のような突起はない………………………………	20
20a	前翅の R_1 は前端で分岐する（図4-9）……ムネカクトビケラ科 Ecnomidae（図3-10)	

20b	前翅の R_1 は分岐しない ···	21
21a	脈叉は完全（前翅の1〜5脈叉（FI〜FV），後翅の1，2，3，5脈叉（FI, FII, FIII, FV）がある）（図4-1） ··	22
21b	脈叉は上記と異なる ······ シンテイトビケラ科の一部（シンテイトビケラ属 *Dipseudopsis*，ニセスイドウトビケラ属 *Pseudoneureclipsis*）　Dipseudopsidae（part）（図3-9）	
22a	下唇肢は非常に短く，小顎肢の第5節の長さより短い ············ シンテイトビケラ科の一部（シガイワトビケラ属 *Phylocentropus*）　Dipseudopsidae（part）	
22b	下唇肢は上記と異なる ········· クダトビケラ科の一部（オオクダトビケラ属 *Eoneureclipsis*）Psychomyiidae（part）（図3-7）	
23a	中胸盾板に1対のこぶ状隆起をもつ（図3-14）···	24
23b	中胸盾板にこぶ状隆起はなく，刺毛が列をなすか広い範囲に生える（図3-20）·········	30
24a	距式は1-2-4 ··· カタツムリトビケラ科　Helicopsychidae	
24b	距式は上記と異なる ··	25
25a	距式は2-2-2，2-2-3，あるいは2-3-3 ··························· カクスイトビケラ科　Brachycentridae（図3-14）	
25b	距式は上記と異なる ··	26
26a	距式は2-2-4 ··	27
26b	距式は上記と異なる（1-2-2あるいは2-4-4）··	28
27a	中・後脚の跗節第2節には，末端のみに黒い刺がある ······ ツノツツトビケラ科　Beraeidae	
27b	中・後脚の跗節第2節には，末端以外にも黒い刺がある ··· ケトビケラ科　Sericostomatidae（図3-24）	
28a	中胸小盾板のこぶ状隆起は1対（図3-15）········· カクツツトビケラ科　Lepidostomatidae	
28b	中胸小盾板にこぶ状隆起はないか，前端から後端に伸びる大きな1個の隆起がある ···	29
29a	中胸小盾板のこぶ状隆起は細長い楕円形（図3-19），あるいはこぶ状隆起はない ·· ニンギョウトビケラ科　Goeridae（図2-9，図4-15）	
29b	中胸小盾板のこぶ状隆起は幅広で釣鐘形（図3-23）··· フトヒゲトビケラ科　Odontoceridae	
30a	中・後脚に前距はない．距式は0-2-2，1-2-2または2-2-2 ·························· ヒゲナガトビケラ科　Leptoceridae（図2-10，図3-20，図4-16，17）	
30b	中・後脚に前距がある．距式は1-4-4，2-4-3，あるいは2-4-4 ················	31
31a	前翅に中室（DC）がある（図4-18）．触角の第1節は，第2節の約2倍の長さ ·· アシエダトビケラ科　Calamoceratidae（図3-22）	
31b	前翅に中室（DC）はない．触角の第1節は第2節より3倍以上長い ··· ホソバトビケラ科　Molannidae（図3-21）	

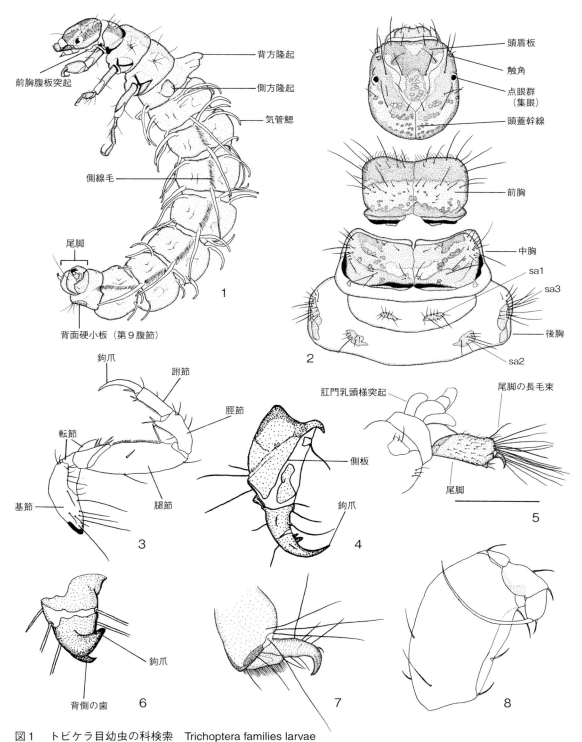

図1　トビケラ目幼虫の科検索　Trichoptera families larvae
1：トビケラ科 Phryganeidae 幼虫全形　2：エグリトビケラ科 Limnephilidae 幼虫頭・胸部背面　3：カクスイトビケラ科 Brachycentridae 後脚　4：ナガレトビケラ科 Rhyacophilidae 尾脚　5：シマトビケラ科 Hydropsychidae 尾脚　6：ヤマトビケラ科 Glossosomatidae 尾脚　7：フトヒゲトビケラ科 Odontoceridae 尾脚　8：カワリナガレトビケラ科 Hydrobiosidae ツメナガナガレトビケラ属 *Apsilochorema* 前脚（スケールは1mm）

14 トビケラ目

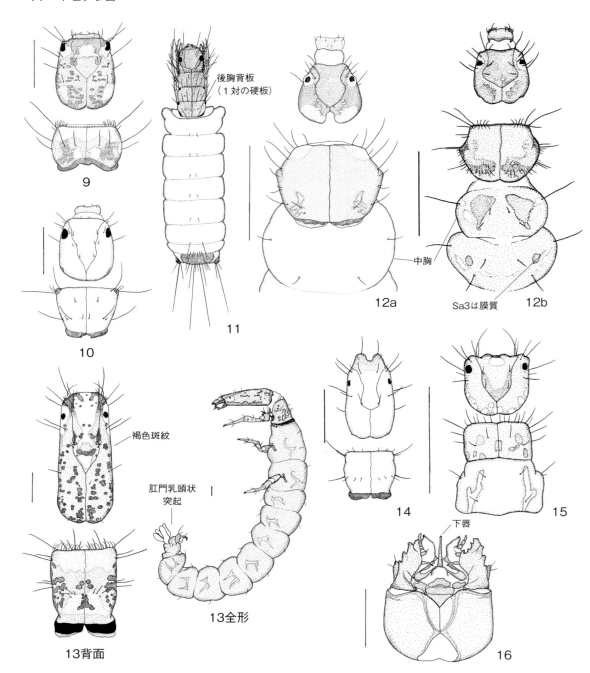

図1 トビケラ目幼虫の科検索 Trichoptera families larvae（続き）
9：ナガレトビケラ科 Rhyacophilidae ナガレトビケラ属 *Rhyacophila*（中・後胸の背面は膜質） 10：カワリナガレトビケラ科 Hydrobiosidae カワリナガレトビケラ属 *Apsilochorema*（中・後胸の背面は膜質） 11：ヒメトビケラ科 Hydroptilidae オトヒメトビケラ属 *Orthotrichia* 12：ヤマトビケラ科 Glossosomatidae；a：ヤマトビケラ属 *Glossosoma* 中・後胸の背面は膜質），b：コハクヤマトビケラ属 *Electragapetus* 13：ヒゲナガカワトビケラ科 Stenopsychidae ヒゲナガカワトビケラ属 *Stenopsyche*（中・後胸の背面は膜質）背面と全形 14：カワトビケラ科 Philopotamidae ヒメタニガワトビケラ属 *Wormaldia*（中・後胸の背面は膜質） 15：クダトビケラ科 Psychomyiidae クダトビケラ属 *Psychomyia*（中・後胸背面は膜質） 16：シンテイトビケラ科 Dipseudopsidae シンテイトビケラ属 *Dipseudopsis* 頭部腹面

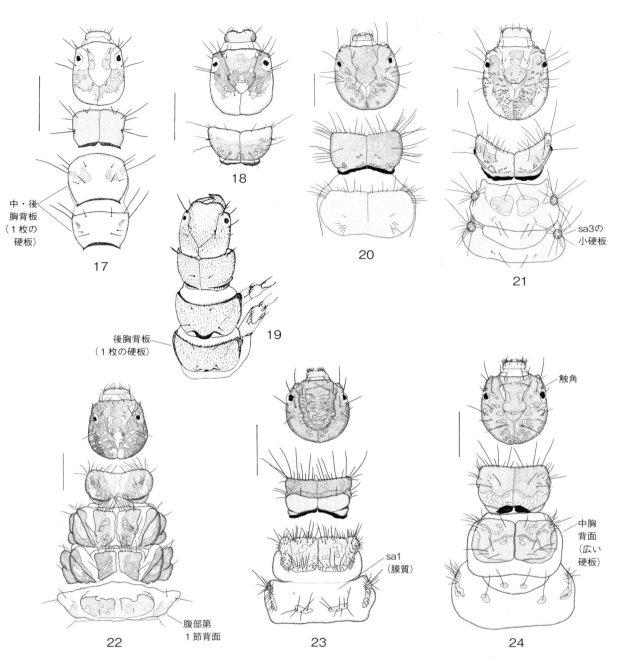

図1 トビケラ目幼虫の科検索 Trichoptera families larvae (続き)
17：ムネカクトビケラ科 Ecnomidae ムネカクトビケラ属 Ecnomus（中・後胸背面は1枚の硬板で覆われる）
18：イワトビケラ科 Polycentropodidae キソイワトビケラ属 Nyctiophylax（中・後胸の背面は膜質） 19：シマトビケラ科 Hydropsychidae コガタシマトビケラ属 Cheumatopsyche（中・後胸背面は強く硬化した1枚の背板に覆われる）頭・胸部 20：マルバネトビケラ科 Phryganopsychidae マルバネトビケラ属 Phryganopsyche（後胸背面は膜質） 21：トビケラ科 Phryganeidae ムラサキトビケラ属 Eubasilissa 22：キタガミトビケラ科 Limnocentropodidae キタガミトビケラ属 Limnocentropus（腹部第1節背面も図示） 23：カクスイトビケラ科 Brachycentridae オオハラツツトビケラ属 Eobrachycentrus 24：カクツツトビケラ科 Lepidostomatidae カクツツトビケラ属 Lepidostoma（スケールは1mm）

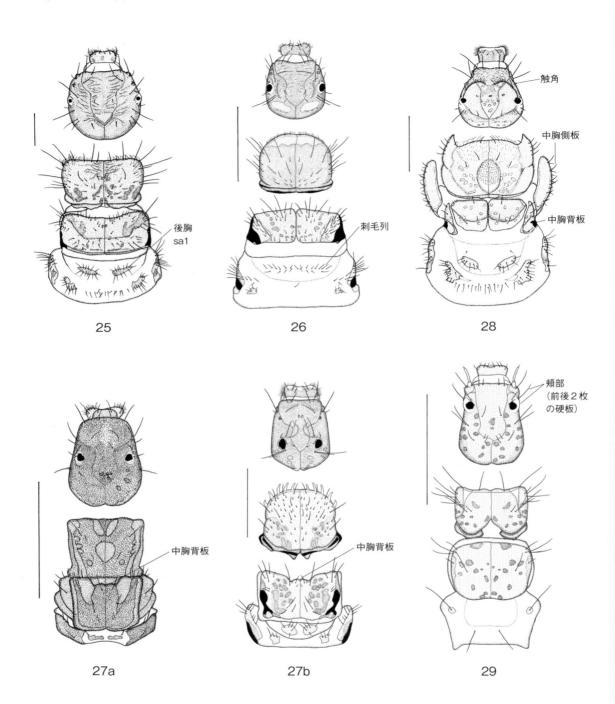

図1　トビケラ目幼虫の科検索　Trichoptera families larvae（続き）
25：エグリトビケラ科 Limnephilidae オンダケトビケラ属 *Pseudostenophylax*　26：コエグリトビケラ科 Apataniidae コエグリトビケラ属 *Apatania*　27：クロツツトビケラ科 Uenoidae；a：クロツツトビケラ属 *Uenoa*，b：アツバエグリトビケラ属 *Neophylax*　28：ニンギョウトビケラ科 Goeridae ニンギョウトビケラ属 *Goera*　29：ヒゲナガトビケラ科 Leptoceridae アオヒゲナガトビケラ属 *Mystacides*（スケールは1mm）

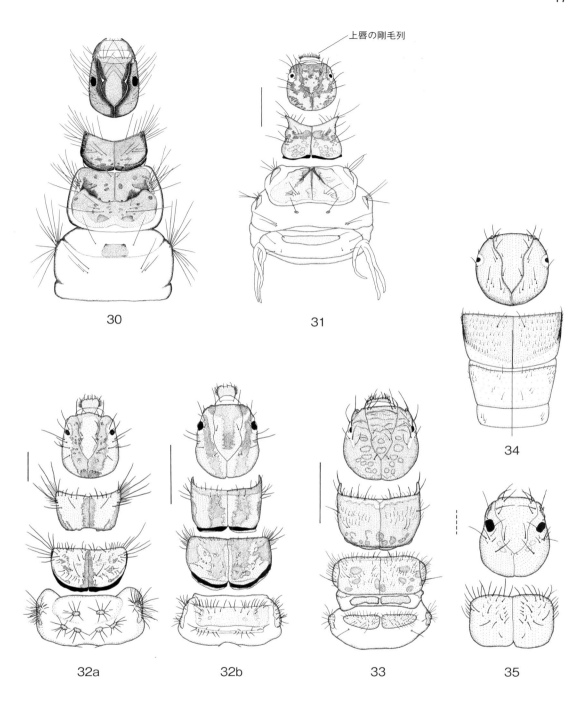

図1　トビケラ目幼虫の科検索　Trichoptera families larvae（続き）
30：ホソバトビケラ科 Molannidae ホソバトビケラ属 *Molanna*　31：アシエダトビケラ科 Calamoceratidae コバントビケラ属 *Anisocentropus*（腹部第1節背面も図示）　32：フトヒゲトビケラ科 Odontoceridae；a：ヨツメトビケラ属 *Perissoneura*, b：フタスジキソトビケラ属 *Psilotreta*　33：ケトビケラ科 Sericostomatidae グマガトビケラ属 *Gumaga*　34：ツノツツトビケラ科 Beraeidae ツノツツトビケラ属 *Nippoberaea*　35：カタツムリトビケラ科 Helicopsychidae カタツムリトビケラ属 *Helicopsyche*（中胸背面は1対の硬板で覆われる．後胸背面には小硬板がある）（実線スケールは1 mm，点線スケールは0.1 mm）

18 トビケラ目

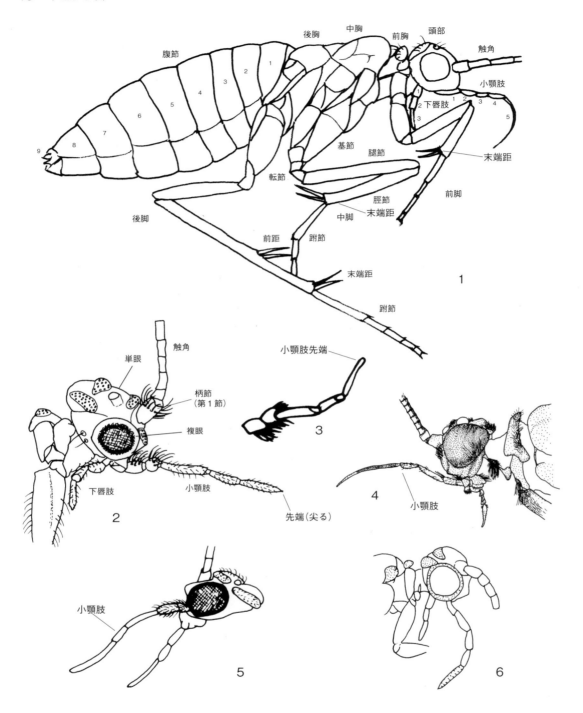

図2 トビケラ目成虫の科検索（主要形質）Trichoptera families adult major characters
1：シマトビケラ科 Hydropsychidae シマトビケラ属 *Hydropsyche* ♀側面（概念図）：距式は2-2-4（距の数は前脚2，中脚2，後脚4）　2：ナガレトビケラ科 Rhyacophihidae ナガレトビケラ属 *Rhyacophila* 頭部　3：ヤマトビケラ科 Glossosomatidae ヤマトビケラ属 *Glossosoma* 小顎肢　4：ヒゲナガカワトビケラ科 Stenopsychidae ヒゲナガカワトビケラ属 *Stenopsyche* 頭部　5：カワトビケラ科 Philopotamidae コタニガワトビケラ属 *Chimarra* 頭部　6：クダトビケラ科 Psychomyiidae クダトビケラ属 *Psychomyia* 頭部側面

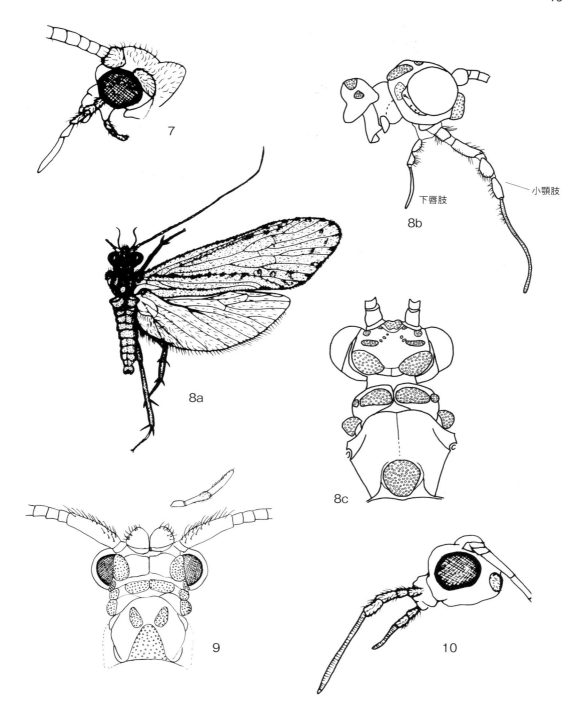

図2 トビケラ目成虫の科検索（主要形質）Trichoptera families adult major characters（続き）
7：イワトビケラ科 Polycentropodidae ウルマーイワトビケラ属 *Polyplectropus* 頭部側面　8：シマトビケラ科 Hydropsychidae シマトビケラ属 *Hydropsyche*；a：♂成虫全形（背面），b：シマトビケラ属 *Hydropsyche* 頭・胸部側面，c：同頭胸（前・中）部背面　9：ニンギョウトビケラ科 Goeridae ニンギョウトビケラ属 *Goera* 頭・胸部背面　10：ヒゲナガトビケラ科 Leptoceridae タテヒゲナガトビケラ属 *Ceraclea* 頭部側面

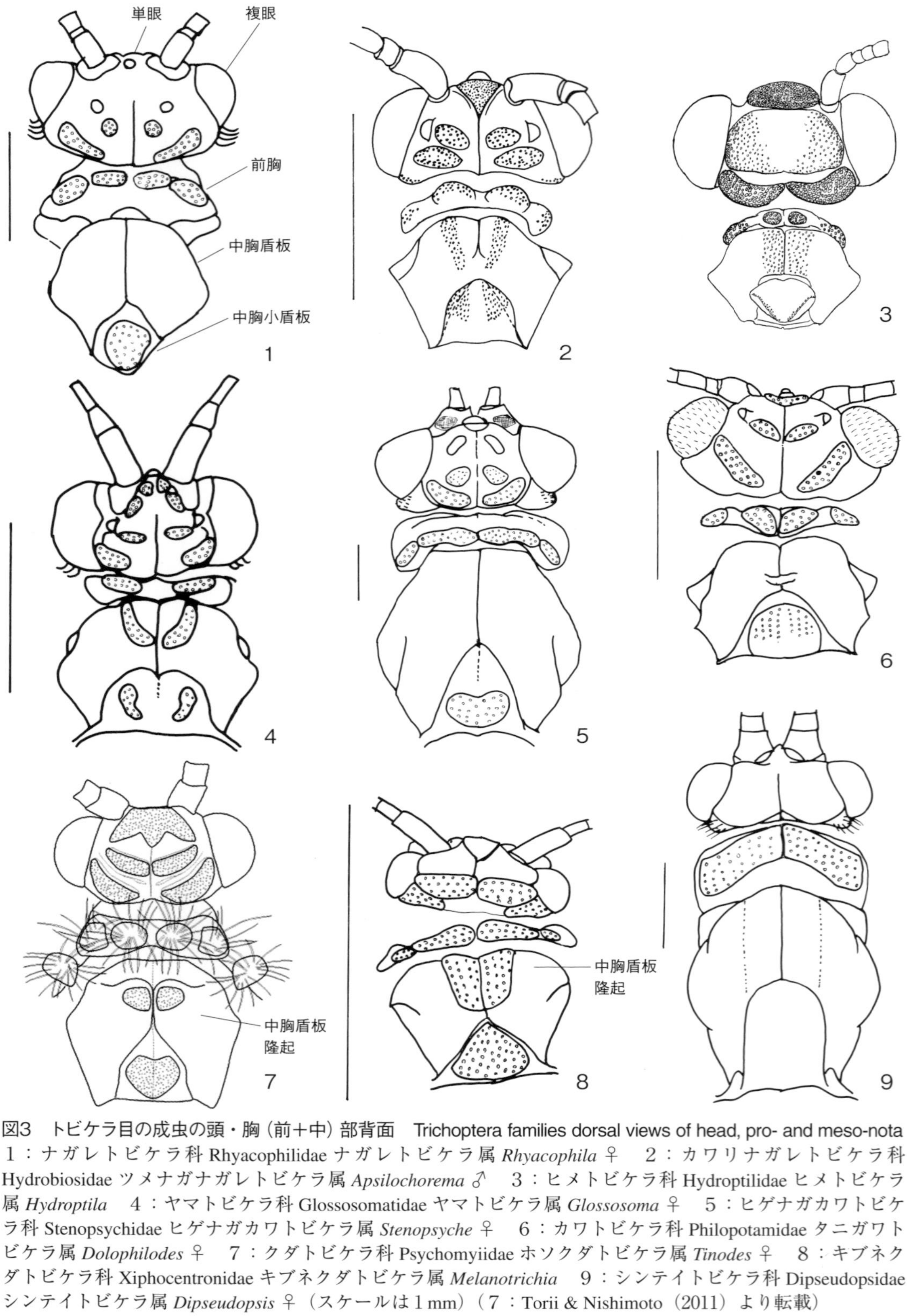

20 　トビケラ目

図3　トビケラ目の成虫の頭・胸（前＋中）部背面　Trichoptera families dorsal views of head, pro- and meso-nota
1：ナガレトビケラ科 Rhyacophilidae ナガレトビケラ属 *Rhyacophila* ♀　2：カワリナガレトビケラ科 Hydrobiosidae ツメナガナガレトビケラ属 *Apsilochorema* ♂　3：ヒメトビケラ科 Hydroptilidae ヒメトビケラ属 *Hydroptila*　4：ヤマトビケラ科 Glossosomatidae ヤマトビケラ属 *Glossosoma* ♀　5：ヒゲナガカワトビケラ科 Stenopsychidae ヒゲナガカワトビケラ属 *Stenopsyche* ♀　6：カワトビケラ科 Philopotamidae タニガワトビケラ属 *Dolophilodes* ♀　7：クダトビケラ科 Psychomyiidae ホソクダトビケラ属 *Tinodes* ♀　8：キブネクダトビケラ科 Xiphocentronidae キブネクダトビケラ属 *Melanotrichia*　9：シンテイトビケラ科 Dipseudopsidae シンテイトビケラ属 *Dipseudopsis* ♀（スケールは1mm）（7：Torii & Nishimoto（2011）より転載）

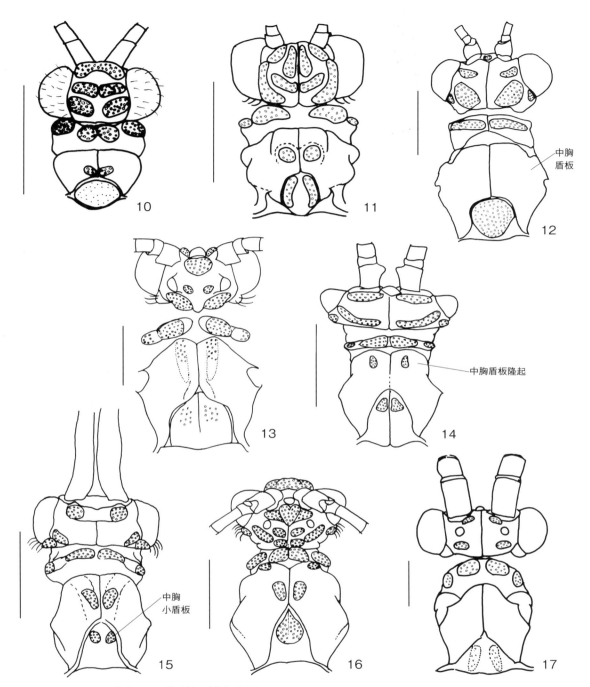

図3 トビケラ目の成虫の頭・胸(前+中)部背面 Trichoptera families dorsal views of head, pro- and meso-nota
(続き)

10：ムネカクトビケラ科 Ecnomidae ムネカクトビケラ属 *Ecnomus* ♂　11：イワトビケラ科 Polycentropodidae ミヤマイワトビケラ属 *Plectrocnemia* ♀　12：シマトビケラ科 Hydropsychidae シマトビケラ属 *Hydropsyche* ♀　13：マルバネトビケラ科 Phryganopsychidae マルバネトビケラ属 *Phryganopsyche* ♂　14：カクスイトビケラ科 Brachycentridae オオハラツツトビケラ属 *Eobrachycentrus* ♂　15：カクツツトビケラ科 Lepidosotomatidae カクツツトビケラ属 *Lepidostoma* ♀　16：キタガミトビケラ科 Limnocentropodidae キタガミトビケラ属 *Limnocentropus* ♂　17：エグリトビケラ科 Limnephilidae オンダケトビケラ属 *Pseudostenophylax* ♂　(スケールは1mm)

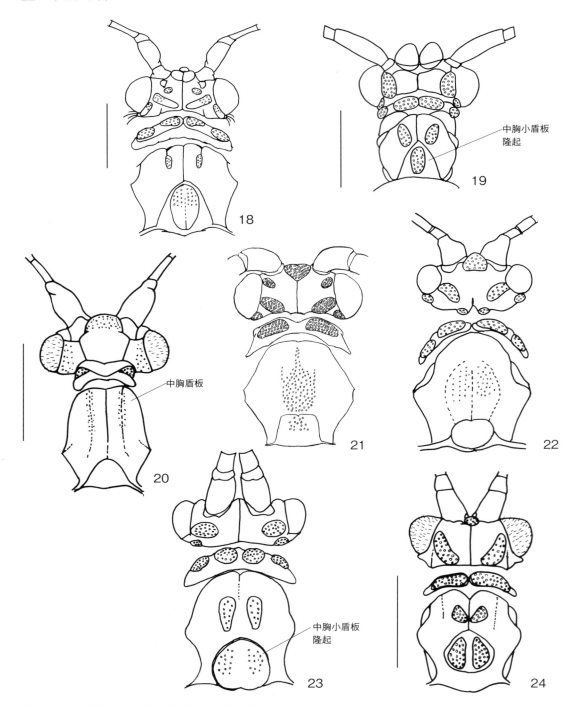

図3　トビケラ目の成虫の頭・胸（前＋中）部背面　Trichoptera families dorsal views of head, pro- and meso-nota（続き）

18：クロツツトビケラ科 Uenoidae アツバエグリトビケラ属 *Neophylax* ♂　19：ニンギョウトビケラ科 Goeridae ニンギョウトビケラ属 *Goera* ♂　20：ヒゲナガトビケラ科 Leptoceridae クサツミトビケラ属 *Oecetis* ♂　21：ホソバトビケラ科 Molannidae ホソバトビケラ属 *Molanna*　22：アシエダトビケラ科 Calamoceratidae クチキトビケラ属 *Ganonema* ♀　23：フトヒゲトビケラ科 Odontoceridae キソトビケラ属 *Psilotreta* ♂　24：ケトビケラ科 Sericostomatidae グマガトビケラ属 *Gumaga* ♀（スケールは 1 mm）

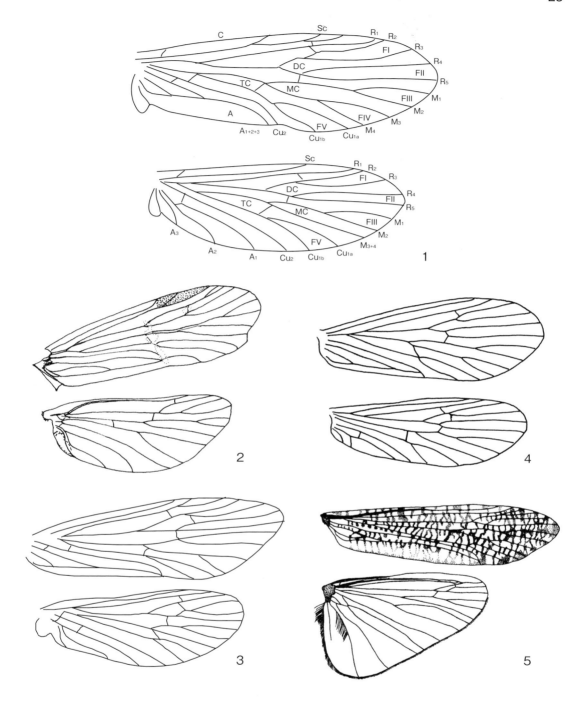

図4 トビケラ目成虫の前・後翅脈相 Trichoptera families wing venation
1：ナガレトビケラ科 Rhyacophilidae（模式図） C：前縁脈 costa Sc：亜前縁脈 sub-costa R：径脈 radius M：中脈 media Cu：肘脈 cubitus A：肛脈 anal F：脈叉 apical fork DC：中室 discoidal cell MC：副中室 medial cell TC：鏡室 thyridial cell. この翅では中室と副中室は閉じない． 2：カワリナガレトビケラ科 Hydrobiosidae ツメナガナガレトビケラ属 Apsilochorema 3：ヤマトビケラ科 Glossosomatidae ヤマトビケラ属 Glossosoma 4：カメノコヒメトビケラ科 Ptilocolepidae カメノコヒメトビケラ属 Palaeagapetus 5：ヒゲナガカワトビケラ科 Stenopsychidae ヒゲナガカワトビケラ属 Stenopsyche

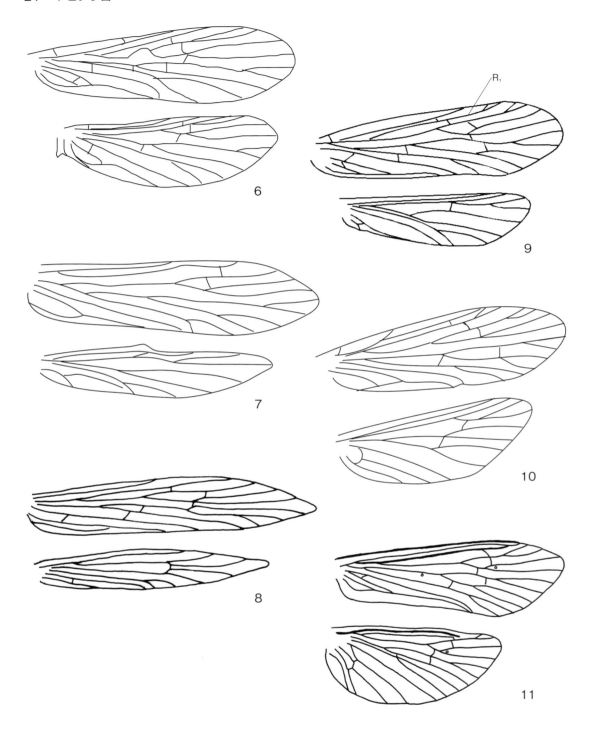

図4　トビケラ目成虫の前・後翅脈相 Trichoptera families wing venation（続き）
6：カワトビケラ科 Philopotamidae コタニガワトビケラ属 *Chimarra*　7：クダトビケラ科 Psychimyiidae クダトビケラ属 *Psychomyia* sp.　8：キブネクダトビケラ科 Xiphocentronidae キブネクダトビケラ属 *Melanotrichia*　9：ムネカクトビケラ科 Ecnomidae ムネカクトビケラ属 *Ecnomus*　10：イワトビケラ科 Polycnetropodidae ウルマーイワトビケラ属 *Polyplectropus*　11：シマトビケラ科 Hydropsychidae シマトビケラ属 *Hydropsyche*

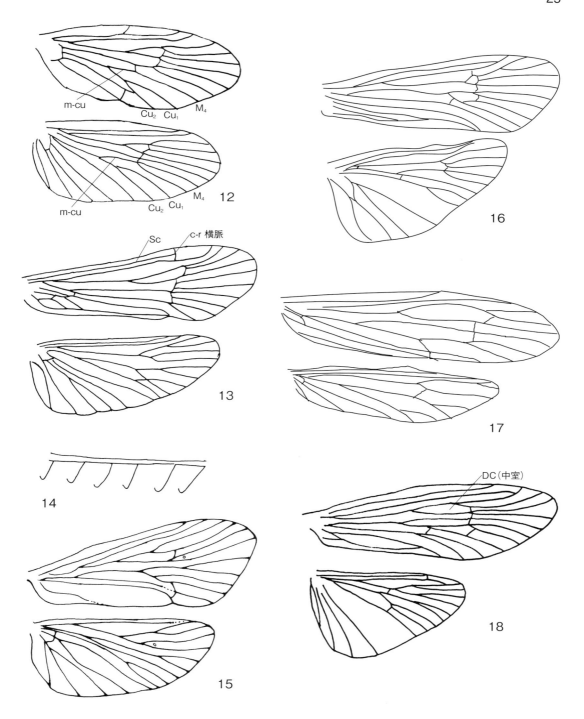

図4 トビケラ目成虫の前・後翅脈相 Trichoptera families wing venation (続き)
12:マルバネトビケラ科 Phryganopsychidae マルバネトビケラ属 *Phryganopsyche* 13:コエグリトビケラ科 Apataniidae コエグリトビケラ属 *Apatania* 14:クロツツトビケラ科 Uenoidae クロツツトビケラ属 *Uenoa* (後翅前縁のフック) 15:ニンギョウトビケラ科 Goeridae ニンギョウトビケラ属 *Geora* 16:ヒゲナガトビケラ科 Leptoceridae タテヒゲナガトビケラ属 *Ceraclea* 17:クサツミトビケラ属 *Oecetis* 18:アシエダトビケラ科 Calamoceratidae クチキトビケラ属 *Ganonema*

ナガレトビケラ科　Rhyacophilidae

服部壽夫

　全北区，東洋区を中心にして，世界的には600種以上が分布するが，そのほとんどはナガレトビケラ属に含まれる．日本にはオオナガレトビケラ属1種とナガレトビケラ属に多数の種類が分布する．
　幼虫は巣をつくらず，渓流の石面を徘徊して，他の水生昆虫などを捕食することが多い．形態は頭部，前胸背板，脚，腹部第9節背面の一部と尾肢がキチン化している．成熟幼虫の体長が10～20 mm の種類が多い．蛹化に先立ち，主に小石でドーム状の蛹室をつくり，さらに内部に繭を紡ぐ．蛹は一般的に大顎が発達し，中脚は長い毛が密生している．成虫は前後の翅の形が比較的似ていて，距式は 3‐4‐4．

ナガレトビケラ科の属の検索

幼虫

1a　胸部および腹部体節に，太い幹の背面に多数の総を生じる気管鰓（3齢以上）がある（図5c, d）．成熟幼虫の体長は25 mm を超える大型 …… **オオナガレトビケラ属**　*Himalopsyche*
1b　気管鰓はないか，あっても上記とは配列，形状が異なる．幼虫の体長が25 mm を超えることは稀 ……………………………………………………… **ナガレトビケラ属**　*Rhyacophila*

成虫

1a　後胸小楯板には1対のイボ状隆起部分があり，そこから長い毛を生じる．前翅長が15 mm 以上の大型 …………………………………… **オオナガレトビケラ属**　*Himalopsyche*
1b　後胸小楯板にはイボ状隆起部はなく，無毛．前翅長が15 mm を越える事は稀 ………………………………………………………………… **ナガレトビケラ属**　*Rhyacophila*

オオナガレトビケラ属　*Himalopsyche*

　インドから中国に多くの種が分布し，北アメリカの1種を含み，50種ほどが知られている．日本には次の1種だけが分布する．

オオナガレトビケラ　*Himalopsyche japonica* (Morton, 1900)（図5）
　本州，台湾．成虫は春から秋まで出現．大型種で終齢幼虫の体長15～37 mm，成虫の前翅長は雄で16～23.5 mm，雌では22～26 mm で，雄より大きい．本州中部では山地渓流に広く分布するが，産地はやや局限される．幼虫は中胸～腹部第8節側面に太い幹から多数の上に向いた総状の鰓をもつ．蛹室は小石で頑丈な楕円形のドーム状で基盤の大石に固く付着する．成虫は黄褐色で前翅がや

　前版でナガレトビケラ科を担当した服部壽夫は，2016年2月に逝去しました．服部は，前版についての修正やメモを，2005年の出版直後に東海大学出版会に送付して，その内容は編者の谷田も把握している．しかし，その一部については，服部自身に確認を要する点も多く，著者の逝去により確認ができなくなった．そのため，今回の改訂では図版番号を除き前版のまま，刊行することにした．
　ナガレトビケラを中心とした服部コレクションのトビケラは，非常にいい状態で，「ふじのくに地球環境史ミュージアム」に保管されているという（倉西，2017）．ナガレトビケラ属については，多くの未記載種があることが明らかになっている（稲津・西田，2011；野崎，2016；野嶋，2017）．今後の大きな改訂が不可欠なことは明白である．しかし，その時でも服部（2005）の仕事が，その基礎になることに疑いはないと確信している．（谷田一三）

ナガレトビケラ科　27

や尖り，少し暗い斑紋を散らす．日中のスウィーピングでも採集されるが，特に雄が灯火によく飛来する．

　生態については，鶴石（1999），Tsuruishi（2003）などの研究がある．幼虫は勾配が急で，大岩が積み重なるような激流に生息し，様々な水生動物を捕食している．幼虫の齢期は5齢であり，特徴的な総状鰓は3齢から形成される．生活史は年1化であるが，羽化期は比較的長い．

ナガレトビケラ属　*Rhyacophila*

　北半球に多数の種類が分布する．Schmid（1970）の成虫に関する総説では，465種が記録されていたが，現在では少なくとも120種以上が追加されていて，トビケラ目の中では1属としては最大の種類数を含んでいる．幼虫の形態に基づいていくつかの亜属が提唱されているが（Dohler, 1950），成虫の種群とは一致していない．日本では60種以上が記載されているが，シノニムの整理がなされていないので，実際の種類数は確定できない．さらに，例えば多摩川水系では33種の内，13種が未記載種（加賀谷ら，1998）とされるなど，各地のトビケラ相の報告には未記載種が報告される例が

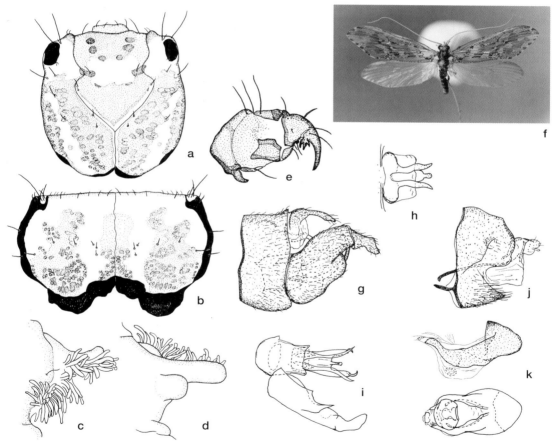

図5　オオナガレトビケラ *Himalopsyche japonica*
a：幼虫頭部背面　b：幼虫前胸背面　c：幼虫腹部気管鰓（第3節背面）　d：幼虫腹部気管鰓（第3節腹面）
e：幼虫尾肢側面　f：成虫雄展翅標本　g：成虫雄生殖器側面　h：成虫雄生殖器背面（部分）　i：成虫雄生殖器腹面（部分）　j：成虫雌生殖器側面　k：成虫雌 vaginal apparatus 側面　l：vaginal apparatus 腹面
（a～eは谷田（1985）より）

多い．少なくとも30種の未記載種を確認しているので，将来的には100種を超えるのは確実だと思われる．

　種類の同定については，幼虫では同じ種群に属す場合に困難な場合が多い．成虫の雄については，通常は外部に現れた生殖器で容易に区別されるが，腹部第10節が体内に引き込まれている場合（図23-3a）や地理的変異などがあって困難が伴う．また，雌が不明の種類も多い．

　幼虫は山地の小渓流や細流に分布する種類が多く，巣をつくらず，折り重なった石礫上を徘徊したり，すき間に潜んでいる．食性については，他の水生動物を捕食する種類が多いが，雑食性のものもあり，海外では食植性の種類も報告されている（Smith, 1968；Thut, 1969）．蛹室（図6-2）は種群（a），種類（e）に特有なものや蛹化する場所によって変わる場合もある．成虫は幼虫の生息地周辺でのスウィーピングで採集される場合が多いが，灯火によく飛来する種類もある．

　生活史についての研究も少ないが，成虫の出現が短期のピークを伴う場合には確実に年1化（Sibirica group など）が予想されるが，春から秋までにだらだら出現する種類も多い．

ナガレトビケラ属幼虫の検索表

1a 気管鰓がある ……………………………………………………………………………… 2
1b 気管鰓はない ……………………………………………………………………………… 9
2a 腹部第1〜8節の背側面に3対の共通の短い幹から多数分岐した総状の気管鰓がある（成熟すると，体長が20 mmを超えるものが多い）…………………（Acropedes group）… 3
2b 気管鰓は総状でない ……………………………………………………………………… 5
3a 頭部と前胸背板の地色は黄色で，褐色点紋と斑紋が多数ある．前胸背面の後半中央部がもっとも暗色化し，縫合線に沿って淡色点紋が並ぶ（図6-3）
　　………………………………………………… レゼイナガレトビケラ　Rhyacophila lezeyi
3b 頭部と前胸背板の地色は暗褐色〜黄褐色で，頭部の後方1/4と前胸後半部は黄色で，前胸背板の縫合線に沿って褐色点紋が並ぶ ………………………………………………… 4
4a 頭部と前胸背板暗褐色部と黄色部の色分けは明瞭（図6-4）本州に分布
　　………………………………………………… トワダナガレトビケラ　Rhyacophila towadensis
4b 頭部と前胸背板黄褐色部と黄色部の色分けはやや曖昧（図6-5）北海道に分布
　　………………………………………… ホッカイドウナガレトビケラ　Rhyacophila hokkaidensis
5a 腹部体節の中央側縁部から長短の指状鰓を生じる（図6-6d）……（Retracta group）… 6
5b 中・後肢の付け根の直前から単一の指状鰓を生じる（図6-8d）…………………………… 7
6a 北海道に分布（図6-6）………………………… ウエノナガレトビケラ　Rhyacophila retracta
6b 本州に分布 ………………………………………… Rhyacophila sp. RC（複数種を含む）
7a 尾肢に副爪がない（図6-8）………………………………………… Rhyacophila sp. RB
7b 尾肢に長い副爪がある（図6-7）…………………………（Angulata group）… 8
8a 北海道，本州，四国に分布（図6-7）
　　………………………………………………… ヤマナカナガレトビケラ　Rhyacophila yamanakensis
8b 九州に分布 ………………………………… フリントナガレトビケラ　Rhyacophila flinti
9a 頭部は細長く，幅の1.5倍以上ある ……………………………………………………… 10
9b 頭部の長さは，幅の1.5倍より明らかに短い …………………………………………… 17
10a 頭部は著しく細長く，幅の約2倍で，前半の方が幅が広い（図6-9）
　　………………………………………………… ヨシイナガレトビケラ　Rhyacophila yosiiana（R. sp. RD）

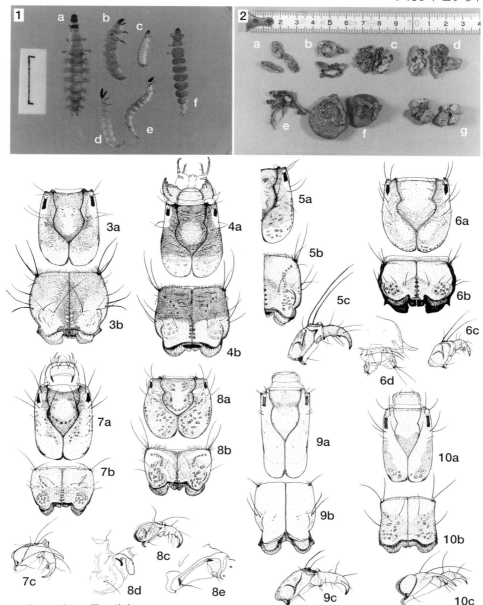

図6 ナガレトビケラ属の幼虫
1：ナガレトビケラ属 Rhyacophila 幼虫の写真；a：トワダナガレトビケラ Rhyacophila towadensis，b：ウエノナガレトビケラ Rhyacophila retracta，c：ヤマナカナガレトビケラ Rhyacophila yamanakensis，d：ムナグロナガレトビケラ Rhyacophila nigrocephala，e：トランスクィラナガレトビケラ Rhyacophila transquilla，f：ヒロアタマナガレトビケラ Rhyacophila brevicephala　2：ナガレトビケラ属蛹の蛹室（乾燥）の写真；a：ウエノナガレトビケラ Rhyacophila retracta，b：イトウナガレトビケラ Rhyacophila itoi，c：トランスクィラナガレトビケラ Rhyacophila transquilla，d：ホッカイドウナガレトビケラ Rhyacophila hokkaidensis，e：クワヤマナガレトビケラ Rhyacophila kuwayamai，f：ホソオナガナガレトビケラ Rhyacophila mirabilis に近縁な1種，g：アレフィンナガレトビケラ Rhyacophila arefini に近縁な1種　3：レゼイナガレトビケラ Rhyacophila lezeyi　4：トワダナガレトビケラ Rhyacophila towadensis　5：ホッカイドウナガレトビケラ Rhyacophila hokkaidensis　6：ウエノナガレトビケラ Rhyacophila retracta　7：ヤマナカナガレトビケラ Rhyacophila yamanakensis　8：ナガレトビケラの1種 Rhyacophila sp. RB　9：ヨシイナガレトビケラ Rhyacophila yosiiana　10：クレメンスナガレトビケラ Rhyacophila clemens（3～10　a：頭部背面　b：前胸背面　c：尾肢側面　6d：腹部末端背面，第8節鰓　8d：中胸背面の一部，鰓　8e：尾肢腹面の部分拡大）

10b 頭部の長さは，幅の2倍未満で，幅は前半と後半でほぼ同じか，後半の方が広い … 11
11a 尾肢には長い副爪がある（図6-10）… クレメンスナガレトビケラ *Rhyacophila clemens*
11b 尾肢には副爪がない …………………………………………………………………… 12
12a 前肢腿節の内側に突起がある（図7-5）………………… *Rhyacophila* sp. RM ?（種群不明）
12b 前肢腿節に突起がなく，脛節末端腹面の刺毛の1，2本は刺状
　　………………………………………………………………（*Nigrocephala* group）…13
13a 頭部の後方1/4は淡色，黒褐色部分に明瞭な淡色点紋がある（図7-2）
　　………………………… クワヤマナガレトビケラ *Rhyacophila kuwayamai*（= *R.* sp. RF）
13b 頭部はほぼ一様な色で，明瞭な斑紋がない ………………………………………… 14
14a 頭部は黄褐色．尾肢鈎爪には2歯がある（図7-1）
　　……………………………………………… シコツナガレトビケラ *Rhyacophila shikotsuensis*
14b 頭部は赤〜黒褐色．尾肢鈎爪は無歯か，あるいは小さな1歯がある ……………… 15
15a 尾肢は細長く，特に鈎爪の前半部が長く，尾肢側板は赤褐色（図7-4）
　　…………………………………………… カワムラナガレトビケラ *Rhyacophila kawamurae*
15b 尾肢鈎爪の前半部は後半部とほぼ同長で，尾肢側板は淡褐色 …………………… 16
16a 川の中流域の瀬に生息する ………… ムナグロナガレトビケラ *Rhyacophila nigrocephala*
16b 湧水や水のきれいな小さな支流に生息する（図7-3）
　　…………………………………………………… ニッポンナガレトビケラ *Rhyacophila nipponica*
17a 尾肢側板の腹面基部は鈎爪状となって突出する ………………………………… 18
17b 尾肢側板の腹面基部は鈎爪状にならない ………………………………………… 29
18a 尾肢には長い副爪があり，側板から分離している（図7-6）
　　……………………………………………………… タシタナガレトビケラ *Rhyacophila impar*
18b 尾肢には長い副爪はない ………………………………………………………… 19
19a 尾肢側板は末端中央部が尖る他，後方腹面に，側板から分離した小突起がある．頭部，前胸背板には多数の点紋がある ……………………………（*Anatina* group）… 20
19b 尾肢側板の末端は中央部で尖り，ときに短い副爪状となるが，側板から分離しない … 22
20a 尾肢後方腹面の突起はやや大きく，側板は湾入する（図7-7）
　　………………………………… フタタマオナガレトビケラ *Rhyacophila bilobata*，など複数種
20b 尾肢後方腹面の突起は小さく，1刺毛を備える基部キチン板との間は，弱くキチン化した細長い帯状になって連続している（図7-8c）…………………………………… 21
21a 頭部腹面に2列になった明瞭な点紋がある（図7-8）
　　……………………………………………… ナカガワナガレトビケラ *Rhyacophila nakagawai*
21b 頭部腹面には明瞭な点紋はない（図7-9）…… イトウナガレトビケラ *Rhyacophila itoi*
22a 尾肢鈎爪に歯がある ……………………………………………………………… 23
22b 尾肢鈎爪に歯がない ………………………………………（*Sibirica* group）… 24
23a 頭部は中央部が暗化しているが，明瞭な点紋はなく，尾肢鈎爪の歯はごく小さい（図7-10）………………………………………… ホソオナガナガレトビケラ *Rhyacophila mirabilis*
23b 頭部に明瞭な点紋があり，尾肢鈎爪の歯は大きい（図7-11）
　　………………………………………………………… *Rhyacophila* sp. (*Kaltatica* group-sp. 1)
　　　　　　　（アズマナガレトビケラ *Rhyacophila azumaensis* に近縁）
24a 尾肢側板の末端部は尖るが，突出しない ………………………………………… 25

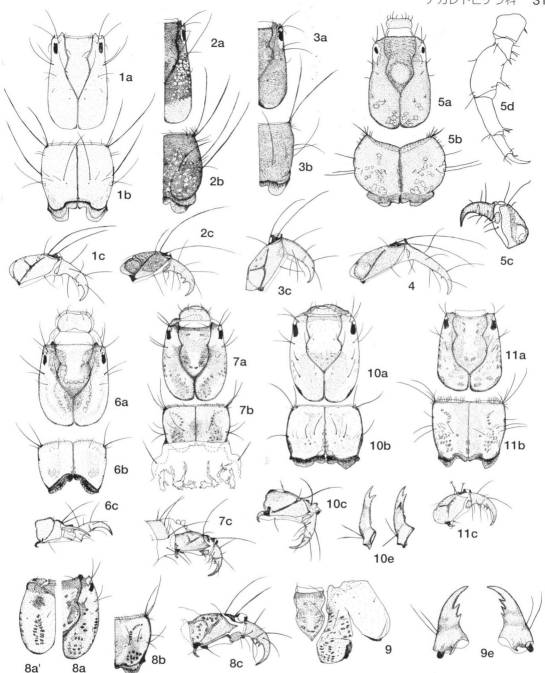

図7　ナガレトビケラ属の幼虫（一部は蛹より）
1：シコツナガレトビケラ Rhyacophila shikotsuensis　2：クワヤマナガレトビケラ Rhyacophila kuwayamai
3：ニッポンナガレトビケラ Rhyacophila nipponica　4：カワムラナガレトビケラ Rhyacophila kawamurae
（尾肢のみ）　5：ナガレトビケラ属の1種 Rhyacophila sp. RM？（種群不明）　6：タシタナガレトビケ
ラ Rhyacophila impar　7：フタタマオナガレトビケラ Rhyacophila bilobata　8：ナカガワナガレトビケラ
Rhyacophila nakagawai　9：イトウナガレトビケラ Rhyacophila itoi（幼虫頭部の脱皮殻）　10：ホソオナガ
ナガレトビケラ Rhyacophila mirabilis　11：アズマナガレトビケラ Rhyacophila azumaensis に近縁な1種（1
～3，5～10　a：頭部背面　a'：頭部腹面　b：前胸背面　c：尾肢側面　d：前肢　e：蛹の大腮）
（5は谷田（1985）より）

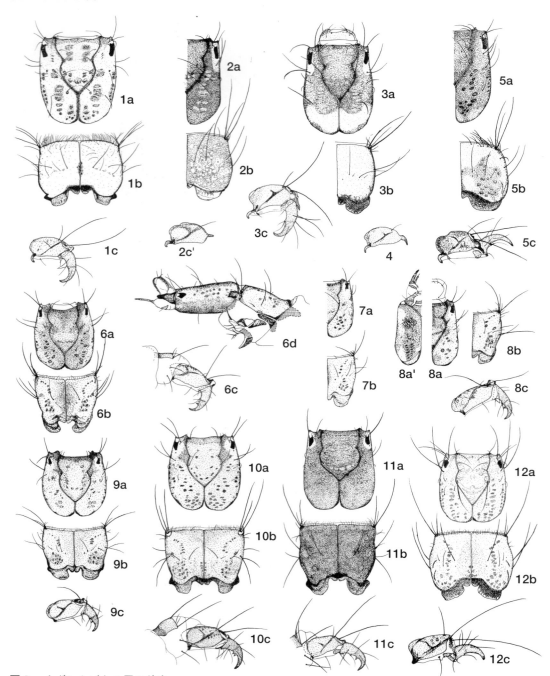

図8　ナガレトビケラ属の幼虫
1：カルダコフナガレトビケラ Rhyacophila kardakoffi　2：Rhyacophila sp. (Sibirica group-1)　3：トランスクィラナガレトビケラ Rhyacophila transquilla　4：アレフィンナガレトビケラ Rhyacophila arefini（尾肢側板のみ）　5：キソナガレトビケラ Rhyacophila kisoensis　6：クラマナガレトビケラ Rhyacophila kuramana　7：コウノナガレトビケラ Rhyacophila kohnoae　8：ナガオカナガレトビケラ Rhyacophila nagaokaensis　9：ウルマーナガレトビケラ Rhyacophila ulmeri　10：ナガレトビケラ属種群不明の1種 Rhyacophila sp. (species group?)　11：ナガレトビケラ属の1種 Rhyacophila sp. (Betteni group?)　12：ヒロアタマナガレトビケラ Rhyacophila brevicephala（1〜3，5〜12　a：頭部背面　a'：頭部腹面　b：前胸背面　c：尾肢側面　c'：尾肢側板　d：頭部，前胸側面）

ナガレトビケラ科　33

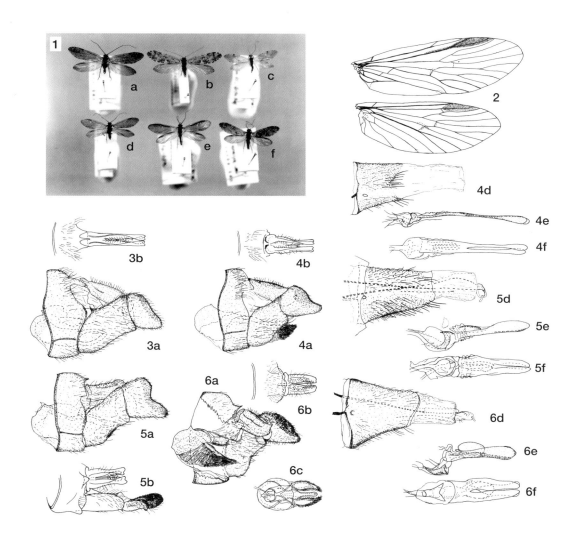

図9　ナガレトビケラ属の成虫　1：展翅標本，2：翅脈，3～6：Acropedes種群の雌雄生殖器
1：展翅標本；a：レゼイナガレトビケラ Rhyacophila lezeyi ♂，b：ウエノナガレトビケラ Rhyacophila retracta ♀，c：ヤマナカナガレトビケラ Rhyacophila yamanakensis ♂，d：クワヤマナガレトビケラ Rhyacophila kuwayamai ♂，e：トランスクィラナガレトビケラ Rhyacophila transquilla ♂，f：ヒロアタマナガレトビケラ Rhyacophila brevicephala ♂　2：トランスクィラナガレトビケラ Rhyacophila transquilla ♂，前後翅　3：エダエラナガレトビケラ Rhyacophila articulata　4：レゼイナガレトビケラ Rhyacophila lezeyi　5：トワダナガレトビケラ Rhyacophila towadensis　6：ホッカイドウナガレトビケラ Rhyacophila hokkaidensis（3～6　a：雄生殖器側面　b：雄生殖器背面（部分的）　c：雄交尾節背面　d：雌生殖器，主として第8腹節側面　e：vaginal apparatus 側面　f：vaginal apparatus 腹面

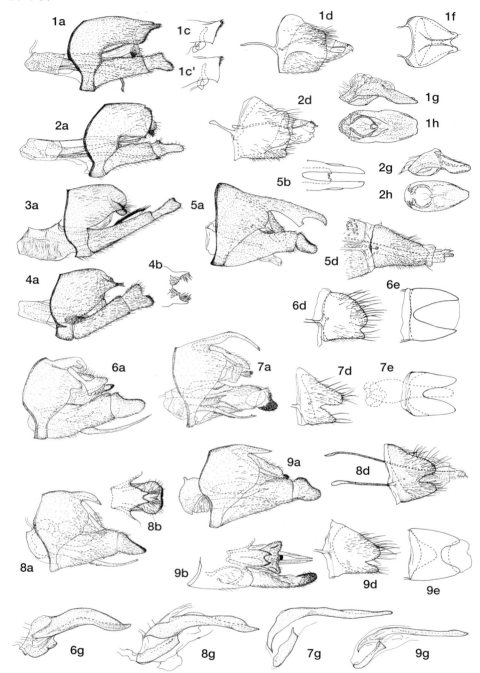

図10 ナガレトビケラ属の成虫 *Angulata* 種群と *Retracta* 種群の雌雄生殖器
1：ヤマナカナガレトビケラ *Rhyacophila yamanakensis* 2：フリントナガレトビケラ *Rhyacophila flinti*
3：サジオナガレトビケラ *Rhyacophila coclearis* 4：シナノアミメナガレトビケラ *Rhyacophila curtior* 5：
ヨシノナガレトビケラ *Rhyacophila yoshinensis* 6：ウエノナガレトビケラ *Rhyacophila retracta* 7：ユミ
ナガレトビケラ *Rhyacophila lambakanta* 8：モタカンタナガレトビケラ *Rhyacophila motakanta* 9：トガ
リミジカオナガレトビケラ *Rhyacophila orthakanta* （a：雄生殖器側面 b：雄生殖器背面（部分的） c 及び
c'：雄生殖器の変異 d：雌生殖器，主として第8腹節側面 e：雌第8腹節背面 f：雌第8腹節腹面 g：
vaginal apparatus 側面 h：vaginal apparatus 腹面）

24b	尾肢側板の末端部は短い副爪となって，突出する	27
25a	尾肢側板の末端部は三角状．頭部と前胸背板の地色は黄色で，点紋は褐色．前胸背板の前縁部に細い毛が多く，内側の表面にも散在する（図8-1） カルダコフナガレトビケラ *Rhyacophila kardakoffi*	
25b	尾肢側板の末端は細長い	26
26a	頭部と前胸背板のほとんどは赤褐色で，やや淡い不明瞭な点紋がある（図8-2） *Rhyacophila* sp. (Sibirica group-sp. 1)	
26b	頭部はほとんど赤褐色だが，前胸背板は側縁後半および後縁を除いて黄色 *Rhyacophila* sp. (Sibirica group-sp. 2)	
27a	前胸背板には多数の点紋がある（図8-5）…キソナガレトビケラ *Rhyacophila kisoensis*	
27b	前胸背板のほとんどの部分は黄色で，点紋はない	28
28a	尾肢副爪の基部は丸く膨らむ（図8-3） トランスクィラナガレトビケラ *Rhyacophila transquilla*	
28b	尾肢副爪はやや短く，基部の膨らみも小さい（図8-4）（本州には分布しない） アレフィンナガレトビケラ *Rhyacophila arefini*	
29a	尾肢側板の後端は中央部で尖る	30
29b	尾肢側板の後端は尖らない	35

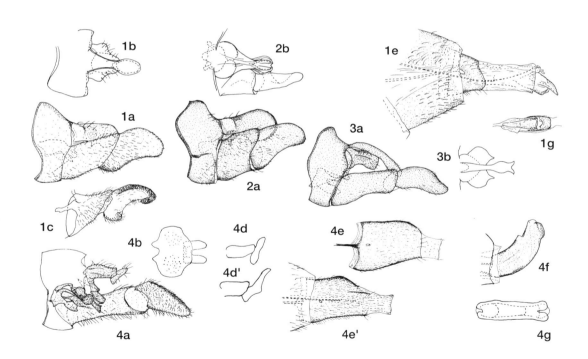

図11 ナガレトビケラ属の成虫　*Yosiiana* 種群と *Clemens* 種群の雌雄生殖器
1：ヨシイナガレトビケラ *Rhyacophila yosiiana*　2：サトウナガレトビケラ *Rhyacophila satoi*　3：カワラボウナガレトビケラ *Rhyacophila kawaraboensis*　4：クレメンスナガレトビケラ *Rhyacophila clemens*（a：雄生殖器側面　b：雄生殖器背面（部分的）　c：雄右下付属器の変異（内面）　d及びd'：雄生殖器の変異　e：雌生殖器，主として第8腹節側面　e'：雌生殖器の変異　f：vaginal apparatus 側面　g：vaginal apparatus 腹面）

36 トビケラ目

30a 前胸背板の後側部は本体と分離した小キチン板になる（図8-6d）（*Ulmeri* group） … 31
30b 前胸背板の後側部は一体化している ……………………………………………………… 34
31a 頭部の長さは幅とほぼ同じで，腹面には点紋がない（図8-9）
　　……………………………………………… ウルマーナガレトビケラ　*Rhyacophila ulmeri*
31b 頭部の長さは明らかに幅よりも長く，腹面に点紋列などの色が濃い部分がある …… 32
32a 頭楯板の外側と前胸背板の中央部は幅広く暗褐色（図8-6）
　　…………………………………………………… クラマナガレトビケラ　*Rhyacophila kuramana*

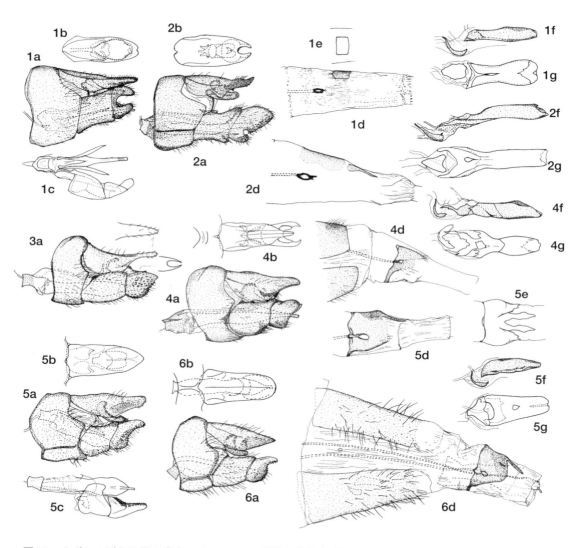

図12　ナガレトビケラ属の成虫　*Nigrocepala* 種群の雌雄生殖器
1：カワムラナガレトビケラ *Rhyacophila kawamurae*　2：シコツナガレトビケラ *Rhyacophila shikotsuensis*
3：タイワンナガレトビケラ *Rhyacophila formosana*　4：クワヤマナガレトビケラ　*Rhyacophila kuwayamai*
5：ニッポンナガレトビケラ *Rhyacophila nipponica*　6：ムナグロナガレトビケラ *Rhyacophila nigrocephala*（a：雄生殖器側面　b：雄生殖器背面（部分的）　c：雄交尾節および左下付属器腹面　d：雌生殖器，主として第8腹節側面　e：雌生殖器背面（部分的）　f：vaginal apparatus 側面　g：vaginal apparatus 腹面）

484

32b	頭部両頬部背面と前胸背板は淡褐色で点紋が明瞭	33
33a	頭楯板は周辺部を除き，淡褐色（図8-7）　コウノナガレトビケラ	*Rhyacophila kohnoae*
33a	頭楯板は広い範囲で暗褐色（図8-8）	
	ナガオカナガレトビケラ	*Rhyacophila nagaokaensis*
34a	頭部と前胸背板の地色は茶褐色，斑紋は頭楯板後方の4つの淡色点紋を除いて，不明瞭．尾肢鉤爪は1歯を備える（図8-11）	*Rhyacophila* sp. (*Betteni* group-sp.1)
34b	頭部と前胸背板の地色は黄褐色で，明瞭な褐色点紋が多数ある．尾肢鉤爪は2歯を備える（図8-10）	*Rhyacophila* sp. X-1（種群不明）
35a	頭部と前胸背板は黄褐色で明瞭な斑紋はない	*Rhyacophila* sp. X-2（種群不明）
35b	頭部と前胸背板には明瞭な斑紋がある	36
36a	頭部の地色は褐色	*Rhyacophila* sp. RL
36b	頭部の地色は黄色（図8-12）　ヒロアタマナガレトビケラ	*Rhyacophila brevicephala*

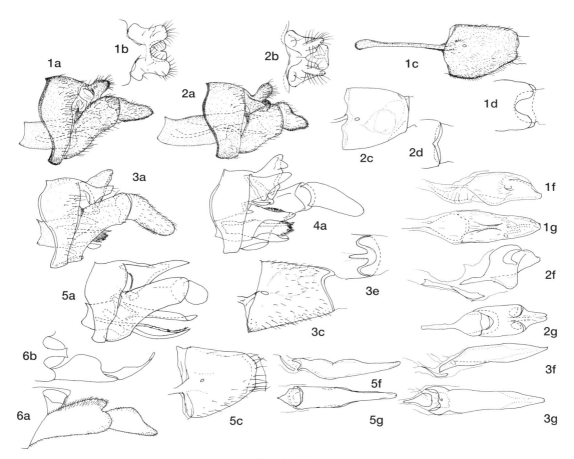

図13　ナガレトビケラ属成虫　*Anatina* 種群の雌雄生殖器
1：フタタマオナガレトビケラ *Rhyacophila bilobata*　2：ニワナガレトビケラ *Rhyacophila niwae*　3：イトウナガレトビケラ *Rhyacophila itoi*　4：ナカガワナガレトビケラ *Rhyacophila nakagawai*　5：ヘイワナガレトビケラ *Rhyacophila pacata*　6：ベレクンダナガレトビケラ *Rhyacophila verecunda*（a：雄生殖器側面　b：雄生殖器背面部分　c：雌生殖器，主として第8腹節側面　d：雌第8腹節腹面　e：雌第8腹節背面　f：vaginal apparatus 側面　g：vaginal apparatus 腹面）（6は Tsuda（1940）から作図）

ナガレトビケラ属成虫の種群と独立種の検索表

雄（雌については補足として付け加えた．）

- 1a 腹部第9節は単純な環状で，10節背板とははっきりと分離している ……………… 2
- 1b 腹部第9節は背面後部に突起（図10-b）があったり，10節背板と癒合（図11-1～3b）したりして複雑な形をしてる ……………… 7
- 2a 腹部第10節背板は中央の前後にに縦長の切れ目があり，背面から見ると左右1対の構造となる（図9-3～6b）．交尾節（Phallus）は比較的単純で，腹面に伸縮性の基部をもった大きな交尾鈎（図9-6）がある．雌の腹部第8節のキチン化した部分の後縁はやや不明瞭で，vaginal appratus は細長く，後部は二分（図9-4～6f）している．開翅長25 mm前後，暗褐色の翅膜には不明瞭な斑状紋がある ……………… *Acropedes* group
- 2b 腹部第10節背板は庇状に後部に張り出すか，9節後部の背面を蓋するように垂直ないしは斜めになった，小さなプレート状になる ……………… 3
- 3a 腹部第9節の背面は側面より幅狭く，第10節背板は腹面が凹状になり，水平に長くのびる（図12-a）．交尾節は単純単一の挿入器（図12-5c）だけの種類と，1対の交尾鈎（図12-1c）を合わせもつ種類がある．雌の腹部第7節は第6節よりも長く，第8節は細長く，キチン化した部分は著しく小さい（図12-d） ……………… *Nigrocephala* group
- 3b 腹部第9節の背面は側面より幅が広いか，同じ程度 ……………… 4
- 4a 腹部第10節背板には関節で分けられる付属突起がある．交尾節は小さく，挿入器は針状で，幅広の腹面突起をもつ．雌の vaginal apparatus は単一の骨片状となる．（図11-4）

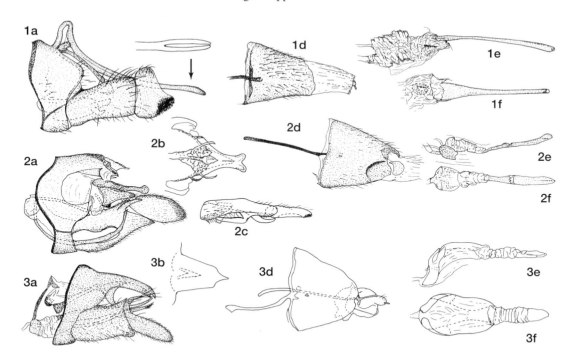

図14 ナガレトビケラ属　成虫の雌雄生殖器
1：ホソオナガナガレトビケラ *Rhyacophila mirabilis*　2：アズマナガレトビケラ *Rhyacophila azumaensis*
3：タシタナガレトビケラ *Rhyacophila impar*（a：雄生殖器側面　b：雄生殖器背面部分　c：雄左下付属器腹面　d：雌生殖器，主として第8腹節側面　e：vaginal apparatus 側面　f：vaginal apparatus 腹面）

……………………………………………… **クレメンスナガレトビケラ** *Rhyacophila clemens*
4b 腹部第10節背板には突起があったりするが，関節で結合していない …………………… 5
5a 交尾節には対になった交尾鈎があるが，腹面突起はない．雌の腹部第8節は長めの円錐体状で，vaginal apparatus の前方部は不規則な皺の多い固まりになっている
……………………………………………（図16-e, f） … *Ulmeri* group
5b 交尾節には末端近くで幅広になる腹面突起がある ………………………………………… 6
6a 交尾節には腹面突起と対になった交尾鈎がある（図17-c）………… *Brevicephala* group,
クラッサナガレトビケラ *Rhyacophila crassa*,
マキナガレトビケラ *Rhyacophila makiensis*

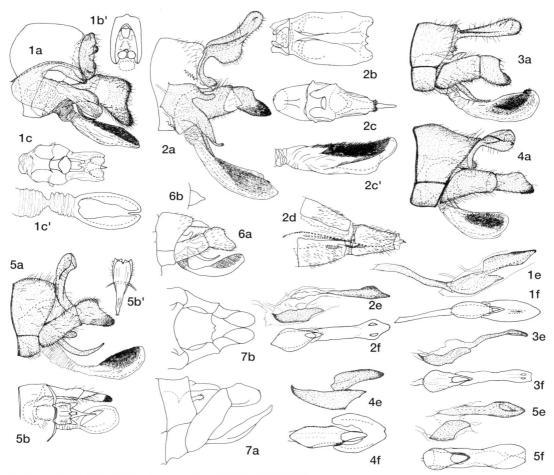

図15 ナガレトビケラ属の成虫 *Sibirica* 種群の雌雄生殖器
1：カルダコフナガレトビケラ *Rhyacophila kardakoffi* 2：トランスクィラナガレトビケラ *Rhyacophila transquilla* 3：アレフィンナガレトビケラ *Rhyacophila arefini* 4：キソナガレトビケラ *Rhyacophila kisoensis* 5：ユウキナガレトビケラ *Rhyacophila yukii*（sensu Schmid） 6：ユウキナガレトビケラ *Rhyacophila yukii* Tsuda（津田原図より） 7：マヤナガレトビケラ *Rhyacophila mayaensis*（小林原図より）(a：雄生殖器側面 b：雄生殖器背面部分 b'：雄生殖器後面 c：雄交尾節背面 c'：雄交尾節腹面突起背面 d：雌生殖器，主として第8腹節側面 e：vaginal apparatus 側面 f：vaginal apparatus 腹面)（6は Tsuda (1942)，7は Kobayashi (1976) より作図）

40　トビケラ目

6b　交尾節の腹面突起は膜質の伸縮する蛇腹状の筒になり，末端は膨らみ，背面が凹になり刺毛が密生している．雌の腹部第8節は単純な円錐体状をしていて，vaginal apparatus は2つのキチン化した部分が分離している（図15-e）･･････････････････････････Sibirica group
7a　腹部第9節と10節背板は分離している ･･ 8
7b　腹部第9節と10節背板は融合している ･･･ 12
8a　腹部第9節の背面突起は，やや側面にあり，1対になる．雌の腹部第8節のキチン化した部分の背面後縁には湾入がある．前翅には細かな網目模様がある ･･････ Angulata group
8b　腹部第9節の背面突起は中央にある ･･ 9
9a　腹部第9節背面突起は大きく，基部に近い腹面に別の鋭く尖った突起が生じている（図14-3）･･････････････････････････････････ タシタナガレトビケラ Rhyacophila impar
9b　腹部第9節背面突起は細長いか小さい ･･･ 10
10a　下付属器の基節内側に大きな突起がある．交尾節は単純で陰茎基の他は，細長い挿入器が認められるのみ（図14-2）･･････････････アズマナガレトビケラ Rhyacophila azumaensis
10b　下付属器に特別な突起はない．交尾節は複雑な形をしている ･･････････････････････ 11

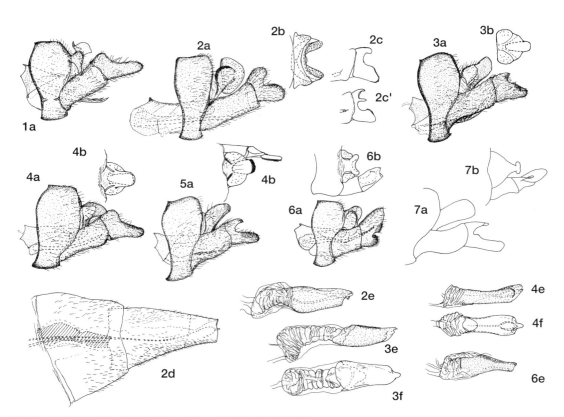

図16　ナガレトビケラ属の成虫　Ulmeri 種群の雌雄生殖器
1：ウルマーナガレトビケラ Rhyacophila ulmeri　2：クラマナガレトビケラ Rhyacophila kuramana　3：コウノナガレトビケラ Rhyacophila kohnoae　4：ナガオカナガレトビケラ Rhyacophila nagaokaensis　5：セキガワナガレトビケラ Rhyacophila shekigawana　6：ミジカオナガレトビケラ Rhyacophila diffidens　7：ミノヤマナガレトビケラ Rhyacophila minoyamaensis（小林原図より）(a：雄生殖器側面　b：雄生殖器背面部分　c及びc'：雄生殖器の変異　d：雌生殖器，主として第8腹節側面　e：vaginal apparatus 側面　f：vaginal apparatus 腹面）（7は Kobayashi（1973）より作図）

11a 腹部第9節背面突起は非常に長く，基部近くで折れ曲がる．第10節背板は正中線上に線状のキチン板となっていて，基部の両側にはイボ状の前尾付属器（app. Pra.）がある．交尾節は比較的小さく，交尾鈎がない（図14-1）
·· **ホソオナガナガレトビケラ** *Rhyacophila mirabilis*
11b 腹部第10節背板は端に向かって幅が広くなり，前尾付属器は見られない．交尾節は大きく，特に交尾鈎が大きい．雌の腹部第8節のキチン化した部分の後縁には背面と側面に湾入がある（図10-6〜9）·· *Retracta* group
12a 交尾節は小さく，挿入器はキチン化が弱く，交尾鈎がない（図11-1〜3）
·· *Yosiiana* group
12b 交尾節は基部の背面突起が発達し，細長い交尾鈎がある．（図13）·········· *Anatina* group

ナガレトビケラ属の日本産種群と種の概説
《幼虫が分枝した気管鰓をもつグループ》

Acropedes group

　北米と極東に15種ほどが知られている．この種群の成熟幼虫は体長20 mmを超える大型で，腹部に特徴的な気管鰓（図6-1a）をもつことで容易に区別できる．成虫の前翅長は9〜13 mm，性差は少ない．幼虫は渓流域に普通に見られ，同時に若齢幼虫から成虫まで見られることも多い．伊藤（1999c）によれば，ホッカイドウナガレトビケラの幼虫は他の水生動物を捕食し，その生育に

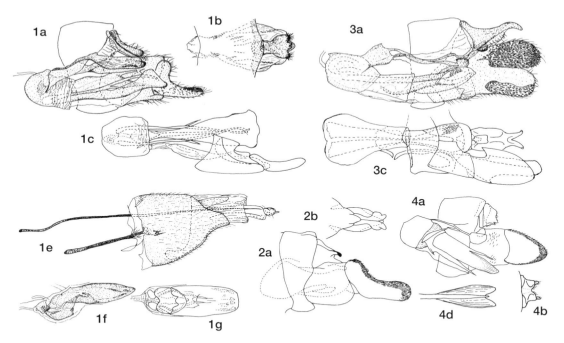

図17　ナガレトビケラ属　成虫の雌雄生殖器
1：ヒロアタマナガレトビケラ *Rhyacophila brevicephala*　2：ツシマナガレトビケラ *Rhyacophila tsusimaensis*　3：マキナガレトビケラ *Rhyacophila makiensis*　4：クラッサナガレトビケラ *Rhyacophila crassa*（Schmid原図より）（a：雄生殖器側面　b：雄生殖器背面部分　c：雄交尾節と右下付属器腹面　d：雄交尾節背面　e：雌生殖器，主として第8腹節側面　f：vaginal apparatus 側面　g：vaginal apparatus 腹面）
（2は小林（1985），4はSchmid（1970）より作図）

は1年以上が必要だとしている.

日本産既知種については，幼虫で記載されたトワダナガレトビケラが *Rhyacophila articulata* のシノニムとされて（Tsuda, 1942）以来，長く混乱があった．ここでは4種としたが，さらに詳しい検討が必要とされる．

エダエラナガレトビケラ（新称） *Rhyacophila articulata* Morton, 1900（図9-3）

本州（今回確認した標本は長野県産のみ）．従来の記録の多くは次種である可能性が高い．

日本産としてはもっとも古く記載された種類であり，幼虫は不明だが，他の種類と同様の気管鰓をもつことが確実と思われるので，上記の和名を採用した．

レゼイナガレトビケラ *Rhyacophila lezeyi* Navas, 1933（図6-3，9-4）

本州，四国，九州．関東以西ではもっとも普通の種類で，成虫は4月～9月まで見られ，特に5月下旬から7月上旬に多く採集されている．

産地によって，若干の形態に違いが見られ，*Rhyacophila morokuboensis* Kobayashi, 1971はこの種のシノニムとされるが確定は今後の課題である．

ホッカイドウナガレトビケラ *Rhyacophila hokkaidensis* Iwata, 1927（図6-5，9-6）

北海道，千島（国後島，択捉島，ウルップ島），樺太．北海道では普通で，成虫は6月～9月まで見られるが，6月後半から7月に多い．

渡島半島には次種，トワダナガレトビケラと中間的な形態が見られる．*Rhyacophila tenninkyoensis* Kobayashi, 1959と *Rhyacophila sakhalinica* Schmid, 1970は，この種のシノニムである．

トワダナガレトビケラ *Rhyacophila towadensis* Iwata, 1927（図6-4，9-5）

本州（東北～中部）．東北地方北部では山地渓流に普通であるが，中部地方では細流に限られる傾向にあり形態的にも差異が見られる．

Rhyacophila vaoides Ross, 1956はこの種のシノニムである．

Rhyacophila sp. RA は前版（谷田，1985）でも指摘されたように，この種群の若齢幼虫と思われるので除外した．

《幼虫が単一の気管鰓や鰓状の肉質突起をもつグループ》

Angulata group

東アジアに10種類ほどが知られているグループで，幼虫は中・後胸の気管鰓と長い尾肢副爪が特徴的である．成虫の前翅長は7～12 mmで，淡褐色の翅膜に網目状の模様があり，他の種群と区別できる．成虫は灯火によく飛来する．

日本産既知種は次の5種だが，本州で2種，四国で1種の未記載種を確認している（未発表）．

ヤマナカナガレトビケラ *Rhyacophila yamanakensis* Iwata, 1927（図6-7，10-1）

北海道，本州，四国．低山地の河川に普通．成虫は北海道では6月～9月まで見られるが，本州中部では4月～11月まで見られ，特に5月下旬から7月上旬に多く採集されている．

Rhyacophila ishihanaensis Kobayashi, 1984はこの種のシノニムと思われるが，今後の課題である．

フリントナガレトビケラ *Rhyacophila flinti* Schmid, 1970（図10-2）

九州．幼虫不明．成虫はヤマナカナガレトビケラと同じような場所で，春と秋に採集されている．

このグループに属す九州産の幼虫を1個体検討したが，ヤマナカナガレトビケラとの区別点は見つからなかった．

シナノアミメナガレトビケラ（新称） *Rhyacophila curtior* Schmid, 1970（図10-4）

本州（長野）．幼虫不明．8，9月に採集されている．

サジオナガレトビケラ（仮称）　*Rhyacophila coclearis* Hsu et Chen, 1996（図10-3，台湾産）
沖縄本島，台湾．3，4月に採集されている（Kuranishi, 1999）．

ヨシノナガレトビケラ　*Rhyacophila yoshinensis* Tsuda et Kawai, 1967（図10-5）
本州．幼虫不明．成虫の前翅長は12.5〜16 mm で，やや大型．6月頃に灯火採集で得られる．
　雄の腹部第9節の構造から本種を暫定的にこのグループに含めたが，雄の生殖節の構造や雌の生殖器は大きく異なるので，将来は別の種群とする必要がある．

Rhyacophila sp. RB（図10-8）
本州．成虫不明．前版まででは，体長10 mm 以下の小型の種類とされているが，図示した個体は体長25 mm の大型．
　岐阜県揖斐川上流の林道脇の崖状になった部分の流れで採集したもので，それまでのものと同一種かは不明．唯一の未成熟の雄蛹の尾部は，下付属器が非常に大きく，前種 *yoshinensis* とは明らかに異なり，尾肢の構造が *Anatina* group のものに似る点から，京都・鞍馬産の標本に基づいて記載されて以来，記録のない大型種，*Rhyacophila verecunda* Tsuda との関連も想像される．

Retracta group

　シベリアから日本にかけて広く分布するウエノナガレトビケラを除けば，他の種類はすべて日本産で，現在4種類が知られている．このグループの成熟幼虫は最大で体長18 mm，腹面が平らで，腹部側面の鰓に特徴がある．しかし，sp. RC として記録されている幼虫には，何種かが含まれていて正確な種名の決定はできていない．成虫の前翅長は9〜13 mm，黄褐色に不明瞭な紋を散らした前翅の模様で慣れれば容易に区別がつきやすい．幼虫は典型的な山地渓流の流れの早い瀬に見られることが多い．蛹化は比較的大きな石の側面や下流面のくぼみで行われ，しばしば複数の個体が集合する．蛹室は細かな砂粒が主体で，滑らかな扁平な形をしていて他の種群とは異なっている（図6-2a）．成虫は流れに覆い被さった樹木の葉に止まっていることが多く，夕方にはよく飛び，灯火にもよく集まる．
　日本産既知種は次の4種だが，本州で2種，四国で1種の未記載種を確認している．

ウエノナガレトビケラ　*Rhyacophila retracta* Martynov, 1914（図6-6，10-6）
北海道，対馬，朝鮮，千島，樺太，アムール，南シベリア．北海道では普通種で6月〜10月に成虫が見られるが，西部や低山では7月前半に，やや高山地や東部では7月後半以降に多く見られる．

ユミナガレトビケラ　*Rhyacophila lambakanta* Schmid, 1970（図10-7）
本州．成虫は5月〜10月に出現，東北〜中部地方では，夏の山地渓流に普通に見られ，下の2種類に比べれば，やや標高の高い地域に分布する傾向がある．

モタカンタナガレトビケラ　*Rhyacophila motakanta* Schmid, 1970（図10-8）
本州，四国，九州．成虫は九州では4月，本州では5月から見られ，東北地方や山地では7，8月に多く見られる．

トガリミジカオナガレトビケラ（新称）　*Rhyacophila orthakanta* Emoto, 1979（図10-9）
本州．成虫は5月〜7月に見られ，分布記録は山梨，静岡，愛知に集中していて，他に奈良県の標本を確認している．

《幼虫は気管鰓をもたず，頭部が細長いグループ》

Yosiiana group

　この種群に含まれていた多くの種類を今回は *Ulmeri* group として別に扱ったので，今のところ

は日本に固有な少数の種類だけが含まれる小グループとなる．ヨシイナガレトビケラの幼虫が*Rhyacophila* sp. RD とされてきた種類に一致したが，他の種類の幼虫は確認されていない．

記載されている種類の他にも，九州から1種類（sp. 1）が記録されている（行徳・野崎，1992）他，本州，四国から少なくとも3種類の未記載種を確認している．

ヨシイナガレトビケラ *Rhyacophila yosiiana* Tsuda, 1940（図6-9，11-1）
本州．関東〜近畿では小さな沢に普通．終齢幼虫の体長は10〜18 mm．成虫の前翅長7〜11 mmで，成虫は5，6月にスウィーピングでよく採集される．

Rhyacophila niizakiensis Kobayashi, 1976（模式産地：神奈川県）については，形態的な個体変異の範囲に含まれると思われるが，近縁の種類を含めた検討が待たれる．

サトウナガレトビケラ *Rhyacophila satoi* Kuranishi, 1997（図11-2，沖縄産）
奄美大島，沖縄本島．幼虫不明．成虫は前翅長7.5〜9.2 mm，2月〜4月に採集されている．奄美大島産の個体では雄の下付属器の形などに変異がある．

カワラボウナガレトビケラ（新称） *Rhyacophila kawaraboensis* Kobayashi, 1976（図11-3）
本州（関東以北）．幼虫不明．

Clemens group

クレメンスナガレトビケラは他の種類とは類縁関係がはっきりしない日本固有の種類とされてきたが，朝鮮半島から記録された，*Rhyacophila kumgangsanica* Kumanski, 1990が同じ種群に属すと思われる．また，紀伊半島では明らかな未記載種を確認している．

クレメンスナガレトビケラ *Rhyacophila clemens* Tsuda, 1940（図6-10，11-4）
北海道，本州，四国，九州，琉球（西表島）．日本ではもっとも普通のナガレトビケラの1種で，汚染が少ない流れであれば，低標高の小河川から2000mを超す高山地の小渓流にも見られる．幼虫の体長10〜15 mm，成虫の前翅長5.5〜9 mm，本州では成虫は3月から9月までスウィーピングでよく採集される．成虫は日陰になった岩肌に止まっていることが多い．

雄の腹部第10節の特異な形から，容易に同定されるが，地理的な変異が見られ，今後の検討が必要とされる．

Nigrocephala group

インドから極東にかけて35種類以上が知られ，日本では6種の分布が確認されている．終齢幼虫の体長は10〜19 mm．頭部だけでなく，体型自体も細長い．成虫の翅膜には模様はなく，前翅長は5〜13 mm．幼虫は流れのあまり速くない平瀬などで見つかり，採集されやすいグループである．成虫はスウィーピングで採集され，灯火にも少数が飛来する．

カワムラナガレトビケラ *Rhyacophila kawamurae* Tsuda, 1940（図7-4，12-1）
北海道，本州，四国，九州，琉球（奄美大島，沖縄本島），千島（国後島），朝鮮．成虫は本州中部以西では4月〜6月，山地や北海道では6，7月に採集される．

シコツナガレトビケラ *Rhyacophila shikotsuensis* Iwata, 1927（図7-1，12-2）
北海道，本州，四国，九州，屋久島，沖縄本島．成虫の発生時期は，例外的に初夏や冬（福岡2月）の記録もあるが，北海道から九州まで晩秋に採集されている例が多く，ほとんどナガレトビケラの幼虫が見られない盛夏に終齢幼虫がよく見つかる．

クワヤマナガレトビケラ *Rhyacophila kuwayamai* Schmid, 1970（図7-2，12-4）
北海道，本州，九州．北海道と東北地方では普通種．関東以西では太平洋に注ぐ水系では稀．成

虫は6月に多く採集されている．多くの幼虫が得られた札幌近郊の流れ幅1m前後の小渓流では，落ち葉や枯れ枝などが溜まった淵尻の淀みに見られた．蛹室にはほとんど砂や小石を使わず，繭の回りに雑に植物質を集めているにすぎないものであった（図6-2e）．

ムナグロナガレトビケラ *Rhyacophila nigrocephala* Iwata, 1927（図12-6）

本州，九州．成虫は5月～8月に採集される．次種とは幼虫や雌については確実な区別点は見つからなかった．成虫の採集をしている限りでは，この種が河原が発達したような中流域に見られるのに対して，次種は山地の小渓流や平地でも湧水などの清水が流れている場所の周辺に見られる傾向がある．

ニッポンナガレトビケラ *Rhyacophila nipponica* Navas, 1933（図7-3，12-5）

北海道，本州，九州，千島（国後島）．山地渓流に普通で，成虫は暖地では4月から，寒冷地では6月から9月まで見られる．幼虫と雌については前種と区別がつかない．

タイワンナガレトビケラ *Rhyacophila formosana* Ulmer, 1927（図12-3，台湾産）

西表島，台湾．幼虫不明．成虫が11月，2月に得られている（Kuranishi, 1997）．

Rhyacophila sp. RM ?（図7-5）

本州，四国，九州．成虫不明．前版では単に sp. として図示されていて，幼虫は前脚の脛節に大きな突起があるのが特徴で，水がしたたるような岩壁のすき間を捜すとよく見つかるが，成虫との関係は明らかにされていない．

ほぼ成熟した雄蛹の生殖器の構造は今までに記録されている種群とは明らかに異なっている．また，同じ種群に属すと思われる未記載種を複数確認している．

《幼虫は気管鰓をもたず，頭部は細長くなく，尾肢の基部が鈎状になるグループ》

Anatina group

ヒマラヤからインドシナ，中国南部を経て日本までに20種以上が分布する．幼虫は頭部と前胸に斑状紋があり，尾肢の基節側板の後方腹面から小さな刺が分離している点に，このグループの特徴がある．小渓流や細流，小さな滝の周辺で得られることが多く，成虫の出現期は春から秋に及ぶ．日本産既知種は6種が記録されているが，分類学的な検討の余地が多いにある．

フタタマオナガレトビケラ（新称） *Rhyacophila bilobata* Ulmer, 1907（図7-7，13-1）

本州，関東以北で普通．成熟幼虫の体長15 mm，成虫の前翅長6～10 mm．4月から10月まで小渓流に見られる．本種には，幼虫で記載されたニワナガレトビケラの和名が与えられてきたが，次種との混同も多い．

Rhyacophila shiraishiensis Kobayashi, 1971は本種のシノニムと思われ，未記載の九州産（sp.2）（行徳・野崎；1992）の他にも明らかな未記載種もあり，本種に近縁な数種に分けられる可能性がある．

ニワナガレトビケラ *Rhyacophila niwae* Iwata, 1927（図13-2）

本州（中部以西）．前種とは大きさなどもよく似ており，幼虫では区別できない．前種と同じように春から秋まで長く採集され，同一水系に両種が分布する場合には，本種の方が下流域で見つかる．

数多くの標本を調べた結果，雄生殖器だけでなく雌でもはっきり区別できる2種以上が含まれることがわかった．幼虫だけで記載された本種の模式産地である，岐阜県，京都府で普通に見られる本種に暫定的に上記の名前を当てておく．

イトウナガレトビケラ *Rhyacophila itoi* Tsuda et Kawai, 1967（図7-9，13-3）

本州（東北，近畿）．成虫の前翅長は9～11 mm．6月から9月に採集されている．

ナカガワナガレトビケラ　*Rhyacophila nakagawai* Kobayashi, 1969（図7-8，13-4）

本州（東北～中部）．成熟幼虫の体長は18 mm，成虫の前翅長は9～11 mm．前種とはよく似ていて，雌では区別できない．また，分布域の違いも明確でない．

ヘイワナガレトビケラ（新称）　*Rhyacophila pacata* Tsuda, 1939（図13-5）

本州，九州．蛹の脱皮殻で見る限りではニワナガレトビケラと区別ができなかった．成虫は前翅長6～10 mm．5月から9月に採集される．四国には近縁の未記載種が分布する．

日中戦争下でトビケラ類の分類を行った故津田松苗博士はナガレトビケラ類の学名に『平和な』を意味する pacata, quieta, tranquilla（transquila と誤記）や当時の心境を物語るような diffidens, lacrimae, modesta, tacita, verecunda などの種小名を当てた．そこであえてこの種の和名とした．

ベレクンダナガレトビケラ　*Rhyacophila verecunda* Tsuda, 1939（図13-6）

本州（京都）．幼虫不明．原記載以後の記録がないが，前翅長13.5 mm の大型種である．

Vagrita group

北米西部と沿海州に各2種が知られているだけの小さなグループで，日本には国後島から記載されたホソオナガナガレトビケラが分布する．この種群は雄では腹部第9節後縁に特異な突起があり，雌の同定は体内の vaginal apparatus によって明らかになる．

北海道（札幌以西）と本州（青森県）には，雄の下付属器の形が大きく異なる未記載種，*Rhyacophila* sp. 1（伊藤ら，1997）が見られるが，幼虫では区別出来ない．

ホソオナガナガレトビケラ（新称）　*Rhyacophila mirabilis* Levanidova et Schmid, 1979（図7-10，14-1）

北海道（中，東部），千島（国後島，択捉島，ウルップ島）．終齢幼虫の体長は9～16 mm．成虫の前翅長は6.5～10 mm．幼虫は流速のあまり早くない小規模な渓流に普通に見られる．幼虫は頭楯板の後半部付近が暗色になる．なお，蛹の左側の大顎の歯が内側だけでなく，腹面にも1歯が見られる点は特異な形態である．成虫の出現期は6月下旬から9月下旬にわたるが，7，8月の採集例がほとんどである．

Sibirica group

全北区に約40種が知られていて，特にロシア極東には17種が分布する大きな種群である．日本にはロシアとの共通種3種を含む，6種が記録されているが，10種以上は確実に分布している．幼虫は山地渓流に普通に見られるが，複数種が同時に得られることも多く，近似種では区別が難しい．成虫も雄は腹部第10節の形態から容易に区別できるが，雌は互いによく似ており，正確な同定には腹部を KOH 処理して，vaginal apparatus を見る必要がある．成虫は本州低山帯以南では4月，本州中山帯以北では6月から見られ，出現期は同じ場所では約1カ月間に集中する傾向にあり，年1化性がはっきりしている．

カルダコフナガレトビケラ　*Rhyacophila kardakoffi* Navas, 1926（図8-1，15-1）

北海道，ロシア（シベリア，沿海州，樺太）．終齢幼虫の体長10～16 mm．成虫の前翅長8.5～10 mm．幼虫は幅2 m 以下の緩やかな流れに多く見られる．成虫は6月に多い．

トランスクィラナガレトビケラ　*Rhyacophila transquilla* Tsuda, 1939（図8-3，15-2）

北海道，本州，四国，九州，千島（国後島），樺太．終齢幼虫の体長9～16.5 mm．成虫の前翅長8.5～11 mm．この種群の中ではもっとも普通種であるが，局地的にほとんど見られないこともある．幼虫は春の山地渓流に普通に見られ，成虫は本州では5，6月，北海道では6，7月に多い．

アレフィンナガレトビケラ　*Rhyacophila arefini* Lukyanchenko, 1993（図8-4，15-3）
　北海道，千島，樺太．成熟幼虫の体長15 mm，成虫の前翅長7〜9.5 mm．前種よりやや小型であるが，よく似ていて，北海道産の標本の同定には注意が必要となる．
　北海道西部にはこの種に非常によく似た別種？（雌のvaginal apparatusではっきり区別できる）も分布している．

キソナガレトビケラ　*Rhyacophila kisoensis* Tsuda, 1939（図8-5，15-4）
　本州，四国，九州．成熟幼虫の体長16 mm，成虫の前翅長8〜10.5 mm．成虫はトランスクィラナガレトビケラと同時に得られることが多いが，産地・個体数ともに少ない．
　本州の一部（静岡，山梨）には幼虫では区別できないが，明らかに別種と思われる未記載種が見られる．

ユウキナガレトビケラ　*Rhyacophila yukii* Tsuda, 1942（図15-6）
　本州．成虫は山地の小さな渓流で，5月〜7月に見られる．
　原記載は本州（滋賀県比叡山）の標本でなされたが，Schmid（1970）は本州（長野，山梨県）に見られる種類（図15-5）にこの名前を充てた．しかし，原記載とは10節の形が大きく異なる．さらに，本州，九州にはSchmidの種類よりも形態的にTsudaの図に近い未記載種が複数確認されている．少なくとも，Schmidの方には，別の名前が与えられる必要があるが，原記載標本を含む今後の研究に残された課題である．
　この種群に属する種類としては，マヤナガレトビケラ　*Rhyacophila mayaensis* Kobayashi, 1976（図15-7）が本州（山形県）から記載されている他に，検索表に含めたsp.(*Sibirica* group-sp. 1)（図8-2）：本州（静岡，奈良），sp.(*Sibirica* group-sp. 2)：本州（岐阜）は未記載種と思われる．

Lieftinki group
　ヒマラヤ，インドネシア，中国，極東，北アメリカに飛び飛びに分布する小さな種群で日本には極東に広く分布する1種が見られる．成虫では*Angulata*種群との類縁性が指摘され，ジャワ島産の*Rhyacophila lieftinki* Ulmer, 1951の幼虫にはヤマナカナガレトビケラに見られるような胸部の鰓がある．

タシタナガレトビケラ　*Rhyacophila impar* Martynov, 1914（図7-6，14-3）
　北海道（標本は確認していない），本州，ロシア（シベリア〜沿海州，樺太），モンゴル，朝鮮．成熟幼虫の体長18 mm，成虫の前翅長10〜14 mm．本州では山地の春に採集される例が多いが7月の記録もある．

Kaltatica group
　雄が特異な生殖器をもつグループで，日本の他にはロシア極東に4種が知られている．日本では確定した種類は1種だけだが，明らかな未記載種が北海道から本州中部に6種以上分布する（未発表）．このグループに属す種類の成虫は，小滝が連続する傾斜の急な小さな沢や垂直に近い岩壁からの湧水部付近によく見られる．幼虫も同じ部分の岩の割れ目を捜すと見つかる．図示した幼虫（図7-11）は成虫との関係を確認した北海道（札幌市西部）に分布する種類で，他の種類（少なくともアズマナガレトビケラと同じサブグループに属す場合）も，頭部，前胸背板の斑紋や2歯をもつ尾肢などで共通した特徴をもつことは確認している（服部，未発表）．

アズマナガレトビケラ　*Rhyacophila azumaensis* Kobayashi, 1973（図14-2）
　本州（東北地方，新潟県，長野県）．成虫の前翅長5.5〜7.5 mm．成虫の出現期5月〜9月で，段

差が急な小渓流の周りによく見られる.

Rhyacophila asahiensis Kobayashi, 1976（模式産地：新潟県朝日村）と *Rhyacophila hayachinensis* Kobayashi, 1976（模式産地：岩手県大迫町）については，図から判断する限りでは，アズマナガレトビケラのシノニムと思われるが，分布域内によく似た別種が見つかったので，模式標本を含めた，今後の検討が待たれる.

《幼虫は気管鰓をもたず，頭部は細長くなく，尾肢の基部が鈎状にならないグループ》

Brevicephala group

日本と朝鮮に分布する少数種で構成された種群である.

ヒロアタマナガレトビケラ　*Rhyacophila brevicephala* Iwata, 1927（図8-12, 17-1）

北海道，本州，九州，千島（国後島）．低山地の小河川でよく見られる．終齢幼虫の体長13〜20 mm，成虫の前翅長7.5〜10.5 mm．本州では成虫は3月から10月まで採集される．幼虫は比較的流れの緩やかな瀬に見られる.

本州（神奈川県）から記載された，*Rhyacophila hayakawai* Kobayashi, 1969は，前種に非常によく似ている.

ツシマナガレトビケラ（新称）　*Rhyacophila tsushimaensis* Kobayashi, 1985（図17-2）

対馬．幼虫不明．成虫は6月に得られている.

この種は朝鮮半島からロシア沿海州などに広く分布するチョウセンナガレトビケラ *Rhyacophila coreana* Tsuda, 1942によく似ている.

Ulmeri group

従来は *Yosiiana* 種群に含めていた仲間であるが（Ross, 1956），幼虫や雌の形態では大きく異なるので，別の種群として扱う．日本産の種類がほとんどで，記載されているだけで9種以上があり，他にも明らかに別種と思われる未記載種も多い．幼虫は細流に見られ，同じ時に成虫も採集されることも多い．幼虫はよく似た斑紋をもつ *Anatina* 種群や *Azumaensis* 種群と似ているが，前胸背板の後角部が本体とは切り離されているようになっている点で区別できる.

ウルマーナガレトビケラ　*Rhyacophila ulmeri* Navas, 1907（図8-9, 16-1）

本州（東北地方），中国．成熟幼虫の体長13〜15 mm，成虫の前翅長7〜10 mm．成虫は5, 6月に採集されている.

クラマナガレトビケラ　*Rhyacophila kuramana* Tsuda, 1942（図8-6, 16-2）

本州，四国，九州．成熟幼虫の体長15〜18 mm，成虫の前翅長7〜11 mm．本州では新潟，長野以西に分布するが，太平洋岸での分布は不明．下付属器の第2節には変異があり，北部九州産では特に大きい（図15-2c'）.

コウノナガレトビケラ　*Rhyacophila kohnoae* Ross, 1956（図8-7, 16-3）

本州．成熟幼虫の体長11〜13 mm，成虫の前翅長7.5〜9 mm．成虫は春から晩秋まで見られる.

この種によく似た種類としては，*Rhyacophila tachikawana* Kobayashi, 1973（本州：山形），*Rhyacophila kiyosumiensis* Kuranishi, 1990（本州：関東地方）が記載されている他，別の未記載種もあるので，今後の分類学的再検討課題である.

ナガオカナガレトビケラ（新称）　*Rhyacophila nagaokaensis* Kobayashi, 1976（図8-8, 16-4）

本州（新潟県南部，長野，岐阜）．成熟幼虫の体長13 mm，成虫の前翅長7.5〜10 mm．成虫は5月〜8月に採集されている.

セキガワナガレトビケラ（新称）　*Rhyacophila shekigawana* Kobayashi, 1973（図16-5）

本州（東北地方，新潟県北部）．成虫の前翅長6.5〜8.5 mm．成虫は5月〜9月に採集されている．前種との大きな違いは下付属器の第2節の形状だけだが，幼虫の脱皮殻で区別できるので一応別種として扱った．

ミジカオナガレトビケラ　*Rhyacophila diffidens* Tsuda, 1939（図16-6）

本州（関東以西），四国，九州．幼虫不明．成虫の前翅長5〜8 mm．本州中部では3月〜9月に得られている．

九州産の雄には変異があり，10節中央部（図16-6b）が後方に突き出す個体もある．*Rhyacophila tsudai* Ross, 1956はこの種のシノニムと思われるが，今後の課題である．

ミノヤマナガレトビケラ（新称）　*Rhyacophila minoyamaensis* Kobayashi, 1973（図16-7）

本州（山形県）．幼虫不明．成虫は5月に採集されている．

確実な標本は確認していないが，この種群に属すと思われる．

Rhyacophila sp. RL

幼虫ではヒロアタマナガレトビケラのように，尾肢側板の後縁が尖らない仲間として，sp. RLとして前版に図示された種類の他にも複数の種類が見つかっているが，これらは成虫との関係がわからないので，検索表には含めなかった．

本州の細流では，明らかな違いがある種類も得ている．

1．頭部が幅よりやや長く，点紋が不明瞭（山形県）．
2．頭部は幅と長さがほぼ同じで，点紋が見られない（山梨県）．
3．頭部は長さよりも幅が少し広く，前胸背板の前縁の毛が長い（岐阜県）．

また，沖縄でも頭部に斑紋がない幼虫が記録されている（Tanida, 1997；谷田，2003）．

《幼虫が知られていないグループ》

ヒロアタマナガレトビケラのように，陰茎が分岐して，腹面に後方に向かって広がる大きな突起をもつことで特徴づけられるグループには，下付属器の第2節が単純な三角形に近く，陰茎の腹面突起が単純でキチン化が弱いことで区別される，クラッサナガレトビケラ *Rhyacophila crassa* Schmid, 1970（図17-4）（模式産地：本州・福島県），下付属器の第2節に特徴的な湾入をもつ，マキナガレトビケラ *Rhyacophila makiensis* Kobayashi, 1987（図17-2）（模式産地：本州・島根県；図は長野県産）がある．

《上記の種群には属さない，新たに幼虫を図示した種類》

Rhyacophila sp. (*Betteni* group ?)（図8-11）

北海道東北部．幼虫は泥質の細流で見つかる．成虫の生殖器の形態から，北米に分布する*Betteni* groupに属すると思われるが，記載はされていない種である．

Rhyacophila sp. (species group ?)（図8-10）

本州．幼虫は滝の周辺や水がしたたるような岩壁のすき間を捜すとよく見つかる．初夏には蛹になっているが，成虫は秋に出現する種類である．

上記2種にもそれぞれ複数の近縁種を確認している．

カワリナガレトビケラ科（ツメナガナガレトビケラ科を改称）　Hydrobiosidae

服部壽夫

　以前はナガレトビケラ科の亜科として扱われていた科であり，オセアニアや南アメリカに多くの属と種が分布し，日本には1属のみが知られている．幼虫はナガレトビケラ科と同様に巣をもたず，形態も似ているが，前肢が変形し，中・後肢とは大きく形が違う点で区別される．成虫は前翅に前縁室間脈がなく，肛室が長い点などに特徴があり，距式は2-4-4か1-4-4でナガレトビケラ科とは異なる．

ツメナガナガレトビケラ属　*Apsilochorema*

　オーストラリア，インド，フィジーから極東にかけて，30種以上が記録されている属で，従来日本産はロシア（沿海州）と同じ1種だけとされてきた．琉球列島には *Apsilochorema indicum* (Ulmer) に近縁な未記載が分布する（Tanida, 1997）．

ツメナガナガレトビケラ　*Apsilochorema sutshanum* Martynov, 1934（図18）

分布：北海道，本州，四国，九州，千島（択捉島），サハリン，ロシア沿海州．成熟幼虫の体長は11〜13 mm．成虫の前翅長は5〜8.5 mm．幼虫の頭部と前胸背面は黄色で，後縁は黒く縁取られる．蛹室は小粒の石からつくられ，あまりしっかりしていない．カプセル状の繭の両端には，はっきりした短な紐状部がある．成虫はほぼ黒色で，前翅の中ほどに白線状に目立つ部分があり，距式は2-4-4．本州では，幼虫は山地渓流に普通に見られ，他の水生動物を捕食する．成虫も一度に多数が得られることは少ないが，春から秋に連続的に見られる．

　Psilochorema japonicum (Tsuda, 1942) はこの種のシノニムである．

　前の版でカワリナガレトビケラ科を担当した服部壽夫は，2016年2月に逝去しました．本科については，大きく改変する部分はないと思われるので，図版番号を除き前版をそのまま再録することにした．（谷田一三）

カワリナガレトビケラ科 51

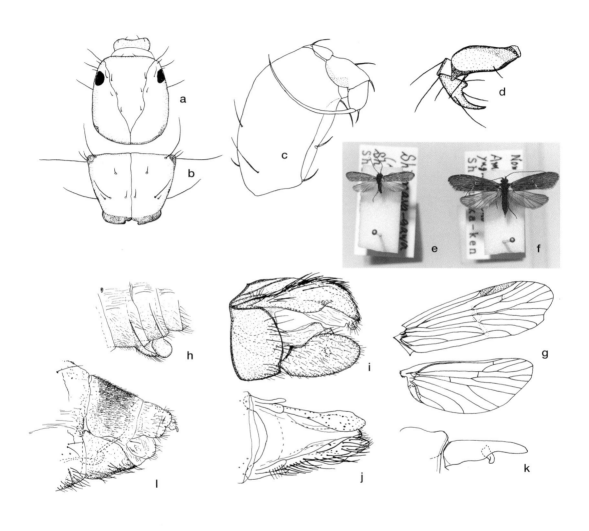

図18　ツメナガナガレトビケラ *Apsilochorema sutshanum*
a：幼虫頭部背面　b：幼虫前胸背面　c：幼虫前肢　d：幼虫尾肢側面　e：成虫雄展翅標本　f：成虫雌展翅標本　g：成虫雄前後翅　h：成虫雄腹部側面（第5〜7節腹板）　i：成虫雄生殖器側面　j：成虫雄生殖器背面　k：成虫雄生殖器腹面（下付属器）　l：成虫雌生殖器側面
（a〜dは谷田（1985）より）

ヒメトビケラ科　Hydroptilidae

伊藤富子

　5齢幼虫の体長は2～3mmと小型．前，中，後胸は硬化した2枚の背板で広く覆われる（図19-1d, 2b, 3a, 4a, 5a, 6b, 7b, 7c）．1～4齢（若齢）幼虫は細長く，尾脚は体の後方へ伸び，筒巣をつくらない（図19-1c）．ほとんどの種では若齢幼虫期は短く，1年1世代の場合で1～2ヶ月である．5齢になるときの脱皮はhyper-metamorphosisで（Nielsen, 1948），尾脚鉤爪は短く腹側に湾曲した形に変わり，筒巣をつくりはじめる．第1腹節にこぶ状隆起はなく，腹部全体が次第に肥厚して筒巣を掲巣するに適した形態になる．筒巣の材料と形態はさまざまで属の特徴となっている（図19，表1）．

　成虫の翅は細長く先端は尖り（図21-1w），全体に長い毛が密生していて蛾のようにみえる．主に頭部単眼の有無，中胸縫合線の有無，後胸小盾板の形，胸脚の刺の数（距式：図2-1）によって属を判別する（表2，図20）．日本では9属54種が記録されているが（Ito, 2018a），今後研究が進めばさらに多くの属と種が発見される可能性がある．Kobayashi（1964a）が本科の新属として設立した*Tsukushitrichia*属はキブネクダトビケラ科キブネクダトビケラ属*Melanotrichia*のシノニムである（Barnard & Dugeon, 1984）．

表1　ヒメトビケラ科終齢幼虫，属の判別のための形質比較

	体形	腹部の気管鰓	腹部背面の硬板	胸脚	筒巣の材料と形
ヒメトビケラ属 Genus *Hydroptila* (図19-1)	左右に扁平	尾部に3本の細長い気管鰓	なし	3脚とも太く短い 後方の脚ほどやや長い	砂粒，糸状藻類など．メガネサック型
ケシヒメトビケラ属 Genus *Microptila* (Graf et al., 2004による)	左右に扁平	なし	なし	3脚とも太く短い 後方の脚ほどやや長い	砂粒，糸状藻類など．メガネサック型
オトヒメトビケラ属 Genus *Orthotrichia* (図19-2)	背腹に扁平	なし	なし	3脚とも太く短い 後方の脚ほどやや長い	絹糸製で豆のさやのよう．
ハゴイタヒメトビケラ属 Genus *Oxyethira* (図19-3)	左右に扁平	なし	なし	前脚は太く短く 中・後脚は細長く前脚の2倍以上	絹糸製でハゴイタ型
ガンバンヒメトビケラ属 Genus *Plethus* (図19-6)	背腹に扁平	なし	1～8節の中央に横長の硬板が1～2個と2対の小硬化板	3脚とも太く短い 後方の脚ほどやや長い	絹糸製の楯型．前後のフードはフレア状
コケヒメトビケラ属 Genus *Pseudoxyethira* (図19-4)	左右に扁平	なし	なし	3脚とも太く短い 後方の脚ほどやや長い	蘚類など．メガネサック型に近いが背側は浅くくぼむ
カクヒメトビケラ属 Genus *Stactobia* (図19-5)	背腹に扁平	なし	1～7節に細長の小硬板 8, 9節に大きな硬化板	3脚とも太く短い 後方の脚ほどやや長い	楯型，絹糸＆砂粒製．砂の多寡と前後のフードの大きさは種によって異なる
サワヒメトビケラ属 Genus *Stactobiella* (Wiggins, 1996による)	左右に扁平	なし	なし	3脚とも太く短い 後方の脚ほどやや長い	砂粒，糸状藻類など．メガネサック型
オオヒメトビケラ属 Genus *Ugandatrichia* (図19-7)	ほぼ筒状，または左右に扁平	なし，または9節背側に棒状の鰓	なし	3脚とも太く短い 後方の脚ほどやや長い	絹糸でチューブ状または糸状藻類でメガネサック型

表2　ヒメトビケラ科成虫，属の判別のための形質比較

	頭部単眼	中胸小盾板の縫合線	後胸小盾板の形	胸脚距式	第7腹節の突起**
ヒメトビケラ属（図20-1） Genus *Hydroptila*	なし	なし	ほぼ三角	0-2-4	A，B
ケシヒメトビケラ属（図20-2） Genus *Microptila*	あり	なし	ほぼ三角	0-3-4	A
オトヒメトビケラ属（図20-3） Genus *Orthotrichia*	なし	なし	ほぼ四角	0-3-4	A
ハゴイタヒメトビケラ属（図20-4） Genus *Oxyethira*	あり	なし	ほぼ三角	0-3-4	A
ガンバンヒメトビケラ属（図20-5） Genus *Plethus*	あり	なし	ほぼ四角	0-2-3，0-2-4，1-2-3	なし
コケヒメトビケラ属（図20-6） Genus *Pseudoxyethira*	あり	あり	ほぼ四角	1*-2-4，0-2-4	なし
カクヒメトビケラ属（図20-7） Genus *Stactobia*	あり	あり	ほぼ四角	1-2-4	B
サワヒメトビケラ属（図20-8） Genus *Stactobiella*	あり	あり	ほぼ四角	1-3-4	A
オオヒメトビケラ属（図20-9） Genus *Ugandatrichia*	あり	なし	ほぼ三角	0-3-4	A，C

＊痕跡的　＊＊A．短く，先端は尖る；B．長く伸び，先端は広がって棘が密生；C．長く伸び，先端は棍棒状

ヒメトビケラ属　*Hydroptila* Dalman, 1819

世界で500種以上知られている大きな属（Morse, 2018）．日本で記録されているのは16種で（Ito et al., 2011；Ito, 2015；小林ら，2017），ほとんどの種でメス成虫でも同定できる．幼虫の判明しているのはヌマヒメトビケラ *Hydroptila dampfi* Ulmer, 1929（図19a～d）（Ito & Kawamura, 1980），オグラヒメトビケラ *H. oguranis* Kobayashi, 1974（図19e）（伊藤ら，1998）の2種のみ．他に整理記号をつけた幼虫が記載されているが（Iwata, 1927；谷田，1985；鉄川，1965），成虫との関連はついていない．メス成虫で記載されたウスグロヒメトビケラ *H. usuguronis* Matsumura, 1931はクダトビケラ科であることが判明している（Ito et al., 2011）．湖沼や河川緩流部の水草帯，渓流の岩盤上などに生息している．数種の未記載種がすでに発見されている（伊藤，未発表）．

マツイヒメトビケラ　*Hydroptila phenianica* Botosanuanu, 1970（図20-1，21-1）

北海道，本州，四国，九州，対馬，北朝鮮，ロシア極東大陸部で記録がある．河川の中・下流に普通．*H. matsuii* Kobayashi, 1974は本種のシノニム（Nozaki & Tanida, 2007）．

アジアヒメトビケラ　*Hydroptila thuna* Oláh, 1989（図21-2）

南部琉球（石垣島，西表島，与那国島），東アジア，東南アジア．成虫は河畔で採れる．オス成虫は前種と似ているが，subgenital appendage 中央が後方に長く伸びることで区別できる．

チャイナヒメトビケラ　*Hydroptila chinensis* Xue & Yang, 1990（図21-3）

北海道，本州，中国，ロシア極東大陸部．成虫は河畔で採れる．

オガサワラヒメトビケラ　*Hydroptila ogasawaraensis* Ito, 2011（図21-4）

小笠原諸島．前種に似ているが，下部付属器が短い．

オグラヒメトビケラ　*Hydroptila oguranis* Kobayashi, 1974（図21-5）

北海道，本州，四国，九州，対馬，奄美大島．小さな流水に多い（伊藤ら，1998；図19-1e）．

ニセオグラヒメトビケラ（新称）　*Hydroptila parapiculata* Yang & Xue, 1994（図21-6）
　本州，中国（中部，東南部）．琵琶湖の流出河川で発見された（小林ら，2017）．腹面からみると前種によく似ているが，phallusの先端が二叉していないこと，10節後端中央が深くくぼむこと，および9節前端が前方へ長く伸びて6節まで届くことで区別できる．

ヌマヒメトビケラ　*Hydroptila dampfi* Ulmer, 1929（図21-7）
　北海道，本州，中国，ロシア極東大陸部．湖沼や湿原の水草帯に生息し水草に付着している糸状藻類の細胞壁に穴を開けて細胞内容物を吸い込んで食べる（図19-1d）．1年1世代であり，9ヶ月にも及ぶ長い若齢幼虫期（Ito & Kawamura, 1980；図19-1c）はヒメトビケラ科では世界でも他に例がない．*H. itoi* Kobayashi, 1974は本種のシノニム（Ito et al., 2011）．

トゲヒメトビケラ　*Hydroptila spinosa* Arefina & Armigate, 2003（図21-8）
　北海道，本州，四国，九州，サハリン．成虫は河畔で採れる．

ナンセイヒメトビケラ　*Hydroptila nanseiensis* Ito, 2011（図21-9）
　琉球（沖縄島，石垣島，西表島）．成虫は河畔で採れる．

ミギヒメトビケラ　*Hydroptila asymmetrica* Kumanski, 1990（図21-10）
　北海道，本州，四国，九州，対馬，琉球（奄美大島，徳之島，沖縄島，石垣島，西表島）．成虫は河畔で採れる．

チョウセンヒメトビケラ　*Hydroptila coreana* Kumanski, 1990（図21-11）
　北海道，本州，四国，九州，北朝鮮，ロシア極東大陸部．成虫は河畔で採れる．

カキダヒメトビケラ　*Hydroptila kakidaensis* Nozaki & Tanida, 2007（図21-12）
　本州，九州．静岡県柿田川湧水から記載され，その後各地の渓流で確認されている．

キュウナガヒメトビケラ　*Hydroptila botosaneanui* Kumanski, 1990（図21-13）
　北海道，本州，北朝鮮，ロシア極東大陸部．成虫は河畔で採れる．オス成虫は前種と似ているが，9節前端が前方へ長く伸びることで区別できる．

ニセタイワンヒメトビケラ　*Hydroptila pseudseirene* Ito, 2015（図21-14）
　琉球（石垣島，西表島）．成虫は河畔で採れる．近縁種 *H. seirene* Malicky & Chantaramongkol, 2007が台湾に分布している．

ラセンヒメトビケラ　*Hydroptila spiralis* Ito, 2015（図21-15）
　琉球（奄美大島，沖縄島）．オス成虫は前種と似ているが，下部付属器の後縁中央が深くくぼむことで区別できる．成虫は河畔で採れる．

ヤエヤマヒメトビケラ　*Hydroptila yaeyamensis* Ito, 2015（図21-16）
　琉球（石垣島，西表島）．成虫は河畔で採れる．

ケシヒメトビケラ属　**Microptila** Ris, 1897

世界で22種が知られている（Morse, 2018）．日本では3種が記録されていて，成虫は濡れ崖や急流で採集されている（Ito, 2017a）．幼虫はヨーロッパに分布する *M. minutissima* Ris のみが記載されており，それによればヒメトビケラ属幼虫とよく似ているが，前脚の爪の形と腹部末端に気管鰓のない点が異なるという（Graf et al., 2004）．

ミクロヒメトビケラ　*Microptila orienthula* Kjærandsen & Ito, 2009（図20-2，24-1）
　北海道，本州，四国，九州，屋久島．成虫は濡れ崖と滝で採集されている．

ゲンカミクロヒメトビケラ　*Microptila genka* Ito, 2017（図24-2）
　琉球（沖縄島，石垣島）．オス成虫は前種と似ているが，9節腹面の左右癒合部が幅広いことで

ヒメトビケラ科 55

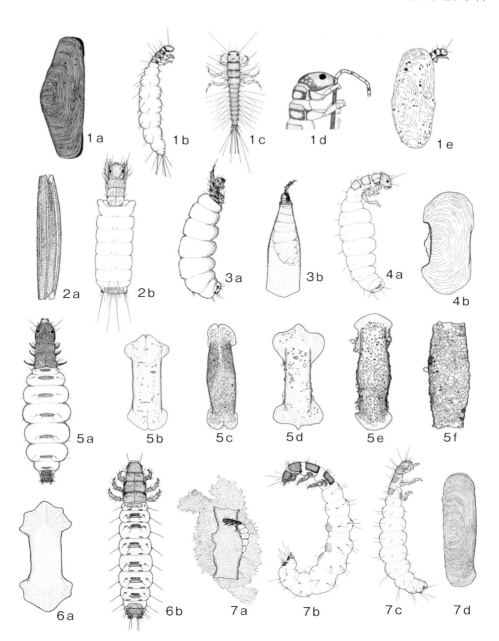

図19 ヒメトビケラ科各属の幼虫と筒巣　Hydroptilidae larvae & cases
1：ヒメトビケラ属 *Hydroptila*：a〜d, ヌマヒメトビケラ *H. dampfi*：1a, 筒巣；1b, 終齢幼虫；1c, 若齢幼虫；1d, 糸状藻類を食べる幼虫；1e, オグラヒメトビケラ *H. oguranis* 筒巣　2：オトヒメトビケラ属 *Orthotrichia*：2a, 筒巣；2b, 幼虫　3：ハゴイタヒメトビケラ *Oxyethira acuta*：3a, 幼虫；3b, 筒巣　4：コケヒメトビケラ属 *Pseudoxyethira*：4a, 幼虫；4b, 筒巣　5：カクヒメトビケラ属 *Stactobia*：5a, カワカクヒメトビケラ *S. makartschenkoi* 幼虫；5b, 同筒巣；5c, カクヒメトビケラ *S. japonica* 筒巣；5d, ナガトゲカクヒメトビケラ *S. inexpectata* 筒巣；5e, チチブカクヒメトビケラ *S. chichibu* 筒巣；5f, カンピレカクヒメトビケラ *S. campire* 筒巣　6：ガンバンヒメトビケラ *Plethus ukalegon*：6a, 筒巣；6b, 幼虫　7：オオヒメトビケラ属 *Ugandatrichia*：7a, ナキジンオオヒメトビケラ *U. nakijinensis* 巣；7b, 同幼虫；7c, シンシロオオヒメトビケラ *U. shinshiroensis* 幼虫；7d, 同筒巣.（1a〜d：Ito & Kawamura (1980), 1e：伊藤ら (1998), 5：Ito (2017c), 6：Ito & Saito (2016), 7a, b：Ito & Ohkawa (2012), 7c, d：Ito et al. (2018)）

503

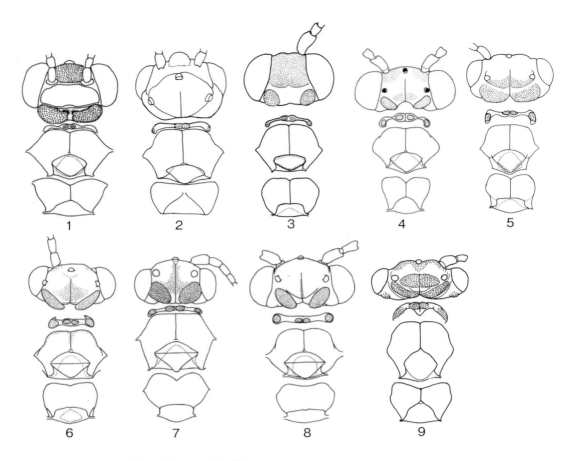

図20 ヒメトビケラ科各属成虫の頭胸部背面　Hydroptilidae adults head & thorax
1：マツイヒメトビケラ *Hydroptila phenianica*　2：ミクロヒメトビケラ *Microptila orienthula*　3：クロオトヒメトビケラ *Orthotrichia tragetti*　4：ハゴイタヒメトビケラ *Oxyethira acuta*　5：ガンバンヒメトビケラ *Plethus ukalegon*　6：コケヒメトビケラ *Pseudoxyethira ishiharai*　7：カワカクヒメトビケラ *Stactobia makartschenkoi*　8：サワヒメトビケラ *Stactobiella tshistjakovi*　9：ナキジンオオヒメトビケラ *Ugandatrichia nakijinensis*.（2：Ito (2017a)，3：Ito (2013)，5：Ito & Saito (2016)，6：Ito (2017b)，7：Ito (2017c)，9：Ito & Ohkawa (2012)）

区別できる．成虫は濡れ崖と滝で採集されている．

ナカマミクロヒメトビケラ　*Microptila nakama* Ito, 2017（図24-3）

琉球（西表島）．成虫は大礫のある急流で採集されている．

オトヒメトビケラ属　*Orthotrichia* Eaton, 1873

世界で250種以上が知られている属（Morse, 2018）．日本で記録されているのは4種で（Ito, 2013；野嶋, 2017）メス成虫も同定できる．4種のうち2種はヨーロッパにも生息する広域分布種で，幼虫も記載されているが（図19-2 a, b），2種の違いは明らかではない（たとえば，Wallace et al., 1990）．

コスタオトヒメトビケラ　*Orthotrichia costalis* (Curtis, 1834)（図24-4）

北海道，本州，東アジア，ヨーロッパ．湖沼や湿原の水草帯に生息．

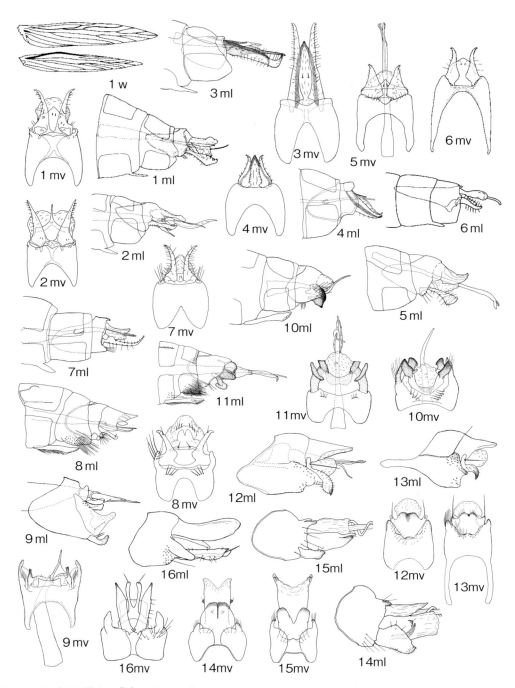

図21 ヒメトビケラ属オス成虫 *Hydroptila* male adults
交尾器側面図 (ml), 交尾器腹面図 (mv), 翅 (w)　1：マツイヒメトビケラ *H. phenianica*　2：アジアヒメトビケラ *H. thuna*　3：チャイナヒメトビケラ *H. chinensis*　4：オガサワラヒメトビケラ *H. ogasawaraensis*　5：オグラヒメトビケラ *H. oguranis*　6：ニセオグラヒメトビケラ *H. parapiculata*　7：ヌマヒメトビケラ *H. dampfi*　8：トゲヒメトビケラ *H. spinosa*　9：ナンセイヒメトビケラ *H. nanseiensis*　10：ミギヒメトビケラ *H. asymmetrica*　11：チョウセンヒメトビケラ *H. coreana*　12：カキダヒメトビケラ *H. kakidaensis*　13：キュウナガヒメトビケラ *H. botosaneanui*　14：ニセタイワンヒメトビケラ *H. pseudseirene*　15：ラセンヒメトビケラ *H. spiralis*　16：ヤエヤマヒメトビケラ *H. yaeyamensis*. (1～5, 7～13：Ito et al. (2011), 14～16：Ito (2015))

クロオトヒメトビケラ　*Orthotrichia tragetti* Mosely, 1930（図20-3；24-5）

北海道，本州，九州，琉球（奄美大島，南大東島），東アジア，東南アジア，ヨーロッパ．湖沼や湿原の水草帯の他，渓流でも採れることがある．

イリオモテオトヒメトビケラ　*Orthotrichia iriomotensis* Ito, 2013（図24-6）

琉球（西表島）．成虫は河畔で採れる．

チョウセンオトヒメトビケラ　*Orthotrichia coreana* Ito & Park, 2016（図24-7）

本州（岡山），韓国．成虫は河畔で採れる．

ハゴイタヒメトビケラ属　*Oxyethira* Eaton, 1873

世界で350種以上が知られている属（Morse, 2018）．日本では10種が記録されていて，メス成虫でも区別できる（Ito & Oláh, 2017）．湖沼や河川緩流部の水草帯で採集される．ハゴイタヒメトビケラ *O. acuta* Kobayashi の幼虫が記載されている（Ito & Kawamula, 1984）．

ハゴイタヒメトビケラ　*Oxyethira acuta* Kobayashi, 1977（図20-4，22-1）

北海道，本州．湖沼や湿原の水草帯にすみ，1年1世代．ヌマヒメトビケラ *Hydroptila dampfi* Ulmer と同様に糸状藻類の細胞内容物を吸い取って食べる（Ito & Kawamula, 1984）．

カキダハゴイタヒメトビケラ　*Oxyethira angustella* Martynov, 1933（図22-2）

北海道，本州．成虫は湧水流や渓流の河畔で採集されている．静岡県柿田川から記載された *O. kakida* Oláh & Ito, 2013は本種のシノニム（Ito & Oláh, 2017）．

チトセハゴイタヒメトビケラ　*Oxyethira chitosea* Oláh & Ito, 2013（図22-3）

北海道，本州．成虫は湧水流や渓流の河畔で採集されている．

ヒロシマハゴイタヒメトビケラ　*Oxyethira hiroshima* Oláh & Ito, 2013（図22-4）

本州．成虫は渓流の河畔で採集されている．

メクンナハゴイタヒメトビケラ　*Oxyethira mekunna* Oláh & Ito, 2013（図22-5）

北海道．成虫は湿原で採集されている．

ミエハゴイタヒメトビケラ　*Oxyethira miea* Oláh & Ito, 2013（図22-6）

本州．成虫は河畔で採集されている．オス交尾器には変異がある．

オキナワハゴイタヒメトビケラ　*Oxyethira okinawa* Oláh & Ito, 2013（図22-7）

琉球（屋久島，奄美大島，沖縄島）．成虫は河畔で採集されている．

オゼハゴイタヒメトビケラ　*Oxyethira ozea* Oláh & Ito, 2013（図22-8）

本州．模式産地の群馬県尾瀬ヶ原でのみ知られている．

ツルガハゴイタヒメトビケラ　*Oxyethira tsuruga* Ito & Oláh, 2017（図22-9）

北海道，本州．成虫は湿原で採集されている．

シュマリハゴイタヒメトビケラ　*Oxyethira shumari* Ito & Oláh, 2017（図22-10）

北海道．模式産地の北海道朱鞠内でのみ知られている．

ガンバンヒメトビケラ属　*Plethus* Hagen, 1887

熱帯と亜熱帯で28種が知られている属で（Morse, 2018），日本では琉球南部から1種が記録されている（Ito & Saito, 2016）．

ガンバンヒメトビケラ　*Plethus ukalegon* Malicky & Chantaramongkol, 2007（図19-6a, 6b, 20-5, 24-8）

琉球（西表島，石垣島），台湾．終齢幼虫は滝の岩盤上に平たい筒巣を固着させており，同様に

岩盤に筒巣を固着させているカクヒメトビケラ属と比較すると，より流速の速い部分に生息している（Ito & Saito, 2016；Ito, 2017c）．

コケヒメトビケラ属　*Pseudoxyethira* Schmid, 1958

従来使われていたコケヒメトビケラ属の学名 *Scelotrichia* Ulmer, 1951 は，カメムシ目の亜属名として19世紀から使われていたことが最近判明し，新たな属名として *Pseudoxyethira* Schmid が採用された（Zhou et al., 2016）．この属では熱帯と亜熱帯で60種近くが知られており（Morse, 2018），日本では3種が記録されている（Ito, 2017b）．世界で2種の幼虫が記載されており，いずれも滝の飛沫をあびるコケ群落にすみ，メガネサック型の筒巣をつくり，蘚類を食べる（Ohkawa & Ito, 2002；Cairns & Wells, 2008）．メス成虫の同定は困難．

コケヒメトビケラ　*Pseudoxyethira ishiharai* (Utsunomiya, 1994)（図20-6，24-9）

北海道，本州，四国，九州，琉球（屋久島，奄美大島，沖縄島，石垣島，西表島）．成虫は滝の付近で採集されており，幼虫の摂食行動と蛹化行動が観察されている（Utsunomiya, 1994；Ohkawa & Ito, 2002）．

アジアコケヒメトビケラ　*Pseudoxyethira thingana* (Oláh, 1989)（図24-10）

本州（中部以南），九州，琉球（屋久島，奄美大島，沖縄島，石垣島，西表島），ベトナム，中国（南部）．オス成虫は前種と似ているが，下部付属器の内縁中央が尖ることと陰茎先端が分岐しないことで区別できる．成虫は滝の付近で採集されている．

フナツキコケヒメケラ　*Pseudoxyethira funatsuki* Ito, 2017（図24-11）

琉球（石垣島，西表島）．成虫は滝と急流の付近で採集されている．

カクヒメトビケラ属　*Stactobia* McLachlan, 1880

世界で150種以上が知られている属で（Morse, 2018），日本産13種（Botosaneanu & Nozaki, 1996；Ito, 2017b）．幼虫は急流の岩盤やダムサイトの壁などに筒巣を固着させている．巣材は砂粒を絹糸で固めた楯型で，腹側は平たく背側は山型．砂粒の多寡や前後のフードの大きさと形は種によって異なり，前胸腹側と中胸腹側の小硬板とともに，種の特徴（Ito, 2017b）．メス成虫の同定は困難．

カワカクヒメトビケラ　*Stactobia makartschenkoi* Botosaneanu & Levanidova, 1988；図19-5a，5b，20-7，23-1）

北海道，本州，四国，九州，クナシリ．急流に生息．北海道では夏に成虫が羽化する1年1世代（Ito, 2017b）．

カナガワカクヒメトビケラ　*Stactobia kanagawa* Ito, 2017（図23-2）

本州，九州．前種に似ているが，陰茎の先端がスプーン状であることで区別できる．急流に生息．

カクヒメトビケラ　*Stactobia japonica* Iwata, 1930（図19-5c，23-3）

本州，四国，九州．急流や滝に生息．

ナガトゲカクヒメトビケラ　*Stactobia inexpectata* Botosaneanu & Nozaki, 1996（図19-5d，23-4）

北海道，本州，四国，九州，屋久島．急流や滝に生息．

ハットリカクヒメトビケラ　*Stactobia hattorii* Botosaneanu & Nozaki, 1996（図23-5）

本州，四国，九州，屋久島．急流や滝の付近で成虫が採れている．

グンマカクヒメトビケラ　*Stactobia gunma* Ito, 2017．（図23-6）

本州．急流や滝の付近で成虫が採れている．前種に似ているが陰茎内部の刺が前種よりも長いことで区別できる．

ニシモトカクヒメトビケラ　*Stactobia nishimotoi* Botosaneanu & Nozaki, 1996（図23-7）
本州，四国，九州，屋久島．急流や滝の付近で成虫が採れている．

ヨナカクヒメトビケラ　*Stactobia yona* Ito, 2017（図23-8）
琉球（奄美大島，沖縄島）．急流に生息．

タイワンカクヒメトビケラ　*Stactobia semele* Malicky & Chantaramongkol, 2007（図23-9）
琉球（西表島），台湾．急流の岩盤上に生息．

オナガカクヒメトビケラ　*Stactobia distinguenda* Botosaneanu & Nozaki, 1996（図23-10）
北海道，本州．滝の付近で成虫が採れている．

チチブカクヒメトビケラ　*Stactobia chichibu* Ito, 2017（図19-5e，23-11）
本州，四国．濡れ崖や細流に生息．

ウラウチカクヒメトビケラ　*Stactobia urauchi* Ito, 2017（図23-12）
琉球（石垣島，西表島，与那国島）．急流に生息．

カンピレカクヒメトビケラ　*Stactobia campire* Ito, 2017（図19-5f，23-13）.
琉球（西表島）．急流の岩盤上に生息．

サワヒメトビケラ属　*Stactobiella* Martynov, 1924

世界で約15種が知られている属で（Morse, 2018），日本では1種が記録されている（伊藤ら，2010）．他に数種の未記載種がすでに発見されている（伊藤，未発表）．

サワヒメトビケラ　*Stactobiella tshistjakovi* (Arefina & Morse, 2002)（図20-8，24-12）
北海道，極東ロシア大陸部（伊藤ら，2010）．

オオヒメトビケラ属　*Ugandatrichia* Mosely, 1939

東南アジアやアフリカを中心に熱帯と亜熱帯で約30種が知られており（Morse, 2018），日本では3種が記録されている（Ito & Ohkawa, 2012；Ito et al., 2018）．幼虫は滝や急流の岩盤に筒巣を固着させている．

ナキジンオオヒメトビケラ　*Ugandatrichia nakijinensis* Ito, 2012（図19-7a，7b，20-9，24-13）
琉球（奄美大島，沖縄島）．岩盤にチューブ状の筒巣を固着させている．

タイワンオオヒメトビケラ　*Ugandatrichia taiwanensis* Hsu & Chen, 2002（図24-14）
琉球（石垣島，西表島），台湾．岩盤にチューブ状の筒巣を固着させている．

シンシロオオヒメトビケラ　*Ugandatrichia shinshiroensis* Ito, Nishimoto & Nishimoto, 2018（図19-7c，7d，24-15）.
本州（中部），四国．終齢幼虫は急流の岩盤の割れ目にはまっている石にメガネサック型の筒巣を固着させている．前2種や東南アジアの種とは著しく異なり，Papua New Genia の種に似ている（Ito et al., 2018）．*Ugandatrichia* 属では温帯から知られている唯一の種．

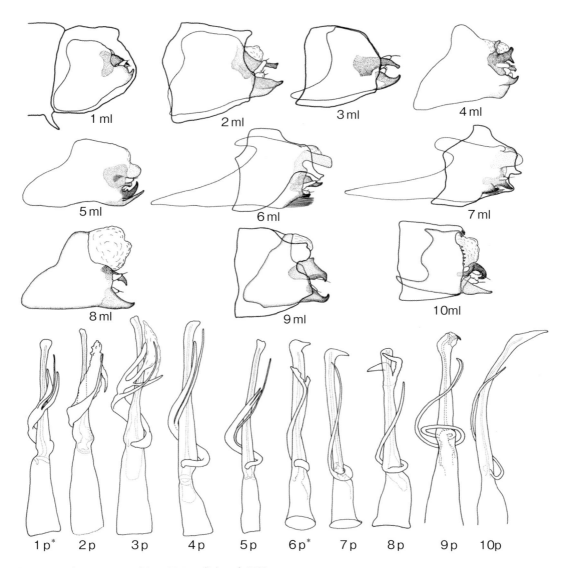

図22　ハゴイタヒメトビケラ属オス成虫　交尾器　*Oxyethira* male genitalia
交尾器側面図（ml），陰茎（p）．1：ハゴイタヒメトビケラ *O. acuta*　2：カキダハゴイタヒメトビケラ *O. angustella*　3：チトセハゴイタヒメトビケラ *O. chitosea*　4：ヒロシマハゴイタヒメトビケラ *O. hiroshima*　5：メクンナハゴイタヒメトビケラ *O. mekunna*　6：ミエハゴイタヒメトビケラ *O. miea*　7：オキナワハゴイタヒメトビケラ *O. okinawa*　8：オゼハゴイタヒメトビケラ *O. ozea*　9：ツルガハゴイタヒメトビケラ *O. tsuruga*　10：シュマリハゴイタヒメトビケラ *O. shumari*．4 ml，5 ml，8 ml，8節を省略した；1 p*，6 p*，変異がある．（1〜10：Ito & Oláh（2017））

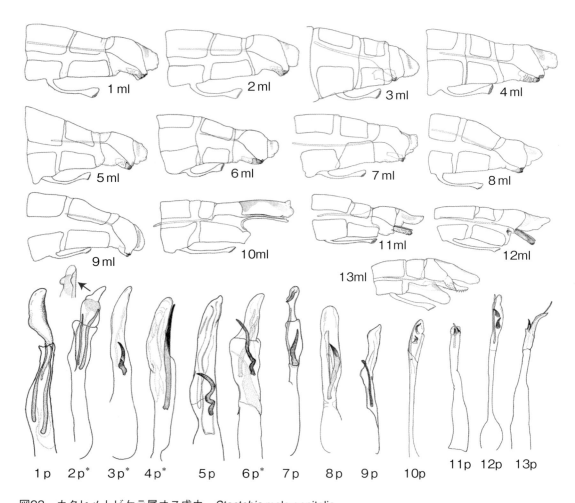

図23　カクヒメトビケラ属オス成虫　*Stactobia* male genitalia
♂交尾器側面図（ml），陰茎（p）．1：カワカクヒメトビケラ *S. makartschenkoi*　2：カナガワカクヒメトビケラ *S. kanagawa*　3：カクヒメトビケラ *S. japonica*　4：ナガトゲカクヒメトビケラ *S. inexpectata*　5：ハットリカクヒメトビケラ *S. hattorii*　6：グンマカクヒメトビケラ *S. gunma*　7：ニシモトカクヒメトビケラ *S. nishimotoi*　8：ヨナカクヒメトビケラ *S. yona*　9：タイワンカクヒメトビケラ *S. semele*　10：オナガカクヒメトビケラ *S. distinguenda*　11：チチブカクヒメトビケラ *S. chichibu*　12：ウラウチカクヒメトビケラ *S. urauchi*　13：カンピレカクヒメトビケラ *S. campire*．2p*，3p*，4p*，6p*，変異がある．（1～13：Ito（2017c））

ヒメトビケラ科　63

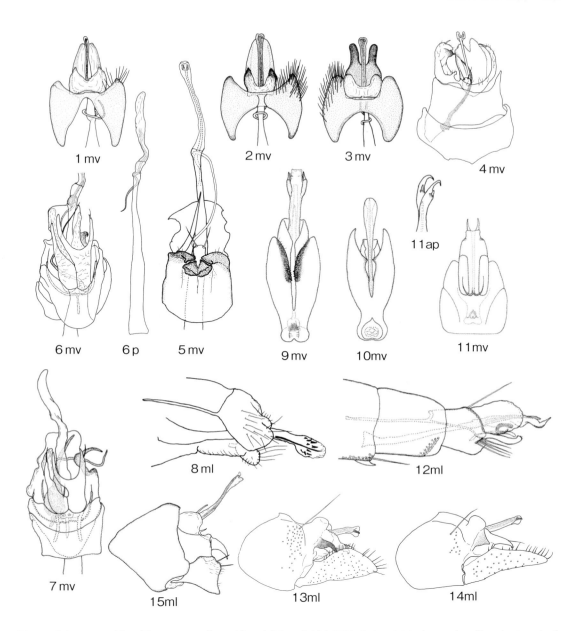

図24　ケシヒメトビケラ属 *Microptila*（1〜3），オトヒメトビケラ属 *Orthotrichia*（4〜7），ガンバンヒメトビケラ属 *Plethus*（8），コケヒメトビケラ属 *Pseudoxyethira*（9〜11），サワヒメトビケラ属 *Stactobiella*（12），オオヒメトビケラ属 *Ugandatrichia*（13〜15）
♂成虫交尾器　male genitalia　側面図（ml），腹面図（mv），陰茎（p），陰茎先端部（ap）．
1：ミクロヒメトビケラ *Microptila orienthula*　2：ゲンカミクロヒメトビケラ *M. genka*　3：ナカマミクロヒメトビケラ *M. nakama*　4：コスタオトヒメトビケラ *Orthotrichia costalis*　5：クロオトヒメトビケラ *O. tragetti*　6：イリオモテオトヒメトビケラ *O. iriomotensis*　7：チョウセンオトヒメトビケラ *O. coreana*　8：ガンバンヒメトビケラ *Plethus ukalegon*　9：コケヒメトビケラ *Pseudoxyethira ishiharai*　10：アジアコケヒメトビケラ *P. thingana*　11：フナツキコケヒメトビケラ *P. funatsuki*　12：サワヒメトビケラ *Stactobiella tshistjakovi*　13：ナキジンオオヒメトビケラ *Ugandatrichia nakijinensis*　14：タイワンオオヒメトビケラ *U. taiwanensis*　15：シンシロオオヒメトビケラ *U. shinshiroensis*．（1〜3：Ito (2017a)，4〜6：Ito (2013)，8：Ito & Saito (2016)，9〜11：Ito (2017b)，13〜14：Ito & Ohkawa (2012)，15：Ito et al. (2018)）

カメノコヒメトビケラ科　Ptilocolepidae

伊藤富子

従来ヒメトビケラ科の亜科とされていたが，近年は独立した科として扱われている（Holzenthal et al., 2011；Wichard, 2013）．2属14種1亜種からなる小さな科で（Graf et al., 2008；Morse, 2018），日本にはカメノコヒメトビケラ属 *Palaeagapetus* が分布．

カメノコヒメトビケラ属　*Palaeagapetus* Ulmer, 1912

日本産6種（Ito, 2018a），他に北米で2種が知られている（Wiggins, 1996；Ito et al., 2014）．日本産6種のうち5種の幼虫が記載されているが，幼虫では種の区別は困難．5齢幼虫は背腹に扁平で体長は最大4 mm と小型．頭部は黒一色，胸部背面は硬化した2枚の黒色背板で広くおおわれ，腹部2～8節の両側には臼状の肉質突起がある（図25-1 l）．1～4齢（若齢）幼虫は細長く，筒巣をつくらない（図25-1 yl）．1～2種のウロコゴケ目の苔を食草とし，筒巣もその苔でつくる（図25-1 c）．清涼な湧水や細流に生息していて環境の劣化に非常に弱く，北米では南限の個体群の消失例がある（Ito et al., 2014）．成虫の翅は丸みを帯び，長毛はなく，脈叉は完全（図25-1 w）．メスの同定は困難．

カメノコヒメトビケラ　*Palaeagapetus ovatus* Ito & Hattori, 1986（図25-1）
北海道（道央以南），本州（東北～中部）．フジウロコゴケ *Chiloscyphus polyanthos* を食草とし，北海道千歳市の模式産地では成虫が3～10月にでる2年3世代（Ito, 1998），同じ千歳市のより水温の低い細流では成虫が7～8月にでる1年1世代（久原，2011）．羽化，交尾，食草への産卵選択行動，幼虫の摂食行動と造巣行動，捕食者などが観察されている（Ito & Hattori, 1986；Ito, 1997, 1998）．オス成虫の交尾器には地理的変異がある（Ito et al., 1997）．

マガリカメノコヒメトビケラ　*Palaeagapetus flexus* Ito, 1992（図25-2）
北海道（道央以北），サハリン．フジウロコゴケを食草とし，北海道苫小牧市の模式産地では成虫が7～8月にでる1年1世代で，羽化，交尾，産卵行動は前種と同様（Ito, 1992）．分布南限近くで開発によって消滅した個体群がある（伊藤，未発表）．

フクイカメノコヒメトビケラ　*Palaeagapetus fukuiensis* Ito, 2010（図25-3）
本州（福井県赤兎山の模式産地のみで知られる）．食草はフジウロコゴケ．オス成虫はロシア沿海州から記載された *P. finisorientis* Botosaneanu & Levanidova, 1987に似ている．

コガタカメノコヒメトビケラ　*Palaeagapetus parvus* Ito, 1991（図25-4）
本州（中部以西）．フジウロコゴケの他，ムラサキヒシャクゴケ *Scapania undulata* を食草とする個体群もある．羽化，交尾，産卵行動はカメノコヒメトビケラと同様（Ito, 1991）．オス成虫の交尾器10節は腹側に湾出し，10節が背側に湾曲する上記の3種とは著しく異なる．

キュウシュウカメノコヒメトビケラ　*Palaeagapetus kyushuensis* Ito & Kuhara, 1997（図25-5）
九州．食草はフジウロコゴケ．成虫はコガタカメノコヒメトビケラに似ているが，下部付属器の形態が異なる．

シコクカメノコヒメトビケラ　*Palaeagapetus shikokuensis* Utsunomiya & Ito, 1997（図25-6）
四国．成虫はキュウシュウカメノコヒメトビケラに似ているが，下部付属器の形態が異なる．愛媛県の3ヵ所でのマレーズトラップによる採集では，成虫は6月を中心に約30日間出現し，いずれの地点でもオスはメスよりも多いことから，オスの方が活動性の高いことが明らかになっている（伊藤ら，2002）．幼虫未記載．

カメノコヒメトビケラ科 65

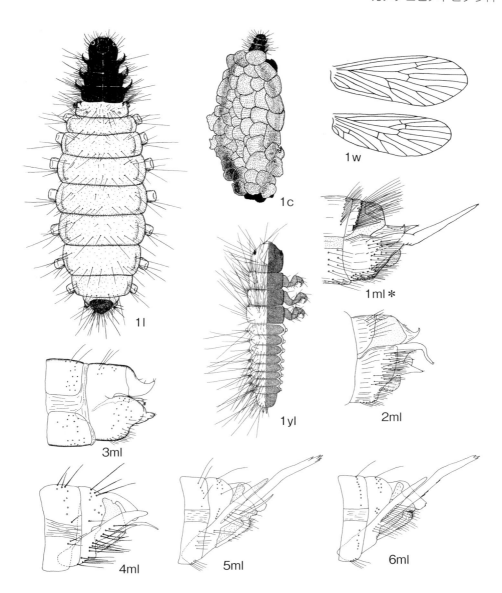

図25 カメノコヒメトビケラ属 *Palaeagapetus*
カメノコヒメトビケラ属 *Palaeagapetus* の5齢幼虫背面図（l），若齢幼虫背面図（yl），筒巣背面図（c），オス成虫の翅（w）と交尾器側面図（ml）．1：カメノコヒメトビケラ *Palaeagapetus ovatus*　2：マガリカメノコヒメトビケラ *Palaeagapetus flexus*　3：フクイカメノコヒメトビケラ *Palaeagapetus fukuiensis*　4：コガタカメノコヒメトビケラ *Palaeagapetus parvus*　5：キュウシュウカメノコヒメトビケラ *Palaeagapetus kyushuensis*　6：シコクカメノコヒメトビケラ *Palaeagapetus shikokuensis*.
＊：変異がある．（1：Ito & Hattori (1986)，2：Ito (1992)，3：Ito (2010)，4：Ito (1991)，5，6：Ito et al. (1997)）

ヤマトビケラ科　Glossosomatidae

服部壽夫

　幼虫は頭部が丸く，ややずんぐりした体形で，砂粒で亀の甲羅のようなドーム型の可携巣をつくる．やや緩やかな流れの石の露出した面に見られ，石の表面に着く珪藻などを削り取って食べる．場所によっては，個体密度が高く，蛹化の際には集合することがある．成虫はヒメトビケラ科と思われるような非常に小さな種から開翅長15 mm程度のやや中型に属す種類を含む．日本には3亜科4属が分布しているが，幼虫での種類の同定は非常に困難である．成虫は1属を除き，よく灯火に飛来するが，雌が圧倒的に多く，同定には注意を要する．

亜科および属の検索

幼虫

1a 中胸および後胸背面に小さなキチン板がある（図26-6～8） ················· 2
1b 中胸および後胸背面はキチン板がなく，まったくの膜質．肛門の左右には半円状のキチン化した黒い線が明らかに見られる ······················· Glossosomatinae
　　　　　　　　　　　　　　　　　　　（日本にはヤマトビケラ属　*Glossosoma* のみ）
2a 中胸背面のキチン板は1対 ······················· Agapetinae ··· 3
2b 中胸背面のキチン板は3個（図26-8b） ······················· Protoptilinae
　　　　　　　　　　　　　　　　　　　（日本にはケシヤマトビケラ属　*Padunia* のみ）
3a 頭部の腹片は幅広く，中央で後方に大きな三角状となって尖る（図26-6b）．携巣の背面開口部は山型に突き出て，腹面の周囲には細かな砂粒を緩く紡いだ裾をもつ（図26-2）
　　　　　　　　　　　　　　　　　　　······················· コハクヤマトビケラ属　*Electragapetus*
3b 頭部の腹片は細長い弓状となるか，後方に小さな三角状に尖る（図26-12）．携巣背面の前後に開口部があるが，全体的には滑らかなドーム状になる
　　　　　　　　　　　　　　　　　　　······················· コヤマトビケラ属　*Agapetus*

成虫

1a 距式は2-4-4．翅端は多少とも丸みを帯び，翅幅よりも長い毛はない ············· 2
1b 前肢腿節先端にはっきりした距がなく，距式は0-4-3．翅は細長く（図28-11e），後翅の後縁には翅幅よりも長い毛が生え，一見するとヒメトビケラのようにみえる
　　　　　　　　　　　　　　　　　　　······················· ケシヤマトビケラ属　*Padunia*
2a 後翅のR$_{2+3}$脈は分岐しないか，翅端近くで分岐する ························ 3
2b 後翅のR$_{2+3}$脈ははっきりした，中室（dc）の上で分岐する（図27-2）
　　　　　　　　　　　　　　　　　　　······················· ヤマトビケラ属　*Glossosoma*
3a 後翅に（dc）がある（図28-2e） ······················· コハクヤマトビケラ属　*Electragapetus*
3b 後翅に（dc）がない（図28-6e） ······················· コヤマトビケラ属　*Agapetus*

　前の版でヤマトビケラ科を担当した服部壽夫は，2016年2月に逝去しました．
　多くの改訂が必要なグループではあるが，著者に確認することができないので，図版番号を除き前版のまま再録し，最小限の追記を最後に付すことにした．（谷田一三）

ヤマトビケラ科　67

ヤマトビケラ属　*Glossosoma*

　全北区に100種程が分布し，雄の形態から10ほどの亜属が提唱されているが，雌や幼虫では雄の分類に対応するような形態は知られていない．日本産は6種以上が知られ，すべて *Eomystra*（*Synafophora* とする研究者もある，Vshivkova, 1986）亜属に分類される．幼虫は山地渓流から中流域までの比較的流れの緩やかな部分に多く，石や岩盤の表面に見られる．終齢幼虫の大きさは8mm前後で，可携巣は10mm弱である．成虫の前翅長は6〜9mm程度．成虫は灯火によく飛来し，特に雌が多い．成虫の区別は交尾器以外にも2次性徴があり，普通種については比較的に容易である．

幼虫の検索

1a 頭部，前胸背板（図26-9a）の地色は黄褐色．中流域に分布
　　　　　　　　　　　　　　　　アルタイヤマトビケラ　*Glossosoma altaicum*
1b 頭部，前胸背板の地色は栗色〜暗褐色 ……………………………………… 2
2a 頭楯板の前半部側縁はほぼ直線状となる．頭部，前胸背板は暗色化が強く，前胸背板の前脚とのジョイント部にある黒色部は大きい（図26-9b）．本州山地の小渓流に分布
　　　　　　　　　　　　　　　　ニホンヤマトビケラ　*Glossosoma hospitum*
2b 頭楯板の前半部側縁は中央付近で外側にやや膨らむ．前胸背板の前脚とのジョイント部にある黒色部は小さい ……………………………………………………… 3
3a 前胸背板の前脚とのジョイント部にある黒色部の内側にある剛毛の周囲は地色と同じ（図26-9d）…………………………… イノプスヤマトビケラ　*Glossosoma ussuricum*
3b 前胸背板の前脚とのジョイント部にある黒色部の内側にある剛毛の周囲は黄褐色で明るい ……………………………………………………………………… 4
4a 前胸背板の前縁部はやや幅広く色が淡い（図26-9e）．本州，九州に分布
　　　　　　　　　　　　　　　　ニチンカタヤマトビケラ　*Glossosoma nichinkata*
4b 前胸背板は後半部がやや淡く，前縁の淡色部は幅が狭い（図26-9c）．北海道に分布
　　　　　　　　　　　　　　　　エゾヤマトビケラ　*Glossosoma dulkejti*

成虫の検索

1a 中脚は扁平にならない．腹部末端は複雑な形をしている（図27-6〜11）（♂）……… 2
1b 中脚は腿節以降が強く扁平化する．腹部末端は単純な形をしている（図27-13）
　　　　　　　　　　　　　　　　　　　　　　　　　　　　　　　（♀）… 7
2a 前翅の第2臀脈（A）は正常 ………………………………………………… 3
2b 前翅の第2臀脈（A）は途切れる（図27-3）………………………………… 5
3a 第10節側面には湾入がなく，下付属器の先端は尖らず，短い刺をもつ（図27-8）
　　　　　　　　　　　　　　　　アキタヤマトビケラ　*Glossosoma uogatanum*
3b 第10節を側面から見ると，湾入があり上部は尖る．下付属器の先端は細長く尖る …… 4
4a 第10節の湾入は深く，大きい（図27-6a）… アルタイヤマトビケラ　*Glossosoma altaicum*
4b 第10節の湾入は小さい（図27-7a）………… ニホンヤマトビケラ　*Glossosoma hospitum*
5a 前翅の第2臀室の中央付近は半円状に盛り上がる．第10節の湾入は深く，背面部は鋭く尖った突起となる（図27-11）………… ニチンカタヤマトビケラ　*Glossosoma nichinkata*
5b 前翅のA脈は途中で消失するが，その周囲は細毛を伴い，わずかに盛り上がる．第10節を側面から見ると，湾入はない ……………………………………………… 6

515

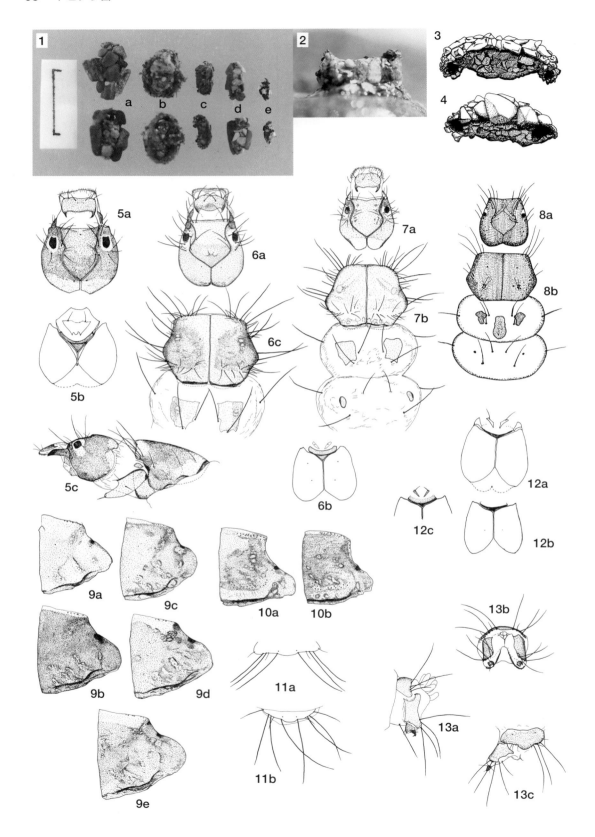

6a 後脚の内側端距刺は湾曲した内側に長毛を密生する．下付属器（inf. app.）は単純な棒状で，細長い突起などはない（図27-10）......... **イノプスヤマトビケラ** *Glossosoma ussuricum*

6b 後脚の内側端距刺は先端部で2つに分かれる（図16-5b）．下付属器は根元で分岐した細長い突起を伴う（図27-9）......... **エゾヤマトビケラ** *Glossosoma dulkejti*

7a 腹部第5節の背板の後縁付近には，数本の特に長い剛毛を伴った1対の隆起部がある（図27-13）......... 8

7b 腹部第5節の背板の後縁角付近に長い毛が散在するが，特別に長いものはない（図27-12）......... 9

8a 腹部第4節の背板にも，第5節と同様な構造があり，第6節背板は中央部の繊毛が密生して円形状となる．腹部第8節は細長く，キチン化した部分は背面部が長い（図27-13）......... **イノプスヤマトビケラ** *Glossosoma ussuricum*

8b 腹部第4節には，第5節のような長い毛はない．腹部第8節のキチン化した部分は背板部と腹板部がほぼ同じ長さになる（図27-18a）......... **ニチンカタヤマトビケラ** *Glossosoma nichinkata*

9a 腹部第8節のキチン化した部分は短く，腹面に多数の長毛が生えている（図27-16a）......... **エゾヤマトビケラ** *Glossosoma dulkejti*

9b 腹部第8節の腹面に長毛は密生しない 10

10a 腹部第8節のキチン化した部分は背面部と腹面部がほぼ同長で，側面後縁がはっきりしている（図27-14a）......... **アルタイヤマトビケラ** *Glossosoma altaicum*

10b 腹部第8節のキチン化した部分は背面部の方が腹面部より，明らかに長い（図27-15a）......... **ニホンヤマトビケラ** *Glossosoma hospitum*

アルタイヤマトビケラ *Glossosoma altaicum* (Martynov, 1914)（図27-6, 14）

北海道，本州，四国，九州，千島（国後島），サハリン，沿海州，シベリア，モンゴル，朝鮮．低山でよく採集される普通種で，春から秋まで成虫が見られる．雄の下付属器には地理的な変異がある（図27-6b～d, cにあたるものにはロシアでは *Glossosoma neffi* Arefina, 2000の名が与えられている）．

Glossosoma sumitaensis Kobayashi は本種のシノニムと思われるが，今後の課題である．

図26 ヤマトビケラ科幼虫
1：幼虫の可携巣；a：ニチンカタヤマトビケラ *Glossosoma nichinkata*, b：ツダコハクヤマトビケラ *Electragapetus tsudai*, c：ヤセコヤマトビケラ *Agapetus yasensis*, d：ブドウコヤマトビケラ *Agapetus budoensis*, e：タカネケシヤマトビケラ *Padunia alpina*　2：ツダコハクヤマトビケラ *Electragapetus tsudai* の可携巣側面　3：タカネケシヤマトビケラ *Padunia alpina* の可携巣　4：エゾケシヤマトビケラ *Padunia forcipata* の可携巣　5：ニチンカタヤマトビケラ *Glossosoma nichinkata*；a：頭部背面, b：頭部腹面, c：頭部と前胸側面　6：ウチダコハクヤマトビケラ *Electragapetus uchidai*；a：頭部背面, b：頭部腹面, c：前胸と中胸背面　7：ヤセコヤマトビケラ *Agapetus yasensis*；a：頭部背面, b：胸部背面　8：タカネケシヤマトビケラ *Padunia alpina*；a：頭部背面, b：胸部背面　9：ヤマトビケラ属 *Glossosoma* 蛹脱皮殻の幼虫右前胸背板；a：アルタイヤマトビケラ *Glossosoma altaicum*, b：ニッポンヤマトビケラ *Glossosoma hospitum*, c：エゾヤマトビケラ *Glossosoma dulkejti*, d：イノプスヤマトビケラ *Glossosoma ussuricum*, e：ニチンカタヤマトビケラ *Glossosoma nichinkata*　10：蛹脱皮殻の幼虫右前胸背板；コハクヤマトビケラ属 *Electragapetus*　11：幼虫の腹部第9節背板の刺毛；a：ウチダコハクヤマトビケラ *Electragapetus uchidai*, b：ツダコハクヤマトビケラ *Electragapetus tsudai*　12：幼虫の頭部腹面；コヤマトビケラ属 *Agapetus*　13：幼虫の腹部第9節と尾肢；a：ヤセコヤマトビケラ *Agapetus yasensis*, b：キタコヤマトビケラ *Agapetus inaequispinosus*, c：ブドウコヤマトビケラ *Agapetus budoensis*（3, 4, 8 は Kagaya & Nozaki (1998) より）

70　トビケラ目

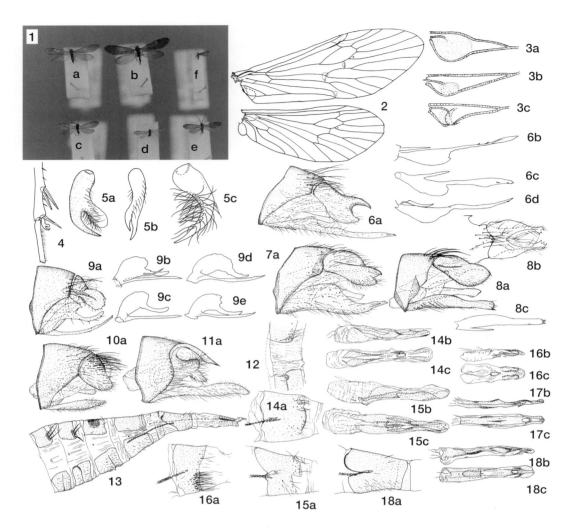

図27　ヤマトビケラ科成虫
1：ヤマトビケラ科成虫の乾燥標本；a：イノプスヤマトビケラ *Glossosoma ussuricum* ♂, b：イノプスヤマトビケラ *Glossosoma ussuricum* ♀, c：ウチダコハクヤマトビケラ *Electragapetus uchidai* ♂, d：ヤマトコヤマトビケラ *Agapetus japonicus* ♀, e：ヤセコヤマトビケラ *Agapetus yasensis* ♂, f：ケシヤマトビケラ属の1種 *Padunia* sp. ♀　2～18：ヤマトビケラ属 *Glossosoma* 成虫　2：アルタイヤマトビケラ *Glossosoma altaicum* ♂, 前後翅　3：♂前翅肛脈部分；a：エゾヤマトビケラ *Glossosoma dulkejti*, b：イノプスヤマトビケラ *Glossosoma ussuricum*, c：ニチンカタヤマトビケラ *Glossosoma nichinkata*　4：アルタイヤマトビケラ *Glossosoma altaicum* ♂, 後肢距　5：♂の後肢端距；a：アルタイヤマトビケラ *Glossosoma altaicum*, b：エゾヤマトビケラ *Glossosoma dulkejti*, c：イノプスヤマトビケラ *Glossosoma ussuricum*　6～11：♂生殖器；6：アルタイヤマトビケラ *Glossosoma altaicum*　7：ニッポンヤマトビケラ *Glossosoma hospitum*　8：アキタヤマトビケラ *Glossosoma uogatanum*　9：エゾヤマトビケラ *Glossosoma dulkejti*　10：イノプスヤマトビケラ *Glossosoma ussuricum*　11：ニチンカタヤマトビケラ *Glossosoma nichinkata*（a：側面　6b～d：下付属器の地理的変異（腹面）　9b～e：下付属器の個体変異（側面）　8b：背面　8c：下付属器腹面）　12．アルタイヤマトビケラ *Glossosoma altaicum* ♀, 腹部第5節側面一部　13：イノプスヤマトビケラ *Glossosoma ussuricum* ♀, 腹部第三節以降側面　14～18：♀生殖器；14：アルタイヤマトビケラ *Glossosoma altaicum*　15：ニッポンヤマトビケラ *Glossosoma hospitum*　16：エゾヤマトビケラ *Glossosoma dulkejti*　17：イノプスヤマトビケラ *Glossosoma ussuricum*　18：ニチンカタヤマトビケラ *Glossosoma nichinkata*（a：腹部第8節側面　b：vaginal apparatus 側面　c：vaginal apparatus 腹面）

イノプスヤマトビケラ　*Glossosoma ussuricum* (Martynov, 1934)　（図27-10, 13, 17）
　北海道，本州，四国，九州に分布．もっとも普通な種類で平地に近い部分から標高2000mを超える山地にも生息する．本州では，成虫は早春から晩秋まで連続して見られ，年2化，部分的には3化（Sameshima & Sato, 1994）が知られ，北海道でも確実に2化すると思われる．
　種小名"*inops*"として親しまれていたが，以前から，シベリア，モンゴル，沿海州，朝鮮からサハリン，千島列島に広く分布する"*ussuricum*"との類似が指摘され，最近では"*ussuricum*"が採用されている（Minakawa et al., 2004）．

アキタヤマトビケラ　*Glossosoma uogatanum* Kobayashi, 1982　（図27-8）
　本州（東北北部）．秋田県（10月）の模式標本以外は，図に用いた岩手県（8月）の1♂のみが知られ，雌と幼虫は不明．

エゾヤマトビケラ　*Glossosoma dulkejti* (Martynov, 1934)　（図27-9, 16）
　北海道，千島，サハリン，沿海州，カムチャッカ，シベリア．北海道では普通種．成虫は5月から出現し，秋には前翅長が5mm前後の小型の個体も多い．

ニチンカタヤマトビケラ　*Glossosoma nichinkata* Schmid, 1971　（図26-5，27-11, 18）
　本州，九州．イノプスヤマトビケラと同時に得られることが多く，局地的には本種の方が多い場合もあるが，産地の記録はやや少ない．
　本種のシノニムとしては，*Glossosoma specularis* Kobayashi があり，*Glossosoma japonica* Kobayashi, *Glossosoma sadoensis* Kobayashi も再検討が必要とされる．

ニッポンヤマトビケラ　*Glossosoma hospitum* (Tsuda, 1940)　（図27-7, 15）
　本州（関東・中部地方）．山地に特有な種類と思われ，他の種類に比べ，幼・成虫ともに黒っぽい点に特徴がある．
　以上の既知種の他に，北海道の小渓流に見られる未記載種や本州の山地小渓流にも可携巣の腹面開口部を絹分泌物で縁取る種類もある．

コヤマトビケラ属　*Agapetus*

　世界では150種ほどが知られ，その分布は南米を除き，広く分布する．成虫の腹部形態から，*Agapetus* と *Synagapetus* 2亜属と他に小数種からなる数亜属に分けられる．日本では7種が記録されているが，記録は断片的で少ない．さらに，未記載種も多いと思われる．
　終齢幼虫の体長は3〜6mmで，可携巣は7mmくらいまでである．成虫の前翅長は3〜5.5mm程度．

幼虫の検索

1a　頭部の腹片は中央で小さな三角形に尖る（図26-12c）．尾肢側板の後方背面には，4本の長毛の他にその前方に1〜3本のやや短い毛がある（図26-13c）
　　　　　　　　　　　　　　　　　　　　　　　　　ブドウコヤマトビケラ　*Agapetus budoensis*
1b　頭部の腹片は薄く弓状になる（図26-12a, b）．尾肢側板の後方背面には長い毛が4本のみ（図26-13a）　　　　　　　　　　　　　　　　　　　　　　　　　　　　　　　　　　　　　　　2
2a　腹部第9節背板の後縁に並ぶ毛の中で，最も外側のものはその内側のものの半分程度（図26-13a）　　　　　　　　　　　　　　　　　　　ヤセコヤマトビケラ　*Agapetus yasensis*
2b　腹部第9節背板の後縁に並ぶ毛の中で，最も外側のものはその内側のものより少し短い程度（図26-13b）　　　　　　　　　　　　　　　　　　　　　　　　　　　　　　　　　　　3
3a　北海道の小渓流に分布　　　　　　　　　　　　キタコヤマトビケラ　*Agapetus inaequispinosus*

72 トビケラ目

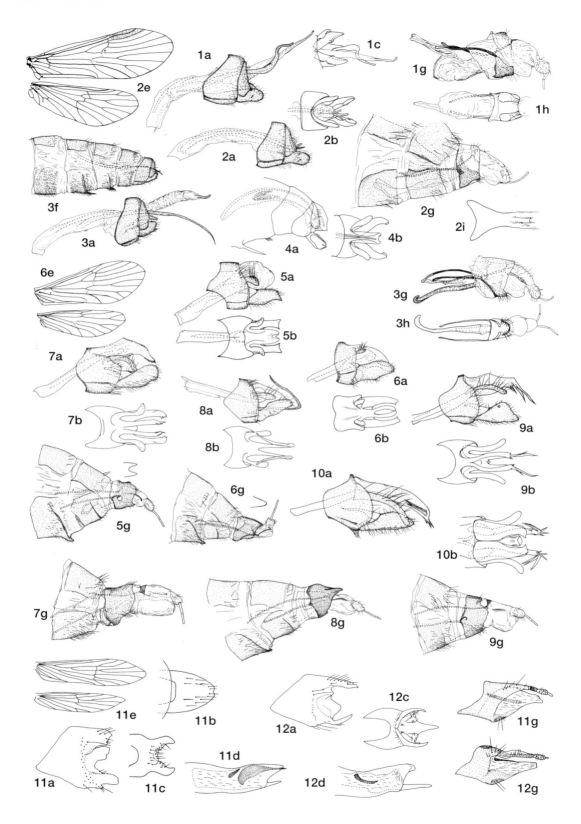

3b 本州以南の中流部に分布 ・・・・・・・・・・・・・・・・・・・・・・・・・ ヤマトコヤマトビケラ *Agapetus japonicus*

ブドウヤマトビケラ *Agapetus budoensis* Kobayashi, 1982 （図28-7）

北海道，本州（東北，新潟県）．成虫は6，7月に採集される．

キタコヤマトビケラ *Agapetus inaequispinosus* Schmid, 1970 （図28-9）

北海道，千島（クナシリ島），サハリン，沿海州，シベリア，モンゴル．成虫は7月に得られる．札幌近郊で2年連続して採集した結果では，若齢幼虫が見られるのは，翌春であり，卵越冬している可能性があった．また，2年目の生息密度が著しく高い（30cm×30cm枠内に500個体以上，前年は100以下）場合には明らかに小型化していた．（未発表）

ヤマトコヤマトビケラ *Agapetus japonicus* (Tsuda, 1940) （図28-5）

本州，四国，九州．成虫は川の中流域の灯火で採集され，4月～11月の記録があり，年2化の可能性がある．

ヒエイコヤマトビケラ *Agapetus hieianus* (Tsuda, 1942) （図28-10）

本州（神奈川，山梨，滋賀県）．雌と幼虫は不明．

コマコヤマトビケラ *Agapetus komanus* (Tsuda, 1940) （図28-6）

北海道，本州（長野，奈良県），九州（大分県）．

ヤセコヤマトビケラ *Agapetus yasensis* (Tsuda, 1942) （図26-7，28-8）

本州，九州，屋久島，琉球（沖縄？）．関東以西の山地の小さな流れでは，この属の中ではもっとも普通に見られる種類．本州では成虫は6，7月に見られ，冬季に若齢幼虫が得られるので，年1化とされる（Sameshima & Sato, 1994）が，九州では9月，屋久島では12月の標本があり，暖地では多化性の可能性もある．

コハクヤマトビケラ属 *Electragapetus*

バルト海から産出するコハクに埋もれた化石種によって創設された属で，現生種については*Eoagapetus*亜属に分類される．ロシア極東の2種以外は，すべて日本産で4種が記載されている．ヤマトビケラ属よりもやや小さめで，成熟幼虫の体長は6，7mmで，携巣は7～9mm程度．幼虫は流れ幅2m以下の小渓流に多く見られ，幼虫の携巣には，背面の前後に開口部を伴う突起があり，底面の周囲は緩やかに裾状になっている点に特徴がある（図26-2）．成虫は前翅長が5～7.5mm，5月中旬から7月に見られるが，他の属と違って，ほとんど灯火には集まらない．

本州・中部地方や四国，九州にも未記載種を確認しており，さらに種類数は増えると思われる．

図28 ヤマトビケラ科成虫
1：ツダコハクヤマトビケラ *Electragapetus tsudai* 2：マヤコハクヤマトビケラ *Electragapetus mayaensis* 3：ウチダコハクヤマトビケラ *Electragapetus uchidai* 4：クリコハクヤマトビケラ *Electragapetus kuriensis*（Kobayashi 原図より） 5：ヤマトコヤマトビケラ *Agapetus japonicus* 6：コマコヤマトビケラ *Agapetus komanus* 7：ブドウヤマトビケラ *Agapetus budoensis* 8：ヤセコヤマトビケラ *Agapetus yasensis* 9：キタコヤマトビケラ *Agapetus inaequispinosus* 10：ヒエイコヤマトビケラ *Agapetus hieianus* 11：タカネケシヤマトビケラ *Padunia alpina* 12：エゾケシヤマトビケラ *Padunia forcipata* （a：雄生殖器側面 b：雄生殖器背面 c：雄生殖器腹面 d：雄交尾節側面 e：雄前後翅 f：雄腹部第5節以降（側面） g：雌腹部末端部側面 h：雌腹部末端部腹面 i：vaginal apparatus 背面）（4は Kobayashi (1987) より作図，11，12は Kagaya & Nozaki (1998) より）

幼虫の検索（東北，関東地方のみ）

1a 前胸背板は前後縁部がやや淡い色になる（図26-10a）．腹部9節の背板の後縁に生える毛の内，もっとも外側のものは，明らかに細く短い（図26-11a）
　　………………………………………… ウチダコハクヤマトビケラ　*Electragapetus uchidai*

1b 前胸背板はほぼ一様に暗褐色（図26-10b）．腹部9節の背板の後縁に生える毛のうち，もっとも外側のものは，その内側のものの半分より長い（図26-11b）……………………… 2

2a 腹部9節の背板の後縁に生える毛のうち，もっとも外側のものは，背板のもっとも外縁部分から生える　………………… マヤコハクヤマトビケラ　*Electragapetus mayaensis*

2b 上記の毛は背板のもっとも外縁部分よりも，少し内側から生える
　　………………………………………… ツダコハクヤマトビケラ　*Electragapetus tsudai*

ツダコハクヤマトビケラ　*Electragapetus tsudai* Ross, 1951　（図28-1）

　本州（福島，山梨県）．日本産としては，最初に福島県郡山市から記録された種類で，関東（多摩川水系）での分布は，標高1000m以上に限られる（加賀谷ら，1998）．

マヤコハクヤマトビケラ　*Electragapetus mayaensis* Kobayashi, 1982　（図28-2）

　本州（岩手，宮城，山形県）．ツダコハクヤマトビケラとはよく似ていて，今後の広範な分布地からの個体の検討が必要とされる．

ウチダコハクヤマトビケラ　*Electragapetus uchidai* Kobayashi, 1982（図26-6，28-3）

　本州（埼玉，山梨，静岡県）．雌の下付属器の後縁には浅いくぼみがあり，雄の第8節は腹面がよくキチン化して，丸く突き出している点で他の種類とは区別が容易である．

　既知種としては他に，クリコハクヤマトビケラ *Electragapetus kuriensis* Kobayashi, 1987（図28-4）が，本州（島根県）から知られ，5月に成虫が採集されている．上記の種類とは雄では腹部第10節が左右対称になる点，雌では腹部第8節の背面部が突き出している点で区別できる．

ケシヤマトビケラ属　*Padunia*

　従来はヒメトビケラ科に分類されていて，成虫の外見は似ている．この属はシベリア東部から朝鮮半島，日本に6種が知られている．成熟幼虫の大きさは2.5mm前後で，可携巣は4mm弱である．成虫の前翅長は3mm程度．成虫はほとんど，灯火採集で得られる．

　現在名前のはっきりした種類は2種類であるが，雄が知られていない *Padunia* sp. PAとされた種類（九州，本州）（Kagaya & Nozaki, 1998）の他にも，本州には別の未記載種も分布する（未発表）．

エゾケシヤマトビケラ　*Padunia forcipata* Martynov, 1934　（図28-12）

　北海道，ロシア（極東）．幼虫は次種とよく似ているが可携巣（図26-4）に違いが見られる．流れ幅の広い緩やかな流れの浅瀬に見られ，成虫は7，8月に採集される．

タカネケシヤマトビケラ（新称）　*Padunia alpina* Kagaya et Nozaki, 1998　（図28-11）

　本州（山梨県）．多摩川水系の標高1000m以上の渓流だけから記録されている．幼虫は5月～6月の蛹化の際には多数が集合する傾向があり，成虫は7，8月に灯火に集まる．年1化性と思われる．

― ヤマトビケラ科追記 ―

谷田一三

ヤマトビケラ属　*Glossosoma* Curtis, 1834

ヤマノウチヤマトビケラ　*Glossosoma yamanouchii* Kuhara, 2008　（図29）

　北海道（道北を除く全域）．源流などの山地小渓流に生息する．幼虫は未記載．雄成虫は下部付属器の先端が大きく湾入することで，ニッポンヤマトビケラ *Glossosoma hospitum* から区別でき，雌成虫は腹部第8節の剛毛の密度と硬化部の長さで，ニッポンヤマトビケラから区別できる．成虫が初夏に羽化する年1世代である（Kuhara, 2008, 2011）．

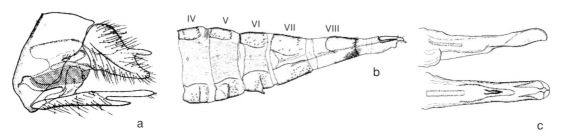

図29　ヤマノウチヤマトビケラ *Glossosoma yamanouchii*　雌・雄成虫
a：♂交尾器側面　b：♀腹部末端側面　c：♀腹部9節側面（上）と腹面（下）（Kuhara, 2008から）

ケシヤマトビケラ属　*Padunia* Martynov, 1910

　前版では，エゾケシヤマトビケラ *P. forcipata*（図28-11，30-1）とタカネケシヤマトビケラ *P. alpina*（図28-11，30-2）の2種だけが収載され，他に未記載種があることが示されていた．Nishimoto & Nozaki (2007) のモノグラフで，新たに下記の7種が記載され，既知の2種も再記載されたので，雌雄成虫の交尾器などを，まとめて収載することにした（図30）．

Padunia rectangularis Nishimoto & Nozaki, 2007（図30-3）
　本州と九州に分布（Nishimoto & Nozaki, 2007）．*Padunia* sp, PA として本州と九州から記録されていた．

Padunia pallida Nishimoto & Nozaki, 2007（図30-4）
　本州（茨城，静岡）に分布（Nishimoto & Nozaki, 2007）．

Padunia obipyriformis Nishimoto & Nozaki, 2007（図30-5）
　本州（岐阜，島根）に分布（Nishimoto & Nozaki, 2007）．

Padunia introflexa Nishimoto & Nozaki, 2007（図30-6）
　本州（茨城，静岡）に分布（Nishimoto & Nozaki, 2007）．

Padunia ramifera Nishimoto & Nozaki, 2007（図30-7）
　本州（岩手）に分布（Nishimoto & Nozaki, 2007）．

Padunia perparvus Nishimoto & Nozaki, 2007（図30-8）
　北海道（釧路）本州（広島）に分布（Nishimoto & Nozaki, 2007）．

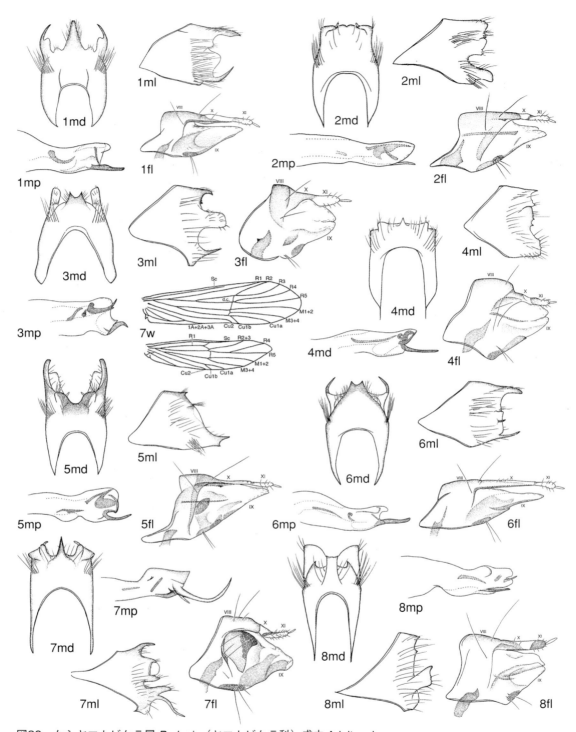

図30　ケシヤマトビケラ属 *Padunia*（ヤマトビケラ科）成虫 Adult males
1：エゾケシヤマトビケラ *Padunia forcipata*　2：タカネケシヤマトビケラ *Padunia alpina*　3：*Padunia rectangularis*　4：*Padunia pallida*　5：*Padunia obipyriformis*　6：*Padunia introflexa*　7：*Padunia ramifera*　8：*Padunia perparvus*（ml：♂交尾器側面　md：♂交尾器背面　mp：♂ペニス側面　fl：♀交尾器側面　w：♂前後翅脈相）（いずれも Nishimoto & Nozaki, 2007 より）

ヒゲナガカワトビケラ科　Stenopsychidae

谷田一三

日本産1属4種．

ヒゲナガカワトビケラ属　*Stenopsyche* McLaclan, 1866

　ヒゲナガカワトビケラ *Stenopsyche marmorata* Navás が本州などでは多く，幼虫の体長は約40 mm，成虫の前翅長は40 mm程度と大型のトビケラである．前翅は淡灰色の地に黒褐色の網目状の斑紋がある．後翅は白い淡色で模様はなく，袋翅となる．触角は細く，翅の長さの約1.5倍で，雄成虫の方が雌より長い．大型で特徴のある翅の斑紋と色彩で，他のトビケラと混同することは少ない．幼虫の頭部は細長く，褐色の地に黒色の斑紋がある．前胸の背面には同様の斑紋の硬板があるが，中胸と後胸は膜質．日本産4種のうち，ヒゲナガカワトビケラとチャバネヒゲナガカワトビケラ *Stenopsyche sauteri* は，前脚の距（突起）の本数と交尾器の形態で簡単に区別できる．幼虫も頭部の斑紋などで，この2種は区別できる（川合，1950）．若齢幼虫の区別点も知られている（青谷・横山，1989）．

　幼虫は，石礫底に巣網を張って，水中を流れてくる有機物である昆虫など小動物の生体や遺体，藻類，植物片などなんでも食べる雑食性．大型の水生昆虫だが成長は著しく早い（Tanida, 2002）．

ヒゲナガカワトビケラ　*Stenopsyche marmorata* Navás, 1920（図31-1，32-1）
　河川の上流から下流までに生息する．国内では，北海道，本州，四国，九州に広く分布し，国外では樺太（サハリン），ロシア沿海州，中国東北部，朝鮮半島などに分布し，個体数も多い．河川ベントスでは最も高い生物生産が記録されている（Tanida, 2002）．北海道やロシア沿海州では，年に1世代（御勢，1970；Kocharina, 1989），東北や本州中部では，初夏と秋に成虫の羽化する年に2世代（御勢，1977；青谷と横山，1987, 1989）の生活環をもつ．

チャバネヒゲナガカワトビケラ　*Stenopsyche sauteri* Ulmer, 1907（図31-3，32-2）
　河川の中流から下流域に生息する．ヒゲナガカワトビケラよりやや小型で，別亜属の *Parastenopsyche* に属する．年1世代の河川が多いようだ．本州，四国，九州に分布する．

オキナワヒゲナガカワトビケラ　*Stenopsyche schmidi* Weaver, 1987（図31-2，32-3）
　琉球列島の奄美大島から八重山諸島だけに分布し，この地域では1種しか記録されていない．

シロアシヒゲナガカワトビケラ　*Stenopsyche pallens* Nozaki, Arefina & Hayashi, 2008（図32-4）
　国内では北海道北部（北見地方），国外ではサハリンにだけ分布する．幼虫は未発見．Nozaki et al.(2008)が，サハリンから雌雄成虫とミトコンドリアCOIに基づいて記載した．その後網走地方（北見市）から記録されたが（野崎・村松，2009），同所的に分布するヒゲナガカワトビケラに比べて，個体数や産地はかなり少ないようである．雌雄の交尾器などには，ヒゲナガカワトビケラと明瞭な種差があるが，斑紋などの差は少ない．ただし，和名の由来のように前脚と中脚の黒色系斑紋が薄い個体が多い．

　上記の3種以外にシナノヒゲナガカワトビケラ *Stenopsyche shinanoensis* (Kobayashi, 1954) が雄成虫で長野県伊那から記載されているが（*Parastenopsyche* 属として），原記載以外に確実な記録はない．

幼虫の種への検索

　1a　本州など日本主島に分布 ･･･ 2
　1b　琉球列島（奄美大島〜八重山群島）に分布．基本的な形態や色彩は，ヒゲナガカワトビ

ケラに似ており，地理的分布域以外に区別点はみつかっていない
.... **オキナワヒゲナガカワトビケラ** *Stenopsyche schmidi*（図31-3）
（体長約40 mm．中流から下流の瀬に生息．奄美大島，沖縄島，八重山群島に分布）

2a 前脚亜基節の突起は，基方のものが先方のものより長い（図31-1c）．頭盾板の正中線上に黒色の縦状斑がある（図31-2a）......... **ヒゲナガカワトビケラ** *Stenopsyche marmorata*
（体長約40 mm．河川の上流部から下流まで瀬を中心に広く生息する．北海道，本州，四国，九州，千島列島；サハリン，ロシア沿海州，シベリア，中国東北部，朝鮮に広く分布する）

2b 前脚亜基節の突起は，先方のものが基方のものより長い（図31-3b）．頭盾板の正中線上には黒色の縦状斑はない（図31-3a）...**チャバネヒゲナガカワトビケラ** *Stenopsyche sauteri*
（体長約30 mm．河川の中流から下流に生息．本州，四国，九州に分布）

北海道の一部とサハリンに分布するシロアシヒゲナガカワトビケラの幼虫は未発見．

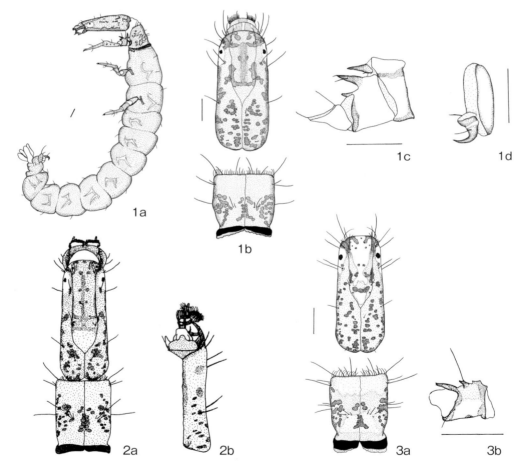

図31 ヒゲナガカワトビケラ科幼虫 Stenopsychidae larvae
1：ヒゲナガカワトビケラ *Stenopsyche marmorata*；a：全形側面，b：頭胸部背面，c：前脚亜基節と基節，d：尾脚 2：オキナワヒゲナガカワトビケラ *Stenopsyche schmidi*；a：頭胸部背面，b：頭部腹面 3：チャバネヒゲナガカワトビケラ *Stenopsyche sauteri*；a：頭胸部背面，b：前脚亜基節
（スケールは1 mm）

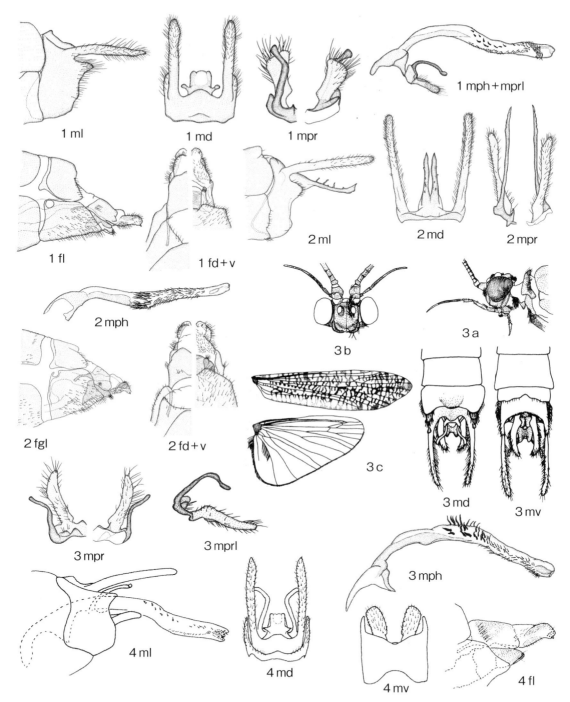

図32　ヒゲナガカワトビケラ科成虫　Stenopsychidae adults
ml：♂交尾器側面　md：♂交尾器背面　mpr：♂パラメアと下部附属器背腹面　mprl：♂パラメアと下部附属器側面　mph：♂ペニス（伸展状態）　fl：♀交尾器側面　fd+v：♀交尾器背腹面
1：ヒゲナガカワトビケラ *Stenopsyche marmorata*　2：チャバネヒゲナガカワトビケラ *Stenopsyche sauteri*
3：オキナワヒゲナガカワトビケラ *Stenopsyche schmidii*　a：頭部側面　b：頭部背面　c：前後翅　md：♂尾節背面　mv：♂尾節腹面　4：シロアシヒゲナガカワトビケラ *Stenopsyche pallens*
（4：Nozaki et al.（2008）より転載）

成虫の種への検索

- 1a 本州など日本主島に分布 ··· 2
- 1b 琉球列島（奄美大島〜八重山群島）に分布．基本的な形態や色彩は，ヒゲナガカワトビケラに似ており，地理的分布域以外に区別点はみつかっていない
  ··················· オキナワヒゲナガカワトビケラ　*Stenopsyche schmidi*
- 2a 雌雄の距式はともに3-3-4 ·· 3
- 2b 雄の距式は0-4-4，雌の距式は2-4-4
  ··················· チャバネヒゲナガカワトビケラ　*Stenopsyche sauteri*
- 3a 前脚と中脚の黒色系斑紋が濃い（雌雄交尾器も参照：図32-1）
  ··················· ヒゲナガカワトビケラ　*Stenopsyche marmorata*
  （北海道，本州，四国，九州などに広く分布する）
- 3b 前脚と中脚の黒色系斑紋が薄い（雌雄交尾器も参照：図32-4）
  ··················· シロアシヒゲナガカワトビケラ　*Stenopsyche pallens*
  （国内では北海道北部だけから知られている）

カワトビケラ科　Philopotamidae

久原直利

　山地の流水に生息する小〜中型のトビケラである．極地を除く世界各地に分布し，日本からは4属35種が記録されているが，属によっては未記載種，未記録種も多い．同所的に多くの種が生息し，個体数も多い．源流河川でトビケラ成虫を採集するとしばしば本科の個体が優占する．

　幼虫は急流部の大礫の下面や滴り水が流れ落ちる切り立った岩盤に絹様分泌物でつくった袋状の巣を固着させ，巣の中で生活する．巣は目合いが数ミクロンと非常に細かいメッシュであり，上流側の開口部から入る流水をろ過し，こしとった有機物を餌にする．幼虫の体長は最大で17 mm程度．頭部および前胸背板が硬化し黄褐色から茶褐色，中・後胸背板は膜質である（図35-4）．腹部は淡黄色だが，液浸標本では白色になることが多い．上唇が膜質で先端が左右に広がったT字型をしていることで他科から区別できる（図35-2）．

　成虫は前翅長が3 mmから11 mm程度．単眼をもち（図33-1），小顎肢の末端節（第5節）が第4節よりもはるかに長く柔軟であること（図33-2）はヒゲナガカワトビケラ科と共通であるが，触角の長さが翅と同程度もしくはより短いことや，サイズが小さいことでヒゲナガカワトビケラ科と区別できる．翅は淡褐色から黒色で細かい斑紋をもつ種もある．

　幼虫は一部の種しか判明していない．特にトゲタニガワトビケラ属 *Kisaura* は日本に多数の種が分布し，成虫はよく採集されるが，幼虫はまったく不明である．また，筆者は日本未記録の属の成虫も確認しているが，この属の幼虫も判明していない．このため，末尾に示した幼虫の属への検索は暫定的なものであることに留意してほしい．

コタニガワトビケラ属　*Chimarra* Stephens, 1829

　世界では東洋区，新熱帯区，オーストラリア区できわめて多様化している属である．近年でも次々と新種が記載されており，既知種はすでに800種を超え，ナガレトビケラ科ナガレトビケラ属 *Rhyacophila* をしのいでトビケラ目のなかで最多の種数を含む属になった（Kjer et al., 2014）．しかし日本産種は少なく，屋久島以北にツダコタニガワトビケラ *Chimarra tsudai* が分布するほか，奄美大島以南の琉球列島に数種の未記載種もしくは日本未記録種が分布しているに過ぎない．

　成虫の前翅は黒色である．距式が1-4-4であることや，後翅の第2肛脈（A_2）が上方にカーブし第1肛脈（A_1）に融合すること（図33-3）で他属と区別できる．幼虫は前脚基節の前縁付近に顕著な突起をもつこと（図34-1矢印）が最も明瞭な他属との区別点である．また，頭部腹面の第18刺毛が頭部の中間よりも前方にあること（図34-3）も本属の特徴である．

ツダコタニガワトビケラ　*Chimarra tsudai* Ross, 1956（図33-3，34-1〜5）

　北海道，本州，四国，九州，隠岐諸島，対馬，屋久島に分布．北海道では稀だが，関東以西では多産する．山地渓流や源流に生息．成熟幼虫の体長11 mm程度，成虫の前翅長は4.3〜6.2 mm．

　幼虫の頭盾前縁は左右非対称に著しく陥入する（図34-2）．奄美大島以南の琉球列島にも非常に似た幼虫が生息しているが，別種と思われる．また谷田（1985），本書初版（谷田，2005）で図示されたコタニガワトビケラ属 *Chimarra* sp. は沖縄島産で，頭盾前縁の陥入部の形が顕著に異なる別種である．

タニガワトビケラ属　*Dolophilodes* Ulmer, 1909

　アジアと北米に分布し50種以上が記載されている．日本産種は比較的よく解明されており，9種

82　トビケラ目

が記録されている．山地渓流や細流に生息する．
　成虫は前翅長が最大11 mmで，本科のなかでは比較的大型．前翅は褐色の地色に金色の刺毛による細かい斑紋が多数ある（液浸標本では不明瞭）．外見はトゲタニガワトビケラ属 *Kisaura* に比較的似ているが，交尾器の構造が大きく異なる（区別点はトゲタニガワトビケラ属の項参照）．雄，雌とも交尾器の形態で比較的容易に種の同定ができる．
　幼虫は前胸小転節（図35-5）が大きく，先端側半分以上が前胸側板の膜質から離れた突起となることが本属の特徴である．体長は17 mm以下．成虫の外観や翅脈相の類似性から本属と近縁と思われるトゲタニタガトビケラ属の幼虫は現在のところ判明していないが，上記の特徴を共有している可能性もあるため，図36に示したいずれの種とも合致しない場合は属の同定もあきらめたほうがよい．ババタニガワトビケラ *Dolophilodes babai* (Kobayashi, 1980) を除く8種の幼虫が判明しており，頭盾前縁および大顎内側の歯の形態により同定できるが，種差が微妙なものもあるため，両形質と

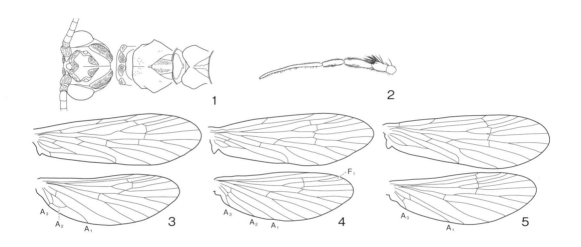

図33　カワトビケラ科成虫 Philopotamidae adults
1：頭部，胸部背面　2：小顎肢側面　3～5：前後翅（1, 2, 4：タニガワトビケラ *Dolophilodes japonica*　3：ツダコタニガワトビケラ *Chimarra tsudai*　5：ミジカオタニガワトビケラ *Wormaldia rara*）（1, 2, 4 は Kuhara, 2005a，5 は Kuhara, 2005b を一部改変）

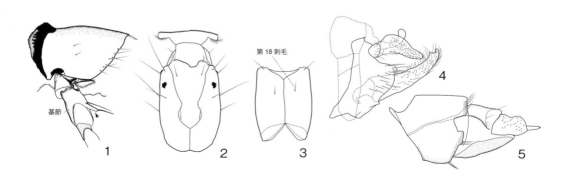

図34　ツダコタニガワトビケラ *Chimarra tsudai*
1：前胸・前脚基部側面　2：頭部背面　3：頭部腹面　4：雄交尾器側面　5：雌交尾器側面

カワトビケラ科　83

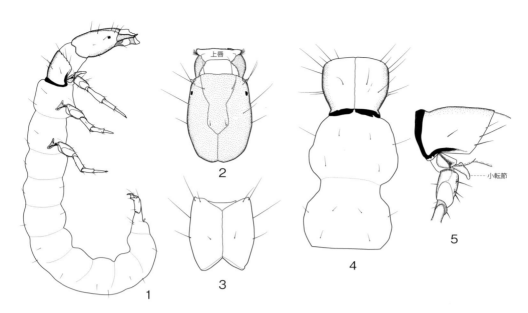

図35　シンボタニガワトビケラ幼虫 *Dolophilodes shinboensis* larvae
1：全体側面　2：頭部背面　3：頭部腹面　4：胸部背面　5：前胸・前脚基部側面（久原，2017より）

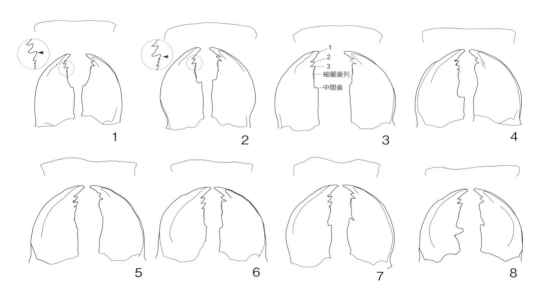

図36　タニガワトビケラ属幼虫の頭盾前縁（上）と左右大顎（下）*Dolophilodes* larvae
1：ミミタニガワトビケラ *Dolophilodes auriculata*　2：ノムギタニガワトビケラ *Dolophilodes nomugiensis*
3：コンマタニガワトビケラ *Dolophilodes commata*　4：シンボタニガワトビケラ *Dolophilodes shinboensis*
5：タニガワトビケラ *Dolophilodes japonica*　6：サキブトタニガワトビケラ *Dolophilodes dilatata*　7：イロタニガワトビケラ *Dolophilodes iroensis*　8：サキボソタニガワトビケラ *Dolophilodes angustata*　（いずれも背面図）（久原，2017より）

表3 タニガワトビケラ属 Dolophilodes 幼虫各種の形質状態

種	図36	頭盾板前縁		大顎		
		対称性*	平滑/細波状	左第3歯**	左中間歯	右中間歯
ミミタニガワトビケラ	1	対称	滑らか	独立	先端直角	先端直角
ノムギタニガワトビケラ	2	対称	僅かに波うつ	連続	先端鋭角	先端直角〜やや鋭角
コンマタニガワトビケラ	3	対称	滑らか	連続	先端直角	先端鈍角
シンボタニガワトビケラ	4	対称	細波状	独立	先端直角で大きい	なし
タニガワトビケラ	5	左	細波状	独立	微小	なし
サキブトタニガワトビケラ	6	左	細波状	独立	先端鈍角	先端直角〜やや鈍角
イロタニガワトビケラ	7	左	細波状（一部）	独立	先端やや鋭角	先端鋭角で直前に細長い切込
サキボソタニガワトビケラ	8	右	細波状	独立	大きな犬歯状	先端鋭角

*）左：非対称で左の方が伸びる　右：非対称で右の方が伸びる
**）独立：後縁が長く，細鋸歯列と明瞭に独立　連続：後縁が短く，細鋸歯列と連続する

もに観察して判断されたい．表3に同定のポイントとなる各種の形質状態を示した．頭盾板前縁が左右非対称の種についてはその程度が僅かなこともあるため，慎重に観察する必要がある．また標本の状態によっては頭盾板前縁が上唇に覆われていることや大顎を無理に引き出すと内縁の歯が破損することなどは，誤同定の要因となるので注意を要する．

新潟県から記載されたババタニガワトビケラはタイプ標本の2個体以外は知られておらず，またノムギタニガワトビケラ Dolophilodes nomugiensis に類似しており，独立種であるかは今後の検討課題であるため，本書では図示しなかった．

なお，谷田（1985），本書初版（谷田，2005）で記号付きで図示された幼虫は次の種であることが判明している（久原，2017）．

Dolophilodes sp. DA → サキボソタニガワトビケラ *D. angustata*
Dolophilodes sp. DB → タニガワトビケラ *D. japonica*
Dolophilodes sp. DC → ヒメタニガワトビケラ属 *Wormaldia*（本書では *W.* sp. 4として図示）
Dolophilodes sp. DD → イロタニガワトビケラ *D. iroensis*

タニガワトビケラ　*Dolophilodes japonica* (Banks, 1906)（図33-1・2・4，36-5，37-1，38-1）
= *Dolophilodes exscisa* Martynov, 1933

北海道，本州，四国，九州，佐渡島に分布．山地渓流によくみられる普通種．成熟幼虫の体長14 mm程度，成虫の前翅長5.6〜8.9 mm．雄交尾器は側面からみるとサキブトタニガワトビケラやサキボソタニガワトビケラに似るが，下部付属器先端節を腹面からみると，先端が先太になっておらず内縁先端付近がへこんでいる（図37-1c矢印）ことで区別できる．

サキブトタニガワトビケラ　*Dolophilodes dilatata* Kuhara, 2005（図36-6，37-2，38-2）

北海道（南西部），本州に分布．細流に生息する．成熟幼虫の体長14 mm程度，成虫の前翅長7.6〜10.8 mm．

シンボタニガワトビケラ　*Dolophilodes shinboensis* (Kobayashi, 1980)（図35，36-4，37-3，38-3）

北海道，本州，四国，九州，利尻島に分布．細流に生息．成熟幼虫の体長15 mm程度，成虫の前翅長7.1〜10.8 mm．成虫は雄雌とも次種サキボソタニガワトビケラに似る（区別点次種参照）．

サキボソタニガワトビケラ　*Dolophilodes angustata* Kuhara, 2005（図36-8，37-4，38-4）

本州（関東，新潟以西），四国，九州に分布．細流に生息する．水が滴り落ちる切り立った岩盤にぶらさがるように巣を固着させているのは本種であることが多い．成熟幼虫の体長16 mm程度，

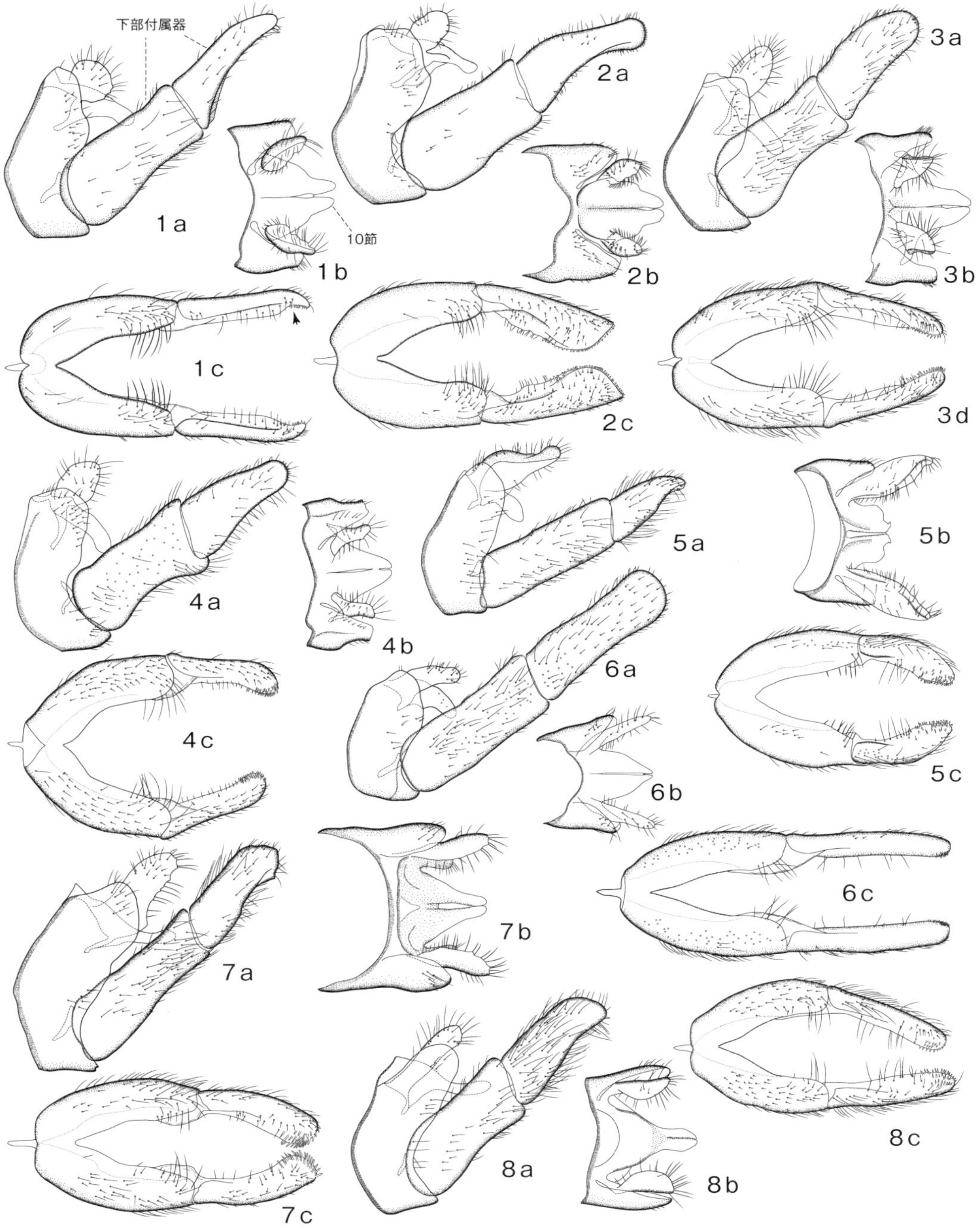

図37 タニガワトビケラ属成虫雄交尾器 *Dolophilodes* male genitalia
1：タニガワトビケラ *Dolophilodes japonica*　2：サキブトタニガワトビケラ *Dolophilodes dilatata*　3：シンボタニガワトビケラ *Dolophilodes shinboensis*　4：サキボソタニガワトビケラ *Dolophilodes angustata*　5：ミミタニガワトビケラ *Dolophilodes auriculata*　6：ノムギタニガワトビケラ *Dolophilodes nomugiensis*　7：イロタニガワトビケラ *Dolophilodes iroensis*　8：コンマタニガワトビケラ *Dolophilodes commata*　（a：側面　b：背面　c：下部付属器腹面）（Kuhara, 2005a を一部改変）

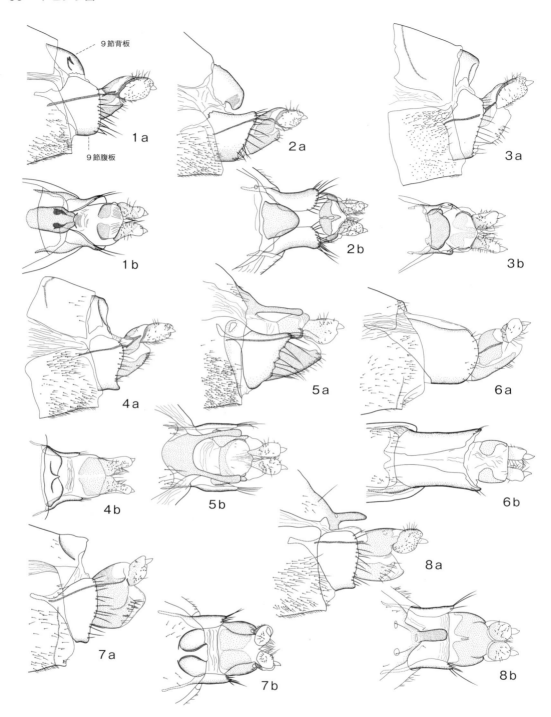

図38 タニガワトビケラ属成虫雌交尾器 *Dolophilodes* female genitalia
1：タニガワトビケラ *Dolophilodes japonica*　2：サキブトタニガワトビケラ *Dolophilodes dilatata*　3：シンボタニガワトビケラ *Dolophilodes shinboensis*　4：サキボソタニガワトビケラ *Dolophilodes angustata*　5：ミミタニガワトビケラ *Dolophilodes auriculata*　6：ノムギタニガワトビケラ *Dolophilodes nomugiensis*　7：イロタニガワトビケラ *Dolophilodes iroensis*　8：コンマタニガワトビケラ *Dolophilodes commata*　（a：側面　b：背面）（Kuhara, 2005a を一部改変）

成虫の前翅長6.6〜10.1 mm. 前種に似るが，雄は下部付属器先端節を側面からみると前種より先細りになっており（図37-4a），雌は腹部9節背板を背面からみた形が明瞭に異なる（図38-4b）．また雄は側面からみるとタニガワトビケラ，サキブトタニガワトビケラにもやや似るが，腹面からみた下部付属器先端節の形が明瞭に異なる（図37-4c）．

ミミタニガワトビケラ *Dolophilodes auriculata* Martynov, 1933（図36-1，37-5，38-5）

北海道，本州，四国，九州，対馬に分布．山地渓流や細流に生息．成熟幼虫の体長12 mm程度，成虫の前翅長6.1〜8.8 mm.

ノムギタニガワトビケラ *Dolophilodes nomugiensis* (Kobayashi, 1980)（図36-2，37-6，38-6）
= *Wormaldia triangulata* Kobayashi, 1984

北海道，本州，四国，九州，礼文島，利尻島，隠岐諸島に分布．細流に生息し，特に湧水でよくみられる．成熟幼虫の体長11 mm程度，成虫の前翅長4.8〜8.7 mm．雄の下部付属器先端節を横からみると，図37-6aよりも先細になっている個体もある．

イロタニガワトビケラ *Dolophilodes iroensis* (Kobayahsi, 1980)（図36-7，37-7，38-7）
= *Dolophilodes kunashirensis* Ivanov, 1996

北海道，本州，四国，九州に分布．成熟幼虫の体長11 mm程度，成虫の前翅長5.1〜8.1 mm．細流に生息．雄交尾器は側面からみると次種コンマタニガワトビケラに似ているが（図37-7a），背面からみた腹部10節の形で容易に区別できる（図37-7b）．

コンマタニガワトビケラ *Dolophilodes commata* (Kobayashi, 1980)（図36-3，37-8，38-8）
= *Sortosa kaishoensis* Kobayashi, 1985

本州（新潟，関東以西），四国，九州に分布．雄交尾器は前種イロタニガワトビケラに似る．成熟幼虫の体長15 mm程度，成虫の前翅長5.3〜8.6 mm．山地渓流に生息．

トゲタニガワトビケラ属　*Kisaura* Ross, 1956

アジアに分布する属であり，60種以上が記載されている．本書初版（谷田，2005）ではタニガワトビケラ属（広義）の亜属として扱われていたが，近年では独立属とすることが多い（Blahnik, 2005）．日本からは9種が記録されているが，そのほか5種以上の未記載種を確認している．山地渓流や細流でよく採集され，一部の種は中流域でもみられる．

成虫はタニガワトビケラ属より多少小型で前翅長は9 mm以下．外観はタニガワトビケラ属に似るが，前翅の金色の斑紋がより濃密なためやや明るくみえ，また触角は各節の前後での濃淡差が大きくより明瞭な縞模様となる（丸山・花田（編）（2016）の口絵写真参照）．翅脈相では区別できない．確実な属の同定には交尾器をみる必要がある．雄では（1）上部付属器の外側に1対の先端部が黒色の長い刺状突起をもつこと（図39-1a），（2）下部付属器先端節の内側には櫛状の刺列をもつこと（図39-1b）が本属固有の形質状態である．雌は腹部9節が，腹板と背板が癒合し硬化した筒状になっていること（図40-2d）でタニガワトビケラ属と区別できるが，現在のところ一部の種しか記載されておらず種の同定は難しい．

幼虫はまったく判明していない．

以下に掲げた種のうち，はじめの5種は雄交尾器形態の種差が小さく，また種内の変異もあるため，同定にあたっては慎重に観察する必要がある．各種の特徴的な形質状態を以下に記したが，変異による例外もあるため，慣れるまでは交尾器を透過処理したうえ複数の形質を精査することが望ましい．またこれら5種に多少似るが，雄交尾器下部付属器先端節が短く，前後翅とも第1脈叉（図33-4，F_1）を欠く点で区別できる未記載種（関東〜四国に分布）が存在することにも留意されたい．

88　トビケラ目

　以下に示した7種のほか *Kisaura niitakaensis* (Kobayashi, 1973) と *K. imparis* Hur & Morse, 2006が日本から記載されているが，他種との関係を検討する必要がある．

キソタニガワトビケラ　　*Kisaura kisoensis* (Tsuda, 1939)（図39-1）

　北海道，本州，四国，九州，対馬に分布．主に山地渓流でみられる．前翅長4.9〜7.2 mm. 雄は腹部9節，10節が比較的長いことが特徴であるが，種内変異が大きい次種ノザキタニガワトビケラの一部と似る（区別点は次種参照）．

ノザキタニガワトビケラ　　*Kisaura nozakii* (Kuhara, 1999)（図39-2）

　本州（関東，新潟以西），四国，九州に分布．主に山地渓流でみられる．前翅長4.8〜6.7 mm. 中部地方北部から関東地方北部付近を境界として次種キタタニガワトビケラと側所的に分布する．本種の雄は腹部10節先端付近が着色されておらず，下側にV字状の切れ込みがないことで次種と区別される．また，関東地方周辺で分布域が重なるハットリタニガワトビケラとは，雄の腹部10節を側面からみたときの上縁に丸みを帯びた鈍角の角（図39-2a矢印①）があることで区別されるが，不明瞭なこともある（図39-2d）．雄腹部9節，10節の長さには変異が大きく（図39-2c〜h），これらが長い個体（f, g）はキソタニガワトビケラと似るが，下部付属器先端節の下縁の基部から1/5付近に丸みを帯びた鈍角の角（もしくは急カーブ）があることで区別できる（図39-2a矢印②）．

キタタニガワトビケラ　　*Kisaura borealis* (Kuhara, 1999)（図39-3）

　北海道，本州（新潟北部，長野北部，東北）に分布．主に山地渓流でみられる．前翅長5.7〜7.0 mm. 本種と側所的に分布する前種ノザキタニガワトビケラに似るが，雄腹部10節の先端付近が着色されており，下部にV字状の切れ込みがあることで区別される（図39-3a）．本種と分布域が大きく重なる次種ハットリタニガワトビケラとの区別点は，上記の特徴のほか，刺状突起を側面からみるとほぼまっすぐであること（図39-3a），下部付属器の櫛状刺列を腹面からみると内側に緩やかに湾曲していること（図39-3b）などである．

ハットリタニガワトビケラ　　*Kisaura hattorii* (Kuhara, 1999)（図39-4）

　北海道，本州（静岡，長野，新潟以東）に分布．主に細流でみられる．前翅長6.0〜7.2 mm. 雄交尾器を側面からみると腹部10節の上縁は全体に丸みを帯び先端は尖っていることが多く，刺状突起は全体に緩やかに下へ曲がる（図39-4a）．下部付属器の櫛状刺列は腹面からみるとほぼまっすぐである（図39-4b）．

ツダタニガワトビケラ　　*Kisaura tsudai* (Botosaneanu, 1970)（図39-5）

　本州（関東以西），四国，九州，屋久島に分布．主に細流でみられる．前翅長5.7〜7.1 mm. 雄交尾器を側面からみると，刺状突起は先端付近で下向きに大きく曲がることが特徴（図39-5a）．比較的類似するハットリタニガワトビケラとは，腹部10節を側面からみると先端が丸みを帯びている（図39-5a）ことでも区別できる．

ミナカワトゲタニガワトビケラ　　*Kisaura minakawai* Arefina, 2005（図40-1）

　北海道，本州，四国，屋久島に分布．主に河川中上流域でみられる．前翅長5.3〜8.7 mm. 雄交尾器の刺状突起は長く全体的に弧状に曲がり（図40-1a），左右非対称（図40-1c）であることが特徴．

フタマタトゲタニガワトビケラ（新称）　　*Kisaura dichotoma* Kuhara & Arefina, 2004（図40-2）

　北海道，本州，四国，九州に分布．主に細流でみられる．前翅長4.7〜7.3 mm. 雄交尾器の刺状突起が2分岐すること（図40-2a, c），下部付属器先端節の基部付近に顕著な下向きの突起があること（図40-2a, b）で，本書掲載の他種とは区別できるが，類似した未記載種を確認しているので注意を要する．

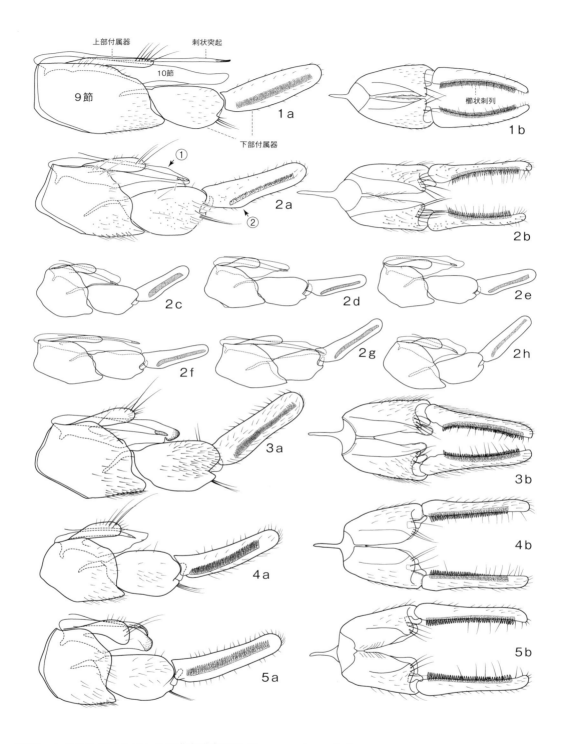

図39　トゲタニガワトビケラ属成虫雄交尾器 *Kisaura* male genitalia
1：キソタニガワトビケラ *Kisaura kisoensis*　2：ノザキタニガワトビケラ *Kisaura nozakii*　3：キタタニガワトビケラ *Kisaura borealis*　4：ハットリタニガワトビケラ *Kisaura hattorii*　5：ツダタニガワトビケラ *Kisaura tsudai* （a：側面　b：下部付属器腹面　c〜h：変異，側面）

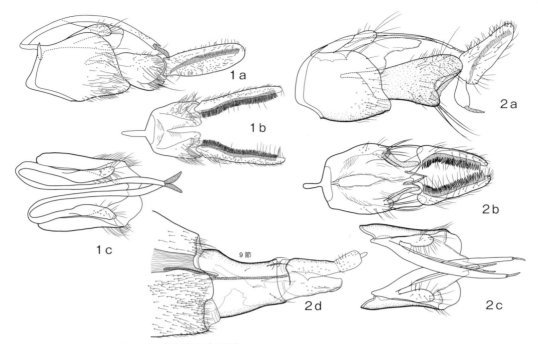

図40　トゲタニガワトビケラ属成虫雌雄交尾器 *Kisaura* adult genitalia
1：ミナカワトゲタニガワトビケラ *Kisaura minakawai*　2：フタマタトゲタニガワトビケラ *Kisaura dichotoma*（a：雄側面　b：雄下部付属器腹面　c：雄背面　d：雌側面）（2は Kuhara & Arefina, 2004を一部改変）

ヒメタニガワトビケラ属　　*Wormaldia* McLachlan, 1865

　オセアニアと南極大陸を除いて世界に広く分布し，150種以上が記載されている．日本からは16種が記録されているが，そのほか10種以上の未記載種を確認している．いずれの種も河川源流部の細流で採集されることが多い．各種の地理的分布域は本科他属の種に比べると狭い傾向があるが，一部の種は日本広域に分布する．

　日本産の本科のなかでは最も小型で，成虫の前翅長は3〜7mm．前翅の色は淡褐色から黒褐色まで種によりさまざまであるが，斑紋はほとんどない．後翅の肛脈（A）のうち2本しか後縁に達していないことで本属と同定できる（図33-5）．また，雄は腹部第7節，8節のどちらか，もしくは両方の腹面中央後縁に長い突起を有することが多い（図42-1aなど）．他属ではこの突起はあってもごく短い．

　雄交尾器の形態により種を同定できるが，微妙な点で区別される未記載種も確認しており注意が必要．雌交尾器は僅かな種しか記載されておらず，現在のところ雌だけでの同定は難しい．

　幼虫は最大で体長12mm程度．（1）前脚基節を側面からみたときの前縁付近に全体的に下側にカーブした，他の刺毛よりもやや太い剛毛があること（図41-1c），（2）頭部腹面の第18刺毛が頭部の他の刺毛よりも太いこと（図41-1b）が本属幼虫の特徴である．また前胸小転節が比較的細く，先端付近が突起となることはあるが大部分は前胸側板に癒着している（図41-1c）ことでタニガワトビケラ属と区別できる．日本産の幼虫は頭部などの形態から少なくとも図41に示した6つの型に分けることができ，そのうち2つは成虫との対応が付けられてはいるが（久原, 2017），未判明の種の方が圧倒的に多い現状では幼虫のみによる種の同定は避けた方がよいであろう．頭盾板前縁が大きく陥入している *Wormaldia* sp. 4（図41-5a）は谷田（1985, 2005）では *Dolophilodes* sp. DC と

されている．また，谷田（1985，2005）がヒメタニガワトビケラ属 *Wormaldia* として図示した幼虫はノムギタニガワトビケラ *Dolophilodes nomugiensis* である．

なお，新潟から記載されたスムハラタニガワトビケラ *Wormaldia sumuharana* Kobayashi, 1980はナベワリタニガワトビケラ *Wormaldia nabewarina* との違いが不明確なため掲載しなかった．

フジノタニガワトビケラ *Wormaldia fujinoensis* Kobayashi, 1980（図42-1）
本州（関東～近畿）に分布．前翅長3.5～5.3 mm．次種ナベワリタニガワトビケラに似る．

ナベワリタニガワトビケラ *Wormaldia nabewarina* Kobayashi, 1969（図42-2）
本州（関東以西），四国，九州に分布．前翅長3.9～5.7 mm．前種フジノタニガワトビケラに似るが，雄腹部8節の背面中央の後端から伸びる細長い突起があること（図42-2a，2b矢印）で容易に区別できる．

カドワキタニガワトビケラ *Wormaldia kadowakii* Kobayashi, 1980（図42-3）
本州（静岡以西），四国に分布．前翅長3.6～5.4 mm．雄腹部第10節の左右両側にある剛毛列の位置に地理的変異があり，四国，九州は中央やや前寄り（図42-3a上，b），静岡から近畿は前端付近に位置する（図42-3a下）．

イトウヒメタニガワトビケラ *Wormaldia itoae* Kuhara, 2016（図42-4）
屋久島に分布．前翅長4.3～4.6 mm．雄は前種カドワキタニガワトビケラに似るが，腹部8節背面後縁の中央部に深い切れ込み（図42-4b矢印）があることで容易に区別できる．

リュウコツヒメタニガワトビケラ *Wormaldia carinata* (Schmid, 1991)（図42-5）
奄美大島，沖縄島に分布．前翅長4.5～5.3 mm．

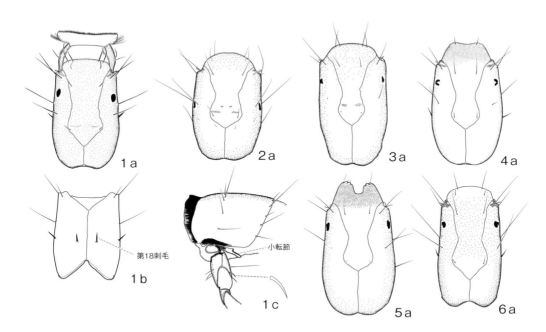

図41 ヒメタニガワトビケラ属幼虫 *Wormaldia* larvae
1：ヒメタニガワトビケラ属の1種-1 *Wormaldia* sp. 1（茨城県常陸太田市産）　2：ウオヌマタニガワトビケラ *Wormaldia uonumana*　3：ヒメタニガワトビケラ属の1種-2 *Wormaldia* sp. 2（静岡県川根本町産）　4：ヒメタニガワトビケラ属の1種-3 *Wormaldia* sp. 3（対馬産）　5：ヒメタニガワトビケラ属の1種-4 *Wormaldia* sp. 4（大阪府河内長野市産）　6：ヤクタニガワトビケラ *Wormaldia yakuensis*（a：頭部背面　b：頭部腹面　c：前胸・前脚基部側面）（久原，2017を一部改変）

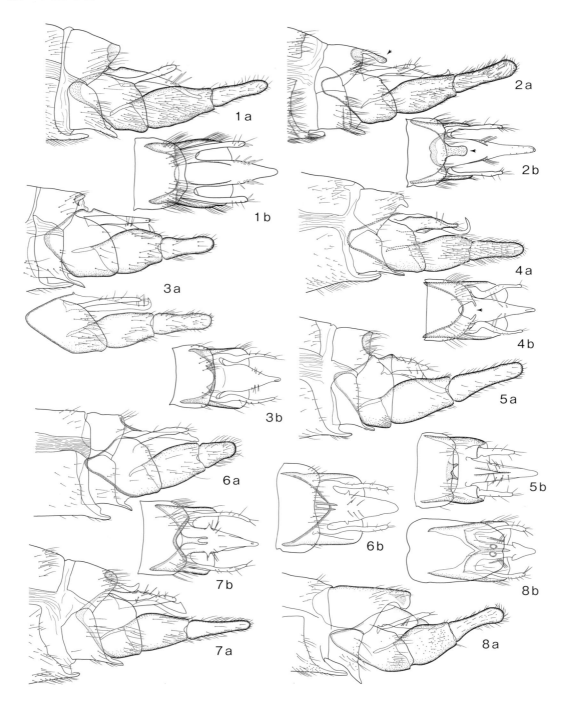

図42 ヒメタニガワトビケラ属成虫雄交尾器 *Wormaldia* male genitalia
1：フジノタニガワトビケラ *Wormaldia fujinoensis* 2：ナベワリタニガワトビケラ *Wormaldia nabewarina*
3：カドワキタニガワトビケラ *Wormaldia kadowakii* 4：イトウヒメタニガワトビケラ *Wormaldia itoae* 5：リュウコツヒメタニガワトビケラ *Wormaldia carinata* 6：オキナワヒメタニガワトビケラ *Wormaldia okinawaensis* 7：トッキヒメタニガワトビケラ *Wormaldia apophysis* 8：ヤネヒメタニガワトビケラ *Wormaldia tectum* （a：側面　b：背面）（Kuhara, 2005b, 2016b を一部改変）

オキナワヒメタニガワトビケラ　*Wormaldia okinawaensis* Kuhara, 2016（図42-6）
　沖縄島，沖永良部島に分布．前翅長3.7〜4.3 mm．

トッキヒメタニガワトビケラ　*Wormaldia apophysis* Kuhara, 2016（図42-7）
　奄美大島，徳之島に分布．前翅長3.5〜4.8 mm．

ヤネヒメタニガワトビケラ　*Wormaldia tectum* Kuhara, 2016（図42-8）
　沖縄島に分布．前翅長4.4〜4.6 mm．

ヤクタニガワトビケラ　*Wormaldia yakuensis* Kobayashi, 1980（図43-1）
　九州，福江島，屋久島に分布．前翅長3.9〜6.1 mm．

ミジカオタニガワトビケラ　*Wormaldia rara* (Kobayashi, 1959)（図33-5，43-2）
= *Wormaldia kurokawana* Kobayashi, 1968
= *Wormaldia saekiensis* Kobayashi, 1980
= *Wormaldia yunotakiensis* Kobayashi, 1980
　本州（関東以西），四国，九州に分布．前翅長5.3〜6.6 mm．雄交尾器下部付属器先端節が短いことが特徴であるが，同様な特徴をもつ未記載種を確認しており，それと区別するためには第8節背面後縁の中央が大きくV字状に切れ込んでいる（図43-2b）ことを確認するのがよい．

ウオヌマタニガワトビケラ　*Wormaldia uonumana* Kobayashi, 1980（図43-3）
　北海道，本州，四国に分布．前翅長4.9〜6.6 mm．雄交尾器下部付属器先端節の長さに著しい種内変異があり，一部（図43-3e）は次種ニイタニガワトビケラ（図43-4a）に似るが，本種は腹部第7節の腹面中央後端の突起が短く（図43-3a矢印①），第8節は突起を欠く（矢印②）ことで容易に区別できる．

ニイタニガワトビケラ　*Wormaldia niiensis* Kobayashi, 1985（図43-4）
　北海道，本州，四国，九州，対馬，屋久島に分布．前翅長4.6〜5.8 mm．雄腹部第7節，8節の腹面中央後端の突起が本種では顕著である（図43-4a矢印）点で前種ウオヌマタニガワトビケラと容易に区別できる．

アマミヒメタニガワトビケラ　*Wormaldia amamiensis* Kuhara, 2016（図43-5）
　奄美大島に分布．前翅長3.7〜4.5 mm．

ナガノタニガワトビケラ　*Wormaldia kisoensis* (Tsuda, 1942)（図43-6）
　本州（長野以西）に分布．前翅長3.9〜4.8 mm．東日本には本種に類似した未記載種が分布する．

イシガキヒメタニガワトビケラ　*Wormaldia ishigakiensis* Kuhara, 2016（図43-7）
　石垣島に分布．前翅長4.0〜4.8 mm．

カワトビケラ科幼虫の属への検索（トゲタニガワトビケラ属は不詳）

1a　前脚基節の前縁付近に顕著な突起がある（図34-1矢印）
　　　　……………………………………………………………………コタニガワトビケラ属　*Chimarra*
1b　前脚基節の前縁付近に刺毛はあっても上記のような突起はない（図35-5，41-1c）……2
2a　前胸小転節は膜質側板上の細い硬片であり，先端の一部が突起となることがある（図41-1c）．前脚基節を側面からみたときの前縁付近に太短く下向きに曲がった刺毛がある（図41-1c拡大図）………………………………………ヒメタニガワトビケラ属　*Wormaldia*
2b　前胸小転節は太く，膜質側板から外側に突出した指状の突起となる．前脚基節を側面からみたときの前縁付近に刺毛はあるが，上記の形状のものはない（図35-5）
　　　　……………………………………………………………………タニガワトビケラ属　*Dolophilodes*

94 トビケラ目

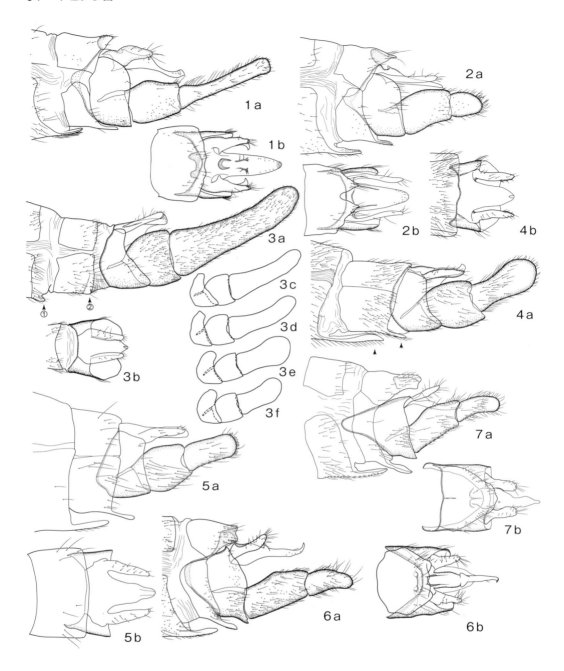

図43 ヒメタニガワトビケラ属成虫雄交尾器 Wormaldia male genitalia
1：ヤクタニガワトビケラ Wormaldia yakuensis　2：ミジカオタニガワトビケラ Wormaldia rara　3：ウオヌマタニガワトビケラ Wormaldia uonumana　4：ニイタニガワトビケラ Wormaldia niiensis　5：アマミヒメタニガワトビケラ Wormaldia amamiensis　6：ナガノタニガワトビケラ Wormaldia kisoensis　7：イシガキヒメタニガワトビケラ Wormaldia ishigakiensis（a：側面　b：背面　c〜f：変異，側面（腹部第9節と下部付属器のみ））（Kuhara, 2005b，2016b を一部改変）

カワトビケラ科成虫の属への検索

1a 距式は1-4-4 ·· コタニガワトビケラ属 *Chimarra*
1b 距式は2-4-4 ·· 2
2a 後翅の第2肛脈（A_2）は後縁に達しない（図33-5）
　　·· ヒメタニガワトビケラ属 *Wormaldia*
2b 後翅の第2肛脈（A_2）は後縁に達する（図33-4）·· 3
3a 雄は下部付属器先端節の内面に黒色の櫛状刺列（図39-1b）と，上部付属器の内側に一対の細長い刺状突起（図39-1a）をもつ．雌の腹部8節は背板，腹板に分かれず全体が硬化した環状である（図40-2d）·················· トゲタニガワトビケラ属 *Kisaura*
3b 雄交尾器には上記の櫛状刺列と刺状突起を欠く．雌の腹部8節は硬化した背板，腹板に分かれる（図38-1～5・7・8），もしくは背板は膜質である（図38-6）
　　·· タニガワトビケラ属 *Dolophilodes*

クダトビケラ科　Psychomyiidae

谷田一三

　日本産6属23種以上．多くの種の終齢幼虫の体長は6 mm以下，成虫の前翅長は5 mm以下の小型種が多いが，オオクダトビケラ属 *Eoneureclipsis* はこの科としては比較的大型で，成虫の前翅長は6 mmを超えることもあり，終齢幼虫の体長は10 mmに達する（Torii & Nishimoto, 2011；Torii & Nakamura, 2016）．幼虫の体色は白色から黄褐色で頭部は短い．成虫は，翅に長毛のある種が多く，ヒメトビケラ科と間違われることもある．ホソクダトビケラ属 *Tinodes* とオオクダトビケラ属 *Eoneureclipsis* 以外は，前後翅ともに全体に細長いが，次のキブネクダトビケラ科ほど，先端は尖らない．

　シマトビケラ上科の幼虫は，基本的には造網性で濾過摂食するが，この科とキブネクダトビケラ科の幼虫は，岩や石の表面に回廊状の巣をつくり，捕獲網はつくらない．石表面の付着藻類や微細堆積物を摂食するグレーザー grazer，コレクター collector である（Wiggins, 1996）．この科の種あるいは属には，河川や湖沼の沿岸部に広く分布するものも多い．ただし，比較的新しく日本から記録されたオオクダトビケラ属は *Eoneureclipsis limax* を基準種として，Kimmins（1955）がイワトビケラ科の新属として設立し，その後 Schmid（1972）が翅脈相や雄交尾器の形態等からクダトビケラ科へ移動した．東洋区の東南アジアを中心に分布し，日本は世界的にみて北限である．少なくとも日本産の種は局所的に分布し，源流にだけ生息するという（Torii & Nishimoto, 2011）．クダトビケラ属 *Psychomyia*，キタクダトビケラ属 *Lype*，ヒメクダトビケラ属 *Paduniella* は，河川や湖沼に多く，灯火にもよく飛来する．とくにクダトビケラ属は，大量に飛来することが多い．種や属の同定には高倍率の実体顕微鏡や生物顕微鏡が必要である．

　ヒメクダトビケラ属については，大陸（ロシア沿海州など）の種の記載が不十分（Martynov, 1934）で，日本産の種レベルの同定が困難であったが（Tanida, 1997, 1999），ロシア極東の種が再記載され（Arefina & Levanidova, 1997），また Nishimoto（2011）が生物顕微鏡レベルの詳細な雄生殖器の形態学的検討を行って，日本産種の位置づけは明らかになった．

　前の版では，クダトビケラ科についてかなり分類に混乱があったが，Nishimoto（2011）のヒメクダトビケラ属の整理や各地のトビケラ相の調査によって，大きな混乱は解決した．しかし，さらに未記載種が少なくなく，雌や幼虫についての知見も不足している．また，幼虫については，Torii & Nakamura（2016）がミトコンドリアのCOI領域を使って，幼虫と成虫の関係を明らかにして，幼虫の属レベルの検索を可能にした．しかし，普通種についても，分類学的に問題のある種はいまだに残っている．本稿は Torii（2018）の WEB ページ（http://tobikera.eco.coocan.jp/catalog/psychomyiidae.html）も参考にした．

クダトビケラ亜科　Psychomyiinae

クダトビケラ属　*Psychomyia* Latreille, 1829

　以下に述べる種以外にも，比較的普通種でありながら未記載の種もあり，種レベルの分類は原記載の参照も含めて慎重に行う必要がある．雌でも種の区別ができる種は少なくないが，区別点は一部の種しか公表されていない（伊藤・小杉，2007）．本州中部などでは個体数の多いのはニッポンクダトビケラ *P. nipponica* とモリシタクダトビケラ *P. morisitai* で，西日本ではクチバシクダトビケラ *P. billinis* が多産する河川も多い．

ニッポンクダトビケラ　*Psychomyia nipponica* Tsuda, 1942（図46-3）
 北海道，本州に分布．分布域も広い普通種で，個体数も多い．

モリシタクダトビケラ　*Psychomyia morisitai* Tsuda, 1942（図46-4）
 北海道，本州，四国，九州，奄美大島に分布．分布域も広い普通種で，個体数も多い．生態学者で友人であった森下正明博士に津田松苗博士が献名したと思われる．

ウルマークダトビケラ　*Psychomyia acutipennis* (Ulmer, 1908)（図46-5）
 本州（新潟，京都，新潟，三重など），九州（福岡）に分布するとされる．日本で最も古くに記録された種（*Psychomyielle* Ulmer, 1908として）で，雄の再記載（Tsuda, 1942）もあるが，分類学的な位置を確定させるためには，タイプの検討が必要だという（野崎，私信）．

トゲクダトビケラ　*Psychomyia armata* Schmid, 1964（図46-7）
 北海道，本州（北部）に分布．

クチバシクダトビケラ　*Psychomyia billinis* (Kobayashi, 1987)（図46-8）
 本州（中部以西）に分布．分布はやや限定的であるが，多産する河川もある．

キイロクダトビケラ　*Psychomyia flavida* Hagen, 1861（図46-6）
 北海道に分布する；国外では北米，ロシア，モンゴルに分布．

カギヅメクダトビケラ属　*Metalype* Klapalek, 1898

クダトビケラ属として記載されたカギヅメクダトビケラ1種だけが，日本に分布する．この属は世界的にみても10種程度の小さな属であるが，中国を含む東アジアに種数が多い．

カギヅメクダトビケラ　*Metalype uncatissima* (Botosaneanu, 1970)（図46-9）
 本州に広く分布する；国外では朝鮮半島（タイプ産地），ロシア（南沿海地域）．普通種で個体数も多いが分布はやや局所的．クダトビケラ属と同程度かやや小型．

ヒメクダトビケラ属　*Paduniella* Ulmer, 1913

クダトビケラ科のなかでも最も小型．本州などでは大河川の中下流や湖沼に多く，灯火にも大量に飛来する．小顎肢が6節であることが大きな特徴．Nishimoto（2011）の記載論文で分類はかなり安定した．

ヒメクダトビケラ　*Paduniella tanidai* Nishimoto, 2011（図47-1）
 本州西部（愛知〜島根），四国（徳島）．この属では最も分布が広く，琵琶湖などに多産する（Tanida et al., 1999）．*Paduneilla amurensis* Martynov, 1934としての琵琶湖からの記録は（Tanida, 1999）本種の誤同定．

ウラルヒメクダトビケラ（新称）　*Paduneilla uralensis* Martynov, 1914（図47-3）
 本州（兵庫，島根，山口）；国外ではロシア（シベリア，沿海地域など：タイプ産地），中国．

ホウライヒメクダトビケラ（新称）　*Paduneilla horaiensis* Nishimoto, 2011（図47-2）
 本州（愛知）．

アマミヒメクダトビケラ（新称）　*Paduniella amamiensis* Nishimoto, 2011（図47-4）
 琉球列島（奄美大島）．

ミナミヒメクダトビケラ（新称）　*Paduniella communis* Li & Morse, 1997（図47-5）
 琉球列島（沖縄島）；国外では中国東部．

ホソクダトビケラ亜科　Tinodinae

キタクダトビケラ属　*Lype* Mclachlan, 1878

旧北区（東西），東洋区，新北区，アフリカ区に広く分布するが，30種あまりの小さな属である．

キタクダトビケラ　*Lype excise* Mey, 1991（図46-10）

北海道，千島，本州に分布；国外ではロシア（サハリン：タイプ産地）．
本州には，これ以外に種名が未確定の種が分布するという（Nozaki & Tanida, 2007；野崎，2016）．

ホソクダトビケラ属　*Tinodes* Curtis, 1834

新熱帯区を除き汎世界的に分布し，種数も多い．日本産は5種が知られているが未記載種も多いという（野崎，2016）．

アオホソクダトビケラ（新称）　*Tinodes aoensis* Kobayashi, 1984（図なし）

北海道，本州に分布．

アシガラクダトビケラ　*Tinodes ashigaranis* Kobayashi, 1971（図なし）

北海道，本州，四国に分布．

ヒガシヤマクダトビケラ　*Tinodes higashiyamanus* Tsuda, 1942（図46-2）

北海道，本州，四国，九州，与那国島に分布．種名はタイプ産地の京都市左京区東山によるものと思われる．

ミヤコクダトビケラ　*Tinodes miyakonis* Tsuda, 1942（図46-1）

本州，九州，対馬に分布．

ザウターホソクダトビケラ（新称）　*Tinodes sauteri* Ulmer, 1908（図なし）

本州に分布．原記載（雄，タイプ産地は神奈川）以降は，確実な記録はない．

亜科未定

オオクダトビケラ属　*Eoneureclipsis* Kimmins, 1955

本属はイワトビケラ科として記載されたが，翅脈相や雄交尾器の形態等からクダトビケラ科に移された（Schmid, 1972）．亜科の所属は未定．東洋区を中心に10種程度が分布する小さな属である．日本産は4種で，本州，四国，琉球列島に異所的に分布する．本州の種は，山地の細流に生息する．

オオクダトビケラ　*Eoneureclipsis montana* Torii & Nishimoto, 2011（図47-6）

本州（茨城，静岡，三重，奈良）に分布．

シコクオオクダトビケラ　*Eoneureclipsis shikokuensis* Torii & Nishimoto, 2011（図47-7）

四国（徳島，高知）に分布．

オキナワオオクダトビケラ　*Eoneureclipsis okinawaensis* Torii & Nishimoto, 2011（図47-9）

琉球列島（沖縄島）に分布．

ヤエヤマオオクダトビケラ　*Eoneureclipsis yaeyamensis* Torii & Nishimoto, 2011（図47-8）

琉球列島（石垣島）に分布．

クダトビケラ科幼虫の属への検索

1a　尾脚鉤爪の腹面にはよく発達した歯がある（図44-5〜7）･････････････････2
1b　尾脚鉤爪の腹面にはよく発達した歯がない（図44-1〜4）･････････････････4

2a 下唇腹面の亜基節にある1対の硬板（submental sclerites）のそれぞれは幅と長さがほぼ等しいか明らかに長さが大きい（図44-6） ……………………… **クダトビケラ属** *Psychomyia*
2b 下唇腹面の亜基節にある1対の硬板のそれぞれは幅より長さが明らかに小さい ……… 3
3a 前胸側板の前側板（episternum）に鉛直方向の縫合線（suture）がない（図44-5）．終齢幼虫の体長は5〜6mm程度 ………… **カギヅメクダトビケラ属** *Metalype*（図44-5）
3b 前胸側板の前側板に鉛直方向の縫合線がある（図44-7）．終齢幼虫の体長は3-4mm程度 …………………………………………… **ヒメクダトビケラ属** *Paduniella*
4a 前胸側板の前側板に鉛直方向の縫合線がない ……………………………………… 5
4b 前胸側板の前側板に鉛直方向の縫合線がある．幼虫は4〜7mm程度
 …………………………………………… **ホソクダトビケラ属** *Tinodes*（図44-4）
5a 側面から見て前胸の側縁は下方に広がる．クダトビケラ科としては大型で，終齢幼虫は8〜10mm程度 ……………… **オオクダトビケラ属** *Eoneureclipsis*（図44-2）
5b 側面から見て前胸の側縁は下方に広がらない．終齢幼虫は5〜6mm程度
 …………………………………………… **キタクダトビケラ属** *Lype*（図44-3）

この検索表は，Torii & Nakamura (2016) の表検索を一部改変して作成した．

クダトビケラ科成虫の属への検索表

1a 距式は3-4-4．前翅長は5mm以上
 ……………………………………… **オオクダトビケラ属** *Eoneureclipsis*（図45-6）
1b 距式は2-4-4．前翅長は5mm以下が多い …………………………………………… 2
2a 小顎肢は6節 ……………………… **ヒメクダトビケラ属** *Paduniella*（図45-4）
2b 小顎肢は5節 …………………………………………………………………………… 3
3a 小顎肢の第3節は，第2節より長い ……………………… **ホソクダトビケラ属** *Tinodes*
3b 小顎肢の第3節は，第2節よりやや短い ………………………………………… 4
4a 後翅の前縁は中央付近で角張った突起となる（図45-3） …………………………… 5
4b 後翅の前縁は中央付近には角張った突起はない
 …………………………………………… **キタクダトビケラ属** *Lype*（図45-5）
5a 前翅と後翅の先端は尖る（図45-2） ……………… **クダトビケラ属** *Psychomyia*
5b 前翅と後翅の先端は丸みを帯びる（図45-3）
 ……………………………………… **カギヅメクダトビケラ属** *Metalype* 日本産1種

この検索は野崎（2016）をもとに作成した．

100 トビケラ目

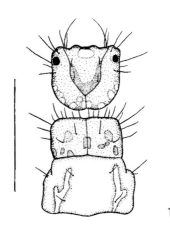

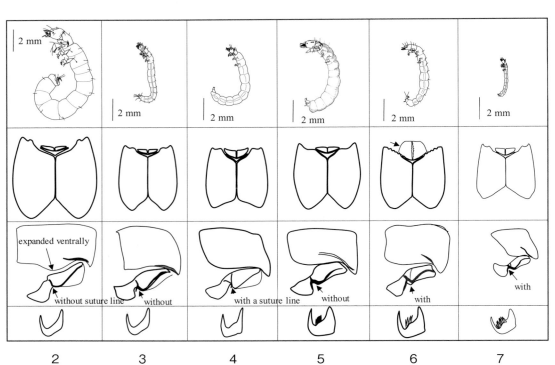

図44　クダトビケラ科幼虫 Psychomyiidae larvae
1：クダトビケラ属 *Psychomyia*　頭胸（前・中）部背面（スケールは1mm）　2：オオクダトビケラ属 *Eoneureclipsis*（上段から全体側面，頭部腹面，前胸側面と前側板，尾脚鉤爪；以下同様）　3：キタクダトビケラ属 *Lype*　4：ホソクダトビケラ属 *Tinodes*　5：カギツメトビケラ属 *Metalype*　6：クダトビケラ属 *Psychomyia*　7：ヒメクダトビケラ属 *Paduniella*（2〜7は Torii & Nakamura（2016）による）

クダトビケラ科 101

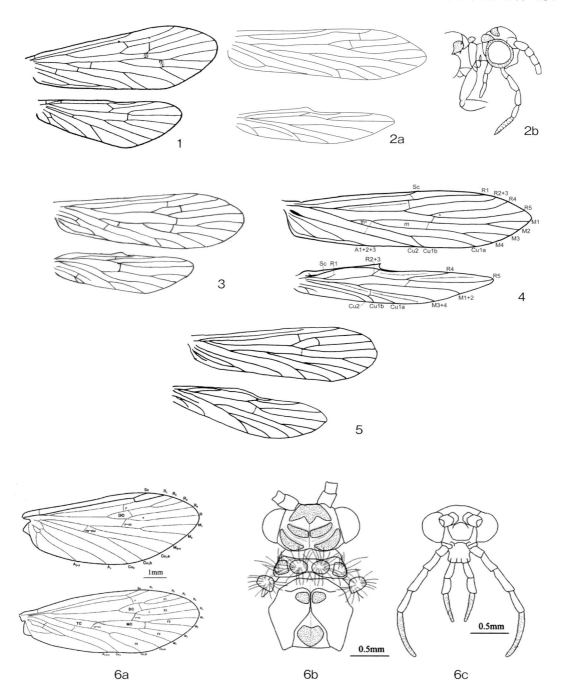

図45 クダトビケラ科成虫（翅など）Psychomyiidae adults
1：ミヤコクダトビケラ *Tinodes miyakonis* 前後翅脈相　2：クダトビケラ属 *Psychomyia* sp.；a: 前後翅脈相 b: 頭部側面　3：カギツメトビケラ *Metalype uncatissima* 前後翅脈相　4：ヒメクダトビケラ *Paduniella communis*；a: 前後翅脈相　b: 小顎肢　5：キタクダトビケラ属 *Lype* sp. 前後翅脈相　6：オオクダトビケラ *Eoneureclipsis montana*；a: 前後翅脈相　b: 頭胸（前・中）部背面　c: 頭部前面（1：Tsuda（1942）, 4：Nishimoto（2011）；6：Torii & Nishimoto（2011）から転載）

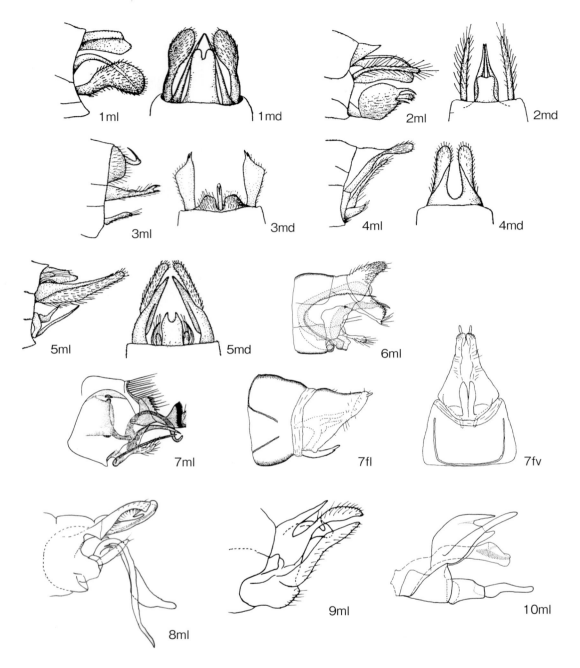

図46 クダトビケラ科成虫交尾器 Psychomyiidae male and female genitalia
♂交尾器 ml: 側面, md: 背面；♀交尾器 fl: 側面 fv: 腹面
1：ミヤコクダトビケラ Tinodes miyakonis　2：ヒガシヤマクダトビケラ Tinodes higashiyamana　3：ニッポンクダトビケラ Psychomyia nipponica　4：モリシタクダトビケラ Psychomyia morisitai　5：ウルマークダトビケラ Psychomyia acutipennis (sensu Tsuda, 1942)　6：キイロクダトビケラ Psychomyia flavida　7：トゲクダトビケラ Psychomyia armata　8：クチバシクダトビケラ Psychomyia billinis　9：カギヅメクダトビケラ Metalype uncatissima　10：キタクダトビケラ Lype excise（1〜5：Tsuda (1942)；6：伊藤ほか (2000)；7 ml：Schmid (1968)　7 fl, 7 fv：伊藤・小杉 (2007)；10：Mey (1991) から転載）

クダトビケラ科 103

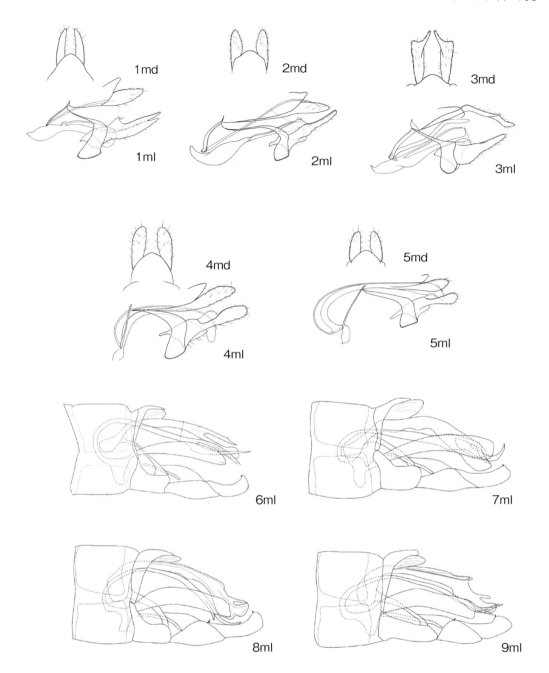

図47 クダトビケラ科ヒメクダトビケラ属・オオクダトビケラ属♂交尾器 Psychomyiidae, *Paduniella* & *Eoneureclipsis* male genitalia
ml：♂交尾器側面，md：♂交尾器背面
1：ヒメクダトビケラ *Paduniella tanidai*　2：ホウライヒメクダトビケラ *Paduniella horaiensis*　3：ウラルヒメクダトビケラ *Paduniella uralensis*　4：アマミヒメクダトビケラ *Paduniella amamiensis*　5：ミナミヒメクダトビケラ *Paduniella communis*　6：オオクダトビケラ *Eoneureclipsis montana*　7：シコクオオクダトビケラ *Eoneureclipsis shikokuensis*　8：ヤエヤマオオクダトビケラ *Eoneureclipsis yaeyamensis*　9：オキナワオオクダトビケラ *Eoneureclipsis okinawaensis*（1～5：Nishimoto (2011), 6～9：Torii & Nishimoto (2011) より転載）

551

キブネクダトビケラ科　Xiphocentonridae

谷田一三

　キブネクダトビケラ科は比較的小さな科であり，2亜科7属が記録されている．南米（新熱帯区），アフリカと東南アジア（東洋区）にほとんどの種属が分布する．日本産はキブネクダトビケラ属の以下の3種であるが，タンザワクダトビケラについては，キブネクダトビケラとの区別点ははっきりしない．渓流河川にふつうにみられる．幼虫の生態はクダトビケラ科に酷似する．

　成虫は黒色（小毛による白斑のあることがある）で先端が鋭く尖った前後翅（図49）をもつことで，幼虫は前脚亜基節突起が広がらないことと中脚側板に背方に伸びる突起（図48）があることで区別される．キブネクダトビケラ属幼虫は，アメリカに分布する同科の*Xiphocentron*の幼虫（Wiggins, 1996）と形態的にはよく似ている．谷田（1985, 2005）がキブネクダトビケラ属の幼虫としたのはクダトビケラ属 *Psychomyia* 幼虫（沖縄産）の誤同定．

キブネクダトビケラ属　*Melanotrichia* Ulmer, 1906

　キブネクダトビケラとクロクダトビケラの成虫は，雄交尾器以外では前翅のDC（中室）の長さで区別できるという（野崎，2016）．日本産の幼虫については，種の区別点はみつかっていない．

キブネクダトビケラ　*Melanotrichia kibuneana* (Tsuda, 1942)

北海道，本州，四国，奄美大島に分布する．

クロクダトビケラ　*Melanotrichia forficula* (Kobayashi, 1964)

本州，四国，九州に分布する．

タンザワクダトビケラ　*Melanotrichia tanzawaensis* (Kobayashi, 1971)

本州（神奈川，東京）に分布する．原記載以外の分布記録はあるが，キブネクダトビケラとの区別点の精査が必要である．

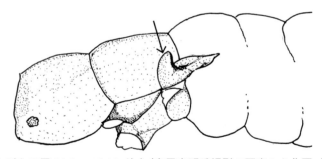

図48　キブネクダトビケラ属 *Melanotrichia* 幼虫（鳥居高明氏撮影の写真から作図．矢印が中胸側板突起）

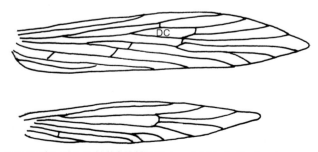

図49　クロクダトビケラ前後翅脈相 *Melanotrichia forficula* wing venation

シンテイトビケラ科　Dipseudopsidae

谷田一三

　従来は Hyalopsychidae として扱われることもあったが（Schmid, 1980, 1998；Ivanov, 1997），ここでは Wiggins（1996），Malicky（2010）などに従い Dipseudopsidae とした．日本産は4属の成虫が記録され（Tsuda, 1942；Tanida, 1997；野崎，2016），そのうちシンテイトビケラ属 Dipseudopsis の幼虫が判明している．ニセスイドウトビケラ属 Pseudoneureclipsis については，成虫の記録は少なくなく（森田，1996；Tanida, 1997；野崎・中村，2002；野嶋，2017など），幼虫の記録もあるが（鳥居ほか，2017a, b），いずれも種名の確定したものはない．

シンテイトビケラ属　Dipseudopsis Walaker, 1852

　日本産1種．岩田（1927）は，琵琶湖産の幼虫に基づいてシンテイトビケラ Bathytinodes alba をクダトビケラ科の新属新種として立てたが，本属の新参シノニム（Tsuda, 1939），種小名も新参シノニムとされたが stellata は誤同定．和名は，琵琶湖の深底から幼虫が採集されたことから命名されたが，必ずしも深い湖底だけに生息するわけではない．

シンテイトビケラ　Dipseudopsis collaris McLachlan, 1863（図50-1，51-1）
= Dipseudopsis stellata McLachlan, 1875（誤同定）；Bathytinodes alba Iwata, 1927

　日本産1属1種．幼虫の体長は約30 mm．頭部と前胸は黄色ではっきりした模様はない．腹部は白色で，中・後胸と腹部第1節の腹面に指状の気管鰓がある．泥底に巣穴（棲管）を掘って棲んでいる（津田，1971）．生活史，摂食生態など詳しい生態は判明していない．成虫の前翅長は約15 mm で，全体に茶褐色で，先端付近に不鮮明な淡色のバンドがある．

　本種は琵琶湖には多産していたが（岩田，1927；津田，1937；Tsuda, 1939, 1942），日本の他の地域の記録は少ない（三重，福岡）；国外では中国（香港など）やフィリピンに分布する．

シガイワトビケラ属　Phylocentropus Banks, 1907

　現生種としては北米から3種，東南アジアから5種以上，日本から1種という，小さな属である．バルチック琥珀などから化石種も5種以上記載されている．

シガイワトビケラ　Phylocentropus shigae Tsuda, 1942（図51-3）

　成虫は琵琶湖畔で採集・記載された（Tsuda, 1942）．本種はかなり早い時期に記載されたが，その後の記録は少なかったが，Nozaki et al.（2016）が産地や例数は多くはないが，東北から関東にかけて記録・記載（雄成虫再記載，雌成虫新記載）している．日本産の幼虫は記載されていないが，北米産の Phylocentropus 幼虫の記載（Wiggins, 1996）から判断すると，オーストラリアから幼虫が記載されていつ Hyalopsyche の幼虫（Cartwright, 1998）によく似ていると思われる．この2属の区別点は，従来の幼虫の記載からは判明していない．

　本州に分布．滋賀県以外に，東北や北陸では湿地内の細流付近で採集されるという（野崎，2016）．

カワリシンテイトビケラ属（新称）　Hyalopsyche Ulmer, 1904

　アフリカ，インド，東南アジア，オーストラリア，それに東アジアに10数種程度が分布する小さな属．日本産1属1種．小顎肢が小さく，下唇肢が退化することで，シガイワトビケラ属 Phylocentropus と区別される．頭部付属肢（小顎肢，下唇肢）の状態が，シンテイトビケラ科のなかでも特異なの

で，この新和名を付けた．

サハリンカワリイワトビケラ（新称）　*Hyalopsyche sachalinica* Martynov, 1910（図51-2）
= *Hyalopsyche amurensis* Martynov, 1934
　琵琶湖周辺から成虫が記録されている（Tanida et al., 1999）．幼虫については，オーストラリア産の *Hyalopsyche disjuncata* Neboiss, 1980 が記載されているが，すでに述べたように *Phylocentropus* 属の幼虫との区別点は判明していない．

ニセスイドウトビケラ属　*Pseudoneureclipsis*

　森田（1996）が三重県から，Tanida（1997）が沖縄島から，野崎・中村（2002）が広島県から成虫を記録しているが，いずれも種名は決められていない．幼虫については，鳥居ほか（2017a, b）が沖縄島から，写真ともに幼虫（図51-2）を記録している．

シンテイトビケラ科幼虫の属・種への検索

1a　胸部腹面と腹部腹面の一部節に指状の気管鰓がある（図50-1c, 1d）
　　………シンテイトビケラ属　*Dipseudopsis*（日本産1種，シンテイトビケラ *D. collaris*）
1b　胸部腹面には鰓がない ……………………………………………………………… 2
2a　腹部末端節に肛門乳頭様突起（anal papilla）がある．
　　………シガイワトビケラ属　*Phylocentropus*，カワリシンテイトビケラ属　*Hyalopsyche*
2b　腹部末端には上記のような突起はない
　　………………………………………………ニセスイドウトビケラ属　*Pseudoneureclipsis*（図50-2）

シンテイトビケラ科成虫の属・種への検索

野崎（2016）などをもとに作成した．

1a　下唇肢がある ………………………………………………………………………… 2
1b　下唇肢がない（図51-2）………………………………… ニセイワトビケラ属　*Hyalopsyche*
　　　　　　　　　　（日本産はサハリンニセイワトビケラ *H. sachalinica* 1種のみ）
2a　口器には小顎肢と下唇肢のほかに1対の吻状の内葉を持つ（図51-1b）
　　……………………………………………………… シンテイトビケラ属　*Dipseudopsis*
　　　　　　　　　　（日本産はシンテイトビケラ *D. collaris* 1種だけ）
2b　口器には小顎肢と下唇肢をもつが，内葉はない …………………………………… 3
3a　前・後翅の脈叉は完全（前翅1，2，3，4，5脈叉，後翅1，2，3，5脈叉がある）
　　……………………………………………… シガイワトビケラ属　*Phylocentropus*（図51-3）
　　　　　　　　　　（日本産はシガイワトビケラ *P. shigae* 1種だけ）
3b　前・後翅の脈叉は上記と異なり，前翅の第4脈叉，後翅の第1脈叉がない
　　………………………………………………………… ニセスイドウトビケラ属　*Pseudoneureclipsis*

シンテイトビケラ科 107

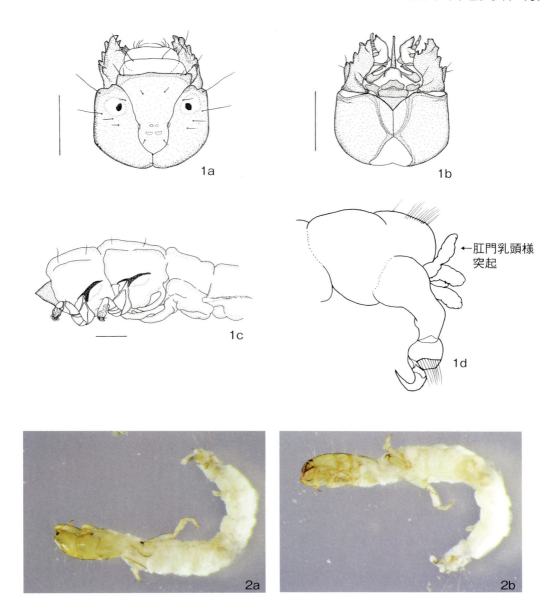

図50 シンテイトビケラ科幼虫 Dipseudopsidae larvae
1：シンテイトビケラ *Dipseudopsis collaris* ; a: 幼虫頭部背面　b: 幼虫頭部腹面　c: 幼虫中胸・後胸・腹部第1，2節側面　d: 幼虫腹部末端（尾脚と肛門乳頭様突起（anal papilla））　2：ニセスイドウトビケラ属 *Pseudoneureclipsis*（沖縄島産，鳥居ほか（2017a, b）の標本による）　a: 全体背側面（写真）　b: 全体背腹面（写真）

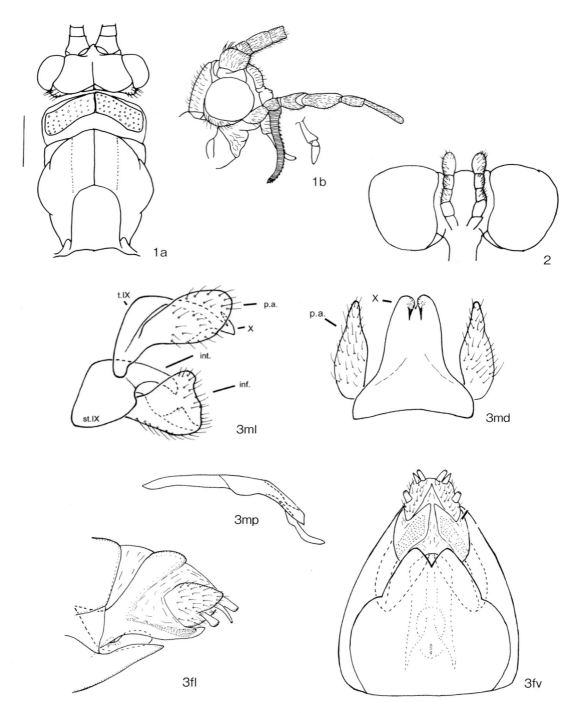

図51 シンテイトビケラ科成虫 Dispseudopsidae adults
ml: ♂交尾器側面　md: ♂交尾器背面　mp: ♂ファルス（ペニス）　fl: ♀交尾器側面　fv: ♀生殖器腹面　IX: 9節　X: 10節　p.a.: 前尾付属器　inf: 下部付属器　int: 10節内板
1：シンテイトビケラ Dipseudopsis collaris；a: ♂成虫頭胸部背面　b: ♀頭部側面　2：サハリンカワリシンテイトビケラ Hyalopsyche sachalinica（琵琶湖産）頭部腹面　3：シガイワトビケラ Phylocentropus shigae（3：Nozaki et al.,（2016）から転載）

ムネカクトビケラ科　Ecnomidae

久原直利

　小～中型のトビケラで世界から7属（化石属除く）約450種が記載されている．南半球で属が多様化しており，北半球にはほとんどムネカクトビケラ属 Ecnomus しか分布していない．
　幼虫は止水や河川緩流部に生息し，絹様分泌物や細かい砂粒でチューブ状の巣をつくり，礫や倒木，水草などに固着させる．日本産種の体長は最大で12 mm 程度．シマトビケラ科，ヒメトビケラ科同様に前・中・後胸背板すべてが硬化しているが（図52-2），腹部に気管鰓がないことでシマトビケラ科と，尾肢の鉤爪が長いこと（図52-1）と中・後胸背板の正中に縫合線がないこと（図52-2）でヒメトビケラ科，カメノコヒメトビケラ科と区別できる．
　成虫は最大で前翅長6 mm 程度．前翅は淡黄色と茶褐色の細かな斑模様である．単眼がなく，小顎肢末端節（第5節）が柔軟，距式が3-4-4であることはイワトビケラ科，シンテイトビケラ科，一部のクダトビケラ科と共通であるが，前翅の第1径脈（R_1）が末端付近で2本に分岐していることで区別できる（図53-3w）．

ムネカクトビケラ属　Ecnomus McLachlan, 1864

　主に東洋区，オーストラリア区，エチオピア区に分布し約300種が記載されている．インドから東南アジア，中国南部にかけての東洋区には160種以上が分布しているが，日本産は5種のみ．
　幼虫の種レベルの区別点は知られていない．成虫は雌雄ともに交尾器の形態で種を区別できる．下記5種のうち，前3種は比較的似ているが，雄は下部付属器，雌は腹部第7節腹板の硬板の形で区別できる．

ムネカクトビケラ　Ecnomus tenellus Rambur, 1842（図53-1）
= Ecnomus omiensis Tsuda, 1942；Ecnomus kososiensis Kobayashi, 1987
　ヨーロッパから極東にかけて広く分布する種で，日本でも北海道から与那国島までのほぼ全域か

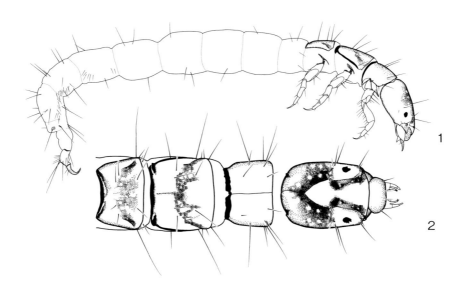

図52　ムネカクトビケラ属の1種幼虫 Ecnomus sp. larva
1：側面　2：頭部，胸部背面

ら記録がある．普通種であり，大小さまざまな止水で採集され，河川中下流域でも採集されることがある．成虫の前翅長3.9〜5.9 mm．雄は下部付属器の後端付近が上方にカーブしており（図53-1 ml）中間付近上側に耳型の突起があること（図53-1 mv 矢印），雌は腹部第7節腹板の硬板が正方形に近く，後縁に角形の切込みがあること（図53-1 fv）が特徴．

ヤマシロムネカクトビケラ　*Ecnomus yamashironis* Tsuda, 1942（図53-2）
　北海道，本州に分布．成虫は主に河川中下流域で採集されているが，琵琶湖岸でもみられる．成虫の前翅長3.8〜5.9 mm．雄の下部付属器は細長くほぼまっすぐであり（図53-2 ml），雌の腹部第7節腹板硬板の後縁は3つ山（中央部および両端部）になっている（図53-2 fv）．

ホッカイムネカクトビケラ（新称）　*Ecnomus hokkaidensis* Kuhara, 2016（図53-3）
　北海道固有種．成虫は主に湿原や河川中下流域で採集されているが，支笏湖にも多い．成虫の前翅長4.5〜5.7 mm．雄交尾器はムネカクトビケラに非常に似るが，下部付属器を腹側からみると外縁が中間付近で突然曲がっていることで区別できる（図53-3 mv 矢印）．雌の第7節腹板硬板はヤマシロムネカクトビケラに似るが，前後2つに分かれることで区別できる（図53-3 fv）．

トゲムネカクトビケラ　*Ecnomus japonica* Fischer, 1970（図53-4）
= *Ecnomus serrata* Kobayashi, 1959
　北海道，本州，四国，九州，対馬，朝鮮半島，極東ロシアに分布．成虫は主に河川中下流域で採集されている．成虫の前翅長4.7〜5.4 mm．

サキシマムネカクトビケラ　*Ecnomus sakishimensis* Kuhara, 2016（図53-5）
　琉球列島南部(石垣島，西表島)に分布．成虫は主に河川で採集されている．成虫の前翅長3.5〜5.1 mm．

ムネカクトビケラ科 111

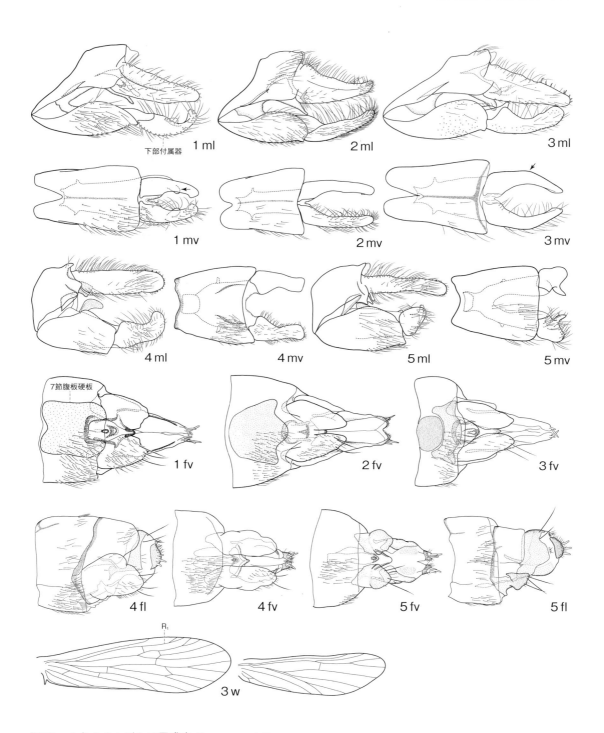

図53　ムネカクトビケラ属成虫 *Ecnomus* adults
ml：雄交尾器側面　mv：雄交尾器腹面　fl：雌交尾器側面　fv：雌交尾器腹面　w：前後翅脈相
1：ムネカクトビケラ *Ecnomus tenellus*　2：ヤマシロムネカクトビケラ *Ecnomus yamashironis*　3：ホッカイムネカクトビケラ *Ecnomus hokkaidensis*　4：トゲムネカクトビケラ *Ecnomus japonica*　5：サキシマムネカクトビケラ *Ecnomus sakishimensis*（Kuhara, 2016a を一部改変）

イワトビケラ科　Polycentropodidae

谷田一三

　日本産7属以上，未記載未整理の種が多いため，属，種数は確定できない．雄成虫の一部（3属6種）が再記載された（Ohkawa & Ito, 1999）．またミヤマイワトビケラ属 *Plectrocnemia* については，Ohkawa & Ito（2007）が雄成虫を整理した．

　幼虫は全体的にはクダトビケラ科に類似する点がある．頭部はカワトビケラ科のようには長くならない．地色は淡色のものが多い．本科については，大川あゆ子さん（富良野市），伊藤富子さん，野崎隆夫さんに，図版の提供を含め，示唆と支援を頂いた．

コイワトビケラ属　*Cyrnus* Stephens, 1836

　日本産2種で，池沼や河川の緩流部に生息するが詳しい生態は不明．ニッポンコイワトビケラは有機汚濁のやや進んだ水域にも生息することができる．

ニッポンコイワトビケラ　*Cyrnus nipponicus* Tsuda, 1942（図56-1）

　北海道，本州に分布．池沼に多産する．タイプ産地は，京都市内の京都大学植物園内の小池あるいは細流．

キタコイワトビケラ　*Cyrnus fennicus* Klingstedt, 1928（図56-2）

　北海道（東部）に分布；国外ではフィンランド（タイプ産地），東シベリア，ロシア沿海州など旧北区にも広く分布する．雄成虫では，交尾器の前尾付属器（preanal appendage）が小さいことで，上記の種と区別できる（Ohkawa & Ito, 1999）．2種の雌成虫の区別点は，Kuhara et al.（2010）を参照のこと．

ミヤマイワトビケラ属　*Plectrocnemia* Stephens, 1836

　日本産の幼虫は，かつてはイワトビケラ属 *Polycentropus* として記録されたが（口分田，1952），イワトビケラ属の成虫は日本からは確認されていない．ミヤマイワトビケラ属は後翅のDC（discoidal cell）が閉じることでイワトビケラ属から区別され（Schmid, 1980, 1989；Arefina, 1997a），この基準によれば日本産種はミヤマイワトビケラ属となる．ただし，北米では両属をイワトビケラ属（広義）で扱うことが多い（Schmid, 1989）．日本産は16種以上で，山地性の種が多いが，大陸との共通種であるサトイワトビケラ *P. wui* は平地河川にも分布する（Tanida & Takemon, 1993）．湧水に生息する種も少なくない（Nozaki & Tanida, 2007；Nozaki et al., 2016），サトイワトビケラも含めて，流程に対する分布が広い種は多い．雄成虫の正確な同定には，Ohkawa & Ito（2007），Ito et al.,（2010），Nozaki & Shimura（2013）の詳細な部分図も参照されたい．雌成虫と幼虫については種レベルの区別点は判明していない．地理的分布などは，Ito et al.（2018）も参照した．

ジモトミヤマイワトビケラ　*Plectrocnemia chirotheca* Nozaki, 2016（図55-2）

　本州（新潟，茨城）に分布．

ツノミヤマイワトビケラ　*Plectrocnemia corna* Ohkawa & Ito, 2007（図55-1, 3）

　本州（関東以西），四国，九州に分布．

ジッテミヤマイワトビケラ　*Plectrocnemia divisa* Ohkawa & Ito, 2007（図55-4）

　北海道，本州（関東）に分布．

Plectrocnemia galloisi Navás, 1933

　東京近郊から雌だけで記載され，種レベルの特徴は示されていない．原記載以外の記録はない．

イワトビケラ科 113

ヒラヤマミヤマイワトビケラ　*Plectrocnemia hirayamai* (Matsumura, 1931)（図55-5）
　本州（新潟，長野，兵庫），四国（愛媛，高知）に分布．前翅に大きな淡色斑紋がある（野崎，2016）．アミメシマトビケラ属 *Arctopsyche* として記載されていた（松村，1931）．

トンガリミヤマイワトビケラ　*Plectrocnemia levanidovae* Vshivkova, Arefina & Morse, 2003（図55-6）
　北海道，南千島（国後），本州（長野，愛知，滋賀）に分布；国外ではサハリンに分布．

ナガヤマミヤマイワトビケラ　*Plectrocnemia nagayamai* Schmid, 1964（図55-7）
　北海道，本州（東北から中部）には広く分布（Ohkawa & Ito, 2007）．

タイワンミヤマイワトビケラ　*Plectrocnemia nigrospinus* (Hsu & Chen, 1996)（図55-8，18）
　八重山諸島（与那国島）に分布（Nozaki & Shimura, 2013）；国外では台湾に分布．

ノリクラミヤマイワトビケラ　*Plectrocnemia norikurana* Tsuda, 1942（図55-9）
　北海道，本州（東北〜中部）に分布．前翅に大きな淡色斑紋がある（Tsuda, 1942；野崎，2016）．

オダミヤマイワトビケラ　*Plectrocnemia odamiyamensis* Ohkawa & Ito, 2007（図55-10）
　本州（静岡），四国（愛媛）に分布．

オキミヤマイワトビケラ　*Plectrocnemia okiensis* Kobayashi, 1987（図55-11）
　隠岐の島（島根）に分布．本州に広く分布するトチモトミヤマイワトビケラに近縁（Ohkawa & Ito, 2007）．

オンダケミヤマイワトビケラ　*Plectrocnemia ondakeana* Tsuda, 1942（図55-12）
　北海道，本州に広く分布し，産地も個体数も多い（Ohkawa & Ito, 2007）；国外では中国（Zhong et al., 2012）に分布．

ホウキミヤマイワトビケラ　*Plectrocnemia scoparia* Ohkawa & Ito 2007（図55-13）
　本州（中部），四国（高知），九州（福岡）に分布．

スズキミヤマイワトビケラ　*Plectrocnemia suzukii* Ohkawa & Ito, 2007（図55-14）
　北海道，本州（関東，中部）に分布．

トチモトミヤマイワトビケラ　*Plectrocnemia tochimotoi* Schmid, 1964（図55-15）
　本州（東北〜近畿），四国（高知），佐渡，対馬に分布．

ツクイミヤマイワトビケラ　*Plectrocnemia tsukuiensis* (Kobayashi, 1984)（図55-16）
　=*Kyopsyche tsukuiensis*
　本州（中央部），四国（愛媛）に分布；国外では中国（中部〜南部）に広く分布（Zhong et al., 2012）．

サトイワトビケラ　*Plectrocnemia wui* (Ulmer, 1932)（図55-17）
　本州（中西部），九州（福岡）に分布；国外では中国（中部〜北部）（Zhong et al., 2012），ロシア（沿海州，サハリン），朝鮮半島に分布．河川の中下流に多い（Tanida & Takemon, 1993；Tanida, 1997）．

キソイワトビケラ属　*Nyctiophylax* Brauer, 1865

Tsuda（1942）が日本産の種について設立した *Paranyctiophylax* は，Malicky（1994）によって *Nyctiophylax* の新参シノニムとされた．日本産4種が記載されているが，次の3種（*N. asuanus* (Kobayashi, 1985)，*N. kadowakii* (Kobayashi, 1987)，*N. makiensis* (Kobayashi, 1987)）については，分類学的な再精査が必要．

キソイワトビケラ　*Nyctiophylax kisoensis* (Tsuda, 1942)（図56-3）
　北海道，本州，四国，九州の山地渓流には多く，灯火にも飛来する．頭胸部背面と前翅の基部には黄金色の刺毛が密生し，容易に他のトビケラ成虫と区別できる．ただし，同属種との区別点など

は，雄交尾器の精査が必要．本種は屋久島にも分布する（Ohkawa & Ito, 1999；久原・伊藤，2017）．幼虫は *Nyctiophylax* sp. NA として記載されている（谷田，1985）．

スイドウトビケラ属　*Neureclipsis* McLachlan, 1864

= *Neucentropus* Martynov, 1907

Inaba et al. (2014) が，種のシノニム関係の整理とともに，上記の属のシノニムを確立した．幼虫は，特徴的なトランペット状の捕獲網，固着巣をつくる．

スイドウトビケラ　*Neureclipsis mandjurica* (Martynov, 1907)（図56-9）

= *Neureclipsis kyotoensis* Iwata, 1927；*Kyopsyche japonica* Tsuda, 1942；*Neureclipsis mongolica* Schmid, 1968；*Neucentropus japonicus* (Tsuda, 1942) (Li et al., 1998)

国内では琵琶湖とそれからの流出河川（滋賀，京都）でのみ発見されている．国外では中国，ロシア，モンゴル，ベトナムに分布する．岩田（1927a）は，京都市浄水場（京都市東山区蹴上）から本種の幼虫を記録・記載し，正しくスイドウトビケラ属と同定した．前版（谷田，2005）ではマンシュウスイドウトビケラの和名を新称として与えたが，種名についても岩田の付した和名を採用することにした．

ウルマーイワトビケラ属　*Polyplectropus* Ulmer, 1905

ウルマーイワトビケラ *Polyplectropus protensus* は日本から古い時期に記載された（Ulmer, 1908）トビケラの1種であったが，長らく再確認されていなかった．Nozaki et al. (2010) が本種の幼虫などの新記載を行うとともに，2新種と1新記録種も記載した．以下の5種以外に多くの未記載種がいる（野崎，2018）．

中国産（Li & Morse, 1998）および日本産（Nozaki et al., 2010）のウルマーイワトビケラ属の幼虫は北米産（Wiggins, 1996）と異なり，尾脚鉤爪に強い歯はない．前版（谷田，2005）は北米産の *Polyprectropyus* の幼虫（Wiggins, 1996）をもとにした検索で，日本，アジアには適用できない．現時点では，幼虫については本属とミヤマイワトビケラ属 *Plectrocnemia* との区別点はみつかっていない．

マリツキイワトビケラ　*Polyplectropus malickyi* Nozaki, Katsuma & Hattori, 2010（図56-6）

本州中央部，屋久島に分布．

モリタイワトビケラ（新称）　*Polyplectropus moritai* Nozaki, Katsuma & Hattori, 2010（図56-7）

本州中央部（三重）に分布．記録は限られる．新和名は種小名を献名された森田久幸氏にちなむ．

キタイワトビケラ（新称）　*Polyplectropus nocturnus* Arefina, 1996（図なし）

本州中央部（三重）に分布．記録は限られる．国外ではロシア極東（大陸部）に分布．新和名は，本種のタイプ産地が本属としては北方に位置することにちなむ．

ウルマーイワトビケラ　*Polyplectropus protensus* Ulmer, 1908（図56-5）

本州中央部（茨城，山梨，静岡）に分布．

ナガトゲイワトビケラ　*Polyplectropus unicus* (Hsu & Chen, 1996)（図56-8）

八重山群島（与那国島）に分布；国外では台湾に分布．マリツキイワトビケラに似るが，前尾付属器の先端内側に長くて太い棘状刺毛が1本生える（Nozaki & Shimura, 2012）．

イワトビケラ科幼虫の属および種への検索

1a 尾脚鉤爪基部の屈曲部背面に強い歯がある
　　　………………………………… **キソイワトビケラ属** *Nyctiophylax*（図54-2b）
　　　（日本産はキソイワトビケラ *Nyctiophylax kisoensis* など）
1b 尾脚鉤爪基部の屈曲部背面に強い歯はなく，内側は平滑あるいは細かい歯がある ……2
2a 尾脚鉤爪基部の屈曲部内側には歯がない ……………………………………………3
2b 尾脚鉤爪基部の屈曲部内側には細かい歯がある
　　　………………………………… **スイドウトビケラ属** *Neureclipsis*（図54-3c）
3a 尾脚鉤爪先端部の内側には浅い4歯がある ……………… **コイワトビケラ属** *Cyrnus*
　　　　　　　　　　　　　　　　　　　　　　　（幼虫の体長は15mm程度）
3b 尾脚鉤爪先端部の内側は平滑 …… **ミヤマイワトビケラ属** *Plectrocnemia*（図54-1c）・
　　　　　　　　　　　　　　　　　　ウルマーイワトビケラ属 *Polyplectropus*（図54-4c）

イワトビケラ科成虫の属への検索

1a 前翅に第1脈叉（R_1）がある（図55-1a）………………………………………………2
1b 前翅に第1脈叉がない（図56-1a）…………………………………………………4
2a 後翅に第1脈叉がある（図55-1a）………… **ミヤマイワトビケラ属** *Plectrocnemia*
2b 後翅に第1脈叉がない（図56-4a）…………………………………………………3
3a 後翅に中室（DC）はない（図56-4a）………… **ウルマーイワトビケラ属** *Polyprectropus*
3b 後翅に中室がある（図56-9a）………………… **スイドウトビケラ属** *Neureclipsis*
4a 後翅に中室がない（図56-1a）…………………… **コイワトビケラ属** *Cyrnus*
4b 後翅に中室がある（図56-3a）…………………… **キソイワトビケラ属** *Nyctiophylax*

116　トビケラ目

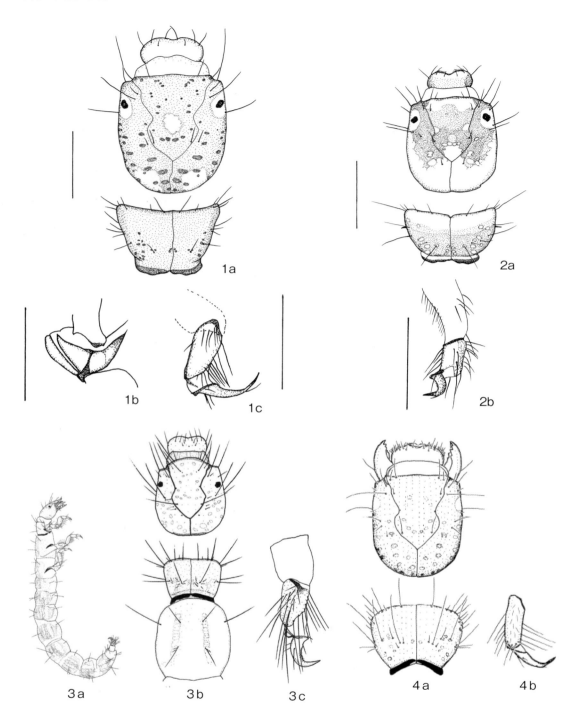

図54　イワトビケラ科幼虫　Polycentropodidae larvae
1：ミヤマイワトビケラ属 *Plectrocnemia* 幼虫；a：頭部・前胸背面，b：前胸側板など，c：尾脚　2：キソイワトビケラ *Nyctiophylax? kisoensis*；a：頭部・前胸背面，b：尾脚　3：スイドウトビケラ *Neureclipsis mandjurica* 幼虫；a：全体側面，b：頭胸部背面，c：尾脚　4：ウルマーイワトビケラ *Polyplectropus protensus*（前蛹）；a：頭胸部背面，b：尾脚
（3は Inaba et al., (2014)，4は Nozaki et al. (2010) から）（スケールは1mm）

564

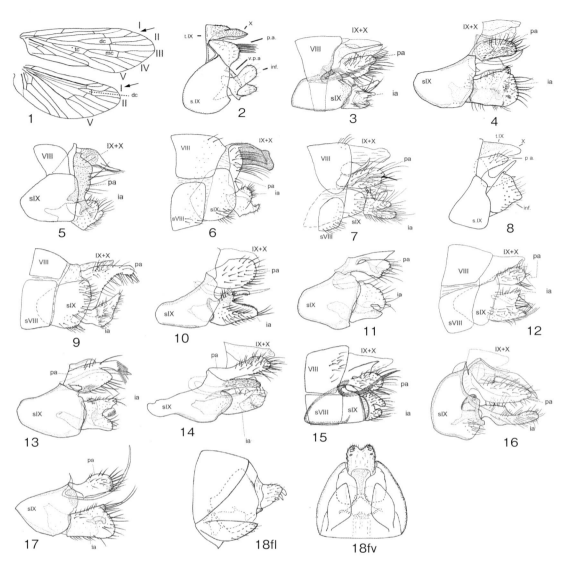

図55 ミヤマイワトビケラ属（イワトビケラ科 Polycentropodidae）成虫 *Plectrocnemia* adults
1 は前後翅脈相，18 は♀交尾器側面（fl）と腹面（fv），それ以外は♂交尾器側面
1：ツノミヤマイワトビケラ *Plectrocnemia corna* 前後翅脈相　2：ジモトミヤマイワトビケラ *Plectrocnemia chirotheca*　3：ツノミヤマイワトビケラ *Plectrocnemia corna*　4：ジッテミヤマイワトビケラ *Plectrocnemia divisa*　5：ヒラヤマミヤマイワトビケラ *Plectrocnemia hirayamai*　6：トンガリミヤマイワトビケラ *Plectrocnemia levanidovae*　7：ナガヤマミヤマイワトビケラ *Plectrocnemia nagayamai*　8：タイワンミヤマイワトビケラ *Plectrocnemia nigrospinus*　9：ノリクラミヤマイワトビケラ *Plectrocnemia norikurana*　10：オダミヤマイワトビケラ *Plectrocnemia odamiyamensis*　11：オキミヤマイワトビケラ *Plectrocnemia okiensis*　12：オンダケミヤマイワトビケラ *Plectrocnemia ondakeana*　13：ホウキミヤマイワトビケラ *Plectrocnemia scoparia*　14：スズキミヤマイワトビケラ *Plectrocnemia suzukii*　15：トチモトミヤマイワトビケラ *Plectrocnemia tochimotoi*　16：ツクイミヤマイワトビケラ *Plectrocnemia tsukuiensis*　17：サトイワトビケラ *Plectrocnemia wui*　18：タイワンミヤマイワトビケラ *Plectrocnemia nigrospinus*
1. 翅脈相　I～V：folks of wings（脈叉），dc：discoidal cell（中室），mc：medial cell（副中室），tc：thyridial cell（鏡室）．
2～17．VIII～X：8th～10th abdominal segment（腹節，特に腹節背板）；s：sternite（同腹板）；pa：preanal appendage（前尾付属器）；ia, inf：inferior appendage（下部付属器）；ae：aedeagus, phallus（陰茎，ペニス）par, paramere（パラメア，陰茎側片）（注記以外の名称や構造は原論文を参照のこと）
（2：Nozaki et al.,（2016），18：Nozaki et al.（2010）から，それ以外は Ohkawa & Ito（2007）から転載）

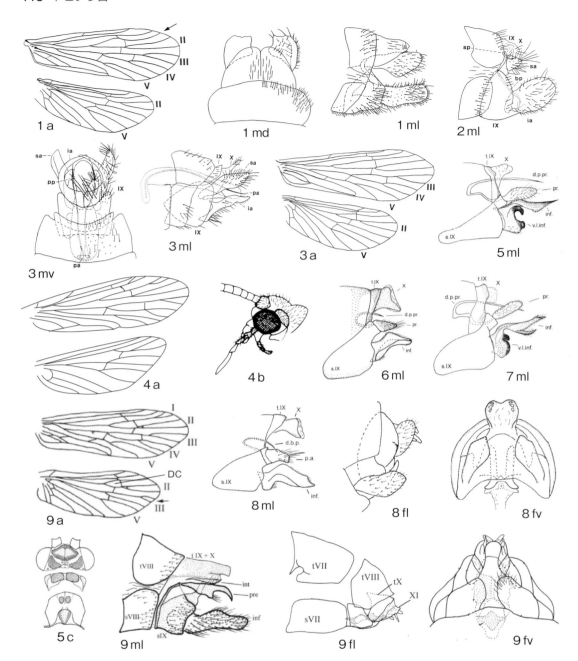

図56　イワトビケラ科成虫 Polycentropodidae adults
a：前後翅脈相，b：頭部側面，c：頭胸部背面，ml：♂交尾器側面，md：♂交尾器背面，mv：♂交尾器腹面，fl：♀交尾器側面，fv：♀交尾器腹面
1：ニッポンコイワトビケラ Cyrnus nipponicus　2：キタコイワトビケラ Cyrnus fennicus　3：キソイワトビケラ Nyctiophylax kisoensis　4：ウルマーイワトビケラの1種 Polyplectropus sp.　5：ウルマーイワトビケラ Polyplectropus protensus　5：ウルマーイワトビケラ Polyplectropus protensus　6：マリツキイワトビケラ Polyplectropus malickyi　7：モリタイワトビケラ Polyplectropus moritai　8：ナガトゲイワトビケラ Polyplectropus unicus　9：スイドウトビケラ Neureclipsis mandjurica
（1〜3：Ohawa & Ito, 1999，5〜7：Nozaki et al. (2010)，8：Nozaki & Shimura (2013)，9：Inaba et al. (2014) より転載）

シマトビケラ科　Hydropsychidae

谷田一三

　シマトビケラ科は，日本産4亜科で少なくとも9属が分布する．アミメシマトビケラ亜科 Arctopsychinae については，旧版（谷田，2005）では独立の科として扱ったが，本版では Wiggins (1996)，Wiggins & Currie (2008)，Morse & Holzenthal (2008) などに従いシマトビケラ科の亜科とすることにした．

アミメシマトビケラ亜科　Arctopsychinae

　アミメシマトビケラ亜科は源流から山地渓流に生息し，下記のアミメシマトビケラ属 Arctopsyche とシロフツヤトビケラ属 Parapsyche の2属を含む．

アミメシマトビケラ属　*Arctopsyche* McLachlan, 1868
　日本には少なくとも2種が分布する．河川の源流から上流にかけて分布，次のシロフツヤトビケラ属よりやや下流側に生息するが，分布は重なる．前翅に細かい網状斑紋がある．
　アムールアミメシマトビケラ　*Arctopsyche amurensis* Martynov, 1934
　　北海道に分布；国外ではロシア沿海州のアムールに分布．谷田（2016）が本州などを分布域にしたのは誤記．幼虫で記載された *Arctopsyche* sp. AE（谷田，1985）（図57-5）は本種の幼虫と思われるが，確証は得られていない．
　アミメシマトビケラ　*Arctopsyche spinifera* Ulmer, 1907（図58-3）
　　本州に分布．幼虫で記載された *Arctopsyche* sp. A, sp. AA, sp. AD,（図57-4）sp. C（赤木，1956；谷田，1985）は，いずれも本種の幼虫と思われるが確証は得られていない．

シロフツヤトビケラ属　*Parapsyche* Betten, 1934
　日本からは，北海道に分布するシコツシマトビケラ *Parapsyche shikotsuensis* をはじめ，本州からも4種が記録されているが，野崎（2016）によれば，本州以西の本属の成虫には，頭部や中胸盾板のこぶ状隆起の地色や刺毛の色に違いがあるが，♂交尾器の形態差の少ないものなどがあり，種の確定にはさらなる検討が必要だという．本州には少なくとも2種の幼虫（sp. PB と *maculata* gr.）が区別されるが，種の区別は検討が必要．本稿でもその立場を踏襲することにする．シコツシマトビケラは，河川の水際に産卵するという（Kuranishi, 1991）．
　シコツシマトビケラ　*Parapsyche shikotsuensis* (Iwata, 1927)（図57-3, 58-4）
　　= *Diplectrona shikotsuensis* Iwata, 1927; *Parapsyche* sp. PC（谷田，1985, 2005）
　　若齢の幼虫で記載された（岩田，1927）この種は Kuranishi (1989) によって本属に移された．雌雄成虫については，伊藤（2017）が記載した．北海道に分布．

　ちなみに本州産とされる本属の種？としては以下のものがある．
　コガネツヤトビケラ　*Parapsyche aureocephala* Schmid, 1964（図58-2）
　クロサワシマトビケラ　*Parapsyche kurosawai* (Kobayashi, 1956)
　シロフツヤトビケラ　*Parapsyche maculata* gr. (Ulmer, 1907)（図58-1）
Parapsyche nigrocephala Schmid, 1964

この種は，Schmid（1968）がシロフツヤトビケラ P. maculata の新参シノニムにしたが，上記の理由により再検討が必要と思われる．

アミメシマトビケラ科幼虫の属への検索表

1 a 頭部腹面の咽頭板は長方形に近い（図57-1b）．腹部背面は太い楔形刺毛で覆われ（図57-1c），各腹節の sa（setal area）2，sa3の位置に長い剛毛束がある
……………………………………………………………… シロフツヤトビケラ属　*Parapsyche*

1 b 頭部腹面の咽頭板は逆三角形に近い．腹部背面の楔形刺毛は細い（図57-4b）．各腹節の sa2，sa3の位置には長い剛毛束はない ………………… アミメシマトビケラ属　*Arctopsyhe*

アミメシマトビケラ科成虫の属への検索

1 a 複眼は毛で覆われる．雄の第10節には強く硬化した突起はない．前翅は一部に白色斑紋のある種が多いが，全体としては黒褐色で網状紋はない（図58-2a）
……………………………………………………………… シロフツヤトビケラ属　*Parapsyche*

1 b 複眼は毛には覆われない．雄の第10節には強く硬化した強い突起がある．前翅は茶褐色の地に網状の斑紋がある（図58-3a）……………… アミメシマトビケラ属　*Arctopsyche*

シマトビケラ科 121

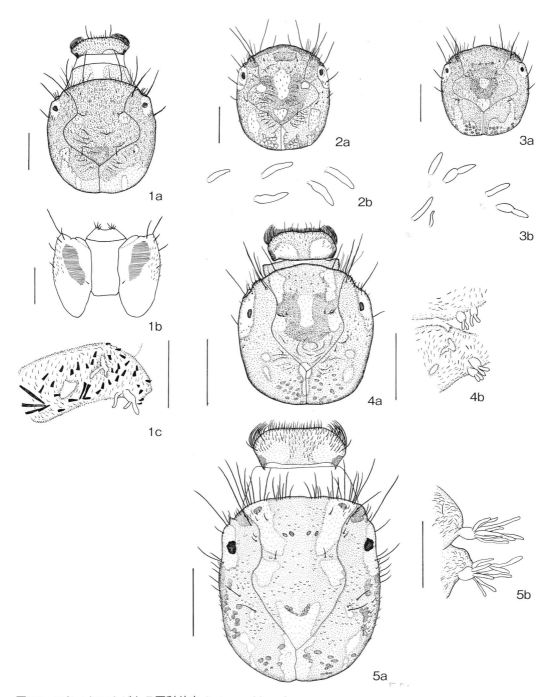

図57　アミメシマトビケラ亜科幼虫 Arctopsychinae larvae
1：シロフツヤトビケラ種群 *Parapsyche maculate* gr.；a: 頭部背面　b: 頭部腹面（咽頭板，この属は長方形に近い）　c: 腹部3〜5節の側面の気管鰓　2：PB シロフツヤトビケラ *Parapsyche* sp. PB；a: 頭部背面　b: 腹部3〜5節の側面の気管鰓　3：シコツシマトビケラ *Parapsyche shikotsuensis*；a: 頭部背面　b; 腹部3-5節の側面の気管鰓　4：AD アミメシマトビケラ（？アミメシマトビケラ）*Arctopsyche* sp. AD（？ *spinifera*）; a: 頭部背面　b: 腹部5〜6節の側面の気管鰓　5：AE アミメシマトビケラ（？アムールアミメシマトビケラ）*Arctopsyche* sp. AE（？ *amurensis*）; a: 頭部背面　b: 腹部5〜6節の側面の気管鰓（スケールは1 mm）

122 トビケラ目

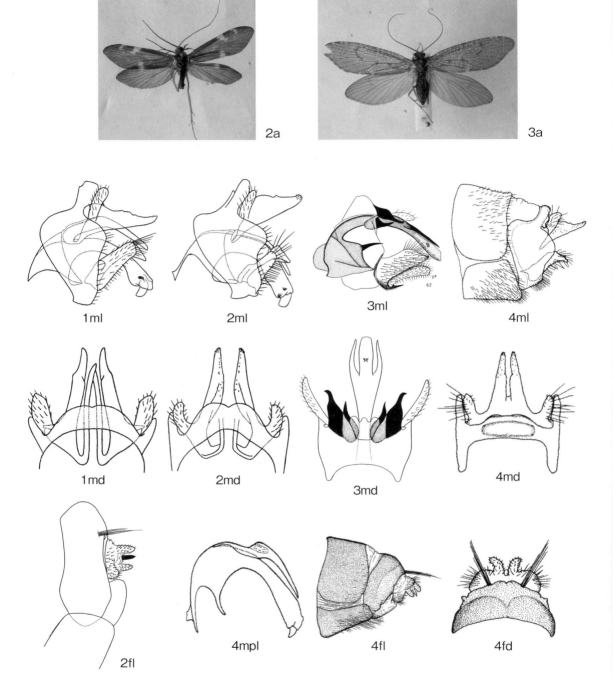

図58 アミメシマトビケラ亜科成虫および雌雄交尾器 Arctopsychinae adults and genitalia
ml: ♂交尾器側面, md: ♂交尾器背面, mpl: ♂ペニス側面, fl: ♀交尾器側面, fd: ♀交尾器背面
1：シロフツヤトビケラ *Parapsyche maculata* gr.　2：*Parapsyche? aureocephala* Schmid；a：成虫展翅標本♂
　　3：アミメシマトビケラ *Arctopsyche spinifera*；a：成虫♀展翅標本　4：シコツシマトビケラ *Parapsyche shikotsuensis*（1 ml, 1 md, 2 ml, 2 md：Schmid（1964）, 2 fl, 3 ml, 3 md：Schmid（1968）より転載, 4 は伊藤原図）

ミヤマシマトビケラ亜科　Diplectroninae

　ミヤマシマトビケラ亜科は，従来はミヤマシマトビケラ属 *Diplectrona* だけが日本から記録されていたが，ニセミヤマシマトビケラ属（新称）*Homoplectra* が最近になって記録された．
　今のところはミヤマシマトビケラ属 *Diplectrona* だけで，日本からは4種が記録されている．源流から山地渓流に分布する．キマダラシマトビケラ？*Diplectrona japonica* は前翅と後翅に特徴のある縞模様があり（図59-5），春から初夏にかけて渓流沿いをチョウのように飛ぶ．他の種は，黒色ないし褐色の成虫で，翅にはっきりとした模様はない．幼虫の体長は10～20 mmで，成虫の前翅長は8～10 mm前後．上記のキマダラシマトビケラを含め一部の種の属および種レベルの分類については再検討が必要．属レベルの検討も必要．

ミヤマシマトビケラ属　*Diplectrona* Westwood, 1840

　以下の4種が本州などから記録されている．シノニムの検討が必要な種もある．幼虫でミヤマシマトビケラ属 *Diplectrona* とされていた種（類）にも，その形態から明らかにニセミヤマシマトビケラ属 *Homoplectra* に属するものがある．

アイシマトビケラ　*Diplectrona aiensis* Kobayashi, 1987
　本州西部（三重以西）に分布．

Diplectrona difficultata (Kobayashi, 1984)
　本州（関東）に分布．次のキブネミヤマシマトビケラとの種差の検討が必要という（野崎，1997）．

キブネミヤマシマトビケラ　*Diplectrona kibuneana* Tsuda, 1940（図59-3）
　北海道，本州，四国，九州に分布．幼虫で赤木が区別した種 *Diplectrona* sp. DB は本種の幼虫（Kagaya et al., 1998）．

トウホクミヤマシマトビケラ　*Diplectrona tohokuensis* Kobayashi, 1973
　本州（東北）に分布．

キマダラシマトビケラ　?*Diplectrona japonica* (Banks, 1906)（図59-5）
　本州，九州に分布．成虫は4～6月に出現する．

ニセミヤマシマトビケラ属（新称）　*Homoplectra* Ross, 1938
　= *Aphorpsyche* Ross, 1941; = ? *Oropsyche* sensu Wiggins (1977)
　北米に分布する本属は分類学的な精査がないままに，日本で記録されてきた（森田，2008など；河瀬・森田，2010；伊藤ほか，2010）．成虫だけでなく幼虫についても，従来ミヤマシマトビケラ属とされてきた日本産の種について，形態からみても本属に帰属するものがあると思われるが，詳細は今後の分類学的な研究を待つことにしたい．

オオシマトビケラ亜科　Macronematinae

　日本産は1属2種．

オオシマトビケラ属　*Macrostemum* Kolenati, 1859

　オオシマトビケラ属 *Macrostemum* は日本産2種．幼虫は，中流から下流の砂礫底に独特の煙突型の巣をつくる．捕獲網のメッシュは非常に細かく，湖沼やダム湖などで発生するプランクトンな

ど微細な流下物を濾過摂食する．大規模な河川の中下流には多い．琵琶湖から流出する京都府宇治川では，発電害虫，不快害虫として問題になる．いずれも大型のシマトビケラで，幼虫の体長は20 mm以上になり，成虫の前翅長は20 mm程度．

オオシマトビケラ *Macrostemum radiatum* (McLachlan, 1872)（図59-1）

本州，四国，九州に分布する．前翅は，光沢のある淡黄色の地に，はっきりした黒の縞模様がある．

オキナワホシシマトビケラ（=オキナワオオシマトビケラ） *Macrostemum okinawanum* (Matsumura, 1931)

琉球列島に分布する．フィリピンや台湾などに近似種が分布する．前翅は黄色の地色に，褐色の縞が先端に2本，中央部に1本あるが，沖縄島と奄美大島との間，あるいは個体群内でも斑紋に変異は多いという（倉西・木村，2001）．

シマトビケラ亜科　Hydropsychinae

前版から大きな変更は少ないが，北海道から2種のシマトビケラ属 *Hydropsyche* が新たに記録された．ただし，日本列島にはこれ以外に未記載（記載不十分も含む）あるいは未記録の種もある．

コガタシマトビケラ属 *Cheumatopsyche* の未記載種とされた種が命名され，沖縄から1種が新たに記載された．

エチゴシマトビケラ属 *Potamyia* の種小名が変更された．

サワシマトビケラ属 *Hydromanicus* が琉球列島から記録されているが（Tanida, 1997），詳細は不明．サワシマトビケラ属自体をシマトビケラ属の新参シノニムとする意見もある．

シマトビケラ属　*Hydropsyche* Pictet, 1834

本属については，雄交尾器のペニスの構造に明瞭な差があることから，シマトビケラ属 *Hydropsyche* と *Ceratopsyche* などに分ける研究者も多いが，ここでは広義のシマトビケラ属を採用する．最も広く分布し，河川の上流から中流にかけて優占種になることの多いのは，ウルマーシマトビケラである．狭義のシマトビケラ属に属するのは，セリーシマトビケラ，オオヤマシマトビケラ，ギフシマトビケラの3種である．また，イカリシマトビケラは雌雄の交尾器構造などが特異であり（谷田，未発表），幼虫も特有の形態的特徴をもつ．

シマトビケラ属幼虫の種レベルの区別は，慣れないと難しい．頭のサイズ（頭幅）で種と齢期を区別することができる．とくに，ウルマーシマトビケラと，ギフシマトビケラ，オオシマトビケラ，セリーシマトビケラとの区別には，頭部サイズ（頭幅など）が最も簡単で信頼性の高い形質である（谷田，1980）．

ウルマーシマトビケラ *Hydropsyche orientalis* Martynov, 1934（図60-6，61-1，62-1）
　= *Hydropsyche ulmeri* Tsuda, 1940; *Hydropsyche tsudai* Tani, 1977

最も普通種のシマトビケラ属で，日本の河川では個体数で優占する種になることも多い．北海道，本州，四国，九州，琉球列島中部（奄美大島，沖縄島），国外では沿海州，朝鮮半島にも分布する環日本海分布の典型．

シロズシマトビケラ *Hydropsyche albicephala* Tanida, 1986（図61-2，62-2）

山地渓流（源流から上流）に生息．北海道，本州，四国，九州に分布．

キタシマトビケラ *Hydropsyche newae* Kolenati, 1858（図61-3，62-3）

北海道に分布．道内では多産する．

ヤエヤマシマトビケラ　*Hydropsyche yaeyamensis* Tanida, 1986（図61-4，62-4）
八重山諸島に分布.

ナカハラシマトビケラ　*Hydropsyche setensis* Iwata, 1927（図61-5，6，62-5）
＝ *Hydropsyche japonica* Iwata, 1927; *H. nakaharai* Tsuda, 1949
本州，四国，九州に分布．どちらかといえば，河川の中流から下流に多い．多産する場所ではウルマーシマトビケラより個体数が多くなることもある．幼虫の頭部斑紋には，頭部の眼の周辺と後部に明瞭な淡色部のあるタイプと，頭部後縁を除いてほぼ黒色の黒色型との２つのタイプがある（Tanida, 1976a；谷田，1985）．

セリーシマトビケラ　*Hydropsyche selysi* Ulmer, 1907（図61-7，62-6）
本州中部以北に分布．山地渓流が分布の中心．幼虫ではギフシマトビケラとの区別は困難だが，この２種が共存する流程は少ないので，河川の流程に沿った分布で種が区別できることが多い．

オオヤマシマトビケラ　*Hydropsyche dilatata* Tanida, 1986（図62-7）
本州中部以西，四国，九州に分布．生態分布などはセリーシマトビケラと同じ．雄成虫の交尾器（ペニス）の微細構造で区別できるが，雌も幼虫もセリーシマトビケラとは区別できない．

ギフシマトビケラ　*Hydropsyche gifuana* Ulmer, 1907（図61-8，62-8）
本州，四国，九州に分布．河川の下流部や平地河川に生息する．

イカリシマトビケラ　*Hydropsyche ancorapunctata* Tanida, 1986（図61-9）
本州に分布．湧泉流や源流に生息．生息地は限られる．

クロシマトビケラ　*Hydropsyche isip* Arefina, Minakawa & Nozaki, 2004（図63-1）
北海道に分布；国外ではサハリンに分布．

コザンチコフシマトビエラ　*Hydropsyche kozhantschikovi* Martynov, 1924（図63-2）
北海道に分布；国外ではロシア沿海州，朝鮮半島に分布．国内での採集記録は１例だけ（久原ほか，2006）．収載した♂成虫の図（図63-2）は朝鮮半島産．

コガタシマトビケラ属　*Cheumatopsyche* Wallengren, 1891

前版収載種と下記の種以外に，未記録種あるいは未記載種もある．また，Navás（1916）が記載した３種，*Cheumatopsyche addita*（Návas, 1916），*Cheumatopsyche japonica*（Návas, 1916），*Cheumatopsyche guerneana*（Návas, 1916）については，記載が不十分で実体が不明である．Kobayashi（1985）が対馬から台湾をタイプ産地とする *Cheuamtopsyceh tokunagai*（Tsuda, 1940）を記録しているが，確認が必要だろう．♂成虫については，Oláh et al.（2008）と Oláh & Johanson（2008）によって同定可能である．

コガタシマトビケラ　*Cheumatopsyche brevilineata*（Iwata, 1927）（図60-3）
本州，四国，九州，沿海州など中国大陸；平地河川に主に生息し，分布はやや限定的で，コガタシマトビケラ属では最も下流側に分布する．従来この種類として同定，報告されてきた幼虫は，次の２種を混同していたことが多い．成虫，幼虫での区別はやや困難だが可能．幼虫の頭部の縦横比が１に近い．

ナミコガタシマトビケラ　*Cheumatopsyche infascia* Martynov, 1934（図60-2，5）
北海道，本州，四国，九州，国外ではロシア沿海州など大陸にも広く分布する（Martynov, 1934）．山地河川から平地河川まで，この属のなかでは最も生態的な分布域が広い．幼虫の頭部はやや縦長．収載した♂成虫の図（図60-5）は朝鮮半島産．

サトコガタシマトビケラ　*Cheumatopsyche tanidai* Oláh & Johanson, 2008
本州に分布．前版では未記載種として和名だけを付していた種に該当する．

オキナワコガタシマトビケラ　*Cheumatopsyche okinawana* Oláh & Johanson, 2008
琉球列島（沖縄島）に分布．

ガロアシマトビケラ　*Cheumatopsyche gallosi* (Matsumura, 1931)
本州，四国，九州．平地河川に生息し，分布はやや限定的である．成虫は，前翅にはっきりとした白色の斑紋があり，区別点ははっきりしている．幼虫と成虫の関係については，Hayashi & Yun (1999) が茅野 (1975) の記載した *Hydropsychodes* sp. HA が本種の幼虫であることを，酵素多型から確認している．頭部の前縁中央の凹部がない．

エチゴシマトビケラ属　*Potamyia* Banks, 1900

エチゴシマトビケラ　*Potamyia chinensis* (Ulmer, 1915)（図63-3）
　= *Hydropsyche echigoensis* Tsuda, 1949
前版では *chinensis* が無効名の可能性があったので，*echigoensis* を採用したが，有効名として本種小名に変更した．やや大きな河川の中流から下流に生息する．本州，九州に分布；国外ではロシア，朝鮮半島，中国，ベトナムに分布．

これらの属以外に，琉球列島からはサワシマトビケラ属 *Hydromanicus* が記録されているが (Tanida, 1997；谷田, 2003)，属の帰属も含めて分類学的な再検討が必要なため，検索には含めることができなかった．

シマトビケラ科（アシメシメトビケラ亜科を除く）幼虫の属あるいは種への検索

1a　頭部腹面の後方咽頭板は，細長い三角形で明瞭（図59-3b）
　…………ミヤマシマトビケラ亜科　Diplectroninae …ミヤマシマトビケラ属　*Diplectrona*
　　（日本産成虫は4種以上が記録されているが，属の位置づけも含めて再検討が必要．山地渓流に多いが，琉球列島では平地河川にも生息する）
1b　頭部腹面の咽頭板は，著しく小さいかまったく欠如（図60-4b）……………………………… 2
2a　頭部背面には，明瞭な隆起線に囲まれた平坦部が拡がる（図59-1a）
　…… オオシマトビケラ亜科　Macronematinae…オオシマトビケラ属　*Macrostemum*… 3
2b　頭部背面には，やや平坦な部分はあるが，明瞭な隆起線に囲まれた平坦部はない
　………………………………………… シマトビケラ亜科　Hydropsychinae… 4
3a　本州など日本主島に分布　………… オオシマトビケラ *Macrostemum radiatum*（図59-1）
　　（幼虫の体長約20 mm．河川の中流から下流部に生息．本州，四国，九州，ロシア沿海州，朝鮮半島などに分布）
3b　琉球列島に分布　………………… オキナワホシシマトビケラ　*Macrostemum okinawanum*
　　（幼虫の体長約20 mm．琉球列島に分布．沖縄県によって絶滅危惧種に指定されている）
4a　前胸腹板後方には1対の明瞭でやや大きな硬板がある．前脚小転節の突起の先端は二叉する（図60-1c）．頭盾板の前縁部は陥入することはない
　……………………………………………………… シマトビケラ属　*Hydropsyche*… 9
4b　前胸腹板の後方には1対の小硬板があるが，小さくて明瞭ではない（図60-2c）．頭盾板の前縁中央が凹むことがある（図60-2a）……………………………………………… 5
5a　腹部体節の背面は，長い毛状の刺毛で広く覆われる．頭盾板の前縁は前方に膨れる（図60-4）…… エチゴシマトビケラ属　*Potamyia*…エチゴシマトビケラ　*Potamyia chinensis*

(図60-4)
(幼虫の体長は約10 mm．河川の中流から下流部に生息．本州，四国，九州に分布．日本産1種)

5b 腹部体節の背面には，一部に長い毛状の刺毛があるが，全体には短い刺毛で覆われる．頭盾板の前縁中央に凹みがある種が多い（図60-1，60-2a）．凹みのない種でも前縁中央は前方へは膨れない ……………………… コガタシマトビケラ属 *Cheumatopsyche*… 6

6a 幼虫の頭部前縁の中央に凹みがある（図60-2a）………………………… 7
6b 幼虫の頭部前縁の中央に凹みがなく，全面に小さな小隆起が連続する（図60-4a）
……………………… ガロアシマトビケラ *Cheumatopsyche gallosi*（図60-4）

7a 幼虫の頭部の縦横比は1に近い ……………… 8 （以下の区別は難しく，暫定的な検索）
7b 幼虫の頭部は明らかに縦長（図60-2a）
……………………… ナミコガタシマトビケラ *Cheumatopsyche infascia*

8a 幼虫頭部前縁のくびれは広くて浅い
……………………… コガタシマトビケラ *Cheumatopsyche brevilineata**
8b 幼虫頭部前縁のくびれはやや深い … サトコガタシマトビケラ *Cheumatopsyche tanidai**

9a 終齢幼虫の頭幅は1.2 mm前後．腹部の2種の剛毛のうち立毛は先まで同じ太さ …… 10
9b 終齢幼虫の頭幅は1.5 mm前後．腹部の2種の剛毛のうち立毛は楔形のように先端がやや太くなる ……………………………………………………………………… 14

10a 頭盾板の後部は隆起し，前方部は陥没する．頭部背面の斑紋は変異に富む（図61-5, 6）
……………………… ナカハラシマトビケラ *Hydropsyche setensis*（体長約10 mm）
10b 頭盾板の前方部は平坦でやや低くなるが，上記のようではない …………… 11

11a 頭部背面には，格子状の明瞭な斑紋がある ………………………………… 12
11b 頭部背面には，斑紋がないかあるいは不明瞭な淡色紋のみ見られる ……… 13

12a 頭部前側縁には，低い突起がある．中央の3個の白斑の両側に1対の白斑がある（図61-4）
……………………… ヤエヤマシマトビケラ *Hydropsyche yaeyamensis*
（体長約10 mm．沖縄南部（八重山諸島）に分布）
12b 頭部前側縁には突起がない．中央の3個の白斑の両側に2対の白斑がある（図61-3）
……………………… キタシマトビケラ *Hydropsyche newae*
（体長約13 mm．北海道に分布）

13a 頭部の地色は褐色．頭部背面には淡色斑はなく，頭部側面の淡色部は後頭部までのびないか，あるいは幅が狭くなる（図60-6, 61-1）
……………………… ウルマーシマトビケラ *Hydropsyche orientalis*
（体長約14 mm．上流から中流域までの瀬に広く生息する．北海道，本州，四国，九州，奄美群島，沖縄島，朝鮮半島，中国東北部，ロシア沿海州，モンゴルなど地理的分布は東アジア産シマトビケラ属では最も広い）
13b 頭部の地色は黄褐色．頭部背面に淡色斑のあることが多く，その形は変異に富む．頭部側面の淡色部は幅が広く後頭部までのびる（図61-2）
……………………… シロズシマトビケラ *Hydropsyche albicephala*
（体長約14 mm）

*この2種の区別点については重なりも大きく，さらなる検討が必要．

14a 頭部背面には，図のような明瞭な斑紋がある（図61-9）
　　　·· イカリシマトビケラ　*Hydropsyche ancorapunctata*
　　　　　　　　　　　　　　　　　　　　　　　　　　　　　　（体長約16 mm）
14b 頭部背面には，上記のような斑紋はない ·· 15
15a 頭部の地色は濃い褐色ないし黒褐色．頭盾板中央に2対の小さな淡色斑の見られる個体が多い．山地渓流に生息する ·· 16
15b 頭部の地色は褐色ないし黄褐色．頭盾板には上記のような淡色斑はない．平地流に生息する（図61-8）·························· ギフシマトビケラ　*Hydropsyche gifuana*
　　　　　　　　　　　　　　　（体長15 mm．平地流に生息．本州，四国，九州に分布）
16a 本州中部以東の本州に分布（図61-7）············ セリーシマトビケラ　*Hydropsyche selysi*
　　　　　　　　　　　　　　　　　　　　　　　　　　　　　　（体長約15 mm）
16b 本州中部以西，四国，九州に分布 ············ オオヤマシマトビケラ　*Hydropsyche dilatata*
　　　　　　　　　　　　　　　　　　　　　　　　　　　　　　（体長約15 mm）

シマトビケラ科（アミメシマトビケラ亜科を除く）成虫の属への検索

1a 前翅には明瞭な斑紋がある．触角は非常に細くて前翅よりはるかに長い（1.5倍以上）（図59-1d）．前翅のDCとMCは小さい．後翅のDCは開いている
　　　·················· オオシマトビケラ亜科　Macronematinae···オオシマトビケラ属　*Macrostemum*
1b 前翅には網状紋はあるが明瞭な斑紋はない．触角は著しく長くはなくそれほど細くはない．前翅のDCとMCは上記ほど小さくはない．後翅のDCは閉じている ·················· 2
2a 腹部の第5節に指状あるいは糸状の突起がある
　　　·················· ミヤマシマトビケラ亜科　Diplectroninae···ミヤマシマトビケラ属　*Diplectrona*
2b 腹部の第5節に指状や糸状の突起はない ······ シマトビケラ亜科　Hydropsychinae··· 3
3a 後翅にはF_1が存在し，M脈とCu_1脈は平行で近接する（図63-3 mws）·················· 4
3b 後翅にはF_1がなく，M脈とCu_1脈は平行ではなくそれほど近接もしていない（図60-3a）
　　　·· コガタシマトビケラ属　*Cheumatopsyche*
4a 前翅の横脈M_{3+4}-Cu_1とCu_1-Cu_2は近接する．後翅のMCは開く（図63-3 mws）
　　　·· エチゴシマトビケラ属　*Potamyia*
4b 前翅の横脈M_{3+4}-Cu_1とCu_1-Cu_2は離れている．後翅のMCは閉じる（図62-8a）
　　　·· シマトビケラ属　*Hydropsyche*

シマトビケラ科 129

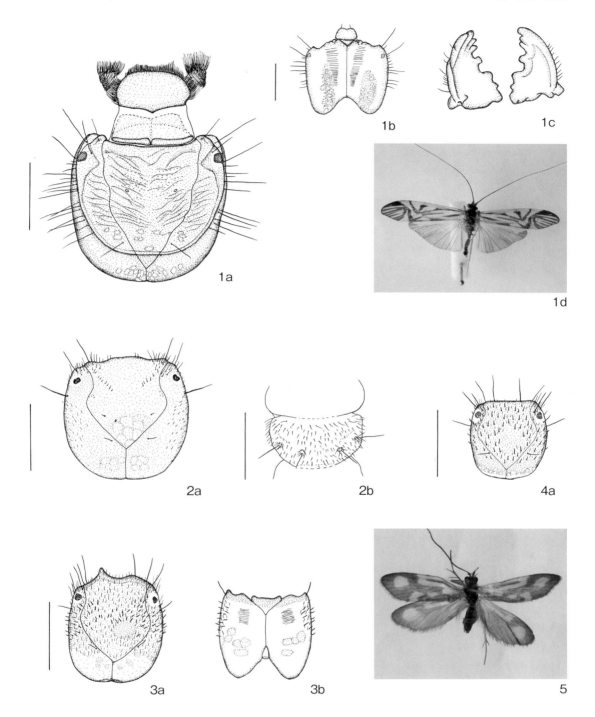

図59 オオシマトビケラ亜科とミヤマシマトビケラ亜科の幼虫・成虫 Macronematinae, Diplectroninae
1：*Macrostemum radiatum*；a：幼虫頭部背面，b：同腹面，c：幼虫左大顎の背面と腹面，d：成虫展翅標本♂　2：？ミヤマシマトビケラ属 ?*Diplectrona* sp. DA；a：幼虫頭部背面，b：幼虫腹部第3節背面　3：キブネミヤマシマトビケラ *Diplectrona kibuneana*；a：幼虫頭部背面，b：同腹面　4：DCミヤマシマトビケラ属 *Diplectrona* sp. DC；a：幼虫頭部背面　5：？キマダラシマトビケラ属 ?*Diplectrona* 展翅標本♀成虫（スケールは1mm）

130 トビケラ目

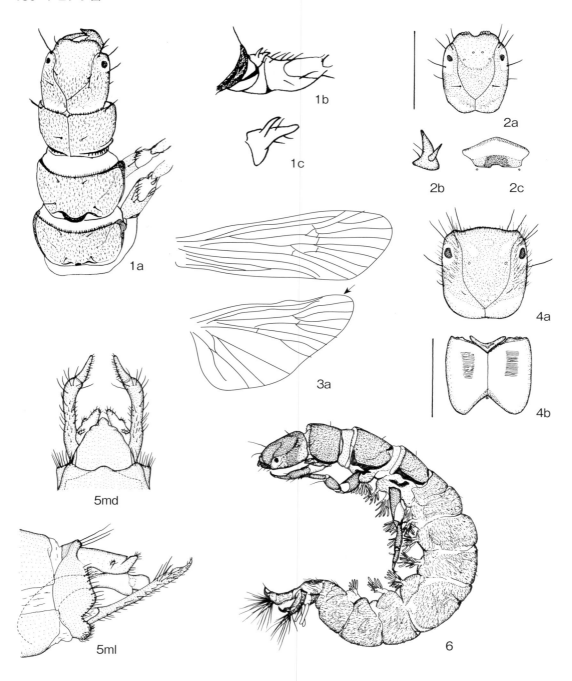

図60 シマトビケラ科の幼虫・成虫 Hydropsychidae larvae & adults
1：コガタシマトビケラ Cheumatopsyche sp.；a：幼虫頭胸部背面，b：前脚の基節と転節の凹み，c：前脚小転節の突起　2：ナミコガタシマトビケラ Cheumatopsyche infascia；a：幼虫頭部背面，b：前脚小転節突起，c：前胸腹板　3：コガタシマトビケラ Cheumatopsyche brevilineata；a：♀成虫前後翅脈相　4：エチゴシマトビケラ Potamyia chinensis；a：幼虫頭部背面，b：同腹面　5：ナミコガタシマトビケラ Cheumatopsyche infascia；md：♂成虫交尾器背面，ml：同側面　6：ウルマーシマトビケラ Hydropsyche orientalis 幼虫全形（スケールは1mm）

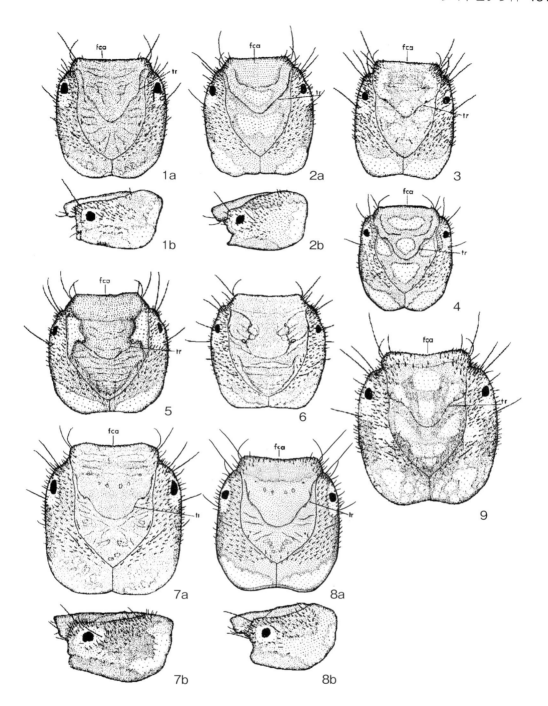

図61 シマトビケラ属幼虫 *Hydropsyche* larvae (a：頭部背面, b：頭部側面；fca：頭楯板, tr：頭楯板隆起線)
1：ウルマーシマトビケラ *Hydropsyche orientalis*　2：シロズシマトビケラ *Hydropsyche albicephala*　3：キタシマトビケラ *Hydropsyche newae*　4：ヤエヤマシマトビケラ *Hydropsyche yaeyamensis*　5：ナカハラシマトビケラ（黄色型）*Hydropsyche setensis*　6：ナカハラシマトビケラ（黒色型）*Hydropsyche setensis*　7：セリーシマトビケラ *Hydropsyche selysi*　8：ギフシマトビケラ *Hydropsyche gifuana*　9：イカリシマトビケラ *Hydropsyche ancorapunctata*

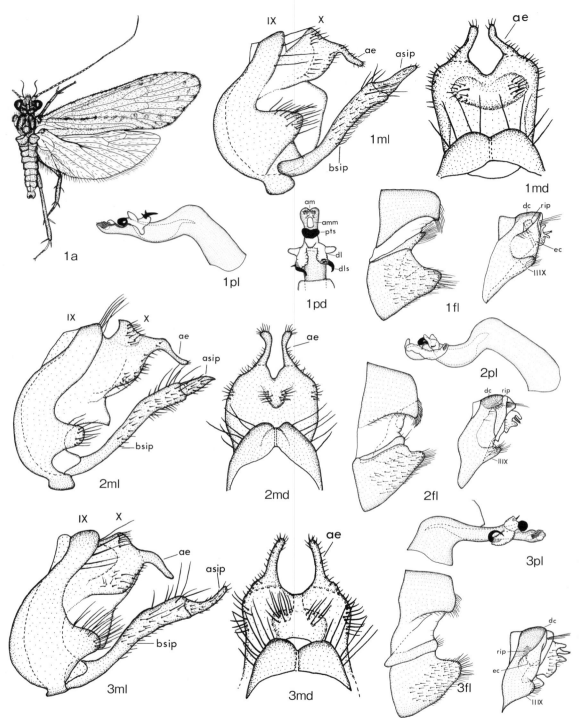

図62 シマトビケラ属成虫 Hydropsyche adults
ml：♂成虫交尾器側面，md：♂成虫交尾器背面，pl：ペニス側面，pd：ペニス背面，fl：♀交尾器第8，9側面，IX，X：9節，10節
1：ウルマーシマトビケラ Hydropsyche orientalis；a：♂成虫全形背面　2：シロズシマトビケラ Hydropsyche albicephala　3：キタシマトビケラ Hydropsyche newae

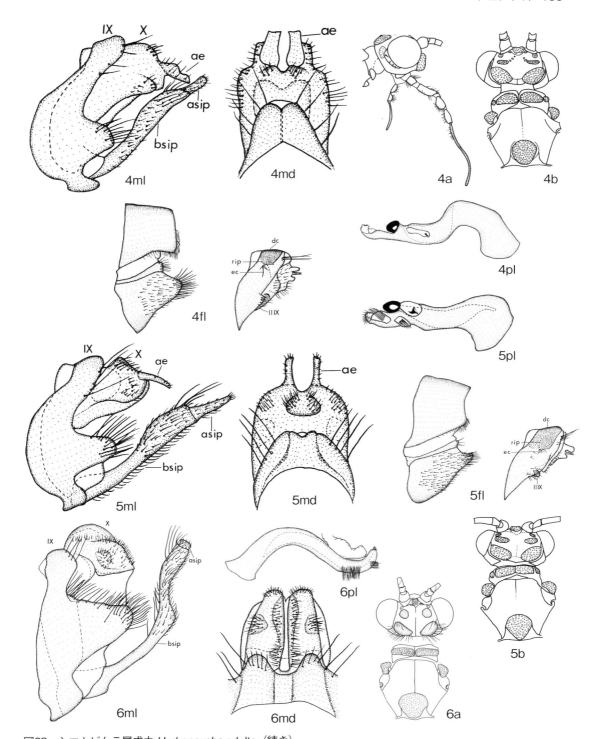

図62 シマトビケラ属成虫 *Hydropsyche* adults（続き）
ml：♂成虫交尾器側面，md：♂成虫交尾器背面，pl：ペニス，fl：♀交尾器第8，9節側面，IX，X：9節，10節
4：ヤエヤマシマトビケラ *Hydropsyche yaeyamensis* ♂，♀；a：頭部側面，b：頭胸部背面　5：ナカハラシマトビケラ *Hydropsyche setensis*；a：前後翅，b：頭胸部背面　6：セリーシマトビケラ *Hydropsyche selysi*；a：頭胸部背面

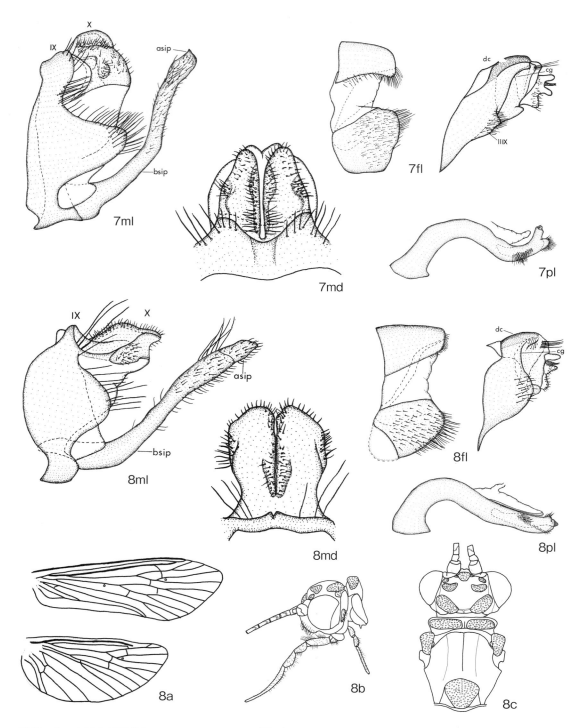

図62 シマトビケラ属成虫 *Hydropsyche* adults (続き)
ml：♂成虫交尾器側面, md：♂成虫交尾器背面, pl：ペニス側面, fl：♀交尾器 (第8, 9節側面), IX, X：9節, 10節
7：オオヤマシマトビケラ *Hydropsyche dilatata*　8：ギフシマトビケラ *Hydropsyche gifuana*；a：前後翅脈相, b：頭部側面, c：頭胸部背面

シマトビケラ科 135

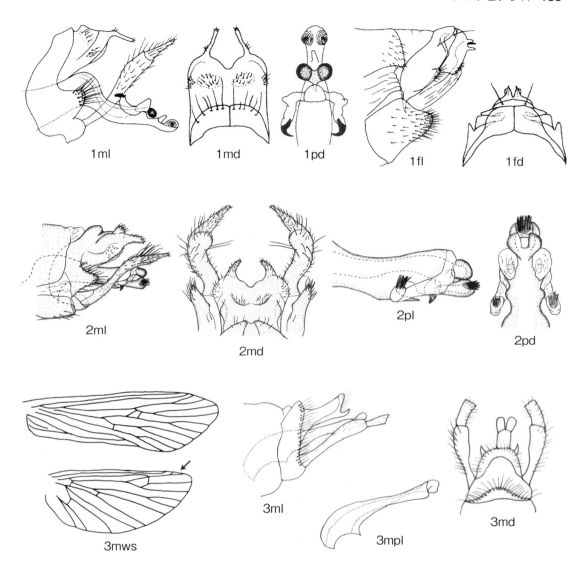

図63 シマトビケラ属 *Hydropsyche* adults 追加
ml: ♂交尾器側面　md: ♂交尾器背面　pl: ♂ペニス側面　pd: ♂ペニス背面　mws: ♂前後翅脈相　fl: ♀腹部末端側面　fd: ♀腹部末端背面
1：クロシマトビケラ *Hydropsyche isip*　2：コザンチコフシマトビエラ *Hydropsyche kozhantschikovi*（朝鮮半島産の標本による）　3：エチゴシマトビケラ *Potamyia chinensis*（1：Arefina et al., 2004より転載）

マルバネトビケラ科　Phryganopsychidae

野崎隆夫

　マルバネトビケラ属 *Phryganopsyche* Wiggins の1属4種のみがインド東北部から東アジアにかけて分布する小さなグループである（Wiggins, 1959; Arefina-Armitage & Armitage, 2009）．日本産はマルバネトビケラ *Phryganopsyche latipennis* とシロフマルバネトビケラ *Phryganopsyche brunnea* の2種で，前者はインド北東部から中国，ロシア沿海州にかけて広く分布する．この科の成虫，蛹，幼虫の形態や幼虫の造巣習性には祖先的な形質が多く，筒巣をもつトビケラのなかで遺存的なグループと考えられている（Wiggins & Gall, 1993）．

マルバネトビケラ属　*Phryganopsyche* Wiggins, 1959

マルバネトビケラ　*Phryganopsyche latipennis* (Banks, 1906)（図64-1）
　北海道から九州にかけての山地渓流から平地流まで広く分布し，幼虫は淵や川岸のよどみなどの落葉の堆積部に生息する．幼虫は比較的大型で2.5cmに達する．頭部は濃褐色で顕著な斑紋はない．前・中胸背面は硬板に覆われ，中胸背板正中線上の縫合線は後縁に達しない．腹部の気管鰓は単一棒状．携帯巣は，この科に特有の粗雑で柔軟な筒巣を植物片や砂粒などでつくり，蛹化の際それを縮めて堅くする．

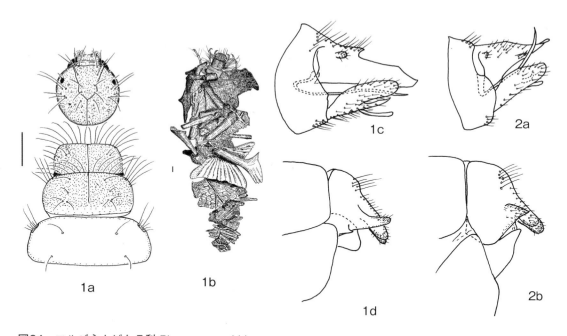

図64　マルバネトビケラ科 Phryganopsychidae
1：マルバネトビケラ *Phryganopsyche latipennis*；a：頭部および胸部背面，b：幼虫および筒巣，c：♂交尾器側面，d：♀交尾器側面　2：シロフマルバネトビケラ *Phryganopsyche brunnea*；a：♂交尾器側面，b：♀交尾器側面（スケールは1mm）

初版において両種の雌交尾器の図が入れ替わっている．

シロフマルバネトビケラ　*Phryganopsyche brunnea* Wiggins, 1969（図64-2）

分布は前種より狭く，本州，四国，九州の山地から記録されている．前種との区別は成虫では交尾器や前翅の斑紋などでできるが，幼虫の区別点はみつかっていない．

トビケラ科　Phryganeidae

野崎隆夫

日本産は，7属16種が知られる．現生のトビケラのなかで最大の種を含むムラサキトビケラ属 *Eubasilissa* をはじめ比較的大型の種が多く，成虫の翅の模様も特徴的である．幼虫は頭部および前胸に条紋をもつ種が多く，腹部の鰓は単一棒状．幼虫の筒巣は，葉片や植物の茎を環状または螺旋状に規則正しく配列した円筒形．流水性と止水性の属がある．

ウンモントビケラ属　*Agrypnia* Curtis, 1835

日本産は5種が記録されているが，幼虫が判明しているのはウンモントビケラ *Agrypnia sordida* とタイリクウンモントビケラ *Agrypnia picta* のみ．幼虫は葉片を螺旋状に配列した円筒形の巣をもち，池・沼などの止水に生息する．

セジロウンモントビケラ　*Agrypnia acristata* Wiggins, 1998（図66-8）

本属のなかで比較的普通種で，北海道，本州，九州のほか，サハリンや千島列島に分布するが，関東以南での最近の記録は乏しい．

ウンモントビケラ　*Agrypnia sordida* (McLachlan, 1871)（図65-5，66-4，9）

前種とともに比較的普通種で，北海道，本州，四国のほかロシア極東部や韓国に分布するが，関東以南での最近の記録は少ない．幼虫は頭部に3本の黒色縦条をもつほか前胸前縁および後縁に連続した黒色の帯をもつ．幼虫は池沼などの止水に生息し，落葉などの植物片を摂食する．

ウルマーウンモントビケラ　*Agrypnia ulmeri* (Martynov, 1909)（図66-10）

北海道および本州のほか，ロシアからも記録がある．セジロウンモントビケラによく似る．

タイリクウンモントビケラ　*Agrypnia picta* Kolenati, 1848（図66-11）

ヨーロッパからアジアの北部にかけて広く分布する種で，日本からは北海道と東北地方から知られる．幼虫は，前胸背板前縁の濃色部が連続せず左右に分かれることから（Wallace et al., 1990；Waringer & Graf, 2011）ウンモントビケラと区別できると思われるが，日本産の幼虫は未発見．

マガリウンモントビケラ　*Agrypnia incurvata* Wiggins, 1998（図66-12）

本州，四国，九州のほか韓国に分布するが，いずれも1950年代以前の記録で，最近の記録はない．

アミメトビケラ属　*Oligotricha* Rambur, 1842

日本産は4種が記録されているが，フタスジトビケラ *Oligotricha kawamurai* (Iwata, 1927) は分類学的に再検討する必要がある．成虫の前翅には網目状の模様がある．幼虫は池沼などの止水に生息し，細く切った葉片や植物の茎などを螺旋状に配列した円筒形の巣をもつ．幼虫での区別点は判明していない．

アミメトビケラ　*Oligotricha fluvipes* (Matsumura, 1904)（図65-4，66-3，13）

本州および四国に分布し，平地から高標高の山地まで比較的広い範囲で採集される．

キタアミメトビケラ　*Oligotricha hybridoides* Wiggins & Kuwayama, 1971（図66-14）

北海道のほかサハリンや千島列島にも分布する．

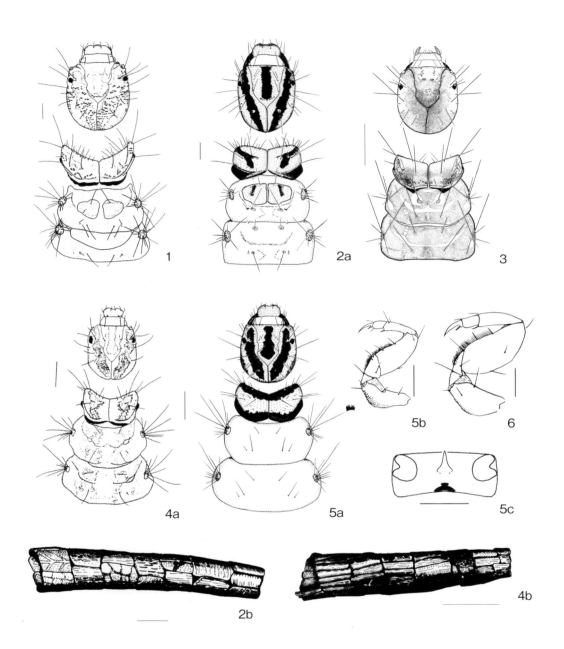

図65　トビケラ科幼虫 Phryganeidae larvae
1：ムラサキトビケラ *Eubasilissa regina* 頭胸部背面　2：ゴマフトビケラ *Semblis melaleuca*；a：頭胸部背面，b：筒巣　3：ヤチトビケラ *Oligostomis wigginsi* 頭胸部背面　4：アミメトビケラ *Oligotricha fluvipes*；a：頭胸部背面，b：筒巣　5：ウンモントビケラ *Agrypnia sordida*；a：頭胸部背面，b：前脚側面，c：前胸腹面　6：ツマグロトビケラ *Phryganea japonica* 前脚側面
（スケールは1mm．1，4aは谷田（1985），3はNishimoto & Kawase（2005）より）

ヤチアミメトビケラ　*Oligotricha spicata* Wiggins & Kuwayama, 1957（図66-15）
本州の北関東以北に分布し，高層湿原など高標高の地域で採集される．

ツマグロトビケラ属　*Phryganea* Linnaeus, 1758

日本産はツマグロトビケラ *Phryganea japonica* McLachlan, 1866（図65-6，66-6）1種で，北海道から九州まで広く分布する．成虫の後翅の先端は黒色．幼虫は池沼などの止水に生息し，葉片で螺旋状の筒巣をつくる（Nishimoto & Nozaki, 2001）．大型で肉食性．

ヒメアミメトビケラ属　*Hagenella* Martynov, 1924

トビケラ科のなかでは小型で，成虫の前翅には網目状の模様がある．ヒメアミメトビケラ *Hagenella apicalis* (Matsumura, 1904)（図66-5，16）1種が北海道に分布する．幼虫は森のなかの小さな水たまりで採集されるが（Wiggins, 1998），生態はよく分かっていない．幼虫は葉片でつくった環状の筒巣をもつ．

ヤチトビケラ属　*Oligostomis* Kolenati, 1848

本州にヤチトビケラ *Oligostomis wigginsi* Nishimoto & Kawase, 2005（図65-3，66-7，17）1種が分布する．ヒメアミメトビケラ属同様小型だが，成虫の前翅の斑紋は不明瞭な個体が多い（網目状の斑紋を有する個体もあるが，膜質部の着色は少ない）．幼虫はヒメアミメトビケラ同様頭部に明瞭な斑紋をもたないが，中胸 sa（setal area）1に小さな硬板をもつことで区別できる．幼虫は，森のなかの水たまりに生息し，葉片でつくった環状の筒巣をもつ．

ゴマフトビケラ属　*Semblis* Fabricius, 1775

日本産は2種．成虫は大型で，前翅は白黒の斑模様になり，後翅の後縁は黒く縁取られる．幼虫は冷たい湧水流などに生息し，葉片でつくった環状の筒巣をもち肉食性．幼虫での区別点は判明していない．

ゴマフトビケラ　*Semblis melaleuca* (McLachlan, 1871)（図65-2，66-2）
北海道および中部地方以北の本州に分布するほか，サハリンや千島列島からも知られる．

カラフトゴマフトビケラ　*Semblis phalaenoides* Linnaeus, 1758
ヨーロッパからアジアの北部にかけて広く分布する種で，日本からは北海道と中国地方から知られる．成虫前翅の黒色紋はゴマフトビケラより大きく，細かな点紋を欠く．

ムラサキトビケラ属　*Eubasilissa* Martynov, 1930

日本にはムラサキトビケラ *Eubasilissa regina* (McLachlan, 1871)（図65-1，66-1）とオオムラサキトビケラ *Eubasilissa imperialis* (Nakahara, 1915) が分布するが，後者はタイプ標本のみが知られる（Wiggins, 1998）．日本産のトビケラのなかでは最も大型で，成虫の後翅は濃い紫色の地色に黄色の帯状斑紋がある．幼虫は山地の渓流や細流に生息し，肉食性．幼虫の筒巣は葉片で環状につくられる．

トビケラ科幼虫の属および種の検索表

1a 中胸背面のsa1に1対の硬板がある ··· 2
1b 中胸背面のsa1に硬板がない ·· 4
2a 頭部背面には明瞭な黒色条紋がある ·· 3

140　トビケラ目

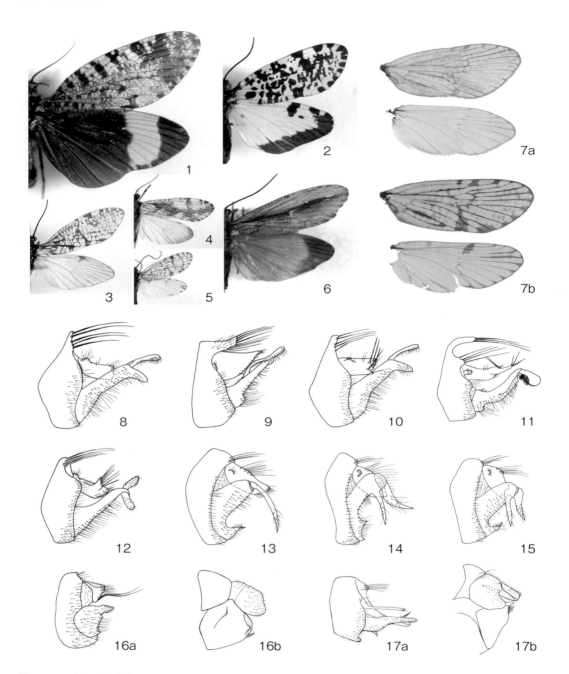

図66　トビケラ科成虫 Phryganeidae adults
前後翅　1：ムラサキトビケラ Eubasilissa regina　2：ゴマフトビケラ Semblis melaleuca　3：アミメトビケラ Oligotricha fluvipes　4：ウンモントビケラ Agrypnia sordida　5：ヒメアミメトビケラ Hagenella apicalis　6：ツマグロトビケラ Phryganea japonica　7：ヤチトビケラ Oligostomis wigginsi；a，b：斑紋変異.
交尾器側面図　8：セジロウンモントビケラ Agrypnia acristata ♂　9：ウンモントビケラ Agrypnia sordida ♂　10：ウルマーウンモントビケラ Agrypnia ulmeri ♂　11：タイリクウンモントビケラ Agrypnia picta ♂　12：マガリウンモントビケラ Agrypnia incurvata ♂　13：アミメトビケラ Oligotricha fluvipes ♂　14：キタアミメトビケラ Oligotricha hybridoides ♂　15：ヤチアミメトビケラ Oligotricha spicata ♂　16：ヒメアミメトビケラ Hagenella apicalis；a，♂，b，♀　17：ヤチトビケラ Oligostomis wigginsi；a，♂，b，♀

2b 頭部背面に明瞭な斑紋がない（図65-3）
.... ヤチトビケラ *Oligostomis wigginsi*（体長14 mm. 本州）
3a 頭部背面の1対の黒色条紋は頭蓋幹線（coronal suture）で互いに接する（図65-1）
.... ムラサキトビケラ *Eubasilissa regina*
（体長約40 mm. 北海道，本州，四国，九州，サハリン，千島，中国，韓国，台湾）
3b 頭部背面の1対の黒色条紋は頭蓋幹線で接しない．中胸背面のsa1硬板は正中線で近接する（図65-2）.. ゴマフトビケラ属 *Semblis*
4a 頭部および前胸背面に明瞭な黒色の斑紋がある 5
4b 頭部および前胸背面に明瞭な斑紋はない
.... ヒメアミメトビケラ *Hagenella apicalis*
（北海道，サハリン，千島）
5a 各胸部背面に1対の黒色縦条紋がある（図65-4）........ アミメトビケラ属 *Oligotricha*
5b 中・後胸には上記のような条紋はなく，前胸の前縁および後縁が黒色 6
6a 前脚および中脚基節の腹面には櫛状の刺がある．前胸後部腹板はある（図65-5）
.... ウンモントビケラ属 *Agrypnia*
6b 上記には小さな刺が密生する．前胸後部腹板はない（図65-6）
.... ツマグロトビケラ *Phryganea japonica*
（体長35 mm. 北海道，本州，四国，九州，サハリン，千島）

トビケラ科成虫の属の検索表

1a 後翅の地色は濃紫色で先端近くに黄色の帯状斑がある（図66-1）
.... ムラサキトビケラ属 *Eubasilissa*
1b 後翅の地色は淡色または黄色 2
2a 後翅には明瞭な濃色斑がある 3
2b 後翅には斑紋がないかあっても不明瞭 4
3a 後翅の地色は黄色で先端が濃褐色（図66-6）............ ツマグロトビケラ属 *Phryganea*
3b 後翅の地色は半透明の白色で後縁が黒褐色に縁取られるほか前縁にも点紋がある（図66-2）.. ゴマフトビケラ属 *Semblis*
4a 前翅の斑紋は大小・濃淡さまざまな黒褐色紋となる（図66-4）
.... ウンモントビケラ属 *Agrypnia*
4b 前翅の斑紋は網目状か翅脈のみ明瞭 5
5a 前翅長は15 mm以上で網目状の斑紋がある（図66-3）...... アミメトビケラ属 *Oligotricha*
5b 前翅長は12 mm以下 6
6a 前翅には網目状の斑紋がある（図66-5）．交尾器の形態は図66-16のとおり
.... ヒメアミメトビケラ *Hagenella apicalis*
6b 前翅の翅脈は明瞭だが膜質部の斑紋は不明瞭な個体が多い（図66-7）．交尾器の形態は図66-17のとおり .... ヤチトビケラ *Oligostomis wigginsi*

カクスイトビケラ科　Brachycentridae

野崎隆夫

　日本産は，ミノツツトビケラ属 *Tsudaea*，オオハラツツトビケラ属 *Eobrachycentrus*，カクスイトビケラ属 *Brachycentrus*，マルツツトビケラ属 *Micrasema*，ハルノマルツツトビケラ属（新称）*Dolichocentrus* の5属．小型の種が多く，幼虫は渓流や水の滴る岩盤などに生息するものが多いが，大河川の下流部に生息することもある．幼虫の前・中胸背板は硬板で広く覆われ，後胸背面にも小硬板がある．この科の幼虫の腹部第1節にはこぶ状の隆起がないとされてきたが，近年再発見されたキタヤマカクスイトビケラ *Tsudaea kitayamana* の幼虫は側方隆起をもつ．筒巣は，植物片でつくった角錐形のものと，植物片または砂粒でつくった円筒形のものがある．日本産種については，成虫，幼虫ともに比較的よく整理されている（Wiggins et al., 1985；Nozaki, 2005, 2009, 2011, 2017a）．

ミノツツトビケラ属　*Tsudaea* Nozaki, 2009

　キタヤマカクスイトビケラ *Tsudaea kitayamana* (Tsuda, 1942)（図67-1，69-1）1種のみが知られる．幼虫の腹部第1節に側方隆起があることや，腹部第8節の背側面にもこぶ状隆起をもつことなど，カクツトビケラ科と共有する形質をもつ（Nozaki, 2009）．幼虫の筒巣は砂粒でつくった円筒形で，周りに植物片を多数付ける．成虫はオオハラツツトビケラ属によく似るが，頭部前面中央に刺毛の生えたこぶ状隆起をもつことで区別できる．本州の高標高の山地渓流に生息し，幼虫は岸際の流れの比較的緩やかな場所にある苔のついた岩からみつかることが多い．赤木（1962a）が記載した *Micrasema* sp. MD は本種である（Nozaki, 2009）．

オオハラツツトビケラ属　*Eobrachycentrus* Wiggins, 1965

　北米と日本から3種が知られるだけの小さな属で，そのうち日本には2種が分布する（Nozaki, 2011）．幼虫は，山地渓流中の苔の生えた岩や水の滴る岩盤などに生息する．腹部には気管鰓および側線毛がない．筒巣はカクスイトビケラ属に似た角錐形だが，材料に蘚苔類を使うことが多く，その末端が外側にはみ出していることが多い．

　オオハラツツトビケラ　*Eobrachycentrus vernalis* (Banks, 1906)（図67-2，69-2）
　山地渓流や小滝の苔むした飛沫帯に生息する．筒巣は背腹にやや湾曲し，前後端の背面側がやや突出する．幼虫で記載された *E. oharensis* (Iwata, 1927) は本種と同一種であることが判明したので（Nozaki, 2011），その幼虫に与えられた和名を採用した．本州，四国，九州に分布する．

　ニイガタツツトビケラ　*Eobrachycentrus niigatai* (Kobayashi, 1968)（図67-3，69-3）
　山地の小さな流れや水の滴る岩盤などの苔むした場所に生息する．筒巣は角錐形でほぼまっすぐ．ニセオオハラツツトビケラ *E. propinquus* (Wiggins et al., 1985) とされてきた種は本種と同一種（Nozaki, 2011）．北海道，本州，四国，九州に分布する．

カクスイトビケラ属　*Brachycentrus* Curtis, 1834

　日本産は北海道と本州に3種が分布する（Nozaki, 2005）．幼虫は流水に生息し，バイカモなどの水草の繁った渓流に多産することが多い．長い中・後脚を筒巣から出し流下する餌（藻類，植物片，昆虫など）を捕集する．腹部の気管鰓は単一棒状のものと分岐するものがある．筒巣は植物片を角錐形に規則正しく積み重ねてつくられる．

カクスイトビケラ科 143

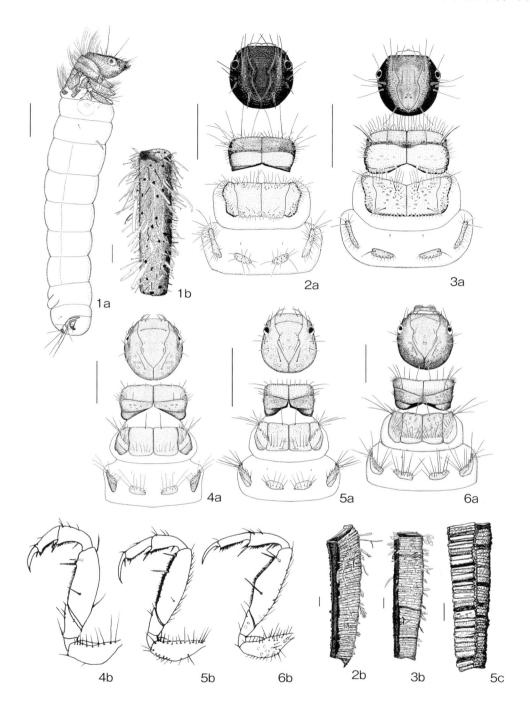

図67 カクスイトビケラ科幼虫1 Brachycentridae larvae
1：キタヤマカクスイトビケラ *Tsudaea kitayamana*；a：全形側面，b：筒巣　2：オオハラツツトビケラ *Eobrachycentrus vernalis*；a：頭胸部背面，b：筒巣　3：ニイガタツツトビケラ *Eobrachycentrus niigatai*；a：頭胸部背面，b：筒巣　4：アメリカカクスイトビケラ *Brachycentrus americanus*；a：頭胸部背面，b：後脚側面　5：クワヤマカクスイトビケラ *Brachycentrus kuwayamai*；a：頭胸部背面，b：後脚側面，c：筒巣　6：ヤマトツツトビケラ *Brachycentrus japonicus*；a：頭胸部背面，b：後脚側面（スケールは1mm）
（1：Nozaki（2009），2，3：Nozaki（2011）より転載）

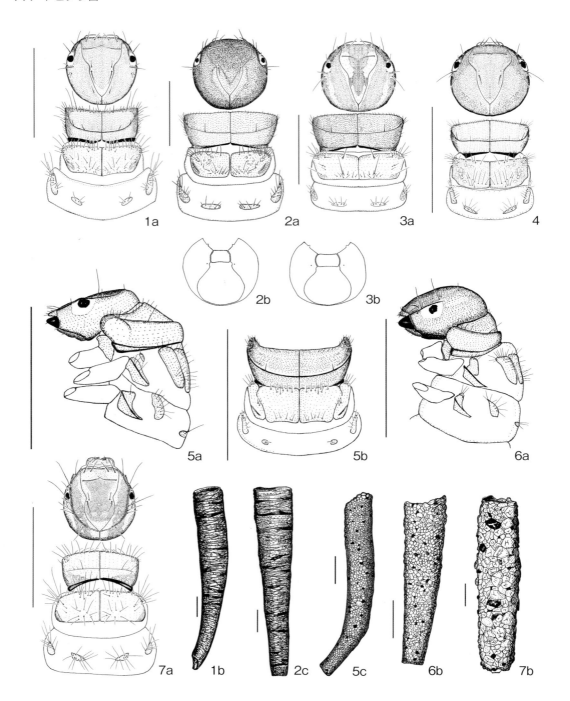

図68　カクスイトビケラ科幼虫2 Brachycentridae larvae
1：ハナセマルツツトビケラ *Micrasema hanasense*：a，頭胸部背面；b，筒巣　2：エゾマルツツトビケラ *Micrasema gelidum*：a，頭胸部背面；b，頭部腹面；c，筒巣　3：トゲマルツツトビケラ *Micrasema spinosum*：a，頭胸部背面；b，頭部腹面　4：ウエノマルツツトビケラ *Micrasema uenoi* 頭胸部背面　5：マルツツトビケラ *Micrasema quadriloba*：a，頭胸部側面；b，胸部背面；c，筒巣　6：アカギマルツツトビケラ *Micrasema akagiae*：a，頭胸部側面；b，筒巣　7：ハルノマルツツトビケラ *Dolichocentrus sakura*：a，頭胸部背面；b，筒巣（スケールは1 mm）（7：Nozaki（2017a）より転載）

カクスイトビケラ科 145

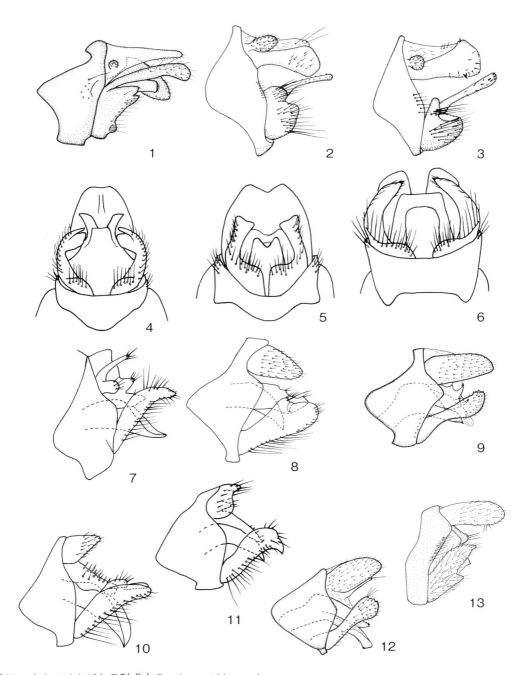

図69 カクスイトビケラ科成虫 Brachycentridae males
雄成虫交尾器　1：キタヤマカクスイトビケラ Tsudaea kitayamana 側面　2：オオハラツツトビケラ Eobrachycentrus vernalis 側面　3：ニイガタツツトビケラ Eobrachycentrus niigatai 側面　4：アメリカカクスイトビケラ Brachycentrus americanus 腹面　5：クワヤマカクスイトビケラ Brachycentrus kuwayamai 腹面　6：ヤマトツツトビケラ Brachycentrus japonicus 腹面　7：ハナセマルツツトビケラ Micrasema hanasense 側面　8：エゾマルツツトビケラ Micrasema gelidum 側面　9：トゲマルツツトビケラ Micrasema spinosum 側面　10：ウエノマルツツトビケラ Micrasema uenoi 側面　11：マルツツトビケラ Micrasema quadriloba 側面　12：アカギマルツツトビケラ Micrasema akagiae 側面　13：ハルノマルツツトビケラ Dolichocentrus sakura 側面（1：Nozaki (2009), 9, 12：Nozaki & Tanida (2007), 13：Nozaki (2017a) より転載）

アメリカカクスイトビケラ *Brachycentrus americanus* (Banks, 1906)（図67-4，69-4）
　北海道の渓流に生息し，しばしば水草上に多数の幼虫が生息する．国外では北米，ロシア極東地域，モンゴルなどに広く分布する．成虫は夏に羽化し，雌の集団遡上飛行が観察されている（谷田ほか，1991）．

クワヤマカクスイトビケラ *Brachycentrus kuwayamai* Wiggins, Tani & Tanida, 1985（図67-5，69-5）
　北海道および本州の渓流に生息し，しばしば水草上に多数の幼虫が生息する．赤木（1957）が記載した *Brachycentrus* sp. BA は本種（Nozaki, 2005）．成虫は初夏に羽化し，前種同様雌の集団遡上飛行が観察されている（田代・田代，1989）．腹部背面の気管鰓は分岐する．筒巣の形態は通常他種と同様角錐形だが，外側に長い植物片を多数付着させる集団の事例が北海道から報告されている（Ito & Nagasaka, 2015）．

ヤマトツツトビケラ *Brachycentrus japonicus* (Iwata, 1927)（図67-6，69-6）
　本州の渓流に生息し，水中に倒伏したヨシなどにつかまっていることが多い．国外ではロシア極東地域に分布する．腹部の気管鰓は単一棒状．岩田（1927a）によって幼虫で記載された種であるが，成虫で記載された *Brachycentrus bilobatus* Martynov, 1935と同一種であることが明らかにされた（Nozaki, 2005）．赤木（1962c）が幼虫で記載した *Brachycentrus* sp. BC も同一種である（Nozaki, 2005）．

マルツツトビケラ属　*Micrasema* McLachlan, 1876

　日本産は6種が知られる．いずれも1cm未満の小型のトビケラで，幼虫は渓流や湧水流を始め水の滴る岩盤に生息する種もいる．筒巣は，苔などの植物片または砂粒を用いた円筒形．

ハナセマルツツトビケラ *Micrasema hanasense* Tsuda, 1942（図68-1，69-7）
　日本全国の低地から高地まで広く分布し，国外では韓国や台湾にも分布する．湧水や渓流中の苔の付いた岩のほか水が滴る程度の岩盤などにも生息する．幼虫の腹部背面には単一棒状の気管鰓をもつ個体が多い．幼虫は苔などの植物片を用いて背腹にやや湾曲した円筒形の筒巣をつくる．

エゾマルツツトビケラ *Micrasema gelidum* McLachlan, 1876（図68-2，69-8）
　北海道の湧水流や山地の小渓流に生息する．国外では北半球の北部に広く分布するが，雄成虫の交尾器には地域ごとに変異が認められる（Botosaneanu, 1988；Ito, 1995）．幼虫の頭部は黒褐色で，背面後部の縫合線に沿ってV字状にやや淡色になる．頭部腹面の咽頭板は台形．幼虫の中胸 sa1 には3～4本の刺毛がある．幼虫の筒巣は主として苔などの植物片を用い，まっすぐな円筒形．

トゲマルツツトビケラ *Micrasema spinosum* Nozaki & Tanida, 2007（図68-3，69-9）
　北海道および本州の湧水流や山地の小渓流に生息する．幼虫の頭部腹面咽頭板が俵形であることで前種と区別できる．中胸 sa1 の黒色刺毛が基本的に1本であることでも区別できるが，2本以上もつ個体もいるので，両種が生息する北海道では注意を要する．静岡県以西の幼虫は頭部背面の縫合線沿いと頬部に明瞭な黄色条紋をもつが（図68-3a），本州の長野県以東および北海道の幼虫の頭部にはそのような斑紋がなく，斑紋だけで前種と区別することは困難．幼虫は前種同様植物片を用いたまっすぐな円筒形の巣をつくるが，外側に植物片がはみ出すことも多い．

ウエノマルツツトビケラ *Micrasema uenoi* Martynov, 1933（図68-4，69-10）
　本州の山地渓流に普通に分布し，苔のついた石に多い．成虫は初夏に羽化する．幼虫の筒巣は細かな砂粒を用いた円筒形で，背腹にやや湾曲する．

マルツツトビケラ　*Micrasema quadriloba* Martynov, 1933（図68-5，69-11）

本州の山地渓流に分布する．年1世代で初夏に羽化する（磯辺ら，1994）．幼虫は前種とよく似た筒巣をもつが，中胸背版が縦方向に分割され2対になることで容易に区別できる．

アカギマルツツトビケラ　*Micrasema akagiae* Nozaki & Tanida, 2007（図68-6，69-12）

本州の山地渓流や湧水流に生息する．幼虫の筒巣は細かな砂粒を用いた円筒形であるが，前2種と異なりほぼまっすぐである．本種は，赤木（1959）が *Micrasema* sp. MBとして幼虫と成熟蛹中の雄交尾器を記載した種であるが，そこで描かれた頭部背面には本書で示した図（図68-6a）と異なりトゲマルツツトビケラに似た淡色状紋がある．本種にも斑紋の変異があるかもしれない．

ハルノマルツツトビケラ属　*Dolichocentrus* Martynov, 1935

ロシア南ウスリー産の雄3個体を基に記載された *Dolichocentrus tenuis* Martynov, 1935をタイプ種として創設された属で（Martynov, 1935），長らく原記載以外の情報がなかったが，最近岡山県から近縁種ハルノマルツツトビケラ *Dolichocentrus sakura* Nozaki, 2017（図68-7，69-13）が発見され，雌，幼虫，蛹などが明らかになった（Nozaki, 2017a）．幼虫はマルツツトビケラ属に似るが，腹部第8節の背側面にこぶ状隆起をもたないことや前胸背面を横断する隆起が前胸前側縁に達しないことなどから区別できる．幼虫の筒巣は円筒形だが，マルツツトビケラ属の筒巣より外面がやや粗い．幼虫は大河川の下流部などに生息し春に羽化するが（Nozaki, 2017a），生活史の詳細は不明．

カクスイトビケラ科幼虫の属および種の検索表

1a 第1腹節には明瞭な側方隆起がある．筒巣は砂粒でつくった円筒状で，外側に植物片を多数付ける（図67-1） ・・・・・・・・・・・・ **キタヤマカクスイトビケラ**　*Tsudaea kitayamana*
（体長8 mm．高標高の山地渓流に生息する．本州に分布）

1b 第1腹節には側方隆起がない．筒巣は角錐形または円筒形 ・・・・・・・・・・・・・・・・・・・・・・・・ 2

2a 中・後脚は前脚に比べて著しく長く，それらの腿節の長さは頭長にほぼ等しい．筒巣は植物質を用いた角錐形 ・・・・・・・・・・・・ **カクスイトビケラ属**　*Brachycentrus* ・・・ 3

2b 中・後脚は上記ほど長くない．筒巣の材料と形状はさまざま ・・・・・・・・・・・・・・・・・・ 5

3a 腹部体節背面の気管鰓は分岐する．中・後脚腿節の腹縁には2本の長い刺毛とともにほぼ同じ長さの細い刺毛と太い刺毛が列生する（図67-5）
・・・・・・・・・・・・・・・・・・・・・・ **クワヤマカクスイトビケラ**　*Brachycentrus kuwayamai*
（体長11 mm．渓流に生息する．北海道，本州に分布）

3b 同上気管鰓は単一棒状．同上腹縁には1本の長い刺毛と列生した短い刺毛がある ・・・・・・ 4

4a 第1腹節腹面中央には1対の長い刺毛がある．腹部第5・6節背面に気管鰓はない．中・後脚腿節背縁に長い刺毛が2本ある（図67-4）
・・・・・・・・・・・・・・・・・・・・・・ **アメリカカクスイトビケラ**　*Brachycentrus americanus*
（体長12 mm．渓流に生息する．北海道，北米，ロシア，モンゴル）

4b 同上中央には2対の長い刺毛がある．同上背面に気管鰓がある．同上背縁に細い刺毛が10本以上ある（図67-6） ・・・・・・・・・・・・ **ヤマトツツトビケラ**　*Brachycentrus japonicus*
（体長13 mm．渓流に生息する．本州，ロシア，北朝鮮，モンゴル）

5a 後胸背面sa1に各1本の刺毛がある．腹部第1節腹面中央に1対の刺毛がある．筒巣は植物片を用いた角錐形 ・・・・・・・・・・・・ **オオハラツツトビケラ属**　*Eobrachycentrus* ・・・ 6

5b 同上刺毛はともにない．筒巣は円筒形 ・・・・・・・・・・・・・・・・・・・・・・・・・・・・・・・・・・・・ 7

6a 腹部第8節背側面にこぶ状隆起をもつ．筒巣は背腹に若干湾曲し，通常前・後方の開口部の背面側は伸びる（図67-2）……… オオハラツツトビケラ *Eobrachycentrus vernalis*
（体長12 mm．本州，四国，九州）

6b 同上位置にこぶ状隆起はない．筒巣はほぼまっすぐ（図67-3）
……………………………………… ニイガタツツトビケラ *Eobrachycentrus niigatai*
（体長10 mm．北海道，本州，四国，九州）

7a 腹部第8節背側面にこぶ状隆起はない．前胸背面を横断する隆起は前側縁に達しない（図68-7）……………………………… ハルノマルツツトビケラ *Dolichocentrus sakura*
（体長8 mm．本州に分布）

7b 腹部第8節背側面にこぶ状隆起がある．前胸背面を横断する隆起は前側縁に達する
……………………………………………… マルツツトビケラ属 *Micrasema* … 8

8a 中胸背版は縦方向に分割され，2対となる ………………………………… 9
8b 中胸背版は1対で背面を広く覆う ……………………………………… 10

9a 頭頂部は広く平坦．筒巣は砂粒を用いた円筒形で，背腹にやや湾曲する（図68-5）
……………………………………… マルツツトビケラ *Micrasema quadriloba*
（体長5 mm．本州に分布）

9b 頭頂部は丸くなだらか．筒巣は砂粒を用いた円筒形で，ほぼまっすぐ（図68-6）
……………………………………… アカギマルツツトビケラ *Micrasema akagiae*
（体長5 mm．本州に分布）

10a 前胸前縁に濃色の長い刺毛と半透明で短い刺毛がある．筒巣は植物質を用い，背腹にやや湾曲する（図68-1）……………… ハナセマルツツトビケラ *Micrasema hanasense*
（体長7 mm．全国に分布）

10b 同上には半透明の短い刺毛のみある．筒巣の材料は砂粒または植物片で植物片の場合は真っ直ぐ ……………………………………………………………… 11

11a 筒巣は砂粒を用い背腹にやや湾曲する
……………………………………… ウエノマルツツトビケラ *Micrasema uenoi*
（体長5 mm．本州に分布）

11b 筒巣は植物片を用いまっすぐ ……………………………………… 12

12a 頭部腹面の咽頭板は台形で幅は高さの2倍未満（図68-2b）
……………………………………… エゾマルツツトビケラ *Micrasema gelidum*
（体長8 mm．北海道に分布）

12b 頭部腹面の咽頭板は俵形で幅は高さの約2倍（図68-3b）
……………………………………… トゲマルツツトビケラ *Micrasema spinosum*
（体長8 mm．北海道，本州に分布）

カクスイトビケラ科成虫の属の検索表

1a 距式は2-2-2 ……………………………………………………………… 2
1b 距式は2-2-3または2-3-3 ……………………………………………… 3
2a 前翅のR_1（径）脈は，先端近くで大きく波打つ
……………………………………… ハルノマルツツトビケラ属 *Dolichocentrus*
2b 前翅のR_1（径）脈は，ほぼ直線状 ……………… マルツツトビケラ属 *Micrasema*

3a 頭部前面中央には刺毛の生えたこぶがある．距式は2-2-3または2-3-3 ············· 4
3b 同上は滑らか．距式は2-3-3 ················ **オオハラツツトビケラ属** *Eobrachycentrus*
4a 前翅は濃褐色の地色に淡色の斑紋があり，8mm以上．距式は2-2-3または2-3-3
  ·· **カクスイトビケラ属** *Brachycentrus*
4b 前翅はほぼ黒色で，8mm未満．距式は2-3-3 ·········· **ミノツツトビケラ属** *Tsudaea*

キタガミトビケラ科　Limnocentropodidae

野崎隆夫

　ヒマラヤから東アジアだけに分布する1科1属の小さなグループで（Wiggins, 1969），日本産はキタガミトビケラ *Limnocentropus insolitus* の1種だけが知られている．

キタガミトビケラ属　*Limnocentropus* Ulmer, 1907

キタガミトビケラ　*Limnocentropus insolitus* Ulmer, 1907（図70）
　本州，四国および九州から記録されている．前胸背面は左右1対の硬板で覆われ，中・後胸背面は左右2対の大きな硬板をもつほか，腹部第1節背面にも幅広の硬板をもつ．中・後胸腹面には各1個および腹部第1節腹面には1対の長く鋭い剛毛束があり，各胸脚の両側面腹側にも強い剛毛が列生する．短い単一棒状の気管鰓が腹部第4～8節背面後縁に，側線毛が腹部第3～8節にある．幼虫は植物片を規則的に配列した円筒形の筒巣をつくり，その前端から伸びた支持柄を流れの石礫などに固着する．幼虫は固着した筒巣から頭胸部を水中に出し，広げた胸脚で水中を流下する昆虫などを補食する．山地渓流の早瀬に生息するが，局所的に分布する傾向がある．東北地方では年1世代で7月上旬に羽化する（中瀬，1991）．

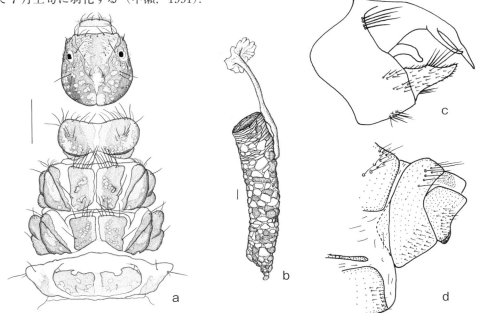

図70　キタガミトビケラ科 Limnocentropodidae
キタガミトビケラ *Limnocentropus insolitus*；a：頭胸部および腹部第1節背面，b：筒巣，c：成虫交尾器側面♂，d：成虫交尾器側面♀
（スケールは1mm．a, bは谷田（1985）より）

カクツツトビケラ科　Lepidostomatidae

伊藤富子

　幼虫は円筒形で（図71-2c）体長6～9mm．頭部（図71-1a, 2a）は茶褐色で頭盾後部と頬に小さな円形あるいは長円形の淡色斑紋があることがある．触角は目の前方に近接している．前胸と中胸（図71-1b, 2b, 4）は2枚の茶褐色の背板で覆われる．後胸（図71-1b, 2b, 4）は膜質で小さな3対の硬板がsa1, sa2, sa3にある．腹部（図71-2c）は乳白色で第1節の隆起は側面にだけある．塩類上皮はない．ほとんどの種では腹部に単一棒状の気管鰓があり，その配列で幼虫を同定できる場合が多い（図71-2c, 表2, 3）．砂粒の円筒形の筒巣をつくり幼虫期の途中で葉片四角筒形に変える種が多いが（図72-2a, b），最後まで砂粒円筒形の種や（図72-3a），1齢から葉で四角い筒巣をつくる種もいる（図72-1a）．山地渓流，小さな湧水流，湿原の川，大きな河川の中・下流などに，それぞれ特有の種が生息している．典型的な落葉食と考えられていたが，最近腐肉，緑葉なども食べている可能性が指摘された（Ito, 2005a, c；Kochi & Kagaya, 2005）．

　成虫は薄茶色，茶褐色あるいは黒色で，体長6～10mm．触角の第1節（柄節）が太く長いことで（頭長の1～8倍，図73～76h）他の科の成虫と区別できる．触角柄節の肉質突起の形，翅脈の癒合など，二次性徴の著しい種が多く，交尾器とともに種の特徴になっている．

　属については，成虫の形態に基づいて比較的細分する立場（Tani, 1971；Kumanski & Weaver, 1992；Weaver, 1988など）と，幼虫で明瞭に特徴づけられるグループを属とする立場（Ito, 1984b；Wiggins, 1996）とがあって長い間混乱していたが，2002年に属を大きくまとめる論文がでたので（Weaver, 2002），これに従った．

　2017年までに記録されている日本産の種は2属50種で，44種の幼虫が判明している（Ito, 2018c）．

表4　カクツツトビケラ科幼虫，属と種同定のための形態比較表　（北海道，本州，四国，九州）

	頭部剛毛の長さの比 No.5/No.6 (図71-1, 2)	5齢幼虫頭部背面の短刺毛 (図71-3)	胸部背板剛毛数			腹部気管鰓の配列**	筒巣
			中胸 sa1	後胸 sa1	後胸 sa2		
カクツツトビケラ属 *Lepidostoma* (ニイガタスナツツトビケラ *L. niigataense*, ハットリスナツツトビケラ *L. hattorii*, ユノタニカクツツトビケラ *L. yunotaniense*, アマギカクツツトビケラ *L. amagiense* の幼虫は不詳)							
スナツツトビケラ *L. robustum*	1	なし	10～20	1	3～4	腹節 2 3 4 5 6 7 背側 0 1|1 1|1 1|1 1|1 1|1 0 0 腹側 0 1|1 1|1 1|1 1|1 1|1 0 0	砂粒円筒形
ヒラアタマスナツツトビケラ *L. laeve*	1	なし	10～19	1	6～10	背側 0 1|1 1|1 1|1 1|1 1|1 0 0 腹側 0 1|1 1|1 1|1 1|1 1|1 0 0	砂粒円筒形
ホシスナツツトビケラ *L. stellatum*	1	あり	16～26	3～9	9～16	背側 0 1|1 1|1 1|1 1|1 1|1 0 0 腹側 0 1|1 1|1 1|1 1|1 1|1 1 0|1	砂粒円筒形 (図72-3)
イトウスナツツトビケラ *L. itoae*	1	あり	1	1	3	背側 0 1|0 1'|0 1'|0 1'|0 0 0 0 腹側 1 0|0 1|0 1|0 1|0 1'|0 0 0	砂粒円筒形
コリアスナツツトビケラ *L. coreanum*	1	なし	7	1	5	背側 1 1|1 1|1 1'|1 1'|1 1|1 0 0 腹側 1' 0|0 1|0 1|0 1|0 1|0 1 0	砂粒円筒形
ナラカクツツトビケラ *L. naraense*	1	なし	1	1	3*	背側 0 0|0 1|0 1|0 1|0 1|0 0 0 腹側 0 0|0 1|0 1|0 1|0 1|0 0 0	5齢で変換***
ホクリクカクツツトビケラ *L. hokurikuense*							
カンムリカクツツトビケラ *L. emarginatum*	1	なし	1	約10	3*	背側 0 1|1 1|1 1|1 1|1 1|1 0 0 腹側 0 1|1 1|1 1|1 1|1 1|1 1 0	5齢で変換***
ニセカンムリカクツツトビケラ *L. pseudemarginatum*	1	なし	8	1	3*	背側 0 0|0 1|0 1|0 1|0 1|0 0 0 腹側 0 0|0 1|0 1|0 1|0 1|0 0 0	5齢で変換***

カクツツトビケラ科 151

種名							剛毛										備考
テオノカクツツトビケラ L. axis	1	なし	1	1	3*	背側	0	1'	0	1	0	1	0	1	0	0	5齢で変換***
						腹側	0	1'	0	1	0	1	0	1'	0	0	
カントウカクツツトビケラ L. kantoense	1	あり	1	1	3*	背側	0	0	0	1	0	1	0	1	0	0	5齢で変換***
						腹側	0	0	0	1	0	1	0	1	0	0	
クマノカクツツトビケラ L. kumanoense	1	なし	1	1	3*	背側	0	0	0	0	0	0	0	0	0	0	5齢で変換***
						腹側	0	0	0	0	0	0	0	0	0	0	
シロツノカクツツトビケラ L. albicorne	1	あり	1	1	3*	背側	0	0	1	1	0	1	0	1	0	1	5齢で変換***
						腹側	0	0	1	1	0	1	0	1	0	0	
メンノキカクツツトビケラ L. mennokiense	1	なし	1	1	3*	背側	0	0	1	1	0	1	0	1	0	1	5齢で変換***
						腹側	0	0	1	1	0	1	0	1	0	0	
ヨサコイカクツツトビケラ L. yosakoiense	1	なし	1	1	3*	背側	0	0	1	1	0	1	0	1	0	0	5齢で変換***
						腹側	0	0	1	1	0	1	0	1	0	0	
コウノセカクツツトビケラ L. konosense																	
コカクツツトビケラ L. japonicum	1	なし	1	1	3*	背側	0	1	1	1	1	1	1	1	0	1	4齢で変換***
						腹側	0	1	1	1	1	1	1	1	0	0	
カスガカクツツトビケラ L. kasugaense																	
ツシマカクツツトビケラ L. albardanum																	
ヒロオカクツツトビケラ L. bipertitum	1	なし	1	1	3*	背側	0	1	1	1	1	1	1	1	0	1	4齢で変換***
						腹側	0	1	1	1	1	1	1	1	0	1'	
ヌカビラカクツツトビケラ L. speculiferum	1	なし	1	1	3*	背側	0	1	0	1	0	1	0	1	0	1	4齢で変換***
						腹側	0	1	1	1	1	1	1	0	0	1'	
フトヒゲカクツツトビケラ L. complicatum	1	なし	1	1	3*	背側	0	1	0	1	0	1	0	1	0	1	4齢で変換***
						腹側	0	1	0	1	0	1	0	1	0	0	
サトウカクツツトビケラ L. satoi	1	あり	1	1	3*	背側	0	1	0	1	0	1	0	1	0	1	4齢で変換***
						腹側	0	1	0	1	0	1	0	1	0	0	
コジマカクツツトビケラ L. kojimai	1	なし	1	1	3*	背側	0	1	0	1	0	1	0	1	0	1	4齢で変換***
						腹側	0	1	1	1	1	1	1	1	0	1'	
アヤベカクツツトビケラ L. hirtum	1	あり	1	1	3*	背側	0	1	1	1	1	1	1	1	0	1	3齢で変換***
						腹側	0	1	1	1	1	1	1	1	0	1	
トウヨウカクツツトビケラ L. orientale																	
ツノカクツツトビケラ L. cornigera																	
カンバラカクツツトビケラ L. kanbaranum																	
ヒウラカクツツトビケラ L. hiurai	1	あり	1	1	3*	背側	0	1	1	1	1	1	1	1	0	1	2〜3齢で変換***
						腹側	0	1	1	1	1	1	1	1	0	1	
ツダカクツツトビケラ L. tsudai	5	なし	1	1	3*	背側	0	1	1	1	1	1	1	1	0	1	3齢で変換***
						腹側	0	1	1	1	1	1	1	1	0	1	
ハンエンカクツツトビケラ L. semicirculare																	
オオカクツツトビケラ L. crassicorne	5	なし	1	1	3*	背側	0	1	0	1	0	1	0	1	0	1	樹皮や小枝で四角筒 (図72-1a〜c)
						腹側	0	1	0	1	0	1	0	1	0	1'	
ミヤマカクツツトビケラ属 Zephyropsyche																	
ミヤマカクツツトビケラ Z. monticola	3	なし	1	1	3*	背側	0	1	0	0	0	0	0	0	0	0	小枝で角錐形 (図77-1c〜e)
						腹側	0	1	0	0	0	0	0	0	0	0	
オダミヤマカクツツトビケラ Z. odamiyamensis	3	なし	1	1	3*	背側	0	1	0	0	0	0	0	0	0	0	小枝で角錐形
						腹側	0	1	0	1	0	0	0	0	0	0	

*) 3本の剛毛のうち，1本は長く，2本は透明で非常に短く，不鮮明
**) 0, 1は鰓の本数．1'は個体によりある場合とない場合があることを示す
***) 砂粒円筒形から葉片四角筒形へ変換する時期を示す

トビケラ目

表5　カクツツトビケラ科幼虫，属と種同定のための形態比較表　（屋久島，対馬，中部および南部琉球列島）

種名	頭部剛毛の長さの比 No.5/No.6 (図71-1, 2)	5齢幼虫頭部背面の短刺毛 (図71-3)	胸部背板剛毛数 中胸 sa1	後胸 sa1	後胸 sa2	腹部気管鰓の配列**							筒巣
屋久島　カクツツトビケラ属 *Lepidostoma*（コカクツツトビケラ *L. japonicum*，ツノカクツツトビケラ *L. cornigera* は前表参照）													
ヤクシマスナツツトビケラ *L. yakushimaense*	1	あり	1	1	3*	腹節	2	3	4	5	6	7	砂粒円筒形
						背側 0	1 1	1 1	1 1	1 1	1 1	0 1	
						腹側 0	1 1	1 1	1 1	1 1	1 1	0 1	
対馬　カクツツトビケラ属 *Lepidostoma*（ツシマカクツツトビケラ *L. albardanum*，トウヨウカクツツトビケラ *L. orientale*，ツノカクツツトビケラ *L. cornigera* は前表参照）													
ヘラカクツツトビケラ *L. spathulatum*	1	なし	1	1	3*	背側 0	1 1'	1 1'	1 1'	1 1'	1 0	1 0 0	4～5齢で変換
						腹側 0	1 1'	1 1'	1 1'	1 1'	1 0	0 0 0	
オナガカクツツトビケラ *L. elongatum*	1	あり	1	1	3*	背側 0	1 1	1 1	1 1	1 1	1 1	1 0 1	3齢で変換***
						腹側 0	1 1	1 1	1 1	1 1	1 1	1 0 1	
中部および南部琉球　カクツツトビケラ属 *Lepidostoma*（ユワンスナツツトビケラ *L. yuwanense*，イシガキスナツツトビケラ *L. ishigakiense* の幼虫は不詳）													
アマミカクツツトビケラ *L. amamiense*	1	あり	1	1	3*	背側 0	1 0	1 0	1 0	1 0	1 0	1 0 1	4齢で変換***
						腹側 0	1 0	1 0	1 0	1 0	1 0	0 0 0	
ナンセイカクツツトビケラ *L. nanseiense*	2	あり	1	1	3*	背側 0	1 1	1 1	1 1	1 1	1 1	1 0 1	3齢で変換***
						腹側 0	1 1	1 1	1 1	1 1	1 1	1 0 1	
リュウキュウカクツツトビケラ *L. ryukyuense*	1	あり	1	1	3*	背側 0	1 1	1 1	1 1	1 1	1 1	1 0 1	主に4齢で変換***
						腹側 0	1 1	1 1	1 1	1 1	1 1	1 0 1	
クニガミカクツツトビケラ *L. kunigamiense*	1	なし	1	1	3*	背側 0	1'0	1 0	1 0	1 0	1 0	1 0 1	5齢で変換***
						腹側 0	1 0	1 0	1 0	1 0	1 0	0 0 0	
クロトゲカクツツトビケラ *L. ebenacanthum*	1	あり	1	1	3*	背側 0	1 1	1 1	1 1	1 1	1 1	1 0 1	4齢で変換***
						腹側 0	1 1	1 1	1 1	1 1	1 1	1 0 1	
イリオモテカクツツトビケラ *L. iriomotense*	1	あり	1	1	3*	背側 0	1 1	1 1	1 1	1 1	1 1	1 0 1	3齢で変換***
						腹側 0	1 1	1 1	1 1	1 1	1 1	1 0 1	
インドカクツツトビケラ *L. doligung*	1	なし	1	1	3*	背側 0	1 1	1 1	1 1	1 1	1 1	1 0 1	3齢で変換***
						腹側 0	1 1	1 1	1 1	1 1	1 1	1 0 1	

*，**，***）前表と同じ"

他に山地の小さな湧水流などから数種の未記載が発見されている．既知種全種のオス成虫を図73～77に示すが，変異のある種も多いので，種名の確定には記載論文などで確認するほうがよい．

カクツツトビケラ属　*Lepidostoma* Rambur, 1842

北半球とアフリカ大陸に広く分布する属で450以上の種が知られている（Morse, 2018）．日本で記録されていた属のうち，ミヤマカクツツトビケラ属 *Zephyropsyche* 以外の属（*Dinarthrodes* Ulmer, 1907；*Dinarthrum* McLachlan, 1971；*Goerodes* Ulmer, 1907；*Neoseverinia* Ulmer, 1908など）はすべてこの属のシノニムとされた（Weaver, 2002）．2017年までに日本から48種が知られている（Ito, 2018c）．

＜幼虫の筒巣は砂粒円筒形（旧スナツツトビケラ属 *Dinarthrum*）（成虫図73；幼虫表4，5）＞

スナツツトビケラ　*Lepidostoma robustum* (Ito, 1984)（図71-4，72-3 a，b，73-1；表4）

北海道，本州（北部，中部）．細流に生息（Ito, 1984a）．幼虫の剛毛数や雄交尾器に変異がみられる（Ito, 1984a）．このグループでは最も広く分布している．

ヒラアタマスナツツトビケラ *Lepidostoma laeve* (Ito, 1984)（図73-2；表4）
　北海道，本州（北部）．細流に生息 (Ito, 1984a).

ホシスナツツトビケラ *Lepidostoma stellatum* (Ito, 1984)（図72-3c，図73-3；表4）
　北海道，本州，南千島，サハリン．細流に生息 (Ito, 1984a). 幼虫の剛毛数や雄交尾器に変異がみられる (Ito & Minakawa, 1995). 以上の3種は雌雄ともよく似ており雄の10節や下部付属器の形態の微妙な違いで区別する．一方3種の幼虫の違いは明瞭である．3種とも成虫になるまでに2年かかる（Ito, 1984a）.

ヤクシマスナツツトビケラ *Lepidostoma yakushimaense* (Ito, 1990)（図73-4；表5）
　屋久島の山地の細流に生息 (Ito, 1990a). 前記の3種よりも台湾の *L. taiwanense*（Ito, 1992b）に似ている．

イトウスナツツトビケラ *Lepidostoma itoae* (Kumanski & Weaver, 1992)（図73-5；表4）
　本州（中部），四国，北朝鮮．細流に生息し，1年1世代と推定されている（Ito & Yamamoto, 2012）.

コリアスナツツトビケラ *Lepidostoma coreanum* (Kumanski & Weaver, 1992)（図73-6；表4）
　本州，四国，朝鮮，沿海州．細流や山地渓流に生息．雄交尾器にはほとんど産地ごとに微妙な変異がみられる（Ito, 1998b）. Ito (2016a) は変異を精査し，主に10節背板と下部付属器の形状によって本種に類似する次の4種を記載した．

ニイガタスナツツトビケラ *Lepidostoma niigataense* Ito, 2016（図73-7）
　本州の細流や濡れ崖で成虫が採れている．幼虫未知．オス成虫の交尾器には変異がみられる．

ハットリスナツツトビケラ *Lepidostoma hattorii* Ito, 2016（図73-8）
　本州の細流や濡れ崖で成虫が採れている．幼虫未知．オス成虫の交尾器には変異がみられる．

ユワンスナツツトビケラ *Lepidostoma yuwanense* Ito, 2016（図73-9）
　奄美大島と沖縄島の細流や濡れ崖で成虫が採れている．幼虫未知．オス成虫の交尾器には変異がみられる．

イシガキスナツツトビケラ *Lepidostoma ishigakiense* Ito, 2016（図73-10）
　石垣島の細流で成虫が採れている．幼虫未知．

＜若齢幼虫は砂粒円筒形の筒巣をつくり，5齢になると葉片四角筒の筒巣に変える（旧コカクツツトビケラ属 *Goerodes* ナラカクツツトビケラ種群 naraensis group）（成虫図74；幼虫表4，5）＞

ナラカクツツトビケラ *Lepidostoma naraense* (Tani, 1971)（図72-2，図74-1；表4）
　北海道，四国，本州，九州，南千島．細流や湧水に生息 (Ito, 1985c；加賀谷ら，1998). 北海道では1年1世代で春に成虫がでる (Ito, 1985c). 四国では春から秋まで成虫がみられ，晩春と秋にピークがあることから，北海道の場合よりも世代数が多いと考えられる（伊藤ら，2002）. 本州と九州でも春と秋に成虫が採集されるので，四国と同様の生活環である可能性が高い．雄成虫の触角と交尾器には地理的変異がみられる (Ito, 1985c). 本種はこのグループでは最も広く分布している．

シロツノカクツツトビケラ *Lepidostoma albicorne* (Banks, 1906)（図74-2；表4）
　九州（北部）．山地の細流に生息 (Ito, 1999d). ナラカクツツトビケラよりも小さい細流に生息する傾向があり，同所に生息する場合はナラカクツツトビケラよりも早く早春に成虫が羽化する．

カンムリカクツツトビケラ *Lepidostoma emarginatum* (Ito, 1985)（図71-5，図74-3；表4）
　本州（東北から中部地方）．山地の細流に生息 (Ito, 1985d). ナラカクツツトビケラと同じ場所に生息していることが多い．

ニセカンムリカクツツトビケラ　*Lepidostoma pseudemarginatum* Ito, 2011（図74- 4；表4）
　本州．山地の細流に生息．成虫も幼虫も前種に似ている．

ホクリクカクツツトビケラ　*Lepidostoma hokurikuense* (Ito, 1994)（図74- 5；表4）
　本州（中部，中国地方）．山地の細流に生息(Ito, 1994)．雄交尾器には変異がある（Ito, 2009）．

カントウカクツツトビケラ　*Lepidostoma kantoense* (Ito, 1994)（図74- 6；表4）
　本州（関東，中部地方）．山地の細流に生息(Ito, 1994，加賀谷ら，1998)．ナラカクツツトビケラよりも小さい細流に生息する傾向があり，同所に生息する場合成虫はナラカクツツトビケラよりも早く早春に羽化する．

メンノキカクツツトビケラ　*Lepidostoma mennokiense* Ito, 2011（図74- 7；表4）
　本州．山地の細流に生息．同じ場所にナラカクツツトビケラが生息していることが多い．オス成虫の交尾器，特に10節側方突起には変異がある．

コウノセカクツツトビケラ　*Lepidostoma konosense* Ito, 2011（図74- 8；表4）
　四国．山地の細流に生息．

ヨサコイカクツツトビケラ　*Lepidostoma yosakoiense* Ito, 2011（図74- 9；表4）
　四国．山地の細流に生息．

テオノカクツツトビケラ　*Lepidostoma axis* (Ito, 1985)（図74-10；表4）
　本州（中部，近畿，中国地方）．山地の細流に生息(Ito, 1985d)．ナラカクツツトビケラよりも小さい細流に生息する傾向があり，同所に生息する場合，成虫はナラカクツツトビケラよりも早く早春に羽化する．

クマノカクツツトビケラ　*Lepidostoma kumanoense* (Ito, 1994)（図74-11；表4）
　本州（中部，近畿地方）．山地の細流に生息(Ito, 1994)．

ユノタニカクツツトビケラ　*Lepidostoma yonotaniense* Ito, 2011（図74-12）
　本州．山地の細流で成虫が採集された．幼虫未知だが雄成虫の形態と生息地からみてこのグループである可能性が高い．

アマミカクツツトビケラ　*Lepidostoma amamiense* (Ito, 1990)（図74-13；表5）
　奄美大島．山地渓流に生息(Ito, 1990a, 1999a)．幼虫の巣材変換（砂粒円筒形から葉片四角筒へ）は4齢幼虫でなされるが，オス成虫の形態からこのグループに入ると考えられる．

クニガミカクツツトビケラ　*Lepidostoma kunigamiense* (Ito, 1999)（図74-14；表5）
　沖縄島．北部山地の細流に生息(Ito, 1999a)．

＜若齢幼虫は砂粒円筒形で巣をつくり4齢になると葉片四角筒の筒巣に変える（旧コカクツツトビケラ属 *Goerodes* コカクツツトビケラ種群 *japonicus* group）（成虫図75；幼虫表4，5）＞

コカクツツトビケラ　*Lepidostoma japonicum* (Tsuda, 1936)（図75- 1；表4）
　北海道，本州，九州，屋久島．山地渓流の中・下流に普通．成虫は5月から10月までみられる．北海道では2年3世代と推定されている(Ito, 1983c)．オス成虫の触角第1節は頭長の5〜6倍の長さで，中間に細く剛毛のない膜質帯がある（図鑑などで，この膜質帯を関節と誤認して"触角の第1節と第2節が長い"としていることがあるが，誤りである）．このグループでは最も普通にみられる種．

ヌカビラカクツツトビケラ　*Lepidostoma speculiferum* (Matsumura, 1907)（図75- 3；表4）
　北海道，本州，九州．山地渓流の中・下流に普通．成虫は5月から10月までみられる．北海道では2年3世代と推定されている(Ito, 1983c)．雄成虫の交尾器には変異がみられる．*Dinarthrodes*

nukabiaraensis Kobayashi は本種のシノニム（Ito, 1999c）．

ヒロオカクツツトビケラ *Lepidostoma bipertitum* (Kobayashi, 1955)（図75-4；表4）
　北海道，本州，四国，九州．山地渓流の中・下流に普通．成虫は5月から10月までみられる．北海道では2年3世代と推定されている（Ito, 1983c）．

フトヒゲカクツツトビケラ *Lepidostoma complicatum* (Kobayashi, 1968)（図71-2，図75-2；表4）
　北海道，本州，四国，九州，南千島，沿海州．前記の3種よりも上流または標高の高い山地渓流に生息（Ito, 1978, 1983c；加賀谷ら，1998）．成虫は7～9月にみられ，北海道では1年1世代（Ito, 1980）．

サトウカクツツトビケラ *Lepidostoma satoi* (Kobayashi, 1968)（図71-3，図75-5；表4）
　北海道，本州，四国，九州，南千島．山地渓流の上・中流に普通（Ito, 1983c；加賀谷ら，1998）．成虫は早春～初夏にみられ，1年1世代（Ito, 1980）．

カスガカクツツトビケラ *Lepidostoma kasugaense* (Tani, 1971)（図75-6；表4）
　北海道，四国，九州（Ito, 2018c）．山地渓流にコカクツツトビケラなどと混生していることが多い（Ito, 1999d, 2017；加賀谷ら，1998）．

コジマカクツツトビケラ *Lepidostoma kojimai* (Tani, 1971)（図75-7；表4）
　本州．渓流，湧水，農業用水路などで採集される（Ito, 1990b）．オス交尾器には変異がみられる（伊藤，未発表）．

リュウキュウカクツツトビケラ *Lepidostoma ryukyuense* (Ito, 1992)（図75-10；表5）
　沖縄島．渓流の上・中流部に生息（Ito, 1992a）．雌雄ともツシマカクツツトビケラとよく似ているが，オス下部付属器の形状が異なる．

ヘラカクツツトビケラ *Lepidostoma spathulatum* (Ito, 1989)（図75-9；表5）
　対馬の細流に生息（Ito, 1989）．

ツシマカクツツトビケラ *Lepidostoma albardanum* (Ulmer, 1906)（図75-8；表4）
　対馬，本州（中部），南千島，サハリン，東アジア大陸部．渓流の上・中流部に生息（Ito, 1989；Ito, 2018c）．

クロトゲカクツツトビケラ *Lepidostoma ebenacanthum* (Ito, 1992)（図75-11；表5）
　西表島，石垣島，台湾．渓流に生息（Ito, 1992a）．雌雄ともヒロオカクツツトビケラとよく似ているが，雄の下部付属器の形状が異なる．

＜幼虫は最初に砂粒円筒形の筒巣をつくり，2～3齢になると葉片四角筒の筒巣に変える（旧コカクツツトビケラ属 *Goerodes* トウヨウカクツツトビケラ種群 *orientalis* group）（成虫図76；幼虫表4，5）＞

トウヨウカクツツトビケラ *Lepidostoma orientale* (Tsuda, 1942)（図76-1；表4）
　本州，四国，九州，対馬，佐渡，南千島，ロシア極東大陸部．あぜや公園などの人工的な水塊に最も早く移入するトビケラの一つ（Ito, 1985a）．このグループでは最も普通にみられる種．

ヒウラカクツツトビケラ *Lepidostoma hiurai* (Tani, 1971)（図76-2；表4）
　北海道，南千島，サハリン，アジア極東大陸部．北海道の北東部では渓流に，それより南の地域では湿原や泥炭地の褐色を帯びた川などにみられる．北海道では1年1世代だが，発育にばらつきがあり，成虫出現期は6～9月と比較的長い（Ito, 1985b）．

カンバラカクツツトビケラ *Lepidostoma kanbaranum* (Kobayashi, 1968)（図76-3；表4）
　本州（新潟県）．湧水や湧水の流入する農業用水路などに生息（Ito, 1990b）．前種とよく似ているが，下部付属器の形状で区別できる．

アヤベカクツツトビケラ　*Lepidostoma hirtum* (Fabricus, 1775)（図76-4；表4）
　本州（西部），ヨーロッパ，シベリア，アジア極東大陸部．日本では比較的大きな川の中～下流で成虫が採れている（谷・中村，1997）．ヨーロッパでは，若齢幼虫は砂粒で円筒形の筒巣をつくり，3～4齢で葉片四角筒に変わることが知られているが（Wallace et al., 1990），日本では未確認．*Ayabeopsyche nipponica* Tsuda は本種のシノニム（Kumanski & Weaver, 1992）．

ツダカクツツトビケラ　*Lepidostoma tsudai* (Tani, 1971)（図76-5；表4）
　本州，九州．湧水や農業用水路などで採集される（Ito, 1985a）．触角第1節の基部に先端で分岐した肉質突起があり，剛毛や刺で覆われている．

ハンエンカクツツトビケラ　*Lepidostoma semicirculare* (Ito, 1994)（図76-6；表4）
　本州（北部～中部）．成虫，幼虫とも前種と酷似しているが，オス腹部10節の lateral arm の形状が異なる．湧水や農業用水路などで採集される（Ito, 1994）．

ツノカクツツトビケラ　*Lepidostoma cornigera* (Ulmer, 1907)（図76-7；表4）
　北海道，本州，九州，対馬，屋久島，中国．オス交尾器には地理的変異がみられる（Ito, 2000）．渓流の中・下流に生息（Ito, 1989）．湧水付近でも成虫が採れている．*Dinarthrodes toyotamaensis* Kobayashi は本種のシノニム（Ito, 2000）．

オナガカクツツトビケラ　*Lepidostoma elongatum* (Martynov, 1935)（図76-8；表4）
　対馬，サハリン，ロシア極東大陸部．渓流の上・中流部に生息（Ito, 1989）．

ナンセイカクツツトビケラ　*Lepidostoma nanseiense* (Ito, 1990)（図76-9；表4）
　奄美大島，沖縄島．奄美大島と沖縄島では雄交尾器の形態に変異がみられる（Ito, 1990a, 1992a）．渓流の中流域に生息．

イリオモテカクツツトビケラ　*Lepidostoma iriomotense* (Ito, 1999)（図76-10；表4）
　西表島．渓流や平地流に生息（Ito, 1990a）．

インドカクツツトビケラ　*Lepidostoma doligung* (Malicky, 1979)（図76-11；表4）
　与那国島（Ito, 1992b），インド，インドネシア，台湾，香港．

＜幼虫は最初から葉片で四角筒に変わる（旧オオカクツツトビケラ属 *Neoseverinia*）（成虫図76；幼虫表4）＞

オオカクツツトビケラ　*Lepidostoma crassiorne* (Ulmer, 1907)（図71-1，図72-1，図76-12；表4）
　北海道，本州，四国，九州，利尻，佐渡，南千島，サハリン．北海道では細流や湧水に多く，1年1世代で夏に成虫がでる（Ito, 1983a, b）．関東では渓流にも普通にみられ（加賀谷ら，1998），1年1世代または2年3世代で成虫は春～初夏と秋にみられる（加賀谷，未発表）．雄成虫の交尾器には地理的形態変異がある（Ito 1983a）．兵庫県六甲山地で陸上産卵が観察されている（渡辺，2015）．

＜グループ不明のカクツツトビケラ（成虫図76）＞

アマギカクツツトビケラ　*Lepidostoma amagiense* Ito, 2011（図76-13）
　本州（中部）．成虫は山地の細流で採集された．雄成虫の形態は特異的で，幼虫は未知．

ミヤマカクツツトビケラ属　*Zephyropsyche* Weaver, 1993

東南アジアと日本の山地から4種が記録されている小さな属．幼虫が判明しているのは日本産の2種のみ．

ミヤマカクツツトビケラ *Zephyropsyche monticola* Ito, Kagaya & Hattori, 2002（図77-1；表4）
　本州．渓流の枝溜まりに生息．触れるとこぼれ落ちるほど表面がもろくなっている倒木の小さなくぼみに筒巣先端をもぐりこませるように付着していることが多い（Ito et al., 2002）．

オダミヤマカクツツトビケラ *Zephyropsyche odamiyamensis* Ito & Yamamoto, 2002（図77-2；表4）
　四国．筒巣，生息場所などは前種と同様（伊藤ら，2002；Ito et al., 2002）．

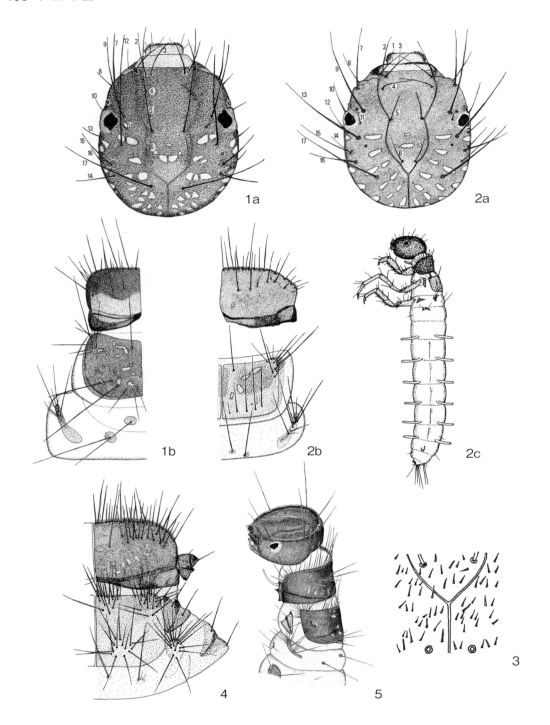

図71 カクツツトビケラ属幼虫 *Lepidostoma* larvae
1：オオカクツツトビケラ *Lepidostoma crassicorne* の頭部（a）と胸部（b）　2：フトヒゲカクツツトビケラ *Lepidostoma complicatum* の頭部（a），胸部（b），全形（c）　3：サトウカクツツトビケラ *Lepidostoma satoi* などにある頭部背面の刺 small spines on dorsum of head　4：スナツツトビケラ *Lepidostoma robustum* の胸部，胸脚亜基節も示す　5：カンムリカクツツトビケラ *Lepidostoma emerginatum* の前半部

カクツツトビケラ科 159

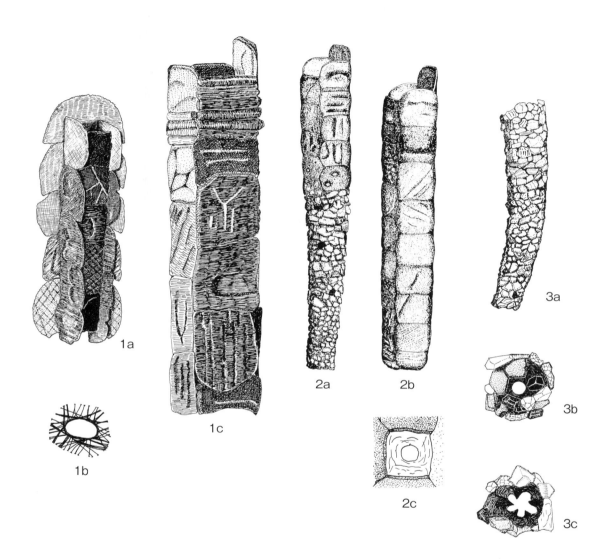

図72 カクツツトビケラ属幼虫の筒巣 Lepidostoma cases
1：オオカクツツトビケラ Lepidostoma crassicorne の5齢幼虫前期の筒巣（a）とその後端（b），5齢幼虫後期の筒巣（c）cases of early half of 5th instar larva（a）and later half of 5th instar lava（c）　2：ナラカクツツトビケラ Lepidostoma naraense の5齢幼虫前期の筒巣（a），5齢幼虫後期の筒巣（b）とその後端（c）cases of early period of 5th instar larva（a）and later period of 5th instar lava（b）　3a：スナツツトビケラ Lepidostoma robustum の5齢幼虫の筒巣 case of 5th instar larva，3b：スナツツトビケラ Lepidostoma robustum の筒巣後端 posterior opening，3c：ホシスナツツトビケラ Lepidostoma stellatum の筒巣後端 posterior opening

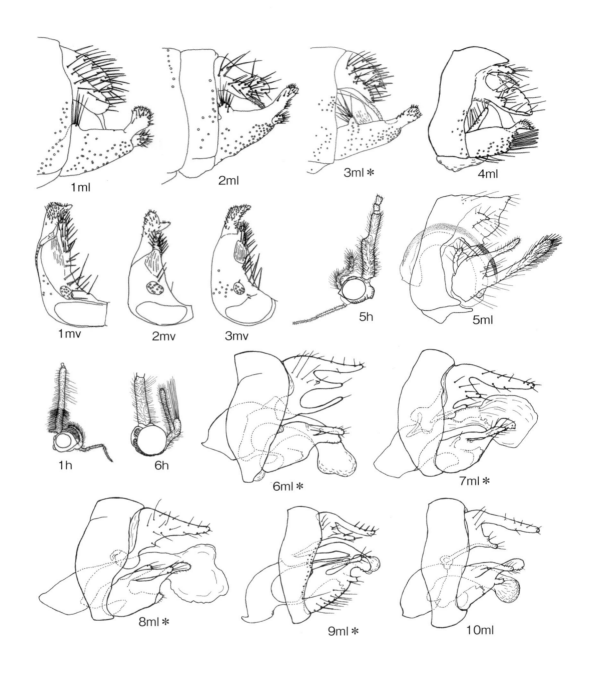

図73　カクツツトビケラ属オス成虫 *Lepidostoma* males（1）
ml：交尾器側面，mv：下部付属器腹面，h：頭部側面．1：スナツツトビケラ *Lepidostoma robustum*　2：ヒラアタマスナツツトビケラ *Lepidostoma laeve*　3：ホシスナツツトビケラ *Lepidostoma stellatum*　4：ヤクシマスナツツトビケラ *Lepidostoma yakushimaense*　5：イトウスナツツトビケラ *Lepidostoma itoae*　6：コリアスナツツトビケラ *Lepidostoma coreanum*　7：ニイガタスナツツトビケラ *Lepidostoma niigataense*　8：ハットリスナツツトビケラ *Lepidostoma hattorii*　9：ユワンスナツツトビケラ *Lepidostoma yuwanense*　10：イシガキスナツツトビケラ *Lepidostoma ishigakiense*．＊：変異がある．（5：Ito & Yamamoto（2012），6〜10：Ito（2016a）より転載）

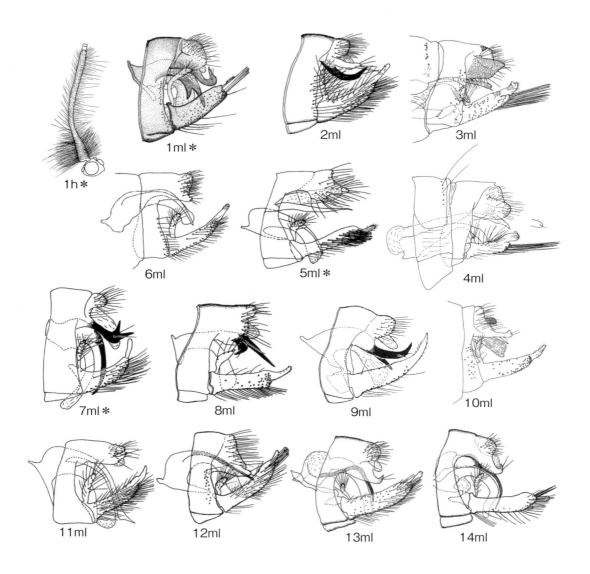

図74 カクツツトビケラ属オス成虫 *Lepidostoma* males (2)
ml：交尾器側面, h：頭部側面. 1：ナラカクツツトビケラ *Lepidostoma naraense* 2：シロツノカクツツトビケラ *Lepidostoma albicorne* 3：カンムリカクツツトビケラ *Lepidostoma emarginatum* 4：ニセカンムリカクツツトビケラ *Lepidostoma pseudemarginatum* 5：ホクリクカクツツトビケラ *Lepidostoma hokurikuense* 6：カントウカクツツトビケラ *Lepidostoma kantoense* 7：メンノキカクツツトビケラ *Lepidostoma mennokiense* 8：コウノセカクツツトビケラ *Lepidostoma konosense* 9：ヨサコイカクツツトビケラ *Lepidostoma yosakoiense* 10：テオノカクツツトビケラ *Lepidostoma axis* 11：クマノカクツツトビケラ *Lepidostoma kumanoense* 12：ユノタニカクツツトビケラ *Lepidostoma yunotaniense* 13：クニガミカクツツトビケラ *Lepidostoma kunigamiense* 14：アマミカクツツトビケラ *Lepidostoma amamiense*. ＊：変異がある. （4，7，8，9，11，12：Ito (2011)；5：Ito (2009) より転載）

162　トビケラ目

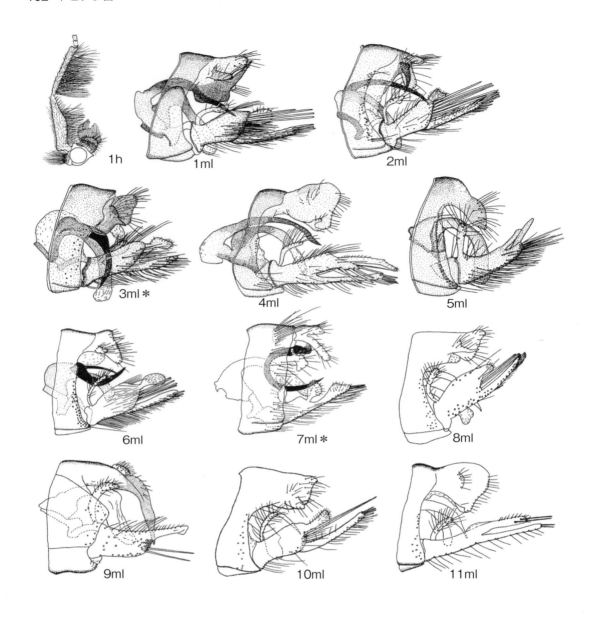

図75　カクツツトビケラ属オス成虫 Lepidostoma males (3)
ml：交尾器側面, h：頭部側面. 1：コカクツツトビケラ Lepidostoma japonicum　2：フトヒゲカクツツトビケラ Lepidostoma complicatum　3：ヌカビラカクツツトビケラ Lepidostoma speculiferum　4：ヒロオカクツツトビケラ Lepidostoma bepertitum　5：サトウカクツツトビケラ Lepidostoma satoi　6：カスガカクツツトビケラ Lepidostoma kasugaense　7：コジマカクツツトビケラ Lepidostoma kojimai　8：ツシマカクツツトビケラ Lepidostoma albardanum　9：ヘラカクツツトビケラ Lepidostoma spathulatum　10：リュウキュウカクツツトビケラ Lepidostoma ryukyuense　11：クロトゲカクツツトビケラ Lepidostoma ebenacanthum. ＊：変異がある

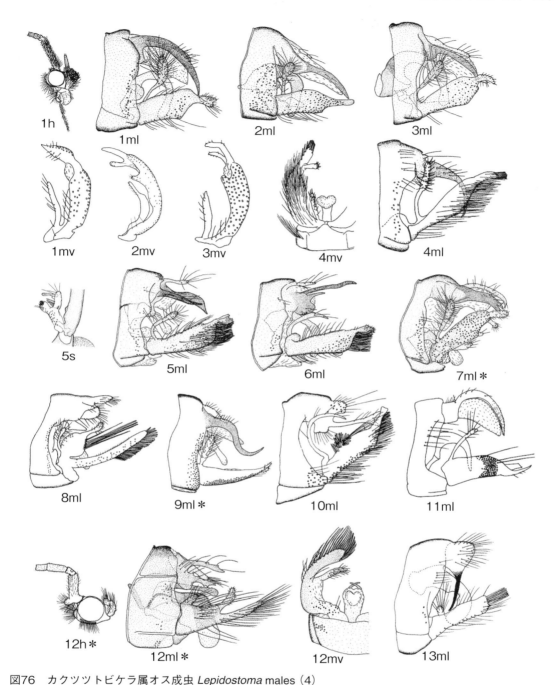

図76 カクツツトビケラ属オス成虫 *Lepidostoma* males (4)
ml：交尾器側面，mv：下部付属器の腹面，h：頭部側面，s：触角基節の付属器．1：トウヨウカクツツトビケラ *Lepidostoma orientale*　2：ヒウラカクツツトビケラ *Lepidostoma hiurai*　3：カンバラカクツツトビケラ *Lepidostoma kanbaranum*　4：アヤベカクツツトビケラ *Lepidostoma hirtum*　5：ツダカクツツトビケラ *Lepidostoma tsudai*　6：ハンエンカクツツトビケラ *Lepidostoma semicirculare*　7：ツノカクツツトビケラ *Lepidostoma cornigera*　8：オナガカクツツトビケラ *Lepidostoma elongatum*　9：ナンセイカクツツトビケラ *Lepidostoma nanseiense*　10：イリオモテカクツツトビケラ *Lepidostoma iriomotense*　11：インドカクツツトビケラ *Lepidostoma doligung*　12：オオカクツツトビケラ *Lepidostoma crassicorne*　13：アマギカクツツトビケラ *Lepidostoma amagiense*．＊：変異がある．(11：Ito (1992c), 13：Ito (2011) より転載)

164　トビケラ目

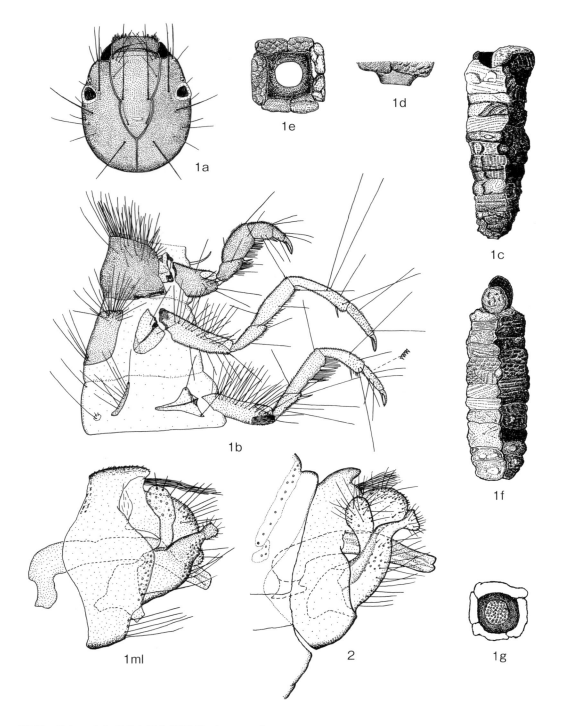

図77　ミヤマカクツツトビケラ属 *Zephyropsyche*
1：ミヤマカクツツトビケラ *Zephyropsyche monticola*； a，頭部； b，胸部； c，幼虫筒巣 larval case； d，幼虫筒巣末端側面図 posterior end of larval case, lateral； e，幼虫筒巣末端 posterior opening of larval case； f，蛹筒巣 pupal case； g，蛹筒巣末端 posterior opening of pupal case；ml，♂交尾器側面 male genitalia　2：オダミヤマカクツツトビケラ *Zephyropsyche odamiyamensis*, ♂交尾器側面 male genitalia.（Ito et al.（2002）より転載）

エグリトビケラ科　Limnephilidae

野崎隆夫

　非常に多くの属や種を含むグループで，日本産はホタルトビケラ亜科 Dicosmoecinae，エグリトビケラ亜科 Limnephilinae およびオンダケトビケラ亜科 Pseudostenophylacinae の3亜科が知られる．幼虫はさまざまな巣材・形態の可携巣をもち，河川や湖沼に広く分布する．幼虫の触角は，頭部前縁と単眼のほぼ中央に位置し，前胸腹板突起はある．前・中胸背面は1対の大きな硬板で覆われるが，後胸は普通3対の小硬板をもち，その配列や刺毛は属ときには種を区別するよい標徴となる．腹部に塩類上皮をもち，気管鰓は単一棒状のものから多数に分岐するものまでさまざまで，それらの形状や配列は分類に重要である．

ホタルトビケラ亜科　Dicosmoecinae

　日本産は，ジョウザンエグリトビケラ属 Dicosmoecus，シロフエグリトビケラ属 Ecclisocosmoecus，ハネツツトビケラ属 Ecclisomyia，ホタルトビケラ属 Nothopsyche の4属が知られる．前3属は北海道だけに分布するが，ホタルトビケラ属は北海道から九州まで広く分布する（Nozaki, 2002）．主に流水に分布する．

ジョウザンエグリトビケラ属　Dicosmoecus McLachlan, 1875

　日本産は北海道に分布するジョウザンエグリトビケラ Dicosmoecus jozankeanus（Matsumura, 1931）（図78-1，82-1）1種で，国外ではロシア極東にも分布する．比較的大型で，幼虫の体長は25 mmに達し，腹部の気管鰓は3～4本に分岐するものが多い．北海道の渓流に普通にみられ，年1世代で秋に成虫が出現する（Nagayasu & Ito, 1997；永安，2003）．幼虫は若齢期には植物質で筒巣をつくるが，終齢幼虫は砂粒だけの巣をもつ（Nagayasu & Ito, 1997；永安，2003）．

シロフエグリトビケラ属　Ecclisocosmoecus Schmid, 1964

　日本産は北海道に分布するシロフエグリトビケラ Ecclisocosmoecus spinosus Schmid, 1964（図78-3，82-2）1種で，サハリンと千島にも分布する．幼虫の体長は15 mm程度で腹部の気管鰓は単一棒状．平たい砂粒を用いてつくった円筒形の巣をもち，山地の小さく冷たい流れや湧水流に生息する（Nozaki et al., 1997）．

ハネツツトビケラ属　Ecclisomyia Banks, 1907

　日本産は北海道に分布するカムチャッカトビケラ Ecclisomyia kamtshatica（Martynov, 1913）（図78-2，82-3）1種で，ロシア極東にも分布する．幼虫は細長く体長15 mm程度で，単一棒状の気管鰓をもつ．筒巣は細かい砂粒でつくられた細長い円筒形で，しばしば細長い植物片を縦方向に付けるが，蛹になるときにやや荒い砂粒で筒巣を作り替える（Kuranishi et al., 1998）．山地の小さな冷たい流れや湧水流に生息する（Kuranishi et al., 1998）．

ホタルトビケラ属　Nothopsyche Banks, 1906

　日本産は7種が知られ，山地渓流～平地流および湧水に生息するほか，陸生種ヤマホタルトビケラ Nothopsyche montivaga Nozaki, 1999も知られる（Nozaki, 1999a, 2002）．水生種は，腹部の気管鰓

が最大10本以上に分岐するのが特徴で，種によって砂粒で巣をつくるものと植物質を用いるものがある．幼虫は，夏期に陸上または水中で休眠し，成虫は秋から初冬にかけて羽化する（野崎・小林, 1987；野崎，1989；Nozaki, 1993；青谷・野崎，2001）．

トビイロトビケラ *Nothopsyche pallipes* Banks, 1906（図78-4，82-7）

北海道から九州にかけて広く分布し，河川の中下流部や小水路のヨシ帯などに多い．幼虫の頭部背面に1対の濃色の縦条があり，幼虫は植物片でつくった筒巣をもつ．終齢幼虫が水中で夏眠し秋に羽化する．

ウルマートビイロトビケラ *Nothopsyche ulmeri* Schmid, 1952（図82-8）

北海道南部から本州中部にかけて分布する．幼虫では前種と区別できない．生活史もよく似ていて，同所的に生息することもある．

ヒメトビイロトビケラ *Nothopsyche speciosa* Kobayashi, 1959（図78-5，82-9）

山口県と福岡県のほか朝鮮半島からも知られるが，記録は少ない．前記2種に似るが，幼虫頭部背面の条紋は幅広い．トビイロトビケラ同様終齢幼虫が水中で夏眠して秋に羽化する．

ヤマガタトビイロトビケラ *Nothopsyche yamagataensis* Kobayashi, 1973（図78-6，82-6）

本州，四国および九州の山地渓流に分布する．幼虫の頭部背面には1対の"く"の字形の斑紋があり，植物片で筒巣をつくる．幼虫は早春から渓流の落ち葉だまりでよくみられ，終齢幼虫が初夏に陸上に移動し夏眠後秋に羽化する．

ホタルトビケラ *Nothopsyche ruficollis* (Ulmer, 1906)（図78-7，82-4）

本州，四国および九州の渓流や小川に広く分布する．幼虫は頭部背面の頭盾板前方と縫合線上が淡色になり，砂粒でつくった円筒形の巣をもつ．幼虫の腹部腹面の塩類上皮は第2節から第8節にある．幼虫は早春から初夏にかけて生長し，陸上で夏眠後晩秋に羽化する．

ババホタルトビケラ *Nothopsyche longicornis* Nakahara, 1914（図82-5）

本州に分布し，幼虫は湧水流に生息する．幼虫は前種によく似るが，やや小型で，腹部腹面の塩類上皮が第2節にないことで区別できる．終齢幼虫は岸際の水中で夏眠するが，水位が下がってもそのまま陸上で過ごすことができる．

エグリトビケラ亜科　Limnephilinae

エグリトビケラ族 Limnephilini，ユキエグリトビケラ族 Chilostigmini，モントビケラ族 Stenophilacini の3族に属する10属の記録があるが，アヤトビケラ属 *Grammotaulius* Kolenati, 1848の記録については分類学的再検討が必要である（Nozaki et al., 2000）．

エグリトビケラ族　Limnephilini
クロバネエグリトビケラ属　*Asynarchus* McLachlan, 1880

国内では北海道，本州に分布．

アムールトビケラ *Asynarchus amurensis* (Ulmer, 1905) および **サハリントビケラ** *Asynarchus sachalinensis* Martynov, 1914（図79-1，83-12）の2種が記録されているが，国内で採集される雄成虫の交尾器形態はサハリントビケラの記載と一致する．幼虫は，体長約20 mmで，山地の池沼や渓流の緩流部に生息する．筒巣は，主として落葉や樹皮などの植物片を用いてつくられるが，蛹化の際砂粒の巣に変える（Ito, 2008）．

クロズエグリトビケラ属　*Lenarchus* **Martynov, 1914**

日本産はクロズエグリトビケラ *Lenarchus fuscostramineus* Schmid, 1952（図79-3，83-13）1種で，北海道と本州に分布するほか千島およびサハリンにも分布する．幼虫の体長は13 mm程度．植物質でつくった円筒形の巣をもち，川岸などに浸みでるごく小さな湧水流に生息する（Nozaki & Ito, 1998）．

キリバネトビケラ属　*Limnephilus* **Leach, 1815**

成虫の翅の斑紋に特徴のある種が多いため古くから多くの種がその特徴を基に記録されたが，斑紋だけで同定するのは困難な種も多く，交尾器を基準にした再検討の結果，日本産は11種に整理された（Nozaki & Tanida, 1996）．いずれの種も国外にも分布し，ヨーロッパや北米との共通種も少なくない．幼虫は，さまざまな形態および材料の筒巣をもち，池沼や河川の緩流部など止水的な環境に生息することが多いが，幼虫での種の検索は困難である．この属の成虫は初夏に羽化したのち周辺の森などで夏眠し秋に交尾や産卵のための活動を行うことが知られる（Novák & Sehnal, 1963；Svensson, 1972）．和名は成虫前翅の翅端が裁断されたように見える種があることから名付けられた．

ニセウスバキトビケラ　*Limnephilus alienus* Martynov, 1914（図83-1）
北海道と本州のほか，国外ではロシア極東部に分布する．

ウスバキトビケラ　*Limnephilus correptus* McLachlan, 1880（図83-2）
北海道と本州のほか，国外ではロシア極東部，韓国，中国に分布する．

ムモンウスバキトビケラ　*Limnephilus diphyes* McLachlan, 1880（図83-3）
北海道に分布するほか，北欧，ロシア北部，カナダに分布する．

セグロトビケラ　*Limnephilus fuscovittatus* Matsumura, 1904（図79-4，83-4）
北海道から屋久島まで広く分布し，この属では最も普通種の一つ．国外でもロシア，韓国，中国，モンゴルなどから記録される．幼虫は植物片でつくった筒巣に長い枯れ枝などを縦方向に付けることが多い．湖沼のほか平地のため池や休耕田の水たまりなどでも幼虫がみられる．

ニッポンウスバキトビケラ　*Limnephilus nipponicus* Schmid, 1964（図83-5）
北海道，本州，四国に分布するほか，千島や中国からも記録がある．本州では成虫が山地で採集されることが多い．

トウヨウウスバキトビケラ　*Limnephilus orientalis* Martynov, 1935（図83-6）
北海道から九州まで広く分布し，この属ではセグロトビケラに次いで普通種．国外でもロシア極東部や韓国から記録がある．

クモガタウスバキトビケラ　*Limnephilus ornatulus* Schmid, 1965（図83-7）
北海道と本州に分布するほか千島からも知られる．

コガタウスバキトビケラ　*Limnephilus quadratus* Martynov, 1914（図83-8）
北海道に分布するほかロシア極東部にも分布する．

エンモンエグリトビケラ　*Limnephilus sericeus* (Say, 1824)（図83-9）
ヨーロッパから北米まで広く分布する種で，国内では北海道および本州に分布する．

シロフキリバネトビケラ　*Limnephilus sparsus* Curtis, 1834（図83-10）
北海道および本州に分布するほか，ヨーロッパからロシアにかけても分布する．

マエモンウスバキトビケラ　*Limnephilus stigma* Curtis, 1834（図83-11）
北海道に分布するほか，ヨーロッパ，ロシア，アラスカに分布する．

スジトビケラ属　*Nemotaulius* Banks, 1906

日本産は3種が知られるが，幼虫の判明しているのはエグリトビケラ *Nemotaulius admorsus* のみ．

エグリトビケラ　*Nemotaulius admorsus* (McLachlan, 1866)（図79-6，83-14）

北海道から九州まで広く分布するほか，国外ではロシア，韓国，中国からも知られる．大型のトビケラで，幼虫の体長は40 mmに達し，池沼などの止水に生息する．幼虫は円形に切った葉片を背腹に配した特徴的な巣をつくるが，蛹化するころには円筒形になることも多い．

スジトビケラ　*Nemotaulius brevilinea* (McLachlan, 1871)（図83-15）

北海道，本州，九州から記録があるが，北海道および東北地方以外の近年の記録は少ない．国外では韓国からも知られる．

ミヤケエグリトビケラ　*Nemotaulius miyakei* (Nakahara, 1914)（図83-16）

四国から記載された種であるが，Schmid（1952）が北海道産の標本を基に再記載した．その後四国や本州からの記録がないので，分類学的な再検討を要する（久原・倉西, 1997）．

ナガレエグリトビケラ属　*Rivulophilus* Nishimoto, Nozaki & Ruiter, 2000

本州の山地や高層湿原周辺から発見される**ナガレエグリトビケラ** *Rivulophilus sakaii* Nishimoto, Nozaki & Ruiter, 2000（図79-2，83-17）1種のみが知られる．幼虫の体長は15 mm前後で，落葉片でつくった表面が滑らかな円筒形の筒巣をもつ（Nishimoto et al., 2000）．既知の幼虫生息地は湿原に流れ込む小流で，幼虫は流れが涸れるときには底質に潜るほか，蛹化も底質に潜って行う（Nozaki, 2001；野崎, 2003）．成虫は秋に出現する．谷田（1985）の記載した幼虫 *Asynarchus* sp. AA は本属の可能性が高い（Nishimoto et al., 2000）．

ユキエグリトビケラ族　Chilostigmini

オツネントビケラ属　*Brachypsyche* Schmid, 1952

オツネントビケラ *Brachypsyche sibirica* (Martynov, 1924)（図80-2，83-18）1種が北海道に分布し，成虫が雪の中で越冬する（Nozaki & Itou, 1998；伊藤, 1999）．国外ではシベリアやスカンジナビアにも分布するが記録は少ない．幼虫の体長は20 mm程度で，落葉などでつくった円筒形の巣をもち，小さな湧水流に生息する（Nozaki & Itou, 1998）．

ユキエグリトビケラ属　*Chilostigma* McLachlan, 1876

日本産は1種でユキエグリトビケラ *Chilostigma sieboldi* McLachlan, 1876（図80-1，83-19）の分布が釧路湿原だけから知られるほか，国外ではスカンジナビアからロシア極東部に分布するが記録は少ない．幼虫は湿原中の小さな水たまりに生息し，結氷間近に羽化した成虫は雪の中で越冬するがしばしば雪上でも採集される（伊藤, 1992；伊藤ら, 1998）．幼虫の体長は13 mm程度で，落葉などでつくった円筒形の筒巣をもつ（Tanida et al., 1999）．

モントビケラ族　Stenophylacini

ユミモントビケラ属　*Halesus* Stephens, 1836

ユミモントビケラ *Halesus sachalinensis* Martynov, 1914（図83-20）が北海道，千島，サハリンに分布する．ヨーロッパに広く分布するオウシュウユミモントビケラ *Halesus tessellatus* (Rambur, 1842) の記録もあるが詳細は明らかでない（Nozaki et al., 2000）．ユミモントビケラの幼虫は確認されていないが，北海道産の本属の幼虫（図81-5）は体長25 mmに達し植物片でつくった円筒形の

巣をもつ．幼虫は渓流の緩流部に生息する．

トビモンエグリトビケラ属　*Hydatophylax* Wallengren, 1891

日本産は5種記録されているが，幼虫で記載されたコイズミトビケラ *Hydatophylax koizumii* (Iwata, 1928) の実体は不明．比較的大型で，幼虫はどの種も20〜25 mmに達する．植物片で筒巣をつくるが，終齢で砂粒を多用する種もいる．

トビモンエグリトビケラ　*Hydatophylax festivus* (Navás, 1920)（図81-1，83-21）

北海道，千島，サハリンに分布する．幼虫は湖岸や渓流に生える抽水植物帯や陸上植物が水中に伸ばした根の中に生息し，年一世代で春に成虫が出現する（Zhang, 1996）．幼虫の筒巣は植物片を用いてつくる．谷田（1985）が *H. nigrovittatus* (McLachlan, 1872) として記載し，Zhang (1998) が *H. intermedius* Schmid, 1964として記載した幼虫は本種（Nozaki, 1999；Nozaki et al., 2000）．

エゾクロモントビケラ　*Hydatophylax variablis* (Martynov, 1910)（図81-2，83-22）

北海道に分布するとともに，ヨーロッパ，ロシア，アラスカからも記録がある．幼虫は植物片で筒巣をつくる（Zhang, 2008）．

ムモンエグリトビケラ　*Hydatophylax minor* Nozaki, 2004（図81-4，83-23）

北海道，千島，サハリンに分布する．北海道から成虫で *Hydatophylax soldatovi* (Martynov, 1914) として記録されてきた種は本種（Nozaki & Minakawa, 2004）．幼虫は植物片でつくった筒巣をもち，成虫は夏の終わりから秋に出現する．

クロモンエグリトビケラ　*Hydatophylax nigrovittatus* (McLachlan, 1872)（図81-3，83-24）

本州の山地渓流に生息する．国外ではロシア，韓国，中国，モンゴルにも分布する．幼虫は植物片で筒巣をつくるが，終齢幼虫は砂粒でつくった筒巣に長い植物片を縦方向につけることが多い．津田・赤木（1957）が *Astenophylax grammicus* McLachlan, 1880の幼虫として記載し，谷田（1985）が *Hydatophylax soldatovi* として再記載した幼虫は本種である（Nozaki et al., 2000）．

オンダケトビケラ亜科　Pseudostenophylacinae

この亜科は主としてヒマラヤから東アジアにかけて分布し，北アメリカにもわずかな種が分布する．日本産はオンダケトビケラ属 *Pseudostenophylax* のみ．

オンダケトビケラ属　*Pseudostenophylax* Martynov, 1909

日本産は *Ondakensis* 種群6種が北海道と本州の中部（奈良県）以北に，*Adlimitans* 種群2種が本州中部（奈良県）以西，四国および九州に分布する（Nozaki, 2013）．多くの種が異所的に分布し，幼虫は高山のごく小さな流れなどに局地的に生息する．

幼虫はほとんどの種で判明しているが，種群を問わず形態の違いは微細で，頭部背面のわずかな凹みや頭部の一次刺毛（No. 5およびNo. 6）の長さで区別される．筒巣は砂粒でつくった円筒形．ほとんどの種は高標高または高緯度の山地の細流にある落ち葉だまりなどに生息するが，トチギミヤマトビケラだけはそれより大きな渓流にいることもある．成虫の区別点も微細で，雄の第8節背面や第10節の中間付属器の形態が重要である．

Adlimitans 種群

タニダミヤマトビケラ　*Pseudostenophylax tanidai* Nozaki, 2013（図84-1）

中国地方，四国西部，九州北部の高山から知られる．

ベフミヤマトビケラ　*Pseudostenophylax befui* Nozaki, 2013（図84-2）
奈良県（大台ヶ原）と四国東部から知られる．

Ondakensis 種群

トチギミヤマトビケラ　*Pseudostenophylax tochigiensis* Schmid, 1991（図81-6，84-3）
東北南部から中部地方にかけて分布する．同所的にいるオンダケトビケラとは頭盾板後部が凹ないことで，ヤマガタミヤマトビケラとは頭部刺毛 No. 5がより長いことで区別される．また，ほとんどのオンダケトビケラ属幼虫が山地のごく小さな流れに生息するのに対して，やや大きい渓流にも生息する．

オンダケトビケラ　*Pseudostenophylax ondakensis* (Iwata, 1928)（図84-4）
関東と中部地方に分布する．トチギミヤマトビケラやヤマガタミヤマトビケラとは，頭頂部が縫合線に沿ってわずかに凹むことで区別できる．

ヤマガタミヤマトビケラ　*Pseudostenophylax dentilus* (Kobayashi, 1973)（図84-5）
宮城，山形，福島，新潟，長野各県から記録されている．

トウホクミヤマトビケラ　*Pseudostenophylax tohokuensis* Nozaki, 2013（図84-6）
宮城県からのみ知られる．

イトウミヤマトビケラ　*Pseudostenophylax itoae* Nozaki, 2013（図84-7）
北海道の石狩低地帯の西部に分布する．

クハラミヤマトビケラ　*Pseudostenophylax kuharai* Nozaki, 2013（図84-8）
北海道の石狩低地帯の東部に分布する．

エグリトビケラ科幼虫の属および種の検索表

1a　腹部の鰓はすべて単一棒状 ……………………………………………………………… 2
1b　腹部の鰓の多くは分岐する ……………………………………………………………… 8
2a　腹部第1節の側方隆起の後方基部に細長い硬板があり，その長さは隆起の直径とほぼ同じ．普通後胸背面のsa（setal area）1の硬板は左右が中央で癒合するが，まれに癒合しない個体もある（図81-1） ……………………… **トビモンエグリトビケラ属**　*Hydatophylax* …13
2b　腹部第1節の側方隆起の後方には硬板はないか，あっても直径の半分を超えない（図81-5b）．後胸背面のsa1硬板は中央で近接することはあっても明らかに分離する ………… 3
3a　腹部腹面の塩類上皮は第3節〜7節にある ………………………………………………… 4
3b　腹部腹面の塩類上皮は第2節〜7節または8節にある ……………………………………… 6
4a　腹部第2節の前縁には背，腹，側面いずれにも単一棒状の鰓がある．植物片を用いた円筒巣をもつ（図80-1） ……………………… **ユキエグリトビケラ**　*Chilostigma sieboldi*
（体長約13 mm．北海道に分布）
4b　腹部第2節前縁に鰓はない．砂粒を主体とした巣をもつ ……………………………… 5
5a　後胸背面のsa1硬板は中央で近接する．腹部第6〜7節の背面に鰓がある．砂粒を用いた円筒巣に植物片を縦方向に付けることが多い（図78-2）
……………………………………… **カムチャッカトビケラ**　*Ecclisomyia kamtshatica*
（体長約15 mm．北海道に分布）
5b　後胸背面のsa1硬板は離れる．腹部第6〜7節の背面に鰓はない．砂粒でつくった円筒巣をもつ（図78-3） ……………………… **シロフエグリトビケラ**　*Ecclisocosmoecus spinosus*
（体長約15 mm．北海道に分布）

エグリトビケラ科 **171**

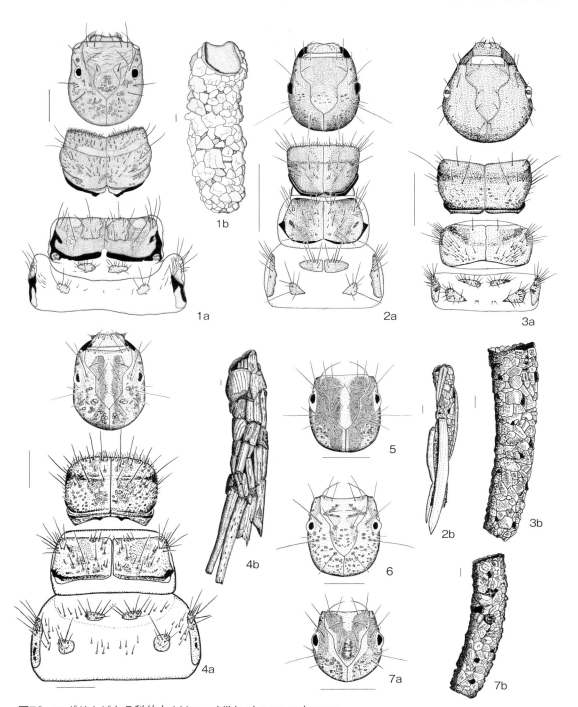

図78 エグリトビケラ科幼虫 1 Limnephilidae larvae and cases
1：ジョウザンエグリトビケラ *Dicosmoecus jozankeanus*；a：頭胸部背面，b：筒巣　2：カムチャッカトビケラ *Ecclysomyia kamtshatica*；a：頭胸部背面，b：筒巣　3：シロフエグリトビケラ *Ecclisocosmoecus spinosus*；a：頭胸部背面，b：筒巣　4：トビイロトビケラ *Nothopsyche pallipes*；a：頭胸部背面，b：筒巣　5：ヒメトビイロトビケラ *Nothopsyche speciosa*，頭部背面　6：ヤマガタトビイロトビケラ *Nothopsyche yamagataensis*；頭部背面　7：ホタルトビケラ *Nothopsyche ruficollis*；a：頭部背面，b：筒巣　（スケールは1mm．1は谷田 (1985), 2は Kuranishi et al. (1998), 3は Nozaki et al. (1997), 4, 5, 6, 7は Nozaki (2002) より）

6a	腹部第4節側面には鰓がない．後胸背面の刺毛はほとんど3対の硬板上にあり，それ以外はあってもsa1およびsa2硬板近くに1本程度．植物片でつくった円筒巣をもつ（図80-2）·· **オツネントビケラ** *Brachypsyche sibirica*	
	（体長約20 mm．北海道に分布）	
6b	腹部第4節側面には鰓がある．後胸背面には硬板上以外にも10本以上の刺毛がある ···	7
7a	後脚腿節の外側面には5本以上の長い刺毛がある．砂粒でつくった円筒巣をもつ（図81-6）·· **オンダケトビケラ属** *Pseudostenophylax*	
7b	後脚腿節の外側面には先端部に1本の長い刺毛があるのみ．植物片でつくった円筒巣をもつ（図81-5）·· **ユミモントビケラ属** *Halesus*	
8a	腹部の気管鰓は4枝まで．5枝以上のものはない ···	9
8b	腹部の気管鰓には8枝以上あるものがある ···	12
9a	腹部の気管鰓は3枝まで ··	10
9b	腹部の気管鰓には4枝のものがある．頭部は黒褐色で斑紋はない．終齢幼虫は砂粒でつくった背腹にやや扁平で湾曲した筒巣をもつ（図78-1）·································· **ジョウザンエグリトビケラ** *Dicosmoecus jozankeanus*	
	（体長25 mm．北海道に分布）	
10a	頭盾板中央に1本の黒色の縦条紋をもつとともに，両側の1対の黒色条紋は頭蓋幹線（coronal suture）前端で融合しU字形となる．円形に切った葉片を背腹に配した特徴的な筒巣をもつ（図79-6）·································· **スジトビケラ属** *Nemotaulius*	
10b	上記と異なる．頭部背面の斑紋はさまざまでほとんどないものもある ·············	11
11a	腹部の塩類上皮は背面，腹面および背側面にある ···	16
11b	腹部の塩類上皮は背面にはない．筒巣はさまざまな材料と形態をもつ（図79-4，5）·· **キリバネトビケラ属** *Limnephilus*	
	（セグロトビケラ *Limnephilus fuscovittatus*, *Limnephilus* sp. LA および *Limnephilus* sp. LB が区別される）	
12a	腹部の塩類上皮は背面，腹面および背側面にある．植物片でつくられた円筒巣をもつ（図79-3）························ **クロズエグリトビケラ** *Lenarchus fuscostramineus*	
	（体長約13 mm．北海道および本州（東北）に分布）	
12b	腹部の塩類上皮は腹面のみにある ··················· **ホタルトビケラ属** *Nothopsyche* ···	17
13a	各脚の跗節および脛節の末端は明瞭な濃色の帯となる．主として植物片でつくられた円筒巣をもつ ··	14
13b	各脚の跗節および脛節の色は一様または跗節のみ末端がやや濃くなる ·············	15
14a	頭蓋幹線（coronal suture）から中胸背面にかけて正中線に沿って淡色条紋となる（図81-2）··························· **エゾクロモントビケラ** *Hydatophylax variabilis*	
	（体長約27 mm．北海道に分布）	
14b	頭部および前・中胸には全体に濃色の点紋がある（図81-1）··························· **トビモンエグリトビケラ** *Hydatophylax festivus*	
	（体長約25 mm．北海道に分布）	
15a	腹部第5節側面の気管鰓は，前後に各1本．筒巣は砂粒を多用し，植物片を添える（若齢幼虫は植物片を用いる）（図81-3）	

エグリトビケラ科 173

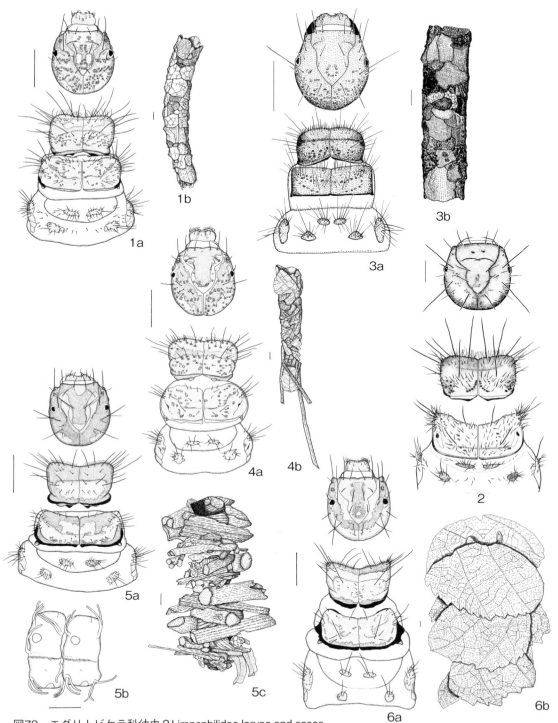

図79 エグリトビケラ科幼虫2 Limnephilidae larvae and cases
1：サハリントビケラ Asynarchus sachalinensis；a：頭胸部背面，b：筒巣　2：ナガレエグリトビケラ Rivulophilus sakaii，頭胸部背面　3：クロズエグリトビケラ Lenarchus fuscostramineus；a：頭胸部背面，b：筒巣　4：セグロトビケラ Limnephilus fuscovittatus；a：頭胸部背面，b：筒巣　5：Limnephilus sp. LB；a：頭胸部背面，b：第5，6腹節側面，c：筒巣　6：エグリトビケラ Nemotaulius admorsus；a：頭胸部背面，b：筒巣（スケールは1mm．2はNishimoto et al.（2000），3はNozaki & Ito（1998），4，5，6は谷田（1985）より）

　　　　　　　　　　　　　　　　　　　　　　クロモンエグリトビケラ　*Hydatophylax nigrovittatus*
　　　　　　　　　　　　　　　　　　　　　　　　　　　　（体長約30 mm．本州に分布）
15b　腹部第5節側面の気管鰓は，前方のみに1本．筒巣は樹皮片を用いる
　　　……　ムモンエグリトビケラ　*Hydatophylax minor* Nozaki（体長約27 mm．北海道に分布）
16a　腹部第2節背面に塩類上皮がある．腹部第1節腹面の刺毛は約20対，中央部だけに分布．植物片でつくった筒巣を蛹化前に砂粒に替える（図79-1）
　　　　　　　　　　　　　　　　　　サハリントビケラ　*Asynarchus sachalinensis*
　　　　　　　　　　　　　　　　　　　　　（体長約20 mm．北海道および本州に分布）
16b　腹部第2節背面に塩類上皮はない．腹部第1節腹面の刺毛は30対以上，側方隆起の基部まで広がって分布．植物片でつくった円筒巣をもつ（図79-2）
　　　　　　　　　　　　　　　　　　ナガレエグリトビケラ　*Rivulophilus sakaii*
　　　　　　　　　　　　　　　　　　　　　　　　　　（体長約15 mm．本州に分布）
17a　腹部第2節の背面および腹面前縁に気管鰓がある　……………………………………………　18
17b　腹部第2節の背面および腹面前縁に気管鰓がない．頭盾板前方には1対のくの字形紋がある．主に植物片を用いた円筒巣をもつ（図78-6）
　　　　　　　　　………………　ヤマガタトビイロトビケラ　*Nothopsyche yamagataensis*
　　　　　　　　　　　　（体長約25 mm．本州以南の山地渓流の緩流部に生息する）
18a　頭盾板には1対の濃色条紋が縦走し正中線は淡色．主に植物片を用いた円筒巣をもつ
　　19
18b　頭部背面の斑紋は上記と異なり，縫合線上は淡色．砂粒でつくった円筒巣をもつ……　20
19a　腹部第3節側面後縁に気管鰓がある．頭盾板前側縁は通常淡色（図78-4）
　　　　　　　　　　　　　　　　　　　　　　　　　　　　　　　　　　　　Nothopsyche sp. NA
　　　（沖縄県を除く日本全国に分布するトビイロトビケラ *Nothopsyche pallipes* Banks と 北海道南部から関東・北陸にかけて分布するウルマートビイロトビケラ *Nothopsyche ulmeri* Schmid の幼虫が該当するが両種の区別はできない．河川の緩流部や抽水植物帯に生息する．）
19b　腹部第3節側面後縁に気管鰓がない．頭盾板前側縁は濃色（図78-5）
　　　　　　　　　　　　　　　　　　　　　　　ヒメトビイロトビケラ　*Nothopsyche speciosa*
　　　　　　（山口県，九州北部および韓国に分布．河川の緩流部や抽水植物帯に生息する．）
20a　長円形の塩類上皮が腹部腹面第2〜8節にある（図78-7）
　　　　　　　　　　　　　　　　　　　　　　　ホタルトビケラ　*Nothopsyche ruficollis*
　　　　　　　　　　　　　（本州以西に分布．平地の小川や緩やかな渓流に生息する．）
20b　上記塩類上皮は第3〜8節にある　…………ババホタルトビケラ　*Nothopsyche longicornis*
　　　　　　　　　　　　　　　　　　　　　（近畿以東の本州に分布．湧水流に生息する．）

エグリトビケラ科成虫の属の検索

1a　翅端は波状でえぐれる　………………………………　スジトビケラ属　*Nemotaulius*
1b　翅端は上記と異なる　……………………………………………………………………………　2
2a　前翅は黒褐色で前縁部と中央やや翅端寄りが透明になる
　　　　　　　　　　　……………………………………　クロバネエグリトビケラ属　*Asynarchus*
2b　前翅は上記と異なる　……………………………………………………………………………　3

エグリトビケラ科　175

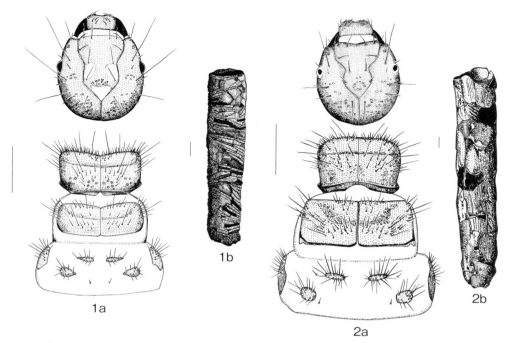

図80　エグリトビケラ科幼虫3 Limnephilidae larvae and cases
1：ユキエグリトビケラ Chilostigma sieboldi；a：頭胸部背面，b：筒巣　2：オツネントビケラ Brachypsyche sibirica；a：頭胸部背面，b：筒巣　（スケールは1mm．1は Tanida et al.（1999），2は Nozaki & Itou（1998）より）

3a	距式は1-3-3 ………………………………………………………………………… 4
3b	距式は上記と異なる ……………………………………………………………… 5
4a	前脚および中脚の腿節末端には強い刺が1本以上ある … ユミモントビケラ属 *Halesus*
4b	上記のような刺はない ……………………………… オツネントビケラ属 *Brachypsyche*
5a	距式は0-2-2または1-2-2 ……………………………………………………… 6
5b	距式は1-3-4 ……………………………………………………………………… 8
6a	前翅のほとんどの室には黒褐色の明瞭な斑紋がある
	……………………………………… トビモンエグリトビケラ属の一部 *Hydatophylax*
	（クロモンエグリトビケラ H. nigrovittatus およびエゾクロモンエグリトビケラ H. variabilis）
6b	前翅に上記のような明瞭な斑紋はない ………………………………………… 7
7a	小顎肢の第2節は第1節とほぼ同長 ………………… ユキエグリトビケラ属 *Chilostigma*
7b	小顎肢の第2節は第1節より明らかに長い（雄で4倍以上，雌で2倍以上）
	………………………………………………………… ホタルトビケラ属 *Nothopsyche*
8a	中胸盾板および小盾板にはこぶ状隆起がある ………………………………… 9
8b	中胸盾板および小盾板のこぶ状隆起は発達せず，せいぜい2～3本の刺毛の基部の硬板が合一するのみ ………………………………… ナガレエグリトビケラ *Rivulophilus sakaii*
9a	前翅の中室は鏡室よりやや長いかまたはほぼ同じ長さ ……………………… 10
9b	前翅の中室は鏡室より短い ……………………………………………………… 12

176 トビケラ目

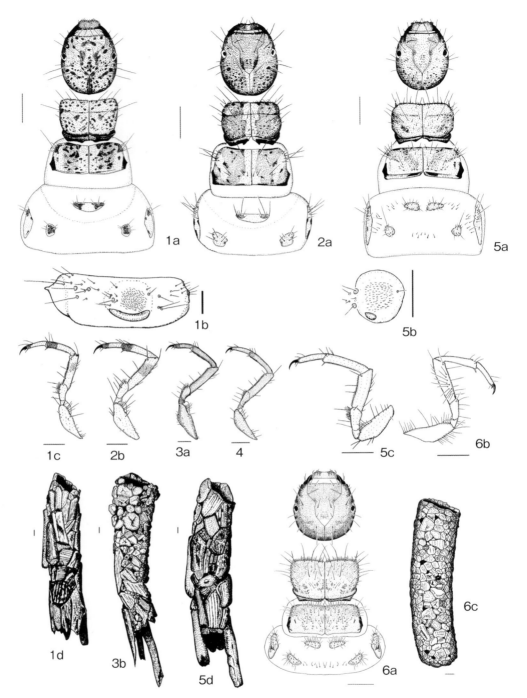

図81 エグリトビケラ科幼虫 4 Limnephilidae larvae
1：トビモンエグリトビケラ *Hydatophylax festivus*；a：頭胸部背面，b：腹部第1節右側面，c：左中脚側面，d：筒巣　2：エゾクロモントビケラ *Hydatophylax variabilis*；a：頭胸部背面，b：左中脚側面　3：クロモンエグリトビケラ *Hydatophylax nigrovittatus*；a：左中脚側面，b：筒巣　4：ムモンエグリトビケラ *Hydatophylax minor*，左中脚側面　5：ユミモントビケラ属の1種 *Halesus* sp.；a：頭胸部背面，b：腹部第1節右側方隆起側面，c：左後脚側面，d：筒巣　6：トチギミヤマトビケラ *Pseudostenophylax tochigiensis*；a：頭胸部背面，b：右後脚側面，c：筒巣（スケールは1mm．6は Nozaki (2013) より）

エグリトビケラ科 177

10a	前翅は褐色で明瞭な斑紋はない．前翅長約10 mm ………………………………………………… カムチャッカトビケラ	*Ecclisomyia kamtshatica*
10b	前翅は褐色で細かな白い点紋が全体にある．前翅長12 mm 以上 ……………	11
11a	前翅裏面の R 径脈上には幅広の笹の葉状の刺毛がある ……………………………………………… シロフエグリトビケラ	*Ecclisocosmoecus spinosus*
11b	前翅裏面の刺毛の形態は翅脈上も膜面も同じ ……………………………………………… オンダケトビケラ属	*Pseudostenophylax* … 15
12a	後翅の Sc（亜前縁）脈および R_1 径脈は翅端で前方に曲がる …………………	13
12b	後翅の Sc 脈および R_1 径脈はほぼまっすぐ ………………………………………	14
13a	前脚および中脚腿節の末端には1～2本の強い刺がある ……………………………………………… クロズエグリトビケラ	*Lenarchus fuscostramineus*
13b	前脚腿節末端には2本の強い刺があるが，中脚にはない ……………………………………………… キリバネトビケラ属	*Limnephilus*
14a	触角および各脚の脛節および跗節は黒色 ……………………………………………… ジョウザンエグリトビケラ	*Dicosmoecus jozankeanus*
14b	同上はすべて褐色 ……………… トビモンエグリトビケラ属の一部	*Hydatophylax*
	（トビモンエグリトビケラ *Hydatophylax festivus* およびムモンエグリトビケラ *Hydatophylax minor*)	
15a	雄の後翅は幅広く翅垂部で最大となり，翅垂部に白色の長毛が密生する．雌の肛門下部には大きな突起がある（図84-1) ………………………………………………	*Adlimitans* 種群
15b	雄の後翅は長卵形で，翅垂部の白色毛は前者ほど密生しない．雌の肛門下部には上記のような突起はない（図84-3) ………………………………………………	*Ondakensis* 種群

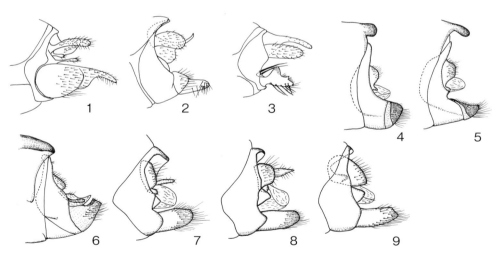

図82 エグリトビケラ科成虫1 Limnephilidae male genitalia
ホタルトビケラ亜科の成虫交尾器側面♂；1：ジョウザンエグリトビケラ *Dicosmoecus jozankeanus* 2：シロフエグリトビケラ *Ecclisocosmoecus spinosus* 3：ハネツトビケラ *Ecclisomyia kamtshatica* 4：ホタルトビケラ *Nothopsyche ruficollis* 5：ババホタルトビケラ *Nothopsyche longicornis* 6：ヤマガタトビイロトビケラ *Nothopsyche yamagataensis* 7：トビイロトビケラ *Nothopsyche pallipes* 8：ウルマートビイロトビケラ *Nothopsyche ulmeri* 9：ヒメトビイロトビケラ *Nothopsyche speciosa*

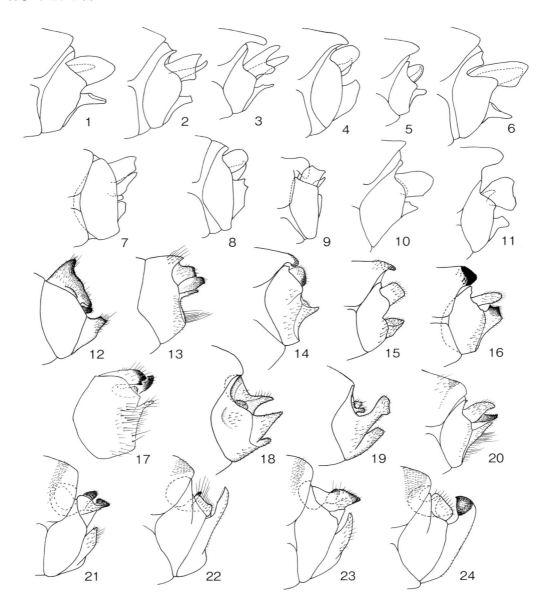

図83　エグリトビケラ科成虫２ Limnephilidae male genitalia
エグリトビケラ亜科の成虫交尾器側面♂；1：ニセウスバキトビケラ Limnephilus alienus　2：ウスバキトビケラ Limnephilus correptus　3：ムモンウスバキトビケラ Limnephilus diphyes　4：セグロトビケラ Limnephilus fuscovittatus　5：ニッポンウスバキトビケラ Limnephilus nipponicus　6：トウヨウウスバキトビケラ Limnephilus orientalis　7：クモガタウスバキトビケラ Limnephilus ornatulus　8：コガタウスバキトビケラ Limnephilus quadratus　9：エンモンエグリトビケラ Limnephilus sericeus　10：シロフキリバネトビケラ Limnephilus sparsus　11：マエモンウスバキトビケラ Limnephilus stigma　12：サハリントビケラ Asynarchus sachalinensis　13：クロズエグリトビケラ Lenarchus fuscostramineus　14：エグリトビケラ Nemotaulius admorsus　15：スジトビケラ Nemotaulius brevilinea　16：ミヤケエグリトビケラ Nemotaulius miyakei　17：ナガレエグリトビケラ Rivulophilus sakaii　18：オツネントビケラ Brachypsyche sibirica　19：ユキエグリトビケラ Chilostigma sieboldi　20：ユミモントビケラ Halesus sachalinensis　21：トビモンエグリトビケラ Hydatophylax festivus　22：エゾクロモントビケラ Hydatophylax variabilis　23：ムモンエグリトビケラ Hydatophylax minor　24：クロモンエグリトビケラ Hydatophylax nigrovittatus　（1～11は Nozaki & Tanida（1996））

エグリトビケラ科 179

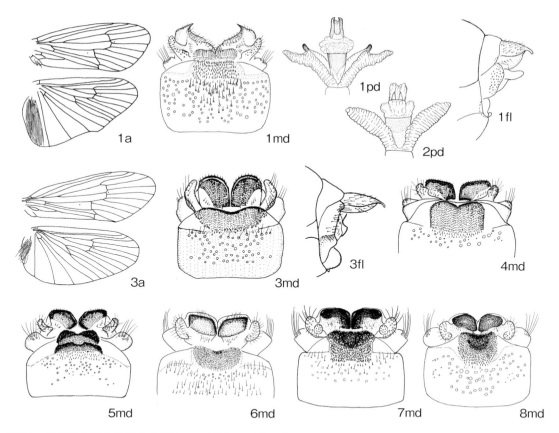

図84　エグリトビケラ科成虫3 Limnephilidae adults wings & genitalia
md：♂交尾器背面　pd：陰茎（ペニス）背面　fl：♀交尾器側面
1：タニダミヤマトビケラ *Pseudostenophylax tanidai*；a：雄前・後翅　2：ベフミヤマトビケラ *Pseudostenophylax befui*　3：トチギミヤマトビケラ *Pseudostenophylax tochigiensis*；a：雄前・後翅　4：オンダケトビケラ *Pseudostenophylax ondakensis*　5：ヤマガタミヤマトビケラ *Pseudostenophylax dentilus*　6：トウホクミヤマトビケラ *Pseudostenophylax tohokuensis*　7：イトウミヤマトビケラ *Pseudostenophylax itoae*　8：クハラミヤマトビケラ *Pseudostenophylax kuharai*

コエグリトビケラ科　Apataniidae

野崎隆夫

　日本産はコエグリトビケラ属 *Apatania*，クロバネトビケラ属 *Moropsyche*，イズミコエグリトビケラ属 *Allomyia*，イワコエグリトビケラ属 *Manophylax* の4属が知られる．小型の種が多く流水に広く分布するほかイワコエグリトビケラ属の種は普段は水が枯れてしまう岸壁などにも生息する．幼虫は石の表面に付着した藻類などを摂食するスクレーパーである．幼虫の前・中胸背面は硬板で広く覆われ，後胸背面にも小硬板があるが sa（setal area）1の硬板を欠く属もある．鰓は単一棒状またはない．砂粒でつくった筒巣は背腹にやや平たくわずかに湾曲する．西本（2003）による属の解説があるが，種レベルの分類学的な整理は遅れている．

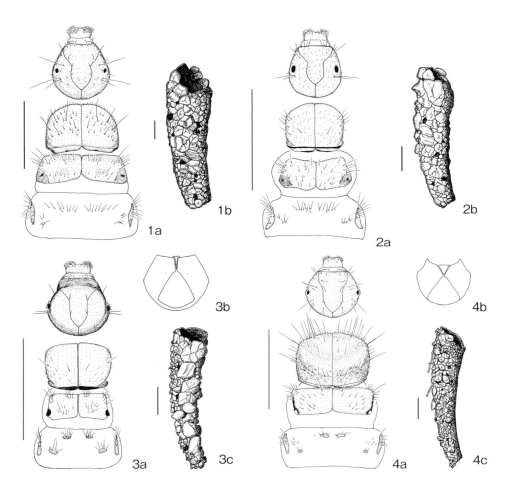

図85　コエグリトビケラ科幼虫 Apataniidae larvae
1：ヒラタコエグリトビケラ *Apatania aberrans*；a：頭胸部背面，b：筒巣　2：トゲクロバネトビケラ *Moropsyche spinifera*；a：頭胸部背面，b：筒巣　3：イズミコエグリトビケラ *Allomyia delicatula*；a：頭胸部背面，b：頭部腹面，c：筒巣　4：イワコエグリトビケラ *Manophylax futabae*；a：頭胸部背面，b：頭部腹面，c：筒巣（スケールは1mm）

コエグリトビケラ属　*Apatania* Kolenati, 1848

北半球に広く分布し，日本でも北海道から九州にかけての大小の流水に生息するほか，湖に生息する種もある．日本産は15種が記録されているが，幼虫で記載されたイイジマトビケラ *Apatania iijimae* (Iwata, 1928) とミヤマトビケラ *Apatania kitagamii* (Iwata, 1927) の実体は不明．成虫と幼虫の関係が判明しているのは日本全国で普通にみられるヒラタコエグリトビケラ *Apatania aberrans* と琵琶湖産のビワコエグリトビケラ *Apatania biwaensis* のみ．幼虫の体長は10 mm以下で，後胸のsa1に硬板はなく多数の刺毛が横列に並ぶ．いくつかの種では幼虫が石の裏面などで集団となり前蛹状態で夏眠することが知られる．成虫は秋～初冬と早春に採集されることが多い．

ヒラタコエグリトビケラ　*Apatania aberrans* (Martynov, 1933)（図85-1, 86-1）
北海道から九州にかけて広く分布し，この属で最も普通種．

ビワコエグリトビケラ　*Apatania biwaensis* Nishimoto, 1994
幼虫，成虫ともにヒラタコエグリトビケラに非常によく似た種で，琵琶湖のみから知られる (Nishimoto, 1994)．

キタコエグリトビケラ　*Apatania crassa* Schmid, 1953（図86-2）
北海道に分布する．

コガタコエグリトビケラ　*Apatania parvula* (Martynov, 1935)（図86-3）
北海道に分布するとともに，ロシア極東部にも分布する．

チシマコエグリトビケラ　*Apatania insularis* Levanidova, 1979（図86-4）
北海道（網走地方），国後島，サハリンから知られる．

イシカワコエグリトビケラ　*Apatania ishikawai* Schmid, 1964（図86-5）
関東地方から中部地方にかけての山地に分布する．

キョウトコエグリトビケラ　*Apatania kyotoensis* Tsuda, 1939（図86-6）
本州（関東以西）と九州から知られる．

ツダコエグリトビケラ　*Apatania tsudai* Schmid, 1954（図86-7）
本州（長野，三重，滋賀）に分布する．

モモヤコエグリトビケラ　*Apatania momoyaensis* Kobayashi, 1973（図86-8）
本州（秋田）に分布する．

サハリンコエグリトビケラ（新称）　*Apatania sachalinensis* Martynov, 1914（図86-9）
北海道およびサハリンに分布する．

ニッコウコエグリトビケラ　*Apatania nikkoensis* Tsuda, 1939（図86-10）
本州（栃木，長野）から知られる．

チョウカイコエグリトビケラ　*Apatania chokaiensis* Kobayashi, 1973
山形県から知られる．

シラハタコエグリトビケラ　*Apatania shirahatai* Kobayashi, 1973
山形県から知られる．

クロバネトビケラ属　*Moropsyche* Banks, 1906

日本からインドにかけて山岳地帯に分布する．日本産は6種が知られるが，幼虫が判明しているのはトゲクロバネトビケラ *Moropsyche spinifera* のみ．ほかに *Moropsyche* sp. AB および *Moropsyche* sp. MA として記載された幼虫があるが（赤木，1975；Kim, 1974），成虫との関係は判明していない．幼虫は5 mm程度で，コエグリトビケラ属によく似るが，上唇の刺毛の形態や腹部背面に塩類上皮

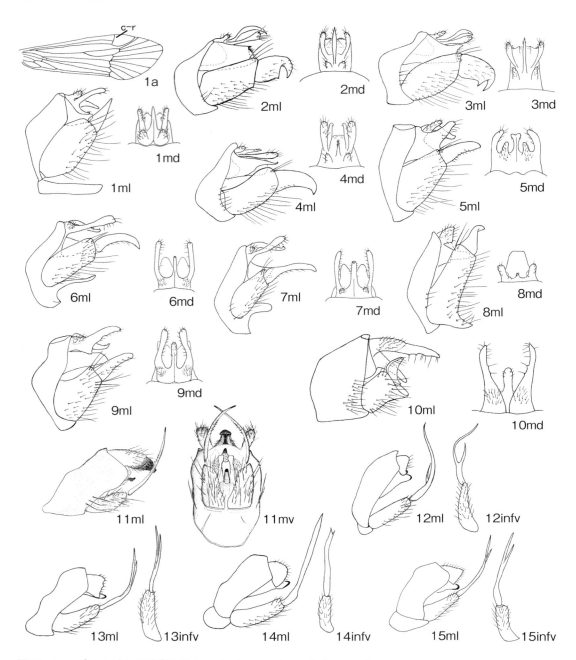

図86 コエグリトビケラ科成虫雄1 Apataniidae male genitalia and wing
ml：交尾器側面　md：交尾器背面　mv：交尾器腹面　infv：下部付属器腹面
1：ヒラタコエグリトビケラ *Apatania aberrans*；a：前翅　2：キタコエグリトビケラ *Apatania crassa*　3：コガタコエグリトビケラ *Apatania parvula*　4：チシマコエグリトビケラ *Apatania insularis*　5：イシカワコエグリトビケラ *Apatania ishikawai*　6：キョウトコエグリトビケラ *Apatania kyotoensis*　7：ツダコエグリトビケラ *Apatania tsudai*　8：モモヤコエグリトビケラ *Apatania momoyaensis*　9：サハリンコエグリトビケラ *Apatania sachalinensis*　10：ニッコウコエグリトビケラ *Apatania nikkoensis*　11：トゲクロバネトビケラ *Moropsyche spinifera*　12：クロバネトビケラ *Moropsyche parvula*　13：コガタクロバネトビケラ *Moropsyche parvissima*　14：ヒゴクロバネトビケラ *Moropsyche higoana*　15：ユガワラクロバネトビケラ *Moropsyche yugawarana*　（11は Nishimoto（1989）より）

があることで区別できる（西本，2003）．山地の細流に生息する．

トゲクロバネトビケラ *Moropsyche spinifera* Nishimoto, 1989（図85-2，86-11）
本州（近畿）に分布する．

クロバネトビケラ *Moropsyche parvula* Banks, 1906（図86-12）
本州（三重，滋賀），四国，九州に分布する．

コガタクロバネトビケラ *Moropsyche parvissima* Schmid, 1954（図86-13）
本州（近畿）に分布する．

ヒゴクロバネトビケラ *Moropsyche higoana* Kobayashi, 1971（図86-14）
本州（東北〜近畿）に分布する．

ユガワラクロバネトビケラ *Moropsyche yugawarana* Kobayashi, 1983（図86-15）
本州（東京，神奈川，山梨）に分布する．

トガリクロバネトビケラ *Moropsyche apicalis* Kobayashi, 1985
対馬から知られる．

イズミコエグリトビケラ属　*Allomyia* Banks, 1916

日本では北海道の湧水流などに生息する．日本産は9種が知られるが（Nishimoto & Kuhara, 2001），幼虫の判明しているのはイズミコエグリトビケラ *Allomyia delicatula* とカンムリイズミコエグリトビケラ *Allomyia coronae* のみ．成虫は北海道では4月から7月にかけて採集される（Nishimoto & Kuhara, 2001）．

イズミコエグリトビケラ *Allomyia delicatula* Levanidova & Arefina, 1995（図85-3，図87-1）
根室，釧路，十勝，石狩，日高，胆振，後志地方と国後島から知られる．幼虫は頭頂部の前方および側方が隆起線となり，腹部第3節背面後方に単一棒状の鰓がある（Levanidova et al., 1995）．

コガタイズミコエグリトビケラ（新称） *Allomyia pumila* Nishimoto & Kuhara, 2001（図87-2）
後志地方に分布する．

フタマタイズミコエグリトビケラ（新称） *Allomyia bifoliolata* Nishimoto & Kuhara, 2001（図87-3）
石狩地方に分布する．

カンムリイズミコエグリトビケラ *Allomyia coronae* Levanidova & Arefina, 1995（図87-4）
網走，釧路地方，国後島に分布する．幼虫の頭部隆起線が後部まで明瞭で，腹部に鰓はない（Levanidova et al., 1995）．

フトトゲイズミコエグリトビケラ（新称） *Allomyia acicularis* Nishimoto & Kuhara, 2001（図87-5）
石狩地方に分布する．

ヒロオイズミコエグリトビケラ（新称） *Allomyia dilatata* Nishimoto & Kuhara, 2001（図87-6）
胆振地方に分布する．

ナガエイズミコエグリトビケラ（新称） *Allomyia acerosa* Nishimoto & Kuhara, 2001（図87-7）
石狩，後志地方に分布する．

マガリイズミコエグリトビケラ（新称） *Allomyia curvata* Nishimoto & Kuhara, 2001（図87-8）
十勝地方に分布する．

ホソミイズミコエグリトビケラ（新称） *Allomyia gracillima* Nishimoto & Kuhara, 2001（図87-9）
十勝地方に分布する．

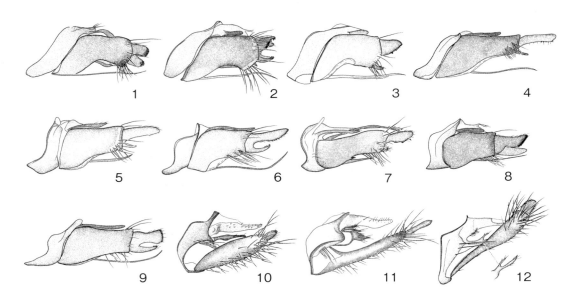

図87 コエグリトビケラ科成虫雄 2 Apataniidae male genitalia
♂交尾器側面；1：イズミコエグリトビケラ *Allomyia delicatula*　2：コガタイズミコエグリトビケラ *Allomyia pumila*　3：フタマタイズミコエグリトビケラ *Allomyia bifoliolata*　4：カンムリイズミコエグリトビケラ *Allomyia coronae*　5：フトトゲイズミコエグリトビケラ *Allomyia acicularis*　6：ヒロオイズミコエグリトビケラ *Allomyia dilatata*　7：ナガエイズミコエグリトビケラ *Allomyia acerosa*　8：マガリイズミコエグリトビケラ *Allomyia curvata*　9：ホソミイズミコエグリトビケラ *Allomyia gracillima*　10：イワコエグリトビケラ *Manophylax futabae*　11：オモゴイワコエグリトビケラ *Manophylax omogoensis*　12：キュウシュウイワコエグリトビケラ *Manophylax kyushuensis*　（1～9は Nishimoto & Kuhara（2001），10～11は Nishimoto（1997），12は Nishimoto（2002）より）

イワコエグリトビケラ属　*Manophylax* Wiggins, 1973

　日本と北米に7種が分布する小さな属で．日本産は3種．この属の種はいずれも，岩の表面をわずかに水が滴るような場所や降雨の少ない時期には完全に乾いてしまうような場所から発見される．幼虫は，体長7～8mm程度で，普通鰓はもたないが，イワコエグリトビケラ *Manophylax futabae* には腹部に単一棒状の鰓をもつ個体群が知られる（Nishimoto, 1997）．砂粒でつくった筒巣の背面にしばしば苔や植物片を付ける．

イワコエグリトビケラ　*Manophylax futabae* Nishimoto, 1997（図85-4，図87-10）
　本州（兵庫県以東）に分布する．

オモゴイワコエグリトビケラ　*Manophylax omogoensis* Nishimoto, 1997（図87-11）
　本州（兵庫県以西）と四国に分布する．

キュウシュウイワコエグリトビケラ（新称）　*Manophylax kyushuensis* Nishimoto, 2002（図87-12）
　九州（福岡）に分布する．

コエグリトビケラ科幼虫の属の検索

1a　後胸の sa1 には硬板はなく，多数の刺毛が横列に並ぶ（図85-1，2）・・・・・・・・・・・・・・・・・・・・・・・2
1b　後胸の sa1 は硬板をもつ（図85-3，4）・・3
2a　腹部の背面および腹面に塩類上皮をもつ．上唇の前側刺毛（no. 2, 4）は先端が分岐する
　　　・・・クロバネトビケラ属　*Moropsyche*

2b 腹部の塩類上皮は腹面のみにある．同上刺毛は先端が分岐しない
.... コエグリトビケラ属　*Apatania*
3a 頭部腹面の咽頭板はT字形．頭部背面は中央部が凹み隆起線が発達する（図85-3）
.... イズミコエグリトビケラ属　*Allomyia*
3b 頭部腹面の咽頭板は三角形．頭部背面に隆起線はない（図85-4）
.... イワコエグリトビケラ属　*Manophylax*

コエグリトビケラ科成虫の属の検索

1a 前翅の亜前縁脈（Sc）は横脈（c-r）で止まり，前縁に達しない（図86-1）
.... コエグリトビケラ属　*Apatania*
1b 前翅の亜前縁脈（Sc）は前縁に達する 2
2a 距式は1-2-2 .... イワコエグリトビケラ属　*Manophylax*
2b 距式は上記と異なる 3
3a 距式は1-2-4．北海道に分布する .... イズミコエグリトビケラ属　*Allomyia*
3b 距式は1-3-4．本州以南に分布する .... クロバネトビケラ属　*Moropsyche*

クロツツトビケラ科　Uenoidae

野崎隆夫

クロツツトビケラ亜科 Uenoinae と Thremmatinae の2亜科が認められている（Vineyard & Wiggins, 1988）．日本には前者のクロツツトビケラ属 *Uenoa* Iwata と後者のアツバエグリトビケラ属 *Neophylax* McLachlan が分布する．幼虫は渓流に生息し，礫上の付着藻類などを摂食するスクレーパーである．

クロツツトビケラ属　*Uenoa* Iwata, 1927

本州，四国，九州に分布．本属はクロツツトビケラ科の模式属で，学名は故上野益三氏に献名された．インド北部から東アジアにかけて分布し，日本産は，**クロツツトビケラ** *Uenoa tokunagai* Iwata, 1927の1種だけが知られる（図88-1, 5）．クロツツトビケラは，小型のトビケラで，幼虫は細長く体長約9 mmで腹部に気管鰓はない．絹糸でつくった黒褐色の非常に細長い円筒巣をもつ．巣の表面には，環状の稜がたくさんある．幼虫は山地渓流に普通で，急流中の岩の表面に高密度に生息することも多い．春から初夏にかけて集団で蛹化し，蛹は筒巣を脱出するときに脱皮し水中で羽化することが知られる（小山，1990；谷田ら，1991）．

アツバエグリトビケラ属　*Neophylax* McLachlan, 1871

日本国内では，北海道から九州の山地渓流から中流部に広く分布する．国外では北米と東アジアに分布する．日本産は4種以上が記録されているが，田中（1970）が幼虫で記載した *Neophylax* sp. NC については分類学的に再検討が必要である（Nozaki et al., 2000）．また，成虫と幼虫の関係がついていない種もある．幼虫は腹部に単一棒状の気管鰓があり，砂粒でつくった背腹にやや扁平な筒巣を作る．巣の両翼部にやや大きめの砂粒を付ける．幼虫は，冬から初夏にかけて成長し，前蛹の状態で夏眠して，秋から初冬にかけて羽化する．前蛹は岩の裏面や側面などで大きな蛹化集団をつくることがある．

ニッポンアツバエグリトビケラ　*Neophylax japonicus* Schmid, 1964（図88-4）

成熟幼虫の体長は約12 mm．北海道，本州，九州に分布する．源流から上流の山地渓流に多い．Kobayashi（1977）が成虫で記載したムイネアツバエグリトビケラ *Neophylax muinensis* Kobayashi, 1977は，本種のシノニムである（Vineyard et al., 2005）．

ウスリーアツバエグリトビケラ　*Neophylax ussuriensis*（Martynov, 1914）（図88-3）

成熟幼虫の体長は約15 mmで，この属で最も大型である．国内では北海道に分布し，ロシア沿海州にも分布する．渓流に普通に生息する．

コイズミエグリトビケラ　*Neophylax koizumii*（Iwata, 1927）（図88-2）

成熟幼虫の体長は約13 mmで，本州中部（和歌山県以東）に分布（Mitsuhashi et al., 2000；平ほか，2014）．ニッポンアツバエグリトビケラより下流に分布する傾向がある（三橋，2000）．しばしば大発生して，アユの餌である付着藻類を食べつくすこともあるという（曽根ほか，2009）．幼虫筒巣の背側に尖った砂粒を付けていることも多く，その場合は野外でも簡単に区別できる．

シロフアツバエグリトビケラ　*Neophylax shikoku* Vineyard & Wiggins, 2005（図88-5）

成熟幼虫の体長は約12 mm．四国に分布する．ニッポンアツバエグリトビケラに似るが，幼虫は検索表にあげた特徴のほか頭部背面中央に小さなこぶ状突起をもつことや前胸背面の濃色の刺状刺毛が少ないことでも区別できる．山地渓流に生息する．

Neophylax sp. NA

成熟幼虫の体長は約11mm．本州の近畿以西に分布する．知られた産地は局地的．幼虫だけしか記載されていないが（赤木，1962b），コイズミエグリトビケラとは検索表に示した特徴で区別できる．谷田（1985）が再記載した *Neophylax* sp. NA はコイズミエグリトビケラの誤同定．

クロツツトビケラ科幼虫の属および種の検索表

1a 幼虫は細長く，絹糸でつくった黒褐色の非常に細長い円筒巣をもつ．気管鰓を欠く（図88-1）･････････････････････････ クロツツトビケラ　*Uenoa tokunagai*
1b 幼虫は砂粒からなるやや扁平な円筒巣をもつ．腹部体節に単一棒状の気管鰓がある ･････････････････････････ アツバエグリトビケラ属　*Neophylax* ･･･ 2
2a 前胸前縁の突起は長く6～9対．後胸背面の硬板のうち中央の1対（sa（setal area）1）は，大きくて明瞭 ････････････････････････････････････ 3
2b 前胸前縁の突起は短いか，またはない．後胸背面の中央の硬板（sa1）は小さい ･･･････ 4
3a 前，後胸および腹部第1節の腹面中央に大きな硬板がある ･････････････ *Neophylax* sp. NA
3b 前胸の腹面中央には大きな硬板があるが，後胸および腹部第1節腹面中央にはない（図88-2）････････････････････ コイズミエグリトビケラ　*Neophylax koizumii*
4a 前胸前縁に明瞭な突起はない．腹部第2節の腹面および背面の前方に単一気管鰓がない（図88-5）････････････････ シロフアツバエグリトビケラ　*Neophylax shikoku*
4b 前胸前縁の突起は10対以上．腹部第2節の腹面および背面の前方に単一気管鰓がある ･･･････････････････････････････････････ 5
5a 腹部第3節の側面には，前後方各々単一気管鰓がある．前胸背面の剛毛のうち刺状で黒褐色のものが80本以上（図88-3）･･･ウスリーアツバエグリトビケラ　*Neophylax ussuriensis*
5b 腹部第3節の側面には，前方だけに単一気管鰓がある．前胸背面の剛毛のうち刺状で黒褐色のものはまばらで40本程度（図88-4）
････････････････････････ ニッポンアツバエグリトビケラ　*Neophylax japonicus*

クロツツトビケラ科成虫の属および種への検索

1a 小型で前翅長は5mm以下．翅の色は黒色 ･････････ クロツツトビケラ　*Uenoa tokunagai*
1b 前翅長は8mm以上．翅の色は褐色 ･････････ アツバエグリトビケラ属　*Neophylax* ･･･ 2
2a 距式は雌雄ともに1-3-3 ･････････････････････････････････････ 3
2b 距式は雄1-2-2，雌1-3-4 ･････････････ コイズミエグリトビケラ　*Neophylax koizumii*
3a 前翅の翅端に大きな白色斑をもつ ･････ シロフアツバエグリトビケラ　*Neophylax shikoku*
3b 上記と異なる ･･ 4
4a 前翅には淡色の点紋が散在し，翅端部後方がわずかに波状になる
･････････････････････ ウスリーアツバエグリトビケラ　*Neophylax ussuriensis*
4b 前翅は全体に黄褐色で，後縁部に淡色部があるのみ
･････････････････････ ニッポンアツバエグリトビケラ　*Neophylax japonicus*

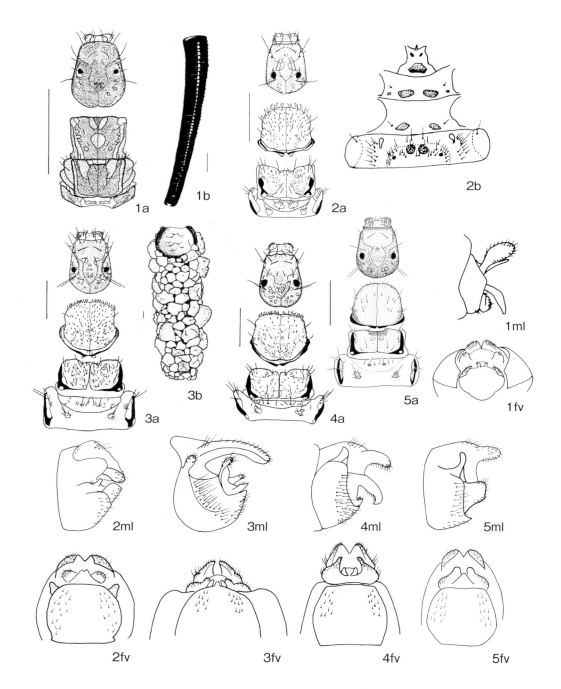

図88 クロツツトビケラ科 Uenoidae
ml：♂交尾器側面　fv：♀交尾器腹面
1：クロツツトビケラ *Uenoa tokunagai*；a：幼虫頭胸部背面，b：筒巣　2：コイズミエグリトビケラ *Neophylax koizumii*；a：幼虫頭胸部背面，b：幼虫胸部および腹部第1節腹面　3：ウスリーアツバエグリトビケラ *Neophylax ussuriensis*；a：幼虫頭胸部背面，b：筒巣　4：ニッポンアツバエグリトビケラ *Neophylax japonicus*；a：幼虫頭胸部背面　5：シロフアツバエグリトビケラ *Neophylax shikoku*；a：幼虫頭胸部背面（スケールは1mm．1a, 2a, 3a, 3b, 4aは谷田（1985）より）

ニンギョウトビケラ科　Goeridae

野崎隆夫

日本産はニンギョウトビケラ亜科 Goerinae に属するニンギョウトビケラ属 Goera と Silo Curtis およびコブニンギョウトビケラ亜科のコブニンギョウトビケラ属 Larcasia 3 属が記録されているが，Silo については記載が不十分なうえ東アジアからこの属の種は記録されていないので分布に疑問がもたれる（Nozaki et al., 2000）．幼虫は流水に広く分布するほか湖岸に生息することもある．付着藻類などを摂食するスクレーパーである．

ニンギョウトビケラ属　Goera Stephens, 1829

全北区及び東洋区に広く分布するほか，南アフリカにも分布が知られる（Wiggins, 1997）．特に東アジアでは多くの種が記録され，日本からは17種が知られる（Nozaki & Tanida, 2006；Nozaki, 2017b）．幼虫は砂粒で筒巣をつくり，その両翼には大きめの石を付ける．流水に生息するほかニンギョウトビケラ G. japonica は礫底の湖にも生息する．

ニンギョウトビケラ　Goera japonica Banks, 1906（図89-1，90-1）

北海道から屋久島まで日本全国に広く分布し，山地渓流から平地流そして湖にまで生息する．筒巣の両翼の石は普通3対．山口県岩国市を流れる錦川に多産するこの種の筒巣を用いた民芸品「石人形」は有名で，この種の和名もこれにちなんで名付けられた．

アマミニンギョウトビケラ　Goera akagiae Tanida & Nozaki, 2006（図89-3，90-2）

奄美大島，屋久島および高知県に分布する．赤木（1974）によって奄美大島から記載された Goera sp. GC は本種で，ニンギョウトビケラの幼虫に似るが，後頭部に淡色の斑紋があることで区別できる．

オキナワニンギョウトビケラ　Goera uchina Tanida & Nozaki, 2006（図90-3）

沖縄島および石垣島に分布する．幼虫では，アマミニンギョウトビケラと区別できない．

クルビスピナニンギョウトビケラ　Goera curvispina Martynov, 1935（図89-2，90-4）

近畿以西に分布し，国外ではロシア（南ウスリー）や韓国に分布する．平地の流れに生息する．筒巣の両翼の石は2～3対．

キョウトニンギョウトビケラ　Goera kyotonis Tsuda, 1942（図89-5，90-5）

近畿以西に分布する．両翼に2対の石を付けた短めの筒巣をもち，小さな流れに生息する（津田・赤木，1955）．

イズミニンギョウトビケラ　Goera lepidoptera Schmid, 1965（図90-6）

本州中部以北の湧水流などに生息する．幼虫ではキョウトニンギョウトビケラと区別できない．

シコクニンギョウトビケラ　Goera shikokuensis Nozaki & Tanida, 2006（図90-7）

四国の細流に生息する．幼虫はキョウトニンギョウトビケラと区別できない．

カワモトニンギョウトビケラ　Goera kawamotonis Kobayashi, 1987（図89-4，90-8）

愛知県以西の平地の河川に生息するほか，ロシアからも知られる．津田・赤木（1956）によって記載された Goera sp. GA は，本種である（西本・森田，2001）．両翼に付ける石は1～3個で左右非対称．

クロニンギョウトビケラ　Goera nigrosoma Nozaki & Tanida, 2006（図89-6，90-9）

本州および四国に分布し，山地渓流の源流部など小さな流れに生息する．津田・赤木（1962）によって記載された Goera sp. GB は本種．幼虫の頭頂は広く陥没し，前胸前側縁が他種のように鋭

キタクロニンギョウトビケラ *Goera tungusensis* Martynov, 1909（図89-8，90-10）
　北海道に分布する．国外ではロシアや北米にも分布する．幼虫の頭部背面は馬蹄形に凹む．筒巣の両翼の石は3対またはそれ以上．

ヒメニンギョウトビケラ *Goera spicata* Schmid, 1965（図89-7，90-11）
　本州中部（東京，神奈川，山梨，長野）の山地渓流に生息する．頭部背面の後部は縫合線上で凹む．筒巣の両翼の石は普通3対．

ニシヒメニンギョウトビケラ *Goera extrorsa* Nozaki, 2017（図90-12）
　本州中部（石川，福井，三重，滋賀）から知られ，近縁のヒメニンギョウトビケラより西に分布する．幼虫不明．

フトオヒメニンギョウトビケラ *Goera dilatata* Nozaki & Tanida, 2006（図90-13）
　北海道（道南）と本州（茨城・新潟以北）から知られる．幼虫はヒメニンギョウトビケラと区別できない．

タジマニンギョウトビケラ *Goera tajimaensis* Tanida & Nozaki, 2006（図90-14）
　氷ノ山（兵庫県）のみから知られる．幼虫不明．

オガサワラニンギョウトビケラ *Goera ogasawaraensis* Kuranishi, 2005（図90-15）
　小笠原諸島（父島，兄島）に分布する．幼虫は友国・佐藤（1978）によって記載されている．

タイワンニンギョウトビケラ *Goera tenuis* Ulmer, 1927（図90-16）
　台湾で記載された種で，石垣島と西表島から記録されている．幼虫不明．

コガタニンギョウトビケラ *Goera minuta* Ulmer, 1927（図90-17）
　台湾で記載された種で，石垣島から記録されている．幼虫不明．

コブニンギョウトビケラ属　*Larcasia* **Navás, 1917**

　赤木（1959）によって属不明のGoerinaeの1種として記録された種が，Nishimoto et al.（1999）によって本属に属することが明らかになった．本属は，現在までに6種がイベリア半島，イタリア，インド，タイおよび日本から知られる．日本産は2種で，山地渓流に生息し，成虫は早春に羽化する（Nishimoto et al., 1999）．谷田（1985）による *Imania* sp. IA はコブニンギョウトビケラ *Larcasia akagiae*．成虫は飛ぶことができず水面上を滑走する（Nishimoto et al., 1999）．

コブニンギョウトビケラ *Larcasia akagiae* Nishimoto & Tanida, 1999（図91-1）
　本州（群馬，東京，愛知，奈良）と四国（愛媛）に分布．

コガタコブニンギョウトビケラ *Larcasia minor* Nishimoto, 1999（図91-2）
　本州（栃木）に分布．

ニンギョウトビケラ科幼虫の属および種の検索

1a　中胸側板は前方に強く突出する．砂粒からなる筒巣の翼部に大きめの石を付ける
　　　……………………………………………………………………… ニンギョウトビケラ属　*Goera* … 2
1b　上記のような突出はない．砂粒からなるやや扁平な筒巣
　　　……………………………………………………………………… コブニンギョウトビケラ属　*Larcasia* … 9
2a　頭頂は広く陥没し，前胸前縁には小さな凹凸がある（図89-6）
　　　……………………………………………… クロニンギョウトビケラ　*Goera nigrosoma*
　　　　　　　　　　　　　　　　　　　　　　　　（体長約8 mm．本州と四国に分布）

2b 上記と異なる ……………………………………………………………… 3
3a 頭頂部は目と頭部前縁の中央付近まで広く平面となる ………………… 4
3b 上記と異なり，頭頂部は平面とならないか，平面となる場合でも目の付近まで ……… 7
4a 前胸背板の中央部に刺が密生した隆起がある．筒巣の翼部の石は普通3対 ………… 5
4b 上記にそのような隆起はない．筒巣の翼部の石は1～3個で左右が対にならないことが多い（図89-4）……………………… カワモトニンギョウトビケラ *Goera kawamotonis*
(体長約9 mm．本州，九州，ロシア極東部に分布)
5a 各脚の跗節は全体に褐色または先端がやや濃色．筒巣の翼部の石は大きくて2～3対（図89-2）……………………… クルビスピナニンギョウトビケラ *Goera curvispina*
(体長約10 mm．本州，九州，韓国，ロシア極東部)
5b 各脚の跗節の先端2/3は明瞭な黒褐色 ………………………………… 6
6a 後頭部に横走する淡色紋がある（図89-3）… アマミニンギョウトビケラ *Goera akagiae* /
オキナワニンギョウトビケラ *Goera uchina*
(体長約13 mm)
6b 上記のような淡色紋はない（図89-1）……… ニンギョウトビケラ *Goera japonica*
(体長約13 mm)
7a 頭頂部は平面になる．筒巣の翼部の大きな石は普通2対（図89-5）
……………………… キョウトニンギョウトビケラ *Goera kyotonis* /
イズミニンギョウトビケラ *Goera lepidoptera* /
シコクニンギョウトビケラ *Goera shikokuensis*
(体長約9 mm)
7b 頭頂部は顆粒状突起により凹凸ができる ……………………………… 8
8a 頭頂部は縫合線に沿ってU字形に凹むとともに，中央も楕円形に凹む（図89-7）
……………………… ヒメニンギョウトビケラ *Goera spicata* /
フトオヒメニンギョウトビケラ *Goera dilatata*
(体長約8 mm)
8b 頭頂部は馬蹄形の隆起に囲まれて凹む（図89-8）
……………………… キタクロニンギョウトビケラ *Goera tungusensis*
(体長約12 mm．北海道，ロシア，北米に分布)
9a 頭部中央の1対のこぶには短い刺毛が群生する（図91-1）
……………………… コブニンギョウトビケラ *Larcasia akagiae*
(体長6～7 mm．本州と四国に分布)
9b 同上こぶに刺毛を群生しない（図91-2）
……………………… コガタコブニンギョウトビケラ *Larcasia minor*
(体長3.5～4 mm．栃木県に分布)

ニンギョウトビケラ科成虫の属の分類

1a 中胸小盾板には刺毛の生えたこぶ状隆起がある ………… ニンギョウトビケラ属 *Goera*
1a 中胸小盾板にはこぶ状隆起はない ……………… コブニンギョウトビケラ属 *Larcasia*

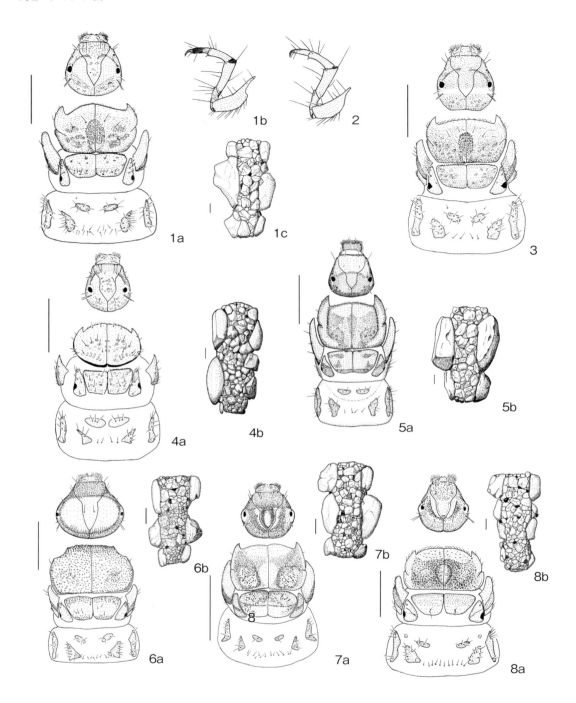

図89 ニンギョウトビケラ科幼虫 Goeridae larvae and cases
1：ニンギョウトビケラ Goera japonica；a：頭胸部背面，b：後脚側面，c：筒巣　2：クルビスピナニンギョウトビケラ Goera curvispina，後脚側面　3：アマミニンギョウトビケラ Goera akagiae，頭胸部背面　4：カワモトニンギョウトビケラ Goera kawamotonis；a：頭胸部背面，b：筒巣　5：キョウトニンギョウトビケラ Goera kyotonis；a：頭胸部背面，b：筒巣　6：クロニンギョウトビケラ Goera nigrosoma；a：頭胸部背面，b：筒巣　7：ヒメニンギョウトビケラ Goera spicata；a：頭胸部背面，b：筒巣　8：キタクロニンギョウトビケラ（ロシア沿海州産）；a：頭胸部背面，b：筒巣

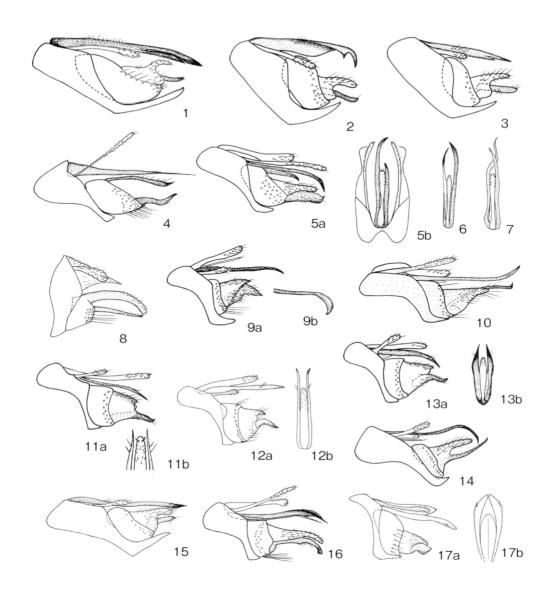

図90　ニンギョウトビケラ科雄成虫交尾器 Goeridae male genitalia
1：ニンギョウトビケラ Goera japonica，側面　2：アマミニンギョウトビケラ Goera akagiae，側面　3：オキナワニンギョウトビケラ Goera uchina，側面　4：クルビスピナニンギョウトビケラ Goera curvispina，側面　5：キョウトニンギョウトビケラ Goera kyotonis；a：側面，b：背面　6：イズミニンギョウトビケラ Goera lepidoptera，背面　7：シコクニンギョウトビケラ Goera shikokuensis，背面　8：カワモトニンギョウトビケラ Goera kawamotonis，側面　9：クロニンギョウトビケラ Goera nigrosoma；a：側面，b：10節腹側面突起の変異（四国産）　10：キタクロニンギョウトビケラ Goera tungusensis，側面　11：ヒメニンギョウトビケラ Goera spicata；a：側面，b：背面先端　12：ニシヒメニンギョウトビケラ Goera extrorsa；a：側面，b：背面　13：フトヒメニンギョウトビケラ Goera dilatata；a：側面，b：背面　14：タジマニンギョウトビケラ Goera tajimaensis，側面　15：オガサワラニンギョウトビケラ Goera ogasawaraensis；側面　16：タイワンニンギョウトビケラ Goera tenuis，側面　17：コガタニンギョウトビケラ Goera minuta；a：側面，b：背面（1〜11，13〜16は Nozaki & Tanida (2006)，12，17は Nozaki (2017b) より）

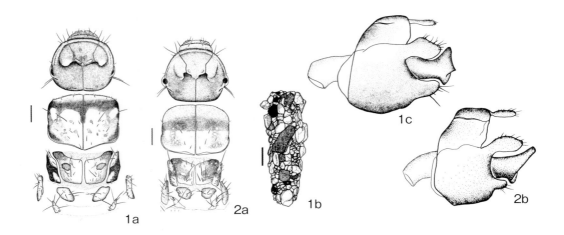

図91 ニンギョウトビケラ科コブニンギョウトビケラ属 Goeridae *Larcasia*
1：コブニンギョウトビケラ *Larcasia akagiae*；a：幼虫頭胸部背面，b：筒巣，c：雄交尾器側面　2：コガタコブニンギョウトビケラ *Larcasia minor*；a：幼虫頭胸部背面，b：雄交尾器側面（スケールは1mm. 図はNishimoto et al.（1999）より）

ヒゲナガトビケラ科　Leptoceridae

谷田一三

日本産11属40種以上．日本国内における近年の分布や総説（Uenishi, 1993）や調査，ロシア極東（Vshivkova et al., 1997）や中国（Yang & Morse, 2000）における分類研究の進展によって，日本の種類相も判明してきた．まだ，多くの未記載種があること，成虫と幼虫の関係の判明しない種が多いことなど，多くの分類学的問題点が残っている．本科については旧版（谷田，2005）において上西実さん（宇治市）に未発表の原図・写真の提供とともに，多くの示唆と支援を頂いた．この版では，それらとともにYang & Morse（2000）などから多くの図の転載を許して頂いた．また，勝間信之さん（牛久市）には原稿を見て頂くとともに，原図の転載を許して頂いた．各位に深く感謝する．亜科や属の配列については，Yang & Morse（2000）に従った．

下記の属種以外に *Parasetodes respersellus* (Rambur, 1842) が，Ulmer（1907）によって記録されているが，誤同定の可能性が高い（Uenishi, 1993）．岩田（1930）が幼虫で記載したヨシエヒゲナガトビケラ *Erotetis japonica* Iwata, 1930は幼虫についてのみの記載であり，分類学的知見が不十分で，収載しないことにした．

オオヒゲナガトビケラ亜科　Triplectidinae

オオヒゲナガトビケラ族　Triplectidini
オオヒゲナガトビケラ属　*Triplectides* Kolenati, 1859

日本産1種．本属はオーストラリア区，新熱帯区に多数の種が分布する．

ミサキツノトビケラ　*Triplectides misakianus* (Matsumura, 1931)（図92-1，93-1，95-1）
=*Tobikera misakiana* Matsumura, 1931

本州と九州に分布．かつては平野部の池沼に広く分布していたようだが，現在は採集記録も多くはなく，分布は局限的なようだ（倉西，1999；Katsuma & Kuranishi, 2016；野崎，2016）．

ヒゲナガトビケラ亜科　Leptocerinae

ツダヒゲナガトビケラ族（新称）　Athripsodini
ツダヒゲナガトビケラ属（新称）　*Athripsodes* Billberg, 1820

日本産1種（Uenishi, 1993）．新属和名は日本産種の和名を採用した．

ツダヒゲナガトビケラ　*Athripsodes tsudai* (Akagi, 1960)（図92-2，93-2，95-2）
=*Leptocerus* sp. LA（津田・赤木，1956：幼虫記載）；*Leptocerus tsudai*, 1960

本州（秋田，福島，愛知，三重），九州（福岡）からの記録がある．津田・赤木（1956）によれば，幼虫は河川で採集され，砂粒からなる軽く湾曲した円錐形の筒巣をもつ．

タテヒゲナガトビケラ属　*Ceraclea* Stephens, 1829

日本産10種以上で，幼虫は河川や湖沼のさまざまな棲み場所に生息する．本州の河川における最も普通の種は，ナガツノヒゲナガトビケラ *C. complicata*．琵琶湖およびその流出入河川には種数や個体数が多い（Tanida et al., 1999）．日本産の種については，生態，幼虫の形態などについてはまとまった研究はない．琵琶湖産の種は，淡水海面の骨片を巣材にした盾形の巣をつくるクロスジヒゲナガ

トビケラ *C. nigronervosa* とトゲモチヒゲナガトビケラ *C. albimacula* が多産する．河川性の種には，細かい砂粒を巣材にする幼虫が多い（図92-3）（谷田，1985，2005）．幼虫の体長は8～10 mm程度．成虫の前翅長は10 mm前後で，黄褐色の地味な色調の種が多い．

トゲモチヒゲナガトビケラ *Ceraclea albimacula* (Rambur, 1842)（図93-3，95-3）
= *Ceraclea albogutata* (Hagen, 1986)；*Leptocerus spinosus* Tsuda, 1942（新参ホモニム）；*Leptocerus biwaensis* Tsuda, 1950

北海道，本州，九州に分布；国外では欧州から東アジア（中国，朝鮮半島）に広く分布する．幼虫は淡水海綿の骨片を使った可携巣をつくる．本州では琵琶湖に多産するが，近年各地で産地が発見された．

ナガツノヒゲナガトビケラ *Ceraclea complicata* (Kobayashi, 1984)（図95-4）
= *Leptocerus funasiensis* Kobayashi, 1985

北海道，本州，九州，対馬，屋久島などに広く分布する；国外ではサハリンに分布する．河川に広く分布し個体数も多い．

チョウセンヒゲナガトビケラ（新称） *Ceraclea coreana* Kumanski, 1991（図95-5）
九州（福岡）に分布；国外ではロシア沿海州，朝鮮半島に分布．

カモヒゲナガトビケラ *Ceraclea kamonis* (Tsuda, 1942)（図95-6）
北海道，本州に分布する．

ミヤコヒゲナガトビケラ *Ceraclea lobulata* (Martynov, 1935)（図95-7）
= *Leptocerus miyakonis* Tsuda, 1942

北海道，本州，九州に分布する；国外ではロシア沿海州，中国，韓国に分布する．

コガタヒゲナガトビケラ *Ceraclea mitis* (Tsuda, 1942)（図95-8）
= *Leptocerus takatsunis* Kobayashi, 1987（Katsuma (2014) によってシノニムとされた）

本州（中部以西），四国に分布する；国外では韓国に分布する．

クロスジヒゲナガトビケラ *Ceraclea nigronervosa* (Retzius, 1783)（図93-4，95-9）
本州（滋賀，島根，岡山）に分布し，琵琶湖には多産する．和名は翅脈が黒色であることによる．幼虫は淡水海綿の骨片を主な材料にして盾型の可携巣をつくる．赤木 (1953, 1954) がトゲモチヒゲナガトビケラの幼虫として記載したものは，本種の幼虫である (Uenishi, 1993)．

トサカヒゲナガトビケラ *Ceraclea superba* (Tsuda, 1942)（図95-10）
本州に分布する；国外ではロシア沿海州，中国に分布する．

シボツタテヒゲナガトビケラ *Ceraclea valentinae* Arefina, 1997（図なし）
北海道，南千島に分布．

アムールヒゲナガトビケラ（新称） *Ceraclea variabilis* (Martynov, 1935)（図95-11）
九州（福岡）に分布，国外ではロシア（アムール，シベリア）に分布．新和名はタイプ産地の地域名を採用した．

ヒゲナガトビケラ族（新称） Leptocerini
ヒゲナガトビケラ属 *Leptocerus* Leach, 1877

日本産4種だが (Uenishi, 1993；野崎・中村，2002など)，未記載種も少なくない．幼虫は，ウトナイヒゲナガトビケラ *L. valvatus* (Lepneva, 1966) とナガレヒゲナガトビケラ *L. fluminalis* が記載されている (Ito & Kuhara, 2009)（図92-4）．また，岩田 (1930) が幼虫で記録した *L. tineiformis* は，ヨーロッパに分布する種であり誤同定 (Uenishi, 1993)．

ビワセトトビケラ　*Leptocerus biwae* (Tsuda, 1942)（図93-5，96-1）
北海道，本州，九州に分布；国外ではロシア沿海州，中国に分布．
ナガレヒゲナガトビケラ　*Leptocerus fluminalis* Ito & Kuhara, 2009（図92-4，96-2）
北海道，本州，四国に分布．河川に広く分布し，個体数も多い．
モセリーヒゲナガトビケラ　*Leptocerus moselyi* (Martynov, 1935)（図96-3）
北海道，本州に分布；国外ではロシア（アムール）に分布．
ウトナイヒゲナガトビケラ　*Leptocerus valvatus* Martynov, 1935（図96-4）
= *Leptocerus utonaiensis* Kobayashi, 1977
北海道，本州，九州に分布；国外ではロシア沿海州，中国に分布．

センカイトビケラ族（新称）　Triaenodini
コヒゲナガトビケラ属　*Adicella* McLachlan, 1877

日本からは5種が記録，記載されている（Ito et al., 2013；Katsuma & Yamamoto, 2015）．幼虫は丸山ほか（2000）に細かい砂粒からなる軽く湾曲した円錐形の巣とそれに入った幼虫の写真が収載され，河川の緩流部に生息するとされているが，それ以外の記載などはない．

タイワンコヒゲナガトビケラ　*Adicella makaria* Malicky & Chantaramongkol, 2002（図96-5）
琉球列島（八重山群島，与那国島）に分布；国外では台湾に分布．
オダミヤマコヒゲナガトビケラ　*Adicella odamiyamensis* Katsuma & Yamamoto, 2015（図96-6）
四国（愛媛）と屋久島に分布．
ヌマコヒゲナガトビケラ　*Adicella paludicola* Ito & Kuhara, 2013（図96-7）
北海道，本州に分布．
チョウモウコヒゲナガトビケラ　*Adicella strigillata* Katsuma & Ito, 2013（図96-8）
本州（茨城，岡山）に分布．
ミツマタコヒゲナガトビケラ　*Adicella trichotoma* Ito & Kuhara, 2013（図96-9）
北海道，本州，四国，琉球列島（奄美大島，沖縄島）に分布．

センカイトビケラ属　*Triaenodes* McLachlan, 1865

日本産3種だが，幼虫だけで記載されている種との関係は解決されていない．幼虫の体長は約10 mmで，小さな長方形に切り取った植物片をらせん状に配列した細長い円筒形の巣をつくる（図92-5）．細長毛の密生した後脚を上手に使って泳ぐことができる．成虫の体色や翅色は黄色．

ニセセンカイトビケラ　*Triaenodes pellectus* Ulmer, 1908（図93-7，97-1）
北海道，本州，九州に分布する；国外ではロシア沿海地域州，中国，東南アジアに分布する．
チンリンセンカイトビケラ　*Triaenodes qinglingensis* Yang & Morse, 2000（図97-2）
本州（近畿，中国）に分布；国外では中国，東南アジアに分布．
ヤマモトセンカイトビケラ　*Triaenodes unanimis* McLachlan, 1877（図97-3）
= *Triaenodes yamamotoi* Tsuda, 1942（Kumanskii, 1991によってシノニムとされた；和名は継承）
北海道，本州，九州に分布；国外ではロシア沿海州，中国，ヨーロッパなどに分布．
センカイトビケラ　*Triaenodes niwai* Iwata, 1927（図なし）
幼虫だけで記載されているため，成虫で記載された他種との関係は不詳．

クサツミトビケラ族（新称） Oecetini
クサツミトビケラ属　*Oecetis* McLachlan, 1877

日本産10種以上で（Uenishi, 1993；Katsuma, 2018），トウヨウクサツミトビケラ *Oecetis tsudai* とゴマダラヒゲナガトビケラ *Oecetis nigropunctata* が普通種である．幼虫（図92-6）は植物片を横方向に配置する筒巣をつくるトウヨウクサツミトビケラなどと，砂粒を筒巣に用いるゴマダラヒゲナガトビケラなどの2つの型を区別できるが，幼虫での種の区別は今のところ困難．いずれの幼虫も体長は5 mm 程度で，筒巣は背腹にやや扁平な円筒形．中流〜下流の河川の緩流部や湖沼沿岸部に生息する．成虫の前翅長は8 mm 程度．前翅，後翅ともに先端部はやや尖る．幼虫のなかには頭胸部の斑紋で種区別できる種もあるが成虫との対応はついていない．幼虫は，小顎肢と大顎が前方に伸長すること，上唇の背面に多数の2次刺毛があることなどで，他のヒゲナガトビケラ科幼虫からはっきりと区別できる（谷田, 1985, 2005；Wiggins, 1996）．よく発達し前方に伸びる大顎からみても捕食者であるという（Wiggins, 1996）．

　ウスリークサツミトビケラ　*Oecetis antennata* (Martynov, 1935)（図97-4）
　本州（中部，中国）に分布；国外ではロシア沿海州，中国に分布．

　アジアクサツミトビケラ　*Oecetis brachyura* Yang & Morse, 1997（図97-5）
　北海道，本州，屋久島に分布；国外では中国に分布．

　アナトゲクサツミトビケラ　*Oecetis caucula* Yang & Morse, 2000（図97-6）
　本州に分布；国外では中国と韓国に分布．

　ハモチクサツミトビケラ　*Oecetis hamochiensis* Kobayashi, 1984（図97-7）
　北海道，本州，佐渡島，対馬に分布．*Oecetis ochracea* (Curtis, 1825) が滋賀から一度だけ記録されているが（河瀬・森田，2010），本種の誤同定（河瀬，2017）．

　モリクサツミトビケラ　*Oecetis morii* Tsuda, 1942（図94-1，97-8）
　北海道，本州，九州に分布；国外ではロシア沿海州に分布．

　ゴマダラヒゲナガトビケラ　*Oecetis nigropunctata* Ulmer, 1908（図94-2，97-9）
　= *Oecetis pallidipunctata* Martynov, 1935
　北海道，本州，四国，九州に分布；国外ではロシア（沿海州，サハリン），台湾，朝鮮半島，中国，東南アジアに広く分布．

　ヘラクサツミトビケラ　*Oecetis spatula* Chen, 2000（図97-10）
　琉球列島（与那国島）に分布；国外では台湾，中国（中南部），ジャワに分布．

　クマンスキークサツミトビケラ　*Oecetis testacea kumanskii* Yang & Morse, 2000（図なし）
　北海道に分布；国外では朝鮮半島に分布．

　ミツモンクサツミトビケラ（新称）　*Oecetis tripunctata* (Fabricius, 1793)（図97-11）
　本州（滋賀）に分布；国外ではロシア，中国，台湾，東南アジアに広く分布．

　トウヨウクサツミトビケラ　*Oecetis tsudai* Fischer, 1970（図94-3，97-12）
　= *Oecetis orientalis* Tsuda, 1942（新参ホモニム）；*Oecetis testacea sakhalinica* Arefina, 2005
　北海道，本州，九州，屋久島に広く分布，個体数も多い．河川にも湖沼にも生息する．幼虫は，植物片を横断方向に配置した可携巣をつくる（谷田・西野，1992）．

　ユウキクサツミトビケラ　*Oecetis yukii* Tsuda, 1942（図94-4，97-13）
　北海道，本州，九州に分布；国外ではロシア極東，朝鮮半島に分布．

　オダクサツミトビケラ（新称）　*Oecetis odanis* Kobayashi, 1987（図なし）
　原記載以外に記録がない．タイプ標本を含めた再検討が必要．

クサツミトビケラ　*Oecetis furva* (Rambur, 1842)（図なし）

日本からは幼虫だけで記録され（岩田, 1930），欧州などに分布するが，日本での成虫による分布は確認されていない．ヨーロッパ，北米などとの共通種．

セトトビケラ族　Setodini
セトトビケラ属　*Setodes* Rambur, 1842

日本からは6種が記録されているが（Uenishi, 1993），分類や生態は十分わかっていない．幼虫（図92-7）は砂粒でやや湾曲した円筒形の筒巣をつくる．腹部末端節の背側面に後縁が刺状突起になるキチン板があることで（図92-7c），他のヒゲナガトビケラ幼虫から区別される．ギンボシツツトビケラはかつては北海道から九州に広く分布し，稲の害虫にもなっていたというが（Kuwayama, 1934；丸山・高井, 2000），近年は密度や産地ともに激減している．下記の種以外に，大陸の種と近縁の数種の未記載種が確認されている（野崎・中村, 2002）．

ギンボシツツトビケラ　*Setodes argentatus* Matsumura, 1907（図94-5，98-1）
= *Setodes iris* Hagen, 1858（誤同定）；*Setodes appendiculata* Martynov, 1933；*Oecetis turbata* Navás, 1933；*Setodes uenoi* Tsuda, 1942

北海道，本州，九州に分布；国外では朝鮮，ロシア極東，中国に分布．

ヒヌマセトトビケラ　*Setodes hinumaensis* Katsuma, 2009（図98-2）

本州（秋田，岩手，茨城）に分布．

チビセトトビケラ　*Setodes minutus* Tsuda, 1942（図98-3）

本州，九州に分布．

シラセセトトビケラ　*Setodes shirasensis* Kobayashi, 1984（図98-4）

北海道，本州，佐渡島に分布．本州の河川には多産する．

ウジセトトビケラ　*Setodes ujiensis* (Akagi, 1960)（図98-5）

本州（京都，島根，長野）に分布；国外では朝鮮半島に分布．絶滅危惧種とされている．

Setodes curviseta Kobayashi, 1959（図なし）

九州（福岡）から記載．原記載以外の記録はない．種としての独立性には疑問がある．

ヒメセトトビケラ属　*Trichosetodes* Ulmer, 1915

日本産1種（Tsuda, 1942；Uenishi, 1993）．ウジヒメセトトビケラは和名が改称されセトトビケラ属に移されている（Schmid, 1987；Uenishi, 1993）．

ヒメセトトビケラ　*Trichosetodes japonicus* Tsuda, 1942（図92-8，94-6，7，98-6）

本州，九州（福岡）などに広く分布；国外ではロシア極東，朝鮮半島に分布．幼虫は河川の中流〜下流の緩流部の岸際に多い．円筒形の砂粒の巣をつくる．尾脚基部に2列の強い刺が列生する．

アオヒゲナガトビケラ族（新称）　Mystacidini
アオヒゲナガトビケラ属　*Mystacides* Berthold, 1827

日本産4種以上（Uenishi, 1993）．河川にも湖沼の沿岸部にも生息する．幼虫（図92-8）の体長は約8mmで，砂粒の円筒形の筒巣で長い植物片を数本つけていることが多く，この属の幼虫筒巣の特徴となっている．幼虫の頭胸部には，はっきりと濃淡のある斑紋がある．腹部に短い気管鰓をもつ個体があるが，これが種差かどうかは判明していない．成虫の前翅長は8mm程度で，青みがかった黒色で金属光沢がある．下記の3種以外にも未記載種があるので注意．

アオヒゲナガトビケラ　*Mystacides azurea* (Linnaeus, 1761)（図94-8，98-7）

　北海道，本州，四国，九州に広く分布し，個体数も多い；国外ではヨーロッパからロシア沿海州まで旧北区に広く分布する．河川緩流部や湖沼の沿岸部に生息する．

キタアオヒゲナガトビケラ　*Mystacides pacifica* Mey, 1991（図98-8）

　北海道に分布；国外ではサハリン（タイプ産地）に分布．

Mystacides bifida Martynov, 1924（図なし）

　本州（東京）；国外ではロシア（アムール）に分布．日本産の本種については再検討が必要だろう．

ヒゲナガトビケラ科幼虫の属への検索

（Yang & Morse, 2000を一部改変して作成した）

1a　頭部の眼の周辺の頬部に脱皮のための2次的な分割線がある（図92-3）
　　　　‥‥‥‥‥‥‥‥‥‥‥‥‥‥‥‥‥‥‥‥‥‥‥‥　ヒゲナガトビケラ亜科　Leptocerinae
1b　上記のような頬部の分割線はない（図92-1）
　　　　‥‥‥‥‥‥‥‥‥‥‥‥‥‥‥‥‥　オオヒゲナガトビケラ亜科　Triplectidinae *Triplectides*
2a　中胸背面には1対の湾曲あるいは直線的な黒色部が弱く硬化した背板の上にある（図92-2，92-3）‥‥‥‥‥‥‥‥‥‥‥‥‥‥‥‥‥‥‥‥‥　ツダヒゲナガトビケラ族　Athripsodini
　　　　　　　　　　　　　　　　　　　　ツダヒゲナガトビケラ属　*Athripsodes*
　　　　　　　　　　　　　　　　　　　あるいはタテヒゲナガトビケラ属　*Ceraclea*
2b　中胸背面には上記のような黒色部はない　‥‥‥‥‥‥‥‥‥‥‥‥‥‥‥‥‥‥‥‥‥‥‥‥　3
3a　中脚の鉤爪は太くてフック状に変形する．中脚の跗節も強く湾曲する
　　　　‥‥‥‥‥‥‥‥‥‥‥‥‥‥‥‥‥‥‥‥　ヒゲナガトビケラ属　*Leptocerus*（図92-4）
3b　中脚の鉤爪と跗節は上記のようではない　‥‥‥‥‥‥‥‥‥‥‥‥‥‥‥‥‥‥‥‥‥‥‥‥　4
4a　小顎肢は上唇の先端よりはっきりと突出する．大顎が長く伸び先端は鋭い（図92-6）
　　　　‥‥‥‥‥‥‥‥‥‥‥‥‥‥‥‥‥‥‥‥‥‥‥‥‥‥　クサツミトビケラ属　*Oecetis*
4b　小顎肢や大顎は上記のようではない　‥‥‥‥‥‥‥‥‥‥‥‥‥‥‥‥‥‥‥‥‥‥‥‥‥‥　5
5a　尾脚の基部には湾曲した幅広の硬板があり，その後縁には強い刺が列生する（図92-7）
　　　　‥‥‥‥‥‥‥‥‥‥‥‥‥‥‥‥‥‥‥‥‥‥‥‥‥‥‥‥　セトトビケラ属　*Setodes*
5b　尾脚基部には棘や剛毛列のみられる幼虫もあるが，上記のようにはならない　‥‥‥‥‥‥　6
6a　尾脚基部の背面には2列の強い刺を列生する．砂粒を綴りあわせて背腹に軽く湾曲した巣をつくる　‥‥‥‥‥‥‥‥‥‥‥‥‥‥　ヒメセトトビケラ属　*Trichosetodes*（図92-8）
6b　尾脚基部の背面には2列の刺は列生しない　‥‥‥‥‥‥‥‥‥‥‥‥‥‥‥‥‥‥‥‥‥‥　7
7a　後脚の脛節は透明の帯で2つの節に分かれているようにみえる　‥‥‥‥‥‥‥‥‥‥‥‥　8
7b　後脚の脛節は上記のようではなく，単一の節のようにみえる
　　　　‥‥‥‥‥‥‥‥‥‥‥‥‥‥‥‥‥‥‥‥‥‥‥‥‥‥　コヒゲナガトビケラ属　*Adicella*
8a　後脚は遊泳に適するように変形し，長毛が密に列生する．植物片をらせん状に配列した円筒形の筒巣をつくる（図92-5）‥‥‥‥‥‥‥‥‥‥　センカイトビケラ属　*Triaenodes*
8b　後脚は遊泳には適さず，上記のような長毛は密生しない．砂粒からなる筒巣をつくり細長い植物片を縦方向につけることが多い（図92-9）
　　　　‥‥‥‥‥‥‥‥‥‥‥‥‥‥‥‥‥‥‥‥‥‥‥‥‥‥　アオヒゲナガトビケラ属　*Mystacides*

　Yang & Morse（2000）では咽頭板の形が三角形のものがツダヒゲナガトビケラ属 *Athripsodes*，台

形あるいは四角形のものがタテヒゲナガトビケラ属 *Ceraclea* として区別しているが，津田・赤木（1956）が記載したツダヒゲナガトビケラ属（原論文ではヒゲナガトビケラ属）幼虫の咽頭板は縦長の台形である（図92-2d）．

ヒゲナガトビケラ科成虫の属への検索

（野崎．2016の検索表を採用した．翅脈を含む図については，上記文献も参照されたい）

- 1a 距式は2-2-2 ……………………………………………………………………… 2
- 1b 距式は0-2-2あるいは1-2-2 ……………………………………………………… 4
- 2a 後翅に中室（DC）がある ……………… オオナガレトビケラ属 *Triplectides*（図93-1）
- 2b 後翅に中室はない（図93-3b）…………………………………………………… 3
- 3a 頭部背面後部中央に縫合線がある …… ツダヒゲナガトビケラ属 *Athripsodes*（図93-2）
- 3b 頭部背面後部中央に縫合線はない …… タテヒゲナガトビケラ属 *Ceraclea*（図93-3）
- 4a 後翅には第5脈叉はない ………………………………………………………… 5
- 4b 後翅に第5脈叉がある（図93-8）……………………………………………… 6
- 5a 前翅に鏡室（TC）がある ……………………… コヒゲナガトビケラ属 *Adicella*
- 5b 前翅に鏡室はない ……………………… センカイトビケラ属 *Triaenodes*（図93-7）
- 6a 前翅は黒色で金属的光沢があり，前縁の先端近くに凹部がある
    ………………………………… アオヒゲナガトビケラ属 *Mystacides*（図94-8）
- 6b 前翅は上記のようではない ……………………………………………………… 7
- 7a 前翅のM_{1+2}脈とM_{3+4}脈は，横脈との融合点で分岐する（図93-8）……… 8
- 7b 前翅のM_{1+2}脈とM_{3+4}脈は，横脈との融合点より先端寄りで分岐し，柄をもつ ……… 9
- 8a 前翅のM脈はM_{1+2}脈と一直線になる（93-8）………… クサツミトビケラ属 *Oecetis*
- 8b 前翅のM脈はM_{1+2}脈と一直線にならない ヒゲナガトビケラ属 *Leptocerus*（図93-5）
- 9a 触角の第1節の長さは幅の約3倍で，雄にはその末端に長い刺毛の束がある
    …………………………………… ヒメセトトビケラ属 *Trichosetodes*（図94-6，7）
- 9b 触角の第1節の長さは幅の2倍以下で，雄には上記のような刺毛の束はない
    …………………………………………………………… セトトビケラ属 *Setodes*

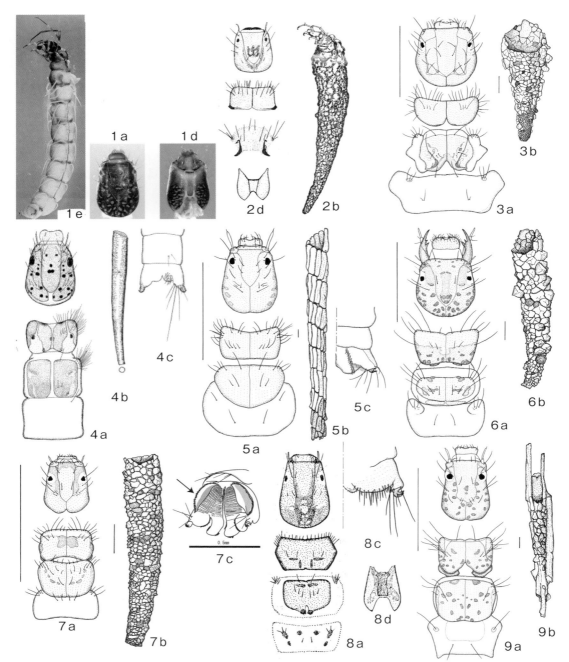

図92 ヒゲナガトビケラ科幼虫頭胸部背面などと筒巣　Leptoceridae larvae & cases
a：頭（胸）部背面　b：筒巣　c：尾脚背面　d：頭部腹面　e：幼虫側面
1：ミサキツノトビケラ *Triplectides misakianus*　2：ツダヒゲナガトビケラ *Athripsodes tsudai*　3：タテヒゲナガトビケラ属 *Ceraclea*　4：ナガレヒゲナガトビケラ *Leptocerus fluminalis*　5：センカイトビケラ属 *Triaenodes*　6：クサツミトビケラ属 *Oecetis*　7：セトトビケラ属 *Setodes*　8：ヒメセトトビケラ *Trichosetodes japonicus*　9：アオヒゲナガトビケラ属 *Mystacides*
コヒゲナガトビケラ属 *Adicella* の幼虫は収載していない．
（1：Katsuma & Kuranishi (2016)，2：津田・赤木 (1956)，4：Ito & Kuhara (2009)，8 a, d：赤木 (1957) よりそれぞれ転載，7 c：勝間原図）（スケールは1 mm）

ヒゲナガトビケラ科 203

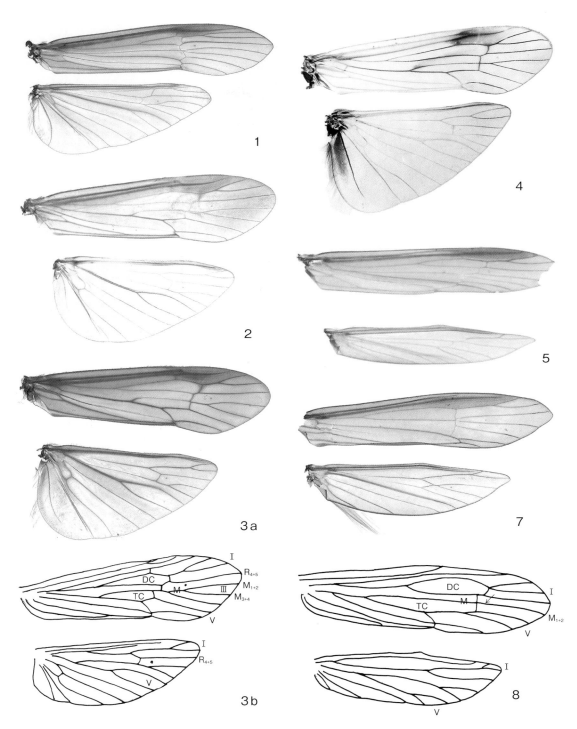

図93 ヒゲナガトビケラ科前後翅　Leptoceridae wings
1：ミサキツノトビケラ *Triplectides misakianus*　2：ツダヒゲナガトビケラ *Athripsodes tsudai*　3：トゲモチヒゲナガトビケラ *Ceraclea albimacula*　b：翅脈相　4：クロスジヒゲナガトビケラ *Ceraclea nigronervosa*　5：ビワセトトビケラ *Leptocerus biwae*　7：ニセセンカイトビケラ *Triaenodes pellectus*　8：クサツミトビケラ属 *Oecetis* の1種の翅脈相（3b，8以外は上西原図）

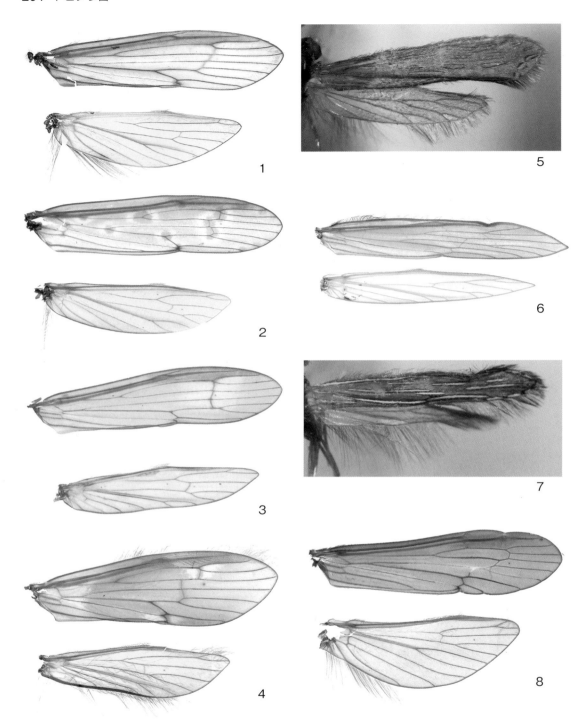

図94 ヒゲナガトビケラ科前後翅　Leptoceridae wings
1：モリクサツミトビケラ Oecetis morii　2：ゴマダラヒゲナガトビケラ Oecetis nigropunctata　3：トウヨウクサツミトビケラ Oecetis tsudai　4：ユウキクサツミトビケラ Oecetis yukii　5：ギンボシツツトビケラ Setodes argentatus　6，7：ヒメセトトビケラ Trichosetodes japonicus（6は小毛を除いた前後翅）　8：アオヒゲナガトビケラ Mystacides azurea（いずれも上西原図）

ヒゲナガトビケラ科 205

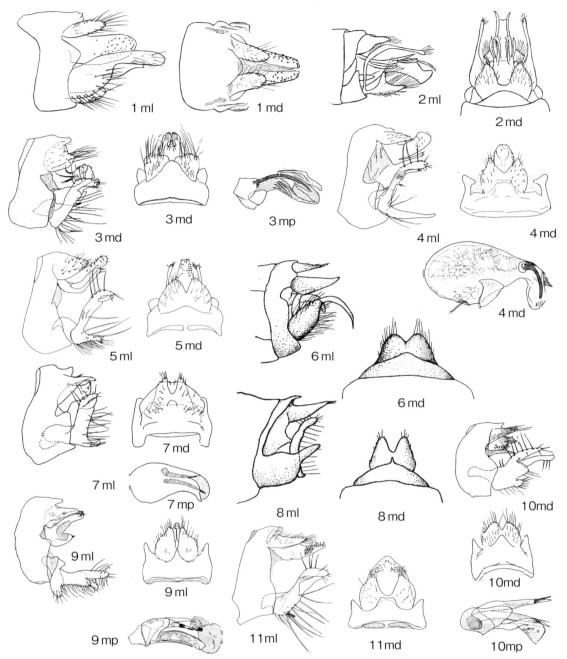

図95 ヒゲナガトビケラ科♂成虫交尾器　Leptoceridae male genitalia
ml：側面，md：背面，mp：ペニス（ファルス）
1：ミサキツノトビケラ *Triplectides misakianus*　2：ツダヒゲナガトビケラ　*Athripsodes tsudai*　3：トゲモチヒゲナガトビケラ *Ceraclea albimacula*　4：ナガツノヒゲナガトビケラ *Ceraclea complicata*　5：チョウセンヒゲナガトビケラ *Ceraclea corea*na　6：カモヒゲナガトビケラ *Ceraclea kamonis*　7：ミヤコヒゲナガトビケラ *Ceraclea lobulata*　8：コガタヒゲナガトビケラ *Ceraclea mitis*　9：クロスジヒゲナガトビケラ *Ceraclea nigronervosa* 10：トサカヒゲナガトビケラ *Ceraclea superba*　11：アムールヒゲナガトビケラ *Ceraclea variabilis*
（2：Akagi (1960)，6，8：Tsuda (1942)，5：Gyotoku et al. (1994)，11：Uenishi et al. (1993) から転載，それ以外は上西原図）

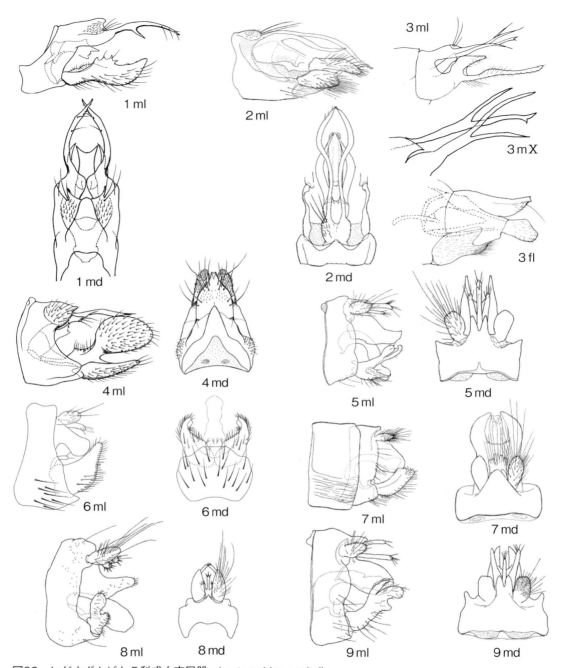

図96　ヒゲナガトビケラ科成虫交尾器　Leptoceridae genitalia
♂交尾器　ml：側面，md：背面，mp：ペニス（ファルス），mX：X節突起；fl：♀交尾器側面
1：ビワセトトビケラ *Leptocerus biwae*　2：ナガレヒゲナガトビケラ *Leptocerus fluminalis*　3：モセリーヒゲナガトビケラ *Leptocerus moselyi*　4：ウトナイヒゲナガトビケラ *Leptocerus valvatus*　5：タイワンコヒゲナガトビケラ *Adicella makaria*　6：オダミヤマコヒゲナガトビケラ *Adicella odamiyamensis*　7：ヌマコヒゲナガトビケラ *Adicella paludicola*　8：チョウモウコヒゲナガトビケラ *Adicella strigillata*　9：ミツマタコヒゲナガトビケラ *Adicella trichotoma*
（1，4：Yang & Morse（2000），2：Ito & Kuhara（2009），5，7，8，9：Ito et al.（2013），6：Katsuma & Yamamoto（2016）より転載）

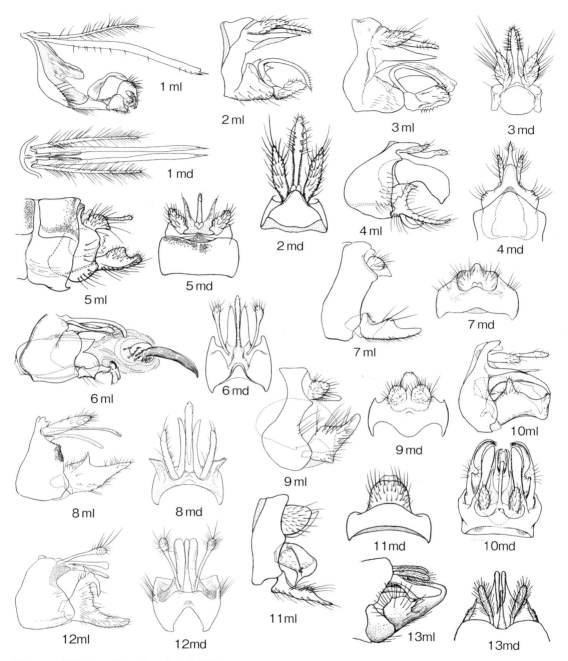

図97　ヒゲナガトビケラ科♂成虫交尾器　Leptoceridae male genitalia
ml：側面, md：背面, mp：ペニス（ファルス）
1：ニセセンカイトビケラ Triaenodes pellectus　2：チンリンセンカイトビケラ Triaenodes qinglingensis　3：ヤマモトセンカイトビケラ Triaenodes unanimis　4：ウスリークサツミトビケラ Oecetis antennata　5：アジアクサツミトビケラ Oecetis brachyura　6：アナトゲクサツミトビケラ Oecetis caucula　7：ハモチクサツミトビケラ Oecetis hamochiensis　8：モリクサツミトビケラ Oecetis morii　9：ゴマダラヒゲナガトビケラ Oecetis nigropunctata　10：ヘラクサツミトビケラ Oecetis spatula　11：ミツモンクサツミトビケラ Oecetis tripunctata　12：トウヨウクサツミトビケラ Oecetis tsudai　13：ユウキクサツミトビケラ Oecetis yukii
（1～6, 10, 11：Yang & Morse（2000），13：Tsuda（1942）より転載．それ以外は上西原図）

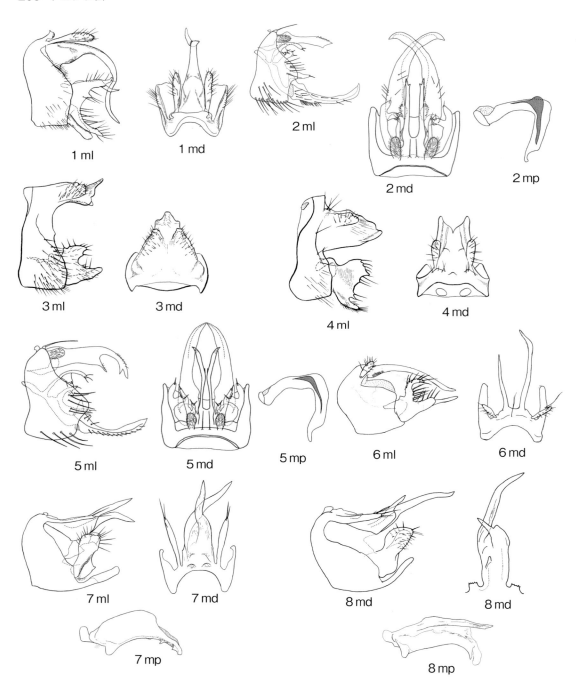

図98 ヒゲナガトビケラ科♂成虫交尾器　Leptoceridae male genitalia
ml：側面，md：背面，mp：ペニス（ファルス）
1：ギンボシツツトビケラ Setodes argentatus　2：ヒヌマセトトビケラ Setodes hinumaensis　3：チビセトトビケラ Setodes minutus　4：シラセセトトビケラ Setodes shirasensis　5：ウジヒメセトトビケラ Setodes ujiensis　6：ヒメセトトビケラ Trichosetodes japonicus　7：アオヒゲナガトビケラ Mystacides azurea　8：キタアオヒゲナガトビケラ Mystacides pacifica
（2，5：Katsuma（2009）より転載．それ以外は上西原図）

ホソバトビケラ科　Molannidae

伊藤富子

終齢幼虫の体長は6〜12 mm．背腹に扁平．中胸背板は弱く硬化．後胸は膜質で前中央に小硬板があることがある．後脚は前脚・中脚とくらべ著しく細長く，跗節は二次的に分節．第1腹節の隆起は背側，側方とも大．腹部気管鰓は単一棒状または2〜4本に分岐．筒巣は盾型で頭部背面前方と側方に張り出しがある．巣材は主に砂粒．成虫は体長5〜12 mm，茶〜濃褐色で科の和名は細長い翅に由来する（図100-1）．日本産既知種は2属4種（Banks, 1906；Ulmer, 1927；Fuller & Wiggins, 1987；Ito, 1998a, 2006）．

ホソバトビケラ属　*Molanna* Curtis, 1834

ホソバトビケラ　*Molanna moesta* Banks, 1906（図99-1〜7，100-1〜5）

北海道，本州，四国，九州，対馬，サハリン，千島列島南部，沿海州，シベリア，中国，朝鮮．筒巣の張り出しは大きく，前方への張り出しは筒巣入口の幅の1.5〜2倍（図99-7）．池沼，河川の緩流部にしばしば高密度に生息し，灯火に大量に飛来する．京都深泥ヶ池では越冬世代と非越冬世代の区別される年3世代以上とされているが（Tanida & Takemon, 1981），詳細は未発表．雄成虫の体長は10 mm以上．10節側板の後縁は深くくびれる（図100-3）．雄下部付属器の先端はやや尖る（図100-4）．普通種．

クロホソバトビケラ　*Molanna nervosa* Ulmer, 1927（図99-8〜9，100-6〜8）

北海道，本州．渓流の緩流部や湧水流に生息．筒巣の張り出しは比較的小さく，前方への張り出しは筒巣入口の幅の1〜1.5倍（図99-9）．雄成虫の体長は10 mm以上．第10節のlateral armの後縁はくびれない（図100-6）．雄下部付属器の先端は斧状（図100-7）．成虫は夏〜秋にでる．比較的稀．

ヤエヤマホソバトビケラ　*Molanna yaeyamensis* Ito, 2006（図101）

八重山諸島．浅い小さな湧水流に生息．筒巣の張り出しは小さい．雄成虫の体長は6.5 mm以下で，交尾器には数本の長い棘がある（図101-1, 2）．幼虫の後胸に硬板がない（図101-4）．

表6　ホソバトビケラ科幼虫，属と種の同定のための形質比較表

	頭部の色と模様	後胸脚の鉤爪	後胸背板と腹部気管鰓	筒　巣
ホソバトビケラ *Molanna moesta*	地色は濃茶．Y字型の濃褐色の模様（図99-2）	基部は太く先端に向かい細まる．細い先端部を除く長さは基部の幅の3倍（図99-6）	中央に硬板．鰓は2〜4本に分岐（図99-1, 2）	砂粒盾状（図99-7）
クロホソバトビケラ *Molanna nervosa*	地色は濃茶．Y字型の濃褐色の模様	基部は太く先端に向かい細まる．細い先端部を除く長さは基部の幅の2倍（図99-8）	中央に硬板．鰓は2〜4本に分岐	砂粒盾状（図99-9）
ヤエヤマホソバトビケラ *Molanna yaeyamensis*	地色は茶．Y字型の濃茶色の模様（図101-4）	全体に丸く，2倍の長さの刺状の毛がある（図101-5）	硬板なし（図101-4）鰓は2〜4本に分岐	砂粒盾状（図101-6）
イトウホソバトビケラ *Molannodes itoae*	濃茶．眼の周囲と後端は淡色（図99-10）	細長く，フィラメント状（図99-11）	中央に硬板．鰓は単一棒状	砂粒盾状．縁辺に植物小片をつけることが多い（図99-12）

コガタホソバトビケラ属 *Molannodes* McLachlan, 1866

イトウホソバトビケラ *Molannodes itoae* Fuller & Wiggins, 1987（図99-10〜12，100-9〜12）

北海道，本州，サハリン，千島列島南部．浅い小さな湧水流や細流に生息．筒巣の縁辺に細長い葉片をつけていることが多い（図99-12）．雄成虫の体長は約5mm．頭部背面に細長く湾曲した1対のこぶ状隆起（setal warts）がある（図100-9）ので，ホソバトビケラ属と区別できる．雌雄とも交尾器に形態変異がみられる（Ito, 1998a）．成虫は夏にでる．比較的稀．

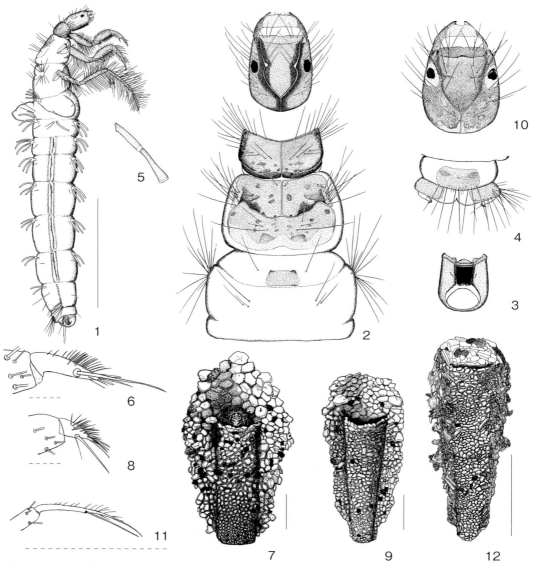

図99　ホソバトビケラ科幼虫と筒巣 Molannidae larvae and cases
ホソバトビケラ *Molanna moesta*（1〜7）；1：全形側面　2：頭部と胸部，背面　3：頭部腹面　4：腹部末端，背面　5：二次的に分節した後脚脛節 tibia of hind leg　6：後脚跗節鉤爪 tarsal claw of hind leg　7：筒巣，腹面．クロホソバトビケラ *Molanna nervosa*（8, 9）；8：後脚跗節鉤爪 tarsal claw of hind leg　9：筒巣，腹面．イトウホソバトビケラ *Molannodes itoae*（10〜12）；10：頭部背面　11：後脚跗節鉤爪 tarsal claw of hind leg　12：筒巣，腹面（実線スケール：5mm．破線スケール：0.5mm）

ホソバトビケラ科 211

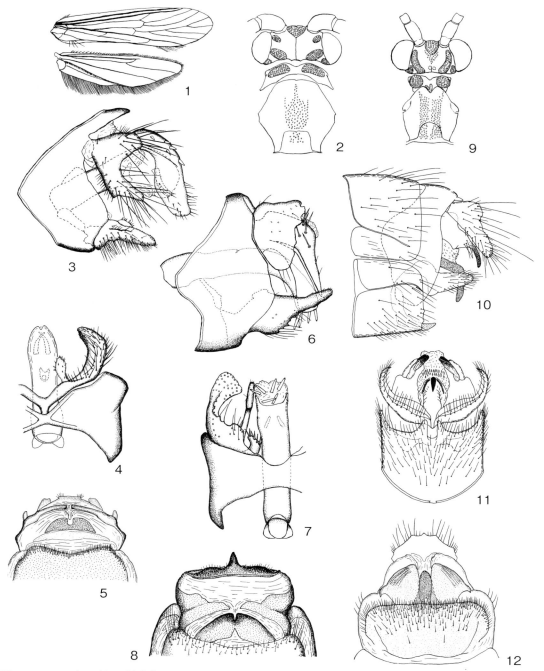

図100　ホソバトビケラ科成虫 Molannidae adults
ホソバトビケラ Molanna moesta（1～5）；1：翅　2：頭部と胸部，背面　3：交尾器♂，側面 male genitalia, lateral　4：同，腹面 ventral　5：交尾器♀，腹面 female genitalia, ventral. クロホソバトビケラ Molanna nervosa（6～8）；6：交尾器♂，側面 male genitalia, lateral　7：同，腹面 ventral　8：交尾器♀，腹面 female genitalia, ventral. イトウホソバトビケラ Molannodes itoae（9～12）*；9：頭部と胸部，背面　10：交尾器♂，側面 male genitalia, lateral　11：同，腹面 ventral　12：交尾器♀，腹面 female genitalia, ventral.
＊：雌雄とも形態変異がある variation was found in male and female.

212 トビケラ目

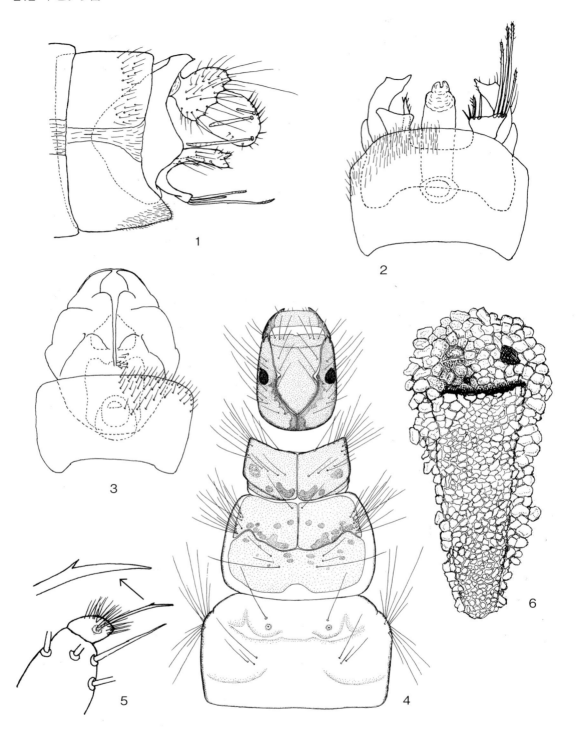

図101　ヤエヤマホソバトビケラ *Molanna yaeyamensis*
1：雄交尾器側面 male genitalia, lateral　2：同腹面 ventral　3：雌交尾器腹面 female genitalia, ventral　4：幼虫頭胸部背面 head and thorax, dorsal　5：幼虫後脚付節鉤爪 tarsal claw of hind leg　6：筒巣 case　（Ito, 2006）

アシエダトビケラ科　Calamoceratidae

谷田一三・伊藤富子

　日本産3属5種以上が記録されている．幼虫は，上唇背面に約16本の強い刺毛が一列に生えることで，他の科の幼虫から容易に区別される．大顎の先端は尖り，歯状になる．前胸背面は完全に1対の硬板で覆われ，中胸背面は1対の大きな硬板が大部分を覆い，他に1対の小硬板がsa3にある．後胸背面にはsa3にだけ小硬板がある．腹部体節には分枝した気管鰓がある．

コバントビケラ属　*Anisocentropus* McLachlan, 1863

　東南アジア，オーストラリア，アフリカなどから約90種が知られている属（Morse, 2018）．幼虫は背腹に扁平で，前胸前縁角が伸長することで，他の属と区別できる（図102-1 c, 矢印）．小判形に切り抜いた落葉を2枚張り合わせて可携巣をつくるが，細長い落葉を張り合わせることもある（図102-1 a, b）．日本では3種が知られており，幼虫は頭部の斑紋や胸脚の模様などで区別される（Ito et al., 2012）．津田・赤木（1962），谷田（1985）などで *A. immunis* McLachlan とされている幼虫は，*A. kawamurai* または *A. pallidus* の誤同定である（Ito et al., 2012）．

コバントビケラ　*Anisocentropus kawamurai* (Iwata, 1927)（図102-1）

　北海道（中南部）〜九州，対馬，与那国島，東南アジアに広く分布．次種との区別点は，幼虫では頭部の模様，後脚脛節の濃褐色帯，成虫では交尾器の形態（図102-1, 矢印）．湖沼や湿原に加え，河川の緩流部にも生息（Ito et al., 2012）．

ウスイロコバントビケラ　*Anisocentropus pallidus* (Martynov, 1935)（図102-2）

　北海道，本州，ロシア極東大陸部．熱帯と亜熱帯に種数の多いこの属では最も北に分布する種．前種との区別点は図102-2（矢印）を参照．湖沼や湿原に生息（Ito et al., 2012）．北海道で造巣行動や生活史が調べられており，1年1〜2世代（Ito, 2016）．

ニシキコバントビケラ　*Anisocentropus magnificus* Ulmer, 1907（図102-3）

　石垣島，西表島，フィリピン．日本のトビケラでは珍しいフィリピンとの共通種．成虫の前翅には金茶色の地に濃紺と白の鮮やかな斑紋があり，幼虫は全体に濃い茶褐色．河川に生息（Ito et al., 2012）．

クチキトビケラ属　*Ganonema* McLachlan, 1866

　幼虫は小枝をくりぬいて筒巣とする特異な習性をもつ．これは北米の *Heteroplectron* と共通する筒巣である（Wiggins, 1996）．

クチキトビケラ　*Ganonema uchidai* Iwata, 1930（図103-1）

　前版では成虫で記載された *Ganonema nigripenne* (Kuwayama, 1930) を先取シノニムの可能性があるとしたが，同じ年に幼虫で記載された *Ganonema uchidai* の出版日が早く先取シノニムであることが判明した（Nozaki & Tanida, 2010）．山地渓流や細流の緩流部に幼虫は生息するが，中流部や湧水にも生息する．産地はやや局限されるが，産地では個体数が多いこともある．

アシエダトビケラ属　*Georgium* Fischer, 1964

ビワアシエダトビケラ　*Georgium japonicum* (Ulmer, 1905)（図103-2）
＝アシエダトビケラ　*Georgium japonica* (Iwata, 1928)

　成虫で記載された大型種である．琵琶湖をはじめ，かつては日本各地の湖沼や河川に広く分布し

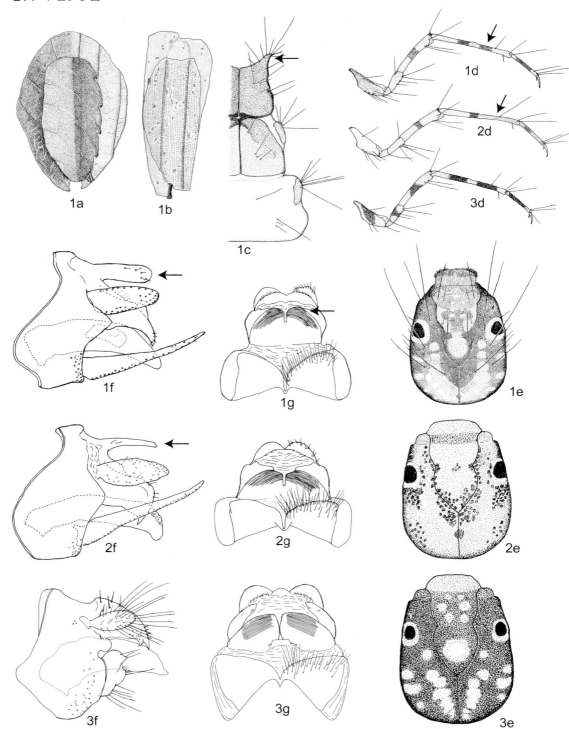

図102 コバントビケラ属オス成虫，メス成虫，幼虫　*Anisocentropus* adults and larvae
筒巣 (a, b)，幼虫胸部 (c)，幼虫後肢 (d)，幼虫頭部 (e)，♂成虫交尾器側面 (f)，♀成虫交尾器腹面 (g)．1：コバントビケラ *Anisocentropus kawamurai*　2：ウスイロコバントビケラ *Anisocentropus pallidus*　3：ニシキコバントビケラ *Anisocentropus magnificus*．矢印は本文参照．
(Ito et al., 2012)

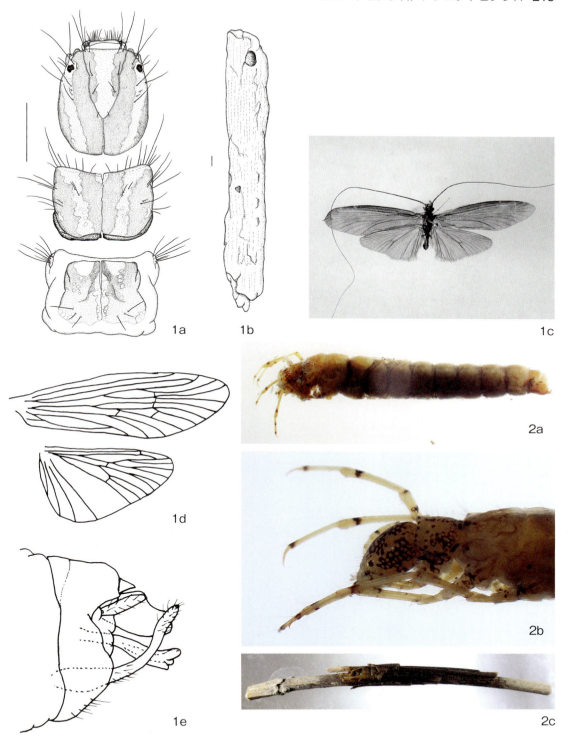

図103 アシエダトビケラ科幼虫と成虫　Calamoceratidae adults and larvae
1：クチキトビケラ Ganonema uchidai；a：頭胸（前・中）部背面，b：筒巣，c：♂成虫展翅標本，d：前後翅脈相，e：♂交尾器側面　2：ビワアシエダトビケラ Georgium japonicum；a：全形，b：頭胸部，c：筒巣

ており，特に琵琶湖では個体数が多かったようだが，近年は日本国内の産地や個体数は激減しているようだ．本州に分布するほか，国外では香港などにも分布する（Dudgeon, 1999）．

アシエダトビケラ科幼虫の属の検索表

1a 筒巣は小判形などに切った葉片2枚を上下に重ねる（図102-1a，1b）．前胸前縁角は前方へ伸びる（図102-1c）……………………………… コバントビケラ属　*Anisocentropus*
1b 幼虫の筒巣と前胸前縁角は上記とは異なる……………………………………………………… 2
2a 木の枝の小片の中心部を穿って筒巣をつくる（図103-1b）
　　……………………………………………………………… クチキトビケラ属　*Ganonema*
2b 葉片や葉軸を縦方向に配列して円筒形の筒巣をつくる（図103-2c）
　　…………………………………………………………… アシエダトビケラ属　*Georgium*

アシエダトビケラ科成虫の属への検索（未定）

1a 距式は2-4-3 ………………………………………… コバントビケラ属　*Anisocentropus*
1b 距式は2-4-4 ……………………………………………………………………………………… 2
2a 翅体色は全体に黒い……………………… クチキトビケラ属 クチキトビケラ　*Ganonema uchidai*
2b 翅体色は黄褐色〜茶褐色
　　……………………………… アシエダトビケラ属 ビワアシエダトビケラ　*Georgium japonicum*

フトヒゲトビケラ科　Odontoceridae

谷田一三

　日本産2属3種以上．本州などに分布する種類は，いずれも幼虫の頭部背面に明瞭な縦条斑があるが，沖縄産のキソトビケラ属 *Psilotreta* の幼虫は頭部は黒褐色で斑紋はない．前胸と中胸の背面は，広く1対の硬板で覆われる．後胸背面の硬板の配置は属によって異なる．腹部第1節には側方隆起と背面隆起がある．腹部体節の気管鰓の多くは分枝する．側線毛は明瞭に認められる．尾脚鉤爪の内縁には歯がない．幼虫は砂粒をつづり合わせて円筒形の筒巣（可携巣）をつくる．砂粒は，絹糸様分泌物で互いに接着されているが，他のエグリトビケラ亜目の筒巣のように分泌物による内張はされていない．

ヨツメトビケラ属　*Perissoneura* McLachlan, 1871

　日本固有属で2種とされ，ヨツメトビケラが本州と四国に，オオヨツメトビケラが九州にと，異所的に分布するという（野崎，2016）．この2種以外に *P. chrysea* Navas, 1922が記録されている．Kuwayama（1972）は，先の2種を独立種とし，*P. chrysea* をヨツメトビケラのシノニムとしたが，その論拠については再検討が必要かもしれない．本州から九州にかけての各地の多くの標本の再検討や，遺伝子ベースの解析も必要だろう．

ヨツメトビケラ　*Perissoneura paradoxa* McLachlan, 1871（図104-1）
　= *Perissoneura japonica* Banks, 1906; *Odontocerum kisoensis* Iwata, 1928; *Heteroplectron yamaguchii* Tsuda, 1942
　本州に広く分布．山地渓流や細流に多産する．雄成虫には，翅の斑紋に色彩多型がある．幼虫は大型で体長約25 mm．

オオヨツメトビケラ　*Perissoneura similis* Banks, 1906（図104-3）
　九州に分布．前種に極似するが雄交尾器に微細だが安定的な差異があるという．種レベルで区別すべきかどうかは，今後の課題である．

キソトビケラ属　*Psilotreta* Banks, 1899

　東南アジア，インド，中国の東洋区あるいは東部旧北区と北米に分布するが，アジアに種数が多い（Malicky, 2010）．日本産は2種だけが記録・記載されているが，琉球列島も含めて，未記載，あるいは未記録種がある．沖縄産の幼虫は，顕著は頭胸部に顕著な斑紋をもたない（Tsuda, 1938）．

フタスジキソトビケラ　*Psilotreta kisoensis* Iwata, 1928（図104-2，5）
　本州，四国，九州に広く分布する．国外では，朝鮮半島にも分布するとされているが（Botosaneanu, 1970；Parker & Wiggins, 1987），雄交尾器の形態に微細な差異がある（谷田，未発表）．山地渓流に生息する．幼虫の体長は約13 mm．

ヒトスジキソトビケラ　*Psilotreta japonica* (Banks, 1906)（図104-4）
　本州に分布．小規模な平地河川に分布するようだが，個体数や産地はフタスジキソトビケラに比べて格段に少ない（河瀬，2012）．幼虫の体長は約14 mm．

クロズキソトビケラ　*Psilotreta* sp.
　琉球列島から幼虫だけが記載されている（Tsuda, 1938）．

218 トビケラ目

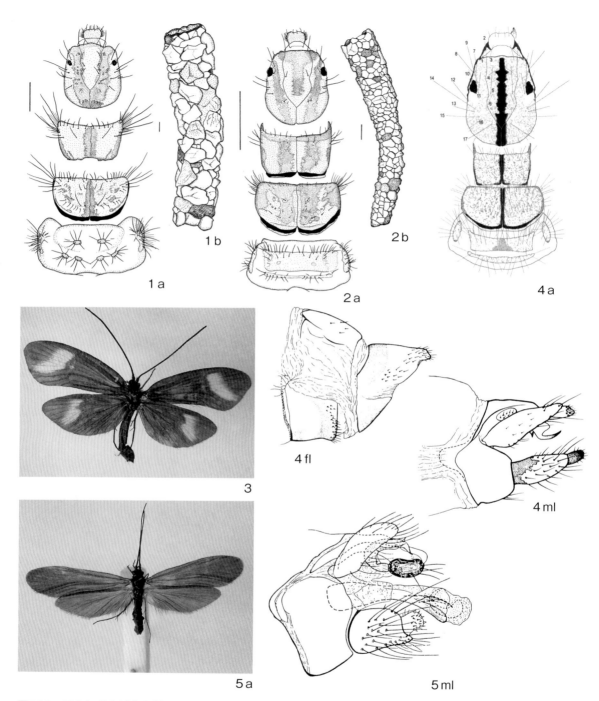

図104 フトヒゲトビケラ科 Odontoceridae
成虫交尾器　ml：♂交尾器側面，fl：♀交尾器側面
1：ヨツメトビケラ Perissoneura paradoxa；a：幼虫頭胸部，b：筒巣　2：フタスジキソトビケラ Psilotreta kisoensis；a：幼虫頭胸部，b：筒巣　3：オオヨツメトビケラ Perissoneura similis ♂展翅標本　4：ヒトスジキソトビケラ Psilotreta japonica　5：フタスジキソトビケラ Psilotreta kisoensis；a：♂展翅標本
（スケールは1mm）（4a：河瀬，2012，4flと4ml：Parker & Wiggins (1987)，5ml：Botosaneanu (1970) から転載）

フトヒゲトビケラ科幼虫の種への検索

1a 前胸の前側縁は前方に突出し鋭い突起となる．後胸背面の sa（setal area）1 と sa2 の硬板は左右の1対が合一し幅広の硬板となるが，その硬化はやや弱い
　　　………………………………………………………………… キソトビケラ属　*Psilotreta* Banks … 2

1b 前胸の前側縁は丸く突出しない．後胸背面の sa1 と sa2 には各々左右1対の硬板があり，それらは合一しない．頭部頬部には，頭楯板と後部正中線に沿って黒色の太い縦条紋がある ………………………………………… ヨツメトビケラ　*Perissoneura paradoxa*（図104-1a）
　　　　　　　　　　　　　　　　　　オオヨツメトビケラ　*Perissoneura similis* Banks

2a 頭部は黒褐色で，明瞭は斑紋はない
　　　……………………………………………… クロズキソトビケラ　*Psilotreta* sp.（琉球列島に分布する）

2b 頭部の地色は黄色で，はっきりとした黒色の縦条紋がある ……………………………………… 3

3a 頭部背面には頭楯板の正中線上に1本，頬部に1対，合計3本の縦條紋があり，前胸背面にも1対の縦條紋がある ………… フタスジキソトビケラ　*Psilotreta kisoensis*（図104-2a）

3b 頭部背面，前胸背面には，それぞれの正中線上に1本の縦條紋がある
　　　………………………………………… ヒトスジキソトビケラ　*Psilotreta japonica*（図104-4a）

フトヒゲトビケラ科成虫の属への検索

1a 雄成虫は前後翅に2対の顕著な白斑あるいは黄斑をもつことが多い．大型種で前翅長で，15 mm 程度 …………………………………………………… ヨツメトビケラ属　*Perissoneura*

1b 雄成虫は翅に顕著な斑紋はもたない．中型種，前翅長で10 mm 前後
　　　…………………………………………………………………………… キソトビケラ属　*Psilotreta*

ケトビケラ科　Sericostomatidae

谷田一三

日本産1属2種とされ，沖縄産がグマガトビケラ *Gumaga okinawaensis* で，本州産はロシア沿海州から記載されたトウヨウグマガトビケラ *Gumaga orientalis* と同一種とされている．

グマガトビケラ属　*Gumaga* Tsuda, 1938

東洋区から旧北区東部に4種，北米に3種だけが知られている小さな属だが，少なくとも日本の産地では個体数は多い．グマガトビケラとトウヨウグマガトビケラが独立種なのか亜種レベルの稚貝かは，形態差の広域的比較，遺伝子レベルの解析など，今後の研究が必要．

日本産の種については，幼虫の頭部には明瞭な斑紋はなく，黄褐色～赤褐色の地色．頭部の背側方がやや隆起する．上唇は幅より長さが大きい．大顎には歯状の突起がある．前胸背板の横断隆起，腹板突起，腹節の塩類上皮など，エグリトビケラ上科によくみられる特徴を欠く．尾脚背面には30本以上の刺毛が生える．幼虫は粒度の揃った細かい砂粒で，やや湾曲した美麗な円筒形の筒巣をつくる（図105-1c）．卵塊はセメント状物質で包まれおむすび形になる．

沖縄島から記載された種が属のタイプである（Tsuda, 1938）．グマガは沖縄方言で，小さいという意味．幼虫は河川の緩流部の砂地に多い．河川でも湧水（静岡県柿田川）でも，年1世代で初夏に羽化する（Nozaki & Tanida, 2007）．

グマガトビケラ *Gumaga okinawaensis* Tsuda, 1938（図105）
琉球列島（沖縄島）に分布．

トウヨウグマガトビケラ *Gumaga orientalis* (Martynov, 1935)
本州，四国，九州に分布；国外では，朝鮮半島，台湾，中国本土，ロシア沿海州に分布．

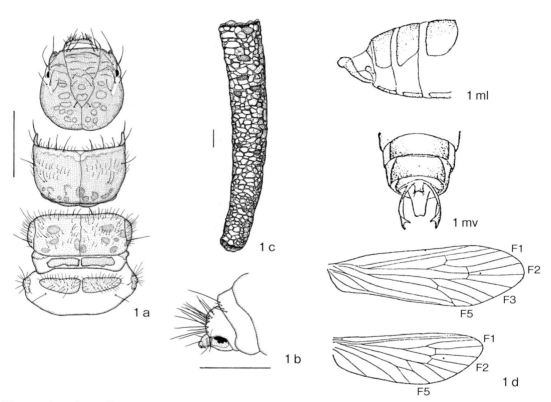

図105　ケトビケラ科 Sericostomatidae
1：グマガトビケラ *Gumaga okinawaensis*, 1938；a：幼虫頭胸部背面，b：幼虫腹部末端，c：筒巣，d：成虫前後翅，♂交尾器；ml：側面，mv：腹面　（スケールは1 mm．d, ml, mv：Tsuda（1938）より転載）

ツノツツトビケラ科 Beraeidae

野崎隆夫

欧州を中心に7属約50種が知られるが，日本産は近年発見された1属1種のツノツツトビケラ *Nippoberaea gracilis* が確認されているだけである（Nozaki & Kagaya, 1994；Botosaneanu et al., 1995）．

ツノツツトビケラ属　*Nippoberaea* Botosaneanu, Nozaki & Kagaya, 1995

ツノツツトビケラ　*Nippoberaea gracilis* (Nozaki & Kagaya, 1994)（図106）

本州，四国，九州，奄美大島，沖縄島および台湾から知られる．幼虫は細長く，体長は約5 mm．頭部背面はほぼ円形で赤褐色，触角は前縁の両端に位置する．前胸および中胸背面は硬化するが中胸の硬化は弱く，後胸は完全に膜質．腹部は，第3〜第7節側面に特殊化した刺毛列をもち第8節側面には櫛状の硬板をもつ．腹部第9節背面の硬小板はない．腹部体節の気管鰓は単一棒状で，通常第1節側面に（しばしば第2節側面にも）ある．幼虫は，細かい砂粒と分泌物でつくった細長い円筒形の巣をもつ．河川の緩流部に生息し，関東地方では年1世代で初夏に羽化する（Nozaki & Kagaya, 1994）．

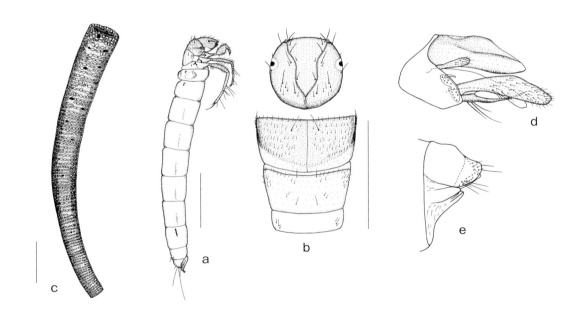

図106　ツノツツトビケラ科 Beraeidae
ツノツツトビケラ *Nippoberaea gracilis*：a：幼虫側面，b：幼虫頭胸部背面，c：筒巣，d：♂交尾器側面，e：♀交尾器側面（スケールは1 mm．Nozaki & Kgaya (1994) より）

カタツムリトビケラ科　Helicopsychidae

谷田一三

カタツムリトビケラ属　*Helicopsyche* Siebold, 1856

幼虫は巻き貝様の特徴的な筒巣をつくることで，きわめて容易に区別できる．幼虫の体は左右非対称．日本からは1属1種，カタツムリトビケラ *Helicopyche yamadai* Iwata だけが幼虫によって記載された．日本産の成虫についての知見はないが，蛹が千原（1955）によって記載されている．

カタツムリトビケラ　*Helicopsyche yamadai* Iwata, 1927（図107-1）

幼虫の体長約4mm，山地の細流などにはふつうに生息するが，小型で発見しにくい．本州各地から確認されているが，種レベルの同一性についてはさらに研究が必要．琉球列島からもカタツムリトビケラ属の記録があるが（Tanida, 1997；谷田, 2003），本州のものとは別種と推察されるが成虫などによる検証が必要．

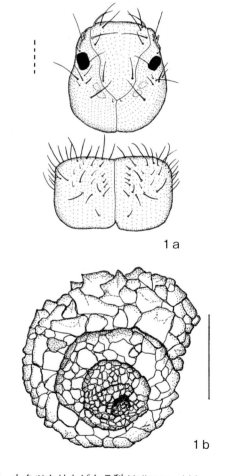
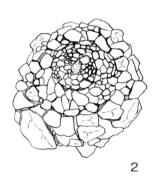

図107　カタツムリトビケラ科 Helicopsychidae
1：カタツムリトビケラ *Helicopsyche yamadai*, 1927；a：幼虫（頭部と前胸背面），b：筒巣　2：カタツムリトビケラ（石垣島産）*Helicopsyche* sp.（実線スケールは1mm，点線スケールは0.1mm）（2：谷田（2003）より転載）

参考文献

赤木郁恵. 1953. 数種の毛翅目幼虫について. 奈良女子大学生物学会誌, 3: 64-67.
赤木郁恵. 1954. 淡水海綿中に棲むトゲモチヒゲナガトビケラ幼虫について. 新昆蟲, 7(3): 12-13.
赤木郁恵. 1957. ヒゲナガトビケラ科3種及びケトビケラ科2種の幼虫. 関西自然科学, 10: 24-28.
赤木郁恵. 1959. 毛翅目幼虫6種. 関西自然科学研究会誌, 12: 40-43.
Akagi, I. 1960. Two new species of Leptoceridae. Kontyû, 28: 87-89.
赤木郁恵. 1962a. マルツツトビケラ幼虫2種. 関西自然科学, 15: 44-45.
赤木郁恵. 1962b. エグリトビケラ科幼虫1種. 関西自然科学, 15: 41.
赤木郁恵. 1962c. カクスイトビケラ属幼虫3種について. 関西自然科学, 15: 43.
赤木郁恵. 1974. 奄美大島産ニンギョウトビケラ幼虫. 関西自然科学, 26: 18-29.
赤木郁恵. 1975. コエグリトビケラ亜科幼虫2種について. 淡水生物, 13: 5-7.
Allan, J. D. 1995. Stream Ecology, Structure and Function of Running Waters. Chapman & Hall, London.
青谷晃吉・横山宣雄. 1987. 東北地方におけるヒゲナガカワトビケラ属2種の生活環について. 陸水学雑誌, 48: 41-53.
青谷晃吉・横山宣雄. 1989. 共存域におけるヒゲナガカワトビケラ属二種の生活環. 柴谷篤弘・谷田一三（編）, 日本の水生昆虫－種分化とすみわけをめぐって: 141-151, 東海大学出版会, 東京.
青谷晃吉・野崎隆夫. 2001. 秋田県雄物川扇状地の湧水流におけるババホタルトビケラの生活史. 陸水学雑誌, 62: 23-39.
Arefina, T. I. 1997. Polycentropodidae. In P. A. Lera (ed.) Key to the Insects of Russian Far East, vol. 5, Trichoptera and Lepidoptera Pt. 1, 69-76. Dal'nauka, Vladivostok. (in Russian)
Arefina, T. I. 2000. A new species of the genus *Glossosoma* Curtis (Trichoptera: Glossosomatidae) from the Russian Far East. Braueria, 27: 21-22.
Arefina-Armitage, T. I. & B. J. Armitage. 2009. A new species of the genus *Phryganopsyche* Wiggins (Trichoptera: Phryganopsychidae) from Vietnam. Proceedings of the Entomological Society of Washington, 111: 322-325.
Arefina, T. I. & I. M. Levanidova. 1997b. Psychomiidae. In Lera, P. A. (ed.) Key to the insects of Russian Far East, vol. 5, Trichoptera and Lepidoptera, Pt. 1: 78-82. Dal'nauka, Vladivostok. (in Russian)
Arefina, T. I., N. Minakawa & T. Nozaki. 2004. New data on caddisflies from Sakhalin Island. Flora and Fauna of Sakhalin Island, 1: 209-213.
Arefina, T. I., T. S. Vshivkova & J. C. Morse. 2002. New and interesting Hydroptilidae (Insecta: Trichoptera) from the Russian Far East. Nova Supplementa Entomologica, Keltern, 15: 96-106.
Arefina, T. I., N. Minakawa, T. Ito, I. M. Levanidova, T. Nozaki & M. Uenishi. 1999. New records of sixteen caddisfly species (Trichoptera) from the Kuril Archipelago, the Asian Far East. Pan-Pacific Entomologist. 75: 224-226.
Banks, N. 1906. New Trichoptera from Japan. Proceedings of the Entomological Society of Washington, 7: 106-113.
Barnard, P. & D. Dudgeon. 1984. The larval morphology and ecology of a new species of *Melanotrichia* from Hong Kong (Trichoptera, Xiphocentronidae). Aquatic Insects, 6: 245-252.
Baxter, C. D., K. D. Fausch & W. C. Saunders. 2005. Tangled webs: reciprocal flows of invertebrate prey link streams and riparian zones. Freshwater Biology, 50: 201-220
Blahnik, R. J. 2005. *Alterosa*, a new caddisfly genus from Brazil (Trichoptera: Philopotamidae). Zootaxa, 991: 1-60.
Botosaneanu, L. 1970. Trichoptères de la République Démocratique-Populaire de la Corée. Annales Zoologici, 27: 275-359.
Botosaneanu, L. 1988. A superspecies, or Formenkreis, in caddisflies: *Micrasema* (superspecies *gelidum*) McLachlan (Trichoptera). Populational thinking versus Hennigian fundamentalism. Rivista di Idrobiologia, 27: 181-210.
Botosaneanu, L. & T. Nozaki. 1996. Contribution to the knowledge of the genus *Stactobia* McLachlan, 1880 from Japan (Trichoptera: Hydroptilidae). Bulletin Zoölogische Museum, Universiteit van Amsterdam, 15 (8): 53-63.

Botosaneanu, L., T. Nozaki & T. Kagaya. 1995. *Nippoberaea*, gen. n. for *Ernodes gracilis* Nozaki et Kagaya, 1994 (Trichoptera: Beraeidae). Annales de la Sociéte Entomologique de France (Nouvelle Série), 31: 179-184.

Cairns, A. & A. Wells. 2008. Contrasting modes of handling moss for feeding and case-building by the caddisfly *Scelotrichia willcairnsi* (Insecta: Trichoptera). Journal of Natural History, 42 (41-42): 2609-2615.

Cartwright, D. 1998. Preliminary guide to the identification of late instar larvae of Australian Polycentropodidae, Glossosomatidae, Dipseudopsidae and Psychimyiidae (Insecta: Tricchoptera). Identification Guide (Cooperative Research Center for Freshwater Ecology) 15.

千原綾子. 1955. カタツムリトビケラの蛹について. 新昆虫, 8 (2): 10-11.

茅野靖夫. 1975. シマトビケラ亜科の整理とコガタシマトビケラ亜科の幼虫1種について. 淡水生物, 13: 8-9.

Crichton, M. I. 1957. The structure and function of the mouth parts of adult caddis flies (Trichoptera). Philosophical Transactions of the Royal Society of London, Series B, 677: 45-91.

Crichton, M. I. 1987. A study of egg masses of *Glyphotaelius pellucidus* (Reizius) (Trichoptera: Limnephilidae). In M. Bournaud & H. Tachet (eds.) Proceedings of the 5th international Symposium on Trichoptera: 165-169. Dr. W. Junk Publishers, Dordrecht.

Cummins, K. W. 1973. Trophic relations of aquatic insects. Annual Review of Entomology, 18: 183-206.

Dohler, W. 1950. Zur Kenntnis der Gattung *Rhyacophila* im mitteleuropaischen Raum (Trichoptera). Archiv für Hydrobiolgie, 44: 271-293.

Dudgeon, D. 1999. Tropical Asian Streams; Zoobenthos, Ecology and Conservation. Hong Kong University Press, Hong Kong.

Emoto, J. 1979. A revision of the *retracta*-group of the genus *Rhyacophila* Pictet (Trichoptera: Rhyacophilidae). Kontyû, 47: 556-569.

Fischer, F. C. J. 1960. Trichopterorum Catalogus Vol. I. Nederlandse Entomologische Vereniging, Amsterdam.

Fischer, F. C. J. 1971. Trichopterorum Catalogus Vol. XII. Nederlandse Entomologische Vereniging, Amsterdam.

Flint, O. S., Jr. 1962. Larvae of the caddis fly genus *Rhyacophila* in Eastern North America (Trichoptera: Rhyacophilidae). Proceedings of U. S. National Museum of Natural History, 113: 465-493.

Fuller, E. R. & G. B. Wiggins. 1987. A new species of *Molannodes* McL. from Hokkaido, Japan (Trichoptera: Molannidae). Aquatic Insects, 9: 39-43.

御勢久右衛門. 1970. ヒゲナガカワトビケラの生活史と令期分析. 陸水学雑誌, 31: 96-106.

御勢久右衛門. 1977. 奈良県吉野川における底生動物の生態学的研究. II. 吉野川における底生動物の生産速度について. 淡水生物, 20: 1-22.

Graf, W., J. Waringer & J. Zika-Römer. 2004. The larva of *Microptila minutissima* Ris, 1897 (Trichoptera: Hydroptilidae). Aquatic Insects, 26: 31-38.

Graf, W., J. Murphy, J. Dahl, C. Zamora-Muňz & M. J. López-Rodríguez. 2008. Distribution and ecological preferences of European freshwater organisms. Volume 1. Trichoptera. Pensoft, Sofia-Moscow.

行徳直巳・野崎隆夫. 1992. 福岡県産毛翅目目録2. 北九州の昆蟲, 39: 13-15, 1pl.

行徳直巳・野崎隆夫・上西 実. 1994. 福岡県産毛翅目目録5. 北九州の昆蟲, 41: 131-134.

Hayashi, Y. & S-J Yun. 1999. Association of larval and adult stages of *Cheumatopsyche gallosi* (Matsumura, 1931) (Trichoptera: Hydropsychidae) using esterase symograms. Japanese Journal of Limnology, 60: 379-384.

Holzenthal, R.W., J. C. Morse & K. M. Kjer. 2011. Order Trichoptera Kirby, 1813. In Zhang, Z.-Q. (ed.) Animal biodiversity: An outline of higher-level classification and survey of taxonomic richness: 210-211. Zootaxa, 3148.

Hsu, L. P. & C. S. Chen. 1996. Eleven new species of caddisflies from Taiwan (Insecta: Trichoptera). Chinese Journal of Entomology, 16: 125-135.

Inaba, S., T. Nozaki, S. Kobayashi & K. Tanida. 2014. Discovery of immature stages of *Neureclipsis mandjurica* (Martynov, 1907) (Trichoptera, Polycentropodidae) from Japan. Biogeography, 16: 63-70.

磯辺ゆう・小山なつ・川合禎次. 1994. マルツツトビケラ*Micrasema quadriloba* Martynovの巣の発達およ

び生活環. 陸水生物学報, 9: 25-33.

Ito, T. 1978. Morphological and ecological studies on the caddisfly genus *Dinarthrodes* in Hokkaido, Japan (Trichoptera, Lepidostomatidae). I. The larval development and the cases on four species of *Dinarthrodes*. Kontyû, 46: 574-584.

Ito, T. 1980. Morphological and ecological studies on the caddisfly genus *Dinarthrodes* in Hokkaido, Japan (Trichoptera, Lepidostomatidae). II. Life histories of two coexisting species, *D. complicatus* and *D. satoi*. Kontyû, 48: 311-320.

Ito, T. 1983a. Morphology and bionomics of *Neoseverinia crassicornis* (Ulmer) (Trichoptera, Lepidostomatidae). I. Morphology of adult and pupa. Kontyû, 51: 207-213.

Ito, T. 1983b. Morphology and bionomics of *Neoseverinia crassicornis* (Ulmer) (Trichoptera, Lepidostomatidae). II. Larvae, egg and bionomics. Kontyû, 51: 322-329.

Ito, T. 1983c. Longitudinal distribution and annual life cycle of the *japonicus* group of *Goerodes* (Trichoptera, Lepidostomatidae). Japanese Journal of Limnology, 44: 269-276.

Ito, T. 1984a. Three new species of *Dinarthrum* (Trichoptera, Lepidostomatidae). Kontyû, 52: 1-20.

Ito, T. 1984b. On the genus *Goerodes* (Trichoptera, Lepidostomatidae) in Japan. Kontyû, 52: 506-515.

Ito, T. 1985a. Morphology and ecology of three species of *orientalis* group of *Goerodes* (Trichoptera, Lepidostomatidae). Kontyû, 53: 12-24.

Ito, T. 1985b. Females, pupae and larvae of the *japonicus* group of *Goerodes* (Trichoptera, Lepidostomatidae). Kontyû, 53: 261-269.

Ito, T. 1985c. Description, geographical variation and ecology of *Goerodes naraensis* (Tani) (Trichoptera, Lepidostomatidae). Japanese Journal of Limnology, 46: 199-211.

Ito, T. 1985d. Two new species of the *naraensis* group of *Goerodes* (Trichoptera, Lepidostomatidae). Kontyû, 53: 507-515.

Ito, T. 1988. Life histories of *Palaeagapetus ovatus* and *Eubasilissa regina* (Trichoptera) in a spring stream, with special reference to the predator-prey relationship. Kontyû, 56: 148-160.

Ito, T. 1989. Lepidostomatid caddisflies (Trichoptera) from the Tsushima Islands of Japan, with description of a new species. Japanese Journal of Entomology, 57: 46-60.

Ito, T. 1990a. Lepidostomatid caddisflies (Trichoptera) from the Yaku-shima and Amami-ohshima Islands of Japan, with descriptions of three new species. Japanese Journal of Entomology, 58: 361-373.

Ito, T. 1990b. Taxonomic notes on the Japanese lepidostomatid caddisflies (Trichoptera). Japanese Journal of Entomology, 58: 781-793.

Ito, T. 1991a. Description of a new species of *Palaeagapetus* from central Japan, with notes on bionomics (Trichoptera, Hydroptilidae). Japanese Journal of Entomology, 59: 357-366.

Ito, T. 1991b. Morphology and bionomics of *Palaeagapetus flexus* n. sp. from northern Japan (Trichoptera, Hydroptilidae). In C. Tomaszewski (ed.) Proceedings of the 6th International Symposium on Trichoptera: 431-438. Adam Mickiewicz University Press, Poznan.

Ito, T. 1992a. Lepidostomatid caddisflies (Trichoptera) from the Ryukyu Islands of southern Japan, with descriptions of two new species. Japanese Journal of Entomology, 54: 333-342.

Ito, T. 1992b. Taxonomic notes on some Asian Lepidostomatidae (Trichoptera), with descriptions of two new species. Aquatic Insects, 14: 97-106.

Ito, T. 1994. Descriptions of four new species of lepidostomatid caddisflies (Trichoptera) from Honshu, central Japan. Japanese Journal of Entomology, 62: 79-92.

Ito, T. 1995. Description of a boreal caddisfly, *Micrasema gelidum* McLachlan (Trichoptera, Brachycentridae), from Japan and Mongolia, with notes on bionomics. Japanese Journal of Entomology, 63: 493-502.

Ito, T. 1997. Oviposition preference and behavior of hatched larvae in an oligophagous caddisfly, *Palaeagapetus ovatus* (Hydroptilidae, Ptilocolepinae). In R. W. Holzenthal & O. S. Flint Jr., (eds.) Proceedings of the 6th International Symposium on Trichoptera: 177-181. Ohio Biological Survey, Columbus, Ohio.

Ito, T. 1998a. The Molannidae Wallengren in Japan (Trichoptera). Entomological Science, 1: 87-97.

Ito, T. 1998b. Description of a Far Eastern lepidostomatid caddisfly, *Dinarthrum coreanum* (Kumanski et Weaver, 1992) (Trichoptera). Entomological Science, 1: 585-588.

Ito, T. 1998c. Biology of the primitive, distinctly crenophilic caddisflies, Ptilocolepinae (Trichoptera, Hydroptilidae). A review. In L. Botosaneanu (ed.) Studies in Crenobiology-The Biology of Springs and Springbrooks: 85-94. Backhuys Publishers, Leiden.

Ito, T. 1999a. Lepidostomatid caddisflies of the Ryukyu Islands, southernmost part of Japan with description of a new species (Trichoptera) and the species groups of the genus *Goerodes*. Entomological Science, 2: 493-502.

Ito, T. 1999b. Life history of a net-spinning caddisfly, *Parapsyche shikotsuensis* in a headwater stream of Hokkaido, northern Japan. Japanese Journal of Limnology, 60: 159-175.

Ito, T. 1999c. Taxonomic notes on the lepidostomatid caddisflies and description of a new species from Japan. Japanese Journal of Limnology, 60: 319-333.

伊藤富子．1999d．北海道の源流におけるナガレトビケラ類3種の生活史．陸水生物学報，14: 28-34.

Ito, T. 2000. Description of the type species of the genus *Goerodes* and generic assignment of three East Asian species (Trichoptera, Lepidostomatidae). Limnology, 2: 1-9.

Ito, T. 2005a. Effect of carnivory on larvae and adults of a detritivore caddisfly, *Lepidostoma complicatum* (Kobayashi): a laboratory study. Limnology, 6: 73-78.

Ito, T. 2005b. Checklist of the family Lepidostomatidae, Trichoptera, in Japan 2. In K. Tanida & A. Rossiter (eds.) Proceedings of the 11th Symposium: on Trichoptera: 189-197. Tokai University Press, Hadano, Kanagawa.

Ito, T. 2005c. Effect of salmon carcasses on larvae and adults of a detritivore caddisfly, *Lepidostoma satoi* (Kobayashi): a laboratory study. In K. Tanida & A. Rossiter (eds.) Proceedings of the 11th Symposium: on Trichoptera: 199-206. Tokai University Press, Hadano, Kanagawa.

Ito, T. 2006. A new species of the genus *Molanna* Curtis (Trichoptera, Molannidae) from the Yaeyama Islands, the southernmost part of Japan. Limnology, 7: 205-211.

Ito, T. 2008. Life history of *Asynarchus sachalinensis* Martynov, with particular reference to the larval food and adult appearance period (Trichoptera, Limnephilidae). In X. H. Wang (ed.) Contemporary Aquatic Entomological Study in East Asia (Proceedings of the 3 rd International Symposium on Aquatic Entomologists in East Asia (AESEA)): 49-62, Nankai University Press, Tianjin.

Ito, T. 2009. Morphological variation of *Lepidostoma hokurikuense* (Ito) (Trichoptera, Lepidostomatidae) in Japan. Biology of Inland Waters, 24: 49-52.

Ito, T. 2010. A new species of the genus *Palaeagapetus* Ulmer (Trichoptera, Hydroptilidae) from Japan. Limnology, 11: 1-3.

Ito, T. 2011. Six new species of the genus *Lepidostoma* Rambur (Trichoptera, Lepidostomatidae) from Japan. Zoosymposia, 5: 158-170.

Ito, T. 2013. The genus *Orthotrichia* Eaton (Trichoptera, Hydroptilidae) in Japan. In K. Tojo, K. Tanida & T. Nozaki (eds.), Proceedings of the 1st Symposium of the Benthological Society of Asia (Biology of Inland Waters, Supplement 2) 39-47, Scientific Research Society of Inland Water Biology, Sakai.

Ito, T. 2015. The genus *Hydroptila* Dalman (Trichoptera, Hydroptilidae) in the Ryukyu Islands, southwestern Japan. Entomological Research Bulletin, 31: 7-17.

Ito, T. 2016a. The *Lepidostoma coreanum* species complex (Trichoptera, Lepidostomatidae) in the Asian Far East. Zootaxa, 4061: 397-417.

Ito, T. 2016b. Biology of *Anisocentropus pallidus* (Martynov) (Trichoptera, Calamoceratidae): Laboratory and field observations. Zoosymposia 10: 214-223.

Ito, T. 2017a. The genus *Microptila* Ris (Trichoptera, Hydroptilidae) in Japan. Zootaxa, 4232: 104-112.

Ito, T. 2017b. The genus *Pseudoxyethira* Schmid (Trichoptera, Hydroptilidae) in Japan. Zootaxa, 4319: 194-200.

Ito, T. 2017c. The genus *Stactobia* McLachlan (Trichoptera, Hydroptilidae) in Japan. Zootaxa, 4350: 201-233.

伊藤富子．2017．北海道幌加内町朱鞠内川のトビケラ相．陸水生物学報，32: 37-47.

Ito, T. 2018a. A catalogue of Japanese Trichoptera. Family Hydroptilidae Stephens. Available from http://tobikera.eco.coocan.jp/catalog/hydroptilidae.html.

Ito, T. 2018b. A catalogue of Japanese Trichoptera. Family Ptilocolepidae Ulmer. Available from http://tobikera.eco.coocan.jp/catalog/ptilocolepidae.html.

Ito, T. 2018c. A catalogue of Japanese Trichoptera. Family Lepidostomatidae Ulmer. Available from http://tobikera.eco.coocan.jp/catalog/lepidostomatidae.html.

Ito, T. & T. Hattori. 1986. Description of a new species of *Palaeagapetus* (Trichoptera, Hydroptilidae) from northern Japan, with notes on bionomics. Kontyû, 54: 143-151.

Ito, T., Y. Hayashi & N. Shimura. 2012. The genus *Anisocentropus* McLachlan (Trichoptera, Calamoceratidae) in Japan. Zootaxa, 3157: 1-17.

Ito, T., K. Kagaya, T. Hattori & E. Yamamoto. 2002. Descriptions of two new species of *Zephyropsyche* from Japan, with particular reference to immature stages (Trichoptera, Lepidostomatidae). Nova Supplementa Entomologica, Keltern, 15: 121-132.

伊藤富子・亀井秀之・大川あゆ子・久原直利・西本浩之．1998．北海道東部，標津地方と知床峠のトビケラ相．陸水生物学報，13: 1-17.

Ito, T. & H. Kawamula. 1984. Morphology and ecology of immature stages of *Oxyethira acuta* (Trichoptera, Hydroptilidae). Japanese Journal of Limnology, 45: 313-317.

Ito, T. & H. Kawamura. 1980. Morphology and biology of the immature stages of *Hydroptila itoi* Kobayashi (Trichoptera, Hydroptilidae). Aquatic Insects, 2: 113-122.

伊藤富子・小杉時規．2007．釧路湿原キラコタン岬のトビケラ相．Sylvicola, 25: 49-57.

伊藤富子・久原直利・伊藤和雄．1997．北海道南部のトビケラ相 II．熊石町見市川．陸水生物学報，12: 20-36.

Ito, T. & N. Kuhara. 2009. A new lotic species of the genus *Leptocerus* Leach (Trichoptera, Leptoceridae) from Japan. Limnology, 10: 25-31.

伊藤富子・久原直利・服部壽夫・大川あゆ子．2010．北海道渡島半島のトビケラ相．陸水生物学報，25: 51-85.

Ito, T., N. Kuhara & N. Katsuma. 2013. The genus *Adicella* McLachlan (Trichoptera, Leptoceridae) in Japan. Zootaxa, 3635: 27-39.

Ito, T. & N. Minakawa. 1995. Variation of *Dinarthrum stellatum* Ito (Trichoptera, Lepidostomatidae) males from Hokkaido and Kuril Islands, the Asian Far East. Japanese Journal of Entomology, 63: 667-668.

Ito, T. & Y. Nagasaka. 2015. The occurrence of slender leaf pieces on the larval cases of *Brachycentrus* Curtis, 1834 (Trichoptera: Brachycentridae). The Pan-Pacific Entomologist, 91: 223-228.

Ito, T., H. Nishimoto & F. Nishimoto. 2018. First record of the tropical-subtropical genus *Ugandatrichia* Mosely (Trichoptera, Hydroptilidae) from a temperate zone, with description of a new species. Zootaxa, 4370: 492-500.

Ito, T. & A. Ohkawa. 2012. The genus *Ugandatrichia* Mosely (Trichoptera, Hydroptilidae) in Japan. Zootaxa, 3394: 48-59.

Ito, T., A. Ohkawa & T. Hattori. 2011. The genus *Hydroptila* Dalman (Trichoptera, Hydroptilidae) in Japan. Zootaxa, 2801: 1-26.

Ito, T., A. Ohkawa & S. Inaba. 2018. A catalogue of Japanese Trichoptera Family Polycentropodidae Stephens (http://tobikera.eco.coocan.jp/catalog/Polycentropodidae.html)

伊藤富子・大川あゆ子・上西　実・久原直利．1999．北海道阿寒湖地方のトビケラ相．陸水生物学報，14: 16-27.

Ito, T. & J. Oláh. 2017. The genus *Oxyethira* Eaton (Trichoptera, Hydroptilidae) in Japan. Opuscula Zoologica, Budapest, 48: 3-25.

Ito, T. & S. J. Park. 2016. A new species of the genus *Orthotrichia* (Trichoptera, Hydroptilidae) from Korea. Animal Systematics, Evolution and Diversity, 32: 230-233.

Ito, T. & R. Saito. 2016. First record of *Plethus* Hagen (Trichoptera, Hydroptilidae) from Japan, with description of

a species. Zootaxa, 4154: 466-476.
伊藤富子・鈴木研一・大川あゆ子．2000．北海道北部のトビケラ相．陸水生物学報，15: 20-31.
Ito, T., K. Tanida & T. Nozaki. 1993. Checklists of Trichoptera in Japan 1. Hydroptilidae and Lepidostomatidae. Japanese Journal of Limnology, 54: 141-150.
Ito, T., Y. Utsunomiya & N. Kuhara. 1997. Morphological and geographical notes on the genus *Palaeagapetus* in the Asian Far East, with descriptions of two new species (Trichoptera, Hydroptilidae). Japanese Journal of Entomology, 65: 97-107.
Ito, T., R. W. Wisseman, J. C. Morse, M. H. Colbo & J. S. Weaver III. 2014. The genus *Palaeagapetus* Ulmer (Trichoptera, Hydroptilidae, Ptilocolepinae) in North America. Zootaxa, 3794: 201-221.
Ito, T. & E. Yamamoto. 2012. First record of *Lepidostoma itoae* (Kumanski & Weaver) (Trichoptera, Lepidostomatidae) from Japan, with descriptions and ecological notes. Biology of Inland Waters, 27: 7-13.
伊藤富子・山本栄治・土居雅恵・大川あゆ子．2002．四国，特に小田深山のカクツツトビケラ科とカメノコヒメトビケラ属．兵庫陸水生物，54: 21-40.
伊藤富子・吉山 梢・大川あゆ子．2004．北海道釧路湿原・塘路湖とその周辺のトビケラ相．陸水生物学報，19: 9-18.
伊藤政和．1992．成虫越冬するエグリトビケラの1種 *Chilostigma* sp. の日本における発見．Sylvicola, 10: 49-53.
伊藤政和．1999．成虫越冬するオツネントビケラ*Brachypsyche sibirica* (Martynov) の生活環および羽化生態．Sylvicola, 17: 37-44.
伊藤政和・生方秀紀・南完治．1998．成虫越冬するユキエグリトビケラの生活史（II）成虫の越冬場所と幼虫の微生息地の温度の季節変化．Sylvicola, 16: 26-31.
Ivanov, V. D. 1997. Hyalopsychidae. In P. A. Lera (ed.) Key to the Insects of Russian Far East. Vol. 5, Trichoptera and Lepidoptera. Pt. 1: 76-77. Dal'nauka Vladivostok. (in Russian)
岩田正俊．1927a．日本産毛翅目幼虫．動物学雑誌，39: 209-272. 464-468.
Iwata, M. 1927b. Trichopterous larvae from Japan. Annotationes Zoologicae Japonenses, 11: 203-233.
岩田正俊．1928．日本産毛翅目幼虫（第四報）．動物学雑誌，40: 237-241.
岩田正俊．1930．日本産毛翅目幼虫（第五報）．動物学雑誌，42: 59-66.
Iwata, T. 2007. Linking stream habitats and spider distribution: spatial variations in trophic transfer across a forest-stream boundary. Ecological Research, 22: 619-628.
Jackson, J. K. & V. H. Resh. 1991. Periodicity in mate attraction and flight activity of three species of caddisflies (Trichoptera). Journal of North American Benthological Society, 10: 198-209.
加賀谷隆・野崎隆夫・倉西良一．1998．多摩川水系のトビケラ相とその分布．片桐一正（編）多摩川水系のトビケラ相とその分布: 1-266．とうきゅう環境浄化財団，東京．
Kagaya, T. & T. Nozaki. 1998. Notes on Japanese *Padunia* Martynov (Trichoptera: Glossosomatidae), with the description of a new species. Aquatic Insects, 20: 97-107.
Katsuma, N. 2009. A new species of the genus *Setodes* Rambur (Trichoptera, Leptoceridae) from Japan. Biogeography, 11: 41-46.
Katsuma, N. 2014. Synonymic note on a Japanese species of the genus *Ceraclea* (Trichoptera: Leptoceridae). Biology of Inland Waters, 29: 51-53.
Katsuma, N. 2018. A catalogue of Japanese Trichoptera. Family Leptoceridae Leach. (http://tobikera.eco.coocan.jp/catalog/Leptoceridae.html)
Katsuma, N. & R.B. Kuranishi. 2016. Redescription of *Triplectides misakianus* (Matsumura, 1931) (Trichoptera, Leptoceridae) in Japan with notes on its habitat. Zoosymposia, 10: 234-242.
Katsuma, N. & E. Yamamoto. 2015. A new species of the genus *Adicella* McLachlan (Trichoptera: Leptoceridae) from Japan. Entomological Research Bulletin, 31: 18-21.
川合禎次．1950．日本産ヒゲナガカワトビケラ科（毛翅目）の幼虫．昆虫，18: 86-88.
川合禎次．1985．膜翅目Hymenoptera．川合禎次（編），日本産水生昆虫検索図説: 261-262．東海大学出

版会，東京．

河瀬直幹．2012．絶滅が危惧されるヒトスジキソトビケラ *Psilotreta japonica* (Banks) に関する形態的・生態的知見．陸水生物学報, 27: 29-39．

河瀬直幹・森田久幸．2010．鈴鹿山脈のトビケラ相．陸水生物学報, 25: 31-50．

Kim, J. W. 1974. Study of Trichoptera in Oo Ma Da mountain stream, Nara, Japan. Korean Journal of Limnology, 7: 63-73. (in Korean).

Kimmins, D.E. 1955. Results of the Oxford University expedition to Sarawak, 1932. Order Trichoptera. Sarawak Museum Journal, 6: 374-442.

Kjer, K. M., Zhou, X., Frandsen, P. B., Thomas, J. A. & Blahnik, R. J. 2014. Moving toward species-level phylogeny using ribosomal DNA and COI barcodes: an example from the diverse caddisfly genus *Chimarra* (Trichoptera: Philopotamidae). Arthropod Systematics and Phylogeny, 72: 345-354.

Kobayashi, M. 1955. A new species of *Dinarthrodes* from Japan (Insecta: Trichoptera). Bulletin of the National Science Museum, 2: 70-72.

Kobayashi, M. 1959. Caddisfly fauna of the vicinity of Yoshii-machi, Fukuoka Prefecture, with descriptions of five new species. Bulletin of the National Science Museum, 46: 344-354.

Kobayashi, M. 1964a. A new genus and a new species of Hydroptilidae from Japan (Trichoptera). Kontyû, 32: 211-213.

Kobayashi, M. 1964b. Notes on the caddisflies of Hokkaido, with descriptions of two new species (Insecta, Trichoptera). Bulletin of the National Science Museum, 7: 83-90.

Kobayashi, M. 1968. Notes on the caddisflies of Niigata Prefecture, with seven new species. Bulletin of Kanagawa Prefectural Museum (Natural Science), 1(1): 1-12, 6 pls.

Kobayashi, M. 1969. Four new species of Trichoptera from Japan. Bulletin of Kanagawa Prefectural Museum (Natural Science), 1(2): 17-22, 2 pls.

Kobayashi, M. 1970. A new species of the caddisfly Limnephilidae from Japan (Insecta: Trichoptera). Bulletin of Kanagawa Prefectural Museum (Natural Science), 1 (3): 1-14.

Kobayashi, M. 1971. Six new species of caddisflies from Tanzawa mountain mass, Kanagawa Prefecture, Japan. Bulletin of Kanagawa Prefectural Museum (Natural Science), 1(4): 1-7, 6 pls.

Kobayashi, M. 1972. On the new species of the genus *Glossosoma* from Japan (Trichoptera, Insecta). Bulletin of Kanagawa Prefectural Museum (Natural Science), 1(5): 5-10, 2 pls.

Kobayashi, M. 1973. Caddisfly fauna of the vicinity of Yamagata Prefecture, with descriptions of thirteen new species. Bulletin of Kanagawa Prefectural Museum (Natural Science), 6: 21-44, pls. 3-10.

Kobayashi, M. 1974. On the new species of Hydroptilidae from Japan (Insecta: Trichoptera). Bulletin of Kanagawa Prefectural Museum (Natural Science), 7: 67-70.

Kobayashi, M. 1976. New species of Rhyacophilidae (Trichoptera: Insecta). Bulletin of Kanagawa Prefectural Museum (Natural Science), 9: 51-56.

Kobayashi, M. 1977. The list and new species of the caddisflies from Hokkaido, Japan (Trichoptera, Insecta). Kanagawa Prefectural Museum (Natural Science), 10: 1-14.

Kobayashi, M. 1980. A revision of the family Philopotamidae from Japan (Trichoptera: Insecta). Bulletin of the Kanagawa Prefectural Museum (Natural Science), 12: 85-104, 7 pls.

Kobayashi, M. 1982. A classification for Japanese species of Glossosomatidae (Trichoptera, Insecta). Bulletin of Kanagawa Prefectural Museum (Natural Science), 13: 1-18, 11pls.

Kobayashi, M. 1985. On the Trichoptera from the Island of Tsushima, with seven new species (Insecta). Bulletin of Kanagawa Prefectural Museum (Natural Science), 16: 7-22.

Kobayashi, M. 1987. Caddisflies or Trichoptera from Shimane Prefecture in Japan (Insecta). Kanagawa Prefectural Museum (Natural Science), 17: 13-35.

小林草平・野崎隆夫・竹門康弘．2017．琵琶湖の流出河川，瀬田－宇治川のトビケラ群集．日本生態学会誌, 67: 13-29．

Kocharina, S. L. 1989. Growth and production of filter-feeding caddis fly (Trichoptera) larvae in a foothill stream in the Soviet Far East. Aquatic Insects, 11: 161-179.

Kochi, K. & T. Kagaya. 2005. Green leaves enhance the growth and development of a stream macroinvertebrate shredder when senescent leaves are available. Freshwater Biology, 50: 656-667.

Konishi, K. & M. Aoyagi. 1994. A new species of the genus *Agriotypus* (Hymenoptera, Ichneumonidae). Japanese Journal of Entomology, 62: 421-431.

小山晶子. 1990. クロツツトビケラ*Uenoa tokunagai* Iwata (Insecta: Trichoptera)の羽化様式について. 陸水生物学報, 5: 35-36.

Kuhara, N. 1999. Notes on the subgenus *Kisaura* of the genus *Dolophoilodes* (Trichoptera: Philopotamidae) in Japan, with descriptions of three new species. In H. Malicky & P. Chantaramongkol (eds.) Proceedings of the 9th International Symposium on Trichoptera: 175-184. Faculty of Science, Chiang Mai University, Chiang Mai.

久原直利. 2001. 小樽市奥沢水源地地区昆虫相調査報告 (23) － 1996年マレーズトラップ調査により採集されたトビケラ目－. 小樽市博物館紀要, (14): 13-22.

Kuhara, N. 2005a. Taxonomic revision of the genus *Dolophilodes* subgenus *Dolophilodes* (Trichoptera: Philopotamidae) of Japan. Entomological Science, 8: 91-107.

Kuhara, N. 2005b. A review of *Wormaldia* McLachlan (Trichoptera: Philopotamidae) in Japan, with redescriptions of eight species. In K. Tanida & A. Rossiter (eds.) Proceedings of the 11th International Symposium on Trichoptera: 229-244. Tokai University Press, Hadano, Kanagawa.

久原直利. 2011. 北海道の源流河川におけるトビケラ目の種構成と成虫の活動時期. 陸水生物学報, 26: 47-76.

Kuhara, N. 2016a. Revision of Japanese species of the genus *Ecnomus* McLachlan (Trichoptera: Ecnomidae), with descriptions of two new species. Zootaxa, 4114: 561-571.

Kuhara, N. 2016b. The genus *Wormaldia* (Trichoptera, Philopotamidae) of the Ryûkyû Archipelago, southwestern Japan. Zoosymposia, 10: 257-271.

久原直利. 2017. 日本産カワトビケラ科幼虫の記載. 陸水生物学報, 32: 49-60.

Kuhara, N. & T. I. Arefina. 2004. A new species of the genus *Kisaura* (Trichoptera: Philopotamidae) from the east Palaearctic. In H. Takahashi & M. Ôhara (eds.) Biodiversity and Biogeography of the Kuril Islands and Sakhalin, 1 (Bulletin of the Hokkaido University Museum, no. 2): 81-84.

久原直利・伊藤富子. 1994. 北海道恵庭市の湧水流, 九谷田沢のトビケラ相. 陸水生物学報, 9: 18-24.

久原直利・伊藤富子. 2017. 屋久島のトビケラ. 陸水生物学報, 31: 11-20.

久原直利・小林紀雄・永安芳江・伊藤富子. 1993. 北海道千歳市ナイベツ川の水生昆虫相（予報）. 陸水生物学報, 8: 15-20.

久原直利・倉西良一. 1997. 北海道産トビケラ目昆虫目録－文献による記録－. 千葉県立中央博物館自然誌研究報告, 4: 147-157.

久原直利・永安芳江・伊藤富子. 2006. 北海道支笏湖に流入する山地源流河川におけるトビケラ. 陸水生物学報, 21: 43-51.

Kumanski, K. 1990. Studies on the fauna of Trichoptera. (Insecta) of Korea. I. Superfamily Rhyacophiloidea. Historia Naturalis Bulgarica, 2: 36-60.

Kumanski, K. 1991. Studies on Trichoptera (Insecta) of Korea (North). V. Superfamily of Limnephiloidea, except Lepidostomatidae and Leptoceridae. Insecta Koreana, 8: 15-29.

Kumanski, K. & J. S. Weaver III. 1992. Studies on the fauna of Trichoptera (Insecta) of Korea. IV. The family Lepidostomatidae. Aquatic Insects, 14: 153-168.

口分田政博. 1952. 渓流産トビケラ幼虫数種について. 科学教育, 23: 11-13.

Kuranishi, R. B. 1989. A taxonomic note on the caddisfly genus *Diplectrona* (Trichoptera, Hydropsychidae) from Japan. Japanese Journal of Entomology, 57: 813.

Kuranishi, R. B. 1990. Description of a new species of the *yosiiana*-group of the genus *Rhyacophila* (Trichoptera, Rhyacophilidae) from Chiba Prefecture, central Japan. Natural History Research, 1: 109-112.

Kuranishi, R. B. 1991. Above-water oviposition of two Japanese *Parapsyche* species (Trichoptera; Hydropsychidae). In C. Tomaszewski (ed.) Proceedings of 6th. International Symposium on Trichoptera: 149-152. Adam Mickiewicz University Press, Poznan.

Kuranishi, R. B. 1997. The genus *Rhyacophila* of the Ryukyu Archipelago, Part I (Trichoptera: Rhyacophilidae). In R. W. Holzenthal & O. S. Flint, Jr. (eds.) Proceedings of the 8th International Symposium on Trichoptera: 265-269. Ohio Biological Survey, Columbus.

Kuranishi, R. B. 1999. A checklist of the Rhyacophilidae (Trichoptera) in Japan. In H. Malicky & P. Chantramongkol (eds.) Proceedings of the 9th International Symposium on Trichoptera: 185-192. Faculty of Science, Chiang Mai University, Chiang Mai.

倉西良一・木村正明. 2001. 琉球半島におけるオキナワホシシマトビケラの分布記録. 月刊 虫, 370: 2001.

倉西良一・久原直利. 1994. V. 阿寒の動物 第6章 阿寒の底生動物. 阿寒国立公園の自然, 1993: 1191-1240. 財団法人前田一歩園財団.

Kuranishi, R. B., N. Kuhara & M. Uenishi. 1992. A new record of *Lype excisa* Mey (Trichoptera, Psychomyiidae) from Hokkaido, northern Japan. Japanese Journal of Entomology, 60: 448.

Kuranishi, R. B., T. Nozaki & N. Kuhara. 1998. A new record of *Ecclisomyia kamtshatica* (Trichoptera: Limnephilidae) from Japan, with description of immature stages. Journal of the Natural History Museum and Institute, Chiba, 5: 47-50.

Kuwayama, S. 1930. A new and two unrecorded species of Trichoptera from Japan. Insecta Matsumurana, 5: 53-57.

Kuwayama, S. 1934. On the life-history of two species of leptocerid caddis flies injurious to rice-plant. Transactions of Sapporo Natural History Society, 8: 266-274.

Kuwayama, S. 1972. On the genus *Perissoneura* MacLachlan (Trichoptera: Odontoceridae) Kontyû, 40: 77-80.

Lepneva, S. G. 1966. Fauna of the U.S.S.R.: Trichoptera, vol. 2, no. 2. Larvae and Pupae of Integripalpia. Israel Program for Scientific Translations, 1971.

Levanidova, I. M., T. I. Arefina & N. Kuhara. 1995. East Palaearctic *Allomyia* (Trichoptera: Apataniidae). Aquatic Insects, 17: 193-204.

Levanidova, I. M. & F. Schmid. 1977. Three new *Rhyacophila* from Siberia and the Far-Eastern USSR (Trichoptera, Rhyacophilidae). Le Naturaliste Canadien, 104: 501-505.

Li, Y. J. & J. C. Morse. 1998. *Polyplectropus* species (Trichoptera: Polycentropodidae) from China, with consideration of their phylogeny. Insecta Mundi, 11: 300-310.

Lukyanchenko, T. I. 1993. A new species of caddisfly of the genus *Rhyacophila* Pictet (Trichoptera: Rhyacophilidae) from eastern Asia. Braueria, 20: 5-6.

Malicky, H. 1993. Neue asiatische Köcherfliegen (Trichoptera: Rhyacophilidae, Philopotamidae, Ecnomidae und Polycentropodidae). Entomologische Berichte Luzern, 29: 77-88.

Malicky, H. 1994. Neue Trichopteren aus Nepal, Vietnam, China, von den Philippinen und Bismarck-Archipel (Trichoptera). Entomologische Berichte Luzern, 31: 163-172.

Malicky, H. 2010. Atlas of Southeast Asian Trichoptera. Biology Department, Faculty of Science, Chiang Mai University, Chang Mai, Thailand.

Martynov, A. V. 1933. On an interesting collection of Trichoptera from Japan. Annotationes Zoologicae Japonenses, 14: 134-156.

Martynov, A. B. 1934. Trichoptera Annulipalpia. Nauka, Leningrad. (In Russian with English summary).

Martynov, A. V. 1935. Trichoptera of the Amur Region I. Institut der Zoologische Academie de Sciences USSR, 2: 205-395.

丸山博紀・花田聡子（編）. 2016. 原色川虫図鑑 成虫編. 全国農村教育協会, 東京.

丸山博紀・高井幹夫. 谷田一三（監修）. 2000. 原色川虫図鑑. 全国農村教育協会, 東京.

松村松年. 1907. 昆虫分類学上巻. 警醒社書店, 東京.

松村松年. 1931. 日本昆虫大図鑑. 刀江書院, 東京.

Mey, W. 1991. On a small collection of caddisflies (Insecta: Trichoptera) from Sachalin, USSR. Aquatic Insects, 13: 193-200.

Minakawa, N., T. I. Arefina, T. Ito, T. Nozaki, N. Kuhara, H. Nishimoto, M. Uenishi, V. A. Teslenko, D. J. Bennett, R. I. Gara, K. L. Kurowski, P. B. H. Oberg, T. I. Ritchie & L. J. Weis. 2004. Caddisflies (Trichoptera) of the Kuril Archipelago. Biodiversity and Biogeography of the Kuril Islands and Sakhalin, 1: 49-80.

三橋弘宗．2000．アツバエグリトビケラ属2種の流程分布，生活史及び微生息場所．陸水学雑誌，61: 251-258.

Mitsuhashi, H., T. Nozaki & K. Tanida. 2000. Taxonomic notes on *Neophylax koizumii* (Iwata 1927) (Trichoptera, Uenoidae) from Japan. Limnology, 1: 139-142.

Morse, J.C. (ed.) 2018. Trichoptera World Checklist. (http://entweb.clemson.edu/database/trichopt/index.htm).

Morse, J. C., K. Tanida & T. S. Vshivkova. 2001. The caddisfly fauna of four great Asian Lakes: Baikal, Hovsgol, Khanka and Biwa. In Y. J. Bae (ed.) The 21st Century and Aquatic Entomology in East Asia (Proceedings of the 1st Symposium of Aquatic Entomologists in East Asia): 97-116, Korean Society of Aquatic Entomology, Korea.

森　主一・松谷幸司．1953．トビケラ類の日周期活動とすみわけ．動物学雑誌，62: 191-198.

森田久幸．1996．県内におけるイワトビケラとクダトビケラの記録．ひらくら，40: 301-303.

森田久幸．2008．南伊勢町のトビケラ相．ひらくら，52: 91-93.

森田久幸．2013．青山高原のトビケラ相（マレーゼトラップによる成虫の記録）．ひらくら，57: 60-64.

Morse, J. C. & R. W. Holzenthal. 2008. Trichoptera Genera. In Merritt, R.W, K.W. Cummins & M.B. Berg (eds.) An Introduction to the Aquatic Insects of North America, Fourth Edition: 481-552. Kendall/Hunt Publishing Co., Dobuque, Iowa.

永安芳江．2003．ジョウザンエグリトビケラの生態．昆虫と自然，38(6): 16-19.

Nagayasu, Y. & T. Ito. 1997. Life history of *Dicosmoecus jozankeanus* in northern Japan, with particular reference to the difference between spring brook and mountain stream populations (Trichoptera: Limnephilidae: Dicosmoecinae). In R. W. Holzental & O. S. Flint Jr. (eds.) Proceedings of the 8th International Symposium on Trichoptera: 365-372. Ohio Biological Survey, Columbus, Ohio.

中野　繁．2003．川と森の生態学－中野繁論文集－．北海道大学図書刊行会，札幌．

Nakano, S. & T. Furukawa-Tanaka. 1994. Intra- and interspecific dominance hierarchies and variation in foraging tactics of two species of stream dwelling chars. Ecological Research, 9: 9-20.

中瀬　潤．1991．水中ミノムシキタガミトビケラの幼虫の生活史．アニマ，(231): 70-74.

Navás, L. R. P. 1916. Neuroptera quaedam ex japonia et proximis regionibus recensui. The Entomological Magazine, 2: 85-91.

Nielsen, A. 1948. Postembryonic development and biology of the Hydroptilidae. Kongelige Danske Videnskabernes Selskab. Biologiske Skrifter, 5: 1-191.

Nishimoto, H. 1989. A new species of *Moropsyche* (Trichoptera, Limnephilidae) from Japan, with some notes on the genus. Japanese Journal of Entomology, 57: 695-702.

Nishimoto, H. 1994. A new species of *Apatania* (Trichoptera, Limnephilidae) from Lake Biwa, with notes on its morphological variation within the lake. Japanese Journal of Entomology, 62: 775-785.

Nishimoto, H. 1997. Discovery of the genus *Manophylax* (Trichoptera, Apataniidae) from Japan with descriptions of two new species. Japanese Journal of Systematic Entomology, 3 (1): 1-14.

Nishimoto, H. 2002. Description of a new species of *Manophylax* (Trichoptera: Apataniidae) from Japan, with a key and distributional notes for Japanese *Manophylax* adults and larvae. Nova Supplementa Entomologica, Keltern: 15: 211-222.

西本浩之．2003．日本産コエグリトビケラ科の属の同定と生態．昆虫と自然，38(6): 6-11.

Nishimoto, H. 2011. The genus *Paduniella* (Trichoptera: Psychomyiidar) in Japan. Zoosymposia, 5: 381-390.

Nishimoto, H. & N. Kawase. 2005. A new species of *Oligostomis* (Trichoptera: Phryganeidae) from Japan. In K. Tanida & A. Rossiter (eds.) Proceedings of the 11th International Symposium on Trichoptera: 317-324. Tokai University Press, Hadano, Kanagawa.

Nishimoto, H. & N. Kuhara. 2001. Revision of the caddisfly genus *Allomyia* Banks of Japan (Trichoptera: Apataniidae), with descriptions of seven new species. Entomological Science, 4: 157-174.

Nishimoto, H. & T. Nozaki. 2001. Immature stages of *Phryganea* (*Colpomera*) *japonica* McLachlan (Trichoptera: Phryganeidae). Entomological Science, 4: 361-368.

Nishimoto, H., K. Tanida, W. K. Gall & N. Minakami. 1999. Discovery of the genus *Larcasia* (Trichoptera, Goeridae) in Japan, with the descriptions of two new species. Entomological Science, 2: 425-438.

Nishimoto, H., T. Nozaki & D. E. Ruiter. 2000. New limnephilid genus (Trichoptera) from Japan, with description of a new species. Entomological Science, 3: 377-386.

西本浩之・森田久幸. 2001. 1995〜1999年の調査における豊田市都市ブロックの矢作川河辺の昆虫類 4 都市ブロック河辺のトビケラ相. 矢作川研究, 5: 71-78.

Nishimura, N. 1981. Ecological studies on the net-spinning caddisfly, *Stenopsyche japonica* Martynov 5. On the upstream migration of adult. Kontyû, 49: 192-204.

西村　登. 1987. ヒゲナガカワトビケラ. 文一総合出版, 東京.

野嶋宏一. 2017. 岡山県のトビケラ相. 陸水生物学報, 32: 107-131.

Novák, K. & F. Sehnal. 1963. The development cycle of some species of the genus *Limnephilus* (Trichoptera). Caspis Ceske Spolecnosti Entomologicke, 60: 68-80.

野崎隆夫. 1989. ホタルトビケラ属 − 生活史と分布. 柴谷篤弘・谷田一三（編），日本の水生昆虫 − 種分化とすみわけをめぐって: 99-108. 東海大学出版会, 東京.

Nozaki, T. 1993. Life history of *Nothopsyche yamagataensis* Kobayashi (Limnephilidae: Dicosmoecinae) in a mountain stream, Japan. In C. Otto (ed.) Proceedings of the 7th International Symposium on Trichoptera: 189-194. Backhuys Publishers, Leiden.

野崎隆夫. 1997. トビケラ類. 丹沢大山自然環境総合調査報告書: 31-38. 神奈川県環境部, 神奈川.

Nozaki, T. 1999a. A new terrestrial caddisfly, *Nothopsyche montivaga* n. sp., from Japan (Trichoptera: Limnephilidae). In H. Malicky and P. Chantaramongkol (eds.) Proceedings of the 9th International Symposium on Trichoptera: 299-309. Faculty of Science, Chiang Mai University, Chiang Mai.

Nozaki, T. 1999b. Synonymic notes on a Japanese *Hydatophylax* (Trichoptera: Limnephilidae). Aquatic Insects, 21: 301-302.

Nozaki, T. 2001. Life history of *Rivulophilus sakaii* Nishimoto et al. (Limnephilidae: Limnephilinae) in a small intermittent brook, central Japan. Nova Supplemental Entomologica, Keltern, 15: 439-448.

Nozaki, T. 2002. Revision of the genus *Nothopsyche* Banks (Trichoptera: Limnephilidae) in Japan. Entomological Science, 5: 103-124.

野崎隆夫. 2003. ナガレエグリトビケラの生態. 昆虫と自然, 38(6): 20-23.

Nozaki, T. 2005. The genus *Brachycentrus* Curtis (Trichoptera, Brachycentridae) in Japan. In K. Tanida & A. Rossiter (eds.) Proceedings of the 11th International Symposium on Trichoptera: 329-336. Tokai University Press, Hadano, Kanagawa.

Nozaki, T. 2009. *Tsudaea*, a new genus of Brachycentridae (Trichoptera) from Japan. Zootaxa, 2131: 54-64.

Nozaki, T. 2011. The genus *Eobrachycentrus* Wiggins (Trichoptera, Brachycentridae) in Japan. In K. Majecka et al. (eds.) Proceedings of the 13th International Symposium on Trichoptera (Zoosymposia, 5): 391-400, Magnolia Press, Auckland.

Nozaki, T. 2013. The genus *Pseudostenophylax* Martynov (Trichoptera, Limnephilidae) in Japan. Zootaxa, 3666: 559-578.

野崎隆夫. 2016. トビケラ目. 丸山博紀・花田聡子（編），原色川虫図鑑（成虫編）: 294-451. 全国農村教育協会, 東京.

Nozaki, T. 2017a. Discovery in Japan of the second species of the genus *Dolichocentrus* Martynov (Trichoptera: Brachycentridae). Zootaxa, 4227: 554-562.

Nozaki, T. 2017b. A new species and new record of the genus *Goera* Stephens (Insecta, Trichoptera) from Japan. Biogeography, 19:

Nozaki, T., Arefina, T. I. & Hayashi, Y. 2008 The genus *Stenopsyche* McLachlan (Trichoptera: Stenopsychidae) in Sakhalin, with description of a new species. In X. H. Wang (ed.) Contemporary Aquatic Entomological Study in East Asia (Proceedings of the 3rd symposium International on Aquatic Entomologists in East Asia): 101-110. Nankai University Press, Tianjin.

Nozaki, T. & T. Ito. 1998. Immature stages of *Lenarchus fuscostramineus* Schmid (Trichoptera, Limnephilidae). Japanese Journal of Limnology, 59: 383-389.

Nozaki, T., T. Ito & K. Tanida. 1994. Checklists of Trichoptera in Japan. 2. Glossosomatidae, Beraeidae, Odontoceridae and Molannidae. Japanese Journal of Limnology, 55: 297-305.

Nozaki, T. & M. Itou. 1998. Immature stages of *Brachypsyche sibirica* (Martynov) (Trichoptera: Limnephilidae). Entomological Science, 1: 423-426.

Nozaki, T. & T. Kagaya. 1994. A new *Ernodes* (Trichoptera, Beraeidae) from Japan. Japanese Journal of Entomology, 62: 193-200.

Nozaki, T., Katsuma, N. & Hattori, T. 2010. Redescription of *Polyplectropus protensus* Ulmer, 1908 and description of two new *Polyplectropus* species from Japan (Trichoptera, Polycentropodidae). Denisia, 29: 235-242.

野崎隆夫・小林紀雄．1987．森戸川（神奈川県三浦半島）におけるホタルトビケラの生活史，特に幼虫の陸上夏眠と蛹化および陸上産卵について．陸水学雑誌，48: 287-293.

Nozaki, T., N. Kuhara & R. B. Kuranishi. 1997. A new record of *Ecclisocosmoecus spinosus* Schmid (Trichoptera, Limnephilidae) from Japan with a description of female and immature stages. Japanese Journal of Entomology, 65: 211-216.

Nozaki, T. & N. Minakawa. 2004. *Hydatophylax minor* sp. nov. (Trichoptera, Limnephilidae) from Hokkaido, Sakhalin and South Kuril Islands. Biogeography, 6: 39-48.

野崎隆夫・村松詮士．2009．日本初記録のヒゲナガカワトビケラ属の1種．Sylvicola, 27: 1-4.

野崎隆夫・中村慎吾．2002．広島県で採集されたトビケラ成虫の記録．比和科学博物館研究報告，41: 165-180.

Nozaki, T., R. Saito, N. Nishimura, L-P, Hsu & K. Tojo. 2016. Larvae and females of two *Stenopsyche* species in Taiwan with redescription of the male of *S. formosana* (Insecta: Trichoptera). Zootaxa, 4121: 485-494.

Nozaki, T. & T. Shimada. 1997. Nectar feeding by adults of *Nothopsyche ruficollis* (Ulmer) (Trichoptera: Limnephilidae) and its effect on their reproduction. In R. W. Holzenthal & O. S. Flint Jr. (eds) Proceedings of the 8th International Symposium on Trichoptera: 379-386. Ohio Biological Survey, Columbus, Ohio.

Nozaki, T & N. Shimura. 2013. Two polycentropodid caddisflies (Trichoptera, Insecta) collected from Yonaguni-jima, western most Japan. Biology of Inland Waters, Supplement, 2, 101-108.

Nozaki, T. & K. Tanida. 1996. The genus *Limnephilus* Leach (Trichoptera, Limnephilidae) in Japan. Japanese Journal of Entomology, 64: 810-824.

Nozaki, T. & K. Tanida. 2006. The genus *Goera* Stephens (Trichoptera: Goeridae) in Japan. Zootaxa, 1339: 1-29.

Nozaki, T. & K. Tanida. 2007. The caddisfly fauna of a huge spring-fed stream, the Kakida River, in central Japan. In J. Bueno-Soria et al. (eds.) Proceedings of the 12 th International Symposium on Trichoptera: 243-255. The Caddis Press, Columbus, Ohio.

Nozaki, T. & Tanida, K. 2010. Synonymic notes on three Japanese caddisfly species (Trichoptera: Calamoceratidae, Odontoceridae). Biology of Inland Waters, 25: 97-99.

Nozaki, T., K. Tanida & T. Ito. 2000. Checklists of Trichoptera in Japan. 4. Goeridae, Uenoidae and Limnephilidae. Limnology, 1: 197-208.

Nozaki, T., S. Togashi & T. Sato. 2016. The caddisfly fauna of a small spring brook in the Jimoto-yusui, Niigata, central Japan Zoosymposia, 10: 323-330.

Ohkawa, A. & T. Ito. 1999. The male Polycentropodidae (Trichoptera) of Japan. In Malicky, H. & P. Chantramongkol (eds.), Proceedings of the 9th international Symposium on Trichoptera: 311-323. Faculty of Science, University of Chiang Mai, Chiang Mai.

Ohkawa, A. & T. Ito. 2002. Redescription of *Scelotrichia ishiharai* Utsunomiya (Trichoptera: Hydroptilidae) with special reference to the biology of the immature stages. Nova Supplemental Entomologica, Keltern, 15: 449-458.

Ohkawa, A. & T. Ito. 2007. The genus *Plectocnemia* Stephens of Japan (Trichoptera; Polycentropodidae). Limnology, 8: 183-210.

Oláh, J. & T. Ito. 2013. Synopsis of the *Oxyethira flavicornis* species group with new Japanese *Oxyethira* species (Trichoptera, Hydroptilidae). Opuscula Zoologica, Budapest, 44: 23-46.

Oláh, J. & K. A. Johanson. 2008. Generic review of Hydropsychinae, with description of *Schmidopsyche*, new genus, 3 new genus clusters, 8 new species groups, 4 new species clades, 12 new species clusters and 62 new species from the Oriental and Afrotropical regions (Trichoptera: Hydropsychidae). Zootaxa, 1802: 1-248.

Oláh, J., K. R. Johanson, & P. C. Barnard. 2008. Revision of the Oriental and Afrotropical species of *Cheumatopsyche* Wallengren (Hydropsychidae, Trichoptera). Zootaxa, 1738:1-171.

Parker, C. R. & G. B. Wiggins. 1987. Revision of the caddisfly genus *Psilotreta* (Trichoptera: Odontoceridae). Royal Ontario Museum Life Science Contribution, 144: 1-55.

Prather, A. L., A. L. Syrett & J. C. Morse. 1997. Females of *Rhyacophila* (Trichoptera: Rhyacophilidae) from the southeastern United States. In R. W. Holzenthal & O. S. Flint Jr. (eds.) Proceedings of the 8th International Symposium on Trichoptera: 387-399. Ohio Biological Survey, Columbus, Ohio.

Resh V. H., J. C. Morse & I. D. Wallace. 1976. The evolution of the sponge feeding habit in the caddisfly genus *Ceraclea* (Trichoptera: Leptoceridae). Annals of the Entomological Society of America, 69: 937-941.

Ross, H. H. 1951. Phylogeny and biogeography of the caddisflies of the genera *Agapetus* and *Electragapetus* (Trichoptera: Rhyacophilidae). Journal of Washington Academy of Science, 41: 347-356.

Ross, H. H. 1967. The evolution and past dispersal of the Trichoptera. Annual Review of Entomology, 12: 169-206.

Sameshima, O. & H. Sato. 1994. Life cycles of *Glossosoma inops* and *Agapetus yasensis* (Trichoptera, Glossosomatidae) at Kii Peninsula, southern Honshu, Japan. Aquatic Insects, 16: 65-74.

Schmid, F. 1952. Les genres *Glyphotaelius* Steph. et *Nemotaulius* Bks (Trichopt. Limnophil.). Bulletin de la Société Vaudoise des Sciences Naturelles, Lausanne, Switzerland, 65: 216-243.

Schmid, F. 1964. Quelques Trichopteres Asiatique. The Canadian Entomologist, 96: 825-840.

Schmid, F. 1968. La Famille des Arctopsychides (Trichoptera). Mémoires de la Société Entomologique du Québec, 1: 1-84.

Schmid, F. 1970. Le genre *Rhyacophila* et la famille Rhyacophilidae (Trichoptera). Mémoires de la Société Entomologique du Canada, 66: 1-230., 52pls.

Schmid, F. 1972. Sur quelques nouvelles psychomyiines tropicales (Trichoptera: Psychomyiidae). Le Naturaliste Canadien, 99: 146-148.

Schmid, F. 1980. Genera des Trichoptères du Canada Ét des etats adjacents. Les Insectes et Archnides du Canada. Partie 7. Agriculture Canada Publications.

Schmid, F. 1987. Considerations diverses sur quelques genres leptocerins (Trichoptera, Leptoceridae). Bulletin de l'Institut Royal des Sciences Naturelles de Belgique, Entomologie, Supplement, 57: 1-147.

Schmid, F. 1998. Genera of the Trichoptera of Canada and adjoining or adjacent United States. The Insects and Arachnids of Canada Part 7. NRC Research Press, Ottawa.

Schmid, F., T. J. Arefina & I. M. Levanidova. 1993. Contribution to the knowledge of the *Rhyacophila* (Trichoptera) of the *sibirica* group. Bulletin de l'Institut Royal des Sciences Naturelles de Belgique, Entomologie, 63: 161-172.

柴田喜久男. 1975. 水力発電導水路害虫ウルマシマトビケラ (*Hydropsyche ulmeri* Tsuda) の生態と防除. 自費出版.

新名史典. 1995. 河川底生動物群集の食物網の実態とその動的側面. 谷田一三 (編), 河川性水生昆虫類の分類・生態基礎情報の統合的研究 (文部省科学研究費補助金報告書): 60-69.

新名史典. 1996. 河川昆虫群集の食物網, 多様性と動態. 海洋と生物, 18: 434-440.

Smith, S. D. 1968. The *Rhyacophila* of the Salmon River drainage of Idaho with special reference to larvae. Annals of the Entomological Society of America, 61: 655-674.

曽根亮太・中嶋康生・服部克也．2009．コイズミエグリトビケラを捕食するアマゴに着目したアユの餌料環境の改善．愛知県水産試験場研究報告，15: 25-28.

Sun, C. & L. Yang. 1994. A new species of the genus *Himalopsyche* Banks, 1940 (Trichoptera: Rhyacophilidae) from China. Braueria, 21: 8.

Sun, C. & L. Yang. 1995. Studies on the genus *Rhyacophila* (Trichoptera) in China (1). Braueria, 22: 27-32.

Sun, C. & L. Yang. 1998. Studies on the genus *Rhyacophila* of China (2). Braueria, 25: 15-17.

Svensson, B. W. 1972. Flight periods, ovarian maturation, and mating in Trichoptera at a south Swedish stream. Oikos, 23: 370-383.

平 祥和・竹門康宏・谷田一三・脇村 圭・加藤幹男．2014．紀伊半島におけるコイズミエグリトビケラ *Neophylax koizumii* (Iwata)（トビケラ目，クロツツトビケラ科）の新産地．陸水学雑誌，75: 173-177.

田中芙美子．1970．エグリトビケラ科幼虫1種．奈良陸水生物学報，(3): 28-29.

Tani, K. 1971. A revision of the family Lepidostomatidae from Japan (Trichoptera). Bulletin of the Osaka Museum of Natural History, 24: 45-70.

谷 幸三．1977．トビケラ目（毛翅目）．伊藤修四郎・奥谷禎一・日浦 勇（編），原色日本昆虫図鑑2: 184-206+pls. 43-44. 保育社，大阪．

谷 幸三．1978．新潟県のトビケラ（1）．越佐昆虫同好会々報，49: 2-26.

谷 幸三・中村慎吾．1997．広島県のカゲロウ目，カワゲラ目，ヘビトンボ目とトビケラ目．比和科学博物館研究報告，(35): 53-66.

谷田一三．1980．貴船川におけるシマトビケラ属3種の生活史と分布，とくに生活環の変異と密度と幼虫の成長との関連について．陸水学雑誌，41: 95-11.

谷田一三．1982．トビケラの生態．昆虫と自然，17(8): 7-11.

谷田一三．1985．毛翅目（トビケラ目）．川合禎次（編），日本産水生昆虫検索図説：167-215. 東海大学出版会，東京．

Tanida, K. 1986a. A revision of Japanese species of the genus *Hydropsyche* (Trichoptera, Hydropsychidae) I. Kontyû, 54: 467-484.

Tanida, K. 1986b. A revision of Japanese species of the genus *Hydropsyche* (Trichoptera, Hydropsychidae) II. Kontyû, 54: 624-633.

谷田一三．1989．シマトビケラ属幼虫の生態−営巣位置の「すみわけ」をめぐって．柴谷篤弘・谷田一三（編）日本の水生昆虫−種分化とすみわけをめぐって：118-129.

谷田一三．1995．河川ベントスの棲み込み関係−キースピーシスとしてのトビケラ．棲み場所の生態学，平凡社，東京．

Tanida, K. 1997. Trichoptera fauna of the Ryukyu Islands: taxonomic and ecological prospects. In R. W. Holtzenthal and O. S. Flint Jr. (eds.) Proceedings of the 8th International Symposium on Trichoptera: 445-451. Ohio Biological Survey, Columbus, Ohio.

Tanida, K. 2002. *Stenopsyche* (Trichoptera: Stenopsychidae): ecology and biology of a prominent Asian caddis genus. Nova Supplementa Entomologica, Keltern, 15: 595-606.

谷田一三．2003．トビケラ目（毛翅目）．西田 睦・鹿谷法一・諸喜田茂充（編），琉球列島の陸水生物：370-392. 東海大学出版会，東京．

谷田一三．2005．カワトビケラ科．川合禎次・谷田一三（編），日本産水生昆虫 科・属・種への検索：459-465. 東海大学出版会，神奈川．

谷田一三．2005．イワトビケラ科．川合禎次・谷田一三（編），日本産水生昆虫 科・属・種への検索：473-477. 東海大学出版会，秦野，神奈川．

谷田一三．2005．アミメシマトビケラ科．川合禎次・谷田一三（編），日本産水生昆虫 科・属・種への検索：478-481. 東海大学出版会，秦野，神奈川．

谷田一三．2005．ヒゲナガトビケラ科．川合禎次・谷田一三（編），日本産水生昆虫 科・属・種への検索：539-550 東海大学出版会，秦野，神奈川．

谷田一三．2014．コラム　テンカラとイワナ．小倉紀雄・竹村公太郎・谷田一三・松田芳夫（編），水辺と人の環境学，上: 47-48.

谷田一三．2016．毛翅目　シマトビケラ科．日本昆虫目録，5: 94-98．日本昆虫学会．

Tanida, K., T. Maruyama & Y. Saito. 1989. Feeding ecology of Japanese charr (*Salvelinus leucomaenis*) in a high moor and adjacent streams in central Japan. Physiology and Ecology Japan, Special Vol. 1: 279-294.

谷田一三・西野麻知子．1992．トビケラ目．西野麻知子（編），琵琶湖の底生動物，2．水生昆虫編: 28-48．滋賀県琵琶湖研究所．

Tanida, K., M. Nishino & M. Uenishi. 1999. Trichoptera of Lake Biwa: a check-list and the zoogeographical prospect. In H. Malicky and P. Chantramongkol (eds.) Proceedings of the 9th International Symposium on Trichoptera: 389-410. Faculty of Science, University of Chiang Mai, Chiang Mai.

Tanida, K., T. Nozaki & M. Itou. 1999. The larval stage of *Chilostigma sieboldi* McLachlan (Trichoptera, Limnephilidae), with notes on taxonomy and distribution. Aquatic Insects, 21: 153-160.

谷田一三・野崎隆夫・田代忠之・田代法之．1991．CADDIS トビケラとフライフィッシング．廣済堂出版，東京．

Tanida, K. & Y. Takemon. 1981. Life history and growth of case-bearing caddis larvae, *Molanna moesta* Banks, at Mizoro-ike Pond, Kyoto. Verhandlungen der Internationale Vereinigung für Theoretische und Angewandte Limnologie, 21: 1626.

Tanida, K. & Y. Takemon. 1993. Trichoptera emergence from streams in Kyoto, central Japan. In Otto, C. (ed.) Proceeding of 7th international Symposium on Trichoptera: 239-249. Backhuys, Leiden.

田代忠之・田代法之．1989．阿寒川におけるクワヤマカクスイトビケラのそ上飛行．兵庫陸水生物，34: 10.

鉄川　精．1962．ヒメトビケラ科幼虫1種．関西自然科学，15: 45-46.

鉄川　精．1965．ヒメトビケラ科幼虫2種．関西自然科学，17: 39-44.

Thut, R. N. 1969. Feeding habits of larvae of seven *Rhyacophila* (Trichoptera: Rhyacophilidae) species with notes on other life-history features. Annals of Entomological Society of America, 62: 894-898.

Terui, A., T. Akasaka, J. N. Negishi, F. Uemura, & F. Nakamura. 2017. Species-specific use of allochthonous resources by ground beetles (Carabidae) at a river-land interface. Ecological Research, 32: 27-35.

友国雅章・佐藤正孝．1978．小笠原諸島（含硫黄諸島）の水棲および半水棲昆虫．国立科学博物館専報，11: 107-121.

鳥居高明．2011．日本産カギヅメクダトビケラ*Metalype uncatissima*の幼虫および蛹について．陸水生物学報，26: 7-12.

Torii, T. 2018. A catalogue of Japanese Trichoptera 7. Family Psychomyiidae Walker. (http://tobikera.eco.coocan.jp/catalog/psychomyiidae.html)

Torii, T. and M. Nakamura. 2016. DNA identification and morphological description of the larva of *Eoneureclipsis montanus* (Trichoptera, Psychomyiidae). Zoosymposia, 10: 424-431.

Torii, T. and H. Nishimoto. 2011. Discovery of the genus *Eoneureclipsis* Kimmins (Trichoptera: Psychomyiidae) from Japan. Zoosymposia, 5: 453-464.

鳥居高明・谷田一三・山室真澄．2017a．沖縄の河川と湿地の底生動物．東海大学出版部，神奈川．

鳥居高明・谷田一三・山本一生．2017b．沖縄島で採集した淡水性底生動物の記録．陸水生物学報，32: 5-23.

Tsuda, M. 1936. Untersuchungen über die japanischen Wasserinsekten II. Lepidostomatidae (Trichoptera). Annotationes Zoologicae Japonenses, 15: 400-409.

津田松苗．1937．伊庭内湖安土付近の湖底泥炭上の動物．陸水学雑誌，7: 127-128.

Tsuda, M. 1938. Zur Kenntnis der Trichopteren von Liukiu auf Grund des materials der 1935 Liukiu-Expedition. Transactions of Biogeographical Society of Japan, 3: 100-104.

Tsuda, M. 1939. Metamorphose von drei Kocherfliegen, Molanna falcata Ulmer, *Tinodes sauteri* Ulmer und *Dipseudopsis stellata* McLachlan. Annotationes Zoologicae Japonenses, 18: 207-212.

Tsuda, M. 1940a Zur Kenntnisder japanischen Rhyacophilinen (Rhyacophilidae, Trichoptera). Annotationes

Zoologicae Japonenses, 19: 119-135.
Tsuda, M. 1940b. Zur Kenntnis der japanischen Glossosomatinen (Glossosomatidae, Trichoptera). Annotationes Zoologicae Japonenses, 19: 191-194.
Tsuda, M. 1942. Japanische Trichopteren. I. Systematik. Memoires of the College of Science, Kyoto Imperial University, B17: 239-339.
津田松苗. 1942. 琵琶湖岸大津臨湖実験所に於ける毛翅目相の研究. 昆蟲, 16: 62-66.
津田松苗. 1948. 日本産ナガレトビケラ亜科幼虫の研究. 宝塚昆虫館報告, 43: 1-17.
津田松苗. 1954. トゲモチヒゲナガトビケラの学名について. 新昆蟲, 7(3): 12.
津田松苗（編）1955. 宇治発電所の発電害虫シマトビケラの研究. 関西電力株式会社近畿支社, 大阪.
津田松苗. 1971. 琵琶湖の水生昆虫. 琵琶湖国定公園学術調査報告書: 285-299.
津田松苗・赤木郁恵. 1955. 日本産ニンギョウトビケラ属について. 日本生物地理学会会報, 16: 235-237.
津田松苗・赤木郁恵. 1956. 矢作川上流でとれた新しいトビケラ幼虫2種について. 名古屋女学院短期大学紀要, (3): 37-40.
津田松苗・赤木郁恵. 1957. トビモンエグリトビケラの幼虫について. 昆虫, 25: 58-59.
津田松苗・赤木郁恵. 1962. 毛翅目. 津田松苗（編）, 水生昆虫学: 112-148. 北隆館, 東京.
Tsuda, M. & T. Kawai. 1967. Zwei neue *Rhyacophila*-Arten aus Japan. Kontyû, 35: 111-112.
鶴石 達. 1999. 長野県伊那谷におけるオオナガレトビケラ*Himalopsyche japonica*の生態（予報）. 兵庫陸水生物, 50: 15-27.
Tsuruishi, T. 2003. Life cycle of a giant carnivorous caddisfly, *Himalopsyche japonica* (Morton) (Trichoptera: Rhyacophilidae), in the mountain stream of Nagano, central Japan. Limnology, 4: 11-18.
Uenishi, M. 1993. Genera and species of leptocerid caddisflies in Japan. In C, Otto (ed.) Proceedings of the 7th International Symposium on Trichoptera: 79-84. Backhuys, Leiden.
上西 実・行徳直巳・野崎隆夫. 1993. 福岡県産毛翅目目録4. 北九州の昆虫, 10: 57-63.
上野益三. 1951. 千手発電区におけるシマトビケラの実態調査. 鉄道技術研究所（編）, 発電水力の害虫シマトビケラ: 42-58. 研友社, 東京.
Ulmer, G. 1906. Neue Beitrag zur Kenntnis außereuropäischer Trichopteren. Notes from the Leiden Museum, 28: 1-116.
Ulmer, G. 1907a. Collection of Zoologiques du Baron Edm. De Selys Longchamps, 6: 1-102.
Ulmer, G. 1907b. Trichoptera. Genera Insectorum, 60: 1-259.
Ulmer, G. 1908. Japnanische Trichopteren. Deutsche Entomologische Zeitschrift, 1908: 339-355.
Ulmer, G. 1927. Einige neue Trichopteren aus Asien. Entomologische Mitteilungen, 16: 172-183.
Utsunomiya, Y. 1994. Occurrence of the genus *Scelotrichia* in Japan with the description of a new species (Trichoptera: Hydroptilidae). Transactions of Shikoku Entomological Society, 20: 345-348.
Vineyard, R. N. & G. B. Wiggins. 1988. Further revision of the caddisfly family Uenoidae (Trichoptera): evidence for inclusion of Neophylacinae and Thremmatidae. Systematic Entomology, 13: 361-372.
Vineyard, R. N., G. B. Wiggins, H. E. Frania & P. W. Schefter. 2005. The caddisfly genus *Neophylax* (Trichoptera, Uenoidae). ROM Contributions in Science, 2, 1-141.
Vshivkova, T. S. 1986. Caddisfly of the family Glossosomatidae Wall. (Trichoptera) of the USSR Far East. I. Subfamily Glossosomatinae Wall. In I. M. Levanidova et al. (eds.), Bottom Organisms of the Far East Freshwaters: 58-75. Academia Nauka USSR, Vladivostok. (in Russian)
Vshivkova, T. S., J. C. Morse & L. Yang. 1997. Family Leptoceridae. In V.S. Kononenko (ed.), Key to the Insects of Russian Far East 5, Trichoptera and Lepidoptera Pt. 1: 154-202. Dal'nauka, Vladivostok. (in Russian).
Vshivkova, T. S., T. Nozaki, R. B. Kuranishi & T. I. Arefina. 1994. Caddisflies (Insecta, Trichoptera) of the Kurile Islands. Bulletin of the Biogeographical Society of Japan, 49: 129-142.
Wallace, I. D., B. Wallace & G. N. Philipson. 1990. A key to the case-bearing caddis larvae of Britain and Ireland. Freshwater Biological Association, Scientific Publication 51.
Waringer, J. & W. Graf. 2011. Atlas of central European Trichoptera larvae. Eric Mauch Verlag, Dinkelscherben.

渡辺昌造. 2015. 兵庫県南部六甲山地におけるオオカクツツトビケラ *Lepidostoma crassicorne* (Trichoptera, Lepidostomatidae) の陸上産卵の経日変化と産卵場所選好性. 兵庫陸水生物, 66: 19-27.

Weaver, J. S. III. 1988. A synopsis of the North American Lepidostomatidae (Trichoptera). Contribution of the American Entomological Institute, 24 (2): 1-141.

Weaver, J. S. III. 2002. A synonymy of the caddisfly genus *Lepidostoma* Rumbur (Trichoptera: Lepidostomatidae), including species list. Tijdschrift voor Entomologie 145: 173-192.

Weaver, J. S. III & H. Malicky. 1994. The genus *Dipseudopsis* Walker from Asia (Trichoptera: Dipseudopsidae). Tijdschrift voor Entomologie, 137: 95-142.

Wichard, W. 2013. Overview and Descriptions of Trichoptera in Baltic Amber: Spicipalpia and Integripalpia. Verlag Dr. Kessel, Remagen-Oberwinter.

Wiggins, G. B. 1959. A new family of Trichoptera from Asia. Canadian Entomologist, 91: 745-757.

Wiggins, G. B. 1969. Contributions to the biology of the Asian caddisfly family Limnocentropodidae (Trichoptera). Life Sciences Contributions, Royal Ontario Museum, 74: 1-29.

Wiggins, G. B. 1977. Larvae of the North American Caddisfly Genera (Trichoptera). University of Toronto Press, Toronto.

Wiggins, G. B. 1996. Larvae of the North Ametican Caddisfly Genera (Trichoptera). Second Edition. University of Toronto Press, Toronto, Buffalo, London.

Wiggins, G. B. 1998. The Caddisfly Family Phryganeidae (Trichoptera). University of Toronto Press, Toronto.

Wiggins, G. B. & D. C. Currie. 2008. Trichoptera families. In R. W. Merritt, K. W. Cummins & M. B. Berg (eds.) An Introduction to the Aquatic Insects of North America, Fourth Edition: 439-480. Kendall/Hunt Publishing Co., Dobuque, Iowa.

Wiggins, G. B. & W. K. Gall. 1993. The Asian caddisfly family Phryganopsychidae: phylogenetic novelty or relict? In C. Otto (ed.) Proceedings of the 7th International Symposium on Trichoptera: 149-154. Backhuys, Leiden.

Wiggins, G. B., K. Tani & K. Tanida. 1985. *Eobrachycentrus*, a genus new to Japan, with a review of the Japanese Brachycentridae (Trichoptera), Kontyû, 53: 59-74.

Wood, J. R. & V. H. Resh. 1991. Morphological and ecological variation in stream and spring populations of *Gumaga nigricula* (McLachlan) in the California (USA) coast ranges. In C. Tomaszewski (ed.) Proceedings of the 6th International Symposium on Trichoptera: 15-20. Adam Mickiewicz University Press, Poznan.

山本栄治・伊藤富子. 2014. 2012-2013年に久万高原町伊豆ヶ谷間山で採集したトビケラ. しこくげら, 14: 6-21.

Yang L. & J.C. Morse. 2000. Leptoceridae (Trichoptera) of the People's Republic of China. Memoirs of the American Entomological Institute 64: i-vii + 1-309.

Zhang, Y. 1996. Life history of *Hydatophylax intermedius* (Trichoptera, Limnephilidae) in Hokkaido, northern Japan. Aquatic Insects, 18: 223-231.

Zhang, Y. 1998. Description of female, pupa and larva of *Hydatophylax intermedius* Schmid (Trichoptera: Limnephilidae). Entomological Science, 1: 81-85.

Zhang, Y. 2008. Descriptions of pupa and larva of *Hydatophylax variablis* (Trichoptera, Limnephilidae). In X. H. Wang (ed.) Contemporary Aquatic Entomological Study in East Asia (Proceedings of the 3 rd International Symposium on Aquatic Entomology in East Asia (AESEA)): 172-180, Nankai University Press, Tianjin.

Zhong, H., L.-F. Yang, & J.C. Morse. 2012. The genus *Plectrocnemia* Stephens in China (Trichoptera, Polycentropodidae. Zootaxa, 3489: 1-24.

Zhou, L., L. Yang & J. C. Morse. 2016. New species of microcaddisflies from China (Trichoptera: Hydroptilidae). Zootaxa, 4097: 203-219.

膜翅目（ハチ目）Hymenoptera

小西和彦

　膜翅目は，ハバチ類，キバチ類など主に植食性のグループを含む広腰亜目と，寄生蜂，狩蜂，アリ，ハナバチ類を含む細腰亜目に大別される．このうち，水生生活をするものは細腰亜目のみから知られている．

　細腰亜目の成虫では，腹部第1節が胸部と密接に結合して機能上も外見上も胸部の一部となっており，腹部第1節と2節の間の関節が細くくびれて2節以後の可動性を上げている．そのため，本亜目では，腹部第1節を前伸腹節，胸部＋前伸腹節を中体節，第2節以後の腹部を後体節と呼んでいる（図1）．幼虫はウジ虫型で胸脚，腹脚を欠き，頭部のキチン化は弱い（図3）．

　表1に示したように，水生膜翅目は，狩蜂であるクモバチ科を除くと，すべて捕食寄生性の科に属している．陸生の寄生蜂でも，内部寄生蜂の場合は幼虫が寄主体内の体液中で生活するので，幼虫が水生で生活するものと何ら変わりない．表に挙げられた寄生蜂は水生昆虫に寄生することから水生であるとされたものである．中には，寄主探索や産卵，交尾行動を水中で行うことが知られている種も含まれているが，ほとんどの種の生態は明らかにされていない．これらの水生膜翅目のうち，ヒメバチ科，ハラビロクロバチ科およびクモバチ科に属する種が日本から記録されている（太田，1917a；Shimizu，1992；本多，1995；Yoshida et al., 2011）．

1．ヒメバチ科　Ichneumonidae

　ヒメバチ科は現在までのところ世界で24000種，日本で1600種以上が知られており，43の亜科に分けられている（Yu et al., 2012）．このうち水生ヒメバチとして日本から記録されているのはミズバチ亜科 Agriotypinae およびトガリヒメバチ亜科 Cryptinae のミズメイガトガリヒメバチ属（*Apsilops*）のみである．

ミズバチ亜科　Agriotypinae

　ミズバチ亜科は，表2に示したように，旧北区と東洋区に分布し現在までに1属16種が知られており，知られている寄主はすべて毛翅目に属している（Waterston, 1930；Mason, 1971；Gupta & Chandra, 1975；Chao & Zhang, 1981, 1986；Chiu & Wang, 1986；Chao, 1992；Konishi & Aoyagi, 1994；Bennet, 2001）．

　ミズバチ亜科の成虫は他のヒメバチから以下の形態形質の組み合わせで区別できる（図1）：頭部と中体節は密な毛に覆われる；小楯板（scutellum）は後背方へ円錐状に突出する；雌の前翅（forewing）には顕著な黒色斑紋がある（図2a）；肢の爪は長く，曲がり方は弱い；雄の後体節第2節と3節の背板は部分的に癒合する；雌の後体節第2節と3節の背板（T: tergum）は癒合し，第2節と第3節の腹板（S: sternum）も癒合する；後体節第2節から6節腹板は完全に硬化する．また，幼虫（図3）は尾端に1対の鉤状突起をもつことで，他のヒメバチから区別される．

　日本からはミズバチとミヤマミズバチの2種が記録されている．成虫は，本州と九州では両種と

も春先3月に多数みられ，その後11月頃までだらだらと発生している．北海道では，ミズバチが5月から7月までみられ，その後は発生が認められなくなるのに対し，ミヤマミズバチは8月に発生し始めて最も多くみられ，9月まで発生している．したがって，北海道で成虫を採集した場合，5～7月に採集されればミズバチ，8～9月に採集されればミヤマミズバチである可能性が高い．

産卵行動や寄生様式に関しては，ミズバチについて多く報告されている（太田，1917a；太田，1917b；Clausen, 1931；山田，1980；Aoyagi & Ishii, 1991）．ミズバチの雌成虫は石や植物の茎を伝って歩いて水中に入り，水底を歩いて寄主であるニンギョウトビケラ *Goera japonica* の巣を探索する．その際，体は気泡に包まれ，触角は体に密着されており寄主探索には用いられない．寄主の巣を発見するとその上にのり，長軸方向に定位してその前端と後端の間を数回行き来して大きさを確認し，産卵管を刺し込んで巣の中を探る．その結果，寄主が寄生に適したステージ，すなわち前蛹か蛹であればその体表に1卵産卵する．産卵が終わると水底から肢を離して浮き上る．寄主体表で孵化した幼虫は寄主を外部から食し，十分成長すると寄主の巣の中で繭をつくる．繭の前端には細長い帯状の構造物がつくられ，寄主の巣の前端から外に出ている（図4）．これはリボンと呼ばれ，水中から繭の中に酸素を取り込みミズバチの前蛹や蛹の呼吸に役立っていると考えられている．繭は水中でつくられるにもかかわらず完成後には中が空気で満たされており，これもリボンの機能であろうと思われるが明らかでない．羽化した成虫は気泡に包まれて繭から出，一気に水面まで浮上して飛び去る．

日本産2種の幼虫を形態で識別するのは困難であるが，ニンギョウトビケラに寄生していればミズバチ，アツバエグリトビケラ属 *Neophylax* に寄生していればミヤマミズバチと考えて間違いないであろう．なお，津田（津田，1942, 1956）が記録したフタスジキソトビケラ *Psilotreta kisoensis* Iwata に寄生するミズバチは成虫が得られていないため確かなことはわからないが，おそらく第三の種であろうと考えている．日本から記録されている2種の成虫は以下の検索表で区別できる．

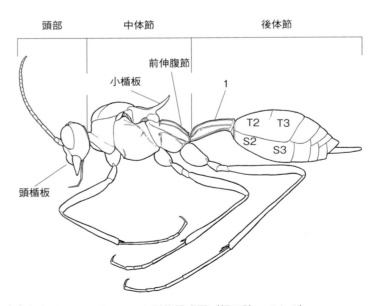

図1　ミヤマミズバチ *Agriotypus silvestris* の形態模式図（翅は除いてある）
head：頭部　clypeus：頭楯板　mesosoma：中体節　scutellum：小楯板　propodeum：前伸腹節　metasoma：後体節　1：後体節第1節　T2：後体節第2節背板　T3：後体節第3節背板　S2：後体節第2節腹板　S3：後体節第3節腹板

表1 水生の種を含む科とその主な寄主（Williams & Feltmate, 1992を改編）

膜翅目の科	寄主
寄生蜂類	
ヒメバチ上科	
コマユバチ科	双翅目（ミギワバエ科），鱗翅目（ヤガ科）
ヒメバチ科	毛翅目，鱗翅目，双翅目
コバチ上科	
ホソハネコバチ科	半翅目（特にアメンボ科），蜻蛉目，鞘翅目
タマゴコバチ科	蜻蛉目，双翅目，半翅目，鞘翅目，巨翅目
ヒメコバチ科	蜻蛉目（特にアオイトトンボ科），鞘翅目
コガネコバチ科	双翅目（ミギワバエ科），鞘翅目，脈翅目
クロバチ上科	
ハエヤドリクロバチ科	双翅目（ミギワバエ科，ヤチバエ科），鞘翅目
タマゴクロバチ上科	
タマゴクロバチ科	半翅目（特にアメンボ科），鱗翅目，双翅目
タマバチ上科	
ヤドリタマバチ科	双翅目（ミギワバエ科）
有剣類	
スズメバチ上科	
ベッコウバチ科	クモ目（キシダグモ科）

表2 ミズバチ亜科の種とその分布および寄主

種名	分布	寄主の記録
Genus *Agriotypus* ミズバチ属		
armatus Curtis, 1832 ヨーロッパミズバチ	ヨーロッパ	*Goera pilosa, Silo nigricornis, S. pallipes*
chanbaishanus Chao, 1981 チョウハクザンミズバチ	中国（吉林省，遼寧省）	巣の写真のみ
chaoi Bennett, 2001	ベトナム	*Psilotreta* sp.
gracilis Waterston, 1930 ミズバチ	日本	*Goera japonica* ニンギョウトビケラ
himalensis Mason, 1971 ヒマラヤミズバチ	インド	*Neophylax* sp.
jilinensis Chao, 1981 キツリンミズバチ	中国（吉林省）	巣の写真のみ
kambaitensis Gupta & Chandra ビルマミズバチ	ミャンマー	なし
lui Chao, 1986	中国（福建省）	なし
maculiceps Chao, 1992	中国（貴州省）	なし
masneri Bennett, 2001	ベトナム	なし
silvestris Konishi & Aoyagi, 1994 ミヤマミズバチ	日本	*Neophylax ussuriensis* ウスリーアツバエグリトビケラ, *N. japonicus* ニッポンアツバエグリトビケラ, *N. koizumii* コイズミエグリトビケラ
succinctus (Chao, 1992)	中国（遼寧省）	巣から取り出したとの記述のみ
tangi Chao, 1992	中国（福建省）	なし
townesi Chiu, 1986	台湾	なし
zhejiangensis He & Chen, 1997	中国（浙江省）	なし
zhengi He et Chen, 1991	中国（湖北省）	なし

4　ハチ目

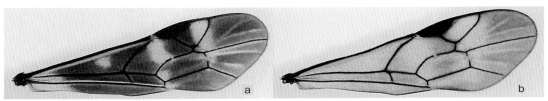

図2　ミヤマミズバチ *Agriotypus silvestris* 前翅
a：雌　b：雄

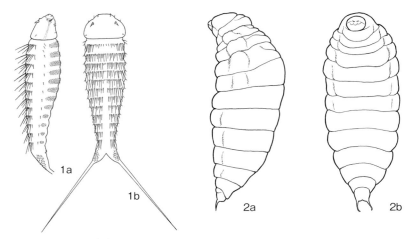

図3　ミズバチ属 *Agriotypus* 幼虫
1：1齢幼虫（Clausen, 1931）；a：側面，b：背面　2：終齢幼虫；a：側面，b：腹面

図4　ミズバチ属 *Agriotypus* が寄生したニンギョウトビケラ *Goera japonica* の巣

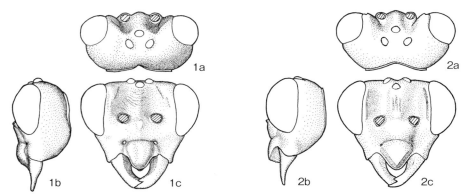

図5　ミズバチ属成虫の頭部
1：ミヤマミズバチ *Agriotypus silvestris*；a：背面，b：側面，c：前面　2：ミズバチ *Agriotypus gracilis*；a：背面，b：側面，c：前面

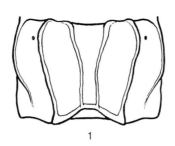
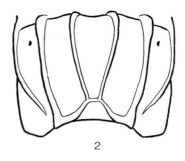

図6　ミズバチ属成虫の前伸腹節背面
1：ミヤマミズバチ *Agriotypus silvestris*　2：ミズバチ *Agriotypus gracilis*

ミズバチ属成虫の種の検索

1a 頭楯板は丸く膨らむ（図5-1b，1c），頭部を背方から見ると，後方へ曲線を描いて狭まる（図5-1a）．前伸腹節中央の1対の縦隆条は外向きにカーブする（図6-1）
　　.. ミヤマミズバチ　*Agriotypus silvestris* Konishi and Aoyagi, 1994
　　　　　　　　　　　　　　　　　　　　　（北海道，本州から記録されている）

1b 頭楯板は強く膨らみ，角張る（図5-2b，2c），頭部を背方から見ると，後方へ直線状に狭まる（図5-2a）．前伸腹節中央の1対の縦隆条は内向きにカーブする（図6-2）
　　.. ミズバチ　*Agriotypus gracilis* Waterston, 1930
　　　　　　　　　　　　　　　　　　　（北海道，本州，四国，九州から記録されている）

トガリヒメバチ亜科　Cryptinae

　トガリヒメバチ亜科は世界で約400属，4800種以上が記録されているたいへん種数の多い分類群である（Yu et al., 2012）．日本からは約230種記録されており，植物組織内や繭の中などの閉鎖的な場所にいる昆虫やクモの卵に外部寄生することが知られている．この亜科の中で，*Apsilops* 属は水生や半水生の鱗翅目，ツトガ科のミズメイガ亜科やヤガ科の一部に寄生することが知られている．この属は全北区と東洋区から8種知られており，そのうち1種，ミズメイガトガリヒメバチ *Apsilops japonicus* Yoshida, Nagasaki & Hirayama, 2011（図7）が日本から記録されている（Yoshida et al., 2011）．本種は現在までのところ兵庫県のみから記録があり，ヒメコウホネの葉柄の中にいる

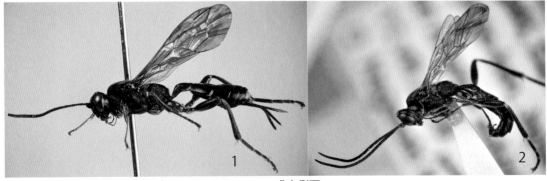

図7　ミズメイガトガリヒメバチ *Apsilops japonicus* 成虫側面
1：雌　2：雄

ミドロミズメイガ *Neoschoenobia testacealis* Hampson, 1900 の前蛹や蛹に，葉柄を伝って水中に入り寄生することが知られている．

参考文献

Aoyagi, M. & M. Ishii. 1991. Host acceptance behavior of the Japanese aquatic wasp, *Agriotypus gracilis* (Hymenoptera: Ichneumonidae) toward the caddisfly host, *Goera japonicus* (Trichoptera: Limnephilidae). Journal of Ethology, 9: 113-119.
Bennet, A. M. R. 2001. Phylogeny of Agriotypinae (Hymenoptera: Ichneumonidae), with comments on the subfamily relationships of the basal Ichneumonidae. Systematic Entomology, 26: 329-356.
Chao, H. 1992. A new genus and three species of Agriotypidae from China (Hymenoptera: Ichneumonidae). Wuyi Science Journal, 9: 325-332.
Chao, H. & Y. Zhang. 1981. Two new species of *Agriotypus* from Jilin Province (Hymenoptera: Ichneumonoidea, Agriotypidae). Entomotaxonomia, 3: 79-86.
Chao, H. & J. Zhao. 1986. Description of a new species of *Agriotypus* from Fujian, China (Hymenoptera: Ichneumonidae). Wuyi Science Journal, 6: 93-96.
Chiu, S. & C. Wang. 1986. The Agriotypinae of Taiwan (Hymenoptera: Ichneumonidae). Chinese Journal of Entomology, 6: 83-88.
Clausen, C. P. 1931. Biological observation on *Agriotypus* (Hymenoptera). Proceedings of Entomological Society of Washington, 33: 29-37.
Gupta, V. K. & G. Chandra. 1975. A new *Agriotypus* from Burma and redescription of *A. gracilis* Waterston (Hymenoptera: Agriotypidae). Journal of Natural History, 9: 351-355.
He, J. H. & X. X. Chen. 1991. Description of a new species of *Agriotypus* Curtis from Hubei, China (Hymenoptera: Ichneumonoidea: Agriotypidae). Acta Zootaxonomica Sinica, 16 (2): 211-213.
He, J. H., X. X. Chen & Y. Ma. 1997. A new *Agriotypus* (Hymenoptera: Agriotypidae) from Zhejiang, China. Entomotaxonomia, 19: 52-54.
本多洋史．1995．（Hym.: Scelionidae）日本初記録のタマゴクロバチ．Pulex, No. 84: 451.
Konishi, K. & M. Aoyagi. 1994. A new species of the genus *Agriotypus* (Hymenoptera, Ichneumonidae) from Japan. Japanese Journal of Entomology, 62: 421-431.
Mason, W. R. M. 1971. An Indian *Agriotypus* (Hymenoptera: Agriotypidae). Canadian Entomologist, 103: 1521-1524.
太田成和．1917a．本邦産水蜂に就て．動物学雑誌，29: 281-285.
太田成和．1917b．水蜂 *Agriotypus* 一種を箱根芦ノ湖に観察す．昆虫世界，21: 487-494.
Shimizu, A. 1992. Nestig behavior of the semi-aquatic spider wasp, *Anoplius eous*, which transports its prey on the surface film of water (Hymenoptera, Pompilidae). Journal of Ethology, 10: 85-102.
津田松苗．1942．水蜂の寄生せるフタスヂキソトビケラ．植物及び昆虫，10: 69.
津田松苗．1956．ミズバチとフタスジキソトビケラ．新昆虫，9 (6): 43-44.
Williams, D. D. & B. W. Feltmate. 1992. Aquatic Insects. CAB International, Wallingford.
Waterston, J. 1930. Two new parasitic Hymenoptera. Annual Magazine of Natural History, 5: 243-246.
山田晴昭．1980．水中に棲む蜂—ミズバチ—．昆虫と自然，15 (8): 14-16.
Yoshida, T., O. Nagasaki & T. Hirayama. 2011. A new species of the genus *Apsilops* Forster (Hymenoptera: Ichneumonidae: Cryptinae) from Japan; parasitoid of an aquatic crambid moth. Zootaxa, 2916: 41-50.
Yu, D. S. K., C. van Achterberg & K. Horstmann. 2012. Taxapad 2012, Ichneumonoidea 2011. Database on flash-drive. www.taxapad.com, Ottawa, Ontario, Canada.

鱗翅目　Lepidoptera

吉安　裕

　幼虫が水生・半水生植物や水中の藻類などを寄主とし，水域周辺に生息する鱗翅類はカザリバガ科，ツトガ科，ヤガ科，ヒトリガ科など10科の一部の種で知られている（Lange, 1996）が，ここでは水域に積極的に適応した形態をもつ群について概説する．これらの群の幼虫には，体表面に気管鰓が表れたり，あるいは撥水性突起が発達している（吉安，1980；Yoshiyasu, 1985）．また，このような幼虫の形態的特徴だけでなく，蛹化や成虫の産卵の際にも水域に適応した特有の習性を示す．
　日本では，これらの種はすべてツトガ科 Crambidae ミズメイガ亜科 Acentropinae（= Nymphulinae）およびオオメイガ亜科 Schoenobiinae の一部の群に属する（吉安，1985）．本稿では池や水田，また流れの速くない河川に生息する種を止水性種とし，比較的流れの速い河川にみられる種を流水性種と定義する．また，これ以外に河口の汽水域に生息し，潮の干満によって水中になったり，水上になったりするような場所に生息する特異な種も知られる．なお，本稿ではオオメイガ亜科の種については扱わない．

（1）生活史

　南西諸島を除いて，一般に成虫は5〜10月にみられ，夜行性で趨光性がある．年2化以上の多化性の種が多く，越冬態はこれまで知られた種ではすべて幼虫期であるが，その齢期は種によって異なる（Yoshiyasu & Kamoshida, 2000）．
　卵は寄主または寄主付近の基質に卵塊として産下される．多くの止水性種は，水生植物の葉裏（図1A〜D）に産卵する．雌成虫は，寄主植物の端に静止し，腹部を水中に湾曲させるようにして産卵する．流水性の Eoophyla 属の種では水底の石の表面あるいは側面（図1G），同様に流水性の Paracymoriza 属の種ではカワゴケソウ科植物の生育する石の水面上の湿った部分に産卵しているの

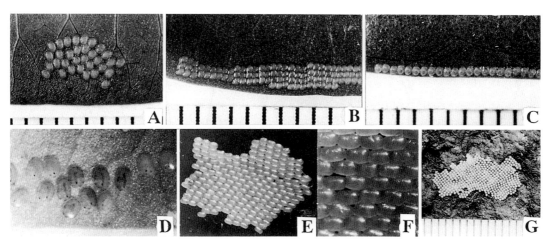

図1　ミズメイガ亜科の種の卵塊
A：マダラミズメイガ　B：ギンモンミズメイガ　C：ミドロミズメイガ　D：イネコミズメイガ　E：キオビミズメイガ　F：同，拡大図　G：ヨツクロモンミズメイガ（スケールは1mm）（Yoshiyasu, 1985）

が観察された．成虫が水の中に完全に潜って産卵するのは，琉球列島に生息する *Eoophyla* 属の種だけである（吉安，2017）．

　一般に，止水性の *Elophila* および *Nymphula* 属の幼虫は孵化後に寄主となる植物に潜葉し，その後2，3齢になると携帯巣をつくるが，*Neoschoenobia* 属の種では中齢以降は葉柄内に穿孔し，終齢まで巣をつくることはない．流水性の *Paracymoriza* および *Potamomusa* 属の種では，岩盤や石の表面に，寄主植物や周辺の植物の一部で固着性の巣をつくる．*Eoophyla* 属では絹糸で膜状の巣を水中の岩上につくる（吉安，2017）．このように，幼虫は造巣習性をもつのが一般的である．

（2）幼虫と蛹の呼吸様式

　1齢幼虫は，すべて皮膚呼吸をする．2齢以降の幼虫は気管鰓をもつ種では，気管鰓を通じて行うが，部分的には皮膚呼吸もしていると思われる．また，気管鰓をもたない種では，2齢以降は気門呼吸である．蛹ではすべての種で，腹部第2～4節のよく発達した気門から呼吸をする．蛹化する際，幼虫はそれぞれ特徴的な蛹室をつくり，突出した気門の接触する部分には絹糸を厚く張るため，薄い空気の膜が形成される．呼吸はこの膜を通じて行っていると考えられる．蛹室内が水で満たされていることも多いが，この気門の部分は水に浸ることはない．

（3）属の概説

ミズメイガ亜科　Acentropinae（＝ Nymphulinae）

1．ミドロミズメイガ属　*Neoschoenobia*

　旧北区東部に分布する小さな属で，日本ではミドロミズメイガ1種のみが知られる．成虫はやや細長い翅をもち，口吻が退化し，後翅の CuP 脈が発達することから，オオメイガ亜科に類似する．幼虫は気管鰓をもたず，細かな突起が体表面に分布する（吉安，1980）．1齢幼虫はミドロミズメイガの寄主となるコウホネ類やヒシの葉に孵化後すぐに潜葉し，その後中齢まで潜葉摂食するが，後齢では葉柄部分に穿孔し，老熟幼虫は穿孔内に蛹室をつくり蛹化する（長崎，1992）．

2．ギンモンミズメイガ属　*Nymphula*

　旧北区に広く分布し，5種が知られるが，日本には2種がいる．幼虫はギンモンミズメイガのみが知られる．本種成虫は，後翅の翅縁に3個の小黒色斑紋をもち，その上に銀色の鱗粉を有する．単子葉植物のヒルムシロ類などの浮葉植物を寄主とし，葉を切りとって細長い巣をつくる．幼虫は円筒形で，終齢まで気管鰓をもたない．終齢幼虫の巣を浮葉の裏面などに固着させて蛹化する．

3．マダラミズメイガ属　*Elophila*

　世界の温帯から亜寒帯まで，広く分布．日本から9種が知られるが，幼虫の寄主がわかっている種は6種で，スイレン，ヒシ，ジュンサイなどの浮葉植物を寄主とする．成虫はやや大型から小型種まで変異がある．幼虫は円筒形で，気管鰓はもたないが，中齢以降には水をはじく特殊な突起が発達している．さまざまな浮葉植物の葉の一部を切り取ったり，ウキクサ類を集めて携帯性の巣をつくり，水面上で生活する．北米では，葉柄部分に穿孔する種も知られる（Munroe, 1972）．終齢幼虫の巣を寄主植物に付着させるか，2枚の浮葉の間に入り，中に厚い繭を紡いで蛹化する．

4．イネミズメイガ属　*Parapoynx*

　世界の熱帯から亜寒帯まで広く，多数の種が知られ，止水域の代表的な属である．日本には9種が分布するが，幼虫が判明しているのは7種で，イネを含むさまざまな水生植物を寄主とする．成虫は細長い翅をもち，本亜科のなかでは，中型のものが多い．幼虫は円筒形で，2齢幼虫から気管鰓が生じるが，3齢からその先端が分枝する（図6B，C）．蛹化は終齢幼虫の巣を寄主に付着させて行う．

5．キオビミズメイガ属　*Potamomusa*

　旧北区東部にのみ分布．日本では北海道〜九州に2種がおり，そのうちキオビミズメイガのみの幼虫が知られる．成虫は後翅に顕著な黒紋をもつ，やや大型の典型的な流水性種．幼虫は円筒形で，短い多数の気管鰓をもつ（図5C）．水中の岩上の寄主となる蘚苔類の下に固着巣をつくり，周辺の寄主植物を摂食する．老熟幼虫は巣内に堅固な繭を紡ぎ，その中で蛹化する．

6．カワゴケミズメイガ属　*Paracymoriza*

　東南アジアに約10種が分布するが，日本ではカワゴケミズメイガの1種のみである．本種は寄主のカワゴケソウ科植物が分布する九州南部と屋久島の河川にのみ生息する．成虫は大型で，*Elophila*属の成虫に類似した斑紋をもつ．幼虫は円筒形で，短い叢生する気管鰓を体節の数カ所にもつ．蛹化はキオビミズメイガ属に類似し，寄主植物を集めて水底の岩上にドーム状の蛹室をつくる．なお，本属には幼虫が陸生の種も含まれている（吉安，2011）ので，属の分類については将来的な検討を要する．

7．ヨツクロモンミズメイガ属　*Eoophyla*

　オーストラリア〜東南アジアに分布し，約20種が知られる（Speidel & Mey, 1999）．日本では沖永良部島から南の地域に2種が分布する．成虫は性的二型を示し，雄は中型で，前翅前縁が突出するのに対し，雌は大型で，前翅前縁は直線状．幼虫は扁平で，側部の突出部から総状の気管鰓が生じている（図5D）（Yoshiyasu, 1979）．比較的浅い渓流にも生息し，岩盤や石の上に絹糸で扁平なテント状の巣をつくり（吉安，2017），絹糸と基質との間にいて，石面に付着している珪藻類をこすり取るように採餌する．そのため口器の大腮は長い．老熟幼虫は巣の一部に，さらに厚く扁平なドーム状の蛹室をつくり，中で蛹化する（吉安，2002）．

8．ハネホソミズメイガ属　*Eristena*

　本属の種は東南アジア〜中国に多いが，日本では2種のみ．大陸内陸部にもいるが，日本のエンスイミズメイガは汽水域の河口から見出された（Yoshiyasu, 1988）．シンガポールではマングローブ林内の水底の石に生育する藻類を寄主とする種もいる（Murphy, 1989）．これらの種は，干潮のときは水面上に現れ，満潮のときは水面下になるような変化する環境で生活している．しかし，内陸部にいる本属のハネホソトガリミズメイガの生活史は不明である．成虫は細長い翅をもち，イネコミズメイガのような条線状の斑紋を呈する．幼虫は円筒形で，気管鰓を有するが，その数は少なく，1節に数本以内である．

（4）幼虫が判明している種の属と種の検索

A．成虫

1a 後翅の翅縁部後方に黒色紋列がある（図3C，E，F） ……………………………… 2
1b 後翅の翅縁部後方に黒色紋列はない（図2） ……………………………………… 6
2a 翅は細長く，条線状斑紋に銀色の鱗粉を散布する（*Eristena*）（図4A）（本州，四国，九州，南西諸島） ……………………… エンスイミズメイガ *Eristena argentata* Yoshiyasu, 1987
2b 翅は広く，条線状斑紋には銀色の鱗粉はない ……………………………………… 3
3a 後翅の黒紋は5個で，黒色紋上には他の鱗粉はない（図3C）（*Potamomusa*）（本州，四国，九州，屋久島） ……………………… キオビミズメイガ *Potamomusa midas* (Butler, 1881)
3b 後翅の黒色紋は3〜4個で，その上に白か銀の鱗粉をもつ（図3E，F） …………… 4
4a 後翅の黒色紋は3個で，その上に銀色鱗粉をもつ（*Nymphula*）（図2J）（北海道，本州）
……………………… ギンモンミズメイガ *Nymphula corculina* (Butler, 1879)
4b 後翅の黒紋は4個で，各紋の中央に白色鱗粉をもつ（*Eoophyla*） ………………… 5
5a 後翅の黒紋の内側には黒褐色の細い条紋がある（図3F）（西表島，石垣島）
……………………… ヨツクロモンミズメイガ *Eoophyla inouei* Yoshiyasu, 1979
5b 後翅の黒紋の内側には広い黒褐色の帯がある（図3E）（沖縄島，沖永良部島）
………… タイワンヨツクロモンミズメイガ *Eoophyla conjunctalis* (Wileman & South, 1917)
6a 前後翅には顕著な斑紋がなく，一様に灰褐色を呈する（図2A）（北海道，本州，四国，九州） ……………………… ミドロミズメイガ *Neoschoenobia testacealis* (Hampson, 1901)
6b 前後翅には明瞭な円環状または条線状の斑紋があり，黄褐色〜黒褐色を呈する ……… 7
7a 翅は細長い（*Parapoynx*） ……………………………………………………… 8
7b 翅は広い ……………………………………………………………………………… 14
8a 斑紋は明瞭な条線状となる ………………………………………………………… 9
8b 斑紋は条線状ではない ……………………………………………………………… 12
9a 前後翅とも地色は黒褐色を帯びる；翅頂部はやや尖る（図2K）（本州，九州，南西諸島）
……………………… イネミズメイガ *Parapoynx fluctuosalis* (Zeller, 1852)
9b 前後翅とも地色は橙黄色〜黄色；翅頂部は丸い ………………………………… 10
10a 前翅の外横線の前方部は翅縁とほぼ平行に走る（図3A）（本州，四国，九州）
……………………… イネコミズメイガ *Parapoynx vittalis* (Bremer, 1864)
10b 前翅の外横線の前方部は外方に傾斜する（図3B） ……………………………… 11
11a 前翅の中室端に顕著な黒点がある（図4B）（琉球列島）
……………………… ヤエヤマミズメイガ *Parapoynx bilinealis* (Snellen, 1876)
11b 前翅の中室端に黒点はない（図3B）（本州，九州）
……………………… ヒメコミズメイガ *Parapoynx rectilinealis* Yoshiyasu, 1985
12a 前翅は多少紫色を帯びた灰褐色で外横線を除いて条線は不明瞭である ………… 13
12b 前翅は白色で，黄褐色〜暗褐色の条斑をもつ ……………………………………… 14
13a 後翅の中室端に眼状紋がある（図2N）（九州，琉球列島）
……………………… タカムクミズメイガ *Parapoynx crisonalis* (Walker, 1859)
13b 後翅の中室端には眼状紋がなく一様に白色となる（図2M）（北海道，本州）
……………………… ムナカタミズメイガ *Parapoynx ussuriensis* (Rebel, 1910)

ミズメイガ亜科 5

図2　ミズメイガ亜科の成虫（1）
A：ミドロミズメイガ（♀）　B：マダラミズメイガ（♂）　C：ネジロミズメイガ（♀）　D：ウスマダラミズメイガ（♀）　E：シナミズメイガ（♀）　F：ヒメマダラミズメイガ（♀）　G：同，（♂）　H：ソトキマダラミズメイガ（♀）　I：同（♂）　J：ギンモンミズメイガ（♀）　K：イネミズメイガ（♂）　L：クロテンシロミズメイガ（♂）　M：ムナカタミズメイガ（♂）　N：タカムクミズメイガ（♂）　O：シロミズメイガ（♀）

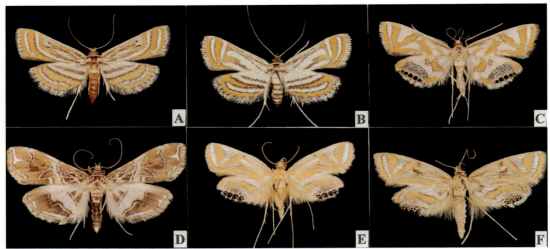

図3　ミズメイガ亜科の成虫（2）
A：イネコミズメイガ（♀）　B：ヒメコミズメイガ（♀）　C：キオビミズメイガ（♂）　D：カワゴケミズメイガ（♂）　E：タイワンヨツクロモンミズメイガ（♂）　F：ヨツクロモンミズメイガ（♂）

図4　ミズメイガ亜科の成虫（3）
A：エンスイミズメイガ（♀）　B：ヤエヤマミズメイガ（♂）

14a　翅の内横線と外横線は黄褐色〜黒褐色の湾曲した斑紋になる（図2L）（本州，九州，南西諸島）……………………… クロテンシロミズメイガ *Parapoynx diminutalis* Snellen, 1880
14b　翅の内横線と外横線は黄褐色の斑点状となる（図2O）（九州，琉球列島）
　………………………………………………… シロミズメイガ *Parapoynx stagnalis* (Zeller, 1852)
15a　前後翅の中室端の眼状紋が比較的明瞭に発達する（*Elophila*）……………………… 16
15b　前後翅の中室端の眼状紋は明瞭ではない（*Paracymoriza*）（図3D）（九州，屋久島）
　…………………………………… カワゴケミズメイガ *Paracymoriza vagalis* (Walker, 1859)
16a　前後翅の地色は鮮やかな黄色で，顕著な白色部を有する（図2B）（亜属 *Elophila*）（北海道，本州，九州，四国）…………………… マダラミズメイガ *Elophila interruptalis* (Pryer, 1877)
16b　前後翅の地色は黄褐色〜茶褐色で，白色部は少ない…………………………………… 17
17a　翅頂は丸い；触角は前翅長の1/2未満である（亜属 *Cirtogramme*）……………… 18
17b　翅頂はやや尖る；触角は前翅長の2/3以上ある（亜属 *Munroessa*）……………… 19
18a　翅は黄褐色（♂）か茶褐色（♀）である（図2F, G）（北海道，本州，四国，九州，南西諸島）
　…………………………………… ヒメマダラミズメイガ *Elophila turbata* (Butler, 1881)
18b　翅は黄褐色（♂）か黒褐色（♀）である（図2H, I）（本州，九州，琉球列島）

	……………………………………… ソトキマダラミズメイガ	*Elophila nigralbalis* (Caradja, 1925)
19a	翅は黄褐色；中室端の眼状紋は黄褐色を呈する ……………………………………………	20
19b	翅は黒褐色；中室端の眼状紋は明るい黄色である（図2E）（本州，九州，五島列島）	
	………………………………………… シナミズメイガ	*Elophila sinicalis* (Hampson, 1897)
20a	前翅の外横線は弱く湾曲する（図2C）（北海道，本州，四国，九州，南西諸島）	
	……………………………………… ネジロミズメイガ	*Elophila fengwhanalis* (Pryer, 1877)
20b	前翅の外横線は強く湾曲する（図2D）（北海道，本州）	
	…………………………………ウスマダラミズメイガ	*Elophila orientalis* (Filipjev, 1934)

B．幼虫（中齢以降）（ヤエヤマミズメイガを除く）

1a	幼虫に気管鰓がある（図5B〜E）；腹脚は発達し，鉤爪は比較的長く，二様または三様の単列環状である（図10F，J）………………………………………………………………	2
2b	幼虫に気管鰓がない（図5A）；腹脚は短く，鉤爪は不規則な二様の二列横帯か内開半環状である（図10A〜E）………………………………………………………………………	13
2a	気管鰓は分枝する；前胸背盾の後背方が盛り上がる（図9E）；上唇のM3刺毛は細い（図8F，H）（*Parapoynx*）……………………………………………………………………	7
2b	気管鰓は分枝しない；前胸背盾はなだらか；上唇のM3刺毛は幅広い（図8J，K）……	3
3a	幼虫は扁平（図5D）；気管鰓の基部はドーム状に突出する（*Eoophyla*）………………	4
3b	幼虫は円筒形（図5E）；気管鰓の基部は突出しない ………………………………………	5
4a	幼虫の中胸部の前端に気管鰓がある	
	…………………………………タイワンヨツクロモンミズメイガ	*Eoophyla conjunctalis*
4b	幼虫の中胸部の前端には気管鰓がない（図5D）	
	…………………………………………ヨツクロモンミズメイガ	*Eoophyla inouei*
5a	気管鰓は体節の幅程度の長さで，独立して生じ，1体節に数本生じる（図9F）（*Eristena*）	
	……………………………………… エンスイミズメイガ	*Eristena argentata*
5b	気管鰓は体節の幅よりもかなり短く，数カ所からまとまって生じており，1体節に20本以上ある（図5C）………………………………………………………………………………	6
6a	頭部は茶〜黒褐色で，一部に細かな淡褐色の斑紋をもつ（図7K）（*Potamomusa*）	
	………………………………………… キオビミズメイガ	*Potamomusa midas*
6b	頭部は淡褐色で，一部に細かな黒褐色の斑紋をもつ（図7J）（*Paracymoriza*）	
	……………………………………… カワゴケミズメイガ	*Paracymoriza vagalis*
7a	第1腹節〜第6腹節の背域は2カ所から気管鰓が生じる（図9G，H）………………………	8
7b	第1腹節〜第6腹節の背域は1カ所から気管鰓が生じる………………………………………	9
8a	気管鰓長は節の幅より短い；胸部には背域の気管鰓がある	
	……………………………………………… シロミズメイガ	*Parapoynx stagnalis*
8b	気管鰓長は節の幅より長い；胸部には背域の気管鰓はない	
	…………………………………………… タカムクミズメイガ	*Parapoynx crisonalis*
9a	中胸と後胸の背域には3カ所から気管鰓が生じる	
	……………………………………… ムナカタミズメイガ	*Parapoynx ussuriensis*
9b	中胸と後胸の背域には2カ所から気管鰓が生じる…………………………………………	10
10a	第8腹節には背域の気管鰓がない …… クロテンシロミズメイガ	*Parapoynx diminutalis*

8　鱗翅目

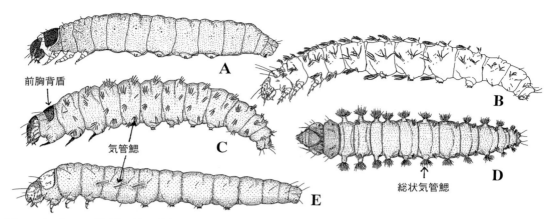

図5　ミズメイガ亜科の種の幼虫
A：ソトキマダラミズメイガ（終齢）　B：ムナカタミズメイガ（終齢）　C：キオビミズメイガ（終齢）
D：ヨツクロモンミズメイガ（終齢）　E：エンスイミズメイガ（中齢）　（Yoshiyasu, 1988；吉安，2002）

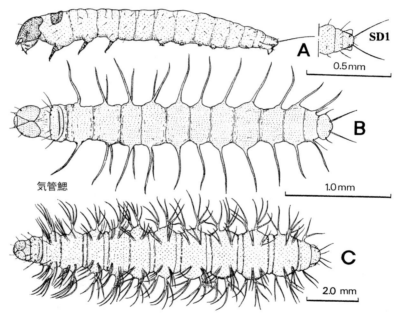

図6　イネコミズメイガ
A：1齢幼虫（側面）　B：2齢幼虫（背面）　C：5齢幼虫（背面）（Yoshiyasu, 1985）

10b　第8腹節には背域の気管鰓がある（図9I）··· 11
11a　胸部の側域の気管鰓は2カ所から生じる ········ イネミズメイガ　*Parapoynx fluctuosalis*
11b　胸部の側域の気管鰓は1カ所から生じる ·· 12
12a　前胸のSD2刺毛はSD1刺毛の後方に位置する ······ イネコミズメイガ　*Parapoynx vittalis*
12b　前胸のSD2刺毛はSD1刺毛の背方に位置する
　　　··· ヒメコミズメイガ　*Paraypoynx rectilinealis*
13a　第10腹節のSD1刺毛は体節長の2倍以上長い（*Neoschoenobia*）（図9K）
　　　··· ミドロミズメイガ　*Neoschoenobia testacealis*

702

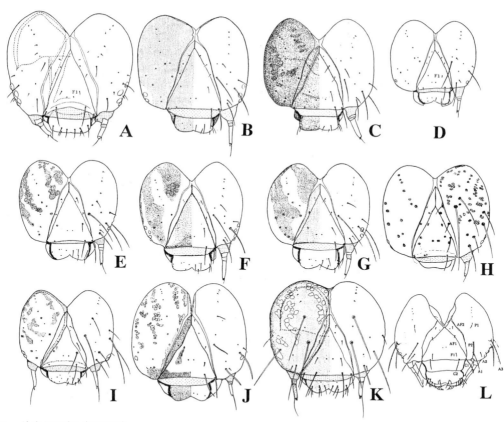

図7　幼虫の頭部（前面図）
A：ミドロミズメイガ　B：ヒメマダラミズメイガ　C：ソトキマダラミズメイガ　D：ギンモンミズメイガ　E：ネジロミズメイガ　F：シナミズメイガ　G：ウスマダラミズメイガ　H：ムナカタミズメイガ　I：イネコミズメイガ　J：カワゴケミズメイガ　K：キオビミズメイガ　L：ヨツクロモンミズメイガ（Yoshiyasu, 1985）

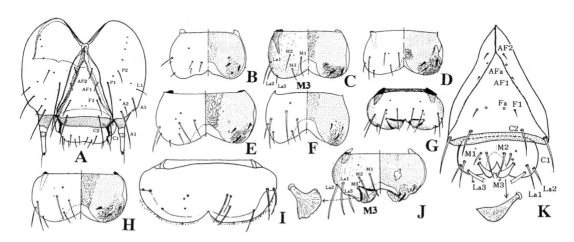

図8　幼虫の頭部と上唇（前面図）
A：マダラミズメイガ　B：ミドロミズメイガ　C：ネジロミズメイガ　D：ソトキマダラミズメイガ　E：ギンモンミズメイガ　F：シロミズメイガ　G：キオビミズメイガ　H：タカムクミズメイガ　I：ヨツクロモンミズメイガ　J：カワゴケミズメイガ　K：エンスイミズメイガ（Yoshiyasu, 1985, 1988）

10　鱗翅目

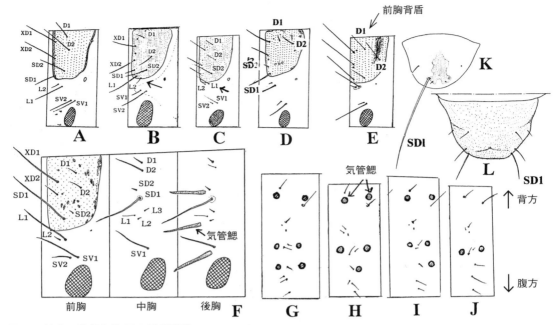

図9　幼虫の胸部と腹部の刺毛配列
A：マダラミズメイガ，前胸　B：ソトキマダラミズメイガ，同　C：ヒメマダラミズメイガ，同　D：ギンモンミズメイガ，同　E：シロテンミズメイガ，同　F：エンスイミズメイガ，前胸～後胸　G：シロミズメイガ，第1腹節　H：ムナカタミズメイガ，同　I：イネコミズメイガ，第8腹節　J：ムナカタミズメイガ，同　K：ミドロミズメイガ，第10腹節（背面）　L：マダラミズメイガ，同（Yoshiyasu, 1985, 1988）

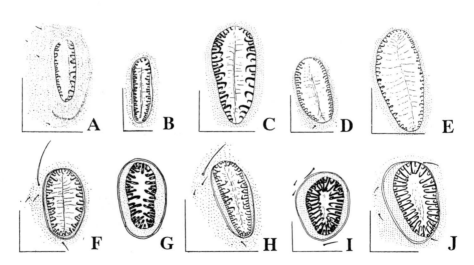

図10　幼虫の腹脚のかぎ爪の配列
A：ミドロミズメイガ　B：マダラミズメイガ　C：ギンモンミズメイガ　D：ソトキマダラミズメイガ　E：ネジロミズメイガ　F：タカムクミズメイガ　G：クロテンシロミズメイガ　H：シロミズメイガ　I：キオビミズメイガ　J：カワゴケミズメイガ（Yoshiyasu, 1985）

13b	第10腹節のSD1刺毛は体節長よりも短い（図9L） …………………………	14
14a	前胸背盾のSD2刺毛はSD1の背方に位置する（図9D）（*Nymphula*）	
	……………………………………… **ギンモンミズメイガ** *Nymphula corculina*	
14b	前胸背盾のSD2刺毛はSD1の後方に位置する（図9A〜C）（*Elophila*）………	15
15a	前胸のL刺毛は背盾内にあるかきわめて近接する（図9B, C）；頭部は黒褐色 ……	16
15b	前胸のL刺毛は背盾とは離れた位置にある（図9A）；頭部は淡褐色〜茶褐色 ………	17
16a	前胸のL刺毛は背盾内にある（図9B） … **ソトキマダラミズメイガ** *Elophila nigralbalis*	
16b	前胸のL刺毛は背盾のすぐ腹方にある（図9C） … **ヒメマダラミズメイガ** *Elophila turbata*	
17a	前胸背盾は一様に淡褐色であり，その前縁と後縁は濃く縁取られる（図9A）	
	……………………………………… **マダラミズメイガ** *Elophila interruptalis*	
17b	前胸背盾は淡褐色であるが，茶褐色の小斑点か斑紋をもつ………………………	18
18a	頭部および前胸背盾には，茶褐色の小斑点をまばらにもつ（図7E）	
	……………………………………… **ネジロミズメイガ** *Elophila fengwhanalis*	
18b	頭部および前胸背盾には比較的幅広い茶褐色の斑紋をもつ（図7F, G）…………	19
19a	前胸背盾のSD1刺毛はSD2刺毛より長い ……… **シナミズメイガ** *Elophila sinicalis*	
19b	前胸背盾のSD1刺毛はSD2刺毛より短い …… **ウスマダラミズメイガ** *Elophila orientalis*	

参考文献

Lange, W. H. 1996. Aquatic and semiaquatic Lepidoptera. In R. W. Merritt & K. W. Cummins (eds.), An Introduction to the Aquatic Insects of North America. 3rd. ed.: 387-398. Kendall / Hunt Publ. Co., Iwoa, USA.

Munroe, E. 1972. Pyraloidea. Pyralidae (part). The Moths of America North of Mexico. Fasc. 13.1A. 134 pp. E. W. Classey and Ltd. R. B. D. Publ. Inc., London.

Murphy, E. J. 1989. Three new species of nymphuline moths from Singapore mangroves provisionally attributed to *Eristena* Warren (Lepidoptera: Pyralidae). Raffles Bull. Zool., 37: 142-159.

長崎　摂．1992．共存するマダラミズメイガとミドロミズメイガの生活史特性と資源分割．日生態会誌, 42: 263-274.

Speidel, W. & W. Mey. 1999. Catalogue of the Oriental Acentropinae (Lepidoptera, Crambidae). Tijdschr. Ent., 142: 125-142.

富永　智．2013．ヤエヤマミズメイガの生態記録．蛾類通信, 269: 23-25.

Yoshiyasu, Y. 1979. A new species of Nymphulinae from Japan, with description of the immature stages. Akitu, N. Ser. 22: 1-14.

吉安　裕．1980．水生の鱗翅類．昆虫と自然, 15 (8): 18-23.

吉安　裕．1985．8．鱗翅目．川合禎次（編）：日本産水生昆虫検索図説：217-226．東海大学出版会, 東京.

Yoshiyasu, Y. 1985. A systematic study of the Nymphulinae and the Musotiminae of Japan (Lepidoptera: Pyralidae). Sci. Rep. Kyoto Pref. Univ., Agr. 37: 1-162.

Yoshiyasu, Y. 1988. A new estuarine and an unrecorded species of the Nymphulinae (Lepidoptera, Pyralidae) from Japan. Kontyû, 56: 35-44.

吉安　裕．2002．鱗翅目．琉球列島の陸水生物．東海大学出版会, 東京.

吉安　裕．2011．ツトガ科．駒井古実・吉安　裕・那須義次・斎藤寿久（編）日本の鱗翅類—系統と多様性．Pp. 741-770. Pls. 108-129. 東海大学出版会, 神奈川.

吉安　裕．2017．メイガ類の食性の多様性．昆虫と自然, 52(8): 5-9.

Yoshiyasu, Y. & T. Kamoshida. 2000. Overwintering sites and the larval stadia of two china mark moths (Lepidoptera, Crambidae). Trans. lepid. Soc. Japan, 51: 243-246.

コウチュウ目（鞘翅目） Coleoptera

佐藤正孝，吉富博之

　昆虫のなかで最も多種多様な種を含むコウチュウ目は，水生生活を行うものも大変多い．それらは，ゲンゴロウ類のように流線形をした非常に泳ぐことに適したものから，ミズスマシ類のように水面生活に適応したもの，ドロムシ類のように泳ぐことはできず水底を歩いたり石などにしがみついて生活するものまでさまざまに存在している．その生活環境も，池や沼などの止水域にとどまらず，淡水の流水域から海水域，地下水脈に生活するものまで知られている．

　系統分類学的にみると，水生生活を行うコウチュウ類は3つの亜目にまたがってみられる．

　オサムシ亜目では慣習的に水生類 Hydradephaga とされてきたグループが水生種を含むが，この集まりの単系統性には異論も多い．そもそもこの亜目が水生類起源なのか陸生類起源なのかも諸説ありはっきりしていない．現在は湿った環境に生息していた陸生類から水生類が分化したという説が有力であるようだ．本亜目のうち，水生昆虫とされるのはゲンゴロウ科等の5科が日本から記録されているが，オサムシモドキゲンゴロウ科 Amphizoidae 等の発見も期待される．

　ツブミズムシ亜目は世界から4科が知られるだけの小さな亜目であるが，いずれも水生あるいは水辺環境に生息する微小な甲虫である．日本からは現在のところツブミズムシ科だけが知られていたが，最近，マルケシムシ科の1種も記録された（酒井，2001；亀澤・松原，2012）．

　カブトムシ亜目は多数の分類単位を含む大きな集まりである．このうち水生もしくは水辺環境を生息場所とする種は大変多く，色々な上科，科にまたがり存在する．そのうち水生甲虫類とされるものは，ガムシ上科，ハネカクシ上科，マルハナノミ上科，ドロムシ上科，ホタル上科，ハムシ上科，ゾウムシ上科などに含まれる科にみられるが，このほかにも水辺環境と密接に関係する種は多い．

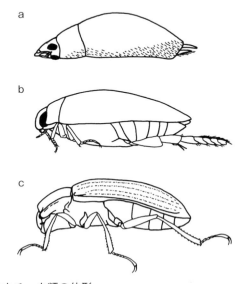

図1　水中生活に適応したコウチュウ類の体形
a：水面を泳ぐのに適したミズスマシ　b：水中を泳ぐのに適したゲンゴロウ　c：水中の石面を歩行するのに適したドロムシ

2　コウチュウ目（鞘翅目）

　水生コウチュウ目のそれぞれがどんな系統関係にあるのか，どのような過程の分化を経て今日に至ったかは非常に興味ある問題である．しかし，これらのことを説明するのに十分な資料がなく，かつ諸説が飛び交っている状態である．ここではオサムシ亜目の系統関係と進化の仮説を述べておく．

　オサムシ亜目のほとんどが食肉性で，水面での呼吸様式やゴミムシ類と近縁であること等を考えると，陸上生活者からの水中への適応分化が想定できる．水生オサムシ亜目の祖先としては，Crowson（1960）や Bell（1966）などがムカシゴミムシ科（Trachypachidae：日本未記録）を現在の形態の示す共通点等から，その生き残りであると推定している．このムカシゴミムシ科は，現在では周極地方，北アメリカ西部，チリに3属6種が遺存的に分布しているだけである．しかし，中生代の化石としてはかなりの種が報告されており，かつては栄えていた一群であったことが想像できる．この科の *Gehringia olimpica* Darlington, 1933 は幼虫・成虫とも常に渓流の水際に生息しており，この祖先型が水の中へ入っていったことをうかがわせる．もちろん，触角，基節等の形態は水生オサムシ亜目と非常によく似ている．オサムシモドキゲンゴロウ科（Amphizoidae：日本未記録）の種は渓流に生息し，水中生活をしているものの脚に游泳毛がなく，水への適応が不十分のように考

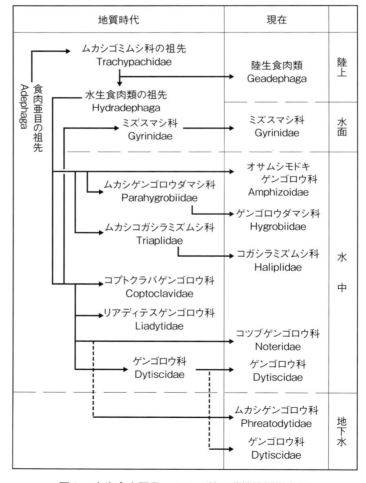

図2　水生食肉亜目における科の系統関係推定図

えられる．また，上記2科およびゲンゴロウダマシ科（Hygrobiidae：日本未記録）の種の分布がオーストラリア，南アメリカ，北アメリカ，中央アジア，ヨーロッパなどに飛び石的で山岳渓流に追いやられるような分布型を示していることから，これらの科が遺存的で古い起源であり，水生オサムシ亜目のなかでも原始的な形態形質を保持していると考えられる．オサムシモドキゲンゴロウ科とゲンゴロウダマシ科は原始的な一群であると考えられ，これらの祖先からゲンゴロウ科やコツブゲンゴロウ科が分化したようである．いずれにしろ，コツブゲンゴロウ科，ムカシゲンゴロウ科，ゲンゴロウ科，オサムシモドキゲンゴロウ科およびゲンゴロウダマシ科は，共通祖先を有する単系統群であることは間違いないであろう．

コツブゲンゴロウ科は，おそらくゲンゴロウ類のなかで食植性への転換から分化した一群で，さらに食性の変化にともなって幼虫が植物の組織から呼吸するといった生活の変化も生じたようである．ムカシゲンゴロウ科の幼虫はコツブゲンゴロウ科のそれによく似ていることを考えると，後者から分化した一群とも考えられるが，上翅に側溝を備える点ではゴミムシ群に近縁で，それから分化した原始的な一群とも考えられる．いずれにしても，地下水に生息することによって特殊化すると同時に，古い形態が保持されたまま今日に至ったことは事実である．

ゲンゴロウ科は，多くの種を含み水への適応にも色々な段階の種がみられる．中生代からはすでにこの科の化石が知られているが，他の近縁科に比べて少なく，中生代以降に繁栄した科と想像できる．新生代第三紀に至ると，ゲンゴロウ科の化石もかなり知られているが，すでに現生種と変わらない形態を示しているのも興味深い．たとえば，Galewski & Głazek（1978）による化石は上部中新世とされているが現生種に同定されるものである．また，Brancucci（1979）によって陸生ゲンゴロウの1種，*Geodessus besucheti* Brancucci, 1979 がネパールから記載され，ゲンゴロウ科の陸から水中への移行分化を想定させるものがある．

一方，後基節の形態が特異な点や食性が食植性へと分化した点で，コガシラミズムシ科は他のオサムシ亜目の科と著しくかけ離れた感じで分化したと考えられる．中生代からこの祖先型に相当するムカシコガシラミズムシ科が発見されていることからも，かなり古い時代に分化したことは確かである．

ミズスマシ科も他の群に比べて著しく異なった形態を示している．これは水面生活への適応の結果に他ならないようである．Beutel（1997）はこの科が他のオサムシ亜目の科と姉妹群関係にあるとしており，かなり早いうちに本科の祖先が分化したと考えられる．中生代白亜紀から知られているコプトクラバゲンゴロウ科は，脚や眼の形態がミズスマシ科を思わせるものがあり，このような一群からミズスマシ科が分化したのではないかと思われる．しかし，同時代にすでにミズスマシ科の化石が発見されているので，起源はさらに古く遡ると考えられる．このコプトクラバゲンゴロウは眼が上下に二分されており，生態の復元からは水中生活をしていたようである．一方 Hatch（1925）は現存種の分類・分布等の知識と合わせて中生代三畳紀からジュラ紀にかけてゲンゴロウ科から派生したとしている．なお，化石として知られているParaeogyrinidae科は，ゲンゴロウ科とミズスマシ科の中間の存在を示すとされていたが，最近の研究によれば前者のツブゲンゴロウ属（*Laccophilus*）と近縁であるともいわれている．

多種多様で，かつ生活様式や生活環境も様々である水生コウチュウ類の分類学的研究はこれまで主に成虫で行われてきた．生態や系統関係を研究するうえで重要な幼生期の生態を含めた研究は，断片的なものがあるだけでほとんど皆無の状態である．また，分類群によっては分類の再検討が必要であるものも見受けられる．本編は現在までに判明している知見のほかに残された課題についても言及し，今後の研究の促進材料の1つになればと考えている．

4　コウチュウ目（鞘翅目）

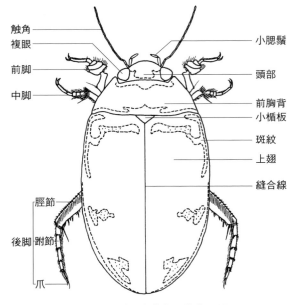

図3　ゲンゴロウ成虫の体背面図

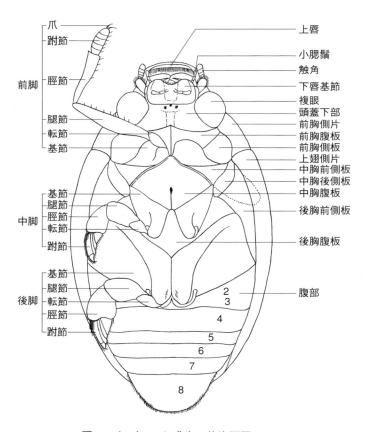

図4　ミズスマシ成虫の体腹面図

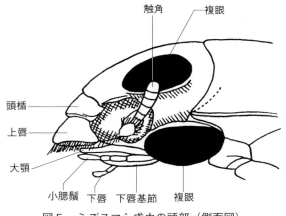

図5 ミズスマシ成虫の頭部（側面図）

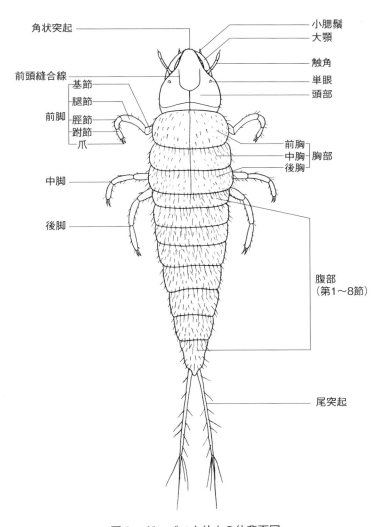

図6 ゲンゴロウ幼虫の体背面図

コウチュウ目の亜目の検索
成虫

1a 後脚基節は後胸腹板に癒着して不動，中央部で第1腹板を完全に二分している．腹板は原則として6節が認められ，基部3節は互いに癒着しているが，その間の会合線は認められる．普通は前胸の背側会合線がある……………………… オサムシ亜目　Adephaga（p. 6）
1b 後脚基節は原則として後胸腹板に癒着せず，たとえ癒着している場合でも第1腹板を二分しない．もし腹板が6節で構成されている場合には，それらは第3〜8腹節に属する．原則として前胸の背側会合線がないが，稀に認められることもある…………………………… 2
2a 前胸の背側会合線が認められる．後翅に短形室がある
　…………………………………………………………… ツブミズムシ亜目　Myxophaga（p. 35）
2b 前胸の背側会合線は認められない．原則として翅に短形室がない
　…………………………………………………………… カブトムシ亜目　Polyphaga（p. 36）

幼虫

1a 脚は6節で，明瞭な跗節があり，爪は1〜2個認められる．大顎に磨砕部を欠く．上唇は頭蓋にて癒着している……………………………… オサムシ亜目　Adephaga（p. 7）
1b 脚は5節で，跗節と爪が癒合して1節になるもの，あるいは5節以下ないし痕跡的なものまで変化がある．大顎に磨砕部を有する．上唇は明瞭に認められる………………… 2
2a 腹部各節の側縁に2〜3節からなる長い気門鰓を有する
　…………………………………………………………… ツブミズムシ亜目　Myxophaga（p. 35）
2b 腹部各節の側縁に気門鰓がない場合が多い．もし気門鰓があったとしても，短く肉質で節とはならない……………………………… カブトムシ亜目　Polyphaga（p. 37）

オサムシ亜目　Adephaga

オサムシ亜目の科の検索
成虫

1a 後脚基節は著しく発達して大きな平板を形成し，基方の3腹節と後脚腿節の基部を覆う．後胸腹板は，明瞭な会合線によって前後の2部に分けられる
　…………………………………………………………… コガシラミズムシ科　Haliplidae（p. 7）
1b 後脚基節は単純で，後胸腹板には横方向の会合線がない………………………………… 2
2a 複眼は上下に二分される．触角はきわめて短く，第2節は膨大している．第8腹節の背面は上翅より露出する．前脚は長く，中・後脚はきわめて短く櫂状となる
　…………………………………………………………… ミズスマシ科　Gyrinidae（p. 32）
2b 複眼は上下に二分されない．触角は細長く，第2節が特に大きくはない．腹部は上翅によって完全に覆われる．中・後脚は大きいが，櫂状にはならない………………………… 3
3a 上翅には側溝を備える．基方の腹節は癒合し，4節が認められるだけ
　…………………………………………………………… ムカシゲンゴロウ科　Phreatodytidae（p. 9）
3b 上翅には側溝がない．腹部は少なくとも5節が認められる………………………………… 4
4a 体の背面は強く隆起し，腹面は平坦．後脚基節は小さく，後胸腹板とともに転節の基部より後方まで伸長する縦に長く隆起した板状となる．後胸前側板は中基節に達せず，中胸前

　　　　側板は不明瞭……………………………………………… コツブゲンゴロウ科　Noteridae（p. 9）
4b　体は背・腹面とも隆起する．後脚基節は特に隆起した板状にはならない．後胸前側板は中
　　脚基節に達するか，あるいはきわめて接近し，中胸側板は明瞭
　　　　………………………………………………………………… ゲンゴロウ科　Dytiscidae（p. 12）

幼虫

1a　第1～9腹節の側部に鰓状突起があり，第10腹節後端に4本の鉤爪を備える
　　　　……………………………………………………… ミズスマシ科　Gyrinidae（p. 32, 図47）
1b　第1～9腹節の側部に鰓状突起がなく，第10腹節後端に4本の鉤爪がない………………2
2a　腹節は9～10節よりなり，それらの各節および胸部各節に2～4本の角状突起がある．脚
　　の爪は1本………………………………………… コガシラミズムシ科　Haliplidae（p. 7, 図8, 11）
2b　腹節は背面から8節認められるだけで，各節に角状突起はない．脚の爪は2本…………3
3a　大顎は長く管状．脚は長く遊泳毛を備える．尾突起は顕著であるが，これが認めにくい場
　　合は，第7，8腹節に長い遊泳毛がある……………………… ゲンゴロウ科　Dytiscidae（p. 12）
3b　大顎は短く，内側に歯状突出部がある．尾突起は非常に短い．脚は短く，遊泳毛を欠く
　　　　………………………………………………………………………………………………4
4a　複眼は消失．第8腹節の先端は丸い…… ムカシゲンゴロウ科　Phreatodytidae（p. 9, 図13）
4b　複眼がある．第8腹節の先端は尖る……… コツブゲンゴロウ科　Noteridae（p. 10, 図15）
※近年ではムカシゲンゴロウ科はコツブゲンゴロウ科の亜科とされる．

1．コガシラミズムシ科　Haliplidae

　成虫は後基節が板状に発達して腹部を覆うことから，他の群とは容易に区別できる．食肉亜目の中では，食植性へと分化することによって著しく異なった一群を形成することになったものと考えられる．またその分化した歴史は古く，中生代に祖先型の化石が発見されていることからも注目すべきである．全世界に4属約200種が知られているだけの小さな科で，日本からは2属が知られている．

コガシラミズムシ科の属の検索
成虫

1a　上翅の後半に亜会合線を有する．小顎鬚の先端節は他節より長い．後基節板は腹部第1～
　　5節を覆い，側縁は縁取られる．雄交尾器の左側片は縁毛を欠き，先端に付属突起を備え
　　ない………………………………………………………………… コガシラミズムシ属　Peltodytes
1b　上翅に亜会合線を有しない．小顎鬚の先端節は他節より短い．後基節板は腹部第1～3節
　　を覆い，側縁は縁取られない．雄交尾器の左側片は縁毛を有し，先端に付属突起を備える
　　　　…………………………………………………………… ヒメコガシラミズムシ属　Haliplus

幼虫

1a　腹部は9節よりなる．胸・腹部の各節には著しく長い付属突起を有する
　　　　……………………………………………………………………… コガシラミズムシ属　Peltodytes
1b　腹部は10節よりなる．胸・腹部の各節には短い付属突起を有する
　　　　……………………………………………………………… ヒメコガシラミズムシ属　Haliplus

コガシラミズムシ属　*Peltodytes* Régimbart

日本からは2種の記録があり，いずれも止水域に生息し，よく灯下に飛来する（図7）．

コガシラミズムシ *Peltodytes intermedius* (Sharp, 1873) は北海道〜九州に分布し，池沼に現在も比較的普通にみられる．幼虫もすでに記載されている．

シナコガシラミズムシ *Peltodytes sinensis* (Hope, 1845) は，対馬およびトカラ中之島以南の琉球列島に分布し，前種とよく似るが頭頂に1対の暗色紋がある点などで区別できる．

ヒメコガシラミズムシ属　*Haliplus* Latreille

日本からは，以下の10種が記録されている．成虫の上翅の斑紋は種による特徴が出やすいが，変異の幅が大きいので標本を数多くみる必要がある．この仲間はほとんどが止水性で，特に水草や藻類の多く繁茂している水域に生息している．しかし，農薬の流入や河川改修等による影響で著しく減った一群といえる．日本産の幼虫については，よくわかっていない（図9，10，11）．

中根（1985，1987b）により再検討されており，上野ら（1984）にも6種が図示されており斑紋の傾向を見るのに参考になる．和名について混乱がみられるが，平嶋ら（1989）に従い，下記のように扱った．Vondel et al.（2006）によりいくつかの種が再検討されている．

環境省（2017）のRL（レッドデータブック・リスト）では，カミヤコガシラミズムシが絶滅危惧IB類，クロホシコガシラミズムシ，キイロコガシラミズムシ，マダラコガシラミズムシが絶滅危惧II類，コウトウコガシラミズムシが準絶滅危惧，クビボソコガシラミズムシが情報不足として掲載されている．

ヒメコガシラミズムシ属の種の検索
成虫

1a 前胸背板の基部両側に短い縦条がある．後脛節内側の剛毛列を欠く（*Haliplus* 亜属）…2
1b 前胸背板の基部両側の縦条がない．後脛節内側に剛毛列がある（*Liaphlus* 亜属）………5
2a 前胸腹板突起は両側に条線を欠く．北海道に普通に生息する．体長2.5〜2.7 mm
　……………… **チビコガシラミズムシ**　*Haliplus* (*Haliplus*) *simplex* Clark, 1863
2b 前胸腹板突起は両側に点刻による条線を有する………………………………………3
3a 前胸腹板突起は中央が強く隆起し，両側の点刻条列は深く強く印刻される．上翅の斑紋は明瞭で会合部の黒線は第1点刻列に達する．体長3 mm前後．本州に分布するが少ない
　……………… **カミヤコガシラミズムシ**　*Haliplus* (*Haliplus*) *kamiyai* Nakane, 1963
3b 前胸腹板突起は平たく，両側の点刻条列は細い．上翅の斑紋は不明瞭で，会合部の黒線は第1点刻列に達しない…………………………………………………………………4
4a 前胸背板基部両側の縦条は長く中央付近までのびる．前胸腹板突起先端は中央で角張る．体は卵形．体長2.7〜3.3 mm．北海道〜九州に分布する
　……………… **クビボソコガシラミズムシ**　*Haliplus* (*Haliplus*) *japonicus* Sharp, 1873
4b 前胸背板基部両側の縦条は短く後方約1/3付近までのびる．前胸腹板突起先端は平ら．体は短卵形で丸みが強い．体長2.7〜2.9 mm．本州に分布する
　……………… **マルコガシラミズムシ**　*Haliplus* (*Haliplus*) *brevior* Nakane, 1963
4c クビボソコガシラミズムシに似るが，前胸腹板突起は幅広で先端は中央で弱く突出する．与那国島に分布する
　……………… **タイワンコガシラミズムシ**　*Haliplus* (*Haliplus*) *regimbarti* Zaitzev, 1908

5a 上翅には点刻以外の暗色紋はなく黄褐色．体長3.2〜3.6 mm．本州〜九州，与那国島から記録されるが少ない……　キイロコガシラミズムシ　*Haliplus* (*Liaphlus*) *eximius* Clark, 1863
5b 上翅には黒紋がある……………………………………………………………………………6
6a 上翅前縁に黒帯が発達しない………………………………………………………………7
6b 上翅前縁の黒紋はつながり黒帯状に発達する……………………………………………8
7a 上翅の斑紋は会合部の黒線と離れるか細条で結ばれる．体長3.6〜4.3 mm．北海道〜九州に比較的普通に産する………　ヒメコガシラミズムシ　*Haliplus* (*Liaphlus*) *ovalis* Sharp, 1884
7b 上翅の斑紋は会合部の黒線と癒着する．体長3.1〜3.7 mm．琉球列島に産する
　…………　コウトウコガシラミズムシ　*Haliplus* (*Liaphlus*) *kotoshonis* Kano et Kamiya, 1931
8a 上翅会合部の黒線は太く，第1点刻列に達する．体長3.0〜3.5 mm．北海道〜九州に分布する………………　マダラコガシラミズムシ　*Haliplus* (*Liaphlus*) *sharpi* Wehncke, 1880
8b 上翅会合部の黒線は細く，第1点刻列に達しない．体長3.5〜3.9 mm．本州〜九州に分布する…………　クロホシコガシラミズムシ　*Haliplus* (*Liaphlus*) *basinotatus* Zimmermann, 1924

2．ムカシゲンゴロウ科　Phreatodytidae

　一生を地下水中ですごす特異な昆虫で，日本の西部（静岡県〜九州）からムカシゲンゴロウ属 *Phreatodytes* だけが知られている．成虫の上翅に側溝を備えている．日本特産の科であるが，Crowson(1967)はコツブゲンゴロウ科に入るとしており，近年ではこの扱いが一般的である．長い間，ムカシゲンゴロウ *Phreatodytes relictus* S. Uéno, 1957 1種（図12）が知られていたが，Uéno（1996）により5新種（図14）が記載され Kato et al. (2010) により1種追加された．幼虫については Uéno (1957) により記載されている（図13）．

　環境省（2017）のRLではカガミムカシゲンゴロウ *P. latiusculus* S. Uéno, 1996，トサムカシゲンゴロウ *P. sublimbatus* S. Uéno, 1996，ギフムカシゲンゴロウ *P. elongatus* S. Uéno, 1996が絶滅危惧ⅠB類，ハイバラムカシゲンゴロウ *P. haibaraensis* Kato, 2010とムカシゲンゴロウが情報不足として掲載されている．そのほかにサイトムカシゲンゴロウ *Phreatodytes archaeicus* S. Uéno, 1996とウワジマムカシゲンゴロウ *Phreatodytes mohrii* S. Uéno, 1996が知られる．

3．コツブゲンゴロウ科　Noteridae

　成虫の後基節が前・中胸腹板とあわせて平坦になることから，ゲンゴロウ科とは異なった独立した科として取り扱われるようになった．幼虫は円筒形をしており，長い尾突起を欠くのが特徴といえる．幼，成虫ともに生態については，よくわかっていないが，水生植物の多い池で多く得られる．外国の例では，コツブゲンゴロウ属 *Noterus* の種は水中の根にマユを付着させてその中に蛹化することが知られている．世界中で約150種の小さな科で日本からは4属8種が記録されている．

コツブゲンゴロウ科の属の検索
成虫

1a 後基節の後縁中央は鉤状の突起を有する………　チビコツブゲンゴロウ属　*Neohydrocoptus*
1b 後基節の後縁中央は単純に切れ込む………………………………………………………2
2a 前胸腹板突起は先端が切断状……………　ツヤコツブゲンゴロウ属　*Canthydrus*（図17, 18）

2b 前胸腹板突起は先端に向かいやや膨らみ，先端は突出する……………………………………… 3
3a 前脛節先端の距は長く外側にカーブする．体長は3〜5mm
……………………………………………………… コツブゲンゴロウ属　*Noterus*（図16）
3b 前脛節先端の距は短く，直線状．体長は1.3〜1.5mm
……………………………………………………… ホソコツブゲンゴロウ属　*Notomicrus*

幼虫

1a 腹部第8節は，後方に鋭く尖る．大顎の先端は内方に曲がった歯になり，それに続く数本の小歯を有する……………………………………… コツブゲンゴロウ属　*Noterus*（図15）
1b 腹部第8節は，後方に細くなるが，先端は尖らない．大顎は二叉した歯を有する
……………………………………………………… ツヤコツブゲンゴロウ属　*Canthydrus*

チビコツブゲンゴロウ属とホソコツブゲンゴロウ属の幼虫はわかっていない．

チビコツブゲンゴロウ属　*Neohydrocoptus* M. Satô

　この仲間は，日本では最近になって2種が記録されたが，いずれも東南アジア熱帯域に広く分布している種である．ほかに背面部が無紋の未記録種が1種知られている．幼虫や生態などについては何もわかっていない．

　キボシチビコツブゲンゴロウ *Neohydrocoptus bivittis* (Motschulsky, 1859) は，体長3mm，体は黄褐色で，頭部の中央に黒い小円紋があり，上翅は黒褐色で各翅中央は長く，側方は幅広く黄褐色となり，インド，東南アジア，中国南部，台湾に広く分布し，日本では関東地方以西に限定的に知られる．環境省（2017）のRLでは絶滅危惧ⅠB類として掲載されている．

　チビコツブゲンゴロウ *Neohydrocoptus subvittulus* (Motschulsky, 1859) は，体長2.4mm，全体黄褐色で，上翅に斜めの長帯紋を有し，分布は前種とほぼ同じで水田に普通で，日本では琉球列島に分布する．

　ムモンチビコツブゲンゴロウ *Neohydrocoptus* sp. は，未記載であるが，環境省（2017）のRLで絶滅危惧Ⅱ類として掲載されている．

コツブゲンゴロウ属　*Noterus* Clairville

　日本からは以下の3種が知られている．

　コツブゲンゴロウ *Noterus japonicus* Sharp, 1873は，体長3.0〜3.4mmで，赤褐色の強い光沢をもち，上翅に4細点刻列があり，北海道から琉球列島まで広く分布し，朝鮮半島および中国にも分布する（図16）．池や水田に普通であるが，近年その数が減った（図16）．

　ヒゲブトコツブゲンゴロウ *Noterus angustulus* (Zaitzev, 1953) は，前種に似るが，より体形が細長く，雄の触角5〜6節が外方に大きく張り出す．北海道〜本州（東北地方）に分布する．

　アナバネコツブゲンゴロウ *Noterus clavicornis* (DeGeer, 1774) は，上翅後半に刺毛をともなう明瞭な点刻を有することより他種と区別することができる．北海道に分布する（図15）．

ツヤコツブゲンゴロウ属　*Canthydrus* Sharp

　上翅が黒色で，赤黄色の6斑紋をもつ2種の記録があり，水田や池に多い．

　ツヤコツブゲンゴロウ *Canthydrus politus* (Sharp, 1873) は，体長3.2〜3.5mmで，前胸背は赤黄色で前・後縁に沿って黒くなり，腹部は黒色，トカラ列島中之島以南に分布する（図17）．

　ムツボシツヤコツブゲンゴロウ *Canthydrus nitidulus* (Sharp, 1882) は，体長2.4〜2.6mm，上翅の紋

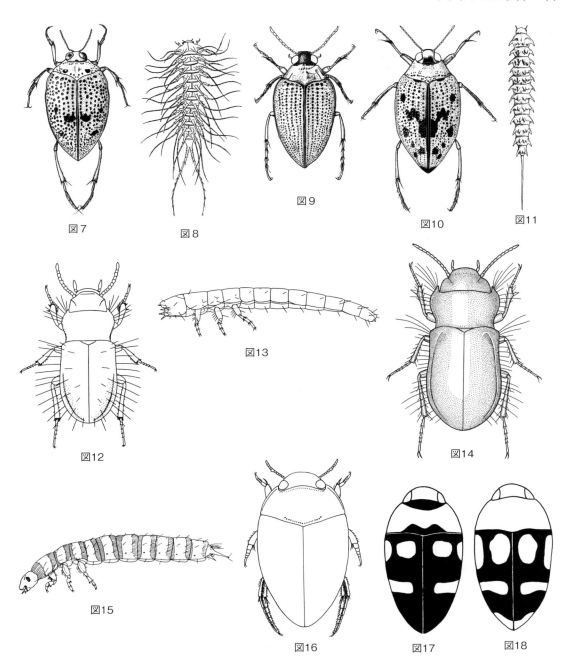

コガシラミズムシ科・ムカシゲンゴロウ科・コツブゲンゴロウ科 Haliplidae, Phreatodytidae, Noteridae
図7 コガシラミズムシ *Peltodytes intermedius* Sharp 図8 コガシラミズムシ属 *Peltodytes caesus* Duft の幼虫（Rousseau, 1920） 図9 チビコガシラミズムシ *Haliplus simplex* Clark 図10 ヒメコガシラミズムシ *Haliplus ovalis* Sharp 図11 ヒメコガシラミズムシ *Haliplus ovalis* Sharp の幼虫 図12 ムカシゲンゴロウ *Phreatodytes relictus* S. Uéno（Uéno, 1957） 図13 ムカシゲンゴロウ *Phreatodytes relictus* S. Uéno の幼虫（Uéno, 1957） 図14 トサムカシゲンゴロウ *Phreatodytes sublimbatus* S. Uéno（Uéno, 1996） 図15 アナバネコツブゲンゴロウ *Noterus clavicornis* (DeGeer) の幼虫（Böving & Craighead, 1931） 図16 コツブゲンゴロウ *Noterus japonicus* Sharp 図17 ツヤコツブゲンゴロウ *Canthydrus nitidulus* (Sharp) 図18 ムツボシツヤコツブゲンゴロウ *Canthydrus politus* (Sharp)

は消失する個体もあり，体下面は赤黄色で，本州，四国，九州に分布する（図18）．環境省（2017）のRLでは絶滅危惧II類として掲載されている．

ホソコツブゲンゴロウ属 *Notomicrus*

ホソコツブゲンゴロウ *Notomicrus tenellus* (Clark, 1863) は，Kamite et al.（2005）により日本から記録された種である．体長1.3〜1.5 mmで体は黄褐色．分布は東南アジアからオーストラリアまで広く，日本では沖永良部島，西表島，与那国島に分布する．環境省（2017）のRLでは情報不足として掲載されている．

4．ゲンゴロウ科 Dytiscidae

泳ぐことへの適応が最もよく進んだ一群といえ，体は紡錘形となり，後脚が発達している．色々な水域に生息しているが，食肉性であることと相まって，水質汚濁の影響を著しく受け，近年個体数が非常に少なくなり，なかには絶滅に瀕している種もある．全世界に広く知られており，その種数4000種といわれている．日本からは次に示す約30属100種の記録がある．森・北山（1993）の図鑑が出て以来，分布知見が増加し，各地の目録もつくられるようになってきた．一方，幼虫については，黒佐（1959）や中川（1954）などの報告があり一部の属までの検索もつけられているが，他の水生コウチュウと同様，分類や生態について研究の必要がある．

ゲンゴロウ科の亜科の検索

成虫

1a 小楯板はまったく認められないが，ときに先端がわずかに認められることがある………2
1b 小楯板は明らかに認められる……………………………………………………………3
2a 前・中脚の跗節は第4節が非常に小さくて第3節の葉片間に隠され，偽4節となる．後胸前側板は中脚基節に達する………………………… ケシゲンゴロウ亜科 Hydroporinae（p. 13）
2b 前・中脚の跗節は5節からなる．後胸前側板は中脚基節に達しない
　………………………………………………… ツブゲンゴロウ亜科 Laccophilinae（p. 20）
3a 複眼の前縁に前頭側縁角は湾入しない．雄の前脚跗節第1〜3節は拡大して円形の吸盤を形成する………………………………………………… ゲンゴロウ亜科 Dytiscinae（p. 27）
3b 複眼の前縁に前頭側縁角が湾入する．雄の前脚跗節第1〜3節は拡大するが，吸盤を形成しない………………………………………………………………………………………4
4a 中胸腹板突起は後方で狭くなり，最も狭い部分は前胸腹板突起の幅より狭い
　………………………………………………… セスジゲンゴロウ亜科 Copelatinae（p. 23）
4b 中胸腹板突起は後方で狭くならず，前胸腹板突起の幅より広い……………………5
5a 後脚腿節の先端内側に小さな毛束を有する……… マメゲンゴロウ亜科 Agabinae（p. 25）
5b 後脚腿節の先端に毛束を欠く………………… ヒメゲンゴロウ亜科 Colymbetinae（p. 26）

幼虫

1a 腹部末端節は側縁房毛（lateral setal fringes）を有する．尾突起は腹部末端節より短く，縮小して背面からはみえない場合もある………………… ゲンゴロウ亜科 Dytiscinae（p. 28）
1b 腹部末端節は側縁房毛を欠く．尾突起は腹部末端節より短い〜長いが，背面からはみえる

	·· 2	
2a	頭部前縁は突出する·················	**ケシゲンゴロウ亜科** Hydroporinae (p. 13, 図24, 30)
2b	頭部前縁は突出しない··· 3	
3a	頭部は後方に頸状部を形成する界線がない．肢は比較的細くて長い	
	···	**ツブゲンゴロウ亜科** Laccophilinae (p. 20)
3b	頭部は後方に頸状部を形成する界線がある．肢はやや短い·························· 4	
4a	触角末端節に小さな付属節を有する．大顎には溝がなく，内縁に小歯がある；尾突起は極端に短い················	**セスジゲンゴロウ亜科** Copelatinae (p. 23)
4b	触角末端節に小さな付属節がない．大顎には溝があり，内縁は滑らかで小歯を欠く；尾突起は短い〜長い··· 5	
5a	触角第4節は第3節とほぼ同じ長さ．尾突起は全体に多くの刺毛を有する	
	···············	**ヒメゲンゴロウ亜科** Colymbetinae (p. 26)
5b	触角第4節は第3節より著しく短い．尾突起の刺毛は7本程度	
	·················	**マメゲンゴロウ亜科** Agabinae (p. 25, 図37)

ケシゲンゴロウ亜科 Hydroporinae

ケシゲンゴロウ亜科の族の検索
成虫

1a	後基節内板突起の先端は，腹部第1節と同一平面になく段をなして隆まり，葉片となって後方に張り出すため，転節基部は認められない···	**ナガケシゲンゴロウ族** Hydroporini (p. 13)
1b	後基節内板突起の先端は，腹部第1節と同一平面にあり，後方に張り出さないので，転節基部は認められる··· 2	
2a	後脚の爪は長さが異なり，外側のものが非常に短く認めにくい．後脛節は基部から先端に向かいほぼ同じ太さ·············	**ケシゲンゴロウ族** Hyphydrini (p. 16)
2b	後脚の爪は同長．後脛節は基部が細く先端に向かって太くなる························· 3	
3a	前胸腹板突起は先端部で幅広く広がり，ほぼ三角状となる．後基節内板突起は幅広く，側方は葉片状となる．上翅の先端は尖る········	**マルケシゲンゴロウ族** Hydrovatini (p. 19)
3b	前胸腹板突起は先端部で広がらず，やや尖る．後基節内板突起は幅が狭く，側方は葉片状とならない．上翅の先端は丸まる·························	**チビゲンゴロウ族** Bidesini (p. 18)

ケシゲンゴロウ亜科の日本産幼虫による属の検索表は，現段階ではまだ不可能である．

ナガケシゲンゴロウ族の属の検索
成虫

1a	上翅側片の基部は深くえぐられ，その後方が斜めの稜線によって界される··················· 2	
1b	上翅側片の基部はえぐられることなく，界線もない··· 4	
2a	頭楯前縁には縁取りがない··················	**シマケシゲンゴロウ属** *Coelambus*
2b	頭楯前縁には縁取りがある··· 3	
3a	頭楯前縁の縁取りは中央で切断される············	**タマケシゲンゴロウ属** *Herophydrus*
3b	頭楯前縁の縁取りは全体にわたって認められる ···	**キタマダラチビゲンゴロウ属** *Hygrotus*
4a	眼と後翅は退化して痕跡となる·················	**メクラゲンゴロウ属** *Morimotoa*

4b	眼と後翅は明瞭に認められる	5
5a	後基節内板の中央会合線は先端まで合着し，後縁は切断状または中央が後方にやや突出する	ナガケシゲンゴロウ属 *Hydroporus*
5b	後基節内板は後縁が三角状に切れ込むため，両側が外方に突出する	6
6a	前胸背両側基部に各1条の弧状溝を有する	マルガタシマチビゲンゴロウ属 *Oreodytes*
6b	前胸背両側基部は縦しわ状となることがあるが，溝とはならない	7
7a	体腹面は密な小点刻を有する．前胸腹板突起は幅広く，先端は鈍く尖る	シマチビゲンゴロウ属 *Nebrioporus*
7b	体腹面は孔点状点刻を有する．前胸腹板突起はやや細く，先端は尖る	ゴマダラチビゲンゴロウ属 *Neonectes*

シマケシゲンゴロウ属　*Coelambus* Thomson

黄褐色で，上翅に暗色の条紋がある一群で水草やアシの多い池に生息している．
シマケシゲンゴロウ *Coelambus chinensis* (Sharp, 1882) は，体長4.3～4.9 mm，上翅は疎らに強く点刻され，頭楯前縁は単純で，北海道～九州と中国大陸に分布する．
カラフトシマケシゲンゴロウ *Coelambus impressopunctatus* (Schaller, 1783) は体長4.8 mm，上翅の点刻は前種より強くやや密となり，北海道（北部，東部）に分布する．

タマケシゲンゴロウ属　*Herophydrus* Sharp

琉球列島に1種の記録があり，よく灯火に飛来する．**タマケシゲンゴロウ** *Herophydrus rufus* (Clark, 1863) は，体長4.1～4.5 mm，丸くよく膨隆し，背面は網目状に印刻され，黄褐色で上翅に条紋を有し，琉球列島（トカラ宝島以南）から東南アジアにかけて分布する．

ナガケシゲンゴロウ属　*Hydroporus* Clairville

全北区に多くの種が知られているが，日本からは9種の記録があり，本州の中部以北および北海道で清流や貧栄養的な池で得られている．黒褐色で4 mm前後のものが多い（図19）．

ナガケシゲンゴロウ属の種の検索

1a	体表面は滑沢で点刻間は光沢がある	2
1b	体表面は網状印刻がある	3
2a	後胸腹板，後基節板および腹部第1，2節は細かく点刻される．後基節突起の先端は切断状．北海道に分布	サロベツナガケシゲンゴロウ *Hydroporus fuscipennis* Schaum, 1868
2b	後胸腹板，後基節板および腹部第1，2節の点刻は非常に疎ら．後基節突起の先端は丸まり中央がややくぼむ．北海道（渡島半島）と本州（東北地方）に分布	トウホクナガケシゲンゴロウ *Hydroporus tokui* M. Satô, 1985
3a	後基節突起の先端は二波状に曲がる．体長は2.6 mm以下．北海道（東部・北部）に分布	アンガスナガケシゲンゴロウ *Hydroporus angusi* Nilsson, 1990
3b	後基節突起の先端は切断状．体長は2.8 mm以上	4
4a	前胸腹板は前基節間で隆起する	5
4b	前胸腹板は前基節間でやや平坦	7
5a	前胸背板は一様に黒色．体長は2.9～3.3 mm．北海道（東部）に分布	

ゲンゴロウ科 15

	··· ラウスナガケシゲンゴロウ *Hydroporus tristis* (Paykull, 1798)
5b	前胸背板の側方は褐色．体長は3.3 mm以上 ·· 6
6a	前胸背板の側方は幅広く褐色となり，側縁はわずかに湾曲する．背面の網状印刻は浅い．体長3.3〜3.4 mm．本州（東北地方〜中部地方）に分布
	························· ナガケシゲンゴロウ *Hydroporus uenoi* Nakane, 1963（図19）
6b	前胸背板の側方は狭く褐色となり，側縁は明らかに湾曲する．背面の網状印刻は深い．体長3.4〜3.6 mm．北海道（東部）に分布
	············· イイジマナガケシゲンゴロウ *Hydroporus ijimai* Nilsson et Nakane, 1993
7a	前胸背板の点刻は強くて密となる．前胸腹板突起は中央に滑沢で光沢のある隆起を欠く．体長3.1〜3.7 mm．北海道（大雪山）に分布
	····················· ワタナベナガケシゲンゴロウ *Hydroporus morio* Aubé, 1838
7b	前胸背板の点刻は細かく粗となる．前胸腹板突起は中央に滑沢で光沢のある隆起がある．雄の前脚の爪は単純．体長3.4〜3.8 mm ································ 8
8a	前胸背板の網状印刻は六角形で，側縁は強く丸まらない．体長3.9〜4.1 mm．北海道に分布 ················ カラフトナガケシゲンゴロウ *Hydroporus saghaliensis* Takizawa, 1933
8b	前胸背板の網状印刻は横長で，側縁は強く丸まる．体長4.2〜4.8 mm．北海道に分布 ·················· オオナガケシゲンゴロウ *Hydroporus submuticus* Thomson, 1874

シマチビゲンゴロウ属　*Nebrioporus* Régimbart

淡黄ないし黄褐色で，上翅に波状条紋をもつ，体長4〜5 mmの一群で，いずれも清流に生息している．日本では4種の記録があるが，どの種も生息地は限定されており少ない．

シマチビゲンゴロウ属の種の検索

1a	上翅端付近に歯状突起を欠く．前胸背板側縁はほとんど膨らまず，後角はほぼ直角．体長4.0〜4.6 mm，北海道〜本州（中部山岳地帯以北）に分布する
	··············· シマチビゲンゴロウ *Nebrioporus simplicipes* (Sharp, 1884)（図20）
1b	上翅端付近に歯状突起を有する．前胸背板側縁は強く膨らみ，後角は鈍角 ················· 2
2a	上翅の長さは幅の3倍以上．体長4.8〜5.2 mm．九州に分布するが既知産地は少ない．環境省（2017）のRLでは絶滅危惧II類として掲載されている
	··················· コシマチビゲンゴロウ *Nebrioporus hostilis* (Sharp, 1884)
2b	上翅の長さは幅の3倍未満 ·· 3
3a	背面の色彩は赤みが強く，腹面は赤褐色．体長4.7〜5.5 mm．北海道〜本州（中部以北）に分布し，北関東地方などでは個体数は多い
	··················· チャイロシマチビゲンゴロウ *Nebrioporus anchoralis* (Sharp, 1884)
3b	背面の色彩は黄色みが強く，腹面は黒褐色．体長4.4〜4.9 mm．本州〜四国に分布する
	··················· ヒメシマチビゲンゴロウ *Nebrioporus nipponicus* (Takizawa, 1933)

マルガタシマチビゲンゴロウ属　*Oreodytes* Seidlitz

日本から3種の記録がある．いずれも中部山岳以北の清流で得られ産地は極限されている．

マルガタシマチビゲンゴロウ *Oreodytes rivalis* (Gyllenhal, 1826)（図21）は，体長2.6〜2.9 mm，淡黄色で上翅に黒条紋があり，先端部は単純に丸まる．日本では北海道〜本州中部以北から記録され

ており，全北区に広く分布している．
　カノシマチビゲンゴロウ *Oreodytes kanoi* (Kamiya, 1938) は，体長4.3～4.6 mm，褐色で上翅周辺部がやや淡色となり，先端部はやや膨らむ（雄）か，歯状突起（雌）となる．本州中部以北に分布する．最近，北海道から近似種，**エゾカノシマチビゲンゴロウ** *Oreodytes alpinus* (Paykull) が記録された．

キタマダラチビゲンゴロウ属　*Hygrotus* Stephens

　日本からは全北区に広く分布する1種，**キタマダラチビゲンゴロウ** *Hygrotus inaequalis* (Fabricius, 1777) が北海道から知られているだけである．体長2.8 mm．体はかなり膨隆し，黄褐色で上翅に波状黒紋を有する．比較的個体数は少ない．

ゴマダラチビゲンゴロウ属　*Neonectes* Zimmermann

　清流に生息する1種の記録がある．**ゴマダラチビゲンゴロウ** *Neonectes natrix* (Sharp, 1884)（図22）は，体長3.1～3.6 mm，黒色で黄色の紋をもつ顕著な種で，北海道～四国に分布する．

メクラゲンゴロウ属　*Morimotoa* S. Uéno

　日本特産の属で地下水に生息する3種1亜種が知られている．**メクラゲンゴロウ** *Morimotoa phreatica* S. Uéno, 1957（図23）は，体長2.9～3.4 mm，淡黄色で体側に長い細毛を備え，複眼と後翅は退化しており，本州（関西）の特定地域で得られているにすぎない．幼虫（図24）も Uéno (1957) によって記載されている．他の2種は，Uéno (1996) により四国（宇和島市・高知市）から記載された．
　環境省（2017）のRLでは，**オオメクラゲンゴロウ** *M. gigantea* S. Uéno, 1996 と **トサメクラゲンゴロウ** *M. morimotoi* S. Uéno, 1996 が絶滅危惧ⅠB類，メクラゲンゴロウが情報不足として掲載されている．

ケシゲンゴロウ族の属の検索
成虫

1a 体下面は強く密に点刻される．体は著しく膨隆する……… **ケシゲンゴロウ属** *Hyphydrus*
1b 体下面は細かく疎らに点刻される．体はやや扁平……………………………………………… 2
2a 頭楯の前縁は縁取られる．複眼は退化し，わずかに痕跡が認められる
　　…………………………………………………………… **メクラケシゲンゴロウ属** *Dimitshydrus*
2b 頭楯の前縁は縁取られない．複眼は普通に認められる……………………………………… 3
3a 後胸腹板の翼片部に密な点刻がある．上翅に明瞭な斑紋がある．体長は2.5 mm前後
　　………………………………………………………………… **キボシケシゲンゴロウ属** *Allopachria*
3b 後胸腹板の翼片部に疎らな点刻がある．上翅に明瞭な斑紋がない．体長は1.5 mm前後
　　………………………………………………………………… **チビケシゲンゴロウ属** *Microdytes*

ケシゲンゴロウ属　*Hyphydrus* Illiger

　体はかなり強く膨隆し，黄褐色で上翅に波状紋を有する一群で，体長4 mm内外の小型種．池などの止水域に生息しており，ときとして灯火にも飛来する．日本では以下の6種の記録があるが，分類は再検討する必要がある．環境省（2017）のRLでは，ヒメケシゲンゴロウが絶滅危惧Ⅱ類，ケシゲンゴロウとアラメケシゲンゴロウが準絶滅危惧，ニセコケシゲンゴロウが情報不足として掲載されている．

ケシゲンゴロウ属の種の検索

1a 上翅の点刻は一様に密．体形はやや長い．琉球列島（沖永良部島以南）の放棄水田などに生息する……………………タイワンケシゲンゴロウ *Hyphydrus lyratus* Swartz, 1808
1b 上翅の点刻は一様でなく，その大きさもまちまち．体形は短卵形……………………2
2a 後脛節の端棘の縁は滑らか．琉球列島（種子島以南）の池沼や放棄水田に生息する……………………コケシゲンゴロウ *Hyphydrus pulchellus* Clark, 1863
2b 後脛節の端棘は一方の縁に鋸歯を有する……………………3
3a 上翅の点刻は大小あり，その区別は明瞭．前胸背板は前縁が広く暗色……………………4
3b 上翅の点刻は大小あるが大きさの区別がつきにくい中間の大きさの点刻がある．前胸背板前縁は通常は暗色にならない……………………5
4a 上翅の光沢は強い．本州〜九州に分布するが生息地は比較的少ない……………………ヒメケシゲンゴロウ *Hyphydrus laeviventres* Sharp, 1882
4b 上翅は光沢が弱い．北海道（渡島半島）と本州北部から採集されているが個体数は少ない……………………アラメケシゲンゴロウ *Hyphydrus laeviventres tsugaru* Nakane, 1993
5a 雄交尾器の中央片は背面からみると先端が広がり中央部が少し凹む．北海道〜琉球列島（トカラ，沖永良部島）の止水域に生息する……………………ケシゲンゴロウ *Hyphydrus japonicus* Sharp, 1873
5b 雄交尾器の中央片は背面からみると馬蹄形で先端は二分される．琉球列島（沖縄島〜与那国島）に分布するが，本州（静岡県）からも記録された……………………ニセコケシゲンゴロウ *Hyphydrus orientalis* Clark, 1863

日本産ケシゲンゴロウ属4種の検索
幼虫

1a 腹部第6〜7節は明褐色……………………コケシゲンゴロウ *Hyphydrus pulchellus* Clark, 1863
1b 腹部第6〜7節は暗褐色……………………2
2a 前胸背は一様に暗褐色……………………ヒメケシゲンゴロウ *Hyphydrus laeviventres* Sharp, 1882
2b 前胸背は正中線と側縁が明褐色を呈する……………………3
3a 中脚腿節の後縁に生える3刺毛は一様に長い……………………タイワンケシゲンゴロウ *Hyphydrus lyratus* Swartz, 1808
3b 中脚腿節の後縁に生える3刺毛は基部の1本だけ短く目立たない……………………ケシゲンゴロウ *Hyphydrus japonicus* Sharp, 1873

メクラケシゲンゴロウ属 *Dimitshydrus* S. Uéno

最近になり四国の宇和島市より発見された，メクラケシゲンゴロウ *Dimitshydrus typhlops* S. Uéno, 1996（図25）のみ知られる．地下水脈より発見され，体長約2mm，黄褐色で複眼は退化している．環境省（2017）のRLで情報不足として掲載されている．

キボシケシゲンゴロウ属 *Allopachria* Zimmermann

丸くてやや扁平で，上翅肩部に黄色の紋をもつ一群で，清流に生息している．
キボシケシゲンゴロウ *Allopachria flavomaculata* (Kamiya, 1938) は，体長2.5mmで，前胸背に密な大小二様の点刻をもち，北海道〜九州に分布する．環境省（2017）のRLで情報不足として掲載

されている.

フタキボシケシゲンゴロウ *Allopachria bimaculata* (M. Satô, 1972)（図26）は，体長2.5 mm，前胸背の点刻は前種より疎らとなり，体もより扁平で，琉球列島（奄美大島〜沖縄島）に分布する．この種は，環境省（2017）のRLで準絶滅危惧として掲載されている．

チビケシゲンゴロウ属　*Microdytes* Balfour-Browne

日本に1種だけ知られており，落ち葉に埋もれた小さな流れに生息している．**ウエノチビケシゲンゴロウ** *Microdytes uenoi* M. Satô, 1972（図27）は，体長1.4〜1.6 mm，背面は黄褐色で滑沢，石垣島と西表島，奄美大島，台湾から記録されている．

チビゲンゴロウ族の属の検索
成虫

1a 両眼間の後方にそれを結ぶ横刻線がある··2
1b 両眼間の後方にそれを結ぶ横刻線がない··3
2a 上翅側片基部は明らかにくぼみ，不明瞭ながら稜界線が認められる．頭楯前縁は縁取られる．体は半円形··マルチビゲンゴロウ属　*Leiodytes*
2b 上翅側片基部はくぼみとならない．頭楯前縁は縁取られない．体は楕円形
　··チャイロチビゲンゴロウ属　*Allodessus*
3a 上翅に亜会合線がある··チビゲンゴロウ属　*Hydroglyphus*
3b 上翅に亜会合線がない··ナガチビゲンゴロウ属　*Limbodessus*

マルチビゲンゴロウ属　*Leiodytes* Guignot

体長2 mm以下の小型のゲンゴロウで，池沼の植物の多く生える浅瀬に多く生息する．環境省（2017）のRLでは，マルチビゲンゴロウが準絶滅危惧，ホソマルチビゲンゴロウが情報不足として掲載されている．

マルチビゲンゴロウ属の種の検索

1a 体形は短卵形で上翅端部が急に細くなる．体高は高く，上翅端約1/3で最も隆起する．体長1.5〜2.0 mm．本州〜九州に分布する普通種
　··マルチビゲンゴロウ　*Leiodytes frontalis* (Sharp, 1884)
1b 体形は長卵形で上翅端に向かって徐々に細くなる．体高は低く，上翅の隆起も弱い ······2
2a 上翅の斑紋は汚点状で，それぞれが独立している．体長1.8〜2.0 mm，日本からは琉球列島（奄美大島以南）より知られる
　··サビモンマルチビゲンゴロウ　*Leiodytes orissaensis* (Vazirani, 1968)
2b 上翅の斑紋はつながる傾向にあり，特に会合部では黒色紋が広がる························3
3a 体形はやや細い．体長1.7〜1.9 mm．本州〜九州から記録されているが少ない
　··ナガマルチビゲンゴロウ　*Leiodytes kyushuensis* (Nakane, 1990)
3b 体形はやや丸みを帯びる．体長1.7〜1.8 mm．九州より記録されている
　··ホソマルチビゲンゴロウ　*Leiodytes miyamotoi* (Nakane, 1990)

チャイロチビゲンゴロウ属　*Allodessus* Guignot

海岸線で，塩水の混じる水溜りに生息する1種の記録がある．チャイロチビゲンゴロウ *Allodessus megacephalus* (Gschwendner, 1931)（図29）は，体長2.6～3.4 mm，黄褐色で，上翅に暗色の紋があるが，ない個体まで変化が多い．分布は中国南部から琉球列島を経て海岸線に沿って本州東北部までと広い．幼虫（図30）や生態については，Satô（1964a）が報告した．

チビゲンゴロウ属　*Hydroglyphus* Motschulsky

池沼から小さな水溜りまで色々な水域にみられる小型のゲンゴロウ．日本からは5種が知られている．環境省（2017）のRLでは，アンピンチビゲンゴロウとキオビチビゲンゴロウが情報不足として掲載されている（図31）．

チビゲンゴロウ属の種の検索

1a　上翅には顕著な斑紋を有する･･･2
1b　上翅には顕著な斑紋を有しないか，縦長の斑紋を有する･･････････････････････3
2a　上翅中央前後に顕著な黄色の帯状斑紋がある．体長1.7～2.0 mm．琉球列島（石垣島，西表島）より少数が得られている
　　　　　　････････････････････ キオビチビゲンゴロウ　*Hydroglyphus kifunei* (Nakane, 1987)
2b　上翅中央前後に顕著な黒色の楕円形～菱形斑紋がある．体長2.2～2.5 mm．琉球列島（石垣島，西表島，与那国島）より記録され，近年では本州～九州でも確認されるようになっている･･････････････ アンピンチビゲンゴロウ　*Hydroglyphus flammulatus* (Sharp, 1882)
3a　上翅には顕著な斑紋を有しない．体長1.8～2.0 mm．琉球列島（奄美大島以南）に分布するが個体数はあまり多くない
　　　　　　･･････････ チャマダラチビゲンゴロウ　*Hydroglyphus inconstans* (Régimbart, 1892)（図31）
3b　上翅には縦長の斑紋を有する･･4
4a　トカラ中之島以北に分布し，朝鮮半島，中国，台湾からも記録される．体長約2.0 mm．普通にみられ，水溜りや水田にも多く生息する
　　　　　　･････････････････････････････ チビゲンゴロウ　*Hydroglyphus japonicas* (Sharp, 1873)
4b　トカラ宝島以南に分布．体長約2.0 mm．以前はチビゲンゴロウの亜種とされており，雄交尾器などに違いがある
　　　　　　･･･････････････････････ アマミチビゲンゴロウ　*Hydroglyphus amamiensis* (M. Satô, 1961)

ナガチビゲンゴロウ属　*Limbodessus* Guignot

トカラ列島中之島～石垣島から1種が記録されている．ナガチビゲンゴロウ *Limbodessus compactus* (Clark, 1862)（図32）は，体長2.0～2.2 mm，黄褐色で，背面に粗点刻を有する．

マルケシゲンゴロウ族　Hydrovatini
マルケシゲンゴロウ属　*Hydrovatus* Motschulsky

全体黄褐色で体長2～4 mmの小型種で，止水域の水生植物の多い浅い場所に生息する．灯火に飛来することもある．日本からは以下の8種の記録があるが，南方系のグループであるため琉球列島で種数が多く知られる．環境省（2017）のRLでは6種が準絶滅危惧として掲載されている．

マルケシゲンゴロウ属の種の検索

- 1a 体長は3mm以上．背面は黒褐色で明瞭な2点刻列がある．体長3.0〜3.8mm．本州〜琉球列島に分布するが，産地は局地的で生息個体数も少ない
  …………………… オオマルケシゲンゴロウ　*Hydrovatus bonvouloiri* Sharp, 1882（図33）
- 1b 体長は3mm未満．背面は黄褐色〜褐色 ……………………………………………………… 2
- 2a 体長は2mm未満 ……………………………………………………………………………… 3
- 2b 体長は2mm以上 ……………………………………………………………………………… 4
- 3a 体形はやや細く（L/Wは約1.8），上翅の前半部は両側がほぼ平行．背面の点刻は弱くやや不明瞭．体長1.6〜1.8mm．九州から琉球列島にかけて局地的に産地が知られる
  …………………… チビマルケシゲンゴロウ　*Hydrovatus pumilus* Sharp, 1882
- 3b 体形は幅広く（L/Wは約1.6），上翅の両側は緩やかな弧を描く．背面の点刻はやや強く明瞭．体長1.7〜1.8mm．本州と琉球列島から数カ所の生息地が知られている
  …………………… ヤギマルケシゲンゴロウ　*Hydrovatus yagii* Kitayama, Mori et Matsui, 1993
- 4a 雄は後基節にある隆起線（stridulation apparatus）を欠く ……………………………… 5
- 4b 雄は後基節にある隆起線（stridulation apparatus）を有する ……………………………… 6
- 5a 雄交尾器中央片は先端で急に曲がり角張る．西表島から知られる
  …………… チュウガタマルケシゲンゴロウ　*Hydrovatus remotus* Briström et Watanabe, 2017
- 5b 雄交尾器中央片はほぼ直線状で角張らない．本州〜琉球列島に広く分布
  …………………… コマルケシゲンゴロウ　*Hydrovatus acuminatus* Motschulsky, 1859
- 6a 前頭前縁の縁取りは明瞭．雄交尾器中央片の先端は一様に曲がる．奄美大島，石垣島，西表島に分布………… アマミマルケシゲンゴロウ　*Hydrovatus seminaries* Motschulsky, 1859
- 6b 前頭前縁の縁取りは不明瞭．雄交尾器中央片の先端は急に曲がり角張る………………… 7
- 7a 雄の触角は4節から先端節までがほぼ同じ幅．本州〜琉球列島に広く分布
  …………………… サメハダマルケシゲンゴロウ　*Hydrovatus stridulus* Briström, 1997
- 7b 雄の触角は4節から先端節までが同じ幅ではなく，7〜8節は他の節よりも幅広い．本州〜琉球列島に広く分布…………… マルケシゲンゴロウ　*Hydrovatus subtilis* Sharp, 1882

ツブゲンゴロウ亜科　Laccophilinae

ツブゲンゴロウ亜科の属の検索
成虫

- 1a 体は楕円形．前胸腹板突起は単純．後脛節の端棘は二叉する．後基節板の両側は上方で狭く，後方に広がる……………………………………………… ツブゲンゴロウ属　*Laccophilus*
- 1b 体は短楕円形で，後方に強く狭まる．前胸腹板突起は後方へ著しく広がり，中央は隆条となる．後脛節の端棘は単純．後基節板の両側は平行
  …………………………………………………… キボシツブゲンゴロウ属　*Japanolaccophilus*

ツブゲンゴロウ亜科の幼虫による属への検索表は現段階ではまだ不可能である．

ツブゲンゴロウ属　*Laccophilus* Leach

池，河などに普通にみられる一群で，灯火にもよく飛来する．日本からは11種の記録があるが，南方の系統らしく琉球列島で多く知られている．東洋区および旧北区のこの類については，

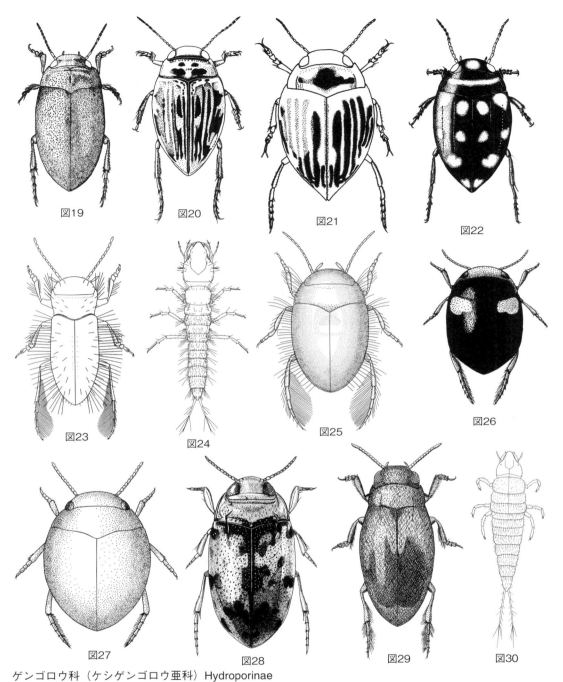

ゲンゴロウ科（ケシゲンゴロウ亜科）Hydroporinae
図19　ナガケシゲンゴロウ *Hydroporus uenoi* Nakane　図20　シマチビゲンゴロウ *Nebrioporus simplicipes* (Sharp)　図21　マルガタシマチビゲンゴロウ *Oreodytes rivalis* (Gyllenhal)　図22　ゴマダラチビゲンゴロウ *Neonectes natrix* (Sharp)　図23　メクラゲンゴロウ *Morimotoa phreatica* S. Uéno（Uéno, 1957）　図24　メクラゲンゴロウ *Morimotoa phreatica* S. Uéno の幼虫（Uéno, 1957）　図25　メクラケシゲンゴロウ *Dimitshydrus typhlops* S. Uéno（Uéno, 1996）　図26　フタキボシケシゲンゴロウ *Allopachria bimaculata* (M. Satô)　図27　ウエノチビケシゲンゴロウ *Microdytes uenoi* M. Satô　図28　サビモンマルチビゲンゴロウ *Clypeodytes orissaensis* Vazirani（阿部，1989a）　図29　チャイロチビゲンゴロウ *Liodessus megacephalus* (Gschwendtner)　図30　チャイロチビゲンゴロウ *Allodessus megacephalus* (Gschwendtner) の幼虫

22　コウチュウ目（鞘翅目）

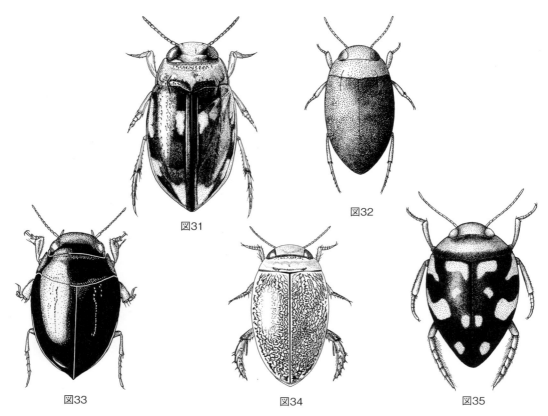

ゲンゴロウ科（ケシゲンゴロウ亜科（続）・ツブゲンゴロウ亜科）Hydroporinae, Laccophilinae
図31　チャマダラチビゲンゴロウ *Hydroglyphus inconstans* (Régimbart)（阿部，1989a）　図32　ナガチビゲンゴロウ *Limbodessus compactus* (Clark)　図33　オオマルケシゲンゴロウ *Hydrovatus vonbouloiri* Sharp　図34　サザナミツブゲンゴロウ *Laccophilus flexuosus* Aubé（阿部，1990）　図35　キボシツブゲンゴロウ *Japanolaccophilus nipponensis* (Kamiya)

Brancucci（1983）がまとめ，Kamite et al.（2005）は日本のコウベツブゲンゴロウ種群を再検討した．環境省（2017）のRLにおいて，キタノツブゲンゴロウが絶滅危惧ⅠB類，ルイスツブゲンゴロウとナカジマツブゲンゴロウが絶滅危惧Ⅱ類，コウベツブゲンゴロウとシャープツブゲンゴロウが準絶滅危惧として掲載されている．

ツブゲンゴロウ属の種の検索

1a 上翅に明瞭な紋を欠く，北海道から琉球列島まで池沼に普通に生息する
　　　　　　　　　　　　　　　　　　　　ツブゲンゴロウ　*Laccophilus difficilis* Sharp, 1873
1b 上翅には明らかな斑紋がある………………………………………………………………2
2a 上翅は黒色で基部後方と中央後方に黄色帯紋をもつ．琉球列島（石垣島，西表島，久米島）に分布するが，生息地は局地的
　　　　　　　　　　　　　　　　　　　ミナミツブゲンゴロウ　*Laccophilus pulicarius* Sharp, 1882
2b 上翅の地色は黄褐色〜褐色……………………………………………………………………3
3a 上翅の斑紋は暗褐色の線状……………………………………………………………………4
3b 上翅の斑紋は細かい波状………………………………………………………………………6

4a	体長3.5 mm前後．上翅は褐色で縦条線が中央付近でややぼける．本州から琉球列島にかけて分布するが，個体数は多くない．Kamite et al. (2005) により本種の近縁種が3種追加された………………………………… **コウベツブゲンゴロウ** *Laccophilus kobensis* Sharp, 1873
4b	体長は4 mm以上．上翅は黄褐色で縦条線が中央付近でも明瞭 ………………………… **5**
5a	体長4.5 mm前後．上翅の基部に接する縦条線を有する．雄交尾器の中央片は先端約1/3で明らかに湾曲する．本州から九州にかけて分布するが，産地は局地的である ……………………………………… **ルイスツブゲンゴロウ** *Laccophilus lewisius* Sharp, 1873
5b	体長4.0 mm前後．上翅の基部に接する縦条線を欠く．雄交尾器の中央片は前種に比べ短く，先端約1/3で緩やかに湾曲する．本州（東日本）から記録されているが，生息数は少ない ……………………………… **ニセルイスツブゲンゴロウ** *Laccophilus lewisioides* Brancucci, 1983
6a	上翅基部後方に明瞭な横帯を有する ………………………… **ウスチャツブゲンゴロウ** *Laccophilus chinensis* Boheman, 1858
6b	上翅には明瞭な横帯を欠く………………………………………………………………… **6**
7a	上翅の波状斑紋は肩部でもほとんど中断されない．前胸背板の前縁と後縁は微かに黒ずむ ………………………… **サザナミツブゲンゴロウ** *Laccophilus flexuosus* Anbé, 1838（図34）
7b	上翅の波状斑紋は肩部で中断される．前胸背板の前縁と後縁はかなり黒ずむ ………………………………… **シャープツブゲンゴロウ** *Laccophilus sharpi* Régimbart, 1889

キボシツブゲンゴロウ属　*Japanolaccophilus* M. Satô

日本特産の属で，清流に生息する1種のみが含まれている．**キボシツブゲンゴロウ** *Japanolaccophilus nipponensis* (Kamiya, 1938)（図35）は，体長3.0〜3.2 mm，黒褐色で黄色の斑紋がある顕著な種で，前胸腹板突起の先端が三角状となり，北海道〜九州に分布する．この種は，環境省（2017）のRLで準絶滅危惧に掲載されている．

セスジゲンゴロウ亜科　Copelatinae

セスジゲンゴロウ属　*Copelatus* Erichson

上翅に数本の縦条をもつ扁平な体長4〜5 mm内外の一群で，池や河ばかりでなく，種によってはかなり湿った落葉の下にも見出される．現在のところ，日本からは14種が知られるが，同定はかなり難しく（特に雌において），正確に同定を行うためには雄交尾器を調べる必要がある．

環境省（2017）のRLにおいて，コセスジゲンゴロウが絶滅危惧IA類，トダセスジゲンゴロウが絶滅危惧II類，チビセスジゲンゴロウが情報不足として掲載されている．また，オガサワラセスジゲンゴロウは小笠原諸島（父島，母島，兄島）に分布し，国の天然記念物に指定されている．

セスジゲンゴロウ属の種の検索

1a	各上翅には5条の縦溝を有し，亜縁溝を欠く．3.8 mm．本州（関西）から記録されているが，大変稀………………… **コセスジゲンゴロウ** *Copelatus parallelus* Zimmermann, 1920
1b	各上翅には6条より多くの縦溝をもつ．ほとんどの種が体長4 mm以上 ……………… **2**
2a	上翅には10条の縦溝があり，亜縁溝を欠く．5.3〜5.5 mm．本州（東北地方），九州，琉球列島（トカラ中之島，沖永良部島，久米）に局所的に分布し，中国南部からも記録されている……… **チンメルマンセスジゲンゴロウ** *Copelatus zimmermanni* Gschwendtner, 1934

2b 　上翅には6条または7条の縦溝と1条の亜縁溝がある･･･ 3
3a 　上翅には7条の縦溝があり，4本の黄縦紋を備える．体長3.9〜4.6 mm. 本州（関東地方〜中部地方）と四国から記録されているが生息地は大変局所的である
　････････････････････････････ トダセスジゲンゴロウ　*Copelatus nakamurai* Guerogiev, 1970
3b 　上翅には6条の縦溝がある･･･ 4
4a 　上翅の第1縦溝は先端1/3に認められる．体長は4.8〜5.8 mm. 琉球列島（石垣島，西表島，与那国島）に分布するが個体数は少ない
　････････････････････ サキシマセスジゲンゴロウ　*Copelatus imasakai* Matsui et Kitayama, 2000
4b 　上翅の第1縦溝は全体に認められる･･･ 5
5a 　体長は約3.8 mm. 体形は細長い．濃赤褐色で，上翅の基部と側縁は黄色．日本からは最近になり琉球列島（西表島）でライトトラップで採集された標本に基づき記録された種で，元来インド，シンガポールより記録があった
　････････････････････････････ チビセスジゲンゴロウ　*Copelatus minutissimus* Balfour-Browne, 1939
5b 　体長は4.0 mm 以上 ･･･ 6
6a 　上翅はほぼ一様に暗褐色ないし黒色で，基部は淡色とならない･･･････････････････････････････ 7
6b 　上翅は褐色ないし黒色で，基部は淡色の横帯を形成する･････････････････････････････････････ 8
7a 　体長は幅の約2.2倍．体下面は暗褐色．体長4.0〜4.6 mm. 日本からは琉球列島（トカラ以南）より記録されており，国外では台湾，東南アジア，バングラデシュなど東南アジアに広く分布する．湿地や休耕田に普通に生息する
　････････････････････････････ タイワンセスジゲンゴロウ　*Copelatus tenebrosus* Régimbart, 1880
7b 　体長は幅の約2倍．体下面は黒褐色．体長4.7〜5.0 mm. 北海道〜九州，伊豆諸島（神津島），対馬に分布し，水溜りや湿地に生息するゲンゴロウのうち最も普通な種の1つ．国外では中国北東部から記録されている
　････････････････････････････ ホソセスジゲンゴロウ　*Copelatus weymarni* Balfour-Browne, 1946
8a 　上翅基部の淡色横帯は雄で幅狭く鮮明であるが，雌ではこれを欠く場合が多い．陰茎は上方中央に明瞭な突起を備える．体長4.5〜5.1 mm. 国内では屋久島，琉球列島から記録されており，湿地や水溜りに普通に生息する．国外では台湾，ボルネオ，アンダマン諸島に分布する････････････ リュウキュウセスジゲンゴロウ　*Copelatus andamanicus* Régimbart, 1899
8b 　上翅基部の淡色横帯は雄で幅広く不鮮明，雌ではときに幅が狭くなることもあるが常に認められる．陰茎は中央が膨らむことはあるが明瞭な突起はない･････････････････････････････････ 9
9a 　陰茎の下方中央に明瞭な膨らみがあり，先端の曲がった部分から先は短い．体長4.8〜5.4 mm. 小笠原諸島（父島，母島，兄島）に分布し，個体数は比較的多い
　････････････････････････････ オガサワラセスジゲンゴロウ　*Copelatus ogasawarensis* Kamiya, 1932
9b 　陰茎の下方に明瞭な膨らみがなく，曲がった部分から先は長い･･･････････････････････････ 10
10a 　陰茎の中央片は緩やかに曲がる･･･ 11
10b 　陰茎の中央片は中央付近で強く曲がる･･･ 12
11a 　陰茎の中央片は長く，基部1/3付近から緩やかに曲がる．体長4.6〜4.8 mm. 本州〜九州より記録されているが，生息地は局所的で少ない
　････････････････････････････ ヒコサンセスジゲンゴロウ　*Copelatus takakurai* M. Satô, 1985
11b 　陰茎の中央片はやや短く，先端から1/4付近で下方にやや曲がる．体長4.5〜4.9 mm. 紀伊半島より記録されているが個体数は少ない

　　　　　‥‥‥‥‥‥‥‥‥‥‥‥‥‥‥‥‥‥‥ナチセスジゲンゴロウ　*Copelatus tomokunii* M. Satô, 1985
12a　陰茎は中央付近の曲がる部位でよく広がり，外方はややトサカ状となる．体長4.8〜5.4 mm．本州と九州より記録されている．分布は局所的だが，生息地での個体数は多いようである‥‥‥‥‥‥‥テラニシセスジゲンゴロウ　*Copelatus teranishii* Kamiya, 1938
12b　陰茎は中央付近の曲がる部位であまり広がらず，外方は緩やかに丸くなる‥‥‥‥‥‥13
13a　陰茎の曲がる部位は膨らまず，先端部はよく曲がる．体長は5.3〜5.7 mmで他種に比べやや大きめ．本州〜九州に分布し，済州島，中国南部からも記録されている．生息数は比較的多く，河川や池沼等で採集される
　　　　　‥‥‥‥‥‥‥‥‥‥‥‥‥‥‥‥‥セスジゲンゴロウ　*Copelatus japonicus* Sharp, 1873
13b　陰茎の曲がる部位はやや膨らみ，先端部はあまり曲がらない．体長4.7〜5.3 mm．本州と九州から記録されており，生息地は局所的だが産地での個体数は多い
　　　　　‥‥‥‥‥‥‥カンムリセスジゲンゴロウ　*Copelatus kammuriensis* Tamu et Tsukamoto, 1955

マメゲンゴロウ亜科　Agabinae

マメゲンゴロウ亜科の属の検索
成虫

1a　後胸腹板の翼片部の先端は後胸前側板の先端部にさえぎられ，上翅側片に達しない．後腿節下面の先端後角部に通常不明瞭な剛毛群があるが，これを欠く場合もある
　　　　　‥‥‥‥‥‥‥‥‥‥‥‥‥‥‥‥‥‥モンキマメゲンゴロウ属　*Platambus*
1b　後胸腹板の翼片部の先端はほぼ上翅側片に達する．後腿節下面の先端後角部に明瞭な剛毛群がある‥‥‥‥‥‥‥‥‥‥‥‥‥‥‥‥‥‥‥‥‥‥‥‥‥‥‥‥‥‥‥‥‥‥‥‥2
2a　上翅側片は後方へ次第に狭くなり，後半は溝状となる．後基節内板の葉片部は側方で傾斜しながら外板につながる．体は扁平‥‥‥‥‥ヒラタヒメゲンゴロウ属　*Colymbetes*
2b　上翅側片は腹部第1節の側方近くで急に狭くなり，後方は溝状とならない．後基節内板の葉片部は側方で段をなして外板につながる．体はやや膨隆する
　　　　　‥‥‥‥‥‥‥‥‥‥‥‥‥‥‥‥‥‥‥‥‥‥‥‥マメゲンゴロウ属　*Agabus*
マメゲンゴロウ亜科の日本産幼虫による族および属への検索表は，現段階ではまだ不可能である．

モンキマメゲンゴロウ属　*Platambus* Thomsom

清流に生息する8種の記録がある．近年の水質汚濁によってかなり少なくなった一群といえよう．
　モンキマメゲンゴロウ *Platambus pictipennis* (Sharp, 1873) は，体長6.5〜8.0 mm，体形は楕円形で，上翅の背面に黄色紋を有するが，大きさには変異がありまったく欠く個体もいる．流水性のゲンゴロウのなかでは最も普通種の1つで，河川の上流部からかなり下流部にまで生息する．
　ニセモンキマメゲンゴロウ *Platambus convexus* Okada, 2011は，前種に類似するが，前胸背と鞘翅の黄色紋が発達することと前胸腹板中央が縦に突出することから区別できる．北海道および本州の河川から採集されているが既知産地は少ない．
　キベリマメゲンゴロウ *Platambus fimbriatus* Sharp, 1884 は，体長6.5〜8.7 mm，体形は長楕円形で，上翅には黄色紋を有し，斑紋は前2種より一般的に大きい．河川の中・下流部の川床が砂地の場所にみられることが多いが，上流部にも生息していることもある．環境省（2017）のRLで準絶滅危惧として掲載されている．

サワダマメゲンゴロウ *Platambus sawadai* (Kamiya, 1932) は，体長7.9〜9.1 mm，体形は楕円形で，上翅の背面に黄色紋を欠き，表面の粗大点刻により鮫肌状になるため前2種と容易に区別することができる．一般に前3種より高標高地に生息する．

以下の4種は，従来マメゲンゴロウ属として扱われてきたが，Nilsson（2000）により本属に移された．

クロマメゲンゴロウ *Platambus nakanei* (Nilsson, 1997)，チョウカイクロマメゲンゴロウ *Platambus ikedai* (Nilsson, 1997)，コクロマメゲンゴロウ *Platambus insolitus* (Sharp, 1884)，ホソクロマメゲンゴロウ *Platambus optatus* (Sharp, 1884)

ヒラタマメゲンゴロウ属　*Platynectes* Régimbart

琉球列島で清流に生息する1種が知られている．アトホシヒラタマメゲンゴロウ *Platynectes chujoi* M. Satô, 1982（図36）は，体長4.9〜5.7 mm，黒色で頭部，前胸背側線，上翅基部の横帯と先端部の勾玉紋が黄色となる．日本では八重山諸島の石垣島，西表島，与那国島に分布する．

マメゲンゴロウ属　*Agabus* Leach

分類については，まだ色々な問題があり今後の研究が待たれるグループである．現在のところ，日本産は6種2亜種が記録されている．

マメゲンゴロウ *Agabus japonicus* Sharp, 1873（図37）はあらゆる水域に普通の種であり，生息域も河川清流から池，水田などとかなり多様である．本種は原名亜種以外に2亜種が知られるが今後の検討を要する．

オクエゾクロマメゲンゴロウ *Agabus affinis* (Paykull, 1798) は，北海道の道東地域から知られ，環境省（2017）のRLで準絶滅危惧として掲載されている．

そのほかに，クロズマメゲンゴロウ *Agabus conspicuous* Sharp, 1873，チャイロマメゲンゴロウ *Agabus browni* Kamiya, 1934，ダイセツマメゲンゴロウ *Agabus daisetsuzanus* Kamiya, 1938，マツモトマメゲンゴロウ *Agabus matsumotoi* M. Satô et Nilsson, 1990，タカネマメゲンゴロウ *Agabus* sp. が日本から知られている．

ヒラタヒメゲンゴロウ属　*Colymbetes* Clairville

最近になり日本から記録された属の1つで，北海道〜本州北部からエゾヒラタヒメゲンゴロウ *Colymbetes pseudostriatus* Nilsson, 2002 が知られている．体長18〜20 mm．一見するとヒメゲンゴロウ属の種に似るが，スマートな感じのする特徴的な種である．水生植物の多く生えた池などに生息するが，個体数は少ない．

ヒメゲンゴロウ亜科　Colymbetinae

ヒメゲンゴロウ属　*Rhantus* Lacordaire

止水域に生息する4種の記録がある．

ヒメゲンゴロウ属の種の検索

1a　前胸背板中央の紋は円形．体形は卵形で網状印刻に覆われ光沢が鈍い．体長13〜14 mm．北海道〜本州（中部以北）から記録されているが，本州では大変少ない．主に森林内の水

	溜りなどに生息する……………………… エゾヒメゲンゴロウ *Rhantus yessoensis* Sharp, 1891
1b	前胸背板の紋は横長．体形は楕円形から長卵形……………………………………………… 2
2a	前胸背板の紋は帯状に横長，体の背面は光沢が鈍い．体長13～14 mm．北海道～本州に分布し，放棄水田などの不安定な水域環境を特に好んで生息する ……………………………………… オオヒメゲンゴロウ *Rhantus erraticus* Sharp, 1884
2b	前胸背板の紋は菱形～紡錘形，体の表面は粗く光沢がある……………………………… 3
3a	前胸腹板は黄褐色．体長10～12 mm．北海道（北部，東部）から記録され，個体数は多い ………………………………………… キタヒメゲンゴロウ *Rhantus notaticollis* Aubé, 1836
3b	前胸腹板は黒褐色．体長11～13 mm．日本国内に広く分布し，あらゆる止水域に普通 ……………………………………………… ヒメゲンゴロウ *Rhantus suturalis* (MacLeay, 1825)

クロヒメゲンゴロウ属　*Ilybius* Erichson

富栄養的な池に生息する4種の記録がある．

キベリクロヒメゲンゴロウ *Ilybius apicalis* Sharp, 1873 は，体長8.4～9.7 mm，黒色で上翅側方に黄褐色縦紋があり，日本全国に分布し，中国大陸からも記録されている．本種は普通種であるものの一部地域において激減しており，環境省（2017）のRLでは準絶滅危惧として掲載されている．

ヨツボシクロヒメゲンゴロウ *Ilybius weymarni* Balfour-Browne, 1946 は，体長11～12 mm，黒色で上翅両側後半に3個の小暗黄紋がある．北海道に分布し，千島，樺太にも分布する．

クロヒメゲンゴロウ *Ilybius anjae* Nilsson, 1999 は，前種に似ているが，やや小型（体長10～11 mm）で上翅の斑紋が不明瞭なことで区別できる．北海道の道北および道東から記録されている．

オオクロマメゲンゴロウ *Ilybius erichsoni* (Gemminger et Harold, 1868) は，従来マメゲンゴロウ属の種とされていたが，Nilsson（2000）により本属に移された．本種は上翅の光沢が鈍く斑紋を欠くことにより他種と区別することができる．北海道の大雪山や知床の周辺から記録されている．

ゲンゴロウ亜科　Dytiscinae

ゲンゴロウ亜科の属の検索
成虫

1a	後跗節の第1～4節の後縁は全面にわたって剛毛を備える．中型種……………………… 2
1b	後跗節の第1～4節の後縁は外角だけに刺毛を備える．大型種……………………………… 6
2a	上翅側縁は後半に小棘がある．前胸背板側縁は縁取られる．前胸腹板突起の先端は鋭く尖る．後胸側板は三角状で，明らかに認められる．後跗節には触毛をともなう点刻がある（Eretini 族）………………………………………………………… ハイイロゲンゴロウ属　*Eretes*
2b	上翅側縁には小棘がない．前胸背板側縁は縁取られない．前胸腹板突起の先端は丸くなる．後胸側板はほとんど認められない．後跗節は滑沢………………………………………… 3
3a	後胸腹板の翼片部の両側外縁はほぼ直線状となる．後脛節端棘の先端は尖る（Hydaticini 族）……………………………………………………………… シマゲンゴロウ属　*Hydaticus*
3b	後胸腹板の翼片部の両側外縁は湾曲する．後脛節端棘の先端は鈍く，わずかに切れ込む（マルガタゲンゴロウ族　Thermonectini 族）……………………………………………… 4
4a	体は上・下面ともに強く密に点刻される．雄の前跗節下面に1個の大型と2個の中型の吸盤と多数の細かい吸盤をもつ……………………………… メススジゲンゴロウ属　*Acilius*

4b	体は上・下面ともに細かく疎らに点刻される．雄前跗節下面に3個の中型の吸盤と多数の小さい吸盤をもつ･･･ 5	
5a	体形は短楕円形で，体長12 mm 以上 ･･････････････ **マルガタゲンゴロウ属** *Graphoderus*	
5b	体形は楕円形で，体長10 mm 以下 ･･････････････････ **マダラゲンゴロウ属** *Rhantaticus*	
6a	後脛節の長さは幅の2倍よりも短く，端棘は外方のものの基部は太く，内方のもののほぼ倍の幅がある．雄の前跗節は第1～3節が楕円形となり，下面に剛毛と列状になった多数の小さい葉柄状吸盤をもつ（Cybisterrini 族）･･･････････････････････ **ゲンゴロウ属** *Cybister*	
6b	後脛節の長さは幅の2倍よりも長く，端棘は外方のものがやや短く，太さは内方のものとほぼ同じ．雄の前跗節の第1～3節は円形となり，下面に2個の大きい吸盤と多数の小さい吸盤をもつ（Dytiscini 族）･････････････････････････････ **ゲンゴロウモドキ属** *Dytiscus*	

ゲンゴロウ亜科の属の検索
幼虫

1a	頭部前縁はW字状の切れ込みがある ･･･････････････････････････ **ゲンゴロウ属** *Cybister*	
1b	頭部前縁は切れ込みがなく単純に弧状･･ 2	
2a	下唇前縁に突起を欠く．尾突起は遊泳毛を備える ･･･････ **ゲンゴロウモドキ属** *Dytiscus*	
2b	下唇前縁に突起を備える．尾突起は遊泳毛を欠き，短い刺毛が散在する･･････････････････ 3	
3a	小腮外葉は細長い･･ **シマゲンゴロウ属** *Hydaticus*	
3b	小腮外葉は幅広い･･ 4	
4a	頭部と前胸はさほど長くない．下唇前縁の突起は短く，先端に4本の長い刺毛を有する ･･ **ハイイロゲンゴロウ属** *Eretes*	
4b	頭部と前胸は著しく長い．下唇前縁の突起は長く，先端に刺毛を欠く･･･････････････････ 5	
5a	下唇前縁の突起は2分岐する．前胸腹板は狭い･････････ **メススジゲンゴロウ属** *Acilius*	
5b	下唇前縁の突起は分岐せず1本で短い刺状突起を有する．前胸腹板は幅広い ･･ **マルガタゲンゴロウ属** *Graphoderus*	

ハイイロゲンゴロウ属　*Eretes* Castelnau

　南・北アメリカを除く世界各地に分布する1種が知られている．ハイイロゲンゴロウ *Eretes ticticus* (Linnaeus, 1767) は，体長12～14 mm，淡黄色で，上翅に密な小黒点と後半に波状紋を有する．水溜りなどの不安定な水域を好んで生息し，個体数も少なくない．

シマゲンゴロウ属　*Hydaticus* Leach

　止水域を主な生息域とする中型種の一群で，日本から8種の記録がある．近年どの種も非常に少なくなった．Miller et al. (2009) は，日本産の本属の種のうちオオシマゲンゴロウを除く種をすべて *Prodaticus* 属として扱ったが，この分類学的変更はその後支持されず（Miller & Bergsten, 2016），現在 *Prodaticus* は *Hydaticus* 属の亜属として扱われている．
　環境省（2017）のRLでは，スジゲンゴロウが絶滅，オオイチモンジシマゲンゴロウが絶滅危惧ⅠB類，マダラシマゲンゴロウが絶滅危惧ⅠA類，オキナワスジゲンゴロウが絶滅危惧Ⅱ類，リュウキュウオオイチモンジシマゲンゴロウとシマゲンゴロウが準絶滅危惧として掲載されている．

シマゲンゴロウ属の種の検索

1a 上翅は黒色で基部から後方に向かって明瞭な2本の黄色条線をもつ······2
1b 上翅は黒色で黄色条線をもつが，基部の横帯につながる不明瞭な縦条を呈する······4
1c 上翅は黄褐色で，黒色の斑紋や小点紋をもつ······5
2a 小楯板後方の上翅に1対の丸い黄色紋を有する．体長13〜14 mm．北海道〜琉球列島（トカラ列島以北）に分布し，池や水田などに生息する
 ············ シマゲンゴロウ *Hydaticus bowringii* Clark, 1864
2b 小楯板後方の上翅に1対の丸い黄色紋を欠く······3
3a 上翅側方の2条紋は中央よりやや後方で合一する．体長12〜14.5 mm．日本では本州〜琉球列島（トカラ中之島）に分布する．以前は都市近郊にもみられる普通種であったが，絶滅種とされた············ スジゲンゴロウ *Hydaticus satoi* Wewalka, 1975（図40）
3b 上翅側方の2条紋は基部約1/3で合一する．体長11〜14 mm．琉球列島に分布し，池沼や放棄水田に比較的多い
 ············ オキナワスジゲンゴロウ *Hydaticus vittatus* (Fabricius, 1775)（図39）
4a 前胸背板の黒紋は大きく，後縁部を広く覆う．体長14〜15 mm．北海道〜本州（北部）に分布する············ オオシマゲンゴロウ *Hydaticus aruspex* Clark, 1864
4b 前胸背板の黒紋は小さく，後縁中央部にのみ認められる．体長16〜17 mm．本州（東北〜中部）に分布する．比較的稀な種である
 ············ オオイチモンジシマゲンゴロウ *Hydaticus conspersus* Régimbart, 1899
5a 上翅中央やや後方に顕著な黒色横帯を有する．後頭部は頭部と同じく黄褐色．体長9〜10 mm．本州の主に中部地方で採集されるが生息地は局地的である
 ············ マダラシマゲンゴロウ *Hydaticus thermonectoides* Sharp, 1884
5b 上翅に横帯を欠く，後頭部には黒帯を有する······6
6a 上翅に縦条線を有する．体長9〜11 mm．北海道〜九州に分布し，池や水田に普通にみられる············ コシマゲンゴロウ *Hydaticus grammicus* (Germar, 1830)
6b 上翅に縦条線を欠く．体長10〜11 mm．本州〜琉球列島に分布し，南方では池や放棄水田に普通に生息する············ ウスイロシマゲンゴロウ *Hydaticus rhantoides* Sharp, 1882

オオイチモンジシマゲンゴロウと亜種関係にあるとされていた沖縄島と西表島のリュウキュウオオイチモンジシマゲンゴロウ（*Hydaticus pacificus sakishimanus* Nakane, 1990）は同種であるとの考えもあるが，分類学的位置はまだはっきりしていない．

マダラゲンゴロウ属　*Rhantaticus* Sharp

マダラゲンゴロウ *Rhantaticus congestus* (Klug, 1832) が沖縄県南大東島で記録されている．体長8.8 mm．水溜りから採集された．環境省（2017）のRLでは絶滅危惧ⅠA類として掲載されている．

マルガタゲンゴロウ属　*Graphoderus* Stephens

日本からは従来1種のみ知られていたが，近年になり北海道からもう1種の存在が確認された．
マルガタゲンゴロウ *Graphoderus adamsii* (Clark, 1864)（図41）は，体長13〜14 mm，汚黄色で，上翅に密な小黒点紋があり，北海道〜九州に分布し，中国大陸にも分布する．池や水田に生息する普通種であったが，近年は個体数が減少している．環境省（2017）のRLでは絶滅危惧Ⅱ類として掲載されている．

カラフトマルガタゲンゴロウ　*Graphoderus zonatus* (Hoppe, 1795) は，体長12〜14 mm，北海道の北部からのみ記録されており前胸背板の模様等により前種と区別される．環境省（2017）のRLで準絶滅危惧として掲載されている．

メススジゲンゴロウ属　*Acilius* Leach

北方系のグループで，本州では主として高地帯に見出される2種が知られている．

メススジゲンゴロウ　*Acilius japonicus* Blinck, 1939 は，体長15〜17 mm，暗褐色で上翅に密な小黒点紋を有し，雌には4条の幅広い黄色細毛を密生した縦溝があり，本州中部以北と北海道に分布し，本州では主に高山帯の湿地に生息するが，北海道では低標高地にもみられる．幼虫は神谷（1930）によって報告されている．

ヤシャゲンゴロウ　*Acilius kishii* Nakane, 1963 は，体長15〜16 mm，体が前種よりやや丸みを帯び，雌の上翅に細毛がなく，福井県高地の池にのみ分布する．生態および幼虫の形態（図42）については，奥野ら（1993, 1996），佐々治ら（1997）に詳しい．本種は環境省（2017）のRLで絶滅危惧IB類として掲載されている．

ゲンゴロウ属　*Cybister* Curtis

大型種で非常になじみ深い，水田や池に普通な仲間であったが，どの種も近年非常に少なくなった．日本からは以下の7種の記録がある．

環境省（2017）のRLでは，マルコガタノゲンゴロウとフチトリゲンゴロウが絶滅危惧IA類，ゲンゴロウ，コガタノゲンゴロウ，ヒメフチトリゲンゴロウが絶滅危惧II類，クロゲンゴロウが準絶滅危惧として掲載されている．

ゲンゴロウ属の種の検索

1a 体背面は一様に黒色 …………………………………………………………………………… 2
1b 体背面は前胸背板と上翅の側縁に黄色の縁取りを有する ………………………………… 3
2a 頭楯と後転節は赤褐色．本州〜九州に分布し，産地での生息数は比較的多い
　　………………………………………… クロゲンゴロウ　*Cybister brevis* Aubé, 1838
2b 頭楯と後転節は黒色．琉球列島に分布し，池沼や放棄水田などに比較的普通にみられる
　　………………………………………… トビイロゲンゴロウ　*Cybister sugillatus* Erichson, 1834
3a 上翅両側の黄色縁取りは側縁に達し，側片に及ぶ．雌の背面は雄同様に滑沢 ………… 4
3b 上翅両側の黄色縁取りは肩部を除き側縁に達しない．雌の背面は縦しわを有する ……… 5
4a 体は比較的平たい．腹面は黒褐色で赤みを有する．国内では本州（主に関東地方以西）から琉球列島に分布する．かつては都市近郊にも生息する普通種であったが，本州〜九州では近年稀である．琉球列島では現在も普通にみられるが，以前よりは生息地が減少している ………… コガタノゲンゴロウ　*Cybister tripunctatus orientalis* Gschwendtner, 1931（図43）
4b 体は比較的厚みがある．腹面は大部分黄色〜黄褐色．本州（主に東北地方）と九州から記録されているが，生息地は大変少ない
　　………………………………………… マルコガタノゲンゴロウ　*Cybister lewisianus* Sharp, 1873
5a 上翅両側の黄色縁取りは翅端に向かって徐々に細くなる．北海道〜九州に分布し，水生植物の多く生える池沼に生息する
　　………………………………………… ゲンゴロウ　*Cybister chinensis* Motschulsky, 1854（図44, 45）

ゲンゴロウ科 31

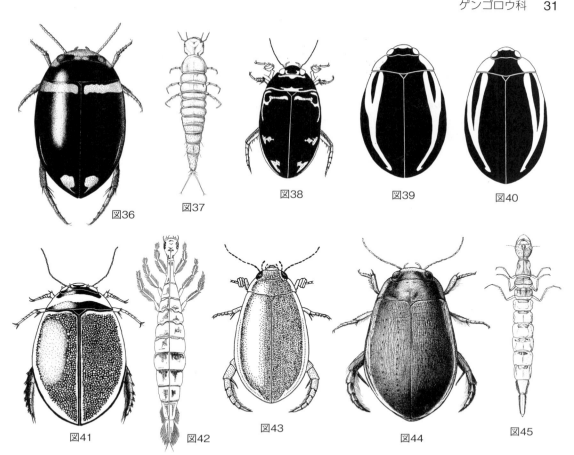

ゲンゴロウ科（マメゲンゴロウ亜科・ゲンゴロウ亜科）Agabinae, Dytiscinae
図36 アトホシヒラタマメゲンゴロウ *Platynectes chujoi* M. Satô 図37 マメゲンゴロウ *Agabus japonicus* Sharp の幼虫 図38 リュウキュウオオイチモンジシマゲンゴロウ *Hydaticus pacificus sakishimanus* Nakane 図39 オキナワスジゲンゴロウ *Hydaticus vittatus* (Fabricius) 図40 スジゲンゴロウ *Hydaticus satoi* Wewalka 図41 マルガタゲンゴロウ *Graphoderus adamsii* (Clark) 図42 ヤシャゲンゴロウ *Acilius kishii* Nakane の幼虫（奥野ら，1996) 図43 コガタノゲンゴロウ *Cybister tripunctatus orientalis* Gschwendtner (Ishihara, 1982) 図44 ゲンゴロウ *Cybister chinensis* Motschulsky 図45 ゲンゴロウ *Cybister chinensis* Motschulsky の幼虫

5b 上翅両側の黄色縁取りは翅端部で矢印状に広がる·· 6
6a 腹面は黒褐色で赤みを有する．琉球列島（トカラ宝島以南）に分布し，放棄水田などにみられるが稀························· フチトリゲンゴロウ *Cybister limbatus* (Fabricius, 1775)
6b 腹面は後胸腹板等が黄色を呈する．琉球列島（奄美大島以南）に分布し，前種と同様の環境に生息するが，本種のほうが個体数は多い
························· ヒメフチトリゲンゴロウ *Cybister rugosus* (MacLeay, 1833)

ゲンゴロウモドキ属 *Dytiscus* Linnaeus

北方系の一群で，現在のところ日本から3種1亜種が知られている．
シャープゲンゴロウモドキ *Dytiscus sharpi* Wehncke, 1875は本州（関東地方以西）に分布し，中部地方以西の個体群は亜種区分されている．本属のなかでは最も南にまで分布圏をのばしている種で，日本産の他2種とは前胸背板の前縁と後縁が黄色に縁取りされていない点で容易に区別するこ

とができる．戦後はほとんど採集記録がなく最近まで絶滅したかと思われていたが，日本海側の地域と千葉県房総半島で生息地が再発見された．環境省（2017）のRLでは絶滅危惧ⅠA類として掲載されている．

エゾゲンゴロウモドキ *Dytiscus marginalis czerskii* Zaitzev, 1953 は北海道（道南〜道東）と本州（東北地方）に分布している．主として山間部にある比較的水のきれいな池沼に生息し，東北地方北部では生息地も比較的多い．環境省（2017）のRLでは絶滅危惧Ⅱ類に選定されている．

ゲンゴロウモドキ *Dytiscus dauricus* Gebler, 1832 は北海道と本州（東北地方北部）に分布し主として池沼や湿地に生息する．前種より前胸背板の黄色帯の幅が狭い点で区別することができる．北海道の道東部から道北部にかけては個体数が多い．

5．ミズスマシ科　Gyrinidae

体下面が平坦で，中・後脚は扁平，前脚は長く，複眼は水中と水上を同時にみられるように上下に分かれているなど，水面生活に適応した形態を有している．止水から流水域まで色々な水域に生活し，ぐるぐると水面を回り，この時生じる水面の波を利用して獲物を探している．世界各地に広く分布し，熱帯地方に多くの種が知られ，約800種が記録されているが，そのうち日本では3属16種が知られている．なじみ深い昆虫であるが，生息環境の減少や水質汚濁などの原因によりいずれの種も激減している．幼生期については，荒（1936），恒遠（1936），津田（1962）などの報告がある．

ミズスマシ科の属の検索
成虫
1a　第8腹板は細長く，第7〜8腹板中央に細毛からなる条線がある．小楯板は認められる．口器に小顎鬚の外葉は認められない
　　　　　……………………オナガミズスマシ亜科　Orectochilinae　オナガミズスマシ属　*Orectochilus*
1b　第8腹板は半円形で，中央に細毛からなる条線はない．小楯板は認められない…………2
2a　上翅の会合部は縁取られる．前胸背板の後角に小孔がない．口器に小顎鬚の外葉は認められる………………………………ミズスマシ亜科　Gyrininae　ミズスマシ属　*Gyrinus*
2b　上翅の会合線は縁取られない．前胸背板の後角に数本の剛毛をもった小孔がある．口器に小顎鬚の外葉が認められない
　　　　　………………………………オオミズスマシ亜科　Enhydrinae　オオミズスマシ属　*Dineutus*

幼虫
1a　頭楯前縁は平坦かあるいは中央部が単に前方へ張り出すにすぎない
　　　　　……オナガミズスマシ亜科　Orectochilinae　オナガミズスマシ属　*Orectochilus*
1b　頭楯前縁には数個の明瞭な突起を備える………………………………………………2
2a　頭楯前縁の突起は2〜4個で，中央の突起に切れ込みがある
　　　　　………………………………………ミズスマシ亜科　Gyrininae　ミズスマシ属　*Gyrinus*
2b　頭楯前縁の突起は3個で，中央の突起に切れ込みがない
　　　　　………………………………オオミズスマシ亜科　Enhydrinae　オオミズスマシ属　*Dineutus*

オナガミズスマシ亜科　Orectochilinae

オナガミズスマシ属　*Orectochilus* Lacordaire

　河川の中・上流域の清流に主に生息し，昼間は石影に隠れていて，夜間活動する．日本では6種の記録がある．日本産の幼虫については解明されていない．環境省（2017）のRLではツマキレオナガミズスマシとコオナガミズスマシが絶滅危惧Ⅱ類，エゾコオナガミズスマシが準絶滅危惧，テラニシオナガミズスマシが情報不足として掲載されている．

オナガミズスマシ属の種の検索

- 1a　上翅の先端は丸く湾曲し，外縁もほぼ丸い．体長は約6 mm以下 ……………………………………… 2
- 1b　上翅の先端は切断状で，外縁は角張る．体長は約6 mm以上 …………………………………………… 4
- 2a　背面は黒色で，体下面は黒褐色〜黒色．体長4.1〜4.8 mm．琉球列島（石垣島，西表島）の河川上流部に生息する
  ……………… ヤエヤマコオナガミズスマシ　*Orectochilus yayeyamensis* M. Satô, 1971
- 2b　背面は褐色を帯びた黒色で，体下面は褐色〜暗褐色，体長約5.5 mm以上 ……………… 3
- 3a　頭部の前半はしわ状に点刻が密布されている．体長5.5〜6 mm．北海道に分布する
  ……………… エゾコオナガミズスマシ　*Orectochilus villosus* (Müller, 1776)
- 3b　頭部前半のしわ状部は細かく，小点刻をやや密に装う．体長5.5〜6.2 mm．本州〜九州に分布し，河川の中流部に生息する普通種であるが，各地で生息地が激減している
  ……………… コオナガミズスマシ　*Orectochilus punctipennis* Sharp, 1884
- 4a　上翅は一様に黒色で，上翅端は会合部で強く突出する．体長8.7〜10.2 mm．本州〜九州の渓流の上流部に比較的普通に生息し，灯火に飛来することもある
  ……………… オナガミズスマシ　*Orectochilus regimbarti* Sharp, 1884
  （紀伊半島に生息する個体群は上翅端の突起が長いなどの特徴によりキイオナガミズスマシ *O. r. odaiensis* Kamiya として区別されている．）
- 4b　上翅は外縁に沿って黄褐色を呈し，上翅端の突出は弱い ……………………………………… 5
- 5a　上翅会合部の先端は，上翅端切断部より内側に位置する．体長6.0〜7.2 mm．本州〜九州に分布するが稀 ……………… ツマキレオナガミズスマシ　*Orectochilus agilis* Sharp, 1884
- 5b　上翅会合部の先端は，上翅端切断部より後方に突出する．体長7.0〜7.5 mm．東京玉川で記録されて以降記録がない
  ……………… テラニシオナガミズスマシ　*Orectochilus teranishii* Kamiya, 1933

ミズスマシ亜科　Gyrininae

ミズスマシ属　*Gyrinus* Linnaeus

　止水域によくみられる仲間で，どれも楕円形で背面は滑沢となる．全国から7種が知られているが，なかには産地の限られた種もある．成虫については佐藤（1977b），中根（1987c）に詳しいが，種まで同定するにはかなりの困難がある．幼虫が判明している種はいない．

　環境省（2017）のRLでは，リュウキュウヒメミズスマシが絶滅危惧ⅠA類，コミズスマシ，ヒメミズスマシが絶滅危惧ⅠB類，ミズスマシが絶滅危惧Ⅱ類，ニッポンミズスマシが情報不足として掲載されている．

ミズスマシ属の種の検索

- 1a 小楯板は前半中央に縦隆条がある．中胸板は全域にわたり中央に縦溝がある（Gyrinulus 亜属）．体下面は黄色，背面の光沢は鈍い．体長3.8 mm．北海道に分布するが稀 ……………………………………… エゾヒメミズスマシ *Gyrinus ohbayashii* M. Satô, 1985
- 1b 小楯板は平らで縦隆条を欠く．中胸板は中央に縦溝があるが前縁に達しない（Gyrinus 亜属）．体下面は褐色ないし黒色，背面は光沢がある ………………………………… 2
- 2a 体長4〜5 mm．体は小さく，背面は強く隆起する．雌雄とも上翅の光沢がとても強いが，虹色光沢はない……………………………………………………………………………… 3
- 2b 体長5〜7 mm．体は大きく，背面の隆起はやや弱い．上翅の光沢はやや弱く，虹色光沢がある．雌では上翅に網状微細点刻を散布する部分が存在する………………………… 4
- 3a 上翅の点刻列は強く，第7〜10条は溝条を呈する．体長4.1〜5.0 mm．琉球列島（徳之島以南）に分布し，河川のよどみなどに普通であったが，近年激減している ……………………… リュウキュウヒメミズスマシ *Gyrinus ryukyuensis* M. Satô, 1971
- 3b 上翅の点刻列は普通で，側方でも溝条にならない．体長4.6〜5.2 mm．本州〜九州に分布し，池などの止水域に生息する……………… ヒメミズスマシ *Gyrinus gestroi* Régimbart, 1883
- 4a 体長6.0〜7.5 mm．北海道〜九州の池や細流に生息する ……………………………………………………… ミズスマシ *Gyrinus japonicus* Sharp, 1873
- 4b 体長はほぼ6 mm 以下 ……………………………………………………………………… 5
- 5a 腹部第2節後縁より末端節まで微細印刻がはっきり認められる．体長5.2〜6.0 mm．北海道から本州中部山岳地帯以北に生息し，北海道では各地で普通 ……………………………………… ミヤマミズスマシ *Gyrinus reticulatus* Brinck, 1940
- 5b 腹部は後方2〜3節に微細印刻が認められる………………………………………………… 6
- 6a 上翅はやや隆起し，中央部で最も幅広い．体長4.7〜5.6 mm．北海道〜九州に分布し，池や細流に生息する……………………… コミズスマシ *Gyrinus curtus* Motschulsky, 1866
- 6b 上翅はよく隆起し，基部1/3近くで最も幅広い．体長4.6〜5.5 mm．九州から記録があるが稀．前種との差はきわめて微妙で同種内の変異の可能性もある ……………………………………… ニッポンミズスマシ *Gyrinus niponicus* Brinck, 1941

オオミズスマシ亜科　Enhydrinae

オオミズスマシ属　*Dineutus* MacLeay

この仲間としては20 mm に達する大型種を含む3種の記録があり，いずれもアジアから日本に広く分布する．環境省（2017）の RL では，タイワンオオミズスマシ，ツマキレオオミズスマシ，オオミズスマシが準絶滅危惧として掲載されている．

オオミズスマシ属の種の検索

- 1a 大型（体長15〜20 mm）で体形は円形に近い．琉球列島に分布し，渓流よどみに群棲する ……………………………………… オキナワオオミズスマシ *Dineutus mellyi* Régimbart, 1882
- 1b 体長は10 mm 以下．体形は卵形 …………………………………………………………… 2
- 2a 体形は卵形でやや幅広い．上翅端は不明瞭な棘状突起を有する（雄），切断状（雌）．琉球列島（トカラ列島以南）に分布し，細流のよどみや池などに生息する

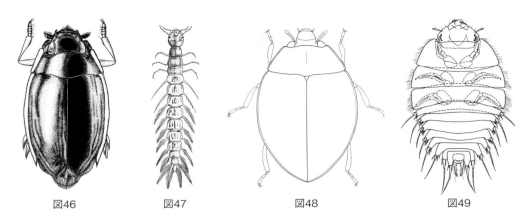

ミズスマシ科・ツブミズムシ科 Gyrinidae, Torridincolidae
図46　オオミズスマシ *Dineutus orientalis* (MoDeer)　　図47　オオミズスマシ *Dineutus orientalis* (MoDeer) の幼虫
図48　クロサワツブミズムシ *Satonius kurosawai* (M. Satô)　　図49　クロサワツブミズムシ *Satonius kurosawai* (M. Satô) の幼虫

　　　………………………………………… ツマキレオオミズスマシ　*Dineutus australis* (Fabricius, 1775)
2b　体形は長卵形でやや細長い．上翅端には顕著な棘状突起を有する．北海道～琉球の止水域に普通にみられる………… オオミズスマシ　*Dineutus orientalis* (MoDeer, 1776)（図46，47）

ツブミズムシ亜目　Myxophaga

　小さな一群で，日本からは今のところツブミズムシ科だけが知られており，標本はあるもののマルケシムシ科 Sphaeriidae については未記載である．かつて，デオミズムシ科 Hydroscaphidae が分布するという報告もあったが，筆者らはこれについては否定的な考えをもっている．

1．ツブミズムシ科　Torridincolidae

　これまで，南アフリカ，マダガスカル，ブラジルから5属18種が知られている．生物地理学上，形態上大変ユニークな科であったが，1982年になり日本にも1種が分布していることがわかった．

ツブミズムシ属　*Satonius* Endrödy-Younga

　日本からは**クロサワツブミズムシ** *Satonius kurosawai* (M. Satô, 1982)（図48）のみが本州，四国，屋久島より知られている．本種の成虫は体長1.4～1.6 mm，体は半円形で黒色（図49），体下面は平坦，触角は棍棒状で11節，跗節式は4-4-4である．生息環境は水のしみ出した岩盤で，主に山地の日当たりの良い斜面にみられる．成虫・幼虫が同時に観察されるが，越冬は成虫のみで行われるようである．幼虫の形態については Beutel (1998) に詳しく，既知産地は吉富 (1996b) と Hájek et al. (2011) がまとめている．

カブトムシ亜目　Polyphaga

水生カブトムシ亜目の科への検索
成虫

1a 腹部の第2腹板は退化して側片として残る．触角の第6節ときに5節または4節が盃状となり，先端3～5節が微毛で覆われ球桿部を形成する……………………………………………… 2

1b 腹部の第2腹板は退化して側片となることがなく，第3腹板と同じように発達する．触角の形態はさまざまであるが，盃状節をともなうことはない………………………………………… 6

2a 頭頂にY字形の頭楯会合線がない．触角の球桿部は5節からなる．跗節は褥盤を欠き，第5節は第1～4節の合計より長い．腹部は6節が認められる．雄交尾器に明瞭な基片を欠く……………………………………… ダルマガムシ科　Hydaenidae (p. 39)

2b 頭頂にY字形の頭楯会合線が認められる．触角の球桿部は3節からなる．跗節は数本の剛毛をもった褥盤を有し，第5節は第1～4節の合計とほぼ同じ長さか，または短い．腹部は5節が認められる．雄交尾器に明瞭な基片を備える…………………………………… 3

3a 体は細長く，背面はあまり隆起しない．複眼は突出する．前胸背板は基部が上翅幅より狭く，背面に不規則な凹陥が認められる．前基節孔の後方は閉じている．触角は7節よりなる．跗節の第5節は第1～4節の合計とほぼ同じ長さ．各腹節基部および中央は隆起する……………………………………………… ホソガムシ科　Hydrochidae (p. 42)

3b 体は球形ないし楕円形で，背面はよく隆起する．複眼はあまり突出していない．前胸背板は基部が上翅とほぼ同じ幅か，または狭く，背面は滑沢である．前基節孔の後方は開いている．触角は9節で，稀に7～8節よりなる．跗節の第5節は第1～4節の合計よりも短い．各腹節に隆起部はない……………………………………………………………………… 4

4a 頭部は前胸背板に隠されていて背面からは認めにくい．小顎鬚は触角より短い．前基節は大きく，前胸背板を隠す．腹部第1～2節は癒着する……………………………………………… マルドロムシ科　Georissidae (p. 42)

4b 頭部は背面から容易に認められる．小顎鬚は長く，触角より長いか，ときに同じ長さ．前基節は小さく，前胸腹板は明瞭に認められる．腹部第1～2節は癒着しない…………… 5

5a 前胸背板は中央より前方で最も幅広く，背面に明瞭な5条の縦溝がある．小楯板は小さい．上翅点刻列は列状で，かなり強く印刻される……………………………………… セスジガムシ科　Helophoridae (p. 43)

5b 前胸背板は基部で最も幅広く，背面に縦溝がない．小楯板は比較的大きい．上翅の点刻列は列状であるが，微弱なものが多い……………………… ガムシ科　Hydrophilidae (p. 45)

6a 跗節は5節が明瞭に認められるが，ときに4節からなる場合がある……………………… 7

6b 跗節の第4節は非常に小さく，外見上ないようにみえる（偽4節）……………………… 13

7a 腹部は雄が6節，雌が7節からなる．体はやや軟弱である……………………………… ホタル科　Lampyridae (p. 71)

7b 腹部は5節が認められ，ときに6節が認められることがある．体はあまり軟弱ではない………………………………………………………………………………… 8

8a 頭部は通常の状態で著しく後方を向いている．小顎鬚の第2節は第3～4節の合計よりはるかに短い．前胸背板の後縁は鋸歯状にならない．前胸腹板は発達しない．後転節は比較的小さい……………………………………… マルハナノミ科　Scirtidae (p. 56)

8b 頭部は通常の状態では後方を向いていることはない．小顎鬚の第2節は第3～4節の合計とほぼ同じ長さ．前胸背板の後縁は鋸歯状になることが多い．前胸腹板は発達している．後転節は通常大きい··· 9

9a 前胸腹板は前縁が張り出さない．前基節窩は大きく，前基節はやや突出し横に長い．中胸腹板と後胸腹板は幅狭く接する．触角は糸状，鋸歯状および櫛歯状で長い．跗節の第3節は葉片状で，第4節は短い··· 10

9b 前胸腹板は前縁が口器を覆うように張り出す．前基節窩は小さく，前基節はあまり突出せず円筒形か円形．中胸腹板と後胸腹板は幅広く密に接する．触角は糸状もしくは耳殻状で短い種が多い．跗節の末端節は長く他の節の合計とほぼ同じ長さ······················· 11

10a 頭楯がよく発達するので頭部は嘴状に突出し，上唇は頭楯に隠され背面からは認められない．後胸腹板後縁に沿って中央から横にのびる会合線を有する．前・中・後基節は幅広く離れる．体は卵形································· ヒラタドロムシ科 Psephenidae (p. 59)

10b 頭楯は普通で，頭部は嘴状に突出しなく，上唇は背面から認められる．後胸腹板後縁に沿って会合線を有しない．前・中・後基節は狭く離れる．体は長楕円形
··· ナガハナノミ科 Ptirodactylidae (p. 58)

11a 跗節は4節で，第4節は第1～3節の合計の長さより短い．爪は小さく，細い．頭部は幅広く外縁に沿って棘を備える．前胸腹板突起は前基節間で細くなり先端部は膨大する．前基部は大きい．後基節は接する．頭部は比較的大きい
··· ナガドロムシ科 Heteroceridae (p. 62)

11b 跗節は5節で，第5節は第1～4節の合計とほぼ同長．爪は比較的大きく強壮．頭部は細く外縁に沿って棘を備えない．前胸腹板突起は前基節間で細まらなく幅広い．前基部は大きくない．後基節は腹部第1節の中央突起により離れる．頭部は比較的小さい········· 12

12a 前基節は円形．触角は細長く櫛歯状を呈しない．中胸腹板中基節間で後胸腹板と密に接する．雌交尾器は左右対称で先端に針状突起を有する ············ ヒメドロムシ科 Elmidae (p. 63)

12b 前基節は円筒形．触角は短く先端数節で櫛歯状を呈する．中胸腹板は前胸腹板突起に隠され腹面からは認められず，前胸腹板突起は後胸腹板と密に接する．雌交尾器は左右不対称で先端に針状突起を有しない······························· ドロムシ科 Dryopidae (p. 63)

13a 頭部は吻状にのびることなく，触角溝もない．触角は明瞭な球桿部を形成しない
··· ハムシ科 Chrysomelidae (p. 73)

13b 頭部は吻状にのび，触角溝を有する．触角は先端数節で明瞭な球桿部を形成する
··· ゾウムシ科 Curculionidae (p. 73)

水生カブトムシ亜目の科の検索
幼虫

1a 関節のある尾突起を有する··· 2
1b 尾突起を有するものと欠くものがある．尾突起を有する場合，尾突起に関節はない······ 3
2a 小顎の外葉と内葉はしばしば融合し，担肢節から生じない．小顎関節域はしばしば大きく明瞭．上唇が頭楯（前頭）と融合するものと分かれるものとがある．気門は単孔型（環状）
··· ダルマガムシ科 Hydraenidae (p. 39, 図58)

2b 小顎の外葉は担肢節から生じ，内葉は退化するときには外葉も退化する．小顎関節域は不明瞭か欠く．上唇は頭楯と融合する．気門は単孔型か双孔型······························ 6

38　コウチュウ目（鞘翅目）

3a　上唇は頭楯と融合し，前縁はしばしば鼻状突起を形成する．頭部はしばしば小さく前胸背に覆われる……………………………………………………………ホタル科　Lampyridae（p. 71，図123～125）
3b　上唇は頭楯と融合しない．頭部は小さくない……………………………………………………… 4
4a　小顎の葉片は外葉と内葉に分かれる．通常脚を有する…………………………………………… 5
4b　小顎の葉片は外葉と内葉に分かれない．脚を欠く場合が多い…………………………………… 13
5a　触角は多くの節に分かれ，大変長い………………………マルハナノミ科　Scritidae（p. 56，図79～87）
5b　触角は3節で短い……………………………………………………………………………………… 9
6a　触角と単眼群は背面中央（正中線）からほぼ同じくらい離れた位置にある．1対の咽頭縫合線は融合しない．腹部は8節からなり側方はほぼ平行で，末端節は数本の突起によって複雑な形になる……………………………………………ホソガムシ科　Hydrochiidae（p. 42，図61）
6b　触角は単眼群よりも内方に位置する．1対の咽頭縫合線は後方で融合する．腹部は8～10節からなり側方に狭くなり，末端部に突起があっても単純………………………………………… 7
7a　中，後脚および各腹節の背面に2～4対の明らかな硬皮紋がある．腹部は10節からなる．脚は短い……………………………………………………マルドロムシ科　Georissidae（p. 42，図63）
7b　各腹節の背面に硬皮紋が認められるが小さい．腹部は8～9節からなる．脚は比較的長い……………………………………………………………………………………………………… 8
8a　尾突起は長く，3節からなる………………………………セスジガムシ科　Helophoridae（p. 43）
8b　尾突起は短く，環節が認められるときには1節……………ガムシ科　Hydrophilidae（p. 45）
9a　体節は側方へ大きく伸長し，体は円形または楕円形．頭部は前胸背に覆われる
　　……………………………………………………………ヒラタドロムシ科　Psephenidae（p. 59）
9b　体節は側方へ伸長しない，または少し伸長する場合でも体は半円筒形または後方へ細まる半円筒形．頭部は前胸背に覆われない…………………………………………………………… 10
10a　腹部後方の腹面に鰓蓋と，その中に収まる鰓を欠く．稀に鰓蓋を有する場合もその中に鰓はない．肛門付近に発達した1対の尾脚や鉤爪，または肉質の突起を有する場合が多い
　　……… 11
10b　腹部後方の腹面に鰓蓋と，その中に収まる鰓を有する………………………………………… 12
11a　単眼は5個より少ない，または不明瞭．大顎はその内縁に毛束を有し，臼状部に歯を欠く
　　……………………………………………………………ナガハナノミ科　Ptilodactylidae（p. 58）
11b　単眼は5個．大顎はその内縁に毛束を欠き，臼状部に歯がある
　　……………………………………………………………ナガドロムシ科　Heteroceridae（p. 62）
12a　体はやや幅広い．鰓蓋の牽引筋は中央と側方にあり，鰓は房状
　　…………………………………………………………………ドロムシ科　Dryopidae（p. 63）
12b　体は細長い．鰓蓋の牽引筋は側方だけにあり，鰓はハケ状
　　…………………………………………………………………ヒメドロムシ科　Elmidae（p. 63）
13a　触角は通常3節．小顎鬚は通常3節………………………ハムシ科　Chrysomelidae（p. 73）
13b　触角は通常1～2節．小顎鬚は通常1～2節………………ゾウムシ科　Curculionidae（p. 73）

1. ダルマガムシ科　Hydraenidae

ダルマガムシ科の族および属の検索
成虫

1a 体側はほぼ一様に丸まる．上翅はやや切断状となり，尾節板が露出する
　……………………………………………（Limnebiini 族）ミジンダルマガムシ属　*Limnebius*
1b 体側は前胸と上翅の接点で狭くなる．上翅端は丸まり，尾節板は露出しない（Hydraenini 族）………………………………………………………………………………………………… 2
2a 小顎鬚は触角より長く，第3節は第4節より短い……………ダルマガムシ属　*Hydraena*
2b 小顎鬚は触角より短く，第3節は第4節より長い………………………………………… 3
3a 複眼は大きく，個眼は密であまり膨らまない．前胸背板側縁に透明部がある
　…………………………………………………………………セスジダルマガムシ属　*Ochthebius*
3b 複眼は小さく，個眼は粗大で膨らむ．前胸背板側縁に透明部がない
　………………………………………………………………………………コブセスジダルマガムシ類

ミジンダルマガムシ属　*Limnebius* Leach

水生植物の豊かな池，渓流などに生息するが，微小な種であるため記録は少ない．現在3種1亜種が知られている．

ミジンダルマガムシ *Limnebius kweichowensis* Pu, 1951 は体長1.4 mm の小さな甲虫で，本州の池や水溜りでみられるが少ない．体が微小であり風で分布を拡大するのか，分布域が広く，本種は中国大陸との共通種である．

アマミミジンダルマガムシ *Limnebius nakanei nakanei* Jäch et Matsui, 1994が奄美大島から，**オキナワミジンダルマガムシ** *Limnebius nakanei okinawaensis* Jäch et Matsui, 1994が沖縄島，**タイワンミジンダルマガムシ** *Limnebius taiwanensis* Jäch, 1993が八重山諸島からそれぞれ記録されており，河川脇の砂地などから採集される．

ダルマガムシ属　*Hydraena* Kugelann

水草の多い富栄養的な池や湿地内の流れ，渓流などに生息するが，微小なため発見しにくく一部の種を除き採集記録も少ない．最近，琉球列島や本州の種が記載され，日本産種は20種となった（Jäch & Díaz, 2012）．琉球列島の種は渓流に生息し島によって種分化しているが，どの種も酷似する．日本本土域に生息する12種に限定し検索表を作成したが未記載種も知られている（図50～55）．環境省（2017）のRLでは，イヘヤダルマガムシ *Hydraena iheya* Jäch et Díaz, 1999とヨナグニダルマガムシ *Hydraena yonaguniensis* Jäch et Díaz, 2003が準絶滅危惧として掲載されている．

ダルマガムシ属の種の検索（本土産のみ）
成虫

1a 上翅は黄色．前胸背板側縁はわずかに丸まる．体長1.4～1.5 mm．北海道～琉球に広く分布し，富栄養化した池に多い
　…………………………ミヤタケダルマガムシ　*Hydraena miyatakei* M. Satô, 1959（図50, 53）
1b 上翅は赤褐色～暗色．前胸背板の側縁は丸まる．基本的に渓流に生息する……………… 2
2a 上翅は細長く，頭部と前胸を合わせた長さより明らかに長い．体色は一様に艶の強い黒色

　　　　（標本の状態により褐色になることがある）．体長は 2 mm 以上．北海道から対馬に 4 種が知られる･･･（*riparia* 種群）･･･3
- 2b 上翅は短く，頭部と前胸を合わせた長さと同長かやや長い．体色は赤褐色〜暗褐色（標本では黒色にみえることが多い）．体長は1.4 〜 2 mm．本州と四国から 8 種が知られるが，未記載種が多く存在すると考えられる･･････････････････････････････････（*notsui* 種群）･･･4
- 3a 小顎鬚末端節の先端 1/3 は暗色．前胸背板の側縁は丸まりが弱い．2.1〜2.3 mm．日本では北海道と東北地方に分布し，小河川や湿原等に普通
　　　････････････････････････ホソダルマガムシ　*Hydraena riparia* Kugelann, 1974（図54）
- 3b 小顎鬚末端節の色は一様．前胸背板の側縁は丸まりが強い．以下の 3 種が知られるが，正確な同定は雄交尾器をみる必要がある ･･･ワタナベダルマガムシ　*Hydraena watanabei* Jäch et Satô, 1988（図51, 52）（分布：関東・中部地方），ダイセンダルマガムシ　*Hydraena kadowakii* Jäch et Díaz, 2012（山陰地方），ツシマダルマガムシ　*Hydraena tsushimaensis* Jäch et Díaz, 2012（長崎県対馬）
- 4a 雌雄ともに後脛節が曲がっており，雄では中央に長い毛束を有する．体長2.0 mm．長野県から記録されている･･････アシマガリダルマガムシ　*Hydraena curvipes* Jäch et Díaz, 2012
- 4b 後脛節は雌雄ともほぼ直線状．体長1.4 〜 1.8 mm････････････････････････････････5
- 5a 体色はやや赤みが強い．以下の 4 種が知られるが，正確な同定は雄交尾器をみる必要がある･･･････････ヨシトミダルマガムシ　*Hydraena yoshitomii* Jäch et Díaz, 1999（埼玉県），アカダルマガムシ　*Hydraena kamitei* Jäch et Díaz, 2012（栃木県・岐阜県），クニビキアカダルマガムシ　*Hydraena hayashii* Jäch et Díaz, 2012（島根県），オワラダルマガムシ　*Hydraena namiae* Jäch et Díaz, 2016（富山県）
- 5b 体色は黒褐色．以下の 3 種が知られるが，正確な同定は雄交尾器をみる必要がある　　　･･･････････メンノキダルマガムシ　*Hydraena chifengi* Jäch et Díaz, 1999（愛知県・山梨県），ジゴクダニダルマガムシ　*Hydraena kitayamai* Jäch et Díaz, 2012（大阪府），シコクダルマガムシ　*Hydraena notsui* M. Satô, 1978（図55；四国・山陰地方）

セスジダルマガムシ属　*Ochthebius* Leach

　渓流域に生息し，主に岩の水際の部分にみられる．おそらく珪藻類を食しているものと思われる．夏季には成虫から幼虫，蛹までの各ステージが同時にみられるが，越冬は成虫にて行われる．終齢幼虫は岩の水しぶきのかからないところに泥や砂粒などで繭のようなものをつくり，その中で蛹化する．Jäch（1998）により日本産種は再検討され，海岸性の種を含めて 9 種が分布することがわかった．吉富ら（2000）は日本産種の絵解き検索を示している（図56, 58）．環境省（2017）の RL では，アマミセスジダルマガムシが準絶滅危惧，シオダマリセスジダルマガムシとニッポンセスジダルマガムシが情報不足として掲載されている．

セスジダルマガムシ属の種の検索
成虫

- 1a 上唇の前縁は明瞭に凹み，前角に小さな刺毛を有する．小顎鬚の先端節はかなり短い．前胸背板の基部は縁取られない･･･2
- 1b 上唇の前縁は凹まない，もしくは凹む場合は前角に小さな刺毛を欠く．小顎鬚の先端節は長い．前胸背板の基部は縁取られる･･･4

2a 前胸背はやや長く（W/L は約1.2），側方の透明部は明瞭でない．体は緑色光沢をもつ黒色．脚は黄色．本州～九州の山地帯に生息し，比較的閉鎖的な環境を流れる渓流などから採集されるが個体数は少ない……………… ナカネダルマガムシ *Ochthebius nakanei* Matsui, 1986
2b 前胸背は横長（W/L は約1.4～1.5），側方の透明部は明瞭．体は銅色光沢を有する黒褐色で緑色光沢は弱い．脚は黄色～黒色…………………………………………………………… 3
3a 体長は約2.2～2.4 mm．前胸背の点刻は疎らで不規則，中央部の縦溝は明瞭．体色は銅色みが強い．北海道～九州の平野から山地の渓流に生息し，個体数も比較的多い
……………………… ハセガワダルマガムシ *Ochthebius hasegawai* Nakane et Matsui, 1986
3b 体長は約1.7～2.0 mm．前胸背の点刻は比較的密で規則的，中央部の縦溝は不明瞭．体色は銅色みが弱く，前種に比べ光沢が強い．本州，四国，九州より記録され，前種と同様の環境で採集されるが少ない
……………………… ホンシュウセスジダルマガムシ *Ochthebius japonicus* Jäch, 1998
3c 体長は約1.9～2.3 mm．ホンシュウセスジダルマガムシに似るが前胸背の形が異なる．雌の上翅は後方1/4が側方に明らかに突出する．奄美大島と沖縄島の渓流に生息する
……………………… アマミセスジダルマガムシ *Ochthebius amami* Yoshitomi et M. Satô, 2001
4a 前胸背の側縁は基部が深くえぐられ，前方に向かって顕著に広がる．体は比較的平ら．伊豆半島の海岸部から採集された2個体が知られるのみであったが，三宅島や沖縄島，宮古島からも記録された……… ニッポンセスジダルマガムシ *Ochthebius nipponicus* Jäch, 1998
4b 前胸背の側縁は基部約1/3が浅く凹み，その前方は緩やかに広がる．体は厚みがある 5
5a 前胸背の中央縦溝の側方に点刻の集合による凹みを欠く．北海道より記録されているが，少ない……………………… エゾセスジダルマガムシ *Ochthebius hokkaidensis* Jäch, 1998
5b 前胸背の中央縦溝の側方に点刻の集合による凹みを有する……………………………… 6
6a 上唇の前縁は緩やかに弧を描き，中央部は凹まない．体長1.8～2.1 mm，北海道～九州の平野から山地の渓流に生息し，生息数は多いが産地は局地的
……………………… セスジダルマガムシ *Ochthebius inermis* Sharp, 1884（図56, 57）
6b 上唇の前縁は中央部が凹む……………………………………………………………… 7
7a 体長1.5～1.9 mm．北海道～四国で記録されており，国外ではモンゴルから極東ロシア，中国，台湾に分布する．渓流より採集されるが，個体数は少ない
……………………… コセスジダルマガムシ *Ochthebius satoi* Nakane, 1965
7b 体長2.2～2.4 mm．海岸性の種で，九州西部と屋久島の海岸部より知られている
……………………… シオダマリセスジダルマガムシ *Ochthebius danjo* Nakane, 1990

コブセスジダルマガムシ類　*Ochthebius vandykei* species group

以前は，コブセスジダルマガムシ属 Neochthebius d'Ochment として扱われた一群だが，Jäch & Delgado（2014）によりセスジダルマガムシ属の種群として扱われた．海岸の岩礁地帯に生息し岩の割れ目などでみつかるが，生息地は限定される．対馬や九州からの発見が期待される．どの種も外見は類似し同定には雄交尾器をみる必要があるが，異所的に分布すると考えられる．

クロコブセスジダルマガムシ *Ochthebius* (s. str.) *granulosus* Satô, 1963（千葉県，神奈川県，静岡県，三宅島）．基準産地は三宅島だが，再確認されていない．
イセコブセスジダルマガムシ *Ochthebius* (s.str.) *asanoae* Jäch et Delgado, 2014（三重県）
イズモコブセスジダルマガムシ *Ochthebius* (s.str.) *hayashii* Jäch et Delgado, 2014（島根県）

セトコブセスジダルマガムシ *Ochthebius* (s.str.) *matsudae* Jäch et Delgado, 2014（山口県，愛媛県？）．愛媛県産はクロコブセスジダルマガムシの副模式標本であるが，標本の状態が悪く再検討の必要がある．

キタコブセスジダルマガムシ *Ochthebius* (s.str.) *yoshitomii* Jäch et Delgado, 2014（北海道，岩手県，佐渡島，国後島，極東ロシア）

2．ホソガムシ科　Hydrochidae

体は細長く，背面に青緑色の金属光沢をもち，体下面は細毛で覆われ，複眼は大きい．日本では幼虫期や生態についての研究はまだなされていない．本科はホソガムシ属のみが知られ，世界から約300種が知られている．

ホソガムシ属　*Hydrochus* Leach

有機質の多い各種の止水域に生息している．日本からは4種の記録がある（図60，61：幼虫）．環境省（2017）のRLでは，ホソガムシが絶滅危惧ⅠB類，チュウブホソガムシが絶滅危惧Ⅱ類，ヤマトホソガムシが準絶滅危惧，キタホソガムシが情報不足として掲載されている．

ホソガムシ属の種の検索
成虫

1a 上翅の奇数間室は隆条となるが，明瞭でない．下唇基節は中央がくぼみ，点刻を散布する……………………………………………………………………………………………2
1b 上翅の奇数間室は明瞭に隆起し，隆条となる．下唇基節は中央後半が強くくぼむ………3
2a 前胸背の凹陥は顕著である．奇数間室はやや隆条となる．背面の色彩は暗褐色で，緑ないし藍色気味の弱い金属光沢がある．日本では本州～琉球に分布し，水生植物の多い富栄養的な池に生息するが，本州での記録は最近少なくなった
　　………………………………ヤマトホソガムシ　*Hydrochus japonicus* Sharp, 1873（図60）
2b 前胸背の凹陥はあまり顕著でない．奇数間室はほとんど隆条とならない．背面の色彩は黒色で，強い赤緑色の金属光沢がある．本州から記録されるが，青森県，京都府，大阪府などから記録があるのみで稀……………………ホソガムシ　*Hydrochus aequalis* Sharp, 1884
3a 背面の色彩は暗褐色で，金属光沢がある．頭部は暗色．前胸背は幅と長さはほぼ同じ．本州（主に中部以西），四国，九州などで少数が記録されている
　　……………………………チュウブホソガムシ　*Hydrochus chubu* Balfour-Browne et Satô, 1962
3b 背面の色彩は赤褐色で，金属光沢は弱い．頭部は黒色．前胸背は長さよりやや幅が広い．極東ロシアから知られていた種であり，北海道サロベツ原野から1例記録されたのみ
　　………………………………………キタホソガムシ　*Hydrochus laferi* Shatrovskiy, 1989

3．マルドロムシ科　Georissidae

体はよく隆起した丸形で，跗節式は4-4-4である．体長1.5 mm前後の小型の甲虫．本科もマルドロムシ属単一で科を形成する特異な仲間で，かつてはドロムシ類に近縁であると考えられていたが，幼虫の形態から現在はガムシ上科に入れられている．世界で約50種が知られている．

マルドロムシ属　*Georissus* Latreille

水辺の砂中に生息しているが，体が小さいこともありなかなか発見されず日本中でも記録は大変少ない．日本では琉球列島などで未記載の種が発見されているが，熱帯地域では落葉中に多くの種が生息していることが判明しているので今後日本でもより多くの種が発見されるかもしれない．現在，日本では3亜属に7種の記録があるが，幼虫（図63）期を含めた分類，生態の両面からの研究が望まれる．

シワムネマルドロムシ *Georissus kurosawai* Nakane, 1963 は本属中最も普通で，しばしば灯火に飛来した個体が採集されている．

セスジマルドロムシ *Georissus granulosus* M. Satô, 1972（図62）は環境省（2017）のRLで絶滅危惧Ⅱ類として掲載されている．

4．セスジガムシ科　Helophoridae

前胸背に5縦溝があり，緑色の光沢を有する．北方系の一群で，世界から約150種が知られているが，日本からは1属4種の記録があるにすぎない．日本での幼虫の形態を含めた生態的な研究はまだなされていない．

セスジガムシ属　*Helophorus* Leach

主として湿原や河川敷の水溜りなどの止水域に生息する．本州では非常に記録が少ないが，北海道では比較的普通にみられる（図64）．

セスジガムシ属の種の検索
成虫

1a 上翅は筋溝状となり溝内に点刻がある．体長は5〜6mm前後と大きい種 ……………… 2
1b 上翅は点刻列があるのみで筋溝状ではない．体長は3〜4mm前後と小さい種 ………… 3
2a 上翅先端は丸まっていて反り返らない．鞘翅後半に黒い隆起が点在する．体長6.3〜6.5 mm. 本州（関東地方・近畿地方）と対馬から記録されているが，稀．環境省（2017）のRLでは絶滅危惧ⅠB類に選定されている
　　………………………… セスジガムシ　*Helophorus* (*Gephelophorus*) *auriculatus* Sharp, 1884
2b 上翅先端はやや尖っており上方にやや反り返る．鞘翅に隆起は存在せず一様．体長4.6〜6.3 mm. 北海道と本州北部より記録されており，湿地や池のヨシ原より採集されることが多い．灯火で採集された記録もある
　　………………… キタセスジガムシ　*Helophorus* (*Gephelophorus*) *sibiricus* (Motschulsky, 1860)
3a 前胸背板の側方部は下方に平圧され，前角は明瞭に前下方へ傾く．一般的に鞘翅会合部中央やや後半に「凸」の形をした黒色の斑紋を有する（黒斑を欠く個体もいる）．体長2.9〜3.2 mm. 北海道と本州北部より記録されており，北海道では最普通種．湿原，水溜り，湖沼，河川など，多くの水辺環境に生息している（図64）
　　……………… エゾセスジガムシ　*Helophorus* (*Rhopalhelophorus*) *matsumurai* Nakane, 1963
3b 前胸背板は側方部も含め比較的平らで，前角は弱く下に平圧される．鞘翅会合部中央やや後半に「凸」の形をした淡黒色の斑紋を有する（前種よりも淡く欠く個体いる）．体長3.1〜4.0 mm. ロシアから知られていた種であるが，近年になり北海道から記録された．湖沼

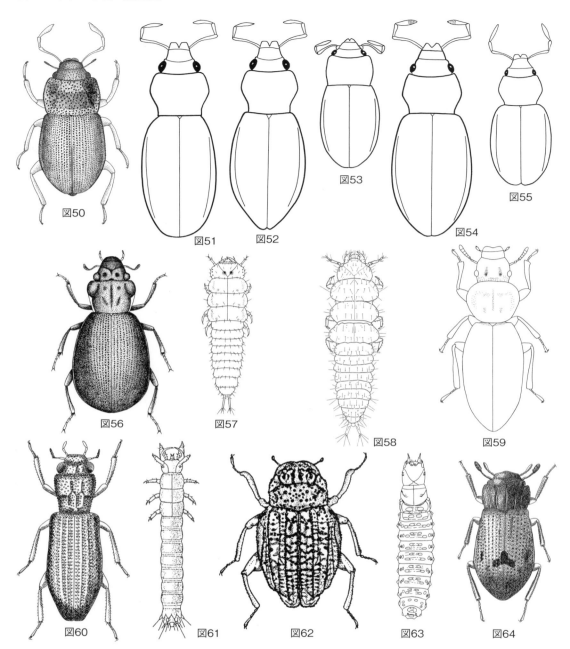

ダルマガムシ科・ホソガムシ科・マルドロムシ科・セスジガムシ科 Hydraenidae, Hydrochidae, Georissidae, Helophoridae

図50　ミヤタケダルマガムシ *Hydraena miyatakei* M. Satô　図51　ワタナベダルマガムシ *Hydraena watanabei* Jäch et M. Satô, ♂　図52　ワタナベダルマガムシ *Hydraena watanabei* Jäch et M. Satô, ♀　図53　ミヤタケダルマガムシ *Hydraena miyatakei* M. Satô　図54　ホソダルマガムシ *Hydraena riparia* Kugelann　図55　シコクダルマガムシ *Hydraena notsui* M. Satô　図56　セスジダルマガムシ *Ochthebius inermis* Sharp　図57　セスジダルマガムシ *Ochthebius inermis* Sharp の幼虫　図58　セスジダルマガムシ属の1種 *Ochthebius* sp. の幼虫　図59　クロコブセスジダルマガムシ *Ochthebius granulosus* (M. Satô)　図60　ヤマトホソガムシ *Hydrochus japonicus* Sharp　図61　ホソガムシ属の1種 *Hydrochus squamifer* LeConte の幼虫（Richmond, 1920）　図62　セスジマルドロムシ *Georissus granulosus* M. Satô　図63　マルドロムシ属の1種 *Georissus crenulatus* (Rossi) の幼虫（Emden, 1956）　図64　エゾセスジガムシ *Helophorus matsumurai* Nakane

のヨシ原などで採集される
·················· **クロセスジガムシ** *Helophorus* (*Rhopalhelophorus*) *nigricans* Poppius, 1907

5．ガムシ科　Hydrophilidae

　体は紡錘形で背面に強い光沢をもつものが多い．様々な止水域に多くみられるが，流水性の種もいる．産卵習性は色々で，ガムシ類（亜科）のように，尾端から繊維質のものを出して水生植物の葉とともに卵嚢を形成するものからヒラタガムシ類のように腹部に卵塊を保持するものまでさまざまである．世界各地から約2000種が知られており，日本からは水生種が21属約50種の記録がある．日本における幼虫期の研究はMinoshima & Hayashi (2011a, b, 2012a, b) などにより解明されつつある．Short & Fikáček (2013) により本科の亜科区分が大きく変更されたが，ここでは従来のままで示す（吉富，2014b）．

ガムシ科の亜科の検索
成虫

1a　体は厚みのある半円筒形で背面の光沢が弱い．体長は約1.7 mm．汽水環境である河口部の砂礫地に生息する·················· **クロシオガムシ亜科** Horelophopsinae (p. 47)
1b　体は平らで紡錘形～円形で，背面の光沢が強いものが多い．体長は約2～40 mm．一般に淡水環境に生息するが，海岸でみられることもある·················· 2
2a　前胸背板の側縁は短く，前・後角は丸くなり，内側の前縁に沿って条線がある．前胸腹板は基節間で非常に狭くなる·················· **タマガムシ亜科** Chaetarthrinae (p. 53)
2b　前胸背板の側縁は長く，後角はやや角張り，内側の前縁に沿って条線がない．前胸腹板は基節間で容易に認められる·················· 3
3a　小顎鬚は触角より短く，第2節は肥大する．上唇は背面から認めにくい．触角の球桿部は緊密で盃状節は相称．跗節の第1節は長く，第2節よりも長い
·················· **ハバビロガムシ亜科** Sphaeridiinae (p. 47)
3b　小顎鬚は触角より長いかまたは同じ長さで，第2節は肥大しない．上唇は背面から認められる．触角の球桿部はあまり緊密でなく，盃状節は非相称．跗節の第1節は非常に短く，背面より認めにくい·················· 4
4a　中・後胸腹板は中央が縦に隆起し，後胸腹板突起は後腿節間へのびる．中・後跗節には遊泳毛がある·················· **ガムシ亜科** Hydrophilinae (p. 52)
4b　中・後胸腹板は平坦·················· 5
5a　頭頂は前方へ傾斜することなく，後頭部に隆起線がない．複眼は突出しない．触角は9節．前胸背板と上翅との側縁は連続してつながる．中・後跗節には遊泳毛がない
·················· **マルガムシ亜科** Hydrobinae (p. 47)
5b　頭頂は前方へ傾斜し，後頭部に隆起線がある．複眼は突出する．触角は7節．前胸背板と上翅との側縁はつながらない．中・後跗節には遊泳毛がある
·················· **ゴマフガムシ亜科** Berosinae (p. 53)

ガムシ科の属の検索
幼虫

1a 腹部の側面に脚よりも数倍長い突起（気門鰓）を有する（図77）．水田などの止水域に生息 ·· ゴマフガムシ属 *Berosus* (p. 54)
1b 腹部の側面に脚よりも数倍長い突起（気門鰓）を欠く ··· 2
2a 腹部各節の側・背面は顆粒状突起を散布する（図66）．終齢幼虫の体長は10 mm 以上．渓流に生息し水中の流木などに付いていることが多い··· マルガムシ属 *Hydrocassis* (p. 50)
2b 腹部に顆粒状突起を欠く ··· 3
3a 下唇は著しく長い．腹部側面に肉状突起を有する．水田や池などの止水環境に生息 ·· マメガムシ属 *Regimbartia* (p. 56)
3b 下唇は短い〜中程度に長い．腹部側面は突起を有するものと欠くものがある ············· 4
4a 腹部各節の側面に1対の細長い突起を有する．終齢幼虫の体長は10 mm 以上 ············ 5
4b 腹部各節の側面は突起を欠くか，ある場合でも複数で太短い．終齢幼虫でも体長はほとんどの場合10 mm 未満 ··· 7
5a 腹部側面の突起は長く軟毛を密生する．池や水田などの止水環境に生息する ·· コガムシ属 *Hydrochara* (p. 53)
5b 腹部側面の突起は短く軟毛は目立たない ··· 6
6a 大顎は左右非対称．頭楯前縁に鋸歯を欠く．尾端に肉質の細長い突起を有する（図72）．池などの止水環境に生息する ·· ガムシ属 *Hydrophilus* (p. 52)
6b 大顎は左右対称．頭楯前縁に鋸歯を有する．尾端に目立つ突起を欠く．池や水田などの止水環境に生息する ··· ヒメガムシ属 *Sternolophus* (p. 53)
7a 胸部から腹部はほぼ同じ太さで，細長い体形となる．腹部側面に突起を欠く ············· 8
7b 腹部は胸部よりやや太く，全体的に太短い体形となる．腹部側面に突起がある ········ 13
8a 中胸と後胸は硬化が弱く，背面に明瞭な硬化片を認めない．河川などの流水環境に生息する ··· 9
8b 中胸と後胸には明瞭な硬化片を認める．一般的に池などの止水環境に生息する ········ 10
9a 大顎右側内歯の先端は三角形状に突出する．大顎左側の内歯より先端部は滑らか．河口の砂泥内に生息する ·· クロシオガムシ属 *Horelophopsis* (p. 47)
9b 大顎右側内歯の先端は四角形状に突出する．大顎左側の内歯より先端部はやや鋸歯状．河川の水辺の礫下に生息する ································· ツヤヒラタガムシ属 *Agraphydrus* (p. 51)
10a 腹部末端に細長い突起を有する．池などの止水環境に生息する ·· コクロヒラタガムシ属 *Chasmogenus* (p. 52)
10b 腹部末端に長い突起を欠く ··· 11
11a 体は細長く頭部は小さい．中胸と後胸の背面の硬化片は左右に分かれない．湿地や水田，湿崖などの浅い水域に生息する ···················· セマルガムシ属 *Coelostoma* (p. 47)
11b 体はやや太く頭部もやや大きい．中胸と後胸の背面の硬化片は左右に分かれる ········ 12
12a 大顎の内歯は左右対称．水田や池などの止水環境に生息する ·· スジヒラタガムシ属 *Helochares* (p. 52)
12b 大顎の内歯は左右非対称．池や水溜りなどの止水環境に生息する ·· ヒラタガムシ属 *Enochrus*（図70）(p. 52)
13a 下唇は著しく短い．体は太短く，頭部・胸部・腹部に特徴的な黒色小斑点を有する．池な

	どの止水環境に生息する……………………………………… タマガムシ属 *Amphiops* (p. 53)	
13b	下唇は中程度の長さ．体はやや長く，目立つ黒色斑点はない…………………………… 14	
14a	胸部・腹部の側面に肉質の三角形状突起を有する．河川などの流水環境に生息する………………………………………………………………… コマルガムシ属 *Crenitis* (p. 50)	
14b	胸部・腹部の側面には目立つ突起を欠く………………………………………………… 15	
15a	終齢幼虫の体長は5mm以上 ……………………… スジヒメガムシ属 *Hydrobius* (p. 50)	
15b	終齢幼虫の体長は5mm以下 ……………………………………………………………… 16	
16a	腹部第8節背板の硬化片は大きく頭部の幅と同程度．湿地や樹林内の水溜りなどの止水環境に生息する……………………………………… アサヒナコマルガムシ属 *Anacaena*	
16b	腹部第8節背板の硬化片は小さく頭部の幅よりも明らかに狭い………………………… 17	
17a	頭部は前胸よりも明らかに小さい．河川や湿崖などの流水から，水溜りや池，水田などの止水まで生息環境は様々………………………………… シジミガムシ属 *Laccobius* (p. 48)	
17b	頭部は前胸とほぼ同長．湿地や池などの止水環境に生息する………………………………………………………………… チビマルガムシ属 *Paracymus* (p. 50)	

※マルチビガムシ属 *Pelthydrus* とオオツヤヒラタガムシ属 *Megagraphydrus* の幼虫は未詳．

クロシオガムシ亜科　Horelophopsinae

クロシオガムシ属　*Horelophopsis* Hansen

　本亜科は，1属2種で構成される．クロシオガムシ *Horelophopsis hanseni* Satô et Yoshitomi, 2004 は本州，四国，九州，屋久島，奄美大島，沖縄島から記録されており，河口部汽水環境の砂礫地から採集されている．環境省（2017）のRLで準絶滅危惧として掲載されている．

ハバビロガムシ亜科　Sphaeridiinae

セマルガムシ属　*Coelostoma* Brulle

　この亜科はほとんどが陸生種で構成されているが，本属の4種のみが水生種として知られている．
　セマルガムシ　*Coelostoma stultum* (Walker, 1858) は，体長4〜5mm，半円形をしており黒色，南アジアから日本にかけて広く分布し，水辺の石下で得られることが多い．
　ヒメセマルガムシ　*Coelostoma orbiculare* (Fabricius, 1775) は，体長3.5〜4.0mm，前種によく似ているが，前胸腹板に小瘤状突起をもち，旧北区に広く分布し，湿地のミズゴケの中に生息する．
　ニセセマルガムシ　*Coelostoma fallaciosum* d'Orchmont, 1936は，石垣島と西表島から知られ，中国，インドネシア，ベトナムからも記録されている．
　コガタセマルガムシ　*Coelostoma vitalisi* d'Orchmont, 1923は，今のところ愛知県からのみ知られる（林ほか，2013；林，2014）．

マルガムシ亜科　Hydrobiinae

マルガムシ亜科の属の検索
成虫

1a　小顎鬚はやや太めで，触角より短いか同じくらいの長さで，ときに長いがその場合には上

	翅側縁が鋸歯状になる·· 2
1b	小顎鬚はやや細く，触角より長い·· 7
2a	触角は8節．腹板は6節が認められる．後転節は大きく，先端部は腿節からやや離れる．後脛節は外方へ弱く湾曲する·· シジミガムシ属 *Laccobius*
2b	触角は8節または9節．腹板は5節が認められる．後転節はあまり大きくなく，先端部は腿節に密着している．後脛節は湾曲しない··· 3
3a	上翅には明瞭な10点刻列がある．体長は4 mm 以上··· 4
3b	上翅は不規則に点刻され，ときに一部が列状となる．体長4 mm 以下························· 5
4a	中・後跗節の背面に遊泳毛がない．上翅の側縁は弱く鋸歯状 ··· マルガムシ属 *Hydrocassis*
4b	中・後跗節の背面に遊泳毛がある．上翅の側縁は滑らか … スジヒメガムシ属 *Hydrobius*
5a	前・中胸腹板の中央は縦隆起を形成する．後腿節は微毛を密生しない ··· チビマルガムシ属 *Paracymus*
5b	前・中胸腹板の中央は縦隆起とならない．後腿節の基部2/3は微毛が密生する ········· 6
6a	上翅は一様に浅く点刻される．中胸腹板は後方が横に強く突出する．腿節は基部が太く，中央近くから急に先端へ狭くなる·· ヒメマルガムシ属 *Anacaena*
6b	上翅は強く点刻され，不規則ながら一部が列状となる．中胸腹板は後方が弱く突起となる．腿節は次第に先端へ狭くなる··· コマルガムシ属 *Crenitis*
7a	頭部の両側はほぼ平行．小顎鬚の第3節は第2節より長い．上翅は点刻を欠く············ 8
7b	頭部の両側は前方へ丸まる．小顎鬚の第3節は第2節と同長かまたは短い．上翅は点刻を有するか単に会合線部小溝のみを有する·· 9
8a	体は長楕円形で，両側はやや平行．触角は9節．前胸腹板の中央は縦隆条を有する．第1腹板の腹面中央には縦隆条がなく，先端節後縁は湾入する ··· ツヤヒラタガムシ属 *Agraphydrus*
8b	体は楕円形で，両側は後方へ強く狭まる．触角は8節．前胸腹板の中央は縦隆条を有する．第1腹板の腹面中央には縦隆条を有し，先端節後縁は丸まる ··· マルチビガムシ属 *Pelthydrus*
9a	上翅は後方へ緩やかに丸まり，中央部で最も幅広い．小顎鬚の第2節は全体がほぼ同じ太さで，内方へ弱く湾曲する．中胸腹板の中央は薄い片状········ ヒラタガムシ属 *Enochrus*
9b	上翅は後方へやや広がり，先端1/3で最も幅広い．小顎鬚の第2節は先端に向かって太くなり，外方へ弱く湾曲する··· 10
10a	上翅の後半に亜会合線を欠く．中胸腹板の中央はわずかに突出する ··· スジヒラタガムシ属 *Helochares*
10b	上翅の後半に明瞭な亜会合線を有する．中胸腹板は中央後方が瘤状に突出する ··· コクロヒラタガムシ属 *Chasmogenus*

シジミガムシ属 *Laccobius* Erichson

　体長3 mm 前後の小型のガムシで，止水域から流水域までさまざまな水環境に生息している．日本からは9種の記録があり，互いによく似ており識別は難しい．上手（2007）が日本産種を解説している．環境省（2017）のRLでは，シジミガムシが絶滅危惧ⅠB類，ミユキシジミガムシが準絶滅危惧として掲載されている．

シジミガムシ属の種の検索
成虫

1a 上翅の点刻はほぼ同じ大きさで均一な21条の点刻列を呈する
　　　　　　　　　　　　　　　　　　　　シジミガムシ亜属 *Laccobius* … 4
1b 上翅の点刻は大小さまざまで，点刻列は乱れる…………………………… 2
2a 上翅は黄褐色もしくは褐色．中脚のふ節は脛節より長い．後脚のふ節は脛節とほぼ同長
　　　　　　　　　　　　　　　　　　　ヒメシジミガムシ亜属 *Microlaccobius*
2b 上翅はほとんど黒色．中脚のふ節は脛節とほぼ同長．後脚のふ節は脛節より短い……… 3
3a 上翅は亜会合部の溝（parasutural furrow）を有する．崖地の染み出し水に生息し，本州に分布する……… ミゾシジミガムシ亜属 *Glyptolaccobius* ……… ミゾシジミガムシ *Laccobius* (*Glyptolaccobius*) *moriyai* Kamite, Ogata et Hikida, 2007
3b 上翅は亜会合部の溝（parasutural furrow）を欠く．崖地の染み出し水に生息し，本州に分布する……… マルシジミガムシ亜属 *Cyclolaccobius* ……… コマルシジミガムシ *Laccobius* (*Cyclolaccobius*) *masatakai* Kamite, Ogata et Hikida, 2007
4a 雄交尾器側片の先端部の側方にトゲを欠く．北海道〜九州，対馬から記録されている
　　　　　　　　　　　　　　　　　　　シジミガムシ *Laccobius* (*Laccobius*) *bedeli* Sharp, 1884
4b 雄交尾器側片の先端部の側方にトゲを有する…………………………………………… 3
5a 雄交尾器中央片は先端やや基部で大きくくびれる．北海道〜本州（中部地方以北）に分布し，関東地方以北の止水環境では比較的普通
　　　　　　　　　　　クナシリシジミガムシ *Laccobius* (*Laccobius*) *kunashiricus* Shatrovskiy, 1984
5b 雄交尾器中央片は先端に向けて一様に狭まる．本州，四国，九州，屋久島より記録されており，止水環境に生息する
　　　　　　　　　　　　ミユキシジミガムシ *Laccobius* (*Laccobius*) *inopinus* Gentili, 1980
6a 前胸背板中央部の黒色紋は小さく，前縁および後縁に達しない．前脛節背面にある棘毛列は短く，基方約1/2までみられる．体長1.7〜2.4 mm．最近になり記録された種であり，国外では東南アジアからオーストラリアにかけて広く分布するが，日本では本州と種子島より記録されている
　　　　　　　　　　　チビシジミガムシ *Laccobius* (*Microlaccobius*) *roseiceps* Régimbart, 1903
6b 前胸背板中央部の黒色紋は大きく，前縁および後縁に達する．前脛節背面にある棘毛列は長く，基方約2/3までみられる．体長2.0〜2.8 mm …………………………………… 7
7a 頭部および前胸背板は微細点刻を有する．トカラ宝島以北に分布する………………… 8
7b 頭部および前胸背板は微細点刻を欠く．奄美大島以南に分布する……………………… 9
8a 上翅の色彩は淡く，側縁部の点刻列は基部で弱く不明瞭．雄交尾器の側片は幅広く，先端部が広がる．体長2.0〜2.8 mm．本州〜九州に分布し，主に河川に生息する．国外では韓国，中国，台湾から記録されている
　　　　　　　　　　　ヒメシジミガムシ *Laccobius* (*Microlaccobius*) *fragilis* Nakane, 1966
8b 上翅の色彩は濃く，側縁部の点刻列は基部でも明瞭．雄交尾器の側片は細く，先端に向けて一様に狭まる．体長2.5〜2.8 mm．北海道〜トカラ宝島の主に流水域に生息し，ときに岩盤の滴り水などからも採集される
　　　　　　　　　　　コモンシジミガムシ *Laccobius* (*Microlaccobius*) *oscillans* Sharp, 1884
9a 上翅の点刻は明瞭．雄交尾器の中央片は先端約1/3で広がる．与那国島に分布し細流から

　　　　　採集される…**ヨナグニシジミガムシ** *Laccobius* (*Microlaccobius*) *yonaguniensis* Matsui, 1993
9b　上翅の点刻は不明瞭で特に偶数列で痕跡程度となる……………………………………………… **10**
10a　雄交尾器の中央片は細い．沖永良部島，沖縄島，宮古島に分布し，河川で採集される
　　　　　……………………**オキナワシジミガムシ** *Laccobius* (*Microlaccobius*) *nakanei* Gentili, 1982
10b　雄交尾器の中央片は太い．奄美大島と徳之島に分布し，河川で採集される
　　　　　………………………**アマミシジミガムシ** *Laccobius* (*Microlaccobius*) *satoi* Gentili, 1989

マルガムシ属　*Hydocassis* Fairmaire

日本からは，2種が知られている．

　マルガムシ *Hydocassis lacustris* (Sharp, 1884) は，体長6.7～7.8 mm，北海道～九州に普通に生息するが，北海道と九州では記録が少ない．本種は渓流のよどみの水中の落葉下等に生息しており，特徴的な形態により他の種とは識別が容易である．幼虫は森岡（1955）によって記載されている（図66）．

　リュウキュウマルガムシ *Hydocassis jengi* M. Satô, 1998 は，体長6.5～7.3 mm，奄美大島に分布し，前種とはより丸い体，体表の光沢がより強い点などで区別できる．生息環境は前種とほぼ同様である．幼虫は Minoshima & Hayashi（2011a）により記載された．

スジヒメガムシ属　*Hydrobius* Leach

富栄養的な池に生息する1種が知られている．**スジヒメガムシ** *Hydrobius pauper* Sharp, 1884 は，体長6.2～7.3 mm，楕円形で黒褐色，上翅に後方へ溝状となる10条の点刻列を備える．北海道と本州から知られるが，本州では稀である．

チビマルガムシ属　*Paracymus* Thomson

日本からは Minoshima（2014）により2種が知られている．

　エンデンチビマルガムシ *Paracymus aeneus* (Germar, 1824) は，本州（岡山県錦海塩田跡地）から記録され，後者とは背面の点刻が荒いことにより区別できる．

　チビマルガムシ *Paracymus orientalis* d'Orchymont, 1925は，本州以南から記録されており，国外では中国，インドネシア，フィリピン，ベトナムからも記録されている．

ヒメマルガムシ属　*Anacaena* Thomson

北方系の一群で，**アサヒナコマルガムシ** *Anacaena asahinai* M. Satô, 1982は，体長2.1～2.5 mm で黒色の1種だけが本州の高層湿原と北海道で得られている．Nakane（1963, 1985）がこの属の種としたものは，すべて次属に含まれるものであった．

コマルガムシ属　*Crenitis* Bedel

渓流や水の澄んだ池や湿地などに生息する．分類学的に混乱していたが，Hebauer（1994）が再検討を行い8種に整理された．

コマルガムシ属の種の検索
成虫

1a　体は長く，側縁はやや平行となる．体は黒く，少なくとも前胸背側縁はやや黄色．上翅に

	は明瞭な点刻列を有する．後腿節に微毛を欠く．体長は2.4 mm以下 ························ 2
1b	体は楕円で，側縁は丸まる．体がやや長めであっても後腿節微毛を備える．体長は2.5 mm以上·· 6
2a	前胸背の側縁は広く伸長し，黄色となる．体長2.4 mm．本州と九州に分布する ·························· クロヒゲコマルガムシ *Crenitis negulecta* Nakane et Matsui, 1985
2b	前胸背の側縁は伸長せず，多少とも平たくなる ·· 3
3a	上翅の点刻列は規則的なものと不規則的なものが交互に入り混じる．体長2.2 mm．四国に分布する···················· エバウエルコマルガムシ *Crenitis nakanei* Hebauer, 1994
3b	上翅の点刻列は上記のように入り混じらない ·· 4
4a	雄交尾器側片の先端は鋭く尖る．体長1.7〜1.8 mm．北海道，本州から記録されており，台湾にも分布する·························· チビコマルガムシ *Crenitis satoi* Hebauer, 1994
4b	雄交尾器側片の先端は丸まる ·· 5
5a	雄交尾器側片は側方へ広がり，先端が尖らない．体長2.0〜2.2 mm．トカラ中之島，宝島に分布する······················ トカラコマルガムシ *Crenitis tokarana* Nakane, 1966
5b	交尾器側片はやや細く，先端は幅広く丸まる．体長2.0〜2.2 mm．本州と四国に分布する ·························· オオサワコマルガムシ *Crenitis osawai* Nakane, 1966
6a	体長は2.3〜2.8 mmの小型種．小顎鬚の最終節は黒色．上翅と前胸背は明瞭な黄色側縁がある．東シベリアに分布し，北海道からも記録された ·························· シベリアコマルガムシ *Crenitis kanyukovae* Shatorovsky, 1989
6b	体長は2.9〜3.8 mmの大型種 ··· 7
7a	上翅点刻列は側方と先端で明瞭．上唇線は明らかに認められる．雄交尾器側片は先端半分が幅広くなる．体長2.9〜3.5 mm．北海道，本州に分布する（図67） ·························· コマルガムシ *Crenitis japonica* (Nakane, 1963)
7b	上翅点刻列は側方と先端でわずかに認められる．上唇線は認めにくい．雄交尾器側片は中央で幅広くなり，両端に狭くなる．3.0〜3.5 mm．北海道，本州，四国に分布する ·························· キタコマルガムシ *Crenitis hokkaidensis* (Nakane, 1966)

ツヤヒラタガムシ属　*Agraphydrus* Régimbart

日本から5種の記録があり，本州から琉球列島にかけて分布する．

キベリオオツヤヒラタガムシ *Agraphydrus luteilateralis* (Minoshima et Fujiwara, 2009) は，西表島から記録されており湿崖に生息する．

ツヤヒラタガムシ *Agraphydrus narusei* (M. Satô, 1960) は，本州〜九州，屋久島，種子島に分布し，渓流に生息する．

ウスイロツヤヒラタガムシ *Agraphydrus ishiharai* (Matsui, 1994) は，本州から九州にかけての渓流に生息するが少ない．

オガタツヤヒラタガムシ *Agraphydrus ogatai* Minoshima, 2016 は，本州から九州にかけての渓流に生息するが少ない．

リュウキュウツヤヒラタガムシ *Agraphydrus ryukyuensis* (Matsui, 1994) は，奄美大島と沖縄島から記録されており，渓流に生息する．

マルチビガムシ属　*Pelthydrus* d'Orchymont

　清流に生息する．**マルチビガムシ** *Pelthydrus japonicus* M. Satô, 1960（図69）は体長2.7 mm，頭部が大きく，上翅は後半が明らかに狭くなり，褐色．本州と四国から記録がある．沖縄からは別種の**オキナワマルチビガムシ** *Pelthydrus okinawanus* Nakane, 1982 が知られている．後者は環境省（2017）のRLで情報不足として掲載されている．

ヒラタガムシ属　*Enochrus* Thomsom

　日本からは10種が知られている．各種の止水域にみられ，それぞれの種の分布域は広い．成虫（図70）は灯火に飛来することもある．分類学的再検討を必要とする群である．環境省（2017）のRLでは，**マルヒラタガムシ** *Enochrus subsignatus* (Harold, 1877) が準絶滅危惧として掲載されている．

スジヒラタガムシ属　*Helochares* Mulsant

　池や水田などの止水域にみられ，どの種もよく灯火に飛来する．日本からは6種の記録があり，ほとんどの種は分布域が広い．上記属とともに分類学的再検討が必要であろう．環境省（2017）のRLでは，**スジヒラタガムシ** *Helochares nipponicus* Hebauer, 1995が準絶滅危惧として掲載されている．

コクロヒラタガムシ属　*Chasmogenus* Sharp

　日本からは上記属に含まれていた2種が記録されている．
　コクロヒラタガムシ *Chasmogenus abnormalis* (Sharp, 1890)（図71）は琉球列島（奄美大島，伊平屋島，石垣島）から記録されており，海外では東南アジアに広く分布する．休耕田などに比較的普通に生息する．
　ニセコクロヒラタガムシ *Chasmogenus orbus* (Watanabe, 1987) は群馬県の水田から採集された標本をもとに記載された種で，現在のところ北海道，本州，九州から記録されている．前種とは雄の交尾器の側片に明瞭な歯状突起を有することで区別される．

ガムシ亜科　Hydrophilinae

ガムシ亜科の属の検索
成虫

1a　前胸腹板は隆起し，中央に中胸腹板突起の先端を受け入れる溝を有する．中胸腹板隆起の中央に溝がある．後胸腹板突起は長く，腹部第2〜4節に達する……………………………………………………………………………**ガムシ属**　*Hydrophilus*

1b　前胸腹板は単純に隆起し，溝はない．中胸腹板隆起の中央に溝がなく，先端部は小さくV字形に切れ込む．後胸腹板突起は短く，長くても腹部第2節に達するだけ………………2

2a　前胸腹板中央前縁に毛束はなく，後縁は単純．後胸腹板突起は後基節間で終わる．小顎鬚の第4節は第3節より短い……………………………………**コガムシ属**　*Hydrochara*

2b　前胸腹板中央前縁に毛束を有し，後縁は二叉する．後胸腹板突起は後基節間より先にのびる．小顎鬚の第4節は第3節より長い………………………**ヒメガムシ属**　*Sternolophus*

ガムシ属　*Hydrophilus* Leach

　日本からは大型種3種が知られる．池や水田にみられ，灯火にもよく飛来する．かつては水田に

普通にみられたが，農薬の使用により著しく減少した．環境省（2017）の RL では，コガタガムシが絶滅危惧Ⅱ類，ガムシとエゾガムシが準絶滅危惧として掲載されている．

　ガムシ *Hydrophilus acuminatus* Motschulsky, 1854（図72）は，体長33〜40 mm，黒色で，後胸突起は腹部第2節に達し，腹部は無毛で，北海道から琉球列島まで分布するが，琉球列島からの記録は少ない．生活史については細井（1939）が報告している．

　エゾガムシ *Hydrophilus dauricus* Mannerheim, 1852 は前種に酷似するが，雄の前脚の第5跗節が強く三角形に広がることにより区別することができる．北海道の主に道東地方から記録されているが，少ない．

　コガタガムシ *Hydrophilus bilineatus cashimirensis* Redtenbacher, 1844（図73）は，体長23〜28 mm，後胸突起は腹部第4節に達し，腹部は細毛に覆われ，本州以南，東南アジアからインドまで広く分布する．

コガムシ属　*Hydrochara* Berthold

日本からは止水に生息する2種が知られている．環境省（2017）の RL では，エゾコガムシが準絶滅危惧，コガムシが情報不足として掲載されている．

　コガムシ *Hydrochara affinis* (Sharp, 1873)（図74）は，体長16〜18 mm，黒色で脚は赤褐色，北海道から九州まで分布し，中国大陸からも記録がある．生活史については細井（1947）の報告がある．

　エゾコガムシ *Hydrochara libera* (Sharp, 1884) は，体長16〜18 mm，脚は黒色で，北海道，本州，九州に分布するが，本州からの記録は少ない．九州からは現在のところ1産地が知られるのみ．中国大陸にも分布する．

ヒメガムシ属　*Sternolophus* Solier

日本からは止水域に生息する2種が知られている．

　ヒメガムシ *Sternolophus rufipes* (Fabricius, 1792) は，体長9〜11 mm，黒色で後胸の棘突起は腹部第2節に達する．本州以南の色々な止水域に最も普通にみられる．

　ミナミヒメガムシ *Sternolophus inconsphicuus* (Nietner, 1856) は，後胸の突起が前種に比べ短い．琉球列島に分布するが少ない．

タマガムシ亜科　Chaetarthrinae

タマガムシ属　*Amphiops* Erichson

　タマガムシ *Amphiops mater* Sharp, 1873（図75）は，体長3.4〜3.7 mm，半球状によく隆起し，褐色で，複眼は上下に二分され，本州以南に広く分布する．池や水田に多い．

ゴマフガムシ亜科　Berosinae

ゴマフガムシ亜科の属の検索
成虫

1a　複眼は大きく突出する．触角は7節．頭頂の正中線は明瞭に認められる．後胸腹板は中央部が隆起し斜めの界線があり，後端に歯状突起が存在する ……　**ゴマフガムシ属**　*Berosus*
1b　複眼はあまり大きくなく，突出しない．触角は8節．頭頂の正中線は不明瞭．後胸腹板は中央部がやや隆起するが，界線や後端の歯状突起を欠く …**マメガムシ属**　*Regimbartia*

ゴマフガムシ属　*Berosus* Leach

　池や水田に普通に生息し，灯火にもよく飛来する．3〜7 mm の小型のガムシで，暗黄色で黒点刻を散布し，上翅に10点刻列を有する．日本からは8種が知られ，新田・吉富（2012）が解説している（図76，77：幼虫）．

日本産ゴマフガムシ属の検索
成虫

- 1a　上翅の後方にトゲをもたない（*Berosus* (s. str.)）……………………………………………… 2
- 1b　上翅の後方にトゲをもつ（*Enoplurus* 亜属）………………………………………………… 4
- 2a　前胸中央の黒色斑は広く発達する．上翅の点刻に剛毛が目立つ．頭楯縫合線はU字型．後胸腹板突起の先端は分かれない．雄の第5腹節に突起をもたない．雄交尾器の中央片と側片はほぼ同長．体長は2.9〜3.8 mm．本州〜南西諸島に分布し暖地に多い
……………………………………………… ホソゴマフガムシ　*Berosus pulchellus* MacLeay, 1825
- 2b　前胸中央の黒色斑は細く発達しない．上翅に剛毛はほとんどない．頭楯縫合線はV字型．後胸腹板突起の先端は三叉する．雄は第5腹節に突起をもつ．雄交尾器は中央片より側片が長い ………………………………………………………………………………………………… 3
- 3a　上翅の点刻列の間室の点刻は2列になる．後胸腹板突起のくぼみは楕円形．雄の第5腹節の突起は尖る．雄交尾器の側片の先端はやや広がり末端に向けて緩やかに狭まる．体長は5.3〜6.6 mm．北海道から南西諸島まで分布
……………………………………………… ゴマフガムシ　*Berosus punctipennis* Harold, 1878（図76）
- 3b　上翅の点刻列の間室の点刻は1列になる．後胸腹板突起のくぼみは円形．雄の第5腹節の突起は丸まる．雄交尾器の側片の先端は先端でやや広がり末端で急に狭まる．体長は3.8〜5.1 mm．北海道から九州まで分布…… ヤマトゴマフガムシ　*Berosus japonicus* Sharp, 1873
- 4a　頭楯縫合線はV字型になる．南西諸島に分布
……………………………………………… シナトゲバゴマフガムシ　*Berosus fairmairei* Zaitsev, 1908
- 4b　頭楯縫合線はU字型になる ……………………………………………………………………… 5
- 5a　頭部・前胸背板の点刻は全体的に小さく一様．上翅端のトゲは細長く，外縁の深さは深くなる．雄交尾器は細長く中央片・側片共に背面側へ曲がらない．南西諸島に分布
……………………………………………… ナガトゲバゴマフガムシ　*Berosus elongatulus* Jordan, 1894
- 5b　頭部・前胸背板の点刻は中央で大きくなり，外縁へ向けて小さくなる．上翅端のトゲは長くならず，外縁の深さは浅い．雄交尾器は細長く中央片・側片ともに背面側へ曲がる… 6
- 6a　頭部・前胸背板の点刻は少ない．上翅端からトゲまでの距離は短い．後胸腹板突起の中央のくぼみは楕円形．雄交尾器は中央片・側片ともに先端で広がる．本州〜南西諸島に分布
……………………………………………… オオトゲバゴマフガムシ　*Berosus incretus* Orchymont, 1937
- 6b　頭部・前胸背板の点刻は多い．上翅端からトゲまでの距離は短くならない．後胸腹板突起の中央のくぼみは円形．雄交尾器は中央片・側片ともに先端で広がらない……………… 7
- 7a　上翅の間室の点刻は2列．間室の点刻は多い．後胸腹板突起の隆起線は二分され，先端までのびない．雄交尾器の中央片は膨らみ，先端に向かって狭まる．末端はくぼまない．側片は先端で太くなる．本州・四国・九州に分布
……………………………………………… トゲバゴマフガムシ　*Berosus lewisius* Sharp, 1873
- 7b　上翅の間室の点刻は1列．間室の点刻は少ない．後胸腹板突起の隆起線は二分されず，先

ガムシ科　55

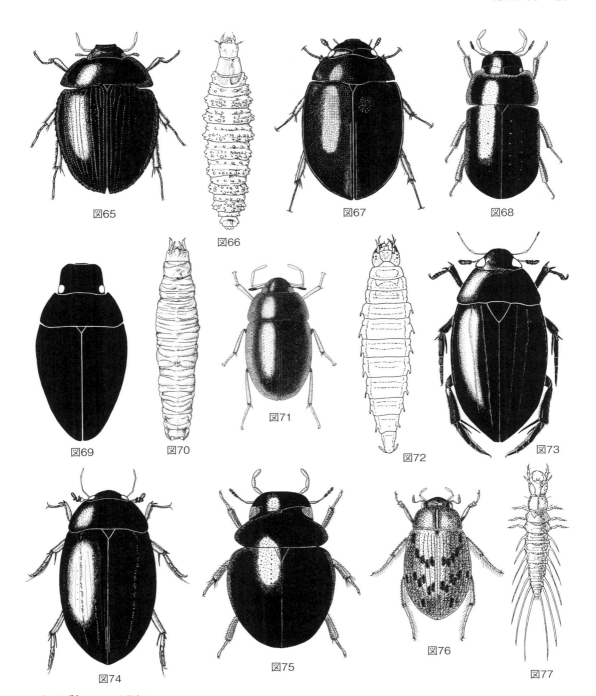

ガムシ科 Hydrophilidae
図65　マルガムシ *Hydrocassis lacustris* (Sharp)　図66　マルガムシ *Hydrocassis lacustris* (Sharp) の幼虫　図67　コマルガムシ *Crenitis japonica* (Nakane)　図68　ツヤヒラタガムシ *Agraphydrus narusei* (M. Satô)　図69　マルチビガムシ *Pelthydrus japonicus* M. Satô　図70　キイロヒタラガムシ *Enochrus* (*Lumetus*) *simulans* (Sharp) の幼虫　図71　コクロヒラタガムシ *Chsmogenus abnormalis* (Sharp)　図72　ガムシ *Hydrophilus acuminatus* Motschulsky の幼虫　図73　コガタガムシ *Hydrophilus bilineatus cashmirensis* Redtenbacher　図74　コガムシ *Hydrochara affinis* (Sharp)　図75　タマガムシ *Amphiops mater* Sharp　図76　ゴマフガムシ *Berosus punctipennis* Harold　図77　ゴマフガムシ属の1種 *Berosus peregrinus* Herbst の幼虫（Richmond, 1920）

端までのびる．雄交尾器の中央片は平坦にのび，末端でくぼむ．側片の先端は太くならない．本州・四国に分布……　**ニッポントゲバゴマフガムシ**　*Berosus nipponicus* Schödl, 1991

マメガムシ属　*Regimbartia* Zaitzev

主として池に生息する1種が知られている．**マメガムシ** *Regimbartia attenuata* (Fabricius, 1801) は，体長3.5〜4.0 mm，体は著しく隆起し，前後方に強く狭まり，黒色．上翅に10点刻列を有するが，後・側方で溝状となる．本州以南に広く分布する．

6．マルハナノミ科　Scirtidae

成虫は体長1〜8 mmの甲虫で，生きているときには頭部が前胸の下に隠れていて，触角だけを前方に出していることが多い．トビイロマルハナノミ属の成虫は後腿節が発達し跳躍するが，他の属の種は跳躍することができない．幼虫はワラジムシ型をしており，コウチュウ目としては珍しく，触角の鞭節が多数の節に分かれている．幼虫は渓流，湿地，池や水溜りの落葉下，あるいは樹洞の水溜りなどに生息し，属によってだいたいの生息場所が決まっている．成虫は陸上生活をしており，幼虫の生育場所の近くで採集されることが多い．幼虫期の形態および生態については，林（1957），Yoshitomi（1997, 2001, 2005）が報告しているのみである．日本では7属64種，全世界では約30属約800種が知られているが，まだ未知の種も多い．

マルハナノミ科の属の検索
幼虫

1a　触角は短く腹節に届かない．小顎鬚の第4節は著しく短く，一見，3節にみえる．大顎は先端が尖る，もしくは丸まる．胸部は腹節よりも幅広い．生息環境は河川，沢，（水の綺麗な）池，樹洞……………………………………………………………………………………2
1b　触角は長く第2腹節を越える．小顎鬚は明らかな4節．大顎は先端が尖る．胸部は腹節とほぼ同じ幅．生息環境は河川，池，湿地，樹洞……………………………………………5
2a　体は小さく体長は約3.0〜5.0 mm．大顎は先端が丸い．生息環境は河川や沢などの流水環境で，主に渓流の河床が砂礫であるところに生息する
　　………………………………………………………　**ケシマルハナノミ属**　*Hydrocyphon*
2b　体は普通の大きさで体長は約6.0〜8.0 mm．大顎は先端が尖る．生息環境は河川の止水域，沢，（水の綺麗な）池，樹洞 ………………………………………………………………3
3a　触角第1節はまっすぐ．大顎内側の毛は単純．小顎鬚の第1節は腹面に多くの長い棘毛を有する．第9腹節背板の後縁は単純に弧状（図80〜82）．生息環境は樹洞
　　…………………………………………………………　**キムネマルハナノミ属**　*Sacodes*
3b　触角第1節は曲がる．大顎内側の毛は羽毛状．小顎鬚の第1節は腹面には短い棘毛が散在する．第9腹節背板の後縁は2突出する．生息環境は河川，沢（水の綺麗な）池………4
4a　前胸背板の後角は後側方に突出する（図85, 86）…………　**クロマルハナノミ属**　*Odeles*
4b　前胸背板の後角は突出しない（図87）…………………………　**マルハナノミ属**　*Elodes*
5a　触角はとても長く腹部の長さと同じ程度．大顎は先端にいくつかの歯があるか丸まる…6
5b　触角はやや短く腹部より短い．大顎は先端単純に尖る…………………………………………7
6a　小顎鬚の第4節（先端節）は長く，第3節と同じ程度の長さ．大顎の先端は丸まる．生息

ガムシ科，マルハナノミ科　57

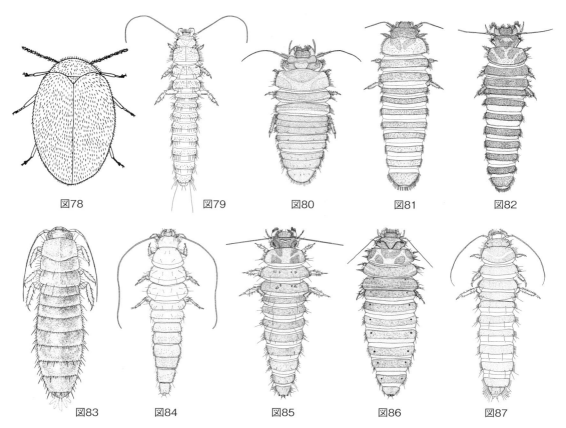

マルハナノミ科 Scirtidae
図78　ケシマルハナノミ *Hydrocyphon satoi* Yoshitomi　図79　ケシマルハナノミ *Hydrocyphon satoi* Yoshitomi の幼虫　図80　ルイスキムネマルハナノミ *Sacodes dux* (Lewis) の幼虫　図81　キムネマルハナノミ *Sacodes protecta* Harold の幼虫　図82　コキムネマルハナノミ *Sacodes nakanei* (Klausnizer) の幼虫　図83　チビマルハナノミ属の1種 *Contacyphon* sp. の幼虫（林，1957）　図84　トビイロマルハナノミ *Scirtes japonicus* Kiesenwetter の幼虫　図85　コクロマルハナノミ *Odeles inornata* (Lewis) の幼虫　図86　クロマルハナノミ *Odeles wilsoni* (Pic) の幼虫　図87　ムネモンマルハナノミ *Elodes kojimai* Nakane の幼虫

　　　　　環境は樹林内の水溜りや小さな池，樹洞……………………… ケマダラマルハナノミ属　*Ora*
　　6b　小顎鬚の第4節（先端節）は短く，第3節の長さの約1/6．大顎の先端は歯状．生息環
　　　　　境は湿地や池…………………………………………… トビイロマルハナノミ属　*Scirtes*（図84）
　　7a　小顎鬚の腹面には感覚器が発達し，それぞれが融合する．第9腹節の後縁に生える棘毛は
　　　　　枝分かれする．生息環境は湿地，池，河川…… チビマルハナノミ属　*Contacyphon*（図83）
　　7b　小顎鬚腹面の感覚器はあまり発達せず，それぞれが独立する．第9腹節の後縁に生える棘
　　　　　毛は単純．生息環境は樹洞……………………… エダヒゲマルハナノミ属　*Prionocyphon*

マルハナノミ属とクロマルハナノミ属の種の検索（渓流で比較的普通に採集される種に限る）
幼虫
　　1a　背面に大変長い刺毛を列生する（図85）．渓流脇の落葉の溜まったところや湿った斜面に
　　　　　多く生息する………………………………… コクロマルハナノミ　*Odeles inornata* (Lewis, 1895)
　　1b　背面には刺毛を列生するが短い………………………………………………………………… 2

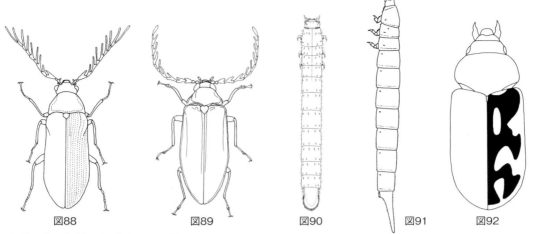

ナガハナノミ科・ナガドロムシ科 Ptilodactylidae, Heteroceridae
図88　ヒゲナガハナノミ *Paralichas pectinatus* (Kiesenwetter)　図89　クリイロヒゲナガハナノミ *Pseudoepilichas niponicus* (Lewis)　図90　ヒゲナガハナノミ科の1種 *Epilichas* sp. の幼虫　図91　ヒゲナガハナノミ *Paralichas pectinatus* (Kiesenwetter) の幼虫　図92　タマガワナガドロムシ *Heterocerus japonicus* Kôno

2a 体は平たく幅広．触角は短く，腹節にとどかない．腹節背面の刺毛は目立たない（図86）．渓流脇の溜りや渓流内の石に落葉が積もっている場所に多く生息する
　　　　　　　　　　　　　　　　　　　　クロマルハナノミ　*Odeles wilsoni* (Pic, 1918)
2b 体は細長．触角はやや長く，腹部第1節にとどく．腹部背面の刺毛は短いが目立つ……3
3a 腹部背面の刺毛は各腹節と同長程度（図87）．北海道，本州北部に分布し，幼虫は温泉の流れ込む細流から採集された記録がある
　　　　　　　　　　　　　　　　　　　　ムネモンマルハナノミ　*Elodes kojimai* Nakane, 1963
3b 腹部背面の刺毛は各腹節よりやや長い．本州，四国，九州の主に太平洋岸に分布する．本種と考えられる幼虫は渓流脇の落葉が積もっている場所から採集された．
　　　　　　　　　　　　　　　　　　　　ホソキマルハナノミ　*Elodes elegans* Yoshitomi, 1997

7．ナガハナノミ科　Ptilodactylidae

　成虫（図88）の体は長く，体長4〜10 mm前後で体表に細毛を備え，触角は長く，雄では櫛状となり，陸生で水辺の植物上に静止している．幼虫のほとんどは水生で円筒形をしており，山地の渓流の，特に落葉などの有機物の溜まった場所に見出されることが多い．林（1986）はヒゲナガハナノミ *Paralichas pectinatus* (Kiesenwetter, 1874) の幼虫が湿った畑から採集されていると報告しているが，本来の本種の幼虫の生息環境は湿地や休耕田の落葉下などである．日本では6属20種の記録がある（図88〜91）．

日本産ナガハナノミ科の属の検索
幼虫
1a 腹節は背面からみて8節が認められ，末端節は後方に細長く伸長する（図91）…………2
1b 腹節は背面からみて9節が認められ，末端節は幅広く背面は広く平圧される（図90）…3
2a 体はやや扁平で，背面側に盛り上がり腹面は平坦．側面に長い毛が密生する．湿崖や細い

	流れに生息する……………………………………………… ヒメヒゲナガハナノミ属	*Drupeus*
2b	体は円筒形．体にはまばらに毛が生えるか生えていても目立たない．水田や湿地などの止水環境に生息し泥中や落葉下にみられる……………………… ヒゲナガハナノミ属	*Paralichas*
3a	成長した幼虫には第9腹節末端に2本の刺状突起を有する ……………………………………………………………… クロツヤヒゲナガハナノミ属	*Anchycteis*
3b	第9腹節末端に2本の刺状突起を欠く……………………… エダヒゲナガハナノミ属	*Epilichas*

8．ヒラタドロムシ科　Psephenidae

　成虫は円形に近い扁平をしており，産卵時に一部が水中に潜る以外は水辺の植物上などにみられる．幼虫は流水中に生息し，円形（形より water penny と呼ばれる）から楕円形で，陣笠状である．かつては成虫の外部形態の特徴から，ヒゲナガハナノミ科やマルハナノミ科と混同されていた仲間もあったが，幼虫の特徴により科の概要がはっきりとされた．幼虫については御勢（1955），桝田（1935），鳥渚（1953），Lee & Satô（1996），Lee, Yang & Satô（1997, 2001），林（2007）などによって報告されている．ヒゲナガヒラタドロムシ *Nipponeubria yoshitomii* Lee et Satô, 1996が環境省（2017）のRLで準絶滅危惧として掲載されている．

ヒラタドロムシ科の属の検索
幼虫

1a	体形は円形で各節の側片は分離しない（図97～103）………………………………………	2
1b	体形は楕円形で各節の側片が分離し，三葉虫型となる（図104～106）………………	5
2a	腹部背板の末端節（第9節）は楕円形で後方に閉じる．腹面に気門鰓を欠く…………	3
2b	腹部背板の末端節（第9節）は台形で後方に開く．腹面に気門鰓を有する…………	4
3a	腹部背板の末端節（第9節）は先端が尖る．本州～九州に1種が分布し，西日本では普通．幼虫は礫質の河川に生息し，浮き石の下面に付着していることが多い …………………………………………………… マスダドロムシ属 *Malacopsephenoides*（図101）	
3b	腹部背板の末端節（第9節）は先端が丸まる．八重山諸島に1種が分布する．幼虫は礫質の河川に生息．現在のところ1種が記録されているが未同定の1種がさらに分布するとされる………………………………………………………………… チビヒラタドロムシ属 *Psephenoides*	
4a	腹部背板第8節に側片を有する（図97～100）．本州から琉球にかけて10種1亜種が分布する．幼虫は浮き石の下面に付着していることが多く，ほとんどの種は渓流環境に生息するが，河川の中流域のやや水質が汚濁した環境にも生息する種もいる ……………………………………………… マルヒラタドロムシ属 *Eubrianax*（図98, 99, 102, 103）	
4b	腹部背板第8節に側片を欠く．北海道から琉球にかけて3種が分布する．幼虫は浮き石の下面に付着していることが多く，河川の源流部から河川の下流域にかけて生息する ………………………………………………………………… ヒラタドロムシ属 *Mataeopsephus*	
5a	腹部背板末端節は四角形………………………………………………………………………	6
5b	腹部背板末端節は左右に大きな突起（尾突起）があり鋏状………………………………	7
6a	胸部の側片は幅があり先端の尖りは鈍い（図104）．本州～琉球に分布する．幼虫は落ち葉や沈木の下面に付着していることが多く，上流～中流の小河川に生息するが，平野部の水の綺麗な泉などにもみられる………………………… チビヒゲナガハナノミ属 *Ectopria*	

6b	胸部の側片は細く先端は鋭く尖る．八重山諸島から幼虫のみ記録されており，種名は確定していない．水の綺麗な小河川に生息する⋯⋯⋯ セマルヒラタドロムシ属	*Homoeogenus*
7a	尾突起は細い⋯⋯	8
7b	尾突起は太短い⋯⋯⋯	9
8a	尾突起は弧状に曲がる．本州～奄美大島に分布する．幼虫は垂直の水の滴る湿崖に生息し，主に岩盤の表面に付着している⋯⋯⋯⋯⋯⋯⋯⋯⋯ マルヒゲナガハナノミ属	*Schinostethus*
8b	尾突起は細くほぼ直線に後方にのびる．腹部の側片は細く弧状に曲がる．奄美大島から成虫が数例知られるのみ．日本からの幼虫の正式な記録はない⋯⋯⋯⋯⋯⋯⋯⋯⋯⋯⋯⋯⋯⋯⋯⋯⋯⋯⋯⋯⋯⋯⋯ アミメチビヒゲナガハナノミ属	*Dicranopselaphus*
9a	体形はやや幅広で，腹部の側片は細く弧状に曲がる．尾突起は強く内側に曲がる．胸腹部背面に隆起条を欠く（図106）．西日本（愛知県，三重県，島根県）に局所的に分布する．幼虫は沢沿いの水が染み出している場所や垂直の水が滴る湿崖に生息し，岩盤の表面や落ち葉の下面に付着している⋯⋯⋯⋯⋯⋯⋯⋯⋯⋯⋯ ヒゲナガヒラタドロムシ属	*Nipponeubria*
9b	体形はやや細く，腹部の側片は幅広い．尾突起は弱く内側に曲がる．胸腹部背面に2本か4本の顕著な隆起条を有する（図105）．本州～琉球に分布する．幼虫は渓流や湿地に生息し，落ち葉や沈木の下面に付着していることが多い⋯⋯⋯⋯⋯⋯⋯⋯⋯⋯⋯⋯⋯⋯⋯⋯⋯⋯⋯⋯⋯⋯⋯⋯⋯⋯⋯⋯⋯⋯⋯ チビマルヒゲナガハナノミ属	*Macroeubria*

日本産マルヒラタドロムシ属 *Eubrianax* の検索
幼虫

1a	前胸背板中央の縫合線の中央に菱形の小片がある⋯⋯⋯⋯⋯⋯⋯⋯⋯⋯⋯⋯⋯⋯⋯⋯⋯⋯⋯⋯⋯⋯	2
1b	前胸背板中央の縫合線に菱形の小片を欠く⋯⋯⋯⋯⋯⋯⋯⋯⋯⋯⋯⋯⋯⋯⋯⋯⋯⋯⋯⋯⋯⋯⋯⋯⋯⋯	5
2a	本州～九州の本土域（周辺離島を含む）に分布する⋯⋯⋯⋯⋯⋯⋯⋯⋯⋯⋯⋯⋯⋯⋯⋯⋯⋯⋯⋯	3
2b	奄美大島以南に分布する⋯⋯⋯⋯⋯⋯⋯⋯⋯⋯⋯⋯⋯⋯⋯⋯⋯⋯⋯⋯⋯⋯⋯⋯⋯⋯⋯⋯⋯⋯⋯⋯⋯⋯⋯	4
3a	側片表面は密に顆粒に覆われる（図97, 98）．幼虫は中流域の河川に生息する⋯⋯⋯⋯⋯⋯⋯⋯⋯⋯⋯⋯⋯⋯⋯⋯⋯⋯⋯ クシヒゲマルヒラタドロムシ	*Eubrianax granicollis* Lewis, 1895
3b	側片表面は疎に顆粒に覆われる（図99）．幼虫は河川のほか，流れ込みのある湖沼などに生息することもある⋯⋯⋯⋯⋯ マルヒラタドロムシ	*Eubrianax ramicornis* Kiesenwetter, 1874
4a	奄美大島に分布．幼虫は渓流に生息する⋯⋯⋯⋯⋯⋯⋯⋯⋯⋯⋯⋯⋯⋯ アマミマルヒラタドロムシ	*Eubrianax nobuoi* M. Satô, 1965
4b	沖縄島と久米島に分布．幼虫は渓流に生息する⋯⋯⋯⋯⋯⋯⋯⋯⋯⋯ オキナワマルヒラタドロムシ	*Eubrianax loochooensis* Nakane, 1952
4c	石垣島と西表島に分布．幼虫は渓流に生息する⋯⋯⋯⋯⋯⋯⋯⋯⋯⋯⋯⋯⋯⋯ イハマルヒラタドロムシ	*Eubrianax ihai* Chûjô & M. Satô, 1970
5a	前胸背板中央の縫合線は中央で途切れる⋯⋯⋯⋯⋯⋯⋯⋯⋯⋯⋯⋯⋯⋯⋯⋯⋯⋯⋯⋯⋯⋯⋯⋯⋯⋯⋯	6
5b	前胸背板中央の縫合線は途切れない⋯⋯⋯⋯⋯⋯⋯⋯⋯⋯⋯⋯⋯⋯⋯⋯⋯⋯⋯⋯⋯⋯⋯⋯⋯⋯⋯⋯⋯	7
6a	屋久島に分布．幼虫は渓流に生息する⋯⋯⋯⋯⋯⋯⋯⋯⋯⋯⋯⋯⋯⋯⋯⋯ ヤクマルヒラタドロムシ	*Eubrianax insularis* Nakane, 1952
6b	奄美大島と徳之島に分布．幼虫は渓流に生息する⋯⋯⋯⋯⋯⋯⋯ オオシママルヒラタドロムシ	*Eubrianax amamiensis* M. Satô, 1965（図102）
6c	沖縄島と多良間島から記録されている．幼虫は渓流に生息する	

　　　　　　　………… キムラマルヒラタドロムシ *Eubrianax amamiensis kimurai* Lee, Yang & Satô, 1965
7a　前胸背板中央の縫合線は単純に直線状．石垣島と西表島に分布．幼虫は渓流に生息し，滝からも採集されている
　　　　　　　………… ヤエヤママルヒラタドロムシ *Eubrianax mamakikikuse* M. Satô, 1964（図103）
7b　前胸背板中央の縫合線は前方に分岐を有する（図100）．本州〜九州に分布する．幼虫は山地の渓流に生息する………… ヒメマルヒラタドロムシ *Eubrianax pellucidus* Lewis, 1895

日本産ヒラタドロムシ属の種の検索
幼虫

1a　体形は円形．腹部第1〜6節の腹面に気門鰓を有する……………………………………2
1b　体形はやや楕円形．腹部第1〜5節の腹面に気門鰓を有する．本州（近畿以西）と四国に分布する．幼虫は河川上流域の渓流環境に生息し，大きな石の下面に付着する
　　　　　　　……………………… ヒメヒラタドロムシ *Mataeopsephus maculatus* Nomura, 1957
2a　体の周縁部に生える軟毛は長さが揃っていない．北海道〜九州に分布する．幼虫は河川の中流域に生息し，石の下面に付着する．やや水質汚濁した環境に多く生息する
　　　　　　　………………………… ヒラタドロムシ *Mataeopsephus japonicus* (Matsumura, 1916)
2b　体の周縁部に生える軟毛は長さが揃っている．日本では西表島からのみ記録されている．幼虫は渓流環境に生息し，大きな石の下面に付着する
　　　　　　　……………… タイワンヒラタドロムシ *Mataeopsephus taiwanicus* Lee, Yang & Brown, 1990

日本産チビマルヒゲナガハナノミ属の種の検索
幼虫

1a　体の背面に縦に走る4本の隆起条を有する．本州〜琉球に分布する．渓流環境に生息する
　　　　　　　………………………………………………………………………………………2
1b　体の背面に縦に走る2本の隆起条を有する．本州に分布する．湿地環境に生息し，落ち葉の表面などにみられる
　　　　　　　………… ホンシュウチビマルヒゲナガハナノミ *Macroeubria similis* Lee, Yang & Satô, 1997
2a　胸腹部背板の後縁に生える棘毛は長く，短い分枝を有する．本州〜屋久島，奄美大島に分布する…………………… チビマルヒゲナガハナノミ *Macroeubria lewisi* Nakane, 1952
2b　胸腹部背板の後縁に生える棘毛は，基部近くから分枝する．沖縄島に分布する
　　　　　　　……… オキナワチビマルヒゲナガハナノミ *Macroeubria okinawana* Lee, Yang & Satô, 1997
2c　胸腹部背板の後縁に生える棘毛は平たく，短い分枝を有する．石垣島と西表島から知られる．未記載……………………… ヤエヤマチビマルヒゲナガハナノミ *Macroeubria* sp.

9．ナガドロムシ科　Heteroceridae

　成虫は体長4mm前後，長方形で細毛に覆われ，どの種も黒褐色で黄色紋をもち似ている．水辺の砂泥中に生息しており，よく灯火に飛来する．日本においては生態および幼生期についてまだ研究されていない．日本からはナガドロムシ属 *Heterocerus* Fabricius の2種が知られている（図92）．

62　コウチュウ目（鞘翅目）

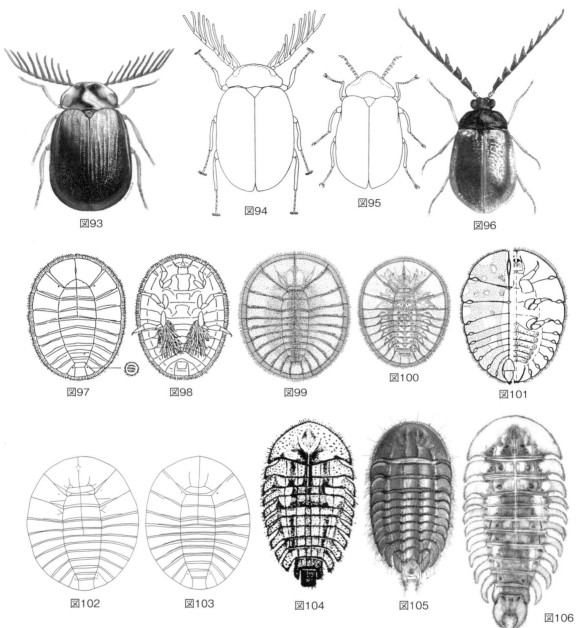

ヒラタドロムシ科 Psephenidae
図93　オキナワマルヒラタドロムシ *Eubrianax loochooensis* Nakane　図94　クシヒゲマルヒラタドロムシ *Eubrianax granicollis* Lewis, ♂　図95　クシヒゲマルヒラタドロムシ *Eubrianax granicollis* Lewis, ♀　図96　ヒゲナガヒラタドロムシ *Nipponeubria yoshitomii* Lee & M. Satô　図97　クシヒゲマルヒラタドロムシ *Eubrianax granicollis* Lewis の幼虫体背面　図98　クシヒゲマルヒラタドロムシ *Eubrianax granicollis* Lewis の幼虫体下面　図99　マルヒラタドロムシ *Eubrianax ramicornis* Kiesenwetter の幼虫（御勢, 1957）　図100　ヒメマルヒラタドロムシ *Eubrianax pellucidus* Lewis の幼虫（御勢, 1957）　図101　マスダドロムシ *Psephenoides japonicus* Masuda の幼虫（桝田, 1935）　図102　オオシママルヒラタドロムシ *Eubrianax amamiensis* M. Satô の幼虫　図103　ヤエヤママルヒラタドロムシ *Eubrianax manakikikuse* M. Satô の幼虫　図104　チビヒゲナガハナノミ *Ectopria opaca* (Kiesenwetter) の幼虫（鳥潟, 1953）　図105　チビマルヒゲナガハナノミ *Macroeubria lewisi* Nakane の幼虫　図106　ヒゲナガヒラタドロムシ *Nipponeubria yoshitomii* Lee & M. Satô の幼虫

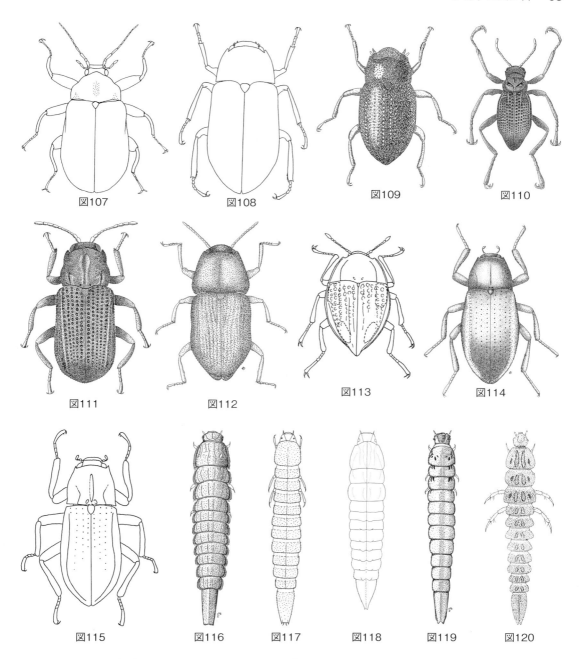

ヒラタドロムシ科（続）・ドロムシ科・ヒメドロムシ科 Psephenidae, Dryopidae, Elmidae
図107　ヒラタドロムシ *Mataeopsephus japonicus* (Matsumura)　図108　ハセガワドロムシ *Helichus ussuriensis* Lafer　図109　ムナビロツヤドロムシ *Elmomorphus brevicornis* Sharp　図110　ヨコミゾドロムシ *Leptelmis gracilis*　図111　アカハラアシナガミゾドロムシ *Stenelmis hisamatsui* M. Satô　図112　ノムラヒメドロムシ *Nomuraelmis amamiensis* M. Satô　図113　セマルヒメドロムシ　*Orientelmis parvrula* (Nomura & Baba)　図114　アリタツヤドロムシ *Zaitzevia aritai* M. Satô　図115　ウエノツヤドロムシ *Urumaelmis uenoi*　図116　ヒメハバビロドロムシ *Dryopomorphus nakanei* Nomura の幼虫　図117　アマミミゾドロムシ *Ordobrevia amamiensis* (Nomura) の幼虫　図118　マルナガアシドロムシ *Grouvellinus subopacus* Nomura の幼虫　図119　ケスジドロムシ *Pseudamophilus japonicus* Nomura の幼虫　図120　キベリナガアシドロムシ *Grouvellinus marginatus* (Kôno) の幼虫（Bertrand, 1967）

10. ドロムシ科　Dryopidae

次のヒメドロムシ科に近縁で成虫，幼虫ともによく似ている．成虫は楕円形で触角は耳殻状となり6節より先が櫛状となる．幼虫はヒメドロムシ科のそれとよく似ているが，体はやや幅広い．成虫・幼虫ともに基本的には水生で，清流に生息している．世界からは約250種が知られているが，日本からは2属3種の記録があるにすぎない．

ドロムシ科の属の検索
成虫

- 1a 背面は光沢があり，微細毛を粗に有する ……… ムナビロツヤドロムシ属　*Elmomorphus*
- 1b 背面は光沢がなく，剛毛を密生する …………………………………… ドロムシ属　*Helichus*

ムナビロツヤドロムシ属　*Elmomorphus* Sharp

ムナビロツヤドロムシ *Elmomorphus brevicornis* Sharp, 1888 は体長3.6〜3.9 mm，暗褐色で上翅は密に網目印刻され8点刻列がある（図109）．基亜種は本州〜九州に分布し，琉球列島のものは別種リュウキュウムナビロツヤドロムシ *E. amamiensis* Nomura, 1959とされる．

ドロムシ属　*Helichus* Erichson

北方系の仲間で新・旧北区に多くの種が分布するが，日本からは北海道と本州北部から1種，ハセガワドロムシ *Helichus ussuriensis* Lafer, 1980（図108）が記録されているだけである．生態や分布は吉富ら（2004）がまとめている．

11. ヒメドロムシ科　Elmidae

成虫の体は長方形ないし楕円形，体長1〜5 mmと小型で，脚が長く爪は強靭である．幼虫は細長い円筒状で，流水中の石や砂の下などにみられ，付着藻類などを食して生活しているものと考えられる．世界から約1300種が知られ，日本からは16属52種近くが記録されている．成虫は上野ら（1984）にほぼ全種が図示されており，本州に産する普通種については吉富ら（1999）が絵解き検索表を示している．

　幼虫については Hayashi & Sota（2010）による網羅的研究が行われ，その他に Hayashi（2009, 2013）や Yoshitomi & Satô（2005）などの断片的研究もあり，日本産種については解明されつつある．

ヒメドロムシ科の亜科への検索
成虫

- 1a 体全体が微毛で密に覆われている．前基節は横にやや長い．触角は球桿膝状で，第1節は長く全長の1/3に達する ………………………………… ハバビロドロムシ亜科　Larainae
- 1b 体全体は疎らな微毛で覆われている．前基節は円形．触角は亜棍棒状で，第1節は長くない ……………………………………………………………………………… ヒメドロムシ亜科　Elminae

ヒメドロムシ科の属の検索
幼虫

1a 体は扁平で，第1～8腹節の側縁は後方へ突出する．第9腹節は細長い．本州（関東以西）～九州の平野部に分布し，水生植物の生育する湧水のある水路や河川の沈木，ヨシの根などに付着している……………………………………………………………ヨコミゾドロムシ属 *Leptelmis*

1b 体は厚みがあり体の断面は円形～半円形．節後縁は突出しない…………………………………2

2a 胸部～腹部背面には小顆粒からなる特有の6条線を有する（図116）．終齢幼虫は10 mm 程度と大きい．森林内を流れる小河川や渓流などにみられ，幼虫・成虫ともに流木や枯葉などの有機物に付着していることが多い……………………ハバビロドロムシ属 *Dryopomorphus*

2b 体背面は小顆粒を欠くか，有する場合も条線とはならない．終齢幼虫は3～10 mm 程度……3

3a 腹部背面には各節に顕著な突起を有する，もしくは側方からみると背面は多少なり鋸歯状となる……………………………………………………………………………………………………4

3b 腹部背面に顕著な突起を欠く………………………………………………………………………6

4a 体色は主に黒色で，茶色の斑紋を有するものがある．背面は顆粒に覆われる．渓流に生息する……………………………………………………………………………………………………5

4b 体色は淡い茶色一色．背面は鱗片状の刺毛に覆われている．河川の中流域に生息し，ヨシの根などに付着している………………………………ケスジドロムシ属の若齢 *Pseudamophilus*

5a 体を側方からみると背面は鋸歯状となる．河川の上中流に生息し，河床が砂礫の場所でみつかることが多い
………………マルヒメドロムシ属 *Optioservus*，キタマルヒメドロムシ属 *Heterlimnius*

5b 体の背面には顕著な2対の瘤状突起を有する（図118, 120）．大きな岩や河床の岩盤がモスマットに覆われている場所に幼虫・成虫ともにみつかる
………………………………………………………………ナガアシドロムシ属 *Grouvellinus*

6a 体色は暗茶色で，胸部と腹部背面には黒と白からなる斑紋を有する．頭部は黒い個眼の周辺が白くパンダのようになる．腹部第9節は背面が平圧され丸いヘラ状となる．本州の比較的大きな河川の中～下流域に生息し，流木の表面に付いている
………………………………………………………………アヤスジミゾドロムシ属 *Graphelmis*

6b 体色は褐色から黒色で単一であることが多い．腹部第9節は背面が平圧されない………7

7a 前胸腹板は基部後縁が閉じる………………………………………………………………………8

7b 前胸腹板は基部後縁が開く…………………………………………………………………………9

8a 体色は黒色で体表面が顆粒に覆われ光沢がない，もしくは体色はクリーム色で各体節に黒いバンドを有する………………………………………………アシナガドロムシ属 *Stenelmis*

8b 体色はオレンジ色で光沢がある，もしくは暗いオレンジ色で光沢がない
………………………………………………………………ミゾドロムシ属 *Ordobrevia*（図117）

9a 体長は10 mm 以上で大型．第9腹板は先端がV字状に切れ込む（図119）
………………………………………ケスジドロムシ属の老齢幼虫（4bも参照）*Pseudamophilus*

9b 体長は10 mm 以下で中・小型．第9腹節は先端が丸いか小さく切れ込む……………10

10a 体色は暗褐色～黒色．体長は5 mm 程度で中型．第9腹節は先端が切断状か小さくV字状に切れ込む………………………………………………………ツヤドロムシ属 *Zaitzevia*

10b 体色は淡褐色～オレンジ色．体長は3～5 mm 程度で中・小型．第9腹節は先端が切れ込

	まないか小さく切れ込む	11
11a	体色はオレンジ色で，体長は5mm程度で中型．腹部は背面に一様に盛り上がり，横断面は筒状 ツブスジドロムシ属 *Paramacronychus*	
11b	体色は淡褐色〜淡いオレンジ色で，体長は5mm以下の小型．腹部は背面に直線状に盛り上がり，横断面は三角形状．細流や河川に生息し，河床が礫質から砂質のところに普通にみられる ツヤヒメドロムシ属 *Zaitzeviaria*	

ハバビロドロムシ亜科　Larainae

日本からはハバビロドロムシ属 *Dryopomorphus* Hinton のみが知られる．

ハバビロドロムシ属　*Dryopomorphus* Hinton

本属の成虫は有機物の多い細流などから採集され，幼虫も成虫と同時にみられるが，幼虫は特に水中に沈んだ朽ち木にしがみついていることが多い．環境省（2017）のRLでは，アマミハバビロドロムシが情報不足として掲載されている．

ハバビロドロムシ属の種の検索
成虫

1a	体長3.8〜4.5mm．前胸背側方縦溝は基部から1/3程度まで認められる．上翅の第3，5，7間室は明らかに隆起する．本州〜九州に分布し，比較的自然度の高い樹林内を流れる渓流に生息することが多い ハバビロドロムシ *Dryopomorphus extraneus* Hinton, 1936	
1b	体長2.8〜3.6mm．前胸背側方縦溝は基部から1/6〜1/2程度．上翅の第3，5，7間室は後半で目立たない	2
2a	前胸背は隆起し，側縁は基部1/3から前方に向かって直線的に狭まる．前胸背側方縦溝は基部から1/2程度まで認められる．本州と四国に分布し，スギ植林林床を流れる細流などでも生息する ヒメハバビロドロムシ *Dryopomorphus nakanei* Nomura, 1958	
2b	前胸背は強く隆起し，側縁は緩やかに前方に狭まる．前胸背側方縦溝は基部から1/6〜1/4程度まで認められる	3
3a	前胸背前角は前方へ弱く突出する．前胸背側方縦溝は基部から1/4程度まで認められる．上翅間室は基部で弱く隆起する．奄美大島より記載され，原生林内の細流で少数が得られている アマミハバビロドロムシ *Dryopomorphus amami* Yoshitomi & Satô, 2005	
3b	前胸背前角は前方へ明らかに突出する．前胸背側方縦溝は基部から1/6程度まで認められる．上翅間室は基部でも隆起しない．屋久島と種子島より記載され，少数が得られている ヤクハバビロドロムシ *Dryopomorphus yaku* Yoshitomi & Satô, 2005	

幼虫

1a	頭部の顆粒は中央部のみにみられる．胸部と腹部側縁は強く鋸歯状．腹端（第9節後縁）は直線状 アマミハバビロドロムシ *Dryopomorphus amami* Yoshitomi & Satô, 2005, ヤクハバビロドロムシ *Dryopomorphus yaku* Yoshitomi & Satô, 2005	
1b	頭部の顆粒は広くみられる．胸部と腹部側縁は弱い鋸歯状．腹端（第9節後縁）は凹む	2

ヒメドロムシ科　67

2a 小腮鬚側方に生える棘毛は長く単純．腹端（第9節後縁）の凹みは浅い
　　　　　　　　　　　　　　ヒメハバビロドロムシ　*Dryopomorphus nakanei* Nomura, 1958
2b 小腮鬚側方に生える棘毛は短く羽毛状．腹端（第9節後縁）の凹みは深い
　　　　　　　　　　　　　　ハバビロドロムシ　*Dryopomorphus extraneus* Hinton, 1936

ヒメドロムシ亜科　Elminae

ヒメドロムシ亜科の族および属の検索
成虫

1a 触角は比較的長く，11節からなる．小顎鬚の末端節はより膨らむ．上翅点刻列は明瞭に認められる．雄交尾器の中央片は普通で，基片の長さの2倍よりも短く，側片はよく発達する（Elmini 族） ……………………………………………………………………………………… 2
1b 触角は短く，7〜8節からなる．小顎鬚の末端節は普通．上翅点刻列は消滅傾向にあり浅い．雄交尾器の中央片はよく発達し，基片の長さの2倍よりも長く，側片は小さく退化する（Macronychini 族） ………………………………………………………………………… 11
2a 前脛節前縁に房状細毛がない ……………………………………………………………… 3
2b 前脛節前縁に房状細毛がある ……………………………………………………………… 6
3a 前胸背前半に明瞭な横溝がある ……………………… ヨコミゾドロムシ属　*Leptelmis*
3b 前胸背前半に横溝がない …………………………………………………………………… 4
4a 前胸背は単純に隆起するだけで，基部側方に溝または隆起線がない
　　　　　　　　　　　　　　　　　　　　　　　　　　　ノムラヒメドロムシ属　*Nomuraelmis*
4b 前胸背は起伏があり，基部側方に溝または隆起線がある ……………………………… 5
5a 上翅の第2点刻列は基部1/5近くで第1点刻列に融合する　ミゾドロムシ属　*Ordobrevia*
5b 上翅の第2点刻列は第1点刻列に融合することなく上翅端まで達する
　　　　　　　　　　　　　　　　　　　　　　　　　　　アシナガミゾドロムシ属　*Stenelmis*
6a 前胸背は基部側方に縦隆条で限られた溝がない．大型種で体長3.5 mm 以上ある ……… 7
6b 前胸背は基部側方に縦隆条で限られた溝がある．小型種で体長3.0 mm 以下 ………… 9
7a 上翅側片は基部で幅広く，腹部第2節近くで急に狭くなり第4節近くで消失する
　　　　　　　　　　　　　　　　　　　　　　　　　　　クロサワドロムシ属　*Neoriohelmis*
7b 上翅側片は普通で，先端に向かって次第に狭くなる ……………………………………… 8
8a 触角の先端節は前節の2倍近い長さとなる．上翅第3，4点刻列は中央部で融合する
　　　　　　　　　　　　　　　　　　　　　　　　　　　アヤスジミゾドロムシ属　*Graphelmis*
8b 触角の先端節は前節よりわずかに長い程度．上翅第3，4点刻列は融合することなく上翅端に達する ……………………………………………… ケスジドロムシ属　*Pseudamophihs*
9a 小顎鬚は3節からなる．前胸背基部側方の縦隆条は長く基部から前縁近くに達する
　　　　　　　　　　　　　　　　　　　　　　　　　　　セマルヒメドロムシ属　*Orientelmis*
9b 小顎鬚は4節からなる．前胸背基部側方の縦隆条は短く中央に達しない …………… 10
10a 腹部第1節に縦隆条がない．触角は長い ……………… マルヒメドロムシ属　*Optioservus*
10b 腹部第1節に中央突起両側からのびた縦隆条がある．触角は短い
　　　　　　　　　　　　　　　　　　　　　　　　　　　ナガアシドロムシ属　*Grouvellinus*
11a 触角は7節 ………………………………………………… カラヒメドロムシ属　*Sinonychus*

11b	触角は8節	12
12a	上翅の第3, 5, 7, 9間室に顆粒状鎖線がある（欠く場合もある）．前胸背後縁前の中央溝の両側に凹陥がない	ツブスジドロムシ属 *Paramacronychus*
12b	上翅の第3間室に顆粒状鎖線がない．前胸背後縁前の中央溝の両側に凹陥がある	13
13a	上翅の第5, 7, 9または5, 7間室に顆粒状鎖線がある	ツヤドロムシ属 *Zaitzevia*
13b	上翅の第5間室に顆粒状鎖線がない	14
14a	上翅の第9間室の顆粒状鎖線は上翅端近くまで達し，点刻は明瞭に認められる	ヒメツヤドロムシ属 *Zaitzeviaria*
14b	上翅の第9間室の顆粒状鎖線はほとんど消失し，上翅端近くでわずかに認められ，点刻列はほとんど認められない	ウエノツヤドロムシ属 *Urumaelmis*

アシナガミゾドロムシ属　*Stenelmis* Dufour

渓流に生息し，種によっては灯火にも飛来する．日本からは現在までに8種が知られている（図111）．

ミゾドロムシ属　*Ordobrevia* Sanderson

上翅に橙色の紋を有する種が多く，渓流に生息する．種によっては灯火にもよく飛来する．日本からは現在までに4種1亜種が知られている（図117）．

キスジミゾドロムシ　*Ordobrevia foveicollis* (Schönfeldt, 1888) は本属中，最も普通の種であり，例外的に水田や池の水路，河川に生息しており，灯火に飛来した個体がよく採集される．

ヨコミゾドロムシ属　*Leptelmis* Sharp

日本からは2種が記録されている．

ヨコミゾドロムシ　*Leptelmis gracilis* Sharp, 1888は体長2.6〜3.0 mm，本州〜九州の湧水のある池や川で確認されていたが，水質の汚濁により長い間生息が確認されず，環境省（2017）のRLでは絶滅危惧II類として掲載されている（図110）．ホソヨコミゾドロムシ *Leptelmis parallela* Nomura, 1962 は，本種の長翅型である．

アマミヨコミゾドロムシ　*Leptelmis torikaii* Kamite et al., 2017 は，奄美大島から知られ，前種よりも体長がやや小さく脚が赤みをおびる．

アヤスジミゾドロムシ属　*Graphelmis* Deleve

南方系の一群で，日本からはアヤスジミゾドロムシ *Graphelmis shirahatai* (Nomura, 1958) のみが知られている．本種は体長3.4〜3.7 mm，淡黄色で黒色の縦帯紋があり，本州（山形〜島根県）に分布する．近年まで灯火で採集されたわずかな記録があるのみであったが，最近になり一級河川中流域の水中にある流木下面にみられることがわかってきた（Hayashi, 2007）．環境省（2017）のRLでは絶滅危惧IB類として掲載されている．

ノムラヒメドロムシ属　*Nomuraelmis* M. Satô

琉球列島特産の属で，ノムラヒメドロムシ *Nomuraelmis amamiensis* M. Satô, 1964の1種のみが知られる（図112）．体長2.7 mm，淡褐色で背面には密に顆粒を有し，奄美大島と沖縄島の山間部の渓流に生息しているが稀．幼虫は吉富（2006）が図示している．

クロサワドロムシ属　*Neoriohelmis* Nomura

渓流に生息し，日本からは2種が記録されているが分布地は比較的少なく，採集しづらい．

クロサワドロムシ　*Neoriohelmis kurosawai* Nomura, 1958 は，体長3.8～4.1 mm，黒色で光沢があり，背面は疎らに細毛を有し，北海道，本州，九州から記録されている．

シコククロサワドロムシ　*Neoriohelmis kuwatai* M. Satô, 1963 は体長4.3 mm，前種より上翅の点刻列が明瞭で，四国から記録されている．

セマルヒメドロムシ属　*Orientelmis* Shepard

新潟県の1河川から採集された1種，**セマルヒメドロムシ** *Orientelmis parvula* (Nomura & Baba, 1961) のみが記録されている．しかし，河川改修で唯一の生息地も破壊されてしまい，その後の記録も少なく，日本のヒメドロムシ科のなかで最も珍しい種の1つとなっていたが，最近，中国地方と九州から再発見された．本種は体長1.5～1.6 mm，黒色で上翅に4橙色紋があり，前胸背両側に明瞭な縦溝がある（図113）．環境省（2017）のRLでは絶滅危惧Ⅱ類として掲載されている．

マルヒメドロムシ属　*Optioservus* Sanderson，キタマルヒメドロムシ属　*Heterlimnius* Hinton

分類学的に混乱していた一群であったが，Kamite (2009, 2015) により再検討された．しかし，一部にまだ混乱が残っている．一般に，ツヤヒメドロムシ以外の種は同所的に分布しないことが多い．

マルヒメドロムシ属とキタマルヒメドロムシ属成虫の種の検索
（三宅，2017；上手，2012を参考）

1a 体長は小さく1.5 mm程度．本州～九州に分布し，細流に普通
　　　　　　　　　　　　　　　　　　　ツヤヒメドロムシ　*Optioservus nitidus* Nomura, 1958
　（ヨツモンヒメドロムシ *O. rugulosus* Nomura, 1958は本種のシノニムと考えられる）
1b 体長は大きく2 mm以上 …………………………………………………………………… 2
2a 頭部は点刻に覆われ，短翅型が多く肩部が丸い．北海道および本州の中部地方以北に分布
　　　　　　　　　　　　　　　　　　　キタマルヒメドロムシ属　*Heterlimnius* … 11
2b 頭部は顆粒に覆われ，長翅型が多く肩部が丸い．雄は後胸腹板に1対の小さな突起物を有する．本州～九州に分布 ………………………………… マルヒメドロムシ属　*Optioservus* … 3
3a 短翅型のみが知られ，前胸と上翅は強く隆起する．本州（中国地方）および九州から記録されるが少ない．環境省（2017）のRLでは絶滅危惧ⅠB類として掲載されている
　　　　　　　　　　　　　　　　　　　ハガマルヒメドロムシ　*Optioservus hagai* Nomura, 1958
3b 短翅型は稀にみつかる程度．前胸と上翅はゆるやかに隆起する ……………………… 4
4a ほっそりした体形で，体長は3 mm程度で大きい．四国（剣山系）の高標高地にのみ分布
　　　　　　　　　　　　　　　　　　　ツルギマルヒメドロムシ　*Optioservus inahatai* Kamite, 2015
4b 幅広い体形で，体長は2～3 mm程度 …………………………………………………… 5
5a 前胸背板の側縁に広い平坦部を有する．体長は2 mm程度 …………………………… 6
5b 前胸背板の側縁の平坦部は狭い．体長は2～3 mm程度 ……………………………… 7
6a 上翅の点刻列は深く，間室は強く皺状．四国（愛媛県）と九州（福岡県，宮崎県）に分布
　　　　　　　　　　　　　　　　　　　ツヤケシマルヒメドロムシ　*Optioservus sakaii* Kamite, 2015
6b 上翅の点刻列は浅く，間室の皺はほとんどない．本州（関東以西）に分布
　　　　　　　　　　　　　　　　　　　コマルヒメドロムシ　*Optioservus yoshitomii* Kamite, 2015

7a	前胸背板の正中線溝は深い	8
7b	前胸背板の正中線溝は浅いか認められない	10
8a	上翅間室は比較的平圧される．脛節は黒色．本州（中部地方以東）に分布 ······················· ムナミゾマルヒメドロムシ *Optioservus maculatus* Nomura, 1958	
8b	上翅間室はゆるやかに隆起する．脛節は赤褐色．本州（中部以西）に分布	9
9a	前胸背板は強く隆起し，側縁は明瞭な顆粒状．上翅間室は強く皺状．本州（関東地方以西），四国，九州に分布 ············· タテスジマルヒメドロムシ *Optioservus ogatai* Kamite, 2015	
9b	前胸背板はゆるやかに隆起し，側縁は弱い顆粒状．上翅間室は弱い皺状．本州（鳥取県，岡山県）に分布 ·············· ダイセンマルヒメドロムシ *Optioservus masakazui* Kamite, 2015	
10a	上翅側片はわずかに鋸歯状．脛節は黒色．本州（中部地方以西）に分布 ····················· スネグロマルヒメドロムシ *Optioservus occidens* Kamite, 2015	
10b	上翅側片は明瞭に鋸歯状．脛節は赤褐色．本州（中部地方以東）に分布．高標高地の渓流に生息する ·················· スネアカヒメドロムシ *Optioservus variabilis* Nomura, 1958	
11a	上翅の点刻列は浅い．上翅の斑紋は，肩部と翅端部に黄色紋を有するパターンが多く，全体が黄色や黒色になるパターンもみられる．北海道と本州（中部以北）に分布し，北海道と東北北部では普通 ······ クボタマルヒメドロムシ *Heterlimnius hasegawai* (Nomura, 1958)	
11b	上翅の点刻列は深くスジ状．上翅の斑紋は，基部がぼんやり黄色となるパターンと全体が黒色になるパターンがみられる．本州（東北地方）に分布 ···················· クロマルヒメドロムシ *Heterlimnius ater* (Nomura, 1958)	

ケスジドロムシ属　*Pseudamophilus* Bollow

　日本から1種のみが知られる．ケスジドロムシ *Pseudamophilus japonicus* Nomura, 1957（図119）は，日本のヒメドロムシ科のなかで最も大きく体長4.8～5.3 mm，暗褐色で，上翅間室に顕著な黄色毛を有する．本州と九州に分布し，渓流や一級河川の水中に沈んだ流木上などから採集されていたが，近年では採集記録が大変少なく，得難い種になっている．環境省（2017）のRLでは絶滅危惧Ⅱ類として掲載されている．

ナガアシドロムシ属　*Grouvellinus* Champion

　本属（図118, 120）4種はヒメドロムシの他の種とは異なり，蘇苔類で覆われる大きな岩などの表面（水中）に生息していることが多い．そのほかにも条件さえ合えば，垂直に切り立った岩盤に水がしみ出ている場所にも生息していることがある．現在のところ，本州から琉球列島に4種が分布しているが分類学的再検討が必要である．

ツブスジドロムシ属　*Paramacronychus* Nomura

　日本からはツブスジドロムシ *Paramacronychus granulatus* Nomura, 1958の1種が知られている．体長2.4～2.7 mm，褐色で光沢を欠き，上翅端近くに密な顆粒を有する．本州～屋久島の沢の源流部などに生息するが，分布は局地的で一般に少ない種である．

ツヤドロムシ属　*Zaitzevia* Champion

　一級河川の平瀬から渓流にまで生息し，分布も本州から琉球列島までと広い．現在までに8種の記録があり，生息環境や島嶼により種分化がみられるようである．どの種も非常によく似ており，

分類は再検討が必要である．

アカツヤドロムシ *Zaitzevia rufa* Nomura et Bara, 1961 は大型で，赤褐色，目が退化傾向にあり，現在までに静岡県以北の本州から記録される大変珍しい種である（吉富ら，2002）．外部形態や採集状況から，伏流水や地下水脈に関係のある種と考えられる．環境省（2017）のRLでは絶滅危惧ⅠB類として掲載されている．

ヒメツヤドロムシ属　*Zaitzeviaria* Nomura

ヒメドロムシのなかでも体長1.5 mm前後の体の小さな一群で，水底が砂地の細流等に多く生息している．北海道〜九州・対馬に5種が生息しており，体形や体色により区別することができる．

ウエノツヤドロムシ属　*Urumaelmis* M. Satô

琉球列島から知られる属で，**ウエノツヤドロムシ** *Urumaelmis uenoi* (Nomura, 1963)（図115）1種が奄美大島，沖永良部島，トカラ列島口之島より記録されている．体長1.8〜2.1 mm，赤褐色で光沢を欠き，背面にはほとんど点刻がない．トカラ列島口之島のものは別亜種トカラツヤドロムシ *Urumaelmis uenoi tokarana* として区別される．本種は森林内の薄暗い細流より採集されているが少なく，環境省（2017）のRLでは情報不足として掲載されている．

カラヒメドロムシ属　*Sinonychus* Jäch & Boukal

サトウカラヒメドロムシ *Sinonychus satoi* Yoshitomi & Nakajima, 2007が奄美大島，渡嘉敷島と座間味島の小さな流れに生息する．体長は1.1〜1.4 mm，後翅を欠く．環境省（2017）のRLでは絶滅危惧Ⅱ類として掲載されている．

キュウシュウカラヒメドロムシ *Sinonychus tsujunensis* Yoshitomi & Nakajima, 2012は九州に分布する．体長は1.2〜1.5 mm．

12．ホタル科　Lampyridae

日本からは9属40余種の記録があるが，幼虫が水生の種は**ゲンジボタル** *Luciola cruciata* Motschulsky, 1854（図121）と**ヘイケボタル** *Luciola lateralis* Motschulsky, 1860，**クメジマボタル** *Luciola owadai* M. Satô & Kimura, 1994（図122）の3種のみである．ホタル科は熱帯地方に多く分布しており，世界で約2000種が知られているが，幼虫期が水生である種は大変少ない．環境省（2017）のRLでは，クメジマボタルが絶滅危惧ⅠA類として掲載されている．

日本産ゲンジボタル属の検索
幼虫

1a　前胸背板の黒色の硬皮板は縦長．主に河川の中流域や小さな水路，水田，湿地などに生息しサカマキガイなどを捕食している．北海道から九州にかけて分布する
　……………………………………**ヘイケボタル**　*Luciola lateralis* Motschulsky（図124）

1b　前胸背板の黒色の硬皮板はひし形．主に河川の上中流域の渓流に生息し，カワニナ類などを捕食している…………………………………………………………………………2

2a　体色はやや淡い．沖縄県の久米島にのみ生息する
　………………………………**クメジマボタル**　*Luciola owadai* M. Satô et Kimura（図125）

72 コウチュウ目（鞘翅目）

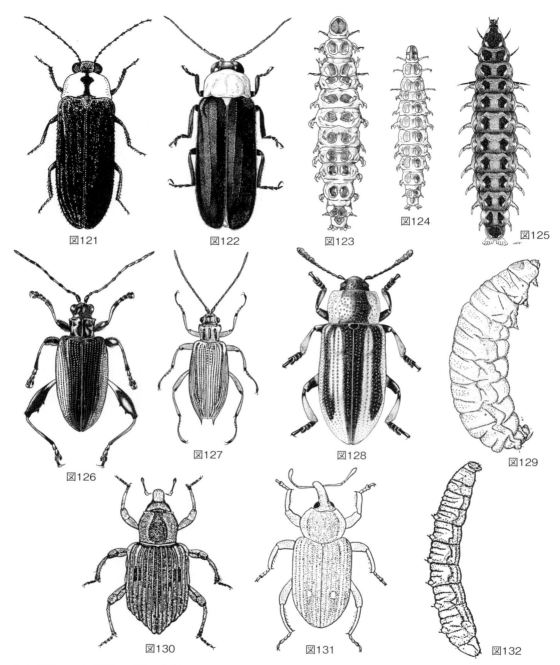

ホタル科，ハムシ科，ゾウムシ科 Lampyridae, Chrysomelidae, Curculionidae
図121　ゲンジボタル *Luciola curciata* Motschulsky　図122　クメジマボタル *Luciola owadai* M. Satô & Kimura　図123　ゲンジボタル *Luciola curciata* Motschulsky の幼虫　図124　ヘイケボタル *Luciola lateralis* Motschulsky の幼虫　図125　クメジマボタル *Luciola owadai* M. Satô & Kimura の幼虫（大場，1998）　図126　コウホネネクイハムシ *Donacia ozensis* Nakane　図127　キイロネクイハムシ *Macroplea japana* (Jacoby)　図128　キスジホソハムシ *Prasocuris phellandrii* (Linnaeus)（酒井，1991）　図129　キンイロネクイハムシ *Donacia japana* Chûjô et Goecke（塚本・岸井・小山，1960）　図130　イネミズゾウムシ *Lissorhoptrus oryzophilus* Kuschel（Isley & Schwardt, 1930）　図131　イネゾウムシ *Echinocnemus squameus* Billberg（石原，1963）　図132　イネミズゾウムシ *Lissorhoptrus oryzophilus* Kuschel の幼虫（五十川，1977）

2b 体色はやや濃い．本州から九州にかけて分布し，形態や遺伝子から東日本型と西日本型（もしくは種レベル）に分けられるとされるが，幼虫における区別点は不明．また，各地に放流されることにより遺伝的撹乱が生じていることも報告されている
....ゲンジボタル　*Luciola curciata* Motschulsky（図123）

13．ハムシ科　Chrysomelidae

陸上で高等植物を摂食することから著しく多様化した一群であるが，そのなかでも水生植物を食草とするように分化した群がある．それらのうち幼虫期を水中ですごす水生種はヒシハムシ属 *Galerucella* Crotch，**キイロネクイハムシ属** *Macroplea* Samouelle，**ミズクサハムシ属** *Plateumaris* Thomson，**ネクイハムシ属** *Donacia* Fabricius などにみられる．生態や幼生期については，野尻湖昆虫グループ（1981），塚本ら（1960），Narita（2003）などの報告がある（図126〜129）．環境省（2017）のRLでは，キイロネクイハムシ *M. japana* が絶滅種，アオノネクイハムシ *D. frontalis* が絶滅危惧ⅠA類，アカガネネクイハムシ *D. hirtihumeralis* とキンイロネクイハムシ *D. japana* が準絶滅危惧として掲載されている．

14．ゾウムシ科　Curculionidae

ハムシ科と同様に，水生植物を食草とする**ハラジロヒメゾウムシ属** *Limnobaris* Bedel，**ミズゾウムシ属** *Tanysphyrus* Schonferr，**カギアシゾウムシ属** *Bagous* Germae，**イネゾウムシ属** *Echinocnemus* Schonferr，**オオクニイネソウモドキ属** *Procas* Stephens，**イネゾウモドキ属** *Notaris* Stephens，**イネミズゾウムシ属** *Lissorhoptrus* LeConte などが知られており，幼生期を水中か水辺ですごしている（図130〜132）．ホソクチゾウムシ科 Apionidae の**チビゾウムシ属** *Nanophyes* Schonferr も水草を食草としているようである．

参考文献

阿部光典．1988a．ゲンゴロウ類の分布に関するメモ．甲虫ニュース，(83/84): 5-6.
阿部光典．1988b．琉球新記録，石垣島のガムシ．昆虫と自然，23 (13): 5-6.
阿部光典．1989a．日本新記録のゲンゴロウ2種．甲虫ニュース，(87/88): 1-3.
阿部光典．1989b．沖縄産Hydradephagaの記録．甲虫ニュース，(87/88): 9-2.
阿部光典．1990．"幻のゲンゴロウ"を沖縄で発見す．甲虫ニュース，(91): 5-7.
荒　正弘．1936．オホミズスマシの生活史に就いて．昆虫，10: 45-48, pls. 3-4.
東　清二・金城正勝．1987．鞘翅目．沖縄産昆虫目録，沖縄県産生物目録シリーズ1, 192-295.
Balke, M. & M. Satô. 1995. *Limbodessus compactus* (Clark): a widespread Austro-Oriental species, as revealed by its synonymy my with two other species of Bidessini (Coleoptera: Dytiscidae). Aquatic Insects, 17: 187-192.
Bell, R. T. 1966. Trachypachus and the origin of the Hydradephaga (Coleoptera). Coleopt. Bull. 20: 107-112.
Bertrand, H. 1935. Larves de Coleopteres aquatiques de l'expedition Limnologique allemande en Inslind. Arch. f. Hydrobiol., Suppl. 14: 193-285, 11pls.
Bertrand, H. 1939. Les larves et les nymphes des Dryopides palearctiques. Ann. Sci. Nat. (Botan et Zool.), (2), 2: 299-412.
Bertrand, H. 1967. Notes sur les larves des Dryopoides palearctiques: Les genres *Normandia* Pic et *Grouvellinus* Champion (Col.) Bull. Mus. Natn. Hist. Nat., (12), 39: 160-172.
Bertrand, H. 1972. Larves et Nymphes des Coleopteres aquatiques du Globe. F. Pamart.

Beutel, R. 1997. Über Phylogenese und Evolution der Coleoptera (Insecta), insbesondere der Adephaga. Abhandlungen des Naturwissenschaftlichen Vereins in Hamburg. 164pp., Germany.

Beutel, R. 1998. Torridincolidae: II. Description of the larva of *Satonius kurosawai* (Satô, 1982) (Coleoptera). *In* M. A. Jäch & L. Ji (eds.), Water Beetles of China, II, 53-59. Wien: Zoologisch-Botanische Gesellschaft in Österreich and Wiener Coleopterologenverein.

Biström, O. 1997. Taxonomic revision of the genus *Hydrovatus* Motschulsky (Coleoptera, Dytiscidae). Ent. Basil., 19: 57-584.

Böving, A. G. & F. C. Craighead. 1931. An illustrated synopsis of the principal larval forms of the order Coleoptera. Ent. Amer., 11 (n.s.): 1-351.

Böving, A. G. & K. L. Henriksen. 1938. The developmental stages of the Danish Hydrophilidae (Ins. Coleoptera). Vidensk. Medd. Fra Dansk Nat. Foren., 102: 27-162.

Brancucci, M. 1979. *Geodessus besucheti* n.gen., n.sp. le premier Dytiscida terrestre (Col., Dytiscidae, Bidessini). Ent. Basil., 4: 213-218.

Brancucci, M. 1983. Revision des especes est-palearctiques, orientales et australiennes du genre *Laccophilus* (Col. Dytiscidae). Ent. Arb. Mus. Frey, 31/32: 241-426.

Brancucci, M. 1988. A revision of the genus *Platambus* Thomson (Coleoptera, Dytiscidae). Ent. Basil., 12: 165-239.

Brown, H. P. 1972. Aquatic Dryopoid beetles (Coleoptera) of the United States. Identification Manual, No. 6. Environmental Protection Agency.

Brown, H. P. 1980. A new genus and species of water beetle from Alabama (Psephenidae: Eubriinae). Trans. Amer. Micros. Soc., 99 (2): 187-192.

Crowson, R. A. 1960. The phylogeny of Coleoptera. Ann. Rev. Ent., 5: 111-134.

Crowson, R. A. 1967. The Natural Classification of the Families of Coleoptera. E. W. Classey.

d'Orchymont, A. 1916. Notes pour la classification et la phylogenie des Palpicomia. Ann. Soc. ent. France, 85: 91-106.

Emden, F. I. van. 1956. The *Georyssus* larva-a hydrophilid. Proc. R. Ent. Soc. London, (A), 31: 20-24.

Fery, H. 2000. *Coelambus discedens* Sharp 1882 is the second member of the *Hydroporus tokui*-group! (Coleoptera, Dytiscidae). Linzer Boil. Beitr., 32: 1247-1256.

福田　彰・黒佐和義・林　長閑．1959．鞘翅目．日本幼虫図鑑，pp. 392-545．北隆館，東京．

Galewski, K. & J. Głazek. 1978. Upper Miocene Dytiscidae (Coleoptera) and the problem of Dytiscidae evolution. Bull. Acad. Polona. Sci., 25: 781-789.

Gentili, E. 1982. *Laccobius* del Vecchio Mondo: Nuove specie e dati faunistici (Coleoptera: Hydrophilidae). Oss. Fis. terr. Mus. Antonio Stoppani Semin. Arciv. Milano (n.s.), 10 (1987): 31-38.

御勢久右衛門．1955．日本産ドロムシ科幼虫の研究．新昆虫，8 (12): 9-15.

御勢久右衛門．1957．*Eubrianax*属幼虫3種について．関西自然科学，10: 20-23.

Hájek, J., H. Yoshitomi, M. Fikackek, M. Hayashi & F.-L. Jia. 2011. Two new species of *Satonius* Endrödy-Younga from China and notes on the wing polymorphism of *S. kurosawai* Satô (Coleoptera: Myxophaga: Torridincolidae). Zootaxa, 3016: 51-62.

Hansen, M. 1991. The hydrophiloid beetles, phylogeny, classification, and a revision of the genera (Coleoptera, Hydrophiloidea). Biolog. Skrift. Copenhagen, 40: 1-367.

Hansen, M. 1998. World Catalogue of Insect, Hydraenidea (Coleoptera). 1: 1-168. Apollo Books Aps., Stenstrup, Denmark.

Hansen, M. 1999. World Catalogue of Insect, Hydrophiloidea (s.str.) (Coleoptera). 2: 1-416. Apollo Books Aps., Stenstrup, Denmark.

Hatch, M. H. 1925. Phylogeny and phylogenetic tendencies of Gyrinidae. Pap. Michigan Acad. Sci., Arts & Lett., 5: 429-467.

林　成多．2004．日本産ネクイハムシ図鑑―全種の解説―．月刊むし，(408): 2-18.

林　成多．2007．島根県産水生甲虫類の分布と生態．ホシザキグリーン財団研究報告，(10): 77-113.

林　成多. 2009a. 島根県の水生ガムシ科. ホシザキグリーン財団研究報告, (12): 87-121.

林　成多. 2009b. 日本産ヒラタドロムシ科概説. ホシザキグリーン財団研究報告, (12): 35-85.

林　成多. 2013. 止水性の特異なヒラタドロムシ―ホンシュウチビヒゲナガハナノミ. 昆虫と自然, 48(4): 4-7.

Hayashi, M. 2007. Ecological notes on the adult stage of *Graphelmis shirahatai* (Nomura) (Coleoptera, Elmidae). Elytra, Tokyo, 35: 102-107.

Hayashi, M. 2009. Description of larva of *Dryopomorphus yaku* Yoshitomi et Sato with distributional and ecological notes on the Japanese members of the genus *Dryopomorphus* Hinton (Coleoptera: Elmidae). Entomological Review of Japan, 64: 41-50.

Hayashi, M. 2013. Descriptions of larva and pupa of *Graphelmis shirahatai* (Nomura) (Coleoptera, Elmidae). Elytra, Tokyo, New Series, 3: 53-63.

Hayashi, M. & T. Sota. 2008. Discrimination of two Japanese water pennies, *Eubrianax granicollis* Lewis and *E. ramicornis* Kiesenwetter (Coleoptera: Psephenidae), based on laboratory rearing and molecular taxonomy. Entomological Science, 11: 349-357.

Hayashi, M. & T. Sota. 2010. Identification of elmid larvae (Coleoptera: Elmidae) from Sanin District of Honshu, Japan, based on mitochondrial DNA sequences. Entomological Science, 13: 417-424.

Hayashi, M. & H. Yoshitomi. 2014. Taxonomic treatments of two Japanese elmid beetles, *Stenelmis vulgaris* Nomura and *Leptelmis gracilis* Sharp (Coleoptera: Elmidae), with descriptions of their larvae. Jpn. J. Syst. Ent., 20(2): 235-244.

Hayashi, M. & H. Yoshitomi. 2015. Endophallic structure of the genus *Zaitzeviaria* Nomura (Coleoptera, Elmidae, Elminae), with revision of Japanese species. Elytra, Tokyo, New Series, 5: 67-96.

Hayashi, M., S. D. Song & T. Sota. 2012. Molecular phylogeny and divergence time of the water penny genus *Eubrianax* (Coleoptera: Psephenidae) in Japan. Entomological Science, 15: 314-323.

林　長閑. 1957. 日本産マルハナノミ科の幼期形態及び生態（鞘翅目幼虫の研究Ⅴ）. あきつ, 6: 47-54.

林　長閑. 1986. 甲虫の生活. 177pp. 築地書館, 東京.

Hebauer, F. 1992. The species of the genus *Chasmogenus* Sharp, 1882 (Coleoptera, Hydraenidae). Acta Coleopt., 8: 61-92.

Hebauer, F. 1994. The *Crenitis* of the Old World (Coleoptera: Hydraenidae). Acta Coleopt., 10: 3-40.

Hinton, H. E. 1939. An inquiry into the natural classification of the Dryopoidea based partly on a study of their internal anatomy (Col.). Trans. R. Ent. Soc. London, 89: 133-184, 1pl.

平嶋義宏ら. 1989. 日本産昆虫総目録. 九州大学農学部昆虫学教室（編）, 日本野生生物研究センター. 福岡.

堀　繁久. 2000. 日本初記録のアナバネコツブゲンゴロウ（新称）. 知床博物館研究報告, 21: 33-38.

堀　繁久. 2006. 釧路湿原から見つかったキタキイロネクイハムシ. 月刊むし, (422): 10-12.

堀　繁久・伊藤勝彦. 2001. 日本から新たに発見されたオクエゾクロマメゲンゴロウ（新称）. 月刊むし, (361): 14-15.

細井　操. 1939. ガムシ*Hydrous acuminatus* Motschulskyの生活史. 植物及動物, 7: 1867-1874.

細井　操. 1947. コガムシの生活史. 採集と飼育, 9: 201-204.

細井　操. 1952. ガムシ科の産卵習性. 科学教育ニュース, 29: 4-6.

五十川是治. 1977. イネミズゾウムシの生態と被害. 農薬研究, 24: 7-13.

Isley, D. & H. H. Schwardt. 1930. The tracheal system of the larva of *Lissorhoptrus simplex*. Ann. Ent. Soc. Amer., 23: 149-152.

Jäch, M. A. 1993. Revision of the Palearctic species of the genus *Limnebius* (Coleoptera: Hydraenidae). Koleopt. Rdsch., 63: 99-187.

Jäch, M. A. 1998. Hydraenidae: II. The Taiwanese and Japanese species of *Ochthebius* Leach (Coleoptera). In M. A. Jäch & L. Ji (eds.), Water Beetles of China, II: 173-193. Wien: Zoologisch-Botanische Gesellschaft in Österreich and Wiener Coleopterologenverein.

Jäch, M.A. & J.A. Delgado. 2014. Revision of the Palearctic species of the genus *Ochthebius* Leach XXIX. The Asian species of the *O. vandykei* group (Coleoptera: Hydraenidae). Kol. Rund., 84: 81-100.

Jäch, M. A. & J. A. Díaz. 1999a. Description of two new species of *Hydraena* Kugelann from Honshu, Japan, with a check list of the Japanese species. Jpn. J. syst. Ent., 5: 337-340.

Jäch, M. A. & J. A. Díaz. 1999b. The genus *Hydraena* Kugelann (Insecta: Coleoptera: Hydraenidae) in the Ryukyu Archipelago (Nansei-shoto), Jap. Ann. Naturhist. Mus. Wien, 101: 201-215.

Jäch, M. A. & J. A. Díaz. 2003. Hydraenidae: IV. Additional notes on *Hydraena* Kugelann from the Ryukyu Archipelago (Nansei-shoto), Japan. 379-382. In M. A. Jäch & L. Ji (eds.), Water Beetles of China, Vol. III. -Wien: Zoologisch-Botanische Gesellschaft in Österreich und Wiener Coleopterologenverein.

Jäch, M. A. & J. A. Díaz. 2012. Description of six new species of *Hydraena* s. str. Kugelann from Japan (Coleoptera: Hydraenidae). Koleopterologische Rundschau, 82: 115-136.

Jäch, M. A. & E. Matsui. 1994. The Japanese species of the genus *Limnebius* (Coleoptera: Hydraenidae). Jpn. J. Ent.,62: 267-274.

Jäch, M. A. & M. Satô. 1988. The Japanese species of the genus *Hydraena* (Coleoptera, Hydraenidae). Kontyû, 56: 62-66.

亀澤 洋・松原 豊．2012．東京都多摩川で採集したケシマルムシ属の一種について．さやばねニューシリーズ，(6): 25-27.

Kamite, Y. 2003. Larvae of the genus *Dytiscus* (Coleoptera, Dytiscidae) of Japan. Spec. Bull. Jpn. Soc Coleopterol., (6): 103-113.

上手雄貴．2007．日本産シジミガムシ属．昆虫と自然，42 (2): 12-16.

上手雄貴．2008．日本産ゲンゴロウ亜科幼虫概説．ホシザキグリーン財団研究報告, (11): 125-141.

Kamite, Y. 2009. A revision of the genus *Heterlimnius* Hinton (Coleoptera, Elmidae). Jpn. J. Syst. Ent., 15: 199-226.

上手雄貴．2012．日本産キタマルヒメドロムシ属（和名新称）について（ヒメドロムシ科）．さやばね，ニューシリーズ, (8): 22-26.

Kamite, Y. 2015. Revision of the genus *Optioservus* Sanderson, 1953, part 2: The *O. maculatus* species group (Coleoptera: Elmidae). Kol. Rund., 85: 197-238.

上手雄貴・疋田直之・佐藤正孝．2003．日本初記録のアンピンチビゲンゴロウ．甲虫ニュース, (142): 15-17.

上手雄貴・緒方 健・吉富博之．2012．対馬におけるコガシラミズムシ科4種の記録．さやばね，ニューシリーズ, (7): 6-7.

上手雄貴・森 正人・司村宜祥・松井英司．2013．日本産シジミガムシについて．さやばね，ニューシリーズ, (9): 12-15.

Kamite, Y., Y. Tahira, T. Kitano & M. Satô. 2005. *Notomicrus tenellus* (Clark), a new record from Japan (Coleoptera, Noteridae). Jpn. J. Syst. Ent., 11: 279-281.

Kamite, Y., N. Hikida & M. Satô. 2005. Notes on the *Laccophilus kobensis* species-group (Coleoptera, Dytiscidae) in Japan. Elytra, Tokyo, 33: 617-628.

Kamite, Y., T. Ogata & M. Satô. 2006. A new species of the genus *Zaitzeviaria* (Coleoptera, Elmidae) from Tsushima Islands, Japan. Jpn. J. Syst. Ent., 12: 149-153.

Kamite, Y., T. Ogata & N. Hikida. 2007. Two new species of the genus *Laccobius* (Coleoptera, Hydrophilidae) from Japan. Elytra, Tokyo, 35: 34-41.

神谷一男．1930．カラフトメススヂコゲンゴロウ（*Acilius sulcatus* Linnaeus）の幼虫．昆虫，4: 27-30.

神谷一男．1936．昆虫網．鞘翅群―鞘翅目 鼓豆科・小頭水虫科．日本動物分類，10 (8-6): i + 3 + 55pp．三省堂．

神谷一男．1938．昆虫網．鞘翅群―鞘翅目 龍蟲科．日本動物分類，10 (8-11): i + 8 + 137pp．三省堂．

Kamiya, K. 1938. A systematic study of the Japanese Dytiscidae. J. Tokyo Nogyo Daigaku, 5: 1-68 + 7pls.

神谷一男．1939．日本産水棲昆虫類〔1〕牙虫科（1）．日本の甲虫，3: 26-31.

環境省．2017．第4次レッドリスト（絶滅のおそれのある野生生物の種のリスト）．平成29年3月31日報道発表資料．別添資料5【昆虫類】．http://www.env.go.jp/press/103881.html

Kano, T. & K. Kamiya. 1931. Two new species of Haliplidae from Japan. Trans. Kansai ent. Soc., (2): 1-4, 1pl.

Kato, M., A. Kawakita & T. Kato. 2010. Colonization to aquifers and adaptations to subterranean interstitial life by a water beetle clade (Noteridae) with description of a new *Phreatodytes* species. Zoological Science, 27: 717-722.

北山　昭. 1991a. 西表島におけるオオイチモンジシマゲンゴロウの記録と形態に関する知見. 甲虫ニュース, (95): 7-8.

北山　昭. 1991b. ゲンゴロウ屋八重山を行く. 月刊むし, (246): 24-29.

北山　昭. 1993. 琉球のゲンゴロウ. 昆虫と自然, 28 (8): 20-24.

北山　昭. 2000. ゲンゴロウ図鑑その後. ねじればね, (89): 9-10.

Kodada, J. & M. A. Jäch. 1995. Dryopidae: 2. Taxonomic review of the Chinese species of the genus *Helichus* Erichson (Coleoptera). In M. A. Jäch & L. Ji (eds.), Water Beetles of China, I: 329-339. Wien: Zoologisch-Botanische Gesellschaft in Österreich and Wiener Coleopterologenverein.

黒佐和義. 1959. げんごろう科. 日本幼虫図鑑, pp. 415-419. 北隆館, 東京.

Lawrence, J. F. & H. Yoshitomi. 2007. *Nipponocyphon*, a new genus of Japanese Scirtidae and its phylogenetic significance. Elytra, Tokyo, 35: 507-527.

Lee, C.-F., M. A. Jäch & M. Satô. 2003. Psephenidae: Revision of *Mataeopsephus* Waterhouse (Coleoptera). 481-517. In M. A. Jäch & L. Ji (eds.), 2003, Water Beetles of China, Vol. III. -Wien: Zoologisch-Botanische Gesellschaft in Österreich and Wiener Coleopterologenverein, ii + vi + 572 pp.

Lee, C.-F., M. A. Jäch & P.-S. Yang. 1998. Psephenidae: II. Syopsis of *Schinostethus* Waterhouse, with descriptions of 14 new species (Coleoptera). In M. A. Jäch & L. Ji (eds.), Water Beetles of China, II: 303-326. Wien: Zoologisch-Botanische Gesellschaf in Österreich and Wiener Coleopterolo g enverein.

Lee, C.-F. & M. Satô. 1996. *Nipponeubria yoshitomii* Lee and Satô, a new species in a new genus of Eubrinae from Japan, with notes on the immature stages and description of the larva of *Ectopria opaca* (Kiesenwetter) (Coleoptera: Psephenidae). Coleopt. Bull., 50 (2): 122-134.

Lee, C.-F., M. Satô & P.-S. Yang. 1999. Revision of Eubrianacinae (Coleoptera, Psephenidae) I. *Eubrianax* Kiesenwetter and *Heibrianax* gen. n. Jpn. J. Syst. Ent., 5: 9-25.

Lee, C.-F., M. Satô & P.-S. Yang. 2000a. Revision of Eubrianacinae (Coleoptera, Psephenidae) II. *Mubrianax* gen. sp. Elytra, Tokyo, 27: 429-438.

Lee, C.-F., M. Satô & P.-S. Yang. 2000b. Revision of Eubrianacinae (Coleoptera, Psephenidae) III. *Jinbrianax* gen. nov. Ent. Rev. Japan., 54: 169-187.

Lee, C.-F., M. Satô & P.-S. Yang. 2000c. Revision of Eubrianacinae (Coleoptera, Psephenidae) IV. *Odontanax* gen. nov. Jpn. J. Syst. Ent., 6: 151-170.

Lee, C.-F., M. Satô & P.-S. Yang. 2000a. Revision of Eubrianacinae (Coleoptera, Psephenidae) V. *Jaechanax* gen. nov. Elytra, Tokyo, 28: 119-129.

Lee, C.-F. & P.-S. Yang. 1996. Taxonomic revision of the Oriental species of *Dicranopsephus* Guérin-Méneville (Coleoptera: Psephenidae: Eubriinae). Ent. Scand., 27: 169-196.

Lee, C.-F., P.-S. Yang, & H. P. Brown. 1993. Revision of the genus *Schinostethus* Waterhouse with notes on the immature stages and ecology of *S. satoi*, n. sp. (Coleoptera: Psephenidae). Anu. Entomol. Soc. Am., 86: 683-693.

Lee, C.-F., P.-S. Yang & M. Satô. 1997. The East Asian species of the genus *Macroeubria* Pic (Coleoptera, Psephenidae, Eubriinae). Jpn. J. Syst. Ent., 3: 129-160.

Lee, C.-F., P.-S. Yang & M. Satô. 1998. Psephenidae: I. Notes on the Fast Asian species of *Ectopria* LeConte (Coleoptera). In M. A. Jäch & L. Ji (eds.), Water Beetles of China, II: 297-301. Wien: Zoologisch-Botanische Gesellschaft in Österreich and Wiener Coleopterologenverein.

Lee, C.-F., P.-S. Yang & M. Satô. 2000. A synopsis of *Dicranopselaphus* (Coleoptera: Psephenidae, Eubriinae), with description of nine new species. Ent. Sci., 3: 557-568.

Lee, C.-F., P.-S. Yang & M. Satô. 2001. Phylogeny of the genera of Eubrianacinae and descriptions of additional

members of *Eubrianax* (Coleoptera, Psephenidae). Ann. Ent. Soc. Amer., 94: 347-362.
Leech, H. B. & H. P. Chandler. 1956. Aquatic Coleoptera. In Aquatic Insects of California: 289-371.
桝田忠雄．1935．どろむし科の1新種．関西昆虫学会々報，(6): 9-10, pl. 2.
Matsui, E. & T. Nakane. 1985. Notes on some species of Hydrophilidae in Japan (Insecta, Coleoptera). Rept. Fac. Sci. Kagoshima Univ. (Earth Sci. & Biol.), (18): 89-95.
Matsui, E. 1986. Notes on some new Hydrophiloidea from Japan. Pap. Ent. pres. Nakane, Tokyo: 81-90.
松井英司．1988a．奄美諸島で採集した水生甲虫類（1987-1988）．北九州の昆虫，35 (2): 113-121.
松井英司．1988b．与那国島で採集された水生甲虫類．月刊むし，(214): 24-25.
松井英司．1988c．トビイロゲンゴロウの北限．昆虫と自然，23 (13): 5.
松井英司．1989a．チンメルマンセスジゲンゴロウ琉球列島久米島に産する．月刊むし，(226): 20.
松井英司．1989b．ミヤタケダルマガムシの琉球列島（沖縄県）新記録．昆虫と自然，24 (13): 5.
松井英司．1990a．琉球列島で採集した水生甲虫類（1，2）．北九州の昆虫，37 (2): 69-76, pls. 9-10; 37 (3): 163-170, pls. 19-20.
松井英司．1990b．琉球列島に広く分布するチャマダラチビゲンゴロウ．甲虫ニュース，(91): 4.
松井英司．1990c．アマミマルケシゲンゴロウの全記録．月刊むし，(238): 25.
松井英司．1990d．アマミシジミガムシ奄美大島にも産す．昆虫と自然，25 (9): 45.
松井英司．1990e．キオビチビゲンゴロウ西表島の水生甲虫類．昆虫と自然，25 (13): 13.
松井英司．1991a．沖縄本島・石垣島・西表島の水生甲虫類．甲虫ニュース，(94): 5-6.
松井英司．1991b．沖縄本島・石垣島・西表島の水生甲虫類（続き）甲虫ニュース，(95): 11-12.
松井英司．1992．熊本県におけるヨコミゾドロムシの記録．甲虫ニュース，(100): 37-38.
Matsui, E. 1993. A new species of the genus *Laccobius* (Coleoptera, Hydrophilidae) from the Ryukyu Islands, Japan. Elytra, Tokyo, 21: 319-321.
Matsui, E. 1994. Three new species of the genus *Enochrus* from Japan and Taiwan (Coleoptera: Hydrophilidae). Trans. Shikoku Ent. Soc., 20: 215-220.
Matsui, E. 1995. A new species of the genus *Helochares* (Coleoptera, Hydrophilidae) from Japan, with a key to the Japanese species of the subgenus *Hydrovaticus*. Spec. Bull. Jpn. Soc. Coleopterol., Tokyo, (4): 317-322.
Matsui, E. & J. A. Delgado. 1997. A new species of the genus *Ochthebius* from Japan (Coleoptera, Hydraenidae). Esakia, Fukuoka, (37): 71-76.
Matsui, E. & A. Kitayama. 2000. A new species of the genus *Copelatus* (Coleoptera, Dytiscidae) from the Ryukyu Islands, Japan. Esakia, (40): 95-98.
松井英司・高井　泰・田辺　力．1988．鹿児島県の水生甲虫相．Satsuma，37 (100): 61-115.
松本浩一．1991．アトホシヒラタマメゲンゴロウの石垣島からの記録．甲虫ニュース，(93): 4-5.
Miller, K. B., J. Bergsten & M. F. Whiting, 2009. Phylogeny and classification of the tribe Hydaticini (Coleoptera: Dytiscidae): partition choice for Bayesian analysis with multiple nuclear and itochondrial protein-coding genes. Zoologica Scripta, 38: 591-615.
Miller, K. B. & J. Bergsten. 2016. Diving Beetles of the World. Johns Hopkins University Press, Baltimore.
Minoshima, Y. 2014. The identity of the Japanese species of the genus *Paracymus* Thomson (Coleoptera, Hydrophilidae). Elytra, New Series, 4: 143-149.
Minoshima, Y. N. 2016. Taxonomic review of *Agraphydrus* from Japan (Coleoptera: Hydrophilidae: Acidocerinae). Ent. Sci., 19: 351-366.
Minoshima, Y. & M. Hayashi. 2011a. Larval morphology of the genus *Hydrocassis* Fairmaire (Coleoptera: Hydrophilidae). Journal of Natural History, 45(45-46): 2757-2784.
Minoshima, Y. & M. Hayashi. 2011b. Larval morphology of the Japanese species of the tribes Acidocerini, Hydrobiusini and Hydrophilini (Coleoptera: Hydrophilidae). Acta Entomologica Musei National, Pragae, 51 (supplementum): 1-118.
Minoshima, Y. & M. Hayashi. 2012a. The first instar larva of *Hydrobius pauper* Sharp (Coleoptera, Hydrophilidae). Elytra, New Series, 2: 279-284.

Minoshima, Y. & M. Hayashi. 2012b. Larval morphology of *Amphiops mater mater* Sharp (Coleoptera: Hydrophilidae: Chaetarthriini). Zootaxa, 3351: 47-59.

Minoshima, Y., M. Hayashi, N. Kobayashi & H. Yoshitomi. 2013. Larval morphology and phylogenetic position of *Horelophopsis hanseni* Satô et Yoshitomi (Coleoptera, Hydrophilidae, Horelophopsinae). Systematic Entomology, 38: 708-722.

Minoshima, Y., Y. Iwata & M. Hayashi. 2012. Morphology of the immature stages of *Hydrochara libera* (Sharp) (Coleoptera, Hydrophilidae). Elytra, New Series, 2: 285-302.

三田村敏正・平澤　桂・吉井重幸．2017．水生昆虫1　ゲンゴロウ・ガムシ・ミズスマシハンドブック．176pp.，文一総合出版，東京．

森　正人・北山　昭．1993．図説日本のゲンゴロウ．文一総合出版，東京．

森岡昭雄．1955．ガムシ科幼虫4種について．新昆虫，8 (10): 15-18.

中川　明．1954．日本産ゲンゴロウ科幼虫の研究．新昆虫，7 (10): 2-6.

中根猛彦．1956．日本の甲虫〔31, 32〕ながはなのみ科．新昆虫，9 (2): 51-55，9 (3): 3-55.

中根猛彦．1959．日本の甲虫〔45〜47〕むかしげんごろう科，つぶげんごろう科，げんごろう科．新昆虫，12 (1): 56-62，12 (3): 53-58，12 (7/8): 57-52.

Nakane, T. 1963. New or little-known Coleoptera from Japan and its adjacent regions, XVIII. Fragm. Coleopt., Tokyo, (6): 23-26.

Nakane, T. 1963. New or little-known Coleoptera from Japan and its adjacent regions, XXII. Fragm. Coleopt., Tokyo, (10): 42, (11): 43-46, (12): 47-48.

中根猛彦．1965．日本の甲虫（48），げんごろう科．甲虫学小誌，(1): 1-4，(2): 5-8，(3): 9-12，(4): 13-16.

Nakane, T. 1965. New or little-known Coleoptera from Japan and its adjacent regions, XXIII. Fragm. Coleopt., Tokyo, (13): 51-54, (14) 55-58, (15): 59.

Nakane, T. 1982. New or little known Coleoptera from Japan and its adjacent regions, XXXV. Rep. Fac. Sci. Knagoshima Univ. (Earth Sci. & Biol.), (15): 101-111.

中根猛彦．1985．日本産ヒメコガシラミズムシ属の種の再検討．北九州の昆虫，32 (2): 61-67，pls. 6-7.

中根猛彦．1986．リュウキュウセスジゲンゴロウの学名．月刊むし，(190): 30.

中根猛彦．1987a．日本の雑甲虫覚え書．I．北九州の昆虫，34 (3): 171-176，pl. 12.

中根猛彦．1987b．日本の甲虫〔80〕，こがしらみずむし科．昆虫と自然，22 (11): 26-30.

中根猛彦．1987c．日本の甲虫〔81-82〕，みずすまし科．昆虫と自然，22 (12): 36-40，22 (13): 27-29.

中根猛彦．1988-1990．日本の甲虫〔83-90〕，むかしげんごろう科・こつぶげんごろう科・げんごろう科．昆虫と自然，23 (5): 28-32，23 (9): 21-25，23 (10): 19-23，24 (4): 22-26，24(9): 18-24，24 (11): 27-31，25 (1): 26-31，25 (4): 27-31.

Nakane, T. 1990. Notes on two species of Dytiscidae (Coleoptera). Fragm. Coleopt., Chiba. (45/48): 198.

中根猛彦．1993．日本の大型ゲンゴロウ．昆虫と自然，28 (8): 2-7.

Nakane, T. & E. Matsui. 1986. A new species of the genus *Enochrus* Thomson from Japan, with a key to the species of the genus in Japan, (Insecta, Coleoptera, Hydrophilidae). Ooyodogakuen-houritu-keizai-kiyou, Miyazaki, 2 (2): 78-84.

Narita, Y. 2003. Descriptions of Donaciine larvae (Coleoptera, Chrysomelidae) from Japan. Elytra, Tokyo, 31: 1-30.

Nilsson, A. N. 1995. Noteridae and Dytiscidae: Annotated check list of the Noteridae and Dytiscidae of China. In M. A. Jäch & L. Ji (eds.), Water Beetles of China, I: 35-96. Wien: Zoologisch-Botanische Gesellschaft in Österreich and Wiener Coleopterologenverein.

Nilsson, A. N. 1997. A redefinition and revision of the *Agabus optatus*-group (Coleoptera, Dytiscidae); an example of Pacific intercontinental disjunction. Entom. Basil., 19 [1996] : 621-651.

Nilsson, A. N. 1999. Description of a new East Palearctic species of *Ilybius* Erichson previously mixed up with *I. poppiusi* Zaitzev (Coleoptera, Dytiscidae). Koleopt. Rdsch., 69: 33-40.

Nilsson, A. N. 2000. A new view on the generic classification of the *Agabus*-group of genera of the Agabini, aimed at solving the problem with a paraphyletic *Agabus* (Coleoptera: Dytiscidae). Koleopt. Rdsch., 70: 17-36.

Nilsson, A. N. 2001. World Catalogue of Insect, Dytiscidae (Coleoptera). 3: 1-395. Appollo Books Aps., Stenstrup, Denmark.

Nilsson, A. N. & S. Kholin. 1994. The diving beetles (Coleoptera, Dytiscidae) of Sakhalin - an annotated checklist. Ent. Tidskr., 115 (3): 143-156.

Nilsson, A. N. & T. Nakane. 1993. A revision of the *Hydroporus* species (Coleoptera: Dytiscidae) of Japan, the Kuril Islands, and Sakhalin. Ent. scand., 23: 419-428.

Nilsson, A. N. & M. Satô. 1993. Five *Hydroporus* species new to Japan and the Kuril Islands, with additional records of other species (Coleoptera: Dytiscidae). Trans. Shikoku Ent. Soc., 20: 87-95.

Nilsson, A. N. et al. 1989. A review of the genus-and family-group names of the family Dytiscidae (Coleoptera). Ent. Scand., 20: 287-316.

Nilsson, A. N. et al. 1995. An annotated list of Dytiscidae (Coleoptera) recorded from Taiwan. Ent. Beitr., 45: 357-374.

Nilsson, A. N. et al. 1995. The genus- and family-group names of the Dytiscidae - additions and corrections. Beitr. Ent., Berlin, 47: 359-364.

新田涼平・吉富博之．2012．日本産ゴマフガムシ属 *Berosus*（コウチュウ目，ガムシ科）の分類学的再検討．さやばねニューシリーズ，(7): 18-31.

Nomura, S. 1957. Drei neue Dryopiden-Arten aus Japan. Akitu, Kyoto, (6): 1-5.

Nomura, S. 1959. Notes on the Japanese Dryopoidea (Coleoptera), II. Tôhô- Gakuhô, Kunitachi, (9): 33-37, 1pl.

Nomura, S. 1961. Elmidae found in subterranean waters of Japan. Akitu, Kyoto, (10): 1-3.

Nomura, S. 1962. Some new and remarkable species of the Coleoptera from Japan and its adjacent regions. Tôhô- Gakuhô, Kunitachi, (12): 35-51, 2pls.

野村周平．1991a．セスジゲンゴロウ類の採集記録．甲虫ニュース，(93): 4.

野村周平．1991b．南大東島で日本初記録のマダラゲンゴロウを発見．甲虫ニュース，(96): 5.

野村周平・林　成多．1998．エゾコガムシの九州における発見とその生息環境．月刊むし，(329): 14-15.

野尻湖昆虫グループ．1981．日本産ネクイハムシ亜科に関する研究．1・1979～1980年に得られた分布と生活上の知見．大阪市立自然史博物館研究報告，34: 27-46.

緒方　健・中島　淳．2006．福岡県のヒメドロムシ．ホシザキグリーン財団研究報告，(9): 227-243.

奥野　宏ら．1993．ヤシャゲンゴロウの生活史（予報）―その保護についての提言―．福井虫報，(13): 3-8.

奥野　宏ら．1996．ヤシャゲンゴロウの生活史．福井昆虫研究会特別出版物，(1): 1-53.

大野正男．2003．日本産主要動物の種別知見総覧（58）オオイチモンジシマゲンゴロウ（1）．戸田市立郷土博物館研究紀要，(17): 1-18.

大場信義・東　清二・西山桂一・後藤好正・鈴木浩文・佐藤安志・川島逸郎．1994．クメジマホタルの形態・生活史および習性．横須賀市博物館研報（自然），(42): 13-26.

Richmond, E. A. 1920. Studies on the Biology of the aquatic Hydrophilidae. Bull. Amer. Mus. Nat. Hist., 42: 1-94, pls. 1-16.

Roughley, R. E. 1990. A systematic revision of species of *Dytiscus* Linnaeus (Coleoptera: Dytiscidae). Part 1. Classification based on adult stage. Quaesti. Entomol., 26: 383-557.

Rousseau, E. 1920. Contribution à l'étude des larves d'Haliplides d'Europe. Ann. Biol. Lacustre, 9: 269-278.

酒井雅博．1991．釧路湿原における日本未記録のハムシ科甲虫とその発見のいきさつ．甲虫ニュース，(95): 1-3.

酒井雅博．2001．日本よりケシマルムシ科を発見．雑甲虫ニュースレター，(3): 5-6.

Sanderson, M. W. 1953, 54. A revision of the Nearctic genera of Elmidae. J. Kansas Ent. Soc., 26: 148-163, 27: 1-13.

Sasagawa, K. 1985. The Japanese species of the genus *Cyphon* Paykull (Coleoptera: Helodidae). Trans. Shikoku Ent. Soc., 17: 31-49.

佐々治寛之ら．1997．ヤシャゲンゴロウ希少野生動植物種保護管理対策報告書．大阪営林局．

佐藤福男．1996．秋田県で採集したツブゲンゴロウ属の日本未記録種．月刊むし，(307): 22-23.

Satô, M. 1959. Notes on Japanese *Hydraena* (Coleoptera: Limnebiidae). Trans. Shikoku Ent. Soc., 6: 62-64.

Satô, M. 1960a. One new genus and two new species of the Subtribe *Helocharae* from Japan. (Coleoptera: Hydrophilidae). Trans. Shikoku Ent. Soc., 6: 76-80.

Satô, M. 1960b. Aquatic Coleoptera from Amami-Ôshima of the Ryukyu Islands (I). Kontyû, 28: 251-254.

佐藤正孝．1960．日本産 *Leptelmis* 属（鞘翅目）．あきつ，9: 43-46.

Satô, M. 1961a. Aquatic Coleoptera from Amami-Ôshima of the Ryukyu Islands (II). Akitu, Kyoto, (10): 7-10.

Satô, M. 1961b. *Hydaticus vittatus* (Fabricius) and its allied species (Coleoptera: Dytiscidae). Trans. Shikoku Ent. Soc., 7: 54-64.

佐藤正孝．1962．琉球列島徳之島産鼓豆科．昆虫学評論，14 (1): 23-25.

Satô, M. 1964a. Studies on the marine beetles in Japan, II. Study on the Dytiscid-beetle dwelling in the tide-pool. J. Nagoya Jogakuin Coll., (10): 60-71.

Satô, M. 1964b. Description of a new Elmid-beetle from the Ryukyus. Bull. Jap. Ent. Acad., 1: 11-12, pl. 3.

Satô, M. 1964c. Descriptions of the Dryopoid-beetles from the Ryukyus. Bull. Jap. Ent. Acad., 1: 30-37.

Satô, M. 1965. 68. Dryopoidea of the Ryukyu Archipelago, I. J. Nagoya Wom. Coll., 11: 76-94.

Satô, M. 1966. A new species of the genus *Elodes* from Is. Amami-Ôshima (Coleoptera, Helodidae). Bull. Jap. Ent. Acad., 2: 13-15.

佐藤正孝．1968．飛騨川流域の昆虫に関する覚え書き，I．名古屋女子大学紀要，14: 15-123.

Satô, M. 1968. Dryopoidea of the Ryukyu Archipelago, II. J. Nagoya Wom. Coll., (14): 125-143.

Satô, M. 1971. Description of two new Gyrinidae from the Ryukyu Archipelago (Coleoptera). Kontyû, 39: 273-275. Japan.

佐藤正孝．1972．ヒラタドロムシの生活．インセクタリウム，9: 102-105.

Satô, M. 1972a. New dytiscid beetles from Japan. Annot. Zool. Japon., 45: 49-59.

Satô, M. 1972b. The georissid beetles of Japan. J. Nagoya Wom. Coll., 18: 207-213.

佐藤正孝．1975．オキナワスジゲンゴロウ屋久島での記録によせて．甲虫ニュース，(25/26): 9.

佐藤正孝．1976．ヒラタドロムシ科，ドロムシ科．日本産甲虫目録，6: 1-2, 8: 1.

Satô, M. 1976. Two *Helochares*-species from the Ryukyus (Hydrohilidae). Ent. Rev. Japan. Osaka, 29: 21-24.

佐藤正孝．1977a．ヒメドロムシ科．日本産甲虫目録，9: 1-6.

佐藤正孝．1977b．日本産ミズスマシ科概説（1）～（3）．甲虫ニュース，(37): 1-5, (38): 1-2, (39): 1-4.

佐藤正孝．1978．日本産ホソガムシ科概説．甲虫ニュース，(40): 1-3.

佐藤正孝．1980．日本産水生甲虫類概説 I．水生食肉亜目とその系統．昆虫と自然，15 (10): 11-18.

佐藤正孝．1981a．日本産水生甲虫類概説 II．ガムシ上科．昆虫と自然，16 (8): 2-6.

佐藤正孝．1981b．日本産マルドロムシ科概説．甲虫ニュース，(53): 1-4.

Satô, M. 1982a. Discovery of Torridincolidae (Coleoptera) in Japan. Annot. Zool. Japon., 55: 276-283.

Satô, M. 1982b. Two new *Platynectes* species from the Ryukyus and Formosa (Coleoptera: Dytiscidae). Spec. Iss. Mem. Retir. Emer. Prof. M. Chôjô, 1982: 1-4.

佐藤正孝．1983．ナガハナノミ科．日本産甲虫目録，20: 1-5.

Satô, M. 1983. Notes on some of Guignot's type-series of Dytiscidae. Aquatic Insects, 5: 163-165.

佐藤正孝．1984a．ヒメガムシとその近似種の学名．甲虫ニュース，(63): 1-5.

佐藤正孝．1984b．日本産水棲甲虫類の分類学的覚え書き，I．甲虫ニュース，(65): 1-4.

佐藤正孝．1984c．日本産水棲甲虫類の分類学的覚え書き，II．甲虫ニュース，(65): 1-4.

佐藤正孝．1984d．日本産水棲甲虫類の分類学的覚え書，III．甲虫ニュース，(69): 1-5.

佐藤正孝．1985．鞘翅目（甲虫目）．日本産水生昆虫検索図説（川合禎次編），227-260．東海大学出版会，東京．

Satô, M. 1985a. The genus *Copelatus* of Japan. Trans. Shikoku Ent. Soc., 17: 57-67.

Satô, M. 1985b. New aquatic beetles from Japan. Trans. Shikoku Ent. Soc., 17: 51-55.

Satô, M. 1990. Synonymic notes on *Copelatus* species (Dytiscidae). Elytra, Tokyo, 18: 81.

佐藤正孝．1991．南西諸島の甲虫相とその保全．平成２年度南西諸島における野生生物の種の保存に不可欠な諸条件に関する研究報告書: 307-320．環境省自然保護局．

Satô, M. 1994. The Insect fauna of the Tokara Islands of the Ryukyu Archipelago. WWF Japan Sci. Rept., (2):

251-309.

Satô, M. 1995a. New record of *Copelatus minutissimus* (Coleoptera, Dytiscidae) from the Ryukyu Islands. Elytra, Tokyo, 23: 24.

Satô, M. 1995b. Notes on some Coleopteran groups of the Himalo-Japanese element in Northern Vietnam, I. On the genus *Nipponhydrus* (Dytiscidae). Elytra, Tokyo, 23: 263-266.

佐藤正孝．1996-1998．琉球列島の水生甲虫類．（Ⅰ～Ⅲ）．甲虫ニュース，(116): 1-5; (117): 1-4; (121): 7-13.

Satô, M. 1998a. An additional new species of the genus *Hydrocassis* (Coleoptera, Hydrophilidae) from Amami-Ôshima, the Ryukyu Islands. Elytra, Tokyo, 26: 81-84.

Satô, M. 1998b. Some records of *Hydrochara affinis* (Sharp) (Coleoptera, Hydrophilidae) in the Ryukyu Islands. Elytra, Tokyo, 26: 398.

Satô, M. 1999. A new Stenelmis (Coleoptera, Elmidae) from the Ryukyu Islands. Ent. Rev. Japan, 54: 121-123.

Satô, M. 2001. Notes on *Copelatus minutissimus* (Coleoptera, Dytiscidae). Elytra, Tokyo, 29: 86.

佐藤正孝．2003．コウチュウ類．琉球列島の陸水生物（西島信昇監修），449-466．東海大学出版会，東京．

Satô, M. & M. Brancucci. 1984. Synonymic notes on some Japanese Dytiscidae (Coleoptera) Akitu, New Series (67): 1-6.

佐藤正孝・楠井善久．1984．琉球列島伊平屋島，伊是名島，久米島の水生甲虫類．北九州の昆虫，31 (1): 43-45.

Satô, M. & Y. Kusui. 1989. Some records of aquatic Coleoptera from the Daito Islands, the Ryukyus. Elytra, Tokyo, 17: 8.

Satô, M. & Y. Miyatake. 1964. Aquatic beetles of Iriomote-jima collected by the member of the second Expedition of Kyushu University to the Yaeyama Group, the Ryukyus. Rep. Comm. Fore. Sci. Res. Kyushu Univ., 2: 135-144.

佐藤正孝・成瀬善一郎．1963．矢作川流域の水生昆虫類．矢作川の自然：163-172．名古屋女学院短期大学．

Schodl, S. 1992. Revision der gattung *Berosus* Leach-2. Teil: Die orientalischen arten Deruntergattung Enoplurus (Coleoptera: Hydrophilidae). Koleopt. Rdsch. 62:137-164.

Schodl, S. 1993. Revision der gattung *Berosus* Leach-3. Teil: Die palaarktischin und Orientalischen arten der untergattung *Berosus* s. str. (Coleoptera: Hydrophilidae). Koleopt. Rdsch., 63: 189-233.

Scohonmann, C. H. 1994. Revision der gattung *Pelthydrus* Orchymont, 1. Teil: *Globipelthydrus* subgen. n. (Coleoptera: Hydrophilidae). Koleopt. Rdsch., 64: 189-222.

Shepard, W. D. 1998. Elmidae: II. Description of *Orientelmis* gen.n. and new synonymy in *Cleptelmis* Sanderson. In M. A. Jäch & L. Ji (eds.), Water Beetles of China, II: 289-295. Wien: Zoologisch-Botanische Gesellschaft in Österreich and Wiener Coleopterologenverein.

Short, A. E. & M. Fikáček. 2013. Molecular phylogeny, evolution and classification of the Hydrophilidae (Coleoptera). Systematic Entomology, 38: 723-752.

Smetana, A. 1980. Revision of the genus *Hydrochara* Berth. (Coleoptera: Hydrophilidae). Memo. Ent. Soc. Can., 111: 1-100.

高井　泰．1985．12月初旬に奄美大島で採集した水生甲虫類．Satsuma, 34 (94): 110-111.

高井　泰．1986．コクロヒラタガムシの奄美大島徳之島での記録．月刊むし，(180): 40.

Takizawa, M. 1931a. The Haliplidae of Japan. Ins. Mats., 5: 137-143.

Takizawa, M. 1931b. The Gyrinidae of Japan. Ins. Mats., 6: 13-21.

Takizawa, M. 1932, 33. The Dytiscidae of Japan (Part I and II), Ins. Mats., 7: 17-24, 7: 165-179.

鳥潟恒雄．1953．チビヒゲナガハナノミの幼虫（Col. Dascmidae）．Pulex，(2): 7.

Toledo, M. 1998. Dytiscidae: II. The genus *Nebrioporus* Régimbart, 1906 in China (Coleoptera). In M. A. Jäch & L. Ji (eds.), Water Beetles of China, II: 69-91. Wien: Zoologisch-Botanische Gesellschaft in Österreich and Wiener Coleopterologenverein.

友国雅章・佐藤正孝．1978．小笠原諸島（含硫黄諸島）の水棲および半水棲昆虫．国立科学博物館専報，(11): 107-121.

恒遠マキ．1936．ミズスマシ科2種の生活史．昆虫，10: 302-312．
津田松苗（編）．1962．水生昆虫学，北隆館，東京．
塚本珪一・岸井　尚・小山　貢．1960．キンイロネクイハムシに関する2，3の知見．あきつ，9: 17-21．
Uéno, S.-I. 1957. Blind aquatic beetles of Japan, with some accomts of the fauna of Japanese subterranean waters. Arch. f. Hydrobiol., 53: 250-296, 3pls.
Uéno, S.-I. 1996. New Phreatobiotic beetles (Coleoptera, Phreatodytidae and Dytiscidae) from Japan. J. Speleol. Soc. Japan, 21: 1-50, 3pls.
上野俊一・黒澤良彦・佐藤正孝（編）．1984．原色日本昆虫図鑑（II）．保育社，大阪．
上野俊一・佐藤正孝・森本　桂．1973．鞘翅目．日本淡水生物学．北隆館，東京．
Vondel, B. J., M. Holmen & P. N. Petrov. 2006. Review of the Palaearctic and Oriental species of the subgenus *Haliplus* s. str. (Coleoptera: Haliplidae: Hapiplus) with descriptions of three new species. Tijdschrift voor Entomologie, 149: 227-273.
Watanabe, N. 1987. The Japanese species of *Helochares* (Crephelochares) (Col., Hydrophilodae), with description of a new species from Honshu. Aquatic Insects, 9: 11-15.
山川雄大．1998．ハセガワドロムシの一般習性に関する知見．月刊むし，(325): 42-43．
吉村昭雄．1959．ガムシ科幼虫2種．関西自然科学，(12): 28-29．
吉富博之．1996a．アヤスミミゾドロムシの採集記録．甲虫ニュース，(116): 6．
吉富博之．1996b．クロサワツブミズムシの中部地方からの記録．甲虫ニュース，(117): 7．
Yoshitomi, H. 1997. A revision of the Japanese species of the genera *Elodes* and *Sacodes* (Coleoptera, Scirtidae). Elytra, Tokyo, 25: 349-417.
Yoshitomi, H. 2001. Taxonomic study of the genus *Hydrocyphon* (Coleoptera, Scirtidae) of Japan and her adjacent regions. Elytra, Tokyo, 29: 87-107.
吉富博之．2001．セスジダルマガムシの北海道からの記録．甲虫ニュース，(135): 6．
吉富博之．2002．日本のマルハナノミ．昆虫と自然，37 (13): 32-35．
吉富博之．2003．日本のダルマガムシ．昆虫と自然，38 (2): 23-26．
Yoshitomi, H. 2005. Systematic revision of the family Scirtidae of Japan, with phylogeny, morphology and bionomics (Insecta: Coleoptera, Scirtoidea). Japanese Journal of systematic Entomology, Monographic Series, (3), Matsuyama.
吉富博之．2006．渓流の妖精ヒメドロムシ．p. 201-214．丸山宗利（編著）森と水辺の甲虫誌．東海大学出版会，秦野．
吉富博之．2006．クロシオガムシの発見とガムシ科の最近の扱い．昆虫と自然，41(14): 31-34．
吉富博之．2007．日本産セスジガムシ概説．昆虫と自然，42 (2): 17-20．
吉富博之．2013a．甲虫の幼虫図鑑　水生甲虫類（1）概説．昆虫と自然，48(3): 34-36．
吉富博之．2013b．甲虫の幼虫図鑑　水生甲虫類（2）ツブミズムシ亜目．昆虫と自然，48(6): 29-31．
吉富博之．2013c．甲虫の幼虫図鑑　水生甲虫類（3）オサムシ亜目（ゲンゴロウ科1）．昆虫と自然，48(8): 24-27．
吉富博之．2013d．甲虫の幼虫図鑑　水生甲虫類（4）オサムシ亜目（ゲンゴロウ科2）．昆虫と自然，48(11): 21-24．
吉富博之．2013e．甲虫の幼虫図鑑　水生甲虫類（5）オサムシ亜目（ゲンゴロウ科以外）．昆虫と自然，48(13): 24-26．
吉富博之．2014a．甲虫の幼虫図鑑　水生甲虫類（6）カブトムシ亜目（マルハナノミ科）．昆虫と自然，49 (4): 24-27．
吉富博之．2014b．甲虫の幼虫図鑑　水生甲虫類（7）カブトムシ亜目（ガムシ科）．昆虫と自然，49 (6): 26-31．
吉富博之．2014c．甲虫の幼虫図鑑　水生甲虫類（8）カブトムシ亜目（ヒラタドロムシ科）．昆虫と自然，49 (7): 25-29．
吉富博之．2014d．甲虫の幼虫図鑑　水生甲虫類（9）カブトムシ亜目（ヒメドロムシ科・ドロムシ科）．

昆虫と自然, 49 (9): 26-29.
吉富博之. 2014e. 甲虫の幼虫図鑑 水生甲虫類 (10) カブトムシ亜目 (ナガハナノミ科ほか). 昆虫と自然, 49 (11): 22-24.
吉富博之・疋田直之・佐藤正孝. 2002. アカツヤドロムシの分布とその生息環境. レッドデータ水生甲虫類の分布記録2. 甲虫ニュース, (140): 9-11.
吉富博之・堀 繁久・佐藤正孝. 2004. ハセガワドロムシの分布記録のまとめ. Jezoensis, (30): 159-161.
吉富博之・松井英司・堀 繁久・秋田勝巳・山川雄大. 2001. レッドデータ水生甲虫類の分布記録1. エゾコガムシの分布記録のまとめ. 甲虫ニュース, (135): 7-9.
吉富博之・松井英司・佐藤光一・疋田直之. 2000. 日本産セスジダルマガムシ属概説. 甲虫ニュース, (130): 5-11.
Yoshitomi, H. & M. Hayashi. 2013. Revision of the genus *Drupeus* (Coleoptera, Ptilodactylidae, Cladotominae). Japanese Journal of Systematic Entomology, 19(1): 1-15.
Yoshitomi, H. & J. Nakajima. 2007. A new species of the genus *Sinonychus* (Coleoptera, Elmidae) from Japan. Elytra, Tokyo, 35: 96-101.
Yoshitomi, H. & J. Nakajima. 2012. A new species of the genus *Sinonychus* (Coleoptera, Elmidae) from Kyushu, Japan. Elytra, New Series, 2(1): 53-60.
吉富博之・佐藤正孝. 2003. 日本産ヒラタドロムシ科のチェックリストと覚え書き. 甲虫ニュース, (142): 7-10.
Yoshitomi, H. & M. Satô. 2002. Discovery of the genus *Ochthebius* Leach from the Ryukyu Islands, with description of a new species (Coleoptera, Hydraenidae). Koleopt. Rdsch., 71: 105-110.
吉富博之・白金晶子・疋田直之. 1999. 矢作川水系のヒメドロムシ. 矢作川研究, 3: 95-116.
Yoshitomi, H. & M. Satô. 2005. A revision of the genus *Dryopomorphus* (Coleoptera, Elmidae) of Japan. Elytra, Tokyo, 33: 455-473.